加压湿法冶金

蒋开喜 编著

北 京
冶 金 工 业 出 版 社
2016

内 容 提 要

本书结合北京矿冶研究总院包括国家有色金属清洁高效提取与综合利用创新团队在加压湿法冶金领域的科研技术工作,详细介绍了加压浸出技术在有色金属冶金中的应用,包括加压浸出的发展历史及基本原理等,并就加压浸出在铝、铜、锌、镍钴、金、钨钼、铂族金属等行业的应用现状及技术研究进展做了详细介绍,对典型生产企业的生产工艺进行了阐述。

本书可供有色金属冶金行业的科研、技术及管理人员阅读使用,也可作为高等院校相关专业的参考用书。

图书在版编目(CIP)数据

加压湿法冶金/蒋开喜编著 . —北京:冶金工业出版社,2016.1

ISBN 978-7-5024-7098-2

Ⅰ.①加… Ⅱ.①蒋… Ⅲ.①湿法冶金 Ⅳ.①TF111.3

中国版本图书馆 CIP 数据核字(2015)第 297801 号

出 版 人 谭学余
地　　址　北京市东城区嵩祝院北巷 39 号　邮编　100009　电话　(010)64027926
网　　址　www.cnmip.com.cn　电子信箱　yjcbs@cnmip.com.cn
责任编辑　徐银河　美术编辑　吕欣童　版式设计　孙跃红
责任校对　王永欣　责任印制　牛晓波
ISBN 978-7-5024-7098-2
冶金工业出版社出版发行;各地新华书店经销;固安华明印业有限公司印刷
2016 年 1 月第 1 版,2016 年 1 月第 1 次印刷
787mm×1092mm　1/16;34.25 印张;832 千字;535 页
128.00 元
冶金工业出版社　投稿电话　(010)64027932　投稿信箱　tougao@cnmip.com.cn
冶金工业出版社营销中心　电话　(010)64044283　传真　(010)64027893
冶金书店　地址　北京市东四西大街 46 号(100010)　电话　(010)65289081(兼传真)
冶金工业出版社天猫旗舰店　yjgycbs.tmall.com
(本书如有印装质量问题,本社营销中心负责退换)

前　言

加压湿法冶金是现代湿法冶金领域新兴发展的短流程强化冶金技术，是现代湿法冶金技术主要的发展方向之一。加压湿法冶金因具有工艺流程短、环境友好、金属回收率高等优点，已较为广泛地应用于铝、铀、铜、锌、镍、钴、钨及多种稀贵金属提取冶金及材料制备的多个方面，发挥着越来越重要的作用。采用加压浸出技术综合回收利用复杂难处理及共伴生有色金属资源，已列入国家《战略新兴产业重点产品和服务指导目录》（2013 年）。

本书总结了近年来国际上在加压湿法冶金技术方面的研究成果及生产实践情况，同时对我国，特别是北京矿冶研究总院，在加压湿法冶金技术的研究现状及进展做了较为系统的梳理与归纳。本书共分为 14 章，主要介绍了加压湿法冶金的内容、发展历史、作用和优势以及发展前景；一些基本概念及浸出过程物理化学；加压湿法冶金技术处理铝土矿、铜精矿、镍钴矿、锌精矿、钨钼、钒钛铀、难处理金矿、铂族金属、硫化砷渣、其他冶金物料等资源的工艺和原理、生产实践及研究进展；设备结构设计、材质的选择、配套和附属设备以及生产应用，同时还介绍了最小化学反应量原理与冶金工艺流程选择。本书内容丰富，理论联系实际，可供有色金属冶金行业的科技工作者与高等院校师生阅读和参考。

在本书写作过程中，得到过很多同事和朋友的热情帮助和支持，他们对本书的内容提出了宝贵意见和建议。特别是张邦胜对第 1 章、第 7 章、第 13 章、第 14 章，赵磊对第 2 章，王仍坚对第 3 章，王玉芳对第 4~6 章、第 12 章，刘三平对第 6 章、第 14 章，谢铿对第 7 章，王政对第 8 章，周立杰对第 9 章、第 10 章，王海北对第 11 章，邹小平对第 13 章的编撰做了大量工作。王海北、张邦胜和东北大学的王德全教授对全书进行了审阅，他们提出了许多建设性的修改意见，特向他们致以诚挚的谢意！

作者及其团队的加压湿法冶金技术研究项目得到了国家自然科学基金委重点项目“硫化矿加压湿法冶金的机理研究”（51434001）、“863”国家高科技术研究发展计划项目"战略有色金属大型节能冶炼技术与装备"（2013AA064000）、"锌冶炼清洁生产与伴生元素综合利用关键技术及装备研究"（2009AA064604）、国家科技支撑计划课题"中低品位锌、钴和镍的高效选冶技术研究"（2006BAB02A10）、"硫化矿清洁冶炼技术开发"（2006BAC02A07）、"铜工业产业化重大关键技术研究与示范"（2007BAB22B01）的大力支持，在此深表感谢！

　　由于资料来源的不同，加之作者水平有限，疏漏、不足之处在所难免，敬请读者不吝指教。

作　者

2015 年 8 月

目　录

1 概 述

1.1 加压湿法冶金

冶金（metallurgy）是一门研究如何经济地从矿石、精矿或二次资源中提取出金属或金属化合物，并用各种加工方法制成具有一定性能的金属或合金材料的工程科学和技术。广义的冶金包括矿石的开采、选矿、冶炼和金属加工。随着科学技术的进步和工业的发展，采矿、选矿和金属加工已形成各自独立的学科。因而，目前的冶金主要指矿石或精矿的冶炼。由于冶金主要是采用化学的方法，因而常称为化学冶金（chemical metallurgy）；同样，冶金是从原料中提取金属，也常称之为提取冶金（extractive metallurgy）。根据冶炼方法的不同，提取冶金大致分为两种类型，即火法冶金和湿法冶金。

火法冶金（pyrometallurgy）是指在高温条件下进行的冶金过程。矿石或精矿中的部分或全部矿物在高温下经过一系列物理化学反应，达到提取金属并与脉石及其他杂质分离的目的。获得高温可以通过外加燃料，也可以利用自身的反应生成热。火法冶金通常包括干燥、焙解、焙烧、熔炼、精炼、蒸馏等过程。目前，金属冶炼仍以火法冶金占主导地位。

湿法冶金（hydrometallurgy）是指在较低温条件下在溶液中进行的冶金过程。传统湿法冶金温度不高，一般低于100℃。湿法冶金的设备和操作都相对简单，是很有发展前途的冶金方法。湿法冶金过程复杂，分类方案繁多，根据不同依据有不同的分类方法。按照操作单元不同，湿法冶金一般分为原料的浸出，金属在溶液中的分离、纯化和富集，金属或化合物产品的析出三个阶段，进一步又可细分为原料预处理、矿石浸出、液固分离、萃取、离子交换、化学除杂、置换、沉淀、电积等单元的操作过程；按照金属种类，可以分为铜湿法冶金、锌湿法冶金、镍湿法冶金等；按照溶液介质不同，可以分为酸性湿法冶金、中性湿法冶金、碱性湿法冶金和氨性湿法冶金；按照反应温度和压力，可以分为常压湿法冶金和加压湿法冶金。

加压湿法冶金（pressure hydrometallurgy）是指在加压条件下反应温度高于常压液体沸点的湿法冶金过程[1~4]。它是一种高温高压过程，其反应温度可达200~300℃，一般用于常压较难浸出的矿石。加压湿法冶金技术由于其温度高于常压液体的沸点，浸出动力学条件对金属的浸出更为有利，逐渐在湿法冶金过程中得到较广泛的应用。

与湿法冶金类似，加压湿法冶金的分类较多。按照反应单元过程，可以分为加压浸出和加压沉淀两大类；按照反应有无氧气参与，可以分为氧气浸出和无氧浸出；按照反应溶液介质，可以分为碱性加压和酸性加压。由于浸出是湿法冶金中最重要的单元过程，是湿法冶金工艺流程的源头和龙头操作单元，原料浸出效果直接影响到整个金属提取的效果。加压湿法冶金具体的分类如图1-1所示。

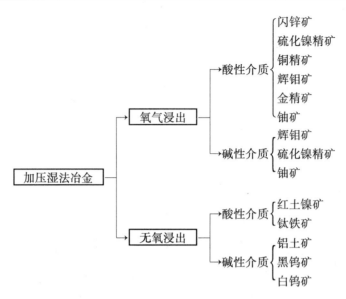

图 1-1　加压湿法冶金分类

1.2　发展历史

　　加压湿法冶金技术属于应用工程学科，是随着冶金技术的发展而发展的。它与化学、矿物学、物理学等其他学科的发展有密切的关系。冶金学在人类文明史上起着重要作用，冶金技术可追溯到六千年前或更早。作为冶金学一个重要分支的加压湿法冶金，其反应过程温度和压力较高，反应条件较火法冶金和常规湿法冶金苛刻，因此应用研究也相较晚些，从 19 世纪中叶以后，加压湿法冶金才开始研究和应用。

　　加压湿法冶金的研究始于 1887 年，化学家拜耳（Karl Josef Bayer）提出在加压釜中用氢氧化钠溶液浸出铝土矿，反应温度 140～180℃，获得铝酸钠溶液，加入晶种，分离得到纯的氢氧化铝，该法称为拜耳法。拜耳法的出现开创了加压湿法冶金，使得氧化铝的生产得到了迅速发展。目前，全世界约 3 亿吨铝土矿是用拜尔法处理的，是加压湿法冶金工业应用最大的领域，如中国、德国、澳大利亚、俄罗斯等国均有大型拜耳法生产厂在运转。拜耳法开始只是在比较低的温度和压力下，用浓度较低的碱溶液浸出含硅低、易浸出的三水铝石型铝土矿，随后发展到在 2～3MPa 压力下，温度 200～250℃，用 200～300g/L 苛性钠浸出难浸出、含硅高的一水硬铝石型铝土矿。20 世纪 40 年代，加压湿法冶金在铜、锌、镍等重有色金属方面的应用研究取得了突破性进展，随后在镍、钴、锌、铜等金属湿法提取中获得工业应用并得到较快发展。1947 年，为了寻找一种新工艺来代替硫化镍精矿火法熔炼，加拿大大不列颠哥伦比亚大学（The University of British Columbia）Forward 教授研究发现，在氧化气氛下，含镍和铜的矿石都可以直接浸出而不必经过预先还原焙烧。20 世纪 50 年代，加拿大、南非及美国采用碱法加压浸出铀矿实现了工业化。随后，加压浸出技术在黄金、钨、钼、钒、钛及其他有色金属的提取中获得广泛应用。进入 21 世纪以来，加压浸出技术在红土镍矿、闪锌矿、辉钼矿等矿物处理领域取得快速发展。

　　20 世纪 50 年代，全世界建设了四个镍钴加压浸出工厂。1954 年，加拿大舍利特·高尔登矿业有限公司（Sherritt Gordon Mines Limited）发明了舍利特氨浸法，在萨斯喀切温建立了第一个加压浸出生产厂，最初工厂主要处理林湖矿区产出的铜镍硫化精矿，后因原料不足，也处理美国国家铅公司产出镍钴氧化焙砂和镍锍。该厂至今仍生产，生产能力已从最初的7000t/a镍增加到24900t/a镍。该厂采用两段加压浸出，第一段浸出温度85℃，压力830kPa。第二段温度为80℃，压力为900kPa。第一段浸出产出的浸出液送去蒸氨除铜，除铜后进行氧化水解生产硫酸铵肥料。该厂研制的卧式多隔室压力釜直至今天仍然被广泛采用。加拿大舍利特·高尔登矿业有限公司在加压湿法冶金真正走向工业化上作出了重大贡献。酸性介质加压湿法冶金在此期间也得到迅速的发展。20世纪50年代初，金属钴价异常高昂，美国在此期间建造了两个钴精矿加压浸出工厂，一个位于美国犹他州的加菲尔德（Garfied），用于处理爱达华州的布莱克比德（Blackbird）矿产出的砷钴精矿，加压浸出温度为200℃。另一个建在美国密苏里州的弗雷德里克（Fredericktown），用于处理镍钴铜硫化物精矿。后由于钴价下跌，这两个工厂都因亏损而关闭。50年代第4个加压浸出工厂建设在美国路易斯安那州镍港（Port Nickel），用于处理古巴毛阿湾（Moa Bay）工厂所产的镍钴硫化物精矿，该厂1959年建成投产，后由于没有原料供应而停产，于1974年改造为钴镍锍精炼厂。

20世纪60年代，舍利特·高尔登矿业公司对加压酸浸进行了更加深入的研究，并建立了一系列中间试验厂，用于研究各种镍钴混合硫化物、镍锍和含铜镍锍的处理。1962年，舍利特·高尔登矿业公司在萨斯喀切温建立了加压酸浸系统，用于处理镍钴硫化物。1969年，第一个处理含铜镍锍的加压浸出工厂在南非的英帕拉铂公司（Impala Platinum）建成，之后，南非其他铂族金属生产厂也相继建立。苏联的诺里尔斯克镍联合企业采用加压酸浸从磁黄铁矿精矿中回收镍、钴和铜。

20世纪70年代，加压酸浸在锌精矿处理方面取得显著进展。舍利特·高尔登矿业公司的研究表明，采用加压酸浸—电解沉积工艺比传统的焙烧—浸出—电解沉积流程更经济。加压浸出的突出优点是能把精矿中的硫转换成元素硫，因而锌的生产不必与生产硫酸联系在一起。1977年，舍利特·高尔登矿业公司与科明科公司联合进行了加压浸出和回收元素硫的半工业试验[5~10]，并在特雷尔（Trail）建立了第一个锌精矿加压酸浸厂，新工艺与特雷尔厂原有的设施并存。这个厂设计的精矿处理能力为190t/d，1981年投产。第二个直接加压酸浸的工厂[11,12]是建在蒂明斯（Timmins），设计的精矿处理能力为105t/d，于1983年投产。

20世纪80年代，加压浸出技术在有色金属冶金中最引人注目的进展应是用加压预氧化难处理金矿以代替焙烧。难处理金矿经加压氧化处理后，大大有利于氰化浸出。此法对那些金以次显微金形式存在，包裹在黄铁矿或砷黄铁矿的晶格中，而用一般方法难以使其解离出来的矿石，尤其有效。位于美国加利福尼亚州的麦克劳林金矿是世界上第一个应用加压氧化处理金矿的工业生产厂。该厂是在酸性介质中加压氧化，日处理硫化矿2700t，1985年7月压力釜开始运转。这个厂的建设对以后其他厂的建设有重要的指导作用。之后，巴西的桑本托厂、美国内华达州的巴瑞克梅库金矿和格切尔金矿相继投产。此外，在20世纪80年代还有一批处理含铜镍锍、锌精矿的加压湿法冶金工厂投产，如德国鲁尔锌厂于1991年建成了加压湿法炼锌厂，1993年加拿大哈德逊湾矿冶公司（Hudson Bay）建成了第四座加压浸出工厂。

20世纪90年代，加压浸出工艺得到了进一步发展。据不完全统计，90年代已投产的加压浸出厂家已超过10个，在澳大利亚相继有三个加压酸浸工艺投产，主要用于处理红土镍矿。1991 年，德国鲁尔锌厂（Ruhr Zink）[13~15] 建成了一套氧压浸出系统，设计能力为 50000t/a 锌，高压釜规格为 ϕ3.9m×13m。开始主要处理锌精矿和利用威尔兹窑从钢厂烟灰中提取氧化锌后产出的还原渣，后改为只处理锌精矿。后由于原料和生产成本的原因，该厂于 2008 年关闭。1993 年，加拿大哈德逊湾建成了世界上第一座采用全湿法两段氧压浸出工艺的锌冶炼厂[16~18]，完全取代了原有的焙烧—浸出—电积工艺。一段高压釜为低酸浸出，二段高压釜为高酸浸出。两段高压釜结构、操作温度与压力均相同。但二段浸出酸度较一段浸出高，浓密机溢流液含酸浓度为 35~40g/L。设计能力为年产电锌 115kt，浸出车间安装有 3 台 ϕ3.9m×21.5m 的高压釜，低酸浸出和高酸浸出各 1 台，另一台作为两者的备用，均采用炭钢外壳内衬铅和耐酸砖防腐层。2003 年，第五座加压湿法炼锌厂在哈萨克斯坦投产建成。同时我国吉林镍业、金川公司相继采用加压浸出技术处理镍精矿，取得了较好的经济指标。

我国加压湿法冶金技术发展起步比较晚。最早采用加压湿法冶金是氧化铝工业，1960 年在郑州铝厂建成铝土矿加压碱性浸出，随后应用于铀的浸出，1977 年核工业息峰铀厂采用碱法加压工艺。此后，北京矿冶研究总院、中国科学院化工冶金研究所（现为中国科学院过程工程研究所）等单位对加压浸出技术进行了深入研究。1979 年，云南东川矿务局采用加压氨浸处理汤丹低品位难选氧化铜矿，开展了半工业试验，铜浸出率可达 90% 以上。1981 年，株洲硬质合金厂建设了钼精矿加压酸浸生产线，生产钼酸铵产品。

但真正对我国加压浸出技术由研究开发达到工业应用推广作出重要贡献的单位是北京矿冶研究总院。早在 1973 年北京矿冶研究总院就联合上海东方红锅炉厂研制了我国第一台加压反应釜，体积为 300L，材质为钛材，用于复杂多金属硫化矿加压浸出。

1983 年，北京矿冶研究总院与株洲冶炼厂合作，对该厂生产的锌精矿开展了加压酸浸试验研究，并提交了锌精矿氧压酸浸新工艺 2L 和 10L 加压釜扩大试验研究报告，对锌精矿氧压酸浸工艺进行了详细的工艺参数、过程相变和流程应用等方面研究。

1985 年，北京矿冶研究总院联合株洲冶炼厂和长沙有色冶金设计研究院进行联合攻关，开展了 300L 高压釜扩大试验研究，重点考察和验证小型试验参数、工程化实施辅助材料消耗、液固分离以及流程平衡等，进一步研究了锌精矿加压氧浸工艺。

1986 年，由北京矿冶研究总院、株洲冶炼厂等单位人员组成考察组，赴加拿大考察了第一家在工业生产上应用锌精矿氧压浸出工艺的科明科（Cominco）有限公司所属的特雷尔冶炼厂和第二家蒂明斯加压浸出厂，参观了压力浸出工艺开发基地——舍利特·高尔登有限公司的实验室。并与加拿大锌精矿氧压酸浸工艺研究人员进行了技术交流。

1993 年，北京矿冶研究总院开发形成我国第一个采用加压酸浸处理高镍锍的工厂——新疆阜康冶炼厂，建成并投产。该厂工艺流程为高镍锍硫酸选择性浸出—黑镍除钴—不溶阳极电积工艺生产电镍，主要处理含硫低的高镍锍，通常含镍 32%，铜 48%，硫 16%。1993 年投产初期，浸出过程采用一段常压和一段加压，产量为 2000t 金属镍，后来扩产到 13000t 金属镍，浸出工艺改为两段常压和两段加压。该厂浸出过程采用加压泵实现浸出过程连续作业，浸出温度为 150℃，压力为 0.8MPa，常压浸出过程中铜、铁几乎不浸出，全部水解沉淀入渣，加压浸出过程镍、钴、铁几乎全部浸出，铜部分浸出。新疆阜康冶炼厂投产标志着我国氧压酸浸技术的产业化奠定了坚实的基础。

2000 年，北京矿冶研究总院再次提出了低铜高镍锍的"一步加压浸出"新工艺，并应用于金川有色集团公司第二冶炼厂。2001年、2004年吉林镍业和金川有色金属公司相继采用高镍锍选择性浸出工艺生产硫酸镍和电镍。

进入21世纪以来，我国在锌冶炼氧压酸浸方面取得进展。2004年，云南冶金集团在云南永昌建设的1万吨/年一段法加压酸浸示范厂投产，2005年建成高铁锌精矿2万吨/年的两段法氧压酸浸厂，这使我国加压湿法冶金技术迈上了一个新台阶。2009年，中金岭南丹霞冶炼厂引进加拿大戴拿泰克（Dynatec）公司技术，建设了年产10万吨电锌加压浸出工厂，采用两段加压浸出，一段低温密闭控电浸出，在保证锌浸出的条件下实现溶液铁的还原，二段高温高压实现锌的最大化浸出。目前，西部矿业、山东黄金等公司正在建设锌加压浸出工厂。同时，北京矿冶研究总院、中科院过程工程研究所等研究机构，对锌精矿、黄铜矿、红土镍矿和镍精矿的加压浸出相继开展了大量研究工作，初步掌握了复杂硫化矿资源高效提取的工艺过程，对我国加压湿法冶金的发展起重要的支撑和促进作用。

目前世界上锌冶炼企业采用加压浸出工艺处理的主要厂家见表1-1。表1-2总结了加压浸出处理硫化铜矿的典型案例。加压浸出用于硫化镍精矿及镍锍浸出的工业应用情况详见表1-3。表1-4列出了难处理金矿加压氧化预处理工艺的典型工厂。

表1-1 锌加压湿法冶金工厂

序号	工 厂	投产时间/年	电锌规模/kt·a^{-1}	压力釜规格及数量	生产方式
1	加拿大科明科特雷尔锌厂（Cominco Trail）	1981 1997	50 80	ϕ3.7m×15.2m，1台 ϕ3.7m×19m，1台	一段氧压浸出与原焙砂浸出混合
2	加拿大奇德·克里克矿业公司（Kidd Creek）	1983	20	ϕ3.2m×21m，1台	一段氧压浸出
3	德国鲁尔·辛克锌厂（Ruhr Zink）	1991	50 95	ϕ3.9m×13m，1台 ϕ3.9m×19.3m，3台	一段氧压浸出
4	加拿大哈德逊湾矿冶公司（Hudson Bay）	1993 2000	115	ϕ3.9m×21.5m，3台	二段氧压浸出全部处理锌精矿
5	哈萨克斯坦巴尔喀什厂	2003	100	ϕ4.0m×25m，3台 （备用1台）	二段氧压浸出全部处理锌精矿
6	中国中金岭南丹霞冶炼厂	2009	100	ϕ4.2m×32m，3台 （备用1台）	二段氧压浸出全部处理锌精矿
7	中国西部矿业公司西部锌业厂	2015	100		二段氧压浸出全部处理锌精矿

表1-2 硫化铜矿加压浸出典型应用案例

工 艺	应用阶段	温度/℃	压力/atm	备 注
Activox	D	90~110	10~12	Fine grinding
Anglo American/UBC	P	150	10~12	Modest regrind and surfactants
CESL	D	140~150	1	Chloride catalyzed leaching
BGRIMM-LPT	P	100~115	5~7	Chloride catalyzed leaching
Dynatec	P	150	10~12	Low-grade coal as additive
Mt Gordon	C	90	8~10	Iron-sulfate-rich electrolyte
PLATSOL	P	220~230	30~40	NaCl, 10~20 g/L
Phelps Dodge	C	220~230	30~40	Residual acid to heap leach

注：D—工程示范（Demonstration）；P—试验工厂（Pilot Plant）；C—商业应用（Commercial Facility）。

表 1-3 加压浸出处理硫化镍精矿及镍锍的典型工厂

时间/年	国 家	冶炼厂	处理原料	工艺类型	处理量/kt·a^{-1}		
					Ni	Co	Cu
1954	加拿大	Fort Saskatchewan	硫化镍精矿	氧压氨浸	27	—	—
1959	美 国	Port Nickel 精炼厂	Ni/Co 硫化物	氧压酸浸	27	2	—
1960	芬 兰	Harjavalta 精炼厂	含铜镍锍	氧压酸浸	40	0.5	125
1963	加拿大	Fort Saskatchewan	Ni/Co 硫化物	氧压酸浸	—	—	—
1969	澳大利亚	Kwinana	硫化镍精矿	氧压氨浸	42	—	—
1969	南 非	Impala Platinum	含铜镍锍	氧压酸浸	9	—	—
1974	美 国	Port Nickel 精炼厂	含铜镍锍	氧压酸浸	36.3	0.45	20
1981	南 非	Rustenburg 精炼厂	含铜镍锍	氧压酸浸	2.1	—	—
1985	南 非	Marikana 精炼厂	含铜镍锍	氧压酸浸	2.0	—	1.7
1993	中 国	阜康冶炼厂	含铜镍锍	氧压酸浸	2.0	—	—
2002	中 国	吉林镍业	含铜镍锍	氧压酸浸	10	—	—
2005	中 国	金川有色公司	含铜镍锍	氧压酸浸	25	—	110

表 1-4 难处理金矿加压氧化预处理工艺的典型工厂

矿 山	国 家	介 质	给矿类型	处理能力 /t·d^{-1}	高压釜 台数	投产日期	直接氰化金 浸出率/%	预氧化后金 浸出率/%
Mclaughlin	美 国	酸性	矿石	2700	3	1985	0~65	>90
Sao Bento	巴 西	酸性	精矿	240	2	1986		90
Mercur	美 国	碱性	矿石	680	1	1988	20~60	>90
Getchell	美 国	酸性	矿石	2730 1360	3 1	1988 1990		
Olympias	希 腊	酸性	精矿	315	2	1990		97
Campell	加拿大	酸性	精矿	75	1	1991		
Goldstrike	美 国	酸性	美国	5400 11580	3 6	1991 1993		
Porgera	巴 新	酸性	精矿	2500 2700	6 6	1991 1994		95.5
Nerco Con	加拿大	酸性	精矿	100	1	1992		93
Long Tree	美 国	酸性	矿石	2270		1994		90

1.3 用途和技术优势

20 世纪 50 年代以来,随着科学技术的进步和发展,世界各国对矿产资源的需求量日益增长,有限的资源迫使人们在矿业生产的各个领域采用现代新方法、新技术、新工艺、新设备,以最大限度地开发和利用矿产资源,提高矿石加工过程的经济效益、环境效益和社会效益。因此,作为湿法冶金重要内容之一的加压湿法冶金,在重有色金属、轻有色金属、稀有金属、贵金属的冶炼过程中占有重要地位。

加压湿法冶金（pressure hydrometallurgy）是指在加压条件下反应温度高于常压液体沸点的湿法冶金过程。加压湿法冶金的主要优点表现在以下几个方面：

（1）原料适应性强。可以处理复杂低品位物料，包括复杂低品位矿石、难处理含砷物料、多金属共伴生矿、冶金中间物料、二次再生资源等。

（2）环境友好。加压湿法冶金可用于直接处理金属硫化矿，硫化矿不经过氧化焙烧，避免了 SO_2 对大气的污染，是一种清洁冶金技术。

（3）回收率高。加压湿法冶金可以实现硫化矿的直接浸出，实现冶炼过程短流程，进而提高金属回收率。

（4）资源综合利用效率高。在提取主金属的同时，采用加压湿法冶金可以选择性浸出、分离伴生稀散金属或贵金属，实现伴生元素综合回收，经济效益甚至超过主金属。

（5）硫生成元素硫。我国西部和边远地区自然条件恶劣（如缺水），交通运输困难，生态环境脆弱，矿产资源开发利用与环境保护更显突出，采用传统常规提取方法难以处理，特别是生产不宜远距离运输和存储的硫酸产品。而加压湿法冶金可以将硫化矿中硫加压氧化成硫黄，便于储存与运输，避免冶炼工艺对硫酸市场的依赖。对于硫酸过剩或交通不便的边远地区，这一点尤其重要。

（6）反应速度快。由于加压湿法冶金在较高的温度下进行，过程动力学条件得到很大改善，从而加快了浸出速度，大大缩短浸出时间，能取得较高的生产率。

（7）工艺流程配置灵活。加压湿法冶金既可用于新建工厂，也可用于老厂改造升级，生产规模可大可小，具有很高的灵活性。

当然，湿法冶金也存在一些不足，如加压湿法冶金加压釜设备造价高、操作技术难度大、常规金属提取成本高等。这些问题也正是冶金工作者需要重视和进一步解决的，例如加压湿法冶金的选择性浸出、节能降耗新技术与新工艺、加压湿法冶金与现有冶炼工艺联合等。解决这些问题将促进加压湿法冶金技术不断完善和提高。

近年来，加压湿法冶金技术的应用范围正在日益扩大。在氧化铝提取冶炼中，碱性加压拜耳法一直占据主导地位；在镍冶金中，硫化镍矿加压湿法冶金已成为镍冶炼的主要方法，红土镍矿加压湿法冶金在处理褐铁矿矿石方面具有显著优越性；在锌冶炼中，采用氧压浸出工艺处理闪锌矿的工厂越来越多，锌冶炼技术得到了更进一步的发展；在铜冶金中，半工业试验和工业规模商业生产已开始；在稀有金属提取方面，钨精矿碱压煮、钼精矿加压氧化等工艺获得广泛应用。

1.4 发展前景

进入 21 世纪以来，随着我国经济的强劲发展，有色金属需求日益增加，有色金属工业发展迅速，产业规模和经济效益显著提升，生产成本、综合能耗等技术指标达到国际先进水平。同时整个行业也面临着资源短缺、环境污染、能源消耗等因素的制约，原有工艺技术亟须提高升级，新形势下加压湿法冶金由于其特有的技术特点和优势，更加受到业界重视，主要原因归纳如下：

（1）低品位复杂难处理矿产资源的开发利用。随着人类对自然资源的需求剧增，部分矿产资源现已趋于枯竭，高品位富矿资源越来越少，低品位、多金属共伴生矿资源越来多，传统的选矿富集方法难以生产标准的合格精矿，只能生产低品位精矿或中矿。这些过去不易处理或难处理矿产资源的开发已成为必然，使得常规的冶金方法已不具备处理能力，迫切需要加压湿法冶金技术这类强化冶炼技术的应用。例如，镍资源包括硫化镍矿和氧化镍矿，其中硫化镍矿占镍储量的30%，氧化镍矿占镍处理量的70%。由于硫化镍矿品位高、易选冶，一直是镍冶炼行业的主要原料，红土镍矿因不能选矿富集、能耗高、酸耗高等原因一直没有更大规模地开采，2000年以前全球镍消耗量的70%以上来自于硫化镍矿资源开发。但是，随着硫化镍矿资源的不断开发和市场需求增加，近年来人们开始大量开发利用红土镍矿，世界范围内氧化矿镍产量比例已由过去的30%增长到目前的60%。针对红土镍矿开发了回转窑-电炉法、回转窑直接还原法、回转窑还原-氨浸法、小高炉法、高压酸浸法、堆浸法、常压浸出法等多种火法和湿法工艺。

（2）环境保护要求日趋严格。传统的有色金属硫化矿火法冶炼工艺生产时，排放大量低浓度二氧化硫，导致大气中产生酸雾和酸雨，对周围环境和人员卫生健康造成严重影响，迫使人们选择更加环保的加压湿法冶金工艺作为替代。例如，2009年中金岭南在丹霞冶炼厂建设了10万吨氧压酸浸工厂，取代原有的焙烧-回转窑还原挥发工艺，新工艺既可以避免二氧化硫气体的排放，又可以产出元素硫，解决了硫酸的储存和运输问题，同时实现伴生稀有金属镓锗的综合回收。再如一些高砷硫化矿资源，采用传统的火法熔炼或焙烧工艺，砷的存在使得制酸五氧化二钒触媒中毒，单独处理得到的含砷烟尘属于危险废弃物，处理费用昂贵。但采用加压浸出工艺后，砷在浸出过程中形成稳定的臭葱石，浸出渣按照一般固废处理即可。

（3）能源紧缺迫使采用更加节能的工艺。过去对加压湿法冶金的认识有一个误区，总认为加压湿法冶金高温高压，需要大量的能耗。其实不然，加压湿法冶金的温度范围通常在$100 \sim 250℃$，与火法熔炼在$1000 \sim 2000℃$温度范围相比，理论能耗和散热均小很多。同时加压湿法冶金过程中硫通常转化为元素硫，元素硫氧化释放的能量尚未利用。

（4）高纯金属或氧化物制备。随着现代科学技术的发展，对一些特殊性质和用途的材料需求更大，加压湿法冶金作为发展中的新技术，可能应用到新材料制备中。

随着各种学科之间相互交叉和相互渗透，加压湿法冶金和传统工艺互相补充，在国家大力发展循环经济、清洁生产、低碳经济的形势下，加压湿法冶金将不断发展，它的作用和地位将不断提高，广大冶金工作者任重道远。

参 考 文 献

[1] 杨显万，邱定蕃. 湿法冶金[M]. 2版. 北京：冶金工业出版社，2011.
[2] 陈家镛. 湿法冶金手册[M]. 北京：冶金工业出版社，2005.
[3] 朱屯. 现代铜湿法冶金[M]. 北京：冶金工业出版社，2002.
[4] 蒋开喜，王海北. 加压湿法冶金：可持续发展的资源加工利用技术[J]. 中国创业投资与高科技，2002，12：73-75.
[5] 易阿蛮. 关于硫化锌精矿的直接加压酸浸[J]. 有色金属（冶炼部分），1981，3：56-59.
[6] E G Parker. Pilot plant trials of Sherrill Gordon process of zinc extraction[J]. CIM Bull，1981，74：145-150.
[7] W A Jankola. Zinc pressure leaching at Cominco[J]. Hydrometallurgy，1995，39(1-3)：63-70.
[8] 黄煌，周敬元. 国外铅锌冶炼技术的考察[J]. 株冶科技，2000，28(4)：1-3.
[9] Martin M T，Jankola W A. Cominco's Trail zinc pressure leach operation[J]. CIM Bulletin，1985，78

(876)：77-81.

[10] Jankola W A. Zinc pressure leaching at Cominco[J]. Hydrometallurgy, 1995, 39(1-3)：63-70.

[11] Boissoneault M, Gagnon S, Henning R, et al. Improvements inpressure leaching at Kidd Creek[J]. Hydrometallurgy, 1995, 39(1-3)：79-90.

[12] 邱定蕃. 重有色金属加压湿法冶金的发展[J]. 有色金属（冶炼部分），1989(增刊)：9.

[13] E Ozberk. Zinc pressure leaching at the Ruhr-Zink refinery[J]. Hydrometallurgy, 1995, 39(1-3)：53-61.

[14] Collins M J, Ozberk E, Makwana M, et al. Integration of Sherritt zinc pressure leach process at Ruhr-Zink refinery, Germany// Proceedings of the International Symposium on Hydrometallurgy'94[C]. Chapman & Hall, 1994：869-885.

[15] Ozberk E, Collins M J, Makwana M, et al. Zinc pressure leaching at Ruhr-Zink Refinery[J]. Hydrometallurgy, 1995, 39(1-3)：53-62.

[16] Gus Van Weert, Micha Boering. Selective pressure leaching of zinc and manganese from natural and man-made spinels using nitric acid[J]. Hydrometallurgy, 1995, 39(1-3)：201-213.

[17] Krysa B D. Zinc pressure leaching at HBMS[J]. Hydrometallurgy, 1995, 39(1-3)：71-77.

[18] Collins M J, McConaghy E J, Stauffer R F, et al. Starting up the Sherritt zinc pressure leach process at Hudson Bay[J]. JOM, 1994, 64(4)：51-58.

# **2** 浸出过程的物理化学

2.1 概述[7]

浸出的实质是利用适当的溶剂使固体物料中的一种或几种目的物（有价成分或杂质等）优先溶出的过程，即以溶剂为介质进行固体组分分离的过程，通常有赖于化学反应的参与。浸出作业的目的因所处理物料而各异，多数情况是从所处理物料如矿石、精矿和二次资源中提取有价成分，个别情况是从物料中浸出杂质提纯固体产物。

浸出是湿法冶金中一项基本的单元过程，它的特点在于：

（1）浸出是借助溶液介质，绝大多数情况下是在水溶液介质中进行的物理与化学过程。

（2）浸出体系是一种以液相为主体的多相反应体系，至少是固、液多相体系，在某些情况下还有气相参加，例如硫化矿物氧压浸出。实际上，固体本身也是一种多组分的多相体系。

（3）湿法冶金中的浸出很少是简单的物理溶解；多伴随有复杂的多相化学反应，因此不仅要求一定的浸出温度、压力和酸碱度，有时还涉及氧化-还原反应等电化学过程。

固体物料可以是常规的冶金原料如矿石、精矿，各种中间产品如冰铜、焙砂等，也可以是固体废料如炉渣、烟灰、阳极泥、废合金等。固体物料通常都是复杂的多元和多相体系，由一系列矿物组成。有价值的矿物多半是硫化物、氧化物、氢氧化物、砷化物、碳酸盐等化合物。有时，有价矿物也可在原料中呈自然金属形态存在。

浸出所用的溶剂，应具有以下各种性质：

（1）能选择性地迅速溶解矿石中的目标矿物或组分，对目标矿物外的其他矿物或组分不发生作用。

（2）价格低廉且来源容易或能够再生利用。

（3）没有危险，便于使用。

（4）对于设备没有腐蚀作用。

工业上作为溶剂用的有：水、酸（通常为硫酸或盐酸）、氨溶液和碱溶液、盐溶液（如贵金属浸出时所用的氰化钠或氰化钾溶液）。

2.2 水溶液的热力学原理[2,7]

2.2.1 离子和电解质的活度

在湿法冶金中，许多过程是在酸、碱、盐的水溶液中完成的。要了解这些电解质无机化合物在湿法冶金溶液中的行为和作用，首先便遇到求离子活度和电解质活度的问题。现讨论如下：

假设电解质的化学式是 $M_{v_+}A_{v_-}$。此电解质在水中电离式如下：

$$M_{v_+}A_{v_-} = v_+ M^{z+} + v_- A^{z-} \tag{2-1}$$

式中 v_+，v_-——一个母电解质分子电离时产生的阳离子数和阴离子数；

z_+，z_-——以质子电荷单位衡量的阳离子电荷和阴离子电荷。

例如，对电离反应 $H_2SO_4 = 2H^+ + SO_4^{2-}$ 来说，$v_+ = 2$、$z_+ = 1$ 以及 $v_- = 1$、$z_- = -2$。在这个例子中，母电解质是电中性的，并成立以下的关系：

$$v_+ z_+ + v_- z_- = 0$$

另一方面，方程（2-1）不适用于本身是离子的电离反应。例如，不适用于反应 $HSO_4^- = H^+ + SO_4^{2-}$，其中 $v_+ = 1$、$z_+ = 1$ 和 $v_- = 1$、$z_- = -2$。

在电解质溶液的理论讨论中，浓度通常是用质量摩尔浓度 m 表示。在一般的情况下，讨论的溶液是指在 n_1 mol 水中溶解 m mol 电解质配制的溶液。在取 n_1 等于 $1000/M_{H_2O}$（M_{H_2O} 为水的摩尔质量）的特殊情况下，那么 m 就和电解质的计算质量摩尔浓度是相同的，亦即 m 是电解质在 1000g 水中的物质的量，从而 n_1 是个定值。

从反应（2-1）所示的电离反应的化学计量关系，可得到式（2-2）：

$$m_+ = v_+ (m - m_u)$$
$$m_- = v_- (m - m_u) \tag{2-2}$$

式中 m——电解质 $M_{v_+}A_{v_-}$ 的物质的量，mol；

m_u——未电离部分的物质的量，mol；

m_+——阳离子 M^{z+} 的物质的量，mol；

m_-——阴离子 A^{z-} 的物质的量，mol。

在溶液只含一种电解质 $M_{v_+}A_{v_-}$ 的情况下，将方程（2-2）中各式的微分式代入按平常方式描述溶液自由焓微量变化的方程

$$dG = -SdT + vdP + \mu_u + dm_u + \mu_+ dm_+ + \mu_- dm_- + \mu_1 dn_1$$

中，于是在恒温恒压下便得到：

$$dG = \mu_u dm_u + v_+ \mu_+ (dm - dm_u) + v_- \mu_- (dm - dm_u) + \mu_1 dn_1$$
$$= (\mu_u - v_+ \mu_+ - v_- \mu_-)dm_n + (v_+ \mu_+ + v_- \mu_-)dm + \mu_1 dn_1 \tag{2-3}$$

在式（2-3）中，n_1 和 m 是可以独立改变的数量。在溶液趋向电离平衡的过程中，m_u 也会改变。因此，n_1、m、m_u 都是独立变量。由此可以做出两个结论：第一，如果考虑一个封闭体系，这样 n_1 和 m 实际上都是常数。于是，电离平衡到达的条件可令

$$\left(\frac{\partial G}{\partial m_u}\right)_{T,P,m,n} = 0$$

而加以确定。从方程（2-3）可以看出这个条件就是：

$$\mu_u = v_+ \mu_+ + v_- \mu_- \tag{2-4}$$

第二，如果使 n_1 和 m 足够缓慢地改变以维持式（2-4）所示电离平衡关系的需要，也就是说式（2-4）仍然成立，那么式（2-3）所示的通式可简写为：

$$dG = (v_+\mu_+ + v_-\mu_-)dm + \mu_1 dn_1 \tag{2-5}$$

把 μ_2 定义为电解质当作一个整体的化学位，则根据方程（2-5）得到：

$$\mu_2 \equiv \left(\frac{\partial G}{\partial m}\right)_{T,P,n} = v_+\mu_+ + v_-\mu_- \tag{2-6}$$

这个结果表示：虽然 μ_+ 和 μ_- 分开来说都没有什么实际意义，但式（2-6）所示它们这个特定的线型组合却是有意义的数量，因为 $\left(\frac{\partial G}{\partial m}\right)_{T,P,n}$ 是可用实验测定的。

比较一下方程（2-4）和（2-6），也可以看出在平衡时有以下关系：

$$\mu_2 = \mu_u \tag{2-7}$$

式中　μ_u——电解质未电离部分的化学位。

现在，来讨论有关活度和活度系数的问题。

阳离子和阴离子的化学位与活度系数的关系可按常规表示如下：

$$\mu_+ = u_+^\ominus + RT\ln\gamma_+ m_+ \quad 或 \quad \mu_- = u_-^\ominus + RT\ln\gamma_- m_-$$

将这些关系代入式（2-6），便得到：

$$\mu_2 = u_2^\ominus + RT\ln\gamma_+^{v_+} \gamma_-^{v_-} m_+^{v_+} m_-^{v_-} \tag{2-8}$$

式中，$u_2^\ominus = v_+\mu_+^\ominus + v_-\mu_-^\ominus$。

虽然 $\mu_+^\ominus$ 和 $\mu_-^\ominus$ 分开来说也没有什么实际意义，但是 $v_+\mu_+^\ominus + v_-\mu_-^\ominus$ 却是有意义的数量，它表示整个电解质在标准状态的化学位。从而，乘积 $\gamma_+^{v_+} \gamma_-^{v_-}$ 也是有物理意义的。

如果令离子的总数为 v，则 $v \equiv v_+ + v_-$，这样可由式（2-8）引出一些概念：

$$\gamma_+^{v_+} \gamma_-^{v_-} \equiv \gamma_\pm^v, \quad m_+^{v_+} m_-^{v_-} \equiv m_\pm^v, \quad a_+^{v_+} a_-^{v_-} \equiv a_\pm^v$$

或

$$\gamma_\pm = (\gamma_+^{v_+} \gamma_-^{v_-})^{1/v}, \quad m_\pm = (m_+^{v_+} m_-^{v_-})^{1/v}, \quad a_\pm = (a_+^{v_+} a_-^{v_-})^{1/v} \tag{2-9}$$

式中，$\gamma_\pm$、$m_\pm$、$a_\pm$ 分别称为平均活度系数、平均质量摩尔浓度和平均活度。这三者之间的关系，和普通的活度一样，也是

$$a_\pm = \gamma_\pm m_\pm$$

当 $m \to 0$ 时，　　　　　　　　　　　　　　$\gamma_\pm \to 1$ \tag{2-10}

这样一来，可将式（2-8）写成以下的形式：

$$\mu_2 = u_2^\ominus + vRT\ln\gamma_\pm m_\pm = u_2^\ominus + vRTa_\pm \tag{2-11}$$

若以 a_2 为整个电解质的活度，而且 $\mu_2 = u_2^\ominus + RT\ln a_2$，则与方程（2-11）进行比较并考虑到式（2-9）的关系以后可得出：

$$a_2 = a_\pm^v = a_+^{v_+} a_-^{v_-} \tag{2-12}$$

许多电解质基本上是完全电离的，在此情况下 $m_+ = v_+ m$ 和 $m_- = v_- m$。对于这类强电解质，只需知道 m 即可得 $m_\pm$。这就使得有可能计算方程（2-11）中的 $\gamma_\pm$。甚至在电解质的电离不很完全的情况下，习惯上也采用同样的方法，亦即令 $m_+ = v_+ m$ 和 $m_- = v_- m$。如此求得的 $\gamma_\pm$ 称为计量活度系数，因为它们是根据电解质的总质量摩尔浓度得来的。从热力学的观点看来，这样做并无不严格之处，但 $\gamma_\pm$ 所表示的就不仅是不理想程度，还包括

电离不完全的影响。

应该指出：上面只讨论了一种单独的电解质 $M_{v_+}A_{v_-}$ 在水中的溶液。如果除了这种电解质，譬如具体说除了 HCl，还有诸如 NaCl 或 HNO_3 的其他电解质存在，那么 Cl^- 或 H^+ 的总浓度用各种电解质中相应离子的浓度之和表示。在此情况下，H^+ 或 Cl^- 的浓度不再相等，但是关系式 $a_{HCl} = a_{H^+} a_{Cl^-}$ 仍然适用。由此可以看出：向给定的 HCl 溶液中加入 NaCl 或 HNO_3，HCl 的活度将会增大。反过来说，如果想 NaCl 的水溶液中加入 HCl 或诸如 $NaNO_3$ 的钠盐，则 NaCl 的活度会增大。在某些条件下，这个增大可能如此之大，以致溶液变得相对于 NaCl 而饱和。

上面已提到，对所有的强电解质来说，未电离化合物的浓度实际上为零。但是，对诸如碳酸等所谓的弱电解质来说，情况就不是如此。令人最感兴趣的弱电解质，就是水本身。水按反应 $H_2O = H^+ + OH^-$ 进行电离。（H^+ 与水结合成 H_3O^+ 离子的事实对热力学讨论来说无关紧要）。

水的电离常数很小，在 25℃ 下约为 10^{-14}。这意味着：对纯水来说，H^+ 或 OH^- 的浓度或活度各为 10^{-7}。如果把 HCl 或某些其他的酸加入到水中，则 H^+ 的活度将增大而 OH^- 的活度则降低。若向水中加入某些如 NaOH 的碱，那就会得到相反的结果。因为水的活度在所有情况下基本上为 1，所以 H^+ 和 OH^- 的活度之间的关系为 $a_{H^+} a_{OH^-} = 10^{-14}$。因此，$H^+$ 的活性在 1（对活度为 1 的酸而言）与 10^{-14}（对活度为 1 的碱而言）之间变动。而对更强酸性的或更强碱性的溶液来说，可以超出这些范围。

氢离子活度按常规是用其负的对数表示，这个负的对数称为溶液的 pH 值。因此，$pH = -lg a_{H^+}$。水溶液的 pH 值是其最重要的性质之一，而且在表述湿法冶金反应的行为中起着非常重要的作用。

2.2.2　金属盐溶液

当诸如 NaCl 或 $FeSO_4$ 的金属盐溶解在水中的时候，便有阳离子 Na^+ 或 Fe^{2+} 和阴离子 Cl^- 或 SO_4^{2-} 形成。在这样的情况下，中性盐的活度等于各自的阳离子活度与阴离子活度的乘积。

特别令人感趣的是某些金属既可以呈阳离子也可以呈阴离子存在。典型的例子为铝，它既可以呈 Al^{3+} 也可以呈诸如 AlO_2^- 的阴离子出现。在这些离子与水之间有如下平衡：

$$Al^{3+} + 2H_2O \rightleftharpoons AlO_2^- + 4H^+$$

从反应式可以看出：阴离子的活度将随着 pH 值增大（H^+ 活度降低）而增大。从原则上讲，可以设想所有的金属阳离子都有可能随着 pH 值的增大而形成不同形式的阴离子。但是，因为在饱和氢氧化钠溶液中可能达到的最大 pH 值约为 15，所以对许多金属来说不可能有显著量的阴离子形成。

同样的，某些阴离子也可以在 pH 值降低时发生以下的变化：

$$SO_4^{2-} + H^+ \rightleftharpoons HSO_4^-$$

HSO_4^- 离子是在 pH 值小于 2 时优先存在的离子。

另一种类型的离子变化，是由于不同离子之间或离子与中性分子之间有生成配合离子而发生的反应：

$$Ag^+ + 2CN^- \rightleftharpoons Ag(CN)_2^-$$

$$UO_2^{2+} + 3SO_4^{2-} \rightleftharpoons UO_2(SO_4)_3^{4-}$$

$$Cu^{2+} + 4NH_3 \rightleftharpoons Cu(NH_3)_4^{2+}$$

在前两种情况下，金属离子由正电荷变到负电荷。因此，虽然银在硝酸银溶液中呈阳离子存在，但若加入 NaCl 或 KCN，便可使银变为阴离子。

某些配合离子可以是很稳定的，与此相应的配合离子生成反应的平衡常数是一个很大的值。因此，虽然硝酸银容易与 HCl 起反应而生成 AgCl 沉淀，但氯化银却不能从银呈 $Ag(CN)_2^-$ 阴离子存在的溶液中沉淀出来。相反地，AgCl 与 NaCN 溶液起反应，生成水溶性的银氰配合离子。金属配合离子的形成，是使不溶性金属化合物转入溶液采用的一种方法，并在湿法冶金中有重要的用途。

2.2.3　溶解热和稀释热

在讨论溶液中，溶解热是一项重要数据。所谓溶解热，就是将一定量的溶质溶于一定量的溶剂时的热效应。影响溶解热的因素，除了溶质和溶剂的量以外，还有温度和压力。例如，在 25℃ 及 1 个标准大气压下，1mol HCl(g) 在 10mol H_2O 中的溶解热是 $-69.43kJ$，以公式表示就是：

$$HCl(g)_{(1大气压)} + 10aq \rightleftharpoons HCl \cdot 10aq$$

$$\Delta H_{298} = -69.43kJ$$

在这里，用 aq 代表水而不用 H_2O，并将其生成热规定为零（因为这样做可以避免很不方便的大数目）。以后，在有关的讨论中，只要溶剂是 H_2O，就采用这个符号和规定。此外，如果不加注明，温度和压力就分别是指 25℃ 和 1 个标准大气压。

如果向一定量溶液再加入一定量的溶剂，则此过程的热效应称为稀释热。若是溶液稀释到再加入溶剂时没有热效应，这种溶液就称为无限稀的溶液（这只是对热效应而言，对于其他效应，它不可能是无限稀的）。例如，

$$HCl(g) + \infty aq \rightleftharpoons HCl \cdot \infty aq, \quad \Delta H = -75.08kJ$$

由此例可见，将 aq 的生成热指定为零是完全有道理的。

2.2.4　水溶液中的反应热

先讨论在无限稀溶液中的反应。设在 25℃ 下将 1HCl·∞aq 与 1NaOH·∞aq 相混合，则得到：

（1）HCl·∞aq + NaOH·∞aq ═ NaCl·∞aq + H_2O(l)，在这里，必须将生成的 H_2O(l) 写在方程式中，因为虽然它作为稀释剂不产生热效应（因为溶液已经是无限稀的），但它对整个过程 ΔH 的贡献却是不可忽略的。

倘若溶液不是无限稀的，则情况就比较复杂。设将 HCl·xaq 与 NaOH·yaq 相混合，则此过程不能用。

（2）HCl·xaq + NaOH·yaq ═ NaCl·(x+y)aq + H_2O(l)，ΔH_b = 某值来说，因为这

样做就意味着最后结果乃是 1mol NaCl 溶于 $(x+y)$ mol 水中，而产生的 1mol H_2O 却无溶剂作用。

(3) $NaCl \cdot (x+y)aq + aq = NaCl \cdot (x+y+1)aq, \Delta H_c = $ 某值。整个过程自然是二者之和。

(4) $HCl \cdot xaq + NaOH \cdot yaq + aq = NaCl \cdot (x+y+1)aq + H_2O(l), \Delta H_d = \Delta H_b + \Delta H_c$。倘若溶液是无限稀的，则 $\Delta H_c = 0$，故 $\Delta H_d = \Delta H_b = \Delta H_a$。

根据实验，知道在无限稀的溶液中，有以下一些现象：

(1) $NaCl \cdot \infty aq + KNO_3 \cdot \infty aq$，$KCl \cdot \infty aq + NaNO_3 \cdot \infty aq$ 等过程的热效应皆等于零。

(2) $NaOH \cdot \infty aq + HCl \cdot \infty aq$，$KOH \cdot \infty aq + HNO_3 \cdot \infty aq$，$NaOH \cdot \infty aq + 1/2H_2SO_4 \cdot \infty aq$ 等过程的 ΔH 皆是 -55.84 kJ。

(3) $AgNO_3 \cdot \infty aq + HCl \cdot \infty aq$，$1/2Ag_2SO_4 \cdot \infty aq + NaCl \cdot \infty aq$ 等过程的 ΔH 都为 -65.42 kJ。

以上这些现象的最合理的解释是假设：

(1) 中根本没有化学反应，也就是说 $Na^+ \cdot \infty aq + Cl^- \cdot \infty aq + K^+ \cdot \infty aq + NO_3^- \cdot \infty aq = K^+ \cdot \infty aq + Na^+ \cdot \infty aq + NO_3^- \cdot \infty aq$。

(2) 中的反应皆是 $H^+ \cdot \infty aq + OH^- \cdot \infty aq = H_2O(l) + \infty aq$。

(3) 中反应皆是 $Ag^+ \cdot \infty aq + Cl^- \cdot \infty aq = AgCl(s) + \infty aq$。

2.2.5 水溶液中离子的生成热

从第 2.2.4 节可知，$NaCl \cdot \infty aq$ 实际上是 $Na^+ \cdot \infty aq + Cl^- \cdot \infty aq$。溶液是电中性的，即正电荷和负电荷永远一样地多，从而不能仅靠热力学的方法以得单独离子的生成热。但是，如果选定一种离子并指定其生成热，那么便可由此得到各种离子在无限稀溶液中的生成热比较值。这些数值虽非绝对的，但仍可用来解决溶液中反应的热效应问题，就像利用化合物的生成热解决问题那样，在同一基础上的比较值不受绝对值的影响。

对化合物的生成热来说，现在通用的规定是将原质在标准状态的生成热 $\Delta H_f^{\ominus}$ 指定为零。例如，反应 $H_2(g)$（1个标准大气压）$+ 1/2O_2(g)$（1个标准大气压）$= H_2O(l)$（1个标准大气压）在 25℃ 下的反应热为 -285.58 kJ。因为已指定 H_2 和 O_2 的 $\Delta H_f^{\ominus}$ 皆等于零，所以 -285.58 kJ/mol 也是 H_2O 在 25℃ 下的生成热。

对离子的生成热来说，则另有规定。现在公认的规定是以 $H^+ \cdot \infty aq$ 为基础而指定其生成热为零。由此，即可利用热化学的结果以求得其他离子的生成热。现举例说明如下：

(1) 自 $H^+ \cdot \infty aq + OH^- \cdot \infty aq = H_2O(l) + \infty aq$ 的 $\Delta H = -55.84$ kJ/mol 以及 $H_2O(l)$ 的 $\Delta H_f^{\ominus} = -285.58$ kJ/mol，即可得到 $OH^- \cdot \infty aq$ 的 $\Delta H_f^{\ominus} = -229.73$ kJ/mol。

(2) 自 $HCl(g) + \infty aq = H^+ \cdot \infty aq + Cl^- \cdot \infty aq$ 的 $\Delta H = -75.07$ kJ/mol 以及 $HCl(g)$ 的 $\Delta H_f^{\ominus} = -92.21$ kJ/mol，即可得到 $Cl^- \cdot \infty aq$ 的 $\Delta H_f^{\ominus} = -167.28$ kJ/mol。

以此下去，就可得到各种离子在无限稀溶液中的生成热。

另一个求水溶液中离子生成热的办法是选择一个合适的电池，测定它的标准电动势 $E^{\ominus}$ 及其温度系数 $\dfrac{\partial E^{\ominus}}{\partial T}$。对电池反应来说，可以得到以下关系：

$$\Delta G^{\ominus} = - zE^{\ominus}F \tag{2-13a}$$

$$\Delta S^{\ominus} = - \frac{\partial \Delta G^{\ominus}}{\partial T} = zF \frac{\partial E^{\ominus}}{\partial T} \tag{2-13b}$$

$$\Delta H^{\ominus} = \Delta G^{\ominus} + T\Delta S^{\ominus} = zF\left(T \frac{\partial E^{\ominus}}{\partial T} - E^{\ominus} \right) \tag{2-13c}$$

这样，就可以根据方程（2-13c）求电池的反应热，而后求离子的生成热。例如，为了求 HCl 在水中的生成热，可装置下面的电池：

$$\text{H}_2（1 \text{ 个标准大气压）} | \text{HCl(aq)} | \text{AgCl,Ag}$$

在这里，aq 表示溶液是 $m = 1$ 的理想溶液。在 25℃ 下，已测得此电池的 $E^{\ominus} = 0.2224\text{V}$ 和 $\frac{\partial E^{\ominus}}{\partial T} = 6.593 \times 10^{-4}\text{V/K}$。电池的化学反应式：

$$1/2\text{H}_2(\text{g}) + \text{AgCl(s)} = \text{HCl(aq)} + \text{Ag(s)}$$

$$\Delta H^{\ominus} = \Delta H^{\ominus}_{\text{fHClaq}} + \Delta H^{\ominus}_{\text{fAg}} - \frac{1}{2}\Delta H^{\ominus}_{\text{fH}_2} - \Delta H^{\ominus}_{\text{fAgCl}}$$

在上式右边最后三项之中，根据原质在标准状态生成热为零的规定，即 $\Delta H^{\ominus}_{\text{fAg}} = 0$ 和 $\Delta H^{\ominus}_{\text{fH}_2} = 0$，而 $\Delta H^{\ominus}_{\text{fAgCl}}$ 则可从数据表中查出为 -126.90kJ/mol。左边的 $\Delta H^{\ominus}$ 可通过已测出的 $E^{\ominus}$ 和 $\frac{\partial E^{\ominus}}{\partial T}$ 以及 $z = 1$、$F = 96.39\text{kJ/mol}$、$T = 298\text{K}$ 等数据代入方程（2-13c）求得为 -40.38kJ。由此，便可求出 $\Delta H^{\ominus}_{\text{fHClaq}} = -167.28\text{kJ/mol}$。这个数值表示 HCl 在 $m = 1$ 的理想溶液中的生成热。在这样的溶液中，$\Delta H^{\ominus}_{\text{fHClaq}}$ 是 H^+ 和 Cl^- 的生成热 $\Delta H^{\ominus}_{\text{fH}^+}$ 和 $\Delta H^{\ominus}_{\text{fCl}^-}$ 的综合。从而，根据 H^+ 的生成热等于零的规定，便可求得 $\Delta H^{\ominus}_{\text{fCl}^-} = -167.28\text{kJ/mol}$。这个结果与上述用热化学方法求得的结果完全相符，表明离子在无限稀溶液中的生成热也是它在 $m = 1$ 的理想溶液中的生成热。这是因为在各种理想溶液中焓是与浓度无关的。

2.2.6 离子的标准生成自由焓

求离子生成自由焓的方法很多，其中一个比较好的方法就是上面已讨论过的电动势法。上述电池装置可用来先求得 HCl(aq) 的标准生成自由焓 $\Delta G^{\ominus}_{\text{fHCl}}$，然后求离子的标准生成自由焓。

根据方程（2-13a）可以很容易地求出电池反应的 $\Delta G^{\ominus} = -21.44\text{kJ}$。这样，根据

$$\Delta G^{\ominus} = \Delta G^{\ominus}_{\text{fHCl(aq)}} + \Delta G^{\ominus}_{\text{fAg}} - \frac{1}{2}\Delta G^{\ominus}_{\text{fH}_2} - \Delta G^{\ominus}_{\text{fAgCl}}$$

的关系，按照原质在标准状态的生成自由焓等于零的规定以及从数据表中查出 $\Delta G^{\ominus}_{\text{fAgCl}} = -109.60\text{kJ/mol}$，便可算出 $\Delta G^{\ominus}_{\text{fHCl(aq)}} = -131.04\text{kJ/mol}$。这个数值也是 [$\text{H}^+(\text{aq}) + \text{Cl}^-(\text{aq})$] 这个离子组在 25℃ 下的总标准生成自由焓，它代表自标准状态的氢和氯组合 1mol 的 H^+ 和 1mol 的 Cl^- 时的总 $\Delta G^{\ominus}_{\text{f}}$，两种离子皆为 $m = 1$ 的理想溶液的标准状态。

为了求得单独离子的标准生成自由焓，像在处理生成热时的做法那样，现在普遍承认的规定是以 H^+ 为参考，并制定 $\Delta G^{\ominus}_{\text{fH}^+} = 0$。根据此规定，便可以求得 $\Delta G^{\ominus}_{\text{fCl}^-} = -131.04\text{kJ/mol}$。

下面再以两个实例说明离子组的总标准生成自由焓的求法，并根据上述规定求得单独

离子的 $\Delta G_{f}^{\ominus}$：

（1）$[H^{+}(aq) + OH^{-}(aq)]$ 离子组利用电动势法或其他方法可测得 H_2O 在 25℃ 下的电离常数是：

$$K_W = \frac{a_{H^+} a_{OH^-}}{a_{H_2O}} = 10^{-14}$$

根据 $\Delta G^{\ominus} = -RT\ln K$ 的关系，自上给数值即得：

$$\mu_{H^+}^{\circ} + \mu_{OH^-}^{\circ} - \mu_{H_2O}^{\ominus} = +98.82 kJ$$

因为标准化学位之差就是标准生成自由焓之差，已知在 25℃ 下 H_2O 的 $\Delta G_f^{\ominus} = -236.96 kJ/mol$，从而 $[H^+(aq) + Cl^-(aq)]$ 离子组在 25℃ 下的总 $\Delta G_f^{\ominus} = +98.82 - 236.96 = -138.14 kJ/mol$。这个数值代表自标准状态的氢和氧组成 1mol 的 H^+ 和 1mol 的 OH^- 是总的 $\Delta G_f^{\ominus}$，两种离子皆在 $m = 1$ 的理想溶液的标准状态。这样，根据 $\Delta G_{fH^+}^{\ominus} = 0$ 的规定，即可得 $\Delta G_{fOH^-}^{\ominus} = -138.14 kJ/mol$。

（2）$[NH_4^+(aq) + OH^-(aq)]$ 离子组在这里，首先讨论一个测定水溶液中物质生成自由焓的重要方法，即化学平衡法。

考虑一气态物质 A 与其水溶液之间的平衡：

$$A(g) \Longrightarrow A(aq)$$

对于溶解在水中的 A，用 m_A 来表示其浓度。自基本公式知：

$$\mu_A^{\ominus} + RT\ln f_A = \mu_A^{\circ} + RT\ln a_A = \mu_A^{\circ} + RT\ln \gamma_A m_A$$

由此即得：

$$\mu_A^{\circ} - \mu_A^{\ominus} = RT\ln \frac{f_A}{\gamma_A m_A}$$

因为 μ_A° 和 $\mu_A^{\ominus}$ 两者都与给定溶液的浓度无关，所以 $\dfrac{f_A}{\gamma_A m_A}$ 也是如此。因此，这个比例的值可借助于以 P_A/m_A 作图并外推到无限稀状态的方法加以测定。在此情况下，$m_A \to 0$，$\gamma_A \to 1$，$f_A \to P_A$，故 $\dfrac{f_A}{\gamma_A m_A} = \left(\dfrac{P_A}{m_A}\right)_{mA \to 0} \equiv \left(\dfrac{P_A}{m_A}\right)^{\ominus}$，即：

$$\mu_A^{\circ} - \mu_A^{\ominus} = RT\ln \left(\frac{P_A}{m_A}\right)^{\ominus} \tag{2-14}$$

式中，$\mu_A^{\circ} - \mu_A^{\ominus}$ 为物质 A 在理想的 $m = 1$ 的溶液中的标准生成自由焓与其在逸度为 1 个标准大气压的气体中的标准生成自由焓之差。

由此可见，在测定了 $\left(\dfrac{P_A}{m_A}\right)^{\ominus}$ 之后，若再知道气体 A 的 $\Delta G_f^{\ominus}$，便可算出 A 在溶液中的标准生成自由焓 $\Delta G_f^{\ominus}$。

对某些物质，例如 NH_3，会与水生成水合物，故体系的成分问题常引起麻烦。就反应 $NH_3(aq) + H_2O = NH_4OH(aq)$，不知道有多少 NH_3 与水化合。对于此种体系，现在规定以总物质的量浓度（在本例中即 $m_{NH_3} + m_{NH_4OH}$）为 1 的理想溶液作为标准状态，即在热力学稀溶液中 $NH_3(aq)$ 和 $NH_4OH(aq)$ 的活度系数皆等于 1，而他们的活度皆等于总浓度。

这样一来，气态氨与其溶液之间存在两个平衡：

$$NH_3(g) \Longleftrightarrow NH_3(aq) \tag{a}$$

$$NH_3(aq) + H_2O \Longleftrightarrow NH_4OH(aq) \tag{b}$$

现在，先来讨论反应（b）。设水合物与溶解 NH_3 的浓度各为 m_{NH_4OH} 和 m_{NH_3}。在任何相对于水的物质的量分数来说是足够稀的溶液中，由于 $x_{H_2O} \approx 1$，故 γ_{NH_4OH} 和 γ_{NH_3} 皆可认为等于1。由此，得到反应（b）的平衡常数：

$$K_b = \frac{m_{NH_4OH}}{m_{NH_3}}$$

若以 m 代表总浓度，则得到：

$$m = m_{NH_4OH} + m_{NH_3} = (K_b + 1)m_{NH_3}$$

上式表示在稀溶液中 m 与 m_{NH_3} 成正比。这意味着，如果 P_{NH_3}/m_{NH_3} 接近于常数，那么 P_{NH_3}/m 也将接近于常数。

设 μ_{NH_3} 为溶解 NH_3 的化学位，则

$$\mu_{NH_3} = \mu^\circ_{NH_3} + RT\ln\gamma m$$

注意这里的 $\mu^\circ_{NH_3}$ 是 NH_3 在总浓度为 $m = 1$ 的理想溶液中的化学位。$\mu^\circ_{NH_4OH}$ 的意义也是如此。这种规定的优点在于反应（b）的 $\Delta G^\ominus$ 在此规定下等于零，因此使问题简单化。

现来考虑反应（b）的平衡。根据方程（2-14）得到：

$$\mu^\circ_{NH_3} - \mu^\ominus_{NH_3} = RT\ln\frac{f_{NH_3}}{\gamma_m} = RT\ln\left(\frac{P_{NH_3}}{m}\right)^\ominus$$

根据实验测定在25℃下 $(P_{NH_3}/m)^\ominus = 1/56.3$，对此温度由上式得到：

$$\mu^\circ_{NH_3} - \mu^\ominus_{NH_3} = -9.97kJ$$

前面已提过，标准化学位之差就是在两种标准状态的生成自由焓之差。已知 $NH_3(g)$ 的 ΔG°_f 等于 $-16.62kJ/mol$，故

$$1/2N_2(g)(1 个标准大气压) + 3/2H_2(g)(1 个标准大气压) \Longleftrightarrow NH_3(aq)$$

$$\Delta G^\circ_{fNH_3(aq)} = -26.58kJ/mol$$

在这里，aq 表示溶液是总 $m = 1$ 的理想溶液。

在此基础上计算 $[NH_4^+(aq) + OH^-(aq)]$ 离子组的标准生成自由焓。根据测定平衡常数的方法，求得过程 $NH_3(aq) + H_2O = NH_4^+ + OH^-$ 在25℃下的 $\Delta G^\ominus$ 如下：

$$\mu^\circ_{NH_4^+} + \mu^\circ_{OH^-} - \mu^\circ_{NH_3} - \mu^\circ_{H_2O} = +27.02kJ$$

自上面已知 $NH_3(aq)$ 的 $\Delta G^\circ_f = -26.58kJ/mol$，故可求得 $[NH_4^+(aq) + OH^-(aq)]$ 的 $\Delta G^\circ_f = 27.02 - 26.58 - 236.96 = -236.53kJ/mol$。因为已知 $OH^-(aq)$ 的 $\Delta G^\circ_f = -157.15kJ/mol$，故可求出 $NH_4^+(aq)$ 的 $\Delta G^\circ_f = -236.52 + 157.15 = -79.37kJ/mol$。此种数据累积多了，不必通过平衡的测定即能计算许多离子反应的 $\Delta G^\ominus$。

2.2.7 半电池反应及电子的热力学性质

在处理湿法冶金反应时，例如在绘制 φ-pH 图时，往往遇到对半电池还原-氧化反应 $a\mathrm{A} + b\mathrm{B} + ze = c\mathrm{C} + d\mathrm{D}$ 进行热力学计算的问题。在此情况下，如果能把电子作为一个反应组分来考虑的话，那么在知道了电子的热力学性质以后，就可以像处理一般化学反应那样来处理半电池反应。这样，就必须考虑和确定电子的热力学性质。

电子在任何温度下的热力学性质，可以根据公认的规定，在对参考的氢半电池反应（SHE）$\mathrm{H}^+ + e = 1/2\mathrm{H}_2$ 进行考虑以后，就可以很容易地确定下来。

由于 SHE 的 $\varepsilon^\ominus$ 随温度变化的关系不知道，所以对标准氢电积做以下一些规定：

(1) $\Delta G_\mathrm{T}^\ominus(\mathrm{SHE}) = 0$，$\varepsilon_\mathrm{T}^\ominus(\mathrm{SHE}) = 0$，$a_{\mathrm{H}^+} = 1$，$P_{\mathrm{H}_2}$ 为 1 个标准大气压；

(2) 根据吉布斯-赫姆荷茨方程 $\Delta H_\mathrm{T}^\ominus = zF\left(T\dfrac{\partial \varepsilon}{\partial T} - \varepsilon^\ominus\right)$ 和 $\Delta S_\mathrm{T}^\ominus = zF\dfrac{\partial \varepsilon}{\partial T}$ 以及 $\Delta C_{P\mathrm{T}}^\ominus = \left(\dfrac{\partial \Delta H_\mathrm{T}^\ominus}{\partial T}\right)_p$，得到在任何温度下：$\Delta H_\mathrm{T}^\ominus(\mathrm{SHE}) = 0$；$\Delta S_\mathrm{T}^\ominus(\mathrm{SHE}) = 0$；$\Delta C_{P\mathrm{T}}^\ominus(\mathrm{SHE}) = 0$。

根据上述 (1)、(2)，便可求得电子在所有温度下的各种热力学数值：

$$\Delta G_{(e)\mathrm{T}}^\ominus = 0; \quad \Delta H_{(e)\mathrm{T}}^\ominus = 0; \quad S_{(e)\mathrm{T}}^\ominus = \frac{1}{2}S_{(\mathrm{H}_2)\mathrm{T}}^\ominus - \overline{S}_{(\mathrm{H}^+)\mathrm{T}}^\ominus$$

$$C_{P(e)\mathrm{T}}^\ominus = \frac{1}{2}C_{P(\mathrm{H}_2)\mathrm{T}}^\ominus - \overline{C}_{P(\mathrm{H}^+)\mathrm{T}}^\ominus \tag{2-15}$$

由此可见，当对半电池还原-氧化反应进行热力学计算时，考虑或不考虑电子的 $S^\ominus$ 和 $C_P^\ominus$ 必将导致反应的 ΔS_{298} 和 ΔC_{P298} 值（或在任何其他温度下的值）得到很不相同的结果。因此即使是不用相对熵而用绝对熵，也仍然有必要考虑电子的熵。

前面已经提到过，现在公认的规定，是 $\mathrm{H}^+(\mathrm{aq})$ 在所有温度下的 $\overline{S}_{(\mathrm{H}^+)\mathrm{T}}^\ominus$ 都等于零。在 298K 下，取气态氢的 $S_{(\mathrm{H}_2)298}^\ominus = 130.46\mathrm{J/(K \cdot mol)}$。这样，便可求得 $S_{(e)298}^\ominus = 65.23\mathrm{J/(K \cdot mol)}$。

在绝对标尺中，$\mathrm{H}^+(\mathrm{aq})$ 的 $\overline{S}^\ominus$ 随温度而变化；取 $\overline{S}_{(\mathrm{H}_2)298}^\ominus$（绝对）$= -20.9\mathrm{J/(K \cdot mol)}$，则得到一个数值不同的电子熵：$S_{(e)298}^\ominus$（绝对）$= 65.23 - (-20.9) = 86.13\mathrm{J/(K \cdot mol)}$。

而在有离子参与时反应的 $\Delta G_\mathrm{T}^\ominus$ 的算法如下：

一般说来，在高于 298K 的任何温度下，任何反应的 $\Delta G_\mathrm{T}^\ominus$ 的计算式可推导如下：

自

$$\Delta G_{298}^\ominus = \Delta H_{298}^\ominus - 298\Delta S_{298}^\ominus$$

$$\Delta G_\mathrm{T}^\ominus = \Delta H_\mathrm{T}^\ominus - T\Delta S_\mathrm{T}^\ominus$$

可得到：

$$\Delta G_\mathrm{T}^\ominus - \Delta G_{298}^\ominus = (\Delta H_\mathrm{T}^\ominus - \Delta H_{298}^\ominus) - (T\Delta S_\mathrm{T}^\ominus - 298\Delta S_{298}^\ominus) \tag{a}$$

以 $\Delta H_\mathrm{T}^\ominus = \Delta H_{298}^\ominus + \displaystyle\int_{298}^{T}\Delta C_P^\ominus \mathrm{d}T$ 和 $\Delta S_\mathrm{T}^\ominus = \Delta S_{298}^\ominus + \displaystyle\int_{298}^{T}\dfrac{\Delta C_P^\ominus}{T}\mathrm{d}T$ 的关系代入式 (a) 并经过整理后得到：

$$\Delta G_T^{\ominus} = \Delta G_{298}^{\ominus} - (T - 298)\Delta S_{298}^{\ominus} + \int_{298}^{T}\Delta C_P^{\ominus}\mathrm{d}T - T\int_{298}^{T}\frac{\Delta C_P^{\ominus}}{T}\mathrm{d}T \qquad (\mathrm{b})$$

如果反应组分的 $C_P^{\ominus} = \psi(T)$ 已知，则问题容易处理。但是，离子形态反应组分的 $\overline{C}_P^{\ominus} = \psi(T)$ 目前还很缺乏。在此情况下，要确定有离子参与的反应的 $\Delta G_T^{\ominus}$ 计算式，就不得不将 $\Delta C_P^{\ominus}$ 在 298K 与 T 两个温度之间的平均值 $\Delta \overline{C}_P^{\ominus}\big|_{298}^{T}$ 代入方程（b）而后进行积分。这样，便可得到 $\Delta G_T^{\ominus}$ 的计算式（见式（2-20））：

$$\Delta G_T^{\ominus} = \Delta G_{298}^{\ominus} - (T - 298)\Delta S_{298}^{\ominus} + (T - 298)\Delta\overline{C}_P^{\ominus}\big|_{298}^{T} - \left(T\ln\frac{T}{298}\right)\Delta\overline{C}_P^{\ominus}\big|_{298}^{T} \qquad (2\text{-}16)$$

对呈原质和化合物形态的反应组分来说，其 $\overline{C}_P^{\ominus}\big|_{298}^{T}$ 可通过已知的 $C_P^{\ominus} = \psi(T)$ 式很容易求得。

2.3　浸出体系热力学

浸出过程是湿法冶金的第一步，是决定能否将有价元素从矿物原料中转入溶液的关键。为了获得经济而有效的浸出效果，必须了解和判断矿物中组分与溶剂作用的可能性、有价金属转入溶液的理论限度和生成物的稳定状态，同时还要给出解决这些问题的条件，以便通过热力学分析来达到目的。

在浸出过程中，最重要的热力学指标就是 φ-pH 图，它将抽象的热力学反应平衡关系用图解的方式表示出来，直观明了地概括出影响物质在水溶液中的稳定性的条件，即 φ 值、pH 值、组分浓度、温度和压力等。

2.3.1　φ-pH 图[2~9]

湿法冶金过程与物质在水溶液中的稳定性有密切关系，而稳定性与溶液中的电位、pH 值、组分浓度、温度和压力等有关。现代湿法冶金理论广泛使用图解法，即用 φ-pH 图来分析过程的热力学条件。这种图形把抽象的热力学反应平衡关系用图解的方式表示出来，成为研究化学、化工、冶金和地质学的重要工具。

φ-pH 图由比利时 Pourbaix 提出，早期用于金属腐蚀的研究。1953 年，Halpern 将 φ-pH 图用于湿法冶金过程，随着硫化物-水系的 φ-pH 图的出现，φ-pH 图在湿法冶金中的应用范围不断扩大。

φ-pH 图就是把水溶液中的基本反应作为电位、pH 值和活度的函数，在指定的温度和压力下，将电位与 pH 值关系表示在平面图上（用电子计算机还可绘制出立体或多维图形）。φ-pH 可以指明反应自发进行的条件，指明物质在水溶液中稳定存在的区域和范围，为湿法冶金的浸出、分离和电解等过程提供热力学依据。

φ-pH 图一般由热力学数据计算绘制，常见的 φ-pH 图有金属-水系、金属-配合剂-水系和硫化物-水系等。自 1970 年以来，随着高温、高压技术在湿法冶金中应用，又出现了高温 φ-pH 图。

2.3.1.1　φ-pH 图的绘制原理

φ-pH 图是在给定温度和组分的活度（常简化为浓度）或气体逸度（常简化为气相分压）下，表示电位与 pH 值的关系图。

φ-pH 图取电位为纵坐标，是因为电位 φ 可以作为水溶液中氧化还原反应趋势的量度，因为

$$\Delta G^{\ominus} = -nF\varphi^{\ominus} \tag{2-17}$$

式中，n 为每摩尔反应物的法拉第数或电子得失数。

φ-pH 图取 pH 值为横坐标，是因为在水溶液进行的反应大多与水的自离解反应有关：

$$H_2O \longrightarrow H^+ + OH^-$$

即与氢离子浓度有关。许多化合物在水溶液中的稳定性随 pH 值的变化而不同。

不同温度下的 φ-pH 图，可以根据相同的原理，利用不同温度下有关反应的化合物及离子的热力学数据绘制。

在水溶液中进行的反应，根据有无电子和氢离子参加，可将溶液中的反应分成四类。这四类反应可以是均相，也可以是多相反应，如气-液反应、固-液反应等。表 2-1 是这四类反应的实例。

表 2-1　水溶液中反应分类

有无氢离子、电子参加	只有氢离子参加	只有电子参加
与 pH 值及电位关系	只与 pH 值有关	只与电位有关
基本方程式	$pH = \dfrac{1}{n}\lg K + \dfrac{1}{n}\lg a_B^b/a_R^r$	$\varphi = \varphi^{\ominus} + \dfrac{0.059}{n}\lg a_B^b/a_R^r$
均相反应	$H_2CO_3 = HCO_3^- + H^+$	$Fe^{3+} + e = Fe^{2+}$
气-液反应	$CO_2 + H_2O = HCO_3^- + H^+$	$Cl_2 + 2e = 2Cl^-$
固-液反应	$Fe(OH)_2 + 2H^+ = Fe^{2+} + 2H_2O$	$Fe^{2+} + 2e = Fe$
有无氢离子、电子参加	只有氢离子参加	只有电子参加
与 pH 值及电位关系	与 pH 值、电位都有关	与 pH 值、电位都无关
基本方程式	$\varphi = \varphi^{\ominus} + \dfrac{0.059}{n}\lg a_B^b/a_R^r - \dfrac{0.059}{n}h pH$	
均相反应	$MnO_4^- + 8H^+ + 5e = Mn^{2+} + 4H_2O$	$CO_2(aq) + H_2O = H_2CO_3(aq)$
气-液反应	$2H^+ + 2e = H_2$	$NH_3(g) + H_2O = NH_4OH$
固-液反应	$Fe(OH)_3 + 3H^+ + e = Fe^{2+} + 3H_2O$	$H_2O(aq) = H_2O(s)$

注：表中 aq 代表水溶液；g 代表气相；s 代表固相。

表 2-1 所示与电位、pH 值有关的反应，可以用一通式表示：

$$bB + hH^+ + ne \Longrightarrow rR + wH_2O$$

式中，b，h，r，w 表示反应式中各组分的化学计量系数；n 是参加反应的电子数；a_B 是氧化态活度，a_R 是还原态活度。

反应式（2-17）的 Gibbs 自由能变化，在温度、压力不变时，根据等温方程式：

$$\Delta G_{T,P} = \Delta G_{T,P}^{\ominus} + RT\ln J_a = \Delta G_{T,P}^{\ominus} + RT\ln \frac{a_R^r \cdot a_{H_2O}^w}{a_B^b \cdot a_{H^+}^h} \tag{2-18}$$

因 $a_{H_2O} = 1$，$pH = -\lg a_{H^+}$，式（2-18）可以写成：

$$nF\varphi = -\Delta G_{T,P}^{\ominus} + 2.303RT\lg a_B^b/a_R^r - 2.303RThpH \tag{2-19}$$

式（2-19）是 φ-pH 关系式的计算通式。

如果已知平衡常数 K，式（2-19）可以写成：

$$nF\varphi = 2.303RT\lg K + 2.303RT\lg a_B^b/a_R^r - 2.303RTh\mathrm{pH} \tag{2-20}$$

如果已知电极电位 $\varphi^\ominus$，式（2-20）可以写成：

$$nF\varphi = nF\varphi^\ominus + 2.303RT\lg a_B^b/a_R^r - 2.303RTh\mathrm{pH} \tag{2-21}$$

式（2-21）中，$R = 8.314\mathrm{J/(K \cdot mol)}$，$F = 96500\mathrm{C/mol}$，25℃时，将 R、F 的值带入式（2-21）中，得：

$$nF\varphi = -\Delta G_{T,P}^\ominus + 5705.85\lg a_B^b/a_R^r - 5705.85h\mathrm{pH} \tag{2-22}$$

若 $n = 0$，式（2-22）为：

$$\mathrm{pH} = \frac{-\Delta G^\ominus}{2.303RTh} + \frac{1}{h}\lg\frac{a_B^b}{a_R^r} = \frac{1}{h}\lg K + \frac{1}{h}\lg\frac{a_B^b}{a_R^r} \tag{2-23}$$

若 $h = 0$，式（2-23）为：

$$\varphi = \varphi^\ominus + \frac{0.059}{n}\lg\frac{a_B^b}{a_R^r} \tag{2-24}$$

若 $n \neq 0$，$h \neq 0$，式（2-24）为：

$$\varphi = \varphi^\ominus + \frac{0.059}{n}\lg\frac{a_B^b}{a_R^r} - \frac{h}{n} \times 0.059\mathrm{pH} \tag{2-25}$$

在绘制 φ-pH 图时，习惯规定电位使用还原电位，反应方程式左边写氧化态、电子 e、H^+；反应式右边写还原态。

绘图的步骤一般如下：

（1）确定体系中可能发生的各类反应及每个反应的平衡方程式；

（2）由热力学数据计算反应的 $\Delta G_T^\ominus$，求出平衡常数 K 或 φ；

（3）导出各个反应的 φ_T 与 pH 值的关系式；

（4）根据 φ 与 pH 值的关系式，在指定离子活度或气相分压的条件下，计算在各个温度下的 φ 与 pH 值；

（5）绘图。

以 $\mathrm{Fe\text{-}H_2O}$ 系 φ-pH 图为例，说明在 25℃下，φ-pH 图的一般绘制方法。

第一类反应：只有 H^+ 参加，反应只与 pH 值有关，如图 2-1 线③所示。

$$\mathrm{Fe(OH)_2 + 2H^+ \Longrightarrow Fe^{2+} + 2H_2O}$$

式中，$h = 2$，$b = 1$，$r = 1$，$w = 2$，$n = 0$，$a_{\mathrm{Fe(OH)_2}} = 1$，$a_{\mathrm{H_2O}} = 1$。

$$\Delta G_2^\ominus = (\Delta_f G_{\mathrm{Fe^{2+}}}^\ominus + 2\Delta_f G_{\mathrm{H_2O}}^\ominus) - (\Delta_f G_{\mathrm{Fe(OH)_2}}^\ominus + 2\Delta_f G_{\mathrm{H^+}}^\ominus)$$

$$= -84.935 + 2 \times (-237.19) - (-484.298)$$

$$= -75.77\mathrm{kJ/mol}$$

故，$\quad \mathrm{pH} = \dfrac{-\Delta G^\ominus}{2.303RTh} + \dfrac{1}{h}\lg a_B^b/a_R^r = \dfrac{75.77 \times 10^3}{2.303 \times 8.314 \times 298 \times 2} + \dfrac{1}{2}\lg\dfrac{1}{a_{\mathrm{Fe^{2+}}}}$

所以

$$pH = 6.57 - \frac{1}{2}lg\frac{1}{a_{Fe^{2+}}}$$

在 φ-pH 图上是一条垂直于 pH 值坐标的直线，且当 $a_{Fe^{2+}} = 1$ 时，Fe^{2+} 形成 $Fe(OH)_2$ 沉淀的 pH 值为 6.57。

第二类反应：只有 e 参加，反应只与电位有关，如图 2-1 线②所示。

$$Fe^{3+} + e === Fe^{2+}$$

$$\varphi = \varphi^{\ominus} + \frac{0.059}{n}lg\frac{a_{Fe^{3+}}}{a_{Fe^{2+}}} = 0.771 + 0.059lg\frac{a_{Fe^{3+}}}{a_{Fe^{2+}}}$$

在 φ-pH 图上是一条与 pH 值坐标平行的直线，当指定 $a_{Fe^{3+}} = a_{Fe^{2+}}$ 时，$\varphi^{\ominus} = 0.771V$。

第三类反应：H^+、e 都参加的反应，如图 2-1 线⑤所示。

$$Fe(OH)_3 + 3H^+ + e === Fe^{2+} + 3H_2O$$

$$P_{H_2} = P_{O_2} = 100kPa(25℃)$$

$$\varphi = \varphi^{\ominus} + 0.059lg\frac{1}{a_{Fe^{2+}}} - 0.059 \times 3pH$$

而

$$\varphi^{\ominus} = \frac{-\Delta G_3^{\ominus}}{nF} = -\frac{1}{nF}[(\Delta_f G_{Fe^{2+}}^{\ominus} + 3\Delta_f G_{H_2O}^{\ominus}) - (\Delta_f G_{Fe(OH)_3}^{\ominus} + 3\Delta_f G_{H^+}^{\ominus})]$$

$$= \frac{-10^3}{96500} \times [-84.935 + 3 \times (-237.19) - (-694.544)]$$

$$= \frac{101961}{96500} = 1.057V$$

因此得：

$$\varphi = 1.057 - 0.177pH - 0.059lga_{Fe^{2+}}$$

根据上述原理，求出 $Fe-H_2O$ 系的主要平衡反应式的 φ-pH 关系式如下：

$$Fe^{2+} + 2e === Fe$$

$$\varphi = -0.441 + 0.0295lga_{Fe^{2+}} \quad ①$$

$$Fe^{3+} + e === Fe^{2+}$$

$$\varphi = 0.771 + 0.059lg\frac{a_{Fe^{3+}}}{a_{Fe^{2+}}} \quad ②$$

$$Fe(OH)_2 + 2H^+ === Fe^{2+} + 2H_2O$$

$$pH = 6.57 - \frac{1}{2}lga_{Fe^{2+}} \quad ③$$

$$Fe(OH)_3 + 3H^+ === Fe^{3+} + 3H_2O$$

$$pH = 1.53 - \frac{1}{3}lga_{Fe^{3+}} \quad ④$$

$$Fe(OH)_3 + 3H^+ + e === Fe^{2+} + 3H_2O$$

$$\varphi = 1.057 - 0.177pH - 0.059lga_{Fe^{2+}} \quad ⑤$$

$$Fe(OH)_2 + 2H^+ + 2e === Fe + 2H_2O$$

$$\varphi = - 0.047 - 0.059\mathrm{pH} \qquad\qquad ⑥$$

$$\mathrm{Fe(OH)_3 + H^+ + e \Longrightarrow Fe(OH)_2 + H_2O}$$

$$\varphi = 0.271 - 0.059\mathrm{pH} \qquad\qquad ⑦$$

φ-pH 图中还有两条虚线，ⓐ线（氢线）和ⓑ线（氧线）表示水的稳定存在区。

氢线是：
$$\mathrm{H^+ + e \Longrightarrow \frac{1}{2}H_2}$$

$$\varphi = - 0.059\mathrm{pH} - 0.059\lg p_{\mathrm{H_2}}^{1/2} \qquad\qquad ⓐ$$

当 $p_{\mathrm{H_2}} = 100\mathrm{kPa}$ 时，$\varphi = - 0.059\mathrm{pH}$

氧线是：
$$\mathrm{O_2 + 4H^+ + 4e \Longrightarrow 2H_2O}$$

$$\varphi = 1.229 - 0.059\mathrm{pH} + \frac{0.059}{4}\lg p_{\mathrm{O_2}} \qquad\qquad ⓑ$$

当 $p_{\mathrm{O_2}} = 100\mathrm{kPa}$ 时，$\varphi = 1.229 - 0.059\mathrm{pH}$

将上述式①~式⑦和式ⓑ的电位与 pH 值的直线关系绘成图 2-1，则成为 Fe-$\mathrm{H_2O}$ 系的 φ-pH 图（见图 2-1）。图 2-1 中直线上圆圈内编号为反应式编号，直线旁的数字为可溶离子活度的对数，$\lg a_i$、ⓐ线、ⓑ线所包围的区域为水的稳定区。

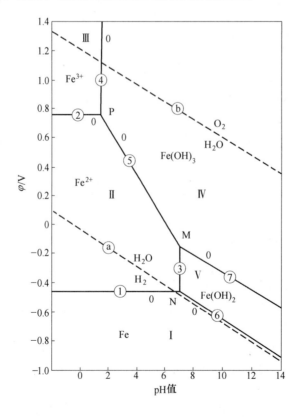

图 2-1 Fe-$\mathrm{H_2O}$ 系 φ-pH 图

2.3.1.2 φ-pH 图分析

A 水的稳定性与电位、pH 值都有关

以 Fe-H$_2$O 系 φ-pH 图为例，ⓐ线以下，电位比氢的电位更负，发生 H$_2$ 析出反应，表明水不稳定；ⓐ线以上，电位比氢的电位更正，发生氢的氧化，水是稳定的。同样，在ⓑ线以上，析出 O$_2$，水不稳定，ⓑ线以下，电氧还原为 OH$^-$，水稳定。

如果用电化学方法测定金属的平衡电位时，必须在水的稳定区内进行。所以，电负性金属如碱金属、碱土金属等不可能用电动势法直接测定电极电位，因为这些金属电极表面会发生氢的还原。金处于 Au^{3+} 或 Au$^+$ 溶液中的平衡电位也不能直接测定，因为它的电位高于ⓑ线，会析出 O$_2$。

B 点、线、面的意义

点：一点应有三线相交。从数学上讲，平面上两直线必交于一点，该点就是两直线方程的公共解。由两个方程可导出第三个方程，其交点也是第三个方程的解。例如，图 2-1 中，从方程式②、方程式④和方程式⑤中的任意两个方程式可以推导出第三个方程式。若已知方程式②和方程式④，将方程式②和方程式④相加，就可得出方程式⑤。从图 2-1 可以看出，方程式②、方程式④、方程式⑤所表示的三直线相交于一点，该交点表示三个平衡式的电位、pH 值均相同。

线：每一条直线代表一个平衡反应式，线的位置与组分浓度有关，如线⑤：

$$\varphi = 1.057 - 0.177\text{pH} - 0.059\lg a_{Fe^{2+}}$$

当 $a_{Fe^{2+}}$ 减少时，线的位置向上平移。

面：表示某组分的稳定区。在稳定区内，可以自发进行氧化还原反应。如在ⓐ、ⓑ线之间，可以进行下列反应：

$$2H_2 + O_2 === 2H_2O$$

而在 Ⅱ 区内，有下列反应发生：

$$2Fe^{3+} + Fe === 3Fe^{2+}$$

C 确定稳定区的方法

以图 2-1 中 Fe^{2+} 的稳定区 Ⅱ 为例，电位对 Fe^{2+} 稳定性的影响是：Fe^{2+} 只能在线①和线②之间稳定，所以线⑤应止于线②和线④的交点。pH 值对 Fe^{2+} 稳定性的影响是：如 pH 值大于线③，Fe^{2+} 就会水解，所以线⑤应止于线③和线⑦的交点，线③应止于线①和线⑥的交点。因此，由线①、线②、线③、线⑤围成的区域 Ⅱ 就是 Fe^{2+} 的稳定区。其他组分的稳定区也可用同样的方法确定。

D Fe-H$_2$O 系 φ-pH 图

Fe-H$_2$O 系 φ-pH 图各个面的实际意义从电化学腐蚀观点看，可划分为三个区域：(1) 金属保护区 Ⅰ，在此区域内，金属铁稳定；(2) 腐蚀区 Ⅱ、Ⅲ，在此区域内 Fe^{3+} 和 Fe^{2+} 稳定；(3) 钝化区 Ⅳ、Ⅴ，在此区域内，Fe(OH)$_3$ 和 Fe(OH)$_2$ 稳定。对湿法冶金而言，Ⅰ 区是金属沉淀区；Ⅱ、Ⅲ 区是浸出区；Ⅳ、Ⅴ 区是净化区。从浸出观点看，金属稳定区愈大就愈难浸出。

2.3.2 非金属-水系 φ-pH 图

2.3.2.1 常见的非金属-水系 φ-pH 图

常见的非金属-水系 φ-pH 图有 S-H$_2$O 系、Cl-H$_2$O 系、F-H$_2$O 系、I-H$_2$O 系等。这里以

S-H_2O 系为例来讨论。S-H_2O 系 φ-pH 图是研究 MeS-H_2O 系 φ-pH 图的基础。在水溶液中，硫的存在形态是复杂的，其中比较稳定的形态有：S^{2-}、S^0、H_2S、HS^-、SO_4^{2-}、HSO_4^-，不是十分稳定的有 $S_2O_3^{2-}$ 和 SO_3^{2-}，它的价态可以由 -2 价变到 $+6$ 价。

这些硫化物在溶液中相互作用的关系及相应的平衡关系式如下：

$$HSO_4^- \Longleftrightarrow H^+ + SO_4^{2-}$$

$$pH = 1.91 + \lg(a_{SO_4^{2-}}/a_{HSO_4^-})$$
①

$$H_2S(aq) \Longleftrightarrow H^+ + HS^-$$

$$pH = 7 + \lg(a_{HS^-}/a_{H_2S}(aq))$$
②

$$HS^- \Longleftrightarrow H^+ + S^{2-}$$

$$pH = 14 + \lg(a_{S^{2-}}/a_{HS^-})$$
③

$$HSO_4^- + 7H^+ + 6e \Longleftrightarrow S^0 + H_2O$$

$$\varphi = 0.338 - 0.693pH + 0.0099\lg a_{HSO_4^-}$$
④

$$SO_4^{2-} + 8H^+ + 6e \Longleftrightarrow S + 4H_2O$$

$$\varphi = 0.357 - 0.0792pH + 0.009\lg a_{SO_4^{2-}}$$
⑤

$$S^0 + 2H^+ + 2e \Longleftrightarrow H_2S(aq)$$

$$\varphi = 0.142 - 0.0591pH - 0.0295\lg a_{H_2S}(aq)$$
⑥

$$S^0 + H^+ + 2e \Longleftrightarrow HS^-$$

$$\varphi = -0.065 - 0.0295pH - 0.0295\lg a_{H_2S}(aq)$$
⑦

$$SO_4^{2-} + 9H^+ + 8e \Longleftrightarrow HS^- + 4H_2O$$

$$\varphi = 0.252 - 0.0665pH - 0.0074\lg(a_{SO_4^{2-}}/a_{HS^-})$$
⑧

$$SO_4^{2-} + 10H^+ + 8e \Longleftrightarrow H_2S(aq) + 4H_2O$$

$$\varphi = 0.303 - 0.0738pH - 0.0074\lg(a_{SO_4^{2-}}/a_{H_2S}(aq))$$
⑨

将上述关系式表示在图上，即得到 S-H_2O 系的 φ-pH 图（见图 2-2）。S-H_2O 系 φ-pH 图的特点是有一个 S^0 的稳定区，即线④、线⑤、线⑥、线⑦围成的区域，元素 S^0 稳定区的大小与溶液中含硫物质的离子浓度有关。当含硫物质的离子浓度下降时，S^0 的稳定区缩小。在 25℃下，如果含硫离子浓度小于 10^{-4}mol/L 时（即图 2-2 中 -4 所表示的线段），S^0 的稳定区基本消失；当含硫离子浓度降低到 10^{-6}mol/L 时，只留下 H_2S 和 SO_4^{2-} 或 HSO_4^- 的边界。这是因为含硫离子浓度降低时，线④、线⑤位置下移，线⑥、线⑦位置上移的结果。

在湿法冶金浸出过程中，如希望得到 Me^{n+} 并且希望将硫以元素 S^0 的形态回收，就应将浸出条件控制在 S^0 的稳定区，这样既可以使 Me^{n+} 与硫分离，又可以回收 S^0。

为了便于选择浸出条件，应该求出硫的稳定区 $pH_{上限}$ 和 $pH_{下限}$，$pH_{上限}$ 是硫氧化成 S^0 或

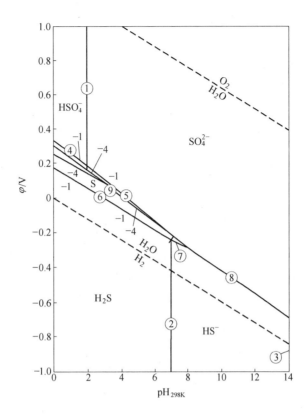

图 2-2 S-H$_2$O 系 φ-pH 图（25℃，100kPa）

高价硫还原成 S^0 的最高 pH 值，pH$_{下限}$是硫化物被酸分解析出 H$_2$S 的 pH 值。

pH$_{上限}$是线⑤、线⑦、线⑧的交点，在该 pH 值时，$\varphi_{⑤} = \varphi_{⑦} = \varphi_{⑧}$，即

$$0.357 - 0.0295\text{pH} + 0.0099\lg a_{SO_4^{2-}} = -0.065 - 0.0295\text{pH} - 0.0295\lg a_{HS^-}$$

$$\text{pH}_{上限} = 8.50 + \frac{0.0099\lg a_{SO_4^{2-}} + 0.0295\lg a_{HS^-}}{0.0497}$$

当指定 $a_{SO_4^{2-}} = a_{HS^-} = 10^{-1}\text{mol/L}$ 时

$$\text{pH}_{上限} = 8.50 + \frac{0.0099 + 0.0295}{0.0497} = 8.50 - 0.793 = 7.71$$

pH$_{下限}$是线②、线⑥、线⑦的交点，在该 pH 值时，$\varphi_{⑥} = \varphi_{⑦}$，即

$$0.142 - 0.0591\text{pH} + 0.0295\lg a_{H_2S}(\text{aq}) = -0.065 - 0.0295\text{pH} - 0.0295\lg a_{HS^-}$$

$$\text{pH}_{下限} = \frac{0.142 + 0.065}{0.0295} + \lg\frac{a_{HS^-}}{a_{H_2S}(\text{aq})} = 7.02 + \lg\frac{a_{HS^-}}{a_{H_2S}(\text{aq})}$$

如果 pH > pH$_{上限}$，氧化的产物是 SO$_4^{2-}$；如果 pH > pH$_{下限}$，会生成有毒的 H$_2$S。工业上

为了得到元素 S^0，又不析出 H_2S，应将 pH 值控制在 $pH_{下限} > pH_{上限}$。

研究 S-H_2O 系 φ-pH 图发现，当电位下降时，如果溶液的硫离子浓度为 1mol/L，pH 值在 1.90 ~ 8.50 范围内，SO_4^{2-} 还原成 S^0；电位继续下降时，若 pH≤7，S^0 进一步还原成 H_2S，pH >7 时，还原成 HS^-。而当电位升高时，若 pH < 8.50，H_2S、HS^- 均氧化成 S^0，然后再氧化成 SO_4^{2-}，pH >8 时，HS^- 直接氧化成 SO_4^{2-}。

2.3.2.2　Me-S-H_2O 系 φ-pH 图

Me-S-H_2O 系 φ-pH 图即 MeS-H_2O 系的 φ-pH 图，它由 S-H_2O 系和 Me-H_2O 系构成。利用 MeS-H_2O 系 φ-pH 图可以简明地描述 MeS 浸出的热力学规律。

图 2-3 是 Fe-S-H_2O 系的 φ-pH 图。由图 2-3 可见，当有氧化剂存在时，FeS_2 在任何 pH 值下均不稳定，它将被氧化成 S^0、HSO_4^- 和 SO_4^{2-}，但 FeS 不能直接反应生成 S^0。根据 MeS-H_2O 系的 φ-pH 图，可以选择浸出的热力学条件。

为了比较不同硫化物的浸出条件，常常将各种 MeS-H_2O 系的 φ-pH 图综合在同一 φ-pH 图上，图 2-4 是一例。$c_{HSO_4^-} + c_{SO_4^{2-}} = 1.0 \text{mol/dm}^3$，$c_{Me^{n+}} = 1.0 \text{mol/dm}^3$，$c_{H_2S} = 0.1 \text{mol/dm}^3$。

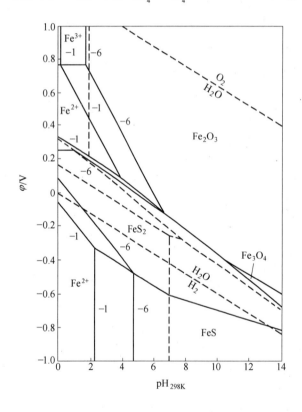
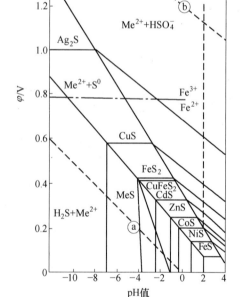

图 2-3　Fe-S-H_2O 系 φ-pH 图　　　　图 2-4　MeS-H_2O 系 φ-pH 图

由图 2-4 可见，不同金属硫化物有不同的元素硫（S^0）稳定区的 $pH_{上限}$ 和 $pH_{下限}$，表 2-2 列出了主要硫化物的元素硫稳定区的 $pH_{上限}$、$pH_{下限}$ 及 $Me^{2+} + 2e + S = MeS$ 平衡线的平衡电位值 $\varphi^{\ominus}$，表中的 $pH^{\ominus}$ 是 a_{H^+} 外的其他组分的活度均为 1 时的 pH 值，$\varphi^{\ominus}$ 是平衡标准电极电位。

表 2-2　金属硫化物在水溶液中元素硫稳定区的 $pH_{上限}$、$pH_{下限}$ 及 $\varphi^{\ominus}$ 值

MeS	FeS	Ni$_3$S$_2$	NiS	CoS	ZnS	CdS	CuFeS$_2$	FeS$_2$	Cu$_2$S	CuS
$pH_{上限}$	3.94	3.35	2.80	1.71	1.07	0.174	-1.10	-1.19	-3.50	-3.65
$pH_{下限}$	1.78	0.47	0.45	-0.83	-1.60	-2.60	-3.80	—	-8.04	-7.10
$\varphi^{\ominus}/V$	0.066	0.097	0.145	0.22	0.26	0.33	0.41	0.42	0.56	0.59

大部分金属硫化物的 MeS 与 Me^{2+}、H_2S 的平衡线都与电位坐标平行，但 FeS_2、Ni_3S_2 等例外，其反应式如下：

$$FeS_2 + 4H^+ + 2e \Longrightarrow Fe^{2+} + 2H_2S$$

$$\varphi = 0.142 - 0.118pH - 0.0295\lg\frac{1}{a^2_{H_2S}(aq)\cdot a_{Fe^{2+}}}$$

$$3Ni^{2+} + 2H_2S + 2e \Longrightarrow Ni_3S_2 + 4H^+$$

$$\varphi = 0.035 - 0.118pH - 0.0295\lg a_{Ni^{2+}} + 0.0591\lg a_{H_2S}(aq)$$

通过控制 pH 值，可以得到硫的不同的氧化产物。当体系的 $pH > pH_{上限}$ 时，MeS 氧化成 SO_4^{2-} 或 HSO_4^-，$pH < pH_{上限}$ 时，MeS 氧化成元素硫，而当 $pH > pH_{下限}$ 时，会有 H_2S 析出。以 ZnS 为例：

$pH > 1.07$：$\qquad ZnS + 2O_2 \Longrightarrow Zn^{2+} + SO_4^{2-}$

$pH < 1.07$：$\qquad ZnS + 2H^+ + 1/2O_2 \Longrightarrow Zn^{2+} + S^0 + H_2O$

$pH < -1.6$：$\qquad ZnS + 2H^+ \Longrightarrow Zn^{2+} + H_2S(g)$

显然，$pH_{下限}$ 较大的 FeS、NiS 和 CoS 可以采用酸浸出，$pH_{下限}$ 很小的 CuS、CdS 等则需要用氧化剂才能将 MeS 中的硫氧化。根据湿法冶金的需要，可以通过控制 pH 值和电位，将 MeS 的浸出分为三种类型。

（1）产生 H_2S 的简单酸浸出：

$$MeS + 2H^+ \Longrightarrow Me^{2+} + H_2S$$

（2）产出元素硫的浸出，包括常压氧化浸出和高压氧化酸浸出：

$$MeS + 2Fe^{3+} \Longrightarrow Me^{2+} + 2Fe^{2+} + S^0$$

$$2MeS + 2H^+ + O_2 \Longrightarrow 2Me^{2+} + 2H_2O + S^0$$

（3）产出 SO_4^{2-}、HSO_4^- 的浸出，包括高压氧化酸浸出和高压氧化氨浸出：

$$MeS + 2O_2 + nNH_3 \Longrightarrow [Me\cdot nNH_3]^{2+} + SO_4^{2-}$$

$$MeS + 2O_2 + H^+ \Longrightarrow Me^{2+} + HSO_4^-$$

$$MeS + 2O_2 + nNH_3 \Longrightarrow Me(NH_3)_n^{2+} + SO_4^{2-}$$

用于硫化物常压浸出的氧化剂有 Fe^{3+}、Cl_2、$NaClO$ 和 HNO_3 等，例如用 Fe^{3+} 可以溶解黄铜矿：

$$CuFeS_2 + 4Fe^{3+} \Longrightarrow Cu^{2+} + 5Fe^{2+} + 2S^0$$

用 H_2SO_4 和 HNO_3 的混合溶液可以浸出 CoS：

$$CoS + H_2SO_4 + 2HNO_3 \Longrightarrow CoSO_4 + 2NO_2 + 2H_2O + S^0$$

用次氯酸可以浸出 MOS_2：

$$MOS_2 + 6ClO^- + 2OH^- \rightleftharpoons MoO_4^{2-} + S^0 + SO_4^{2-} + 6Cl^- + 2H_2O$$

2.3.3　配合物-水系 φ-pH 图

配合物-水系的 φ-pH 图，即金属-配合剂-水系（Me-L-H_2O 系）φ-pH 图。湿法冶金中常见的配合剂有 CN^-、NH_3 和 Cl^- 等，它们可与金属分别组成 Me-CN-H_2O 系、Me-NH_3-H_2O 系和 Me-Cl^--H_2O 系的 φ-pH 图。

2.3.3.1　绘制配合物-水系的 φ-pH 图的原理

正电性金属如 Au、Ag 和 Cu 等，它们的标准电极电位很高，把它们溶解成简单离子状态很困难，但它们会与配合剂生成稳定的配合物，这导致电位的降低。

配合反应为：

$$Me^{n+} + zL \rightleftharpoons MeL_z^{n+}$$

$$K_f = \frac{a_{MeL_z^{n+}}}{a_{Me^{n+}} \cdot a_L^z} \tag{2-26}$$

式中，K_f 是配合物生成常数；z 是金属离子配位数。

为了计算电极电位，假设只有未配合的离子还原成金属，形成配合物的影响是使简单离子的活度降低。

对一般的还原反应：

$$Me^{n+} + ne \rightleftharpoons Me$$

$$\varphi = \varphi_{Me^{n+}/Me}^{\ominus} + \frac{2.303RT}{nF} lg a_{Me^{n+}} \tag{2-27}$$

如果是配离子还原：

$$MeL_z^{n+} + ne \rightleftharpoons Me + zL$$

$$\varphi_{Me^{n+}/Me} = \varphi_{Me^{n+}/Me}^{\ominus} + \frac{2.303RT}{nF} lg \frac{a_{MeL_z^{n+}}}{a_{Me} a_L^z} \tag{2-28}$$

当 $a_{MeL_z^{n+}} = a_L = 1$ 时，由式（2-26）得：

$$a_{Me^{n+}} = \frac{a_{MeL_z^{n+}}}{K_f a_L^z} = \frac{1}{K_f}$$

将 $a_{Me^{n+}}$ 代入电位通式（2-27）得：

$$\varphi_{MeL_z^{n+}Me} = \varphi_{Me^{n+}/Me}^{\ominus} + \frac{2.303RT}{nF} lg a_{Me^{n+}}$$

$$= \varphi_{Me^{n+}/Me}^{\ominus} + \frac{2.303RT}{nF} lg \frac{1}{K_f} \varphi_{Me^{n+}/Me}^{\ominus} + \frac{2.303RT}{nF} lg K_d \tag{2-29}$$

式中，K_d 为配合物不稳定常数。

以 Ag 为例，当不生成配离子时：

$$Ag^+ + e \rightleftharpoons Ag$$

$$\varphi_{Ag^+/Ag}^{\ominus} = 0.799\,V$$

生成配离子时：

$$Ag(CN)_2^- + e \Longrightarrow Ag + 2CN^-$$

$$\varphi = \varphi_{Ag(CN)_2^-/Ag}^{\ominus} + \frac{2.303RT}{nF}lga_{Ag(CN)_2^-} + \frac{2 \times 2.303RT}{nF}pCN$$

式中，$pCN = -lga_{CN^-}$。

那么 $\varphi_{Ag(CN)_2^-/Ag}^{\ominus}$ 可由以下方式求得：

$$Ag^+ + 2CN^- \Longrightarrow Ag(CN)_2^-$$

$$K_4 = \frac{a_{Ag(CN)_2^-}}{a_{Ag} \cdot a_{CN^-}^2}, \quad a_{Ag^+} = \frac{a_{Ag(CN)_2^-}}{K_4 \cdot a_{CN^-}^2}$$

已知 $K_f = 10^{18.8}$，$K_d = 1/K_4$，将 a_{Ag^+} 代替电位通式（2-29）中的 $a_{Me^{n+}}$，得

$$\varphi_{Ag(CN)_2^-} = \varphi_{Ag^+/Ag}^{\ominus} + \frac{RT}{nF}lga_{Ag^+} = \varphi_{Ag(CN)_2^-/Ag}^{\ominus} = \varphi_{Ag^+/Ag}^{\ominus} + \frac{RT}{nF}lga_{Ag^+}$$

令 $a_{Ag(CN)_2^-} = a_{CN^-} = 1$ 时，得：

$$\varphi_{Ag(CN)_2^-/Ag}^{\ominus} = \varphi_{Ag^+/Ag}^{\ominus} + \frac{RT}{nF}ln\frac{1}{K_f} = \varphi_{Ag^+/Ag}^{\ominus} + \frac{RT}{nF}lnK_d = 0.799 + 0.059lg10^{-18.8} = -0.13\,V$$

用同样的方法，可以求出：

$$\varphi_{Au(CN)_2^-/Ag}^{\ominus} = \varphi_{Au^+/Au}^{\ominus} + 0.059lgK_d = 1.68 + 0.059lg10^{-38} = -0.562\,V$$

上述计算结果表明，当形成配离子 $Ag(CN)^{2-}$、$Au(CN)^{2-}$ 后，显著降低了 Au、Ag 被氧化的电位。其原因是溶液中存在 CN^- 时，可降低 Au^+、Ag^+ 的有效浓度，于是平衡向金、银被氧化的方向移动。

2.3.3.2 Me-L-H$_2$O 系 φ-pH 图绘制方法

当金属与配合剂生成配合物时，绘制 φ-pH 图的基本步骤如下：

（1）根据体系的基本反应求出 φ 与 pL 值的关系式，绘出 φ-pL 图；

（2）求出 pH 值与 pL 值关系，并绘出 pH-pL 图；

（3）将 φ-pL 关系式中的 pL 值用相应的 pH 值关系代替，绘出 φ-pH 图。

现以 Ag-CN$^-$-H$_2$O 系为例，讨论 Me-L-H$_2$O 系 φ-pH 图的绘制方法。

（1）φ-pH 图有配合剂 CN$^-$ 参加反应时，体系中的基本反应有：

$$Ag^+ + CN^- \Longrightarrow AgCN$$

$$K_f = \frac{a_{AgCN}}{a_{Ag} \cdot a_{CN^-}} = 10^{13.8} \qquad ①$$

$$pCN = -lga_{CN^-} = 13.8 + lga_{Ag^+}$$

$$AgCN + CN^- \Longrightarrow Ag(CN)_2^-$$

$$K_f = \frac{a_{Ag(CN)_2^-}}{a_{AgCN} \cdot a_{CN^-}} = 10^5 \qquad ②$$

$$pCN = 5.0 - lga_{Ag(CN)_2^-}$$

$$Ag + 2CN^- \Longrightarrow Ag(CN)_2^-　　　　　　③$$

$$K_f = \frac{a_{Ag(CN)_2^-}}{a_{AgCN} \cdot a_{CN^-}^2} = 10^{18.8}$$

$$pCN = 9.4 - \frac{1}{2}lga_{Ag^+}/a_{Ag(CN)_2^-}$$

$$2Ag^+ + H_2O \Longrightarrow Ag_2O + 2H^+$$

$$pH = 6.32 - lga_{Ag^+}　　　　　　④$$

$$Ag_2O + 2H^+ + 2CN^- \Longrightarrow 2AgCN + H_2O$$

$$pH + pCN = 20.1　　　　　　⑤$$

$$Ag_2O + 2H^+ + 4CN^- \Longrightarrow 2Ag(CN)_2^- + H_2O$$

$$pH + pCN = 25.1 - lga_{Ag(CN)_2^-}　　　　　　⑥$$

$$Ag^+ + e \Longrightarrow Ag$$

$$\varphi = 0.799 + 0.059lga_{Ag^+}　　　　　　⑦$$

$$AgCN + e \Longrightarrow Ag + CN^-　　　　　　⑧$$

$$\varphi = -0.017 + 0.059pCN$$

$$Ag(CN)_2^- + e \Longrightarrow Ag + 2CN^-　　　　　　⑨$$

$$\varphi = -0.31 + 0.12pCN + 0.059lga_{Ag(CN)_2^-}$$

将上述的部分电位与 pCN 值的关系绘成 φ-pCN 图（见图 2-5），由图 2-5 可见，pCN 值愈小，平衡电位愈低，表示银更易溶解。当溶液中不存在 CN$^-$ 时，平衡电位高，银难溶解。

（2）pH-pCN 关系。当水溶液中存在 CN$^-$ 时，H$^+$ 与 CN$^-$、HCN 之间存在一个平衡关系：

$$H^+ + CN^- \Longrightarrow HCN$$

$$K_f = \frac{a_{HCN}}{a_{H^+} \cdot a_{CN^-}} = 10^{9.4}$$

上述平衡受到溶液 pH 值的控制。在 φ-pH 图中，pCN 值要以相应的 pH 值表示，因此，必须求出 pCN 值与 pH 值的关系。

实际生产中使用浓度 0.03% ~ 0.08% 的 NaCN，如以 0.05% 计，相当于 10^{-2} mol/dm^3。NaCN 在水溶液中的平衡式为：

$$NaCN + H_2O \Longrightarrow Na^+ + HCN + OH^-$$

$$\begin{aligned}
a_{CN^-(T)} &= a_{HCN} + a_{CN^-} \\
&= a_H \times a_{CN^-} \times 10^{9.4} + a_{CN^-} \\
&= a_{CN^-}(a_H \times 10^{9.4} + 1) \\
&= 10^{-2} mol/dm^3
\end{aligned}$$

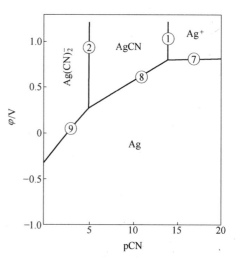

图 2-5　Ag-CN-H$_2$O 系 φ-pCN 图

式中，$a_{CN^-(T)}$ 表示浸出液中总氰的活度。

现将 pCN 值与 pH 值的关系作一简单分析：

pH > 11.4 时，$a_{H^+} < 10^{-11.4}$

$$a_{H^+} \times 10^{9.4} + 1 = 10^{-11.4} \times 10^{9.4} + 1 \approx 1$$

则

$$a_{CN^-(T)} = a_{CN^-} = 10^{-2}\,mol/dm^3$$

pH < 7.4 时，$a_{H^+} > 10^{-7.4}$

$$a_{H^+} \times 10^{9.4} + 1 = 10^{-7.4} \times 10^{9.4} + 1 \approx a_{H^+} \times 10^{9.4}$$

则

$$a_{CN^-(T)} = a_{CN^-} \times a_{H^+} \times 10^{9.4}$$

两边取对数，得：

$$pH + pCN = 9.4 - lg a_{CN^-(T)} = 9.4 + 2 = 11.4$$

7.4 < pH < 11.4 时，　$a_{H^+} \times 10^{9.4} + 1$　（项中不能忽略任何部分）

$$pH + pCN = 9.4 - lg a_{CN^-(T)} + lg(10^{pH-9.4} + 1)$$

由上述 3 种情况，可以计算出 pH 值与 pCN 值的关系（见表2-3 及图 2-6），图 2-6 中用线④表示。

表 2-3　方程式⑧、方程式⑨中的 pH 值、pCN 值及对应的 φ 值

pH 值	0	1	2	3	4	5
pCN 值	11.4	10.4	9.4	9.4	7.4	6.4
$\varphi_{AgCN/Ag}/V$	0.667	0.607	0.547	0.479	0.42	0.367
$\varphi_{Ag(CN)_2^-/Ag}/V$	0.82	0.70	0.58	0.46	0.34	0.22
pH 值	6	7	8.4	9.4	10.4	
pCN 值	5.4	4.4	3.04	2.3	2.04	
$\varphi_{AgCN/Ag}/V$	0.302	0.247	0.165	0.121	0.105	
$\varphi_{Ag(CN)_2^-/Ag}/V$	0.10	0.02	-0.18	-0.27	-0.30	

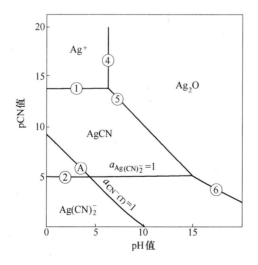

图 2-6　Ag 的 pCN-pH 关系图

（3）Ag-CN$^-$-H$_2$O 系 φ-pH 图在实际浸出液中，Ag 的活度为 10^{-4} mol/dm^3。根据 φ-pCN 图和 pH-pCN 关系，当溶液中的总氰活度 $a_{\text{CN}^-(\text{T})}$ 一定时，已知固定溶液中 Ag 的活度，就可以求出各反应式中 φ 与 pH 值的关系式。将方程①、方程②、方程⑧、方程⑨中的 pCN 值用对应的 pH 值代替。当取 $a_{\text{Ag}^+} = 10^{-4}$ mol/dm^3 时，

对方程式①：

$$pCN = 13.8 + \lg a_{\text{Ag}^+} = 9.8$$

$$pH = 11.4 - pCN = 11.4 - 9.8 = 1.6$$

$$pCN = 5.0 - \lg 10^{-4} = 9$$

$$pH = 11.2 - 9.0 = 2.2$$

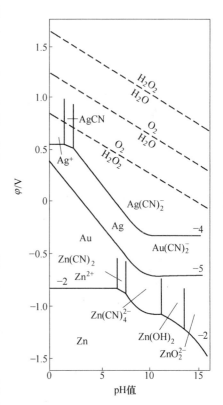

将方程⑧、方程⑨中的 pCN 值用相应的 pH 值代替，计算出对应的 $\varphi_{\text{AgCN/Ag}}$、$\varphi_{\text{Ag(CN)}_2^-/\text{Ag}}$ 值列于表 2-3 中。

根据上述方程式①、方程式②、方程式⑦、方程式⑧、方程式⑨的电位与 pH 值的关系绘成图 2-7，在图中绘上 Au-CN-H$_2$O 系、Zn-CN$^-$-H$_2$O 系的 φ-pH 关系曲线。图 2-7 是氰化法提取金、银的原理图。在生产实践中，就是控制 pH 值在 8 ~ 10，充空气将金、银氧化溶解，再用锌粉还原金、银：

$$2Ag(CN)_2^- + Zn \xrightarrow{\hspace{1cm}} 2Ag + Zn(CN)_4^{2-}$$

$$2Au(CN)_2^- + Zn \xrightarrow{\hspace{1cm}} 2Ag + Zn(CN)_4^{2-}$$

从图中看，Au(CN)$_2^-$ 与 Zn(CN)$_4^{2-}$ 的电位差值不大，所以在置换前必须将浸出液中的空气除净，以免出现金的反溶。

图 2-7　氰化法提取金银的原理图

（25℃，$a_{\text{CN}^-(\text{T})} = 10^{-2}$ mol/dm^3）

2.3.4　高温水溶液热力学和 φ-pH 图

2.3.4.1　高温水溶液热力学性质

随着现代科学技术的发展，例如，核电站的兴建、地热能的利用、燃料电池的开发、地球化学过程研究及高温高压冶金过程均与高温水溶液体系有关，这一切引发关于高温水溶液物理化学的研究十分活跃。

对已知的高温热力学函数可用式（2-30）~ 式（2-32）计算：

$$\Delta G_{\text{T}_2}^{\ominus} = \Delta H_{\text{T}_2}^{\ominus} - T_2 \Delta S_{\text{T}_2}^{\ominus} \tag{2-30}$$

$$\Delta H_{\text{T}_2}^{\ominus} = \Delta H_{\text{T}_1}^{\ominus} + \int_{T_1}^{T_2} \Delta C_{\text{p}} \mathrm{d}T \tag{2-31}$$

$$\Delta S_{\text{T}_2}^{\ominus} = \Delta S_{\text{T}_1}^{\ominus} + \int_{T_1}^{T_2} \frac{\Delta C_{\text{p}}}{T} \mathrm{d}T \tag{2-32}$$

如果采用 $\Delta\bar{C}_p\Big|_{T_1}^{T_2}$ 作为两个温度间的平均值，那么由上述关系式可得：

$$\Delta G_{T_2}^{\ominus} = \Delta G_{T_1}^{\ominus} - \Delta S_{T_1}^{\ominus}(T_2 - T_1) + \Delta\bar{C}_p\Big|_{T_1}^{T_2}(T_2 - T_1) - T_2\Delta\bar{C}_p\Big|_{T_1}^{T_2}\ln\left(\frac{T_2}{T_1}\right) \quad (2\text{-}33)$$

式中，T_1 为基准态，习惯上取 298K。

从式（2-33）可以看到，计算高温条件下的吉布斯（Gibbs）自由能变化需要知道 $\Delta\bar{C}_p$ 与温度的关系。式（2-32）中，$\Delta G_{298}^{\ominus}$、$\Delta S_{298}^{\ominus}$ 可以从《无机物热力学数据手册》（梁英教、车荫昌，东北大学出版社，1993）中查到，非离子组分的平均热容也可以从手册中查到，因此主要是求出离子组分的平均热容数据。

（1）离子熵对应原理。C. M. Criss 及 J. W. Cobble 根据 20 多种已知高温水溶液离子的热力学数据，归纳出一条经验规律，称为离子熵对应原理。一般规定，在任何温度下，氢离子的标准偏摩尔熵为：

$$\bar{S}_T^{\ominus}(\text{H}^+,\text{标准}) = 0$$

用实验的方法可以求得氢离子在各个温度下的偏摩尔绝对熵为：

$$\bar{S}_{298}^{\ominus}(\text{H}^+,\text{绝对}) = -20.92\text{J}/(\text{K}\cdot\text{mol})$$

$$\bar{S}_{373}^{\ominus}(\text{H}^+,\text{绝对}) = 8.37\text{J}/(\text{K}\cdot\text{mol})$$

$$\bar{S}_{423}^{\ominus}(\text{H}^+,\text{绝对}) = 27.20\text{J}/(\text{K}\cdot\text{mol})$$

对任何离子，在任何温度下的绝对熵值的计算方法是：在某个温度下，通过固定氢离子的绝对熵，适当选定一个基准态，按式（2-34）计算：

$$\bar{S}_T^{\ominus}(\text{i},\text{绝对}) = \bar{S}_T^{\ominus}(\text{i},\text{标准}) + \bar{S}_T^{\ominus}(\text{H}^+,\text{标准})n \quad (2\text{-}34)$$

式中，n 为离子电荷数，包括正负号，当温度为 298K 时对任何离子的绝对熵值为：

$$\bar{S}_{298}^{\ominus}(\text{i},\text{绝对}) = \bar{S}_T^{\ominus}(\text{i},\text{标准}) - 20.92n \quad (2\text{-}35)$$

湿法冶金中常见的离子可以分为四个类型，即简单阳离子、简单阴离子（包括 OH^-）、含氧配合阴离子和含氢氧的配合阴离子。如果适当选择各种温度时 $\bar{S}_T^{\ominus}(\text{H}^+,\text{绝对})$ 的数值，就可发现对于某类型的离子，$\bar{S}_T^{\ominus}(\text{i},\text{绝对})$ 与 $\bar{S}_{298}^{\ominus}(\text{i},\text{绝对})$ 之间存在直线关系（见图 2-8 和图 2-9）。上述直线关系可以用数学公式（2-36）表示如下：

$$\bar{S}_T^{\ominus}(\text{i},\text{绝对}) = a_T + b_T\bar{S}_{298}^{\ominus}(\text{i},\text{绝对}) \quad (2\text{-}36)$$

式（2-36）称为离子熵对应原理的数学表达式，式中 $a_T + b_T$ 为给定温度下的常数值。它只与选择的标准态、溶剂、温度以及离子类型有关，而与个别离子本性无关。表 2-4 列出 25～200℃ 时四种离子类型的 a_T 和 b_T 数值。

从离子熵计算离子平均热容的方法如下：

$$\text{d}\bar{S} = \frac{\bar{C}\text{d}T}{T} = \bar{C}_p\text{d}\ln T$$

积分上式得：
$$\int_{298}^{T} \mathrm{d}\overline{S} = \int_{298}^{T} \overline{C}_\mathrm{p} \ln T \overline{C}_\mathrm{p} \ln T \tag{2-37}$$

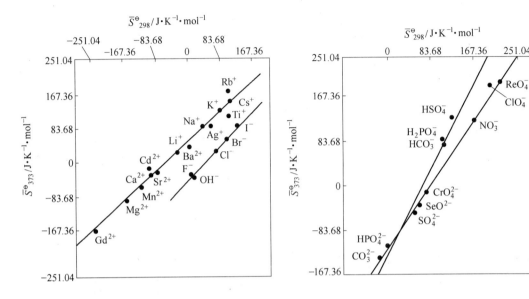

图 2-8　简单阳离子和简单阴离子　　　　　　图 2-9　含氧和含氢氧的配合阴离子
　　　　绝对熵之间的对应关系　　　　　　　　　　　绝对熵之间的对应关系

表 2-4　四种离子类型原系数 a_T、b_T 值

温　度		简单阳离子		简单阴离子（包括 OH⁻）		含氧阴离子（AO_n^{m-} 型）		酸性含氧阴离子（$AO_n(OH)^{m-}$ 型）		标准态 H⁺(aq) 的熵 /J·K⁻¹·mol⁻¹
℃	K	a_T	b_T	a_T	b_T	a_T	b_T	a_T	b_T	
25	298	0	1.000	0	1.000	0	1.000	0	1.000	−20.92
60	333	16.31	0.955	−21.34	0.969	−58.78	1.217	−56.48	1.380	−10.46
100	373	43.10	0.876	−54.81	1.000	−129.70	1.476	−126.78	1.894	8.37
150	423	67.78	0.792	−89.12	0.989	−192.46	1.687	−210.04	2.381①	27.20
200	473	97.49①	0.711①	126.78①	0.981①	−280.33①	2.020①	−292.88①	2.960	45.44

① 这些常数为从较低温度下外推相应的 a_T 和 b_T 值估算而得到。

根据平均热容的定义，在 298K～T 的平均热容可表示为：
$$\overline{C}_\mathrm{p}\Big|_{298}^{T} = \int_{298}^{T} \overline{C}_\mathrm{p} \mathrm{d}T \Big/ \int_{298}^{T} \mathrm{d}T$$

当 298K 与 T 相隔不大时，可认为以下等式近似相等：
$$\overline{C}_\mathrm{p}\Big|_{298}^{T} = \int_{298}^{T} \overline{C}_\mathrm{p} \mathrm{d}T \Big/ \int_{298}^{T} \mathrm{d}T = \int_{298}^{T} \mathrm{d}\ln T \Big/ \int_{298}^{T} \mathrm{d}\ln T \tag{2-38}$$

积分此式得：
$$\int_{298}^{T} \overline{S} = \int_{298}^{T} \overline{C}_\mathrm{p} \mathrm{d}\ln T = \overline{C}_\mathrm{p} \mathrm{d}\ln T = \overline{C}_\mathrm{p}\Big|_{298}^{T} \times \int_{298}^{T} \mathrm{d}\ln T$$

$$\overline{S}_T^{\ominus} - \overline{S}_{298}^{\ominus} = \overline{C}_{\mathrm{p}}\Big|_{298}^{T} \ln\frac{T}{298}$$

或写成

$$\overline{C}_{\mathrm{p}}\Big|_{298}^{T} = \frac{\overline{S}_T^{\ominus} - \overline{S}_{298}^{\ominus}}{\ln\left(\dfrac{T}{298}\right)} \tag{2-39}$$

将式 (2-36) 代入式 (2-39), 得

$$\overline{C}_{\mathrm{p}}\Big|_{298}^{T} = \frac{a_T + b_T\overline{S}_T^{\ominus} - \overline{S}_{298}^{\ominus}}{\ln\left(\dfrac{T}{298}\right)} = \frac{a_T + (b_T - 1)S_{298}^{\ominus}}{\ln\left(\dfrac{T}{298}\right)} \tag{2-40}$$

令

$$\alpha_T = \frac{a_T}{\ln\left(\dfrac{T}{298}\right)}, \beta_T = \frac{b_T - 1}{\ln\left(\dfrac{T}{298}\right)} \tag{2-41}$$

将 α_T、β_T 代入式 (2-40), 得:

$$\overline{C}_{\mathrm{p}}\Big|_{298}^{T} = \alpha_T + \beta_T\overline{S}_{298}^{\ominus} \tag{2-42}$$

根据表 2-4 的数值, 可以求出上述四类离子在不同温度下的 α_T 和 β_T 值 (见表 2-5)。

表 2-5　α_T 和 β_T 值

温　度		简单阳离子		简单阴离子 (包括 OH$^-$)		含氧阴离子 (AO$_n^{m-}$ 型)		酸性含氧阴离子 (AO$_n$(OH)$^{m-}$ 型)	
℃	K	α_T	β_T	a_T	β_T	a_T	β_T	a_T	β_T
60	333	146.44	-0.41	-192.46	-0.28	-5.31	1.90	-510.45	3.44
100	373	192.46	-0.55	-242.67	0.00	-5.77	2.24	-564.84	3.97
150	423	192.46	-0.59	-255.22	-0.03	556.47	2.27	-598.31	3.95
200	473	209.20	-65	-271.96	-0.04	606.68	2.53	-635.97	4.24

如果平均比热容已知, 式 (2-33) 可改写成:

$$\Delta G_T^{\ominus} = \Delta G_{298}^{\ominus} - (T - 298)\Delta\overline{S}_{298}^{\ominus} + (T - 298)\Delta\overline{C}_{\mathrm{p}}\Big|_{298}^{T} - T\Delta\overline{C}_{\mathrm{p}}\Big|_{298}^{T}\ln\left(\frac{T}{298}\right) \tag{2-43}$$

(2) 电子的热力学性质。用式 (2-43) 来计算半电池反应或绘制 φ-pH 图时, 需要知道电子的热力学性质。在半电池反应的通式中, 如果把参与反应的电子作为一个组分, 求出其热力学性质, 再按化学反应热力学的常规方法来处理。

对标准氢电极反应 (SHE):

$$\mathrm{H}^+ + e \Longrightarrow 1/2\mathrm{H}_2$$

通常指定:

$\Delta G_T^{\ominus}(\mathrm{SHE}) = 0$, $\varphi_T^{\ominus}(\mathrm{SHE}) = 0$, $a_{\mathrm{H}^+} = 1$, $p_{\mathrm{H}_2} = 100\mathrm{kPa}$, 类似原电池热力学方程式, 对半电池可得:

$$\Delta H^{\ominus} = nF\left(T\frac{\partial\varphi^{\ominus}}{\partial T} - \varphi^{\ominus}\right) \tag{2-44}$$

$$\Delta S^{\ominus} = nFT \frac{\partial \varphi^{\ominus}}{\partial T} \tag{2-45}$$

$$\Delta C_p = \left(\frac{\partial \Delta H^{\ominus}}{\partial T} \right)_p \tag{2-46}$$

在所有温度下，式（2-44）~式（2-46）的值为：

$$\Delta H_T^{\ominus}(\text{SHE}) = 0$$

$$\Delta S_T^{\ominus}(\text{SHE}) = 0$$

$$\Delta C_p(\text{SHE}) = 0$$

于是可求得所有温度下电子的热力学数值：

$$\Delta G_T^{\ominus}(e) = 0$$

$$\Delta H_T^{\ominus}(e) = 0$$

$$\Delta S_T^{\ominus}(e) = \frac{1}{2} \Delta S_T^{\ominus}(\text{H}_2) - \overline{S}_T^{\ominus}(\text{H}^+) \tag{2-47}$$

$$C_p(e) = \frac{1}{2} \Delta C_p(\text{H}_2) - \overline{C}_p(\text{H}^+) \tag{2-48}$$

从上述情况可知，当计算电极反应时，考虑和不考虑电子的 $\Delta S_T^{\ominus}(e)$ 和 $C_p(e)$ 值，就会得到不同的 $\Delta S_{298}^{\ominus}$ 和 C_{p298}（或其他温度下）的数值。不管用标准熵或绝对熵，都应考虑电子熵。电子熵可以这样确定，当温度为 298K 时，H_2 和 H^+ 的标准熵分别为 $S_{298}^{\ominus}(\text{H}_2)$ = 130. 59J/(K·mol)，$\overline{S}_{298}^{\ominus}(\text{H}^+)$ = 0。根据式（2-47）

$$S_{298}^{\ominus}(e,标准) = \frac{1}{2} S_{298}^{\ominus} - \overline{S}_{298}^{\ominus}(\text{H}^+) = \frac{1}{2} \times 130. 59 = 65. 3\text{J}/(\text{K·mol})$$

在绝对标度中，$\overline{S}_T^{\ominus}(\text{H}^+)$ 随温度变化，根据式（2-35），则得到一个数值不同的电子熵：

$$S_{298}^{\ominus}(e,绝对) = 65. 30 - (-20. 92) = 86. 22\text{J}/(\text{K·mol})$$

（3）高温水溶液的电解质活度系数和 pH 值电解质的平均活度系数随温度而变，同一离子浓度在不同温度下的活度实际上不一样。利用德拜-尤格尔方程式计算高于 25℃ 的平均活度系数时，可用下式计算：

$$\lg \gamma_{\pm m}(T) = \lg \gamma_{\pm m}(25) - |n^+ n^-| \frac{\sqrt{I}}{1 + \sqrt{I}} (A_T - A_{25}) \tag{2-49}$$

式中，γ 为活度系数；n^+，n^- 为离子的价数；I 为离子强度；A 为常数，其随温度而变，数值见表 2-6。

表 2-6　德拜-尤格尔方程式常数 A 在不同温度下的数值

$T/℃$	25	60	100	150	200	300
A_T	0. 511	0. 545	0. 595	0. 689	0. 809	0. 983

pH 值随温度变化可用式（2-50）计算：

$$pH_T = \frac{pK_W(T)}{pK_W(25)} \times pH_{(25)} \quad (2-50)$$

式中，K_W 是水的离解常数，$pK_W = -lgK_W$。

2.3.4.2 高温 φ-pH 图的绘制

高温 φ-pH 图的绘制方法与常温 φ-pH 图完全一样，只是必须确定所研究条件下各反应物质的热力学数据。这些计算目前采用一些经验公式进行，最终要通过实验来检验和证实。实验方法有热容法、溶解度法、平衡法和电动势法等。电动势法是比较常用的一种方法。

$$SHE \mid Me^{n+} \quad 或 \quad Me(OH)_y^{x-} \mid Me$$

采用标准氢电极（SHE）作参比电极，测量时与工作电极保持相同的电池温度。一些电极在 25～300℃ 的标准电位见表 2-7。

表 2-7 在 25～300℃若干电极的标准电位

电极		25℃	60℃	100℃	150℃	200℃	250℃	300℃
		标准电极电位/V						
阳离子电极	Fe^{2+}/Fe	-0.44	-0.43	-0.43	-0.42	-0.41	-0.40	-0.39
	Co^{2+}/Co	-0.28	-0.28	-0.28	-0.28	-0.27	-0.26	-0.26
	Mn^{2+}/Mn	-0.12	-0.12	-0.12	-0.12	-0.12	-0.12	-0.12
	Ni^{2+}/Ni	-0.23	-0.23	-0.23	-0.22	-0.21	-0.20	-0.20
	Cu^{+}/Cu	0.53	0.49	0.46	0.42	0.37	0.33	0.28
	Cu^{2+}/Cu	0.34	0.34	0.34	0.34	0.34	0.35	0.35
	Ag^{+}/Ag	0.79	0.76	0.72	0.67	0.62	0.57	0.52
	Al^{3+}/Al	-1.67	-1.66	-1.64	-1.61	-1.58	-1.55	-1.53
	$Pt,\ H^{+}/H_2$	1.22	1.12	1.16	1.12	1.08	1.05	1.01
阴离子电极	$HFeO_2^{-}/Fe$	0.50	0.50	0.51	0.54	0.57	0.62	0.65
	FeO_2^{2-}/Fe	0.93	0.96	1.01	1.08	1.17	1.28	1.41
	$HCoO_2^{-}/CO$	0.66	0.66	0.67	0.70	0.74	0.78	0.81
	$HNiO_2^{-}/Ni$	0.65	0.65	0.66	0.69	0.72	0.77	0.80
	$HMnO_2^{-}/Mn$	-0.17	-0.17	-0.16	-0.13	-0.09	-0.04	-0.01
	$HCuO_2^{-}/Cu$	1.12	1.12	1.13	1.16	1.20	1.24	1.28
	CuO_2^{2-}/Cu	1.51	1.54	1.59	1.67	1.76	1.87	2.00

通常，高温 φ-pH 图通过热力学计算绘制，根据式（2-43），$\Delta G_{298}^{\ominus}$、$\Delta S_{298}^{\ominus}$ 可从手册中查到，$\Delta C_p \Big|_{298}^{T}$ 可由离子熵对应原理计算，求出 $\Delta G_T^{\ominus}$ 后，对氧化还原反应，可求得 $\varphi_T = -\Delta G_T^{\ominus}/nF$，而对非氧化还原反应，可采用：

$$lgK_T = -\frac{\Delta G_T^{\ominus}}{2.303RT}$$

考虑电子的热力学性质时，有式：

$$e \Longrightarrow 1/2H_2 - H^+$$

电子熵和电子热容分别按式（2-47）和式（2-48）计算，例如，S-H$_2$O 系高温 φ-pH 图，当取 $T_1 = 298K$，$T_2 = 373K$ 时，式（2-43）可以写成：

$$\Delta G^{\ominus}_{373} = \Delta G^{\ominus}_{298} - 75\Delta S^{\ominus}_{298} - 8.75 \times \Delta C_p \Big|^{373}_{298}$$

对只有 H$^+$ 参加的反应，如：HSO$_4^-$ ══ H$^+$ + SO$_4^{2-}$，按上述方法，求得：

$$\Delta G^{\ominus}_{298} = 10878.4 J/mol$$

$$\Delta S^{\ominus}_{298} = 109.7 J/(K \cdot mol)$$

$$\Delta C_p \Big|^{373}_{298} = 280.33 J/(K \cdot mol)$$

$$\Delta G^{\ominus}_{373} = 10878.4 - 75 \times 109.7 - 8.75 \times 280.33 = 21559 J/mol$$

$$lgK_{373} = lg\frac{a_{H^+} + a_{SO_4^{2-}}}{a_{HSO_4^-}} = -pH_{373} + lg\frac{a_{SO_4^{2-}}}{a_{HSO_4^-}}$$

$$= \frac{-\Delta G^{\ominus}_{373}}{2.303R \times 373} = \frac{-21559.1}{2.303 \times 8.314 \times 373} = -3.02$$

故

$$pH_{373} = 3.02 + lg\frac{a_{SO_4^{2-}}}{a_{HSO_4^-}}$$

对有电子 e、H$^+$ 参加的反应，如：

$$SO_4^{2-} + 8H^+ + 6e \Longrightarrow 4H_2O + S^0$$

因

$$e \Longrightarrow 1/2H_2 - H^+$$

故有

$$SO_4^{2-} + 2H^+ + 3H_2 \Longrightarrow 4H_2O + S^0$$

求得上式的 $\Delta G^{\ominus}_{298} = -206773.28 J/mol$，$\Delta S^{\ominus}_{298} = -94.63 J/(K \cdot mol)$，$\Delta C_p \Big|^{373}_{298} = 428.06 J/(K \cdot mol)$。

$$\Delta G^{\ominus}_{373} = -206773.28 - 75 \times (-94.63) - 8.75 \times 428.06 = 203421 J/mol$$

那么，可求出 φ 与 pH 值的关系式为：

$$\varphi_{373} = -\frac{\Delta G^{\ominus}_{373}}{nF} + \frac{0.074}{n}lga_{SO_4^{2-}} - \frac{0.074}{n}hpH$$

$$= -\frac{-203421.88}{6 \times 96500} + \frac{0.074}{6}lga_{SO_4^{2-}} - \frac{8}{6} \times 0.074pH$$

$$= 0.3513 + 0.0123lga_{SO_4^{2-}} - 0.0987pH$$

图 2-10 和图 2-11 就是用上述方法计算得到的高温 S-H$_2$O 系和 Cu-H$_2$O 系的 φ-pH 图。可以看到，随着温度升高，图形中各区域的位置一般向 pH 值减小的方向移动。用这些图形可以预测浸出或分离过程达到平衡时溶液的组成，也可以预测在什么条件下会出现何种沉淀物，为湿法冶金提供热力学依据。

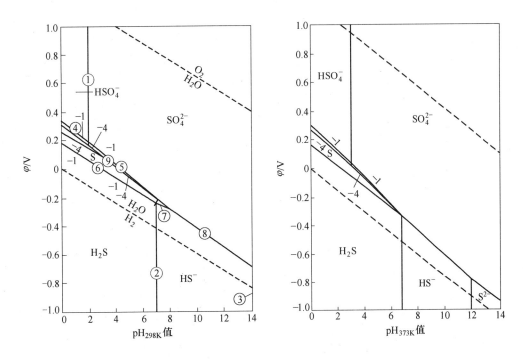

图 2-10 S-H₂O 系 φ-pH 图

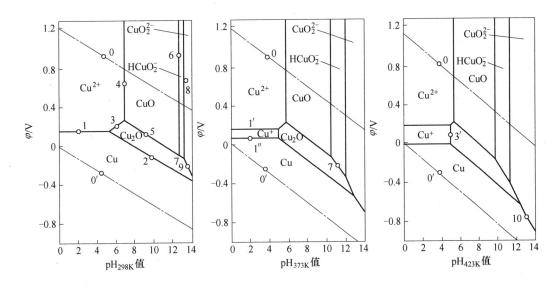

图 2-11 Cu-H₂O 系 φ-pH 图

2.3.5 φ-pH 图在湿法冶金中的应用[7,9~11]

φ-pH 图广泛应用于金属腐蚀、地球化学、湿法冶金、分析化学和电化学等各个领域。

在湿法冶金方面，利用 φ-pH 图，可为浸出、净化和沉淀等过程提供热力学依据。

2.3.5.1　以多金属结核矿的浸出为例讨论

由于多金属结核矿组成成分复杂，组分中锰绝大部分以四价存在，铁以三价形式存在，其他金属离子赋存于水锰矿、铁锰杂相水合物或铁水合物中，因此研究 $Mn-H_2O$、$Fe-H_2O$ 和 $Me-H_2O$ 的 φ-pH 图。

从图 2-12 可知，在 pH 值小于 4 时，$\varphi_{(Fe^{3+}/Fe^{2+})}$ 低于 $\varphi_{(MnO_2/Mn^{2+})}$ 的氧化电位，Fe^{2+} 可以还原 MnO_2。因此，在 pH 值小于 4 时，溶液中 Fe^{2+} 的存在有利于 MnO_2 的浸出。在阳极区域 Fe^{2+} 较 Mn^{2+} 更易被氧化成 Fe^{3+}，所以要控制阳极液铁的含量，以便生产合格的二氧化锰产品。

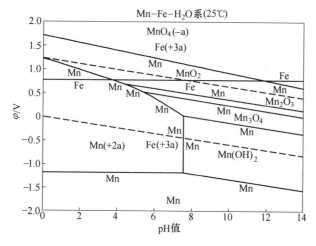

图 2-12　$Mn-Fe-H_2O$ 系 φ-pH 图

从图 2-13 中可以看出，Fe^{2+} 的氧化电位在 0.771V，而二氧化锰的还原电位在 1.23V，所以只要有二氧化锰的存在，溶液中 Fe^{2+} 的浓度必然很低，而 Fe^{3+} 在 pH 值大于 2 时，易水解成 $Fe(OH)_3$，若控制后液 pH 值，这可使铁进入浸出液后的量减少，从而达到除铁的目的。

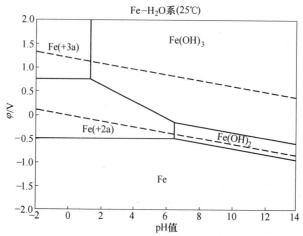

图 2-13　$Fe-H_2O$ 系 φ-pH 图

从图 2-14 中可以看出，φ_{Cl_2/Cl^-} 为 1.3V 左右，如若增加盐酸的浓度或 Cl^- 的浓度，则可使 φ_{Cl_2/Cl^-} 小于 1.23V，用浓盐酸浸出多金属结核就是这个道理。

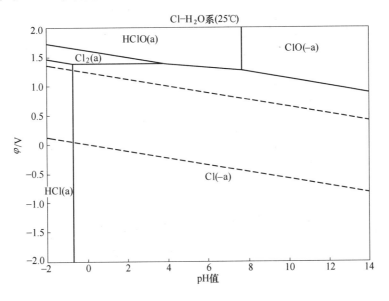

图 2-14　Cl-H$_2$O 系 φ-pH 图

从图 2-15 ~ 图 2-17 可以看出，Cu 在 pH 值小于 4 时稳定的存在于溶液中，Co^{2+}、Ni^{2+} 在 pH 值小于 6 时都可以稳定存在，而钴在有氧化剂存在时可能被氧化成三价而进入渣中，有 Fe^{2+} 时则不易被氧化成三价钴。

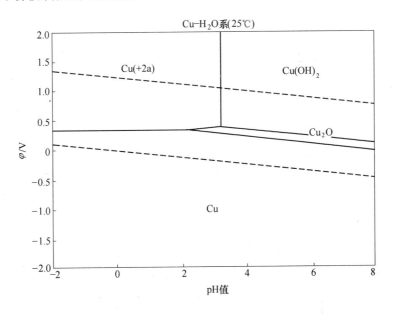

图 2-15　Cu-H$_2$O 系 φ-pH 图

图 2-18 是图 2-12、图 2-13、图 2-15、图 2-16、图 2-17 的叠加，从图 2-18 中可以看

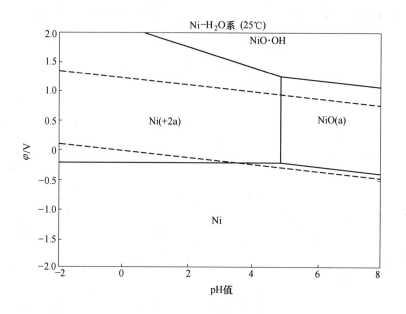

图 2-16　Ni-H$_2$O 系 φ-pH 图

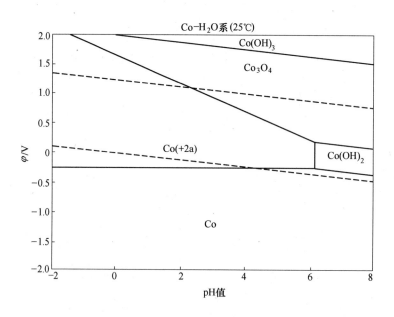

图 2-17　Co-H$_2$O 系 φ-pH 图

出，只要控制好酸度及溶液的电位则可以进行选择性浸出。如果控制溶液的电位和 pH 值条件在 A 区，则 Cu、Ni、Co 将被选择性浸出；调节 pH 值和电位至 B 区，则可能溶解除铁以外的其他四种金属氧化物；当溶液的电位和 pH 值控制在 C 区，则五种金属氧化物都将溶解。多金属结核的浸出就是控制溶液的电位和 pH 值在 C 区的范围，而浸出后液的 pH 值应在 B 区域范围，这样既可以保证浸出过程铁离子发挥作用，又可以使浸出后液容易处理，易于有价金属的回收。

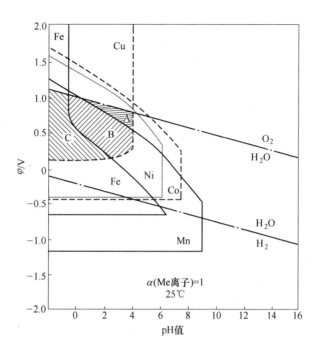

图 2-18 Fe、Mn、Cu、Ni、Co-H_2O 系 φ-pH 图

从图 2-18 中可以清楚地看到，在 pH < 2 的溶液中，锰与铜、钴、镍、铁的氧化物及离子的还原顺序由易到难为：Co^{3+} > MnO_2 > Fe^{3+} > H^+ > Ni^{2+} > Co^{2+} > Fe^{2+} > Mn^{2+}。也就是说，当溶液中存在 Co^{3+}、Fe^{2+} 和 MnO_2 时，Fe^{2+} 易被氧化成 Fe^{3+} 而使 MnO_2 和 Co^{3+} 被还原成 Mn^{2+} 和 Co^{2+}。

2.3.5.2 以铁闪锌矿加压浸出为例讨论

加压浸出是利用高温高压反应速率迅速增大的原理，大大提高过程的浸出效率，从而加大反应程度，缩短反应时间。常温下硫化锌浸出速度非常慢。

在 25℃硫酸浓度为 5mol/L 的溶液中，Zn^{2+} 的平衡浓度仅为 0.17mol/L，ZnS 在稀硫酸中的溶解是极微量的。

另外，利用下列公式可以进行相关计算，确定反应的难易。

$$\Delta G_{298K}^{\ominus} = \Sigma V_i G_{(i)298K}^{\ominus} \tag{2-51}$$

$$\Delta G_{298K}^{\ominus} = -RT\ln K_p \tag{2-52}$$

$$\Delta G_T^{\ominus} = \Delta G_{298K}^{\ominus} - (T - 298)\Delta S_{298K}^{\ominus} + (T - 298)\Delta C_p^{\ominus}\Big|_{298}^{T} - T\Delta C_p^{\ominus}\Big|_{298}^{T}\ln\frac{T}{298} \tag{2-53}$$

$$\Delta G_T^{\ominus} = \Delta G_{298K}^{\ominus} + RT\ln J_p = -RT\ln K_p + RT\ln J_p \tag{2-54}$$

在无氧条件下（假定各离子 $a = 1$，标准状态）：

$$ZnS + 2H^+ \Longrightarrow Zn^{2+} + H_2S(g) \tag{2-55}$$

$$\Delta G_{1298K}^{\ominus} = 16.37\text{kJ/mol} \quad K_{1298K}^{\ominus} = 0.0014$$

在有氧条件下：

$$ZnS + \frac{1}{2}O_2 + 2H^+ \Longrightarrow Zn^{2+} + H_2O + S^0$$

$$\Delta G_{2298K}^{\ominus} = -242.21 \text{kJ/mol} \quad K_{2298K}^{\ominus} = 7.39 \times 10^{32}$$

$$\Delta G_{2388K}^{\ominus} = -232.49 \text{kJ/mol} \quad J_{2388K}^{\ominus} = 21.17 \tag{2-56}$$

$$\Delta G_{2423K}^{\ominus} = -228.01 \text{kJ/mol} \quad J_{2423K}^{\ominus} = 56.70$$

通过计算可知，$\Delta G_{1298K}^{\ominus} > 0 \gg \Delta G_{2298K}^{\ominus}$，也就是说有氧条件下的浸出速率远远大于无氧条件下的浸出速率。同时，在无氧条件下过程中有大量的 H_2S 生成，不仅使操作环境恶化，而且对设备腐蚀严重。在有氧条件下，$J^{\ominus} \ll K^{\ominus}$，当温度升高时反应容易进行。

加压浸出的优点之一就是硫以单质硫的形式析出，浸出条件必须控制在单质硫的稳定区内，为此提出了 $pH_{上限}$ 和 $pH_{下限}$ 的概念，$pH_{上限}$ 是 S^{2-} 离子氧化成单质硫或高价硫还原成单质硫的最高 pH 值，$pH_{下限}$ 是硫化物开始分解析出 H_2S 的 pH 值（见表2-8）。经计算知，在25℃下，

$$pH_{上限} = 8.50 + \frac{0.00991 \lg a_{SO_4^{2-}} + 0.02951 \lg a_{HS^-}}{0.0497} \tag{2-57}$$

$$pH_{下限} = 7.02 + \lg \frac{a_{HS^-}}{a_{H_2S}(aq)} \tag{2-58}$$

表2-8　金属硫化物在水溶液中元素硫稳定区的 $pH_{上限}$ 和 $pH_{下限}$

MeS	ZnS	FeS	FeS$_2$	CuFeS$_2$	Cu$_2$S	CuS	NiS
$pH_{上限}$	1.07	3.94	−1.19	−1.10	−3.50	−3.56	2.80
$pH_{下限}$	−1.60	1.78	0.48	−3.80	−8.04	−7.10	0.45

由 M-S-H_2O 系 φ-pH 图（见图2-19）可以看出，各种硫化物的浸出顺序是：FeS > NiS

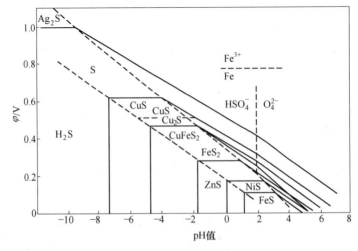

图 2-19　M-S-H$_2$O 系 φ-pH 图

（298K，$a_{Mn^+} = 1$，$p_{H_2S} = 101 \text{kPa}$，$a_{HSO_4^-} + a_{SO_4^{2-}} = 1$）

>ZnS>FeS$_2$>CuFeS$_2$>CuS，FeS 优于 ZnS 氧化，铁以离子形态进入溶液。

研究结果表明，随着温度的升高，φ-pH 图中各区域的位置一般向 pH 值减小电位升高的方向移动，但此种变化较小，本书中仅参考 25℃下 φ-pH 图。由图 2-20 中可以看出，氧线ⓐ距离 ZnS 的稳定区比较远，硫化锌的氧化电位相对较低，在酸性溶液中较易被氧化。硫化锌的氧化电位在 $-0.2\sim0.3$V，随 pH 值升高，元素硫的稳定区逐渐变窄。当 pH>8 时，硫主要被氧化成硫酸根。因此，控制溶液酸度有利于元素硫的生成。

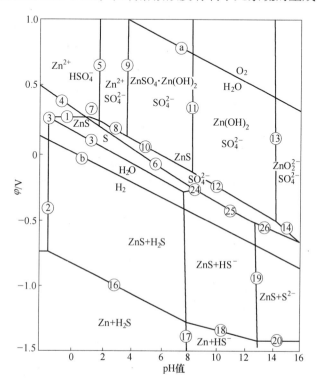

图 2-20 Zn-S-H$_2$O（25℃）系 φ-pH 图

参 考 文 献

[1] 黄子卿．电解质溶液理论导论(修订版)[M]．北京：科学出版社，1983．
[2] 傅崇说．冶金溶液热力学原理与计算[M]．2 版．北京：冶金工业出版社，1989．
[3] 李洪桂．湿法冶金学[M]．长沙：中南大学出版社，2002．
[4] 李洪桂．冶金原理[M]．北京：科学出版社，2005．
[5] 张家芸．冶金物理化学[M]．北京：冶金工业出版社，2004．
[6] 郭汉杰．冶金物理化学教程[M]．北京：冶金工业出版社，2004．
[7] 陈家镛．湿法冶金手册[M]．北京：冶金工业出版社，2005．
[8] 陈家镛，杨守志，柯家骏．湿法冶金的研究与发展[M]．北京：冶金工业出版社，1998．
[9] 田彦文，翟秀静，刘奎仁．冶金物理化学简明教程[M]．北京：化学工业出版社，2007．
[10] 傅崇说．有色冶金原理[M]．北京：冶金工业出版社，1993．
[11] 黄兴无．有色冶金原理[M]．北京：冶金工业出版社，1993．

3 铝土矿加压浸出

3.1 概述

铝及其合金具有很多优良性能，主要用于航空、汽车、电力工业、建筑和日常生活用品等方面。铝元素在自然界中分布极广，地壳中铝的含量约为 7.3%，仅次于氧和硅，居第三位。而在各种金属元素中，铝的含量居首位。铝的化学性质活泼，在自然界仅以化合物状态存在。目前，铝土矿是氧化铝生产中最主要的矿物资源，世界上 98% 以上的氧化铝出自铝土矿，现在世界上只有俄罗斯有以霞石等为原料生产的氧化铝工厂。

氧化铝的生产方法大致可分为四类，即碱法、酸法、酸碱联合法和热法。碱法是用碱处理铝土矿，使铝矿石中的氧化铝变为铝酸钠溶液，除去铝酸钠溶液中的杂质，再采用加晶种或碳酸化分解的方法，即可从净化后的铝酸钠溶液中分解析出氢氧化铝，经过分离洗涤和煅烧后，得到产品氧化铝，分解母液在生产中循环使用。酸法生产氧化铝是用硫酸、盐酸或硝酸等无机酸处理含铝原料得到相应的铝盐的酸性溶液，如 $Al_2(SO_4)_3$、$AlCl_3$ 或 $Al(NO_3)_3$。然后使这些铝盐成为水合物或碱式铝盐结晶从溶液中析出，也可以用碱（NH_4OH）中和铝盐的酸性溶液，使铝成氢氧化铝析出，得到的氢氧化铝或各种铝盐的水合物晶体，经过煅烧即可得到无水氧化铝。酸碱联合法是利用酸法除硅，碱法除铁。把这两种方法结合起来就能够处理高硅高铁铝矿。酸碱联合法的工艺流程是先利用酸法从高硅铝矿中制取含有铁、钛等杂质的氢氧化铝，然后再用碱法处理得到纯净氢氧化铝。热法一般用于处理高硅高铁的铝矿。热法生产氧化铝是将铝矿与炭还原剂配成炉料在电炉或高炉内进行还原熔炼，铝矿中氧化硅和氧化铁被还原成硅铁合金，并获得含氧化铝的呈熔融状态的炉渣，由于比重不同在炉内合金与炉渣分层，可分别从炉口放出。所得含氧化铝炉渣再用碱法提取氧化铝，所得硅铁合金即为成品。但目前在工业上得到广泛应用的仅有碱法。在碱法生产氧化铝的方法中又以拜耳法应用最为广泛。拜耳法是由奥地利化学家拜耳（K. J. Bayer）于 1889~1992 年发明的一种从铝土矿中提取氧化铝的方法，其主要工序有浸出、稀释、分解和蒸发。

铝土矿浸出是拜耳法生产氧化铝过程的关键工序，浸出的目的就是要根据铝土矿的资源特点，选择适宜的浸出条件，使矿石中的 Al_2O_3 尽可能多地进入铝酸钠溶液，实现与其他杂质矿物的分离，并同时得到具有一定苛性比值的浸出液和具有良好沉降性能的赤泥，为后续工序创造良好的操作条件。铝土矿浸出的实质就是铝土矿在加压的条件下进行的一个浸出过程，即铝土矿的加压浸出。

经过 100 多年的发展，铝土矿加压浸出技术发生了巨大变化。浸出方法由单罐间断浸出作业发展为多罐串联连续浸出，进而发展为管道化溶出。加热方式，由蒸汽直接加热发展为蒸汽间接加热，乃至管道化溶出高温段的熔盐加热。随着浸出技术的进步，浸出过程的技术经济指标得到显著的提高和改善。

经过 100 多年的发展，氧化铝工业的技术装备水平迅速提高，工艺过程也不断强化和完善，各项技术经济指标有了很大提高，生产规模也大幅扩大。国内氧化铝厂选取了广西平果铝业、山西某氧化铝厂进行生产实践介绍，对国外巴西的 Alunorte 氧化铝厂、澳大利亚的沃斯莱氧化铝厂也进行了介绍。

我国铝土矿资源并不丰富，而且我国铝土矿资源特点又是以中低品位的一水硬铝石矿为主，铝硅比在 9 以下的矿石量占 80% 以上，我国科研工作者在复杂难处理的传统铝土矿资源以及非传统铝土矿资源方面做了大量的研究工作，其中，北京矿冶研究总院研究了高硫铝土矿脱硫和霞石提铝技术，取得了较大的进展。

3.2 铝土矿浸出中的基本概念

在铝土矿浸出中常见的基本概念有铝硅比、铝酸钠溶液的物质的量比值，而涉及的计算主要有铝土矿的氧化铝浸出率计算和碱损失量的计算。下面分别就以上基本概念和计算方法进行具体介绍。

3.2.1 铝硅比

铝硅比是指铝土矿矿石中 Al_2O_3 与 SiO_2 的百分含量之比，它是衡量铝土矿品质的主要标准之一，铝硅比越高的矿石品质越好。铝硅比的高低为氧化铝生产制备方法的选择提供依据。我国工业生产中原则上要求用于拜耳法生产的铝土矿中铝硅比不低于 7，用于烧结法生产的铝硅比不低于 3.5，但我国目前铝硅比远低于 7（$A/S = 4 \sim 5$）的铝土矿仍然采用拜耳法生产氧化铝。

3.2.2 硅量指数

铝酸钠溶液中 Al_2O_3 与 SiO_2 含量的比值，称为溶液的硅量指数，也以符号"A/S"来表示。当溶液中 Al_2O_3 浓度一定时，硅量指数越高，则溶液中二氧化硅杂质含量越低，溶液的纯度越高。

3.2.3 铝酸钠溶液的物质的量比值

铝酸钠溶液中的 Na_2O 与 Al_2O_3 含量的物质的量比值，可以反映铝酸钠溶液的性质，表示铝酸钠溶液中氧化铝的饱和程度以及溶液的稳定性，是铝酸钠溶液的一个重要特性参数，也是一项重要的技术指标。这个比值一般称为物质的量比，也称"分子比"，以 MR 表示。工业生产中，常采用符号"α_K"表示溶液中所含苛性碱 Na_2O 的物质的量与所含氧化铝的物质的量之比。

例如，当铝酸钠溶液中含 Al_2O_3 120g/L、Na_2O 100g/L 时，则该溶液的物质的量比值为：

$$\alpha_K = \frac{n_{Na_2O}}{n_{Al_2O_3}} = \frac{100}{120} \times \frac{102}{62} = \frac{1.645 \times 100}{120} = 1.37$$

式中的 102 和 62 分别为 Al_2O_3 和 Na_2O 的相对分子质量，1.645 是 Al_2O_3 与 Na_2O 的相对分子质量的比值。因此，铝酸钠溶液的物质的量比值一般可用式（3-1）表示：

$$\alpha_K = 1.645 \times \frac{n}{a} \tag{3-1}$$

式中的 n 和 a 分别为铝酸钠溶液中 Na_2O 和 Al_2O_3 的质量浓度（以 g/L 或质量分数浓度表示）。

工业铝酸钠溶液的物质的量比值变化范围很大，大致为 $1.25 \sim 4.0$，$\alpha_K \leqslant 1$ 的铝酸钠溶液是不存在的。

3.2.4　铝土矿的氧化铝浸出率及碱损失量的计算

3.2.4.1　氧化铝理论浸出率

氧化铝理论浸出率是表示铝土矿中氧化铝理论浸出量占原铝土矿中氧化铝量的质量分数。氧化铝理论浸出量是指铝土矿中氧化铝量，扣除因存在二氧化硅溶出时生成的含水铝硅酸钠（$Na_2O \cdot Al_2O_3 \cdot 1.7SiO_2 \cdot 2H_2O$），而造成氧化铝的损失量。从含水铝硅酸钠组成式可知，每有 $1.7mol\ SiO_2$ 就损失 $1mol\ Al_2O_3$。从质量上比较，有 1kg 二氧化硅就损失 1kg 氧化铝。所以氧化铝理论浸出率是：

$$\eta_{理} = \frac{A - S}{A} \times 100\% = \left(1 - \frac{1}{A/S}\right) \times 100\% \tag{3-2}$$

式中　A——铝土矿中氧化铝的含量，%；
　　　S——铝土矿中二氧化硅的含量，%；
　　A/S——铝土矿中氧化铝与二氧化硅的含量比，简称铝硅比。

铝土矿中铝硅比越大，氧化铝理论浸出率越高；铝硅比越小，氧化铝理论浸出率越低。因此，铝硅比在 $7 \sim 8$ 以下的铝土矿，不适宜用单纯拜耳法生产氧化铝。

3.2.4.2　氧化铝实际浸出率

氧化铝实际浸出率是表示铝土矿中氧化铝实际浸出量占原铝土矿中氧化铝量的质量分数。氧化铝实际浸出量是指原铝土矿中氧化铝量扣除赤泥中氧化铝量。氧化铝实际浸出率是：

$$\eta_{实} = \frac{L_{矿} - L_{赤}}{L_{矿}} \times 100\% = \frac{A_{矿}\ Q_{矿} - A_{赤}\ Q_{赤}}{A_{矿}\ Q_{矿}} \times 100\%$$

$$= \left(1 - \frac{A_{赤}}{A_{矿}} \times \frac{Q_{赤}}{Q_{矿}}\right) \times 100\% \tag{3-3}$$

式中　$L_{矿}$——铝土矿中的氧化铝量，kg；
　　　$L_{赤}$——赤泥中的氧化铝量，kg；
　　　$A_{矿}$——铝土矿中氧化铝的含量，%；
　　　$A_{赤}$——赤泥中氧化铝的含量，%；
　　　$Q_{矿}$——铝土矿量，kg；
　　　$Q_{赤}$——赤泥量，kg。

在浸出过程中，氧化铁实际上可从铝土矿全部转入赤泥（忽略由于其他原因进入赤泥的氧化铁量）。根据氧化铁质量平衡：

$$F_{矿} \times Q_{矿} = F_{赤} \times Q_{赤}$$

所以有：

$$\frac{Q_{赤}}{Q_{矿}} = \frac{F_{矿}}{F_{赤}}$$

将此值代入式（3-3）可得：

$$\eta_{实} = \left(1 - \frac{A_{赤}}{A_{矿}} \times \frac{F_{矿}}{F_{赤}}\right) \times 100\% \qquad (3-4)$$

式中　$F_{矿}$——铝土矿中氧化铁的含量，%；

　　　$F_{赤}$——赤泥中氧化铁的含量，%。

氧化铝实际浸出率也可按铝土矿的铝硅比和赤泥的铝硅比计算：

$$\eta_{相} = \frac{(A/S)_{矿} - (A/S)_{赤}}{(A/S)_{矿}} \times 100\% \qquad (3-5)$$

式中　$(A/S)_{矿}$——铝土矿的铝硅比；

　　　$(A/S)_{赤}$——赤泥的铝硅比。

若赤泥中的铝硅比为1，则 $\eta_{实} = \eta_{理}$。

3.2.4.3　氧化铝相对浸出率

氧化铝相对浸出率是表示氧化铝的实际浸出率占理论浸出率的百分数，氧化铝相对浸出率是：

$$\eta_{相} = \frac{\eta_{实}}{\eta_{理}} \times 100\% \qquad (3-6)$$

氧化铝相对浸出率用铝土矿铝硅比与赤泥铝硅比表示是：

$$\eta_{相} = \frac{(A/S)_{矿} - (A/S)_{赤}}{(A/S)_{矿} - 1} \times 100\% \qquad (3-7)$$

氧化铝相对浸出率是比较各种浸出条件的重要指标。

3.2.4.4　浸出理论碱损失量

浸出理论碱损失量是表示浸出 1t 氧化铝理论上所损失的碱量。铝土矿中的二氧化硅在浸出过程中生产含水铝硅酸钠（$Na_2O \cdot Al_2O_3 \cdot 1.7SiO_2 \cdot 2H_2O$）进入赤泥，带走氧化钠而造成碱的化学损失。铝土矿中每含 1kg 二氧化硅，便损失 0.608kg 的氧化钠和 1kg 的氧化铝。浸出理论碱损失量（$kg/t_{Al_2O_3}$）计算式是：

$$Q_{Na_2O} = \frac{0.608S}{A - S} \times 1000 = \frac{608}{(A/S)_{矿} - 1} \qquad (3-8)$$

上述计算氧化铝浸出率和碱损失率的公式，都是基于铝土矿中的二氧化硅在浸出过程中全部转变成含水铝硅酸钠为基础的。如果二氧化硅某些矿物未参加反应，或者由于有添加物而转为其他形态含硅矿物，则计算氧化铝浸出率和碱损失量的公式也应随之改变。

3.3　铝土矿的矿物组成及浸出行为

铝土矿是目前氧化铝生产中最主要的矿石资源，世界上99%以上的氧化铝是用铝土矿为原料生产的。铝土矿中氧化铝的含量变化很大，低的在40%以下，高的可达70%以上。

与其他有色金属矿石相比，铝土矿可算是很富的矿。

铝土矿是一种组成复杂、化学成分变化很大的含铝矿物，主要化学成分为 Al_2O_3、SiO_2、Fe_2O_3、TiO_2，以及少量的 CaO、MgO、S、Ga、V、Cr、P 等。

铝土矿中的氧化铝主要以三水铝石[$Al(OH)_3$]，或者以一水软铝石[γ-AlO(OH)]及一水硬铝石[α-AlO(OH)]状态存在，其性质见表 3-1。

表 3-1　三水铝石、一水软铝石、一水硬铝石性质

项　　目	三水铝石	一水软铝石	一水硬铝石
化学分子式	$Al_2O_3 \cdot 3H_2O$ 或 $Al(OH)_3$	$Al_2O_3 \cdot H_2O$ 或 AlOOH	$Al_2O_3 \cdot H_2O$ 或 AlOOH
氧化铝的铝含量/%	65.36	84.79	84.98
化合物水含量/%	34.6	15	15
晶　　系	单斜晶系	斜方晶系	斜方晶系
莫氏硬度	2.3~3.5	3.5~5	6.5~7
密度/g·cm^{-3}	2.3~2.4	3.01~3.06	3.3~3.5

依据铝土矿中上述铝矿物的含量，一般可将铝土矿分为三水铝石型、一水软铝石型、一水硬铝石型。

不同类型的铝土矿由于其氧化铝存在的结晶状态不同，所以与铝酸钠溶液的反应能力自然就会不同，即使同一类型的铝土矿，由于产地的不同，它们的结晶完整性也会有所不同，其浸出性能也就会不同。总体而言，三水铝石型铝土矿浸出属于低温浸出，一水软铝石型和一水硬铝石型铝土矿浸出属于高温浸出。下面对不同类型的铝土矿的浸出性能进行讨论。

（1）三水铝石型铝土矿。

在三水铝石型铝土矿中，氧化铝主要以三水铝石（$Al_2O_3 \cdot 3H_2O$）的形式存在。在所有类型的铝土矿中，三水铝石型铝土矿是最易浸出的一种铝土矿，在浸出温度超过 85℃时，就会有三水铝石浸出，随着温度的升高，三水铝石矿的浸出速度加快。通常情况下，三水铝石矿典型的浸出过程是温度为 140~145℃、Na_2O 质量浓度为 120~140g/L，矿石中的三水铝石能迅速地进入溶液，满足工业生产的要求。

（2）一水软铝石型铝土矿。

相对于三水铝石来讲，一水软铝石矿的浸出条件要苛刻得多，它需要较高的温度和较大的苛性碱浓度才能达到一定的浸出速率。一水软铝石型铝土矿的浸出温度至少需要 200℃，然而生产上实际采用的温度一般为 240~250℃，浸出液的质量浓度通常是 180~240g/L 的 Na_2O，产品通常是粉状氧化铝。

（3）一水硬铝石型铝土矿。

在所有类型的铝土矿中，一水硬铝石型铝土矿是最难浸出的。

一水硬铝石的浸出温度通常在 240~250℃，浸出液 Na_2O 质量浓度为 240~300g/L。我国的铝土矿主要是一水硬铝石型铝土矿，所以我国的科技工作者对一水硬铝石的浸出过程研究得比较多。

关于一水硬铝石的浸出动力学，国内外的一些研究者大多数认为一水硬铝石型铝土矿的浸出由多种杂质矿的固体产物扩散控制，或由反应物的扩散控制。

N. S. Marltz 用式（3-9）表示浸出速率：

$$-\frac{dc_A(s)}{dt} = KSI \tag{3-9}$$

式中　K——传质系数；

　　　S——反应面积，m^2；

　　　I——浓度差。

М. ТурийСкий 给出式（3-10）来表示一水硬铝石的浸出：

$$\frac{dc_A}{dt} = DS(c_{Hac} - c_A) \tag{3-10}$$

式中　c_{Hac}——饱和浓度，g/L。

铝土矿浸出的目的是将其中的氧化铝充分溶解而进入铝酸钠溶液，尽量使其他成分不浸出，从而实现氧化铝与其他杂质的分离。下面就氧化铝以及其他杂质在浸出过程的行为进行论述。

3.3.1　氧化铝水合物在浸出过程中的行为

在铝土矿浸出过程中，由于整个过程是复杂的多相反应，所以影响浸出过程的因素比较多。这些影响因素可大致分为铝土矿本身的浸出性能和浸出过程作业条件两个方面。

铝土矿的浸出性能指用碱液浸出其中的 Al_2O_3 的难易程度，难易是相对而言的。结晶物质的溶解从本质上来说是晶格的破坏过程，在拜耳法浸出过程中，氧化铝水合物是由于 OH^- 离子进入其晶格而遭到破坏的。各种氧化铝水合物正是由于晶型、结构的不同，晶格能也不一样，而使其浸出性能差别很大。除了矿物组成以外，铝矿的结构形态、杂质含量和分布状况也影响其浸出性能。所谓结构形态是指矿石表明的外观形态和结晶度等。致密的铝土矿几乎没有孔隙和裂缝，它比起疏松多孔的铝土矿来说，浸出性能差得多。疏松多孔铝土矿的浸出过程中，反应不仅发生在矿粒表面，而且能渗透到矿粒内部的毛细管和裂缝中。但是铝土矿的外观致密程度与其结晶度不一样。例如，有时土状矿石由于其中一水硬铝石的晶粒粗大反而比半土状和致密的铝土矿的浸出性能差。

其中，影响氧化铝浸出的主要因素有以下几个。

3.3.1.1　浸出温度的影响

温度是浸出过程中最主要的影响因素，不论反应过程是由化学反应控制或是由扩散控制，温度都是影响反应过程的一个重要因素，因为化学反应速率常数和扩散速率常数与温度都有密切的关系：

$$\ln K = -\frac{E}{RT} + C \tag{3-11}$$

$$D = \frac{1}{3\pi\mu\delta} \times \frac{RT}{N} \tag{3-12}$$

式中　K——化学反应速率常数；

　　　E——化学反应的活化能，kJ/mol；

　C，N——常数；

R——气体常数；

T——热力学温度，K；

D——扩散速率常数；

μ——溶液黏度，Pa·s；

δ——扩散层厚度，m。

从上面式（3-11）和式（3-12）可以看出，升高温度，化学反应速率常数和扩散常数都会增大，这从动力学方面说明了提高温度对于增加浸出速率有利。

在式（3-11）中，E 是活化能，恒为正值；C 为常数。采用 Na_2O 质量浓度为 200g/L 的铝酸钠溶液浸出欧洲一水软铝石型铝土矿的结果表明，温度从 200℃ 提高到 225℃，法国铝土矿的浸出速率提高 2.5 倍，希腊铝土矿的浸出速率提高 5 倍；其规律是温度每升高 10℃，浸出速率约提高 1.5 倍，浸出设备的产能因此也显著提高（见图 3-1）。

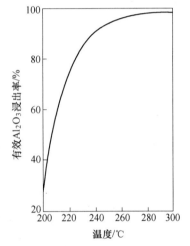

图 3-1   有效氧化铝浸出率和浸出温度的关系

从 $Na_2O\text{-}Al_2O_3\text{-}H_2O$ 系溶解度曲线可以看出，提高温度后，铝土矿在碱溶液中的溶解度显著增加，溶液的平衡分子比明显降低，使用浓度较低的母液就可以得到分子比低的浸出液，由于浸出液与循环母液的 Na_2O 浓度差小，蒸发负担减轻，使碱的循环效率提高。此外，浸出温度提高还可以使赤泥的结构和沉降性能改善，浸出液分子比降低也有利于制取砂状氧化铝。

温度在浸出天然的一水硬铝石型铝土矿时所起的作用比浸出纯一水硬铝石矿物时更加显著。因为在浸出铝土矿时会有钛酸盐和铝硅酸盐保护膜的生成，提高温度使这些保护膜因再结晶而破裂，甚至不加石灰也有良好的浸出效果。

提高温度使矿石在矿物形态方面的差别所造成的影响趋于消失。例如，在 300℃ 以上的温度下，不论氧化铝水合物的矿物形态如何，大多数铝土矿的浸出过程都可以在几分钟内完成，并得出近于饱和的铝酸钠溶液。

但是，提高浸出温度会使溶液的饱和蒸气压急剧增大，浸出设备和操作方面的困难也随之增加，这就使提高浸出温度受到限制。

关于浸出温度和压强对铝酸钠溶液结构及浸出后固体沉淀的结构和形貌的影响，张少云等人[1]采用红外光谱、紫外光谱、X 射线衍射和扫描电镜进行了相关研究。研究结果表明，浸出温度和压强对铝酸钠溶液的结构组成以及晶体的形貌有较大的影响。在较高温度和较大压力下，铝酸钠溶液中的主要阴离子是 $Al(OH)_4^-$，浸出后固体沉淀较疏松；在较低温度和较小压力下，铝酸钠溶液中不仅存在 $Al(OH)_4^-$，还存在复合铝酸根离子，浸出后固体沉淀比较紧密；浸出温度、压强对浸出液沉淀的红外光谱和 XRD 结构无明显的影响。

3.3.1.2   搅拌强度的影响

众所周知，对于多相反应，整个反应过程由多个步骤组成，其中扩散步骤的速率方程为：

$$\frac{\mathrm{d}c}{\mathrm{d}\tau} = KF(c_o - c_s) = \frac{F}{3\pi\mu d\delta}\frac{RT}{N}(c_o - c_s) \tag{3-13}$$

式中 μ——溶液的黏度，Pa·s；

    d——扩散质点的直径，m；

    F——相界面面积，m^2；

    c_o——溶液主体中反应物的浓度，mol/L；

    c_s——反应界面上反应物的浓度，mol/L；

    R——气体常数；

    T——绝对温度，K；

    N——阿伏加德罗常数；

    δ——扩散层厚度，m。

从方程（3-13）中可以看出，减少扩散层的厚度将会增大扩散速度。强烈的搅拌使整个溶液成分趋于均匀，矿粒表面的扩散层厚度将会相应减小，从而强化了传质过程。加强搅拌还可以在一定程度上弥补温度、碱浓度、配碱数量和矿石粒度方面的不足。

在管道浸出器和蒸汽直接加热的高压浸出器组中，矿粒和溶液之间的相对运动是依靠矿浆的流动来实现的。矿浆流速越大，湍流程度越强，传质效果越好。在蒸汽直接加热的高压浸出器组中，矿浆流速只有 0.0051 ~ 0.02m/s，湍流程度较差，传质效果不太好。

管道化溶出器中矿浆流速达 1.5 ~ 5m/s，雷诺系数为 10^5 数量级，有着高度湍流性质，成为强化浸出过程的一个重要条件。在间接加热机械搅拌的高压浸出器组中，矿浆除了沿流动方向运动外，还在机械搅拌下强烈运动，湍流程度也较强。

当浸出温度提高时，浸出速度由扩散所决定，因而加强搅拌能够起到强化浸出过程的作用。此外，提高矿浆的湍流程度也是防止加热表面结疤、改善传热过程的需要，在间接加热的设备中这是十分重要的。矿浆湍流程度高，结疤轻微时，设备的传热系数可保持为 8360kJ/(m²·h·℃)，比有结疤时大约高出 10 倍。

3.3.1.3 循环母液碱浓度的影响

当其他条件相同时，母液碱浓度越高，Al_2O_3 的未饱和程度就越大，铝土矿中 Al_2O_3 的浸出速度越快，而且能得到分子比低的浸出液。高浓度溶液的饱和蒸气压低，设备所承受的压力也要低些。但是从整个流程来看，种分后的铝酸钠溶液，即蒸发原液的 Na_2O 浓度不宜超过 240g/L，如果要求母液的碱浓度过高，蒸发过程负担和困难必然增大。另外，母液黏度增加，不利于浸出过程的进行。所以从整个流程来权衡，母液的碱浓度只宜保持为适当的数值。

狄永宁[2]等人研究了贵州修文铝土矿拜耳法浸出，考察了循环母液碱质量浓度对氧化铝浸出的影响。原矿为低铁（$w(Fe) < 3\%$）、低硫（$w(S) < 0.3\%$）型铝土矿，Al_2O_3 72.66%，SiO_2 8.40%，A/S 8.65。矿石入料细度 $-75\mu m$ 占 80%，浸出温度 260℃，浸出时间 60min，配料分子比 1.5。试验结果表明，苛性碱质量浓度在 200 ~ 280g/L 范围内，氧化铝实际浸出率变化不大，只略有提高，在 85% 以上。综合考虑，苛性碱质量浓度以 240g/L 为宜。

李中锋、杨长付[3]对河南铝土矿选精矿进行浸出试验，在配料 α_K 为 1.5 的条件下考察了苛性碱浓度对浸出过程的影响（见图 3-2）。

由图 3-2 可见，在浸出温度为 260℃，CaO 添加量 7%，浸出时间为 90min，配料苛性分子比 α_K 为 1.5 时，苛性碱浓度从 220g/L 增加到 240g/L，浸出液苛性分子比 α_K 从 1.52 降低到 1.47，氧化铝的绝对浸出率从 77.49% 升高到 89.34%，相对浸出率从 84.65% 升高到 97.6%。由此可见，苛性碱浓度提高，有利于选精矿的浸出。

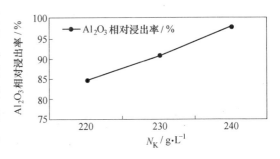

图 3-2　苛性碱浓度对浸出率的影响
（配料 α_K：1.5；时间：90min；
CaO：7%；温度：260℃）

3.3.1.4　配料分子比的影响

在浸出铝土矿时，物料的配比是按浸出液的分子比 MR 达到预期的要求计算确定的。预期的浸出液分子比 MR 称为配料 MR。它的数值越高，即对单位质量的矿石配的碱量也越高，由于在浸出过程中溶液始终保持着更大的未饱和度，所以浸出速度必然更快。但是这样一来循环效率必然降低，物料流量则会增大。

3.3.1.5　矿石磨细程度的影响

对某一种矿石，当其粒度越细小时，其比表面积就越大。这样矿石与溶液接触的面积就越大，即反应的面积增加了，在其他浸出条件相同时，浸出速率就会增加。另外，矿石的磨细加工会使原来被杂质包裹的氧化铝水合物暴露出来，增加了氧化铝的浸出率。浸出三水铝石型铝土矿时，一般不要求磨得很细，有时被破碎到 16mm 即可进行渗滤浸出。致密难溶的一水硬铝石型矿石则要求细磨。然而过分的细磨使生产费用增加，又无助于进一步提高浸出率，而且还可能使浸出赤泥变细，造成赤泥分离洗涤的困难。

3.3.2　主要杂质在浸出过程中的行为

3.3.2.1　含硅矿物在浸出过程中的行为

众所周知，硅矿物是碱法生产氧化铝中最有害的杂质，它包括蛋白石、石英及其水合物、高岭石、伊利石、鲕绿泥石、叶蜡石、绢云母、长石等硅酸盐矿物。硅矿物的存在形态不同，它们与铝酸钠溶液的反应能力也不同。含硅矿物在浸出时首先被碱分解，以硅酸钠的形态进入溶液，然后与铝酸钠溶液反应生成水合铝硅酸钠（钠硅渣）和水化石榴石进入赤泥。钠硅渣和水化石榴石绝大部分进入赤泥，少量溶解于铝酸钠溶液中，在溶液成分和温度变化时，再继续析出。溶液中的二氧化硅成为固体析出的过程称为脱硅。溶液中的 Al_2O_3 和 SiO_2 浓度的比值称为硅量指数，是衡量铝酸钠溶液质量的一个重要指标。

生产中含硅矿物所造成的危害是：（1）引起 Al_2O_3 和 Na_2O 的损失；（2）钠硅渣进入氢氧化铝后，降低成品质量；（3）钠硅渣在生产设备的管道上，特别是在换热表面上析出称为结疤，使传热系数大大降低，增加能耗和清理工作量；（4）大量钠硅渣的生成会增大赤泥量，并且可能成为极分散的细悬浮体，极不利于赤泥的分离和洗涤。

在铝土矿浸出的过程中，SiO_2 与铝酸钠溶液反应包括两个过程：二氧化硅的溶解以及析出溶解度很小的含水铝硅酸钠。这两个过程反应初期，二氧化硅的溶解速度超过含水铝硅酸钠的生成速度，所以溶液中 SiO_2 含量不断增加。当 SiO_2 含量增加到一定程度后，硅酸钠就同铝酸钠溶液反应生成钠硅渣。所有含硅矿物在铝酸钠溶液中都是先分解成铝酸钠和硅酸钠进入溶液，然后两者再反应形成钠硅渣析出。以高岭石为例，这两个阶段反应如下：

$$Al_2O_3 \cdot 2SiO_2 \cdot 2H_2O + 6NaOH + aq \longrightarrow 2NaAl(OH)_4 + 2Na_2[H_2SiO_4] + aq \tag{3-14}$$

$$xNa_2[H_2SiO_4] + 2NaAl(OH)_4 + aq \longrightarrow Na_2O \cdot Al_2O_3 \cdot xSiO_2 \cdot nH_2O + 2xNaOH + aq \tag{3-15}$$

其中，式 (3-14) 称为溶解反应，式 (3-15) 称为脱硅反应。

铝土矿溶出时，循环碱液中含有大量游离苛性碱，所以在矿浆的制备和浸出过程中，铝土矿中各种硅矿物首先与苛性碱作用，以硅酸钠形式进入溶液。进入铝酸钠溶液中的硅酸钠解离为硅酸离子 SiO_3^{2-} 或 $H_2SiO_4^{2-}$。因为在 pH 值大于 11 的溶液中，稳定的硅酸离子是 SiO_3^{2-} 或 $H_2SiO_4^{2-}$。硅酸离子与铝酸根离子作用生成铝硅酸配合离子 $\{Al_2[H_2SiO_4](OH)_6\}^{2-}$。在含有 SiO_2 的铝酸钠溶液中存在铝硅酸配合离子及其聚合体已为综合散射光谱所证实。

在苛性比值较高的含 SiO_2 的铝酸钠溶液中，除含铝硅酸配合离子外，还存在硅酸离子，并随溶液苛性比值的增大，将主要以 $H_2SiO_4^{2-}$ 存在。

在低苛性比的铝酸钠溶液中没有硅酸钠，只有铝硅酸配合离子 $\{Al_2[H_2SiO_4](OH)_6\}^{2-}$。

进入溶液的 SiO_2 在最初一个阶段可以达到最大的介稳浓度，随后发生脱硅反应。成为铝硅酸钠水合物而析出，成为赤泥的主要成分。研究在拜耳法生产条件范围内脱硅产物的成分及其性质，对正确评价浸出效果、控制结疤、降低碱耗很有实际意义。

图 3-3 的曲线表示在铝酸钠溶液中的平衡溶解度和介稳状态溶解度。曲线 1 和曲线 2 表示 $MR < 2$，温度为 70℃下的溶液中 SiO_2 的含量，曲线 1 表示 SiO_2 的平衡浓度与溶液中 Al_2O_3 含量的关系。曲线 1 的下方为含铝硅酸钠未饱和区域，曲线 1 和曲线 2 之间的区域是氧化硅处于介稳平衡状态的溶液。这种溶液不加晶种长时间不分解，不析出含水铝硅酸钠沉淀。曲线 2 上方为过饱和硅酸的溶液成分，硅酸在这种溶液中能反应析出沉淀。

曲线 3 和曲线 4 表示 MR 在 9~12 及温度为 90℃溶液中二氧化硅的行为。曲线 3 是铝硅酸钠溶解度的平衡曲线。曲线 3 和曲线 4 之间的溶液组成处于铝硅酸钠过饱和介稳状态。对于 SiO_2 在铝酸钠溶液中能够以介稳状态存在的原因有不同见解，有人认为 SiO_2 的介稳溶解度是因为刚从溶液中析出来的水合铝硅酸钠具有无定形的特点，随着搅拌时间的延长，才由无定形转变为结晶形态；溶液中的 SiO_2 含量也随之降低到稳态化合物的溶解度，即在此条件下的平衡浓度。有关资料认为在 20~100℃内，SiO_2 在铝酸钠溶液中的介稳溶解度（可能达到最大浓度）随溶液中 Al_2O_3 浓度的增加而提高，并给出下列经验公式：

当 Al_2O_3 质量浓度高于 50g/L 时，介稳溶解度 (g/L) $\rho(SiO_2) = 2 + 1.65n(n-1)$；式

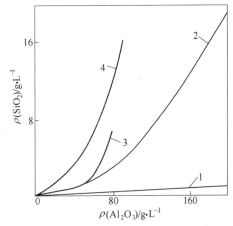

图 3-3 硅酸与低苛性比（曲线 1 和曲线 2）及高苛性比（曲线 3 和曲线 4）铝酸钠溶液相互作用的三个区域界面

中，n 为 Al_2O_3 质量浓度（g/L）除以 50 后的数值。当 Al_2O_3 质量浓度低于 50g/L 时，介稳溶解度（g/L）$\rho(SiO_2) = 0.35 + 0.08n(n-1)$；此时，$n$ 为 Al_2O_3 质量浓度（g/L）除以 10 后的数值[9]。

3.3.2.2 铁氧化物在浸出过程中的行为

铝土矿中含铁矿物最常见的是氧化物，主要包括赤铁矿 $\alpha\text{-}Fe_2O_3$、水赤铁矿 $\alpha\text{-}Fe_2O_3 \cdot$ aq、针铁矿 $\alpha\text{-}FeOOH$ 和水针铁矿 $\alpha\text{-}FeOOH \cdot$ aq、褐铁矿 $Fe_2O_3 \cdot nH_2O$ 以及磁铁矿 Fe_3O_4 和磁赤铁矿 $\gamma\text{-}Fe_2O_3$。含铁矿物除了常见的氧化物外，还有硫化物和硫酸盐、碳酸盐及硅酸盐矿物。铁的存在形式与铝土矿类型相关。

一般一水硬铝石铝土矿中的硫化铁高于一水软铝石和三水铝石中的含量，三水铝石中常含菱铁矿。在铝土矿中也含有少量绿泥石，它们是铁镁的铝硅酸盐。

我国铝石中铁主要以赤铁矿形式存在，广西平果铝土矿中铁主要以针铁矿形式存在，某些高硫铝土矿中含有较多黄铁矿。这些含铁矿物常常以 $0.1\mu m$ 到几个微米的细小颗粒和主要矿物混合在一起。氧化铝浸出后，所有铁矿物全部残留在赤泥中，成为赤泥的重要组成部分，使其沉降性能受到影响，而未能从溶液中滤除的氧化铁，则成为成品 $Al(OH)_3$ 被铁污染的来源。

徐石头[4]对老挝红土型铝土矿矿石浸出工艺进行了试验研究。该矿主要为高铁三水铝石型铝土矿，矿石中矿物成分有三水铝石、针铁矿、赤铁矿、锐钛矿等。得出该矿石的适宜浸出条件为浸出温度 150℃，浸出时间 40min，石灰添加量 3%，循环母液苛性碱质量浓度 220g/L，母液分子比 3.40，配料固含量 350 g/L。配料中氧化钠与氧化铝的物质的量之比为 1.45。在此条件下，Al_2O_3 的浸出率达 80%。

3.3.2.3 氧化钛在浸出过程中的行为

铝土矿中含有 2% ~ 4% 的 TiO_2，一般情况下 TiO_2 以金红石、锐钛矿和板钛矿形态存在，有时也出现胶体氧化钛和钛铁矿。我国贵州铝土矿含氧化钛较高，在 3% ~ 4%。

在拜耳法处理三水铝石型或一水软铝石型铝土矿时，氧化钛是造成碱损失的主要原因之一，并引起赤泥沉降性能恶化。在处理一水硬铝石铝土矿时，氧化钛的存在严重降低氧化铝的浸出率，为提高一水硬铝石的浸出率，必须加入石灰。

铝土矿中的含钛矿物使一水硬铝石的溶解性能显著恶化。锐钛矿的危害比金红石更严重。TiO_2 的最大危害是阻碍一水硬铝石浸出和形成高温结疤。

TiO_2 能与 NaOH 反应生成几种钛酸钠：$NaHTiO_3$、Na_2TiO_3、$Na_2O \cdot 3TiO_2 \cdot 2.5H_2O$。许多人研究了这些钛酸钠中苛性碱 Na_2O 和 TiO_2 的物质的量比在 1:2 ~ 1:6。钛酸钠是很薄的（0.03mm）的针状结晶体。这种钛酸钠针状结晶体能够形成像毛毡似的结构，这种结构具有高黏性和强吸附性，这就在一水硬铝石表面生成一层钛酸钠保护膜，阻碍一水硬铝石的浸出。这层膜的厚度大约是 1.8nm，因而很难用 X 光和结晶光学方法发现。顾松青[5]的研究结果认为，二氧化钛阻滞一水硬铝石浸出的主要原因是其碱溶产物钛酸根在一水硬铝石表面的致密化学吸附作用所致。三水铝石易于溶解，它在钛酸钠生成之前已经溶解完毕，TiO_2 不起阻碍作用。一水软铝石受到的阻碍作用也小得多。

尹中林[6]研究了各主要因素对铝土矿中杂质矿物以及铝酸钠溶液中主要杂质离子在矿浆预热及浸出过程中的行为，得出了以下结论：我国一水硬铝石型铝土矿中含钛矿物在 180 ~ 260℃ 的矿浆预热过程中脱钛反应的表观活化能测定值为 84.4kJ/mol，处于表面化学反应动力学控制阶段，离子扩散传质步骤不是影响反应速度的主要因素，矿浆的流动速度及状态对其反应速度不会有明显的作用。因此含钛矿物在高温预热段的反应将随预热温度的升高迅速加快，由此会导致高温预热段结疤的速度加快。

付伟岸[7]以锐钛矿为研究对象，考察了浸出温度和时间、循环母液成分、石灰添加量等因素对钛矿物反应行为的影响规律。结果表明，在铝土矿高压浸出过程中，钛矿物的反应程度决定于铝酸钠溶液中"游离"苛性碱含量，改变铝酸钠溶液中的 Al_2O_3 浓度对钛矿物的反应并无影响；升高温度，延长反应时间，提高游离苛性碱浓度及 $[CaO]/[TiO_2]$ 分子比均有助于 $CaO \cdot 2TiO_2 \cdot H_2O$ 向更加稳定的 $CaTiO_3$ 转变。

许立军、李军旗等人[8]对贵州某地区的含钛铝土矿进行了浸出研究，主要考查不同条件对矿石中 Al_2O_3 和 TiO_2 浸出率的影响以及钛、铝浸出关系。结果表明，只需添加少量石灰，矿石中的钛在浸出过程便会生成扁平楔状的榍石，不会对矿物形成包裹，消除了钛对铝浸出的阻碍作用；较佳浸出条件为苛碱浓度245g/L，石灰添加量4%，温度240℃，浸出时间70min，该条件下，铝相对浸出率达到95%以上，钛浸出率仅为5.5%。

在实际工业生产中，通常加入石灰来消除 TiO_2 对铝土矿浸出带来的有害影响。CaO会与 TiO_2 生成钙钛矿、羟基钛酸钙或钛水化石榴石。使一水硬铝石表面不再生成钛酸钠保护膜，故浸出过程不再受阻碍。在一水硬铝石型铝土矿浸出过程中，不但添加 CaO 可以消除 TiO_2 的不良影响，而且添加其他碱土金属液可以消除 TiO_2 的影响。

3.4 工艺及工业流程

3.4.1 拜耳法浸出工艺

拜耳法是由奥地利化学家拜耳（K. J. Bayer）于 1889～1892 年发明的一种从铝土矿中提取氧化铝的方法。100 多年来，在工艺技术方面进行了许多改进，而原理并没有发生根本性的变化，拜耳法仍是目前世界上生产氧化铝最主要的方法。

由拜耳发明的拜耳法包括两个主要过程，也就是他申请的两个发明专利。1889 年提出的第一个专利的核心是采用氢氧化铝作晶种，使铝酸钠溶液分解，即种子分解法。拜耳发现，在常温下，Na_2O_k 与 Al_2O_3 的分子比（苛性比，即物质的量的浓度比）为 1.8 的铝酸钠溶液，只要加入氢氧化铝作为晶种，不断搅拌，溶液中的 Al_2O_3 便可以呈 $Al(OH)_3$ 的形式结晶析出，直到溶液中的 Na_2O_k 与 Al_2O_3 的分子比提高到大约 6 为止。1892 年提出的第二个专利系统阐述了用氢氧化钠溶液浸出铝土矿中的氧化铝水合物，即用循环母液浸出铝土矿。浸出和分解两个过程的交替进行，就能不断地处理铝土矿，得到氢氧化铝产品，构成所谓的拜耳法循环。拜耳法就是用苛性碱溶液浸出铝土矿中的氧化铝，浸出料浆通过赤泥的沉降分离，制成低分子比的铝酸钠溶液，铝酸钠溶液通过降温、加氢氧化铝晶种从中分解析出氢氧化铝，将分解后的母液（主要成分为 NaOH）经浓缩后用来浸出下一批铝土矿；焙烧氢氧化铝得到氧化铝产品。

拜耳法氧化铝生产的实质是下列反应在不同条件下的交替进行。

$$Al_2O_3 \cdot xH_2O + 2NaOH + aq \longrightarrow 2NaAl(OH)_4 + aq$$

式中，x 为 1 或 3。

拜耳法氧化铝生产过程的实质也可以用 Na_2O-Al_2O_3-H_2O 系的拜耳法循环图 3-4 来描述。

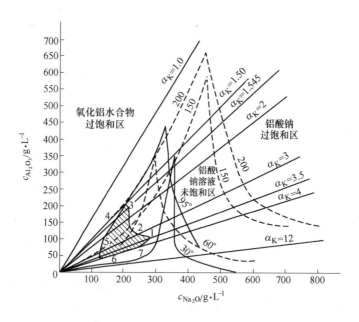

图 3-4　Na_2O-Al_2O_3-H_2O 系的拜耳法循环图

　　用来浸出铝土矿中氧化铝水合物的铝酸钠溶液（循环母液）的成分相当于图 3-4 中的
1 点。它在高温下是不饱和的，具有溶解铝土矿中氧化铝水合物的能力。在用蒸汽直接加
热的压煮器中，溶液浓度被蒸汽冷凝水冲淡，同时氧化铝的浸出使溶液的苛性比值有所下
降，相当于图中的 2 点，连接 1、2 两点的连线叫做冷凝水冲淡线。2 点位于 220℃ 等温线
的下方，远离 240℃ 的浸出温度等温线，因此，在 240℃ 浸出温度下，铝土矿中的氧化铝
能迅速浸出。不同类型的铝土矿需要的浸出温度不同，即使处理同一类型的铝土矿，不同
的氧化铝厂所采用的浸出温度也不完全相同。同时，在国外处理三水铝石型铝土矿的双流
法浸出工艺中，还部分采用蒸汽直接加热浸出的方式。目前在用于处理一水硬铝石型铝土
矿的拜耳法工艺中，已很少采用直接加热溶出的方式，几乎都采用间接加热浸出的方式。
对采用间接加热浸出方式的拜耳法过程，则不存在冷凝水冲淡线。

　　随着氧化铝的不断浸出，浓度随之升高，苛性碱则由于脱硅等化学反应引起一部分损
失和被氧化铝水合物释放出来的一部分结晶水所冲淡，氧化钠浓度降低，因此苛性比值下
降，此时溶液成分相当于图 3-4 中的 3 点，连接 2、3 两点的连线叫浸出线。浸出液的最
终成分，在理论上可以达到这条线与溶解度等温线的交点。但在实际的生产过程中，由于
溶解时间的限制，浸出过程在此之前的 3 点便告结束。这是因为在该温度下，3 点以后的
浸出速度变低，而且越来越慢，若要达到浸出温度等温线上的平衡成分，则需要相当长的
时间，对于氧化铝生产来说是不经济的。

　　为了从浸出后的溶液中分解析出氢氧化铝，必须要降低溶液的稳定性，为此加入赤泥
洗液将其稀释，稀释之后，温度下降到 100℃ 左右，由于溶液中 Na_2O 和 Al_2O_3 的浓度同时
降低，故其成分由 3 点沿等苛性比值线改变为 4 点。连接 3、4 点的连线称为稀释线。

　　分离赤泥后，降低铝酸钠溶液的温度，使溶液的过饱和程度进一步提高，稳定性进一
步降低，加入氢氧化铝晶种时，铝酸钠溶液分解，氧化铝浓度降低，由于氢氧化铝晶种带

入部分母液使苛性比值升高，此时，溶液成分相当于图 3-4 中的 5 点，连接 4、5 点的连线称为加种子线。

由于铝酸钠溶液继续分解析出氢氧化铝，铝酸钠溶液中氧化铝浓度降低，因水分减少，故苛性碱浓度提高，溶液苛性比值升高，此时溶液成分相当于图 3-4 中的 6 点，连接 5、6 点的连线称为分解线。

假定分解过程的最终温度为 50℃，种分母液的成分在理论上可以达到连线与 50℃ 等温线的交点。但在实际的生产过程中，由于时间的限制，分解过程在溶液成分变为 6 点就结束，即其中 Al_2O_3 仍然是饱和的。溶液成分到达 6 点后，一是因为分解速度太慢，达到 50℃ 等温线平衡点需要很长的时间，二是因为温度太低析出氢氧化铝结晶细小，难于分离过滤。因此，工业生产上一般分解终温在 50℃ 左右，分解母液最终苛性比值达到 3.0 左右。

分离氢氧化铝后的母液经过蒸发，氧化钠和氧化铝的浓度同时提高，溶液成分沿等分子比线变化到 7 点。连接 6、7 点的连线称为蒸发线。

7 点和 1 点是不重合的，这是由于拜耳法生产过程中苛性碱的化学损失和机械损失造成的，这部分的碱损失需要进行补充，补充苛性碱后的循环母液成分回到 1 点。至此，在 $Na_2O\text{-}Al_2O_3\text{-}H_2O$ 系状态图上构成了 1-2-3-4-5-6-7-1 这样一个循环过程。它表示拜耳法生产过程中利用循环母液在高温下浸出铝土矿中的氧化铝，而后在低温、低浓度和添加晶种的情况下析出氢氧化铝；而母液经过蒸发又浓缩到循环母液原来的成分，这样的一个循环过程称为拜耳法循环[10]。

3.4.2 拜耳法浸出技术的发展过程

拜耳法生产氧化铝已经走过了一百多年的历程，尽管拜耳法生产方法本身没有实质性的变化，但就浸出技术而言却发生了巨大变化。浸出方法由单罐间断浸出作业发展为多罐串联连续浸出，进而发展为管道化溶出。浸出温度也得以提高，最初浸出三水铝石的温度是 105℃，浸出一水软铝石为 200℃，浸出一水硬铝石温度为 240℃，而目前的管道化溶出器浸出温度可达 280~300℃。加热方式由蒸汽直接加热发展为蒸汽间接加热，乃至管道化溶出高温段的熔盐加热。随着浸出技术的进步，浸出过程的技术经济指标得到显著的提高和改善。

3.4.2.1 单罐压煮器加热浸出

第一次世界大战后，在欧洲，拜耳法氧化铝生产得到迅速发展。它主要是处理一水软铝石型铝土矿（主要是法国和匈牙利），因而采用专用的密封压煮器以达到必需的较高的浸出温度（160℃ 以上）。当时采用的是单罐压煮器间断加热浸出作业，具体如下：

（1）蒸汽套外加热机械搅拌卧式压煮器。铝土矿浸出用的第一批工业压煮器是带有蒸汽套和桨叶式搅拌机的卧式圆筒形压煮器，在德国和英国，这种压煮器在 20 世纪 30 年代还在使用。这种压煮器是内罐装矿浆，外套通蒸汽，通过蒸汽套加热矿浆，实现浸出。其缺点之一是热交换面积有限，蒸汽与矿浆间温差必须相当大，压煮器的直径还要受其蒸汽套强度的限制，蒸汽套压力必须考虑比压煮器内矿浆的压力高 400~500kPa（4~5 个工程大气压），而且要有较大直径。

由于膨胀不平衡，在蒸汽套和压煮器壳体的固定点上产生应力，限制着设备的长度，因此，这种结构的压煮器的容积不能很大，当加热蒸汽表压力为 1MPa（10 个工程大气压）时，容积不能超过 6 ~ 7m³。

（2）内加热机械搅拌立式压煮器。立式压煮器于 20 世纪 30 年代被德国铝工业首先采用，后来在西欧的氧化铝厂被广泛利用的是另一种结构简单、可靠的立式压煮器，即将加热元件装置放在压煮器壳体内，代替外部蒸汽套，它克服了蒸汽套加热压煮器的主要缺点。但为了保持加热面积的传热能力，要定期清除加热元件如蛇形管表面的结疤。当时清除结疤的方法是用锤敲击，或用专用喷灯加热。

（3）蒸汽加热直接加热并搅拌矿浆的立式压煮器。苏联在处理一水硬铝石型铝土矿的工艺设备设计中，首先提出了蒸汽直接加热的方法，即取消了蛇形管加热元件和机械搅拌器，而是将新蒸汽直接通入铝土矿矿浆，加热并搅拌矿浆。这种压煮器的优点是结构大大简化，避免了因加热表面结疤而影响传热和经常清理结疤的麻烦，但它的缺点是加热蒸汽冷凝水将矿浆稀释，从而降低溶液中的碱度，也增加了蒸发过程的蒸水量。匈牙利的间断浸出也是在压煮器里用新蒸汽加热来实现的。单罐压煮器间断作业的缺点是显而易见的，它满足不了发展着的氧化铝工业的需要。

3.4.2.2 多罐串联连续浸出压煮器组

早在 1930 年，奥地利的墨来（Muller）及密来（Miller）两人首先获得一水型铝土矿连续浸出的专利，从此世界上开始了连续浸出过程的试验和工业应用。

A 蒸汽间接加热机械搅拌连续浸出

原德国铝业公司（Vereinigte Aluminium-Werke）及意大利蒙切卡齐尼（Montecatini）公司在第二次世界大战前均建立了连续浸出法的工厂。

彼施涅（Peohiney）公司的圣奥邦（St. Auban）先后在 1931 年以试验室规模和 1938 ~ 1940 年以试验工厂规模进行了连续浸出的试验研究，二次世界大战期间又在沙林特（Salindres）厂进行了试验。

所有这些试验都遇到同样困难，即矿浆对泵的磨损很大（寿命不超过 500h），以及在热交换器管壁上结疤严重。

1945 年彼施涅停止了浸出试验，试图找出一种适合在连续浸出中输送矿浆的泵。经过试验，制成了一个在压力下输送碱液矿浆的小型隔膜泵，并进一步以半工业规模用这种泵与各种形式的多级离心泵同时进行平行试验。在此基础上，于 1950 年在加尔当厂建设一座连续浸出试验工厂来进行泵和各种热交换表面的工业研究。这套装置的处理能力为 10m³/h，压力为 2.45MPa，如图 3-5 所示。

碎铝土矿经称量后，加入部分浸出母液，在球磨机 4 内磨细，矿浆经过振动筛 5 用泵送入储槽 6，然后送至加热槽 7，加热槽装有搅拌器并保持一恒定液面，再用隔膜泵 12 将矿浆在 1.96MPa 压力下送入管状加热器 8 及高压釜 9。这个高压釜内的矿浆液面以浮标控制，以保持在规定的高度上，并根据高压釜的液面高度来调节最后一个高压釜 10 的出口阀门，向最后这个高压釜 10 通入 2.94MPa 压力的新蒸汽，高压釜的容积为 30m³。最后一个高压釜 10 排出的矿浆经过 5 级自蒸发器蒸发 11 及减压，所产生的二次蒸汽用于 5 级热交换器 7 ~ 9，并变成冷凝水排出。全套设备均系自动控制。

加热设备用过多种不同的加热表面（蛇形管、装在附有搅拌器容器内的管子、管状加热器等），以选择最经济的加热表面形式。

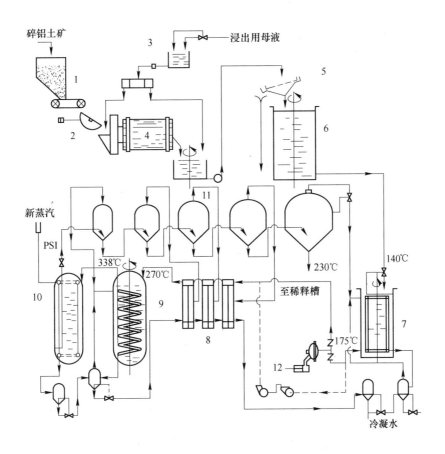

图 3-5 加尔当厂连续浸出试验工厂装置

1—贮仓；2—称量计；3—母液贮槽；4—球磨机；5—振动筛；6—储槽；7—加热槽；
8—管状加热器；9，10—高压釜；11—5 级自蒸发器；12—隔膜泵

所有试验表面，泵的运动部分（活塞、气缸、阀门）与腐蚀性碱液内的铝土矿悬浮物接触，磨耗相当严重，而且泵的垫料也无法适当的维护，这就自然引向采用隔膜泵的方向。试验表明，橡胶隔膜泵对输送矿浆更为适用，所以采用了橡胶隔膜泵，工业生产装置的容积扩大到 140m³/h。

加尔当厂 1950～1956 年进行的半工业连续浸出试验所获得的资料满足了工业生产设计的需要。

加尔当厂先后建立了完全相同的四个浸出系列、三个系列运转、一个系列检查和清理，操作周期为 3 个半月。以一个系列为例，从破碎到浸出的单元组成如图 3-6 所示。

R 为常压加热器，容积为 45m³，$A_1 \sim A_9$ 为高压釜，每个容积为 50m³，其中 6 个（$A_1 \sim A_6$）为预热器，分别由来自自蒸发器的二次蒸汽加热，3 个（$A_7 \sim A_9$）为最后阶段的浸出器，用新蒸汽加热。全部高压釜均用机械搅拌，并装有垂直的加热管，加热面积为 200m²，蒸汽在管内冷凝。$D_1 \sim D_7$ 为自蒸发器，在递减的压力下操作，从中回收的二次蒸汽用于预热 $A_1 \sim A_6$ 中的矿浆。17 个冷凝水储槽，其中 10 个用于新蒸汽的冷凝，7 个用于冷凝水储槽（本级高压釜的压力与冷凝水储槽的压力保持平衡）。一个隔膜泵可在大于

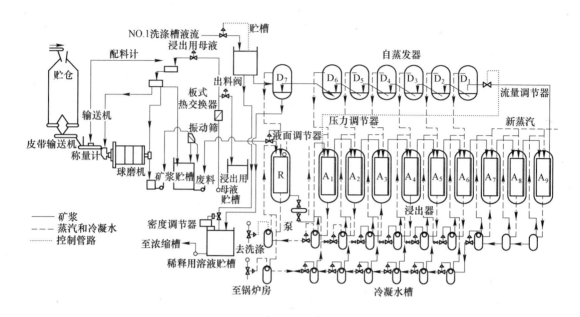

图 3-6   加尔当厂的连续浸出过程

30kg 压力下输送矿浆。泵附有变速电动机，矿浆容量的变化为 $80 \sim 150 m^3/h$。

西欧一些氧化铝厂多半采用这种形式的连续浸出工艺设备流程，特点是机械搅拌和间接加热，并有多级自蒸发、多级预热。

B   蒸汽直接加热并搅拌矿浆的连续浸出

蒸汽直接加热并搅拌矿浆的连续浸出是苏联所采用的连续浸出工艺设备流程，它的特点是将蒸汽直接通入压煮器加热矿浆，同时起到了搅拌矿浆的作用。这样，避免了间接加热压煮器加热元件表面结疤生成和清除的麻烦，同时取消了机械搅拌机构及大量附件，因而使压煮器结构变得简单。

前苏联从 20 世纪 30 年代开始进行蒸汽直接加热的连续浸出工艺试验，到 50 年代初期，所有拜耳法工厂均采用这种铝土矿连续浸出工艺设备流程。连续高压浸出原理如图 3-7 所示。其中压煮器组包括：管壳式矿浆预热器，由 $8 \sim 10$ 台（高径比大于 8）每台容积 $25 \sim 50 m^3$ 的容器组成的压煮器组，两级自蒸发器。在头两个压煮器里通入新蒸汽直接加热矿浆，将矿浆从预热温度加热到最高反应温度。

按图 3-7 所示流程中的压煮器，可保证铝土矿颗粒处于悬浮状态。如果立式"虹吸管"（出料管）中矿浆的速度超过最大颗粒的沉降速度，那么，固相就不能在压煮器底部沉淀。

压煮器串联成组之后所产生的缺点是，较大铝土矿颗粒的沉降速度偏高，因而缩短了在压煮器内的停留时间，对铝土矿中氧化铝浸出率带来一定影响。连续浸出压煮器组的工业试验研究和工业生产运行还表明，利用管壳式预热器可将矿浆间接加热到很高温度（直至反应温度），但因为在热交换面上生成非常坚固的钛酸盐结疤，无论用化学溶解法，还是机械方法都很难清除掉，所以用管壳式预热器加热铝土矿矿浆只加热到 $140 \sim 160℃$。采用两级自蒸发，一级自蒸发的蒸汽用来加热矿浆，而二级自蒸发的蒸汽用来制备热水。

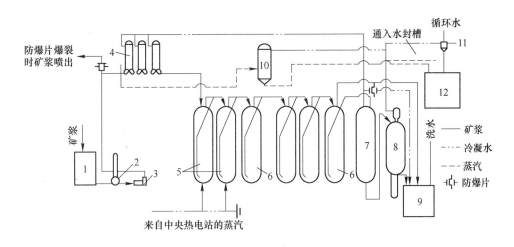

图 3-7 连续高压浸出原理

3.4.2.3 管道化溶出

匈牙利在第二次世界大战以后，氧化铝厂就开始了将间断式变为连续式浸出的现代化改造。在研制连续浸出工艺同时，还研制出自蒸发系统，以利用浸出矿浆降温过程产生的自蒸发蒸汽。为了更好地利用这些压煮器的容积，就要增加装在压煮器中的加热面积，以前浸出器的单位加热面积一般是 $1m^2/m^3$，而改造后是 $3.5 \sim 4.0m^2/m^3$。因为增加了加热面积，所以要求有较好的搅拌，这就使浸出器 $1m^3$ 容积的搅拌电耗从 0.2kW 增加到 0.4kW。

在研究自蒸发系统时，可以明显看出，用压煮器来预热矿浆不利。一是制造费用高，二是其传热系数相当有限，平均为 $300 \sim 400W/(m^2 \cdot K)$，而多管热交换器的制造费用要比压煮器低很多，而且其传热系数也比较高，平均在 $400 \sim 600W/(m^2 \cdot K)$。

多管热交换器的优点是制造费用较低，传热系数较高，但它的缺点是设备容易产生结疤而且清洗比较麻烦，因弯腔而引起的压力损失较大。使用这种热交换器所获得的正反两方面的经验和教训，使研究者研究出没有弯腔的单管热交换器，从而消除了多管热交换器的缺点，最终研制成管道化溶出器。

A 联邦德国氧化铝厂的管道化溶出技术

联邦德国联合铝业（VAW）公司于 1960 年开始对管道化溶出技术进行研究。1962 年进行了每小时几升规模的试验，并于 1966 年在联邦德国的纳勃氧化铝厂建成第一套管道化溶出装置。通过一系列的试验与改进，终于发展成大规模的生产装备，应用于大规模的工业生产。以后又相继在利泊氧化铝厂及纳勃氧化铝厂的扩建中，建设了不同规模管道化溶出装置，并于 1973 年在新建的施塔德氧化铝厂，全部采用管道化溶出装置。在近年新建、扩建的氧化铝厂也都采用管道化溶出技术。

总的来说，联邦德国管道化溶出器可以分为两种形式。

（1）套管式管道化溶出器。图 3-8 是早期在工业上采用的管道化溶出装置示意图。

所谓套管式管道化溶出器即自磨机出来的原矿浆，通过隔膜泵送入管道内与经熔盐（或蒸汽）加热浸出后的高温浆液进行套管式热交换，从而达到原矿浆预热的目的。在矿

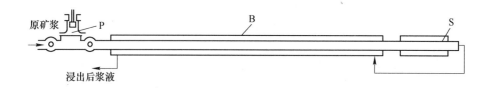

图 3-8　套管式管道化溶出器

浆预热段内，一般是外管为冷的原矿浆，内管为浸出后的高温浆液，这样可以使热的回收更好些。而熔盐（或蒸汽）加热段则内管是预热后的矿浆，外管为熔盐（或蒸汽）。当矿浆经高温段达到 250～270℃ 的浸出温度后（根据不同的铝土矿，采用不同的浸出温度，如铝土矿难以浸出，则需要保温段，停留一定的时间，而容易浸出的铝土矿，则不需要停留时间），即送入套管与原矿浆进行热交换。

这种套管式管道化溶出装置，按其能力有两种规格，即每组管道化溶出装置每小时处理原矿浆量有 $40m^3$ 和 $80m^3$ 两种。直至 1980 年，纳勃氧化铝厂及利泊氧化铝厂均有这种装置。这种形式的管道化溶出器，由于热的浸出浆液与冷的原矿浆进行热交换，对操作运行及热的利用，不如以自蒸发蒸汽与原矿浆进行热交换好，所以在后来新建的氧化铝厂，已不再采用这种形式的管道化溶出器。

（2）自蒸发器式管道化溶出装置。在联邦德国，20 世纪 70 年代末至 80 年代初以后，新建设的氧化铝厂以及老厂扩建均采用这种形式的管道化溶出装置，如图 3-9 所示。

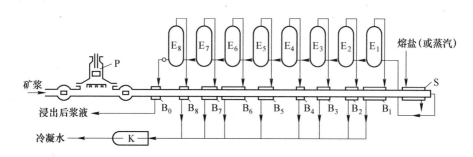

图 3-9　自蒸发器式管道化溶出器

所谓的自蒸发器式管道化溶出器，即自磨机出来的原矿浆与经熔盐（或蒸汽）加热浸出后的高温浆液，不是直接进行热交换，而是通过多级自蒸发器所得的二次蒸汽去进行多级热交换以达到预热的目的。

这种自蒸发器式管道化溶出装置，所带的自蒸发器级数各不相同，早期工业用的有四级自蒸发器，后来新设计的氧化铝厂均采用八级自蒸发器，这样可使热的利用率更高。

一般这种装置是原矿浆通过隔膜泵送入管道内，首先经过最后一级自蒸发器出来的浸出浆液进行套管热交换，然后又各级自蒸发器排出来的二次蒸汽进行多级预热，最后进入高温段，由熔盐作为加热介质，加热到浸出所需的温度。浸出后的浆液，即进入多级自蒸发系统，预热段经各级自蒸发器排出的二次蒸汽预热后所得的冷凝水，最后进入冷凝水槽，可供氧化铝厂洗涤赤泥及氢氧化铝之用。

这种自蒸发器管道浸出装置，按其生产能力分为三种规格，即每组管道化溶出装置，每小时处理原矿浆量有 120m³、150m³ 及 300m³ 三种。20 世纪 80 年代初新建成投产的施塔德氧化铝厂全部采用每小时 300m³ 的管道化溶出装置。

B 匈牙利氧化铝厂的管道化溶出技术

20 世纪 50 年代，匈牙利的 Lanyi 率先在实验室里研究了管道化溶出装置的浸出原理和动力学。1973 年，第一套管道化溶出的半工业试验装置在匈牙利的马扎尔古堡厂投料运行。该装置在浸出温度为 260℃ 时，额定能力为年产氧化铝 3 万吨。与 VAW 的管道化溶出装置相比，该套装置尽管在浸出原理上没有改变，但实施上则有所不同，即管道预热器的内管为多管，至少为三管，因此在匈牙利获得了专利权。

多股料流同时加热是匈牙利管道化溶出装置的最主要特征。图 3-10 给出了管道化溶出半工业试验装置流程。

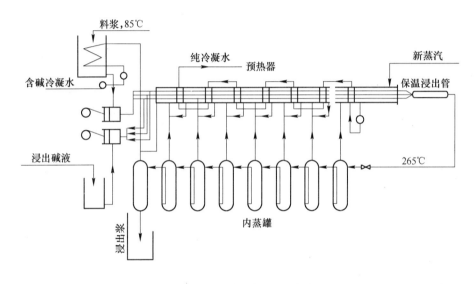

图 3-10　匈牙利管道浸出设备流程

浸出用矿浆和碱液可分别定量地喂入每根加热管，首先在每级换热面积为 18.34 m² 的八级套管预热器中，通过浸出后矿浆的八级自蒸发的二次蒸汽预热，而在最后的三个 18.34 m² 的套管换热器中用新蒸汽加热到最终浸出温度，三股料流在保温浸出管汇合，全部浸出碱液参与含铝矿物的溶解。保温管径为 150mm，并保证足够的长度以确保 12min 的额定浸出时间。

喂料时，在每根加热管中可周期性地交换矿浆和碱液，这样浸出过程所形成的结疤可在生产过程中不断地被清除，因而显著减少了结疤的增长速度，相应地延长运行周期，运行中保证了较高的传热系数和热效率。

图 3-11 所示为单级管道换热器。每级换热器由 7 段加热套管组成。每段的加热进口与相应自蒸发器的二次蒸汽管线连接。冷凝水经闪蒸并进入较低压力的二次蒸汽预热器。

图 3-12 所示为一段加热管，它由 3 根管径为 50mm 的 6.5m 长的内管和管径为 155mm 的外管组成，内管焊接在外管的两端法兰处。每段套管设有带法兰的蒸汽进口和冷凝水出口短管。

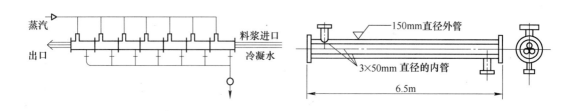

图 3-11　单级管道换热器安装图　　　　　图 3-12　套管加热段示意图

在半工业管道浸出试验的基础上，一套年产能为 9 万吨氧化铝的管道浸出装置，于 1982 年 5 月在马扎尔古堡厂改建原罐式浸出器组的过程中建成投产，并运行良好。就设计方案而言，它与半工业试验装置是相同的，但是，新建装置的某些参数（传热系数、自蒸发级数）因吸取半工业试验结果而有所改变。其设计参数如下：

加热管内矿浆流速：	3m/s
料浆的二次蒸汽预热温度：	(215 ± 5)℃
传热系数：洗后：	2300W/(m²·K)
洗前：	1500W/(m²·K)
最终浸出温度：	(260 ± 5)℃
Al_2O_3 浸出率：	87%
料浆的新蒸汽加热：	(45 ± 5)℃
浸出能耗：	354MJ/m³

这套工业装置是一条由 120 段长各 6.5m 的套管换热元件组成的可回收热的生产线，此系统与 14 级浸出料浆自蒸发系统逆流相连。最终浸出温度由 32 段相同规格的套管换热元件予以保证，所需浸出时间（12min）由管径 200mm 的足够长的保温管保证。在保证总长不变的情况下，当时，已把每段换热元件的长度由 6.5m 改为 13m，这样，减少了段数，降低了制作费用。浸出矿浆和浸出碱液分别用 8×10^7Pa 的泵喂入浸出装置。

根据已取得的管道化溶出试验的经验，匈牙利铝业公司还对奥依卡和阿尔马什菲齐特两个氧化铝厂施以管道化溶出的改造，并在奥依卡氧化铝厂设计和安装了一套加热试验装置。

C　管道化溶出的进一步应用

以往的管道化溶出试验都是针对一水软铝石型铝土矿。近来，利用管道化溶出装置处理一水硬铝石矿引起人们的兴趣。匈牙利的多股料流管道化溶出装置特别适合处理这类矿石。

我国曾经打算把扎尔古堡氧化铝厂的浸出装置用于一水软铝石型铝土矿所获得的经验应用到我国一水硬铝石型铝土矿的浸出，并于 1986～1988 年在我国郑州铝厂进行了试验。这个试验的目的是确定三根单管加热装置处理较硬的一水硬铝石型铝土矿的最佳操作条件。

试验的管式加热器尺寸如下：

套管:	$\phi 273mm \times 8mm$
长度:	13m
加热管:	3 根, $\phi 76mm \times 5mm$
加热面积:	$8.7m^2$

处理过的矿浆的典型数据如下:

苛性 Na_2O 含量:	275g/L
蒸汽压力:	1.85MPa
浸出液 MR:	3.3
温度范围:	108~152℃

结果表明,平均流速为 2.2~2.5m/s、温度保持在 100~150℃ 的范围内,试验的一水硬铝石型铝土矿的传热系数稳定在 1600~2000W/($m^2 \cdot K$),在试验过程中没有结疤现象。

3.4.3 管道化溶出技术的发展

自拜耳法问世以来,浸出装备的研究与开发取得了很大的进步。目前,世界上具有多种拜耳法浸出工艺装备用于处理不同类型的铝土矿。

除个别氧化铝厂仍采用高能耗的蒸汽直接加热方法使矿浆升温外,多数都采用间接加热升温工艺。拜耳法间接加热预热器可分为管道化预热器和列管式预热器。

在管道化预热器中,加热介质在矿浆管外的套管内流动,而矿浆在管内以柱塞流的形式匀速流动且呈激烈的湍流状态,传热面边界层较薄,因而强化了传热过程。同时由于矿浆流的冲刷作用而减缓了矿浆在加热面上结疤的生成。

列管预热器又可分为加热介质在外、矿浆在内的列管式预热器(如多程预热器)和加热介质在内、矿浆在外的列管式预热器(如法国铝业公司的间接加热压煮器)。管道化预热器和列管式预热器相比,具有可保持管内流速,以利于减缓结疤的优点。而列管式预热器传热面积大,传热时间长,为大多数厂家采用。矿浆预热器的运行周期及其主要技术经济指标主要取决于升温过程中加热面结疤的速度状况。

为降低氧化铝生产能耗,长铝公司于 20 世纪 90 年代初自行研究设计、并引进德国部分设备,建成了我国第一套原矿浆处理量为 300m³/h 的一水以硬铝石管道化溶出生产线,使我国氧化铝生产的拜耳法浸出技术和装备达到了一个新的水平。

在研制一水硬铝石管道化溶出技术方案时,针对河南一水硬铝石铝土矿可磨性差、硅矿物结构形态复杂、难溶等特点,设置了磨矿、化灰、原矿浆预脱硅、管道化溶出、熔盐加热和酸洗等工序,使之成为了一个适合我国一水硬铝石的管道化溶出系统,工艺流程[11]如图 3-13 所示。

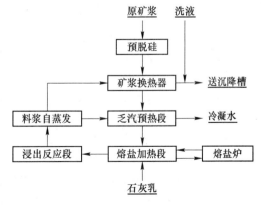

图 3-13 管道化溶出工艺流程简图

其主要工艺参数如下：

循环母液浓度：$Na_2O_k = 160g/L$

石灰添加量：　$CaO_f\ 7\%$

浸出温度：　　$270 \sim 280℃$

浸出时间：　　$10min$

浸出 α_K：　　　$1.5 \sim 1.55$

氧化铝浸出率：$>80\%$

3.4.4　我国管道化溶出技术开发的主要进展

3.4.4.1　德国 RA6 型管道化溶出装置的引进

由于我国可用于氧化铝生产的铝土矿全部为一水硬铝石型铝土矿，采用拜耳法工艺处理时需要较高的浸出温度，采用间接加热以强化浸出的方式是实现拜耳法节能最有效的途径。"七五"期间，在原中国有色金属工业总公司的统一组织下，通过国家科技部重点科技攻关项目的支持，对我国一水硬铝石型铝土矿的浸出行为及浸出动力学进行了系统的研究，为间接加热强化浸出技术的开发及产业化奠定了理论基础。

我国原中国长城铝业公司（现为中国铝业河南分公司）于 1990 年引进了德国的 RA6 型管道化溶出装置，根据我国一水硬铝石型铝土矿的具体特点，进行了大量技术攻关工作，通过对这套浸出系统进行改进与优化，在强化浸出、管道结疤与磨损等方面进行了大量技术研究工作，首次将管道化溶出技术应用于我国的氧化铝工业，提高了我国氧化铝生产技术和装备水平，达到了优化技术指标、节能降耗的目的，经济效益和社会效益显著。为氧化铝生产行业的老厂技术改造和新厂建设提供了可靠的技术依据和实际生产经验，具有广泛的推广价值和应用前景。

3.4.4.2　浸出工艺的进一步优化

浸出指标能否达到预定的目标，是浸出工序的重点任务之一，也是管道化溶出一水硬铝石型铝土矿成功与否的关键。在初期的管道化试车过程中，各项经济技术指标未达到预期设想，原中国长城铝业公司根据已建成的管道化溶出装置试车运行数据，进行了模拟管道化的高温强化浸出验证试验，试验结果充分说明温度对一水硬铝石浸出起着关键作用，$270℃$ 是一个重要界限，浸出温度低于 $270℃$，浸出时间将明显延长，因此，一水硬铝石管道化溶出温度应高于 $270℃$。

要获得较好的浸出技术指标，应增加停留罐，以延长浸出时间。管道化投产初期，由于磨矿、化灰和熔盐炉等方面问题的影响，管道化无法稳定运行，浸出 α_K 和溶出赤泥的 A/S 指标与目标值相差甚远，$60h$ 的带料试车由于浸出指标差而停止。造成指标差的原因有原矿浆粒度波动大、指标合格率低等因素，浸出时间短也是影响浸出指标的主要因素之一。

3.4.4.3　其他浸出技术

A　蒸汽直接加热高压釜浸出技术

蒸汽直接加热高压釜浸出技术，由多程预热器和蒸汽直接加热压煮器加保温浸出串联釜系列构成。蒸汽直接加热虽然可以使设备简化、运行周期延长，但大大增加了能耗。我国原郑州铝厂和贵州铝厂也曾采用该技术生产氧化铝。但由于蒸汽直接加热高压釜浸出技术的技术经济指标差，这类浸出工艺已经被改造或淘汰。

B 双流法浸出技术

全世界约一半以上的氧化铝是由双流法技术生产的。传统的双流法浸出技术，是采用列管式预热把母液加热至较高温度，然后再与高固含矿浆合流进行浸出。在处理三水铝石型或一水软铝石型铝土矿的双流法技术中，高固含矿浆常常不被预热而直接合流。根据需要，合流后的矿浆可以继续被加热到适宜的温度进行浸出。我国科技工作者基于我国一水硬铝石型铝土矿的特点，于20世纪90年代成功开发了适宜于我国铝土矿资源特点的高温双流法溶出新工艺新技术，为采用双流法新技术进行新厂建设和对老厂进行技术改造提供了必要依据。

C 管道预热-压煮浸出技术

管道预热-搅拌压煮器浸出技术用于处理一水硬铝石型铝土矿。在该技术中，矿浆由管道预热器预热至150℃左右，然后由浸出釜内的间接加热列管预热升温至浸出温度，最后在带机械搅拌的串联浸出釜中完成浸出过程。该技术的浸出温度可达260℃。

我国原山西铝厂引进了法国单管预热-搅拌压煮器浸出系统。该系统的主要技术条件：流量：$450m^3/h$；浸出液 MR：1.46；浸出温度：260℃；碱液浓度 Na_2O_k：225~235g/L；浸出温度下的停留时间：45~60min。

该系统的主要技术特点：（1）矿浆在单管反应器中预热到150℃，再在间接加热机械搅拌高压釜中加热、浸出；（2）单套管反应器结构简单，加工制造容易，维修方便，容易清洗结疤；（3）矿浆单管反应器直径大，减少结疤对阻力和流速的影响；（4）单套管反应器排列紧凑，放在两端可以开启的保温箱内，管子不保温，从而维修方便。

该技术的主要缺点是每运行15d左右，要停18h左右清理结疤，而且清洗高压釜中的结疤要比清理管式反应器中的结疤困难许多。

D 管道预热-停留罐浸出技术

国外的管道化溶出设备主要用于三水铝石矿的浸出，技术成熟，设备先进，能耗低[13]。但是从国内的具体情况来看，由于国内铝矿主要是一水硬铝石矿，在同样的设备和浸出条件下，根本就无法完成生产上的技术指标甚至是设备无法运行。

由于一水硬铝石型铝土矿结构致密，浸出性能差，只提高反应温度还不能达到强化浸出的目的，还必须有足够长的停留时间。例如，浸出广西平果矿，技术浸出温度高达310℃，若浸出时间只有3min，则氧化铝的相对浸出率为26.5%；若浸出温度290℃，时间12min，氧化铝相对浸出率91%以上。为了强化浸出效果，在管道化溶出后设置停留罐装置。

王丽娟[14]在实际生产数据和物料平衡技术的基础上，结合理论分析论述了"管道预热-压煮器加热浸出"与"管道化加热浸出"两种间接加热高温浸出技术及装备的区别，得出了采用管道预热-停留罐浸出技术及装备优于采用管道预热-压煮器加热浸出技术及装备的结论。许文强、郭建强认为管道化预热-停留罐浸出技术及装备是最优的浸出技术及装备方案，无论是在实际生产上还是工程投资上，都是最优选择。

E 后加矿增浓浸出技术

后加矿增浓浸出技术（Sweetening Process）是将易浸出的铝土矿磨制成矿浆直接泵入拜耳法浸出系统的末级浸出器或料浆自蒸发器中，利用高温浸出矿浆的余热迅速升温浸出,进一步降低浸出液的分子比。该技术的主要优点是可以提高拜耳法系统的循环效率,因此,可以增加产量,降低生产成本。该技术在20世纪50年代美国首次使用,浸出液的分子比为1.48。随后该技术也在日本得到了应用,浸出液的分子比为1.39。澳大利亚的昆士兰氧化铝厂于1988年开始利用该技术以提高产出率,浸出温度255℃,在此条件下充分浸出Comalco公司的三水铝石-一水软铝石矿,然后在180℃的自蒸发器内加三水铝石矿使氧化铝浓度提高,浸出液的分子比为1.34。昆士兰氧化铝厂利用此技术将年产量提高10%以上。

到目前为止,我国可用于氧化铝生产的铝土矿全部为一水硬铝石矿,拜耳法浸出需要较高的碱浓度和浸出温度,如在浸出温度为260℃的条件下需要60~90min才能获得较好的浸出指标,而三水铝石-一水软铝石矿在230℃的温度下只需5min即可达到浸出要求,三水铝石矿的浸出则更为容易。因此,在我国开发利用该技术具有明显优势。

我国氧化铝工业自行开发成功了以我国一水硬铝石型铝土矿和进口国外三水铝石型铝土矿为原料的后加矿增浓浸出技术,工艺流程稳定可靠,产业化应用后取得了较为理想的技术经济指标。

F　悬浮浸出器

悬浮反应装置是一种新型浸出设备,矿浆从反应器底部以一定流速加入,料浆中的矿石颗粒群,由于流体动力作用不同而产生悬浮分级,随着浸出反应过程的进行,料浆从悬浮浸出器顶部出口流出。这种浸出设备具有如下特点:

矿浆进入反应器,颗粒群中粗细矿石粒子因所受碱液曳力的不同,矿石粗粒子上升运动较细颗粒矿石慢,因此粗颗粒矿石的滞留反应时间相对延长,这特别有利于难溶一水硬铝石型铝土矿的浸出反应。

铝土矿悬浮浸出过程中,细颗粒的矿石进入浸出器会很快上升到低 α_K($Na_2O/Al_2O_3 \times 1.645$)值区,此有利于粗细颗粒的矿石反应趋于同步,避免因细化对后续沉降工序的影响。

和高温管道浸出比较,悬浮浸出过程料浆沿程能量损失小,要求输入泵压头低,且可提供矿石料浆较长的滞留反应时间。因此,对浸出温度,磨矿粒度变化的适应性较好,清理反应结疤也容易。

曹文仲等[15,16]研究铝土矿拜尔法悬浮浸出设备参数。采用粒径范围判据判定颗粒周边液体的流态,由悬浮矿物微粒的流动力学和浸出动力学试验结果计算铝土矿悬浮浸出器设计参数。结果显示,对于属难浸出的一水硬铝石型铝土矿,工业氧化铝拜耳法浸出工艺所用的浸出器,采用悬浮浸出器可实现最优化浸出。

3.5　铝土矿加压浸出的生产实践

经过100多年的发展,氧化铝工业的技术装备水平迅速提高,工艺过程也不断强化和完善,各项技术经济指标有了很大的提高,生产规模也大幅扩大。国内氧化铝厂选取了广西平果铝业、山西某氧化铝厂进行生产实践介绍,国外的对巴西的Alunorte氧化铝厂、澳大利亚的沃斯莱氧化铝厂进行了介绍。

3.5.1　广西平果铝业

平果铝业公司是我国六大铝工业基地之一,集采、选、冶为一体,是国内独家生产砂状氧化铝的大型铝生产厂。

广西平果岩溶堆积型铝土矿产于溶洼地、谷地中的第四系红土层中。有五个矿区，其中较大的有那豆、教美和太平三个。矿石的主要化学成分为 Al_2O_3、Fe_2O_3、SiO_2、H_2O，它们的含量约占矿石的 95%（见表 3-2）。目前用于生产的矿石采自那豆矿区，铝土矿为露天开采。平果矿石矿物组分较为复杂，主要为一水硬铝石，其次为针铁矿、赤铁矿、高岭石、绿泥石、锐钛矿（见表 3-3），此外，尚有少量三水铝石、水针铁矿、石英、埃洛石、磁铁矿、软水铝石及稀土矿物。

表 3-2　平果铝矿石的平均化学成分（质量分数）　　　　（%）

矿 区	Al_2O_3	Fe_2O_3	SiO_2	H_2O	TiO_2	Ga	CaO	MgO	P_2O_5	S	A/S
那 豆	59.14	16.41	6.15	13.62	3.45	0.0075	0.071	0.067	0.094	0.066	9.62
教 美	52.27	25.88	3.40	13.36	3.68	0.0069	0.019	0.046	0.170	0.073	15.37
太 平	54.52	23.76	3.53	13.69	3.40	0.0091	0.066	0.052	0.150	0.065	15.44

表 3-3　平果铝矿石的矿物组成（质量分数）　　　　（%）

矿 区	硬水铝石	三水铝石	针铁矿	赤铁矿	水针铁矿	高岭石	绿泥石	石英	锐钛矿
那 豆	61.04	0.57	16.30	2.60	1.40	9.88	3.24	0.85	
教 美	55.15	5.28	16.13	3.95	3.19	3.53	4.83	1.10	
太 平	55.15	4.20	22.38	4.15	2.95	5.20	3.18	0.53	3.25

平果铝采用单套管预热机械搅拌间接加热的浸出技术。矿浆在加热槽中从 70℃ 加热到 100℃，再在预脱硅槽中常压脱硅，预脱硅后的矿浆送入五级单套管中预热到 155℃，然后进入带机械搅拌间接加热的 5 台预热压煮器中加热到 220℃，再在 6 台反应压煮高压釜中加热到浸出温度 260℃，然后在 3 台终端高压釜中进行保温反应，完成整个浸出过程。浸出流程框图如图 3-14 所示。

根据现场生产周期的综合数据，浸出的操作条件为：

矿浆预热温度：　　　160℃

浸出温度：　　　　　260℃

保温浸出时间：　　　45~60min

石灰添加量：　　　　9%

平果铝高压浸出的主要技术指标列于表 3-4。

表 3-4　平果铝高压浸出的主要技术指标及同类厂的比较

项　目	平果铝		国内直接加热浸出	希腊圣-尼古拉
	设计值	生产值		
相对溶出率/%	≥93	95.6	约90	94
赤泥钠硅比（$m(Na_2O)/m(SiO_2)$）	0.45	0.36	0.45	0.37
每吨 Al_2O_3 热耗/kJ	347.98×10^4	347.65×10^4	99.69×10^5	
溶出液 R_p（$m(Al_2O_3)/m(Na_2O_k)$）	1.11	1.175	≤1.0	1.24

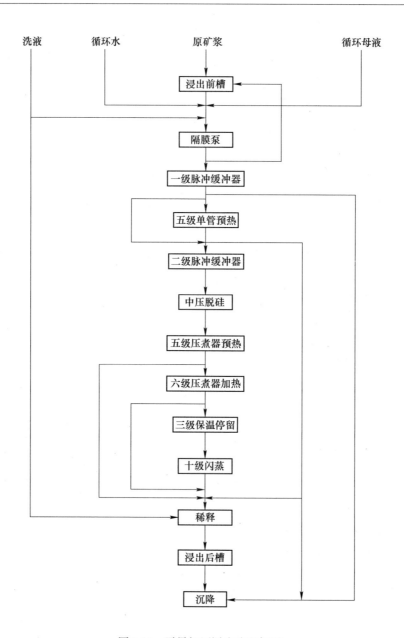

图 3-14　平果铝厂浸出流程框图

　　机械搅拌间接加热浸出是采用法国彼施涅公司的技术软件，以希腊圣-尼古拉厂的生产实践为基础。由于矿石的组成和晶型结构的不同，矿石的硬度和浸出性能等也不同，在平果氧化铝厂投产初期进行了一系列的研究与开发工作，使之能很好地适应平果铝的生产要求。

　　R_p 的提高是分解产出率的重要保证，意味着配碱量的降低。在浸出条件没有得到改善的情况下，提高浸出液的 R_p，将会造成浸出率降低等不良后果。为此，进行了一系列技术改进，如将纯碱苛化初碱改为补液体苛性碱；将石灰煅烧工序的石灰石分解率由 85% 提高到 94% 左右，使石灰中有效氧化钙（CaO_f）由 80% 提高到 85% 左右。采用了这些措施后，减少了进入流程的 CO_2 量，增加了活性，提高了浸出反应动力学速度，生产中浸出液的 R_p 由原设计的 1.11 提高到 1.175 后，浸出率可达 95%，并为分解产出率的提高奠定了基础。

平果铝全部采用间接加热的高压浸出技术，在相同浸出率的情况下，得到浸出矿浆溶液 MR 可由传统的 1.60 降到 1.48~1.43，可使循环效率大为提高。在相同的母液量情况下，与传统工艺 $MR=1.60$ 相比，多配矿 20%，即浸出产能提高 20%。传统工艺每生产 1t 氧化铝需要 $12m^3$ 原矿浆，而本工艺只需 $10m^3$。

平果铝浸出工艺中，蒸发母液 Na_2O 浓度由传统的 260g/L 降到 230g/L，降低了 11.5%，减少了返回母液的水蒸发量，节约了能耗，降低了成本[17]。

广西平果铝的各生产工序及其设备情况[18]如下：

（1）原料磨制。

铝矿磨细合适粒度决定于两个因素，第一是浸出条件下提取氧化铝最经济的细度。第二是这个细度浸出后的赤泥，在沉降和过滤过程中不发生困难，这个粒度是：98.7% 小于 $350\mu m$、100% 小于 $500\mu m$、60% 小于 $63\mu m$。

国内过去磨矿工艺主要选用 $d2700mm \times 3600mm$ 或 $d3200mm \times 3100mm$ 格子磨和螺旋分级机的一段磨流程，这个流程达到上诉细度要求是很困难的。经试验研究决定选用一段开路和二级磨闭路流程。选用棒球磨 $d3200mm \times 4500mm$，球磨 $d3600mm \times 8500mm$。

投产近一年时间，机组产能达到了 80t/h，考核细度为 99.07% 小于 $350\mu m$、78.8% 小于 $63\mu m$。

（2）浸出装置。

平果铝采用单流法压煮器浸出系统，引进的 AP 技术压煮器为 $d2800mm$ 机械搅拌压煮器，容积为 $80m^3$，比国内压煮器容积大约 4 倍，压煮搅拌机为 45kW。每组 18 台压煮器（其中两个 $d2500mm$ 缓冲器）。浸出系统是 5 级管道和 4 级压煮器用二次蒸汽预热，第 10 级是新蒸汽压煮器预热，6 个压煮器为保温罐，9 级自蒸发。全部为间接加热。蒸汽消耗每吨氧化铝约 1.5t。比国内高压浸出每吨氧化铝节省 1t 蒸汽。

浸出所用高压泥浆泵选用荷兰的卧式双缸双作用 GeHo 泵。

规格：	2PM-11mm × 20mm × 1250mm
设计压力：	75Pa
流量：	350~490m³/h
电机：	1210kW

高压浸出系统运行正常，运行周期比预计的要好。

（3）沉降分离与洗涤设备。

目前，国外氧化铝生产多数采用大型单层沉降槽（槽身较高），这种沉降槽底流压缩液固比小，单位产能高，生产稳定易控制，清理方便。这类大型单层沉降槽，在世界上有代表性的有两种，一种是 EIMCO 触变型耙臂沉降槽，主要特点是，耙臂高出稠密的压缩层，通过连杆带动耙叶耙松底流，因此减轻了耙臂的结疤和运动阻力。在国外氧化铝厂应用较多。另一种是 Dorr-Oliver 钢索扭矩沉降槽，所需轴功率小，单管式耙机不易结疤，运转周期长，并且耙机自动提升。操作轴功率降低 30% ~ 40%。平果铝采用的是道尔钢索扭矩沉降槽，$d40mm$，传动功率 $4 \times 2.2kW$，处理能力 $1000m^3/h$，溢流速度 $0.4m^3/(m^2 \cdot h)$ 以上，一期共选 5 台，分离 1 台，洗涤 3 台，备用 1 台。使用效果良好。

（4）大型赤泥过滤机。

过去国内外赤泥过滤使用圆筒过滤机，存在卸泥和滤布使用周期短的问题。平果铝采用道尔公司 $100m^2$ 带卸料辊圆筒过滤机，运行正常，可以达到设计产能干赤泥 $230kg/(m^2 \cdot h)$。考核产能达 $310 ~ 350kg/(m^2 \cdot h)$，含水率 32.39%。一期工程共选用 4 台，其中 1 台检修，1 台备用。

（5）叶滤机。

国内过去使用双筒凯利式叶滤机，过滤面积 $60 ~ 80m^2$，台时产能小，投资大，劳动效率低，操作环境不好。平果铝选定道尔卧式叶滤机，过滤面积 $385m^2$，3 台，用 2 台备 1 台。运行正常，产能低约 $0.8m^3/(m^2 \cdot h)$，尚需进一步探索和改进，以达到比较理想产能。

（6）大型机械搅拌分解槽。

种子分解槽，以前多数使用空气搅拌分解槽，能耗大。新建的氧化铝厂大都采用 $3000m^3$ 或 $4000m^3$ 平底机械搅拌分解槽。空气搅拌和机械搅拌比较，空气搅拌为 $0.014kW/m^3$，机械搅拌 $0.01kW/m^3$。机械搅拌的搅拌强度比空气搅拌大得多。平果铝采用机械搅拌，槽容积 $4200m^3$。安装电机 EKTO 为 45kW，根据观察能达到槽内浓度差不大于 1.5%。

平果铝共 13 台 $d14m$ 不等容积机械搅拌分解槽，总容积为 $51700m^3$。选用阿发拉板式热交换器，每组面积约 $1000m^2$，共两组，一用一备。

（7）氢氧化铝过滤机。

分离氢氧化铝种子过滤机，国外多数用立盘过滤机，产能高、能耗低，含水率低，占地少，主要厂家是 Dorr 和 EIMCO 公司。平果铝选用道尔公司立盘过滤机 4 台，其中 1 台备用，过滤面积每台 $114m^2$，驱动电机 15kW，润滑泵电机 0.18kW。运行情况正常，基本达到设计产能，考核含水率 14.95%。

平果铝采用道尔平盘过滤机进行成品过滤，每台 $51m^2$，驱动电机 15kW，下料螺旋和润滑泵电机分别为 18.5kW 和 0.18kW。运行基本正常，达到 Al_2O_3 设计产能 50t/h，含水率在未通蒸汽时考核指标为 6.1%。

3.5.2　山西某氧化铝厂

3.5.2.1　氧化铝厂概况

以一水硬铝石型铝土矿为原料，采用拜耳法工艺生产氧化铝。设计总规模 160 万吨/年，其中一期设计规模氧化铝 80 万吨/年，投产后，氧化铝生产能力即达到设计产能。

　A　矿石的化学成分

该厂采用山西地区铝土矿，铝土矿化学组成见表 3-5。矿石的主要化学成分为 Al_2O_3、Fe_2O_3、SiO_2、H_2O，它们的含量约占矿石的 94%。

表 3-5 山西地区铝土矿化学组成

成 分	Al_2O_3	Na_2O_k	Na_2O_c	Na_2O_s	Fe_2O_3	SiO_2	TiO_2
含量/%	59.88	0.20	0.00	0.00	3.49	14.42	2.82
成 分	CaO	CO_2	SO_3	$H_2O_结$	其他	$H_2O_附$	合计
含量/%	0.01	0.54	0.00	12.00	6.64	5.00	100.00

B 矿物组成

该厂矿石主要为一水硬铝石,其次为赤铁矿、针铁矿、锐钛矿等。矿石物相组成见表 3-6。

表 3-6 部分地区矿石物相组成

物 相	一水硬铝石	锐钛矿	赤铁矿	针铁矿	SiO_2 等
质量分数/%	约 80	5	10	约 5	2

3.5.2.2 工艺

A 氧化铝生产的工艺流程

氧化铝生产的工艺流程如图 3-15 所示。

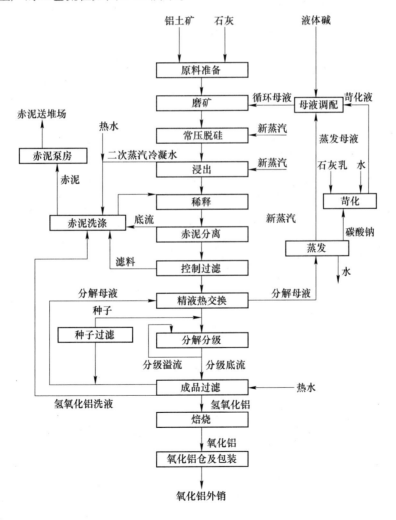

图 3-15 氧化铝生产工艺流程图

B　主要工艺方案

(1) 原料区域：

1) 铝土矿破碎。采用圆锥破碎机细碎。

2) 均化堆场。采用堆料机堆料，桥式刮板取料机取料。

3) 原矿浆制备。采用两段磨矿方案，即棒磨＋球磨＋水力旋流器分级磨矿流程。

(2) 浸出区域：

1) 脱硅。原矿浆预脱硅；浸出进料泵采用高压隔膜泵。

2) 浸出。采用全管道化溶出，浸出温度260℃，10级自蒸发。

(3) 沉降区域：

1) 选用深锥沉降槽作为分离洗涤设备，采用四次反向洗涤工艺流程；

2) 控制过滤采用立式叶滤机。

(4) 分解区域：

1) 采用板式换热器进行精液降温；

2) 采用高浓度、高种子比一段分解种分工艺；

3) 分解槽顶部设置水力漩流器分级机组；

4) 分解槽底部设分解中间降温宽流道板式换热器；

5) 种子过滤采用立盘过滤机。

(5) 成品区域：

1) 成品过滤采用平盘过滤机；

2) 氢氧化铝焙烧采用气态悬浮焙烧炉；

3) 氧化铝分别考虑袋装和散装方案。

(6) 蒸发区域：选用六效管式降膜蒸发器。

C　主要工艺技术条件及参数

(1) 原料磨：

磨矿产品粒度：　　　　　100% 小于 500μm，99% 小于 315μm，70% ~75% 小于 63μm

循环母液浓度：　　　　　Na_2O_k 245g/L

(2) 浸出：

浸出温度：　　　　　　　260℃

浸出液 R_p：　　　　　　1.15

赤泥碱比：　　　　　　　0.45

(3) 稀释：

稀释矿浆苛性碱浓度 Na_2O_k：168g/L

(4) 分解及分级：

精液温度：　　　　　　　60 ~61℃

分解首槽固含：　　　　　800g/L

种子含附液率：　　　　　≤20%

分解产出率：　　　　　　93kg/m³ 精液

分解时间：　　　　　　　　　45h

分解首槽温度：　　　　　　　72~73℃

分解末槽温度：　　　　　　　52~55℃

（5）成品过滤：

平盘过滤机的进料固含量：　　780g/L，最大794g/L

洗水加入量：　　　　　　　　0.75t/t-Al₂O₃

滤饼含水率：　　　　　　　　6%~8%

（6）种子过滤：

滤饼含附液率：　　　　　　　≤20%

母液浮游物含量：　　　　　　≤2g/L

种子过滤进料固含量：　　　　620~750g/L

（7）氢氧化铝焙烧：

焙烧炉产能：　　　　　　　　2500t/d

焙烧炉用燃料：　　　　　　　煤气

排出废气温度：　　　　　　　145~160℃

烟囱出口含尘量：　　　　　　≤50mg/m³（标态）

D　根据现场生产的综合数据，浸出的操作条件及主要技术指标为：

矿浆预热温度：　　　　　　　209℃

浸出温度：　　　　　　　　　255℃

保温浸出时间：　　　　　　　60min

石灰添加量：　　　　　　　　11.5%

循环母液碱浓度：　　　　　　242g/L

赤泥率：　　　　　　　　　　66.3%

赤泥 A/S：　　　　　　　　　1.12

赤泥 N/S：　　　　　　　　　0.45

3.5.2.3　设备

山西氧化铝厂的各个操作单元设备见表3-7。

表3-7　各操作单位的设备

操作单元	主要设备	单位	设备规格	数量
原矿浆制备	球磨机	组	棒磨机 ϕ3.2m×4.5m 球磨机 ϕ3.2m×4.5m	3
高压浸出	80万吨浸出装置	套	全管道化溶出装置	1
分离洗涤	深锥沉降槽	台	ϕ24m	7
晶种分解	分解槽	台	ϕ14m×36.5m，$V=5200m^3$	30
氢氧化铝分离洗涤	水平盘式过滤机	台	每台100m²	2
氢氧化铝煅烧	焙烧炉	台	2500t/d	1

3.5.3　巴西 Alunorte 氧化铝厂

3.5.3.1　Alunorte 氧化铝厂简介

Alunorte 氧化铝厂位于巴西东北部的帕拉州贝伦市，濒临亚马逊河入海口处。从贝伦市有两条路线通向 Alunorte，其中：陆路约 120km，水路借助轮渡驶达。

Alunorte 氧化铝厂始建于 1978 年，在 1995 年 7 月建成投产开始运行，当时该厂共有 2 条 55 万吨/年的生产线，设计生产能力 110 万吨/年。后来进行了一系列的扩建改造，增加了 4 条 100 万吨/年的生产线，目前共有七条生产线，总产能 610 万吨/年。

其中，1~3 生产线原来是由加铝公司按 55 万吨/年的生产线设计的，经过工艺流程的优化，现在每条生产线可达到 70 万吨/年的产能，4~7 生产线是自主设计的，每条生产线的设计产能为 100 万吨/年。

Alunorte 氧化铝厂现有正式员工 3000 人，临时用工约 1500 人，总计 4500 人。

3.5.3.2　矿石来源

目前，Alunorte 氧化铝厂的铝土矿来自两个不同矿山，分别是 Mineração Riodo Norte（MRN）和 Mineracao Bauxite Paragominas（MBP）。

两座矿山和管道的所有权为巴西的淡水河谷公司，矿石平均品位为 48%~50%，两座矿山的铝土矿品质见表 3-8。

表 3-8　**Alunorte 氧化铝厂的铝土矿品质**　　　　　　　　　（%）

成　分	Trombetas	Paragominas
有效 Al_2O_3	49.1	48.2
可反应硅 SiO_2	4.1	4.6
有机碳	<0.05	<0.05
含水率	11.5	14.9

3.5.3.3　生产工艺

A　氧化铝工艺流程图

氧化铝生产工艺流程如图 3-16 所示。

B　氧化铝主要生产工艺

Alunorte 氧化铝厂采用拜尔法工艺生产砂状氧化铝。其主要技术特点是：低温双流法浸出；两段分解；CFB 焙烧炉。

（1）原料片区。

MRN 铝土矿从海上船运至港口，再经过胶带输送机转运到氧化铝厂区的露天均化堆矿场，海上的运距有 2000km，每年的铝土矿石运输量约为 600 万吨。

MBP 铝土矿由一条 24 英寸（1 英寸 = 2.54cm）的管道进行输送，输送距离 244km，每年的输送量为 800 万吨。在正常情况下，管道每年按计划检修一次，每次需要 5~6d。

目前，1~3 条生产线使用 MRN 铝土矿，6~7 条生产线使用 MBP 铝土矿，4~5 两条生产线使用混矿。

（2）铝土矿浆脱水工艺。

MBP 公司供应的铝土矿，含有 50% 左右的氧化铝，铝土矿管道系统的工业运输条件

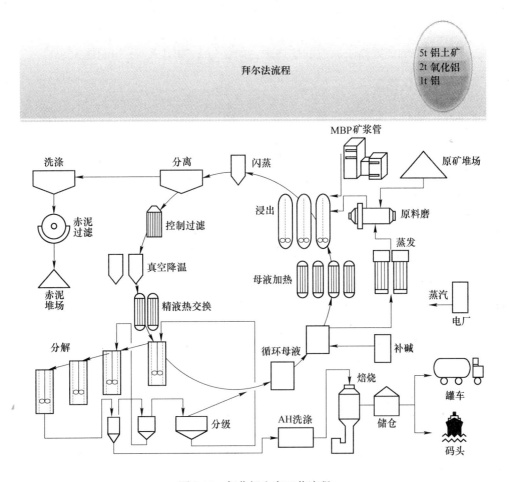

图 3-16　氧化铝生产工艺流程

是：矿浆含水率 50%，粒度分布是 +0.208mm 为 6%，-0.043mm 为 40%~47%，脱水后铝土矿的残余含水量为 14%~15%。

铝土矿浆采用加压立盘压滤机，进行液固分离。

（3）浸出。

采用双流法低温浸出工艺，矿浆采用立式套管换热器，母液采用列管换热器，闪蒸槽则采用底部进出料形式配置。对 6~7 组生产线，单条线最大生产能力为 100 万吨/年。浸出机组的年平均运转率为 91%~92%。

（4）沉降分离洗涤。

1~3 组设计采用的是平底沉降槽；4~5 组采用的是平底 + 深锥沉降槽方案；6~7 组生产线采用的是深锥沉降槽方案；赤泥五次洗涤，转鼓过滤机过滤，汽车输运到赤泥库。

（5）分解。

采用两段分解法生产砂状氧化铝工艺，由于各条生产线建设的时期不同，特别是近几年来氧化铝生产的种子分解技术在不断优化进步，7 条分解生产线也采用了不同的设计理念。使当初只有 65 g/L 左右的分解生产率，提高到了目前的 84g/L 左右。

（6）焙烧。

厂内共安装了7台Outotec公司生产的CFB焙烧炉，用于6~7组生产线的2台3300t/d循环流态化焙烧炉的能效高于原有的焙烧炉，能耗为2.79GJ/t，平均能耗3GJ/t。

3.5.4　沃斯莱氧化铝厂

3.5.4.1　沃斯莱氧化铝厂简介

沃斯莱氧化铝厂位于澳大利亚西南部的佩斯市以南约200km的沿海。该厂始建于1980年，投资13亿澳元，1983年建成投产，年产氧化铝100万吨。到1990年实产135万吨。经局部扩建和改造，使生产能力大幅度提高，到2000年年底，已形成320万吨生产能力。

沃斯莱氧化铝厂是由沃斯莱股份有限公司合资经营的一个包括铝土矿山的氧化铝生产企业。沃斯莱氧化铝厂是20世纪90年代建成的处理西澳达岭山山区低铝（Al_2O_3 32%）的三水铝石拜耳法厂，采用中温间接加热浸出的拜耳法生产工艺。整个生产包括矿石开采、运输和冶炼。主要生产技术是由美国雷诺技术公司提供，凯撒工程公司设计，汇集雷诺多年的工艺及装备技术，该厂氧化铝生产工艺及装备技术先进、产品质量高，生产成本低。

3.5.4.2　进厂原材料

沃斯莱氧化铝厂所用的铝土矿是由西澳达岭山区的博丁顿专有矿山提供。该矿属红土型的三水铝石，进场铝矿粒度小于35mm占100%，其主要成分见表3-9。

表3-9　西澳达岭山区博丁顿矿山的红土型三水铝石的主要成分

化学成分	Al_2O_3	$SiO_{2总}$	$SiO_{2反应}$	Fe_2O_3	$C_{有机}$	附水
含量/%	32	4.4	1.4	20~30	0.32~0.33	10

所需的全部苛性碱均为液体苛性碱，液碱的NaOH含量为50%。使用三种燃料，天然气、本地（Collie镇）褐煤和重油。

3.5.4.3　产品质量

该厂生产砂状氧化铝，产品的主要物理化学性质见表3-10。

表3-10　沃斯莱氧化铝厂氧化铝产品

化学成分	Si	Fe	Ca	Na_2O	Ti
含量/%	0.006	0.008	<0.04	0.4	<0.004

注：粒度 -44μm 小于8%（装船前）。

3.5.4.4　主要配置及技术条件

A　供矿系统

设有专有矿山，包含矿山采场、破碎及机械维修等工序。矿运输采用长距离皮带运输机。从矿山到氧化铝厂相距57km，选用两条带宽1200mm的皮带输送机解离输送。第一条长34~35km，第二条22~23km。两条胶带各有一台7000~8000kW的电机驱动，胶带带速为5~6m。

在氧化铝厂内，共设四个料堆，两排配置，堆高10m，总储量20万吨，另有一死角料堆，以备应急使用。

B 矿浆制备系统

矿浆磨制采用棒磨、球磨和弧形筛分级的两段闭路磨制流程，入磨粒度为100%小于35mm，出磨粒度为50%小于250μm。

合格矿浆直接送预脱硅程序，矿浆经96℃、12h的预脱硅。有8台预脱硅槽，分四个系列，每系列两台。预脱硅时间10~12h，预脱硅温度96℃。

C 浸出系统

浸出矿浆全部采用间接加热，利用二次蒸汽和新蒸汽加热矿浆至175℃进入浸出器保温浸出，采用列管换热器换热，停留罐保温浸出和5级闪蒸的浸出浆降温浸出装置。浸出系统的主要技术条件及参数如下：

浸出温度：　　　　　　　175℃
浸出碱浓度（Na_2CO_3）：210~220g/L
浸出液 A/C：　　　　　　0.7~0.75（α_K = 1.33~1.43）
浸出时间：　　　　　　　30~35min
氧化铝回收率：　　　　　92%

浸出共设四个系列，每系列的原矿浆处理能力约2000m³/h，形成年产320万吨氧化铝的浸出能力。

D 沉降及粗液精制系统

沃斯莱厂采用道尔（Dorr）旋流器分级、螺旋分离机洗涤的除砂装置，溢流矿浆粒度为+0.15mm（+100目）小于8%。

沉降系统选用20台φ50m平底沉降槽和65台100m²的转鼓过滤机，组成四个系列的沉降分离、三次逆流沉降洗涤和过滤喷水洗涤的工艺流程以及赤泥洗液苛化流程。沉降槽底流固含量为400~600g/L。

26台360m²立式自动卸泥的叶滤机进行粗液的控制过滤。叶滤单位面积滤液产能为0.9m³/(m²·h)，开盖清理周期为1~2个月。

E 分解系统

该厂设四个种分系列，每系列由20台分解槽组成，共设80台分解槽。采用三段工艺生产砂状氧化铝。

种子过滤机选用100m²转鼓过滤机和120m²立盘过滤机，并设喷水洗涤装置，经洗涤的种子返回一段分解，洗液送草酸盐脱除工序。分解过程的工艺条件如下：

精液浓度（Na_2CO_3）：195~200g/L
精液 A/C：　　　　　　　0.69~0.73（α_K = 1.37~1.45）
分解母液 A/C：　　　　　0.40~0.41（α_K = 2.44~2.50）
分解初温：　　　　　　　75~80℃
分解终温：　　　　　　　60~65℃
分解时间：　　　　　　　>35h

F 蒸发系统

由于需蒸发水量小（约1t/t-Al_2O_3），仅设四组7级闪蒸预热的蒸发装置，单组能力为每小时蒸水110~120t。

蒸发主要指标：

原液（Na_2CO_3）：　　　200g/L
母液（Na_2CO_3）：　　　205 ~ 210g/L

G　焙烧及贮存系统

该厂共设 6 套鲁齐式的沸腾焙烧炉。单套能力为日产氧化铝 2000t。其燃料为天然气。该厂设有 20 万吨的氧化铝贮仓，焙烧后氧化铝用气动送入厂内贮仓。经火车倒运至班伯里港内大仓，在经胶带输送机送上装船栈装船。港口能停靠 4 万 ~ 5 万吨级的大船，港内装船设施能力，设计 2000t/h，目前实际运行能力为 2250t/h。

H　供排水系统

该厂所处理的铝矿有机物含量较高，$C_{有机}$ 平均为 0.31% ~ 0.33%。循环碱中的草酸钠维持在约 2g/L。

采用供、排分开，集中管理，综合治理的供排水方案。

3.5.4.5　主要技术装备特点

趋于无蒸发的拜耳法生产工艺。采用低循环碱浓度（Na_2CO_3 210g/L），高精液碱浓度（Na_2CO_3 200g/L），蒸发原、母液的浓度差小于 10g/L，所以生产 1t 氧化铝所需的蒸发水量也很少（1t 左右），全厂 320 万吨生产规模仅设四组多级闪蒸的蒸发装置，形成每小时 400t 左右的蒸水能力。这样大大降低了氧化铝生产的单位热耗。

三段分解生产砂状氧化铝工艺。沃斯莱氧化铝厂的分解工艺与世界上绝大多数氧化铝厂的不同，采用三段分解两次中间真空降温及沉降槽一次分级工艺。如前所述，该工艺第一段为附聚段，初温 80℃，时间约 6h。

经中间降温后，第二段为附聚及产品分级段，分解时间约为 12h；再经中间降温后，第三段为结晶生产长段，以制备适合要求的种子和提高产出率，分解时间为 20 ~ 25h，终温小于 60℃。该分解工艺控制灵活且有利于草酸盐的排除。

3.6　技术进展

近年来，我国氧化铝工业发展迅猛。然而，我国铝土矿资源并不丰富，而且我国铝土矿资源特点又是以中低品位的一水硬铝石矿为主，铝硅比在 9 以下的矿石量占 80% 以上。针对我国铝土矿特点，科研工作者在复杂铝土矿浸出工艺、浸出装备方面开展了广泛研究，取得了相应的研究进展。其中，北京矿冶研究总院在非传统铝土矿资源提取方面取得了较大的进展。

3.6.1　加压浸出技术在铝土矿中的应用研究进展

针对我国铝土矿资源的特点，研究者对于铝土矿浸出工艺和设备做了很多研究工作，取得了一定的进展。工艺方面主要进行了一水硬铝石高铁型铝土矿拜耳法浸出、一水硬铝石型铝土矿微波预处理、铝土矿脱硫脱有机物等研究。设备方面主要进行了悬浮浸出器、浸出设备磨损、管道化溶出器结疤清洗等研究。

廖友常[20]对贵州遵义仙人岩的一水硬铝石型高铁铝土矿进行了拜耳法浸出研究，采集了含 Al_2O_3 53.61%、A/S 7.63、Fe_2O_3 21.96% 的 A 矿和 Al_2O_3 51.71%、A/S 7.16、

Fe_2O_3 24.89%的 B 矿高铁铝土矿样。试验研究步骤为先加入与石灰混匀的矿样，再加入 100mL 碱液调匀，将四个钢弹同时放入比试验温度高 15℃ 左右的盐浴中，10min 后开始计时，恒温至预定时间后，将钢弹取出置于冷水中急冷，待温度达 90℃ 左右，通过真空过滤进行固液分离。赤泥经沸水洗涤，烘干后送样分析。氧化铝浸出率用赤泥铝铁比法进行计算。

经拜耳法浸出试验，A 矿得到了绝对浸出率 83.98% 和相对浸出率 96.65%，化学碱耗 57.9kg(NaOH)/t(Al_2O_3)；B 矿得到了绝对浸出率 80.02%，相对浸出率 93.01%，化学碱耗为 34.9kg(NaOH)/t(Al_2O_3)；且赤泥沉降性能良好的试验结果。

仙人岩一水硬铝石型高铁铝土矿石在不采取增铝降铁和铝、铁分离措施的情况下，可直接用拜耳法生产氧化铝，从而缩短了此类矿石开发利用的工艺链。推荐的工艺条件是：碱液质量浓度 220g/L，添加 CaO 12%，$\alpha_K = 1.51$，温度 245℃，时间 90min。从而为此类矿石的直接应用提供了技术支撑，可盘活我国近 15 亿吨"呆滞"的高铁铝土矿资源。不同类型的铝土矿有不同的浸出条件，其中以三水铝石最易浸出，一水硬铝石的浸出条件最为苛刻。国外的铝矿石多以三水铝石型为主，而我国铝矿石绝大多数为一水硬铝石型矿石，属于最不利于生产的铝矿石类型。若运用传统的一水硬铝石浸出条件进行氧化铝的生产，所得的氧化铝均为粉状氧化铝，这与国外的砂状氧化铝质量上存在较大差异[21]。许多学者认为，氧化铝质量上的差异可能是因为不同的浸出条件导致了铝酸钠溶液结构的变化而造成的。为了找出国内外氧化铝生产的差异，张少云等人[1]采用红外光谱、紫外光谱、X 射线衍射和扫描电镜研究了浸出温度和压强对铝酸钠溶液的结构组成以及浸出液沉淀的结构和形貌的影响。结果表明，浸出温度和压强对铝酸钠溶液的结构组成以及晶体的形貌有较大的影响。在较高温度较高压力下，铝酸钠溶液中的主要阴离子是 $Al(OH)_4^-$，浸出液沉淀较疏松；在较低温度较低压力下，铝酸钠溶液中不仅存在 $Al(OH)_4^-$，还存在复合铝酸根离子，浸出液沉淀比较紧密；浸出温度压强对浸出液沉淀的红外光谱和 XRD 结构无明显的影响。

在冶金中，微波加热技术已被用于矿石的破碎、难选金矿的预处理、从低品位矿石和尾矿中回收金、从矿石中提取稀有金属和重金属、铁矿石及钒钛磁铁矿的碳热还原和工业废料处理等方面。所得到的结果均明显优于传统处理工艺。微波加热预处理矿石是近年才发展起来的预处理方法。此方法主要是针对矿石中各种矿物介电常数不同的特性，利用微波选择性加热的特点，辐射矿石使其中的某些矿物发生化学反应或物相转化，而不影响其他矿物。因此，某些用常规方法难以处理的矿物，经微波加热预处理后就易于处理，且微波处理时间短，具有明显的节能降耗作用。

一水硬铝石矿中含有多种矿物，当用微波加热时，由于组成矿石的各种矿物具有不同的性质，它们在微波场中的升温速率各不相同，因而矿石中的不同矿物也能被加热到不同的温度。因此，微波加热方法也可以应用于一水硬铝石的焙烧预处理。但是，一水硬铝石矿主要含有铝矿物、铁矿物和脉石矿物，这些矿物并不直接吸收微波，单纯采用微波直接加热一水硬铝石矿，矿石并不会发生明显变化，需要在微波加热过程中引入添加剂，才能使一水硬铝石矿的微波加热过程顺利进行，这是一水硬铝石矿的微波预处理与其他矿石不同之处。王一雍等人[22]利用微波加热对我国一水硬铝石矿进行了活化焙烧的试验研究，以降低拜耳法浸出的温度。从微波添加剂、微波加热功率和微波加热时间对铝土矿的浸出性能的影响等方面进行了研究。并利用 SEM 技术对活化焙烧矿的微观形貌进行了分析。试验结果表明，微波活化矿石需要加入 NaOH 作为添加剂才能达到良好的活化效果，没有 NaOH 作为添加剂，矿石无法在微波作用下得到活化。微波加热焙烧的最佳工艺条件为：NaOH 添加量 100kg/t，微波加热温度 535℃，加热时间 5min。短时间的微波辐射就能使矿石的微观形貌发生显著变化。

黑灰铝土矿大多与煤伴生，主要矿物形态为一水硬铝石，A/S 一般为 8 以上，S_T 为 2% ~5% 并携带有机物，品位高适合于拜耳法生产，但由于含硫和有机物，直接用于拜耳法生产会产生一系列危害，如赤泥沉降和粗叶滤困难、碳酸钠结晶变性、产品被铁污染、产品粒度细化、产品强度和白度降低等。

黑灰铝土矿直接用于焙烧法同样存在诸多问题，姑且不论其用于焙烧法造成的资源浪费、低产量和高能耗，仅就焙烧过程而言，矿石携带的硫大量留存于熟料中，导致生产流程中硫急剧升高，最终引起生产控制不稳定和生产指标恶化。因此，黑灰铝土矿投入生产前，必须有效解决脱硫脱有机物问题。

目前，在国内外氧化铝领域，脱硫的方法有选矿脱硫、焙烧脱硫、钡盐脱硫等，脱有机物的方法有结晶法、氧化法和吸附法等，这些方法大都存在着成本高或效果不显著的缺点，迄今为止，还没有比较有效的排除硫和有机物的措施，脱硫脱有机物一直是氧化铝行业的技术难题。李桂兰、林齐、方建川[23]研究了一种实用新技术，可以使 S_T 为 1.92%，$C_有$ 为 1.24% 的黑灰铝土矿直接用于拜耳法生产。该技术的关键是在拜耳法浸出工序掺入自主研发的复合添加剂，利用高压浸出过程，直接完成脱硫脱有机物，脱除率达 90% 以上。同时，提高了黑灰铝土矿的氧化铝浸出率，显著改善赤泥的沉降性能。应用该技术进行全流程模拟循环试验，结果表明产品汇总杂质硫和有机物无积累，符合国家一级品标准。

为了克服高硫铝土矿中的硫在加压浸出过程对设备腐蚀以及增加碱耗的危害，北京矿冶研究总院与中国电力投资集团对务川高硫铝土矿开展了焙烧脱硫的试验研究[19]。经过马弗炉与回转窑的小型试验和沸腾焙烧炉的扩大试验，结果表明 500℃ 以上焙烧均可实现铝土矿中硫化物的有效氧化，焙砂中硫化物含量小于 0.1%，实现了高硫铝土矿的脱硫，有利于后续加压浸出。

铝土矿浸出是拜耳法氧化铝生产过程的核心工序。铝土矿拜耳法浸出过程优化的核心是化学因素和工程因素的最佳组合。化学因素是指浸出反应类型及反应温度、反应剂浓度等条件，工程因素一般包括反应器类型、操作方式和操作条件。有关化学因素对拜耳法浸出过程的影响已做过大量较为深入、系统的研究工作，阐明了如浸出温度、苛性碱浓度对不同类型铝土矿浸出过程的影响规律及不同类型的铝土矿在不同条件下浸出的表观活化能及其反应控制规律，而对如何优化拜耳法浸出过程的工程因素并同时兼顾到化学因素等方面的研究较为欠缺。

为了解决粗颗粒的浸出问题，晏唯真等人[25]分析了拜耳法氧化铝生产过程中铝土矿浸出器的现状，应用反应工程学理论和工程流体力学理论，提出了铝土矿悬浮浸出技术，并研究了有针对性的悬浮浸出装置。悬浮浸出反应器是一种新型反应器。在悬浮浸出反应器中，矿浆从反应器底部以一定流速加入，矿浆中的矿石颗粒群在流体动力作用下形成悬浮分级，使得不同粒度的矿石颗粒有合理的停留时间分布，随着浸出反应过程的进行，矿浆从悬浮浸出器顶部出口流出。矿浆进入反应器，颗粒群中粗细粒子因所受碱液曳力的不同，矿石粗粒子上升运动较细颗粒矿石慢，随着反应的进行，矿浆中碱浓度也逐渐降低，由于粗粒子从底部加入，即在粗粒子矿石停留区 α_k 值高，因此粗粒子矿石的滞留反应时间相对延长，这特别有利于难溶一水硬铝石型铝土矿的浸出反应。而细粒子的矿石进入浸出器会很快上升到低 α_k 值区，这有利于粗细颗粒的矿石反应趋于同步，避免因细化对后续沉降工序的影响。因而，可达到最佳的浸出效果。经过流量为 $9\sim13\text{m}^3/\text{h}$ 规模的工业试验，结果表明将第一级浸出反应釜的进出料方式由常规的上进下出改为下进上出之后，即可明显提高整体浸出效果。对铝硅比为 17.61 的铝土矿，在相同的浸出条件下，可使赤泥铝硅比下降 0.32，相对浸出率提高了 1.93%。浸出是拜耳法生产氧化铝的关键工序，管道化溶出又是目前铝土矿加压浸出的主流技术。基于我国铝土矿的特点，系统研究了一水硬铝石浸出过程中的浸出、结疤和磨损情况后，在管道化溶出工艺和设备方面取得了如下进展。

国外的管道化溶出设备是针对三水铝石和一水软铝石来设计的，在处理国内的一水硬铝石时浸出效果很差。经过探索，工作人员对设备进行了技术改造，延长了停留管道的长度，同时增加了 $5\sim7$ 个停留罐。它利用了管式反应器容易实现高温浸出及停留罐能保证较长浸出时间的特点，又克服了纯管道化溶出时间管道过长、使泵头压力升高、电耗大且结疤清洗困难的缺点，适合于处理需要较长浸出时间的一水硬铝石型铝土矿。

在设备磨损方面，国内的一水硬铝石其物理性质和其他铝石不同，其硬度要远大于一水软铝石或三水软铝石。因此，在高压管道下流动的矿物颗粒对设备的磨损有巨大的影响。对此，国内的技术人员对这个问题进行了积极的探索。一方面，采用多破少磨的原则，保证矿浆细度小于 15mm，同时增设分离装置来控制进入高压泵的矿浆粗粒子数量[25]。另一方面，针对管道化溶出的环境是高碱、高压、高流速的情况，在选择管道设备时要综合考虑耐热、高强、耐碱、耐磨以及焊接能力等方面。研究表明，采用 16Mn 或 A48CPR 钢管作为矿浆管更能符合管道化溶出生产的实际需要[26]。

系统的结疤是一个无法忽视的问题。在管道化溶出系统设备中，结疤生成的因素很多。铝土矿的化学成分、矿物组成及其溶解条件，溶液中各成分的饱和度和析出条件，结疤物质的生成、结晶和析出，矿浆运动状态，矿浆与器壁之间的温度差，器壁的表面状态等都会对结疤产生重要的影响。

中南大学的周萍等就熔盐段的结疤和传热系数之间的关系做了研究[27]。计算结果表明，结疤的生成速度和时间有很大的联系。在初期，结疤速度很快，可达 0.25mm/d，随着结疤的增厚，结疤速率降低到 0.1mm/d 以下。结疤是影响传热的直接原因，经计算，当结疤厚度达到 0.5mm 时，综合传热系数降低 31.8%。随着结疤厚度的增加，综合传热系数的变化趋于平缓。这主要是由于结疤的导热系数小，成为熔盐与矿浆传热的主要热阻。

国内外学者对结疤问题研究已久，对结疤的清洗也产生了很多方法。主要有机械清除法、流体力学清除法、化学清除法和热法。国外采用较多的是化学清除法，即采用酸或碱溶液进行清洗，A. S. Suss 等研究给出的方案是：$10\% \text{HCl} + 10\% \text{H}_2\text{C}_2\text{O}_4 + 4\% \text{HF}$ 的酸溶液配合上 Urotropin 或 ECOMEF IK-202 缓蚀剂可以有效地清除管道的结疤[28]。国内较多采用的是流体力学与热法相结合的清洗方法。

3.6.2　加压浸出技术在霞石中的应用研究进展

霞石是一种可用于提取铝的矿物资源。霞石 $(Na, K)_2O \cdot Al_2O_3 \cdot 2SiO_2$ 常与长石、磷灰石等矿物伴生。经选矿后的霞石精矿，可综合利用生产氧化铝、碱和水泥。我国云南和四川均发现较大的霞石资源。

在铝土矿烧结过程中添加部分霞石矿，以补充碱的消耗，同时达到处理霞石的目的。苏联自20世纪50年代初期就开始采用烧结法处理霞石精矿或霞石矿石，以生产冶金级氧化铝、苏打、碳酸钾和水泥等多种产品。1951年，苏联将原用烧结法处理低品质铝土矿的沃尔霍夫铝厂，改造成世界上第一座用烧结法处理霞石物料生产氧化铝、苏打、碳酸钾和水泥的工厂（初始产能氧化铝5万吨/年）。1959年，又在该厂附近兴建了第二座霞石处理厂，即皮卡列夫氧化铝厂（初始产能氧化铝20万吨/年），生产能力较前一个厂扩大了三倍，单位生产成本在苏联所有氧化铝厂（包括尼古拉耶夫氧化铝厂）中为最低。这两个厂均是通过处理提取了磷灰石后的霞石精矿来生产氧化铝的。20世纪70年代，俄罗斯在西伯利亚建成了处理霞石原矿的阿钦斯克氧化铝厂（初始产能氧化铝90万吨/年）[29]。

利用霞石生产氧化铝有烧结法和高压水化学法。在俄罗斯采用烧结法由霞石生产氧化铝的工艺已经很成熟。在生产氧化铝的同时副产碳酸钾、碳酸钠、水泥和镓，可以获得很好的经济效益。

高压水化学法无高温烧结过程，无需顾虑燃料含硫的问题，有利于降低能耗和保护环境，因而得到越来越广泛的重视和开发。高压水化学法生产氧化铝工艺流程如图3-17所示。其流程主要包括高压浸出、脱硅、结晶、溶解、种分、煅烧等工序。美国、澳大利亚、捷克、匈牙利等国进行了大量的研究，苏联还进行了半工业试验。但浸出条件苛刻、物料流量大、对设备材质要求高等弊端阻碍了该工艺的工业应用。

北京矿冶研究总院[30]通过霞石正长岩综合利用试验研究，确定采用湿法预脱硅-石灰石烧结的原则工艺流程，获得霞石正长岩开发利用的主要工序的工艺参数，包括预脱硅（加压预脱硅和常压预脱硅）、碱石灰烧结-浸出、净化脱硅、碳分-氧化铝、结晶等工序。主要的工序介绍如下：

3.6.2.1　预脱硅

在常压条件下采用大液固比、温度100℃、长时间等参数，硅的浸出率低、脱除效果差，于是就在加压条件下进行了预脱硅试验。对霞石正长岩进行加压预脱硅试验研究，重点考察温度、时间、氢氧化钠浓度、钾浓度等因素对硅脱除效果的影响。

A　温度的影响

由图3-18可见，钾的浸出率随着温度的升高而增加，当温度达到220℃时钾的浸出率基本趋于平缓；硅的浸出率在120~180℃随温度的升高增加较快，当温度达到180℃后再提高温度硅的浸出率增加甚微，再由补充低温加压试验知脱硅效果十分不理想，因此，综合能耗等方面的考虑，选择浸出温度为180℃。

B　液固比的影响

由图3-19及图3-20可见，钾的浸出率随着液固比的增大而升高；硅的浸出率在260℃时随着液固比的增大先升高后稍有降低，在180℃时则随着液固比的增大而升高。考虑到液固比过大会造成后续工序处理量大，选择液固比为4：1。

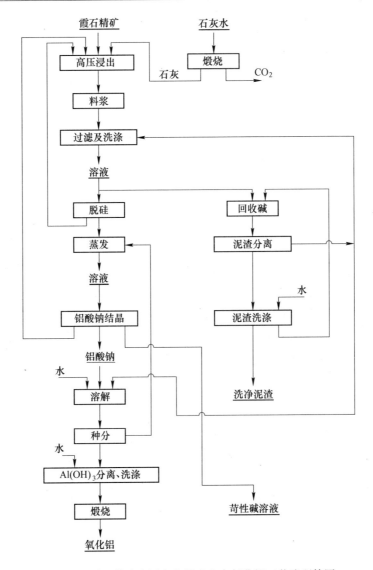

图 3-17 霞石精矿高压水化学法生产氧化铝工艺流程简图

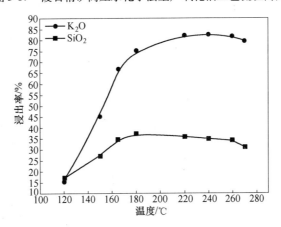

图 3-18 温度与 SiO_2、K_2O 的浸出关系

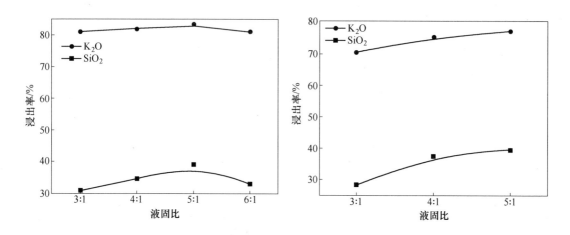

图 3-19　260℃下液固比与 SiO_2、K_2O 的浸出关系　　　图 3-20　180℃下液固比与 SiO_2、K_2O 的浸出关系

C　NaOH 质量浓度的影响

由图 3-21 及图 3-22 可见，在 260℃时不同 NaOH 质量浓度下的钾的浸出率在 79% ~ 84% 波动，180℃时不同 NaOH 浓度下钾的浸出率在 72% ~77% 波动。在 260℃和 180℃下随着 NaOH 质量浓度的增大，硅的浸出率也随之升高。考虑成本因素控制 NaOH 用量，选择 NaOH 质量浓度为 280g/L。

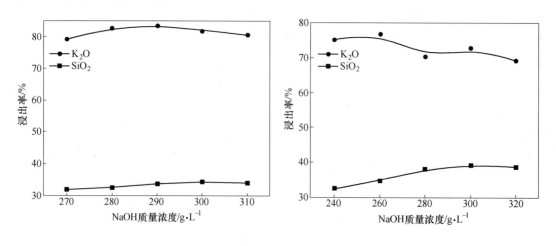

图 3-21　260℃时 NaOH 浓度与　　　图 3-22　180℃时 NaOH 浓度与 SiO_2、
　　　SiO_2、K_2O 的浸出关系　　　　　　　　　K_2O 的浸出关系

D　浸出时间的影响

由图 3-23 及图 3-24 表明，高温下（260℃）脱硅反应速度较快，钾的浸出率及硅的浸出率随着浸出时间的增加提高不明显；较低的温度（180℃）条件下，需要相应延长脱硅反应时间，以提高脱硅效果，钾的浸出率及硅的浸出率随着浸出时间的延长而明显提高，但是 2h 后二者的浸出率趋于平衡，因此，选择浸出时间 2h。

随着磨矿时间的延长，钾和硅的浸出率增加甚微，考虑到能耗的因素，选择磨矿时间 45min。搅拌速度对钾的浸出率无明显影响，硅的浸出率随搅拌速度的加快有所增加，在

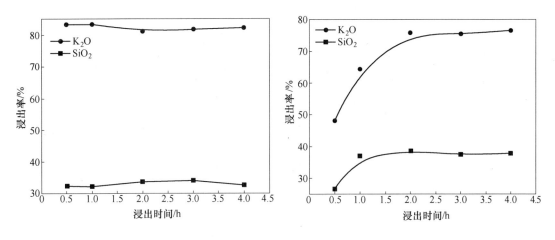

图 3-23　260℃下时间与 SiO_2、
K_2O 的浸出关系

图 3-24　180℃下时间与 SiO_2、
K_2O 的浸出关系

搅拌速度大于 550r/min 时增加趋于平缓，综合考虑选择搅拌速度 550r/min。

综合上述影响试验研究因素，最终确定综合条件：磨矿时间 45min，浸出温度 180℃，液固比 $L/S = 4/1$，NaOH 质量浓度 280g/L，搅拌速度 550r/min，浸出时间 2h。

3.6.2.2　脱硅渣烧结-浸出试验

脱硅渣-浸出原理：用碳酸钠和碳酸钙与脱硅渣按一定比例配料烧结。在高温下脱硅渣中的氧化铝、氧化铁、二氧化硅与碳酸钠、碳酸钙分别反应，生成铝酸钠、铁酸钠和原硅酸钙的熟料。熟料经水或稀碱液浸出，铝酸钠溶解进入溶液，铁酸钠水解为苛性碱及氧化铁，氧化铁进入浸出渣。原硅酸钙进入浸出渣中，但同时有少量原硅酸钙与碱液反应以硅酸钠的形式进入溶液。

烧结及浸出过程中发生的主要反应如下：

$$Na_2CO_3 + Al_2O_3 = Na_2O \cdot Al_2O_3 + CO_2 \uparrow$$

$$Na_2CO_3 + Fe_2O_3 = Na_2O \cdot Fe_2O_3 + CO_2 \uparrow$$

$$CaCO_3 + SiO_2 = 2CaO \cdot SiO_2 + CO_2 \uparrow$$

$$Na_2O \cdot Al_2O_3(s) + 4H_2O = 2Na^+ + 2Al(OH)_4^-$$

$$Na_2O \cdot Fe_2O_3(s) + 4H_2O = 2NaOH + Fe_2O_3 \cdot 3H_2O$$

$$2CaO \cdot SiO_2 + 2NaOH + aq = Na_2SiO_3 + 2Ca(OH)_2 + aq$$

A　钙比的影响

由图 3-25 可见，碱比为 1.0 时，氧化钠、氧化铝的总浸出率随着钙比的增加，呈现先增加再降低的趋势，氧化钾随着钙比的增加呈现出逐渐降低的趋势。碱比为 1.0，钙比为 2.0 时，出现氧化钠、氧化铝的最好浸出效果。此时，Al_2O_3 浸出率 86.86%，Na_2O 浸出率 87.07%，K_2O 浸出率 95.44%。

由图 3-26 可见，碱比为 1.05，氧化钾、氧化钠、氧化铝的浸出率随着钙比的增加，均呈现先增加再降低的趋势，钙比在 1.95、2.0、2.05 时浸出效果基本接近，尤其是钙比 2.0 和 2.05 时。钙比 2.0 时，Al_2O_3 浸出率 87.82%，Na_2O 浸出率 88.32%，K_2O 浸出率 94.97%。

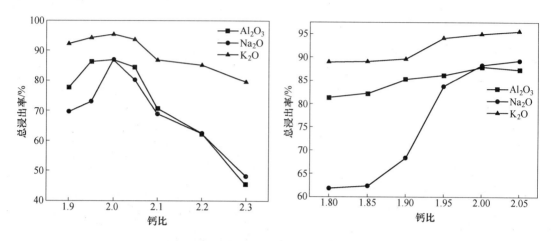

图 3-25　碱比为 1.0 时钙比与总浸出率的关系　　　图 3-26　碱比为 1.05 时钙比与总浸出率的关系

　　碱比 1.05 比碱比 1.0 的试验结果略好，是因为碳酸钠在烧结时会挥发逸出，使实际碱比偏低，在工业条件下回转窑挥发出的碱绝大部分将与机械粉尘一道被烟气净化系统捕收下来，并用专门的返尘装置喷入回转窑高温段的物料内，使所获熟料之碱比、钙比仍与入窑料一致，故工业条件下一般并不需要特别考虑高温段碱的挥发问题。因此，根据试验结果综合考虑，钙比选择 2.0。

　　B　碱比的影响

　　由图 3-27 ~ 图 3-29 可见，钙比为 1.95、2.0、2.05 时，氧化钠、氧化铝的浸出率随着碱比的增加，均呈现先增加再降低的趋势，钙比为 2.0，碱比为 1.05 时，出现氧化钠、氧化铝最好的浸出效果。此时，Al_2O_3 浸出率 83.45%，Na_2O 浸出率 79.57%，K_2O 浸出率 92.31%。氧化钾的浸出率随着碱比的增加呈现下降趋势。因此，根据试验结果，生料配比碱比为 1.05，考虑碱挥发工业生产可以回收，碱比选择 1.0。

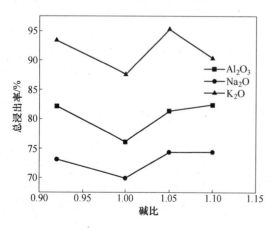
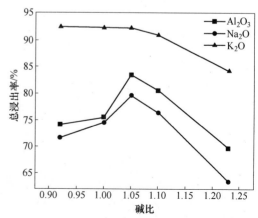

图 3-27　钙比为 1.95 时碱比与总浸出率的关系　　　图 3-28　钙比为 2.0 时碱比与总浸出率的关系

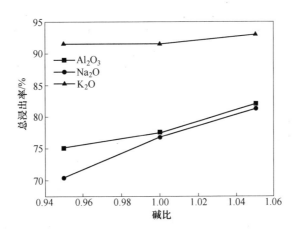

图 3-29 钙比为 2.05 时碱比与总浸出率的关系

C 烧结温度的影响

由图 3-30 及图 3-31 可见，钙比为 1.95 时，氧化铝、氧化钠、氧化钾的浸出率随着烧结温度的升高而增加，在烧结温度大于 1250℃后氧化钠、氧化钾的总浸出率增加趋于平缓；而钙比为 2.0 时，氧化钠、氧化铝、氧化钾浸出率随着焙烧温度的升高而增加。因此，选择烧结温度在 1300℃。

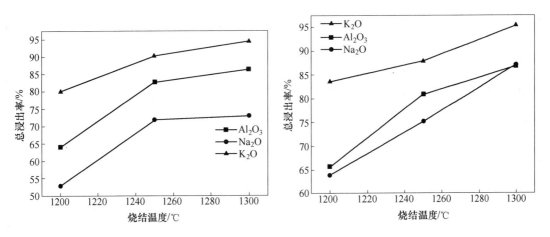

图 3-30 钙比 1.95 时烧结温度与总浸出率的关系　　图 3-31 钙比 2.0 时烧结温度与总浸出率的关系

D 烧结时间的影响

由图 3-32 可见，在碱比为 1.0，温度 1300℃时，氧化铝、氧化钠、氧化钾随着烧结时间的增加，浸出率略有增加。因此，综合考虑选择烧结时间为 0.5h。

E 熟料磨细粒度的影响

由图 3-33 可见，随着棒磨时间增加，熟料粒度变细，铝、钾、钠的浸出率略有增加，因为粒度较粗时，熟料与浸出液的接触面积小从而影响了浸出反应的快速进行，相反，粒度太细时，熟料在搅拌浸出过程中容易出现底部团聚凝结现象，这一点也阻碍了反应的进一步进行。综合考虑，选择棒磨时间 20s，粒度约 60 目（0.25mm）。

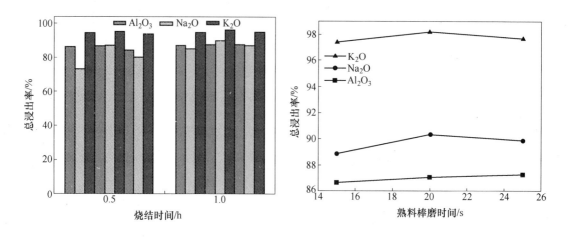

图 3-32　1300℃时时间与浸出率的关系　　　　图 3-33　熟料棒磨时间与总浸出率的关系

F　熟料浸出时间的影响

由图 3-34 可见，随着浸出时间的增加，铝、钾、钠的浸出率略有增加，综合考虑，选择熟料浸出时间为 40min。

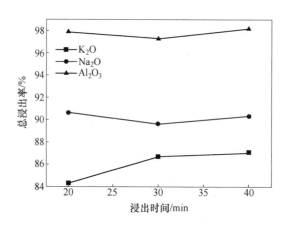

图 3-34　浸出时间与总浸出率的关系

3.6.2.3　粗铝酸钠溶液脱硅

在熟料的浸出过程中，有少量 SiO_2 以硅酸钠、硅酸钾的形式进入溶液，为能在后续工序中得到纯净的氢氧化铝，必须对铝酸盐溶液进行脱硅处理。氧化铝工业生产过程中，铝酸钠溶液一般采用两段脱硅，第一段中压脱硅，第二段常压石灰乳脱硅。

中压脱硅时，溶液中的硅酸钠和铝酸钠相互反应，经过一系列可溶性铝硅酸钠配合物中间阶段，最终生成水溶性低的水合铝硅酸钠，使硅从溶液中沉淀析出。研究结果表明，在粗铝酸钠溶液中压脱硅过程中，随着 CaO 的加入，溶液中的 SiO_2 含量降低，同时硅量指数增加。综合考虑选择 CaO 加入量 1g/L。中压脱硅通常加一定量赤泥即钠硅渣作为晶种，不加石灰 CaO，此时的硅量指数 587.3。中压脱硅后液，在常压下加入氧化钙或氢氧化钙进行深度脱硅，与钙结合成溶解度更低的水合铝硅酸钙。试验研究结果表明，二段常压脱硅中，在 CaO 加入量 5g/L 的情况下，硅量指数从中压脱硅液的 587.3 提高到 4195.7。

霞石正长岩处理的工艺流程如图 3-35 所示。整个工艺主要分为预脱硅部分和碱石灰烧结法生产氧化铝两部分。预脱硅部分产出产品硅灰石和中间产品脱硅渣，此两种都可直接出售。

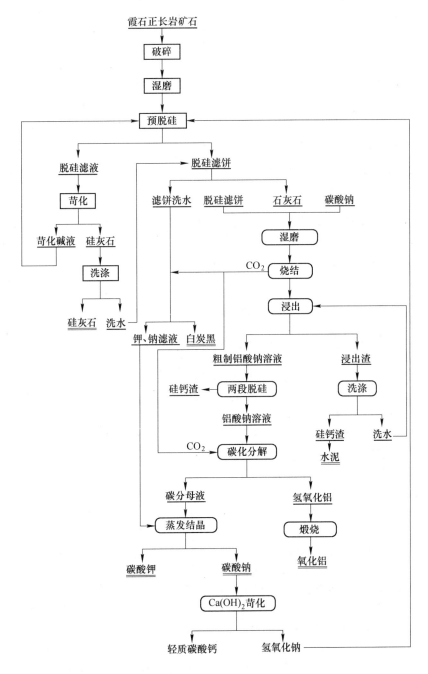

图 3-35　霞石正长岩预脱硅-碱石灰烧结法工艺流程

　　预脱硅工序简单，硅灰石产品制备流程短，碱液加压浸出霞石正长岩后形成硅酸钠溶液，石灰苛化后得到水合硅酸钙，经煅烧得产品硅灰石。苛化碱液调整后进行新的霞石正长岩浸出。硅灰石洗水可用于脱硅渣洗涤，洗水碳分制备白炭黑后并入蒸发结晶工序，以综合回收其中富集的钠、钾。

　　脱硅渣采用碱石灰烧结法生产氧化铝，熟料浸出液经两段脱硅后碳分制备氢氧化铝，煅烧后得氧化铝，碳分母液蒸发浓缩析出产品碳酸钾和碳酸钠。

　　针对霞石的综合利用开发，马鸿文[32]曾采用山西临县紫金山霞石正长岩进行制备铝酸钠精液研究。在深度脱硅的试验中，采用饱和石灰水对 $NaAl(OH)_4$ 溶液进行深度除硅。向铝酸钠溶液中加入 $Ca(OH)_2$，即与溶液中的 $Al(OH)_4^-$ 反应，生成水合铝酸钙 $3CaO \cdot Al_2O_3 \cdot 6H_2O$，进而与 SiO_2 反应，生成水化石榴石 $3CaO \cdot Al_2O_3 \cdot xSiO_2 \cdot (6-2x)H_2O$。深度脱硅过程的化学反应如下：

$$3CaO \cdot Al_2O_3 \cdot 6H_2O + xSiO_2(OH)_2^{2-} \longrightarrow$$

$$3CaO \cdot Al_2O_3 \cdot xSiO_2 \cdot (6-2x)H_2O + 2xOH^- + 2xH_2O$$

　　实验取铝酸钠浸出液 1.0L，加入 CaO 15g，在 160℃下恒温反应 2h，压力 1.4 ~ 1.5MPa。经深度除硅后的铝酸钠溶液，主要化学成分分析结果见表 3-11。

表 3-11　深度除硅后的铝酸钠溶液的化学成分分析结果　　　　　　（g/L）

样品号	SiO_2	TiO_2	Al_2O_3	Fe_2O_3	MgO	CaO	Na_2O	K_2O
ZNA-02	0.01	0.00	99.01	微量	0.013	0.064	97.25	0.09

参 考 文 献

[1] 张少云，刘云清，陈启元，等. 溶出温度和压强对铝酸钠溶液结构的影响[J]. 有色金属（冶炼部分），2011(1).

[2] 狄永宁，谭靖，王会. 贵州修文铝土矿拜耳法溶出氧化铝试验研究[J]. 湿法冶金，2011(9).

[3] 李中锋，杨长付. 河南中低品位铝土矿选精矿溶出性能工艺研究[J]. 轻金属原料矿山，2011(10).

[4] 徐石头. 老挝某红土型铝土矿矿石溶出性能研究[J]. 金属矿石，2012(7).

[5] 顾松青，等. 某些添加剂在一水硬铝石矿拜耳法溶出过程中的行为[J]. 轻金属，1993：27 ~ 34.

[6] 尹中林. 一水硬铝石型铝土矿在预热及溶出过程中的反应行为研究[D]. 沈阳：东北大学，2005.

[7] 付伟岸，李小斌. 铝土矿高压溶出过程中硅、钛矿物反应行为的研究[D]. 长沙：中南大学，1986.

[8] 许立军，李军旗，等. 贵州某地区含钛铝土矿的溶出行为[J]. 轻金属，2011(10).

[9] 杨义洪，余海燕. 氧化铝生产创新工艺新技术、设备选型与维修及质量检验标准实用手册[M]. 北京：冶金工业出版社，2008.

[10] 毕诗文. 氧化铝生产工艺学[M]. 北京：冶金工业出版社，1993.

[11] 侯用兴，李旺兴，吕子剑. 管道化溶出一水硬铝石型铝土矿的工业实践[J]. 轻金属，2003(3).

[12] 姜小凯，等. 铝土矿管道化溶出过程[J]. 中国锰业，2008，8.

[13] Robert Kelly，Mark Edwards. New technology digestion of bauxites[J]. Light Metals，2006：59 ~ 64.

[14] 王丽娟. 拜耳法溶出技术及装备的选择[J]. 轻金属，2004(10).

[15] 曹文仲，顾松青. 铝土矿悬浮溶出器的选择及设计计算[J]. 化学工程，1996(24)：5.

[16] 曹文仲，田伟威，钟宏. 一水硬铝石矿物的悬浮溶出器参数[J]. 有色金属，2011，2.

[17] 方兆珩. 浸出[M]. 北京：冶金工业出版社，2007.

[18] 曲修雁. 平果铝土矿与拜耳法生产技术[C]. 中国有色金属第三届学术会议论文集，85～89.

[19] 赵磊，李相良. 务川高硫铝土矿低温焙烧脱硫半工业连续试验研究报告[R]，2013.8.

[20] 廖友常. 一水硬铝石型高铁铝土矿的拜耳法溶出研究——以遵义仙人岩矿石为例[J]. 中国地质，2012，10.

[21] 刘云清，陈启元，尹周澜，等. 溶出条件对铝酸钠溶液结构的影响研究[J]. 中国稀土学报，2006，10(24)：136～139.

[22] 王一雍，金辉. 微波加热预处理一水硬铝石矿的工艺研究[J]. 有色金属（冶炼部分），2010(2).

[23] 李桂兰，林齐，方建川. 黑灰铝土矿直接用于拜耳法试验研究[J]. 轻金属，2010(3).

[24] 晏唯真，等. 铝土矿悬浮溶出技术研究[J]. 轻金属，2006(1).

[25] 吴苏，吴刚. 管道化溶出破矿及磨矿初探[J]. 郑州工业高等专科学校学报，2006，6：14～18.

[26] 顾敏，汪洪杰. 管道化加热器矿浆管选材的讨论[J]. 轻金属，2002(9)：18～20.

[27] 周萍. 管道化溶出生产过程中熔盐加热段结疤与传热规律的研究[J]. 轻金属，2001，7：20～22.

[28] A G Suss，I V Paromova. Tube digesters：protection of heating surfaces and scale removal[J]. Light Metals，2004：137～142.

[29] 刘占伟，李旺兴，刘彬，等. 霞石矿在氧化铝工业中的应用[J]. 轻金属，2008(12).

[30] 范艳青，张登高. 丰域矿业集团有限公司吉尔吉斯扎尔达列克霞石正长岩综合利用试验研究[R]，2011：12.

[31] 马鸿文. 中国富钾岩石——资源与清洁利用技术[M]. 北京：化学工业出版社，2010.

4 铜

4.1 概述

4.1.1 铜资源

我国是最早应用铜的国家之一，在夏代就进入青铜时代，商、周更是青铜文化的鼎盛时期。铜在国民经济中应用广泛，由于其具有良好的导电性，在电气、电子技术、电机制造等工业部门应用最广，用量最大；其次导热性好，常用来制造加热器、冷凝器与热交换器。铜能与锌、锡、铝、镍和铍等形成多种重要合金，如黄铜（铜锌合金）、青铜（铜锡合金）、铝青铜（铜铝合金）、铍青铜（含铍铜合金）等，可以用来制作各种轴承、铸件以及机械零部件等。铜的化合物也是电镀、原电池、农药、颜料、染料和触媒等工农业生产的重要原料。

自然界中的铜分为自然铜、氧化铜矿和硫化铜矿。自然铜及氧化铜的储量少，世界上80%以上的铜是从硫化铜矿精炼出来的，这种矿石铜含量低，一般在2% ~ 3%。世界上查明的铜矿床类型主要有：斑岩型铜矿占55.3%，砂页岩型铜矿占29.2%，黄铁矿型铜矿占8.8%，铜镍硫化物型铜矿占3.1%，其他类型占3.6%。目前世界上开采的铜矿以斑岩型铜矿和砂页岩型铜矿为主。斑岩型铜矿主要产于太平洋，特提斯-喜马拉雅带和中亚-内蒙古带中，矿床规模巨大，埋藏浅，易于露天开采，但是通常矿石品位较低；砂页岩型铜矿也是矿床规模巨大，矿体形态稳定，易于开采，而且矿石品位高。

据美国地质调查局统计，截至2013年，全球铜储量约为6.9亿吨。其中，智利为1.9亿吨，澳大利亚为0.87亿吨，中国与俄罗斯均为0.3亿吨，并列第六。我国铜资源分布广泛，主要分布在中西部地区。已查明的矿产地除天津以外，所有省、自治区、直辖市均有不同程度的分布，主要集中在江西、云南、湖北、西藏、甘肃、安徽、山西和黑龙江等8个省区，共占到全国总资源的76.40%。我国铜矿资源有以下显著特点：

（1）共伴生矿多，约占72.9%，单一矿仅占27%。铜矿储量平均品位为0.87%。

（2）以硫化矿为主，在已探明资源中，硫化矿占87%左右，氧化矿占10%左右，混合矿占3%左右。

（3）整体规模小。

（4）矿石品位低，贫矿多、富矿少。

（5）相当部分规模大、品位高的矿床处于边远地区，外部建设条件差。

我国是铜生产和消费大国，2008年铜冶炼产能为496.7万吨，2012年增加到了697.4万吨。随着产能的不断扩张，每年大量铜精矿需要进口。2013年我国精铜产量达到683.8万吨。2000 ~ 2013年间，我国精铜产量年平均增长率达到13.3%，其中，原生铜产量447.6万吨，再生铜产量236.2万吨。我国铜表观消费量从2000年的193万吨增加至2013

年的 975.2 万吨，年平均增长率为 13.85%。我国铜消费已经成为拉动全球铜消费增长的主要动力。

4.1.2　国内外技术现状

铜冶炼分为火法和湿法两大类，世界上 80% 以上的铜均是以硫化铜为原料采用火法产出，我国火法铜产量更是达到 97% 以上，湿法铜产量不足 3%，且以原生铜为主。

4.1.2.1　火法冶炼

铜火法冶炼具有原料适应性强、冶炼速度快、处理规模大的特点，分为传统熔炼法和现代熔炼法两大类。传统熔炼法包括反射炉、鼓风炉和电炉；现代熔炼法又分为闪速熔炼法和熔池熔炼法两类。现代铜熔炼的共同特点是提高铜锍品位、加大过程的热强度、增加炉子的单位熔炼能力。闪速熔炼炉主要有奥托昆普和因科（Inco）闪速炉；熔池熔炼包括瓦纽科夫炉、诺兰达炉、三菱炉、艾萨炉、中国白银炉、水口山炉和金峰铜熔炼炉等。目前传统工艺中的鼓风炉熔炼在我国已经被淘汰，闪速熔炼和熔池熔炼法都有效地或较好地解决了传统熔炼工艺能耗高、污染严重等问题。在目前和今后一段较长的时间内，闪速熔炼和熔池熔炼法是世界铜冶金的主流技术。闪速熔炼与熔池熔炼相比，操作环境好、劳动强度低、作业率高、生产潜力大，易于实现自动化控制。

奥托昆普闪速炉最早于 1949 年进行工业应用，迄今世界上已有 40 多座工厂采用该工艺，约占世界铜产量的 50% 左右。该技术成熟可靠、易于掌握、环境保护和劳动条件好，硫利用率高。但对炉料要求严格、烟尘率高，基建投资大。我国江铜集团、山东阳谷祥光铜业有限公司及铜陵有色等均采用该技术。

顶吹熔炼法属熔池熔炼范畴，主要包括奥斯麦特（Ausmelt）和艾萨（ISA）熔炼技术，分属于澳大利亚奥斯麦特（Ausmelt）公司和芒特艾萨（MIMPT）公司，两者熔炼原理基本相同，只是喷枪和炉体结构上有差异。该法对原料适应性强，精矿不需要深度干燥，备料简单，环境保护好，流程短，炉子结构简单，传质传热条件好，但炉子喷枪及耐火材料寿命短，需要大的铜渣沉降分离设备。我国有 6 家冶炼厂采用该技术，其中中条山冶炼厂、铜陵金昌冶炼厂、赤峰金剑采用 Ausmelt 技术，云南铜业公司下属的 3 家冶炼厂采用 ISA 技术。

三菱连续炼铜法多台炉子呈阶梯布置，采用溜槽连接，熔体自流，生产全过程连续、稳定、均衡运行，设备尺寸小，配置紧凑，熔炼烟气量小。但炉料水分需干燥至 0.4% 以下，渣含铜高，直收率低，不适于处理复杂精矿。目前世界上共有 4 家企业采用该技术，包括日本三菱金属公司直岛冶炼厂（Naoshima）、加拿大基得克里克冶炼厂（Kidd Creek）、印度尼西亚格雷西克（Gresik）厂和韩国温山冶炼厂（Onsan）厂。

诺兰达法精矿不需干燥，炉体密闭性好，热损失小，但炉口烟罩漏风量大，烟气处理量及投资大，燃料消耗大，炉子寿命短。世界上 4 家工厂采用过该工艺，分别为加拿大霍恩冶炼厂、美国犹他冶炼厂（1995 年改为闪速炉）、中国大冶（2010 年改为 Ausmelt）和澳大利亚肯布拉港（Port Kembla）厂。

富氧底吹熔炼技术（SKS）是我国自行研发的熔池熔炼技术，脱硫脱砷率高，炉衬无严重受蚀部分，炉寿命长，熔池内无 Fe_3O_4 沉积；炉子结构紧凑，密封性好。但炉渣 Fe_3O_4 含量高达 20%，致使渣含铜高、直收率低，且下料口结渣严重，需机械频繁清理。

另外，该技术还用于复杂金精矿处理。

金峰双侧吹熔池熔炼采用双侧吹技术，向渣层熔体喷吹高浓度富氧，熔体温度高，床能率大，是一种高效的强化熔池熔炼新工艺，炉体结构简单，易于操作，物料适应性强，投资和运行费用低，综合能耗低。国内除了赤峰金峰冶炼厂外，富春江冶炼厂及江西铜业的康西冶炼厂均采用该技术。

4.1.2.2　湿法冶炼

湿法炼铜是通过各种浸出方法（堆浸、生物浸出、搅拌浸出、加压浸出、地下溶浸等）将原料中铜浸出到溶液中，然后经萃取、电积生产阴极铜，即浸出—萃取—电积（L-SX-EW）工艺。近年来，湿法炼铜技术发展较快，尤其在处理低品位矿石、废矿石和难处理矿石方面，细菌浸出、堆浸、就地浸出、地下溶浸、溶剂萃取—电积等技术已广泛应用于工业生产。湿法炼铜具有可处理低品位铜矿、投资及生产成本低、建设周期短、工艺过程简单、环境污染小等特点。氧化铜矿多采用直接浸出、萃取电积工艺进行处理；硫化铜矿浸出分为直接氧化焙烧—浸出法、生物浸出及堆浸法、常压氯盐浸出法和加压浸出法等。

A　氧化焙烧-浸出法

硫化铜矿物经沸腾炉或回转窑焙烧氧化成硫酸铜及氧化铜后，硫酸浸出、净化、电积生产电铜。该工艺20世纪60~70年代应用较多，但大量废电解液难处理，渣量大，中和剂消耗量大，贵金属回收率低，铜回收率不高，电耗高。

B　生物浸出及堆浸法

生物浸出技术在国外已经实现了大规模应用，尤其是湿法炼铜技术发达的国家如智利、美国、澳大利亚等，生产规模和机械化程度较高，其中美国最大的 PD Morinci 堆场产量已达到年产铜33.5万吨，智利年产量在10万吨以上的堆场就有3座。生物浸出的优点是投资低、可大规模就地浸出、可处理低品位矿石、矿石处理量大；缺点是细菌对矿石适应性差、反应周期长，铜浸出率低，一般在70%~90%，且黄铁矿及磁黄铁矿等反应，几乎所有铁和硫被氧化，造成溶液中硫酸铁含量较高，需石灰中和形成铁钒。

氧化铜矿和次生硫化铜矿堆浸铜浸出率可达到80%以上，浸出液采用"萃取—电积"生产阴极铜。例如智利的 El Abra 矿山，1996年投资10亿美元建成年产22.5万吨铜的堆浸厂，矿石平均品位0.54%；智利 Quebrada Blanca 矿山地处海拔4400m，处理矿石为辉铜矿和蓝铜矿，平均品位1.30%，堆浸周期300d，铜浸出率可达到82%，产能为年产铜7.5万吨。

堆浸和生物堆浸技术在我国也实现了工业化，但生产规模较小。德兴铜矿废石生物堆浸于1997年投产，设计产能为年产铜2000t；紫金山铜矿于2000年建成了一座300t/a的试验厂，采用生物堆浸处理平均品位0.45%的含砷次生硫化铜矿，后又扩大到1000t/a，2003年开始建设年产1.3万吨的湿法冶炼厂，紫金铜矿大型湿法炼铜厂的顺利投产标志着我国湿法炼铜技术和规模已基本达到国际同类技术水平。在高海拔、高寒地区湿法炼铜方面，我国多宝山铜矿与北京矿冶研究总院合作，在1999年建设了2000t/a的堆浸厂；2008年玉龙铜矿在4500m高海拔上建成1万吨/年阴极铜生产线。在高碱性脉石氧化铜矿氨浸技术方面，东川汤丹铜矿建成2000t/a阴极铜厂。在地下溶浸方面，中条山1997年采用该工艺建成了500t/a阴极铜试验厂，后又新建了一座1500t/a的阴极铜湿法冶炼厂。地下溶浸技术不需要把矿石开采出来,不产生废水、废气和废渣,不破坏植被和生态,对那些品位低、埋藏深、不易开采或工程地质条件复杂、不易开采的矿体具有现实意义。2012 年,由北京矿冶研究总院承担完成的哈斯克斯坦 Kounrad 废矿堆浸项目投产,年产电铜 1 万吨。

C　氯盐浸出法

芬兰奥特昆普和澳大利亚 Intec 分别在 20 世纪八九十年代,开发了 HydroCopper 和 Intec 工艺。两者技术较相似,均以高浓度氯化钠溶液为浸出剂,空气为氧化剂,在 80 ~ 90℃下四段逆流浸出,总浸出时间达到 20h,在第四段浸出时加入溴作为氧化剂提取金、银等贵金属。浸出液先用铜粉还原,中和除杂后送电解生产铜粉。整个浸出过程需要通空气,空气利用率不到 10%,带走大量的热能,增加了能耗。根据半工业试验数据,以黄铜矿为主的铜精矿氧化所释放的热量只能在 85℃自身维持 2 ~ 3h,而流程总浸出时间 20h,而且四段逆流浸出液固分离时又释放大量的热量,因此 90% 的热能需要外部供给。以上两种流程曾在 20 世纪 90 年代末进行过日产 1t 铜粉的半工业试验,但未见工业化应用的报道。

2005 年 7 月,北京矿冶研究总院与朝鲜联合贸易公司合作开发了 BGRIMM-CAL 工艺,采用氯盐作为协浸剂,经多段富氧浸出后,铜浸出率可达到 99% 以上。浸出的最后一段为还原过程,不鼓空气并加入过量的铜精矿,使溶液中的 Cu^{2+} 还原为 Cu^+,矿浆液固分离后浸出液中和除铁,除铁后液电解生产铜粉。除铁渣返回浸出工序,铁全部从浸出渣中排出系统,整个流程只有一种外排固体渣,大大提高了铜的回收率。2006 年建成年产铜 300t 工业试验厂,生产纯度 99.6% 的铜粉。

氯化物体系中使用的氧化剂可以是氯气也可以是氯化铁、氯化铜,也可以在电解槽中直接进行电氯化氧化,不过在铜氯化浸出中几乎不用氯气。

$$CuFeS_2 + (4 - x)FeCl_3 \Longrightarrow xCuCl + (1 - x)CuCl_2 + (5 - x)FeCl_2 + 2S^0$$

式中,x 的值取决于氯化铁的加入量,加入量大,x 小,生成的 Cu(Ⅱ)多;加入量小,x 大,生成的 Cu(Ⅰ)就多。由于 Cu(Ⅰ)在高浓度氯化物溶液中形成 $CuCl_2^-$ 而稳定,从而形成 Cu(Ⅱ)/Cu(Ⅰ)电对,它的氧化电位低于 Fe(Ⅲ)/Fe(Ⅱ),但也可以氧化铜的各种硫化矿,如氧化浸出辉铜矿的总反应为:

$$Cu_2S + 2CuCl_2 \Longrightarrow 4CuCl + S^0$$

为提高氯离子浓度,提高亚铜氯配阴离子的稳定性,常加入碱或碱土金属氯化物。优点是体系中没有大量的铁,溶液净化简单,可用调节 pH 值水解沉淀的方法除去重金属杂质。美国铜加工公司采用该法生产纯度 99.9% 的铜粉。

$$CuS + 0.5O_2 + 2H^+ + Cl^- \Longrightarrow CuCl^+ + H_2O + S$$

氯化铁浸出易于控制,研究比较广泛,比较有代表性的是杜瓦尔(Duval)公司开发的(CLEAR)流程[1]。该工艺为两段逆流浸出,第一段采用二段浸出液浸出黄铜矿,控制温度 107℃,反应时间 4h,不通空气,约有一半黄铜矿反应。二段浸出液中含有 $FeCl_3$、NaCl、$CuCl_2$,实际是还原浸出液中的高铁和铜离子,生成亚铁和亚铜离子:

$$CuFeS_2 + 2CuCl_2 + FeCl_3 \Longrightarrow 3CuCl + 2FeCl_2 + 2S$$

一段浸出渣与废电解液混合,通入空气进行氧化浸出,铁水解沉淀。

$$CuFeS_2 + FeCl_2 + 1.5O_2 + 3H_2O === 2Fe(OH)_3 + CuCl_2 + 2S$$

研究表明,在矿物粒度小于 $45\mu m$(325 目)、107℃、100kPa 空气压力下,氧化需 12h;而用纯氧仅需 6h;温度上升至 130℃ 用纯氧,反应仅需 0.5h。工业试验条件为氧分压 0.28MPa、140℃、1h,反应完成,部分铁氧化沉淀。一段浸出液与粗铜粉反应,将浸出液中的铜(Ⅱ)还原为铜(Ⅰ),不经净化直接送去进行隔膜电解,隔膜是一种半透膜,阴极区亚铜离子还原生成电解铜粉,阳极区氧化亚铜和亚铁离子,该法电耗较低。CLEAR 法在 1976~1982 年间进行了 91t/d 的工业试验,证明流程可行,但由于铜产品质量不高,需要再精炼,且伴生银的回收等问题,尚未进行工艺应用。

另外,美国矿务局(USBM)采用三氯化铁在 106℃ 下浸出黄铜矿,2h 后浸出率达到 99%。溶液经铁屑置换产出海绵铜,进一步精炼生产精铜,氯化铁高温热解生成氧化铁。他们首先提出用硫化铵溶解回收单质硫;后来也改进将浸出液电解生产铜粉,而后氧化再生三氯化铁-氯化铜返回浸出。该工艺只进行了小规模连续试验。

D 加压浸出法

铜精矿加压浸出具有金属综合回收率高、反应时间短等优点,过程中硫以元素硫或硫酸根形式进入渣或溶液中,避免了过程中二氧化硫的产出。20 世纪 90 年代,加压浸出技术开始在铜冶炼行业进行应用。该技术可用于处理复杂、低品位物料,尤其是含 As、Sb 等原料;可对低品位矿进行就地浸出,增加金属综合回收率;就地建设小型浸出厂进行就地处理,减少运输成本;生产成本低。根据反应体系的不同,铜精矿加压浸出可分为硫酸体系、氨性体系和氯盐体系等几大类。根据温度可分为低温加压浸出、中温加压浸出和高温加压浸出三大类。

高温高压加压浸出(200~230℃,大于 3MPa)过程中精矿不需要细磨,也不加入氯离子或其他催化剂,浸出速度较快,铜浸出率可达 99% 以上,硫化物中硫均转化为硫酸根。意味着氧气耗量大,且溶液在下一步处理前需要中和或送堆浸进行处理,铁以赤铁矿等形式沉淀进入浸出渣中。该法主要用于难浸金矿的预处理,金矿中硫化物被氧化,使被包裹的金得到释放,同时降低氰化物耗量。该工艺已经在美国亚利桑那州(Arizona)的 Bagdad(年产铜 1.6 万吨,已关闭)、赞比亚的 Kansanshi(3 万吨/年)及老挝 Sepon(8 万吨/年)进行了工业应用[2]。

中温加压浸出(140~150℃,1~1.2MPa),原料一般需要细磨至 $10\mu m$ 占 80% 或更细,通常加入氯离子以达到较好的反应效果。精矿中硫部分形成硫酸,部分形成元素硫。由于硫的熔点为 119℃,为了避免熔融硫包裹在矿物表面阻碍反应进行,及防止矿物出现团聚现象,过程中加入适量的表面活性剂。根据反应温度和溶液中自由酸含量,铁以碱性硫酸铁($Fe(OH)SO_4$)、铁钒($Fe_3(OH)_6(SO_4)_2 \cdot 2H_2O$)或赤铁矿形式沉淀。该工艺在美国亚利桑那州的 Bagdad(年产铜 1.4 万吨)和巴西的 UHC Carajas(年产铜 1 万吨)分别建设了示范厂,2007 年在 Morenci 矿进行了工业应用,设计规模为年产铜 6.7 万吨。

低温加压浸出即在硫熔点以下进行黄铜矿加压浸出,但同样会出现钝化现象,阻滞反应的进一步进行,需要进行机械活化或添加强氧化剂。1998 年该工艺在澳大利亚 Mt. Gordon 进行了工业应用。利用铁离子实现铜的浸出,设计规模为年产阴极铜 4.5 万吨,实际处理能力可达到 5 万吨/年以上,是世界首家采用加压酸浸处理硫化铜矿的湿法厂,标志着铜矿加压浸出技术进入工业化应用阶段。表 4-1 所示为黄铜矿浸出典型工艺。

表 4-1　黄铜矿浸出典型工艺[2,5,6]

分　类		工 艺 名 称	描　述
氨性浸出		Arbiter 加压氨浸	1974 年建设 100t/d 铜厂,但由于技术和成本原因 1977 年关闭
		Escondida 流程	1994 年建设 8 万吨/年铜厂,因生产效率低关闭
氯盐浸出		Hydrocopper	氯化物浸出,NaOH 沉淀 Cu_2O,氢气还原 Cu
		Intec 工艺	建设 350t/a 示范厂
		Albion 工艺	常压氯盐浸出,细磨,85℃
常压浸出,生物浸出		BioCOP™	采用嗜热菌在 65~80℃ 下浸出,2002 年智利 Alliance copper 建立 2 万吨/年铜厂
		Bactech/Mintek	精矿细磨低温 35~50℃ 槽浸,Mexico 建立 500kg/d 示范厂,中国和伊朗等建立堆浸厂
		Galvanox	常压 80℃ 浸出,进行了扩大试验
酸性加压浸出	高温加压浸出	Phelps Dodge(现 Freeport McMoran)	细磨,220℃,3MPa,在 Bagdad 建立 1.6 万吨/年铜示范厂,已关闭
		Kansanshi(First Quantum)	工艺同上,但不细磨。建设 1.4 万吨/年铜厂
		PLATSOL 工艺[3]	加入 10~20g/L NaCl 进行全氧化浸出,贵金属同时浸出进入溶液,进行了扩大试验
		Sepon 工艺	一段 80℃ 常压浸出辉铜矿,二段 220~230℃ 浸出黄铁矿产出铁和酸
		加压全氧化工艺[4]	温度 200~230℃,压力 20~23MPa,已工业应用
	中温加压浸出	AAC-UBC 工艺	细磨,加入硫分散剂,进行了扩大试验
		CESL	-45μm 占 95%,加入氯化物,在巴西 UHC Sossego 进行两年试验
		Phelps Dodge(现 Freeport McMoran)	细磨至 13~15μm,加入硫分散剂,140~180℃,在 Bagdad 示范厂进行了 7 个月的试验
		NSC 工艺	硝酸根催化氧化
		Dynatec	煤粉作为催化剂
	低温加压浸出	Activox	磨至 5~15μm,100℃,1MPa,进行了扩大试验
		BGRIMM-LPT	扩大试验
		Mt-Gordon 工艺	采用硫酸铁溶液进行浸出,90℃

　　McDonald 等分别采用 Phelps Dodge-Placer Dome 工艺和 Activox 工艺对黄铜矿高温、低温加压浸出动力学和产品进行了对比[7]。试验用铜精矿主要物相组成为:黄铜矿 80%、石英 10%、黄铁矿 6%、滑石 2.5% 和斜绿泥石 1.5%。试验考察了 108~220℃ 范围内加入不同盐类和酸时铜的动力学行为和回收率、硫的物相及渣中铁含量和物相等。结果表明,无论采用 Phelps Dodge-Placer Dome 工艺还是 Activox 工艺,浸出 30min 后铜浸出率均

可达到94%以上。铜浸出率直接受硫的状态影响。在108℃下加入氯离子，80%～90%硫氧化为元素硫，大于180℃全部氧化为硫酸盐。但是，加入氯离子后，硫酸盐的形成率下降。精矿中铁浸出后再沉淀进入渣中，渣中铁的物相受温度、酸度和盐分影响。低温加入氯化物后，铁形成 β-FeOOH（akaganéite，四方纤铁矿）和无定型氢氧化铁，一般在150℃以上、低酸低盐条件下才形成赤铁矿，高温下（220℃）形成碱式硫酸铁。针铁矿一般在150℃以下、低酸低盐状态下形成。铁钒任何温度下都可以形成，尤其在钠离子存在下更易形成。几种碱式铜盐包括氯铜矿（$Cu_2(OH)_3Cl$）和铜钒（$CuSO_4 \cdot 2Cu(OH)_2$），在108℃、低酸 pH 值大于2.8条件下易于形成，当硫酸盐浓度较低时，首先形成氯铜矿，但随着硫酸盐浓度的增加，溶解后与铜再次沉淀形成铜钒。高温加压浸出过程中锑、砷、铋、硒、碲基本进入浸出渣中，汞部分进入溶液，但进入溶液的量不同报道存在差异。高温下，铜可能由于赤铁矿吸附进入渣中，Stanley 等发表了赤铁矿渣中回收铜的专利。

　　研究发现，矿浆浓度由10%上升至20%，初始反应速率降低，可能是由于反应速率受溶液中氧气传递控制。虽然铜浸出率在45min内超过98%，但硫转化为硫酸盐比例由96%下降至85%。该结果与 Sinadinović 等由含金 Cu-Zn-Pb 硫化矿中回收铜锌的结果一致。工艺矿物学研究表明是由于高矿浆浓度下形成了草黄氢铁钒。另外，加入15g/L 氯化钠可有效提高初始反应速度，反应10min 后铜浸出率即可达到94%，而不加仅为56%。但在10～90min 间铜浸出率明显受到抑制，浸出率稍有降低（见图4-1和图4-2）。

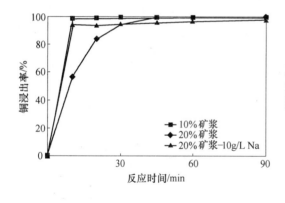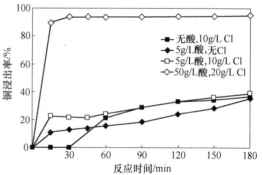

图4-1　不同矿浆浓度下反应时间对　　　　　　图4-2　反应时间对铜浸出率的影响
　　　　铜浸出率的影响　　　　　　　　　　　　（氧分压700kPa，108℃，矿浆浓度10%）
　　　（氧分压700kPa，220℃）

　　在初始不加酸情况下，反应30min 后产出少量酸后铜才显著浸出。即使不加氯离子，初始少量的酸也可启动浸出反应，但反应完成后大量黄铜矿未反应。不加酸或加酸量过少，加入氯离子后浸出渣中没有黄铜矿物相存在，另外发现，初始阶段形成碱式氯铜矿 $Cu_2(OH)_3Cl$，随着硫酸盐浓度的增加该部分铜转化为碱式硫酸铜-铜钒 $CuSO_4 \cdot 2Cu(OH)_2$。该结果与 Mann 和 Deutscher 混合硫酸盐氯化物体系中氯铜矿与铜钒稳定性研究结果一致。

　　另外，其还对黄铜矿不同中温加压浸出工艺中硫酸和氯离子的作用进行了研究，包括AAC-UBC、CESL 和 NSC 工艺，控制反应温度125～150℃。除 NSC 工艺外，所有工艺铜浸出率在30min内均可达到94%以上。铜浸出率低主要是由于硫分散性差，包裹未反应硫化矿阻碍反应进行。在150℃下70%~80%的硫氧化为元素硫，在有氯离子和更高初始酸度下氧化率更高。铁浸出后再沉淀，沉淀物相受酸度和盐度影响。在高温（≥150℃）低酸适度低盐分下易形成赤铁矿，在低温（<150℃）低酸低盐分下易形成针铁矿，条件中等至高酸条件下易形成铁矾，当有钠离子存在时促进铁矾形成。低酸条件下可形成碱式铜盐-铜矾。氯离子和酸度的增加可提高铜的浸出速度和浸出率，抑制硫转化为硫酸盐的比例。表明氯离子被吸附于硫黄表面抑制其氧化，同时可促进硫化矿氧化和熔融硫的分散[8]。

4.2　加压浸出机理

　　在湿法冶金热力学方面，氧化矿的浸出常用活度-pH图来阐明反应进行的程度和趋势，硫化矿采用φ-pH图来表示。铜矿物中最常见的硫化矿物为黄铜矿（$CuFeS_2$）、辉铜矿（Cu_2S）及斑铜矿（Cu_5FeS_4），其中黄铜矿最难浸出。国内外针对硫化矿湿法冶金的基础理论进行了大量研究，给出了不同硫化物的氧化次序，但给出的氧化顺序存在一定差异，主要受设定条件影响。龟谷博等人[9~11]测出了室温下各硫化矿的氧化电位，给出硫化矿的氧化顺序为：$H_2S > ZnS > PbS > Cu_2S > CuS > CuFeS_2 > FeS_2$。表4-2给出硫化物氧化反应的标准电位[12]，可知氧化成元素硫的氧化次序为：

$$FeS > H_2S = CoS > NiS > ZnS > CuFeS_2 > PbS >$$

$$CdS > FeS_2 > H_2O = CuS > Cu_2S > Ag_2S$$

表4-2　硫化物在水溶液中溶解的标准电位

氧化体系	氧化反应	$E_{298K}^{\ominus}/V$	$E_{398K}^{\ominus}/V$	$G_{298K}^{\ominus}/J \cdot mol^{-1}$
FeS/S^0	$FeS - 2e = Fe^{2+} + S^0$	-0.113	-0.126	21789
CoS/S^0	$CoS - 2e = Co^{2+} + S^0$	-0.145	-0.152	27980
H_2S/S^0	$H_2S - 2e = 2H^+ + S^0$	-0.143	-0.126	27591
NiS/S^0	$NiS - 2e = Ni^{2+} + S^0$	-0.176	-0.182	33962
FeS_2/S^0	$FeS_2 - 2e = Fe^{2+} + S_2$	-0.458	-0.453	88378
ZnS/S^0	$ZnS - 2e = Zn^{2+} + S^0$	-0.282	-0.282	54419
$CuFeS_2/S^0$	$CuFeS_2 - 2e = CuS + Fe^{2+} + S^0$	-0.301	-0.312	58082
Cu^+/Cu^{2+}	$2Cu^+ - 2e = 2Cu^{2+}$	-0.32	-0.442	61749
S^0/HSO_4^-	$S^0 + 4H_2O - 2e = HSO_4^- + 7H^+$	-0.333	-0.306	46258
PbS/S^0	$PbS - 2e = Pb^{2+} + S^0$	-0.386	-0.356	77485
CdS/S^0	$CdS - 2e = Cd^{2+} + S^0$	-0.408	-0.401	78730
CuS/S^0	$CuS - 2e = Cu^{2+} + S^0$	-0.618	-0.620	119253
H_2O/S^0	$H_2O - 2e = 2H^+ + 1/2O_2$	-0.615	-0.584	118674
Cu_2S/S^0	$Cu_2S - 2e = 2Cu^{2+} + S^0$	-0.967	-0.917	180598
Ag_2S/S^0	$Ag_2S - 2e = 2Ag^+ + S^0$	-1.008	-0.945	192966
Cl^-/Cl_2	$2Cl^- - 2e = Cl_2$	-1.362	-1.253	262819
Fe^{3+}/Fe^{2+}	$2Fe^{2+} - 2e = 2Fe^{3+}$	-1.484	-1.718	286361
$CuCl_2^-/Cu^+$	$CuCl_2^- - e = Cu^{2+} + 2Cl^-$	-0.492(90℃)	—	94939

Cu-Fe-S-H$_2$O 系 E_h-pH 图如图 4-3 所示，表明了各种铜、铁硫化矿物的稳定区域，对于选择硫化矿浸出条件及浸出顺序有重要意义。

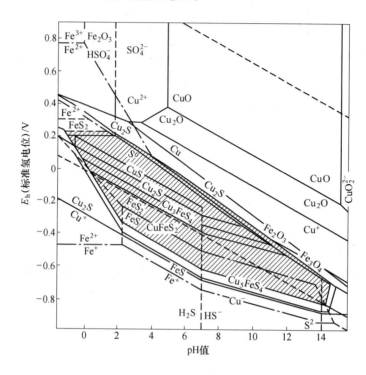

图 4-3　Cu-Fe-S-H$_2$O 系 φ-pH 图

(H$_2$S 及 FeS$_2$ 为不可逆反应，即 H$_2$S 不被消耗，不形成 FeS$_2$，25℃)

4.2.1　辉铜矿浸出

早期研究表明，浸出天然辉铜矿时，产生一系列的中间矿物：Cu$_2$S→Cu$_{1.8}$S→Cu$_{1.2}$S→CuS。但实际上在 0℃和较低的高铁离子浓度下并不产生 CuS。反应依下述步骤进行：

第一阶段：
$$5Cu_2S \longrightarrow 5Cu_{1.8}S + Cu^{2+} + 2e$$

$$5/3Cu_{1.8}S \longrightarrow 5/3Cu_{1.2}S + Cu^{2+} + 2e$$

第二阶段：
$$5/6Cu_{1.2}S \longrightarrow 5/6CuS + Cu^{2+} + 2e$$

在 30℃下第一阶段的反应与矿石粒度有关，而第二阶段反应与矿石粒度无关。但是第二阶段反应氧化生成单质硫，必须在较高的温度下反应才能进行完全。电极反应动力学研究表明，常压 90℃下反应缓慢不是由于单质硫阻滞扩散，而是电子在硫化矿表面传递缓慢。

用 0.5mol/L Fe^{3+} 及 0.001mol/L Fe^{2+} 浸出剂，浸出 0.1mol/L 辉铜矿，Fe^{3+}/Fe^{2+} 电对的起始电位 E_h 为 917mV，第一阶段结束时为 781mV，第二阶段结束时降至 735mV。在 90℃下，以 0.5mol/L 的高铁离子为浸出剂进行第二阶段浸出，矿石粒度 210~297μm，经 2h，铜的浸出率达到 90%。结果与收缩核模型相符。表 4-3 和表 4-4 列出关于辉铜矿和铜蓝浸出动力学研究的一些结果。

表 4-3　辉铜矿浸出动力学研究的一些结果

样品	浸出剂	活化能/kJ·mol^{-1}	温度/℃	控制步骤
合　成	$Fe_2(SO_4)_3$	21~25（Ⅰ）	25~80	扩散控制
		高（Ⅱ）		表面反应
天　然	$H_2SO_4 + O_2$	27.6（Ⅰ）		表面反应
		7.5（Ⅱ）	100~200	孔扩散
精　矿	$H_2SO_4 + O_2$		107~110	
合　成	$H_2SO_4 + O_2$	12.1、38.5、44.4	66~115	
		23.8、94.1	85~145	
天　然	$H_2SO_4 + O_2$	27.6	29.7~67	扩散控制或表面反应

注：（Ⅰ）、（Ⅱ）代表第一及第二阶段反应。

表 4-4　铜蓝浸出动力学研究的一些结果

样品	浸出剂	活化能/kJ·mol^{-1}	温度/℃	控制步骤
合　成	$H_2SO_4 + O_2$	33.5	20~65	孔扩散
合　成	$Fe_2(SO_4)_3$	82.0	30~90	表面反应
合　成	$Fe_2(SO_4)_3$	92.0	<80	表面反应
		33.5	接近80	界面扩散
天　然	$H_2SO_4 + O_2$	49.0	120~180	表面反应
合　成	$Fe_2(SO_4)_3$	74.5	25~90	表面反应

　　反应条件不同得出的活化能数据差别较大。辉铜矿浸出第一阶段活化能均比较低，一般认为为扩散控制。铜蓝浸出的活化能普遍较高，一般认为为反应控制。

4.2.2　斑铜矿浸出

　　斑铜矿新鲜断口呈铜红-古铜色，旧表面则因氧化而呈蓝紫斑状的锖色，常与黄铜矿等共生，也形成于铜矿床的次生硫化物富集带中，在地表易风化成孔雀石和蓝铜矿。美国蒙大拿州的比尤特、墨西哥的卡纳内阿、智利的丘基卡马塔及我国云南东川均是重要的产地。

　　使用旋转电极研究表明，在 30~70℃ 间同样条件下，斑铜矿的浸出速度仅为辉铜矿的一半左右。溶解分两阶段进行，第一阶段生成一种非计量比的矿物，第二阶段该非计量比矿物转化为黄铜矿并生成单质硫。反应如下：

$$Cu_5FeS_4 + xFe_2(SO_4)_3 = Cu_{5-x}FeS_4 + 2xFeSO_4 + xCuSO_4$$

$$Cu_{5-x}FeS_4 + (4-x)Fe_2(SO_4)_3 = CuFeS_2 + (8-2x)FeSO_4 + (4-x)CuSO_4 + 2S$$

　　在 35℃ 以下浸出斑铜矿时，反应动力学曲线呈抛物线状，反应停止于第一阶段，生成非计量比的斑铜矿；在高温下，黄铜矿继续被浸出，动力学呈直线方程。

　　另外，在 90℃、氧分压 101.3kPa、硫酸 0.1mol/L 条件下，浸出粒度为 -45+38μm 的天然斑铜矿，8h 后铜浸出率仅 28%。颗粒外面为铜蓝，核心仍然是斑铜矿，铜蓝反应生成的单质硫可能形成阻滞膜使反应难以继续进行。

4.2.3　黄铜矿浸出

加压浸出过程中，黄铜矿发生反应如下：

$$CuFeS_2 + 2H_2SO_4 + O_2 \longrightarrow CuSO_4 + FeSO_4 + 2S^0 + 2H_2O$$

$$2FeSO_4 + H_2SO_4 + 1/2O_2 \longrightarrow Fe_2(SO_4)_3 + H_2O$$

$$CuFeS_2 + 2Fe_2(SO_4)_3 \longrightarrow CuSO_4 + 5FeSO_4 + 2S^0$$

$$Fe_2(SO_4)_3 + 6H_2O \longrightarrow 2Fe(OH)_3 + 3H_2SO_4$$

$$Fe_2(SO_4)_3 + 2H_2O \longrightarrow 2Fe(SO_4)OH + H_2SO_4$$

氧气氧化浸出黄铜矿的速度与温度的关系如图4-4所示，在180℃以下时，以氧气消耗表示的黄铜矿浸出速度很慢，浸出过程可以用下列总反应式表示：

$$CuFeS_2 + 4H^+ + O_2 = Cu^{2+} + Fe^{2+} + 2S + 2H_2O$$

200℃以上反应速度明显加快，主要反应式为：

$$CuFeS_2 + 4O_2 = Cu^{2+} + Fe^{2+} + 2SO_4^{2-}$$

在用硫酸铁浸出时也有类似现象，称为"钝化"，有人认为过程中生成单质硫的膜阻滞反应进行，也有人认为是由于铁盐水解沉淀形成阻滞膜。

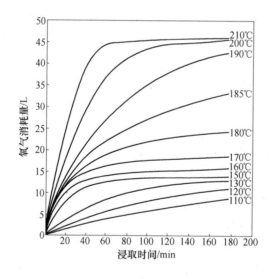

图4-4　不同温度下氧气氧化浸出黄铜矿速度与温度的关系
（氧分压0.69MPa，矿浆浓度100g/L）

4.2.3.1　反应活化能

许多研究者采用自然硫化铜矿物或人工合成矿物对其氧化反应的表观活化能进行了测定，得出了反应的控制步骤。结果发现在不同的试验条件、不同体系或不同矿物合成条件下得出的结论都不尽相同，说明同一矿物不同来源的试样所得到的结果是不同的，杂质和缺陷状态有重要影响，搜集到的测定结果见表4-5。

表 4-5 硫化矿物氧化浸出的主要研究结果

矿名称	试验条件				试验结果		
	液固比	H_2SO_4质量浓度/$g \cdot L^{-1}$	氧压/MPa	温度/℃	表观活化能/$kJ \cdot mol^{-1}$	浸出速度与氧分压关系	控制步骤
黄铜矿（$CuFeS_2$）	32/1	3~20	0.15~1.34	140~180	96.6	<1.0MPa 时与氧分压平方根成正比	表面化学反应
黄铜矿（$CuFeS_2$）	10/1	49	0.9	200	46.2	与氧分压无关	表面化学反应
黄铜矿（合成）	8/1	49	0.5~1.5	50~94	71.4	<1.0MPa 时与氧分压平方根成正比	表面化学反应
黄铜矿（$CuFeS_2$）	6/1	25	0.3~1.0	25~70	44.05	与氧分压平方根成正比	表面化学反应
$CuFeS_2$（熔铸）	40/1	0~30	0~2	120~180	30.1	与氧分压平方根成正比	浸出剂扩散
辉铜矿（Cu_2S）	64/1	<30	0.08~0.54	100~200	27.7	与氧分压平方根成正比	浸出剂扩散
辉铜矿（熔铸）	72/1	9~36	0~2	95~160	42~84	与氧分压平方根成正比	表面化学反应
辉铜矿（熔铸）	—	0.5~1.5	0.5~2	100~175	394.8	随氧分压增加而加快	表面化学反应
辉铜矿（熔铸）	—	100(NH_3)	0~2	80~120	23.9	直线关系	浸出剂扩散
辉铜矿（沉淀）	(25~10)/1	20~80	0.1~2	40~140	79.8	与氧分压立方成正比	表面化学反应
辉铜矿	6/1	25	0.3~1.0	25~70	36.46	与氧分压平方根成正比	表面化学反应
铜蓝（CuS）	64/1	pH 值为0.75~1.7	0.34~1.7	120~180	49	与氧分压平方根成正比	表面化学反应
铜蓝（CuS）	8/1	49	1.0	90	77.0	与氧分压平方根成正比	表面化学反应
黄铁矿	32/1	pH 值为0.5~6.5	0.13~1	130~190	84	与氧分压平方根成正比	表面化学反应
黄铁矿	(50~12.5)/1	14.7	0~0.4	100~130	55.9	直线关系	表面化学反应
黄铁矿	(22~4)/1	20~135	0.1~5	30~80	71.8	与氧分压平方根成正比	表面化学反应
黄铁矿	37.5/1	60(NaOH)	0.1~1	80~140	16.8	随氧气增加而加快	浸出剂扩散
FeS	(40~3)/1	11	0.5~2	100~175	4.7	随氧气增加而加快	浸出剂扩散

4.2.3.2 反应历程

对反应历程的研究主要集中在黄铜矿方面，因为许多研究者发现黄铜矿在氧化过程中会生成各种中间产物，如辉铜矿、斑铜矿等。

J. E. Dutrizac 等人[13]在硫酸高铁溶液中浸出黄铜矿，在有氧存在条件下，得到了化学计算量的单体硫和 Fe^{2+}。低温（$T < 95℃$）下，黄铜矿按下列反应式生成单体硫和 Fe^{2+}：

$$CuFeS_2 + 4H^+ + O_2 = Cu^{2+} + Fe^{2+} + 2S^0 + 2H_2O$$

N. L. Piret 等人[14]在115℃、3.4MPa 的氧压下浸出黄铜矿，85% 的硫形成元素硫。在高酸度下生成二价铁，当酸度逐渐降低时，铁被氧化并水解，呈 $Fe(OH)_3$ 而沉淀，总反应为：

$$CuFeS_2 + H_2SO_4 + 5/4O_2 + 1/2H_2O \Longrightarrow CuSO_4 + Fe(OH)_3 + 2S^0$$

有一部分碱性硫酸铁与氢氧化高铁同时沉淀。

G. H. 凯塞尔和 P. W. 佩吉[15]对黄铜矿电化学行为的研究结果认为：在黄铜矿表面有一层钝化膜，当氧化电位高于临界电位时，可观察到钝化膜的破裂，这将增加溶解腐蚀点的速度。他指出，在氧化过程中，铁优先从黄铜矿晶格中分离，反应为：

$$5CuFeS_2 \Longrightarrow Cu_5FeS_4 + 4Fe^{2+} + 6S^0 + 8e$$

$$Cu_5FeS_4 \Longrightarrow 4CuS + Cu^{2+} + Fe^{2+} + 4e$$

当电位高于 0.9V 时，黄铜矿的氧化主要按如下反应进行：

$$CuFeS_2 \Longrightarrow Cu^{2+} + Fe^{3+} + 2S^0 + 5e$$

$$CuFeS_2 + 8H_2O \Longrightarrow Cu^{2+} + Fe^{3+} + 2SO_4^{2-} + 16H^+ + 17e$$

在其研究黄铜矿的氧化过程中，用电子显微探针 X 衍射分析识别产物层发现按 Cu_2S、Cu_5FeS_4 依次覆盖在未反应的黄铜矿上。

也有人认为黄铜矿溶解直接生成 CuS 和硫化氢：

$$CuFeS_2 + 2H^+ \Longrightarrow CuS + Fe^{2+} + H_2S$$

苏永庆等人[16]研究了微波加热对黄铜矿浸出动力学的影响，认为微波加热有助于黄铜矿的溶解，可能的原因是活化作用，另外俄罗斯人研究了利用单质硫在 350~450℃ 对黄铜矿物进行活化，使 $CuFeS_2$ 转化成易于氧化浸出的 CuS 或 Cu_2S。

Rajko 等人[17]对辉铜矿氧化浸出进行了研究，认为辉铜矿的氧化反应可分为两个步骤，反应式为：

$$Cu_2S + 2H^+ + 1/2O_2 \Longrightarrow Cu^{2+} + CuS + H_2O$$

$$CuS + 2H^+ + 1/2O_2 \Longrightarrow Cu^{2+} + S^0 + H_2O$$

试验得出的表观活化能为 $(64 \pm 0.1)kJ/mol$，与计算值 $(67 \pm 0.1)kJ/mol$ 非常接近，过程为扩散控制。

除黄铜矿和辉铜矿外，黝铜矿也是主要的铜矿物，黝铜矿一般分子式为 $Cu_{12}Sb_4S_{13}$，但天然的黝铜矿成分比这要复杂得多。在其形成过程中，铜或锑往往被其他元素如汞、铅、锌、砷、银、铁等所部分替代，锑被砷替代后即成为了砷黝铜矿，由于其成分复杂且多变，对黝铜矿的研究目前仅处于实验室阶段。

M. J. Correia 等人[18]研究了黝铜矿在 $FeCl_3$-$NaCl$-HCl 溶液中的浸出行为，发现反应活化能与铁的含量有很大关系，铁从 0 升高到 3.4% 时，表观活化能从 $(64 \pm 4)kJ/mol$ 升高到 $(83 \pm 7)kJ/mol$。另外还研究了黝铜矿在 $FeCl_3$ 溶液中的浸出[19]，反应式如下：

$$(Cu_{10.56}Ag_{0.028})(Cu_{0.039}Zn_{1.57}Hg_{0.218}Fe_{0.174}) \times (As_{0.471}Sb_{3.56})S_{13} + 44.622Fe^{3+} \longrightarrow$$

$$10.6Cu^{2+} + 0.028Ag^+ + 1.57Zn^{2+} + 0.218Hg^{2+} + 44.796Fe^{2+} + 0.471As^{5+} + 3.56Sb^{5+} + 13S^0$$

该过程由表面化学反应所控制，在 104℃ 测定的表观活化能为 $(65 \pm 6)kJ/mol$，得到的反应动力学方程如下：

$$1 - (1 - \alpha)^{1/3} = 1.4 \times 10^8 [[Fe^{3+}]^{0.35}(1/r^0) \times \exp(-59000/RT)]t$$

N. J. Welham 等人[20, 21]对砷黝铜矿（Cu_3AsS_4）化学反应机理进行了研究，得到的反应式如下：

$$4Cu_3AsS_4 + 27O_2 \Longrightarrow 12CuSO_4 + 4S + 2As_2O_3$$

反应的表观活化能为 40kJ/mol，比黝铜矿的活化能要小。

A. Muszer 等人[22]对波兰 KGHM 产出的 Lubin 铜精矿（Cu 16.6%，Fe 7.0%）进行了酸性加压浸出试验研究，考察了反应过程中主要铜矿物的变化。研究发现，主要含铜矿物，如黄铜矿、斑铜矿和辉铜矿均转变为最为稳定的铜蓝，铜蓝的形成是铜精矿加压浸出过程中的重要步骤。只有精矿中所有矿物转化为铜蓝后，铜才开始进入溶液。形成的铜蓝的疏松结构有利于浸出进行（见图 4-5）。180℃下加压浸出过程中硫化物含量见表 4-6。

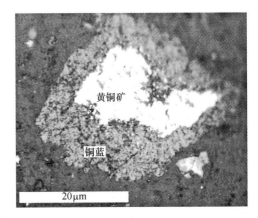

图 4-5 黄铜矿转化过程中形成
网状疏松结构铜蓝

表 4-6 180℃下加压浸出过程中硫化物含量 （%）

矿 物	原料	浸出时间/min										
		0	10	20	30	60	90	120	150	180	210	240
斑铜矿	10.98	1.26	1.25	1.21	1.16	0.31	0.17	0.16	0.14	0.13	0.16	0.13
辉铜矿/方辉铜矿	5.96	8.20	6.63	3.38	2.84	0.00	0.00	0.00	0.00	0.00	0.00	0.00
黄铜矿	12.05	4.84	4.41	4.03	2.84	0.68	0.51	0.43	0.43	0.46	0.43	0.45
黄铁矿/白铁矿	5.03	4.00	3.86	3.67	3.22	3.22	0.93	1.02	1.01	1.00	0.86	0.99
铜 蓝	0.61	10.94	13.08	17.29	18.70	24.27	24.51	22.57	22.49	21.63	19.01	16.85
闪锌矿	1.48	1.16	0.77	0.17	0.13	0.11	0.08	0.00	0.00	0.00	0.00	0.00
砷黝铜矿	0.81	0.72	0.74	0.59	0.52	0.10	0.08	0.00	0.07	0.07	0.00	0.00
方铅矿	3.06	2.52	2.59	2.33	1.93	0.86	0.51	0.47	0.47	0.46	0.43	0.11
硫化物合计	39.98	33.64	33.34	32.68	31.34	29.55	26.79	24.72	24.61	23.75	20.89	18.53

4.2.3.3 铁离子作用机理

Naoki Hiroyoshi 等人[23, 24]研究认为 Fe^{2+} 在黄铜矿溶解过程中起着重要作用，这主要是因为黄铜矿的溶解分为两个步骤，首先黄铜矿被 Fe^{2+} 还原成 Cu_2S，然后 Cu_2S 再被氧化成 Cu^{2+} 和 S^0。反应如下：

$$CuFeS_2 + 3Cu^{2+} + 3Fe^{2+} \Longrightarrow 2Cu_2S + 4Fe^{3+}$$

$$Cu_2S + 4H^+ + O_2 \Longrightarrow 2Cu^{2+} + S^0 + 2H_2O$$

以上过程只有在溶液体系的氧化电位低于 Fe^{2+} 和 Cu^+ 的氧化电位时才可能发生。

当 Cu^{2+} 浓度高时，溶液氧化电位高于 Fe^{2+} 的氧化电位，部分 Fe^{2+} 被氧化为 Fe^{3+}，Fe^{3+} 可增加黄铜矿的氧化，铜浸出率主要受 Fe^{2+}/Fe^{3+} 的比例控制：

$$CuFeS_2 + 4H^+ + O_2 = Cu^{2+} + Fe^{2+} + 2S + 2H_2O$$

$$CuFeS_2 + 4Fe^{3+} = Cu^{2+} + 5Fe^{2+} + 2S$$

$$4Fe^{2+} + 4H^+ + O_2 = 4Fe^{3+} + 2H_2O$$

当 Cu^{2+} 浓度低时，溶液氧化电位低于 Fe^{2+} 的氧化电位，Fe^{2+} 抑制黄铜矿的氧化：

$$CuFeS_2 + 3Cu^{2+} + 3Fe^{2+} = 2Cu_2S + 4Fe^{3+}$$

$$2Cu_2S + 8Fe^{3+} = 4Cu^{2+} + 2S + 8Fe^{2+}$$

以上现象表明铁离子的影响主要取决于溶液的氧化电位，氧化电位高时铁主要以 Fe^{3+} 存在，可促进黄铜矿的氧化，氧化电位低时，铁主要以 Fe^{2+} 存在，此时主要起还原剂作用。

添加三价铁离子试验表明，黄铜矿的溶解速度略有增加，但并不与添加量成正比。这可能是由于黄铜矿本身释放的铁已经基本满足浸出的需要。另外，溶液中可能会形成硫酸高铁配合物，因而限制了游离三价铁离子的浓度[25~27]。

随着黄铜矿的溶解，溶液中酸度逐渐被消耗，铁被氧化并开始沉淀，M. B. Stott[28] 等人研究发现在黄铜矿氧化过程中生成的铁氧化物、碱式硫酸盐，特别是铁矾会部分覆盖在未反应的矿物表面，阻碍反应的继续进行。而 P. H. Yu 等人却得出了相反的结论：覆盖在固体表面的铁氧化物、矾类或碱式硫酸盐并无保护膜作用，铁在氧化和沉淀时已经完全离开了硫化物的表面。

4.2.3.4　氯离子作用机理

Frank Lawson[29] 对铜蓝的浸出动力学进行了研究，在 90℃，0.5mol/L H_2SO_4 和 0.5mol/L NaCl 溶液中测出的铜蓝的表观活化能为 77kJ/mol，表面化学反应为控制步骤，90% 的硫氧化成了单质硫。氯离子在反应过程中的显著作用有两个：（1）可使元素硫形成结晶多孔状，使得反应剂能够穿透元素硫层继续反应；（2）铜与氯离子可形成较稳定的配合物。

Z. Y. Lu、M. I. Jeffrey、F. Lawson[29, 30] 研究了氯离子对黄铜矿溶解的影响，得出了同样的结论：氯离子的存在可以使元素硫呈多孔状，避免硫膜包裹未反应的硫化矿而使反应速度降低。浸出时使用稀硫酸与氯化钠的混合液比其他浸出剂更便宜，Fe^{3+} 在浸出过程中起着很重要的作用，但并不需要另外加入铁离子，黄铜矿自身释放的铁已经足够了。

L. E. Schultze 等人[31] 研究了各种添加剂对黄铜矿浸出的影响，在所有添加剂中，氯离子是影响最显著的一种。在对 NaCl 浓度的试验结果中得出：溶解速率的对数与 NaCl 的离子强度的平方根成正比[32]。

W. W. Fisher 等人[33] 对辉铜矿在 SO_4^{2-} 介质和 Cl^- 介质中的氧化反应进行了比较：

在 30℃ 有氧存在条件下，硫酸介质中只能看到第一步反应：

$$Cu_2S + 1/2O_2 + 2H^+ = CuS + Cu^{2+} + H_2O$$

反应表观活化能为 31.5kJ/mol。

在 30℃ 有氧存在条件下，盐酸介质中可观察到辉铜矿反应分为两个步骤：

$$2Cu_2S + 1/2O_2 + 2H^+ + 6Cl^- = 2CuS + 2CuCl_3^{2-} + H_2O$$

$$2CuS + 7/2O_2 + H_2O + 6Cl^- = 2CuCl_3^{2-} + 2SO_4^{2-} + 2H^+$$

反应表观活化能分别为 22.6kJ/mol 和 38.3kJ/mol。这表明氯离子在反应过程中起着重要作用。

4.2.3.5 硫的氧化机理

J. P. Lotens 和 E. Wesker[34] 认为硫化物中硫在氧化浸出中的行为按下列反应进行：

$$M^{2+}/S^{2-} \rightarrow M^{2+}/S^- \rightarrow M^{2+}/S^0 \rightarrow M^{2+}/S^+ \rightarrow M^{2+}/S^{2+}$$

S^+/S^{2+} 会发生水解反应：

$$2S^+ + 2H_2O \longrightarrow H_2S_2O_2 + 2H^+$$

$$S^{2+} + 2H_2O \longrightarrow H_2SO_2 + 2H^+$$

生成的中间产物 $H_2S_2O_2$ 和 H_2SO_2 分解成元素硫和亚硫酸：

$$2H_2S_2O_2 \longrightarrow 3S + H_2SO_3 + H_2O$$

$$2H_2SO_2 \longrightarrow S + H_2SO_3 + H_2O$$

生成的亚硫酸继续被氧化成硫酸或与硫化物离解出来的 H_2S 反应生成元素硫：

$$2H_2SO_3 + O_2 \longrightarrow 2H_2SO_4$$

$$2H_2S + H_2SO_3 \longrightarrow 3S + 3H_2O$$

以上中间产物很不稳定，最终的产物只有元素硫和硫酸。

Habashi 在其湿法冶金手册中提到黄铁矿的氧化主要与温度、pH 值有关。在黄铁矿的氧化过程中，元素硫的生成主要与 pH 值有关，当 pH 值大于 2 时，黄铁矿中的硫最终被氧化成了硫酸根，而 pH 值小于 2 时，氧化成元素硫的比例越来越大，这对硫化矿氧压酸浸有重要意义，通过控制过程及终点酸度减少黄铁矿和元素硫的继续氧化，可大大降低氧气消耗。

S. Cander 等人[35] 认为在氧化过程中生成元素硫的有利影响因素有：低 pH 值、高温和低电位。

E. M. Córdoba 等人[36] 对黄铜矿银催化浸出过程中银浓度、铁浓度及氧气的作用进行了研究。反应分别在 35℃ 和 68℃ 下、0.5g 矿、100mL Fe^{3+}/Fe^{2+} 硫酸溶液、pH 值为 1.8、初始氧化还原电位 500mV（Ag/AgCl）下进行。加入过量银有利于黄铜矿转化为铜硫化物，如铜蓝、CuS 和 Cu_8S_5。这些硫化物阻止形成 $CuFeS_2/Ag_2S$ 电偶，银再生。另外，溶液中氧对 Ag_2S 再生成阴离子起到关键作用。

4.3 硫酸体系加压浸出

一般按照温度范围，将硫酸体系加压浸出分为高温、中温和低温加压浸出三大类。

4.3.1 高温加压浸出

高温加压浸出一般是指反应温度在 200~230℃、总压大于 3MPa 条件下进行的加压浸出。由于温度是影响硫化物反应的重要因素，反应速度较快，铜浸出率可达到 99% 以上。

该工艺精矿不需要细磨，也不需要添加氯离子和其他催化剂。过程中硫化物中硫均转化为硫酸[7]，这也意味着氧气耗量大，溶液需经中和才能进行下一步处理，或送堆浸进行浸出。浸出液有几种处理方案：一是直接电积，电解废液用于堆浸或用石灰中和至 pH 值为 2，再萃取回收其中的铜；二是先中和至 pH 值为 2，再萃取，萃余液中和沉铜，铜渣经酸溶后返回浸出工序；三是将浸出液稀释后再萃取回收其中的铜，萃余液用于洗涤或浸出氧化矿。如加压浸出渣含有一定量的金，后续采用石灰中和、氰化提金时，石灰耗量较高。

该工艺已经在美国亚利桑那州的 Bagdad（1.6 万吨/年 Cu，已关闭）、赞比亚的 Kansanshi（3 万吨/年）进行了工业应用，在老挝 Sepon 用于处理含铜黄铁矿（8 万吨/年）[2]。

加压浸出过程中，铜以硫酸铜形式进入溶液，根据反应温度和酸度的不同，铁以不同形式沉淀进入渣中，同时释放出硫酸，如赤铁矿、针铁矿（FeOOH）、酸性黄铁矾（$(H_3O)Fe_3(SO_4)_2(OH)_6$）或碱式硫酸铁($Fe(OH)SO_4$)等，沉淀物不同，产出的硫酸量也不同。

在氧气充足条件下，过程总反应为：

$$4CuFeS_2 + 4H_2O + 17O_2 \longrightarrow 4CuSO_4 + 2Fe_2O_3 + 4H_2SO_4$$

黄铜矿浸出反应为：

$$4CuFeS_2 + 2H_2SO_4 + 17O_2 \longrightarrow 4CuSO_4 + 2Fe_2(SO_4)_3 + 2H_2O$$

$$2CuFeS_2 + 16Fe_2(SO_4)_3 + 16H_2O \longrightarrow 2CuSO_4 + 34FeSO_4 + 16H_2SO_4$$

$$2FeSO_4 + H_2SO_4 + 0.5O_2 \longrightarrow Fe_2(SO_4)_3 + H_2O$$

伴生的黄铁矿也被浸出：

$$4FeS_2 + 2H_2O + 15O_2 \longrightarrow 2H_2SO_4 + 2Fe_2(SO_4)_3$$

酸度较低时高价铁离子水解生成赤铁矿，产出硫酸：

$$Fe_2(SO_4)_3 + 3H_2O \longrightarrow Fe_2O_3 + 3H_2SO_4$$

根据上述反应，氧化每千克硫需氧气 2.12kg，如一种精矿含 Cu 26%，Fe 31.3%，S 36%，则浸出每千克铜需氧气 2.93kg。

$$3Fe_2(SO_4)_3 + 14H_2O \longrightarrow 2(H_3O)Fe_3(SO_4)_2(OH)_6 + 5H_2SO_4$$

$$Fe_2(SO_4)_3 + 2H_2O \longrightarrow 2Fe(OH)SO_4 + H_2SO_4$$

每摩尔 Fe^{3+} 水解产生的酸（H^+）仅为 5/3mol，而生成赤铁矿时，每摩尔 Fe^{3+} 水解产生的酸（H^+）为 3mol。

4.3.1.1 工艺研究进展

对于铜精矿高温加压浸出工艺，多家企业开展了研究工作，如 Sherritt Gordon、美国矿务局、自由港硫黄公司、国际镍公司、科明科、通用黄金资源公司及 Placer Dome 等。

A Sherritt Gordon

加拿大 Sherritt Gordon 公司 20 世纪 50 年代针对铜镍混合矿也进行了大量酸浸工艺研究[37]。针对一种含 Ni 10%、Cu 5%、Fe 30%、S 30% 的镍黄铁矿-黄铜矿-磁黄铁矿混合矿，在 210℃和氧分压 700kPa 条件下进行加压酸浸，镍、铜的浸出率均可达到 99% 以上。为控制铁以碱式硫酸铁 $Fe(OH)SO_4$ 形式沉淀，就硫酸浓度对浸出的影响进行了研究，结果表明，在起始酸度3%～5%条件下促进碱式盐沉淀，但继续升高对铜的浸出产生影响，可能是形成的熔融硫阻碍了黄铜矿的浸出。另外，还针对黄铜矿-闪锌矿-黄铁矿混合矿进行了高温加压浸出，在234℃和700～1000kPa氧分压下，有价金属的浸出率达到98%～99%。约10%的硫以碱式硫酸铁形式沉淀进入渣中。浸出渣采用硫代硫酸铵浸出金，金的浸出率达到95%，但采用氰化提金时石灰耗量大，铁最好以稳定的赤铁矿形式沉淀，因为无论碱式硫酸铁或者酸型的黄铁矾$(H_3O)Fe_3(SO_4)_2(OH)_6$，在氰化的碱性条件下都不稳定，均会增加石灰的消耗。

B　美国矿务局

据美国矿务局和亚利桑那大学1963年报道，黄铜矿在200℃下用水直接加压浸出，铜浸出率可达到97%～99%，但斑铜矿或辉铜矿则要加硫酸或者黄铁矿才能浸出。他们认为问题可能出在浸出过程中生成的中间体硫化矿上，而不是由于原料硫化矿分解不完全，也就是不加酸，部分浸出的铜离子水解沉淀。在此基础上，提出了两段浸出工艺，即在高压浸出之后，再进行常压酸浸，回收沉淀于渣中的碱式铜盐。这正是国际镍公司的铜崖（Copper Cliff）工厂的流程基础。另外，矿务局在一些浸出中间产物硫化矿的试验中发现，在通入氧气之前加入大量硫酸，会析出硫化氢。

C　自由港硫黄公司

自由港硫黄公司（Freeport Sulphur）在218～232℃和350～1440kPa氧分压条件下，在一台大型卧式高压釜中进行了黄铜矿加压浸出试验[38]。为控制浸出液酸度，在加压釜的后隔室喷入石灰乳，使矿浆硫酸浓度降至10g/L以下，同时大部分铁沉淀进入渣中，铜浸出率97%～99%，矿浆经闪蒸、过滤后，滤液即硫酸铜溶液，含铜60～70g/L，低铁，几乎无砷、锑、铋。经电积生产电铜，废电解液经硫化氢沉淀回收铜，产出硫化铜沉淀返回加压浸出，含酸溶液进行石灰中和或送其他矿浸出系统。

D　国际镍公司

20世纪70年代国际镍公司（INCO）报道，针对含Cu 13.8%、Ni 2.9%、Fe 30.8%、S 24.9%的镍黄铁矿-黄铜矿-磁黄铁矿混合物进行连续高温加压浸出，控制矿浆固含量14%，浸出温度205℃，氧分压418kPa，停留时间90min，铜浸出率98%。浸出渣经浮选得到含铜12%、硫7.9%的精矿，硫没有完全被氧化。浸出液中和除铁后采用石灰沉淀氢氧化铜，并用废电解液浸出、电积生产电铜。此后，又针对产于美国西南部的含Cu 27.8%、Fe 29.4%、S 34.6%的黄铜矿-黄铁矿混合矿进行了连续加压浸出试验，在210℃、氧分压400kPa、停留时间90min条件下，铜浸出率达到98%。大部分有害杂质都沉淀在渣中，浸出液中砷、锑、铋、硒、碲都小于5mg/L。加压浸出液在pH值为7时加入石灰沉铜。铜渣用废电解液浸出得到含铜62g/L、铁14g/L的溶液，采用二氧化硫和空气混合气体氧化，同时加入石灰中和除铁，溶液中铁可降至5mg/L以下。浸出渣采用氯气浸出回收贵金属也获得很好的结果。

E　科明科工程服务公司

20世纪90年代科明科工程服务公司（Cominco Engineering Services Ltd.）在开发CESL流程前，对黄铜矿高温加压浸出也进行了试验[39]。在180～220℃、氧分压1～2MPa下，将矿石中的硫全部氧化。浸出液用萃余液以50∶1的比例稀释，然后用于浸出耗酸的氧化矿和其他物料。针对含Cu 41.4%、Fe 22.2%、S 28.0%的斑岩铜矿、黄铜矿、黄铜矿-斑铜矿混合矿，在 200~210℃、氧分压 2MPa 下浸出 60min，铜浸出率均在 99% 左右，浸出液含铜 36~78g/L、硫酸 31~40g/L、铁小于 1g/L。

　　F　通用黄金资源公司

　　20 世纪 90 年代通用黄金资源公司（General Gold Resources）曾对非洲毛里塔尼亚的浮选铜精矿进行了小型试验，并进行了连续试验，该矿以黄铜矿为主，还有一些方黄铜矿，含有较高的金以及少量的钴，脉石含碳酸盐。附近有氧化矿可以用于中和浸出产生的酸。将铜精矿和中矿分别在 210~225℃ 下进行加压浸出，铜浸出率均达到 99%，精矿含铜 24%、硫 28%，碳酸盐以二氧化碳计为 6.5%，中矿含铜 8.5%、硫 15% 及二氧化碳 11.3%。渣用通常的氰化方法可以回收 97% 的金，氰耗不高。这是由于脉石呈碱性，在浸出时促使铁多以赤铁矿形式沉淀，碱性硫酸铁很少，渣性质较为稳定。但是，碳酸盐在高温下与硫酸反应释放出二氧化碳，造成釜压增高。最初计划将氧化矿和硫化矿联合浸出，但浸出的镁影响铜的浸出率。后来先在 210℃ 下浸出硫化矿，然后将浸出液在大约 95℃ 下浸出氧化矿，而后以浮选尾矿中和余下的酸，溶液过滤后萃取、电积生产电解铜。部分萃余液返回加压浸出，部分分流提钴，其余用于常压浸出氧化矿。

　　G　Placer Dome

　　20 世纪 90 年代澳大利亚普莱斯多姆（Placer Dome）公司与加拿大不列颠哥伦比亚大学（UBC）合作，对几种黄铜矿进行了高温加压浸出，并氰化回收浸出渣中金。铜精矿含 Cu 26%~30%，Fe 27%~32%，S 36%~38%，低品位矿含 Cu 14%、S 35%，且含有较多黄铁矿，在 200~220℃ 下进行浸出，铜浸出率均在 98% 左右，渣中金品位 8.3~16.3g/t。对于 200℃ 的浸出渣，金的氰化回收率为 83%~99%，220℃ 的浸出渣，金的氰化回收率为 98.9%~99.6%。对于含铜 26% 和 30% 的原料，在 200℃ 浸出后，石灰的消耗量分别为 10kg/t 和 44kg/t（依矿石计）；而在 220℃ 浸出后，石灰的消耗量分别为 83kg/t 和 157kg/t，而低品位矿石灰耗量更是高达 400kg/t。主要是由于温度对铁的沉淀状态和硫的氧化有显著影响，大部分铁形成了碱式硫酸铁或铁矾。矿石中含有 100~300g/t 锑和砷，以及少量的铋、汞、硒和碲，大部分锑、砷、铋固定在渣中，少量浸出进入溶液。浸出液含 Cu 50~60g/L，Fe 5~8g/L，硫酸 80g/L，并含有少量汞、硒和碲等，在电积前需采用废铜线置换沉淀。在几种精矿连续试验的基础上对建厂的投资和生产成本进行了计算，发现原料中铜硫比起着决定性作用，铜硫比高时投资低，且该工艺在产出硫酸用于氧化矿浸出及电价低廉地区具有一定的经济优势[40]。

　　由于高温氧化酸浸时，砷、锑、铋等金属与铁共沉淀，该法尤其适用于处理复杂低品位矿，如含毒砂铜矿、黑黝铜矿（$Cu_{12}Sb_4S_{13}$）、硫砷铜矿（Cu_3AsS_4）及砷黝铜矿（$Cu_{12}As_4S_{13}$）等。早期 Calera（卡来拉）矿冶公司在生产中控制铁砷物质的量比为 1.1:1，使砷以砷酸铁形式沉淀。针对一种以黑黝铜矿为主的精矿，成分为：Cu 26.5%，Sb 13.2%，As 6.8%，Fe 2.0%，Zn 2.9%，S 19.4%，Ag 0.27%，进行高温加压浸出时，加入硫酸亚铁，使 Fe/(As+Sb) 物质的量比为 1.5:1，在 220℃、氧分压 600kPa 条件下，铜和锌的浸出率分别为 95.4% 和 95.0%。铁以砷酸铁和碱式盐形式进入渣中。渣采用氯化物浸出提银，银浸出率 95.4%。

$$Fe_2(SO_4)_3 + 2H_3AsO_4 \longrightarrow 2FeAsO_4 + 3H_2SO_4$$

$$2Fe_2(SO_4)_3 + 2H_3AsO_4 + (2+n)H_2O \longrightarrow 2Fe_2(AsO_4)(SO_4)OH \cdot nH_2O + 4H_2SO_4$$

高温浸出一种含 Cu 22.6%、Sb 0.5%、As 8.6%、Fe 18.0%、S 35.4%、Ag 61g/t、Au 844g/t 的铜精矿，在 200℃ 浸出 3h 或在 220℃ 浸出 1h，硫氧化率均达到 99%，几乎全部的锑及 94% 以上的砷沉淀进入渣中，铜浸出率 95%~98%，主要是由于溶解的铜又形成一种含有 Fe-Cu-As-S-O 的沉淀。提高浸出温度，生成的不稳定硫酸盐沉淀量增大，氰化时消耗更多的石灰。220℃ 产出的渣氰化浸金时石灰耗量达 130kg/t，而 200℃ 消耗量为 50kg/t。金的氰化回收率为 87%~96%。由于银形成铁钒盐，回收率较低。

4.3.1.2 工业应用

A 菲尔普斯·道奇公司 Bagdad 示范厂[41~44]

菲尔普斯·道奇（Phelps Dodge）公司也就是美国自由港迈克墨伦铜金矿公司（FCX，Freeport McMoRan Copper & Gold Inc.，2007 年被收购），1999 年收购了塞浦路斯 Amax 矿产公司，然后进一步强化和实施了多种铜矿开采方案，增加了智利的 EL Abra，秘鲁 Cerro Verde 和美国亚利桑那州的 Sierrita、Bagdad 和 Miami 铜矿。自 1998 年来，Phelps Dodge 针对黄铜矿开发了多种工艺流程。2001 年 Phelps Dodge 与 Placer Dome 公司签署协议，决定采用高温高压浸出处理黄铜矿，并在其下属的美国亚利桑那州 Bagdad（巴格达，巴格达德）厂建立了世界首家黄铜矿高温加压浸出示范厂。1999~2000 年在 Hazen 研究中心完成了小型试验，2000~2001 年完成了连续扩大试验（35L，4 隔室）。2001 年 11 月 Kvaerner 完成工程设计，2002 年 3 月 KIC 开始进行建设，2003 年 3 月投产，同年 7 月达到设计指标，稳定运行，连续运行了 18 个月。该厂年处理黄铜矿 57153t（取决于品位，Cu 28.5%~30.5%），年产铜 15876t，铜回收率 98%，日产硫酸 127t。工厂耗资 4000 万美元。主要设计参数见表 4-7。

表 4-7 Bagdad 厂设计参数

参 数	数 值	参 数	数 值
加压浸出铜浸出率/%	99.0	氧分压/kPa	700
铜总回收率/%	98.0	加压浸出第一隔室矿浆浓度/%	10
操作温度/℃	225（最大235）	加压浸出排料矿浆浓度/%	5
操作压力/kPa	3300	浸出液成分/g·L^{-1}	Cu 36，Fe 1.5，H$_2$SO$_4$ 55
最大压力/kPa	4000		

巴格达矿山采选产出的黄铜矿精矿，一部分送到 Phelps Dodge 公司位于亚利桑那州的迈阿密冶炼厂生产阳极铜，再运往 EI Paso 电解精炼厂生产阴极铜；其余（约15%）浆化后送到示范厂进行浸出，浸出液与现场传统浸出系统产出的浸出液合并后，送原有萃取、电积车间生产阴极铜。加压浸出产出的硫酸用于巴格达堆浸厂，避免了过去需从迈阿密冶炼厂运送浓硫酸问题。

巴格达加压浸出示范厂由精矿再浆化系统、加压浸出釜、闪蒸槽、气体洗涤、4 段逆流洗涤、固体浸出渣 4 段中和系统以及 1 个铜溶液池组成。选矿厂来的过滤后精矿用轮式装载机装入料仓内，送至机械搅拌浆化槽，加水浆化至固含量65%，送到间断式机械搅拌输送槽，再送至另一台贮槽加水调至固含量40%。矿浆用两台 Toyo 泵送至加压釜进行浸出，过程中通入氧气。工厂中心位置设置 1 台 $\phi3.5m \times 16m$ 加压釜，五隔室，钢衬防腐衬里和三层耐酸砖。加压釜操作温度为225℃，总压3275kPa，氧气和水分别引入各个隔室进行氧化和矿浆冷却，矿浆在釜内的平均停留时间为70min。加压釜设计最高温度230℃，该条件下水蒸气压为2795kPa，加上选定的最大氧分压897kPa，合计3692kPa，考虑90%的膨胀系数，最终选定釜体设计压力为4140kPa。反应矿浆经闪蒸槽（$\phi4.26m \times 8.5m$）压力降至20.68kPa，蒸汽经两段洗涤后排放。矿浆送 4 级 CCD 浓密洗涤系统，配置四台 $\phi9.14m \times 2.44m$ 的 Westech 高效絮凝式浓密机，为提高沉降速率，每台浓密机中均加入絮凝剂。一段浓密机溢流自流入成品液贮槽，再进入高浓度浸出液贮存池，溶液贮存时间为7 天。第四级浓密机底流经中和后，送尾矿浮选工序。生产证明该流程铜的回收率可达98%，操作成本比火法熔炼降低30%。Phelps Dodge 拟将该技术在秘鲁 Cerro Verde 矿和智利 EL Abra 进行推广应用，并进行了可行性研究。

但由于高温加压浸出过程中产出的酸远超过堆浸用量，2004 年 4 月 Bagdad 计划采用"中温加压浸出—直接电积—萃取"工艺流程（MT-DEW-SX），铜精矿细磨后在 140～180℃下进行中温加压浸出，液固分离后，浸出液直接电积生产电铜，废电解液或返回加压浸出，或与堆浸富集液合并进行萃取，萃余液送堆浸，反萃液电积生产电铜。同年 7 月开始建设，2005 年 4 月至 12 月进行了工业生产，2007 年中期重新转回高温加压浸出工艺。

B　Sepon 工艺

Sepon 铜金矿位于老挝东南部与越南交界处沙湾拿吉省 Vilavouly 区，距离首都万象东南方向600km，当地注册公司名称为 Lane Xang Minerals Limited（LXML），原属于澳大利亚 Oxiana 有限公司，2008 年 Oxiana 与澳大利亚锌开发公司（Zinifex Ltd.）合并后成立 OZ Mineral 公司，为澳洲第三大矿业公司。2009 年 6 月，五矿有色收购 OZ Mineral 主要资产，重新组建了 MMG（Minerals & Metals Group）公司，其中老挝 Sepon 铜金矿是其核心资产之一。Sepon 湿法炼铜厂由澳大利亚 Ausenco 和 Bateman 工程公司设计，设计规模为年产阴极铜 6 万吨，2005 年 3 月投产，由于选矿回收率低不稳定，直接处理辉铜矿原矿。2006 年 1 月达到设计产能，吨铜生产总成本为 2016.67 美元。该工艺的特点是辉铜矿采用四段浸出，浸出剂为硫酸和硫酸高铁；黄铁矿和萃余液采用高压釜氧化。2011 年初扩产至 8 万吨/年。

开采的矿石经破碎、球磨至 $-106\mu m$ 占80%，采用萃余液及铜浸出液浆化至浓度15%，并利用加压浸出段产出的蒸汽进行预热，在80℃下进行四级常压浸出，浸出时间为8.0h。在第一段浸出中加入加压氧化的硫酸和硫酸高铁溶液，同时通入加压釜排出的含氧尾气，第二至第四段则通入压缩空气，铜浸出率可达到90%以上。浸出后的矿浆经浓密逆流洗涤后，上清液送萃取—电积工序生产阴极铜。常压浸出渣经浮选（Jameson Cells）回收未反应的硫化铜矿和黄铁矿，然后送加压釜进行高温高压全氧化浸出，浸出液返回常压浸出第一段，浸出渣洗涤后堆存[45]。

加压浸出的目的一是浸出难处理铜矿物，二是产出硫酸铁和硫酸以供系统进行浸出，加压产出蒸汽用于常压浸出保温。给料量10t/h，含 Cu 2%～3%，S 40%～45%，粒度 $-125\mu m$ 占80%。设置一台加压釜，4 隔室，$\phi4.2m \times 14m$，低碳钢，玻璃纤维增强呋喃膜，3 层耐酸砖，1 ~ 2 隔室 8 桨叶 Rushton 涡轮搅拌，3 ~ 4 隔室 4 桨叶，搅拌功率 110kW。操作温度 220℃，操作压力 2800 ~ 3000kPa，氧分压 600 ~ 800kPa，氧气浓度 98%，固体浓度 45%，停留时间 60min，萃余液返回冷却调节温度，浸出剂为萃余液，硫酸浓度 30g/L，Cu 1.0 ~ 1.5g/L，Fe 30 ~ 35g/L。加压釜出料：硫酸 60g/L，Cu 3g/L，Fe 40g/L，100 ~ 102℃，流量 120 ~ 140m³/h，铜浸出率 97%，渣中主要为碱式硫酸铁，铜含量低于 0.05%。该厂与赞比亚 Kansanshi 厂不同的是，Kansanshi 是直接加压浸出黄铜矿，而该厂是通过加压浸出产出三价铁离子，然后用于浸出辉铜矿。

4.3.2　中温加压浸出

中温加压浸出反应温度一般控制在 140 ~ 180℃，过程中硫以元素硫的形式进入浸出渣中，由于该状态下硫为熔融态，且极易浸润硫化矿，包裹或团聚未反应矿物，造成后期反应速度逐渐下降[8]，因此反应过程中需加入适量的添加剂，如木质素磺酸盐、氯离子及煤粉等[46,47]。同时，由于硫氧化为元素硫而非硫酸，相较于高温加压浸出工艺，氧耗降低，且不需要大量的石灰进行中和。国内外多家单位进行了研究工作，如美国 FCX（Freeport McMoRan）、加拿大 Teck/CESL 和 Dynatec、南非 Anglo American 等。其中 FCX 和 Anglo 技术的关键是进行超细磨，Teck/CESL 是以氯离子为催化剂，Dynatec 通过浸出渣浮选提高金属的回收率。

FCX 工艺 2007 年在 Morenci 进行了工业应用，精矿处理量 1000t/d，设计铜总回收率为 97.5%，90% 的铜通过直接电解法产出，其余 10% 送堆浸，然后采用萃取电积工艺进行处理。

一套半工业化 CESL 流程 2008 年在 Brazil 的 Vale 投产。

在温度 119 ~ 200℃、有酸存在条件下，部分硫转化为元素硫。

$$4CuFeS_2 + 5O_2 + 4H_2SO_4 \longrightarrow 4Cu^{2+} + 4SO_4^{2-} + 2Fe_2O_3 + 8S^0 + 4H_2O \qquad (4-1)$$

该条件下还可能发生如下反应：

$$4CuFeS_2 + 17O_2 + 2H_2SO_4 \longrightarrow 4Cu^{2+} + 10SO_4^{2-} + 4Fe^{3+} + 2H_2O \qquad (4-2)$$

反应（4-1）相较反应（4-2），每摩尔黄铜矿氧化可少消耗 70% 的氧，两反应均需酸推动反应进行，反应（4-1）每摩尔黄铜矿需要 1.0mol 的硫酸，而反应（4-2）仅需要 0.5mol。两个反应理论耗酸量分别为每吨黄铜矿 0.53t 和 0.27t。最终渣中铁的状态受反应时间、温度和酸度的影响。

方黄铜矿：$CuFe_2S_3 + 2O_2 + H_2SO_4 \longrightarrow CuSO_4 + Fe_2O_3 + 3S^0 + H_2O$

$$4FeS + 3O_2 \longrightarrow 2Fe_2O_3 + 4S^0$$

20 世纪 70 年代苏联研究学者发现，在硫熔点以上加入少量氯化物可促进镍磁黄铁矿的浸出。针对含 Cu 1.2%、Ni 2.8%、Co 0.17%、S 30% 的镍黄铁矿，在 150 ~ 169℃、氧分压 1 ~ 1.2MPa、每吨矿氯化钠用量 5 ~ 10kg 条件下进行加压浸出，镍、钴和铜的浸出率分别为 96% ~ 98%、92% ~ 95% 和 70% ~ 80%，大约 65% ~ 70% 的硫转化为元素硫。

Pandey B. D. 针对含 Cu 15%、Ni 10.85%、Co 0.37% 硫化矿进行了加压浸出工艺研究，考察了氧分压、温度、矿石粒度、硫酸浓度等因素对金属回收率的影响。结果表明，随着温度（100～145℃）的升高及氧分压（1085～5195kPa）的增大，铜、镍、钴的回收率明显提高。在100℃、氧分压3790kPa条件下，铜、镍、钴的回收率分别为25%、60%和33%；氧分压升高至5420kPa，镍钴回收率分别达到64%和37%，铜仍为26.4%。在氧分压1085kPa下，温度由119℃上升至150℃，铜、镍、钴浸出率分别由23%、47%、36%上升至36%、64%和62%。另外建议采用两段浸出工艺，控制温度145℃，一段氧分压2170kPa，二段氧分压4335kPa，铜、镍、钴回收率分别为79%、78%和96.5%。如果控制二段温度100℃，铜的浸出率达到89%，而镍钴的回收率较低，分别为68%和57%。

4.3.2.1　诺兰达（Noranda）矿业公司

20世纪70年代末期，诺兰达（Noranda）矿业公司开发了黄铜矿浸出的块铜矾（Antlerite，$CuSO_4 \cdot 2Cu(OH)_2$）工艺，首次提出在黄铜矿硫酸体系中温加压浸出过程中加入氯化物[48,49]，分两步进行，一段控制浸出温度130～145℃，加入一定量的氯化物并控制酸度，使大部分铜以碱式硫酸铜形式沉淀，二段将浸出渣进行常压浸出回收铜。针对含Cu 24.4%、Fe 30.6%、S 32.5%的原料，控制H^+和Cu物质的量比为（0.15～0.65）:1，加入氯化物至Cl:Cu=0.08:1，浸出温度135℃，氧分压1400kPa，时间2.5h，70%～80%的硫转化为单质硫，这大致等于黄铜矿中的硫。渣主要由碱式硫酸铜、赤铁矿和单质硫组成，经洗涤除去硫酸铜和氯化物，洗液返回浸出。渣在40℃用废电解液溶解碱式硫酸铜，控制pH值为2.5左右。虽然黄铜矿的转化率很高，但是此时碱式硫酸铜的溶解只有90%～93%，这是由于部分铜与赤铁矿相结合，因而需要较高的酸度才能溶解。将弱酸浸出渣在95～98℃下用强酸浸出3～6h，并加入可以形成黄铁矾的阳离子，如钠离子，使赤铁矿转化为铁矾盐，释放出结合的铜。经强酸浸出后，铜总浸出率可达到97%～99%。浸出液经净化、电积生产电解铜。或者将碱式硫酸铜采用氨-硫酸铵进行浸出，再萃取、电积。

4.3.2.2　CESL工艺

A　科明科工程服务有限公司

加拿大科明科工程服务有限公司（Cominco Engineering Services Ltd., CESL）是Teck Cominco的子公司，1992年开发了硫化铜矿CESL工艺。铜精矿细磨后进行两段浸出，一段为氯离子强化中温中压浸出，硫以元素硫形式进入浸出渣中，二段为常压浸出，处理原料可为低黄铁矿的黄铜矿，或黄铜矿斑铜矿混合矿等。之后该工艺在其他金属回收方面也进行了应用，如镍钴矿、铜镍混合矿、锌精矿及贵金属的回收等，自1995年起，CESL就针对镍矿及铜镍混合矿加压浸出进行了研究。

精矿细磨至-40μm占95%后浓密液固分离，底流固含量68%左右，再浆化后进行加压浸出。保持初始溶液中含氯化物12g/L，硫酸盐25g/L，铁低于1g/L，Cu^{2+} 15～20g/L，在150℃、总压1.38MPa条件下加压浸出1h，控制终点pH值为2.3～3.5，铜以碱式硫酸铜形式进入渣中，同时铁以赤铁矿形式、90%以上硫以元素硫形式进入浸出渣中，另外贵金属也富集在浸出渣中。反应后矿浆过滤后，浸出渣送常压浸出，部分浸出液返回加压釜。第二段常压浸出温度40℃，维持pH值为1.5～2，反应时间1h，使碱式硫酸铜溶解，尽量减少铁进入溶液。由于反应是放热的，因此两段反应均不需加热[50]。

加压浸出过程中发生反应如下：

黄铜矿：

$$12CuFeS_2 + 15O_2 + 4H_2O + 4H_2SO_4 \longrightarrow 4CuSO_4 \cdot 2Cu(OH)_2 + 6Fe_2O_3 + 24S^0$$

$$12CuFeS_2 + 15O_2 + 12H_2SO_4 \longrightarrow 12CuSO_4 + 6Fe_2O_3 + 24S^0 + 12H_2O$$

斑铜矿：

$$3Cu_5FeS_4 + 39/4O_2 + 5H_2O + 5H_2SO_4 \longrightarrow 5CuSO_4 \cdot 2Cu(OH)_2 + 3/2Fe_2O_3 + 12S^0$$

辉铜矿：

$$3Cu_2S + 3O_2 + 2H_2O + 2H_2SO_4 \longrightarrow 2CuSO_4 \cdot 2Cu(OH)_2 + 3S^0$$

常压浸出液采用 40% Lix973N 萃取铜，通常采用两级萃取、一级洗涤和两级反萃流程。Lix973N 有较强的铜离子选择性，铜铁分离系数可达 2300，因为浸出液中 Fe：Cu = 1：20，铁不是影响因素，进入电解液中的铁可忽略。通常 1/3 萃余液送中和除去多余的酸，其余返回常压浸出。中和终点 pH 值为 1.8，铁不沉淀，中和后液进行二次萃取，萃余液再次中和后作为 CCD 洗水。溶液中锌、镉、镍和钴等在萃取过程中经中和除去。

CESL 工艺流程也在不断进行改进，以适应不同的原料。一种改进适用于含少量黄铁矿的黄铜矿精矿，浸出时增加酸量，使大部分铜在加压段浸出，但仍保持部分铜（10% ~ 15%）生成碱式硫酸铜，以保证铁和其他杂质尽量沉淀。另一种改进适用于含大量黄铁矿的低品位黄铜矿精矿，浸出时控制硫转化为硫酸根的比例在 25% ~ 30%，浸出后期加入石灰乳以沉淀铁及少部分铜。硫化铜矿加压浸出形成碱式硫酸铜，易于溶解于酸，是在加压浸出过程中溶解还是在常压浸出过程中溶解，主要取决于系统的酸平衡。

加压浸出过程中除加入氯离子外，还加入了表面活性剂，防止硫和硫化矿的包覆和团聚。在前述两种改进流程中，都加大了从加压浸出液中萃取回收铜的能力，而常压浸出液中铜的回收只需要较小的萃取设备。

为了便于回收渣中的贵金属，加压浸出后矿浆采用两段降压，以使硫生成较大的晶体。浸出渣经浮选回收单质硫及未反应的硫精矿后，最初推荐采用热滤法脱硫，后建议采用全氯乙烯溶硫。浮选精矿经彻底干燥后用全氯乙烯溶解硫，余下的渣主要是黄铁矿，加上浮选尾矿一起在 200 ~ 220℃ 下氧化浸出。这个过程不但保证了金的高氰化率及低氰耗，而且可以回收部分结合在未反应的硫化矿中的铜。铜总回收率可以达到 90% 以上。

McDonald 等报道 CESL 渣中含有 2% 黄铜矿及大量赤铁矿，同时还有黄钠铁矾，当改变氯化物、氧气通入速度、粒度、酸度等条件时，浸出渣物相成分发生改变，例如赤铁矿、针铁矿和黄钠铁矾、铜矾和黄铜矿。认为在温度和 pH 值影响下，赤铁矿、针铁矿和铁矾会吸附或共沉淀二价铜离子。Sahu 等针对多种 CESL 浸出渣进行了详细的工艺矿物学研究，证明渣中主要成分为赤铁矿和元素硫，另有少量铁矾、黄铁矿、石膏和无水石膏[51]。水铁矿和氢氧化铁结晶中包含一定量的铜，和无定型铁结合的铜是结晶状的五倍。

1994 年 CESL 在温哥华建设了完整的扩大试验系统，设计规模为 36kg/d 阴极铜（折合 13t/a），1994 ~ 1995 年间进行了铜精矿扩大试验。1996 年和 2001 年针对铜锌混合矿、铜镍钴混合矿进行了试验。2002 ~ 2005 年针对铜浸出渣进行了氰化提金试验。

B　HVC 示范厂

1996 年 CESL 在里士满（Richmond）附近建立了一座年产铜 500t 的示范厂。电积处理量最大为 1400kg/d 阴极铜，当然当精矿品位较低时，加压釜处理量将成为关键因素，当铜精矿品位为 28% 时，处理量为 700kg/d。该厂 1996 年 5 月 ~ 1997 年 2 月建设，1997 年 3 月投产处理 HVC 矿，5 月 21 日 ~ 7 月 29 日进行了连续全流程运行，7 月 29 日 ~ 8 月 27 日处理 Gibraltar 矿。1998 年在示范厂对浸出渣中贵金属回收进行了试验。

示范厂共处理两种矿，即 Highland Valley（HVC）铜矿和 Gibraltar 铜矿，均为不列颠哥伦比亚的大型露天矿。HVC 有 Valley 和 Lornex 两个矿坑，矿物组成稍有不同，前者品位稍高，主要成分是斑铜矿和黄铜矿，黄铁矿较少，后者黄铁矿多，斑铜矿少，品位稍低。Gibraltar 矿主成分是黄铜矿和黄铁矿。处理精矿成分见表4-8。

表4-8　处理精矿成分　　　　　　　　　（%）

精　矿	Cu	Fe	S	黄铜矿	斑铜矿	黄铁矿
HVC-Valley	40	17	25	30	45	2
HVC-Lornex	36	20	28	35	35	10
Gibraltar	28	27	32	80	—	5

加压釜为钛材，尺寸为 $\phi 0.76m \times 3.9m$，总容积 1800L，五隔室，矿浆和溶液单独给入，给矿量 150kg/h（Cu 40%）或铜 58kg/h。常压浸出在 3 台连续 HDPE 搅拌槽中进行，停留时间 1h，pH 值为 1.4～1.8，反应后矿浆排至 5 台 CCD 浓密机，PVC 衬玻璃钢材质，第一台浓密机溢流经精滤后进行萃取。萃取为 6 级混合澄清萃取箱，2E+1E+1W+2S，单级混合室 $0.57m^3$，停留时间 3.5min，有机相流量 85L/min，O/A = 1∶1。澄清室尺寸 $0.78m \times 3.5m \times 1.04m$，澄清速率 3.5m/h。电积在 6 台聚酯混凝土槽中进行，每槽 19 块阴极、20 块阳极，阴极为 316SS，阳极为 Pb-Ca-Sn 合金。新液给料量为 85L/min，返液流量为其 5 倍。送常压浸出段的流量为电积新液流量的 0.5%。中和为两段连续，矿浆浓密后采用带式过滤机过滤。滤饼进行三段逆流洗涤。

运行过程中出问题较多的是两级闪蒸及常压浸出的过滤，导致经常停产，主要是由于停留时间过短。运行过程中铜金属平衡为：运入精矿中含铜 108.4t（外购）+0.84t（扩大试验厂），合计 109.2t；售出阴极铜 42.0t，余阴极铜 39.1t，堆存精矿中含铜 13.6t，系统存留 8.7t，渣中 3.21t，即库存合计 64.6t。按照处理精矿中总铜量 95.56t，渣中铜3.21t 计，铜总回收率 96.6%；按照产出阴极铜 81.09t 计，铜回收率 97.0%。

C　Vale UHC 厂

1998 年，Teck Cominco 与 Companhia Vale do Rio Doce（CVRD，Vale，巴西淡水河谷公司）合作对 Salobo 和 Alemao 矿山产出的复杂铜精矿进行了实验室和半工业试验研究。Vale 项目包括 Sossego、Salobo、Alemao 和 Cristalino 的含金硫化铜及氧化矿，均位于卡拉加斯（Carajas）省。原计划选出含铜 38% 的铜精矿出售，但由于铜精矿成分复杂难销售。Vale 拟采用 CESL 技术在巴西建设年产铜 1 万吨的加压湿法炼铜厂处理 Sossego 矿，即 Usina Hidrometalurgica Carajas（UHC）厂，年处理 3.5 万吨矿，计划运行两年，成功后再建设 25 万吨/年厂处理 Salobo 和 Alemao 矿。2004 年 10 月，CVRD 公司与 Hatch 和 SEI 签订了该项目的 EPCM 合同，2006 年 8 月份完成施工图设计并开始建设，2008 年建成投产。设计总铜回收率 96%[52,53]。

2001 年 9 月，CESL 针对含 Cu 14%、Ni 1.7%、Co 0.08% 的原料进行了扩大试验。氯离子可加速反应进行，催化促进硫化物形成元素硫，减少硫酸盐形成，通常控制 Cl⁻ 浓度 8～12g/L。加压浸出条件为：150℃，总压 1380kPa，停留时间 60min。溶液终点 pH 值为 1.5～2.5，铁以赤铁矿形式沉淀进入渣中，溶液中铁为 1～2g/L。为简化工艺流程，得到可售中间产品，溶液采用石灰中和生产氢氧化物，设计规模为日产 5kg 镍，在 2002 年

2～7 月的扩大试验中顺利运行。扩大试验过程中浸出率分别为：Cu 95%，Ni 91%，Co 90%，S 氧化率 5.2%；氧气总耗量为吨矿 0.21t，净耗量为吨矿 0.17t。由于 2002 年镍价降低项目受阻，2006 年重新进行净化和回收工艺研究。

2008～2009 年采用美国明尼苏达州北部的 Mesaba 铜镍混合矿进行了全流程扩大试验，设计规模为日处理精矿 144kg，日产电铜 26kg，氢氧化镍中镍 3kg。该矿中铜主要以黄铜矿和方黄铜矿形式存在，且与镍伴生，难以产出高品位铜精矿，Teck 决定生产铜镍混合矿，并采用 CESL 工艺进行处理生产镍和铜。矿物成分见表 4-9，黄铜矿中铜约占总铜 71%，镍 99% 以镍黄铁矿形式存在，和 2001 年试验用矿物相稍有差别。扩大试验过程中共处理精矿 7572kg，产出加压浸出渣 6966kg，石膏渣 460kg，铁铝渣 296kg，硫化沉淀渣 31kg，除镁渣 235kg，阴极铜 1245kg，混合氢氧化物沉淀（MHP 渣）135kg。铜、镍、钴浸出率分别为 95.0%、95.2% 和 97.4%，浸出渣含铜 1.17%，含镍 0.12%，相较于 2002 年试验结果，铜镍回收率提高。氧气净耗量为吨矿 0.23t，硫氧化率 6.9%。全流程总回收率为：Cu 94.6%，Ni 93.8%，Co 95.5%。电积电流效率 96.8%。

表 4-9 2008～2009 年试验用 Mesaba 混合矿成分　　　（%）

编　号	Cu	Ni	Co	Fe	Mg	S	Zn	Pt /g·t⁻¹	Pd /g·t⁻¹	Au /g·t⁻¹	Ag /g·t⁻¹
A	13.9	1.64	0.08	26.7	2.3	21.3	0.07	0.83	2.34	0.73	57
B	19.0	2.30	0.10	30.6	2.0	26.2	0.07	0.84	1.88	0.78	52
C	21.7	2.36	0.10	31.6	1.5	28.7	0.08	0.92	0.92	0.82	38

铜精矿送至厂区后，进行旋流分级，底流送球磨机进行细磨，球磨机尺寸为 $\phi 1.82m \times 3.04m$。球磨后矿浆与返回含酸液分别泵入加压釜进行浸出，反应温度 150℃，压力 1380kPa，停留时间 60min，氯化物 10～12g/L，氧气通入第一隔室。加压釜尺寸为 $\phi_内 2.1m \times 10.7m$，材质为钛 12，四隔室五搅拌，第一隔室两搅拌。反应后矿浆闪蒸后在一台 1.5m×12m 带式过滤机上进行液固分离，并直接洗涤除去氯离子。为保持系统水平衡，配备一套加压浸出液蒸发系统，蒸发量约为 1.5m³/h。加压浸出渣主要成分为铜氧化物、赤铁矿和元素硫，用萃余液浆化后进行常压浸出，控制 pH 值为 1.5。

该厂配置 9 台传统混合澄清萃取槽和 40 台电解槽。关于溶液的处理，不同的资料描述稍有不同。一是常压浸出液进行两段逆流萃取提铜，1/3 萃余液采用石灰中和，经一台 0.5m×4m 带式过滤机过滤，中和后液二次萃取提铜，萃余液送五级 CCD 逆流洗涤系统，浓密机尺寸 $\phi 3.5m$。二是加压浸出液进行二段萃取，第一段铜萃取率 96%，萃余液含酸 65g/L，80% 返回加压浸出工序，20% 中和后二次萃取提铜，一段、二段萃余液中铜浓度分别为 8g/L 和 0.5g/L。中和的目的是用石灰中和过量酸，同时溶解返回的镍钴氢氧化物等回收镍钴。中和后液成分为：Al 1.7g/L，Cd 7mg/L，Co 0.94g/L，Cu 9.0g/L，Fe 1.8g/L，Mg 11g/L，Mn 0.27g/L，Ni 23g/L，Zn 0.86g/L。中和渣成分为：Cu<0.02%，Ni<0.02%，Fe 0.09%，Al 0.03%，Ca 22.3%，S 17.3%。二段萃余液经两段沉淀将铁、铝降至 5mg/L 以下，两段均为温度 40℃，停留时间 2h，鼓空气，一段终点 pH 值为 3.7，二段为 5.0。一段渣中主要成分为铁和铝，镍铜含量较低，二段镍、钴、铜的沉淀率分别为 7%、79% 和 3%，返回中和工序。溶液除杂后可提高氢氧化物沉淀品位，且降低 MgO

用量。溶液经硫化沉淀除锌、铜、镉等至 1×10^{-6} 以下，镍沉淀率仅为 0.15%，钴沉淀率 1.1%。硫化沉淀渣中锌含量超过 40%，主要成分为：Cd 0.53%，Co 0.58%，Cu 10.0%，Ni 1.4%，S 33.0%，Zn 43.4%。硫化沉淀后液加入 MgO 在 50℃ 下沉淀镍钴氢氧化物，反应时间 4h。经热重分析，渣中镍主要以 $Ni_5SO_4(OH)_8$-$5H_2O$ 形式存在。氢氧化物渣主要成分为：Ni 46.0%，Co 2.0%，Al 0.044%，Cl 0.11%，Cu 0.020%，Fe 0.10%，Mg 0.78%，Mn 0.68%，S 4.05%，Zn 0.018%。根据不同资料介绍，应该第二种流程更为合理，也就是说加压浸出过程中大量铜进入溶液中。

铜反萃液送传统电积系统生产 A 级铜。电解液需过滤除去有机相及固体颗粒再进行电解，配置一套 316L 不锈钢垂直压力装置，ϕ2.3m×5.8m（高），处理量为 130m³/h，电解液含铜 51g/L，硫酸 152g/L，固体 20mg/L，有机 30mg/L，可除去 70% 的有机相。

该厂投产以来，生产状况良好，但是原料供应经常不足，尤其是氧气，由 1000km 外运来，虽然工厂贮存量是 3d，但受天气等原因经常供应不足。雨季导致系统水膨胀也是一个原因。第一次加压釜检查是在连续生产 1 个月后，没有明显磨损和矿物堆积。但一个月后第二次检查时有大量矿物堆积。前期由于氯离子浓度低，铜浸出率偏低，也是可能造成矿浆堆积的原因。一是由于原料 HCl 运输距离远，无法保障，二是 Cl 的损失量是估计值的 3 倍。头三个月铜浸出率在 80% ~ 93%。

至 2009 年 3 月底，该厂硫氧化率为 10%，氧气总耗量为每千克矿 0.37kg，理论消耗量为每千克矿 0.28kg，过量 20%，总消耗量应在每千克矿 0.34kg。硫氧化率在 8% ~ 12%，主要是由于矿中有大量的黄铁矿存在，75% 的黄铁矿形成硫酸，导致硫氧化率提高，铜矿物中硫基本都转化为元素硫。

UHC 球磨机和加压釜如图 4-6 和图 4-7 所示。

图 4-6　UHC 球磨机　　　　　　　　　图 4-7　UHC 加压釜

4.3.2.3　AAC-UBC 工艺

南非盎格鲁·阿美利加研究室（AAC，Anglo American Corp.，AARL，Anglo American Research Laboratory）和加拿大不列颠哥伦比亚大学（UBC）联合开发的中温加压浸出黄铜矿工艺流程，简称为 AAC-UBC 工艺。该工艺的特点是首先将矿石细磨至 5 ~ 20μm 占 80%，然后在 150℃ 下采用硫酸进行浸出，浸出过程中加入适量硫分散剂，溶液经萃取电积生产阴极铜。该工艺铜浸出率高，铁形成赤铁矿或铁钒，硫以元素硫形式产出。

采用该工艺针对多种黄铜矿及各影响因素进行了详细的试验研究。典型矿物成分为：Cu 28%、Fe 30%、S 32%、Au 15g/t、Ag 180g/t 及少量的铅、锌。控制浸出条件150℃，氧分压700kPa，液固比7:1，浸出时间2~4h。在硫酸用量为吨矿125~225kg范围内，随着硫酸用量的增加，铜初始化浸出速度明显增加，但对最终浸出率无影响，且加酸过多，造成浸出液中铁和硫酸浓度上升。精矿粒度对铜浸出率影响显著，对于−5μm占80%的矿物，浸出2h铜浸出率即可达到98%，而−10μm占80%矿则需要3h。另外，试验中考察了木素磺酸钠、邻苯二胺（OPD）和白雀树皮（Quebracho）等硫分散剂对浸出的影响，结果表明同时加入1kg/t白雀树皮和2kg/t木素磺酸钠铜浸出率最高，可有效提高反应效率。但Hackl等研究发现，相较于锌精矿加压浸出，可能是由于铜的催化作用加压浸出过程中添加剂分解较快。加压浸出渣直接氰化提金，金浸出率在80%~95%，但氰化钠耗量为20kg/t，石灰耗量为30kg/t，银回收率较低。

AAC-UBC工艺在AARL进行了连续全流程扩大试验，包括磨矿、加压浸出、液固分离，铜萃取电积及伴生有价金属的综合回收等。扩大试验用黄铜矿含有$CuFeS_2$ 71.3%，FeS_2 10.9%，ZnS 6.3%，Fe_7S_8 1.4%和$(Ca, Mg)CO_3$ 0.6%。采用6隔室加压釜，停留时间2h，反应温度150℃，氧分压700kPa，木素和白雀树皮直接加入给料矿浆中，用量为3~5kg/t。铜和锌的浸出率大于95%，元素硫转化率一般在55%~62%。硫分散剂对铜浸出率和萃取分相无影响。金回收率大于80%。假设闪锌矿和磁黄铁矿硫转化率为95%，黄铁矿小于25%，加压浸出过程中，黄铜矿中硫化物转化为元素硫比例在60%~70%，70%以上的黄铁矿氧化。

扩大试验过程中铜浸出率为97%左右，但有时稍低。过程中铜浸出率下降是由于加压釜出现堵塞，熔融硫包裹未反应的硫化矿，一旦形成即使加入过量表面活性剂也无法解决。

第一轮连续试验中铜浸出率下降是由于第3、4隔室间形成堵塞，也就是停留60min，导致上流隔室液位不断上升，降低气液传递效率，导致硫化物氧化效率的突然降低。排料中亚铁离子与三价铁离子比例的上升也可说明该问题。第二次连续试验中铜浸出率的降低更为平缓，但最后突然出现硫化物氧化的降低和加压堵塞。硫化物氧化速率非常低，是由于最后两隔室间出现堵塞。

虽然扩大试验中铜浸出率普遍较为理想，但堵塞形成的原因还不清楚，因此在该相同条件下进行了小型试验。试验用精矿在球磨7min后进行分离，+11~16μm和+16~24μm单独进行分级，−11μm部分在5μm超声波洗涤器中进行湿筛。最细部分是球磨+11~16μm矿样1h后样，最后形成A、B、C、D四种矿样。

小型试验矿浆浓度仅为1.5%，以弱化试验过程中溶液浓度的变化。相较于扩大试验过程中元素硫转化率仅为60%~64%，在硫酸质量浓度20g/L和反应时间90min条件下，新形成的元素硫无明显氧化现象。铜浸出速率最初为收缩核模型动力学受表面反应控制，但反应一定时间后改变。二次电子镜像表明在转换点出现小的硫团聚颗粒包裹未反应矿物，降低氧化表面面积，认为这些硫集群是导致加压釜堵塞的诱因。加入新鲜的表面活性剂0.2~0.5g/L的白雀树皮和木素也起不到分散作用。颗粒膜扩散和氧气传递作用可能是线性动力学偏离的原因。另外，低浓度矿浆对硫化物氧化机理不起主要作用，在没有表面活性剂条件下，即使矿物颗粒较细（3～11μm），在较短停留时间内（30min）硫团聚更为严重。高浓度可提高初始铜浸出率，但随着停留时间延长反应速率下降，高酸度下元素硫更难分散。加压浸出渣脱硫后进一步进行加压氧化，反应重新进行，确定熔融硫是阻碍反应进行的主要原因。可推论出偏离收缩核模型表面反应控制的原因是由于形成元素硫团聚，降低了氧化表面积。铜加压浸出过程中反应一定时间后表面活性剂逐渐低效，但机理仍不清楚。结果也表明矿物进行细磨（5～20μm 占80%）的重要性，建议中温连续加压浸出过程中缩短停留时间可能降低硫团聚的形成[54]。

4.3.2.4　NSC 工艺

NSC 工艺由美国爱达华州的阳光矿业公司（Sunshine Mining）和蒙大拿州的矿冶新技术研究中心联合开发[55]。要求磨矿粒度达到 -10μm 占80%，在 125～155℃、压力 630kPa 条件下，以硝酸为催化剂，通入氧气进行酸性加压氧化浸出。1984 年 Sunshine Mining 采用该工艺处理黝铜矿碱预浸脱锑时产出银辉铜矿，并进行了工业应用。该银辉铜矿含 Cu 22%、Ag 5.14%。浸出为间断操作，硝酸催化硫酸浸出，初始温度90℃，最终 150℃，银、铜和铁浸出进入溶液，硫转为元素硫进入浸出渣中。银经沉淀以 AgCl 形式回收，脱银后液经萃取、电积生产电铜。过程中也进行了系列改进，包括将精矿细磨至 -10μm 占80%，硝酸采用更为有效的催化剂硝酸钠代替。该厂共运行了16年，由于银和锑产量降低关闭。该厂是第一家也是生产时间最长的一家铜硫酸加压浸出厂。开发的黄铜矿加压浸出技术仍处于试验室研究阶段[56]。

$$3Ag_2S + 8H^+ + 2NO_3^- \rightleftharpoons 6Ag^+ + 3S^0 + 2NO + 4H_2O$$

$$3Cu_2S + 16H^+ + 4NO_3^- \rightleftharpoons 6Cu^{2+} + 3S^0 + 4NO + 8H_2O$$

硝酸用于硫化矿的处理最早可追溯到1909年，早在1909年 Kingsley 和 Rankin，稍后 Westby、Joseph 及 Weberd 等人就提出了100℃下采用硝酸提取硫化物中有价金属。Kingsley 在稍后的专利中提出采用更加温和的条件，也就是 5% HNO_3 和80℃回收元素硫。Pauling 发现在温和的浸出条件下，FeS、PbS 和 ZnS 转化为元素硫的量较高（约80%），黄铁矿和白铁矿仅10%，黄铜矿大约是50%。Bardt 和 Bjorling 等人在通空气加入适量 HNO_3 情况下，采用硫酸溶解黄铜矿并回收元素硫。浸出过程中硝酸起到催化剂的作用，释放出的氮氧化物在有氧气和水存在的条件下，可转化成 HNO_3。位于美国犹他州的 Kennecott Copper 研究学者进行了黄铜矿 HNO_3-H_2SO_4 体系浸出半工业试验。Habashi 对低品位铜镍硫化矿硝酸浸出进行了研究，矿物主成分是磁黄铁矿、镍黄铁矿及黄铜矿，采用15%～30%的硝酸浸出8h，镍铜等全部浸出进入溶液，元素硫及铁氧化物进入浸出渣中。对于含有难直接氰化处理金精矿的黄铁矿及砷黄铁矿，发明的 Nitrox、Arseno 及 Redox 流程均进行了扩大试验。矿物经硝酸分解后，金被释放出来易于采用氰化浸出。工业研究表明，铜镍硫化物产出的富含铂族金属的冰铜，可采用硝酸浸出回收铜和镍。控制适当的操作条件，可将铂族金属富集在浸出渣中。但仅硝酸催化的硫酸加压浸出技术进行了长期的工业应用。

NSC 硫酸加压浸出工艺具有如下优点：

（1）所有含铜硫化矿加压浸出中唯一的一项经过长期工业生产验证的工艺，无需氰化物直接回收金银。

（2）反应速度快，反应器容积较小。

（3）该工艺不需过高温度或压力。

（4）通过调节溶液氧化电位至较高值，使得所有硫化物在较低氧分压下氧化。

（5）设备材质可使用不锈钢，而不用衬钛或搪铅衬耐酸砖，投资和维修成本低；内部设计简单，可采用就地直接热交换进行温度控制；某种程度上与红土矿 HPAL 系统相似，热交换器产出热量可再利用优化生产热平衡或用于发电，降低生产成本。

（6）高压釜内不需要设浸没管或特殊结构的带罩的径向搅拌器，氧气通过氮化物的化学反应进行传递；由于不用钛材，尤其是钛材浸没管，氧气燃烧的危险性较小。

（7）给料泵、闪蒸系统和排料系统设计难度小。

（8）贵金属回收率高且直接。

（9）不存在复杂的氯化物反应和腐蚀问题。

（10）形成副产品元素硫、回收金工艺已实现，另外产出硫酸钠、氢氧化钠、硫酸和石膏等副产品，增加产品附加值。

（11）过程中仅使用少量的氮类物，几乎全部进入高压釜闪蒸气相中，采用常规的设备就可回收和净化，不会有经济和环境问题。

黄铜矿采用硫酸硝酸联合浸出，反应式一般表示为：

$$3CuFeS_2 + 4HNO_3 + 6H_2SO_4 \longrightarrow 3CuSO_4 + 3FeSO_4 + 6S^0 + 4NO + 8H_2O$$

然而，假设实际起作用的是 NO^+ 而不是 NO_3^-。加入 NO_2^- 而不是 NO_3^- 可形成 NO^+，NO^+/NO 氧化还原电偶标准电势高达 1.45V，酸性溶液中硝酸钠被认为是形成 NO^+ 的良好来源（见表4-10）。

$$NaNO_2 + H^+ \longrightarrow HNO_2 + Na^+$$

$$HNO_2 + H^+ \longrightarrow NO^+ + H_2O$$

Anderson 提出低温下 NO^+ 将硫化矿氧化为硫黄。对于黄铜矿发生反应如下：

$$CuFeS_2 + 4NO^+ \longrightarrow Cu^{2+} + Fe^{2+} + 2S^0 + 4NO$$

总反应如下：

$$CuFeS_2 + 4HNO_2 + 2H_2SO_4 \longrightarrow CuSO_4 + FeSO_4 + 2S^0 + 4NO + 4H_2O$$

表4-10 湿法冶金氧化物的相对电位

氧 化 剂	氧化还原方程	$E_h^{\ominus}$（pH值为0，H_2 ref.）/V
Fe^{3+}	$Fe^{3+} + e \rightarrow Fe^{2+}$	0.770
HNO_3	$NO_3^- + 4H^+ + 3e \rightarrow NO + 2H_2O$	0.957
HNO_2	$NO_2^- + 2H^+ + e \rightarrow NO + H_2O$	1.202
O_2	$O_2 + 4H^+ + e \rightarrow 2H_2O$	1.230
Cl_2	$Cl_2 + 2e \rightarrow 2Cl^-$	1.358
NO^+	$NO^+ + e \rightarrow NO$	1.450

产出的 NO 溶解度较低，发生气态反应如下：

$$2NO(g) + O_2(g) \longrightarrow NO_2(g)$$

$$2NO_2(g) \Longrightarrow 2NO_2(aq)$$

$$2NO_2(aq) + 2NO(aq) + 4H^+ \Longrightarrow 4NO^+(aq) + 2H_2O$$

总反应为：

$$CuFeS_2 + O_2 + 2H_2SO_4 \longrightarrow CuSO_4 + FeSO_4 + 2S^0 + 2H_2O$$

因此，在 NSC 系统中，黄铜矿氧化有多种途径，和溶液中的 Fe^{2+}、Fe^{3+}、Cu^{2+}、Cu^+、H^+、O_2 和 NO^+ 有关[57]。

阳光矿业公司生产处理原料典型成分为：Cu 24%，Ag 4%，Fe 18%，Sb 1%，Zn 2%，As 2%，Pb 2%～20%，S 35%[58]。矿物球磨后粒度为 −10μm 占 80%，矿浆固含量 8%～20%。采用间断浸出，批次处理量为 17m³，初始铜浓度 15g/L，硫酸浓度 200g/L。在 50℃下预浸 1h，工作压力最高为 620kPa，加压浸出工作温度为 50～155℃，氮化物浓度 2g/L，加压浸出反应时间 1h。银、铜、铁等浸出进入溶液，部分硫转化为元素硫，溶液终酸 105～125g/L。工业生产中最初采用硝酸，后改用硝酸钠。溶液中银经氯化沉淀形成氯化银，经过滤、洗涤、还原生产海绵银，最终熔铸、电积、铸成银条外售。除银后液经中和、萃取、电积生产电铜。NSC 厂典型产物见表 4-11。工业生产流程如图 4-8 所示。

表 4-11　NSC 厂典型产物

分　析		Ag	Cu	Fe	Pb	Sb	As	Zn
溶液/g·L⁻¹		6	45	25	1mg/L	1mg/L	2	2
渣/%		2.7	1	3	35	4	1	0.1
硫黄/%		—	0.5	1	0.1	0.1	0.1	0.1
质量分数 /%	溶液	96	99	93	—	—	85	99
	渣	4	0.5	7	100	100	15	1
	硫黄	—	0.5	1	—	—	—	—

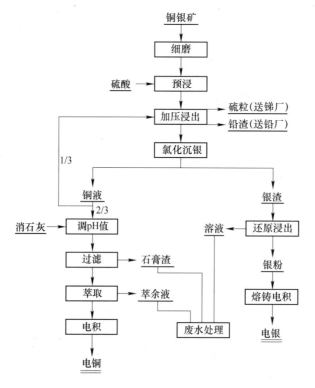

图 4-8　NSC 厂工业生产流程

CAMP 采用 NSC 工艺对多种矿样进行了试验，包括含金、铂族元素、镍、钴、铜、镓、锗和锌的矿石或精矿等[59]，大致可分为完全催化氧化和部分催化氧化两大类。针对含 Cu 25.1%、Fe 30.8%、S 36.1% 的黄铜矿，控制初始硫酸质量浓度为 20g/L，工作压力 975kPa，最高温度 175℃，铜、铁浸出率分别为 99% 和 98.2%。原料中硫 99% 以上转化为硫酸盐，产出的含酸和铁离子的溶液可用于堆浸，强化浸出效果，且可采用传统氰化工艺回收浸出渣中金银。针对上述矿物，将初始硫酸质量浓度调整为 10g/L，最高温度调整至 180℃，其他条件不变，铜浸出率 99.0%，铁浸出率 7.3%，99% 以上硫转化为硫酸盐，铁沉淀进入渣中，有利于后续萃取电积工艺处理。南美某厂采用堆浸法处理某矿山上部的以辉铜矿和铜蓝为主的次生铜矿，但随着矿山的深度开采，产出的矿主要为黄铜矿，采用现有工艺较难处理，且原有萃取-电积系统生产能力过剩，因此进行了黄铜矿 NSC 工艺试验。不仅可充分利用原有的萃取电积系统，且过程中产出的酸和三价铁可用于堆浸。

同样针对上述矿物在低温低压下进行部分催化氧化浸出，使硫化物中硫转化为元素硫，产出元素硫可作为氧化铜矿的硫化剂，以便进行浮选。控制初始硫酸浓度 50g/L，工作压力 620kPa，最高反应温度 125℃，铜浸出率 99.5%，铁浸出率 99.6%，84% 硫转化为元素硫，15.7% 转化为硫酸盐。

另外，该工艺还可用于处理含金银铂钯等黄铜矿[60]。针对含 Cu 20.1%、Fe 33.5%、S 37.4%、Au 16.3g/t、Ag 320.2g/t 的黄铜矿，控制初始硫酸浓度 175g/L，工作压力 620kPa，最高反应温度 125℃，铜、铁、银的浸出率分别为 99.5%、97.0% 和 97.0%。最终 0.2% 铜、1.0% 铁和 96.1% 金进入硫黄中，其余进入浸出渣中。硫 83.7% 以元素硫形式存在，17.1% 以硫酸盐形式存在。该工艺的关键是非氰化回收金银工艺，有效利用副产品硫及处理氧化铜矿。溶液过滤后采用 NaCl 沉银，AgCl 沉淀经过滤、洗涤后采用现有工艺还原，电解生产纯度 99.95%、99.99% 或 99.999% 银。金一般进入硫黄产品，工业中将元素硫溶解在氢氧化钠中浸出锑硫化物。过程中产出的碱性硫化溶液即可进一步用于金浸出，也可经低温氧化、净化、结晶生产硫酸钠。东欧某厂采用 NSC 部分氧压浸出工艺处理含金黄铜矿，处理量为 500t/d，浸出液经萃取电积生产电铜。浸出渣采用碱金属硫化物浸出，经电积回收金。部分氧化法的关键是控制硫化矿的氧化，避免元素硫的氧化，减少氧气用量，减少硫酸产出量，并将铁沉淀进入渣中。同时，产出的元素硫作为碱金属硫化物回收金系统的无氰浸出剂。主反应为：

$$4S + 6NaOH \longrightarrow 2Na_2S + Na_2S_2O_3 + 3H_2O$$

$$(x-1)S^0 + Na_2S \longrightarrow Na_2S_x (x = 2 \sim 5)$$

$$2Au + S_2^{2-} + 2S^{2-} \longrightarrow 2AuS^- + 2S^{2-}$$

另外，该工艺还可处理含砷铜矿，针对含 Cu 7.2%、Co 14.4%、Fe 14.4%、As 20.0%、Au 0.42%、$S_{总}$ 19.0% 原料，控制始酸 100g/L，总压 620kPa，最高温度 125℃，铜、钴、铁、砷的浸出率分别为 97.3%、97.7%、97.7% 和 93.4%，金全部进入浸出渣中。

4.3.2.5 Dynatec 工艺

Dynatec 公司是由加拿大 Sherritt Gordon 公司经整合组建的股份制技术开发公司，主要从事冶金技术研究开发及技术转让、工程设计、咨询、工厂建设、技术服务。其在组建时承接了 Sherritt Gordon 的全部冶炼技术开发业务，氧压浸出技术是其中最主要的技术之一。

该技术最初是用来浸出锌精矿，后来发展到处理黄铜矿，Dynatec 黄铜矿直接浸出工艺研究始于 20 世纪 60 年代后期。Dynatec 工艺要求精矿粒度 – 10μm 占 90%，黄铜矿在 150℃，辉铜矿在 100℃，氧分压 5~15atm 条件下浸出，浸出渣浮选回收铜和元素硫，氰化浸出回收贵金属。

Dynatec 在锌精矿加压浸出研究过程中发现，煤粉可缓解硫黄的包裹和团聚，是最稳定和廉价的添加剂，且可适用于黄铜矿加压浸出。且以含碳较低的煤为好，碳含量最好在 25%~55%，含碳高的煤主要由芳烃化合物组成，而低碳的主要为烷烃化合物。将煤粉预先磨，或与矿粉一起磨至 – 60μm。煤粉加入量与其成分和性质有关，每吨矿石加入量在 3~50kg，一般在 10kg/t 左右。浸出过程中煤粉的分解率不超过 50%。

铜精矿经一段加压浸出后，铜浸出率可达到 85%~90%，浸出渣经浮选回收未反应的硫化物和元素硫，尾渣主要成分为赤铁矿，采用传统方法回收其中的贵金属。硫精矿经熔化、过滤产出元素硫和硫化物滤饼，硫化物滤饼主要为未反应的黄铜矿，经再磨返回加压浸出，以提高铜的总回收率。加压浸出过程中产出的过量硫酸盐部分开路除去，经石灰中和产出石膏。加压浸出液经萃取、电积生产高纯阴极铜。

针对含 Cu 27.8%、Fe 28.8%、Ni < 0.1%、Si 2.41%、S 32.5%、Zn < 0.1% 的铜精矿，细磨至 – 13μm 占 90% 在氧分压 750kPa、150℃ 下进行加压浸出，前两组试验中初始硫酸和硫酸铁加硫酸铜的物质的量比为 1.66，第三组为 0.67，结果见表 4-12，添加煤粉的结果优于木质素磺酸钠。

表 4-12　添加剂对黄铜矿氧化酸浸的影响

添加剂	铜浸出率/%					总浸出率/%			最终溶液成分 /g·L^{-1}			硫转化率/%		
	30min	60min	120min	240min	360min	Cu	Fe	S	Cu	Fe	H$_2$SO$_4$	S^0	SO$_4^{2-}$	未反应
无	46.4	46.8	40	42.8	49.3	49.3	59.3	16.3	46	20.3	94			
2kg/t 木质素磺酸钠	55.8	62.5	67.2	71.8	70.8	70.8	70.6		50.8	23.8	83.5			
25kg/t 煤粉	50.4	64.7	83.8	96.7	98.4	98.4	26.8		79	19.1	23.6	69.4	27.4	3.2

注：煤粉总碳 59%，其中烷烃 50.4%，芳烃 49.6%。

针对含 Cu 23%、Fe 28%、S 39% 的辉铜矿-黄铁矿，该矿 29% 为辉铜矿，60% 为黄铁矿，黄铁矿中硫占总硫量 90%。采用火法进行处理，每吨铜产出 3.4t 二氧化硫。将该矿在 80~105℃、氧分压 140~350kPa 下进行加压浸出，铜浸出率可达到 97% 以上，黄铁矿浸出率低于 10%。浸出液经中和除铁后，直接电积回收铜，废电解液返回加压浸出工序。

1996 年年底，Dynatec 采用该技术处理位于西班牙塞维利亚（Seville）附近的 Las Cruces 铜矿。该矿储量 1600 万吨，铜品位 6%，主要矿物为黄铁矿和辉铜矿，另还有斑铜矿、黄铜矿等，最初属于英国力拓矿业集团（Rio Tinto PLC），后卖给了美国犹他盐湖城的 MK Gold 公司。该矿直接选矿生产铜精矿，铜回收率不足 75%，且杂质含量高。Dynatec 决定对该矿进行中温加压浸出，铜浸出率较高，且黄铁矿反应较少。1997 年初完成了小型工业试验，并进行了常压硫酸铁浸出工艺和 Dynatec 加压工艺对比，采用一段常压和一段加压工艺进行处理，浸出液经两级萃取后，电积生产电铜。1997 年 12 月在 Dynatec 进行了为期8天的全流程连续试验，产出阴极铜[61]。Dynatec进行了可研设计，设计规模为7.2万吨/年，2003年开始建设。

细磨后铜精矿进行两段逆流浸出。一段为常压浸出，铜精矿与二段加压浸出液在80℃下通入氧气进行反应，消耗溶液酸的同时将溶液中三价铁还原为二价铁，铜浸出率55%左右。反应后矿浆浓密后，溢流经冷却、过滤后送萃取工序。常压浸出底流加入一段萃余液、二段反萃液在90℃、250kPa下进行加压浸出，铜浸出率90%以上。加压浸出液返回常压浸出，浸出渣洗涤后堆存。常压浸出液经萃取、电积生产阴极铜。萃余液大部分返回加压浸出，小部分经二段萃取提铜后开路铁和其他杂质。为优化系统水平衡，一段萃取洗水酸化后作为二段萃取的反萃液。二段萃余液加入石灰中和酸，并沉淀铁和其他杂质。矿浆浓密后，底流送尾矿库，溢流返回系统。Las Cruces铜矿处理工艺流程如图4-9所示。

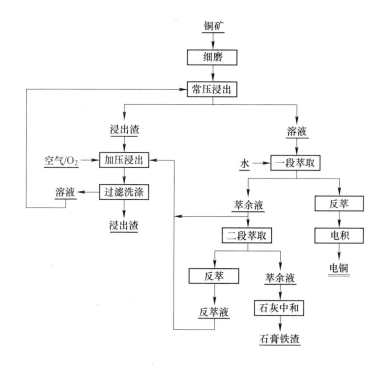

图4-9 Las Cruces铜矿处理工艺流程

连续试验用原料成分见表4-13，采用K矿进行了6天试验，采用L矿进行了两天试验。精矿细磨至−105μm占90%，矿浆浓度70%。

表4-13 连续试验原料主要成分 （%）

编 号	Cu	Fe	S	As	Ca	Pb	SiO$_2$	Zn
K	6.14	30.70	36.60	0.31	0.26	0.75	19.20	0.25
L	6.9	39.6	47.2	0.53	0.03	0.94	<0.1	0.63

常压浸出在管式反应器中进行，返回加压浸出液含Cu 20g/L、Fe 14g/L（Fe^{2+} 12g/L）、H$_2$SO$_4$ 20~26g/L，反应后液含铜17~23g/L、铁12~17g/L、Fe^{3+} <1g/L。K矿反应后液含酸10~17g/L，L矿为17~23g/L。该段铜浸出率为14%~22%（K矿）和17%（L

矿）。铁浸出率约为1%。浓密底流固含量70%。

加压浸出在五隔室加压釜中进行，固体给料量为5kg/h。初始硫酸浓度43～58g/L，K矿铜总浸出率（常压+加压）90%～91%，L矿为83%。铁浸出率通常为3%～4%。加压浸出液含铜21～25g/L、铁14～21g/L、酸18～35g/L、锌0.9～2g/L、砷0.4～0.8g/L。矿浆进行三段逆流洗涤，絮凝剂总加入量为24g/t，可溶铜损失率0.6%，浸出渣含铜0.6%。

萃取均在40℃下进行，采用30% M5640，一段萃取包括3级萃取、1级洗涤和2级反萃，洗水酸化后送至二段反萃。萃余液大部分返回加压浸出工序，20%～25%进行二段萃取回收铜，包括1级萃取和1级反萃。二段萃余液主要成分为：As 0.4～0.9g/L、Cu 0.3～2g/L，Fe 12～19g/L，Zn 0.9～1.8g/L，H_2SO_4 41～50g/L，在5台连续反应釜中加入石灰通入空气进行中和，控制温度85℃，pH值为6～7，溶液中铜、铁、锌含量降至10mg/L以下，砷降至0.01mg/L以下。浓密底流固含量55%～60%，渣主要成分为：As 0.2%、Ca 22%、Cu 0.4%、Fe 8%、Zn 0.7%。全流程铜总回收率为89.2%（K矿）和81.1%（L矿）。MK Gold取得矿权后，Dynatec在2000年再次进行了连续试验。萃取料液成分见表4-14。

表4-14　萃取料液成分

工　序	给　料		萃余液		反萃液		富铜液	
	Cu	H_2SO_4	Cu	H_2SO_4	Cu	H_2SO_4	Cu	H_2SO_4
一段萃取	18～25	10～22	1.3～4	39～51	32～39	183～195	42～50	163～182
二段萃取	1.3～4	39～51	0.3～2	38～56	0.5～1.7	173～196	2.6～10	153～195

4.3.2.6　Phelps Dodge（现FCX）工艺

Phelps Dodge在开发高温高压浸出工艺的同时，还提出了四种中温加压浸出工艺流程：

（1）精矿细磨至-6～7μm占80%（和-12～15μm占98%）后，在160～170℃进行中温加压浸出，并采用SX-EW工艺回收铜。

（2）中温加压浸出—直接电积工艺流程。

（3）中温加压浸出，高浓度溶液直接电积，低浓度溶液SX/EW流程。

（4）细磨后精矿进行高温或中温加压浸出，直接电积，废电解液沉铜产出高酸低铜溶液用于堆浸。

1999～2001年，Phelps Dodge在其各研究中心针对多种硫化铜矿进行了系列低温和中温加压浸出工艺研究，如智利Candelaria铜矿、Bagdad铜矿等，考察了温度、酸度、粒度、停留时间、添加剂对铜浸出率、硫生成率、贵金属行为及浸出渣性质的影响。精矿粒度是影响铜浸出率的重要因素，精矿直接浸出，铜浸出率仅为40%～45%，必须进行细磨处理。2003年，在Hazen研究中心对智利Candelaria矿和美国亚利桑那州Bagdad矿进行了连续扩大试验。试验在一台四隔室卧式钛材加压釜中进行，精矿需细磨至-12～15μm占98%和-6～7μm占80%，温度160～170℃，氧分压620～1380kPa，酸量400～600kg/t，木质素磺酸钙（CLS）10kg/t，停留时间90～120min，铜浸出率可达到98%以上。另外研究结果表明，在170℃，酸量400kg/t，停留时间90min，CLS用量10kg/t条件下，铜浸出率98.2%。渣中铜主要为元素硫包裹的未反应黄铜矿和赤铁矿吸附铜。50%硫化物中硫转化为元素硫，其余形成硫酸盐[62]。

加压浸出过程中需加入一定量的硫酸，为降低硫酸用量，Phelps Dodge 和 Hazen 研究中心工作人员提出了几种可行流程，较好的就是浸出液直接电积工艺（DEW），废电解液返回加压浸出，低铜溶液萃取回收铜，即 MT-DEW-SX 工艺（见图 4-10）。MT 工艺和 MT-DEW-SX 流程的明显区别是，由于加压浸出液的混合及废电解液的返回作为冷却液及浸出剂，加压浸出溶液中铜浓度明显升高。MT-DEW-SX 工艺过程中不需加入浓硫酸，65% ~ 70% 硫转化为元素硫，硫酸产出量仅为高酸的 1/3，氧耗降低 50%。

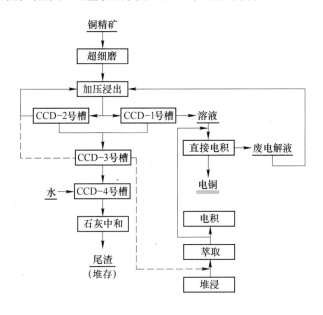

图 4-10 Bagdad 厂 MT-DEW-SX 流程图

2003 年 8 ~ 9 月，在 Hazen 研究中心针对 Cerro Verde 硫化矿进行了 MT-DEW-SX 工艺流程连续扩大试验，由于原料有限，最初采用 Bagdad 矿进行了试验。两种矿矿物成分稍有差别，Bagdad 矿 95% 为黄铜矿，3% 为脉石，黄铁矿为 1%；而 Cerro Verde 矿 85% 为黄铜矿，5% 为脉石，5% 为黄铁矿，3% 为铜蓝。共进行 3 组试验，处理 834kg 矿（Cu 251kg），产出 160kg 阴极铜（见表 4-15）。

表 4-15 细磨后 MT-DEW-SX 扩大试验用精矿成分 （%）

元　素	Cu	Fe	S_T	S^{2-}	Ag/ ×10⁻⁶	Al	As/ ×10⁻⁶	Ca	K
Bagdad 矿	30.2	28.6	34.8	34.3	77	0.7	186	0.195	0.344
Cerro Verde 矿	29.9	27.4	34.7	34.3	65	1.23	491	0.053	0.234
元　素	Mg	Na	Mo	P	Sb	Si	Pb	Zn	
Bagdad 矿	0.08	0.128	0.02	0.013	0.022	2.44	0.018	0.052	
Cerro Verde 矿	0.053	0.042	0.068	0.027	0.018	2.26	0.108	0.496	

精矿在 Netzch LME4 球磨机中磨至 −15μm 占 98%（矿浆浓度 50%），送至 4 隔室 30L 钛材加压釜在 160℃下进行加压浸出，矿浆液固分离后，浸出液温度保持在 50℃以上以防止硫酸铜结晶，送电解槽进行直接电积，浸出渣经逆流洗涤后，洗水送萃取，反萃液及电

积废液返回加压浸出。第一隔室氧气接在釜体外部矿浆给料管上，在进入第一隔室前即通氧气，同时直接接入第2、3隔室，第4隔室给气量较少或不通气。浸出液返回釜体第2、3隔室进行冷却。

第一组试验运行116h，处理的 Bagdad 矿，粒度为 -21μm 占98%， -5μm 占80%，160℃，平均停留时间87min，氧分压1380kPa，总压1920kPa，最初40h，硫酸量为378kg/t，铜浸出率为96.5%，后来提升至450kg/t，铜浸出率达到97.5%，铁浓度也由1.6g/L 升至3g/L。最后36h溶液浓度为：Cu 111g/L，酸 25.3g/L，Fe 3.11g/L。67%硫转化为元素硫。

第二组试验处理 Bagdad 矿104h，处理 Cerro Verde 矿55h。浸出条件与第一组相似，但由于球磨机磨损，精矿粒度为 -25μm 占98%，导致铜浸出率仅为96.1%，较第一组低。溶液成分为：Cu 112g/L，酸 19.8g/L，Fe 1.98g/L。70%硫转化为元素硫。但 Cerro Verde 矿铜浸出率仅为93.6%（ -22μm 占98%， -7.5μm 占80%），溶液成分为：Cu 107g/L，酸 22.6g/L，Fe 2.89g/L。69%硫转化为元素硫。考察原因，Cerro Verde 矿浸出率低主要是由于浮选药剂用量过多造成，将精矿采用丙酮洗涤后再进行加压浸出，铜浸出率可提高至96% ~ 97%；采用热水洗涤效果不理想；加入 10kg/t CLS 和 5kg/t 单宁酸（quebracho tannin），渣中铜含量可降至 0.6% ~ 0.7%，与 Bagdad 矿直接加 10kg/t CLS 效果相似。

第三组试验中将 Cerro Verde 矿磨至 -15μm 占98%， -5μm 占80%，铜浸出率达到95.9%。溶液成分为：Cu 114g/L，酸 23.2g/L，Fe 3.19g/L。65%硫转化为元素硫。

电解采用常规工艺条件，试验中阴极尺寸为 0.36m×0.99m，阴阳极间距 0.039m，每槽2块阴极、3块阳极，槽电压1.70 ~ 1.75V，电流效率88% ~ 90%。试验发现，溶液中铁浓度每增加1g/L，电流效率降低1.99%，Cu 能耗增加0.083kW·h/kg，电解液中最好控制铁质量浓度3g/L。产出阴极铜达到 LME A 级铜标准[63]。

扩大试验典型数据见表4-16。

表 4-16　扩大试验典型数据

原　料		Bagdad	Bagdad	Bagdad	Bagdad	Cerro Verde	Cerro Verde
运　行		第1组运行1	第1组运行2	第1组运行3	第2组	第5组	第6组
给料/%	Cu	30.2	30.2	30.2	30.2	29.9	29.9
	Fe	28.6	28.6	28.6	28.6	27.4	27.4
	S	34.8	34.8	34.8	34.8	34.7	34.7
粒度/mm	P80	4.1	5.2	5.2	6.0	7.3	5.1
	P98	19.6	21.8	21.8	24.7	20.5	15.7
渣/%	Cu	1.41	0.92	1.00	1.45	2.35	1.60
	Fe	35.8	35.5	34.9	35.9	35.2	34.7
	S	30.0	30.8	31.1	30.2	29.2	29.7
溶液/g·L^{-1}	Cu	113	110	111	112	107	114
	Fe	1.62	2.20	3.11	1.97	2.89	3.19
	H$_2$SO$_4$	18.7	22.1	25.3	19.8	22.6	23.2

原　料	Bagdad	Bagdad	Bagdad	Bagdad	Cerro Verde	Cerro Verde
运　行	第1组运行1	第1组运行2	第1组运行3	第2组	第5组	第6组
吨矿加酸量/kg	429	500	524	461	490	471
元素硫转化率/%	65	68	67	70	69	65
铜浸出率/%	96.5	97.6	97.5	96.1	93.6	95.9

A　Bagdad 厂[64]

2005年4～12月对Bagdad厂原有高温加压浸出系统进行了改造，以进行MT-DEW-SX流程试验，并由Aker-Kvaerner公司完成了可研，共运行7个月，设计规模为1.27万吨/年。操作参数对比见表4-17。

表4-17　操作参数对比

参　数		高温浸出	MT-DEW-SX
精矿给料量/t·h^{-1}		7.1 (7.8)	5.7 (6.3)
操作温度/℃		225	160
停留时间/min		60	90
氧分压/kPa		690	1380
PLV铜浸出率/%		98.0	97.5
氧用量/t·d^{-1}		143 (158)	56.7 (62.5)
吨矿加酸量/kg		0	484
溶液/g·L^{-1}	Cu	30	100
	Fe	1.8	2.1
	硫酸	50	20

根据小试及扩试结果，精矿粒度要达到 $-6～7\mu m$ 占80%和 $-12～15\mu m$ 占98%，吨矿球磨功率为42～47kW·h，因此增加了两台竖式搅拌磨（Stirred Media Detritors，宾夕法尼亚 Metso Minerals，型号 No. SMD355），单台功率355kW·h，容积8300L，开路，球磨后无过滤。

利用原有加压釜和闪蒸槽，加压浸出矿浆液固分离是关键，必须缩短酸液与赤铁矿渣的混合时间，以避免铁重溶。原有CCD系统进行了调整，矿浆分别流入1号和2号浓密机，上清液含铜100～110g/L，一半返回加压浸出系统，一半直接送电积系统，底流合并后送3号、4号浓密机进行逆流洗涤。3号浓密机溢流及贫液送萃取系统，部分返回加压浸出系统做冷却用。由于萃取、电积系统距离加压浸出3.8km，重新铺设了富液及贫液管道，增加了电积设备，将产能由1.36万吨/年扩大至2.66万吨/年，增加了52台电解槽。也提出了不同的电解方案，一是加压浸出液直接电解形成闭路系统（DEW）；二是将加压浸出液与反萃液混合、过滤后电解（EW/DEW），最后将两者进行了结合，约70%由DEW系统产出，30%通过SX/EW系统产出。

生产期间，10～12月运行较为稳定，铜浸出率96%，低于设计指标97.5%，主要是由于球磨机磨损严重等原因造成矿物粒度过粗。氧气利用率80%～90%。萃取过程中三相较为严重，主要是由于硅沉淀造成。电积采用的始极片而不是永久阴极，经常出现掉耳现象，一是由于电解系统进行了加热，温度有时达到 60℃ ，造成吊耳腐蚀严重；二是溶液中硅在吊耳接触位置聚集造成钝化；三是放酸雾球层过厚，上层酸度过高造成腐蚀。之后在 Hazen 进行了脱硅试验，脱除率可达 70% ~80% 。MT-DEW-SX 流程操作结果见表 4-18。

表 4-18　Bagdad MT-DEW-SX 流程操作结果

参　　数	2005 年 6~11 月	2005 年 10~11 月
精矿/t · h⁻¹	5.3 (5.8)	5.5 (6.1)
品位/%	29.1	28.6
设备运转率/%	77.5	85.4
铜浸出率/%	95.6	95.5
每月铜产量/t	740 (816)	865 (953)

B　Morenci 厂

Western Copper 位于美国亚利桑那州的 Morenci 铜矿，是北美最大的铜矿，也是全球最大的湿法生产电铜的矿山，最早开发于 1872 年，由底特律铜矿公司从事采矿活动，1917年收归 Phelps Dodge 公司。1987 年其第一个萃取电积厂投产。2004 年其总产量为 40 万吨/年阴极铜，处理原料主要为辉铜矿，矿石经破碎后，高品位矿堆浸，低品位矿进行原矿浸出，并配有四条萃取、三条电积生产线，硫酸由迈阿密厂提供。该厂计划 2007 年开始处理黄铜矿，最初计划选矿产出精矿运至迈阿密冶炼厂采用传统工艺进行处理，后决定采用加压浸出工艺在现场进行处理，加压过程中产出的酸可补充堆浸用酸。Aker-Kvaerner 完成了预可研，并对高温、中温加压工艺进行了对比，且在 Hazen 研究中心进行连续试验。2005 年 5 月 Aker-Kvaerner 完成了可研，主工艺流程为 MT-DEW-SX，项目总投资 1.09 亿美元。2005 年 6 月开始进行施工图设计，2006 年 3 月开始建设。2006 年 11 月第一台加压釜运至现场，12 月第二台釜到现场[65]。2007 年投产。

该厂设计铜总回收率为 97.5% 。90% 的铜采用直接电积法生产，其余 10% 与传统堆浸液混合后经萃取-电积生产。设计年精矿处理量为 19.7 万吨，铜产量为 6.6 万吨，酸产量为 384 t/d。

精矿在两台 Isa 超细磨机中磨至 -7μm 占 80% ， -15μm 占 98% ，处理量为 32t/h，磨机为澳大利亚布里斯班 Xstrata Technology 的 M10000，2.6MW，陶瓷滤芯。磨后矿浆经加压泵送至两台加压釜，ϕ4.3m × 25.2m，六隔室，6 个 Lightnin A-340 搅拌，内衬两层76mm 耐酸砖和 Pyroflex 防腐层，操作温度 160℃，操作压力 1918kPa，设计压力 2242kPa。设备运转率 85% ，停留时间 90min，氧分压 690~1380kPa，氧气用量 360t/d，吨矿加酸量190~520kg。矿浆闪蒸后进入蒸发冷凝器，溶液送至浓密机，渣过滤后进行三级 CCD 洗涤，中和后送至尾矿库。溶液含 Cu 108g/L、Fe 1.8g/L、硫酸 25g/L。氧气由第三方提供。

FCX Morenci 加压釜如图 4-11 所示。

4.3.3　低温加压浸出

在硫熔点以下温度氧化浸出黄铜矿，同样会出现钝化现象，阻滞反应的进行。这或者是由于产生的固态硫包裹在颗粒外面，或者是由于生成了铜的富硫中间矿物。为了克服这

图 4-11 FCX Morenci 加压釜

种钝化现象，可以机械活化黄铜矿或者增强浸出剂的氧化能力。

$$2CuFeS_2 + 2.5O_2 + 5H_2SO_4 \longrightarrow 2CuSO_4 + Fe_2(SO_4)_3 + 4S^0 + 5H_2O$$

$$CuFeS_2 + 2Fe_2(SO_4)_3 \longrightarrow CuSO_4 + 5FeSO_4 + 2S^0$$

$$3Fe_2(SO_4)_3 + 14H_2O \longrightarrow 2(H_3O)Fe_3(SO_4)_2(OH)_6 + 5H_2SO_4$$

$$Fe_2(SO_4)_3 + 4H_2O \longrightarrow 2FeOOH + 3H_2SO_4$$

溶液中硫酸盐浓度较高时，部分铜沉淀：

$$3CuSO_4 + 4H_2O \longrightarrow CuSO_4 \cdot 2Cu(OH)_2 + 2H_2SO_4$$

大部分铁以 α-FeOOH 针铁矿形式沉淀，有氯离子存在下，β-FeOOH 会吸附部分氯离子进入其晶格中，如果不加入碱离子将会形成铁钒。根据矿物成分和反应条件的不同，硫转化为元素硫的比例为 40% ~ 80%。

4.3.3.1 Activox 工艺

1993 年多明尼翁矿业公司（Dominion Mining Limited）开发成功一种难冶金矿处理技术，采用高效细磨机进行矿粉的超细磨活化，在低温下氧化浸出，分解黄铁矿及砷黄铁矿，而后氰化浸出金。后来又用于处理硫化镍精矿和黄铜矿精矿。超细磨后矿粉粒度达到 5 ~ 15μm，氧化分解温度 100 ~ 110℃，氧分压 1MPa。后来由西澳大利亚西部矿业技术公司（Western Minerals Technology Pty Ltd.，WMT）实现了工业化，用来处理高品位辉铜矿，称作 Activox 过程。WMT 成立于 1998 年，主要推广湿法冶金技术，尤其是其 Activox 工艺专利，莱昂矿业公司（LionOre Mining International Ltd.，2007 年被 Norilsk 收购）拥有 80% 股份，Aqueous Metallurgy 公司拥有 20% 股份。

根据多明尼翁公司早期的一个专利，针对含铜 29%、铁 32%、硫 32% 的黄铜矿，细磨至 −15μm 占 100%（$P_{80} = 5μm$），在低于 120℃ 及 1MPa 氧分压下，铜浸出率大于 90%。每千克铜氧气消耗量为 0.99kg。据称如采用 3 段浸出，每段中间再次细磨，则可以使氧气消耗大为降低。他们此后的一个专利，将矿石细磨至 2 ~ 20μm，浸出液中加入 2 ~ 10g/L 氯离子，低温浸出 45 ~ 60min，铜浸出率可达到 98%。渣中金的氰化浸出率在 74% ~

98%，不过氰耗较高，达到每吨干渣 15～22kg。对于含黄铁矿较低的精矿，矿石中硫转化为单质硫的比例为 60%～70%，与中温浸出类似。

采用该流程处理两种含较高黄铁矿的铜精矿，含铜分别为 17.3% 和 15.5%，含硫分别为 41.5% 和 34.3%，细磨至 $P_{80}=5.4\mu m$，在 100℃、1MPa 总压下，浸出 1～1.5h，铜浸出率达到 96%～98%，26% 的硫转化为单质硫，42% 转化为硫酸根，32% 的硫未被氧化，也即部分黄铁矿未反应。在矿石处理量 13t/h 条件下，矿石粒度由 $P_{80}=60\mu m$ 磨至 $P_{80}=6\mu m$，能耗为 40kW·h/t 矿，仅为震动磨能耗的 1/10。

目前该技术开发的主要客户有 Dominion 矿业有限公司、Avin（南非）、西部矿业技术公司、WMC 资源部、Straits 资源部、Newcrest 矿业有限公司、Kalgoorlie 矿山集团、El Misti 矿山（秘鲁）、美国 Anglo 股份公司等。西部矿业技术公司针对镍矿、难处理金矿、铜矿和含钴黄铁矿进行了大量研究工作。

2004 年 LionOre 在博茨瓦纳 Tati 矿建立了示范厂处理镍铜矿，毗邻 Phoenix 选矿厂（1996 年投产），包括超细磨、加压浸出、CCD、萃取、电积等工序。该厂精矿日处理量为 8t，电镍产能为 300kg/d，电铜产能为 150kg/d[66,67]。加压釜外壳为 C276 哈氏合金，$\phi 1.04m \times 3.9m$。加压釜填充率 75%（$3.34m^3$），停留时间 2.6h。镍、钴、铜的回收率分别为 96.2%、88.3% 和 82.9%。2004 年 5 月开始共进行三次试验，每次 10 周。示范厂运行较为成功，计划将老的 Bulong 红土矿镍厂改造为 Avalon Activox 精炼厂，2005 年进行了可研，建设规模为 4 万吨/年，原计划 2005 年年底开始建设，但由于市场原因暂被搁置。

4.3.3.2　MIM Albion 工艺

MIM Albion 工艺由澳大利亚的 MIM Holdings 开发，主要用于处理难浸硫化铜矿，其技术关键为超细磨矿，要求磨矿粒度达到 80% 以上小于 20μm；在低温（90℃）和高酸度下浸出，铜浸出率可达 95%；浸出过程中加入一定的氧化剂以提高氧势。

4.3.3.3　BGRIMM-LPT 工艺[68]

国内对硫化铜矿湿法冶金也进行了大量的研究，其中包括加压浸出、矿浆电解、细菌浸出等方法。北京矿冶研究总院是国内较早研究黄铜矿加压浸出的单位之一，近几年，在处理复杂硫化矿物方面开展了大量的试验工作，在一些关键技术上取得了突破性进展，分别形成了硫化锌精矿、复杂硫化铜矿、复杂镍钴硫化物加压浸出新工艺，并申请了国家专利。目前已经完成了复杂黄铜矿的半工业试验，在较低温度和较低压力下，首次实现了黄铜矿的完全浸出，铜浸出率在 59% 以上，黄铁矿基本不参与氧化反应，58% 以上的硫生成单质硫，砷与铁结合成稳定的砷酸铁被固定在渣中。该技术已经通过了国家技术鉴定，认为 BGRIMM-LPT 技术在该领域达到国际领先水平。

阿舍勒铜矿位于新疆北部阿勒泰地区哈巴河县，属火山喷发-沉积成因的黄铁矿型铜锌混合多金属矿床，其中储量最大的一号矿体经审查批准的地质勘探报告提供的铜金属储量为 91.9 万吨，地质平均含铜品位为 2.43%，共生的锌金属量为 40.8 万吨，地质平均含锌品位为 1.08%。工艺矿物学研究表明，黄铜矿是矿石中最主要的铜矿物，黄铜矿与闪锌矿、砷黝铜矿关系密切，因此铜、锌、砷选矿分离困难。1996 年北京矿冶研究总院曾对该矿进行了扩大连选试验，产出的铜精矿含锌、砷较高（含 Zn 2%、As 0.71%），锌精矿中含铜也超过了标准（含 Cu 1.12%）。当时项目批准的建设规模为日采选 3000t，铜精矿和锌精矿计划运到白银公司销售，每年仅运费就高达 4339 万元，加上年均 1339 万元销售价格扣减，企业每年两项减利因素就将达到 5678 万元。如果产量扩大，这两项减利因素将进一步加大。为此，在阿舍勒铜矿就近冶炼加工铜精矿和锌精矿是提高经济效益的根本措施。由于国家禁止新建年产量 5 万吨以下粗铜冶炼项目，加上大量的烟气必须制酸，而市场上硫酸又严重过剩，无法出售，因此阿舍勒铜矿冶炼加工的出路在于寻找新的全湿法冶金工艺。

2000 年 1 月北京矿冶研究总院提出采用湿法冶金技术处理铜锌混合精矿，并接受新疆阿舍勒铜业股份有限公司的委托进行了探索试验研究。经过多方面论证，认为加压浸出技术是相对比较成熟，且适合新疆当地情况的湿法冶金工艺。2000 年 1~7 月，在北京矿冶研究总院进行了含 Cu 10.58%、Zn 2.57%、As 0.26% 铜锌混合精矿的小型试验研究，主工艺流程为"加压浸出—萃取—电积"[69,70]。首次实现了在较低温度和较低压力（110℃、100~500kPa）条件下浸出黄铜矿，添加少量氯离子可使铜浸出率达到 95%，硫 85% 以上转化成元素硫，砷以稳定的砷酸铁形式进入渣中。黄铜矿氧化率可达到 90%，黄铁矿氧化率低于 10%，实现了黄铜矿的选择性浸出。

经过多轮筛选和论证，"难处理多金属铜矿加压浸出技术"列入了国家"十五"科技攻关重大专项《大型紧缺金属矿产资源基地综合利用勘探与高效开发技术研究》，经投标，北京矿冶研究总院承担该项课题的研究任务，完成了新疆阿舍勒铜矿全湿法冶金新工艺半工业试验。半工业试验从 2001 年 5 月份开始准备，到 2001 年 12 月加压浸出半工业试验基地建设完成。2001 年 10 月 1 日原矿石从阿舍勒运至河北宽城选矿。经过 2 个多月的选矿备样，铜锌混合精矿于 2002 年 1 月 29 日运至加压浸出半工业试验现场——北京矿冶研究总院二部。加压浸出半工业试验从 2002 年 2 月 28 日正式开始，5 月 28 日"加压浸出—萃取—电积"试验全部结束，共处理精矿 22911.5kg，折合铜金属量 2369.29kg，浸出渣 19341.15kg，平均渣率 84.07%。产阴极铜 1608kg，系统中滞留量 540kg，加压连续运转试验过程中铜浸出率稳定在 95% 左右，直收率达到了 94.85%。阴极铜含铜 99.95% 以上，达到了国家 A 级铜标准。折合金属锌 1566.39kg，最终产活性 ZnO 1655kg，含锌平均 77.50%，折合金属锌 1282.63kg，系统中滞留 225kg，锌直收率 96.25%。加压浸出半工业试验完成后，进行了浸出渣回收元素硫和贵金属的探索试验。

在"最少化学反应量"总体思路指导下，本课题形成了具有诸多创新的黄铜矿型复杂铜精矿"低温低压加压浸出"技术，该技术能在 110~115℃ 和氧分压小于 500kPa 条件下，彻底浸出黄铜矿，同时抑制黄铁矿和元素硫的氧化，有效消除了硫黄对精矿颗粒的包裹，浸出体系酸的平衡好且易于调节控制，精矿中的砷直接在浸出渣中得以无害化。根据初步的技术经济分析，与现有的冶炼方法相比，"低温低压加压浸出"具有投资和操作成本低等优势。

4.3.3.4 Mt Gordon 硫酸高铁法

Mt. Gordon（Mount Gordon，高尔峒山）位于澳大利亚昆士兰省西北部的芒特艾萨（Mount Isa）以北 120km 处，原来称为 Gunpowder（冈珀德），是一个老矿山，1998 年更名，其开采历史可追溯到 1927 年，起初是露天开采，而后开始地下采掘，浮选精矿直接销售。其后矿山几易其主，1978 年建厂用"浸出-置换法"处理历年积累的各种矿石，但仅生产了三四年即告停产。直到 1989 年成立 Gunpowder 铜公司，次年采用"就地浸出—萃取—电积"生产电铜，年产铜 7500t。此后，发现了几个新的矿区，但都是硫化矿，就地浸出并不能有效地利用这些资源。

　　Mt. Gordon 矿主要的铜矿物是辉铜矿、铜蓝及与黄铁矿紧密镶嵌的黄铜矿。截至 1999 年，已查明铜品位在 1% 以上的矿石储量有，Manmoth（蒙莫斯）矿有辉铜矿 894 万吨，平均品位 3.5%，黄铜矿 520t，品位 3.1%；Esperanza（依斯珀兰扎）矿有辉铜矿 422 万吨，平均铜品位 8.4%，钴 0.1%，黄铜矿 89 万吨，铜品位 4%，钴 0.19%，下层还有辉铜矿 425 万吨，平均铜品位 7.4%，钴 0.09%，品位向下略有下降。脉石主要是硅化的粉砂岩。

　　由于矿石中黄铁矿和黄铜矿难以浮选分离，且堆浸金属回收率低，矿石硫含量高。当时矿山所有者阿贝弗依尔（Aberfoyle）公司开发了加压浸出工艺。1998 年，澳大利亚西部金属公司（Western Metals Ltd.）收购 Aberfoyle，在小型试验和扩大试验的基础上，建设一座采用低温加压浸出技术直接处理高品位硫化铜矿的工厂，利用铁离子实现铜的浸出，设计规模为年产阴极铜 4.5 万吨，实际处理能力可达到 5 万吨/年以上，是世界首家采用加压酸浸处理硫化铜矿的湿法厂，标志着铜矿加压浸出技术进入工业化应用阶段。

　　该厂 1998 年 7 月建成，1999 年 5 月达到设计指标，但由于设备磨损，直至 1999 年 12 月才正常运转。该厂总投资 1.127 亿澳元，铜生产成本为 0.31 澳元/磅，当时达世界最低生产成本。该厂 2001 年 6 ~ 12 月期间生产电解铜 23933t，处理铜品位 8.85% 的矿石 31.4 万吨，折算年产 47866t 电解铜，消耗铜品位 8.85% 的矿石 62.8 万吨，铜总回收率 86%（设计 90%）。吨铜矿石成本 682 美元，运行成本 504 美元，合计 1186 美元。2002 年铜产量达到 5 万吨。

　　辉铜矿的浸出反应分为两步：

$$Cu_2S + Fe_2(SO_4)_3 \Longrightarrow CuSO_4 + 2FeSO_4 + CuS$$

$$CuS + Fe_2(SO_4)_3 \Longrightarrow CuSO_4 + 2FeSO_4 + S^0$$

$$2FeSO_4 + H_2SO_4 + 0.5O_2 \Longrightarrow Fe_2(SO_4)_3 + H_2O$$

　　其他硫化矿的浸出反应与辉铜矿类似。硫砷铜矿的砷氧化浸出生成砷酸铁沉淀：

$$Cu_3AsS_4 + 0.5Fe_2(SO_4)_3 + 1.5H_2SO_4 + 2.75O_2 \Longrightarrow$$

$$3CuSO_4 + FeAsO_4 + 4S + 1.5H_2O$$

　　分析结果表明有 2% ~ 3% 的黄铁矿与氧气直接作用而被氧化。同时也有少量的单质硫被氧化为硫酸，从而有利于减少酸的消耗。

　　由于 Esperanza 矿辉铜矿铜品位高达 8.5%，决定先开采这部分矿。矿石平均成分为：Cu 7.5% ~ 8.5%、Fe 28%、S 37%、As 0.2%。铜的矿物组成：辉铜矿 91%、斑铜矿 1%、黄铜矿 2%、铜蓝 5%、硫砷铜矿 1%。但黄铁矿高达 65%，脉石主要是硅化的粉砂岩。

　　矿石混矿后，送球磨、旋流分级进行闭路球磨，旋流器底流返回球磨机，溢流 -100μm 占 80%，送浓密机进行液固分离，底流固含量 60%，送至一台 1100m³ 储槽，储槽出口安装一台在线分析仪测定矿浆密度和流量。矿浆经一台 80m² 带式过滤机脱水至 14% ~ 18%，以保持生产系统水平衡。滤饼采用预热至 65℃ 的萃余液重新浆化，给料量为 76t/h，铜品位 8.8%，萃余液成分为：Fe^{3+} 10g/L、Fe^{2+} 35g/L、H_2SO_4 70g/L、$CuSO_4$ 10g/L，流量为 240m³/h。浆化后矿浆由加压泵送入两台平行运行的不锈钢加压釜，单台总容积 180m³，有效容积 120m³，五隔室，隔室均配有双层搅拌桨，下面为 Rushton 涡轮式桨叶，上面为轴向流桨叶。由于浸出是放热反应，给料温度为 77 ~ 80℃，最后上升至 85 ~ 90℃，物料停留时间 90min。为了控温向第三隔室喷入冷的萃余液，通过控温不仅提高了氧气的利用率，且增加了浸出速率。氧气通入加压釜的前三隔室，氧分压为 0.42MPa，总压为 0.77MPa。配置两套 BOC VSA 氧气装置，产气量为 80t/d，氧气浓度 93%。铜浸出率一般在 91% ~ 93%，总回收率 90% 左右。

浸出后矿浆经两台降压槽流至四台常压浸出槽，每台工作容积 300m³，在该阶段由于溶液中硫酸铁的存在，有 1% ~ 2% 的铜进一步浸出。矿浆经水力分离器冷却浓密后，底流采用带式过滤机过滤洗涤。该厂矿中不含贵金属，没有贵金属回收工序。浸出液主要成分为：Cu 25 ~ 30g/L，Fe总 20 ~ 30g/L（Fe^{3+} 约 50%），pH 值为 0.8 ~ 1.2，45 ~ 50℃，采用 25% ~ 30% Acorga 5640 萃取提铜，经两级萃取、两级反萃，萃取相比 O/A =（3.5 ~ 4）：1，反萃相比 O/A = 2 : 1，萃取回收率 85% ~ 90%。反萃液经电积生产电铜。由于萃取过程中少量铁进入电解系统，必须定期开路一定的废电解液以除去多余的铁和酸。该厂安装了一套 Fenix 离子交换除铁系统代替废电解液开路。

2004 年该厂关闭，一是由于不再处理 Esperanza 矿，矿相发生变化，二是由于 2003 年年底该厂转售给印度的 Aditya Birla 公司，计划将该厂改为选矿厂，并将精矿运至印度西部的 Dahej 冶炼厂进行处理。Mt Gordon 厂工业流程如图 4-12 所示。

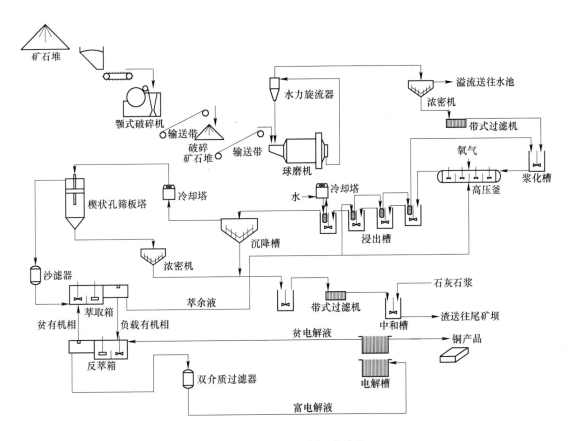

图 4-12 Mt Gordon 厂工业流程

4.3.3.5　其他研究

位于加拿大安大略湖萨德伯里的 Inco 公司 CRED 厂（Copper Refinery Electrowinning Department）采用加压浸出法处理含硫化铜矿的贵金属矿，硫化铜主要为辉铜矿，1973 年投产，采用废电解液在 105℃下通入氧气进行浸出，硫酸铜溶液经电积生产电铜，浸出渣主要成分是铂族金属和元素硫，经有机提硫。

Lurgi-Mitterberg 工艺研究表明，铜精矿细磨到足够粒度后在硫熔点以下进行单段加压浸出即可达到较高的铜浸出率。细磨后铜精矿采用废电解液浆化后，在 1 ~ 2MPa 下反应 2h，部分浸出的铁在加压釜中与砷、锑、铋等沉淀进入渣中。该流程 1974 ~ 1976 年在奥地利 Mitterberg 进行了应用，每天产铜设计规模为 1t，但由于精矿运输成本高及电耗高关闭[71]。

O. Gok 和 C. G. Anderson[72] 对土耳其 Kastamonu 地区 Küre 选矿厂产出的低品位黄铜矿进行了硫酸-亚硝酸盐体系加压浸出试验。该矿主要成分为：Cu 11.21%、Fe 32.36%、S 36.8%、Zn 5.10%，矿物组成为黄铜矿（28%）、硫化锌（8%）、斑铜矿（3%）和铜铁矿（51%）。结果表明，添加亚硝酸盐可明显提高浸出速度，在粒度 15μm、NaNO$_2$ 浓度 0.1mol/L、总压 0.6MPa、120℃、反应时间 120min 条件下，铜浸出率达 96%。另外，Perek 等人还针对该矿产出的富铜矿（Cu 7.43%，Fe 41.7%，S 4.52%）进行了机械活化加压浸出工艺研究。在反应温度 110℃、氧分压 10MPa、矿浆固含量 150g/L、不加酸条件下，铜精矿经细磨后浸出率显著增加，经 3h 机械活化后，铜、钴、锌的浸出率分别由 45.2%、25.9% 和 87.7% 增加至 98%、85% 和 97%[73]。

邱广义[74] 等对含 Cu 11.9%、Fe 17.3% 并伴生金银的尾矿进行了加压浸出工艺研究。在 95℃下通入氧气进行氧压浸出，加入三氯化铁 0.4mol/L、硫酸 15mol/L、硝酸 10mol/L，浸出 5h 后浸出液含铜 6 ~ 8g/L，经铁屑置换制备海绵铜，铜总回收率 95.8%。

马育新[75] 针对浮选黄铜矿在温度 135℃，氧分压 0.7MPa 下进行硫酸浸出，矿物主要成分为：Cu 20.24%、Ni 1.74%、Fe 27.82%、S 29.07%。加入表面活性剂，浸出 3.5h，Cu 平均浸出率 96.89%，Ni 平均浸出率 97.98%，硫回收率 85.65%。

周勤俭、陈庭章等人[76] 对湖南七宝山硫铁矿浮选产出的铜锌混合矿进行了"预浸—氧压酸浸"试验。原料粒度为 -0.15mm，其中 -0.045mm 占 58.33%，主要成分为：Cu 7.29%，Zn 32.57%，Pb 5.7%，S 31.44%，Fe 14.12%，SiO$_2$ 0.75%。90% 锌以硫化锌形式存在；45% 铜以次生硫化铜，30% 以原生硫化铜，20% 以自由氧化铜形式存在；铅 55% 以硫酸铅、27% 以硫化铅形式存在。预浸试验条件为：80℃，鼓空气，反应时间 2h，终酸 0.56mol/L；氧压酸浸条件为：温度 115℃，压力 1.8MPa，硫酸用量为理论量 1.13 倍，表面活性剂用量为 0.23%，液固比 3，反应时间 3h，终酸 1.25mol/L。预浸段铜、锌、铁的浸出率分别为 48.7%、18.3% 和 19.9%；氧压浸出段分别为 74.3%、99.3% 和 73.7%。铜、锌、铁的总浸出率分别为 86.8%、99.4% 和 78.9%。浸出液主要成分为：Cu 20.37g/L，Zn 102.5g/L，Fe 34.1g/L，H$^+$ 0.56mol/L。建议经中和、铁屑置换除铜、除铁、净化后，蒸发结晶生产硫酸锌，置换得到的海绵铜酸溶生产硫酸铜。

邱廷省等针对含铜金矿加压浸出进行了研究[77,78]。针对含铜 11% ~ 16% 的矿物，在 110℃、氧分压 0.45MPa，矿物粒度 -45μm 占 85% ~ 90%，搅拌转速 750r/min，起始酸度 90 ~ 100g/L，NaCl 质量浓度 30 ~ 40g/L，液固比 5∶1 条件下反应 2.5h，铜浸出率可达到

90%以上。浸出渣经氰化提金，金浸出率可达到96%以上。针对含铜33.25%，纯度95%以上黄铜矿进行加压浸出，在上述反应条件下，铜浸出率达到96.35%。含铜5.48%的黄铜矿进行常压预氧化，控制反应温度95℃，反应24h后，铜浸出率仅为80%。含铜金矿预浸试验结果见表4-19。

表4-19 含铜金矿预浸试验结果

编号	成分/%								试验条件								浸出率/%	
	Cu	Fe	S	As	SiO_2	Al_2O_3	Au /g·t^{-1}	Ag /g·t^{-1}	温度 /℃	氧分压 /MPa	矿物粒度 /μm	搅拌转速 /r·min^{-1}	起始酸度 /g·L^{-1}	NaCl浓度 /g·L^{-1}	液固比	时间 /h	铜	金（氰化）
1	16.91	29.96	29.55	0.12	11.55	4.45	49.07	91.23	110	0.45	90% -45	750	100	40	5:1	2.5	90.3	96.55
2	11.85	26.25	29.32	0.12	16.85	6.80	30.65	47.82	110	0.45	85% -43	750	90	30	5:1	2.5	92.18	>96
3	5.48	32.15	29.08	0.06	16.87		84.34	11.39	95	常压	90% -37	750	74	40	5:1	24	>80	—

4.4 氨性加压浸出

铜氨性加压浸出根据矿物性质分为氧化铜矿加压氨浸和硫化铜矿加压氨浸两大类。早在1947年，Sherritt-Gordon 就在加拿大 Fort Saskatchewan 厂针对含铜镍钴硫化矿进行了直接高温高压氨浸，过程中通入氧气做氧化剂。20世纪70年代开发的 Arbiter 流程是另一个加压氨浸的例子，该法采用氨水作为浸出剂通入氧气由铜精矿中浸出铜[79]。氨溶液中铜的回收有3种方式，即蒸氨沉淀、氢还原、萃取—电积。

4.4.1 氨性加压浸出机理

由于铜离子在氨溶液中形成稳定的配位化合物 $Cu(NH_3)_n^{2+}$，$n = 1 \sim 4$，因此溶解度很大。溶液中加入硫酸铵或碳酸氢铵等铵盐，可以缓冲溶液的 pH 值，阻止铜的水解反应。早在1915年就出现了氨浸法提铜的专利，20世纪20年代开始工业应用。

孔雀石和铜蓝等碱式碳酸盐矿物中的铜通过生成配合物易于溶解于氨性溶液。浸出中要保证足够的氨浓度，以生成稳定的铜氨配合物。温度虽然可提高反应速度，但会使氨的分压增高，损失增加，因此，以选取适中的温度为宜。硅孔雀石也能在氨-铵盐溶液中浸出，早期都用大桶渗滤的方法浸出这些矿物，回收率能达到80%左右。使用氨浸处理含碱性脉石的矿石，可减少采用酸浸时所额外消耗的酸。不过，如果矿物中含有蒙脱石等间层硅酸盐组成的矿物，其中的钠离子能与铜离子交换吸附铜，造成损失。

孔雀石：

$$CuCO_3 \cdot Cu(OH)_2 + 6NH_4OH + (NH_4)_2CO_3 \longrightarrow 2Cu(NH_3)_4CO_3 + 8H_2O$$

硅孔雀石：

$$CuSiO_3 \cdot 2H_2O + 2NH_3 + (NH_4)_2CO_3 \longrightarrow Cu(NH_3)_4^{2+} + H_2SiO_3 + CO_3^{2-} + 2H_2O$$

斑铜矿：

$$2Cu_5FeS_4 + 18.5O_2 + 36NH_3 + H_2O + 2(NH_4)_2CO_3 \longrightarrow$$

$$10Cu(NH_3)_4^{2+} + 8SO_4^{2-} + 2CO_3^{2-} + 2Fe(OH)_3$$

黄铜矿：

$$Cu_2Fe_2S_4 + 8.5O_2 + 12NH_3 + 2H_2O \longrightarrow 2Cu(NH_3)_4^{2+} + Fe_2O_3 + 4NH_4^+ + 4SO_4^{2-}$$

辉铜矿：

$$Cu_2S + 2.5O_2 + 6NH_3 + (NH_4)_2CO_3 \longrightarrow 2Cu(NH_3)_4^{2+} + SO_4^{2-} + CO_3^{2-} + H_2O$$

$$Cu_2S + 1/2O_2 + 2NH_3 + 2NH_4^+ = Cu(NH_3)_4^{2+} + CuS + H_2O$$

氨浸硫化铜矿同样需氧化硫根才能成为可溶性的铜盐，常用的氧化剂是空气或氧气。由于在碱性溶液中，硫进一步氧化为高氧化态的电位，比在酸性介质中低得多，所以，硫易于氧化为高氧化态的产物，主要为硫酸根，而不能获得单质硫。以浸出黄铜矿为例，总反应可写为：

$$CuFeS_2 + 17/4O_2 + 6NH_3 + (n+1)H_2O =$$

$$Cu(NH_3)_4^{2+} + 1/2Fe_2O_3 \cdot 2nH_2O + 2NH_4^+ + 2SO_4^{2-}$$

从反应可以看出：

（1）由于硫的氧化态由 -2 价升至 $+7$ 价，每摩尔硫消耗 $2mol\ O_2$。

（2）铁的氧化消耗的氧仅是硫的 $1/16$。生成水合氧化铁可从溶液中分离铁，但沉淀可能形成一层膜，包裹在矿粒表面，影响进一步反应。对于不含铁的矿物，如辉铜矿，过程要简单得多。

（3）需要足够的 NH_3 与浸出的铜离子生成配合物，并中和生成的酸。

总反应在热力学上是十分有利的，但是反应速度取决于动力学因素。由于耗氧量大，动力学的控制步骤往往是供氧的速度，尤其是氧从溶液向矿粒中反应区的扩散速度。实验研究结果表明：

（1）将矿磨细，减少了反应物和产物的扩散路线，有利于浸出，一般要磨至通过 $0.075mm$ （200 目）。

（2）浸出液中的 NH_3 与预期浸出铜的物质的量比要在 $5 \sim 6.5$，而 NH_4^+ 一般要在 $2mol/L$。NH_4^+ 与 NH_3 组成缓冲体系，减缓 pH 值升高，防止金属离子水解。

（3）加强搅拌不但有利于氧的溶解扩散，而且在强烈的冲刷下，能够使矿粒表面的水合氧化铁脱落。

（4）提高氧分压有利于增高氧的溶解度，但氧分压在 $0.6MPa$ 以下对浸出速度影响显著，但大于该值时影响减弱。

（5）提高反应温度可以提高反应速度，但在 120℃ 以后，影响趋于平缓。

虽然铜矿加压浸出的研究很多，但是，目前工业应用仅限于废合金、镍冰铜或复杂精矿的处理，铜只是其中的一种成分。

在溶液中具有不同电位的辉铜矿和黄铁矿组成原电池，辉铜矿 Cu_2S 晶格中不稳定的亚铜离子溶于溶液，同时，其上的一个电子传导到电位较高的黄铁矿，在那儿还原溶液中的氨生成 OH^-。溶解的 Cu^{2+} 与 NH_3 生成氨配离子。辉铜矿的铜逐渐浸出，经过 $Cu_{1.96}S$、

$Cu_{1.8}S$、$Cu_{1.7}S$ 许多中间状态的铜硫化合物，最终变为铜蓝 CuS。正是由于 CuS 的摩尔体积小于 Cu_2S，因此，矿粒在浸出铜的同时，体积收缩，不断产生裂纹和孔隙，提供了反应物和产物的扩散通道。在充分供氧的条件下，浸出速度可以达到每分钟浸出 1% 的铜。总的反应方程可表示如下：

$$Cu_2S + 1/2O_2 + 2NH_3 + 2NH_4^+ \rightleftharpoons Cu(NH_3)_4^{2+} + CuS + H_2O$$

可以看出在该反应中，由于氧只用于氧化亚铜盐，而不氧化硫，所以，没有硫的化合物浸出。

4.4.2 氧化铜矿氨性加压浸出

为提高浮选产出氧化铜矿氨浸速率，20 世纪 70 年代国外对高压氨浸工艺进行了研究。试验用原料为美国蒙大拿州比尤特附近安纳康达公司矿产之一的比尤特 Louth 坑，铜平均品位 1.7%，铜主要以孔雀石、蓝铜矿及硅孔雀石形式存在，脉石主要是黏土和石英。矿石破碎至 $-2360\mu m$ 占 90%，试验考察了 NH_3/CO_2 比、粒度、碳酸铵浓度、时间、温度等因素对铜浸出率的影响。当 NH_3/CO_2 比为 1.07 时铜浸出率最大，相当于仅用碳酸铵浸出（pH 值为 9），在只有氨而无二氧化碳情况下（pH 值为 12），铜浸出率仅为 3.3% ~ 17.1%。浸出渣中有明显蓝色颗粒，主要是由于高岭石和石英等吸附了铜氨离子，造成铜回收率低。为提高浸出率，添加了 50g MnO_2 和 75g $NaClO_3$，无显著影响。采用氨性加压浸出，铜浸出率最高为 70%。而采用酸性浸出，将 100g 矿细磨至 $-830\mu m$ 占 95%，在室温下搅拌浸出 150min，采用 4mL 浓硫酸，铜浸出率为 95.6%，用 6mL 时为 96.4%，用 15mL 时提高至 97.4%。亚利桑那州特温·比尤特（Twin Buttes）阿玛克斯矿业公司对碳酸铵处理氧化铜矿也进行了大量研究，但由于当时环保鼓励硫化矿生产硫酸工艺，且酸较为便宜，生产中仍采用了酸浸系统。研究认为氨浸处理 Louth 矿氧化铜是不经济的，铜回收率较低，且需要大量的试剂消耗，仍推荐采用酸浸工艺[80]。

云南东川汤丹铜矿是我国大型氧化铜矿床，金属储量在 100 万吨以上。根据 1956 年储量报告，矿石平均品位为 0.64%，氧化率为 74%，其中表内矿平均品位为 0.88%，氧化率为 71.38%，占主矿体 51.36%；表外矿平均品位 0.38%，占主矿体 48.64%。自 20 世纪 50 年代起，国内外针对汤丹氧化铜矿进行了大量研究工作[81,82]。80 年代初，东川矿务局对矿床边界品位重新圈定后，原矿设计品位提高到 0.75%，氧化率有所降低，但可选性仍较差，铜氧化率高，铜矿物大部分呈极细颗粒嵌布在脉石之中，含泥量大，选矿回收率仅为 70% 左右。矿石主要成分为：Cu 0.725%，SiO_2 18.95%，Al_2O_3 1.59%，CaO 24.1%，MgO 15.7%，灼碱 35.2%，Ti 0.048%，Pb 0.02%，Sn 0.03%，Co 0.001%，Ni 0.001%，Cr 0.002%，Mn 0.305%，S 0.06%，Ag 3.49g/t。铜矿物主要是孔雀石（55%）、斑铜矿（20%）、硅孔雀石（11%）、黄铜矿（5%）和辉铜矿（4%）。单一选矿即硫化浮选法回收率仅为 70% ~75%，且精矿品位只有 10%；选冶联合方案如氨浸—硫化沉淀—浮选法、水热硫化—温水浮选法、亚硫酸盐浸出—浮选法、先浮选后氨浸等回收率均可达到 85% 以上，但工艺较为复杂。

1958 ~ 1964 年中科院化冶所和东川矿务局中心试验所针对选矿尾矿进行了氨浸工艺研究，以提高铜的回收率，并进行了半工业试验及日处理 10t 浮选尾矿的中间工厂试验，铜回收率86.4%，其中浮选精矿回收率为45.2%，尾矿含铜0.346%，加压氨浸铜浸出率为81%，经过滤洗涤及蒸馏回收等氨浸部分的回收率为74%，以尾矿为基准，尾矿氨浸部分的回收率为41.2%。加压氨浸过程中考察了温度、空气分压、时间等因素对浸出率的影响，结果表明，在矿物粒度 -0.075mm 占55%，液固比1:1，NH_3 6.8% ~ 10.2%，CO_2 4.4% ~6.6%，空气压力大于0.8MPa，温度120~140℃条件下反应2~4h，铜浸出率可达90%以上[83]。

1964 年年底在东川完成了汤丹原矿直接加压氨浸的中间工厂试验，矿石处理量为10t/d，铜总回收率88%。原矿氨浸包括四部分：磨矿、加压氨浸、液固分离和铜氨液蒸馏，产品为氧化铜。矿石经破碎后，用返回的含氨、铜的洗液在球磨机内磨至 -0.075mm 占55%，液固比1:1，送至吸收罐吸收蒸氨塔及自蒸发器排出的氨及二氧化碳，调整 NH_3 74.6%，CO_2 4.87%，经高压泥浆泵（油压式又称马尔斯泵）、预热器蒸汽间接加热至145℃，送管式高压釜进行加压浸出，停留时间2.4h，再送至115℃、压力0.73MPa 的空气提升搅拌高压釜反应1.6h，矿浆经自蒸发器降温降压后，释放出一部分氨、二氧化碳和水，送液固分离工序。矿浆采用水力旋流器进行六级逆流洗涤，细粒用真空过滤机过滤并一次淋洗，洗涤后残渣弃去。获得的高浓度铜氨液送加压蒸氨工序，低浓度洗液返回球磨系统。加压蒸氨作业在蒸氨塔中进行，分离出来的铜氨液与塔底的残液热交换后，再加热自塔顶进入，由上而下流动，塔底同时通入蒸汽，自下而上，塔内产生氨、二氧化碳及水蒸气的混合气，进入吸收罐用矿浆吸收。在蒸氨塔中下部产出黑色氧化铜粉末，经沉降分离后，残液加入石灰乳苛化，在塔底部进一步蒸馏，产生含氧化铜的硫酸钙渣。

浸出工序：铜总浸出率94.5%，其中硫化铜浸出率95%；

液固分离工序：旋流器洗涤的固体占44%，旋流器洗涤回收率94%；

过滤机干滤饼产率210kg/(㎡·h)，过滤回收率93%，液固分离总回收率93%；

蒸氨工序：液气比4.05kg/kg，回收率大于99%；

全厂铜总回收率88%，或吨矿产铜5.56kg；

单位产品能耗：NH_3 4.6kg/t矿 或 0.83kg/kg$_{Cu}$；CO_2 3.7kg/t矿 或 0.67kg/kg$_{Cu}$；蒸汽443kg/t矿；工艺用水363kg/t矿。

1965 年起筹建100t/d 原矿直接氨浸中间工厂，1971 年进行联动试验，并对设备及工艺进行改进，1978~1979 年完成联动试验，考察了铜工艺回收率及实际回收率及有关的技术经济指标。矿石经颚式破碎机、圆锥破碎机破碎后进入湿式球磨机，加入来自尾气吸收塔的含氨、二氧化碳的溶液，磨至 -0.075mm 占70%，液固比1:1。矿浆送至吸收塔（φ0.6m×12m）吸收自来蒸氨塔及自蒸发器的氨及二氧化碳，并补加新鲜的氨及碳酸铵，送两台串联的多层空气搅拌高压釜（见图4-13），在130℃、1.0MPa 压力下浸出2.5h，通入压缩空气搅拌氧化，一台为 φ0.8m×15m，5 层，一台为 φ1.0m×15m，4 层。压缩空气进入高压釜前先在预饱和器内用蒸氨料液使空气中氨、二氧化碳达到50%以上的饱和度，可避免高压釜内氨、二氧化碳浓度因随空气蒸发而过分降低。浸出后矿浆经自蒸发器减压、降温、排出部分氨及二氧化碳，再经减压槽送浓密机（φ6.5m，高2.5~2.8m）液固分离，溢流经预饱和器并加入苛性钠后送蒸氨系统回收铜、氨及二氧化碳，底流固含量60%，送4 级浓密机逆流洗涤系统，洗液亦送蒸氨系统，残渣弃去。高压泥浆泵（马尔斯泵）是以油为传递介质的往复式泥浆泵，矿浆流量5~5.7m³/h，液固比最高可达1:1，操作压力 1.5~2.0MPa，矿浆温度应低于85℃。

1979年6~7月进行的联动试验，开车21d，后期稳定运行18d。试验原料为汤丹露天剥离矿石及老硐手选尾矿混杂堆放的混合料，含泥少，但砂矿块矿较多，原矿含铜0.81%~0.91%，氧化率81%~88%，结合氧化率27.5%~34.9%，含硫平均0.045%。稳定运行期间实际处理矿石量76~78t/d，浸出液固比1.24，矿浆浓度44%，釜内温度123~130℃，末釜压力0.84~0.9MPa，进料矿浆中试剂浓度 NH_3 9.5%~10.4%，CO_2 7.7%，空气量（标态）160~200m^3/h，浸出时间2.6~3h，平均浸出率82.9%，最高87%，残渣含铜0.139%。

液固分离工序日处理矿石量2.24t/m^2，矿浆温度52~72℃，洗水用量0.7~0.72t/$t_{矿}$，底流矿浆浓度67%~69%，Cu、NH_3、CO_2 的工艺回收率及实际回收率均为97%。

蒸氨工序料液处理量为2.48~2.77t/h，进料温度97~99℃，釜底压力0.3MPa，液气比4.6~4.7，每吨料液苛化钠（Na_2CO_3）用量为1.1kg，烤胶（防结疤剂）用量为0.48kg/$t_{矿}$。铜的工艺回收率为92.1%，实际回收率91.6%，NH_3 和 CO_2 的工艺回收率及实际回收率均为95%~96%。

稳定运行期间全车间铜的工艺回收率为74.2%，按最终氧化铜产品计算的实收率为72.2%，吨矿消耗指标为：NH_3 22.5kg，CO_2 8.9kg，Na_2CO_3 1.5kg，蒸汽550kg，烤胶0.48kg，水1200kg，压缩空气（标态）58m^3。但液固分离困难，蒸氨过程虽加入烤胶及对设备进行了改善，但仍存在结疤问题，铜回收率偏低，氨单耗较高。

1970年起，东川矿务局中心试验所开展了"加压氨浸—硫化沉淀—浮选"联合工艺研究，即氧化

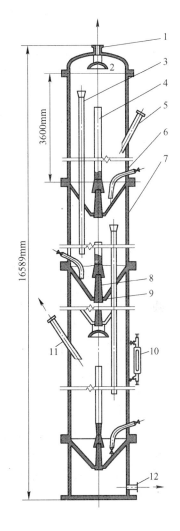

图4-13 多层（5层）空气提升
搅拌釜结构
1—出气口；2—挡板；3—隔液管；4—中心管；
5—进料口；6—排污口；7—釜体；8—气体
喷嘴；9—锥底；10—液位计；
11—出料口；12—进气口

铜矿破碎磨矿后，进行氨性加压浸出，将铜硫化沉淀，同时难浸的结合氧化铜亦被硫化，矿浆经蒸氨后浮选回收铜。在小型试验和5t/d单体试验基础上，1981年进行了3.5t/d联动试验。矿浆经破碎球磨后，送至矿浆吸收塔，经蒸汽加热后进入3级蒸汽搅拌高压釜，铜经氨浸、硫化沉淀后，矿浆再经两级蒸汽搅拌槽加温、预蒸氨后，流入矿浆蒸氨塔蒸氨，再送浮选工序回收铜。原矿品位0.63%，氧化率75.8%，结合氧化率34%。氨浸硫化蒸汽提升搅拌高压釜（Pachuca槽）尺寸为 $\phi_{内}$ 0.31m×3.6m，中心提升管内径0.04m，中心管内蒸汽流速0.76m/s，总停留时间1.75~2h，温度132~137℃，压力0.71~0.73MPa，NH_3 浓度6.62%~7.78%，CO_2 浓度2.5%~2.98%，矿浆浓度33%~35%，

矿物粒度 -0.075mm 占 85%。硫化剂用量为理论量 1.4 倍，蒸氨后矿浆含氨宜在 0.05 ~ 0.1mol/L，温度不宜超过 60℃，且不宜强烈搅拌防止硫化铜反溶。浮选进料温度 50 ~ 55℃，加入浮选药剂进行两次粗选、一次扫选和二次精选，浮选精矿品位 18.2%，尾矿品位 0.09%。铜总回收率 85.6%，硫化率 80%。工艺吨矿单耗为：NH_3 14.3kg，CO_2 5kg，硫粉 5kg，氢氧化钠 4.5kg，蒸汽 804kg，实际单耗指标与工艺单耗指标相近，仅 NH_3 偏高，为 38.3kg[84,85]。

另外，针对东川氧化铜矿还进行了水热硫化浮选工艺研究，原矿品位 0.55%，氧化率 81%，结合氧化率 32.4%，在矿物粒度 -0.075mm 占 93% ~ 95%，水热硫化温度 180℃ 下，加入理论量 1.2 ~ 1.4 倍元素硫条件下，反应时间 4h 进行硫化，浮选产出精矿品位 20.6%，尾矿含铜 0.07%，铜回收率 87.5%。20 世纪 80 年代进一步提出了元素硫相转移歧化硫化—浮选工艺。另外还进行了二氧化硫常温常压浸出硫化试验，在原矿品位 0.6% 条件下，精矿品位 27.8%，铜回收率 94%，但因矿石碱性脉石含量高，试剂消耗量大，设备腐蚀严重，且试剂供应受地区条件限制。

4.4.3　硫化铜矿氨性加压浸出

在硫化矿加压氨浸过程中，部分硫氧化后以硫酸根的形式进入溶液，不仅增加了耗氧量，且硫酸根需要除去才能进行后续处理，多采用石灰苛化蒸氨工艺，以硫酸钙形式脱除，但存在设备结疤及萃取问题。

4.4.3.1　阿毕特流程

20 世纪 70 年代美国 Anaconda（安纳康达）公司开发了 Arbiter（阿毕特）流程。在 50 ~ 80℃ 下采用氨、硫酸铵体系浸出硫化铜矿，过程中通入氧气控制总压 68.9kPa，铜浸出进入溶液，浸出液经萃取—电积回收铜，浸出渣或直接进行二段浸出，或经浮选后再进行二次浸出，以回收其中的有价金属。氨浸过程中辉铜矿和斑铜矿较易浸出，黄铜矿及金银经浮选从浸出渣中回收[86]。据介绍在 75 ~ 80℃、氧分压 48 ~ 55kPa 下对含辉铜矿和硫砷铜矿矿物加压氨浸 3 ~ 4h，铜浸出率 80% 左右。延长浸出时间可提高铜的浸出率，但不利于后续银的回收。曾试验过用二氧化硫沉淀回收铜。浸出渣中的铜可浮选回收，铜总收率 96% ~ 97%，银总收率 90%。1974 年该工艺进行了工业应用，设计规模为年产铜 3.6 万吨/年。但由于技术原因及生产、维修成本过高，及矿物成分也发生了变化，1977 年关闭。

4.4.3.2　伊斯康迪达流程

智利 Escondida（伊斯康迪达）矿的氨浸流程由 BHP 公司位于美国内华达州的矿物实验室开发。Escondida 矿主要成分是辉铜矿（Cu_2S），较易氧化浸出，且硫氧化率较低，不需要排除硫酸盐。采用氨-硫酸铵通入空气进行浸出，铜浸出率 40% ~ 50%。溶液经萃取、电积生产电铜，浸出渣浮选回收铜，送火法冶炼厂进行处理。

BHP 试验室对辉铜矿浸出机理进行了研究，并考察了粒度、氨和硫酸铵浓度、温度、时间等因素对浸出的影响。矿样粒度对铜浸出速率影响较大，温度影响不大，在室温或 40℃ 左右进行。以浸出 50% 的铜量计加入氨，当 $\dfrac{NH_3 + NH_4^+}{Cu^{2+}}$ 为 2.5 左右时，铜浸出速率较快。过程中鼓入空气可提高铜反应速率，但过量会造成硫氧化。

1991 年进行了日处理矿石 600kg 为期 6 个月的中试，包括浸出、萃取、电积和选矿四部分。选取了四种矿样，平均含铜40.9%，含辉铜矿在60%~80%。浸出在室温下进行，四级逆流，液固比5:1。在游离氨浓度6g/L时浸出2h，铜浸出率在40%~50%。该矿的优点是浸出过程中硫氧化浸出率低，中试结果表明，仅0.6%的硫被氧化，浸出前后溶液中硫酸根变化不大，仅增加了0.076g/L。浸出渣含铜28.3%，浮选得到的精矿含铜41.3%，尾矿含铜2.13%，浮选铜回收率97.8%，精矿质量为原矿的2/3。浸出液含铜32g/L，杂质中仅锌含量较高，达到50~70mg/L，其余均很低。采用75% LIX54-煤油在O/A=1~1.2条件下进行2级萃取，有机相负荷铜可达30g/L，经1级或2级洗涤后，在相比0.8条件下进行1级反萃，反萃液送电积工序回收铜。

1994年11月Escondida氨浸生产线投产，年处理矿石50万吨，年产铜8万吨，但运行初期就出现了较多技术问题，如氨回收系统、溶液净化等问题较多。运行4个月后，出现反萃困难和两相夹带严重等问题，可能是由于LIX54酮基与氨反应生成酮亚氨。该厂已经停产。

4.4.3.3 其他

夏畅斌等人针对含Cu 7.82%、Fe 31.18%、S 34.51%、SiO_2 9.38%、Al_2O_3 2.52%、Au 31.2g/t、Ag 295.1g/t的复杂硫化矿进行了加压氨浸工艺研究。该矿以黄铁矿为主，其次为磁黄铁矿和黄铜矿，铜硫含量高，大部分金呈细粒或次显微粒状包裹或浸染在硫化矿物中，直接氰化金浸出率低，氰化物消耗量大，需进行预脱铜、砷、硫处理。在矿物粒度-0.075mm占75%，氧分压0.55MPa，NH_3/Cu物质的量比为7，浸出时间3h条件下，铜脱除率可达到90%以上。铜脱除率对后续氰化浸金率影响较大，当铜脱除率达到80%时，金的氰化浸出率可达到90%[87]。

烟伟针对新疆某地产出的混合铜矿进行了高压氨浸工艺研究，该矿氧化铜矿占总量的70.36%，其余为硫化铜矿，矿样成分：Cu 9.97%，Fe 9.4%，Ni 0.16%，Mg 0.32%，Zn 0.34%，磨至粒度为-0.075mm占89.71%。该矿在常压、有氧化剂存在条件下，铜浸出率仅为74.56%。但在氨水浓度12~15mol/L，$(NH_4)_2SO_4$大于3g（15mol/L $NH_3 \cdot H_2O$ 25mL），氧分压2MPa，浸出温度80~85℃，浸出时间6h，液固比5:1条件下，铜浸出率可达到98%以上[88]。

黄怀国等人针对紫金高品位硫化铜矿进行了加压氨浸工艺研究，该矿主要成分是蓝辉铜矿，其次是黄铁矿、铜蓝和硫砷铜矿等，主要成分为：Cu 14.50%，Fe 3.28%，S 6.30%，SiO_2 73.74%，As 0.32%，Au 2.44g/t，Ag 67.38g/t。研究中首先对纯氨、硫铵、碳铵、氟化氢铵体系中铜的浸出行为进行了研究，确定了硫铵体系，通过初始氨浓度、浸出温度、浸出时间等参数考察，确定最佳工艺条件为：矿物粒度-0.043mm占87%，氧分压0.5MPa，100℃，初始氨浓度252kg/t，硫酸铵320kg/t，矿浆浓度30%，搅拌速度400r/min，反应时间4h，铜浸出率可达到96.1%[89]。

4.5 研究进展

4.5.1 含砷铜矿加压浸出

智利铜矿中大量砷以硫砷铜矿（Enargite，Cu_3AsS_4）形式存在，当As含量大于2%时，采用传统冶炼工艺不仅会造成环境的污染，同时会影响阴极铜质量。

研究发现，硫砷铜矿在精矿粒度 −75 ~ +53μm 条件下，控制温度 220℃，氧分压 689kPa，120min 内可实现完全溶解。Riveros 和 Dutrizac 研究了在 130 ~ 180℃ 下硫酸铁-硫酸体系无氧和氧分压为 689.5kPa 条件下硫砷铜矿的加压浸出，研究发现后者反应速度比仅加硫酸铁条件下相对较快。同时发现两种情况在反应温度 170℃ 下由于硫的包裹铜浸出率均不完全，高温下硫化物氧化为硫酸盐，铜浸出率较为完全。Nadkarni and Kusik（1988年）研究发现在加压条件下加入适量黄铁矿可促进硫砷铜矿的浸出，将硫砷铜矿和黄铁矿按 10∶1 比例进行混合，在 225℃ 和 1034.2kPa 氧分压下进行浸出，铜浸出率可达到 98%，而不加黄铁矿时仅为 70%，但未给出反应时间。

黄铜矿在 350 ~ 400℃ 硫化发生反应如下：

$$CuFeS_2 + 0.5S_2 \longrightarrow CuS + FeS_2$$

在 400℃ 以上，硫化反应为：

$$5CuFeS_2(s) + 2S_2(g) \longrightarrow Cu_5FeS_6(s) + 4FeS_2(s)$$

1968 年，Warren 等人采用 10% 元素硫在 475℃ 下预处理黄铜矿，并对硫化产物在 90℃、氧分压 482kPa 下进行浸出，1h 后铜浸出率为 90%，铁浸出率为 27%。1973 年 Subramanian 和 Kanduth 针对液态硫处理后的黄铜矿，采用氧气、硫酸铁和二氧化锰作为氧化剂进行了硫酸常压浸出和加压浸出试验。研究发现，高浓度硫酸铁（接近饱和）能实现铜的快速浸出；MnO_2 过量 200% 反应 4h 可实现 86% 的铜浸出率；加压浸出试验最佳条件为 110℃、氧分压 346kPa。但无法实现铜的选择性浸出，铁浸出率较高，达到了 40%。2003 年 Padilla 等针对硫化后黄铜矿进行了 H_2SO_4-$NaCl$-O_2 体系常压浸出，在 100℃ 下反应 90min，铜浸出率超过 90%，铁浸出率低于 6%。

Padilla 等人针对黄铜矿和硫砷铜矿混合矿进行了"硫化—加压浸出"试验研究[90]，并对天然硫砷铜矿在 160 ~ 220℃ 和氧分压 103 ~ 1013kPa 范围内加压浸出进行了研究。研究发现，将黄铜矿进行中温硫化处理，可转化成不同种类的简单硫化物，根据硫化温度的不同，主要是铜蓝和黄铁矿或铁铜蓝（Cu_5FeS_6）和黄铁矿的混合物。

$$Cu_3AsS_4 + 8.75O_2 + 2.5H_2O + 2H^+ == 3Cu^{2+} + H_3AsO_4 + 4HSO_4^-$$

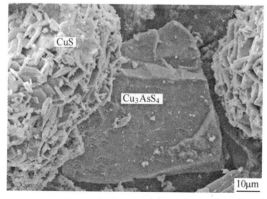

黄铜矿为智利 Codelco 的 Andina 矿，主要成分为：Cu 27.2%，Fe 28.4%，S 36.2%；硫砷铜矿来自智利 Barrick Corporation 的 El Indio 矿，主要成分为：Cu 45.4%，As 18.9%，S 31.6%。两者按比例 2∶1 混合，混合矿含铜 33.3%、砷 6.7%。将该矿在 385℃ 下通入硫蒸汽在管式炉中进行硫化，硫化 70min 后产品电子显微照片如图 4-14 所示。由图 4-14 可见，存在两种不同颗粒，具有不规则表面的是 CuS，光滑表面的是未反应的硫砷铜矿，表明黄铜矿硫化反应形成铜蓝。采用元素硫在 350 ~ 400℃ 下进行硫化，黄铜矿迅速分解为 CuS 和 FeS，但硫砷铜矿不发生反应。加压浸出

图 4-14　黄铜矿-硫砷铜矿混合矿在 385℃ 下硫化 70min 的电子显微照片

过程中，温度对硫化后矿浸出影响较大，在氧分压 507～1520kPa 范围内，氧分压对铜浸出率影响较小。硫砷铜矿中铜浸出速度比纯硫砷铜矿快，反应 30min 后两者分别为 90% 和 10%，可能是由于黄铁矿电偶作用或浸出液中铁离子间接浸出机理。将黄铜矿在 375℃ 下气态硫化 90min，黄铜矿转化率可达 97% 以上。加压浸出过程中，搅拌转速在 500r/min 以上、硫酸浓度在 0.1mol/L 以上对浸出率影响较小。加压浸出温度由 90℃ 上升至 108℃，铜、铁浸出率均上升，但进一步上升至 120℃，铜浸出率降低。氧分压是影响铜铁选择性浸出的关键因素，氧分压由 304kPa 上升至 1520kPa，铜、铁浸出率显著上升，但铜、铁选择性变差。浸出过程中硫氧化形成元素硫进入浸出渣中。在 100℃、氧分压 304kPa、停留时间 3h 下可实现铜的选择性浸出[91]。

M. C. Ruiz 等对富含黄铁矿的硫砷铜矿和纯硫砷铜矿 H_2SO_4-O_2 系加压浸出工艺进行了研究，考察了黄铁矿在硫砷铜矿加压浸出过程中的作用机理。研究中针对含黄铁矿 40% 的硫砷铜矿采用硫酸在 160～200℃、氧分压 345～1034kPa 条件下进行加压浸出，温度、氧分压和粒度对混合矿浸出速率影响显著，但硫酸浓度影响较小，加入黄铁矿情况下比纯硫砷铜矿浸出速度明显较快。对于硫砷铜矿-黄铁矿混合矿，在粒度 -75～+53μm、温度 200℃、氧分压 689kPa 下，15min 可实现铜的完全浸出。黄铁矿浸出产出的铁离子是硫砷铜矿浸出率上升的主要原因，纯硫砷铜矿浸出率通过加入亚铁离子得到提高[92]。

Fullston 等人报道了 pH 值为 11 条件下不同矿物的氧化速率，且辉铜矿 > 砷黝铜矿 > 硫砷铜矿 > 铜蓝 > 黄铜矿。K. Sasaki 等对黄铜矿、硫砷铜矿和砷黝铜矿不同 pH 值下的物理化学性质进行了研究[93]，在 pH 值为 2、5 和 11 下采用 0.013% 过氧化氢（双氧水）和氧气进行氧化，采用 X 射线光电子能谱进行分析，对矿物不同 pH 值下氧化溶解的表面性质进行了研究。pH 值为 2 条件下硫化物均形成明显的硫黄。氧化条件下硫砷铜矿最稳定，pH 值为 5 时硫砷铜矿中部分砷被氧化。pH 值为 11 时砷黝铜矿中相当比例的铜由 Cu（Ⅰ）氧化为 Cu（Ⅱ）。pH 值为 2 条件下砷黝铜矿浸出速率最快，砷和硫抑制在矿中。这些氧化选择性差异可用于浮选流程设计实现硫化矿的分选。

Pandey B. D 等人针对印度 Jaduguda 矿产出的铜镍混合矿进行了加压浸出工艺研究[94]，矿物主要成分为：Cu 15.0%，Ni 10.85%，Co 0.37%，Fe 26.6%，Mo 1.0%，S 33.3%，SiO_2 1.72%。针对该矿曾进行过氯化焙烧—萃取工艺研究，精矿加入 NaCl 在 400～500℃ 下焙烧，水浸后采用 D2EHPA 萃取回收铜镍钴，但腐蚀性较强。另外还进行了氯化浸出试验，同样存在腐蚀问题。在单因素影响试验的基础上，确定加压浸出在液固比 5∶1、硫酸质量浓度 20g/L、130℃ 条件下铜镍钴浸出率较高，将硫酸质量浓度提高至 30g/L，仅钴浸出率升高，铁浸出率达到 43%。研究中还进行了两段逆流加压浸出工艺研究，控制温度 145℃，一段低压、二段高压浸出，铜、镍、钴浸出率分别为 79%、78% 和 95%。如果两段反应温度为 100℃，铜、镍、钴浸出率分别为 89%、68% 和 57%[118]。

4.5.2　电化学机理研究

2002 年北京矿冶研究总院对黄铜矿电化学机理进行了研究。电极反应是一种复杂的过程，包括许多步骤。电化学研究方法可以分为稳态和暂态两种。稳态系统的条件是电流、电极电势、电极表面状态和电极表面物种的浓度等基本不随时间而改变。当电极电势和电流稳定不变（即变化速度不超过一定值）时，就可认为体系已达到稳态。实际上，稳态时电极反应仍以一定的速度进行，只不过是各变量（电流、电势）不随时间变化而已。电极体系处于平衡态时，净的反应速度为零。暂态阶段，电极电势、电极表面的吸附状态以及电极/溶液界面扩散层内的浓度分布等都可能与时间有关，处于变化中。本书中主要采用循环伏安法、恒电压、动电压和开路电位测试。

对黄铜矿、铜蓝及辉铜矿三种硫化铜矿矿浆开路电压进行了测定，如图 4-15 所示，90℃条件下三种矿开路电压依次为：黄铜矿 > 铜蓝 > 辉铜矿。说明黄铜矿开始氧化腐蚀的电位最高，辉铜矿最低，即黄铜矿最难氧化，辉铜矿最容易氧化。

三种硫化铜矿矿浆 90℃下动电位扫描结果表明（见图 4-16），辉铜矿阳极氧化电流密度最大，其次是铜蓝，黄铜矿最低。说明辉铜矿最易发生阳极氧化，而黄铜矿最难。辉铜矿与铜蓝的阳极氧化电流密度随电位增大而明显增高，但当电位由 0.6V（vs. SCE，下同）进一步增大时，电流密度出现明显降低，这可能是由于阳极氧化产物 S^0 明显增多，出现了 S^0 对矿物或电极的包覆所致。

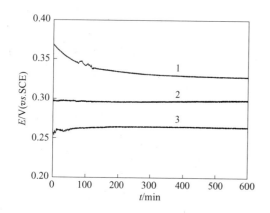

图 4-15　三种硫化铜矿矿浆的开路电压

1—黄铜矿；2—铜蓝；3—辉铜矿

（90℃，$[H_2SO_4]$ = 0.61mol/L，液固比 100∶5）

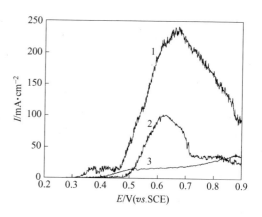

图 4-16　三种硫化铜矿矿浆动电位扫描结果

1—辉铜矿；2—铜蓝；3—黄铜矿

（90℃，$[H_2SO_4]$ = 0.61mol/L，液固比 100∶5）

4.5.2.1　黄铜矿开路电位测试

对黄铜矿在加酸和外加电压条件下进行了电化学测试，以确定其氧化电位，如图 4-17 所示。当溶液中没有酸时，开路电位几乎没有变化，说明过程中未发生任何反应。当在 60s 时加入硫酸调 pH 值至 0.90（H_2SO_4 30g/L），此时电位突然增大，而后又逐渐下降，说明黄铜矿发生了分解反应，但这一反应的电位仅为 0.12V 左右，远未达到黄铜矿氧化分解的电位，因此可能发生如下反应：

$$CuFeS_2 + H_2SO_4 \Longrightarrow CuS + FeSO_4 + H_2S$$

也说明要保证黄铜矿较好的浸出，不仅需

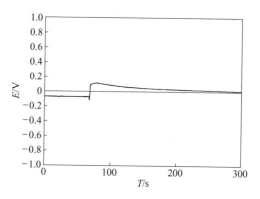

图 4-17　黄铜矿开路电位扫描图

（25℃，10g $CuFeS_2$ + 100mL H_2O，60s 时加 H_2SO_4 至 30g/L）

要硫酸，还要有氧化剂存在。

4.5.2.2 黄铜矿循环伏安曲线

分别测定了黄铜矿矿浆在25℃及90℃时，有无通氧两种条件下的循环伏安曲线，结果如图4-18～图4-21所示。由图4-18可见，在25℃未通氧条件下，0.05 V位置（A）出现一明显氧化峰，可能是由于黄铜矿酸溶生成的H_2S在阳极发生氧化所致，0.25V位置（B）的氧化峰可能是黄铜矿在氧化溶解过程中因铁优先从晶格中离解出来生成了中间产物（斑铜矿，Cu_5FeS_4）所致，0.35V位置（C）的氧化峰有可能是斑铜矿在阳极上的进一步氧化生成了铜蓝所致。在B、C氧化峰值电位之后，阳极电流密度显著下降，可能是由于氧化产物S^0在矿粒表面累积从而造成了S^0对矿粒的包覆所致。D处还原峰则可能是黄铜矿发生还原反应生成辉铜矿（Cu_2S）的过程。推测各点发生反应为：

A： $$H_2S - 2e = 2H^+ + S^0$$

B： $$5CuFeS_2 - 8e = Cu_5FeS_4 + 4Fe^{2+} + 6S^0$$

C： $$Cu_5FeS_4 - 4e = 4CuS + Cu^{2+} + Fe^{2+}$$

D： $$2CuFeS_2 + 6H^+ + 2e = Cu_2S + 3H_2S + 2Fe^{2+}$$

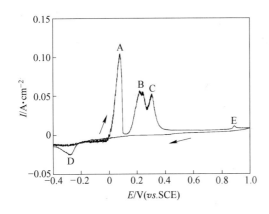

图4-18 黄铜矿矿浆20℃无氧循环伏安曲线
（25℃，$[H_2SO_4] = 0.61mol/L$，液固比100：5）

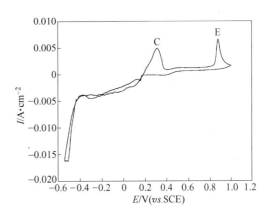

图4-19 黄铜矿矿浆20℃通氧循环伏安曲线
（25℃，$[H_2SO_4] = 0.61mol/L$，液固比100：5，通氧）

与图4-18比较可见，通氧条件下（见图4-19）H_2S氧化峰消失，可能是由于黄铜矿酸溶生成的H_2S被O_2所氧化。0.35V位置（C）氧化峰依然明显，说明在通氧条件下黄铜矿浸出过程仍有铜蓝中间产物生成。0.9V位置（E）出现一明显氧化峰，且其强度较图4-18中有明显增强，目前尚难断定是什么反应。

90℃未通氧条件下黄铜矿酸溶生成的H_2S的阳极氧化峰并不明显，如图4-20所示，这可能是由于高温条件下H_2S更容易发生化学氧化所致。B、C两处氧化峰的峰值电位较25℃时略有右移，且B处峰值电流密度明显降低，说明高温条件下黄铜矿发生电化学氧化生成中间产物（斑铜矿）的过程可能不再显著，但C处氧化峰又说明铜蓝的生成过程依然存在。在高温浸出条件下，D还原峰依然存在，说明有还原产物辉铜矿生成。90℃通氧条件下，H_2S的阳极氧化峰不明显，而且生成中间产物斑铜矿的过程也不明显，但铜蓝的生成过程依然存在

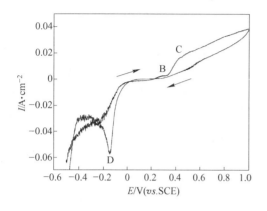

图 4-20　黄铜矿矿浆 90℃无氧循环伏安曲线
（90℃，$[H_2SO_4]=0.61mol/L$，液固比 100∶5）

图 4-21　黄铜矿矿浆 90℃通氧循环伏安曲线
（90℃，$[H_2SO_4]=0.61mol/L$，液固比 100∶5，通氧）

（见图 4-21）。由上述推测,在黄铜矿浸出过程中,铜蓝是很可能的中间产物。

4.5.2.3　离子与黄铜矿氧化电位及电流的关系

研究中对 Cl^-、Fe^{3+} 和 Fe^{2+} 与 $CuFeS_2$ 氧化电位及电流的关系进行了电化学测试。

氯离子影响黄铜矿动电位研究结果表明，常温条件下 50g/L 氯离子仅能使阳极氧化电流密度略有提高，但在高温下影响显著，氯能有效促进黄铜矿的阳极氧化。氯离子浓度由 25g/L 增至 100g/L，阳极电流密度有所增大，但增幅并不非常显著。不同温度下黄铜矿循环伏安测试结果如图 4-22 所示。当氯离子浓度为 25g/L 时，在电位为 -0.15V 左右出现了明显的硫化氢氧化峰，由此证明了黄铜矿在浸出时首先释放出硫化氢的机理。在电位达到 0.35V 时，出现了黄铜矿的氧化峰，由于元素硫的包裹，氧化反应受到阻力，氧化峰迅速下降。当温度升高到 90℃时，曲线中未看到有明显元素硫包裹导致氧化峰下降的现象。

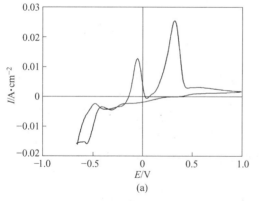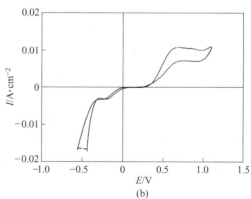

图 4-22　25g/L 氯离子通氧条件下黄铜矿循环伏安曲线
（a）25℃；（b）90℃

黄铜矿在 Fe^{3+}、Cl^- 体系下的循环伏安法极化曲线如图 4-23 所示。其他条件为：浸出液固比 5∶1、H_2SO_4 30g/L、Fe^{3+} 2g/L、25℃、通纯氧。氯离子浓度由 0.5mol/L 提高至

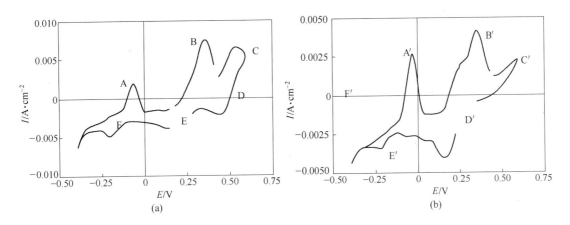

图 4-23 不同氯离子浓度下黄铜矿循环伏安极化曲线图

(a) $c_{Cl^-} = 1.0mol/L$; (b) $c_{Cl^-} = 0.5mol/L$

1.0mol/L，各峰值明显提高，说明一定范围内氯离子的增加可提高阳极氧化电流。根据氧化还原峰推测各峰反应如下：对于峰 A 和 A'，则可能是黄铜矿的溶解释放硫化氢和 H_2S 的氧化反应：

$$CuFeS_2 + H_2SO_4 \Longrightarrow CuS + FeSO_4 + H_2S$$

$$2H_2S + O_2 \Longrightarrow 2S + 2H_2O$$

在酸性氯化物介质中，Cu^{2+} 也具有很强的氧化性，可以氧化分解 $CuFeS_2$，峰 B 和 B' 则可能是 Cu^{2+} 氧化分解黄铜矿的反应：

$$CuFeS_2 + 3CuCl_2 \Longrightarrow 4CuCl + FeCl_2 + 2S$$

而对于峰 C 和 C'，则是黄铜矿氧化反应：

$$CuFeS_2 + 2H_2SO_4 + O_2 \Longrightarrow CuSO_4 + FeSO_4 + 2H_2O + 2S$$

当然 C 和 C'也可能发生黄铜矿氧化生成无量型产物：

$$CuFeS_2 + H_2SO_4 \Longrightarrow Cu_{(1-x)}Fe_{(1-y)}S_{(1-z)} + xCu^{2+} + yFe^{2+} + zS$$

对于还原峰 D、D'、E、E'和 F'则是氧化峰 A、A'、B、B'和 C、C'对应的还原反应。

还原峰 D、D'、E'则可能是在黄铜矿氧化过程中生成的无量型中间产物继续被还原发生的反应：

$$Cu_{(1-x)}Fe_{(1-y)}S_{(1-z)} + (1-y)H_2SO_4 \Longrightarrow Cu_{(1-x)}S_{(1-x)} + (1-y)FeSO_4 + (1-y)H_2S$$

此过程并不是完全可逆的。

还原峰 E 和 F'则是黄铜矿或中间产物发生还原生成辉铜矿（Cu_2S）的过程。反应式如下：

$$CuFeS_2 + 6H^+ + 2e \Longrightarrow Cu_2S + 3H_2S + 2Fe^{2+}$$

$$3Cu_{(1-x)}S_{(1-x)} + (1-x)H_2SO_4 \Longrightarrow (1-x)Cu_2S + (1-x)CuSO_4 + (1-x)H_2S$$

图 4-24 为 25℃、H_2SO_4 30g/L、Cl^- 1.0mol/L、Fe^{3+} 2.0g/L、液固比为 5∶1、通氧条件下的恒电位扫描图。可以看出，低电位下电流在通电初始迅速下降，然后趋于平缓，说

明钝化膜的生成与溶解反应几乎以同样速度进行。高电位下电流先急剧上升，后迅速下降，最终趋于平缓，说明初始阳极氧化反应剧烈，除了黄铜矿氧化反应外，可能还存在 Fe^{2+} 的氧化等反应，之后生成钝化膜，最后钝化膜被溶解。

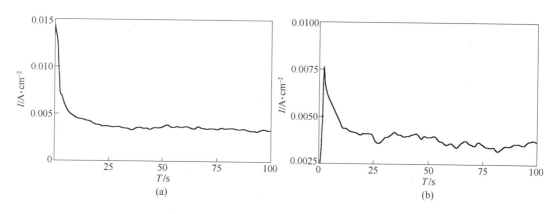

图 4-24　25℃下 Fe^{3+} 溶液中的恒电位测试图
(a) $E = 0.7V$；(b) $E = 1.0V$

4.5.3　铜铅锌混合矿

近些年来，我国相继发现探明大量铜铅锌银多金属复杂硫化矿床，如四川呷村、云南兰坪硫化矿床等，该类型多金属复杂矿床由于矿石成分、结构复杂，各矿物嵌布粒度细，分离较为困难，难以选矿产出单一金属的合格精矿。国内外针对该类混合矿进行了大量研究工作，除常规浸出外，如生物浸出、氯化浸出、碱性浸出、硫酸化焙烧选择性浸出及双氧水氧化浸出等，另外，在加压氧化浸出方面也进行了大量的研究工作。

1961 年 Sheritt Gordon 在 Fort Saskatchewan 就菲律宾 Bagacay 和 Sipalay 矿山的铜锌混合精矿进行了为期三个月、日处理 1.2t 的氨性加压浸出半工业试验。原料主要成分为：Cu 20.5%，Zn 6.8%，Fe 24.6%，Mo 0.2%，S 33.4%，粒度小于 0.075mm 占 80%。混合精矿用水、返回的氨-硫酸铵溶液浆化至固含量 23.2%，用隔膜泵送至加压釜中进行浸出，在 85℃、压力 764.9kPa 下浸出 9h，液氨计量后连续通入加压釜内以维持浸出后溶液中 $NH_{3(游离)}/(Cu + Zn)$ 的物质的量比为 (4.5 ~ 5):1，铜、锌和硫的浸出率分别为 95.6%、80% 和 58%。含铜、锌的浸出液进行蒸氨—氧化—水解，蒸氨后 $NH_{3(游离)}/(Cu + Zn)$ 的物质的量比降到 3.4:1，送到热交换器加热至 246℃，在氧化水解塔中，通入压力为 4118.79kPa 的空气进行氧化，时间为 35min，使溶液中未饱和的硫化物氧化成硫酸铵。

净化后氨浸液成分为：Cu 65g/L，Zn 18g/L，$(NH_4)_2SO_4$ 300g/L，$NH_{3(游离)}$:Cu 约为 4.0:1。溶液先混以聚丙烯酸铵溶液，以控制氢还原时铜粉粒度，用量为 0.25g/L。再用硫酸中和至 $NH_{3(游离)}$:Cu 约为 2.6:1，泵至 $\phi 0.76m \times 3.35m$ 卧式加压釜中进行氢还原，釜内置有 4 个搅拌器，每个叶轮直径为 40.6cm，转速 700r/min，一个在搅拌轴的底端，其他的在气液界面处，氢气由釜底通入，氢分压为 2412.4 ~ 3098.9kPa，温度 204℃，还原后铜粉悬浮在含有 560g/L $(NH_4)_2SO_4$、17g/L 锌和约 1g/L 铜的溶液内，还原结束后溶液中游离氨浓度为 10g/L，矿浆浓度 7.5%，由减压槽排出，经盘式过滤机过滤，洗涤后得到含水 10% ~20% 的铜粉滤饼，送入马弗炉于氢气流、650℃ 下烘干，破碎细磨至 -150μm（-100 目），铜粉纯度 99.95%（Zn 0.013%）。

氢还原后的溶液调整氨量至 $NH_{3(游离)}$ ∶ Zn 物质的量比为 3.5∶1（pH 值为 7.25）后，泵入另一卧式高压釜，在 CO_2 压力 689.4kPa、温度 38℃、反应时间 120min 下，90% 锌以碱式碳酸锌形式沉淀，溶液中锌由 15g/L 降至 1.6g/L，铜沉淀量仅 20%，沉淀物中锌铜比为 7.5∶1，碱式碳酸锌洗涤干燥后含 Cu 0.7%、Zn 50%、$(NH_4)_2SO_4$ 0.5%，将此碳酸锌溶于返回的电解液，经净化电积得到 99.97% 锌（Cu 0.003%）。除去铜锌的残液含有约 1g/L Zn 和 500g/L $(NH_4)_2SO_4$，送密闭搅拌槽在 82.5℃ 下通入 H_2S 反应 1h，将溶液中铜除至 0.01g/L、锌 0.08g/L，经真空过滤机过滤，滤渣含 Cu 22%、Zn 32% 和 S 32%，返回加压釜中。除去铜锌后溶液含 500g/L $(NH_4)_2SO_4$ 和 20g/L $(NH_4)_2CO_3$，在 89.5℃ 加入足量硫酸以破坏碳酸盐，最终结晶生产硫酸铵，成分为 N_2 21.1%、Cu 0.003%、Zn 0.01%。精矿中含 Ag 100g/t，Au 3g/t，加压浸出过程中进入浸出渣中，氰化探索试验表明，银回收率可达 56%，金为 48%[95]。

T. J. Harvey 等人针对铜锌混合精矿提出了锌选择性浸出工艺流程[96]。研究中针对三种矿物进行了试验，成分分别为：（A）Cu 12.2%，Pb 3.76%，Zn 22.2%；（B）Cu 14.1%，Pb 17.3%，Zn 25.6%；（C）Cu 15.6%，Zn 17.0%，Fe 21.6%。试验中主要考察了反应温度、氧气浓度及反应时间对铜、锌浸出率的影响。对于 A 矿物，在 210℃ 下采用浓度 50% 的氧气，控制氧分压 689kPa，总压 2620kPa，矿浆浓度 20%，浸出 180min，锌、铜的浸出率分别为 99% 和 0.32%。渣主要成分为：Cu 25.9%，Pb 8.8%，Zn 0.5%，Fe 42%，Ag 435g/t，Au 3.5g/t。浸出液含 Zn 50.6g/L，Cu 0.08g/L 及 Fe 5.7g/L，可直接并入传统工序净化工序。若采用压缩空气（氧气浓度 21%），在 210℃、空气分压 689kPa（总压 2620kPa）、矿浆浓度 20% 条件下浸出 510min，锌、铜、铁的浸出率分别为 94.3%、1.1% 和 60.2%，反应时间延长，溶液中铜、铁含量分别达到 0.13g/L 和 19.5g/L。C 矿物需对工艺进行适量调整，在 210℃、氧气浓度 75%、氧分压 689kPa、总压 2620kPa、矿浆浓度 20%、浸出 120min 条件下，锌、铜的浸出率分别为 95.7% 和 0.6%，渣中锌、铜、铁的含量分别为 1.2%、24.5% 和 31.6%。对于某些含铅高的矿物，如 B 矿物，为提高浸出渣中铅品位，提出两种工艺。一是进行两段加压浸出，一段浸出提锌，二段浸出提铜。一段条件为：210℃、氧气浓度 50%、氧分压 689kPa、总压 2620kPa、矿浆浓度 20%、反应时间 180min。二段条件为：210℃、氧气浓度 100%、氧分压 689kPa、总压 2620kPa、矿浆浓度 20%、浸出 90min。再有就是采用上述二段加压浸出条件将铜、锌等全浸，锌、铜、铁的浸出率分别为 99.2%、98% 和 16.8%，渣中铅含量达到 45%，并富集了金银等有价金属。产出的溶液不能直接并入传统工艺流程，需采用萃取或硫化沉淀等方法分离铜和锌。

2000 年北京矿冶研究总院针对新疆阿舍勒铜锌混合矿提出了低温加压浸出工艺流程，并进行了小型试验和扩大试验，加压浸出原料含 Cu 10.58%，Zn 2.57%，铜浸出率达到 95% 以上，在第 4.3.3.3 节中进行了详细介绍。

李小康等人[97]针对含锌 24.59%、铜 9.82%、硫 31.25%、铁 27.91% 的低品位铜锌混合矿物进行了加压氧化浸出，原料主要成分为闪锌矿、黄铜矿、黄铁矿、方铅矿等。研究结果表明，矿物细磨至 -0.043mm 占 98%，在氧分压 0.4MPa、酸度 240g/L、温度

140℃、添加剂用量 0.10% ~0.22% 条件下浸出 150min，铜、锌浸出率分别在 98%、99% 以上，60% 的硫以单质硫形式进入渣中。过程中除加入木素外，还加入了添加剂 R，促进了反应的进行，但未知对后续溶液处理的影响。

专利 US P4266972 中针对含铜、锌、铁、铅及有价金属的硫化物，提出了加压浸出—氯化浸出综合回收工艺流程。加压浸出过程中，控制浸出温度 150 ~250℃，最好在 200 ± 10℃，控制氧分压大于 490kPa，最好 1176.8 ± 196.1kPa 溶液采用石灰石中和至 pH 值为 1.5 ~2.5，回收铜锌等，加压渣在 60 ~90℃下氯盐浸出回收铅和银等[98]。

周勤俭等人针对湖南七宝山硫铁矿产出的浮选铜锌混合精矿进行了"预浸—氧压酸浸"试验，预浸渣进行氧压酸浸，氧压酸浸液返回预浸，预浸目的是利用原料中碱性成分降低加压浸出液中硫酸含量[99]。原料粒度为 -0.045mm 占 58.33%，主要成分为：Cu 7.29%，Zn 32.57%，Pb 5.7%，S 31.44%，Fe 14.12%，SiO_2 0.75%。90% 锌以硫化锌形式存在；铜 45% 为次生硫化铜，30% 为原生硫化铜，20% 为自由氧化铜；铅 55% 以硫酸铅、27% 以硫化铅形式存在。预浸条件为：80℃，鼓空气，反应时间 2h，终酸 0.56mol/L。氧压酸浸条件为：硫酸用量为理论量 1.13 倍，表面活性剂用量 0.23%，压力 1.8MPa，液固比为 3，温度 115℃，时间 3h，终酸 1.25mol/L。预浸段铜、锌、铁的浸出率分别为 48.7%、18.3% 和 19.9%，氧压浸出段分别为 74.3%、99.3% 和 73.7%，铜、锌、铁的总浸出率分别为 86.8%、99.4% 和 78.9%。浸出液主要成分为：Cu 20.37g/L，Zn 102.5g/L，Fe 34.1g/L，H^+ 0.56 mol/L。建议溶液经中和、铁屑置换除铜、除铁、净化后，蒸发结晶生产硫酸锌。置换得到海绵铜可酸溶生产硫酸铜。加压浸出渣主要成分为：S^0 58.77%、Pb 13.73%、Cu 1.94%、Zn 0.82%、Fe 6.71%，建议可制备三盐基硫酸铅和硫黄。最终生产硫酸锌、硫酸铜、三盐基硫酸铅和硫黄，锌、铜、铅、硫的回收率分别为 98.5%、85.8%、95.3% 和 77.5%。

Ata Akcil[100] 等人对含 Cu 0.64%、Pb 2.48% 和 Zn 2.45% 的硫化物提出了"浮选—焙烧—加压浸出"工艺流程，并进行了试验研究。该矿经破碎、磨矿、浮选后，产出混合矿成分为：Cu 4.1%、Pb 33.1%、Zn 21.1%。将该精矿在马弗炉中进行厌氧焙烧，将硫化物转化为硫酸盐及氧化物等。研究中对焙砂进行了常压浸出和加压浸出试验研究，并考察了不同焙烧温度下各因素对浸出率的影响。最终确定最佳工艺条件为：在 620℃下焙烧 90min 以上，在 90℃、氧分压 100kPa、S/L = 15% 条件下加压浸出 90min，铜、锌的回收率可分别达到 97% 和 90%。

四川省甘孜州白玉县呷村铜铅锌银多金属硫化矿属特大型银多金属矿床，被誉为"三江成矿带上的一颗明珠"。资源丰富，铜、铅、锌、银平均品位分别为 0.5%、3%、5%、200g/t，探明储量按金属量计各约为 10 万吨、60 万吨、100 万吨和 2000 吨。国内针对该矿开展了大量的研究工作，诸多浮选试验证明，采用优先浮选工艺，不仅主金属回收率低，且分选出的铜精矿、铅精矿、锌精矿互含严重，杂质含量高，以铜精矿为例，含 Cu 15% ~16%，Pb 16% ~17%，Zn 15%。另外，混合精矿中砷、锑、铅含量高，不适宜采用传统火法冶炼工艺。国内谢克强等人针对该矿选矿产出的混合精矿进行了加压浸出工艺研究[101]。针对含 Zn 23.53%、Cu 2.51%、Fe 13.18%、Pb 31.37%、S 23.71%、Cd 0.15%、Ag 197.20g/t 的精矿，磨至 -50μm，在 145 ~150℃、初始 H_2SO_4 150g/L、总压 1.5MPa（氧分压 1.1MPa）、液固比 8:1、搅拌速度 800r/min 条件下浸出时间 2h，锌、铜、镉、铁的浸出率分别达到99%、91%、99%和95%以上，98%以上的铅银进入浸出渣。浸出液采用锌焙砂或ZnO烟尘中和，以进一步提高溶液锌含量，降低硫酸含量。徐斌等人针对不同精矿进行了两段逆流氧压浸出工艺研究[102]。针对含Zn 31.94%、Pb 19.10%、Cu 2.53%、Fe 9.79%、S 30.51%精矿，控制精矿粒度 −0.045mm 占93.77%。确定一段浸出条件为：液固比3：1，始酸150g/L，反应温度135℃，氧分压0.75MPa，浸出时间2h；二段浸出条件为：始酸80g/L，液固比3：1，反应温度180℃，氧分压1.0MPa，浸出时间2.5h。渣率为65%～70%，渣中铜含量低于0.3%，锌含量低于0.35%，总硫含量为35%左右。铜、锌两段平均总浸出率分别为93.23%和99.47%，杂质元素铁和砷浸出率分别为15.77%和6.9%，元素硫的硫黄转化率为54.26%。铅、银大部分转化为铅矾、铅铁矾和硫化银而留在浸出渣中，铜、锌与铅、银分离彻底。针对含Zn 15.50%、Pb 19.83%、Cu 15.25%、Fe 7.22%、S 24.90%的精矿，一段浸出条件为：精矿粒度 −45μm 占80%，150℃，始酸60g/L，氧分压1.0Pa，时间2.5h；二段浸出条件为：始酸10g/L，210℃，氧分压0.5MPa，时间2.5h。铜、锌浸出率分别为96.2%和97.5%，铁、砷、锑的浸出率分别仅为8.5%、6.5%和0.7%。

库建刚等人针对含Cu 19.35%、Fe_2O_3 31.64%、S 9.94%的浮选铜精矿进行了加压酸浸工艺研究[103]，原料中铜90.26%以斑铜矿、黄铜矿等硫化物形式存在，9.74%以氧化铜形式存在。研究结果表明，在初始硫酸浓度1.5mol/L、磨矿粒度 −0.037mm 占89%，氧分压2MPa，浸出时间5h，浸出温度156℃、木质素磺酸钠用量2.5g/kg条件下，铜浸出率为79.15%，采用新型浸出剂ZK05，铜浸出率达到98%以上，硫浮选回收率60%。

4.5.4 铅冰铜回收铜

铅冶炼过程中精矿伴生的铜进入粗铅中，火法精炼过程中一般采用加硫除铜的方法脱铜，所产浮渣经反射炉熔析后产出三个产品：粗铅、铅冰铜和渣。铅冰铜除含铜外，还含铅、银等元素，多采用火法工艺进行处理，但金属回收率低、环境污染重、工艺流程长、投资大和成本高。国内针对铅冰铜也进行了加压浸出工艺研究，分为酸性加压浸出和碱性加压浸出两大类。该法的优点是工艺流程简短灵活，无二氧化硫气体产出，硫以元素硫或硫酸根形式进入浸出渣中。

杨显万等人针对铅冰铜进行了加压酸浸工艺研究，并申请了专利（CN101225476A）[104]。铅冰铜细磨后进行加压浸出，铜以硫酸铜形式进入溶液，经电积回收铜，浸出渣送铅系统回收铅、银及单质硫等。对于含Cu 46.5%、Pb 12.53%、S 18.55%、Fe 6.04%的铅冰铜，在氧分压0.8MPa，总压1.2～1.3MPa，浸出温度140～150℃，硫酸为理论量，600r/min，液固比10：1，矿样粒度 −150μm 占55%，浸出时间2～3h条件下浸出，铜浸出率大于97%，浸出液含铁小于5g/L，渣率30%，铅银进入渣中，铁入渣率大于60%，单质硫产出率约25%。研究中针对熔析渣与铅冰铜的混合物料也进行了加压浸出工艺研究，该混合料成分为：Cu 24.43%，Pb 19.22%，Fe 12.17%，S 10.7%，SiO_2 5.45%，As 2.33%，Sb 0.23%，Ag 280.88g/t。该混合料中硅含量较高，浸出后矿浆过滤困难，通过加入絮凝剂及加入$CaCO_3$调浆有效解决过滤难题。铜浸出率达到90%以上，浸出液含铁小于2g/L，渣率55%～75%，铁入渣率大于80%，单质硫产出率约25%。

文剑锋针对铅精矿氧气底吹熔炼产出的铅铜锍进行了多种碱性体系加压氧化探索实验,最终选定氢氧化钠作为浸出剂[105]。并考察了起始温度、氢氧化钠浓度、氧分压、搅拌速度、反应时间、液固比等因素对铅、砷、硫、硒浸出率的影响,得出反应的最佳条件为起始温度125℃,碱过量系数0.08,氧分压0.3~0.8MPa,搅拌速度1000r/min,液固比4:1,时间1.5h。在此条件下,硫、硒、铅、砷的浸出率分别为98.03%、96.96%、4.15%和0.45%。针对该加压浸出渣硫酸浸出在60℃下进行,控制终点pH值为2.5,铜浸出率可达98.52%,铁、银的浸出率仅为1.66%、0.72%,浸出渣中铜、铅、银、铁的含量分别为1.44%、64.57%、11.28%、0.4136%,铅、银被富集2倍以上。浸出液即硫酸铜溶液直接进行电积试验,阴极铜纯度大于99%。该流程2010年9月在湖南郴州宇腾有色金属股份有限公司研发中心进行了工业试验,加压浸出在1m³加压釜中进行,并进行了硫酸浸出、电积试验,结果与小试基本一致。

专利CN201110020611.9指出,将铅冰铜破碎、球磨至180μm以下,采用氢氧化钠通入氧气进行加压浸出,氢氧化钠用量以铅冰铜中硫完全转化为硫酸根计算,过量系数为1.2~1.3,控制氧分压0.8~1.2MPa,温度150~200℃,总压力1.5~2.2MPa,液固比(3~4):1,浸出反应6~8h,使硫转化为硫酸根,硒、碲等稀散金属转换为氢氧化物进入溶液,铁转化为氧化铁,铜转化为氧化铜和少量硫酸铜,铅转化为硫酸铅与金、银贵金属一起留在固相中。液固分离后,滤液采用石灰乳中和后,二次滤液返回碱性浸出,渣及石膏渣外售。浸出渣进行常压硫酸浸出,控制硫酸浓度150~200g/L,其用量以铅冰铜中铜完全转化为硫酸铜计算,过量系数1.5~1.7,浸出温度70~80℃,搅拌浸出1~2h,液固比(7~8):1,终点pH值在2.0以下,铜以硫酸铜形式进入溶液,酸性浸出渣送铅冶炼厂回收铅、金、银等有价金属,浸出液鼓入空气加入活性炭,用亚硝酸根做催化剂反应1~1.5h后,用氢氧化钠调整pH值为3.5~4,铁沉淀进入渣中,硫酸铜溶液经电积生产电铜[106]。专利CN102230083A中提出针对铅冰铜采用氨-硫酸铵在110~200℃下进行氧压浸出,铜反应进入溶液,浸出渣送铅系统回收铅及贵金属,浸出液采用LIX84I萃取提铜[107]。

参 考 文 献

[1] 陈家镛. 湿法冶金手册[M]. 北京:冶金工业出版社,2005.

[2] Matthew J King, Kathryn C Sole, William G I Davenport. Extractive metallurgy of copper[M]. fifth edition. Elsevier, 2011.

[3] Christopher A Fleming, David Dreisinger, P Terry O' Kane. Oxidative pressure leach recovery using halide ions: US, 6315812[P]. 2001.

[4] John O. Marsden, Robert E Brewer, Nick Hazen. Copper Concentrate leaching development by Phelps Dodge Corporation[C]. Hydrometallurgy 2003 v.2: Electrometallargy and Environmental Hydometallurgy, Vancouver, 2003: 1429-1446.

[5] W G Davenport, M King, M Schlesinger, et al. Extractive metallurgy of copper[M]. fourth edition. Elsevier, 2002.

[6] David Dreisinger. Copper leaching from primary sulfides: Options for biological and chemical extraction of copper[J]. Hydrometallurgy, 2006, 83(1): 10-20.

[7] R G McDonald, D M Muir. Pressure oxidation leaching of chalcopyrite. Part I. Comparison of high and low

temperature reaction kinetics and products[J]. Hydrometallurgy, 2007, 86(3-4): 191-205.

[8] R G McDonald, D M Muir. Pressure oxidation leaching of chalcopyrite: Part II: Comparison of medium temperature kinetics and products and effect of chloride ion[J]. Hydrometallurgy, 2007, 86(3-4): 206-220.

[9] 龟谷博. 复杂硫化矿的湿法工艺基础理论研究[J]. 日本矿业会志, 1985, 81(922): 795-801.

[10] 永井忠雄. 黄铁矿加压浸出动力学研究[J]. 日本矿业会志, 1974, 70(902): 473-477.

[11] 永井忠雄. 加压浸出电化学研究[J]. 日本矿业会志, 1974, 70(902): 547-553.

[12] 刘纯鹏. 铜的湿法冶金物理化学[M]. 北京: 中国科学技术出版社, 1991.

[13] J E Dutrizac. Ferric ion leaching of chalcopyrites from different localities[J]. Journal of Electronic Materials, 1991, 20(12): 303-309.

[14] N L Piret, J F Castle. Scope and limitations for application of selectivity in oxidation potential-controlled leaching of metal sulphides[C]. Hydrometallurgy '94, Cambridge, England, 1994: 229-252.

[15] G H 凯塞尔, P W 佩吉. 黄铜矿的电化学行为[J]. 武汉化工学院学报, 1995, 17(2): 73-78.

[16] 苏永庆, 刘纯鹏. 微波加热下硫酸浸溶黄铜矿动力学[J]. 有色金属, 2000, 52(1): 62-65.

[17] Rajko Ž Vračar, Ivana S Parezanović, Katarina P Cerović. Leaching of copper (I) sulfide in calcium chloride solution[J]. Hydrometallurgy, 2000, 58(3): 261-267.

[18] M J Correia, J Carvalho, J Monhemius. The effect of tetrahedrite composition on its leaching behaviour in FeCl$_3$-NaCl-HCl solution[J]. Minerals Engineering, 2001, 14(2): 185-195.

[19] M Joana Neiva Correia, Jorge R Carvalho, A John Monhemius. The leaching of tetrahedrite in ferric chloride solutions[J]. Hydrometallurgy, 2000, 57(2): 167-179.

[20] N J Welham. Mechanochemical processing of enargite (Cu$_3$AsS$_4$)[J]. Hydrometallurgy, 2001, 62(3): 165-173.

[21] P Baláž, M Achimovičová, Z Bastl, et al. Influence of mechanical activation on the alkaline leaching of enargite concentrate[J]. Hydrometallurgy, 2000, 54(2-3): 205-216.

[22] Antoni Muszer, Jerzy Wódka, Tomasz Chmielewski, et al. Covellinisation of copper sulphide minerals under pressure leaching conditions[J]. Hydrometallurgy, 2013, 137(0): 1-7.

[23] Naoki Hiroyoshi, Hajime Miki, Tsuyoshi Hirajima, et al. A model for ferrous-promoted chalcopyrite leaching[J]. Hydrometallurgy, 2000, 57(1): 31-38.

[24] Naoki Hiroyoshi, Hajime Miki, Tsuyoshi Hirajima, et al. Enhancement of chalcopyrite leaching by ferrous ions in acidic ferric sulfate solutions[J]. Hydrometallurgy, 2001, 60(3): 185-197.

[25] W J S Craigen, F J Kelly, D H Bell, et al. Evaluation of the CANMET Ferric Chloride Leach (FCL) process for treatment of complex base-metal sulphide ores[M]//Sulphide deposits—their origin and processing. Springer, 1990: 255-269.

[26] D Maurice, J A Hawk. Ferric chloride leaching of mechanically activated chalcopyrite[J]. Hydrometallurgy, 1998, 49(1-2): 103-123.

[27] Bernard H Lucas, David Y Shimano. Ferric chloride leach of a metal-sulphide bearing material: U. S., 4, 902, 344[P]. 1990-2-20.

[28] M B Stott, H R Watling, P D Franzmann, et al. The role of iron-hydroxy precipitates in the passivation of chalcopyrite during bioleaching[J]. Minerals Engineering, 2000, 13(10): 1117-1127.

[29] Z Y Lu, M I Jeffrey, F Lawson. The effect of chloride ions on the dissolution of chalcopyrite in acidic solutions[J]. Hydrometallurgy, 2000, 56(2): 189-202.

[30] Z Y Lu, M I Jeffrey, F Lawson. An electrochemical study of the effect of chloride ions on the dissolution of chalcopyrite in acidic solutions[J]. Hydrometallurgy, 2000, 56(2): 145-155.

[31] Lawrence E Schultze, Scot Philip Sandoval, RP Bush. Effect of additives on chalcopyrite leaching[M]. US

Department of the Interior, Bureau of Mines, 1995.

[32] 邓彤，文震. 氯化物存在下硫化铜的氧化浸出过程[J]. 有色金属，2000(04)：54-57.

[33] W W Fisher, F A Flores, J A Henderson. Comparison of chalcocite dissolution in the oxygenated, aqueous sulfate and chloride systems[J]. Minerals Engineering, 1992, 5(7)：817-834.

[34] J P Lotens, E Wesker. The behaviour of sulphur in the oxidative leaching of sulphidic minerals[J]. Hydrometallurgy, 1987, 18(1)：39-54.

[35] S Cander. Mechanism of sulfur oxidation in pyrite[J]. Minerals and metallurgical processing, 1998(8)：113-118.

[36] E M Córdoba, J A Muñoz, M L Blázquez, et al. Comparative kinetic study of the silver-catalyzed chalcopyrite leaching at 35 and 68℃[J]. International Journal of Mineral Processing, 2009, 92(3-4)：137-143.

[37] 史有高. 清洁的炼铜工艺[J]. 中国有色冶金，2006(01)：1-4.

[38] 朱屯. 现代铜湿法冶金[M]. 北京：冶金工业出版社，2002.

[39] David L Jones. Hydrometallurgical copper extraction process：U. S. , 5316567. [P]. 1994-5-31.

[40] 周永益. 铜精矿的高压釜浸出[J]. 有色矿冶，1994(03)：64.

[41] J O Marsden, J C Wilmot. Medium-temperature pressure leaching of copper concentrates-Part 1：Chemistry and initial process development[J]. Minerals & Metallurgical Processing, 2007, 24(4)：193-204.

[42] J C Wilmot, R J Smith, R E Brewer. Concentrate Leach Plant Startup, Operation and Optimization at the Phelps[C]. Pressure Hydrometallurgy 2004：34th Annual Hydrometallurgy Meeting, Banff, Alberta, Canada, 2004：77-89.

[43] R E Brewer. Copper concentrate pressure leaching-plant scale-up from continuous laboratory testing[J]. Minerals and Metallurgical Processing, 2004, 21(4)：202-208.

[44] Shijie Wang. Copper leaching from chalcopyrite concentrates[J]. JOM, 2005, 57(7)：48-51.

[45] K G Baxter, D G Dixon, A G Pavlides. Testing and Modelling a Novel Iron Control Concept in a Two-stage Ferric Leach/Pressure Oxidation Process for the Sepon Copper Project[C]. Pressure Hydrometallurgy 2004：34th Annual Hydrometallurgy Meeting, Banff, Alberta, Canada, 2004：57-76.

[46] David L Jones. Chloride assisted hydrometallurgical extraction of metal：US, 5869012[P]. 1999.

[47] Michael J Collins, Donald K Kofluk. Hydrometallurgical process for the extraction of copper from sulphidic concentrates：US, 5730776[P]. 1998.

[48] Robert W Stanley, Kohur Nagaraja Subramanian. Recovering copper from concentrates with insoluble sulfate forming leach：US, 4039406[P]. 1977-8-2.

[49] Derek GE Kerfoot, Serge Monette, Robert W Stanley. Hydrometallurgical treatment of copper-bearing hematite residue：U. S. , 4338168[P]. 1982-7-6.

[50] D Jones, J Hestrin. CESL process for copper sulphides operation of the demonstration plant[C]. ALTA 1998 Copper Sulphides Symposium, brisbane, Australia, 1998：6.

[51] S K Sahu, E Asselin. Characterization of residue generated during medium temperature leaching of chalcopyrite concentrate under CESL conditions[J]. Hydrometallurgy, 2011, 110(1-4)：107-114.

[52] D L Jones, K Mayhew, L O' Connor. Nickel and Cobalt Recovery from a Bulk Copper-Nickel Concentrate using the CESL Process[C]. Hydrometallurgy of Nickel and Cobalt 2009, Sudbury, Canada, 2009：45-57.

[53] Jennifer Defreyne, Terry Brace, Colin Miller, et al. Commissioning UHC：a VALE copper refinery based on CESL technology[C]. Hydrometallurgy 2008：Proceedings of the Sixth International Symposium, Vancouver, 2008：357-366.

[54] J D T Steyl. The Effect of Surfactants on the Behaviour of Sulphur in the Oxidation of Chalcopyrite at Medium

Temperature[C]. Pressure Hydrometallurgy 2004: 34th Annual Hydrometallurgy Meeting, Banff, Alberta, Canada, 2004: 101-118.

[55] 王海北. 复杂硫化铜矿加压浸出技术研究[D]. 北京: 北京科技大学, 2008.

[56] 金炳界. 铅冰铜氧压酸浸—电积提铜工艺及理论研究[D]. 昆明: 昆明理工大学, 2008.

[57] C G Anderson, K D Harrison, L E Krys. Theoretical considerations of sodium nitrite oxidation and fine grinding in refractory precious-metal concentrate pressure leaching[J]. Minerals and Metallurgical Processing (USA), 1996, 13(1): 4-11.

[58] C G Anderson. Applications of NSC Pressure Leaching[C]. Pressure Hydrometallurgy 2004: 34th Annual Hydrometallurgy Meeting, Banff, Alberta, Canada, 2004: 855-886.

[59] 兰兴华. 从铜精矿中浸出铜技术进展[J]. 世界有色金属, 2004(11): 23-27.

[60] CorbyG Anderson. Treatment of copper ores and concentrates with industrial nitrogen species catalyzed pressure leaching and non-cyanide precious metals recovery[J]. JOM, 2003, 55(4): 32-36.

[61] R M Berezowsky, T Xue, M J Collins, et al. Pressure leaching las cruces copper ore[J]. JOM, 1999, 51 (12): 36-40.

[62] J O Marsden, J C Wilmot, N Hazen. Medium-temperature pressure leaching of copper concentrates-Part I: Chemistry and initial process development[J]. Minerals & Metallurgical Processing, 2007, 24(4): 193-204.

[63] J O Marsden, J C Wilmot. Medium-temperature pressure leaching of copper concentrates-Part II: Development of direct electrowinning and an acid-autogenous process[J]. Minerals & Metallurgical Processing, 2007, 24(4): 205-217.

[64] J O Marsden, J C Wilmot. Medium-temperature pressure leaching of copper concentrates-Part III: Commercial demonstration at Baghdad, Arizona [J]. Minerals & Metallurgical Processing, 2007, 24(4): 218-225.

[65] J O Marsden, J C Wilmot. Medium-temperature pressure leaching of copper concentrates-Part IV: Application at Morenci, Arizona[J]. Minerals & Metallurgical Processing, 2007, 24(4): 226-236.

[66] C M Palmer, G D Johnson. The activox® process: Growing significance in the nickel industry[J]. JOM, 2005, 57(7): 40-47.

[67] James Whyte. LionOre taking Activox to the stage at Tati[N]. The Northern Miner, Feb 4-Feb 10, 2005 (B1-B2).

[68] 王海北, 蒋开喜, 邱定蕃, 等. 国内外硫化铜矿湿法冶金发展现状[J]. 有色金属, 2003(04): 101-104.

[69] 王春, 蒋开喜, 王海北, 等. 用LIX 622从含砷铜/锌混合精矿加压浸出液中萃取铜[J]. 有色金属, 2004, 56(4): 70-73.

[70] 王海北, 蒋开喜, 张邦胜, 等. 新疆某复杂硫化铜矿低温低压浸出工艺研究[J]. 有色金属, 2004, 56(03): 52-56.

[71] P Baláž. Mechanical activation in hydrometallurgy[J]. International Journal of Mineral Processing, 2003, 72(1): 341-354.

[72] Ozge Gok, Corby G Anderson. Dissolution of low-grade chalcopyrite concentrate in acidified nitrite electrolyte[J]. Hydrometallurgy, 2013, 134-135(0): 40-46.

[73] K T Perek, F Arslan. Effect of Mechanical Activation on Pressure Leaching of Küre Massive Rich Copper Ore[J]. Mineral Processing and Extractive Metallurgy Review, 2010, 31(4): 191-200.

[74] 邱广义, 崔文静, 李永霞, 等. 氧气酸浸法处理硫化铜矿制取海绵铜[J]. 内蒙古石油化工, 2008, (22): 1-3.

[75] 马育新. 新疆喀拉通克铜精矿的加压酸浸研究[J]. 新疆有色金属, 2002, 25(2): 24-28.

[76] 周勤俭, 陈庭章, 杨静, 等. 氧压酸浸法处理浮选铜锌混合精矿的研究[J]. 矿冶工程, 1997, 17(1): 49-52.

[77] 邱廷省, 聂光华, 张强. 难处理含铜金矿石预处理与浸出技术现状及进展[J]. 黄金, 2005(08): 30-34.

[78] 邱廷省, 聂光华, 尹艳芬, 等. 硫化铜矿加压预氧化浸出行为研究[J]. 矿冶工程, 2008(02): 56-59.

[79] Kyung-Ho Park, Debasish Mohapatra, B. Ramachandra Reddy, et al. A study on the oxidative ammonia/ammonium sulphate leaching of a complex (Cu-Ni-Co-Fe) matte[J]. Hydrometallurgy, 2007, 86(3-4): 164-171.

[80] 罗官琼. 氧化铜矿的加压氨浸[J]. 有色冶炼, 1979(02): 50-52.

[81] 陈家镛, 杨守志, 柯家骏, 等. 湿法冶金的研究与发展[M]. 北京: 冶金工业出版社, 1998: 4-27.

[82] 中国科学院化工冶金研究所第四室. 用加压氨浸法处理东川难选氧化铜矿[J]. 有色金属 (冶炼部分), 1976(04): 47-53.

[83] 中国科学院化工冶金研究所第四室. 高钙镁氧化铜矿加压湿法冶金的研究[J]. 有色金属 (冶炼部分), 1965, (10): 6-11.

[84] 东川矿务局中心试验所. 加压氨浸—硫沉淀—浮选联合工艺处理难选氧化铜矿 (续)[J]. 有色金属 (冶炼部分), 1977, (12): 23-29 + 22.

[85] 东川矿务局中心试验所. 加压氨浸—硫沉淀—浮选联合工艺处理难选氧化铜矿[J]. 有色金属 (冶炼部分), 1977, (11): 47-52.

[86] Nathaniel Arbiter, Martin C Kuhn. Recovery of metals: U. S., 4022866 A[P]. 1975-4-17.

[87] 夏畅斌, 唐鹤, 李德良. 热压氧氨法对 Cu-Ag-Au 复杂硫精矿预浸铜的研究[J]. 矿产综合利用, 1998(04): 14-18.

[88] 烟伟. 混合铜矿的高压氨浸工艺[J]. 化工冶金, 2000(04): 403-406.

[89] 黄怀国, 谢洪珍, 孙鹏, 等. 紫金山高品位铜矿石的热压氧氨浸铜研究[J]. 有色金属 (冶炼部分), 2003(03): 7-9 + 16.

[90] R Padilla, G Rodríguez, M C Ruiz. Copper and arsenic dissolution from chalcopyrite-enargite concentrate by sulfidation and pressure leaching in H_2SO_4-O_2[J]. Hydrometallurgy, 2010, 100(3-4): 152-156.

[91] R Padilla, D Vega, M C Ruiz. Pressure leaching of sulfidized chalcopyrite in sulfuric acid-oxygen media [J]. Hydrometallurgy, 2007, 86(1-2): 80-88.

[92] M C Ruiz, M V Vera, R Padilla. Mechanism of enargite pressure leaching in the presence of pyrite[J]. Hydrometallurgy, 2011, 105(3-4): 290-295.

[93] Keiko Sasaki, Koichiro Takatsugi, Kazuhiro Ishikura, et al. Spectroscopic study on oxidative dissolution of chalcopyrite, enargite and tennantite at different pH values[J]. Hydrometallurgy, 2010, 100(3-4): 144-151.

[94] B D Pandey, D Bagchi, Vinay Kumar, et al. Pressure sulpuric acid leaching of a sulphide concentrate to recover copper, nickel and cobalt[J]. Mineral Processing and Extractive Metallurgy, 2002, 111(2): 106-109.

[95] 周平初. 高压湿法处理铜锌精矿[J]. 有色金属 (冶炼部分), 1965(04): 56-57.

[96] T J Harvey, W T Yen, J G Paterson. Selective zinc extraction from complex copper/zinc sulphide concentrates by pressure oxidation[J]. Minerals Engineering, 1992, 5(9): 975-992.

[97] 李小康, 许秀莲. 低品位铜锌混合矿加压浸出研究[J]. 南方冶金学院学报, 2004, 25(4): 5-9.

[98] Eduardo Diaz-Nogueira, Martin Gerez-Pascual, Angel L Redondo-Abad 等. Process for non-ferrous metals

production from complex sulphide ores containing copper, lead, zinc, silver and/or gold: U. S. , 4, 266, 972[P]. 1981-5-12.

[99] 周勤俭. 从含铜锌铅矿氧压酸浸渣中回收铅和硫的研究[J]. 有色金属（冶炼部分），1996(04)：16-18.

[100] Ata Akcil, Hasan Ciftci. Metals recovery from multimetal sulphide concentrates (CuFeS$_2$-PbS-ZnS): combination of thermal process and pressure leaching[J]. International Journal of Mineral Processing, 2003, 71(1-4): 233-246.

[101] 谢克强，杨显万，舒毓璋，等. 多金属硫化矿浮选精矿加压酸浸研究[J]. 有色金属（冶炼部分），2006, (4): 6-9.

[102] 徐斌，钟宏，王魁珽，等. 复杂铜铅锌银混合精矿两段逆流氧压浸出工艺[J]. 中国有色金属学报，2011, 21(4): 901-907.

[103] 库建刚，王安理，乔翠杰，等. 浮选铜精矿加压酸浸工艺研究[J]. 有色金属（冶炼部分），2007(06): 31-34.

[104] 杨显万，沈庆峰，金炳界. 从铅冰铜中回收铜的工艺：CN, 101225476A[P]. 2008-7-23.

[105] 文剑锋. 碱性加压氧化处理铅铜铳的工艺研究[D]. 长沙：中南大学，2011.

[106] 刘井宝，李振羲，蔡练兵，等. 从铅冰铜中回收有价金属的工艺：CN, 201110020611.9[P]. 2011-1-18.

[107] 蔡练兵，陈永明，周彪，等. 一种从铅冰铜中分离铜的方法：CN, 102230083A[P]. 2011-11.

5 锌

5.1 概述

5.1.1 锌的资源

锌在机械、军事、冶金、化学、电气及医药等领域都有广泛的应用。西方工业国家 80% 的锌用于建筑、汽车和耐用品。多年来我国锌资源储量、产量及消费量均居于世界首位，2012 年我国锌产量达到 482.9 万吨，同年锌表观消费量达到 528 万吨。目前我国锌冶炼产能达到 700 万吨以上，且以原生锌冶炼为主，再生锌比例较低。锌应用主要集中在建筑、通信、电力、交通运输、农业、轻工、家电及汽车等行业，中间消费主要是镀锌钢材、压铸锌合金、黄铜、氧化锌及电池等。

5.1.2 锌冶炼国内外技术现状

据史料记载，我国是最早开始炼锌的国家，最晚在 10 世纪的五代就已经开始炼锌。可考证的最早的炼锌方法是明代末年将炉甘石（菱锌矿）和炭质还原剂混合装入泥罐中，用泥封固，底部用木材加热，烧煮后毁罐即得金属锌，当时因见锌色似铅，俗称"倭铅"。

锌的冶炼方法分为火法和湿法两大类，世界上 80% 以上锌均采用湿法产出，湿法又包括传统湿法炼锌法、加压浸出法及富氧直接浸出法等。

5.1.2.1 火法炼锌

火法炼锌又称为蒸馏法炼锌，就是将各种氧化锌物料（包括硫化锌焙砂）还原成锌蒸气并进行冷凝吸收的过程。火法炼锌主要包括平罐、竖罐、电炉和密闭鼓风炉炼锌（ISP法）等[1,2]。1807 年第一台平罐炼锌投入工业化生产。1929 年竖罐炼锌法在美国实现工业化。1950 年密闭鼓风炉炼锌在英国实验成功并进行工业应用。目前平罐、竖罐已基本被淘汰，电炉主要在电价比较便宜的地区使用。我国中金岭南韶关冶炼厂、白银有色金属集团、葫芦岛锌业股份有限公司及陕西东岭集团均采用 ISP 法。

5.1.2.2 传统湿法炼锌

1915 年第一座湿法炼锌厂在美国投产。传统湿法炼锌主要包括"焙烧—浸出—净化—电积"工序。焙烧过程中产出的二氧化硫烟气收尘后生产硫酸。根据中性浸出渣处理方式的不同，传统湿法炼锌又分为常规浸出法（回转窑挥发法（Walze 法）或烟化炉烟化法）和热酸浸出法两大类，常规浸出法是将中浸渣酸性浸出后，用回转窑或烟化炉等还原挥发锌；热酸浸出法则在 $85 \sim 95\,^\circ\mathrm{C}$ 下高酸浸出中浸渣，然后采用黄钾铁矾法或是针铁矿法除铁。热酸浸出黄钾铁矾法于 1968 年开始用于工业生产。

我国株洲冶炼厂老生产线即为典型的常规浸出法，白银有色金属公司西北冶炼厂采用"热酸浸出—黄钾铁矾法"工艺于 1990 年建成投产，水口山四厂采用热酸浸出—针铁矿法，与黄钾铁矾法相比，该法渣量少，渣含铁高，含锌低，便于回收利用，但该法较难于控制，不易掌握，工业应用较少。赤峰库博红烨采用低污染沉矾法，降低了铁矾中锌的含量。

5.1.2.3 加压浸出法

锌精矿加压浸出技术的应用实现了硫化物的全湿法处理。该技术将硫化物精矿直接进行浸出，取消了焙烧工序，硫以硫黄的形式进入渣中，避免了过程中二氧化硫的产出，环境污染小，锌回收率高，尤其适于地处偏远及硫酸销售困难生产企业，且工艺灵活，既可单独建厂应用，也可与原有焙烧浸出工艺流程结合使用。

加拿大 Sherritt Gordon（舍利特·高尔登）是最早从事锌精矿加压浸出工艺研究的企业，早在 1957 年，就对锌精矿直接浸出进行了试验研究，但由于试验过程中反应温度控制在硫熔点以上，熔融硫会包裹未反应的硫化锌而导致浸出率较低，锌浸出率仅 50% ~ 70%，且浸出渣易团聚造成管道和容器堵塞。Veltman 等人提出在硫熔点以上加压浸出锌精矿，通过调整矿浆中酸与硫化矿的浓度，加快了浸出反应，缩短了浸出时间，所得浸出液适合直接除铁、净化以及锌电积等后续作业，但该工艺对锌精矿的适应性不强。1959年，Bjoring、Forward 和 Veltman 在 110 ~ 115℃、氧分压 0.04 ~ 0.07MPa 条件下浸出硫化锌，锌浸出率达到 99%，并于 1961 年申请了锌精矿加压氧化酸浸工艺的专利，但浸出时间长达 6 ~ 8h，生产效率较低。1962 年科明科公司和舍利特公司联合进行了中间工厂加压浸出试验，日处理 2 ~ 3t 沙利文锌精矿，温度为 110℃，试验技术成功，但由于锌和化肥市场变化而未进行建设[3]。随后，Kawulka 等人通过添加表面活性剂的方法解决了上述问题，锌浸出率达到 95% 以上，且大大提高了反应速率，降低基建费用。熔融硫包裹问题的有效解决是加压浸出工艺发展中最显著的进步。此后，Veltman 等人又开发出两级逆流加压浸出工艺，通过对各级进料中酸和硫化矿浓度的控制，提高锌的浸出效率和酸利用率，且溶液中锌质量浓度达到 140 ~ 180g/L，铁和游离酸含量低，适于电积提锌。该工艺流程简单，对矿物适应性强，且原料中贵金属富集在二段浸出渣中，有利于贵金属回收。

Sherritt Gordon 有限公司最早成立于 1927 年，1993 年更名为 Sherritt 有限公司。1995年成立 Sherritt 国际公司，主要进行镍钴贸易、国际油气资产及工程技术服务等。Sherritt 有限公司主要负责化肥业务、加拿大的油气资产及特色金属及技术服务等，1996 年更名为 Viridian 有限公司，随后被 Agrium 收购。1997 年 Sherritt 国际公司的冶金咨询服务部分与 Dynatec 国际有限公司合并，成立 Dynatec 公司，主要进行矿山、冶金技术及工程服务。

1977 年，Sherritt Gordon 公司与 Cominco（科明科）公司联合进行了日处理 3t 硫化锌精矿加压浸出和回收元素硫的半工业试验。1981 年联合在 Trail 建立了第一家硫化锌精矿加压酸浸厂。该厂采用一段锌精矿加压浸出工艺，且与传统"焙烧—浸出"工艺结合使用。之后安大略省的基德·克里克（Kidd Greek）矿冶公司和德国的鲁尔锌（Ruhr Zink）厂分别于 1983 年和 1991 年建成投产。第四家则是弗林·弗隆的哈得逊湾矿冶公司，1993年 7 月建成投产，该厂是世界上第一家锌精矿两段加压浸出冶炼厂，也是世界上第一家独立采用加压浸出技术的工厂，完全取消了传统焙烧系统。2003 年哈萨克斯坦 Kazakhmys 公司（KCC）采用该技术在巴克哈什（Balkhash）建成一座年产 10 万吨锌的浸出厂，采用两段加压浸出流程处理含铜锌精矿，生产能力为 10 万吨/年阴极锌，后由于市场原因 2008年关闭。

国内自 20 世纪 80 年代中期就开展了锌精矿加压酸浸工艺研究。北京矿冶研究总院（BGRIMM）自 1983 年初开始，针对株洲冶炼厂锌精矿先后进行了 2L 釜、10L 釜的小型试验和 300L 釜的半工业扩大试验，在温度 140～145℃、氧分压 630kPa、酸锌物质的量比（1.12～1.27）∶1 的条件下，锌浸出率达到 98% 以上，硫的转化率 90%～95%。1986～1988 年间又针对不同产地的锌精矿（黄沙坪、凡口和东坡锌精矿）对加压酸浸进行了适应性试验研究。但由于当时国内在设备制造及工程建设方面缺乏技术和经验，而未进行工业应用。

1987 年，中国科学院化工冶金研究所（现中国科学院过程工程研究所）开发了催化氧化法处理铁闪锌矿，即在加压浸出过程中加入适量硝酸或硝酸盐促进锌的浸出，在温度 100℃、氧分压 400～600kPa 条件下，锌浸出率为 97%，铁浸出率为 31.7%，由于硝酸根对阳极板有腐蚀，溶液需进行脱硝处理[4]。

2001 年北京矿冶研究总院对高铁闪锌矿低温低压加压浸出技术进行了研究，即在硫的熔点以下进行铁闪锌矿加压浸出，在氧分压 500kPa、温度 115℃下浸出 3h，锌浸出率可达到 96% 以上，浸出液铁含量不大于 2.5g/L。之后，北京矿冶研究总院致力于锌精矿加压浸出技术对传统工艺流程的改造，2002 年提出将加压浸出与热酸浸出工艺相结合，采用热酸浸出液浸出锌精矿，锌浸出率大于 96%，浸出液中铁含量低于 2g/L，元素硫的转化率大于 90%，将加压浸出与传统工艺有机结合，同时实现除铁和扩产的双重目的。

2002 年云南冶金集团总公司完成锌精矿加压浸出小型试验和扩大试验，2004 年在云南永昌锌厂建成 1 万吨/年一段高铁闪锌矿加压浸出示范厂，与沸腾焙烧系统联合运行。2005 年在云南澜沧铅锌矿建设 2 万吨/年两段加压浸出示范生产线，2007 年投产。

2009 年深圳市中金岭南股份有限公司丹霞冶炼厂 10 万吨锌加压浸出生产线建成投产，采用两段逆流加压浸出技术处理富含镓锗锌精矿，在回收锌的同时，综合回收镓、锗等有价金属。目前，西部矿业股份有限公司 10 万吨锌生产线也已经建成，但尚未投产，且国内多家企业已经完成了前期设计工作，拟采用加压浸出技术处理锌精矿。

5.1.2.4　富氧常压浸出法

富氧常压浸出又称为常压直接浸出或常压富氧（直接）浸出（Direct Pressure Leaching，Atmospheric Direct Leaching，DL，ADL），是芬兰奥托昆普公司（Outotec，原 Outokumpu Technology，2007 年 4 月更名）于 20 世纪 90 年代开发的锌精矿冶炼新工艺。该法在常压设备中实现锌精矿的直接浸出，达到加压浸出的效果，但反应时间较长。目前世界上采用富氧常压浸出的工厂均与"焙烧—浸出—电积"系统结合使用，多用于企业扩产，且不增加企业硫酸产量。

芬兰科科拉（Kokkola）锌厂分别于 1998 年和 2001 年建设了两座年产锌 5 万吨的富氧常压浸出生产线。挪威欧达厂（Odda）于 2004 年建设了一座年产锌 5 万吨的富氧浸出系统。韩国锌业公司温山冶炼厂 1994 年建设年产能 20 万吨锌系统。我国株洲冶炼厂 2008 年也引进了常压富氧浸出生产线，联合处理锌精矿和酸浸渣，2009 年建成投产[5,6]。

无论是富氧常压浸出还是加压浸出，硫化物均不经过焙烧而直接进行浸出，过程中硫化物中的硫直接转化为硫黄进入浸出渣中。两者都是基于氧作为强氧化剂，三价铁离子作催化剂来促进反应的进行。主反应均为：

$$ZnS + H_2SO_4 + 0.5O_2 \longrightarrow ZnSO_4 + H_2O + S$$

$$ZnS + Fe_2(SO_4)_3 \longrightarrow ZnSO_4 + 2FeSO_4 + S$$

$$2FeSO_4 + H_2SO_4 + 0.5O_2 \longrightarrow Fe_2(SO_4)_3 + H_2O$$

与加压浸出工艺相比，富氧常压浸出由于在常压下进行，反应温度在100℃左右，反应速度较慢。在达到相同锌浸出率的情况下，富氧浸出反应时间不低于24h，而加压浸出仅需1~2h。在相同酸度下，富氧常压浸出终液铁含量明显高于加压浸出终液铁含量，即增加了溶液除铁工作量。锌回收率略低于或接近加压浸出工艺。富氧常压浸出无高压设备，黏结清理等维护工作量少，安全性较好，核心设备是DL反应器或帕丘克槽，但反应器体积庞大，尤其采用底部搅拌，密封要求难度较大，必须引进Outotec公司关键技术及设备，引进费用高。由于是在常压下浸出，反应热回收不如加压浸出工艺，蒸汽消耗量较大。富氧浸出投资估算比加压浸出相对要低，操作控制简单，维修费用稍低，但对硫化锌精矿直接浸出有选择性，并非所有原料都适宜。加压浸出占地面积小，反应速度快，但对设备要求严格，控制系统要求更严格，建设投资较常压浸出稍高，运行费用也稍高（见表5-1）[7]。

表5-1　加压浸出与富氧常压浸出对比[8]

项　目	Sherritt加压浸出工艺	Outotec富氧常压浸出	Albion工艺
锌浸出率/%	95~99.5	96~99	97~99（扩大试验）
浸出动力学	反应速度快（150℃），反应设备小	反应速度慢（100℃），需较大反应设备	
反应时间/h	2	24	
灵活性及工艺控制	比较复杂的工艺控制（温度、熔融硫、加热、结垢问题、浸出添加剂）	原料成分及给料速度灵活，适应性广，工艺控制简单	
维修及停产	由于结垢和腐蚀需要多次维修	由于结垢及腐蚀小，维修量小	
投　资	由于工艺复杂及高压操作投资高	由于类似常压操作投资低	投资低，主要是磨矿投资
操作成本	低的搅拌动力，低维修成本，低的蒸汽用量（高温和高压浸出）	稍高搅拌动力，低维修成本，不需要加热（放热反应）	细磨需要较高动力

1999~2000年加拿大Dynatec公司在Fort Saskatchewan针对3种锌精矿在3.8L钛加压釜中进行了加压浸出与常压浸出对比试验。精矿磨至90%通过32~38μm后，在150℃、总压1100kPa下仅需1h，锌浸出率即可达到98%以上；而在富氧浸出条件下锌浸出率要达到95%，在95℃、总压50kPa下反应时间不得低于24h，且精矿需要细磨。浸出渣浆化至固含量8%~10%后，在Denver D-12浮选机中进行粗选—扫选试验，富氧常压条件下，有0.8%~2%的锌进入尾矿，而加压条件下为0.1%~0.5%。对比加压浸出和富氧常压浸出溶液成分，镍、钴和硒不存在重大差异；加压浸出液中砷、锑和碲相对较低；锗和铊无明显规律；富氧常压浸出液中铁含量明显偏高。加压浸出产出的硫黄产品中砷、汞含量始终低于常压浸出硫黄产品含量，硒与富氧常压浸出含量相同或更低[9]。

锌精矿加压浸出厂生产实例见表5-2。富氧浸出工厂实例见表5-3。

表5-2 锌精矿加压浸出工厂实例

序号	工　厂	投产时间/年	产能/万吨·年$^{-1}$	加压釜规格及数量	工　艺	备　注
1	加拿大科明科特雷尔厂（Cominco Trail）	1981	5	ϕ3.6m×15m，1台	一段加压浸出与焙烧工艺联合，浮选熔融回收元素硫	
		1997	8	ϕ3.7m×19m，1台		
2	加拿大奇德·克里克矿业公司（Kidd Creek）	1983	2~2.5	ϕ3.2m×12m，1台	一段加压浸出	2010年关闭，现属于Xstrata Copper
3	德国鲁尔锌厂（Ruhr Zink）	1991	5	ϕ3.9m×13m，1台	一段加压浸出	已停产
4	加拿大哈得逊湾矿业公司（HBMS）	1993	9.5	ϕ3.9m×19.3m，1台	两段逆流加压浸出	
		2000	11.5	3台（2用1备）		
5	哈萨克斯坦巴尔喀什厂	2003	10		两段逆流加压浸出	2008年关闭
6	云南永昌铅锌股份有限公司	2004	1		一段加压浸出	
7	云南澜沧铅锌矿	2007	2		两段加压浸出	
8	深圳市中金岭南有限公司丹霞冶炼厂	2009	10	ϕ4.2m×28m，3台（3用）	两段逆流加压浸出	综合回收Zn、Ga、Ge
9	中亚华金矿业集团新疆鄯善锌冶炼厂	2013	2		两段逆流加压浸出	无渣回收系统
10	西部矿业股份有限公司	未投产	10	ϕ4.2m×28m，3台	两段逆流加压浸出	
11	呼伦贝尔驰宏矿业公司	未投产	14		两段逆流加压浸出	电铅6.3万吨
12	日本秋田制炼（株）（Akita Zinc）	1972	15	3个系列，每系列1台立式，1台卧式。处理能力93m^3/h	锌浸出渣SO_2还原浸出，赤铁矿除铁	

表5-3 锌精矿富氧浸出工厂实例

序号	工　厂	投产时间/年	产能/万吨·年$^{-1}$	备　注
1	韩国Onsan锌业	1997	26	Union Minière（现Umicore）
2	芬兰科科拉锌厂（Kokkola）	1998	5	元素硫暂未回收，Outotec
3	芬兰科科拉锌厂（Kokkola）	2001	5	元素硫暂未回收，Outotec
4	挪威Odda厂	2004	5	元素硫暂未回收，Outotec
5	株洲冶炼厂	2009	13（其中冶炼渣中Zn 3万吨）	元素硫暂未回收，Outotec

5.2 锌精矿加压浸出理论研究

5.2.1 加压浸出反应原理

1954 年，Bjorling 最早提出采用硫酸在加压条件下浸出纯硫化锌。在锌精矿加压浸出过程中，锌主要发生如下反应，且在无 HNO_3 存在情况下反应较慢：

$$ZnS + H_2SO_4 + 0.5O_2 \longrightarrow ZnSO_4 + S^0 + H_2O$$

20 世纪 50 年代中期，Sherritt 开始针对锌精矿加压浸出进行试验研究，最初锌精矿加压浸出在 140℃下进行，锌浸出率仅为 50% ~ 70%，主要是由于熔融硫包裹未反应的硫化物阻碍反应的进行。当反应温度在硫熔点以下时，例如在 110℃下，锌浸出率可达到 97%。60 年代锌精矿加压浸出工艺研究出现停止现象，在 70 年代重新开始，并于 1981 年在 Trail 进行了工业应用。

由 $M\text{-}S\text{-}H_2O$ 系 $\varphi\text{-}pH$ 图[10,11] 可以看出（见图 5-1），各种硫化物的浸出顺序为：$FeS > NiS > ZnS > FeS_2 > CuFeS_2 > CuS$，$FeS$ 优于 ZnS 氧化，铁以离子形式进入溶液。随着温度的升高，$\varphi\text{-}pH$ 图中各区域的位置一般向 pH 值减小电位升高的方向移动，但此种变化较小[12]。

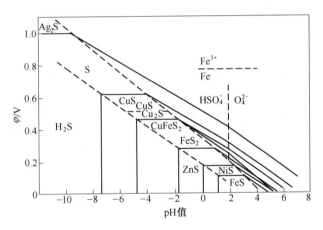

图 5-1 $M\text{-}S\text{-}H_2O$ 系 $\varphi\text{-}pH$ 图

（298K，$a_{Mn^+} = 1$，$p_{H_2S} = 101kPa$，$a_{HSO_4^-} + a_{SO_4^{2-}} = 1$）

反应初期，硫化铅、铁的硫化物及黄铜矿发生如下反应：

$$PbS + H_2SO_4 + 0.5O_2 === PbSO_4 + S^0 + H_2O$$

$$FeS + H_2SO_4 + 0.5O_2 === FeSO_4 + S^0 + H_2O$$

$$FeS_2 + H_2O + 7.5O_2 === Fe_2(SO_4)_3 + H_2SO_4$$

$$CuFeS_2 + H_2SO_4 + O_2 === CuSO_4 + FeSO_4 + 2S^0$$

硫酸亚铁则进一步被氧化为硫酸铁：

$$2FeSO_4 + H_2SO_4 + 0.5O_2 === Fe_2(SO_4)_3 + H_2O$$

研究表明，加压浸出过程中铁、铜、铋、钌、钼以及微量的银和钴离子对闪锌矿的溶解有一定的催化作用，且 Cu > Bi > Ru > Mo，钴离子比银离子更加有效。研究表明，溶液中 Fe^{3+} 的存在可大大加速硫化锌的溶解[13]，Fe^{3+} 被还原为 Fe^{2+}，Fe^{2+} 被 O_2 进一步氧化为 Fe^{3+}。溶解的铁在锌精矿浸出过程中起着传递氧的作用，在无铁的情况下，硫化锌矿的反应较慢。通常情况下精矿中的可溶性铁可满足反应要求[14]。

2002 年 Jones[15] 提出采用含 15g/L Fe^{3+} 的提铜后酸性溶液浸出锌精矿，进行两段逆流加压浸出。锌精矿加入高酸浸出液在 150℃ 下进行低酸浸出，浸出时间 1h，浸出渣加入含 Fe^{3+} 15g/L 的提铜后酸性溶液进行高酸浸出，渣含锌小于 1%，锌浸出率大于 98%。

$$ZnS + H_2SO_4 \Longrightarrow ZnSO_4 + H_2S$$

$$Fe_2(SO_4)_3 + H_2S \Longrightarrow 2FeSO_4 + S^0 + H_2SO_4$$

或

$$ZnS + Fe_2(SO_4)_3 \Longrightarrow ZnSO_4 + 2FeSO_4 + S^0$$

$$2FeSO_4 + H_2SO_4 + 0.5O_2 \Longrightarrow Fe_2(SO_4)_3 + H_2O$$

当硫化矿中无铁或铁含量不足时，可向矿浆中加入少量铁，适当调节溶液中可溶铁的含量。一般而言，矿浆中可氧化铁含量应介于锌含量的 5% ~ 15%，亦即矿浆中每 20g 锌所需可氧化铁为 1 ~ 3g。试验研究表明，含铁 14% 的铁闪锌矿在 115℃、总压 800kPa 下反应 1.5h，铁离子浓度（小于 10g/L）对锌浸出率影响较小；含铁 5.86% 的锌精矿在 150℃、总压 110kPa 下反应 1.5h，初始铁离子浓度对锌浸出率有一定的促进作用，但达到 5g/L 以上时，锌变化不大。

在加压酸浸过程中，硫化锌精矿中一般只有 5% 的非黄铁矿硫化物中的硫被氧化成 SO_4^{2-}。黄铁矿和黄铜矿中只有少量溶解产生 SO_4^{2-}，传递氧的铁主要来自铁闪锌矿和磁黄铁矿。由于黄铁矿中 S—S 共价键的键能高达 4.3×10^5 J/mol，使之断裂需要提供相应的活化能。

浸出中随着溶液酸度的降低，硫酸铁便水解沉淀或是与 $(H_3O)^+$、Pb^{2+}、K^+ 等离子结合生成铁矾而进入浸出渣：

$$Fe_2(SO_4)_3 + 3H_2O \Longrightarrow Fe_2O_3 \downarrow + 3H_2SO_4$$

$$3Fe_2(SO_4)_3 + 14H_2O \Longrightarrow (H_2O)_2Fe_6(SO_4)_4(OH)_{12} \downarrow + 5H_2SO_4$$

$$3Fe_2(SO_4)_3 + 12H_2O + PbSO_4 \Longrightarrow PbFe_6(SO_4)_4(OH)_{12} \downarrow + 6H_2SO_4$$

$$3Fe_2(SO_4)_3 + 6H_2O + K_2SO_4 \Longrightarrow 2KFe_3(SO_4)_2(OH)_6 \downarrow + 6H_2SO_4$$

大部分硫酸根以游离酸的形式进入溶液，增加了浸出终了的酸度；少部分随铁矾进入浸出渣，造成硫的损失。黄铅铁矾趋向于变成高价复合物，其晶体结构中约保留 2% 的锌。

由于 FeS 的溶度积为 3.7×10^{-19}，ZnS 为 1.2×10^{-23}，同时，FeS 结构中离子键所占的百分比要大得多，因而更易被酸所分解。析出的 S^{2-} 先被氧化成元素硫，继而再被氧化成高价状态。这种氧化过程是在均匀的液相中进行的，因而具有较快的反应速度。随着硫的氧化，铁将以亚铁离子的形态转入溶液，因此浸出常常有硫酸根的累积现象[16]。

经研究黄铁矿的电氧化反应行为发现，黄铁矿的安定电位为 0.62V，要比闪锌矿高 0.4~0.6V，黄铁矿具有比其他硫化矿更大的惰性，从而可以促进与之电接触的其他矿物的溶解。当黄铁矿与闪锌矿接触时，很可能产生一种选择性原电池作用，电流从 FeS_2 向 ZnS 转移，其结果使闪锌矿溶解加速，黄铁矿本身却被保护起来而变得更不易被浸出。

当加压浸出较黄铁矿为负的硫化矿物溶解到一定程度时，在高温和氧压条件下，黄铁矿表面开始吸附氧而浸出：

$$FeS_2 + 2O_2 \longrightarrow FeSO_4 + S^0$$

上述反应说明 SO_4^{2-} 和 S^0 形成是等当量的，但生成的元素硫按下列反应氧化：

$$S^0 + 4H_2O + 1/2O_2 \longrightarrow SO_4^{2-} + 3H_2O + 2H^+$$

pH 值低会使反应受阻，从而得到较高的 S^0 产率，而 pH 值高则使 H_2SO_4 产率增加。

与 ZnS 的浸出相比，黄铁矿和黄铜矿的溶解明显滞后，其中以黄铁矿的情况尤为突出。当反应温度升到 150℃ 以后 20min，黄铁矿才开始有所浸出。试验过程中硫化物浸出顺序，与 Wells R. C 测定的硫化矿在稀硫酸浸出液中的溶解顺序相似：磁黄铁矿→闪锌矿→黄铜矿→黄铁矿。以上试验结果表明，无论硫化锌矿中铁矿物的浸出行为如何不同，均能加速锌的浸出。沪泽光一的研究指出，只要锌精矿中含铁量大于 4% 即可获得好的浸出效果。

Fe^{3+}/Fe^{2+} 标准电位为 0.77V，高于 S^0/S^{2-} 电位 -0.51V，在动力学条件相同条件下，氧化作用将首先围绕 S^{2-} 进行，铁将以低价铁离子（Fe^{2+}）形态进入溶液。随着氧化的进行，硫的电位将逐步升高。当硫和铁的电位达到相等数值时，铁的氧化也就开始，这时它将被氧化成高价铁形态。

高温高压浸出过程中，随着溶液 pH 值的升高，溶液中铁离子便水解以赤铁矿、草黄铁矾、铅铁矾及黄钾铁矾等形式沉淀。当溶液 pH 值大于 2 时，溶液中高价铁逐步沉淀。

在氧压酸浸中，氧作为一种极重要的反应物质被引入到加压浸出中来。从热力学来看，S/S^{2-} 的标准还原电位比 Fe^{3+}/Fe^{2+} 低得多，因此氧对 S^{2-} 的氧化能力要比对 Fe^{2+} 强得多，使得溶液中 S^{2-} 浓度很低，大量以元素硫的形式析出，同时得到具有较高浓度的硫酸锌溶液。

动力学实验研究表明，反应温度升高，浸出反应速度增加。当反应温度在硫熔点以上时，产生的熔融硫包裹在未反应的硫化锌表面，阻碍浸出反应的进行，反应时间需达到 8h 以上才能达到较好的浸出效果。后来研究发现，熔融硫在 153℃ 时黏度最小，其值为 6.6cP，同时温度高于 200℃ 时，S^0 氧化为 SO_4^{2-} 的速度大为增加。

锌精矿加压浸出过程中产出的硫化氢会对设备、管道有较强的腐蚀性，尤其是破坏钛表面的 TiO_2 钝化层，加快钛釜的腐蚀。

$$2TiO_2 + H_2S + 6H^+ \longrightarrow 2Ti^{3+} + 4H_2O + S^0$$

$$2Ti + 3H_2SO_4 \longrightarrow Ti_2(SO_4)_3 + 3H_2$$

$$TiO_2 + H_2SO_4 \longrightarrow TiOSO_4 + H_2O$$

5.2.2　热力学分析

Zn-S-H$_2$O 系 25℃下 φ-pH 图[17]如图 5-2 所示，可以看出，氧线ⓐ距离 ZnS 的稳定区比较远，硫化锌的氧化电位相对较低，在酸性溶液中较易被氧化。硫化锌的氧化电位在 −0.2 ~ 0.3V 之间，随 pH 值升高，元素硫的稳定区逐渐变窄。当 pH 值大于 8 时，硫主要被氧化成硫酸根。因此，控制溶液酸度有利于元素硫的生成。

近些年，多位学者对（高）铁闪锌矿绘制了高温酸浸 φ-pH 图[18]。在 150℃、氧气压力为 1MPa、离子活度为 1 时 ZnS-H$_2$O 系及 FeS-H$_2$O 系 φ-pH 图如图 5-3 和图 5-4 所示，两图叠加，得到该条件下的 ZnS-FeS-H$_2$O 系 φ-pH 图[19,20]，如图 5-5 所示。得出 FeS 比 ZnS 更易溶于酸，锌精矿中铁的存在扩大了锌的浸出面积，对锌的浸出有一定的催化作用。张廷安[21,22]等绘制了 110 ~ 160℃，氧分压分别为 0.7MPa、0.9MPa 和 1.1MPa，离子浓度为 1.0mol/L 条件下 ZnS-H$_2$O 系 φ-pH 图，随着温度升高，S 和 Zn^{2+}稳定区对应的 pH 值范围逐渐变正，氧化电位值逐渐增大，有利于硫化锌在较低酸浓度下进行反应。但温度高于 150℃后增幅较小，随着氧分压由 0.7MPa 提高到 1.1MPa，水的稳定区范围增大，液相中溶解氧含量增多，有助于提高氧化速度，促进硫化锌加压浸出过程锌的溶解及元素硫的生成。徐志峰绘制了不同温度下铁闪锌矿 φ-pH 图。

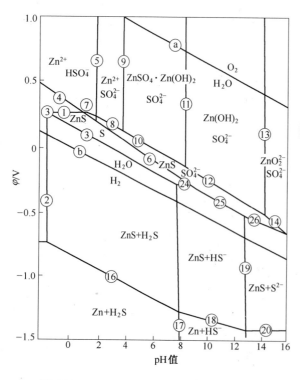

图 5-2　Zn-S-H$_2$O（25℃，a = 1）系 φ-pH 图

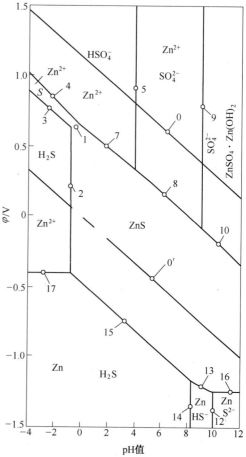

图 5-3　ZnS-H$_2$O 系 φ-pH 图

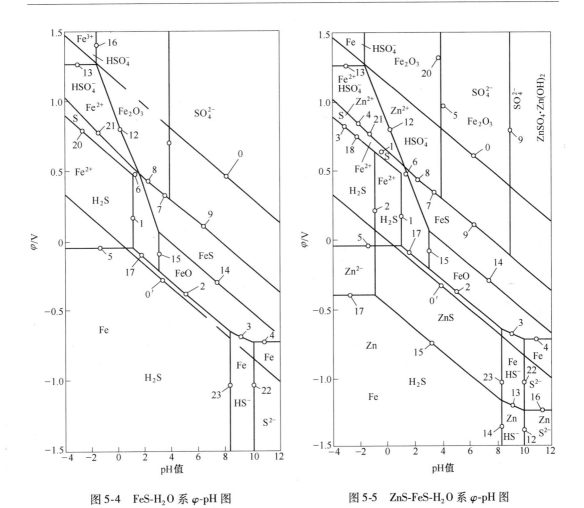

图 5-4 FeS-H_2O 系 φ-pH 图   图 5-5 ZnS-FeS-H_2O 系 φ-pH 图

5.2.3 加压浸出机理

锌精矿的加压浸出机理通常有三种：电化腐蚀机理、吸附配合物机理和硫化氢为中间产物的机理。

5.2.3.1 电化腐蚀机理

电化腐蚀机理认为硫化物的溶解类似于金属腐蚀的电化反应，在过程中发生电极反应。锌精矿加压浸出过程反应如下：

阴极反应：
$$O_2 + 2H^+ + 2e \Longrightarrow H_2O_2$$

$$H_2O_2 + 2H^+ + 2e \Longrightarrow H_2O$$

阳极反应：
$$ZnS \Longrightarrow Zn^{2+} + S + 2e$$

$$ZnS + 4H_2O \Longrightarrow Zn^{2+} + SO_4^{2-} + 8H^+ + 8e$$

总反应：
$$ZnS + 1/2O_2 + 2H^+ \Longrightarrow Zn^{2+} + H_2O + S$$

$$ZnS + 2O_2 \Longrightarrow ZnSO_4$$

闪锌矿中的 S^{2-} 在矿粒阳极部位氧化放出电子，通过矿粒本身转送到阴极部位，使氧还原，完成一个闭路微电池。氧的还原通过一个 H_2O_2 中间物进行转移。

硫化锌在100℃下进行氧化酸溶试验的动力学曲线如图5-6所示。

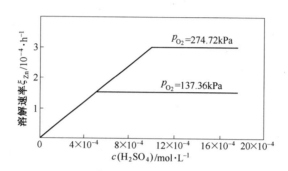

图5-6　ZnS 在100℃氧化酸溶的动力学曲线

由图5-6可以看出，氧压越高，所要酸浓度越高；氧压一定时，酸超过极限含量，反应速率则不再增大，保持一个恒定值。在130℃时硫化锌进行氧化酸溶也可得到类似的曲线，证实是电化腐蚀机理。

5.2.3.2　吸附配合物机理

假如在固相 S 与液相 B 之间的反应中途形成吸附配合物 SB，其反应机理可表示为：

$$S_固 + B_液 \Longleftrightarrow SB(产物)$$

吸附配合物的形成是过程的最缓慢阶段，为过程速率的控制步骤。过程的反应动力学可以推导如下：

设 Q 为形成吸附配合物过程中参与反应的部分，$1-Q=$ 没有参与反应的游离部分，形成配合物的速率 ξ_1 为：$\xi_1 = k_1(1-Q)[B]^n$，配合物分解（成原组分）的速率 ξ_2 为：$\xi_2 = k_2Q$，配合物分解（成产物）的速率 ξ_3 为：$\xi_3 = k_3Q$，式中 k_1、k_2、k_3 均为速率常数。

当 $n=1$ 反应状态稳定时，可建立如下关系式：

$$\xi_1 = \xi_2 + \xi_3$$

或

$$k_1(1-Q)[B] = (k_1 + k_2)Q$$

$$Q = \frac{k_1[B]}{k_1[B] + k_2 + k_3} = \frac{\dfrac{k_1}{k_2 + k_3}[B]}{1 + \dfrac{k_1}{k_2 + k_3}[B]}$$

因单位表面积上形成产物的速率 $= k_3Q$，当总面积为 A 时，总反应速率 ξ 有下式：

$$\xi = k_3QA = k_3A\frac{k_1[B]}{k_1[B] + k_2 + k_3}$$

整理后得到：

$$\frac{[B]}{\xi} = \frac{[B]}{k_3A} + \frac{k_2}{k_1k_3A} + \frac{1}{k_1A}$$

假如反应过程中 A 为一恒定值，那么在等温条件下 $[B]/\xi$ 对 $[B]$ 的关系应该是一根直线。

5.2.3.3 H_2S 为中间产物的机理

硫化锌精矿加压浸出过程中，在无氧或氧压较低情况下，常有臭鸡蛋气味溢出，也就是过程中产生了大量的 H_2S，会造成对设备的腐蚀。而 H_2S 在有氧条件下易生成单质硫。因此，可以推断硫化锌精矿的加压浸出有可能按下列方式进行：

$$ZnS + H_2SO_4 =\!=\!= ZnSO_4 + H_2S$$

$$2H_2S + O_2 =\!=\!= 2H_2O + 2S^0$$

FeS 的硫酸化浸出即按此机理进行。

温度及氧压均是影响反应速率的重要因素，加压浸出即是利用高温高压反应速率迅速增加的原理，大大提高过程的浸出效率，缩短反应时间。

常温下硫化锌的浸出速率是非常慢的。在 25℃ 硫酸浓度为 5mol/L 的溶液中，Zn^{2+} 的平衡浓度仅为 0.170mol/L，ZnS 在稀硫酸中的溶解是极微量的。

另外，利用下列公式：

$$\Delta G^{\ominus}_{298K} = \Sigma V_i G^{\ominus}_{(i)298K}$$

$$\Delta G^{\ominus}_{298K} = -RT\ln K_p$$

$$\Delta G^{\ominus}_T = \Delta G^{\ominus}_{298K} - (T-298)\Delta S^{\ominus}_{298K} + (T-298)\Delta C^{\ominus}_P \big|^T_{298} - T\Delta C^{\ominus}_P \big|^T_{298} \ln\frac{T}{298}$$

$$\Delta G^{\ominus}_T = \Delta G^{\ominus}_{298K} + RT\ln J_p = -RT\ln K_p + RT\ln J_p$$

可以进行相关计算，确定反应的难易，具体数据引自梁英教主编《无机物热力学数据手册》一书。

在无氧条件下（假定各离子 $a=1$，标准状态）：

$$ZnS + 2H^+ =\!=\!= Zn^{2+} + H_2S(g)$$

$$\Delta G^{\ominus}_{1\,298K} = 16.37kJ/mol \qquad K^{\ominus}_{1\,298K} = 0.0014$$

在有氧条件下：

$$ZnS + \frac{1}{2}O_2 + 2H^+ =\!=\!= Zn^{2+} + H_2O + S^0$$

$$\Delta G^{\ominus}_{2\,298K} = -242.21kJ/mol \qquad\qquad K^{\ominus}_{2\,298K} = 7.39\times10^{32}$$

$$\Delta G^{\ominus}_{2\,388K} = -232.49kJ/mol \qquad\qquad J^{\ominus}_{2\,388K} = 21.17$$

$$\Delta G^{\ominus}_{2\,423K} = -228.01kJ/mol \qquad\qquad J^{\ominus}_{2\,423K} = 56.70$$

计算可知，$\Delta G^{\ominus}_{1\,298K} > 0 \gg \Delta G^{\ominus}_{2\,298K}$，也就是说有氧条件下的浸出速率远远大于无氧条件下的浸出速率。同时，在无氧条件下过程中有大量的 H_2S 生成，不仅恶化操作环境，而且对设备腐蚀严重。在有氧条件下，$J^{\ominus} \ll K^{\ominus}$，当温度升高时反应容易进行。

硫化锌精矿（ZnS）在硫酸中直接溶解过程是非常缓慢的，在铁存在的条件下，其浸出速率有较大提高。据此，Mackiw 等人提出如下反应机理：

$$ZnS + H_2SO_4 =\!=\!= ZnSO_4 + H_2S$$

$$H_2S + Fe_2(SO_4)_3 \Longrightarrow 2FeSO_4 + H_2SO_4 + S^0$$

$$2FeSO_4 + H_2SO_4 + 1/2O_2 \Longrightarrow Fe_2(SO_4)_3 + H_2O$$

此后，Jan 等人验证了上述机理，指出闪锌矿的浸出是一个非均匀的表面反应，浸出过程的限制性环节为中间产物 H_2S 在精矿表面的氧化。Corriou 等人通过合成闪锌矿在硫酸溶液中加压浸出的热力学与动力学研究，认为 H_2S 的氧化方式有两种：即温度低于 423K 时主要与 O_2 反应；当温度高于 423K 时 H_2S 与 O_2 的简单反应和 H_2S 与硫酸的反应平行发生，反应式如下：

$$H_2S + 1/2O_2 \Longrightarrow S^0 + H_2O$$

$$H_2S + H_2SO_4 \Longrightarrow S^0 + H_2SO_3 + H_2O$$

Torma 考察了矿物粒径、温度及矿浆密度等因素对闪锌矿加压浸出的影响，认同了上述关于非均匀表面反应的观点，并指出在闪锌矿浸出过程中确有活性中间产物生成。Torma 还得到了一个 Langmuir 型速率方程。

Harvey 等人研究了 403~483K、不同 O_2 浓度条件下闪锌矿加压浸出的动力学，结果证明浸出过程遵循表面反应控制的收缩核模型，建立了本征速率方程，该方程能说明锌浸出率与 O_2 浓度、浸出温度、浸出时间及初始锌浓度之间的关系。

对于 ZnS 在浸出过程中浸出速率随时间延长而放缓的现象，Lochmann 等人指出原因并非是形成了铁矾、铅铁矾，而是单质硫对闪锌矿的包裹。进一步的研究表明锌浸出速率的降低是由于矿物表面生成了一种聚硫化物，而且随着聚硫化物层的不断增厚，浸出过程放缓。当聚硫化物最终氧化成单质硫后，浸出速率不再显著降低，从而提出假设：浸出过程的限制性环节为 Zn^{2+} 由聚硫化物层扩散出去或是 H_3O^+ 由溶液经聚硫化物向未反应 ZnS 颗粒的扩散。

此外，对 ZnS 溶解过程的解释还存在一种电化学机理学说。ZnS 加压浸出过程反应如下：

阴极反应：
$$O_2 + 2H^+ + 2e \Longrightarrow H_2O_2$$

$$H_2O_2 + 2H^+ + 2e \Longrightarrow H_2O$$

阳极反应：
$$ZnS \Longrightarrow Zn^{2+} + S + 2e$$

$$ZnS + 4H_2O \Longrightarrow Zn^{2+} + SO_4^{2-} + 8H^+ + 8e$$

总反应：
$$ZnS + 1/2O_2 + 2H^+ \Longrightarrow Zn^{2+} + H_2O + S$$

$$ZnS + 2O_2 \Longrightarrow ZnSO_4$$

据此可以解释纯闪锌矿与存在铁杂质情况下浸出结果的差异，但是目前尚不了解闪锌矿晶格中的杂质（如镉、锰、银、铁等）对其导电性质的具体影响。Perez 等人验证了电化学机理关于浸出过程受表面电荷迁移控制的假设。

5.3　添加剂

在锌精矿加压浸出添加剂发现之前，为解决高温下熔融硫的包裹问题，加压浸出温度控制在硫熔点以下进行，但浸出时间长达 6~8h[23]。之后又提出了锌精矿在硫熔点加压浸

出后，浸出渣中硫和未反应硫加压浸出以提高锌的回收率。直至 1975 年，Paul Kawulka[24]
提出某些表面活性剂，如木质素（包括矿产木质素及木素磺酸钙（钠））、丹宁化合物
（尤其是白雀树皮、铁杉和红杉树皮提取物）及烷基芳基磺酸盐等，能消除熔融硫对精矿
的包裹，使反应得以彻底进行，在 1~3h 内锌浸出率达到 95%~98%，使得锌精矿加压浸
出得到根本性改进，在此基础上才进行了工业生产（见表 5-4）。

表 5-4 锌精矿加压浸出结果

编号	磨矿时间/min	添加剂/g·L⁻¹	溶液组成/g·L⁻¹			锌浸出率/%
			Zn	Fe	H₂SO₄	
1	0	0	98.5	6.60	62.5	54.4
2	0	0.1 木质磺酸钙 + 0.2 白雀树皮	131.3	9.50	7.48	90.0
3	50	0.1 木质磺酸钙 + 0.2 白雀树皮	141.7	1.84	12.8	97.5
4	100	0	106.7	8.38	46.5	63.3
5	100	0.1 木质磺酸钙 + 0.2 白雀树皮	139.7	1.91	18.0	97.8
6	100	0.1 木质磺酸钙	140.9	2.57	18.4	95.9
7	100	0.2 白雀树皮	140.7	2.11	11.9	97.8
8	100	0.2 木质磺酸铵	134.4	1.48	15.0	96.9
9	100	0.2 "NaccotanA"①	128.2	2.19	14.5	96.0

① "NaccotanA" 是联合化学品公司工业化学品部门出售的一种烷芳基磺酸钠的牌号名称。

除了锌冶炼以外，铜、镍等加压浸出过程中一定条件下也要用到添加剂，在本章节中
一并进行讨论（见表 5-5）。目前，工业生产过程中多采用木质素磺酸钠（钙），在解决熔
融硫包裹上无明显差别，另外，有些企业生产中采用白雀树皮和木质素磺酸盐的混合物，
效果相较于单独使用好。另外针对煤、腐殖酸和邻苯二胺（orthophenylene diamine，OPD）
等在加压浸出过程中的作用也进行了大量研究工作。Hackl 等对黄铜矿加压浸出过程中添
加剂的作用进行了研究，高酸条件下硫分散剂发生快速分解，在 125℃ 下添加 50kg/t OPD
效果最好，浸出 6h 后铜浸出率 80%，整体浸出速率较慢。研究表明，反应过程受钝化机
理控制，而不是由于元素硫的形成，推断是由于矿物表面形成多硫化铜导致钝化阻碍反应
进行。

表 5-5 添加剂的性质及其对浸出的作用

名　称	性　质	加入量/g·L⁻¹	结构特征	锌浸出率/%
烷基磺酸钠	阴	0.5	单极性	约 50
木质素磺酸钠	阴	0.15	多极性	>98
褐煤浸泡液	—	—	多极性	94
十六烷基三甲基溴化铵	阳	0.3	单极性	约 50
溴代十六烷基吡啶	阳	0.3	单极性	约 50
联大茴香胺	阳	0.1	多极性	>98
白雀树皮	—	<1.0	多极性	>95
单宁配合物	—	<1.0	多极性	>95
树皮提取物	—	<1.0	多极性	>95
不加	—	—	—	53

5.3.1　木质素磺酸盐

　　锌精矿加压浸出过程中最常用的硫分散剂就是木质素磺酸盐,其溶解性较好,可吸附在精矿表面实现精矿与单质硫的分离,改善矿物的浸出性能,分散性好,价格便宜,因而受到青睐。目前市场上的木质素磺酸盐分为木质素磺酸钙和木质素磺酸钠两类。

　　木质素是一种可再生的天然高分子化合物(见图5-7),大量存在于自然界中,在植物中含量仅次于纤维素,约占植物体质量的20%～30%。工业造纸制浆废水蒸煮过程中形成工业木质素,根据制浆工艺分为碱法和酸法制浆两种,酸法木质素由于含有磺酸基,一般又称为木质素磺酸盐,碱法木质素可溶于碱性介质,具有较低的硫含量和较高的反应活性,通过化学改性可提高其活性[25]。木质素及其改性产品具有良好的分散性和表面活性,可用于多种工业领域,用作混凝土减水剂、染料的稳定剂、除虫杀菌剂的分散剂、黏土或固体燃料水悬浮液稳定剂、循环冷凝水的缓蚀阻垢剂等;石油钻探中用于改善泥浆的流度和流变学性质;石油开采中用作牺牲吸附剂;还可用作石油、沥青、蜡等的乳化剂等。木质素基本组分是苯甲基丙烷衍生物。木质素磺酸盐中磺酸基团决定了其具有较好的水溶性,同时具有 $C_3 \sim C_6$ 疏水骨架和磺酸以及其他亲水性基团的表面活性剂结构,属于阴离子型两亲聚合物。木质素磺酸盐分子含有酚羟基、醇羟基、羧基、羰基、磺酸基等官能团,羧基和磺酸基是絮凝功能团,酚羟基、醇羟基、羰基对高价金属离子具有螯合作用,磺酸基和酚羟基能吸附在金属表面保护金属,酚醚结构具有稳定保护膜的作用[26]。

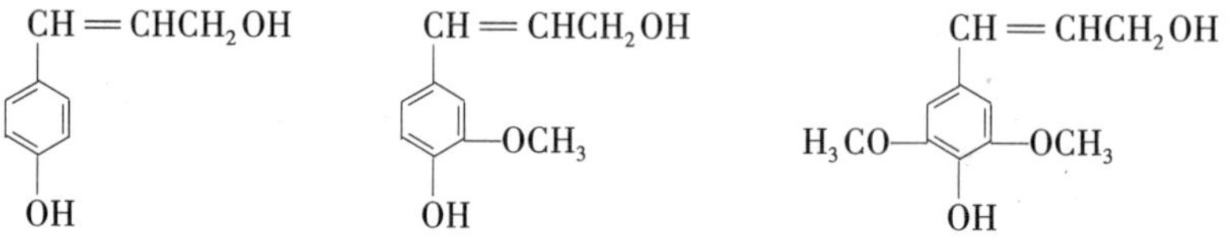

图5-7　木质素单体的分子结构
(a) 对羟基苯丙基单元;(b) 愈疮木基单元;(c) 紫丁香基单元

　　表5-6和表5-7表明不同来源的木质素磺酸盐性质差别较大。木材木钠和竹子木钠的重均相对分子质量较大,麦草木钠和蔗渣木钠的重均相对分子质量较小;麦草木钠和竹子木钠的磺酸基含量较高,蔗渣木钠的含量较低;四种木钠的羧基含量相差不大;木材木钠的酚羟基含量较高。即使来源相同的木质素磺酸盐,相对分子质量不同,其结构特性不同,其表面活性不同。从表面活性角度来看似乎相对分子质量越大越好,然而,从分散角度来看,分散相吸附表面活性物质后,其带电性导致的静电斥力在分散体系中处于主导位置,表明随木质素磺酸盐相对分子质量的增大,可离子化的带电亲水基团如磺酸根和羧基等减少,从而导致分散性能变差。因此,要使木质素磺酸盐具有良好的分散性,需要有合适的相对分子质量和荷电基团含量。从而,对于任何一种来源的木质素磺酸盐,只需要测定其主要官能基团含量和相对分子质量,就可以对改性工艺进行针对性的调整,不需要对每一种木质素的具体结构进行研究。

表 5-6 不同来源的木质素磺酸钠的结构特性

样 品	Mw	Mw/Mn	磺酸基/mmol·g^{-1}	磺酸基/mmol·g^{-1}	磺酸基/mmol·g^{-1}
木材木钠	5300	4.40	1.15	2.31	1.01
麦草木钠	2600	2.42	2.06	2.59	0.58
竹子木钠	5500	3.91	1.87	2.57	0.57
蔗渣木钠	3600	3.26	0.78	2.45	0.43

表 5-7 不同相对分子质量的木质素磺酸钠的官能团含量

截留相对分子质量	Mw	Mn	磺酸基/mmol·g^{-1}	磺酸基/mmol·g^{-1}	磺酸基/mmol·g^{-1}
<1000	900	300	0.75	17.14	1.75
1000~5000	3000	900	1.21	10.62	2.05
5000~10000	7600	2300	1.49	6.83	1.63
10000~30000	12300	6400	1.17	4.56	1.48
>30000	21600	11800	0.86	2.45	1.31

不同相对分子质量木质素磺酸盐溶液的表面张力与质量浓度的关系如图 5-8 所示。木质素磺酸盐降低表面张力的作用不大，也不能形成胶束，亲水性较强，疏水骨架呈球状，不能像一般的低分子表面活性剂那样具有整齐的相界面排列状态，因此影响了其表面活性。随着相对分子质量的增大，可离解的带电亲水集团减少，因此在溶液表面上木质素磺酸盐分子中亲水基团间的静电排斥力减弱，有利于形成致密的吸附层，吸附量随之增大，体现出高相对分子质量的木质素磺酸盐具有较高的表面活性。

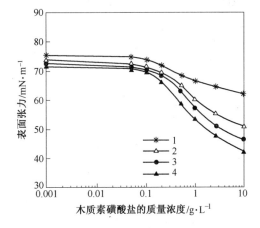

图 5-8 木质素磺酸盐质量浓度与表面张力的关系
1—相对分子质量大于 5000；2—相对分子质量为 5000~10000；
3—相对分子质量为 10000~30000；4—相对分子质量大于 30000

木质素磺酸盐的应用中，泡沫的存在有时会对其产生较大的影响，不同木质素磺酸盐起始泡沫高度和泡沫半衰期见表 5-8。相对分子质量大于 5000 以上，随着相对分子质量的增大，其起泡力和泡沫稳定性逐渐增强。工业生产实践证明，由于木质素磺酸盐起泡严重，造成液固分离困难。

表 5-8 木质素磺酸盐的起泡性能

相对分子质量范围	起始泡沫高度/cm	泡沫半衰期/min	相对分子质量范围	起始泡沫高度/cm	泡沫半衰期/min
<5000	7.6	3.5	10000~30000	6.7	6.3
5000~10000	5.6	5.8	>30000	7.8	9.5

在硫熔点以上，尤其是在温度 130℃ 以上，添加适量木质素磺酸盐可有效解决硫黄包裹问题，使得反应彻底进行，锌浸出率可达到 95% 以上。一般木质素的加入量为锌精矿量

的 0.1% ～0.2% 即可满足反应要求。但在硫熔点以下，木质素磺酸盐的加入对锌浸出率无明显作用，且用量过多还有一定的抑制作用。针对纯 ZnS 加压浸出的研究表明[41]，木质素磺酸钠对锌浸出率无影响，但随着添加剂用量增加，会造成硫黄乳化严重，使得硫粒度急剧变细，恶化硫的浮选回收[27]。

James A.[28] 就熔融硫与溶液间的表面张力及熔融硫与镍黄铁矿间的接触角进行了测量，试验证明，木质素可有效降低熔融硫与镍黄铁矿间的吸附功。

5.3.2 白雀树皮

白雀树皮（Quebracho）又译为白坚木，是生产缩合单宁（又称为原花青素）的重要工业原料。锌精矿加压浸出过程中加入适量白雀树皮，锌浸出率比单独加入木质素磺酸盐稍高，哈得逊湾矿冶公司冶炼过程中即加入了两种添加剂，木质素磺酸钙和白雀树皮，且两段均加入。亚硫酸化白雀树皮可能的组织结构如图 5-9 所示。

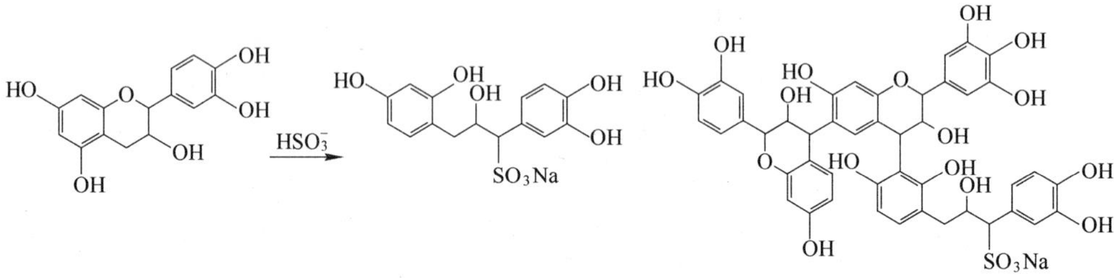

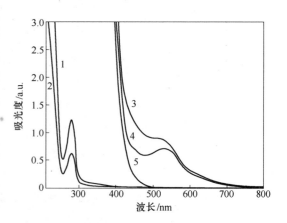

图 5-9 亚硫酸化白雀树皮可能组织结构
（a）单宁亚硫酸化；（b）亚硫酸化白雀树皮

针对白雀树皮进行了红外光谱和紫外-可见光谱分析。图 5-10 表明单宁酸经酸催化后形成花青素，花青素的形成受温度、反应时间及溶液杂质的影响。通过采用酸-丁醇法分析溶液中白雀树皮的浓度来确定其稳定性。当丁醇与溶液的比例为 14：1 时，最大吸收峰值小于 550nm，花青素的形成也受丁醇中水加入量多少的影响。丁醇和白雀树皮溶液的比例为 7，吸收峰为 550nm。由于花青素的吸收峰较低，酸-丁醇法适用于测量高浓度白雀树皮。

L. Tong[29] 和 Dreisinger 等对镍精矿加压浸出过程中硫分散剂的作用进行了研究。结果表明，在 150℃、低 pH 值、高离子强度下，白雀树皮更易在硫化矿表面形成化学吸附。白雀树皮吸附在硫化矿表面，可降低液硫-硫化物-硫酸镍系统的黏附功，界

图 5-10 白雀树皮紫外-可见光谱分析及氧化产物
1—100mg/L，pH 值为 2.2；2—50mg/L，pH 值为 2.2；
3—2.0g/L 白雀树皮，丁醇：溶液 = 7：1；
4—2.0g/L 白雀树皮，丁醇：溶液 = 14：1；
5— 丁醇：溶液 = 7：1，无白雀树皮

面研究表明其是一种有效的硫分散剂，可有效增加镍的浸出率。在 150℃、氧分压 690kPa、0.5mol/L 硫酸、镍精矿粒度 −44μm、矿浆质量浓度 250g/L、反应时间 2h 条件下，镍浸出率可由 15%（不加）增加至 83%。在不加硫分散剂条件下，产出溶液成分为：Ni 4.1g/L，Cu 0.8g/L，Fe 11.2g/L，H_2SO_4 31.1g/L，Fe^{2+} 0.47g/L；加入 5g/t 硫分散剂时，溶液成分为：Ni 23.1g/L，Cu 3.5g/L，Fe 29.4g/L，H_2SO_4 32.1g/L，Fe^{2+} 0.98g/L。溶液中铁含量高于 10g/L，铁离子和白雀树皮形成配合物，阻碍了表面吸附。因此，加压浸出过程中需要新鲜的白雀树皮以达到好的硫分散性。花青素是白雀树皮氧化的产物，在 95℃ 下可稳定存在 2h。90℃ 和酸度 0.1mol/L 对白雀树皮稳定性无明显影响；2g/L 硫酸镍溶液也无影响。铁对白雀树皮稳定性有一定影响，将硫酸铁溶液与白雀树皮混合，溶液变为深蓝色，且变浑浊。对 pH 值及铁-白雀树皮比例对铁-白雀树皮配合物形成的影响进行了研究（见图 5-11）。通过紫外-可见光谱分析，硫酸浓度在小于 0.1mol/L 时，对 280nm 紫外可见光谱峰无影响。三价铁离子影响较大。在 pH 值为 1.3，铁离子浓度增加峰值上升，表明配合物生成。pH 值为 3.2 时峰值下降，主要由于生成沉淀。表明 pH 值对配合物的形成有一定影响。因此，当溶液 pH 值较高时，白雀树皮被铁消耗掉而不是吸附在硫化物表面。Fe^{3+} 与白雀树皮单宁酸的反应如下，表明铁-单宁酸化合物形成需要在一定的 pH 值下进行。Fe^{3+} 与白雀树皮单宁酸反应形成蓝黑色的铁单宁酸化合物，为无定型结构。根据所含金属与配合基比例及 pH 值的不同呈现不同的颜色，1:1 时绿色，1:2 蓝色，1:3 红色。pH 值（1.3~5.4）及镍-白雀树皮比例对镍-白雀树皮配合物形成的影响研究表明，在 pH 值 5.3~5.4 范围内，仅有少量配合物形成，无沉淀产出；在 pH 值为 1.3 条件下无配合物形成；在 pH 值为 3.0~3.2 范围内形成铁-单宁配合物，但在混合的镍-单宁溶液中没有发现沉淀。这表明铁-单宁配合物较镍-单宁配合物更易形成。

$$H_2R + Fe^{3+} \rightleftharpoons FeR^+ + 2H^+$$

$$nH_2R + Fe^{3+} \rightleftharpoons FeR_n^{3-2n} + 2nH^+$$

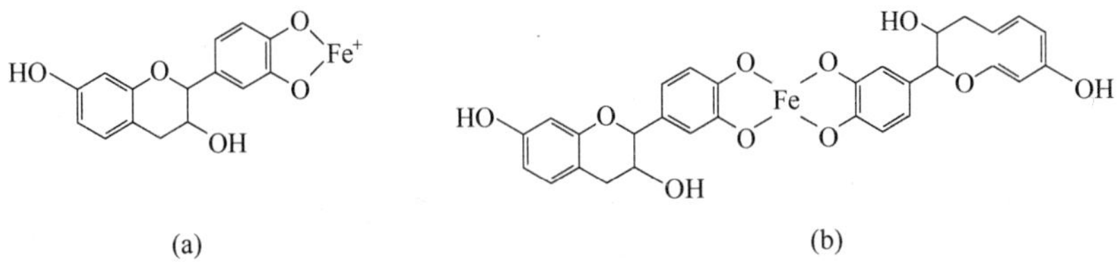

图 5-11 铁-白雀树皮化合物结构

(a) FeR^+；(b) FeR_2^-

R—白雀树皮重复单位

5.3.3 煤

1997 年 Collins[30] 申请了从硫化锌精矿中回收锌的专利，提出采用煤粉作为锌精矿加压浸出的表面活性剂，在 135~155℃、氧分压 400~700kPa 条件下进行低酸和高酸两段加压浸出，低酸段酸锌比为（1.0~1.2）:1，浸出液含锌 140~150g/L、铁 0.5~2g/L、游离酸 1~10g/L，一段浸出渣经高酸浸出后锌浸出率达 98% 以上。每吨锌精矿煤粉用量为 5~25kg，该表面活性剂易于制取，价格便宜，且浸出过程中不易分解。另外，煤粉在铜精矿加压浸出过程中也得到了应用，也就是典型的 Dynatec 铜精矿加压浸出工艺。

　　煤炭按煤化度可分为泥煤、褐煤、次烟煤、烟煤和无烟煤，不同种类煤在铁闪锌矿加压浸出过程中的影响如图 5-12 所示[31]。在 150℃下，褐煤和木质素磺酸钠效果最好，烟煤和无烟煤效果较差，在褐煤用量 1% 条件下，锌浸出率达到 94.63%。150℃下褐煤用量对锌浸出率的影响如图 5-13 所示。当褐煤用量为精矿质量的 1.0% 时，锌浸出率最高；褐煤用量由 1% 继续增加，浸出液中锌浓度无明显变化；在褐煤用量为 1% 时，浸出 1.5h 锌浸出率可达到 92%，继续延长时间，浸出率增加不明显。

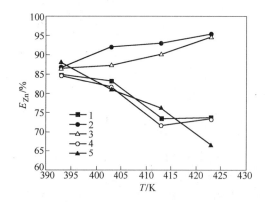

图 5-12　不同添加剂对锌浸出率的影响　　　图 5-13　褐煤用量对锌浸出率的影响
1—未添加硫分散剂；2—木质素磺酸钠，0.2%；
3—褐煤，1.0%；4—无烟煤，1.0%；5—烟煤，1.0%

　　加压浸出渣中褐煤的显微结构如图 5-14 所示。粗大的褐煤与所有矿物均无关联，且未见硫珠明显地黏附在褐煤表面。估计铁闪锌矿加压浸出过程中，褐煤中的有机碳对单质硫的物理吸附作用可能不是消除硫包裹的主要原因。沿褐煤边界或裂隙内形成宽度不等的黑边，推测褐煤可能沿边界发生了酸溶反应并释放出某些表面活性物质进入溶液，从而实现了单质硫的分散。

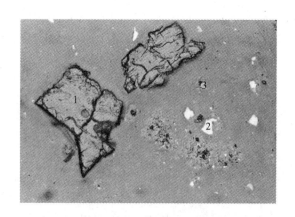

图 5-14　铁闪锌矿加压浸出渣中褐煤的显微结构（200×）
1—褐煤；2—黄铁矿；3—铁闪锌矿

　　红外光谱、紫外光谱、核磁共振谱以及质谱一起构成了有机化合物的波谱分析，是目前鉴定和测定有机物结构及定性分析的有力工具。褐煤红外光谱图研究发现，褐煤中有多种有机官能团，主要有羧基、羟基、酰胺、芳环等。对褐煤150℃下加压浸出溶液进行紫外-可见吸收光谱分析发现，可见光波长范围内（400～750nm）无明显吸收，紫外范围内有明显吸收，说明浸出过程中褐煤有不饱和双键官能团进入溶液。

在无论是否有铁闪锌矿的情况下进行加压浸出，褐煤加压浸出溶液调整 pH 值后过滤，红外烘干减水处理，得到黄色固体粉末，对该粉末进行红外光谱分析发现，溶液中都存在羟基、苯环、饱和 C—H 键以及羧酸离子的 C—O 单键等官能团。对有机物进行质谱分析，计算出各种有机物组分及相对含量，可见褐煤在铁闪锌矿加压浸出过程中会释放出有机物质进入溶液中，这些物质有可能起到表面活性剂的作用。当加入铁闪锌矿时，溶液中未检测到硫萘酚。估计由褐煤浸出的硫萘酚可能吸附在单质硫表面并与单质硫发生反应，硫萘酚可能起到了单质硫的乳化剂作用，单质硫的粒径得以细化。实际应用结果也证实，当褐煤用作硫分散剂时，铁闪锌矿加压浸出渣中单质硫细粒分散存在，不沾染残余硫化矿。

5.4 锌精矿加压浸出生产实践

5.4.1 加拿大 Trail 厂

加拿大科明科特雷尔（Trail）锌厂位于加拿大不列颠哥伦比亚省哥伦比亚河边，加美交界处北约10km 处，始建于1896 年，最初主要冶炼附近 Rossland 矿产出的铜金矿，铅锌冶炼分别始于1899 年和1916 年[32]。1906 年 Cominco 公司成立，主要是从事矿产资源勘查、采矿、冶炼和精炼等，Trail 成为其下属的主要铅锌冶炼及化肥厂。2001 年加拿大 Teck 公司和 Cominco 有限公司合并成立 Teck Cominco 有限公司，以煤、锌、金和铜矿资源开发和铅锌冶炼为主，也是世界上最大的锌矿山企业。

1976 年，Trail 厂锌精矿处理量为22.7 万吨/年，主工艺流程为"沸腾焙烧制酸—两段浸出—净化—电积—熔铸生产电锌"，并回收镉、铟等金属，酸浸渣送铅冶炼，硫酸送去生产化肥，副产硫酸、硫酸铵和亚硫酸氢铵等化工产品。沸腾焙烧采用两台鲁奇（Lurgi）焙烧炉和一台悬浮焙烧炉（Suspension roaster）[33]。

为扩大锌产量，且过程中不增加二氧化硫排放量，该厂决定采用加压浸出工艺与原有工艺流程结合，1977 年进行了半工业试验。半工业试验成功后，立即进行了工厂设计和建设，在 Trail 建立了世界上第一家硫化锌精矿加压酸浸厂，首次将锌精矿加压浸出技术进行了工业应用，1981 年1 月投产，主要包括精矿球磨、浆化、加压浸出、闪蒸、冷却、硫浮选、熔化热滤等工序。原设加压釜1 台，锌精矿处理量190t/d，即产锌3 万吨/年，约占该厂锌总产量的20%。锌浸出率97%～99%，铜浸出率80%～85%，硫综合回收率95%～97%，元素硫纯度大于99%，产元素硫1.8 万吨/年。另外，该厂处理原料还有来自铅冶炼厂的烟化炉烟尘，处理量约为100t/d 金属量。首先烟尘浸出除氟氯，脱除率一般可达85%，再用废电解液浸出，浸出液除铜后送酸浸工序。1988～1989 年通过对原有系统经改造完善，精矿处理能力达到11.7 万吨/年[34]。

1997 年该厂扩建，锌精矿日处理量达到480t。同年，铅冶炼厂新建基夫赛特炉（Kivcet）投产，原有鼓风炉及两台烟化炉停产，6 月份新建炉渣烟化炉投产，1998 年12 月满负荷生产，处理铅精矿的同时，处理锌冶炼浸出渣。目前，该厂锌总产量29 万吨/

年，加压浸出锌精矿处理量约为 12 万吨/年，约占总产量的 22%。全厂锌总回收率达到 98%以上，未反应的硫化物送焙烧工序处理，浮选尾渣即铁铅渣及焙烧浸出渣送基夫赛特铅冶炼处理，铅产量为 15 万吨/年。受经济的影响，2009 年 Trail 厂锌产量为 23.99 万吨，较 2008 年减少 11%。

该厂将加压浸出法与"焙烧—浸出"系统结合使用，采用一段锌精矿加压浸出技术，浸出液浓密后送主流程浸出工序，最终生产电锌，加压浸出渣回收元素硫。精矿经球磨、旋流分级后，浓密底流固含量 68%~70%，连续泵入加压釜。废电解液加入一定的浓硫酸使酸度达到 165g/L，经热交换后温度由 30℃提高到 70℃，泵入加压釜的前三个隔室。加压浸出温度控制在 150℃，总压为 1140kPa，液固比 7:1，终酸为 25g/L，浸出 1.5h 后，锌的浸出率可以达到 97%左右。产出矿浆进入闪蒸槽，温度降至 117℃，压力为 55kPa，闪蒸后矿浆进入调节槽和水力旋流器，旋流器溢流主要是硫酸锌溶液和铁矾矿浆，经扫选硫后送焙砂浸出系统。扫选产品与旋流器底流合并经粗选、精选后产出硫富集物，再经过滤、熔融、热滤生产硫黄，未反应的硫化锌和夹杂的硫返回焙烧。之后，该厂又不断进行改进，增加了新的预热装置和硫回收系统。经改善后，处理能力达到 376t/d，设备运转率 90%，加压釜物料停留时间 100min，排气中氧含量 80%（干计），浸出终液含铁 5g/L，含酸 30g/L，锌浸出率 98%，硫回收率 83%~91%。原则流程如图 5-15 所示。加压浸出主要技术指标见表 5-9。

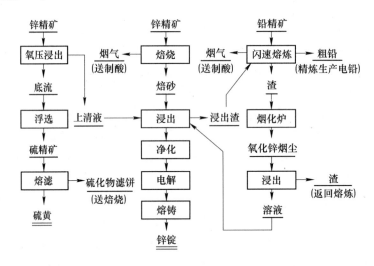

图 5-15 加拿大科明科特雷尔（Trail）厂铅锌冶炼原则流程

表 5-9 加压浸出主要技术指标

项 目	设 计	至 1997 年	2002~2010 年
原料来源		Sullivan	Red Dog
加压釜容积/m³	100	130	130
锌精矿处理量/t·d⁻¹	190	300~350	480
加入矿浆含固体/%	70	70	70
废电解液/m³·d⁻¹	1320		

续表5-9

项 目	设 计	至 1997 年	2002 ~ 2010 年
压力/kPa	1300	1250	
氧气纯度/%	98		
排气氧浓度/%	85		
反应温度/℃	145 ~ 155	150	150
停留时间/min	100	50 ~ 60	
终液成分/g·L^{-1}	H_2SO_4 30, Fe 5		H_2SO_4 20 ~ 30, Fe 7 ~ 9
锌浸出率/%	98	95 ~ 97	>97
Pb-Ag-Fe 渣处理		送铅冶炼厂, 烧结-鼓风炉-烟化炉	Kivcet, 渣烟化

反应初始锌浓度为 50g/L, 加压釜排出的硫酸锌溶液中锌浓度达到 134g/L。锌浸出率 98% 以上, 精矿中约 1% 锌进入黄铅铁矾, 未反应的锌为 0.5%, 其余进入溶液。精矿中约有 96% 的硫化物中硫转变成元素硫, 3% 氧化成硫酸盐, 0.7% 仍呈硫化物状态。约 91% 元素硫以硫黄形式回收, 6% 含在未反应的硫化物滤渣中, 硫化物滤渣送锌焙烧炉处理, 3% 进入焙烧矿浸出系统。铅全部以黄铅铁矾进入浸出渣。大约 1% 的铁不起反应, 58% 形成铁的沉淀, 41% 留在溶液中[35]。锌直收率 91% ~ 93%, 通过铅冶炼再回收, 锌总回收率 98% 以上[36]。

5.4.1.1 原料

工厂运行之初处理原料主要为 Cominco 公司下属的位于金伯利（Kimberley）的沙利文（Sullivan）高铁锌精矿, 精矿成分为: Zn 49%, Fe 11%, Pb 4%, S 32%, 粒度为 −44μm 占 80%。20 世纪 90 年代初, 在预计到该矿到达开采年限后, 计划采用阿拉斯加的红狗（Red Dog）矿, 后者铁含量较低。两者在矿物成分及物相上均有不同, Sullivan 矿铁含量 8.7%, 且 95% 以铁闪锌矿形态存在, 而红狗矿含铁仅 4.8%, 仅 60% 存在于闪锌矿晶格中, 其余以黄铁矿和白铁矿形式存在（见表 5-10）。加压浸出过程中, 铁闪锌矿的浸出速度较快, 并和溶液中的铁含量呈线性, 黄铁矿和白铁矿的浸出速度相对较慢。

表 5-10 红狗矿和 Sullivan 矿对比

元 素	Zn	Fe	Pb	Cu	SiO$_2$	S	粒度 P_{80}/μm	铁形态	铁分布
Sullivan 锌矿 (2001 年)	53.1	8.7	4.3	0.07	0.49	32.2	25	铁闪锌矿/磁黄铁矿	在 ZnS 中
红狗锌矿 (2003 ~ 2004 年)	54.4	4.8	3.2	0.13	2.68	30.8	21	40% 黄铁矿/白铁矿	混合

1997 年以来, 该厂针对红狗矿进行了 5 次独立的试验[37], 每次试验时间为 4d 至 3 周。发现原料更换存在如下问题: （1）反应速率下降, 锌浸出率降低。红狗矿较 Sullivan 矿反应时间需延长 40%。（2）硫滤饼产量大。采用 25% 红狗矿和 75% Sullivan 矿, 硫滤饼产率为 30 ~ 65kg/t$_{精矿}$。当全部采用红狗矿时, 硫滤饼产量翻倍, 达到 70 ~ 135kg/t$_{精矿}$, 主要是由于未反应的黄铁矿和白铁矿增加。（3）硫回收率低, 硫粒度明显降低。

2000 年 1 ~ 2 月份进行了为期 2 周的工业试验, 对不同的配料比进行了考察, 从 2002

年 11 月开始全部处理红狗锌矿，处理量为 18t/h，锌浸出率 96%。调整过程中，增加了氧气和木质素磺酸钙用量，初始硫酸质量浓度提高至 165g/L 以上。溶液中铁质量浓度由原有的 8~10g/L 降至 5g/L。反应主要在前两个隔室进行。由于红狗矿精矿粒度细，木质素磺酸钙添加量高，给元素硫回收带来一定的困难[38]。

5.4.1.2　球磨

进厂精矿储存在一个容积为 300t 的料仓中，卸料端衬聚乙烯，以防止挂料。精矿仓通过主焙烧厂房精矿输送系统的延长部分装矿，每天装矿一次。锌精矿经皮带秤送至一台 ϕ2.1m×3.1m 哈丁奇型（Hardinge）球磨机中，电机功率 149kW，球磨后精矿泵送至旋流机组进行分级，共有 9 台 ϕ150mm 衬胶 Krebs 旋流器，每次只有四台同时工作，与球磨机闭路运行。旋流器压力为 0.28MPa，底流返回球磨，溢流（平均含固量 12%，−44μm 占 98%）进入一台 ϕ12.7m 的浓密机中。球磨系统设计能力较大，可满足两台加压釜同时工作，精矿处理量为 376t/d。为加速矿浆沉降，浓密机给料中加入 percol155 絮凝剂，溢流返回磨矿工序，底流密度为 2.14g/cm³，固含量 70%，粒度 −44μm 占 95%，泵至一台 63m³ 矿浆搅拌槽，在槽中加入木质素磺酸钙，加入量为 0.1g/L，矿浆送至加压釜。

1989 年又增加了一组 16 台 ϕ127mm 的 Mozley 旋流机组，处理原有旋流器溢流，以保证在精矿给料量为 470t/d 时，粒度达到 −44μm 占 96.5%，底流返回原有旋流器，溢流送至浓密机进行液固分离。

1997 年扩产后，由于 Sullivan 矿在选矿厂已进行了细磨，且配入的红狗矿较细，细磨已无必要，因此取消了旋流分级系统，且球磨机中未装球，仅作为精矿破块用。由于红狗矿浸出率较低，2003 年重启球磨系统，但未安装旋流器，加入 11t 直径 1.6cm 的 12% 铬研磨介质。红狗锌矿粒度大大下降，P80 从 21μm 降至 18.5μm，过 21μm 比例由 80% 增至 84%。锌浸出率提高了大约 0.9%，浮选元素硫精矿中未反应锌降低，硫滤饼量减少 5t/d。

5.4.1.3　加压浸出

加压车间原配置 ϕ3.7m×15.2m 四隔室卧式加压釜一台，总容积 130m³，工作容积约 100m³，料浆停留时间可达到 100min。釜体为低碳钢，内衬铅、耐高温纤维和耐酸砖，室间隔板由耐酸砖砌成，每隔室均有双叶轮搅拌和挡流板，搅拌轴采用机械密封，前三室搅拌电机为 110kW，第四室为 73.5kW。矿浆经溢流堰或室壁底座上的两个孔口从一室流入下一室。各室装有温度传感器和取样装置，氧气可分别通入前三个隔室，第四隔室设有 γ 射线液面探测器。搅拌器材质为钛合金、Incoloy825 和 316L 不锈钢，316L 仅用于第四室。其他与湿料接触的金属部件（如取样器、温度计套管、排料管等）由 Incoloy825、Inconel625、20 号合金和 Ferralium255 制成。氧气纯度为 98%，从高压釜的前三隔室加入，为防止惰性气体累积，气体连续从第一室连续排出，并进行连续监测。

矿浆经 Zimpro 型隔膜泵泵入加压釜第一隔室，泵的压力为 1.72MPa，隔膜一年更换两次。釜内反应温度为 140~155℃，压力为 1.27MPa，反应时间为 40~60min，釜内氧气浓度为 89%，排气量为 300m³/h，氧利用率 90%，排气中氧含量 85%。该厂扩产后，原有 Zimpro 泵无法满足生产，改用 Toyo 软管隔膜泵，运行良好，工作范围为 0~380L/min。加压浸出采用废电解液和硫酸，初始硫酸浓度 165g/L，闪蒸槽产出的蒸汽在列管式换热器中加热，将温度由 30℃ 提高到 70℃。预热后的废电解液泵入加压釜第一隔室，未经预热的废电解液泵入加压釜的第二隔室。废电解液储槽为一台75m³的玻璃钢-聚丙烯搅拌槽。

浸出后矿浆从釜内排到闪蒸槽，通过减压阀调节压力（减压阀寿命为3~4个月），闪蒸槽内蒸汽压力和温度及矿浆温度均连续监测，闪蒸槽装有放射性液面探测器，上、下部装有压力测量装置，矿浆平均温度为117℃，压力降至55kPa左右。闪蒸槽的蒸汽经除雾器进入热交换器用来预热废电解液，过量的蒸汽经预热器排入大气，过程中液体蒸发量为8%~10%。闪蒸槽最初为316L材质，1985年改为Incoloy 825。

闪蒸槽矿浆排至调节槽，调节槽内装有冷却盘管将矿浆温度降至85℃，熔融态的无定形元素硫转变为单斜硫，硫珠细小而均匀。在调节槽停留的时间至少20min，调节槽搅拌速度为45r/min。氧压浸出液（含浮选回收硫后的浮选尾矿，固含量50g/L，Fe 5g/L，H_2SO_4 50g/L）送焙砂浸出系统酸浸工序。

加压浸出过程中硅和银进入浸出渣中，浸出后液含Fe约为4g/L，Fe^{2+}为0.4g/L，H_2SO_4约为25g/L。每吨精矿加压浸出工段消耗：蒸汽90kg、电50kW·h、氧气214kg。

Trail自运行以来，针对设备腐蚀等问题进行了多次改造，如硫回收系统的改造、酸预热器的腐蚀问题等，精矿处理量逐年上升，1985年精矿处理量达到272t/a，但1987~1988年稍有降低。1988年针对主要设备进行了改造，增加了加压釜排料旁路、精矿再磨旋流机组、硫精矿带式过滤机，熔硫增加了第三台热交换器等，1989年精矿处理量达到345t/d，硫黄产出量为89t/d。

1997年该厂扩建，将原加压釜旁配置一台ϕ3.7m×19m加压釜，五隔室，容积约130m³，设计日处理锌精矿480t，原加压釜停用。氧气由前四个隔室加入，返酸在各个隔室均有加入。

采用红狗矿后，加压浸出工艺参数进行了系列调整，木质素用量由0.6kg/t$_{矿}$增加至1.3kg/t$_{矿}$，加压釜操作压力由1200kPa增加至1300kPa，以增加铁的氧化速度。全部采用红狗矿后，相对于Sullivan矿第一隔室反应量较少，反应向加压釜后部移动，加大了第二到四隔室氧气通入量。加压釜总的耗氧量由0.19t/t$_{矿}$增加至0.25t/t$_{矿}$。处理Sullivan和红狗矿混合矿时，最后一隔室最高温度控制在150℃，温度控制较低是考虑到混合矿原料波动会造成加压釜温度的变化，全部采用红狗矿后，加压釜温度相对稳定，最后一隔室的温度控制在154~155℃。由于最高温度较接近于160℃，需严格控制，否则会导致釜中元素硫黏度突然增加和系统堵塞。由于红狗矿反应热较Sullivan矿低，且仅少部分反应发生在第一隔室，因此，需提高进入第一隔室的废电解液预热温度以保证前两隔室温度高于145℃。红狗锌矿酸耗较低，为5.5~6.0m³/t$_{矿}$，而Sullivan矿约为7m³/t$_{矿}$。改用红狗矿的最初阶段，控制初始硫酸浓度在165g/L以上，为降低系统中硫酸盐的带入量，2003年7月降至160g/L。加压釜排出矿浆中含有Fe^{3+}3.4g/L，Fe^{2+}1.5g/L，终酸35~40g/L。

加压浸出在线时间是指加压釜生产和处理原料的时间比例，不包括年度检修时间。历史上，在线时间目标是92%。停工主要原因是加压釜浸入管结垢。矿浆从加压釜采用多孔管排出，以防止排料阀受釜内沉积物损害。加压釜正常操作过程中，浸入管表面结垢主要成分为无水石膏和赤铁矿。经过6~8周后，多孔管口变小，限制加压釜流速，必须进行降压更换。红狗矿的一个优点就是浸入管结垢速度降低，更换频率可延长至10周。然而，由于后续工序需要进行停工，该优势没有显示出来。再者就是酸预热器结垢。加压釜给入酸原是采用闪蒸蒸汽进行加热。酸预热器是一个四管列管式热交换器，长5.6m，材质为

Incoloy 825。闪蒸蒸汽中元素硫在管中沉积，每4周就要将管簇取出更换新的。自1997年以来就是用管簇，管子腐蚀已经十分明显。因此决定采用焙烧炉蒸汽在一个小型热交换器中进行预加热。这样就无需每4周关闭一次，并且控制给酸温度的能力增强。旧的酸预热器作为备用。其他造成停工的原因包括：后续工序故障，加压釜垫圈老化，排料阀磨损。后续工序故障影响已经通过增强交流和协作得到降低。加压釜垫圈老化经改用 Gylon3500得到改善。全部采用红狗矿后排料阀磨损成为关键。相较于 Sullivan 矿，红狗矿硅含量增加，也会导致排料阀的磨损。后期采用的排料阀操作策略已经降低了排料阀的磨损。经过这些改进，2003年3~8月期间该厂在线时间平均达到96%。

根据原生产经验，加压釜必须每年进行一次大修和除垢。加压釜浸入管上、内衬砖上及隔墙上结垢成分相同，厚度达到100mm。结垢并不均匀，第一和第二隔室重一些，排料端较轻。在除垢后需要对内部砖结构进行检查。自1997年运行以来，仅需要采用灰浆进行常规勾缝。2003年的检查表明，结垢大大减少，仅最后一隔室的气相砖有些损坏。

采用25%红狗矿和75% Sullivan 矿进行浸出，硫酸根以铅铁矾、草黄氢铁矾的形式排出系统。由于红狗矿加压过程中溶液中铁含量较低，产出的铁矾量明显降低。根据工厂试验浸出渣分析结果表明无明显铁矾存在，铁主要以水合氧化物、铅以硫酸铅形式存在。因此，Trail 操作过程中系统外排的硫酸根量降低。另一造成系统中硫酸根增加的原因是由于元素硫及黄铁矿的氧化。历史上，此部分硫的氧化率通常假设为总硫量的5%，对于红狗矿，硫氧化率估计为9%甚至更高。处理红狗矿在脱氟方面有一定的负面影响。氟主要是以铁矾共沉淀的形式从溶液中除去，由于铁矾量降低，溶液中氟含量增加，对电解有一定的腐蚀。

为提高浸出效率，之后又提出了采用澄清的热酸浸出液（Fe 8.1g/L，H_2SO_4 80~120g/L）进行加压浸出的建议。由于采用实际的热酸浸出液进行试验较为困难，采用购买的硫酸铁溶液进行了工业试验。2003年8月进行了为期两天的试验，将酸中铁离子浓度控制在1.6~2.9g/L。辅助以增加酸耗和提高第一隔室温度，浸出率增加明显，试验中处理量为18.4t/h。

5.4.1.4　浸出渣处理

工厂最初采用分离釜来回收熔融硫，浸出釜矿浆直接排入硫分离釜，元素硫直收率91%，其余经闪蒸降压后经浮选回收，硫总回收率97%以上。分离釜上部为圆筒形，直径2.7m，锥形底，内设有耙动装置，主要位于硫相中，通过调节硫的排出速率使硫的液面保持在一定的高度，分离釜的操作压力和加压釜压力相同。但不是所有的情况都适合采用该方法，如某些精矿产生非聚合的元素硫；含黄铁矿、黄铜矿高的精矿，浸出过程中只有部分硫转化为元素硫，产出不纯硫相，将引起排料堵塞问题。由于熔融硫从分离釜排出过程中流速较低，易造成小孔堵塞；且如果水相被熔融硫包裹，排料时水相沸腾，造成硫槽内发生起泡现象；当水相比例较大时，可使硫在排料管内凝固。浸出后的未反应硫化物以及硫水界面控制不良，均使水相夹带严重。熔融硫原排料系统的改造大大改善了生产，例如，间断排硫允许采用较大的孔口，改进液面探测提高了排硫质量，为防止熔融硫在管道凝固和便于清理堵塞的管道，熔融硫排料系统必须全安装汽套。熔融硫首先排入一容量为100t熔融硫的带搅拌的地坑中，夹带的水分被蒸发掉。地坑由混凝土砌成，内衬耐酸砖，装有蒸汽加热蛇管。接着泵入容量为250t的带搅拌的粗硫（脏硫）储坑中，加入石灰中和夹带的酸，脱水的浮选硫精矿也加入到储坑中。粗硫（脏硫）进行压滤，间断作业，工作周期 1h，通常每天 2 次。滤渣由未反应的硫化物和约 40% 的元素硫组成，送焙烧工序回收锌。过滤后的精硫含硫约为 99.9%，储存到 125t 的精硫坑中。

分离釜内未回收的硫，随硫酸锌-黄铅铁矾矿浆经闪蒸槽进入 118m³ 不锈钢浮选调节槽，调节槽内有冷却盘管，将矿浆温度降至 80℃ 左右，浮选在 6 台 2.8m³ 丹佛型（Denver）No.30DR 浮选槽内进行，其中两段为粗选槽、二段扫选、二段精选。过程中不需加入任何浮选药剂。浮选温度 70℃，温度对浮选的影响不大。浮选尾矿主要由含有少量游离酸和三价铁的硫酸锌溶液及黄铅铁矾等组成，与旋流器溢流合并送到焙砂浸出系统。

1982 年初，由于分离釜腐蚀严重，取消了分离釜，但硫回收率低，第二年增加了两台 φ30cm 水力旋流器，浸出矿浆全部连续通过闪蒸降压系统排入调节槽，再泵入水力旋流器。旋流器溢流中元素硫含量低于 1g/L，直接送焙砂浸出系统，底流含 98% 元素硫，作为浮选原料。1977 年的半工业生产中，不加入任何浮选药剂，矿浆中 99% 以上的硫可浮选上来。但工业生产中硫回收率不到 90%，通过改进，回收率提高到 92% ~95%。对比表 5-11 中数据可以看出，在不使用分离釜的情况下，元素硫到硫黄的回收率由 91% 降低到 87%；虽浮选精矿中元素硫的品位有所提高，但储硫坑内矾渣的污染增加了（如硫化物滤饼中铅分析数据所示）；洗水和稀释水降低了硫酸锌溶液浓度。在水力旋流器—浮选系统中，元素硫的回收率约为 98%，熔化和热滤操作时，元素硫的回收率约为 94%，从精矿至成品元素硫，硫的总回收率约 88%。元素硫含硫量约 99.9%，适于硫酸厂需要[39]。

表 5-11 加压浸出流程中主要金属行为

名 称		成 分						占精矿分配率/%				
		Zn	Pb	Fe	S⁰	S	H₂SO₄	Zn	Pb	Fe	S⁰①	S
浸出进料	锌精矿/%	49	4	11.5	—	32.5	—	100	100	100	—	100
	给酸/g·L⁻¹	50	—	—	—	88	165					
使用分离釜情况	分离釜投入料	熔融硫和未反应硫化物/%	1.0	<0.1	<0.5	97	98					
		铁矾渣/%	1.5	13.0	22.5	10	19.5	—				
		ZnSO₄ 溶液/g·L⁻¹	123		7.2		85	35				
	浮选产出	浮选精矿/%	1.6	<1	2	79	81					
		浮选尾矿/%	1.6	14	24	3	13.5		0.6	100	58	3	3
		ZnSO₄ 溶液/g·L⁻¹	134		7.8		92	38	94.4		41		3
	硫热滤	硫黄/%	<0.1	<0.1	<0.1	99.9	99.9					91	86
		硫化物滤饼/%	20	<0.5	5	45	60		1.0		1.0	6	8
不用分离釜情况	浸出进料	锌精矿/%	48.6	5.7	11.6	—	32	—	100	100	100	—	100
		给酸/g·L⁻¹	50	—	<1	—	88	165					
	浮选产出	浮选尾矿/%	1.4	16	21.3	6.0	16.5		1	99	65	7	7
		ZnSO₄ 溶液/g·L⁻¹	115	—	5.0		81	30	98		33		3
		浮选精矿/%	1.8	0.6	0.8	95.2	94.2						
	硫热滤	硫黄/%	<0.1	<0.1	<0.1	99.8	99.8					87	83
		滤渣/%	14	1.7	5.6	45	55	—	1	1	2	6	7

① 浸出高压釜中形成元素硫后，元素硫的分配系数。

精选精矿最初采用真空圆筒过滤机进行洗涤和脱水，1989 年后改为带式过滤机，连续泵入粗硫熔池上部的熔硫锥形槽中，温度为 140～150℃，硫精矿的水分在此蒸发，并借熔池中返回的熔硫进行熔化。然后再进入粗硫熔池中，粗硫熔池容量为 200t，用蒸汽蛇管加热。熔硫用立式泵输送到热过滤机，直径 1.37m，过滤面积 33m²，过滤分批进行，间断操作，每日过滤两次，每次过滤需 90min，清理滤饼 30min，经过滤后纯硫排入纯硫槽（蒸汽保温），储存量为 125t，用管道输送至厂外 150m 处装车运出，管道用套管蒸汽保温，送至不列颠哥伦比亚的金伯利，生产硫酸以生产肥料。硫化物滤饼返回焙烧炉处理回收其中的锌[40]。过滤初期硫不合格，可返回熔硫池，检查合格后，方排到纯硫槽。热过滤机网的材质为 316L 不锈钢，规格为 24mm×110mm 格状平织筛网，过滤网寿命为 4～6 月。成品硫黄主要成分为：S^0 99.9%，As 0.0003%，Cu 0.0005%，Fe 0.01%，Zn 0.006%，Pb 0.02%，Hg 0.002%，Se 0.0014%，Te 0.0014%。硫化物滤渣主要成分为：Zn 15.1%，Pb 1.9%，Fe 5.4%，S^0 44.4%，SiO_2 3.6%。

该厂采用红狗矿后，加压浸出后矿浆粒度变细，硫回收工序采用一组旋流器和两列浮选槽已无法满足生产要求。KIVCET 炉处理浸出渣中最大硫含量要求低于 7.5t/d。最初红狗矿工业试验中硫损失量为 53t/d，最后，通过浮选工艺硫化和调整，降低至 14t/d。主要是对旋流器进行了调整，对不同旋流器直径和排出口进行了考察，直径尺寸降低可有效提高硫回收率，但流速降低。为提高浮选能力，2000 年 3 月进行了一系列工业试验，经对比最终采用 Jameson 浮选槽技术，并于 2002 年 8 月年度停产期间进行了浮选设备安装，投资 480 万加币。另外，技术中心对抗木质素试剂进行了研究，以增加硫黄颗粒粒度，满足浮选要求，且投资较低，日常元素硫损失低于 7.5t/d，一般低于 6t/d。原料更换过程中试验发现，元素硫过滤器对元素硫的质量影响最大。未反应的硫化矿采用带有不锈钢滤网的 Sparkler 牌过滤器和元素硫分离，元素硫产品性能相似甚至是优于先前。

5.4.2 基德·克里克矿业公司 Timmins 厂

基德·克里克矿业公司（Kidd Creek）蒂明斯或蒂敏斯（Timmins）厂位于加拿大安大略省蒂明斯市，距多伦多北约 710km 处。Kidd Creek 是加拿大 Falcombridge 有限公司（现在的 Xstrata Copper）的分公司。该厂自 1967 年以来主要生产铜、铅、锌、银精矿，1972 年锌冶炼厂建立，主工艺流程为传统焙烧工艺，1982 年铜冶炼精炼厂建立。1983 年该厂建成世界上第二条锌加压浸出生产线，与传统浸出工艺结合，将电锌产能扩大到 12 万吨/年，其中加压浸出设计能力 2 万吨/年。该厂氧压浸出部分工艺与 Trail 厂略有不同（见图 5-16）：（1）采用低酸浸出，铁以黄钾铁矾、碱式硫酸铁和水合氧化铁形式沉淀；（2）精矿粒度 95% 小于 44μm，不需再磨；（3）加压浸出液进氧化槽进行铁氧化；（4）采用黄钾铁矾除铁；（5）废电解液不需预热；（6）由于经济上的原因，硫未回收[41]。但运行以来，由于原料缺乏、故障等原因设备运转率一直不高，2006 年加压浸出产量达到历史最高 3.95 万吨。2010 年由于 Xstrata 铜锌新生产线的建立，该厂关闭。

Kidd Creek 处理锌精矿典型成分为：Zn 53.8%，Fe 9.58%，Cu 0.88%，Cd 0.26%，S 32%，Pb 0.7%。选矿厂浓密底流直接泵送至加压浸出矿浆储槽，精矿粒度为 -44μm 占 95%，无需二次磨矿。矿浆进料槽中加入表面活性剂，计量后用气动泵（Egg 泵）送入高压釜的第一隔室，控制固含量不小于 65%，矿浆流量稳定在 7t/h 以上。由电解车间来的

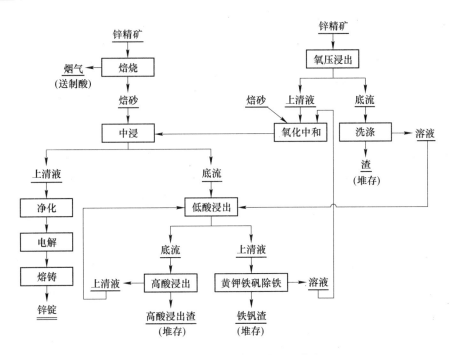

图 5-16 基德·克里克矿业公司工艺流程

废电解液不需预热，直接用离心泵（材料为 20 号合金）以 30m³/h 流量送入加压釜第一隔室。电解液温度约 40℃，硫酸浓度 170~180g/L。精矿和大部分废电解液加入第一隔室，通过砖砌溢流堰进入下一隔室。

20 世纪 80 年代末 90 年代初，Egg 泵也是加压釜的重点维修项目，几乎需要一名维修工全天监护，后来进行了系列改进，大大改善。具体改善有以下几个方面：（1）在 Egg 泵入口处增加旁通阀，以减轻空载和堵塞；（2）由于材料磨损严重和工作环境恶劣，安装在 Egg 泵出口处的止回阀更换频繁，将控制阀球改为高密度聚合物材质，磨损问题立刻解决；（3）在矿浆储槽和矿浆给料槽间安装了一个嵌入式的筛网过滤除去大颗粒，防止大颗粒破坏泵阀门的密封系统；（4）排气管的球阀更换为旋塞阀，显著降低了 Egg 泵排气管上阀门的更换频率；（5）将 PLC 系统进行了优化。

氧压浸出在一台 $\phi3.2m \times 12.2m$ 的卧式高压釜中进行，4 隔室，每隔室均有机械搅拌桨，内容积 72m³，工作容积约为 50m³，外壳为碳钢，内衬铅和耐酸砖，内部构件为钛材和 904L 不锈钢[42]。加压釜设计精矿处理量为 4t/h，生产中可达到 7t/h。加压釜控制温度 145~150℃，1 号、2 号隔室温度在（145±3）℃，3 号、4 号在（146±3）℃。1 号隔室终酸控制在 40g/L，锌浓度约为 128g/L，4 号隔室终酸控制在 20g/L，锌浓度约为 144g/L。研究表明，145~150℃间当溶液中硫酸盐总量大于 3mol/L 时，硫酸锌易结晶沉淀，可通过加入黄钾铁矾池水来降低总硫酸盐量[43]。氧气和蒸汽由釜的上部通入釜内，氧气管通至液面下，排气管位于第二隔室上部。高压釜安全阀的压力为 1.34MPa。由于该厂氧耗量较少（约 23t/d），最初未设立制氧车间，由铜熔炼厂氧气站通过 Suzler 压缩机供给，氧气浓度 95%。1985 年新建一套 240t/d 的制氧系统，可向锌冶炼提供 50t/d 的氧气。加压釜操作压力为 1100~1200kPa，通过排出部分气体以除去惰性气体，使高压釜内气体含氧量维持在 92% 左右（干基），停留时间为 100 ~ 120min，氧气单耗为吨矿 275 ~ 300kg。渣率为 49%，加压浸出渣典型成分为：Zn 4.56%，Cu 0.50%，Cd 0.04%，Fe 13.07%。锌、镉、铜和铁的浸出率分别为 95.8%、92.3%、72.1% 和 33.1%，浸出液主要成分为：H_2SO_4 15 ~ 18g/L，Fe 3g/L，Fe^{2+} 0.5g/L。

加压釜的液位通过一个自动排料阀与两个水准管（bubble tubes）连接来控制。最后一隔室的液位通过设在釜外带有放射源原子核仪和安装在釜内的检测器进行测定，通过调节进料流量与出料流量之比来控制，出料流量取决于给定程序的节流器。排料管和阀门材质为 20 号合金钢，闪蒸槽喷嘴材质由陶瓷改为 316L 不锈钢，喷嘴腐蚀严重，一般每 2 个月更换一次。

浸出后矿浆经闪蒸槽后温度降至 100℃，在送浓密机液固分离前进入调节槽，使硫从熔融态转化为单斜晶态，并加入铜熔炼的电收尘烟尘（含锌约 25%）以回收锌，且有利于 Fe^{2+} 氧化成 Fe^{3+}，矿浆排入 ϕ9m 浓密机，在浓密机入口管路上加入絮凝剂。闪蒸槽蒸汽经除雾器净化后直接排放，未进行利用。浓密机底流含固量约 30%，泵送至黄钾铁矾除铁洗涤系统，经洗涤后堆存。溢流部分（2 ~ 5m³/h）返回加压釜第二隔室用来调节反应温度，部分返回闪蒸槽以防止闪蒸槽壁黏结，约占总量的 25%。75% 溶液与黄钾铁矾沉钒后液一起送中性浸出工序，在氧化槽（40m³ × 2）中在 90℃ 下通入空气将 Fe^{2+}（0.5g/L）氧化为 Fe^{3+}，并加入焙砂中和至 pH 值为 4.5，中和后矿浆泵送至焙砂中性浸出系统。由于浸出渣量较少（30t/d），回收不经济，未进行处理。

该厂运行过程中也进行了多次停产、维修，出现由于胶泥老化、耐酸砖脱落及结垢等造成的排料系统堵塞问题。1988 年由于耐酸砖脱落、灰泥剥离、铅衬里局部腐蚀严重，进行了为期 6 个月的大修，更换了大部分铅衬里和所有的耐酸砖衬里。尤其是釜体圆柱部分及喷嘴周围铅衬腐蚀最为严重，但是釜体椭圆封头处的铅衬完好无损。最初加压釜只采用了一层 11.4cm 厚 Kilgard 耐酸砖，采用 Swindres Bond 120 号硅酸钾灰泥粘贴。1988 年维修中，为降低铅衬所受温度，先安装了一层 5.08cm 书型空心砖层，再装了一层 11.4cm 厚热面砖层。两层都是 Duro L 耐酸砖，用硅酸钾灰泥黏结。喷嘴部分仅衬了铅，没法粘贴耐酸砖。气相部分铅腐蚀和灰泥剥落更为严重，尤其是喷嘴均位于气相部分，该处热循环剧烈，但苦于没有好的解决方案，为避免生产损失，1988 年圣诞节前后恢复生产。

为解决排料系统堵塞问题，1989 ~ 1990 年间，进行了三方面调整：（1）又增加了一套备用排料系统，并配备了蒸汽系统。（2）调整了操作参数，将排料硫酸浓度由 24g/L 降至 18g/L，使排料中形成的结垢由粗糙的黏附状态变成平滑层状状态，后者不会快速团聚，经调整后，加压釜几乎不需要进行清洗。（3）由于不回收元素硫，生产中将木质素用量增加至需要量的 3 ~ 4 倍，使元素硫形成细小颗粒，防止团聚。

1990 年 1 月除垢停产期间，斯特宾斯工程公司（Stebbins Engineering）在加压釜第一隔室某一气相灰泥脱落处采用 Hydromet 50 灰泥进行了试验，5 月检修中发现该处状态良好，没发现灰泥脱落现象。1990 年停车检查期间发现，决定对第一隔室气相部分进行重新检测，重嵌全部砖缝部分。为检查搪铅情况，将一个 0.6m 重 136kg 喷嘴的钛衬里去除，发现仅仅安装 23 个月后，大范围铅衬里已被腐蚀了一半，显然，搪铅不适合气相的工作环境。Stebbins 推荐采用他们的 AR-500 和 Semmco 砖衬系统，该系统可在铅和气相工作环境中提供一层保护膜，且较于砖膨胀性更低。同年，由于垫片材料不合适及缺乏维护，造成法兰面的腐蚀，导致每周出现 2~3 次泄压情况。1991 年换衬里时，加压釜上的法兰面全部采用 Flexitallics，所有垫片全部更换为螺旋形的合金 20/聚四氟乙烯材料，加上改进了维护制度，基本解决了垫片泄露问题。9 月将加压釜气相部分和喷嘴位置进行了更换。1993 年，从第四隔室搅拌口观察发现，该系统未有腐蚀现象，铅衬没有腐蚀，灰泥和砖均状态良好。1995 年，也就是气相部分重砌 4 年后，对气相部分衬里进行了全面检测，砖状态良好，没有脱离或是松动现象，灰泥接缝处有非常小的脱落。

排料管的磨损也是一个大问题，1992 年对 CJX Alanx 材料进行了测试，该材料由碳化硅掺入氧化铝/氮化铝基体中。试验证明 CJX Alanx 在排料条件下有较好的耐磨损性，解决了排料管的磨损问题。另外，弯头和闪蒸槽排气套管的高速区域也采用了该种材料。为解决焊接腐蚀问题，在加压釜内进行了挂片试验，试验证明 Haynes International 的哈氏合金 C-22 耐腐蚀性和实用性较强。与原有的节流阀相比，自动化排料装置大大提高了处理量。1993 年阀门内部易损件也更换成 CJX Alanx 材料。同时，也对水准管（bubble tubes）进行了改进，采用了双层夹套，通过保护套压力监测数据就可判断第一层保护是否出现问题。常规的 Tufline 阀门也是加压釜的重点维修内容，1992 年改用 Durco SG-4 阀门，该阀门有一个可调节包，非常耐腐蚀。Tufline 内部材料是合金-20，而 Durco SG-4 阀门采用 CD4-MCU 合金。

研究发现加压釜结垢是由于溶液中硫酸锌和硫酸铁达到过饱和，且废电解液给入量过多造成。2006 年 8 月至 2007 年 4 月频繁出现排料系统堵塞问题，2007 年停产，发现主要是由于釜内硫酸锌和硫酸铁结晶沉淀造成。早期 Millison 和 Moore 研究发现，不同隔室结垢主要成分是硬水石膏、少量赤铁矿、微量元素硫和钠黄铁矾。

2007 年停产期间，对不同隔室结垢进行了详细的分析。XRD 研究发现，第四隔室搅拌上的结垢主要成分是钠黄铁矾和一水硫酸锌，以及赤铁矿、硫酸锌（$ZnSO_4 \cdot xH_2O$）和钠长石。出现钠长石较为吃惊，未在其他结垢样品中发现。扫描电镜分析发现，精矿中仅 0.24% 的长石含量。结垢主要元素含量为：Cu 0.08%，Fe 27.4%，Ca 0.06%，Mn 0.09%，Na 2.88%，Zn 3.4%。推算矿物组成为 60% 的钠黄铁矾和 9% 的一水硫酸锌。第四隔室其他结垢主要成分也是一水硫酸锌，其次是黄钾铁矾、少量元素硫和黄铁矿。

第三隔室几种结垢 XRD 分析表明，墙上结垢为黄钾铁矾、赤铁矿、一水硫酸锌、黄铁矿、闪锌矿，以及可能有硅酸铝。硅酸铝的存在须引起高度重视，可能意味着砖发生了腐蚀。试样处理过程中，将第三隔室结垢根据颜色（红棕色、灰色等）进行了分别处理及检测。红棕色主要是黄钾铁矾和一水硫酸锌，以及少量黄铁矿。灰色部分包在红棕色内，主要是一水硫酸锌和闪锌矿，以及少量黄铁矿。元素分析发现第三隔室结垢主要成分为：Cu 0.68%，Fe 7.4%，Ca 0.08%，Mn 0.75%，Na 0.23%，Zn 25.2%。暗红色的认为是赤铁矿，黄棕色至橙色的认为是黄钾铁矾。通过颜色来区分矿物对矿物识别没有任何意义。

第一隔室沉淀减少，但有一些灰色可流动的渣，XRD 发现主要是六水硫酸锌、少量元素硫、赤铁矿、磁赤铁矿，以及可能有硫化铜。元素组成为：Ca 0.13%，Cu 0.23%，Fe 2.63%，Pb 2.05%，MnO_2 0.45%，Na 0.29%，SiO_2 1.62%，Zn 7.62%。排料管结垢主要成分是黄钾铁矾和元素硫。

Kidd Creek 锌精矿焙烧在两台 $52m^2$ 的鲁奇式焙烧炉中进行，焙砂进行中性—低酸—高酸三段浸出，中性浸出液送净化工序。低酸浸出液加入苏打和焙砂进行黄钾铁矾法除铁，高酸浸出底流与铁矾渣合并洗涤，渣含锌6%、硫20%、银250g/t。净化分为三段。一段锌粉置换除铜，得到含铜75%的铜渣，送铜冶炼厂回收。二段在95℃、pH值为4~4.5条件下锌粉置换除钴，同时添加适量砷酸钠，溶液中钴含量由70mg/L降至0.1mg/L。三段为锌粉除镉，镉含量由500~600mg/L降至1mg/L。二段、三段净化渣送镉车间回收镉、锌等。

5.4.3　德国 Ruhr Zink 厂[44]

德国 Ruhr Zink GmbH（鲁尔锌厂）位于德国鲁尔工业区北部达特尔恩（Datteln，达特伦），又称为 Datteln 电锌厂，1968 年由德国金属公司（Metallgesellschaft AG）建成，是世界上第三家采用 Sherritt 锌加压浸出技术的工厂，也是德国首家采用焙烧—浸出—电积工艺生产特等锌的企业。20 世纪 90 年代成立 GEA 集团公司（GEA Group Aktiengesellschaft），Ruhr Zink 并入其中，2008 年年底受市场和成本影响 GEA 集团宣布关闭该厂。

最初设计能力为年产电锌 10 万吨，硫酸 20 万吨，主要流程包括锌精矿焙烧、中性浸出、热酸和高热酸浸出、锌粉净化、电积。焙烧采用 2 台 55m² 鲁奇型沸腾焙烧炉，总处理量为 770t/d 精矿，烟气经冷却、净化后生产硫酸。最初采用铁矾法除铁，1979 年为解决铁矾渣堆存问题，采用赤铁矿法除铁。中性浸渣经两段逆流热酸浸出后，热酸浸出液在90℃下加入锌精矿还原，将三价铁还原为二价铁，经焙砂中和后，在 200℃下通入氧气进行赤铁矿除铁，除铁后液返回中性浸出，赤铁矿渣洗涤后出售。还原渣主要成分是未反应的硫化锌和元素硫，返回焙烧工序。

1986 年，该厂计划采用加压浸出工艺将产量由 13.5 万吨/年提高至 20 万吨/年。1988年 7 月在 Sherritt 研究中心进行了加压浸出小型试验，并在一台 30L 加压釜中进行了为期10d 的连续试验，完成了浸出渣浮选和硫回收。试验原料包括锌精矿、铅锌混合矿及 Datteln 厂还原渣三种。研究表明，原料球磨至 -45μm 占80%，在反应温度 150℃、反应时间90min 条件下进行加压浸出，锌浸出率达到 98% 以上，铁浸出率 60% 以上，原料中 85%硫转化为元素硫，8% 氧化为硫酸根，7% 未反应。当酸锌物质的量比 1.7∶1 时，就可使得终酸硫酸浓度达 60g/L 以上，在该条件下铁沉淀最少。矿浆不加浮选剂可直接浮选回收元素硫和铅银渣，硫浮选回收率 99%，铅银渣中元素硫含量 2%，铅银渣品位依赖于原料中铅和脉石含量。调节槽矿浆固含量为 5%~7%，试验中对矿浆及浓密底流均进行了浮选试验，在未加任何浮选药剂情况下，经 6min 浮选，尾渣中硫含量可降至 2% 以下，75%~85% 铅及 70% 银进入尾渣即铅银渣中。

1989 年 3 月加压浸出系统开始进行建设，1990 年完成，1991 年 1 月加压浸出和浮选车间预先投产，生产能力为年产电锌 5 万吨，该厂总锌生产能力达到 20 万吨/年。该厂工艺与 Cominco 稍有不同，为保证锌的浸出率，提高铅银渣品位且硫含量降至 2% 以下，以满足铅冶炼要求，浸出过程中采用较高的酸锌比，终酸控制在 60g/L，在加压釜中降低铁的沉淀。

加压釜处理物料主要是锌精矿和还原渣，典型锌精矿成分为：Zn 50%，Cu 0.15%，Fe 9%，Pb 2.5%，S 30%，Ag 约 100g/t。锌浸出率为 98%，硫回收率 85%~90%，加压釜运转率 95%。锌精矿球磨、浓密后，底流固含量为 70%，底流与还原渣、添加剂混合后送 ϕ3.9m×22.7m 加压釜进行浸出，五隔室，六个搅拌浆，其中第一隔室两个搅拌浆，碳钢外壳，内衬铅和耐酸砖。废电解液成分为 Zn 55 ~ 60g/L，H_2SO_4 190g/L，预热后泵入加压釜第一隔室和第二隔室。将还原渣在加压釜中进行处理而不是返回焙烧工序，主要是为了以单质硫形式回收渣中的硫，而不生产硫酸，同时也可增加焙烧段锌精矿的处理量。加压过程中加入适量的添加剂，以防止熔融硫包裹锌精矿和堵塞排料系统。

浸出后矿浆经闪蒸槽温度由 150℃ 降至 120℃，闪蒸蒸汽用来加热溶液，闪蒸后矿浆排至调节槽，温度进一步降至 80℃，元素硫冷凝成小球，便于浮选回收。调节槽为碳钢内衬耐酸砖，并配有冷却盘管和搅拌装置。矿浆首先进行粗选，尾渣经浓密后，底流送至二段浮选工序，包括粗选、扫选和精选。精选精矿和一段粗选精矿合并后，在真空带式过滤机上进行过滤和两段洗涤，渣采用蒸汽干燥降低水分。扫选尾渣矿浆中富集了加压浸出渣中大部分铅银，与高（超）热酸浸矿浆合并后送至原有铅银精矿浓密机。一段浮选尾渣浓密溢流返回原有焙烧—浸出工序处理。浮选系统及带式过滤给料端均加了盖子，气体采用湿式淋洗塔吸收。带式过滤机尾气也经淋洗塔吸收后排放。硫精矿在两台熔融旋流器（melting cyclone）中经管壳式换热器熔硫，处理量各为 50%，熔融的脏硫储存在地坑中，经真空圆盘过滤机过滤后，滤液送至净硫坑，脏硫及精硫地坑均配有蒸汽盘管和搅拌装置。滤饼主要是未反应的硫化物、黄铁矿和元素硫，经搅拌机处理后送至焙烧工序回收锌、铅、银和硫等有价元素。干净的熔融硫固化成晶体，储存在料仓中，用卡车运出。

加压系统投产之前由于需要优先对传统浸出工序进行调整，过程中产出了大量的还原渣，加压釜运行初期进行了处理以回收铅和银。最初给料中还原渣比例达到了 60%，锌品位 4% ~ 6%，而设计中还原渣比例为 20% ~ 25%，锌品位为 20% ~ 25%。该配比下产出的浸出渣无法有效分离硫黄和铅银渣，当锌精矿比例增加后选矿条件得到改善。运行初期，废电解液热交换器未安装到位，为了不耽误投产，蒸汽被直接通入加压釜中来进行加热，加压釜后三个隔室的料液给料管也未到货。导致加压釜的温度不稳定。还有就是加压釜的搅拌密封问题，由于制造缺陷导致釜体压力泄漏必须进行更换。釜体浸入管在试车两个月后损坏，重新进行了调整设计和更换。粗选浮选槽进行了固定以防止振动，原有碳钢衬橡胶搅拌轴用 904L 代替。运行 3 个月内这些设备问题得到了解决，1991 年中期运行稳定，同时，熔硫、热滤系统投产。

加压浸出渣中元素硫的回收率为 85% ~ 90%，还原渣加入与否对该值没有影响。当搭配处理还原渣时，产出的铅精矿含 Pb 30% ~ 35%，Fe 5% ~ 6%，SiO_2 8% ~ 10%，元素硫低于 2%，Zn 1% ~ 2%；取消还原渣后，成分为 Pb 18% ~ 22%，Fe 7% ~ 9%，SiO_2 10% ~ 12%，元素硫低于 5%，Zn 1% ~ 2%。

1993 年 5 月 3 日，因操作成本高、流程复杂、铁回收利用不理想等问题，锌冶炼停产进行整体改造，取消了赤铁矿除铁和还原工序。1993 年 6 月 28 日再投产后，由于取消了还原工序，加压釜中无还原渣加入，锌产能比设计值提高了 10% ~ 15%。中性浸出和中和段产出的锌铁渣直接出售。改造前后工艺流程如图 5-17 和图 5-18 所示。加压浸出原料成分及生产结果见表 5-12。截至 1993 年 5 月，加压釜运转率为 95%，给料中锌精矿占 50% ~ 60%，给料锌品位在 30% ~ 40%，锌浸出率达到 97% 以上，甚至达到 99%。改造后加压釜给料锌品位为 45% ~ 50%，锌平均浸出率为 98%。1993 年至 1994 年年初，该厂 1/3 的锌均采用加压浸出工艺产出，加压釜的运转率为 95%。1994 年 5 月，加压浸出停产，该厂锌产量降至 9 万吨/年。

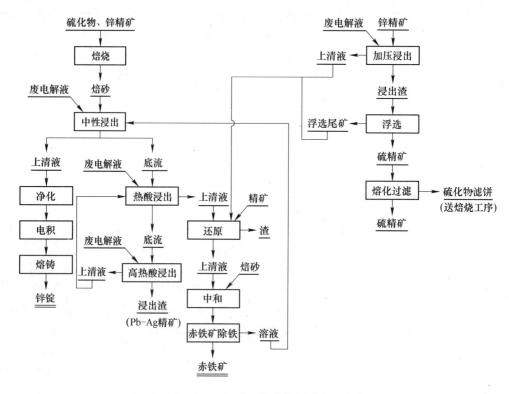

图 5-17   Ruhr Zink 1993 年前加压浸出工艺流程

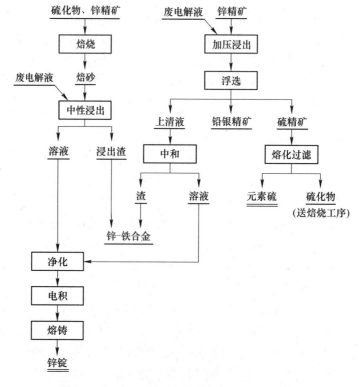

图 5-18   Ruhr Zink 1993 年后加压浸出工艺流程

表 5-12 改造前后加压浸出原料成分及生产结果

时　　间		1991 年至 1993 年 5 月	1993 年 6 月至 1994 年 5 月
精矿中锌/万吨·年$^{-1}$		5	5.5 ~ 5.7
给料比例/%	精矿	50 ~ 60	100
	还原渣	40 ~ 50	
给料中锌品位/%		30 ~ 40	45 ~ 50
锌浸出率/%		>97	>97
元素硫回收率/%		85 ~ 90	85 ~ 90
铅渣分析/%	Pb	30 ~ 35	20
	Fe	5 ~ 6	8
	SiO_2	8 ~ 10	10 ~ 20
	S^0	<2	<5
	Zn	1 ~ 2	1 ~ 2

5.4.4 哈得逊湾矿冶公司[45]

哈得逊湾矿冶公司（Hudson Bay Mining and Smelting Co., Limited, HBMS）位于加拿大马尼托巴省（Manitoba）的弗林·弗隆（Flin Flon），始建于 1930 年，是哈得逊湾矿业公司（HudBay Minerals）的全资子公司，集矿山、铜粗炼、锌冶炼于一体。

铜粗炼设计规模为年产阳极铜 9 万吨，精矿焙烧脱硫后，经反射炉熔炼、转炉吹炼、阳极炉精炼、熔铸生产阳极铜，然后运至 HudBay Minerals 公司位于密歇根（Michigan）的白松（White Pine）生产阴极铜。2008 年产量为 82458t，其中 7777t 为回收 White Pine 废阳极产出。2010 年中期两厂相继关闭，但采选厂照常运行，铜精矿直接外售[46]。

锌冶炼始建于 1930 年 7 月，主工艺流程为"焙烧—浸出—净化—电积"，由于运输距离远，原含二氧化硫烟气直接排放，未制酸。1941 年进行了扩建，1950 年增加了一套氧化物烟尘浸出系统。1968 年，该厂开始评价氧压浸出技术在该厂应用的可行性，1984 年委托 Sherritt 研究中心完成了小型工业试验，锌精矿处理量为 5kg/h[47]。1991 年开始进行工厂设计，1993 年 7 月建成试生产，9 月份即达到设计能力，处理锌精矿 540t/d，年产电锌 9.4 万吨，原有的焙烧系统停车。该厂是世界上第一家采用两段锌加压浸出系统的工厂，也是世界上第一家取消焙烧制酸系统，单独采用加压浸出系统的企业。1995 年该厂阴极锌产能达到 9.35 万吨，1998 年达到 9.9 万吨。2001 年产能扩张 15%，达到 11.5 万吨，并采用 Austriana de Zinc（现 Xstrata）设计的全自动化电解槽系统。2008 年产锌 11.3 万吨。HBMS 工艺流程如图 5-19 所示。

5.4.4.1 原料

加压浸出处理精矿来自 6 个不同矿，主要为 Flin Flon 附近的 Trout Lake 和 Callinan 矿，雪湖地区的 Chisel Lake 矿，Leaf Rapid Manitoba 的 Ruttan 矿，Ontario 的 Geco 和 Kidd Creek 矿，各矿精矿成分见表 5-13。

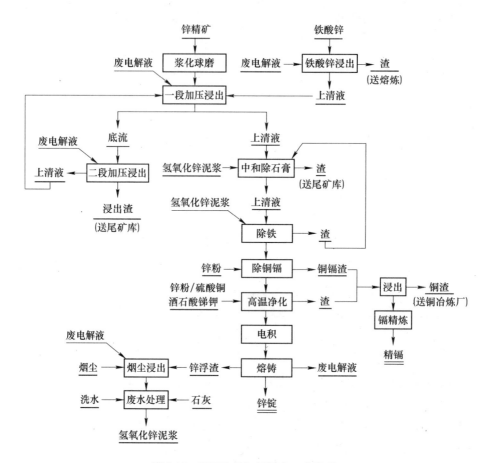

图 5-19　HBMS 锌加压浸出工艺流程

表 5-13　加压浸出处理精矿成分　　　　　　　（％）

成　分	Trout Lake/Callinan	Chisel Lake	Ruttan	Geco	Kidd Creek
Zn	50.2	51.2	52.4	56.6	54.9
Fe	10.8	10.8	10.3	8.5	9.5
S	32.6	32.8	33.2	33.9	33.2
Cu	0.75	0.63	0.92	0.58	1.15
Cd	0.16	0.09	0.16	0.28	0.30
Co	0.003	<0.001	<0.001	<0.001	0.020
Cl	0.006	0.002	0.001	0.004	0.005
F	0.0099	0.0120	0.0079	0.0001	0.0001
Mg	0.14	0.14	0.08	0.04	0.05
Mn	0.002	0.183	0.155	0.146	0.009

　　另外，该厂处理的原料中还有原焙烧浸出系统堆存的铁酸锌，典型成分为：Zn 24%，Fe 25%，Cu 1.5%，Cd 0.1%，As 0.5%。1984 年在 Sherritt 进行的试验中原将该铁渣与锌精矿同时进行浸出，但试验发现，单独处理锌回收率更高一些。最初是将该部分渣浸出、过滤后送铜冶炼厂回收贵金属，1997 年 5 月，经济评价后将该部分渣送高酸浸出段直

接进行浸出,不仅增加了锌回收率,且降低了生产成本,对加压浸出无不良影响[48]。铁渣在滚磨机内浆化至固含量为70%,泵送至两个常压搅拌槽内用少量的废电解液在82℃以上进行浸出,浸出槽采用加压浸出蒸汽进行加热,锌和铁被浸出,锌浸出率为95%以上,铜浸出率98%以上[49]。溶液中硫酸质量浓度60~70g/L,铁含量15~17g/L,与电解废液合并后送加压浸出工序。部分溶液送至烟尘处理车间固化砷。铁离子的加入对热交换器抗腐蚀有一定的益处,溶液中的铁最终沉淀进入二段加压浸出渣中。浸出渣送铜冶炼厂回收其中的金银。

生产用氧化锌产自位于安大略湖(Ontario)宾顿市(Brampton)的 Zochem 厂,2008年其氧化锌产能为4.5万吨,实际为3.5万吨,为北美第三大氧化锌生产企业,约占北美市场的20%。

5.4.4.2 备料

每周总计50车铜、锌精矿经铁路运至厂区。该铁路每周最多可运载75车,满足年产锌14万吨的需要。冬天精矿在两个解冻棚中解冻后再运至锌厂。

精矿混合后,储存在容量为535t的储仓中,然后送至一台930kW的 ϕ3.8m×4.6m 球磨机中细磨。球磨机排料中加入浓密机溢流进行稀释以提高分级效率,然后泵入一组10台 ϕ150mm 的旋流机组进行分级,溢流为 -45μm 占98%,经振动筛送至一台 ϕ8m 的高效浓密机中,底流固含量为70%,在泵入氧压车间之前,储存在搅拌槽中,旋流器底流返回球磨。

5.4.4.3 加压浸出

加压浸出配置 ϕ3.9m×21.5m,150m³ 高压釜三台,四隔室五搅拌,两用一备,三台釜在一个车间并列布置,可相互调换,生产灵活,设备维修不耽误生产运行。氧气由五个搅拌桨底部通入。单台设备的运转率大于97%。每台高压釜配有1台闪蒸槽。另配有2台中间槽和2台浓密机,既可用于一段浸出操作,又能用于二段浸出操作。

细磨后的精矿用泵(一用一备)从搅拌槽打入低酸加压釜,高酸加压浸出溢流、铁渣浸出溢流和酸经计量后加入釜内,以维持高压釜中物料的酸锌比,物料停留时间小于1h,锌浸出率为75%。浸出矿浆经两段降压后自流至低酸浸出浓密机,浓密机溢流酸度为7~9g/L,这取决于精矿的活性和铁的溶解度,溢流用泵打入中和系统。第一、二隔室温度145~150℃,其余三隔室均为150℃。低酸浸出温度的控制是通过高酸浸出液和低酸浸出液循环及在高酸浸出釜最后一个隔室添加废电解液来实现的。添加剂有木质素磺酸钙和白雀树皮(quebracho)两种,两段均加入。废电解液65%~70%加入第一段,35%~30%加入二段,采用904L板框换热器进行加热。

固含量45%的低酸加压浸出浓密底流用不锈钢容积泵(一用一备),打入高酸加压釜,锌浸出率达到99%以上,铁浸出率约10%。矿浆经闪蒸、调节槽降压后自留到高酸浸出浓密机,在此加入铜冶炼厂电收尘烟尘以回收铜、锌等,浓密机溢流含酸35~45g/L,这取决于高压釜的冷却要求,溢流储存在一台325m³的缓冲罐中,然后再泵送至低酸浸出工序。低酸和高酸加压釜的设定操作压力均为1100kPa。

按照铅计,低酸段铜浸出率通常为55%,一般在40%~70%,总浸出率可达到85%~90%。

该厂原配置三段真空转鼓过滤机用于二段渣的过滤及洗涤,石膏及除铁渣也采用两台真空转鼓过滤机进行过滤。最初几年,石膏及除铁渣段又增加了两台。1996~1997年处理高铁锌精矿时，将高酸浸出渣、石膏及除铁渣预先混合后再过滤，过滤效果优于单独过滤。作为 HBMS 公司 777 项目的一部分，为配合锌产量增加需要，及降低浸出渣中锌损失，建议高酸段采用 Filtres Phillipe 带式过滤机，石膏及除铁渣采用真空带式过滤机。2000 ~ 2001 年高酸浸出段配置 1 台 70m² 的 Filtres Phillipe 带式过滤机[50]。控制浓密底流矿浆浓度 1.48g/L，若浓度过高，在带式过滤机给料槽中加入水。浓密底流原采用冷却塔冷却至 80℃，后采用管式换热器进行冷却。经带式过滤机过滤后，进行三段逆流洗涤。一段、二段滤饼采用三段洗水，三段采用新厂 4-段蒸发器蒸发冷凝水。带式过滤机给料斗中也加入絮凝剂，并根据需要加入稀释水。高酸过滤渣含有 25% ~ 30% 水分及 0.1% 水溶锌，石膏及除铁渣含有 50% ~ 60% 水分及 0.5% 水溶锌。

为降低能耗，两段闪蒸槽蒸汽均进入三台串联的 2.4m 洗涤塔内，除回收热量外，还用于洗涤高压釜产出的气体，产出热的冷凝水用于废电解液、净化液等的加热。换热器的低温冷凝水返回洗涤塔进行再次利用，多余的冷凝水排入污水处理站。

1997 年 11 月由于处理 Trout Lake 矿导致生产指标较差。该矿较富、变化大，难于进行处理，一段时间产出的原料含锌 47%，铁 14%，一般的，原料锌 51%，铁 11%。低酸浸出段浸出率增加，沉降困难，氧气用量由原来的 0.28t/t精矿增加至 0.32 ~ 0.34t/t精矿。低酸溢流中固体夹带严重，需在除铁段除去，且溶液中铁浓度达到 3 ~ 6g/L，过滤困难，导致锌损失率是原有的 2 ~ 3 倍，需对加压浸出工艺参数进行调整。

2005 ~ 2010 年间低酸浸出段锌浸出率平均为 80% ~ 85%，二段锌浸出率为 95% 左右，锌总浸出率超过 99%。

根据 2008 年 1 月至 2010 年 6 月精矿中铅含量对锌浸出率的影响结果，当原料中铅含量由 0.2% 提高至 1.4% 时，锌浸出率由 99.8% 降至 99.0%，主要是由于反应过程中形成少量的含锌铅铁矾。原料中铅含量每上升 1%，锌浸出率降低 0.585%，或原料中每 1% 铅含量损失 0.3% 的 Zn。铁矾中锌铅比例与 Dutrizac 等从硫酸锌溶液产出的铅黄钾铁矾中铅锌质量比 1:4 相似（Zn 4% 和 Pb 16%）。

最初低酸浸出段溶液成分为：Zn 140 ~ 150g/L，Fe 2g/L，H_2SO_4 8 ~ 10g/L；近些年调整为：Zn 160 ~ 180g/L，Fe 3g/L，H_2SO_4 9 ~ 10g/L。主要是由于 2001 年电解扩产，废电解液成分变化及加压釜给料量增加。

该厂在设计中考虑了硫黄回收问题，经洗涤的二段浸出浓密机底流用水浆化，采用浮选法回收其中的元素硫、金和没有浸出的硫化物，即硫精矿。浮选精矿总硫含量达到 97%，在装有蒸汽罩的圆筒过滤机上过滤和预干燥，蒸汽来自锅炉房，再在旋流器（一用一备）内熔融，最后在一台 110m² 的过滤机中进行热滤，将金和未反应的硫化物从熔融硫中分离出来。滤饼送冶炼厂回收金和铜，硫用泵送往距氧压浸出车间约 1.5km 的堆存场堆存。尾矿经浓密、过滤和洗涤后送尾矿坝。选矿工艺流程为粗选、扫选和精选。粗选、扫选采用 4.25m³ 浮选机，精选采用 1.7m³ 浮选机。该系统在投产试车期间运行过，但由于当地无硫黄用户，加拿大硫黄价格较低，只运输费用就高出销售价，且原料中贵金属含量较低，经济上不合理。1994 年年底鉴于渣中金品位较低，硫回收系统取消。二段加压浸出浓密机底流经送过滤、洗涤后直接送尾矿坝[51]。

生产运行过程中该厂也遇到一定的困难，例如老系统电解槽冷却水量比预计大得多，初始运转几个月后，电解槽返酸变稀，加压釜流量增大，矿浆输送及闪蒸系统都大大超过设计能力，氧压浸出矿浆冷凝时，大量硫酸锌损失进入废水处理系统。电解系统水的膨胀就需要控制其他地方水的添加，例如减少加压渣的洗水用量，这也增加了硫酸锌的损失。通过改进电解冷却系统和控制其他点加水量这一问题得到了解决。另外，高酸浸出底流用变容真空泵也存在一定问题，维修频繁，最终改为离心矿浆泵；再者就是硫蒸汽在调节槽除雾器内凝固，这一问题通过增大分离体积，消除接触面得到了解决。

除低酸浸出的结垢外，氧压浸出车间运行良好（见图 5-20），锌浸出率达到 98% 左右。一般每月有一次不减压 12h 的维修量，主要是清除闪蒸槽排气管和消声器中的硫和石膏垢；更换调节槽叶轮的螺栓；或更换调节槽搅拌浆密封圈。低酸浸出酸液管和排料管需要每隔 3~4 个月清洗一次，为避免影响生产，清洗期间启用备用加压釜。高压釜内的结垢需每半年清洗一次。加压釜的运转率达到 98% 以上。

图 5-20　HBMS 加压浸出车间

总回收率主要受过滤因素的限制，不考虑处理低品位精矿，平均为 96.5%。高酸浸出尾渣中锌的损失为 1%~2%。通过对高酸段转鼓真空过滤机、石膏过滤、带式喷淋、水循环利用及高温滤布的应用都提高了锌的回收率。运行过程中未出现杂质元素的积累问题。

低酸浸出段加压釜排料管结垢有两种类型，一种是黑色、焦油般结垢，一种为坚硬的红色结垢。两种结垢中除含有赤铁矿外，红色结垢主要是无水石膏，铁含量一般低于 5%，经常低于 1%。黑色结垢含有少量钙、5% 铁和较高的铜锌含量。

一段加压釜正常工作周期大约是 6 个月，需人工除去硫酸钙和三氧化二铁结垢。为延长使用寿命，每 3 个月，低酸浸出釜经降压后用高压清洗器清洗排料管。高酸加压釜工作周期大约 12 个月，主要问题是排料阀门维修及灰泥重新勾嵌问题。清理出的加压釜结垢呈片状，直径达 25mm，加压釜排料管由原来的钻孔式改为完全开放式，以防止结垢堵塞孔口，且排料阀采用陶瓷材质。浓密底流在入高酸浸出段前先过滤。低酸加压釜前段结垢最为严重，有 25~100mm 厚，向排放口一端逐渐变薄。高酸加压釜的结垢较薄，为 5~35mm，黏附在砌砖上。

1992 年初装时加压釜内衬采用具有专利的 Stebbins 系统，由于硬石膏结垢保护了大部分内衬砖，5 年一次的砖维修仅需要重新涂嵌一层薄的灰泥，主要是管口周围的气相区和第五隔室的过渡区。

1997 年该厂低酸浸出加压釜第三隔室发生着火。该事故发生在氧气站因出现问题停产 5d 后开工 24h。主要是由于添加剂误加入空置的给料槽，导致给料中添加剂量减少，元素硫及部分反应的精矿在釜内发生团聚，尽管通过补充多余酸将多余试剂加入釜内，但第三隔室搅拌跳闸。钛搅拌在纯氧中燃烧，导致 904L 通氧管从加压釜底部开始燃烧，一直蔓延到空气中，釜体出现泄压，采取紧急关闭措施，关闭氧气供给，火势熄灭。对操作系统和浸出剂管路系统进行了修改以避免此类事件发生。

在阀门材料和设计方面进行了大量改进，最初各处截止阀每年都要更换。蒸发供给阀门内衬由聚四氟乙烯（Teflon）升级为改良的聚四氟乙烯 PTFE，类似于 Hosteflon（Tufline-475TFM）。选用可以全开全闭的取样阀代替半开的，可将阀门寿命由 2 周延长至 3 ~ 4 个月。加压釜的排料和液位控制阀就是角阀。经韧化处理改进后的氧化锆头和重新设计的阀轴密封系统运行良好。低酸浸出釜的排料旋塞阀每 6 个月更换一次，主要是由于堆积的坚硬的结垢造成损坏，而高酸段则可使用一年多。904L 排料阀使用五年后开始出现腐蚀。

加压釜内部的搅拌轴、叶轮（钛，二级）和轴颈除机械密封环形接触面外均运行良好。搅拌桨叶头部和后缘稍有磨损，每年仅需焊接一次，加压釜挡板为二级钛未发现磨损。加压釜和减压系统采用 316L 不合适，改为 904L。

三年间，6 台 Incoloy825 材质的闪蒸槽中 4 台出现缝隙腐蚀，采用 904L 内衬玻璃纤维进行重建，原为瓷砖和环氧硅碳化物灰泥。含有有机黏合剂的灰泥不适合该氧化性气氛，反而无内衬的 Incoloy825 闪蒸槽没有腐蚀现象。

5.4.4.4 溶液处理

一段加压浸出液含 H_2SO_4 8 ~ 10g/L 和 Fe 1 ~ 2g/L，送净化、电解前首先加入废水处理过程中产生的氢氧化锌泥浆中和除钙、除铁。溶液泵入三台搅拌沉降槽中，氢氧化锌泥浆、除铁底流及除钙浓密底流循环液经预混后，泵入第一台沉降槽，控制反应温度 75℃，pH 值为 3.35 ~ 3.65。反应后矿浆在 50m³ 浓密机中加入絮凝剂进行沉降，溶液停留时间大约为 3h，浓密底流用一台 70m² Filtres Phillipe 带式过滤机过滤、洗涤后，与加压浸出渣合并送尾矿库，滤液返回浓密机，洗液直接送废水处理。中和段为锌系统硫酸钙的主要出口，又被称为除石膏工序，该工序约 0.4g/L 的铁沉淀进入渣中。

中和后溶液在 4 台 73m³ 沉降槽通入氧气进行氧化中和除铁，控制温度 77℃，除铁浓密底流返回除石膏段，充分利用其中未反应的氢氧化锌，并将两渣合并进行处理。第一台槽子氧气流量约为 120kg/h，以后依次降低 30kg/h，最后一台为 30kg/h。氢氧化锌泥浆经加热后送至第一台沉降槽，控制 pH 值为 4.4 ~ 4.5。总停留时间为 1.8 ~ 2.0h。除石膏段及除铁段溶液每 2h 滴定一次测定铁含量。除石膏渣及除铁渣沉降及过滤速度取决于 pH 值及操作温度。

生产过程中产出的各种含锌低浓度溶液，如石膏渣洗水、尾矿库水，及脱氟氯后的锌熔铸浮渣浸出液等[52]，加入熟石灰中和以氢氧化锌形式回收锌，产出的泥浆约含 Fe 1.5%，Zn 22%，主要成分为氢氧化锌、碱式硫酸锌及硫酸钙，另还有铜、镉、镁、锰的氢氧化物及石膏。矿浆经蒸汽直接预热后，采用两台 2.44m × 4.27m 的 Eimco 真空转鼓过滤机过滤（处理能力 5.5t/h），用除铁浓密溢流浆化后送至除石膏和除铁工序。后来又增加了一台 70m² 水平带式过滤机，处理量为 17.8t/h。试验证明，采用泥浆代替直接使用石膏，在沉降及过滤性能方面均较好。另有一套石膏备用系统以防泥浆不足。

溶液净化工序分为两段。一段为锌粉净化除铜镉，溶液含铜 1.2 ~ 1.7g/L，控制反应温度 70℃，产出铜渣含铜 27% ~ 32%。二段为锌粉净化除钴锑。溶液加热至 88 ~ 92℃，加入硫酸铜、酒石酸锑钾和含铅锌粉除钴和锑，这点和传统工艺稍有差别。二段设置净化槽 6 台。硫酸铜为在铜厂采用片状铜粉配置成 65g/L 的溶液送至锌厂。1 号槽中加入返酸控制 pH 值为 4.0。硫酸铜溶液加入速度一般为 1.5L/min，主要取决于高酸段给料速度，控制溶液中铜浓度 30 ~ 50mg/L。渣中含铜约 2%。净化后液钴含量降至小于 0.25mg/L，Cu 0.1 mg/L，用 316SS 闪速蒸发冷却器冷却至 28 ~ 38℃，送电解工序生产电锌。原设计是采用四台闪速蒸发器将 170m³/h 净化液由 75℃ 冷却至 28℃，但闪蒸器壁硫酸钙结垢严重，每周都要关闭排料系统进行除垢，维修期间仅开一台。系统中铜的来源主要有四处，一是锌精矿中铜（Cu 品位 0.78% ~ 1.25%），二是铁酸锌中铜（Cu 1.4% ~ 1.5%），三是铜冶炼厂电收尘烟尘中铜（Cu 14.5% ~ 24.8%），四是净化过程中加入的硫酸铜。

一段净化渣即除铜渣采用两段浸出富集铜。除铜渣采用废电解液、镉工序返液及二段浸出液在室温下浸出，大部分锌和镉浸出进入溶液，溶液送镉回收工序。浸出渣含铜约 55%，在 85℃ 下采用废电解液、除镉渣及水进行高温浸出，浸出时间 3h，终酸为 20 ~ 30g/L H₂SO₄。浸出后渣中铜升高至 60%。二段净化渣即除钴镍渣中铜主要是加入的硫酸铜溶液沉淀产生，重新浆化后采用废电解液浸出除钴，同时几乎所有锌及 75% 铜浸出进入溶液中，滤液送中和工序与低酸浸出液混合。浸出渣含铜约 18%，与除铜渣浸出渣合并后，再次浸出除锌、镉，滤液含铜低于 2mg/L，铜渣含铜提高至 71% 左右，每月产量约为 200t，送铜冶炼厂回收铜。

原担心焙烧炉关闭后，卤族及其他微量元素会在电解液中累计，事实并非如此。精矿中氟含量一般为 30 ~ 40g/t，最初被浸出但之后又随着铁一起沉淀，净化后硫酸锌溶液中氟含量均低于 10mg/L，通常为 5mg/L，相较于焙烧—浸出工序减少。氯稍有变化，但通常控制在 50mg/L，砷、锑和锗含量通常在 0.001 ~ 0.003mg/L，铊含量为 0.2mg/L 左右。1993 年 11 月和 1994 年 1 月处理复杂锌精矿最多，主要杂质元素分析结果见表 5-14。低酸浸出段砷大量沉淀进入渣中，溶液中砷为 2 ~ 3mg/L，经除石膏后降为 0.1mg/L，除铁后降至 0.01 ~ 0.02mg/L。

表 5-14 1997 年典型固体和溶液分析结果

	元 素	Zn(全部)	Zn(固体)	H₂SO₄	Fe	Fe²⁺	Cu	S
	精 矿	50.3(47 ~ 53)	—		11.3(10 ~ 14)		1.0(0.6 ~ 1.9)	34
	低酸浸出浓密底流	14.6	0.19		22.8		0.7	46
	高酸浸出浓密底流	0.55	0.19		20.6		0.25	59
	中和渣	24.7	3.0		1.2		0.4	Ca 11
固体	铁浓密底流	8.7	6.3		10.2		1.9	—
	石膏浓密底流	3.8	2.8		8.1		0.62	—
	石膏一段过滤渣	10.0	9.5		6.2		—	—
	石膏二段过滤渣	5.4	4.7		11.6		0.62	—
	石膏三段过滤渣	2.7	2.0		13.7		0.64	—
	混合尾矿	2.23	1.70		16.9		0.48	48

元 素		Zn(全部)	Zn(固体)	H$_2$SO$_4$	Fe	Fe^{2+}	Cu	S
溶液	低酸浸出浓密上清液	164		7.7	2.1	1.7	1.7	
	高酸浸出浓密上清液	106		33	15.3	1.6	1.5	
	除铁后液	150		(Cd)0.41	0.010	(Co)0.019	1.2	
	电解液	166			0.011			
	废电解液	64		145	Mn 1.2	(Cl)0.054	(F)0.006	

5.4.5 深圳市中金岭南有限公司丹霞冶炼厂

深圳市中金岭南有限公司丹霞冶炼厂位于广东省韶关市仁化县董塘镇，距离韶关市 50km，前身是仁化金狮冶金化工厂，2007 年 3 月 6 日更名。处理原料主要为凡口铅锌矿产出的锌精矿，凡口铅锌矿是亚洲特大型铅锌矿山之一，金属储量达到 500 万吨以上，现年产铅、锌精矿 18 万吨（金属量），精矿中含有锌、银、镓、锗等，综合利用价值较高。

金狮冶化厂设计规模为年产电锌 2 万吨，主工艺流程为"沸腾焙烧—回转窑挥发"。精矿中镓、锗含量分别达到 6.4t/a 和 4.8t/a，由烟尘中回收镓锗。焙烧过程中，98% 以上的镓锗进入焙砂，低酸浸出渣中镓、锗含量可分别达到 0.043% 和 0.034%。回转窑挥发过程中，约 80% 的锗进入烟尘，但镓挥发率不足 10%，银挥发率 55%～60%。氧化锌烟尘经"两段酸浸—锌粉置换—酸溶—中和沉锗"富集锗，富集物直接外售，锗回收率不足 60%。

锌浸出渣中回收镓锗的方法除了传统的回转窑挥发从氧化锌中回收镓锗外，还有常压酸浸法、加压酸浸法和碱浸法等。2003 年北京矿冶研究总院针对酸浸渣进行了"加压 SO$_2$ 还原—针铁矿法除铁—镓锗富集"工艺研究，考察了浸出过程中各因素对锌、镓、锗等浸出率的影响，并对浸出液进行了萃取提镓锗试验研究，在此基础上，完成了 500L 加压釜的连续扩大试验，详细介绍见第 5.7.3 小节。该流程与传统工艺流程联合应用，可有效增加镓锗锌的综合回收率。

为提高企业的综合经济效益，配合凡口铅锌矿扩产改造计划，及彻底解决二氧化硫污染问题，中金岭南公司拟对铅锌冶炼进行扩建，项目分两期建设，一期为 10 万吨锌氧压浸出综合回收镓锗项目；二期为年产电锌 15 万吨，电铅 10 万吨。一期 10 万吨锌氧压浸出项目设计规模为年产锌锭 10 万吨，硫黄 4.5 万吨，电镓 30t/a，粗二氧化锗 25t/a，粗铟 1t/a，银 2.5t/a。2007 年 3 月开工建设，2009 年 7 月建成投产，工程总投资 15.8 亿元，占地面积 16.8 万平方米，包括磨矿、加压浸出、硫回收、中和置换、除铁、净化、电积及熔铸等工序。

丹霞冶炼厂采用两段逆流加压浸出系统处理富含镓锗锌精矿，与 HBMS 两段高温浸出不同，为综合回收锌、镓、锗，一段浸出反应温度控制在 100～115℃，二段反应温度 150℃，锌、铁、镓、锗等浸出进入溶液，锌、镓、锗浸出率分别为 98%、90% 和 95%，由溶液中回收镓锗。大部分铁浸出进入溶液中，溶液中铁含量较高，采用针铁矿法除铁。设计主要元素回收率为：Zn 96%，Ga 71%，Ge 65%，In 77%，硫黄 82.6%。现有工艺流程如图 5-21 所示。

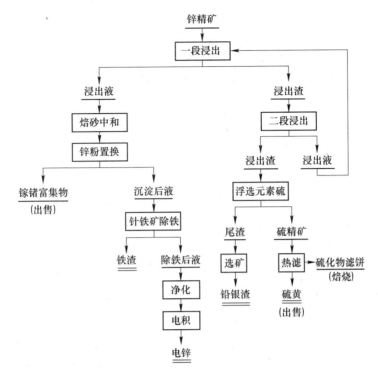

图 5-21 现有工艺流程图

5.4.5.1 原料

丹霞冶炼厂处理原料80%以上来自凡口铅锌矿，其典型成分见表5-15。该矿中镓锗含量较高，镓、锗、铟含量分别为120g/t、190g/t和2g/t，锌含量达到54%以上，铁含量较低，仅为5.86%。

表 5-15 主要成分分析结果

成 分	Zn	Fe	S	Ge	Ga	In	F	SiO$_2$	Al$_2$O$_3$	K$_2$O
含量/%	54.43	5.86	31.10	120g/t	190g/t	2g/t	0.012	2.59	0.43	0.097
成 分	Co	Ni	Cu	Cd	Cl	CaO	MgO	Na$_2$O	Pb	Ag
含量/%	<0.005	<0.005	0.12	0.14	0.36	0.62	0.058	0.043	0.75	204g/t

锌精矿中金属矿物主要有闪锌矿、方铅矿、黄铁矿、黄铜矿；微量的白铁矿、磁黄铁矿、毒砂、黝铜矿、车轮矿、银黝铜矿、深红银矿、螺状硫银矿、硫锑铅银矿等；脉石矿物有石英、方解石、白云石、绿泥石、绢云母、氧化钙等。

5.4.5.2 备料

为保证镓锗浸出率，锌精矿需要进行细磨，设计要求精矿粒度达到 $-25\mu m$（-500目）占97%，经浓密液固分离后，底流浓度要求达到70%。由于该工艺要求精矿粒度较细，试验研究结果表明，采用传统球磨机和水力旋流器闭路磨矿处理550t/d锌精矿，将原料从 $D85 < 74\mu m$ 细磨至 $D97 < 25\mu m$，需要磨机功率为2500kW。另外，产品分级溢流浓度低，为得到高浓度矿浆，还需经浓密机浓缩或过滤，工艺流程长，设备控制点多，占地面积大，磨矿粒度越细越不易得到高浓度的浓缩底流。而且，低的磨矿浓度也造成磨矿设

施庞大，增大建设投资。为满足工艺要求，配备两台德国 NETZSCH 立式搅拌磨（KE1000C）[53]，单台功率 400kW，设计为一用一备，目前为两台并联操作，但实际磨矿粒度仍无法达到要求，仅为 $-55\mu m$ 占 97%。

磨机选用铈稳定氧化锆珠研磨介质，真密度为 $6.2g/cm^3$，堆密度 $3.9g/cm^3$，布氏硬度 1200，微观结构为细腻、均匀、致密的四方微晶。研磨介质规格按照 $1.6\sim1.8mm$ 和 $0.9\sim1.1mm$ 两种 2:1 配比使用，填充率 50%~56%。生产实践表明，每吨干矿研磨介质损耗率为 $0.06\sim0.08kg$，每吨干矿主要运行费用为：研磨盘 5.6 元，筒体 0.15 元，研磨介质 10.50 元，电费 11.50 元，其他 1.5 元，合计 29.25 元。运行过程中需严格控制转速、处理量及填充量等，避免"跑珠"。

设计中磨机给料、排料泵均采用 NETZSCH 螺杆泵，但由于矿浆浓度较高，试生产过程中出现密封易泄露、泵体磨损快等问题，平均使用寿命为 5~7d，后改为软管泵。

磨机进料口（DN80）靠磨腔一侧原设置有网眼 $100\mu m$ 筛网，造成管路易于堵塞，后取消了该筛网，进料口安装管夹阀后直接与一倒 U 形进料管相接，倒 U 形管的最高处与磨机出料溢流面高度相当。另外，磨机进料、排料系统增加循环冲洗设施，避免系统堵塞。

5.4.5.3　加压浸出

丹霞加压浸出系统采用两段逆流浸出，共配备加压釜三台，尺寸为 $\phi4.2m\times28m$，钢塘铅内衬两层耐酸砖，7 隔室，原设计两用一备，每段各一台釜，但试生产过程中锌浸出率及精矿处理量无法满足设计要求，二段改用两台加压釜并联运行，三台釜同时运转。

为保证镓锗的浸出率，避免过程中铁镓锗沉淀，一段反应温度控制在硫熔点以下，主要是为了还原溶液中 Fe^{3+}，及降低溶液中硫酸浓度，同时部分锌浸出进入溶液。矿浆处理量为 35t/h，干矿量为 23~24t/h，球磨后矿浆直接泵入加压釜中，废电解液经管式换热器加热至 70~80℃后泵送至加压釜第一隔室，加入量约为 $10m^3$。二段浸出液温度约 80℃，返回第 2 隔室和 4 号隔室。釜体采用蒸汽直接方式，通过浸出液循环进行冷却。过程中控制反应温度 100~110℃，总压 3~5 个标准大气压，反应时间 1.5h，酸锌物质的量比为 0.7 左右，加入适量添加剂，一段锌浸出率 45%~50%，溶液终酸 10~15g/L，$Fe^{3+}<0.1g/L$。反应后矿浆经调节阀、闪蒸槽、调节槽进入浓密机。

为提高有价金属的浸出率，解决浸出渣团聚问题，生产中一段浸出浓密底流同样配备了两台 NETZSCH 立式搅拌磨，底流固含量 30%~35%，功率为 550kW，处理量 55t/h，但腐蚀较为严重，维修频繁。

丹霞冶炼厂运行以来，工艺条件也不断在进行调整，进行了大量改进，金属综合回收率及处理量也都得到很大程度的提高。2010 年北京矿冶研究总院针对现场一段、二段浸出渣进行了详细的工艺矿物学研究。渣中锌含量为 41.23%，铅含量为 0.88%，铁含量为 4.5%，渣中镓、锗含量较高，分别为 167g/t 和 92g/t。铅浸出渣率为 85.23%，锌浸出率为 35.44%，铁浸出率为 34.55%，镓、锗浸出率分别为 25.09% 和 34.66%。

二段加压浸出在高温高酸下进行，控制反应温度 150℃，压力 12~16 个标准大气压，反应时间 2h，目前反应时间延长至 4h，酸锌物质的量比为 1.8，溶液终酸 70g/L 以上，铁含量 9~10g/L。经两段逆流浸出后，镓浸出率 88%~92%，锗的浸出率 95%，铁浸出率 90%~92%。

2010 年现场二段浸出渣取样分析发现，该渣中锌含量较高，达到 15.50%，铅含量为

1.633%，铅计浸出渣率为 45.93%，铅计锌浸出率为 86.92%，铁浸出率为 80.72%，镓、锗浸出率分别为 62.77% 和 85.46%。

5.4.5.4　镓锗富集

为降低锌粉用量，一段加压浸出上清液首先采用焙砂中和至终酸 4g/L，再采用锌粒置换富集镓锗，中和和锌粉置换分段进行，可有效提高镓锗品位，中和渣返回加压浸出系统。中和在四台 55m³ 的机械搅拌槽中进行，反应后矿浆用 4 台 160m² 箱式压滤机过滤。

焙砂由自有沸腾焙烧炉生产。丹霞冶炼厂沸腾焙烧系统始建于 1995 年，设计规模为年产 3 万吨硫酸，主工艺流程为焙烧—旋风收尘—电收尘—两级动力波高效稀酸洗涤—两转两吸[54,55]。2009 年进行了改造，2010 年 3 月投产，设计规模为日处理精矿量 143.36t（干基），日生产焙砂 3.9t，生产硫酸 4.7 万吨/年（折 100% H_2SO_4）。工艺流程为：沸腾焙烧—余热锅炉—两级旋风收尘—电收尘—烟气净化—干吸—转化工序。焙烧炉 27m²，产出的烟气含尘约 250g/m³（标态）、温度 950～1000℃，经余热锅炉生产蒸汽，使烟气降温至 400℃ 左右，含尘降至 150g/m³（标态），再经一级、二级旋风收尘、电收尘后，含尘量降至 0.5g/m³（标态），送至净化系统。烟气经一级高效洗涤器、气体冷却塔、二级高效洗涤器、FRP 电除雾处理后，烟气进入干吸工序。干吸采用一级干燥、二级吸收工艺，转化工序采用 "3 + 1" 两转两吸工艺流程，换热流程为 Ⅲ Ⅰ-Ⅳ Ⅱ。经二吸塔处理后的气体，进入尾气吸收塔，经碱液吸收排放。

中和后液采用锌粉置换富集镓锗，在 4 台 80m³ 机械搅拌槽中进行，反应温度 85℃，反应时间 2h，锌粉耗量约 35kg/t，矿浆采用 5 台 160m² 的箱式压滤机。置换后溶液中镓锗含量降至 2mg/L 以下。锌粉置换渣加入废电解液酸洗，酸洗后渣含锌低于 30%，直接外委进行加工。

5.4.5.5　除铁及净化

除镓锗后溶液铁含量 7～8g/L，且主要以 Fe^{2+} 形式存在，Fe^{3+} < 1.0g/L，采用针铁矿除铁。分二段进行，一段除铁称为除高铁，将溶液中铁含量降至 2g/L 以下。在 8 台 200m³ 的搅拌槽（4 用）中进行，通入压缩空气进行氧化，反应温度控制在 85℃ 以上，终点 pH 值为 3.5，反应时间为 4h，气液比例为 40 : 1，矿浆采用 3 台 ϕ24m 浓密机进行液固分离。

二段为氧化中和除铁，控制终点 pH 值为 5.0，反应 2h，溶液中的铁降至 5mg/L 以下，配备了 4 台 160m³ 搅拌槽、2 台 ϕ24m 浓密机，浓密机底流用 2 台面积 39.2m² 带式过滤机过滤[56]。二段浓密底流返回一段除铁，以提高中和剂效率。中和剂有焙砂和石灰两种，主要是考虑到系统中酸的平衡。运行过程中不可避免地出现硫酸根累积问题，2010 年以来，溶液含锌平均值达到 190g/L，不仅使得锌粉单耗增至 70kg/t锌，且溶液黏度增加，过滤困难，滤布损耗增加，钙镁析出严重，导致管道堵塞。通过除铁过程中加入石灰石粉做中和剂问题得到缓解，但相较于焙砂，渣量增加，金属损失率增加，且生产过程中易冒槽。目前正在考虑生产七水硫酸锌以开路过量硫酸根[57]。采用石灰中和，除铁渣中铁含量 20%，锌含量 3% 左右；采用焙砂中和，铁、锌含量分别为 17%～20%、10%～15%，其中水溶性锌 5%。除铁工序生产指标稳定，溶液除铁率达 99% 以上，溶液中铁含量小于 0.005g/L，满足大极板电积要求。

目前，该厂利用原有回转窑挥发系统处理该部分铁渣，以回收其中的锌，提高铁渣品位，且减少洗水用量，避免系统水膨胀。经挥发后渣中锌含量降至 0.7% 以下，铁含量升高至 40% 左右，直接外售。

考虑到加压浸出后溶液温度较高，设计中采用两段锌粉净化工艺，一段为高温净化除镍钴，二段为低温净化除铜镉。一段反应温度为 80℃，二段 50~60℃，一段配置搅拌槽 5 台，二段配置 4 台，压滤机面积为 160m²。生产过程中，由于净化效果不理想，后将二段反应温度调整至 80℃。两段净化渣合并进行处理，酸洗后直接外售，酸洗时控制终点 pH 值为 4，渣含锌 40%。净化工序工艺自投产以来也进行了多次调整，最初锌粉耗量较大，为 100~200kg/m³，现已降至 40kg/m³（每吨锌耗量 13~60kg）。

5.4.5.6　电积熔铸

电积系统设计锌产能 15 万吨/年。配置电解槽两列，每列 53 个，每槽 90 块阴极板和 91 块阳极板，同极距为 90mm。新液加入量约为 122m³/h，Zn 160g/L，pH 值为 5.2，溶液密度 1.42g/cm³。废电解液返回量为 110m³/h，锌含量 55g/L。该厂引进了保尔沃特（Paul Wurth）公司 3.2m² 大极板电积装备，包括全自动多功能行车 2 台、自动剥锌机组 2 套、阳极拍平机 2 套。该技术具有劳动强度小、自动化程度高、电解槽数量少、占地面积小等优点，但相对于小极板，对锌电积液要求较高，要求电积前液成分为：Cd < 0.2mg/L，Cu < 0.2mg/L，Co < 0.2mg/L，Ni < 0.1mg/L。另外引进哈蒙公司的 72m² 风冷冷却塔 5 台，四用一备，将电解液由 38℃ 降至 32℃，其中两台除用于电解液降温外，还用于处理电解槽产出的酸雾，后扩展至 7 台。试生产期间，机械剥锌率仅为 85%，后提高至 95% 以上[58]，自动行车和刷洗机可以实现完全自动化，剥锌机需要人工预开口。

锌片尺寸为 1600mm × 1000mm，重 80~95kg，熔铸配备 1 台工频有芯感应电炉和铸锭机，感应电炉尺寸为 5220mm × 3780mm × 4020mm，加料口尺寸为 1100mm × 320mm，炉膛高度 1896mm，熔化率为 5t/h，浇铸温度为 490~500℃，3 个额定功率 240kW 的感应体作为发热单元为炉子供热[59]。锌片由人工加入工频有芯感应电炉，采用陶瓷收尘器净化烟气。

5.4.5.7　渣处理

锌精矿加压浸出矿浆冷却降温至 70℃ 后，直接浮选分离硫精矿及尾矿，工艺为粗选—精选—扫选，氧浸渣中 92% 以上的硫进入硫精矿，少量进入尾矿。经带式真空过滤机过滤后产出硫精矿水分为 15%~18%，硫品位 75%~85%，与石灰同时加入熔融态的粗硫池，粗硫池控制熔融温度 130~140℃，石灰的加入量根据热滤卸渣情况及熔池内 pH 值确定，一般加入量为硫精矿的 0.5%。经热滤分离硫黄溶液和热滤渣，热滤工作温度为 140~145℃，打包制粒产出合格的硫黄产品，硫黄品位 99.2%~99.8%，硫化物滤饼含硫 40%~55%，含锌 10% 以上。

熔硫生产初期硫精矿采用皮带运输机送入旋流熔硫器中，同时粗硫池内的液态硫采用循环泵经列管换热器进入旋流熔硫器，与投入的粗精矿混合后一同进入粗硫池。但过程中粗硫循环泵故障率高，维修难度大，列管换热器易堵塞，拆洗难度大，旋流熔硫器也容易堵塞，清理难度大，生产难正常进行。拆除了旋流熔硫器、粗硫循环泵和列管换热器，直接将硫精矿投入熔硫器。

带式过滤后的硫精矿含水通常在 15%~18%，加入粗硫池会产生大量泡沫，且难破灭，常常造成冒池现象，为此将粗硫池进行了扩容改造，面积增加一倍。粗硫池正常液位控制在 1.2~1.4m，列管式换热器最低处原安装在距池底 300~500mm 处，系统改造后粗硫池温度难以维持，蒸汽压力较正常生产时高 200~300kPa，为此，将所有盘管换热器的盘管段下沉至离池底 50~100mm，使原来露在液面上的部分完全沉入液面下，增加换热面积。

熔硫系统造粒机产能为 5t/h，由于热滤产出的粗硫仍含有 0.2%~0.8% 的杂质，造粒过程中布料器容易堵塞，运行时常需要停机清理布料器，造粒机的平均产能实际不足 2t/h。后将布料器上的喷料滑块取消，将布料器上的分料孔由直径 2.5mm 增大到 4.0mm，改造后，堵塞情况得到明显缓解，每班只需清理 1~2 次即可，产能完全可以满足生产要求[60]。熔硫产能超过 100t/d。

5.5　富氧常压浸出

锌精矿富氧常压浸出技术目前国内外有四家企业进行了工业应用，且均与传统工艺结合，主要是为了扩大企业产量。韩国锌业公司温山冶炼厂（Onsan）年产 26 万吨锌富氧浸出生产线 1997 年投产，将锌产量增至 40 万吨，富氧浸出系统产出的溶液采用针铁矿法进行除铁，针铁矿渣采用 Ausmelt 炉进行处理。芬兰科科拉厂（Kokkola）分别于 1998 年和 2001 年建设了两座 5 万吨/年锌富氧浸出系统处理锌精矿和常规系统酸浸渣，锌产能由 17 万吨增加至 27 万吨。2004 年挪威欧达厂（Odda）也建设了一套 5 万吨生产线，锌产能由 10 万吨扩至 15 万吨，进入 DL 反应器的有锌精矿、热酸浸出液及电解废液，浸出液采用黄钾铁矾法除铁。2009 年，我国株洲冶炼厂引进的富氧常压浸出生产线投产。除韩国温山外，其余厂均未对浸出渣中硫进行处理，直接送渣场堆存。

5.5.1　国内外技术现状

目前锌精矿常压直接浸出工艺主要有比利时 Union Minière 工艺、芬兰 Outotec 工艺及澳大利亚 MIM 公司的 Albion 工艺，前两项已进行了推广应用。

5.5.1.1　Union Minière 工艺

20 世纪 90 年代比利时 Union Minière（现 Umicore）提出了 Union Minière ADL 专利，工艺流程如图 5-22 所示。该工艺将中性浸出渣与部分锌精矿在硫酸 55~65g/L、温度 90℃

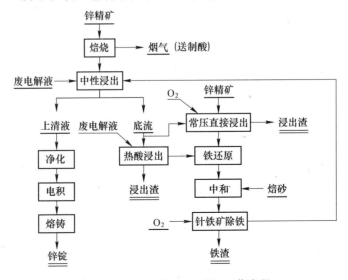

图 5-22　Union Minière ADL 工艺流程

下进行直接浸出，为保证氧化效果，控制溶液中 Fe^{3+} 2~5g/L，由于 Cu^{2+} 对铁的氧化有催化作用，溶液中 Cu^{2+} 保持在 1g/L 左右。为保证闪锌矿浸出速率，控制铁酸锌中锌与硫（闪锌矿及其他可反应硫化物中的硫）的物质的量比不低于 0.3。铁酸锌主反应为：

$$ZnO \cdot Fe_2O_3 + 4H_2SO_4 \longrightarrow ZnSO_4 + Fe_2(SO_4)_3 + 4H_2O$$

通过控制酸度，使浸出液中硫酸浓度保持在 10~30g/L，也可使铁酸锌浸出与铁矾沉淀同步进行，化学反应如下：

$$ZnO \cdot Fe_2O_3 + 6H_2SO_4 + (NH_4)_2SO_4 \longrightarrow 2NH_4Fe_3(SO_4)_2(OH)_6 + 3ZnSO_4$$

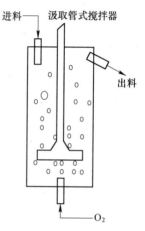

图 5-23　Union Minière ADL 反应器结构示意图

由于上述反应在强氧化条件下显著放缓，矿浆电位不得高于 610mV（vs. SHE）；而当矿浆电位低于 560mV 时，硫化物直接酸溶并释放出 H_2S，不仅腐蚀设备，且导致铜以硫化物形式沉淀，阻碍了铁的氧化。因此浸出过程中控制矿浆电位 560~610mV。中性浸出渣及锌精矿经 ADL 浸出 7.5h，锌浸出率可到 95%[61]。反应器结构如图 5-23 所示。

浸出液经硫化锌精矿还原处理后，溶液中的 Fe^{3+} 浓度降至 5g/L 以下，加入氧化锌粉中和余酸，使游离硫酸浓度降至 10g/L 以下，溶液中的 Fe^{2+} 采用针铁矿法除铁后返回中性浸出工序。

$$2FeSO_4 + 3H_2O + 0.5O_2 \longrightarrow 2FeO(OH) + 2H_2SO_4$$

$$2H_2SO_4 + 2ZnO \longrightarrow 2ZnSO_4 + 2H_2O$$

总反应：　$FeSO_4 + ZnO + 0.5H_2O + 0.25O_2 \longrightarrow FeO(OH) + ZnSO_4$

该公司还申请了一项两段浸出工艺专利，如图 5-24 所示。铁酸锌浸出主要在第一段中完成，反应时间 5h；闪锌矿氧化浸出主要在第二段进行，反应时间约 6h。除第二段的最后一反应槽外，其余各槽均通入氧气。过程中需严格控制溶液中硫酸及 Fe^{3+} 浓度，硫酸浓度低于 10g/L 时，锌浸出将变得非常缓慢；硫酸浓度大于 35g/L 时，锌焙砂消耗量将大大增加。Fe^{3+} 浓度控制在 0.1~2.0g/L，当 Fe^{3+} 浓度高于 2.0g/L 时，易生成细晶粒铅铁矾，影响矿浆澄清和过滤形成。经两段浸出后溶液中铁主要以 Fe^{2+} 形式存在，中和酸后可

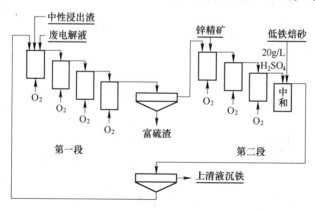

图 5-24　Union Minière ADL 两段浸出工艺流程

直接送针铁矿沉铁工序。一段浸出渣经浓密后得到富硫渣，可进一步回收单质硫和铅锌银等有价金属。

该 ADL 专利技术最初在比利时老山巴伦（Balen）炼锌厂进行了应用，1994 年转让给韩国锌业公司 Onsan 冶炼厂，该厂电锌产能由 1989 年的 19 万吨/年增至 2000 年的 40 万吨/年。

5.5.1.2 Outotec 工艺[62]

Outotec 工艺与 Union Minière 工艺相似，由 Outotec 公司于 20 世纪 90 年代中期开发，主目的是在常压条件下同步完成闪锌矿溶解与铁的沉淀。Outotec 公司前身为 Outokumpu Technology，后独立出来，并于 2007 年 4 月起改用现名。该技术在芬兰 Kokkola 厂和挪威 Odda 厂进行了应用，我国株洲冶炼厂也引进了该技术。即可采用两段顺流进行，也可采用两段逆流浸出。工艺流程如图 5-25 所示。

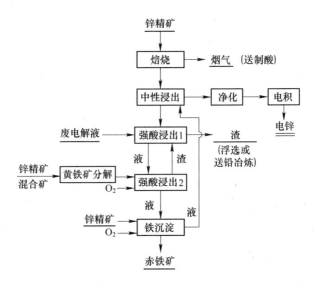

图 5-25　Outotec 工艺流程

精矿磨至 15~25μm，控制反应温度在 80℃和硫熔点之间，一般为 100℃，加入适量铁离子促进反应的进行，控制初始硫酸浓度 10~50g/L，铁离子浓度 5~15g/L，通入氧气进行反应，停留时间 20~30h，锌浸出率可达到 96%~99%。该工艺多与传统工艺结合，中性浸出渣经一段或两段高酸浸出后，高酸浸出液加入锌精矿混合进行常压浸出，过程中通入氧气，控制溶液中硫酸浓度，使得锌浸出的同时铁以赤铁矿或铁矾形式沉淀进入渣中，溶液返回中性浸出。浸出渣即可浮选回收硫精矿和铅银渣，也可直接送铅冶炼厂进行处理。

近些年 Outotec 又设计出新的 ADL 塔式反应器。该反应器也是利用矿浆静压力产生"加压"条件。反应器底部是一鼓形槽，其容积约占反应器总有效容积的一半左右，为锌精矿"加压"浸出提供充足的反应空间。为避免反应器初启动或中途因故停运时发生固体颗粒沉降，鼓形槽内还另外配备有搅拌装置。反应器中部是一反应塔，与底部鼓形槽连接，锌精矿直接浸出所需的压力即取决于反应塔的高度。反应塔内有套管，套管内外矿浆流向不同，套管外矿浆向上流动，而套管内矿浆向下流动，最终矿浆在反应器上部实现平稳循环。在套管内的氧分散区域，虽然氧气弥散于矿浆之中且流向与矿浆相同，但气泡流速明显低于矿浆，由此气泡在流动过程中易发生振动，气-液质量传输所需的能量得以降低，而且还可以保证氧的利用率最大化。在位于反应器上部的套管内设置有下吸式搅拌装置。搅拌设置于上部，既有利于日常保养维护，也可以起到矿浆泵的作用，推动矿浆以 1m/s 的流速向下流动。为防止固体颗粒沉降，套管外的矿浆流速也保持在 1m/s 左右[63]。

5.5.1.3　Albion 工艺

Albion 工艺也称为 MIM Albion 工艺，由 Xstrata 和 Highlands Pacific/OMRD（一家日本财团）联合拥有。1994 年，为处理巴布亚新几内亚（Papua New Guinea）高砷铜金资源，澳大利亚 MIM 股份公司（现 Xstrata Plc）提出了 MIM Albion 工艺，并针对 Highlands Gold（现在的 Highland Pacific）浮选后原料进行了小型扩大试验。该工艺的关键是采用 ISA 磨等对原料进行（超）细磨以改善浸出条件，使得在常压下实现精矿的浸出。

该工艺中，80% ~ 90% 精矿被磨至小于 20μm，甚至更细（或 8 ~ 12μm），在 90℃ 及通氧条件下在 H_2SO_4-$Fe_2(SO_4)_3$（$[H_2SO_4]$ = 50g/L，$[Fe^{3+}]$ = 10g/L）介质中浸出，矿浆比重 10%（w/w），为防止起泡，浸出体系中加入木质素（每吨锌精矿 2.0kg），经 8.0h浸出，锌浸出率可达 97% 以上。过程中通入氧气以将二价铁氧化为三价铁，浸出槽不加热，靠反应热自热进行。但矿石（超）细磨能耗高，成本高，且易导致固液分离困难。

目前该技术已经在三家企业进行了工业应用，其中两家处理硫化锌矿，一是位于西班牙的 San Juan de Neivac 厂，处理 McArthur 河产出的铅锌精矿，锌回收率 98.6%，年产锌 4000t；二是位于德国的 Nordenham 厂，年产锌 1.8 万吨，锌回收率 98.8%。第三家位于多米尼加共和国，处理难处理金银矿，年产金 2.27t。第四家正在亚美尼亚进行建设，计划处理金精矿。

5.5.2　工业应用简介

5.5.2.1　芬兰科科拉厂

芬兰科科拉（Kokkola）锌厂与挪威欧达厂（Odda）同属于瑞典 Boliden（玻利顿或波立登）公司。Boliden 公司是北欧地区最大的矿冶集团之一，在矿山开采方面主要集中在铜、铅、锌和金银等行业，其旗下有五家冶炼厂，分别为位于瑞典南部的 Bergsoe 铅冶炼厂、芬兰 Kokkola 锌冶炼厂、挪威 Odda 厂、芬兰 Harjavalta 铜厂以及 Ronnskar 铜厂。2012 年，芬兰 Kokkola 锌冶炼厂锌产量为 31.5 万吨，挪威 Odda 锌冶炼厂产量为 15.3 万吨，芬兰 Harjavalta 铜厂阴极铜产量为 12.5 万吨，Ronnskar 铜厂为 21.4 万吨。

Kokkola 锌厂 1969 年建成投产。建设初期，浸出及净化均为间断操作，电锌产能 9 万吨/年，采用"沸腾焙烧制酸—黄钾铁矾除铁"流程。1974 年经过技术改造，电锌产能增加至 17 万吨/年。采用两台 72m² 沸腾焙烧炉处理锌精矿，尾气经余热锅炉、旋风收尘、电收尘处理后，送制酸工序，并设置两段脱汞、硒工序。

芬兰波里 Outotec 研究中心最早针对 Kokkola 锌厂的几种锌精矿进行了试验研究。精矿细磨后粒度在 15 ~ 25μm，经浸出 5h 后，大部分精矿锌浸出率达到 95% 以上。在小型试验研究的基础上，1991 年在 10m 高反应器中进行了扩大试验，接着在 Kokkola 锌厂 20m 高反应器中进行了半工业试验，效果较好，在此试验的基础上，进行了加压浸出和富氧常压浸出经济对比。对比结果对富氧常压的工业应用造成影响，仅申请了几项专利，直到1996年 Kokkola 扩产中才决定采用该技术。该厂分别于1998年和2001年建设了两座年产锌5万吨富氧常压浸出系统，总产能扩至年产锌27万吨。共有8台 DL 反应器（900m³/台），四台为一个系列（年产锌5万吨），三用一备，由于该地区天气寒冷 DL 反应器室内配置。工艺流程如图5-26所示。

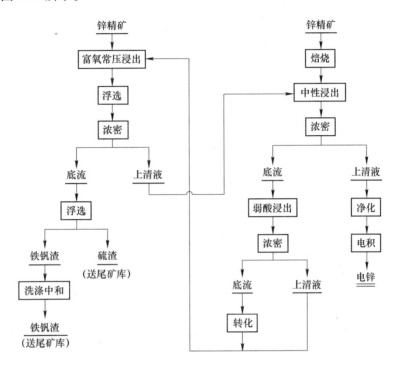

图5-26 科科拉厂工艺流程

2004年该厂归属 Boliden 公司，2005年总产量达到28.4万吨/年，2012年处理锌精矿58.9万吨，锌产量为31.5万吨，产品主要是 SHG 锌及合金，硫酸产量为31.3万吨。该厂是欧洲第二大锌冶炼厂，也是 Kokkola 最大的私企，拥有员工约500人。该厂冶炼用锌精矿主要来自 Boliden 旗下的瑞典和爱尔兰矿山自产精矿，仅少量由欧洲、北美及秘鲁等地进口。该厂85%的锌产量均出口到北欧和中欧。目前，紧邻锌冶炼厂建成一座银回收系统，主要从锌精矿中回收银精矿，年可回收银25t，拟2014年投产。

锌精矿经焙烧后，焙砂加入返回的富氧浸出液进行中性浸出及酸性浸出。控制中性浸出终点 pH 值为4~4.5，同时过程中通入氧气以促进铁氧化。中浸渣进行弱酸浸出，控制 pH 值为1~1.5，弱酸浸出溢流送富氧浸出工序，弱酸浸渣送转化工序。转化工序主要包括传统工艺的热酸浸出及铁矾除铁工序，铁酸锌浸出主要在该工序完成，控制终酸30~60g/L，停留时间10h，矿浆不经分离直接送富氧浸出工序。

锌精矿矿浆、弱酸浸出溢流、转化后矿浆及电解废液送至 DL 反应器进行反应，过程中通入氧气，反应后矿浆经浓密、过滤后，上清液返回焙砂中性浸出工序。底流浮选分离硫渣和铁矾渣，设5台60m²的水平带式过滤机，过滤厂房较为庞大。硫渣中硫含量达到70%以上，但没有被利用，铁矾渣经过滤、洗涤后，渣中锌含量低于0.2%，重新浆化加入 NaOH 中和至 pH 值为 7~8，加入硫氢化钠除去可溶离子，和硫渣均泵送至贮存池堆放。2004 年 Kokkola 厂铁矾渣产量达到了 15 万吨，硫渣产量 8.7 万吨[64]。

中性浸出液经三段净化后电积。一段、三段均为连续作业，二段为自动化控制的间断作业。一段为锌粉净化除铜，铜渣外售；二段为锌粉加砒霜、砷盐除钴，钴渣外售；三段为锌粉净化除镉。一段、二段均采用机械搅拌槽及劳尔过滤机，三段设备为逆流沸腾净化塔。电解选用 1.5m² 小极板电解，自动化剥锌，电解吊车自动定位，完全自动化出装槽。

5.5.2.2　株洲冶炼厂

株洲冶炼厂始建于 1956 年，2002 年成立株洲冶炼集团有限责任公司，主要生产铅、锌及其合金产品，并综合回收铜、金、银、铋、镉、铟等多种稀贵金属和硫酸等产品。原采用传统湿法冶炼工艺生产电锌，浸出渣经回转窑挥发回收锌，共有两套系统，锌Ⅰ系统设计能力 10 万吨/年，经过多年的改造，实际生产能力达到 17.7 万吨/年，锌Ⅱ系统设计能力 10 万吨/年，实际生产能力为 14.3 万吨/年，即两套系统实际产能为 32 万吨/年。

2005 年株冶委托北京矿冶研究总院对锌精矿和焙砂酸浸渣进行了常压富氧直接浸出工艺研究，确定最佳工艺条件及考察过程中锌、铟等元素走向。同时委托 Outokumpu（OT）进行了小型试验，2007 年上半年开始进行设计，2009 年 4 月建成投产，联合处理锌精矿和酸浸渣，设计规模为年产电锌 13 万吨，其中锌精矿中锌 10 万吨/年，酸浸渣中锌 3 万吨/年，即年处理酸浸渣 16 万吨，是我国首家采用富氧浸出技术的企业。扩产后锌冶炼总产能达到 42 万吨/年。

锌精矿经球磨后进行低酸富氧直接浸出，浓密底流和常规系统中浸底流合并后进行高酸富氧直接浸出，反应后矿浆浮选分离硫精矿和尾矿，硫精矿经热滤生产单质硫和热滤渣，浮选尾渣和热滤渣送铅系统回收有价金属，单质硫外售。工艺流程如图 5-27 所示。

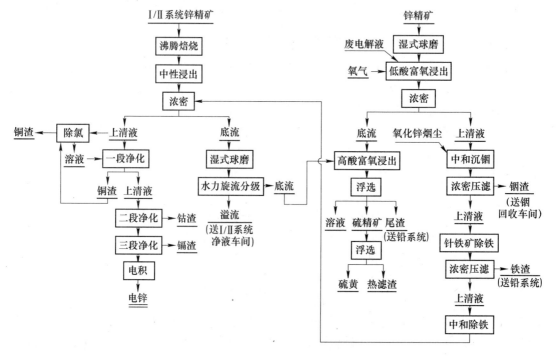

图 5-27　株冶设计工艺流程

低酸浸出上清液经中和回收其中的铟和锌。设计中金属总回收率为：锌96.5%，铟（精矿至铟锭）80%，Cd（精矿至铜镉渣）85%，Co（精矿至钴渣）95%，Cu（精矿至铜镉渣）75%。沉铁渣品位达40%以上。但实际生产中，由于设备问题，将富氧常压两段逆流浸出改为两段顺流浸出；硫渣浮选、热滤存在一定问题，高酸富氧浸出渣未处理直接送铅冶炼基夫赛特炉进行处理，部分堆存或外售；针铁矿渣送回转窑处理回收锌及铁；Ⅰ系统由于物料运输距离过远，仍采用原有工艺流程，仅Ⅱ系统和富氧浸出系统进行了合并。

常压富氧直接浸出工艺的主要技术经济指标有：温度95～105℃；液固比（8～12）∶1；氧气单耗100～150m³/t$_矿$；终酸20～25g/L；Fe^{3+}∶Fe^{2+}=（1～5）∶1；浸出率大于97%；沉铁后液合格率不小于95%；絮凝剂小于0.8kg/t析出锌；防沫剂小于0.05kg/t析出锌；蒸汽0.9～1.2t/t析出锌；滤布消耗0.3～0.5m²/t析出锌。

株冶配备 DL 反应器 8 台（见图5-28），安装在标高7.5m 的钢结构平台上，每台1000m³，尺寸为φ7.5mm×24mm，主体为玻璃钢和不锈钢，重63.25t，底部带有搅拌，搅拌机功率250kW，氧气从底部供给。搅拌器采用六弯曲叶片加六直叶的复合结构，搅拌槽中间有导流筒，搅拌器从釜底伸入，矿浆流向应该是中心向下，弯曲叶片将矿浆向下压，直立叶片再将矿浆沿切向甩出去，氧气从下部进入，直射搅拌器的中心，在矿浆的带动下，经直立叶片打散，达到比较好的分散效果，尾气经洗涤器处理后排放，反应器底部压力为0.3MPa。

图5-28 株洲冶炼厂DL反应器

5.6 加压浸出渣处理

加压浸出过程中，硫化物中硫以元素硫形式进入浸出渣中，渣中硫含量可达到50%以上，除少量以硫酸盐、未反应的硫化物等形式存在外，约90%以上以元素硫形式存在。元素硫的回收方法可分为物理法和化学法两大类[65,66]，物理法包括高压倾析法、热过滤法、浮选法、制粒筛分法、真空蒸馏法等；化学法包括二甲苯提硫、二硫化碳提硫、硫化铵脱硫和煤油脱硫法等。工业中应用较多的是浮选热滤法，该法工艺简单、处理量大，但滤渣中硫含量较高。高压倾析法产出的硫黄，质量不高。高压蒸馏法生产成本较高，设备复杂。化学法提硫操作简单，硫回收率高，但硫化铵味臭，操作环境差，且由于其能溶解硫化物，故不适合处理含高硫化物物料；煤油及二甲苯等方法的缺点是有机溶剂易燃、易爆或有毒，设备安全性要求高。硫黄被广泛应用于农业、化工、冶金、医药、建材、选矿等行业，主要用于制造各种硫的化合物，其中85%以上用于生产硫酸，间接用于生产化肥。我国硫黄消费量逐年增进，每年大量硫黄需要进口。

5.6.1 浮选-热滤法

浮选-热滤法主要是利用浸出渣中元素硫的疏水性、密度小来实现硫的富集分离。通过充气使浮选机中的空气与矿浆充分接触，元素硫由于疏水特性，附着在上升的空气气泡上，经溢流槽进入浮选精矿，实现元素硫的浮选回收。锌精矿浸出渣的浮选-热滤有三种途径，一是加压浸出矿浆经浓密后压滤，浸出渣重新浆化后再进行浮选，操作环境为弱酸性，操作安全方便，对设备腐蚀性相对较低，且硫酸锌溶液收集较集中，可减少锌的损失。二是加压浸出矿浆直接进行浮选，即在酸性体系下进行浮选，在该条件下，微细粒化合物与元素硫之间分散性较好，元素硫的可浮性较好，产出硫精矿品位较高，减少了过滤和浆化工序；但由于浮选在酸性体系下进行，对设备腐蚀性较强，设备材质要求较高，投资相对较高，且物料处理量大。三是浸出后矿浆经旋流器分级或浓密后，底流进行浮选，物料处理量相对较少，但同样存在设备腐蚀问题。加压浸出过程中产生大量的铅、铁等微细粒矾类化合物或微粒红色的 Fe_2O_3，会污染元素硫表面，对硫的浮选产生不利的影响。国外一般采用酸性介质直接浮选元素硫，如 Trail 等，浸出后的矿浆直接减压、调浆进行浮选。加拿大采用此法获得指标为：给料含 S^0 47.1%，浮选元素硫精矿含 S^0 88%，回收率达 99% 以上。

热过滤法原理是利用单质硫在 125~158℃ 温度范围内黏度（0.096~0.079P）较低的特性，将物料加热至 130~155℃，使硫熔化并具有良好的流动性，用过滤的方式使硫与其他固体物料分离，实现硫回收的目的。该法适用于处理含硫较高的物料，原料含硫越高，回收率就越高，且得到的硫黄质量越好。该法工艺简单，处理量大，产出硫黄品位高，但设备复杂，需进行保温过滤，热过滤渣中残余的硫较多，元素硫回收率低。热过滤因过程简单常为工业生产中采用。热过滤采用的过滤介质除硅藻土外，还可用不锈钢筛网、玻璃纤维等。除锌精矿加压浸出渣外，金川公司在处理镍高硫电解阳极泥时也采用了热过滤法回收硫黄，阳极泥含 S 92.2%、CuO 0.89%、Ni 2.03%、Fe 0.53%，脱硫率为 82%~87%，渣率为 18%~23%，热过滤渣含硫约 67%，贵金属富集了 5 倍，硫黄产品质量好，不含贵金属。丹霞冶炼厂采用浸出矿浆直接浮选法、热滤法回收硫黄，产出硫黄纯度可达99.5%，但回收率只有 65%，目前还在不断进行改进[67]。

关于锌精矿加压浸出渣的浮选-热滤，国内也进行了大量研究工作。早在 1983 年，北京矿冶研究总院就针对株冶锌精矿小型试验加压浸出矿浆进行了选矿试验研究[68]。1985年与株冶合作，考察了浸出条件对渣的组成及元素硫浮选性的影响，并进行了浸出矿浆直接浮选和浸出过滤渣浮选两方案对比试验，包括选矿系统条件试验及流程结构试验[69]。在小型试验的基础上，8~12 月采用浸出矿浆直接浮选方案进行了连续浮选试验，主工艺流程为一次粗选、两次扫选和两次精选。对于含汞、硒高的锌精矿，精矿中 5% 的汞和70% 的硒将进入硫黄中。

5.6.2　高压倾析法

高压倾析法是利用高压釜在加压条件下对硫物料进行加热，使元素硫呈熔融状态沉在高压釜的底部，然后冷却排出，得到经过富集的硫黄产品。加拿大科明科和 Sherritt 在进行半工业试验时就采用高压倾析法回收浸出渣中的元素硫。在温度 105℃、压力 1.14MPa条件下，使元素硫熔融沉在浸出矿浆底部并放出。倾析给料中固体物占 9.3%，固体物成分为：S^0 43.8%、Zn 2.1%、Fe 13.7%、Pb 9.8%，连续给料、连续出料。得到的硫黄产品中单质硫 95.6%，硫回收率 91%。另外硫黄中含 Zn 1.6%、Fe 0.5%、Pb 0.1%。由于未反应的金属硫化物熔融在其中，产出硫黄质量不高。

5.7 稀散金属综合回收

镓锗铟是锌精矿中重要的伴生稀有金属，广泛应用于信息产业、通信、红外光学、太阳能电池等领域，是光电子技术和现代信息技术高速发展不可或缺的材料之一。尤其锗由于其在现代高新技术和国防建设中的重要性，工业发达国家从维护国家安全和经济安全高度出发，建立了比较完善的出口和战略储备管理体系。镓是用来制作光学玻璃、真空管及半导体的重要原料，砷化镓是重要的半导体材料。铟主要以铟锡氧化物（ITO）、纯铟锭、半导体化合物、焊料或合金等形式的产品供应市场。ITO 是一种具有良好导电性能的金属化合物，可镀在各类基板材料上用作导电电极，广泛适用于各种液晶显示技术，约占全球铟消费量的83%。国内外针对锌精矿加压浸出过程中镓锗铟的综合回收也进行了大量研究工作。

1972 年日本饭岛冶炼厂首次采用"SO_2 还原—赤铁矿除铁"工艺处理锌冶炼浸出渣。过程中采用 SO_2 在 152 ~ 202kPa 下对浸出渣进行还原，保持浸出温度 100 ~ 110℃，浸出时间 3.0h，90% 的锌、96% 的铁和 90% 的镓进入溶液。该工艺的优点是原料综合利用率高，可回收锌、镓、铟、铅、铜、镉等多种有价金属，锌、镓、锗回收率高；铁渣品位高，可作为炼铁原料；过程中三废排放量少。

1982 年德国特尔恩（Datteln）的鲁尔锌厂采用"热酸浸出—锌精矿还原—赤铁矿除铁"工艺，建立世界上第二座赤铁矿除铁法处理锌浸渣的工厂，一段热酸浸出液用锌精矿在 85 ~ 95℃把溶液中 Fe^{3+} 还原成 Fe^{2+}，后续工艺与饭岛冶炼厂相同。与 SO_2 还原浸出相比，锌精矿还原在常压下进行，不需要特殊材质的设备，投资小，但也存在着反应时间长、还原不彻底等问题。

5.7.1 原理

锌冶炼浸出渣二氧化硫还原加压浸出的目的是利用 SO_2 分解渣中的铁酸锌，使铁以 Fe^{2+} 形式进入溶液中，并综合回收锌、镓、锗等有价金属。

$$ZnO \cdot Fe_2O_3 + 2H_2SO_4 + SO_2 \Longrightarrow ZnSO_4 + 2FeSO_4 + 2H_2O$$

$$ZnO \cdot Fe_2O_3 + 4H_2SO_4 \Longrightarrow ZnSO_4 + Fe_2(SO_4)_3 + 4H_2O$$

$$Fe_2(SO_4)_3 + SO_2 + 2H_2O \Longrightarrow 2FeSO_4 + 2H_2SO_4$$

赤铁矿法除铁是在高温高压下，铁被氧气氧化并水解生成 Fe_2O_3，该方法铁渣量最小，含锌低，但需要在高温高压的设备中进行。主要反应有：

$$4FeSO_4 + O_2 + 2H_2SO_4 \Longrightarrow 2Fe_2(SO_4)_3 + 2H_2O$$

$$Fe_2(SO_4)_3 + 3H_2O \Longrightarrow Fe_2O_3 + 3H_2SO_4$$

总反应式： $$4FeSO_4 + O_2 + 4H_2O \Longrightarrow 2Fe_2O_3 + 4H_2SO_4$$

赤铁矿（Fe_2O_3）有两种结晶形态，即 γ-Fe_2O_3 和 α-Fe_2O_3。加热从低温水溶液中析出氢氧化铁时，首先得到的是针铁矿（$Fe_2O_3 \cdot H_2O$），继而是水赤铁矿（$Fe_2O_3 \cdot 0.5H_2O$），而 γ-赤铁矿则是加热过程的第三级产物。针铁矿与 γ-Fe_2O_3 的转变温度是 160℃。如果采用高温水解法，可以得到过滤性能良好的赤铁矿。Fe_2O_3-SO_3-H_2O 系在 100℃和 200℃的平衡相图如图 5-29 和图 5-30 所示。从图 5-25 可以看出在 100℃时，从高浓度 Fe^{3+} 溶液中析出的是 $Fe_2O_3 \cdot 2SO_3 \cdot H_2O$，如果想从溶液中直接结晶析出 Fe_2O_3，必须将 Fe^{3+} 浓度降低或还原。同时当温度在 200℃时，即使溶液酸度较高，Fe_2O_3 也能大部分沉淀析出。

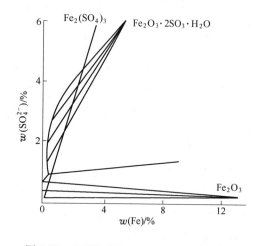

图 5-29　100℃时 Fe_2O_3-SO_3-H_2O 系平衡图

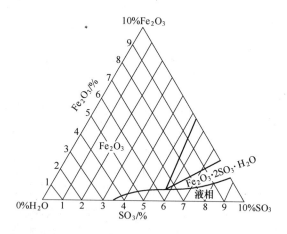

图 5-30　200℃时 Fe_2O_3-SO_3-H_2O 系平衡图

由图 5-31 可以看出，赤铁矿法之所以可以在强酸性介质中沉淀出 Fe_2O_3，是基于在高温（200℃）条件下 Fe_2O_3 酸溶的平衡 pH 值变负。例如在 25℃时将溶液的 Fe^{3+} 含量降到 10^{-6}，Fe_2O_3 溶解的平衡 pH 值为 $-0.24 + 2 = 1.76$，相当于硫酸 2 ~ 3g/L。而温度升高到 200℃时，平衡 pH 值却降到 0.421，相当于硫酸 150g/L，这时 Zn^{2+} 和 Ni^{2+} 的水解 pH 值仍然还正得多，也就是说在酸性很高的介质中也能使铁以 Fe_2O_3 沉淀出，而 Zn^{2+}、Ni^{2+} 和 Cu^{2+} 等离子仍然保留在溶液中，实现不加中和剂而使铁与镍、锌、钴分离。

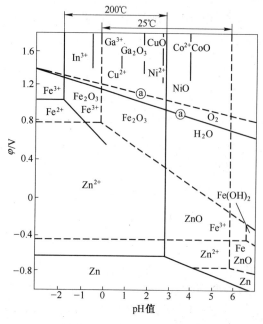

图 5-31　赤铁矿法沉铁原理图

因而从高铁溶液中分离沉铁得到赤铁矿有两种途径。第一条途径是温度相对低的条件下，比如温度在 150 ~ 200℃时，首先将溶液中的 Fe^{3+} 转化为 Fe^{2+}，然后在溶液中氧化 Fe^{2+} 为 Fe^{3+} 得到赤铁矿；第二种途径就是不使用先还原后氧化过程，直接在高温条件下使得 Fe^{3+} 水解生成 Fe_2O_3 沉淀。日本的饭岛冶炼厂就是采用第一种方法将锌冶炼中浸渣用二氧化硫还原浸出，得到 Fe^{2+} 还原液，然后在 200℃高温高压下进行氧化反应得到 Fe_2O_3 沉淀。对于第二种方法在镍钴的冶金中有用到，比如古巴毛湾采用高压酸浸法处理含镍钴的红土矿就是基于这个道理，使得镍钴氧化优先溶解，Fe_2O_3 却不溶，采用的是高温高压（230 ~ 250℃，28 ~ 42 个标准大气压）进行酸浸。

5.7.2 日本饭岛冶炼厂

日本秋田锌公司（Akita Zinc Co.），其由同和矿业公司（Dowa Metals & Mining Co., Ltd.）和五家锌生产企业联合组成，同和矿业公司拥有81%的股份。下属饭岛电锌厂（Iijima Electrolytic Zinc Plant）始建于1971年，设计锌年产能为7.2万吨，1973年投产，目前产能为20万吨，是日本最大的锌生产企业。该厂采用二氧化硫还原浸出法处理常规系统产出的酸浸渣，主要工序有：二氧化硫加压浸出、一段中和、除砷、二段中和及赤铁矿除铁等。另外，同和矿业在80km外的Kosaka还有铜、铅冶炼厂。铜、铅、锌冶炼联合，可使得企业处理复杂物料，提高物料的综合利用率，降低废渣排放量。工艺流程如图5-32所示。

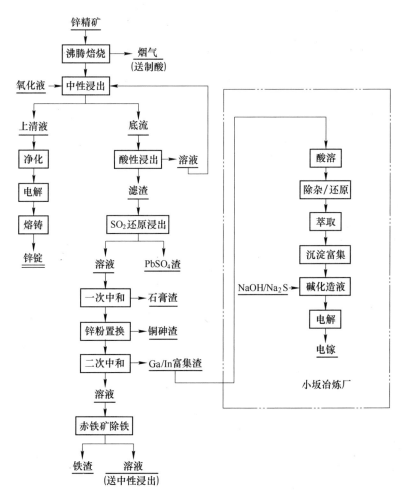

图 5-32 日本饭岛电锌厂锌冶炼工艺流程

5.7.2.1 二氧化硫浸出

锌冶炼酸性浸出渣采用废电解液、硫酸浆化后用蒸汽加热至90~98℃，矿浆流量为80~100m³/h，送至加压釜进行二氧化硫加压浸出。配置4隔室110m³加压釜两台，钢衬铅及耐酸砖。第一台釜总压0.26MPa，第二台0.16MPa。矿浆温度由于反应热上升至

120℃。二氧化硫加压浸出控制反应温度 100 ~ 110℃，浸出时间 3.0h，SO_2 分压 152 ~ 202kPa，镓、锗、锌、铁及镉等浸出进入溶液。浸出后矿浆中的过饱和 SO_2 气体返回预热槽用于加压浸出，矿浆经浓密机和压滤机液固分离后，浸出渣也就是铅银渣，采用热水浆化至 360g/L，过滤，送至 120km 外的 Kosaka 铅冶炼厂进行处理。2003 年 11 月共处理 34525t 混合物料，产出约 12446t 浸出渣。给料主要元素含量为：Zn 52.0%，Fe 7.00%，Pb 2.02%，Cu 0.46%；浸出渣主要元素含量为：Zn 21.6%，Fe 22.8%，Pb 6.14%，Cu 0.66%。产出铅银渣 3899t。铅银渣典型成分为：Pb 20.1%，Ag 4400g/t，Zn 4.95%，Fe 4.76%，Cu 1.04%。铅银渣水分含量一般在 35% ~ 40%，最高达 45% 左右，主要受硅品位的影响，研究发现硅含量由 14% 增加至 25%，水分由 35% 增加至 45%。

加压浸出液典型成分为：Zn 91.9g/L，Fe 54.2g/L，As 1.08g/L，Cu 1.40g/L，H_2SO_4 28.3g/L（2003 年 11 月数据）。浆化过程中，通过加入废电解液和硫酸，控制溶液中最终铁和余酸含量分别为 55g/L 和 27 ~ 32g/L，以增加锌铁回收率，但过量的自由酸含量导致中和段石灰石用量增加。溶液中铁含量控制在 55g/L 认为是赤铁矿除铁的最佳条件。

5.7.2.2 赤铁矿除铁[70,72]

该厂共配置赤铁矿除铁加压釜三个系列，除铁能力约为 3.24 万吨/年，包括 4 台竖式釜、3 台卧式釜、3 台闪蒸槽和 1 台离心机。除一个系列采用两台竖式釜和一台卧式釜串联外，其余均是一台竖式釜与一台卧式釜串联。溶液经热交换器加热至 60 ~ 80℃，以流速 20 ~ 30m³/h 送至 4 台 25m³ 竖式釜（工作容积 20m³）中，采用蒸汽加热至 190 ~ 200℃，通入氧气控制氧分压 0.2MPa、总压 1.5 ~ 2.0MPa，进行赤铁矿除铁。竖式釜溶液排至 3 台 100m³（工作容积 80m³）钢衬钛卧式釜（钛层厚 3mm）中使赤铁矿晶形长大，过程中不通氧。由于赤铁矿对加压釜有一定的腐蚀性，搅拌桨底端等易腐蚀部位覆盖三重钛复合钢。内部的钛复合钢层可更换，每年更换一次。总停留时间 3h 以上，沉铁率为 88% ~ 92%。

沉淀产出的赤铁矿浆经浓密分离后，底流采用离心机过滤，所有的赤铁矿渣卖至水泥厂。经除铁后溶液中含 Zn 约 80g/L，硫酸 60g/L，铁 3 ~ 6g/L，返回焙砂中性浸出工序。2003 年 11 月产出量为 59061m³，典型成分为：Zn 78.4g/L，Fe 4.6g/L，H_2SO_4 62.3g/L。含铁 46g/L 中和后液含硫酸 62g/L。增加最终硫酸浓度，意味着增加初始铁离子浓度，导致铁难以稳定的赤铁矿形式沉淀。典型赤铁矿渣成分为：Fe 56.0%，As 0.04%，Zn 0.816%，S 4.57%，2003 年 11 月产出渣 4159t。整个锌浸出渣处理流程中锌的回收率为 87%，铁脱除率 90%。

5.7.3 国内研究进展

5.7.3.1 金狮冶化厂

2003 年，北京矿冶研究总院针对凡口金狮冶化厂（现丹霞冶炼厂）酸浸渣分别进行了"加压 SO_2 还原—针铁矿"法和"热酸浸出—锌精矿还原—针铁矿"法小型试验及半工业试验，考察了浸出过程中各因素对锌、镓、锗等浸出率的影响，并针对浸出液进行了萃取提取镓锗试验研究[73,74]。试验用浸出渣成分为：Zn 19.88%，Pb 3.77%，Fe 24.72%，Ga 0.044%，Ge 0.030%，S 10.64%。凡口酸浸渣二氧化硫浸出工艺流程如图 5-33 所示。

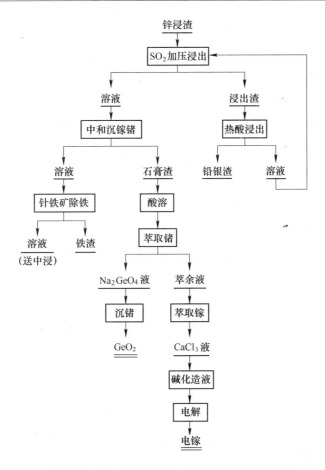

图 5-33 凡口酸浸渣二氧化硫浸出工艺流程

浸出过程中考察了初始硫酸浓度、温度、时间、SO₂分压、液固比、搅拌线速度等因素对锌镓锗浸出率的影响。研究结果表明，SO₂还原浸出过程中，控制初始硫酸浓度68g/L，反应温度 $100 \sim 110℃$ ，反应时间3h，SO₂分压200kPa，锌、铁、镓、锗的浸出率分别为92.79%、97.87%、94.09%和75.18%。同时由于SO₂还原作用，溶液中的 Fe^{3+} 还原为 Fe^{2+} ，抑制了铁的沉淀，有利于镓锗的浸出。热酸浸出过程中，在初始酸度153g/L，液固比 $(5 \sim 6)：1$ ，95℃，反应时间3h，锌、铁、镓、锗的浸出率分别为88%、93%、88%和68%[75,76]，相较于SO₂还原浸出法，浸出率稍低。

SO₂还原浸出产出溶液成分为：Zn 132.45g/L，Fe 31.36g/L，Ga 0.049g/L，Ge 0.023g/L，H₂SO₄ 45.42g/L。富含镓锗溶液采用石灰中和、锌粉置换法富集回收镓锗，得到的镓锗富集渣采用硫酸浸出得到镓锗富集液。石灰石中和温度80℃，中和时间1h，终点pH值为 $5.1 \sim 5.3$ ，锌粉置换温度80℃，置换时间3h，锌粉加入量为 $1kg/m^3$ 。沉淀后液中镓、锗浓度分别为0.0004g/L和0.0009g/L，镓锗的沉淀率分别为99.18%和96.09%。镓锗富集物主要成分为：Zn 5.82%，Fe 1.85%，Ga 0.15%，Ge 0.061%，与酸浸渣中镓锗含量相比镓富集了4倍，锗富集了1.5倍。将镓锗富集渣采用硫酸进行浸出，考察了温度、浸出时间、液固比等因素对镓锗浸出率的影响，在温度80℃、时间1h，液固比2：1的条件下，镓锗的渣计浸出率分别为Ga 99.70%，Ge 99.75%。浸出液主要成分为：Zn 26.89g/L，Fe 6.85g/L，Ga 0.58g/L，Ge 0.28g/L，相对加压浸出液，Ga、Ge 富集约 10 倍。

1999 年北京矿冶研究总院合成了一种新型镓锗萃取剂 G315，用于锌浸出液中萃取回收镓锗，并在小型试验和扩大试验中进行了应用。富含镓锗溶液采用 9.5% G315-5% 改质剂在相比 1/5 条件下萃取锗，针对含 Zn 10.91g/L、Fe 2.40g/L、Ga 0.35g/L、Ge 0.16g/L 溶液进行 3 级逆流萃取，锗的萃取率达到 99.5% 以上，其他杂质基本不被萃取。负载有机相中杂质主要由于水相夹带造成，通过加强洗涤可减少锗萃取液中的杂质含量。采用 250g/L NaOH 溶液两级错流反萃，反萃率接近 100%。反萃液锗含量 1.36g/L，其他杂质镓、锌、铁等含量均在 0.005g/L 以下。

锗萃余液采用 10% G315-5% P204-2.5% 改质剂在相比 1/3 条件下萃取镓，经过 3 级萃取、3 级反萃、3 级洗铁后，镓萃取率大于 96%，反萃率大于 95%，可富集 9 倍，其他杂质如铜、锌、铅、砷基本不被萃取，铁部分被共萃，通过洗涤可有效控制反萃液中铁的浓度。富镓溶液经处理后可电解生产电镓[77,79]。

5.7.3.2　华锡集团来宾冶炼厂

广西华锡集团股份有限公司来宾冶炼厂锌系统采用"沸腾焙烧—热酸浸出—净化—电积"的湿法冶炼技术，并采用黄钾铁矾法除铁，将低酸浸出液中的铁和铟富集在铁矾渣里，得到的铁矾渣含铟 0.18%，含锌 10%。然后铁矾渣送回转窑还原挥发，采用干燥—挥发—浸出—萃取—置换—电解的冶炼流程回收铟。来宾冶炼厂每年处理的锌精矿含铟大约 80t。该锌精矿具有铟、铁品位高，锌品位低的特点，因而在提取锌的过程中，铟铁分离是工艺流程选择的关键。

2006 年来宾冶炼厂委托北京矿冶研究总院针对热酸浸出液进行了"锌精矿还原—赤铁矿除铁"及"直接高温赤铁矿除铁"两个工艺流程小型试验，前者经锌精矿还原后先中和，有利于铟的回收；后者工艺流程简单，沉铁过程不消耗氧气，但沉铁反应温度高。产出铁渣品位均可达到 60% 以上，可考虑进一步回收利用，铟沉淀率均可达到 99.5% 以上，铟总回收率可达到 87% 以上。2007 年完成了扩大试验。

赤铁矿除铁在 500L 衬钛加压釜中进行，三隔室，每隔室配机械搅拌装置。沉铟后液含铁在 20~25g/L，在温度 160~190℃、氧分压 0.2MPa 条件下进行加压氧化赤铁矿除铁，反应 3h 后，渣中铁含量达到 60% 以上，含锌低于 1%，溶液中铁含量降至 2g/L 以下。经 X 衍射分析，渣中主要构成为赤铁矿，约占 98%，另还有少量的硫酸钙。试验运行期间，设备运转良好，搅拌浆及搅拌轴等易磨损位置未见有腐蚀及磨损。

5.8　锌精矿加压浸出研究进展

5.8.1　低温低压浸出法

铁闪锌矿（Marmatite）是指在成矿过程中，铁以类质同相混入闪锌矿中，其组成不固定，用机械磨矿和选矿的方法无法使铁分离，导致选矿产出的锌精矿中含锌低含铁高。通常闪锌矿含铁高于 6% 时即可称为铁闪锌矿，有的含铁高达 26%。我国以铁闪锌矿形式存在的锌占很大比例，仅云南省铁闪锌矿锌储量就有 700 多万吨，全国储量未见详细报道。云南、湖南、广西等省区均有丰富的铁闪锌矿资源，例如湖南的黄沙坪铅锌矿、云南文山都龙锌矿、蒙自白牛厂和澜沧铅锌矿、广西大厂锡矿山、贵州赫章铅锌矿等都是重要的铁闪锌矿产地。这些矿山含铁量大都在8%以上，且其中有大量的铅、银、锡、铟等伴生金属，产出的铁闪锌矿由于锌含量低铁含量高而只得贱价出售，矿山经济效益低。

高铁硫化锌精矿，尤其是铁闪锌矿在传统焙烧过程中易产生铁酸锌，造成锌浸出率较低。焙烧矿中铁含量每增加1%，不溶锌则增加0.6%。近些年，国内针对铁闪锌矿的处理提出了加压浸出、两段焙烧—弱酸浸出，水蒸气氧化焙烧，硝酸—硫酸常压浸出，电弧炉炼锌等工艺，相比较而言，加压浸出工艺具有回收率高、污染小等优点，尤其适于老企业的改造扩建。国内针对铁闪锌矿加压浸出进行了大量研究工作。为降低反应温度和压力，减少设备腐蚀及投资，在对镍、铜精矿低温低压浸出技术研究的基础上，2000年北京矿冶研究总院提出了高铁闪锌矿低温低压加压浸出技术[80,81]。针对含 Zn 39.52%、Fe 14.36%的锌精矿，在110~115℃下进行加压浸出，控制氧分压0.5MPa，反应时间1.5~2h，锌浸出率可达到96%以上。

5.8.2 加压浸出与传统工艺的结合

锌精矿加压浸出技术环境友好，工艺流程简短，金属综合回收率高，与传统工艺结合可有效增加产量，对现有工艺流程进行优化。但相较于中性浸出产出溶液，加压浸出溶液硫酸浓度及铁等杂质含量相对较高，需进行中和净化处理。采用单段加压浸出工艺的 Trail 厂等，将加压浸出液并入传统中性浸出系统，中和酸及综合除去溶液中铁。哈得逊湾矿冶公司虽完全取消了沸腾焙烧流程，独立采用两段加压处理锌精矿，但溶液采用外购的氧化锌烟尘、石灰等进行中和。且外购氧化锌烟尘物料成分波动大，成本高，易造成系统中氟氯超标，需进行处理后再应用，存在一定的风险。国内丹霞冶炼厂等均配套了沸腾焙烧系统生产焙砂用于溶液的中和，另外，加压浸出渣虽可经过选矿、热滤回收硫黄，但产出的硫化物滤饼中硫、铅、锌等含量较高，需焙烧回收其中的铅、锌等，也就是说加压浸出系统仍在一定程度上依赖于传统工艺。锌精矿加压浸出与传统工艺结合、锌铅铜冶炼结合，进行工艺、资源优势互补，可有效提高金属的综合回收率，降低废渣产出量，是今后冶金发展的趋势。

1983年 Gerald 等人[82]就提出采用加压浸出工艺处理铁酸锌渣，铁酸锌渣和硫化锌矿共同进行加压浸出，可采用一段或两段逆流浸出，铁酸锌和硫化锌混合原料中以铁酸锌形式存在的锌在5%~40%，最好在5%~20%，反应温度控制在135~175℃，氧分压30~700kPa，控制酸锌物质的量比低于1.2，使得锌浸出进入溶液，经除铁后净化生产电锌。近些年国内针对锌精矿加压浸出与传统工艺结合进行了大量研究工作，如锌精矿采用热酸浸出液进行浸出，与传统热酸浸出系统结合，在除铁的同时提高产量；传统工艺浸出渣并入加压浸出系统进行处理，简化传统工艺流程，节约能耗，降低对环境的污染。株洲冶炼厂采用富氧常压浸出技术处理锌精矿，同时配入传统锌冶炼系统的中锌浸出渣，实际上也是典型的加压浸出与传统工艺结合，只是设备及反应条件不同。

5.8.2.1 锌精矿加压浸出—热酸浸出结合工艺

热酸浸出过程中，中浸渣采用两段热酸浸出，一段热酸浸出终酸浓度控制在30~45g/L，二段控制在100~130g/L，二段热酸浸出液返回一段浸出，一段热酸浸出液含铁浓度高，一般达到10g/L以上，送铁矾除铁工序除铁。黄钾铁矾除铁过程中反应温度控制在90~

95℃，反应时间一般达到6h以上，溶液蒸发量大，生产能耗高，且产出的铁矾渣渣量大、渣含锌高。

为简化工艺流程，2002年北京矿冶研究总院提出了加压浸出与热酸浸出系统结合的工艺流程，采用热酸浸出液处理锌精矿，在除铁的同时，达到扩产的目的，取消传统工艺流程中铁矾除铁工序，提高反应效率和金属回收率。并针对该工艺进行了详细的研究，考察了反应温度、精矿粒度、反应时间、氧分压、液固比、添加剂等因素对锌铁的影响。试验用锌精矿主要成分为：Zn 53.04%，Fe 5.70%，Pb 1.69%，Cu 0.12%，Ca 0.55%，S 29.27%，Ag 38.5g/t。XRD分析发现锌精矿中主要为闪锌矿、黄铁矿、方铅矿和石英等，还含有少量的黄铜矿、黝铜矿和磁黄铁矿等。配置一段热酸浸出液化学成分为：Zn 116g/L，H_2SO_4 40g/L，Fe 11.5g/L；二段热酸浸出液化学成分为：Zn 80g/L，H_2SO_4 100g/L，Fe 15g/L，分别进行了加压浸出工艺研究，两者均可取得了满意的试验结果。

确定最佳工艺条件为[83]：在反应温度130℃、氧分压600kPa、浸出时间3h、液固比14:1、精矿粒度 -50μm 占96%、木质素磺酸钙0.4%条件下，采用热酸浸出液进行锌精矿加压浸出，锌浸出率可达到97%以上，浸出液中锌含量可达到150g/L左右，铁含量低于2g/L，硫酸含量低于10g/L，可直接返回中性浸出系统。浸出渣主要成分为铁和硫，铁主要以铁矾、赤铁矿等形式存在，硫主要以元素硫形式存在，可采用选矿方式回收其中的硫及未反应的硫化物，铁渣直接外售。浸出渣主要矿物为元素硫和铅铁矾、部分黄铁矿及石英，针对该渣进行了浮选探索试验，硫回收率92%左右。显微分析，浸出渣中银部分以银黝铜矿形式存在，浮选过程中发生了分散，部分进入硫精矿中，部分进入尾渣中。

锌精矿采用热酸浸出液进行处理，具有如下优点：

（1）系统锌产量可提高30%，且锌总回收率提高1%以上。

（2）取消了铁矾除铁系统，简化了工艺流程。

（3）硫以元素硫形式产出，降低硫酸系统生产压力，硫品位高，易于回收。

（4）可以进行资源优化配置，含银高的锌精矿送主系统进行处理，得到高品位铅银渣，含银较低的锌精矿进入加压浸出系统进行处理，以提高物料的综合回收率。

5.8.2.2　锌精矿-浸出渣联合加压浸出工艺

在锌精矿低温低压加压浸出工艺研究的基础上，北京矿冶研究总院2001年针对锌精矿和中浸渣联合加压进行了研究。该工艺可有效地取消传统工艺流程中的回转窑挥发或热酸浸出—黄钾铁矾除铁工序，将铁酸锌渣直接并入加压浸出系统，在浸出锌的同时沉淀铁，简化工艺流程，降低能耗。

试验用锌精矿成分为：Zn + Cd 53.52%，Fe 5.57%，Pb 1.23%，S 27.35%，中性浸出渣成分为：Zn + Cd 26.72%，Fe 8.79%，Pb 3.60%，S 9.00%。将锌精矿和中性浸出渣按一定比例混合，取混合矿在110～115℃、液固比6:1、浸出时间4h、氧分压800kPa下进行加压浸出，硫酸量按照酸锌物质的量比1:1加入。

低温低酸下加压浸出，随着中浸渣比例的降低，锌浸出率上升，但总体锌浸出率均较低，最高为94%左右，需进一步提高硫酸浓度。在该条件下直接浸出酸浸渣，由于初始酸锌物质的量比仅为1:1，锌浸出率较低，仅为82%左右。硫酸是影响锌浸出率的重要因素，在中浸渣比例40%条件下，将初始酸锌物质的量比提高至1.2，锌浸出率可达到97.93%。低酸下加压浸出，为保证锌的浸出率，需提高初始酸浓度，造成终液中硫酸含量及铁浓度较高，为保证后续工序的顺利进行，需进行两段逆流浸出，以降低溶液中硫酸及铁含量，否则耗费中和剂量较大。

2006年针对国内企业锌冶炼产出酸浸渣与锌精矿配比进行了高温加压浸出。酸浸渣主要成分为：Zn 22.12%，Fe 21.85%，Pb 1.27%，S 5.82%，In 0.0266%，试验过程中考察了温度、浸出时间、酸锌比、氧分压和磨矿细度等因素对 Zn 浸出率的影响。在一定条件下，温度等因素影响不大，初始酸锌比是影响锌浸出率的重要因素，随着酸锌比的增加，锌、铟、铁的浸出率相应增加，又由于矿物中存在大量的铁酸锌，要在高酸下才能溶解，为了得到高的锌、铟浸出率，就要使浸出前液达到较高的酸锌比。

温度150℃、总压1.1MPa、酸锌物质的量比2.36、液固比为3mL/g、浸出时间1.5h，不磨矿，焙砂酸浸渣锌、铟的浸出率分别为95%、85%。另外，在锌精矿和酸浸渣配比试验中，锌浸出规律基本与110℃下相似。控制酸浸渣比例40%，在温度150℃、总压1.2MPa下反应1.5h。

酸锌比对铟、铁浸出率影响较大，酸锌比由1.1增加到1.8，铟的浸出率由76.91%增加到92.06%，而铁的浸出率增加到42.25%，这是不希望达到的结果。经两段逆流加压浸出后，锌浸出率可达到97%以上，渣中锌含量低于2%，溶液中铁低于2g/L，硫酸含量低于10g/L，可直接送传统中性浸出工序进行处理，或经中和沉铟、除铁后送净化、电积工序进行处理，可集中处理富铟原料，提高铟的回收率。

锌冶炼联合工艺流程如图5-34所示。

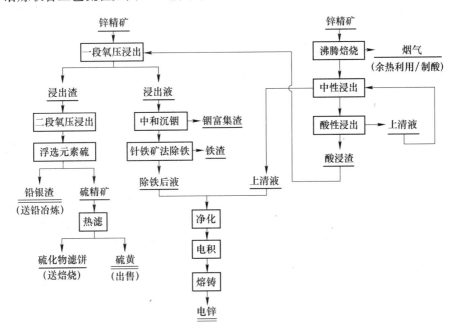

图5-34 锌冶炼联合工艺流程

5.8.3 铁闪锌矿加压浸出

锌精矿加压浸出处理原料一般铁含量较高，从最早投产的 Trail 冶炼厂，到哈萨克斯坦巴尔喀什冶炼厂，处理精矿中铁含量均在8%以上，Trail 工业试验用精矿含铁11%左右，且据报道主要为铁闪锌矿。目前，仅丹霞冶炼厂由于冶炼原料主要来自凡口铅锌矿，铁品位较低，铁含量仅5%以下。近些年国内针对高铁闪锌矿加压浸出进行了大量研究工作。一般锌精矿经细磨至 −0.043mm 占95%后，控制反应温度 140~160℃，氧分压 0.7MPa，时间90min，锌浸出率均可达到95%以上。经两段逆流加压浸出后，锌浸出率可达到97%以上，溶液中铁含量可降至3g/L以下。另外，动力学研究表明，反应初期铁的浸出速率受化学反应控制，遵循"未反应核减缩型"表面化学反应控制动力学规律，浸出后期受固膜扩散控制，浸出中期由二者共同控制。实际上高铁闪锌矿和铁闪锌矿有一定的区别，前者矿物中铁或者以铁闪锌矿形式存在，或者以黄铁矿、磁黄铁矿形式存在，而后者铁以铁闪锌矿类质同相形式进入闪锌矿中。为考察铁闪锌矿加压浸出过程中的行为，针对合成铁闪锌矿进行了详细的热力学、动力学和电化学研究。

　　研究中以ZnS与FeS为原料在管状电炉中进行了合成铁闪锌矿试验。在惰性气体保护下，以ZnS和FeS为原料，在900℃温度下固相烧结1h，然后在800℃下保温1h。所得合成物无独立的FeS相且主要为闪锌矿晶型。其中锌、铁、硫含量分别为：Zn 51.52%，Fe 13.74%，S 32.56%，合成铁闪锌矿分子简式为$(Zn_{0.775}Fe_{0.225})S$。并针对单体矿进行了加压浸出，考察了各元素的浸出行为、铁的作用、其他硫化物的作用，对过程动力学进行了研究。

　　Harvey等人曾研究了锌精矿在130~210℃范围内加压氧化浸出过程的动力学，结果显示浸出过程遵循界面反应控制的收缩核模型。由于其研究对象为复杂锌精矿，研究结果尚不能完全排除其他硫化矿的干扰。徐志峰等针对闪锌矿单体矿浸出动力学进行了研究。试验条件为：$p_{O_2}=0.3MPa$，$[H_2SO_4]_{ini.}=0.77mol/L$，液固比 10∶1。

　　另外，还进行了铁闪锌矿电化学行为研究（见图 5-35）。研究采用稳态极化曲线方法进行，稳态极化曲线能够直观地反映电极反应速度与电极电势的关系，判断电极过程的难易程度[84,85]（见图 5-36）。研究中以铁闪锌矿单体矿悬浮矿浆为研究对象，研究了其酸性氧化浸出过程的电化学行为，并与闪锌矿浸出过程进行了比较。精矿主要成分为：Zn 62.51%，S 32.33%，Fe 21.4%，湿磨至 −44μm，用无水乙醇洗涤并自然晾干。

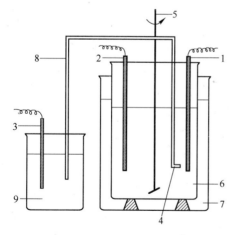

图 5-35　电化学测试实验装置示意图

1—研究电极；2—辅助电极；3—参比电极；

4—鲁金毛细管；5—搅拌浆；6—矿浆；

7—水浴；8—盐桥；9—饱和 KCl 溶液

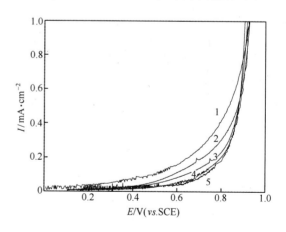

图 5-36　不同扫描速度情况下的极化曲线

1—20mV/s；2—10mV/s；3—5mV/s；

4—1mV/s；5—0.5mV/s

5.8.3.1 H₂S 氧化电位的测定

90℃条件下，分别对 H₂S 饱和的纯水和 H₂SO₄ 溶液进行动电位扫描，结果如图 5-37 所示。由图 5-37 可见，在纯水中，H₂S 的氧化电流密度在 -0.02V（$vs.$ SCE，下同）处达到峰值；而在 H₂SO₄ 溶液中，其氧化峰右移至 0.24V 处。H₂S 在阳极上的氧化产物为 S^0，反应式为：$H_2S \rightarrow 2H^+ + S^0 + 2e$。进一步测定了 90℃条件下单质硫在 H₂SO₄ 溶液中的动电位扫描曲线，结果如图 5-38 所示。由图 5-38 可见，仅在 1.0V 附近存在氧化峰（氧气析出），观察不到 S^0 在阳极上的氧化。由此可认为，H₂S 氧化生成 S^0，S^0 是比较稳定的氧化形态。

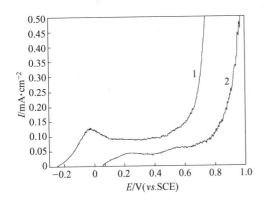

图 5-37　H₂S 饱和溶液动电位扫描的结果

1—H₂S 饱和的纯水，$T = 90℃$；

2—H₂S 饱和的 H₂SO₄（溶液 0.51mol/L，$T = 90℃$）

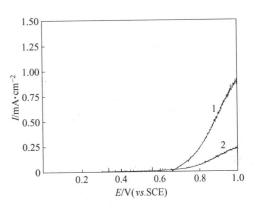

图 5-38　对含硫溶液进行动电位扫描的结果

1—$[H_2SO_4] = 0.51\text{mol/L}$，$[Fe^{3+}]_{aq.} = 0.05\text{mol/L}$，

$W_s^o = 5g$，$L:S = 100:5$，$T = 90℃$；

2—$[H_2SO_4] = 0.51\text{mol/L}$，$[Fe^{3+}]_{aq.} = 0\text{mol/L}$，

$W_s^o = 5g$，$L:S = 100:5$，$T = 90℃$

5.8.3.2 通氧的影响

试验条件：$T = 363K$，$[H_2SO_4] = 0.51\text{mol/L}$，液固比 100:5。通氧对铁闪锌矿与闪锌矿浸出过程动电位扫描的影响如图 5-39 和图 5-40 所示。由图 5-40 可见，通氧后闪锌矿的阳极氧化程度较通氧前略有增大，而 H₂S 的氧化峰值电流密度则无明显增大。说明通氧对闪锌矿氧化酸溶过程的促进作用相当有限，这可能是由于浸出体系中缺少溶解性铁的缘故。通氧后，铁闪锌矿的阳极氧化程度也有所增大，但限于氧气在浸出体系中的溶解度，

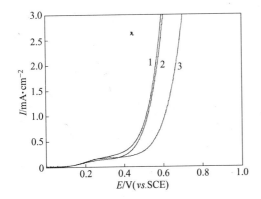

图 5-39　通氧对铁闪锌矿浸出过程动电位扫描的影响

1—通氧速率 60mL/min；2—通氧速率 20mL/min；3—未通氧

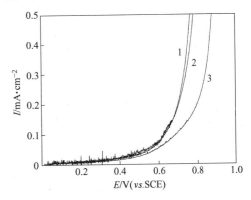

图 5-40　通氧对闪锌矿浸出过程动电位扫描的影响

1—通氧速率 60mL/min；2—通氧速率 20mL/min；3—未通氧

当通氧速率由 20mL/min 进一步增至 60mL/min 时，通氧对铁闪锌矿氧化浸出的促进作用就不再明显了（见图 5-39）。

5.8.4　催化氧化酸浸法

锌精矿催化氧化酸浸法就是在加压氧化浸出的过程中加入硝酸根进行催化氧化，促进反应的进行。1987 年中国科学院化工冶金研究所夏光祥等人开发出催化氧化酸法预处理难冶炼金精矿技术，并申请了专利。在温度 100℃，总压 20~50kPa，pH 值为 0.5~1.4，溶液含 HNO_3 9g/L 条件下，氧化浸出硫化矿，如毒砂和黄铁矿等，浸出渣经氰化提金，金浸出率达到 95%~99%。1992 年将该技术用于处理锌精矿，先后对陕西眉县锌精矿和湖南株洲荷花乡锌精矿进行了催化氧化酸浸试验。湖南荷花乡锌精矿主要成分为：Zn 58.0%，S 31.38%，Fe 4.30%，Cu 0.12%，Pb 4.0%，CaO 0.074%，MgO 0.023%，Al_2O_3 0.30%，Co < 0.01%，Ag 32g/t。精矿粒度为 −44μm 占 62.5%。

试验在 2L 不锈钢高压釜中进行，锌精矿细磨后，每次加入 100~170g/L 试料，在稀硫酸溶液中浆化搅拌，释放出 CO_2 气体，加入木质素磺酸钠和硝酸，有时加入 4g/L Fe^{3+} 以提高氧化速率；有时加入 70g/L Zn^{2+} 以考察氧化后达到锌电积浓度时的锌浸出率，充入氧气后升温至 100℃浸出。试验结果见表 5-16。

表 5-16　试验结果

编号	精矿粒度 (−44μm)/%	硫酸 /g	硝酸 /g·L⁻¹	SAA /g·L⁻¹	氧耗 /m³·t⁻¹	渣率 /%	渣中元素硫 /%	锌浸出率 /%	备　注
1	52.5	18	9.2	0.2	52.0	83.5			外加 4g/L Fe^{3+}
2	91	92	18.4	0.2	33.7	33.9	70	97.7	两段浸出
3	91	92	9.2	0.2	87.0	46.5	54	85.0	
4	95	100	9.2	0.2	85.7	40.1	60	92.4	外加 4g/L Fe^{3+}
5	91	100	18.4	0.2	98.8	39.3	64	91.5	
6	99	110	9.2	0.2	93.6	34.7	69	97.0	外加 4g/L Fe^{3+}
7	62.5	110	9.2	0.2	81.7	44.7	50	83.6	外加 4g/L Fe^{3+}
8	99	110	18.4	0.1	102	38.0		94.8	
9	99	110	9.2	0.2	96.5	36.4		96.1	
10	99	110	18.4	0.2	96.5	36.3		96.8	
11	99	120	9.2	0.2	102	35.6	50	97.4	
12	99	110	4.6	0.2	101	41.0	58	94.2	外加 2g/L Fe^{3+}
13	99	187	7.8	0.2	101	37.9	44	94.3	外加 2g/L Fe^{3+}
14	99	203	7.8	0.2	97.8	43.8	48	95.0	外加 70g/L Zn^{2+}
15	99	187	7.8	0.25	106	43.8	54	95.0	外加 70g/L Zn^{2+}

试验研究发现，精矿必须细磨到 $-44\mu m$ 占 90%，锌的浸出率可达到 95% 以上。试验中，每 100g 矿硫酸的加入量为 94.2g，但为保持溶液中 Fe^{3+} 含量，实际生产中应保持每吨矿用 1.1t 硫酸。氧气耗量约为 99.3$m^3/t_{矿}$，硝酸用量为 46kg/$t_{矿}$，木质素磺酸钠的用量为 1~2kg/$t_{矿}$。锌的浸出率可达到 95% 以上，硫转化率 95%，硫黄产率约 85%，氧单耗约 100m^3/t，浸出渣率 38%，其中元素硫含量约 60%。

氧化浸出的溶液，在 85℃ 下加入 FeS 还原脱硝，NO_3^- 可降至 0.2g/L，经锌粉置换除杂后，NO_3^- 可降至 5mg/L 以下，对电积无影响。溶液中的铁采用焙砂中和除去。60~65℃，pH 值为 5.2~5.4，时间 2h，溶液过滤后，进一步采用锌粉置换铜镉，锌粉量为理论量的 3.5~4 倍，控制条件为 45~50℃，pH 值为 5.2~5.4，时间 1.5h。经净化后溶液可满足电积要求，可送电积或采用碳酸铵沉淀法生产碱式碳酸锌。但浸出过程中带入大量的硝酸根，需要进行脱硝处理。

1999 年对云南冶金集团澜沧铅矿含铁 15.81% 的铁闪锌矿进行了催化氧化加压酸浸试验，在 100℃ 下浸出 5h，锌浸出率 97.8%，铁浸出率 60.6%，扩大试验也获得了相似结果。

2003 年，T. Fayram 和 C. G. Anderson 等对北美含镓锗锌精矿进行了硝酸催化氧化加压浸出试验，锌精矿成分为：Zn 64.8%，Fe 0.4%，Ga 997g/t，Ge 513g/t，总硫 31.7%。控制试验条件：始酸 50g/L，总压 620kPa，矿浆固含量 100g/L，粒度 $-10\mu m$ 占 80%，最高温度 125℃，硝酸根浓度 2g/L，反应时间 20min，在该条件下，锌、镓、锗、铁的浸出率分别为 97.3%、98.2%、96.3% 和 95.6%。

5.8.5 铁矾渣加压浸出工艺

我国锌产量中铁矾法约占 40% 以上，过程中产出的铁矾渣量巨大，现有堆存的铁矾渣量超过 2000 万吨，且每年以 100 万吨的速度增长。铁矾渣中除含有锌、铁外，还含有镓、锗、铟及银等有价金属，但目前尚无经济有效的处理工艺，多直接堆存，不仅占用大量土地，且存在重金属污染的问题，给环境和企业带来负担。为解决铁矾渣堆存问题，同时综合回收其中的锌等有价元素，提出了锌精矿—铁矾渣联合处理工艺，即将铁矾渣送入加压浸出系统进行处理。该工艺的提出出于以下几方面的考虑：(1) 铁矾渣经浸出后，回收其中的锌、镓、锗、铟及银等有价金属；(2) 利用铁矾中铁水解产出的硫酸进行锌精矿的浸出，降低硫酸消耗，同时达到扩产的目的；(3) 通过控制反应条件，提高铁渣品位，以达到后续综合利用的目的；(4) 采用加压浸出法代替现有的铁矾除铁系统，提高反应效率，简化工艺流程。

针对国内某企业含锌 45.67%、铁 11.7%、硫 30.73% 的锌精矿，及含锌 3.75%、铁 27.26%、硫 13.26% 的铁矾渣进行了加压浸出工艺研究，考察了反应温度、反应时间、物料配比等因素对浸出率的影响。研究结果表明，锌精矿与铁矾渣按照一定的配比进行加压浸出后，渣中锌含量可低于 2%，溶液中铁含量低于 2g/L，该工艺可达到锌浸出和铁沉淀的目的[86]。

由于加压浸出过程中铁主要以铁矾形式沉淀进入渣中，只有部分以赤铁矿形式存在，该工艺适于处理锌含量较高铁矾渣以回收其中的锌，同时对热酸浸出液进行除铁，简化现有工艺流程。

参 考 文 献

[1] 赵天从. 重金属冶金学[M]. 北京：冶金工业出版社，1987：81-85.

[2] 邱竹贤. 有色金属冶金学[M]. 北京：冶金工业出版社，1991：228-235.

[3] E G Parker，余楚蓉. 锌精矿的加压浸出流程[J]. 有色冶炼，1983(02)：26-33.

[4] 石伟，涂桃枝，杨寒林，等. 催化氧化酸浸法处理锌精矿的研究[J]. 有色金属（冶炼部分），1999 (01)：8-10.

[5] 李若贵. 常压富氧直接浸出炼锌[J]. 中国有色冶金，2009(03)：12-15.

[6] 邱定蕃，徐志峰. 硫化锌精矿常压直接浸出技术现状[J]. 有色金属科学与工程，2013(01)：1-7.

[7] 蒋开喜. 有色金属进展 1996～2005[M]. 长沙：中南大学出版社，2007：136.

[8] Kurt Svens. Direct Leaching Alternatives for Zinc Concentrates[C]. TT Chen Honorary Symposium on Hydrometallurgy, Electrometallurgy and Materials Characterization, Florida, USA, 2012：191-206.

[9] K R Buban, M J Collins, I M Masters, et al. Comparison of direct pressure leaching with atmospheric leaching of zinc concentrates [C]. Lead-Zinc 2000 Symposium as held at the TMS Fall Extraction & Process Metallurgy Meeting, Pittsburgh, PA, USA, 2000：727-738.

[10] 钟竹前，梅光贵，等. 化学位图在湿法冶金和废水处理中的应用[M]. 长沙：中南工业大学出版社，1986：27-67.

[11] 邱定蕃. 重有色金属加压湿法冶金的发展[J]. 有色金属（冶炼部分），1977(增刊)：15.

[12] 金泽男. 硫化砷渣和炼锑砷碱渣处理新工艺及其机理的研究[D]. 沈阳：东北大学，1999.

[13] K R Buban, M J Collins, I M Masters. Iron control in zinc pressure leach processes[J]. JOM, 1999,51 (12)：23-25.

[14] 易阿蛮. 关于硫化锌精矿的直接加压酸浸[J]. 有色金属（冶炼部分），1981(03)：56-59.

[15] David L Jones. Process for the recovery of zinc from a zinc sulphide ore or concentrate：US, 6471849[P]. 2002.

[16] 唐际流，周晓源. 铁在硫化锌精矿加压浸出过程中的行为[J]. 有色金属（冶炼部分），1987(03)：32-35.

[17] 梅光贵，王得润，等. 湿法炼锌学[M]. 长沙：中南工业大学出版社，2001：154.

[18] Wang Zhongmu, Ting Anzhang, Yan Liu. , et al. E-pH diagram of ZnS-H$_2$O system during high pressure leaching of zinc sulfide [J]. Transactions of Nonferrous Metals Society of China, 2010, 20 (10)：2012-2019.

[19] 王吉坤，李存兄，李勇，等. 高铁闪锌矿高压酸浸过程中 ZnS-FeS-H$_2$O 系的电位-pH 图[J]. 有色金属（冶炼部分），2006(2)：2-5.

[20] 俞小花. 加压酸浸法处理高铟高铁硫化锌精矿试验的研究[D]. 昆明：昆明理工大学，2006.

[21] 牟望重，张廷安，吕国志，等. 硫化锌氧压浸出过程的 φ-pH 图[J]. 中国有色金属学报，2010,28 (8)：1636-1643.

[22] 古岩，张廷安，吕国志，等. 硫化锌加压浸出过程的电位-pH 图[J]. 材料与冶金学报，2011,10 (2)：112-119.

[23] 李精佳，陈家镛. 锌精矿加压氧化酸浸过程中添加剂的作用[J]. 有色金属，1987(02)：65-71.

[24] Paul Kawulka, Walter J Haffenden. Recovery of zinc from zinc sulphides by direct pressure leaching：US, 3867268[P]. 1975.

[25] 邱学青，楼宏铭，杨东杰，等. 工业木质素的改性及其作为精细化工产品的研究进展[J]. 精细化工，2005(03)：161-167.

[26] 杨开吉，苏文强，沈静. 造纸副产品木素磺酸盐的应用[J]. 造纸科学与技术，2006(04)：55-58.

[27] 李精佳. 锌精矿加压氧化酸浸过程中硫的行为[D]. 北京：中科院化工冶金研究所，1985.

[28] James A Brown, Vladimiros G Papangelakis. Interfacial studies of liquid sulphur during aqueous pressure oxidation of nickel sulphide[J]. Minerals Engineering, 2005, 18, 1378-1385.

[29] L Tong, D Dreisinger, B Klein, et al. Influence of Iron on the Complexation and Oxidation of Quebracho: An Investigation on the Stability of Sulfur Dispersing Agent[C]. Pressure Hydrometallurgy 2012: 42nd Annual Hydrometallurgy Meeting, Niagara falls, Ontario, Canada, 2012: 121-136.

[30] Michael J Collins, Donald K KOfluk, Canada both of Fort Saskatchewan. Recovery of zinc from sulphide concentrates: US, 5770170[P]. 1998.

[31] 徐志峰，邱定蕃，王海北. 煤在铁闪锌矿氧压酸浸中的应用[J]. 中国有色金属学报，2008(05)：939-945.

[32] W A Jankola, H Salomon-de-Friedberg. Iron Purification at Teck Cominco's Trail Operations[C]. Proceedings of the Third International Symposium on Iron Control In Hydrometallurgy Montreal, Montreal, Quebec, Canada, 2006: 343-358.

[33] 林燕，I M Master, L Barta, et al. 谢里特锌氧压浸出工艺在中国高铁锌精矿中的应用[C]. 全国第十二届铅锌冶金学术年会暨中国铅锌联盟专家委员会工作会议. 长沙，2013：137-149.

[34] 邱定蕃. 重有色金属加压湿法冶金的发展[J]. 有色金属冶炼部分（增刊），1997，9-18.

[35] I Masters, L Barta. The Sherritt Zinc Pressure Leach Process: Integration Applications and Opportunities [C]. Pb-Zn 2010, Vancouver, Canada, 2010: 487-504.

[36] M A Nagle, D G Reynolds, D A D Boateng. Zinc Ferrite Treatment Options to Increase the Zinc Recovery at Teck Cominco's Trail Operations[C]. Proceedings of the Third International Symposium on Iron Control In Hydrometallurgy Montreal, Montreal, Quebec, Canada, 2006: 327-341.

[37] C A D'Odorico. Experiences with Zinc Pressure Leaching of 100% Red Dog Zinc Concentrate at Teck Cominco's Trail Operations [C]. Pressure Hydrometallurgy 2004: 34th Annual Hydrometallurgy Meeting, Banff, Alberta, Canada, 2004: 913-927.

[38] 郭天立. 科明科特累尔锌厂的浸出和净化[J]. 有色冶炼，2003(06)：7-12.

[39] Gerry L Bolton, 史有高. 谢里特锌加压浸出法的生产实践及其发展趋势[J]. 有色冶炼，1990(04)：10-16.

[40] E C Parker, 周美玲. 科明科公司特累尔厂加压浸出生产实践[J]. 有色冶炼，1984(02)：11-15.

[41] A C, Moore Mollison, G H. Zinc sulphide pressure leaching at Kidd Creek[C]. Lead zinc'90 AIME-TMS Symp Ⅶ, Anaheim, Calif, 1990: 277-292.

[42] 戴江洪. 硫化锌精矿氧压浸出的工业实践及其问题探讨 [C]. 白银有色集团股份有限公司技术创新大会论文汇编，甘肃白银，2010.

[43] B Pierre, L Becze, S Di Carlo, et al. Crystallization of Zinc and Iron Sulphates Causes Major Scaling Problems in the Kidd Metallurgical Site Leach Plant Autoclave[J]. Zinc and Lead Metallurgy, 2008, 241-252.

[44] E Ozberk, M J Collins, M Makwana, et al. Zinc pressure leaching at the Ruhr-Zink refinery[J]. Hydrometallurgy, 1995,39(1-3): 53-61.

[45] M J Collins, T R Barth, R G Helberg, et al. Operation of the Sherritt Zinc Pressure Leach Process at the HBMS Refinery: The First Two Decades[C]. Pb-Zn 2010, Vancouver, Canada, 2010: 505-516.

[46] 姚兴云，苏平. 谢里特锌压力浸出在 HBMS 精炼厂二十年的运行实践[J]. 中国有色冶金，2011(05)：1-8.

[47] M T Collins, E J McConaghy, R F Stauffer, et al. Starting up the Sherritt Zinc Pressure Leach Process at Hudson Bay[J]. JOM, 1994,46(4): 51-58.

[48] T R Barth, A T C Hair, T P Meier. The operation of the HBM & S zinc pressure leach plant[J]. Zinc and Lead Processing, 1998: 1101, 811-823.

[49] S Shairp. Role and Behaviour of Copper in HBMS's Zinc Pressure Leach Plant[C]. Zinc and Lead Metallurgy, proceedings of the 47th annual conference of metallurgists, winnipeg, Manitoba, Canada, 2008: 15-28.

[50] S Shairp. Leach Residue Filtration at the Hudbay Zinc Pressure Leach Plant[C]. Pressure Hydrometallurgy 2012: 42nd Annual Hydrometallurgy Meeting, Niagara falls, Ontario, Canada, 2012: 305-312.

[51] 史有高. 哈得逊湾舍利特锌加压浸出工艺试车投产[J]. 有色冶炼, 1994(06): 13-20.

[52] S Shairp, T R Barth, M J Collins. Control of Iron in the Hudson Bay Zinc Pressure Leach Plant[C]. Proceedings of the Third International Symposium on Iron Control In Hydrometallurgy Montreal, Montreal, Quebec, Canada, 2006: 171-190.

[53] 张登凯. 搅拌磨在锌加压浸出备料过程的应用[J]. 有色金属（冶炼部分）, 2013(10): 56-59.

[54] 杨敏. 丹霞冶炼厂焙烧烟气制酸系统技术改造[J]. 科技风, 2012(13): 74-76.

[55] 李莎. 丹霞冶炼厂沸腾焙烧制酸改造综述[J]. 有色冶金设计与研究, 2010(05): 20-21.

[56] 骆昌运. 针铁矿除铁工艺在丹霞冶炼厂的应用实践[J]. 有色金属工程, 2011(03): 44-46.

[57] 吴才贵, 张伟, 郑莉莉. 丹霞冶炼厂硫酸根平衡的现状及建议[J]. 金属世界, 2012(06): 28-30.

[58] 伍文丙. 锌电积大极板和自动化剥锌的应用实践[J]. 中国有色冶金, 2013(06): 32-34.

[59] 张超. 3.2m² 大极板锌片熔铸生产实践[J]. 有色冶金设计与研究, 2012(04): 33-34.

[60] 刘新元, 胡东风. 锌精矿氧压浸出渣熔硫工业生产改造实践[J]. 中国有色冶金, 2013(04): 29-30.

[61] Dimitrios Filippou. Innovative hydrometallurgical peocesses for the primary processing of zinc[J]. Mineral Processing and Extractive Metallurgy Review, 200425(3): 205-252.

[62] M Lahtinen, K Svens, T Haakana, et al. Zinc plant expansion by outotec direct leaching process[C]. 47th Annual Conference of Metallurgists of CIM, Winnipeg, Manitoba Canada, Zinc and Lead Metallurgy, 2008: 167-178.

[63] M J Latva-Kokko, T J Riihimäki. Effect of Pressure in Leaching of Low Grade Sulphide Ore at Ambient Temperature-Development of Hydrostatic Pressure Reactor [C]. Pressure Hydrometallurgy 2012: 42nd Annual Hydrometallurgy Meeting, Niagara falls, Ontario, Canada, 2012: 335-342.

[64] P Talonen, M Myllymäki, M Pohjonen. Current iron control practice at the Kokkola zinc plant[C]. Proceedings of the Third International Symposium on Iron Control In Hydrometallurgy Montreal, Montreal, Quebec, Canada, 2006: 285-295.

[65] 李振华, 王吉坤. 闪锌矿氧压酸浸渣中硫的回收研究[J]. 矿业工程, 2008(06): 31-33.

[66] 周勤俭. 湿法冶金渣中元素硫的回收方法[J]. 湿法冶金, 1997(03): 50-54.

[67] 李正明, 林文军, 伏东才, 等. 从硫化锌常压富氧浸出渣中提取硫的工艺探讨[C]. 全国第十二届铅锌冶金学术年会暨中国铅锌联盟专家委员会工作会议. 长沙, 2013: 207-210.

[68] 王纯梅, 等. 株冶锌精矿氧压酸浸渣综合回收选矿工艺研究——回收元素硫选矿小型试验报告[R]. 北京: 北京矿冶研究总院, 1985.

[69] 北京矿冶研究总院、株洲冶炼厂、长沙有色冶金设计研究院. 株冶锌精矿氧压酸浸物料综合回收选矿工艺研究-回收元素硫连续浮选试验报告[R]. 内部资料, 1985, 12.

[70] T C Cheng, G P Demopoulos. The Hematite Process-New Concepts for Increased Throughput and Clean Hematite Production[C]. Pressure Hydrometallurgy 2004: 34th Annual Hydrometallurgy Meeting, Banff, Alberta, Canada, 2004: 965-982.

[71] H Arima, T Aichi, Y Kudo, et al. Recent improvement in the hematite precipitation process at the Akita

Zinc Company[C]. Proceedings of the Third International Symposium on Iron Control In Hydrometallurgy Montreal, Montreal, Quebec, Canada, 2006: 123-134.

[72] H Arima, Y Kudo. Autoclave Application for Zinc Leach Residue Treatment by Akita Zinc Co., Ltd. [C]. Pressure Hydrometallurgy 2004: 34th Annual Hydrometallurgy Meeting, Banff, Alberta, Canada, 2004: 949-964.

[73] 赵磊, 张邦胜, 李岚, 等. 锌冶炼过程中伴生稀散金属提取现状[C]. 白银有色集团股份有限公司技术创新大会论文汇编, 甘肃白银, 2010.

[74] 王海北, 蒋开喜, 刘三平, 等. 锌冶炼过程综合回收技术[C]. 2009年锌加压浸出工艺与装备国产化及液态铅渣直接还原专题研讨会. 昆明, 2009: 33-37.

[75] 王玉芳, 王海北, 张邦胜, 等. 锌冶炼过程中镓锗的综合回收[J]. 有色金属 (冶炼部分), 2011 (11): 38-40.

[76] 蒋应平, 赵磊, 王海北, 等. 从浸锌渣中高压浸出镓锗的研究[J]. 有色金属 (冶炼部分), 2012 (08): 27-29.

[77] 苏立峰, 林江顺, 李相良. 稀散金属镓锗提取新工艺研究[J]. 中国资源综合利用, 2013(10): 7-9.

[78] 王海北, 林江顺, 王春, 等. 新型镓锗萃取剂G315的应用研究[J]. 广东有色金属学报, 2005 (01): 8-11.

[79] 林江顺, 王海北, 高颖剑, 等. 一种新镓锗萃取剂的研制与应用[J]. 有色金属, 2009(02): 84-87.

[80] 王玉芳, 蒋开喜, 王海北. 高铁闪锌矿低温低压浸出新工艺研究[J]. 有色金属 (冶炼部分), 2004(04): 4-6.

[81] 王海北, 蒋开喜, 施友富, 等. 硫化锌精矿加压酸浸新工艺研究[J]. 有色金属 (冶炼部分), 2004(05): 2-4.

[82] Gerald L Bolton, Donald R Weir. Process for recovering zinc from zinc ferrite material: 1985.

[83] 施友富, 蒋开喜, 王海北. 采用加压浸出工艺优化传统湿法炼锌流程研究[J]. 有色金属 (冶炼部分), 2012(5): 11-14.

[84] 徐志峰, 王海北, 邱定蕃. 闪锌矿酸性氧化浸出过程的电化学行为[J]. 有色金属, 2005(04): 59-63.

[85] 徐志峰, 邱定蕃, 王海北. 铁闪锌矿在硫酸浸出过程中的电化学行为[J]. 北京科技大学学报, 2007(03): 267-271.

[86] 李相良, 刘三平, 闫丽, 等. 铁矾渣和锌精矿混合浸出试验研究[J]. 中国资源综合利用, 2012 (09): 25-27.

6 镍 钴

6.1 镍钴资源

镍具有抗腐蚀、耐高温、抗氧化、延展性好、强度高等优良性能，是生产各种高温高强度合金、磁性合金和合金结构钢的主要添加剂，广泛用于冶金、化工、石油、建筑、机械制造、仪器仪表以及航天航海等领域，大量用于制造各种类型的不锈钢、软磁合金和合金结构钢，在军事工业中具有重要作用，一直被列为战略金属。

根据美国地质调查局公布的资料，2011年全世界镍总储量为8000万吨，主要分布在澳大利亚、新喀里多尼亚、俄罗斯、古巴、巴西等国家和地区。截至2008年年底，中国镍储量为287万吨，主要分布在甘肃、新疆、云南、吉林、四川、陕西和青海等省区。

世界钴资源集中分布在刚果（金）、澳大利亚、古巴、赞比亚、新喀里多尼亚、俄罗斯和加拿大等国家和地区，这些国家的钴储量总和约占世界总储量的95%以上[1]。世界上最主要的钴资源是刚果（金）和赞比亚的铜钴矿，一般含钴品位为0.1% ~ 0.5%，高的达到2% ~ 3%，比我国高十几倍到几十倍。我国缺乏单一的钴矿床，大部分钴伴生于镍、锌矿石中，由于钴品位偏低，回收工艺比较复杂，导致钴资源回收率低且生产成本高[2]。

早期镍红土矿曾是镍冶炼的主要原料，1879年新喀里多尼亚建成世界第一家红土矿提取镍工厂。直到20世纪初加拿大萨德伯里硫化镍矿被发现，硫化矿在镍生产和市场供应中一直处于主导地位，现约60%的镍产量来源于硫化镍矿[3,4]。镍红土矿是含镍橄榄岩在热带或亚热带地区经过长期风化淋滤变质而成，矿床通常由三层组成：含铁高的上层，镍与褐铁矿共生，称为褐铁矿型红土矿；硅酸盐矿物富集的下层，镍与硅酸盐矿物共生，形成硅镁镍矿，称为硅镁镍矿型红土矿；处于褐铁矿和硅镁镍矿之间称为过渡型镍红土矿。不同类型的镍红土矿主要成分见表6-1。

表6-1 不同类型的镍红土矿主要成分 （%）

类　型	Ni	Co	Fe	MgO	SiO₂
褐铁矿型	0.8 ~ 1.5	0.1 ~ 0.2	40 ~ 50	0.5 ~ 5.0	10 ~ 30
过渡型	1.5 ~ 2.0	0.02 ~ 0.1	25 ~ 40	5 ~ 15	10 ~ 30
硅镁镍矿型	1.5 ~ 3.0	0.02 ~ 0.1	10 ~ 25	15 ~ 35	30 ~ 50

6.2 镍钴冶炼技术现状

6.2.1 镍冶炼

镍冶炼原料主要分为硫化矿和氧化矿（红土矿）两大类，其中镍产量60%以上产自硫化矿。

6.2.1.1 镍红土矿冶炼

镍红土矿冶炼工艺分为火法和湿法两大类。火法冶金工艺主要包括还原—电炉熔炼镍铁、还原—硫化熔炼生产镍锍、回转窑还原—磁选生产镍铁以及高炉生产镍铁工艺。镍铁产品几乎完全用于不锈钢的生产，而镍锍产品的处理则又回归到传统硫化矿冶炼低镍锍处理的工艺。湿法工艺主要包括还原焙烧—氨浸法（Caron 工艺）、高压酸浸法、常压酸浸法（搅拌浸出、堆浸）、氯盐浸出法、生物浸出法等。其中，高压酸浸法应用最为普遍，氯盐浸出法、生物浸出法等只停留在试验研究阶段，未见有大规模工业生产的报道，湿法工艺具有生产规模灵活、能耗低、残渣量大等特点。

A 火法冶炼工艺

（1）高炉法生产含镍生铁冶炼工艺。

高炉法生产含镍生铁是最早出现的镍红土矿处理方法。1875 年新喀里多尼亚就采用小高炉熔炼处理富矿而获得含镍 65% ~68% 的镍铁合金，后来在欧洲也曾采用过该方法。但由于焦炭消耗量大、成本高而没有被推广。自 2005 年以来，我国开始大批量从印度尼西亚、菲律宾、新喀里多尼亚等国家和地区进口镍红土矿，主要采用钢铁行业淘汰下来的小高炉生产含镍生铁，由于镍价格不断攀升，利润丰厚，部分铁合金企业也转为生产镍铁，导致 2006 年我国镍红土矿进口量超过 500 万吨，2007 年达到 1620 万吨，最多的时候全国拥有 219 家镍铁生产企业。该方法投资省，原有小高炉系统进行简单改造就可以投入生产。但烧结过程污染大、能耗高，每生产 1t 镍平均消耗 25t 焦炭。产品镍品位低，通常只有 4% ~6%，磷、硫等杂质含量高。目前我国含镍 5% 的生铁市场已经饱和，必须提高镍含量才能解决销售问题。随着国家节能减排力度的不断加大和环保要求的不断提高，该工艺已逐步被淘汰。

（2）回转窑还原—电炉镍铁冶炼工艺。

回转窑还原—电炉熔炼法是目前处理氧化矿的重要途径之一，简称 RKEF 工艺。RKEF 法适合处理高品位镍红土矿，技术成熟，风险小，产出高品位镍铁可直接用于生产高端不锈钢，电炉渣可用于铺路等；但投资较大，电耗高。典型镍铁生产企业有新喀里多尼亚的多尼安博厂、印度尼西亚 Pomala Plant、马其顿费尼马克冶炼厂、前南斯拉夫科索沃厂、哥伦比亚塞罗马托萨厂、多米尼加博纳阿厂和缅甸达贡山镍冶炼厂等。将矿石破碎、干燥后，送煅烧回转窑在 700℃ 下煅烧，焙砂加入煤粉送电炉在 1350 ~1450℃ 下还原熔炼，产出的粗镍铁合金再经吹炼产出成品镍铁合金，镍品位 20% ~40%，镍回收率 90% ~95%，钴不能回收[5]。该方法投资大，在中国吨镍投资在 6 万 ~8 万元，西方国家的投资将达到 16 万 ~20 万元；能耗高，吨矿综合电耗至少在 750kW·h。该方法适合处理含镍较高的镍红土矿，一般处理含镍高于 2% 的蛇纹石型红土矿，对低品位的褐铁矿型红土矿在经济上不合理。

（3）镍锍冶炼工艺。

还原—硫化熔炼生产高镍锍工艺是最早用于处理镍红土矿的工艺流程。早在 20 世纪二三十年代就得到了工业应用，当时采用的都是鼓风炉熔炼，20 世纪 70 年代以后建设的企业均采用电炉熔炼。熔炼过程中加入一定量的硫化剂，如黄铁矿（FeS_2）、石膏（$CaSO_4 \cdot 2H_2O$）、硫黄和其他含硫的镍原料，使镍钴氧化物硫化产出低镍锍，再经过转炉吹炼得到高镍锍。产出高镍锍含镍 79%、硫 19.5%，全流程镍回收率 70% ~90%[6]。采用该工艺的工厂主要有法国镍公司的新喀里多尼亚多尼安博冶炼厂、印度尼西亚的苏拉威西—梭罗阿科冶炼厂以及日本的别子镍厂。其中日本别子镍厂采用从澳大利亚进口的硫化镍精矿作硫化剂，处理新喀里多尼的镍红土矿，产出的低冰镍含镍 30% 左右，该工艺充分利用了硫化镍精矿中的硫，但工艺流程长、能耗高、金属回收率低，目前采用的生产厂家不多。

（4）回转窑直接还原工艺。

回转窑直接还原粒铁工艺，也称大江山法，是由日本大江山冶炼厂最先提出。该工艺将原矿干燥、破碎、筛分后，与熔剂、还原剂混合制团，经干燥、高温还原焙烧生成海绵状的镍铁合金，合金与渣混合物再经水淬、破碎筛分、选矿等处理，得到海绵粒状镍铁产品。

该工艺的最大优点是流程短、能耗低、生产成本低，主要是该工艺能耗只有回转窑还原焙烧一个工序，且可以使用廉价煤做燃料，大大降低了能源消耗。与回转窑预还原—电炉熔炼工艺相比，大江山法的吨矿能耗降低 50% 以上。但该工艺也存在工艺条件苛刻，难于操作和控制等不足，生产过程中极易形成窑内结圈，限制了该工艺的推广应用。日本大江山冶炼厂虽然对该工艺进行了多次改进，但工艺技术仍不够稳定，经过几十年的发展生产规模仍保持在年产镍 1 万吨左右。近年来我国连云港、海南等地陆续建立了几座大江山法处理镍红土矿的工厂，但由于工艺条件控制难度大，无一例外都出现回转窑结圈、开工率远远不足等问题。

B　湿法冶炼工艺

（1）还原焙烧—氨浸工艺。

还原焙烧—氨浸工艺（RRAL）是将红土矿在高于 700℃ 温度下还原焙烧，焙砂在非氧化性气氛中冷却至 200℃ 以下，氨浸选择性地浸出镍钴，溶液蒸氨得到碱式碳酸镍，再在 1200℃ 下烧结得到氧化镍产品。镍回收率为 80% ~ 85%，钴收率偏低，一般低于 60%。该工艺既可处理褐铁矿型矿物，也可处理褐铁矿和蛇纹石的混合矿，对原料中镁含量变化适应性强，浸出过程试剂消耗小，浸出液杂质少，后续处理简单，且浸出渣中铁可通过磁选产出铁精矿。

该工艺最早在古巴 Nicaro 厂进行了应用，之后推广至古巴 Punta Gorda 厂、澳大利亚 Yabulu 厂、巴西 Niquelandia 厂以及菲律宾 Surigao 厂等。20 世纪 60 年代北京矿冶研究总院和中科院过程工程研究所等多家单位针对阿尔巴尼亚红土矿联合开展了援阿项目试验，并进行了火法和湿法两种工艺试验。火法采用回转窑干燥预还原—电炉熔炼生产镍铁和半钢渣；湿法采用两段还原焙烧—氨浸—氢还原生产镍粉，并均在国内完成了半工业试验。1978 年阿尔巴尼亚采用两段还原焙烧—氨浸工艺建成一座年处理 90 万吨红土矿的镍钴提纯厂。

（2）常压酸浸法。

常压酸浸法（AAL）采用硫酸在常压下浸出，镍、钴浸出率根据终酸浓度的不同可达到 80% ~ 96%，然后通过"中和—CCD 浓密洗涤—除铁铝—沉淀镍钴或直接萃取"流程回收镍钴。该方法浸出设备简单，投资相对高压酸浸来说较小，适合处理可浸性好的镍红土矿。但相同条件下镍钴浸出率比高压酸浸要低；由于铁和镁大量浸出，造成酸耗偏高；产出的大量含硫酸镁废水难以处理；尾矿矿浆需建设大规模的尾矿库，具有潜在威胁。目前该方法在我国江西、广西有工业应用，国外未见到工业应用报道。

（3）堆浸法。

我国是较早研究镍红土矿堆浸（HL）的国家。2002～2004年北京矿冶研究总院与湖南坤能公司合作，针对云南元江镍红土矿进行了堆浸—中和除铁铝—沉淀氢氧化镍钴—酸溶—萃取—电积工艺研究，并建设了年产镍1000t的工业生产厂，该矿为典型的高镁蛇纹石型贫镍矿物。土耳其Caldag镍红土矿也建设了年产镍200t的工业试验厂，开始建设2万吨大规模生产厂，但由于森林砍伐证等问题至今尚没有投产。另外，澳大利亚的三个高压酸浸厂都开始研究红土矿堆浸的可能性，其中Cawse厂建设了年处理20万吨矿石的堆场，用于处理低品位矿。

该方法适合处理具有一定渗透性且可浸性好的镍红土矿，具有投资省、工艺流程简单（省去了CCD浓密洗涤等过程）、生产成本低等特点。

（4）高压酸浸工艺。

高压酸浸工艺（HPAL）适于处理含镁较低的褐铁矿型镍红土矿。在250～270℃、4～5MPa条件下，采用浓硫酸进行镍红土矿浸出，镍、钴、铁、铝等浸出进入溶液，铁随即水解形成赤铁矿并释放出酸继续浸出矿物。浸出液可采用硫化氢沉淀产出镍钴硫化物，经传统精炼工艺生产电镍；也可采用氢氧化钠沉淀镍钴，虽镍钴品位低，杂质含量高，但操作简单，对设备和操作水平要求低，新建的高压酸浸厂多采用此法。该法酸耗低，镍钴浸出率可达到97%以上。

该工艺最早在古巴毛阿厂（Moa）进行了应用。之后澳大利亚的Murrin Murrin（1998年建设）、Cawse（1999年建设）和Bulong（1999年建设）厂也均采用该工艺，但投产后均遇到各种问题，迟迟达不到设计产能。Murrin Murrin项目直到2005年年底也未达到设计产能4.5万吨/年，实际生产能力仅为设计产能的63.6%。Cawse项目是三个厂中进展最好的一个，但在2002年初由于无力偿还债务转让给OM集团。Bulong厂2004年4月破产关闭。另外，巴西Vermelho项目（2007年）、新喀里多尼亚Goro项目、菲律宾Coral Bay项目、澳大利亚Ravensthorpe（2006年）项目、巴布亚新几内亚Ramu项目和马达加斯加Ambatovy等均采用高压酸浸工艺。

（5）衍生的高压酸浸（HPAL）工艺。

红土矿高压酸浸过程中，为保证镍钴的浸出率，浸出终液中游离酸含量高达30～50g/L，由于红土矿品位低，矿石处理量大，该部分酸约占了硫酸加入量的1/3，硫酸未充分利用，后续还需消耗碱或其他中和剂中和，造成生产成本增加。为了提高硫酸特别是残酸的利用率，研究开发了各种衍生的高压酸浸工艺，如AMAX工艺（HPAL-AL两段浸出）和BHP-Billion工艺（Enhanced Pressure Acid Leaching，EPAL）。其核心都是采用镍含量较高的高镁腐殖土型红土矿来中和残酸，同时浸出其中的部分镍，以达到降低单位镍产品酸耗的目的。

AMAX工艺采用HPAL-AL两段浸出处理红土矿。先用HPAL工艺浸出低镁矿物，浸出液再用高镁的腐泥土型矿中和至pH值为2.0左右，但腐泥土型矿镍浸出率较低。为提高常压浸出镍的浸出率，有两种措施，一是将高镁矿物预焙烧，二是将常压浸出渣返回加压浸出，但都提高了操作难度和成本。另外，常压浸出液中铁、铝浓度较高，中和沉铁中氢氧化铁沉淀和部分氢氧化铝使得矿浆沉降性能变差，给后续固液分离带来困难。为解决常压浸出工序镍浸出率低和溶液铁铝含量高问题，Lowenhaupt 等人提出将 AL 浸出液升温至 140~200℃，Neudorf 等提出升温至 150~180℃范围，但工艺的复杂性和操作成本进一步增大。

BHP-Billion 工艺是在原高压酸浸工艺中增加一段腐泥土常压酸浸工序。HPAL 浸出液加入腐泥土矿进行常压浸出，在溶液中存在黄钾铁矾晶种和钠、钾或铵离子情况下，约80%的铁以铁矾形式除去，溶液加入石灰进一步中和除铁，镍、钴经中和以混合氢氧化物形式回收。腐泥土是一种高耗酸矿物，可在常压下浸出，消耗残酸的同时可回收其中的部分镍，但产出的铁矾渣性质不稳定，含有大量硫酸根，对环境有危害。

上述两种工艺均可在一定程度上降低单位镍产量的酸耗，典型的 HPAL 酸耗为 30~35t/t$_镍$，HPAL-AL 工艺可达 25t/t$_镍$，EPAL 工艺为 30t/t$_镍$。

6.2.1.2　硫化镍矿冶炼

硫化镍冶炼同样分为火法和湿法两大类。湿法主要包括加压氨浸法、常压氨浸法、加压酸浸法、常压酸浸法及硫酸化焙烧法等，但湿法应用较少，以火法为主。

火法工艺主要是先经火法冶炼得到高冰镍，主要熔炼工艺有鼓风炉熔炼、反射炉熔炼、电炉熔炼、闪速熔炼和熔池熔炼等。闪速熔炼分为奥托昆普闪速熔炼和国际镍公司闪速熔炼两种。1959 年首先在芬兰奥托昆普的哈贾伐尔塔用于处理镍精矿。我国金川公司1992 年引进该技术，并进行了改进。该技术综合回收能力强，烟气全部制酸，环境保护好，装备自动化水平高。镍冶炼熔池熔炼主要是瓦纽科夫法和北镍法，前者可直接处理高品位铜镍原料，可直接得到高镍锍，同时获得弃渣，操作简单，投资少；北镍法是 20 世纪 70 年代苏联和北镍公司共同研制开发的硫化铜镍矿自热熔炼技术，1986 年投产。熔炼产出的低镍锍可采用卧式转炉、奥斯麦特炉或闪速炉吹炼成低铁的高镍锍。

熔炼产出的高冰镍处理工艺主要有：

（1）高冰镍分层熔炼—粗镍阳极熔铸—电解精炼生产电镍。

采用粗镍电解精炼工艺的企业主要有加拿大的科尔博恩港精炼厂、鹰桥镍冶炼厂的Kristiansand 精炼厂、苏联的芒切哥尔斯克和诺里尔斯克厂。我国上海冶炼厂在 1961~1976 年期间采用该工艺处理古巴进口的氧化镍。

（2）高冰镍缓冷—高锍磨浮—镍精矿浇铸—硫化镍阳极隔膜电解生产电镍。

加拿大 Inco 公司汤普逊厂和我国金川镍冶炼厂主要采用硫化镍阳极电解工艺。该工艺简单，电镍质量也较好，但存在以下缺点：1）阳极电流效率低于阴极，导致电解液中镍贫化，通常每生产 1t 电镍要亏损 0.2t 镍量，为了保持电解液中镍的平衡，要设造液槽；2）残极率高，电解槽和造液槽的残极率约占高冰镍的 25%~30%。

（3）高冰镍水淬—硫酸选择性浸出—电积生产电镍/蒸发结晶生产硫酸镍。

奥托昆普硫酸加压浸出工艺是近几十年发展起来的一种较为先进的工艺，但由于硫酸浸出工艺是一个硫化物向硫酸盐转变的过程，产生大量硫酸根，因此必须解决体系中硫酸根的平衡问题；因为采用加压氧浸作业，基建费用也相对较高。国外采用此流程的主要有芬兰奥托昆普公司哈贾瓦尔塔镍精炼厂、南非勒斯腾堡镍精炼厂、津巴布韦宾都拉冶炼厂、俄罗斯诺里尔斯克联合企业及北方镍公司等；国内新疆阜康冶炼厂、吉林镍业公司及金川集团公司也应用了此工艺。高冰镍硫酸选择性浸出法具有工艺流程短，对原料适应性广；金属综合回收率高，可综合回收镍、钴、铜等产品；环境污染小；产品纯度高，产品选择灵活的优点。

吉林吉恩镍业公司和新疆阜康冶炼厂主要采用硫酸选择性浸出工艺，其中吉林吉恩镍业采用蒸发结晶生产高纯硫酸镍，而阜康冶炼厂采用电积工艺生产电镍。1993年，新疆有色金属工业公司和北京矿冶研究总院在阜康冶炼厂以喀拉通克金属化高冰镍为原料，率先在国内成功应用高冰镍硫酸选择性浸出—镍电积工艺。该工艺采用选择性浸出获得纯净镍钴液，将原料中的铜、铁、贵金属、硫及多种杂质留在浸出渣中，省去了除铜、除铁工序，从而大幅度缩短了精炼工艺，取得了很好的经济社会效益，1995年获国家科技进步一等奖。

（4）高冰镍氯化浸出—电积精炼。

高冰镍氯化浸出—电积精炼工艺在20世纪70年代以后进行了工业应用，采用该工艺的生产厂家有：加拿大鹰桥公司克里斯蒂安松厂、法国勒阿弗尔厂以及日本新居滨厂等。其优点是浸出不需要加压设备，浸出液中镍离子浓度高，因而设备体积小。工艺的难度在于介质腐蚀性强，对设备材质的要求高，氯气的回收利用系统也比较复杂。我国目前还没有工业应用。

高冰镍的氯化浸出近年来国外发展很快。1978年法国勒哈佛尔—桑多维尔厂以 Fe^{2+}/Fe^{3+} 为电偶氯化精炼新喀里多尼亚多尼安博厂含微量铜的高冰镍生产电镍；鹰桥镍矿业公司克里斯蒂安松镍精炼厂1981年完成了 Hybinette 精炼工艺向氯化浸出精炼工艺的转变，形成了5万吨/年电镍的生产能力；法国镍公司勒阿弗尔精炼厂也于1978年完成了老厂的改造，建成了年产2万吨镍的高冰镍氯化精炼厂；日本住友金属矿业公司新居滨冶炼厂于1993年将已使用20多年的硫化镍电解工艺改为氯化浸出及氯化镍、氯化钴不溶阳极电解法生产电镍和电钴，改造后生产成本降低了20%。氯化浸出具有流程短、回收率高、加工费用低、电耗低等优点，并逐渐被应用到新厂建设及老厂改造中。

（5）加压氨浸法。

澳大利亚西部矿业公司（Western Mining Corporation，WMC）下属的克温那那厂（Kwinana）采用加压氨浸法处理闪速炉产出的高镍锍，1970年建成投产。原设计处理硫化镍精矿，自1975年起，由于该公司的 Kambalda 熔炼厂投产，处理物料变为镍精矿与镍冰铜的混合料，且镍冰铜所占比重逐年增大。到1985年已改为全部处理镍冰铜，包括高冰镍和闪速熔炼镍冰铜。

（6）羰基法。

镍羰化冶金生产工艺是当今世界尖端的冶金技术之一，100多年来，世界上只有俄罗斯诺里尔斯克北镍公司及加拿大国际镍公司英国克莱达奇精炼厂实现了羰基镍工业化生产，垄断了羰基镍产品市场，并对我国实行技术封锁。目前国内有金川集团公司及西南金属制品厂进行少量羰基法生产。羰基法以产品质量高，品种多，生产工艺灵活多样而著称，但由于受技术限制，真正实现工业化大生产还需进一步的试验研究及示范工厂生产等工作。

6.2.2 镍钴加压浸出

镍钴加压浸出从工艺上可分为酸性加压浸出和氨性加压浸出两大类，从原料上可分为硫化物和氧化物（镍红土矿）两大类，硫化物又包括硫化镍精矿（含镍磁黄铁矿）、镍熔炼产物高冰镍及冶炼中间产物硫化镍物料等。另外，处理原料还有镍冶炼转炉渣、合金及低品位复杂物料等。

A　硫化镍钴原料

1947 年，加拿大哥伦比亚大学 Forward 教授研究发现，在氧化气氛下含镍和铜的矿石都可以不经过还原焙烧而直接进行浸出。50 年代在镍钴加压浸出方面进行了大量研究工作，两种方法几乎平行发展，但 70 年代后建立的企业多采用酸性加压浸出。

具有代表性的公司是加拿大舍利特·高尔登矿业公司（Sherritt Gordon Mines），该公司 1948 年提出了舍利特氨浸工艺（Sherritt Ammonia Leach Process），1954 年在萨斯喀切温堡建立了世界上第一家硫化镍矿加压氨浸厂，主要为了处理镍黄铁矿精矿，并在 50 年代研发了卧式多隔室加压釜，进行了广泛的推广应用。精矿在适当的温度和压力下，用浓氨溶液进行两段浸出。在 85℃ 和 900kPa 的总压下，用空气做氧化剂浸出，浸出渣在过滤机上进行逆流洗涤。煮沸浸出液以回收部分氨，同时存在的硫代硫酸盐和硫代磺酸盐歧化并沉淀出相当纯的硫化铜。除去痕量铜后，溶液同时氧化以除去残存的"不饱和"硫，并水解破坏在浸出时形成的氨基磺酸盐，此操作在 250℃ 下进行。然后溶液分批在 200℃ 及 3MPa 总压下进行氢还原，镍以粉状沉淀并可压制成块。在硫酸铵结晶前可用硫化氢除去溶液中所含的钴和残存的镍。

在此期间，酸性加压浸出也得到了迅速发展。1953 年美国犹他州的卡来拉（Calera）矿冶公司加菲尔德（Garfield）钴精炼厂采用加压酸浸法处理爱达荷州黑鸟矿（Blackbird）产出的钴精矿，主要矿物为辉砷钴矿（CoAsS）、黄铁矿和少量黄铜矿，主要成分为：Ni 1.0%、Co 17.5%、Cu 0.5%、As 24%、Fe 20%、S 29%。浸出工艺由 Chemico 公司开发，浸出温度 190~205℃，通空气氧化，总压为 3.6MPa，浸出周期 3~4h，钴浸出率达 95%~97%。高压釜为 $\phi1.83m \times 12.2m$，6 隔室，碳钢-不锈钢复合板外壳内衬铅板耐酸砖。调节 Fe/As 物质的量比至 1.1，使砷以砷酸铁形式沉淀进入渣中。浸出液除砷、铁、铜、钙等杂质后，加入液氨，使钴形成钴氨配合物，在高压釜内用氢还原得到钴粉，操作压力为 5.0~5.5MPa，温度 190℃。由于只进行了实验室试验，没有进行中间工厂试验就匆忙上马，开工后遇到很多工程和设备问题，主要是因为磨损和腐蚀。该厂对材料、技术尤其是高压设备进行了多次改进，先后试验了钛、铌、钽、陶瓷、碳化硅等多种材料。所遇到的最大困难就是釜中生成硫包裹的黄铁矿，起初为小球状，继而形成硬壳和大块硬块，厚度超过 30cm。最后提高温度到 246℃，才得到解决。Chemico 公司耗费了两年时间才使它运转正常，后来又添置了一台小型高压釜，钴年产量达到 1100t。1959 年由于原料中断而关闭，两台高压釜由加拿大 Sherritt 公司购买，用于钴镍硫化物的浸出。

50 年代建立的第二家钴硫化矿氧压酸浸厂是位于美国密苏里州的国家铅公司 Frederick Town（弗雷德里克，菲德雷克城）精炼厂。原料是含钴的块硫镍铁矿，也含有一定的黄铜矿，流程中产生的氢氧化物沉淀也返回浸出，平均成分为：Ni 5.0%、Co 4.2%、Cu 4.8%、Pb 1.0%、Fe 30%、S 40%。浸出工艺基于 Chemico 公司技术，浸出温度 232℃，总压 5.3MPa，用空气作氧化剂，停留时间 1.0h。高压釜为 $\phi1.83m \times 5.5m$，3 隔室，2 台并联。浸出液成分：Ni 20g/L、Co 16g/L、Cu 30g/L、Fe 20g/L、硫酸 55~70g/L。钴采用氢还原生产金属粉末，年产钴 635t。该厂采用钛内衬、钛和陶瓷阀门、碳化硅旋塞和其他许多当时新型的材料。由于原料短缺，于 1960 年关闭。1959 年镍港精炼厂建成投产，处理古巴毛阿湾产出的镍钴硫化物,但运行不久就因原料供应问题而停产,1974 年美国 Amax 公司将其改造处理高镍锍。

60 年代舍利特·高尔登矿业公司对加压酸浸进行了更加深入的研究,并建立了一系列中间试验厂,用于研究各种镍钴硫化物、镍锍和含铜镍锍的处理。1962 年在萨斯喀切温建立了加压酸浸系统,用于处理镍钴硫化物。1969 年南非英帕拉铂厂采用加压酸浸处理含铜、铂族金属镍锍,之后,南非其他铂族金属生产企业也纷纷投产。苏联诺里尔斯克镍联合企业采用加压酸浸从磁黄铁矿精矿中回收镍、钴和铜。

B 镍红土矿

1959 年镍红土矿高压酸浸工艺(HPAL)首次在古巴毛阿厂(Moa)进行了工业应用,之后在澳大利亚的 Murrin Murrin(1998 年建设)、Cawse(1999 年建设)和 Bulong(1999 年建设)厂进行了推广。但投产之后均遇到了各种问题,无法达到设计产能,目前仅 Murrin Murrin 正常生产。但这并不影响加压浸出的推广应用,相关学者人员不断进行技术、工艺改进,近些年又在巴西 Vermelho 厂(2007 年)、新喀里多尼亚 Goro 厂、菲律宾 Coral Bay 和 BHP Billiton 澳大利亚 Ravensthorpe(2006 年)厂进行了工业应用。

HPAL 工艺产品产出形式比较灵活,即可为镍钴中间富集物,也可继续分离提纯生产金属镍和钴产品。如古巴 Moa 厂,经硫化氢沉淀得到的镍钴硫化物送美国的镍港精炼厂进行精炼,经高压酸浸—中和—高压氢还原生产镍,溶液中钴经复盐沉淀—氨溶—氧化—分离钴镍—高压氢还原生产钴粉。Murrin Murrin 的硫化镍钴浸出液经 Cyanex272 萃钴,钴反萃液用 D_2EHPA 除杂后生产电钴,钴萃余液加压氢还原生产镍粉。Bulong 厂从高压酸浸液中采用 Cyanex272 直接萃钴,钴反萃液用硫化氢沉钴,再精炼生产阴极钴。钴萃余液采用羧酸 Versatic10 萃取镍,反萃液送镍电积生产阴极镍。Cawse 厂高压酸浸液中镍钴以氢氧化物形式被沉淀下来,镁基本不进入沉淀物中,之后该氢氧化物进行氨浸,可以进一步除去铁、钙和镁等杂质,得到杂质比较低的镍钴氨性溶液。首先将钴(Ⅱ)氧化为钴(Ⅲ),再用 Lix84-Ⅰ萃取镍,钴不被萃取,反萃液送镍电积生产阴极镍。镍萃余液经硫化氢沉淀硫化钴,硫化钴可以出售或继续精炼生产钴产品[7,8]。镍钴加压浸出生产企业情况见表 6-2。

表 6-2 镍钴加压浸出生产企业情况[9,10]

企 业 名 称	投产时间 /年	处理原料	主 要 工 艺	设计规模	备 注
澳大利亚西部矿业公司 (Western Mining) 克温那那厂(Kwinana)	1970	高镍锍	加压氨浸	3 万吨/年镍粉	
萨斯喀切温堡 (Fort Saskatchewan)镍精炼厂	1954	硫化镍矿	加压氨浸	7700t 镍粉	
	1991	古巴 Moa 硫化物	加压氨浸	2.49 万吨	
芬兰奥托昆普哈贾瓦尔塔 (Harjavalta) 精炼厂 (现属 Norilsk)	1960	高冰镍	硫酸选择性浸出法	1.7 万吨电解镍,6 万吨/年	
美国阿迈克斯镍港精炼厂	1954	古巴毛阿镍钴 硫化物	加压酸浸和液相氢还原		
	1974	高镍锍	一段常压—两段加压	镍粉 4 万吨/年	1985 年关闭

企业名称	投产时间/年	处理原料	主要工艺	设计规模	备注
南非英帕拉铂公司 Impala Platinum Springs	1969	镍冰铜	酸性加压氧化浸出法	1.8万吨/年镍粉	生产高品位PMG精矿，同时副产回收其中的镍、铜、钴
南非巴普勒兹 （Barplats Platinum）	1989	含铜镍锍	酸性加压氧化浸出法	3t/d	
南非勒斯滕堡镍精炼厂 Rustenburg Base Metals Fefiners （RBMR）	1980	镍冰铜	酸性加压氧化浸出法	125t/d	
南非西部铂业 Western Platinum	1985	镍冰铜	一段常压—一段加压	12t/d	生产含钴硫酸镍、电铜和PGM精矿
	1991	镍冰铜		60t/d	
阜康冶炼厂	1993	高镍锍	硫酸选择性浸出—黑镍除钴—不溶阳极电积	年产镍1万吨	生产
金川有色金属公司	1991	镍转炉渣	回收钴		已停产
吉林镍业公司	2000	高冰镍	常压—两段加压	1万吨硫酸镍	正常生产
重庆冶炼厂	2012	高冰镍	常压—两段加压	2000t硫酸镍	正常生产
新乡吉恩镍业有限公司	2012	高冰镍，氢氧化镍	常压—两段加压	1.5万吨硫酸镍	正常生产
美国加菲尔德钴厂 （Garfield）	1953	砷钴矿	高酸浸出		已关闭
日本矿业公司日立精炼厂	1975	镍钴硫化物	加压氧化浸出和溶剂萃取		
日本住友金属矿山公司新居滨镍厂	1975	镍钴硫化物	加压氧化浸出和溶剂萃取		
Sherritt安巴托维 （Ambatovy）Madagascar		镍锍	加压酸浸—氢还原	6万吨/年	
南非Anglo-America Platinum		镍锍	加压酸浸—电镍	2.2万吨/年	
南非Lonmin Platinum	1985	镍锍	加压酸浸—硫酸镍	3000t/a	
美国Norilsk Stillwater	1996	镍锍	加压酸浸—硫酸镍	100t/a	
南非诺森铂厂 （Northan Platinum）	1993	镍锍	加压酸浸—硫酸镍	2000t/a	
古巴Moa Bay镍厂	1959	镍红土矿	加压酸浸—硫化镍钴	2.27万吨/年	目前生产中，约3万吨/年

企业名称	投产时间/年	处理原料	主要工艺	设计规模	备注
澳大利亚 Minara 的 Murrin-Murrin	1998	镍红土矿	加压酸浸—金属镍	4.5万吨/年	生产中
澳大利亚 Cawse	1999	镍红土矿	加压酸浸—金属镍	0.9万吨/年	停产
澳大利亚 Bulong	1999	镍红土矿	加压酸浸—金属镍	0.9万吨/年	停产
菲律宾柯拉尔湾厂（Coral Bay）	2005	镍红土矿	加压酸浸—金属镍	2.4万吨/年	生产中
澳大利亚拉温索普（Raven Sthorpe）	2009	镍红土矿	加压酸浸—电解镍	4万吨/年	生产中
新喀里多尼亚的戈罗厂（Goro）	2010	镍红土矿	加压酸浸—氢氧化镍钴	6万吨/年	生产中
巴布亚新几内亚 RAMU 厂	2011	镍红土矿	加压酸浸—氢氧化镍钴	3.3万吨/年	生产中
马达加斯加 Ambatovy	2012	镍红土矿	加压酸浸—电解镍	6万吨/年	生产中
菲律宾 Taganito 项目	2013	镍红土矿	加压酸浸—硫化镍钴	3万吨/年	

6.3 镍钴硫化矿加压浸出

6.3.1 氨性加压浸出

6.3.1.1 简介

加压氨浸法既可处理硫化镍精矿，也可处理镍冰铜，开发氨性加压浸出的初衷是处理硫化镍精矿，后来证明该法处理镍冰铜更有优势。硫化镍精矿中主要矿物为镍黄铁矿、磁黄铁矿、黄铜矿、辉铜矿、铜蓝及黄铁矿等；而在镍冰铜中，镍主要以黄镍铁矿 Ni_3S_2 存在，铜则主要为久辉铜矿 $Cu_{1.96}S$，另有部分铜、镍金属存在于合金相中。该法的优点是工艺简单，环境污染轻，镍、钴、铜的回收率可分别达到90%~95%、50%~75%和88%~92%，还能回收精矿中大部分硫，特别是能有效地分离和回收难以分选的多金属矿石。但反应速度慢，溶液中金属离子浓度低，设备庞大，且钴浸出率低。例如萨斯喀切温堡镍精炼厂，钴浸出率仅为50%~70%，氧化镍矿处理过程中也存在类似现象，铂族金属在浸出过程中发生分散。因此，适于处理钴和铂族金属含量较低的物料，一般建议钴含量不超过3%[11]。

加压氨浸法流程主要包括：加压氨浸、蒸氨除铜、氧化水解、液相氢还原生产镍粉和镍粉压块等。多采用两段或多段逆流浸出，控制反应温度70~90℃，压力700~1000kPa，铜镍共同浸出进入溶液，经不饱和硫沉淀铜实现铜镍分离。因此第一段又称为"控制浸出"，要求浸出液中含有一定数量的未饱和硫氧离子，如 $S_2O_3^{2-}$、$S_3O_6^{2-}$、$SO_3 \cdot NH_2^-$ 等，以满足下一工序除铜的需要。高温氧化水解反应温度控制在250℃左右，压力为3000kPa[12]。

世界上采用氨性加压浸出的镍生产企业共有两家。一是位于加拿大萨斯喀切温堡

（Fort Saskatchewan）镍精炼厂，该厂是世界上第一家采用氨性加压浸出处理硫化镍矿的企业，1954 年投产，设计规模为年产镍粉 7700t。1992 年该厂开始处理古巴毛阿产出的镍钴硫化物，冶炼规模进一步扩大。第二家是澳大利亚西部矿业公司（Western Mining，WMC）下属的克温那那厂（Kwinana），采用该技术处理来自卡尔古利熔炼厂的闪速熔炼高镍锍，该厂也是世界上唯一采用加压氨浸法处理高镍锍的工厂，1970 年投产，最初同样处理硫化镍精矿，1973 年之后逐步增加镍锍比例，到 1985 年全部用镍锍代替。加压氨浸典型技术条件见表 6-3。

表 6-3　加压氨浸典型技术条件

名　称	单　位	第一段浸出	第二段浸出
压　力	MPa	0.82	0.88
温　度	℃	85	75
游离氨浓度	g/L	100	100
液固比		4 : 1	4 : 1
浸出时间	h	6 ~ 7	13 ~ 14

6.3.1.2　反应原理

A　氨性加压浸出

在一定温度、压力和氧化气氛下，镍精矿中的铜、钴、镍均以氨配合物形式进入溶液，铁以三氧化二铁形式进入渣中，硫最终氧化为硫酸盐和氨基磺酸盐。

镍黄铁矿和磁黄铁矿主要发生如下反应：

$$NiS + 2O_2 + 6NH_3 \Longrightarrow Ni(NH_3)_6SO_4$$

$$4FeS + 9O_2 + 8NH_3 + 4H_2O \Longrightarrow 2Fe_2O_3 + 4(NH_4)_2SO_4$$

其中的硫化物型硫（S^{2-}）并非直接氧化为硫酸根，而是经过各种不饱和硫中间产物，故而上述浸出反应也可写成：

$$NiS \cdot FeS + 3FeS + 12O_2 + 10NH_3 + 4H_2O \Longrightarrow Ni(NH_3)_6SO_4 + 2Fe_2O_3 \cdot H_2O + 2(NH_4)_2S_2O_3$$

黄镍铁矿的浸出反应为：

$$2Ni_3S_2 + 9O_2 + 32NH_3 + 2(NH_4)_2SO_4 \Longrightarrow 6Ni(NH_3)_6SO_4 + 2H_2O$$

硫化铜矿物的浸出反应为：

$$2Cu_2S + 5O_2 + 12NH_3 + 2(NH_4)_2SO_4 \Longrightarrow 4Cu(NH_3)_4SO_4 + 2H_2O$$

$$CuS + 2O_2 + 4NH_3 \Longrightarrow Cu(NH_3)_4SO_4$$

$$4CuFeS_2 + 17O_2 + 24NH_3 + 6H_2O \Longrightarrow 4Cu(NH_3)_4SO_4 + 4(NH_4)_2SO_4 + 2Fe_2O_3 \cdot H_2O$$

为简化化学计量系数，久辉铜矿（$Cu_{1.96}S$）的反应以辉铜矿代表。

合金相中的金属发生反应如下：

$$2Ni + O_2 + 8NH_3 + 2(NH_4)_2SO_4 \Longrightarrow 2Ni(NH_3)_6SO_4 + 2H_2O$$

$$2Cu + O_2 + 8NH_3 + 2(NH_4)_2SO_4 \Longrightarrow 2Cu(NH_3)_6SO_4 + 2H_2O$$

加压氨浸过程中,黄铁矿不与溶解的氧、氨起反应,因此,包裹在黄铁矿中的镍、钴、铜也难以浸出。反应过程中生成的铁配离子很不稳定,转变为不溶于水的三氧化二铁而留在渣中。

反应过程中硫的行为较为复杂,并不是一步就转变为硫酸盐,而是经过一系列的氧化反应。首先是氧化成未饱和硫氧离子,如 $S_2O_3^{2-}$、$S_2O_6^{2-}$、$SO_3NH_2^-$。如果浸出时间足够长,绝大多数未饱和离子将被氧化成 SO_4^{2-}。在舍利特·高尔登矿业公司的加压氨浸研究和实践中,为了下一段除铜的需要,在溶液中需保留一定浓度的未饱和硫离子[13]。上述反应式多为化学计量式,并不代表真实的反应历程。各种不饱和硫组分也未在式中反映出来,其中主要的有硫代硫酸根 $S_2O_3^{2-}$ 及各种连多硫酸根 $S_xO_6^{2-}$,甚至有证据表明在氨浸中也有元素硫生成。

影响加压氨浸反应速度和浸出率的主要因素有:温度、氧分压、氨浓度和磨矿细度。提高反应温度通常可以加速反应进行,但加压氨浸过程中,由于系统复杂,能够提高的温度范围有限。主要是由于温度升高,氨蒸汽和水蒸气的分压增加,须用较高的空气压力维持反应所必须的氧分压;设备制造成本相对增加;提高温度会降低金属氨配合物的稳定性,尤其是钴,当温度超过 100℃ 时就会水解沉淀,造成不可逆的损失。此外,由于下一工序蒸氨除铜作业的需要,溶液中还必须有适量的未饱和硫氧离子,提高浸出温度会加速硫的氧化作用,使未饱和硫氧离子迅速分解,影响沉铜作业进行。通常浸出温度控制在 75~85℃。随着氧分压和氨浓度的增加,镍的浸出率增加,但到达一定程度后增长缓慢。溶液中镍离子即使达到 60~70g/L,对浸出速度也没有多大影响。钴和镍相似,也形成氨配合物,但钴配合物不稳定,当温度高于 100℃ 时会急剧分解。铜在浸出过程中起催化作用,当溶液中缺乏铜离子时,镍的浸出速度下降。铜对溶液中未饱和硫氧离子的氧化反应也有催化作用。精矿粒度降低浸出率升高。

Budac 等人[14]对加压釜中氧气、氨、蒸汽和氮的混合燃烧极限进行了试验。通过调整溶液性质和氧气浓度可使得气相中氨和氧气分压不同。数据显示,可通过控制操作温度、降低溶液中氨浓度、增加溶液中 Ni/Cu/Zn 浓度、控制气相中氧气浓度低于 15.5% 降低可燃性。另外,气相中气雾剂的存在可防止燃烧。早前 Sherritt 等人对室温条件下可燃极限进行了大量研究。DeCourse 研究报告中给出可燃条件下氨和氧气的可能含量。

B 蒸氨除铜

浸出后溶液中游离氨与金属含量的物质的量比约为 7,而在其后的镍氨还原工序要求将该物质的量比降到约为 2,因此溶液中大部分游离氨须蒸馏除去。由于铜为正电位金属,在氢还原制取镍粉条件下,铜会和镍一起被还原出来污染镍粉,要求溶液含铜须低于 0.005g/L。浸出液中 10% 的硫为不饱和硫,当溶液中加入少量硫酸调节 pH 值并加温蒸出游离氨时,这些不饱和硫就将溶液中的铜沉淀为硫化铜,为 CuS 和 Cu_2S 的混合物。当溶液中不饱和硫离子与铜的比例为 1:1 时,蒸氨除铜后溶液含铜可降至 0.1~0.3g/L。沉淀过程中选择性较好,沉淀产物通常含镍小于 1%,提高温度可加速沉铜反应的进行。主要反应如下:

$$Cu^{2+} + S_2O_3^{2-} + H_2O \Longrightarrow CuS\downarrow + 2H^+ + SO_4^{2-}$$

$$Cu^{2+} + S_3O_6^{2-} + 2H_2O = CuS\downarrow + 4H^+ + 2SO_4^{2-}$$

$$8Cu^{2+} + 2S_2O_3^{2-} + H_2O = 8Cu^+ + S_3O_6^{2-} + SO_4^{2-} + 8H^+$$

$$2Cu^{2+} + S_3O_6^{2-} + 2H_2O = Cu_2S\downarrow + 4H^+ + 2SO_4^{2-}$$

$$H^+ + NH_3 = NH_4^+$$

蒸氨后液需进一步深度净化除铜，一般采用硫化氢，在120℃、0.1MPa下往溶液中通入化学计量5%的硫化氢，净化后溶液含铜可低于0.001g/L。硫化氢除铜选择性较差，铜渣内含有相当数量的镍和钴，需要返回浸出车间处理。

C　氧化水解

高温水解脱硫的目的是将溶液中不饱和硫氧离子和氨基磺酸盐氧化为硫酸盐，以防在液相氢还原制取镍粉过程中发生分解造成镍粉含硫高。同时，滤液中的氨基磺酸盐会使结晶出的硫酸铵肥料带有除草剂性质。在升温和鼓入空气的条件下，不饱和的硫氧离子很容易氧化成硫酸根离子，氧化后液中不饱和硫氧离子含量可降至0.005g/L以下。

$$S_2O_3^{2-} + S_3O_6^{2-} + 4O_2 + 3H_2O + 6NH_3 = NH_4^+ + 5SO_4^{2-}$$

氨基磺酸盐水解必须在较高的温度下才能进行，且溶液应保持一定的硫酸铵浓度，以避免镍氨配合物同时发生水解反应。水解后溶液中氨基磺酸盐（以NH_2计）含量低于0.05g/L。

$$NH_4SO_3NH_2 + H_2O = (NH_4)_2SO_4$$

氧化水解在氧化水解高压釜中进行，其结构与浸出加压釜相似。除铜后液经两段热交换加热至220℃进入氧化水解加压釜内。实际上，在加热过程中溶液中的不饱和硫氧离子已大部分氧化，仅少量在釜内完成氧化反应。氧化水解的技术条件主要为：温度250℃、压力4.1MPa，溶液在釜内停留时间约为20min。

D　加压液相氢还原

加拿大Sherritt Gorden是世界上首家采用加压液相氢还原的企业。液相氢还原的优点是还原过程有较好的选择性，能实现不同金属的分离，金属产品纯度较高，且反应速度快，设备紧凑，与电积法相比生产成本较低。

镍的液相氢还原是一个气液固多相反应过程，通常采用$FeSO_4$作为晶种来提供初始固相表面。$FeSO_4$在氨溶液中能生成分散的$Fe(OH)_2$固体颗粒，镍离子吸附在$Fe(OH)_2$表面，再被还原成金属粉，其反应如下：

$$FeSO_4 + 2NH_3 + 2H_2O = Fe(OH)_2 + (NH_4)_2SO_4$$

排出晶种尾液后，再往还原釜内注入料液，通入氢气，料液与氢气在晶种表面发生反应，镍在晶核上沉积，镍粉颗粒增大。还原完成后，澄清适当时间，排出尾液，再注入料液，一般循环50~80次。为防止搅拌电机超载，一般在15~20次后，每隔几次排出部分镍粉。加压氢还原过程中，有2%~3%的镍沉积在釜壁上。为了清除这些结疤，一般用一定浓度的硫酸铵溶液在加温、鼓入空气的条件下进行反浸。氢还原金属的反应为：

$$Me^{n+} + n/2H_2 \longrightarrow Me + nH^+$$

镍是负电位金属,要使镍的氢还原反应进行,溶液必须有足够高的 pH 值。但溶液 pH 值较高,镍离子会发生水解,一般加入氨进行配合。在镍盐溶液中通入氨后,依次形成以下金属配合物:

$$Ni^{2+} + NH_3 \Longrightarrow Ni(NH_3)^{2+}$$

$$Ni(NH_3)^{2+} + NH_3 \Longrightarrow Ni(NH_3)_2^{2+}$$

$$Ni(NH_3)_2^{2+} + NH_3 \Longrightarrow Ni(NH_3)_3^{2+}$$

$$Ni(NH_3)_3^{2+} + NH_3 \Longrightarrow Ni(NH_3)_4^{2+}$$

$$Ni(NH_3)_4^{2+} + NH_3 \Longrightarrow Ni(NH_3)_5^{2+}$$

$$Ni(NH_3)_5^{2+} + NH_3 \Longrightarrow Ni(NH_3)_6^{2+}$$

镍在氨溶液中的标准电极电位随着氨配位数变化。氨配位数增大,镍的电极电位变得更负,不利于氢还原过程。当溶液中 NH_3/Ni 物质的量比为 2 时,镍的氢还原反应效果最佳。提高氢分压能够提高氢在液相中的溶解度,加快反应速度。工业生产中,一般加入 $FeSO_4$ 作为催化剂,控制氢分压 1.5 ~ 2.0MPa,控制反应温度 170 ~ 180℃。虽然钴的标准电极电位低于镍的标准电极电位,但两者电位接近,为实现镍钴分离,工业生产中通过控制 NH_3/Ni 物质的量比和还原尾液含镍量来防止钴被还原。例如,含 Ni 50g/L、Co 1g/L 的料液,在 175℃、氢分压 2.3MPa、NH_3/Ni 物质的量比为 2 的条件下还原,控制还原尾液含镍 1 ~ 2g/L 时,没有明显数量的钴被还原。

E 镍粉压块

镍粉经干燥后加入 0.5% 的黏合剂,在对辊压块机上压成圆枕形,经烧结后出售。黏合剂为聚丙烯酸,首先用氨中和,再加水配成浓度 25% 的水溶液,其黏度大约为 3Pa·s,聚合物的相对分子质量约为 10^5。压块烧结不仅可提高压块的强度,还可脱除大部分硫和碳。

镍粉中的硫以硫化物和硫酸盐的形态夹杂在镍晶粒之间,硫酸盐在氢气氛、400℃条件下发生如下反应:

$$NiSO_4 + 4H_2 \Longrightarrow NiS + 4H_2O$$

$$(NH_4)_2SO_4 + Ni \Longrightarrow NiS + N_2 + 4H_2O$$

反应生成的硫化物在氢气氛下会缓慢分解:

$$NiS + H_2 \Longrightarrow Ni + H_2S$$

经烧结后,硫含量可由 0.02% 降至 0.003% ~ 0.005%。压块烧结时用氢气做保护气氛,并供入少量的 CO_2,有利于压块深度脱碳。该反应在 800℃ 以上进行,镍矿烧结前含碳 0.02%,烧结后含碳可降至 0.002%。其反应如下:

$$CO_2 + C \Longrightarrow 2CO$$

6.3.2 酸性加压浸出

含镍钴硫化物酸性加压浸出处理原料主要有高镍锍、冶炼过程中产出的镍钴硫化物及含镍磁黄铁矿等。酸性加压浸出通常在搪铅衬砖卧式加压釜中进行，反应温度较氨性加压浸出高，一般为 130 ~ 150℃，氧分压 140 ~ 350kPa。但由于硫的基本氧化产物为元素硫，无需如氨性加压氧化浸出那样经高温氧化水解反应彻底氧化不饱和硫。过程中优先浸出镍，溶液铜与硫化镍反应以硫化铜形式沉淀，实现铜镍分离。加压釜内反应分两段进行，前段为氧化浸出，后段为非氧化浸出。加压浸出液经脱铜、净化后送镍回收工序，产品多样，可氢还原生产镍粉，或电解生产电镍，或蒸发结晶生产硫酸盐。含铜渣经加压浸出、电积生产电铜，废电解液返回镍浸出工序。该法尤其适于处理铂族金属和铜含量较高的镍锍，镍、铜等浸出率较高，一般可达到99.9%以上，得到的渣中铂族金属含量较高，可直接送精炼厂进行处理回收铂族金属。

6.3.2.1 高镍锍

20 世纪60 年代 Sherritt Gordon 提出采用酸性加压浸出工艺处理高铜镍锍，综合回收铜和镍，将 PGM 富集在浸出渣中，在南非等多家铂厂进行了工业应用，如南非的 Impala、Rustenburg、Lonmin（1985 年）、Northam 和美国的 Stillwater（1986 年）等。高镍锍主要由铜镍合金、Ni_3S_2 和 Cu_2S 三相组成，镍主要存在于合金相中，铜存在于 Cu_2S 相和合金相中，铁和钴存在于合金相中。高镍锍吹炼后，水淬成粒状，经球磨机细磨后送硫酸选择性浸出。应用硫酸选择性浸出的高镍锍最好含硫较低。浸出分两段进行，并实现镍铜的分离浸出。第一段是选择性浸镍和沉淀铜，可在常压、温度 85 ~ 90℃下进行，或加压在温度 120 ~ 135℃下进行，加压浸出可提高铜和镍的分离效果，产出更纯的阴极铜。第二段是为了更大限度地浸出金属硫化物，产出铂族金属含量高的氧化铁渣，贱金属和硫的总回收率大于99.9%，浸出渣的铂族金属富集率达100 倍。第二段浸出的温度为 150 ~ 160℃，氧分压为 150 ~ 350kPa。第一段浸出液可结晶生产硫酸镍，也可氢还原生产镍粉，或电解沉积生产阴极镍。第二段浸出溶液返回一段浸出，浸出渣送铂族金属回收系统。其中 Lonmin、Northam 及 Stillwater 厂均生产硫酸镍。

1969 年南非英帕拉铂公司（Impala Platinum）斯普林（Spring）精炼厂建成投产，采用 Sherritt 公司两段逆流酸性加压浸出工艺处理含铂族金属高冰镍，镍铜浸出率均达到99% 以上，铂族金属富集在浸出渣中，送铂金属精炼厂处理。南非勒斯滕堡贱金属精炼厂（Rustenburg Base Metals Refiners，RBMR）1980 年采用 Sherritt Gordon 加压浸出技术处理铜镍锍，设计规模为年产镍 1.9 万吨。南非西部铂业公司（Western Platinum Ltd.）马里卡纳精炼厂（Marikana Refinery）采用一段常压和一段加压两段逆流浸出流程处理高冰镍，1985 年建成投产，由于冶炼规模较小，产品为含钴硫酸镍、电铜和 PGM 精矿。Rustenburg 和 Impala Spring 采用两段逆流连续加压浸出工艺，反应温度在 135 ~ 150℃，而规模较小的 Western Platinum 和巴铂公司（Barplats Platinum）采用一段常压、一段加压工艺流程，反应温度分别为 85℃和 160℃。另外，产品也不同，Rustenburg 经直接电解生产高纯电镍，Impala Spring 经氢还原生产镍粉和镍块，Western Platinum 和巴铂公司（Barplats）生产结晶硫酸镍。另外，诺瑟姆铂金有限公司（Northam Platinum，1993 年投产）也采用酸性加压氧化浸出处理含 PGM 的镍冰铜，同时副产硫酸镍。镍冰铜酸性加压浸出厂情况见表6-4。

表6-4 镍冰铜酸性加压浸出厂情况

精炼厂		Impala Platinum	Rustenburg Refiners	Western Platinum	Barplats Platinum	Northam Platinum
规模/t·d^{-1}			125	12	3	20
给料成分/%	Ni	45~50	38~45	48		
	Cu	25~30	27~32	28		
	S	20~22	21~24	21		
PGM/×10^{-6}		100	（Ni）1	1800		
浸出段数		两段加压	一段常压，两段加压	一段常压，一段加压		
温度/℃		第一段135 第二段140	第一段75~80 第二段135~140 第三段140~145	第一段85~95 第二段165		
压力/kPa		第一段1000 第二段900	第一段常压 第二段1050 第三段1050	第一段常压 第二段350（O$_2$）		
浸出率/%	Ni	99.9	>99	99.9		
	Cu	98.0	>98	99.9		
	Co	99.0		98.6		
产品	Ni	镍粉	电镍	硫酸镍	硫酸镍	硫酸镍
	Cu	电铜	电铜	电铜	电铜	电铜
	PGM	精矿		精矿	精矿	精矿
投产日期/年		1969	1982	1985	1989	1991

注：除 Rustenburg Refiners 外，各厂均处理高冰镍。

位于美国路易斯安那州的 Freeport Nickel 公司镍港精炼厂（Port Nickel Refinery），1959 年建成投产，采用酸性加压氧化浸出和液相氢还原处理古巴毛阿镍厂的镍钴硫化物，开工仅六个月，就因原料中断停产关闭。1971 年阿迈克斯（Amax Nickel Refining Co.）购买该厂并进行了改造，采用"一段常压浸出—两段加压浸出"工艺处理来自博茨瓦纳巴曼瓦托矿业公司、南非吕斯滕堡铂矿公司、澳大利亚西部矿业公司和新喀里多尼亚镍冶金公司等的高镍锍，1974 年投产，设计规模为年产镍粉 4 万吨，1986 年关闭。

芬兰奥托昆普公司哈贾瓦尔塔（Harjavalta）精炼厂是最早采用硫酸选择性浸出处理高镍锍的工厂，1960 年建成投产，最初采用三段逆流常压浸出处理高镍锍，但过程返料量大，1981 年进行了改造，增加了一段加压浸出组成"三段常压——一段加压硫酸选择性浸出"工艺，产出铜渣含镍低，可直接送铜冶炼厂，镍总回收率由 85%~90% 提高到 99% 左右。

鹰桥（Falcobridge）公司在挪威的克里斯蒂安桑（Kristiansand）精炼厂采用氯气浸出法处理镍冰铜，为进一步改善铜镍分离率，该厂 1986 年采用一段加压浸出法处理氯化浸出渣，反应温度 140~150℃，过程中不通氧，加入少量新鲜镍冰铜控制氧化还原电位和铜的溶解。

另外，美国蒙大拿州的斯蒂尔沃特（Stillwater）矿山公司采用加压浸出法处理富含铂族金属的镍冰铜[15]。熔炼水淬产出的镍冰铜，主要成分为：Ni 42%、Cu 27%、S 22.5%、铂族金属 2.1%。镍冰铜细磨后进行三段浸出。一段为常压浸出，在 5 台连续搅拌槽中进行，控制温度 85℃，采用铜废电解液浸出镍，前 3 台槽子通入氧气，溶液除铁后蒸发结晶生产硫酸镍。一段浓密底流采用铜废电解液浆化后，在四隔室卧式加压釜中进行二段加压浸出铜，控制温度 130~140℃，氧分压 600kPa，铜浸出率 90% 以上，滤饼含 PGM 达到10%~30%。滤饼经铜废电解液、水和硫酸浆化后再次加压浸出深度脱铜镍，同时降低铑和钌的浸出率，操作条件和二段相似。浸出渣含 PGM 30% 左右，送 PGM 回收系统。二段、三段含铜溶液在高温下采用亚硫酸脱硒、碲后，送电积系统生产阴极铜。该厂工艺与南非马里卡纳 Lonmin 公司和南非 Northam 工艺较为相近，均生产硫酸镍[16]。

20 世纪 60 年代我国开始进行镍钴加压浸出技术研究。1968 年白银建成中冰镍加压浸出装置，针对金川中冰镍进行精炼试验，日处理中冰镍 4~5t。中冰镍系由低冰镍经转炉吹炼而成，主要成分为：Ni 22.0%，Co 0.62%，Cu 19.7%，Fe 26.0%，S 27.0%。中冰镍经磨矿浆化后，用隔膜泵送至套管加热器采用蒸汽加热至 160℃后，送至加压釜进行浸出。加压浸出在 5 台串联 ϕ0.8m×4.5m 帕丘克槽中进行，钢壳搪铅内衬耐酸砖，采用压缩空气搅拌。反应温度 160~170℃，氧分压 0.3MPa，总压 2.2~2.4MPa，液固比 5:1，浸出时间 4h。矿浆经闪蒸、浓密液固分离后，上清液净化后送氢还原，底流经过滤、洗涤后送提取贵金属。镍、钴和铜的浸出率均在 95%~97%。浸出液典型成分为：Ni 35.6g/L，Co 0.86g/L，Cu 24.8g/L，Fe 1.0g/L。浸出渣典型成分：Ni 1.31%，Co 0.063%，Cu 1.37%，Fe 59.8%。因未解决浸出渣中提取贵金属问题而未进行工业应用。

1991 年金川钴合金加压浸出生产线建成投产，从转炉渣中回收钴，日处理量为 26~30t。钴合金为转炉渣经贫化电炉、磁选产出，成分为：Co 3.0%，Ni 26.37%，Cu 1.8%，Fe 65.1%，S 2.15%。钴合金经"预浸—加压浸出"工艺进行处理，浸出在 150℃下进行，反应时间 7~8h。镍、钴、铜的浸出率分别达到 91.0%、94.0% 和 90%[17]。浸出渣返回镍系统，浸出液经萃取、氢还原生产等生产镍粉及氧化钴粉。该工艺过程中采用硫粉代替硫酸，浸出率无影响，且避免备料浆化过程中硫酸与冰铜反应释放出毒性硫化氢气体，及避免腐蚀泵和阀门。

1989 年北京矿冶研究总院、新疆有色金属公司及北京有色冶金设计研究总院合作，针对新疆喀拉通克铜镍矿产出高冰镍进行了"选择性常压浸出—加压酸浸"试验研究。1993年 5 月完成半工业联动试验。阜康冶炼厂 1993 年 10 月投产，生产规模为年产电镍 2000t，主工艺流程为"硫酸选择性浸出（一段常压、一段加压）—黑镍除钴—不溶阳极电积"。2006 年经扩建改造，工艺流程改为二段常压、二段加压，电镍产量达到 1 万吨/年，电铜1.2 万吨/年，电钴 87.3t/a，硫酸 1.2 万吨/年。

2000 年，吉林镍业公司与北京矿冶研究总院合作建设 1 万吨精制硫酸镍生产线，主工艺流程为一段常压、两段加压，溶液经萃取、蒸发结晶生产硫酸镍。设计规模为年产硫酸镍 1 万吨，其中电子级硫酸镍 6000t/a，精制硫酸镍 4000t/a。2001 年 12 月 10 日投料试生产，同月 30 日产出合格的硫酸镍产品，2002 年 5 月达到设计的生产能力，产品质量和主要技术经济指标也同步达到并优于设计的要求。之后，吉镍在河南新乡、四川重庆等地建设了分厂，均采用该工艺。

6.3.2.2 镍钴硫化物

另外，加压酸浸还用于处理冶炼过程中产出的镍钴硫化物。如日本住友金属矿业公司新居滨厂和日本矿业公司的日立精炼厂都是采用硫酸加压浸出从镍钴硫化物中提取钴和镍。苏联也采用加压浸出技术处理镍冰铜、砷钴矿等。

从1970年起，日本矿业公司就开始研究从镍钴硫化物中提取镍钴的新工艺。镍钴硫化物来自澳大利亚格林韦尔公司雅布卢镍冶炼厂，典型成分为：Ni 32.2%、Co 15.8%、Cu 0.7%、Fe 0.8%、Zn 0.02%、S 34.5%。经过几年的小规模试验后，决定采用加压氧化浸出和溶剂萃取工艺，并于1975年建成日立精炼厂，专门处理从澳大利亚进口的镍钴硫化物。

日本住友金属矿业公司新居滨镍厂处理的镍钴硫化物来自菲律宾马林杜克采矿工业公司诺诺克岛镍冶炼厂，镍钴硫化物主要成分为：Ni 26%、Co 13%、Cu 1.5%、Fe 3%、Zn 0.1%、S 27%。1975年投产，也是采用加压氧化浸出，使镍钴硫化物呈硫酸盐溶解进入溶液。与日立精炼厂不同之处在于溶剂萃取净化过程，新居滨镍厂采用叔碳羧酸作为萃取剂，将镍钴全部萃取进入有机相，再用盐酸反萃，使镍钴转变为氯化物体系，然后用叔胺类萃取剂分离镍钴。新居滨镍厂的工艺特点是，氯化物体系可采用叔胺类萃取剂来分离钴镍，与硫酸体系常用的萃取剂相比，叔胺类萃取剂有较高的分离系数。反萃得到的氯化钴溶液和氯化镍萃余液分别采用全氯化物电解液电积，这一工序也与日立精炼厂不同。

Inco公司Copper Cliff镍精炼厂（CCNR）1973年投产，采用加压羰基法（IPC）处理含硫低的镍冰铜，产出渣的主要成分为：Cu 55%~60%、Ni 6%~10%、Co 4%~8%、Fe 4%~9%、S 13%~19%及PGM 600~900g/t，送其铜精炼厂采用两段加压酸浸进行处理。第一段控制温度150℃，压力550kPa，不通氧，IPC渣与硫酸100~200g/L、硫酸铜40~90g/L溶液反应。95%~98%的镍和钴浸出进入溶液，以碳酸盐混合物形式回收送钴冶炼厂处理。IPC渣中的铜主要以Cu_2S存在，几乎全部进入渣中。该段浸出技术的关键在于使供给的硫酸铜与原料中存在的金属及氧的含量相匹配。浸出渣在温度110℃、氧压1180kPa下进行二段加压浸出，使铜浸出进入溶液，经净化生产电铜。二段浸出渣进一步富集后回收其中的贵金属。

1995年，宾杜拉镍业公司（Bindura Nickel Corporation）位于津巴布韦宾杜拉的冶炼厂采用加压浸出技术处理原有常压浸出流程产出的镍铜硫化渣。该流程在非氧化酸性加压浸出条件下浸出全部的镍，产出适于冶炼生产电铜的高品位硫化铜渣。该厂投产较为顺利，运行6周后达到设计指标要求[18]。

奥托昆普公司科科拉钴厂1967年建成投产，生产规模为年产钴1500t，采用硫酸化焙烧处理含镍钴铜渣，产出的镍钴硫化物在2台70m³加压釜中进行浸出，铜、镍、钴浸出进入溶液，采用Sherritt的氨配合物法回收镍，结晶产出的镍复盐送哈贾瓦尔塔。除镍后溶液加压氢还原回收钴。

国内针对硫化镍钴渣加压浸出也进行了大量研究工作。邢启智等人[19]针对含钴30%~40%的硫化钴渣在氧分压3个标准大气压、温度130℃下进行加压浸出，反应4~5h后，钴硫的浸出率均可达到98%以上，镍浸出率50%以上，锰和铁全部进入溶液中。

北京矿冶研究总院"十五"期间针对大洋富钴结壳、多金属结核湿法冶金进行了大量研究工作，并对过程中产出的富钴硫化物进行了大量加压浸出试验研究[20]。富钴结壳经二氧化硫还原硫酸浸出后，钴、镍、铜、锰等浸出进入溶液，经中和除铁、硫化沉淀得到镍钴硫化物和硫酸锰溶液。镍钴硫化物主要成分为：Co 13.06%，Ni 8.85%，Cu 1.74%，Mn 1.2%，Fe 0.77%，Zn 0.87%。该硫化物在145℃、氧分压0.45MPa条件下浸出2.5h，镍钴浸出率大于99.8%，铜浸出率大于98%。另外，多金属结核还原氨浸工艺过程，萃余液硫化沉淀产出的钴渣，主要成分为：Co 18.80%，Ni 0.4%，Cu 0.094%，Zn 4.46%，Mn 0.051%，Fe 0.16%，Mo 0.25%。与还原氨浸渣提锰系统产出的硫化钴渣混合，在130℃、氧分压0.3MPa条件下加压浸出2h，钴、镍、铜的浸出率均大于99%。溶液采用P204萃取锌、锰，再用P507分离得到纯净的硫酸钴溶液，经草酸铵沉钴和煅烧制取氧化钴。

6.3.2.3　含镍磁黄铁矿

磁黄铁矿（Fe_7S_8）是镍硫化矿中典型的脉石矿物，采选过程中抑制在尾矿中，一般含一定量的镍，平均为0.8%~2.0%，通常称为含镍磁黄铁矿精矿。由于镍嵌布在磁黄铁矿中，难于选矿分离。1969年，苏联诺里尔斯克矿冶股份公司（诺理尔斯克联合公司，Norilsk Nickel，OJSC MMC Norilsk Nickel）提出采用酸性加压浸出法处理含镍磁黄铁矿精矿，大部分镍、钴、铜浸出进入溶液，铁以水合氧化铁形式沉淀进入渣中，硫转化为元素硫。浸出液采用硫代硫酸盐处理，最终产出石膏、铜精矿和镍钴精矿。其实质是在高温高压条件下氧化磁黄铁矿，通过浮选弃去，同时富集回收渣中有价金属。

$$2Fe_7S_8 + 7O_2 + 14H_2SO_4 \longrightarrow 14FeSO_4 + 16S + H_2O$$

$$4FeSO_4 + 2H_2SO_4 + O_2 \longrightarrow 2Fe_2(SO_4)_3 + 2H_2O$$

$$Fe_2(SO_4)_3 + 3H_2O \longrightarrow Fe_2O_3 + 3H_2SO_4$$

1979年，纳杰日金斯克（纳捷日金，Nadezhda Metallurgical Plant）冶炼厂一期工程投产，除采用火法熔炼工艺处理镍、铜精矿外，还采用酸性加压浸出工艺处理选矿产出的镍磁黄铁矿精矿，产出的硫化镍渣送火法闪速炉进行处理。镍磁黄铁矿精矿成分为：Ni 3.2%、Cu 1.4%、Fe 48.9%、S 27.6%，由于硫含量过高，不适于采用火法处理。该厂最初在110℃下用50%富氧空气进行单段加压浸出，1981年反应温度提高至130~135℃，富氧浓度提高至80%，总压力1.5MPa，用3%稀硫酸加5%~6% Na_2SO_3，反应时间1.5~2h[9]，设置三排卧式加压釜，每排四台。该法的优点是硫以元素硫形式进入渣中，减少了空气污染。后来提出用两段加压浸出以降低浸出液中的铁，即在较低温度（120~130℃）和较高氧分压（1MPa）下进行第一段浸出，促使Fe^{2+}氧化成Fe^{3+}，而在较高温度150~155℃和较低压力200~250kPa下进行第二段浸出，促使铁水解沉淀。磁黄铁矿氧化率达到96%，镍浸出率达到67%。然后使溶液中的镍以硫化物的形态沉淀回收。在浸出中未反应的硫化物和元素硫用浮选法回收。关于加压浸出后矿浆的处理，说法不一。一是加压浸出液采用硫代硫酸钙除石膏和沉镍，二是加压浸出产出的矿浆直接进行硫化沉淀铜镍，浮选回收硫精矿，浮选尾矿加入石灰中和。产出的硫精矿进一步浮选富集，并经热滤分离硫黄。

6.3.2.4　反应原理

A　浸出

在高压釜给料调浆、升温阶段及常压浸出过程中，首先黄镍铁矿Ni_3S_2与浸出液中的$CuSO_4$反应生成NiS，NiS进一步氧化分解。

$$Ni_3S_2 + 2CuSO_4 \Longrightarrow Cu_2S + NiS + 2NiSO_4$$

镍冰铜合金相中的金属也很容易浸出:

$$2Ni + O_2 + 2H_2SO_4 \Longrightarrow 2NiSO_4 + 2H_2O$$

$$2Cu + O_2 + 2H_2SO_4 \Longrightarrow 2CuSO_4 + 2H_2O$$

在高压釜前两室中,发生黄镍铁矿的氧化浸出:

$$3Ni_3S_2 + O_2 + 2H_2SO_4 \Longrightarrow Ni_7S_6 + 2NiSO_4 + 2H_2O$$

$$2Ni_7S_6 + O_2 + 2H_2SO_4 \Longrightarrow 12NiS + 2NiSO_4 + 2H_2O$$

总反应为: $$2Ni_3S_2 + O_2 + 2H_2SO_4 \Longrightarrow 4NiS + 2NiSO_4 + 2H_2O$$

生成的针硫镍矿 NiS 大部分被直接氧化浸出:

$$NiS + 2O_2 \Longrightarrow NiSO_4$$

少部分按下式氧化:

$$8NiS + O_2 + 2H_2SO_4 \Longrightarrow 2NiSO_4 + 2Ni_3S_4 + 2H_2O$$

料液中的高铁也会促进镍的浸出:

$$Ni_3S_2 + Fe_2(SO_4)_3 \Longrightarrow 2NiS + NiSO_4 + 2FeSO_4$$

同时,铜的硫化物也会被部分浸出:

$$2Cu_2S + O_2 + 2H_2SO_4 \Longrightarrow 2CuSO_4 + 2CuS + 2H_2O$$

镍黄铁矿加压浸出机理如下(见图6-1):

$$Fe_{4.5}Ni_{4.5}S_8 + 4.5O_2 + 18H^+ \longrightarrow 4.5Ni^{2+} + 4.5Fe^{2+} + 9H_2O + 8S$$

$$4Fe^{2+} + O_2 + 4H^+ \longrightarrow 4Fe^{3+} + 2H_2O$$

$$Fe_{4.5}Ni_{4.5}S_8 + 18Fe^{3+} \longrightarrow 4.5Ni^{2+} + 22.5Fe^{2+} + 8S$$

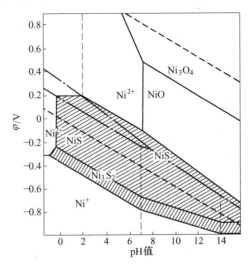

图6-1 25℃下 Ni-Fe-S 系 φ-pH 图

B 铜镍分离

高压釜后两室在缺氧气氛下操作，因而主要发生针硫镍矿及辉镍矿中的镍与硫酸铜中铜之间的交换，从而使溶液中的铜沉淀为硫化铜而镍则转入溶液：

$$NiS + CuSO_4 \Longrightarrow NiSO_4 + CuS$$

$$4Ni_3S_4 + 9CuSO_4 + 8H_2O \Longrightarrow Cu_9S_5 + 9NiS + 3NiSO_4 + 8H_2SO_4$$

同时在 Cu_2S 与 CuS 之间发生固相反应：

$$4Cu_2S + CuS \Longrightarrow Cu_9S_5$$

C 铜的浸出

渣中全部的铜及残存的镍在第二段加压浸出时浸出。镍的浸出反应尚有：

$$2Ni_3S_4 + 15O_2 + 2H_2O \Longrightarrow 6NiSO_4 + 2H_2SO_4$$

铜则按以下各式浸出：

$$CuS + 2O_2 \Longrightarrow CuSO_4$$

$$2CuS + O_2 + 2H_2SO_4 \Longrightarrow 2CuSO_4 + 2S + 2H_2O$$

$$Cu_9S_5 + 2O_2 + 4H_2SO_4 \Longrightarrow 5CuS + 4CuSO_4 + 4H_2O$$

S. V. Kniss 等人[19]针对硫化镍矿加压浸出过程中铁的浸出动力学模型研究表明，该工艺动力学受外部扩散控制，控制步骤为氧吸收。

6.3.3 加压碱浸

美国犹他州巴里克公司 Mercur 矿山曾采用加压氧化碱浸处理铜镍硫化矿[21]，日生产能力达 750t。加压浸出温度为 215℃，压力为 3.4MPa，铂族金属富集比大于 20 倍。由于 NaOH 试剂费用较贵，美国专利提出可采用 Na_2CO_3 作碱性剂，而 $Ca(OH)_2$ 仅适用于矿浆浓度在 20% 以下的情况。

刘时杰等人[22]研究了加压氧化碱浸处理从铜镍合金分离大部分铜镍后的含贵金属富集物，该物料中除含贱金属硫化物外，还含大量元素硫。物料加 NaOH 溶液浆化后转入高压釜，加压浸出温度为 140～150℃，氧分压为 0.7MPa。贱金属硫化物氧化为可溶性硫酸盐，Cu、Ni 氧化浸出率高于 98%，获得的铂族金属精矿品位达 54%。

陈景等人[23]针对云南低品位铂钯硫化矿浮选精矿进行了加压碱浸工艺研究。该浮选精矿总硫含量 15%，而脉石中含 MgO 等碱性物质高达 25%。浸出反应在 140～180℃，氧分压 1.0MPa 条件下进行，铂族金属富集率达 99%。

6.4 镍红土矿高压酸浸

6.4.1 典型镍红土矿工艺矿物学

以常见的菲律宾塞利斯舍镍红土矿为对象，开展工艺矿物学研究。

6.4.1.1 物化性质

红土矿多元素化学分析结果见表 6-5。

表6-5 红土矿多元素化学分析结果 （%）

元 素	Ni	Co	Fe	Cu	Pb	Zn	Mn	Si
褐铁矿型	1.05	0.10	36.56	0.003	0.005	0.03	0.66	9.57
腐泥土型	1.34	0.056	13.74	0.002	0.005	0.012	0.23	21.86
元 素	Al	Ca	Mg	Cr	As	P	S	
褐铁矿型	1.90	0.38	2.01	2.10	0.01	0.009	0.067	
腐泥土型	0.50	0.20	10.80	0.81	0.01	0.004	0.016	

由分析结果可见，两者的主要构成元素类似，但含量相差较大。对于主要目标金属来说，褐铁矿型红土矿含 Ni 较低、含 Co 较高，与此相反，腐泥土型红土矿含 Ni 较高含 Co 较低；在矿石的主要构成元素方面，褐铁矿型红土矿富含 Fe、Cr、Al，而腐泥土型红土矿富含 Si、Mg。这一现象说明，在红土矿的形成过程中基性岩中的 Fe、Cr、Al 和 Co 元素多留在原地，形成褐铁矿型红土矿；而 Si、Mg 和 Ni 元素向下迁移较多，形成腐泥土型红土矿。红土矿镍钴化学物相分析结果见表6-6。

表6-6 红土矿镍钴化学物相分析结果

分 类		镍				钴		
褐铁矿型	相别	铁矿物中镍	锰矿物中镍	其他镍	总镍	铁矿物中钴	其他钴	总钴
	含量/%	0.85	0.11	0.08	1.04	0.055	0.046	0.101
	占有率/%	81.73	10.58	7.69	100.00	54.46	45.54	100.00
腐泥土型	相别	褐铁矿物中镍	锰矿物中镍	硅酸盐矿物中镍	总镍	褐铁矿物中钴	其他形式钴	总钴
	含量/%	0.51	0.08	0.80	1.39	0.022	0.033	0.055
	占有率/%	36.69	5.76	57.55	100.00	40.00	60.00	100.00

由表6-6结果可以发现，褐铁矿型镍红土矿中的 Ni 主要存在于铁矿物（81.73%）和锰矿物（10.58%）中；而腐泥土型镍红土矿中的 Ni 主要存在于硅酸盐矿物（57.55%）和铁矿物（36.69%）中。这一结果说明腐泥土型镍红土矿中的 Ni 有相当一部分来自上层褐铁矿型镍红土矿形成时 Ni 与 Si、Mg 的迁移。褐铁矿型红土矿中 Co 主要存在于铁矿物（54.46%）中，而腐泥土型红土矿中的 Co 也有相当大一部分存在于铁矿物（40.00%）中。但其他部分的 Co 在两种红土矿中也大量存在，其化学物相和赋存状态值得进一步研究。褐铁矿型红土矿中 Co 含量高于腐泥土型红土矿，说明在大量的 Si、Mg 向下迁移时 Co 留在原地与 Fe 结合在一起得到富集，而腐泥土型红土矿中因为没有足够 Si、Mg 等元素流失，所以 Co 没有得到充分的富集，大部分仍可能处在基性岩中。

XRD 分析表明，两种类型红土矿中都存在蒙脱石、蛇纹石、石英、针铁矿、滑石、铬铁矿、石棉、高岭石、绿泥石和硅钙石矿物，除此之外，腐泥土型红土矿中还含有透闪石、硅镁镍矿、软绿蛋白石、绿高岭石和硅铁土类矿物。同时由谱线强度来看，腐泥土型红土矿中各种矿物的峰值较高，显示其相对较好的结晶度。

在褐铁矿型红土矿中，镍矿物和含镍矿物主要有褐铁矿、锰镍钴矿、锰镍矿等，其他金属矿物有铬铁矿、磁铁矿、赤铁矿等。脉石矿物主要有蒙脱石、石英、玉髓、蛋白石、蛇纹石、滑石、绿泥石、高岭石、石棉、硅钙石等。在腐泥土型红土矿中，镍钴矿物和含镍钴矿物主要有硅镁镍矿、锰镍钴矿、锰镍矿、褐铁矿、富锰褐铁矿、蛇纹石、绿高岭石、硅铁土类矿物等；其他矿物有磁铁矿、赤铁矿、铬铁矿、石英、玉髓、蛋白石、绿泥石、辉石、透闪石、滑石、高岭石、蒙脱石等。

6.4.1.2　主要含 Ni、Co 矿物

一般情况下，镍红土矿中无单独的镍矿物，镍主要以三种形式存在于镍红土矿中：

（1）附着在非晶型或弱晶型针铁矿中，主要是以物理吸附作用存在，因此易于被浸出。

（2）以弱吸附的形式存在于晶体状针铁矿表面，其吸附作用表现为化学吸附，需采用较强的酸才能被浸出。

（3）以晶格取代的方式存在于矿物中，镍在矿物中的结合形式最为牢固，在常压条件下，需采用强酸才能被完全浸出。由于有些矿物的溶解性相近，无法完全通过选择性溶解等手段分开确定。

因此要查明红土矿中 Ni、Co 的赋存状态，仅仅依靠前面的化学物相分析是无法实现的，为此，结合化学物相、能谱分析和元素面分布等手段对 Ni、Co 的赋存状态进行了进一步的深入研究。

A　褐铁矿型红土矿

本矿样为基性—超基性岩石经风化后形成的褐铁矿型红土矿。在母岩的风化过程中，原有矿物在水的参与下向下淋滤，形成次生富集；而铁等元素则残留在地表形成稳定的铁帽，并吸附了部分 Ni、Co 等元素，所以褐铁矿型红土矿中铁质是最主要的产物。另外也有一部分 Mn、Ni、Co 等元素和铁质一起形成水合氧化物。褐铁矿型镍红土矿含锰不高，只有 0.66%。以镍钴锰土形式存在，其成分以二氧化锰为主，并含有一些其他的金属氧化物和锰的水合氧化物。根据前面红土矿的矿物组成研究，褐铁矿型红土矿中的镍矿物和含镍矿物主要有褐铁矿、锰镍钴矿、锰镍矿等。

a　褐铁矿

褐铁矿是褐铁矿型镍红土矿中最重要的含镍矿物。由于该矿物形成条件的差异，胶体沉淀、凝结陈化的不同，晶体转变完全程度也有差异，该矿物的组成也非常复杂。镜下观察、扫描电镜能谱分析、X 射线衍射分析证实，该矿物主要由针铁矿、水针铁矿、水赤铁矿、纤铁矿和脉石等矿物组成。由于粒度很细，不易进一步区分，所以统称为褐铁矿。褐铁矿主要呈土状、不规则状、蜂窝状、脉状、胶状（见图6-2）、微细粒状、鳞片状、针状（见图6-3）、纤维状等形式产出。

褐铁矿的粒度一般为 0.005 ~ 0.05mm，由于成矿过程中褐铁矿中 Fe 被其他金属元素置换的数量有很大差异，对多个褐铁矿样品的多区域进行了 X 射线能谱分析，结果表明它们的化学组成有较大的变化，在不同的褐铁矿样本中除了含 Fe 外，还含有少量 Ni、Mn、Co、Si、Al、Ca、Cr 等元素，而且这些元素分布极不均匀。褐铁矿平均含 Fe 53.99%，Ni 1.44%，Co 0.096%，Mn 0.51%。褐铁矿中 Ni、Co、Mn 的含量波动较大，其中 Ni 的变化范围为 0 ~ 3.32%，Co 的变化范围为 0 ~ 0.35%，Mn 的变化范围为 0 ~ 2.11%。

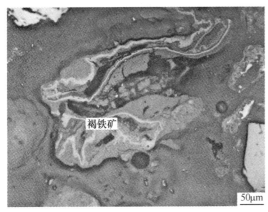

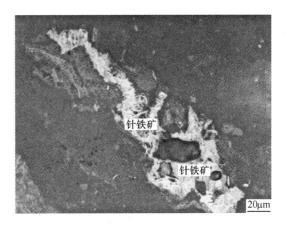

图 6-2　胶状褐铁矿（反光）　　　　　　　　　　图 6-3　针铁矿、水针铁矿呈针状产出（反光）

b　锰镍钴矿

锰镍钴矿是矿石中主要的 Mn、Ni、Co 矿物，颜色为黑色、灰黑色，不透明。呈钟乳状、胶状、葡萄状、环带状、粉状等形式和锰的其他水合氧化物一起产出，反光镜下呈亮的乳白色或灰白色，多色性明显，强非均质，反射率 25% ~ 30%。锰镍钴矿与针铁矿、水针铁矿、水赤铁矿的关系密切，常被这些铁矿物包裹或与之共生，或分布在硅质类矿物表面或裂隙中，因此有含铁和不含铁两类锰镍钴矿。

锰镍钴矿很少，也不容易找到，目前有关该矿物研究的报道甚少，因此无法进行对比。为了进一步了解该矿物中 Ni、Co 的分布与其他元素分布的关系，我们对该矿物进行了透射电镜观察、电子衍射和能谱分析研究。结果表明，在锰镍钴矿物中，Fe 的分布缺乏规律；O 和 Mn 的面分布形态与锰镍钴矿物的背散射电子图像几乎完全一致，而且其元素密度较大，说明该矿物主要由 Mn 的氧化物组成；Ni 和 Co 的面分布形态也与锰镍钴矿物的背散射电子图像几乎一致，但它们的元素密度较小，说明 Ni、Co 在该矿物中是随着 Mn 的氧化物均匀分布的；Al 的分布与锰镍钴矿物的背散射电子图像的外观形状几乎一致，但它似乎呈不均匀状态分布在锰镍钴矿物颗粒的间隙或周边；Si 则呈环状分布在锰镍钴矿物颗粒的周边，偶尔有极少量小碎屑状点缀在锰镍钴矿物颗粒的间隙或周边。

为了进一步查明锰镍钴矿物颗粒的组成，采用 X 射线能谱分析了多个该种矿物质点的组成。锰镍钴矿富含 Mn、Ni、Co，其含量波动幅度不大，Mn、Ni、Co 的平均含量分别为 35.39%、14.47% 和 9.76%。除此之外，还含少量的 Al（平均 1.19%）和 Fe（平均 2.22%），个别样品不含铁。有关研究认为，镍红土矿中大部分锰存在于二氧化锰颗粒中，说明该样品中的 Ni、Co 主要赋存在二氧化锰颗粒中。锰镍钴矿易溶于盐酸、浓硫酸等化学试剂，在稀酸中溶解较慢，但在高压酸浸时溶解较完全，所以锰镍钴矿对高压酸浸提取镍、钴没有影响。

c　锰镍矿

矿石中纯锰镍矿较少，大部分锰镍矿含少量铁和钴。在红土型镍矿中锰镍矿主要呈土状、不规则粒状或葡萄状产出，该矿物与针铁矿、水针铁矿、水锰矿等矿物关系密切，在针铁矿中常见有锰镍矿、锰镍钴矿的包裹体。

锰镍矿 X 射线能谱分析结果表明，锰镍矿中的 Mn、Ni 含量略高于锰镍钴矿，而 Co 含量比锰镍钴矿低很多。两种矿物中的 Fe、Al 含量几乎相同，区别在于锰镍矿中还含有 Si、Mg 等元素，高压酸浸时锰镍矿完全溶解，对镍、钴提取没有影响。

B　腐泥土型红土矿

腐泥土型红土矿中主要的含 Ni、Co 矿物有硅镁镍矿、锰镍钴矿、锰镍矿、褐铁矿、富锰褐铁矿等。硅镁镍矿在不同的书上名称不一样，归纳起来有下列几种叫法，即硅镁镍矿、暗镍蛇纹石、镍纤蛇纹石、滑硅镍矿等。它的分子式为：$(Mg,Ni)_6[Si_4O_{10}](OH)_8$。在它的成分中镁和镍是可以相互替换的，所以硅镁镍矿的成分中 Mg、Ni 元素的含量变化范围相当大。该矿物是超基性岩深度风化过程中形成的次生矿物，是胶体吸附和交代形成的。当气候炎热、潮湿条件下，超基性岩中的部分元素被带出，风化产物中碱金属和碱土金属被带出，而残留下来的 Fe、Si 和 Mg 成为孤立状态的氧化铁、氧化硅和氧化镁的水化物，堆积残留成为红土型镍矿的主要化合物。硅镁镍矿一般产生在褐铁矿型镍红土矿之下，在风化淋滤过程中 Si、Mg 胶体从溶液中吸附 Ni 离子而形成硅镁镍矿。

a　硅镁镍矿

硅镁镍矿主要呈土状、胶状、皮壳状、豆状、隐晶质致密状，颜色呈淡绿色、苹果绿色到淡黄色等（见图 6-4），在透射电镜下观察，硅镁镍矿具有鳞片状、纤维状、不规则状等形貌，如图 6-5 所示。为了进一步证实该矿物为硅镁镍矿，把挑选纯的单矿物进行 X 射线衍射和扫描电镜 X 射线能谱分析，图 6-5 中主要衍射峰均与标准硅镁镍矿衍射线相对应。为了进一步确定硅镁镍矿的组成，对其 X 射线能谱分析进行计算处理，该硅镁镍矿比较纯净，含铁很少。硅镁镍矿完全溶于盐酸、硫酸和硝酸中，能被草酸分解，也溶于含硫酸铜的硫酸-氢氟酸及醋酸。在亚硫酸、酒石酸、柠檬酸溶液、氢氧化铵以及过氧化氢中不溶。该矿物对湿法冶金中的高压酸浸提取镍、钴没有影响。

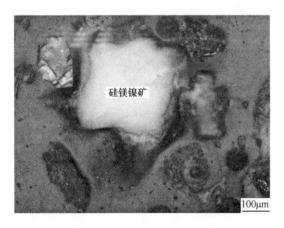

图 6-4　呈粒状产出的硅镁镍矿（反光正交）　　　图 6-5　透射电子显微镜下硅镁镍矿形貌

b　褐铁矿

矿石中铁矿物主要是铁的水合氧化物，多呈粉末状、粒状、不规则状、蜂窝状，与蛇纹石型镍红土矿中其他硅镁质矿物黏附在一起，镜下观察，矿石中铁矿物主要是针铁矿、水针铁矿、水赤铁矿以及一些杂质混合物，统称为褐铁矿。在个别褐铁矿中还包裹少量黄铜矿等矿物的氧化残余（见图6-6）和自然金等矿物（见图6-7）。

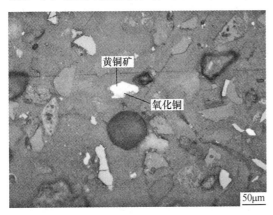 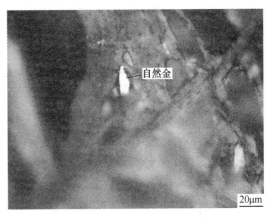

图6-6　褐铁矿中包裹的铜矿物（反光）　　　图6-7　褐铁矿中包裹的自然金（反光）

红土矿中针铁矿、水针铁矿、水赤铁矿是原生铁矿物和其他含铁矿物经高温、潮湿多雨气候条件下深度风化形成，由于形成时的物理化学条件不同，所以褐铁矿中主要组成矿物的结晶程度、含水量以及杂质元素含量等都有很大的差别。在腐泥土型红土矿中各种胶体混合物中含水量越高，杂质元素越多，其含镍量一般也越高。褐铁矿的各矿物中除含 Fe外，还含少量 Ni、Co、Mn、Si、Al、Mg、Ca、Cl 等元素。

除了普通的褐铁矿之外，还有少量富锰褐铁矿存在，多呈不规则粒状、土状等形式产出，与褐铁矿、锰镍钴矿关系密切，常呈土状与其他矿物黏附在一起。镜下观察类似褐铁矿，呈黑色、棕褐色。其主要成分为铁、锰，另外镍钴的含量也较高。褐铁矿在常温常压下，在硫酸中溶解很慢、很少；但在高温高压条件下，在硫酸中溶解很快、很完全，因此对高压酸浸提取镍、钴没有影响。

c　锰镍钴矿

腐泥土型红土矿中锰含量虽然不高（Mn 0.23%），但锰的水合氧化物——锰土较常见，有关研究认为，镍红土矿中大部分锰存在于二氧化锰颗粒中，说明该样品中的锰主要赋存在二氧化锰颗粒中。其主要矿物构成和赋存状态与褐铁矿型红土矿中的锰土基本相同。该矿物是腐泥土型红土矿中主要的含 Ni、Co 矿物，多呈微细粒状或粉末状，该矿物除含 Ni、Co、Mn 外，个别还含少量的 Zn。锰镍钴矿常呈包裹体形式存在于褐铁矿中，也有部分锰镍钴矿沿脉石矿物的裂隙充填，呈脉状、细脉状分布。

d　锰镍矿

锰镍矿多呈微细粒状、粉末状与锰土的其他矿物混合在一起，也有部分被包裹在褐铁矿中。由 X 射线能谱分析结果可以看出，锰镍矿中除含 Mn、Ni 外，还含少量 Fe、Co、Si、Al、Ba、Mg 等元素。与褐铁矿型红土矿中的锰镍矿对比就会发现，腐泥土型红土矿中锰镍矿的 Ni、Fe 含量略高于褐铁矿型红土矿中的锰镍矿，但 Mn、Co 含量略低于褐铁矿型红土矿中的锰镍矿。

e　硅铁土类矿物

硅铁土类矿物是超基性岩风化过程中形成的铁、硅凝胶，呈黑色、黑褐色、微红褐色块状；性脆，呈偏胶体，隐晶质。硅铁土类矿物是从硅铁土到褐铁矿的过渡矿物。

f　蛇纹石

蛇纹石是矿石中最主要的脉石矿物，也是主要的含镍矿物。X 射线能谱分析，大部分蛇纹石除含 Si、Mg 外，还含少量 Ni，个别还含少量 Fe、Al、Ca 等元素。能谱分析证明，蛇纹石的镍含量与风化程度有关。当蛇纹石的风化较浅时，其主要成分为 Si、Mg，另外还含 Fe、Ni、Al、Ca 等元素；当风化程度提高时，超基性岩中不稳定组分淋滤到下部，与蛇纹石化过程中形成的蛇纹石结合成为含镍蛇纹石，风化程度的不同，其镍含量也有较大的差别。

g　绿高岭石

绿高岭石矿物也称为囊脱石，是超基性岩风化分解的产物，在蛇纹石型镍红土矿中多呈松散土状、鳞片状或致密状产出，颜色为淡黄绿色或褐绿色，硬度低，矿物很脆易裂成碎粒，有一点滑感。X 射线能谱分析，绿高岭石中除含 Si、Fe 外，还含少量 Al、Mg、Ca、Ni 等元素。

6.4.2　高压酸浸理论研究

6.4.2.1　高压酸浸工艺原理

红土矿中镍主要存在于蛇纹石（$Mg_3Si_2O_5(OH)_4$）、针铁矿（$FeOOH$）以及少量的硅酸镍（Ni_2SiO_4）中，红土矿加压酸浸过程中发生的主要反应为：

$$NiO + H_2SO_4 \longrightarrow NiSO_4 + H_2O$$

$$CoO + H_2SO_4 \longrightarrow CoSO_4 + H_2O$$

$$Mg_3Si_2O_5(OH)_4 + 6H^+ \longrightarrow 3Mg^{2+} + 2SiO_2 + 5H_2O$$

$$Ni_2SiO_4 + 4H^+ \longrightarrow 2Ni^{2+} + 2SiO_2 + 2H_2O$$

$$2FeOOH + 3H_2SO_4 \longrightarrow 2Fe^{3+} + 3SO_4^{2-} + 4H_2O$$

$$2Fe^{3+} + 3H_2O \longrightarrow Fe_2O_3 + 6H^+$$

FeOOH 总反应为：
$$2FeOOH \longrightarrow Fe_2O_3 + 3H_2O$$

红土矿中铝主要以三水铝矿形式存在或与针铁矿伴生，酸浸中铝浸出进入溶液，部分立即水解沉淀。

$$3Al_2(SO_4)_3 + 14H_2O \longrightarrow 2(H_3O)Al_3(SO_4)_2(OH)_6 + 5H_2SO_4$$

当温度大于 280℃，酸度高于 60g/L 条件下，还会形成碱式硫酸铝（$Al_2O_3 \cdot 2SO_3 \cdot H_2O$）：

$$Al^{3+} + SO_4^{2-} + H_2O \longrightarrow AlOHSO_4 + H^+$$

当有钠等阳离子存在情况下，还会沉淀形成铝酸钠：

$$3Al_2(SO_4)_3 + Na_2SO_4 + 12H_2O \longrightarrow 2NaAl_3(SO_4)_2(OH)_6 + 6H_2SO_4$$

其他反应为：

$$FeO(s) + H_2SO_4(aq) \longrightarrow FeSO_4(aq) + H_2O$$

$$MgCO_3(s) + H_2SO_4(aq) \longrightarrow MgSO_4(aq) + H_2O + CO_2(g)$$

$$CaO(s) + H_2SO_4(aq) \longrightarrow CaSO_4(aq) + H_2O$$

$$CaSO_4(aq) + 2H_2O \longrightarrow CaSO_4 \cdot 2H_2O(s)$$

$$MnO_2(s) + 2FeSO_4 + 2H_2SO_4 \longrightarrow MnSO_4(aq) + Fe_2(SO_4)_3 + 2H_2O$$

高压酸浸的主要机理在于通过酸浸破坏主体矿物的晶格结构以释放其中的镍、钴有价金属，同时在高温条件下使铁、铝等水解沉淀，从而实现镍、钴的选择性浸出。

图 6-8 为 Fe_2O_3-SO_3-H_2O 体系在 50~200℃的相图[24]。从图 6-8 中可看到，赤铁矿的生成开始于 125℃左右，随温度升高，体系中的平衡酸度也相应增高。在 200℃的高温下，即使硫酸浓度高达 100g/L，溶液中的铁也能降至 5~6g/L，充分保证赤铁矿的生成[25]。但在红土矿的高压酸浸工艺中，所选用的温度均大于 200℃，如 Moa Bay 为 245℃，澳大利亚的三个 HPAL 项目浸出温度为 250~260℃。之所以选择如此高的浸出温度，主要是受到浸出速率的要求。高压酸浸时采用昂贵的高压釜，为在一定处理量的情况下减小设备体积，必然要求快的浸出速度。

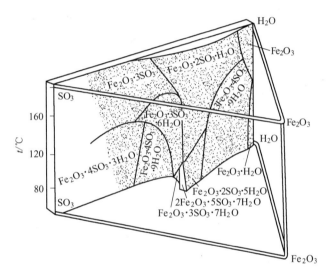

图 6-8　Fe_2O_3-SO_3-H_2O 体系的平衡相图

红土矿的浸出速度受酸矿比和温度的共同影响。酸矿比一般由镍、钴浸出率确定，是重要的操作成本指标，故在给定酸矿比情况下温度是改变浸出速度的主要参数。关于褐铁矿型红土矿在高压酸浸时的反应动力学已有很多研究。

Chou 等人[26]研究了古巴 Moa Bay 的红土矿浸出动力学，发现在给定酸矿比的情况下温度对镍的浸出速度影响很大，为了实现镍的快速浸出，250℃的高温是必需的，而温度升至 300℃后会降低硫酸镍的稳定性，从而降低其浸出率。在 225~275℃的温度范围内，浸出反应的表观活化能为 125.4kJ/mol。如此数量的表观活化能充分说明温度对浸出速度的影响。

Rubisov 等人[27]在研究红土矿的浸出动力学时发现镍的浸出在方程形式上符合收缩核模型的灰层模型。由于主体矿物针铁矿具有表面多孔的物理特征，因此，Georgiou 等人[28]认为采用谷核模型描述红土矿的浸出更为恰当。实验得出的氢离子扩散系数为 10^{-11} cm^2/s 数量级，较好地支持了 Georgiou 的假设，即镍的浸出受氢离子在针铁矿表面孔洞的扩散控制。

Rubisov 等人通过定义高温下氢离子的有效浓度 $[H^+]_T$，得出以下褐铁矿的浸出动力学方程，实验得出的反应表观活化能为 87.75kJ/mol，同样具有较高数值。

$$k[H^+]_T t = 1 - 3(1 - X/X_\infty)^{2/3} + 2(1 - X/X_\infty)$$

$$k = 7.806 \times 10^7 e^{-\frac{87.75 \times 10^3}{RT}}$$

因此，在红土矿的高压酸浸生产中，给定酸矿比时为了保证镍的浸出速度必须采用 250℃左右的浸出温度。

对于红土矿来说，Ni、Co 的主要载体矿物有褐铁矿（针铁矿等）、硅酸镍、蛇纹石（硅酸镁）、锰镍（钴）矿等。因此，应该对这些矿物在酸性条件下分解的热力学行为进行研究，以便更好地指导 Ni、Co 的浸出试验研究工作。

6.4.2.2　针铁矿矿物酸分解的热力学研究

石文堂等人对红土矿中的主要矿物褐铁矿的酸分解热力学进行了较为详尽的热力学计算，其酸分解的化学反应如下：

$$FeO(OH)(s) + 3H^+(aq) \Longrightarrow Fe^{3+}(aq) + 2H_2O(L) \tag{6-1}$$

化学反应在温度 T 时的标准摩尔吉布斯自由能与其标准平衡常数的关系为：

$$\Delta G_T = -2.303RT\lg K_T^\ominus + 2.303RT\lg Q_T \tag{6-2}$$

根据热力学判定规律，当 $\Delta G_T^\ominus < 0$ 时，即 $Q_T < K_T^\ominus$，反应就会向正方向进行，直至反应平衡（$Q_T = K_T^\ominus$）。热力学计算中，Q_T 与 $K_T^\ominus$ 均为无量纲数。

对于反应（6-1），反应达到平衡时：

$$Q_{T(6-1)} = K_{T(6-1)}^\ominus = \left[(C_{Fe}^{3+}/C^\ominus)/(C_H^+/C^\ominus)^3 \right]_{eq} \tag{6-3}$$

当酸分解反应平衡时，由关系式（6-2）和式（6-3）以导出式（6-4）。

$$2.303RT\lg K_T^\ominus = 2.303RT\lg C_{Fe}^{3+} + 3 \times 2.303RT\mathrm{pH} \tag{6-4}$$

式中，C 为相关物质的体积摩尔浓度，mol/L；$C^\ominus$ 为标准浓度，1mol/L。

由式（6-4）和 $K_T^\ominus$ 可以计算出个温度下平衡的 $C_{Fe^{3+}}^{eq}$：

$$C_{Fe^{3+}}^{eq} = K_T^\ominus/10^3\mathrm{pH} \tag{6-5}$$

与反应式（6-1）对应的相关热力学数据计算数据见表 6-7，将表 6-7 的热力学数据结合公式（6-5），计算出不同浸出终了 pH 值时对应的 Fe^{3+} 平衡浓度 $C_{Fe^{3+}}^{eq}$，见表 6-8。

表 6-7　针铁矿酸分解热力学计算数据

温度/K	$G_F^\ominus$/kJ·mol^{-1}				$\Delta G_T^\ominus$ /kJ·mol^{-1}	$K_T^\ominus$
	FeO(OH)(s)	H$^+$(aq)	Fe^{3+}(aq)	H$_2$O(L)		
298.15	-533.556	6.235	68.522	-306.495	-29.617	1.542×10^5
323.15	-533.298	6.637	73.423	-308.347	-29.883	6.761×10^4
348.15	-534.17	6.792	81.783	-310.275	-24.972	5.572×10^3
373.15	-535.118	6.704	89.399	-312.316	-20.226	6.776×10^2
398.15	-536.146	6.390	96.282	-314.465	-15.673	1.138×10^2
423.15	-537.255	5.784	102.451	-316.728	-11.101	2.344×10^1

从表 6-7 的计算结果可以看出，针铁矿酸浸的 $\Delta G_T^{\ominus}$ 为负值，说明在理论上采用酸浸工艺可以将针铁矿中的铁浸出。但是反应的 $K_T^{\ominus}$ 不大，并且随温度的升高有所减小。这说明该反应为弱的放热反应，在热力学上温度的升高对针铁矿的分解具有一定的限制作用。

表 6-8 不同温度和 pH 值时针铁矿酸分解对应的 Fe^{3+} 平衡浓度

温度/K	$c_{Fe^{3+}}^{eq}$ /mol · L^{-1}					
	pH 值为 0.1	pH 值为 0.5	pH 值为 1.0	pH 值为 1.5	pH 值为 2.0	pH 值为 2.5
298.15	7.728×10^4	4.876×10^3	1.542×10^2	4.876	1.542×10^{-1}	4.876×10^{-3}
323.15	3.388×10^4	2.138×10^3	6.761×10^1	2.138	6.761×10^{-2}	2.138×10^{-3}
348.15	2.793×10^3	1.762×10^2	5.572	1.762×10^{-1}	5.572×10^{-3}	1.762×10^{-4}
373.15	3.396×10^2	2.141×10^1	0.678	2.143×10^{-2}	6.776×10^{-4}	2.143×10^{-5}
398.15	5.703×10^1	3.599	0.114	3.599×10^{-3}	1.138×10^{-4}	3.599×10^{-6}
423.15	1.175×10^1	0.741	0.0234	7.412×10^{-4}	2.344×10^{-5}	7.412×10^{-7}

表 6-8 中的数据表明，在同一 pH 值条件下，随着温度的升高，浸出平衡时溶液中 $C_{Fe^{3+}}$ 快速下降，再次显示温度升高对针铁矿浸出的抑制作用。以 pH 值为 1 时为例，$T = 298.15K$ 时，浸出平衡时 $C_{Fe^{3+}}$ 为 154.2mol/L；当温度升高到 $T = 373.15K$ 时，则 $C_{Fe^{3+}}$ 只有 0.678mol/L。说明在常压浸出时，温度的上升会导致溶液中 $C_{Fe^{3+}}$ 快速下降，但仍能保证针铁矿的有效分解。当温度升高到 $T = 423.15K$ 时，则 $C_{Fe^{3+}}$ 只有 0.0234mol/L，约为 1.31g/L。如果浸出反应仅在平衡点附近的酸度进行的话，那么针铁矿的浸出分解将是十分困难的。

但是在实际的浸出过程中，考虑到矿物的耗酸性，一般在浸出开始时酸度较高，这将有利于针铁矿的分解。这一点可以从表 6-8 中 $C_{Fe^{3+}}$ 与 pH 值的关系看出，较低的 pH 值有利于保持浸出液中较高的铁浓度。

6.5 钴镍硫化物加压浸出生产实践

6.5.1 氨性加压浸出生产实践

6.5.1.1 萨斯喀切温堡镍精炼厂

萨斯喀切温堡（Fort Saskatchewan）镍精炼厂是 Sherritt Gorden 公司下属企业，位于加拿大阿尔伯达省的省会埃德蒙顿市郊，距市中心约 25km，是世界上第一家采用加压浸出法处理硫化镍矿的工厂，也是世界上最早采用加压液相氢还原法生产钴粉的工厂。1954 年投产，设计镍粉产能为 7700t/a，现已扩大到 3.4 万吨/年。

1941 年 Sherritt Gordon 矿业有限公司发现了位于林湖（Lynn Lake）的铜镍矿，但由于战争直至 1945 年才进行开采及试验。由于该矿储量低，运输距离远，周边缺乏原料，使得传统工艺难以适用，决定采用全湿法流程生产镍产品。最初在 UBC 采用 Caron 工艺进行了试验，但由于不产出最终产品且经济上没有优势而未使用。浸出试验发现，在一定的温度、氧分压及氨浓度下，在不预先焙烧和还原的情况下，精矿中的镍铜钴可浸出进入溶液，铁以氧化物形式进入渣中，另外发现碳铵可用氨水和硫酸铵代替。之后又进行了加热蒸氨、溶液酸化过滤生产硫酸镍铵试验等。1948 年决定进行扩大试验，并进行了四次扩大试验。该厂 1954 年 5 月建成投产。主工艺流程为加压氨浸、浸出液蒸氨除铜、加压液相氢还原制取镍粉和镍粉压块。镍、钴、铜的冶炼回收率可分别达到 90% ~ 95%、50% ~ 75% 和 88% ~ 92%。

该厂运行以来，原料变化较大，工艺也随之不断进行调整和完善。最初处理 Lynn Lake 的镍精矿，典型成分为：Ni 10%、Cu 2%、Co 0.5%、Fe 38%、S 31% 及脉石 14% 等，不含贵金属，年处理量为 7.79 万吨。精矿中镍主要以镍黄铁矿形态存在，铜以黄铜矿、铁以磁黄铁矿和黄铁矿形式存在，大多数钴存在于硫镍铁矿中，少量与镍共生于黄铁矿中。其矿物组成为：硫镍铁矿 36% ~ 49%、黄铜矿 3% ~ 6%、黄铁矿 1% ~ 4%、磁硫铁矿 24% ~ 40% 以及伴生的阳起石和滑石等含硅矿物。

为扩大产量，自 20 世纪 60 年代起该厂就开始少量处理冰铜及二次物料等。运行期间处理原料种类繁多，从 Manitoba Thompson 的 Inco 精矿到冰铜及废催化剂等，部分原料由澳大利亚、南非和菲律宾进口。1976 年 Lynn Lake 矿关闭。到 80 年代中期该厂产能达到 2 万吨/年，原料成为大问题。1992 年该厂开始处理古巴毛阿 Pedro Sotto Alba 厂产出的镍钴硫化物，主要成分为：Ni 55%，Co 5.5%，Fe 1%，Zn 1%，Cu 0.03%。1992 年新建钴还原厂，将钴厂产能由 1360t/a 扩大到 1800t/a。1994 年 12 月，随着舍利特公司和通用镍公司的金属联合企业的成立，精炼厂成为其下属的独立实体，名为 Corefco 钴精炼公司。2004 年毛阿硫化物处理量占到总给料量的 95%。

A　浸出

Fort Saskatchewan 最初采用两段逆流加压氨浸。该厂共配置加压釜 8 台，尺寸均为 $\phi 3.35m \times 13.7m$，材质为中碳钢内衬 316L 不锈钢板，四隔室，装有冷却盘管。其中第一段两台，并联运行。二段六台加压釜，分为两列并排运行[29]。该厂 8 台加压釜配置进行了多次调整，以符合生产工艺和产量的需要。

第一段加压浸出，又称为调节浸出，处理原料为镍精矿及二段浸出液，控制反应温度 80 ~ 90℃，压力 690 ~ 1035kPa（830kPa），浸出时间 5h，通入氨和压缩空气，游离氨浓度 90g/L。该段主要是为了保持金属溶解及后续铜沉淀所需的不饱和硫化合物之间的平衡。一段浸出矿浆经浓密机液固分离后，溢流液典型成分为：Ni 40 ~ 50g/L，Co 0.7 ~ 1g/L，Cu 5 ~ 10g/L，硫酸 120 ~ 180g/L，不饱和硫 5 ~ 10g/L，游离氨 85 ~ 100g/L。浸出率分别为：Ni 73% ~ 74%，Co 40% ~ 50%，Cu 57% ~ 60%。

一段浓密底流经盘式过滤机过滤后，用新鲜氨水浆化后送至第二段加压浸出，又称为最终浸出段。第二段浸出操作条件与第一段相似，最终游离氨浓度为 100g/L，浸出时间为 10h。浸出后矿浆经浓密液固分离后，溢流返回第一段加压浸出，底流经盘式过滤机过滤后，滤渣经充分洗涤后送尾矿池。总浸出率为：Ni 92% ~ 95%，Co 65% ~ 75%，Cu 90% ~ 92%，S 50% ~ 65%。硫代硫酸盐和连多硫酸盐对铜的物质的量比为 0.9 ~ 1.1。

1992 年之后浸出工艺为六铵配合浸出（Hexammine Leach），分三段进行，第三段浸出溶液返回第一、二段浸出，每段矿浆均进行液固分离，Lamella 底流进行下一段浸出，最后一段浸出渣在 Larox 过滤机中过滤、洗涤后，以干滤饼形式堆存在原尾矿池中。一、二段浸出液混合、精滤后送钴分离工序。第一段浸出 4 台釜，日处理毛阿硫化矿 150t，物料停留时间 6h，一段加压釜尾气送至第二段釜进行浸出。第二段由两台串联的加压釜组成，通常只用一台，处理其他物料，如精矿、冰镍和硫酸盐，以及一段浸出浓密底流，由于

1994 年以来不再处理镍黄铁矿，只日处理 30t 硫酸镍和少量的冰镍。以前镍黄铁矿中铁起到沉淀和控制硫酸镍中杂质如砷、锑、硒的作用，因此在第二段浸出中添加可溶性的硫酸铁以沉淀氢氧化铁来捕收这些杂质。第二段浸出液通常含镍 60g/L，但钴、铜和锌的含量有变化，停留时间为 6~8h。第三段浸出在两台串联的加压釜中进行，处理二段浸出渣，反应时间 12h，溶液为 25~30g/L，洗后渣成分为：Ni 4%，Co 0.5%，Fe 25%，SiO_2 20%。一段、二段矿浆浓密后，溢流合并后采用原有 3 台 Sweetland 叶滤机过滤送钴分离系统，第二段底流经无孔转鼓离心机脱水。第三段浸出矿浆经 $\phi33m$ 浓密机液固分离，底流进行两段逆流倾析洗涤。溶液成分为：Ni 70~80g/L，Co 8~10g/L，Cu 2g/L，Zn 3g/L，NH_3 135g/L，$(NH_4)_2SO_4$ 180g/L。

2000 年浸出段又进行了调整，以增加浸出效率和利用反应废气。一段采用 5 台加压釜，头两台釜并列运行，温度 110~120℃，压力 790~895kPa。二段两台加压釜，第三段一台加压釜。物料处理量为 190t/d 硫化物料。第四台釜时，镍钴的浸出率已分别达到 98.7% 和 95.4%，反应完成后分别为 99.4% 和 97.2%[30]。

同样是这 8 台加压釜，从最初设计的年处理（Ni + Co）大于 10.5% 镍精矿，年产镍 7700t，到处理含（Ni + Co）60.5% 的硫化物，镍产量达到 3.4 万吨/年。

第一段浸出液送去蒸氨除铜，蒸馏即可除去溶液中过量氨，也可使溶液中铜以 CuS-Cu_2S 形式沉淀。蒸氨除铜系统由四个蒸煮罐和一个再煮器组成，蒸煮罐规格为 $\phi2.7m \times 2.7m$，再煮器规格为 $\phi3.3m \times 9.1m$，相当于一个五层塔盘的蒸馏塔，采用蒸汽直接加热，蒸汽压力为 0.25MPa，料液和蒸汽连续逆流操作，物料停留时间 2h。蒸氨除铜后矿浆进行压滤，约 80% 铜以硫化铜形式沉淀进入渣中，滤渣成分为：Cu 70%~72%、Ni 0.6%~0.8%、Co 0.5%~0.6%、Fe 1.5%、S 25%、含水 40%，送铜冶炼厂作为炼铜原料。

硫化氢除铜在 2 台 $\phi1.5m \times 6.6m$ 的五隔室加压釜中进行，材质为 316L 不锈钢板，装有机械搅拌和加热用蒸汽蛇形管。在 120℃、0.1MPa 条件下，向加压釜通入超过理论量 5% 的硫化氢，使铜以硫化铜形式沉淀，渣中含 Ni 15%，Cu 40% 和 Co 4%，返回一段浸出工序。除铜后液的典型成分为：Ni 46g/L，Co 0.9g/L，Cu 0.002g/L，$(NH_4)_2SO_3$ 和 $(NH_4)_2S_3O_6$ 40g/L，$NH_4SO_3 \cdot NH_2$（以 NH_2 计）10g/L，$(NH_4)_2SO_4$ 350g/L，游离氨 28g/L，总氨 115g/L。

1992 年后，蒸氨和除铜由 3 段组成，1 台脱气塔，1 台填料蒸馏塔，将溶液中氨与金属比从 8:1 降至 5:1，以及最初的蒸煮器、再煮器系统。硫化铜沉淀在第二级罐中加入硫黄和二氧化硫，加入硫酸调整氨与金属比为 2:1。

B 镍还原

氧化水解在两台 $\phi1219mm \times 6710mm$ 不锈钢高压釜中进行，四隔室，每隔室底部分别通入空气，均设有蛇形加热管和双层斜桨叶的搅拌器。除铜后液经两段热交换器加热到 220℃ 后进入氧化水解加压釜，釜内温度为 250℃，压力 4.1MPa，料液在釜内大约停留 20min。氧化水解工序全部采用自动化连续操作，流量、压力、温度和液面均用仪表控制。氧化水解后液的不饱和硫氧离子含量小于 0.005g/L，氨基磺酸根（以 NH_2 计）含量小于 0.05g/L。

镍加压氢还原一直为间断作业，效率较低，加入的晶种料液成分为：Ni 50g/L，Co 2g/L，

$(NH_4)_2SO_4$ 300g/L。该厂原有 5 台卧式氢还原加压釜，4 用 1 备，尺寸为 $\phi 1829mm \times 7624mm$，无挡板。在氢气压力 2.5MPa 和 200℃ 条件下，反应 30 ~ 45min，停止搅拌，使镍粉沉淀，排出还原尾液，加入新的料液，开始第二次镍粉长大过程。这种过程通常重复 50 次，直到镍粉颗粒逐渐长大到所需要的粒度为止。为防止搅拌器传动装置过负荷，在长大到第 15 次以后，每隔 4 次，排出部分镍粉。最后一次长大后，在不停止搅拌的情况下，将还原尾液和镍粉全部排出。镍粉循环长大次数，一般为 50 ~ 60 次，每长大一次需 1h 左右，每周期需要 2 ~ 2.5d，每台还原加压釜每周期的镍粉产量平均为 20 ~ 25t。长大次数主要影响镍粉颗粒大小，对其纯度影响不大。还原过程中，有 2% ~ 3% 的镍沉积在釜壁上，每次需用氮气清扫，然后装入返浸液，在 90 ~ 120℃ 条件下通入压缩空气使得总压 1.4MPa，浸出 6 ~ 7h。产出的返浸液供制备晶种用。返浸后的还原釜用氮气清扫后再装入新料液。产出的镍粉主要成分：Ni 99.9%，Co 0.07%，Cu 0.05%，Fe 0.015%，S 0.005%，C 0.004%，NH_3 < 0.0005%，Pb < 0.0005%。

C　钴回收

1992 年后，由于处理毛阿硫化物导致钴含量增加，该厂钴回收改用钴六氨配合物（Cobaltic Hexammine）工艺，同时将钴转化和还原工序进行了扩建，工艺不变。1992 年以来氢还原一直用 1 台容积 7m³ 的加压釜，1997 年新增 1 台同样的釜。原有工艺料液为钴五铵硫酸盐溶液，新工艺为六铵硫酸盐溶液，两种钴盐都可在低温下经钴粉加硫酸还原成氢还原钴所需的二氨硫酸盐。

$$[Co(NH_3)_6]_2(SO_4)_3 + Co + 3H_2SO_4 \longrightarrow 3Co(NH_3)_2SO_4 + 3(NH_4)_2SO_4$$

在镍还原前，溶液送至钴分离工序，以结晶六铵硫酸钴形式回收。通过控制溶液中硫酸铵和氨的浓度，使得镍钴以六铵配合钴镍盐形式沉淀。向溶液中加入液氨使氨饱和，同时冷却溶液至 35℃ 可沉淀约 70% 的钴，主要是三价钴的六铵硫酸盐和二价镍的六铵硫酸盐以 $[Co(NH_3)_6]_2(SO_4)_3 \cdot 2Ni(NH_3)_6(NH_4)_2SO_4 \cdot xH_2O$ 形式沉淀。经过滤后，滤液成分为：Ni 55 ~ 65g/L，Co 2 ~ 3g/L，Cu 2g/L，Zn 3g/L，NH_3 180g/L，$(NH_4)SO_4$ 150g/L，送脱氨系统。由于镍盐相较于钴盐易溶，经重溶、结晶可进一步除去镍，得到较纯的钴盐。在室温和严格控制加水量条件下，选择性溶解镍，产出钴六铵盐含钴 15%，钴镍比在 (50 ~ 100)∶1。

$$[Co(NH_3)_6]_2(SO_4)_3 \cdot 2Ni(NH_3)_6(NH_4)_2SO_4 \cdot xH_2O \longrightarrow$$
$$[Co(NH_3)_6]_2(NH_4)_2SO_4 \cdot xH_2O + 2Ni(NH_3)_6^{2+} + SO_4^{2-}$$

该钴盐在硫酸铵溶液中重溶结晶后可使钴镍比提高到 2000∶1 以上，同时除铬和铁外，可将钴盐中的铜、锌、镉和其他杂质降至较低水平。结晶用硫酸铵溶液重溶至钴浓度 50g/L，钴由六铵配合物转化为二氨配合物，同时铬和铁以氢氧化物形式沉淀，渣返回加压氨浸工序。转化后液典型成分：Co 75 ~ 80g/L，Ni ≤ 0.03g/L，NH_3 40 ~ 50g/L，$(NH_4)_2SO_4$ 550g/L，氨和钴的物质的量比调整至 2.3∶1。含钴溶液经氢还原生产钴粉，最终产出钴镍比为 10000∶1 的钴金属。

镍钴还原工序产出的还原后液通常含 Ni + Co + Zn 为 8 ~ 10g/L，采用 2 级硫化氢沉淀回收金属，第一级 1992 年建成，为选择性沉锌得到高品位的硫化锌，需严格控制 pH 值为 4.5，硫化锌通常含 (Ni + Co) < 2%，出售给锌厂。第二级是镍钴锌的混合硫化物沉淀，通

常含 Ni 30%、Co 25%、Zn 10% 和 S 35%，返回一段六铵浸出工序。过滤后溶液含硫酸铵 450~500g/L，经双效蒸发结晶生产硫酸铵[31]。

6.5.1.2 克温那那镍精炼厂

澳大利亚西部矿业公司（Western Mining Corporation，WMC）下属的克温那那厂（Kwinana Nickel Refinery，现从属于 BHP Billiton），是世界上唯一采用加压氨浸法处理高镍锍的工厂，位于澳大利亚西海岸佩思南 30km 的 Kwinana 工业区。1966 年 WMC 旗下的肯伯尔达（Kambalda）矿山和选厂投产。Kwinana 厂 1967 年设计，1968 年建设，1970 年 5 月投产。处理原料为 Kambalda 产的硫化镍精矿，设计能力为年产 1.5 万吨镍。由于当时 Sherritt Gordon 氨浸法已运行 14 年，且该厂处理原料中铂族金属含量低，该厂决定采用 Sherritt Gordon 加压氨浸法[10]。

1972 年该公司在卡尔古利（Kalgoorlie）建设的闪速熔炼生产镍锍生产线投产，设计年处理镍精矿 20 万吨。随之 Kwinana 也进行了扩产，处理原料更换为镍精矿与镍锍的混合物，且镍锍比重逐年增大。1975 年年底其产能为年产 3 万吨镍粉和镍块，副产 3300t 铜硫化物、1400t 镍钴混合硫化物和 15 万吨硫酸铵。1985 年该厂改为全部处理镍锍，包括高冰镍和闪速熔炼镍冰铜，年产能达 3.5 万吨金属镍。全部处理镍锍后，由于原料中镍品位上升，生产能力大大提高，废渣量降低，工艺流程也进行了响应调整，将原有两段浸出改为三段浸出，在原流程前增加一段常压浸出，使占物料镍量 40% 的合金相的镍在该段浸出。由于浸出镍氧化需要的氧量低，该段浸出可作为其余两段浸出的剩余氧的回收作业，氧的利用率可望提高到 65%，母液中氨与金属的比也可从（5.0~5.5）:1 降到 4.0:1。1992~1994 年该厂又进行了扩产及现代化建设，产能达到 4.5 万吨/年，2005 年产量达到 6.5 万吨/年。目前，Mt Keith、Leinster 及 Kambalda 产出的精矿送 Kalgoorlie 冶炼成冰铜，冰铜中镍含量达到 10~11 万吨/年，其中 3.5~4.5 万吨/年外售，其余送 Kwinana 厂进行加压浸出，镍产量为 6.5 万吨/年，另副产硫化铜（Cu 60%，S 35%）4500t/a，混合硫化物（Ni 24%，Co 30%，S 32%）3500t/a，硫酸铵（N 20%）18 万吨[32]。该厂处理的高镍锍典型成分为：Ni 64%、Cu 4%、Co 0.8%、Fe 6%、S 25%，贵金属含量较低[33]。主要工艺流程包括：浸出、蒸氨除铜、氧化水解、液相氢还原、镍粉压块烧结和尾液处理等主要工序。工艺流程如图 6-9 所示。

A 浸出及溶液处理

至 1985 年全部处理镍锍以来，该厂采用三级逆流浸出工艺，在原有两段逆流加压浸出工艺流程前增加了一段浸出工艺。水淬高镍锍湿式球磨至 -75μm 占 85%，并采用第三段浸出液进行浆化，泵送至第一段加压浸出系统进行浸出。高镍锍与第三段浸出产出的富含硫酸铵溶液混合进行浸出，镍浸出率 50%。该厂共配置 160m³ 加压釜 6 台，2+3+1 三级布置，4 隔室。浸出温度在 85~95℃，压力在 750~1000kPa[34]，第 2 段和第 3 段浸出的温度和压力稍高。新鲜空气通入第 2 段和第 3 段，尾气送至第 1 段。

第一段浸出的温度为 80~85℃，釜内压力 0.8~0.9MPa，停留时间 7~9h，镍浸出率 85%~90%。第二段浸出为加压浸出，又称为"调节"浸出，目的是尽量浸出镍，产出含金属离子浓度较高的溶液作为成品浸出液，送蒸氨除铜工序；同时控制溶液中不饱和硫与铜的比例在 0.9~1.0。氨和压缩空气由釜底送入，先进第二段浸出釜，由第二段浸出釜排出后再压入第一段加压釜。反应后矿浆经冷却后送浓密机进行液固分离，浓密机溢流液成

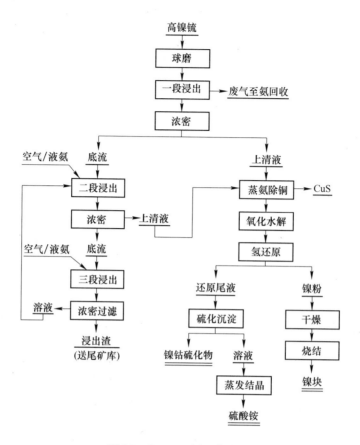

图 6-9　Kwinana 厂工艺流程

分：Ni 55~60g/L，Cu 4~6g/L，Co 1g/L，游离氨 120g/L，不饱和硫 4~6g/L，碳酸铵 350g/L，与第一段浸出液混合送蒸氨除铜工序。镍浸出率达到 95% 以上。第三段浸出为加压浸出，又称为"最终"浸出，用新鲜的氨和空气继续浸出，最大限度地浸出有价金属。浸出温度为 85~90℃，釜内压力 0.85MPa，镍浸出率达到 99% 以上，浸出渣洗涤后送选矿厂处理。

加压浸出上清液送蒸氨除铜工序进行处理，当溶液含游离氨蒸至低于 70g/L 时，硫化铜开始沉淀。除铜温度为 110℃。矿浆过滤后，滤渣经洗涤得到的硫化铜渣含铜 60% 以上，含镍 1% 左右，硫 20%~30%，干燥后出售。蒸氨除铜后溶液中氨镍物质的量比恰好为 2：1，氨蒸气经回收返回浸出工序再利用。在温度提高和氨浓度降低的条件下，铜便与溶液中的硫代硫酸根反应生成硫化铜沉淀。蒸氨除铜能除去浸出液中 90% 以上的铜，但除铜后液仍含铜 0.1~0.3g/L，由于送液相氢还原制取镍粉的料液含铜必须低于 0.005g/L，因此，须进一步采用硫化氢深度除铜。H_2S 除铜在机械搅拌槽中进行，在 90℃ 下往溶液中通入 H_2S，溶液铜含量可降至 0.002g/L 以下，送过滤机过滤。硫化氢除铜选择性较差，铜渣含镍较高（约 10%），需要返回第一段浸出，滤液送氧化水解。

加压氨浸过程中，铂、钯、铑以氨配合物形式进入溶液，金部分被硫代硫酸盐配合而浸出，除铜过程中金、铂、钯进入硫化铜中间产品，在铜冶炼过程中回收。

除铜后液中含有不饱和硫及氨基磺酸盐，必须采用氧化水解法除去，以防在氢还原制取镍粉过程中发生分解，造成镍粉含硫升高。氧化水解过程在氧化水解塔中进行。氧化水解塔是 Sherritt Gordon 的专利，原塔规格为 $\phi1.68m \times 18.3m$。除铜后液经两段加热后送氧化水解塔，第一段采用水解塔的底流加热，第二段用400℃、4.9MPa 的蒸汽。水解塔内温度为245~250℃、压力为4MPa，塔底送入4.12MPa 的高压空气，溶液在塔内停留时间为30min。氧化水解后的溶液含不饱和硫低于 0.005g/L、氨基磺酸盐低于 0.05g/L，送贮槽贮存，贮槽设有蒸汽保温，槽内压力为 3.5MPa。

　　B　镍还原

镍的液相氢还原是分批操作，一个周期包括晶种制备、镍粉长大、结疤返浸等过程。镍的液相氢还原过程的实质是多相反应，镍只能在活性表面上还原，因此需要提供一个活性表面。工业上一般采用硫酸亚铁作为晶种，因其在氨性溶液中能生成分散的氢氧化铁。

氧化水解后的溶液经计量后送入氢还原釜。车间共有 5 台氢还原釜并联操作。氢还原釜尺寸为 $\phi2.3m \times 9.6m$，钢制外壳，内衬 5mm 不锈钢板。釜上设有 4 台74kW 的双层桨叶的搅拌器，轴上采用端面密闭，材质为石墨和钨铬钴合金。每台釜每次进料液 $22m^3$，釜填充系数为60%。

制备晶种的料液成分：Ni 45~50g/L、NH_3 24~30g/L、$(NH_4)_2SO_4$ 150~250g/L，每釜加入 $FeSO_4$ 75kg。制备晶种的反应温度为 115~120℃、压力为 2.5MPa。制备晶种的还原尾液，因含铁较高，返回浸出，不与镍粉长大尾液相混。

镍粉长大料液成分为：Ni 50~60g/L、Co 1.0g/L、NH_3 30~35g/L、$(NH_4)_2SO_4$ 350g/L、Cu 0.001g/L、不饱和硫 0.005g/L、氨基磺酸盐 0.05g/L，控制 NH_3/Ni 物质的量比约为2。液相氢还原的反应温度为 200~250℃，釜内压力 3.1~3.4MPa。反应时间为：初始长大 5~10min，后期 30~40min。长大次数为 50~80 次，一个周期为 3~5d。镍粉长大还原终点的控制主要靠操作人员观察氢气的消耗量来确定。还原完成后，停止搅拌，澄清适当时间，上清液借本身压力排入闪蒸槽。车间共有 2 台闪蒸槽，闪蒸槽直径为 6m，高为 9m，不锈钢制作。加压釜排料时，先打开还原釜上的阀门，上清液通过喷嘴进入闪蒸槽。喷嘴装在闪蒸槽内，用碳化钛制作。还原釜在排出上清液后重新送入料液，开始下一循环。通常在长大 20 次后，为减轻搅拌器的负荷，排出部分镍粉。90%的钴留在母液中。

氢还原时，镍在釜壁沉积的量为产出镍粉的 3%~5%，通常经过 1~2 个周期后要返浸一次。返浸溶液含 $(NH_4)_2SO_4$ 200g/L，Ni 小于 1g/L，NH_3 5g/L。返浸温度120℃，过程中通入空气。

闪蒸槽内排出的镍粉，首先在水洗螺旋中用软化水洗涤。水洗螺旋直径为 33cm，长240cm，安装成一定角度，转速较慢，以避免镍粉溢出。水洗后的镍粉进水平盘式过滤机过滤，并用软化水洗涤。洗涤后镍粉在圆筒干燥机内干燥。干燥后的镍粉成分：Ni > 99.8%，Cu 0.006%，Co 0.08%，Fe 0.006%，S 0.02%~0.03%，C 0.01%，Se 0.002%。

6.5.2　酸性加压浸出生产实践

6.5.2.1　芬兰 Harjavalta 精炼厂

　　A　简介

芬兰奥托昆普公司哈贾瓦尔塔（Harjavalta）精炼厂位于芬兰波里市附近，是世界上首家采用硫酸选择性浸出法处理高镍锍的工厂，也是芬兰唯一的镍精炼厂。1959 年奥托昆普镍闪速熔炼厂投产，设计能力为年产镍 3000t[35]，产出的镍锍决定采用硫酸选择性浸出法进行处理生产电镍，1960 年精炼厂投产。高冰镍中 Ni/Cu 为 2.5，采用两段常压浸出，设计规模年产镍 4000 ~ 5000t。随着 Ni/Cu 下降，1972 年扩建，采用三段常压逆流浸出，设计规模为年产电镍 1.3 万吨。渣主要成分为：Ni 10% ~ 15%、Cu 45% ~ 50%、Fe 3% ~ 5%、S 15% ~ 20%，渣率 36%，镍浸出率 85% ~ 90%，铜浸出率 45% ~ 50%。过程中大量浸出渣需要返回镍冶炼系统，循环负荷量大，渣含铜高，铜循环量大，电解产出的铜粉也返回熔炼，对贵金属回收不利[36]。1981 年再次进行改造，增加了一段加压浸出，组成了"三段常压——一段加压硫酸选择性浸出"工艺，选择性溶解镍，产出的铜渣含镍低，可直接送铜冶炼厂，镍总回收率提高到 98% 左右。1983 年生产电镍 1.48 万吨，铜粉 4000t，钴 200t，产能为电镍 1.7 万吨，铜 4000t，钴 200t[37]。

1995 年哈贾瓦尔塔冶炼厂采用奥托昆普直接熔炼工艺（DON 工艺，Direct Outokumpu Nickel Smelting），取消转炉，闪速炉渣采用电炉贫化，熔炼过程产出两种镍锍，高铁镍锍（即电炉镍锍）和低铁镍锍（即闪速炉镍锍），低铁镍锍在现有浸出系统中进行处理，铜以富含铂族金属的硫化物形式与镍分离，送铜冶炼厂回收铜。高铁镍锍采用一套新的浸出系统进行处理。另外，还新增了镍氢还原和镍烧结块生产设备，电镍产量由 1.7 万吨增加至 4 万吨/年。1999 年产量达到 5.2 万吨/年[38]。2000 年 OMG 收购镍精炼厂成立 Harjavalta Nickel Oy，2007 年 3 月诺里尔斯克镍业公司收购 OMG 旗下的镍资产后获得澳大利亚 Cawse 镍项目和芬兰哈贾伐尔塔精炼厂。

诺里尔斯克镍业公司是世界最大的镍和钯产品生产企业，生产基地是俄罗斯极地分公司和科拉矿冶公司。2007 年收购美国特殊化学品公司 OMG 旗下的镍资产后获得澳大利亚 Cawse 镍项目和芬兰 Harjavalta 厂；收购加拿大莱昂矿业公司后获得澳大利亚 Black Swan、Lake Johnston、Waterloo 企业 100% 的股份、博茨瓦纳 Tati 镍业 85% 的股份、南非 Nkomati 镍采矿业 50% 的股份。澳大利亚的 Cawse、Black Swan、Lake Johnston 三个矿山的镍精矿供给 Harjavalta。Waterloo 镍矿在澳大利亚 BHP Billiton Leinster 选矿厂处理，所产精矿供给 BHP Billiton 冶炼厂和精炼厂生产阴极镍。Cawse 镍项目于 1998 年建成，其生产工艺为镍红土矿经"破碎磨矿——加压酸浸——中和——净化除铁——镍钴氢氧化物沉淀"后产出含镍 48%、钴 3% 的碳酸镍，送 Harjavalta 生产化学制品。

Harjavalta 精炼厂采用硫酸选择性浸出法处理高镍锍，镍精炼回收率达到 98%，与采用其他精炼工艺的企业比，镍回收率较高。此外，药剂消耗也较少，每产 1t 镍仅消耗硫酸 100 ~ 200kg，氢氧化钠 100 ~ 200kg。采用类似的硫酸选择性浸出流程的还有 20 世纪 60 年代投产的南非 Springs 镍精炼厂、英美公司宾都拉（或宾都雷）冶炼厂及 70 年代投产的美国阿马克斯镍精炼公司（Amax）的镍港精炼厂。该工艺流程由四部分组成，即磨矿、浸出、净化和电解沉积。改造前和改造后的工艺流程如图 6-10 和图 6-11 所示。

B　原料

镍精炼厂处理原料主要为闪速熔炼水淬产出的高镍锍，粒度在 0.5 ~ 3mm，经湿式球磨至 −0.05mm 占 90% 后进行浸出。球磨机与水力旋流器组成闭路，旋流器底流返回球磨，没有浓密机，直接圆盘过滤机过滤。

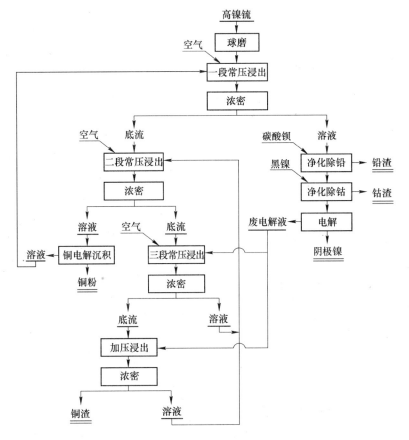

图 6-10　Harjavalta 精炼厂改造前工艺流程

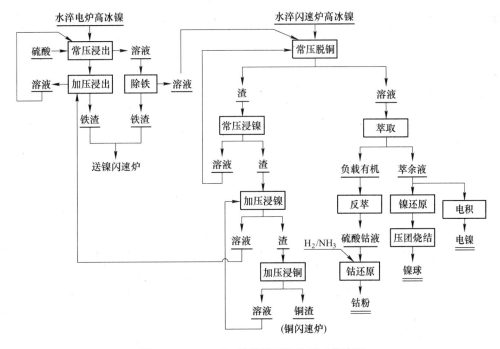

图 6-11　Harjavalta 镍精炼厂改造后工艺流程

1995 年改造前高镍锍主要成分为：Ni 60% ~ 65%、Cu 22% ~ 25%、S 6% ~ 7%、Fe 0.5%、Co 0.7% ~ 1%。高镍锍中金属相占 66%，Ni_3S_2 占 18%，Cu_2S 占 15%，杂质占 1%。高镍锍中总镍量的 78% 以金属相存在，余下的 22% 为硫化物相；而铜则 62% 为金属相，30% 为硫化物相。

1995 年 DON 系统投产后，产出两种镍锍，一种是闪速炉高冰镍，典型成分为：Ni 65% ~ 71%，Cu 5% ~ 6%，Fe 3% ~ 4%，S 19% ~ 21%，Co 0.5%，$MgO \leqslant 0.1\%$，$SiO_2 \leqslant 0.1\%$；一种是电炉高冰镍，典型成分为：Ni 50% ~ 55%，Cu 5% ~ 7%，Fe 30% ~ 35%，S 6% ~ 7%，$MgO \leqslant 0.1\%$，$SiO_2 \leqslant 0.13\%$[49,55]。

C　浸出

原设计采用三段逆流常压浸出法，1981 年工厂改造时增加了一段加压浸出，组成了"三段常压——一段加压硫酸选择性浸出"工艺，镍和钴总浸出率分别为 98% 和 97%。常压浸出温度为 90℃。第三段浸出浓密底流经镍电解阳极液浆化后送加压釜进行加压浸出，加压釜为 $\phi2.9m \times 11.5m$，容积 $60m^3$，五隔室，外壳为普通碳钢，内衬石棉板、铅板和耐酸瓷砖，搅拌为钛材。设计压力为 2MPa，操作温度 200℃，停留时间 1h。加压矿浆将闪蒸、浓密后，溢流成分：Ni 90g/L，Cu 2g/L，H_2SO_4 10g/L，返回第二段常压浸出。底流浓度 40% ~ 50%，在圆筒过滤机中过滤、洗涤，渣含水 20%、Ni < 3%、Cu 60% ~ 65%。镍直收率 90%，镍浸出率 93%（其中常压浸出率 75% 左右，加压浸出 18%），铜和硫的浸出率小于 10%。

1995 年 DON 系统投产后，由于所用原料与以前转炉高冰镍有较大区别，浸出工艺进行调整，并采用溶剂萃取除钴。闪速炉高冰镍采用现有系统进行处理，且更改为"两段逆流常压浸出—两段加压浸出"，又称为"脱铜—镍常压浸出—镍加压浸出—铜加压浸出"工序。电炉镍锍采用一套新的浸出系统进行处理。

两段常压浸出在奥托昆普 OKTOP 型叶轮式常压反应器中进行，底部通入氧气，反应温度为 85℃。球磨后闪速炉高冰镍首先进行一段常压浸出，设置搅拌槽 5 台，终点 pH 值为 5.5 ~ 6.0，铜以 $Cu_3SO_4(OH)_4$ 形式沉淀，镍浸出率 25% 左右。矿浆浓密后，上清液含 Ni 130g/L、Co 1g/L，过滤并经热交换器冷却至 50℃后，送萃取工序。浓密底流进行二段常压浸出，在 4 台搅拌槽串联进行，在通氧及 pH 值为 3.0 ~ 3.5 条件下，镍浸出率约为 40%。

第三段浸出又称为镍加压浸出段，采用一台五隔室衬钛加压釜，容积为 $100m^3$，控制反应温度 135 ~ 150℃，压力在 750 ~ 800kPa，只通入少量氧气或不通氧，为非氧化浸出，主要是使溶液中的硫酸铜与 NiS 反应。浓密溢流送电炉冰镍浸出工序。底流送第四段浸出工序。

$$6NiS + 9CuSO_4 + 4H_2O \longrightarrow Cu_9S_5 + 6NiSO_4 + 4H_2SO_4$$

第四段浸出又称为铜加压浸出段，在一台七隔室衬钛加压釜中进行，每隔室均通入氧气，使铜和镍浸出进入溶液，主要是为了给系统中提供足够的铜，浸出渣主要为硫化铜渣，且富集了铂族金属，送铜冶炼厂回收铜。

由于电炉冰镍的主要成分为金属化合金，如果混合或供氧不充分，电炉冰镍中金属化合金就会与硫酸反应形成氢或硫化氢，因此设置了"常压浸出—加压浸出"联合工序，使铜、镍和钴全部浸出进入溶液，铁以铁矾或赤铁矿形式沉淀，且金属在常压浸出段全部浸出。常压浸出在 5 台连续搅拌槽中进行，每槽均通入氧气，最后一槽控制 pH 值为 2.5。常压浸出矿浆浓密后，底流送加压浸出工序。加压浸出控制反应温度 135 ~ 150℃，压力

750~800kPa，加入硫酸，各隔室均通入氧气，使得硫化物氧化溶解，同时铁以铁钒形式沉淀。常压浸出溢流送除铁工序，在加压釜中进行，控制反应温度120℃以上，铁以铁钒和赤铁矿形式沉淀。除铁后液与闪速炉高冰镍浸出液混合后送净化工序。加压浸出渣与除铁渣合并，送镍熔炼工序。

　　D　净化及电积

　　系统改造后溶液采用萃取分离镍钴。常压浸出液采用 Cyanex272 经四级萃取、一级洗涤、四级反萃后，铁、锌、铜、钴等杂质进入反萃液中，反萃液含 Co 110g/L、Cu 30mg/L 及 Mn 23mg/L。萃余液为纯净的硫酸镍溶液，含 Ni 120~130g/L、Co 0.01g/L，pH 值为 3，采用活性炭交换柱吸附除有机后，一部分送至隔膜电积工序生产电镍，产出废电解液含镍约 100g/L，硫酸约 50g/L，送至高冰镍常压浸出工序，电积参数不变。其余的硫酸镍溶液送至氢还原工序，采用 3~3.5MPa 氢气在 5 台 40m³ 加压釜中还原生产镍粉。镍粉经洗涤、干燥后压制成团进行烧结。氢还原后液含镍约 1g/L，经真空蒸发结晶生产硫酸铵。萃取得到的含钴溶液含钴约 100g/L，经净化后在高压釜中采用 3~3.5MPa 的氢气还原生产钴粉。

6.5.2.2　新疆阜康冶炼厂

　　A　简介

　　新疆阜康冶炼厂是新疆有色集团控股的新鑫矿业股份有限公司的主要生产企业之一，位于天山博格达北麓的阜康市东南 18km。阜康镍冶炼厂是自治区"八五"重点建设项目，1989 年北京矿冶研究总院、新疆有色金属公司及北京有色冶金设计研究总院合作对喀拉通克铜镍矿所产高镍锍进行了"选择性浸出—加压酸浸"试验研究。1990 年 11 月，北京有色冶金设计研究总院和乌鲁木齐有色冶金设计研究院完成施工图设计。1993 年 10 月投产，是国内首家采用湿法冶金工艺生产镍的厂家，采用"硫酸选择性浸出—黑镍除钴—不溶阳极电积"工艺生产电镍。设计规模为年产电解镍 2040t、铜渣 4798t、钴渣 122t。之后又陆续建成了氧化钴、电钴、阴极铜、贵金属（金、银、铂、钯）、超细镍粉、硫酸等生产线，对进厂资源进行综合回收。

　　阜康冶炼厂处理原料为新疆喀拉通克铜镍矿熔炼产出的水淬金属化高冰镍，两者相距 463km。喀拉通克铜镍矿地处新疆北部准噶尔盆地东北边缘，阿勒泰地区富蕴县境内。冶炼车间 1989 年 8 月正式投产，设计采用"鼓风炉—转炉吹炼"工艺流程，最初处理铜镍含量约 7.5% 的特富矿，年产高冰镍 2600t/a，含 Ni>30%、Cu 45%~50%，直接外售。1993 年正式采用金属化高冰镍吹炼及水淬工艺，产出的金属化高冰镍送阜康冶炼厂进行处理。

　　鼓风炉熔炼产出低冰镍化学成分为：Ni 6.5%，Cu 7.5%，Fe 51%，S 25%。当冰镍吹炼到含铁 2%~4.5% 时，仅为普通高冰镍吹炼终点，此时铁已基本被氧化，而铜镍仍以硫化物状态存在，其成分为：Ni 30%，Cu 40%~45%，Fe 2%~4.5%，S 20%~22%。金属化高冰镍粗炼是在普通高冰镍吹炼的基础上进行深度吹炼和还原，使得产品硫含量降至 17.5% 以下，铁含量降到 1.5% 以下，氧化镍含量不超过 1%，产品中 50% 左右的镍以金属状态存在于铜镍合金相中，而其他以硫化物形式存在，铜仍主要以 Cu_2S 形式存在[39]。之后熔炼也进行了多次工艺改进，将敞开式鼓风炉改为密闭鼓风炉、增加富氧操作等。2010 年 10 月喀拉通克采用富氧侧吹熔池熔炼工艺，年处理铜镍混合精矿及特富矿 30 万吨，年产高冰镍中镍 1 万吨，铜金属量 2 万吨，年产 98% 硫酸 20 万吨。铜镍矿富氧侧吹熔炼工艺具有流程短、自动化程度高、原料适应性强等优点，精矿不需要深度干燥和处理，铜镍精矿入炉品位由 29% ~ 38% 扩大到 38% ~ 45%[40]。

阜康冶炼厂高冰镍"硫酸选择性浸出—黑镍除钴—不溶阳极电积镍"工艺具有如下优点：（1）硫酸盐体系腐蚀性较小，材料设备相对好解决；（2）常压浸出液中 Cu、Fe 不大于 0.01g/L，硫酸镍钴溶液纯净，简化了净化工艺；（3）加压浸出时镍钴浸出率高；（4）净液流程短，除杂负荷小；（5）电镍产品质量高；（6）阳极液返回浸出工序循环使用，试剂消耗少；（7）浸出终渣（铜渣）便于铜冶炼和回收贵金属，铜精炼与镍精炼便于互补；（8）精炼过程不产生有害的废气、废渣，工业废液少，便于用常规的方法处理。

同哈贾瓦尔塔镍精炼厂的工艺流程相比，新疆阜康冶炼厂的工艺有了重大的改进。阜康冶炼厂原料铜高镍低（铜镍质量分数比达 1.5），转炉吹炼深度不及芬兰奥托昆普公司，只需控制含硫小于 18.5% 即可，奥托昆普产出高冰镍含硫 5% ~ 7%，减轻了转炉负荷。由于流程中较好地解决了铜镍分离问题，省去了电解沉积除铜工序。镍锍中的铜、铁、硫及贵金属全部保留在含镍少于 3% 的终渣中，获得纯净的镍钴浸出液，实现了铜镍的深度分离，保证了电镍质量，降低了化学药剂的消耗[41]。在较低的浸出温度和压力下获得令人满意的选择性浸出效果，浸出温度为 150 ~ 160℃，加压釜压力仅为 0.8MPa，对生产极为有利。制备黑镍的电氧化槽不管是电极材料或槽体结构都有特色，电氧化槽的电流效率与国外同类工厂相比提高了 10% ~ 20%。

1993 年投产之初，采用一段常压、一段加压浸出工艺流程，且常压浸出段为间断浸出。1996 年将常压间断浸出改为连续浸出。1996 年与北京矿冶研究总院合作开发"钴渣酸溶—P204 除杂—C272 镍钴分离—煅烧"工艺，建成钴回收车间生产氧化钴粉，2005 年后将产品改为电钴。1999 年 4 月铜渣处理车间建设投产，采用焙烧、浸出、电积工艺生产电铜，年产电铜 5000t，副产硫酸和硫酸镍。2000 年 7 月铜浸出渣还原焙烧浸出车间投产，进一步回收浸铜后渣中残留的镍及铜，镍回收率达到 96% 以上，铜回收率达到 97%。贵金属项目于 2001 年 4 月建成投产，生产金粉、银粉、铂盐及钯盐等产品。

2004 年随着新疆喀拉通克高冰镍产量的增加，阜康冶炼厂对镍系统进行改造，将电镍产能提高至 3000t/a，钴车间氧化钴粉产能扩大到 50t/a。2006 年进行万吨镍技改扩建，将工艺流程改为"两段常压浸出—两段加压浸出"，增加镍电解系统一套，增加溶剂萃取系统一套，根据市场确定钴产品方案。扩建后规模为：电镍（Ni 99.97%）1 万吨/年，电铜（Cu 99.97%）1.2 万吨/年，电钴（Co 99.8%）87.3t/a，硫酸（93%）1.2 万吨/年。镍、钴、铜总回收率分别达到 96%、85% 和 96% 以上。新疆阜康冶炼厂生产事件见表6-9。

表 6-9 新疆阜康冶炼厂生产事件

时　间	事　件
1993 年 10 月	投产，一段常压、一段加压浸出，电解镍 2040t、铜渣 4798t、钴渣 122t
1996 年 4 月	常压间断浸出改为连续浸出
1996 年 8 月	钴生产线投产，年产氧化钴粉 24t
1999 年年底	铜渣回收车间投产，年产电铜 5000t
2001 年 4 月	贵金属回收车间投产
2004 年 8 月	扩产，电镍产能 3000t/a，氧化钴粉产能 50t/a
2006 年	万吨镍技改扩建工程，二段常压、二段加压，电镍 1 万吨/年，电铜 1.2 万吨/年，电钴 87.3t/a，硫酸 1.2 万吨/年

B 浸出

1993 年投产之初，采用一段常压、一段加压浸出工艺流程，且常压浸出段为间断浸出。磨细后的高镍锍浆化后泵入 8 台 $\phi 2.35m \times 3m$ 机械搅拌槽进行常压浸出。常压浸出液经黑镍除钴、不溶阳极电解生产电镍。常压浸出渣浆化后，用加压泵送至矿浆加热器加热，接着进入加压釜进行富氧浸出，反应后矿浆经闪蒸槽降温降压后，送浓密机进行液固分离，溢流返回常压浸出工序，底流即为铜渣，经洗涤、离心脱水后送铜渣处理系统。加压釜为连续操作，加压釜尺寸为 $\phi_{内} 2.3m \times 9m$[42]，四隔室，材质为钢衬耐酸砖，设计作压力为 1.6MPa。加压釜操作温度为 150~160℃，压力为 0.8~1.0MPa，鼓入压缩空气，终点 pH 值为 1.2~4，浸出时间 2~4h。加压浸出液典型成分为：Ni 70~100g/L，Cu 4~6g/L，Fe 0.2~0.3g/L，浸出渣典型成分为：Ni 4%~5%，Cu 56%~70%，S 21%~23%[43]。加压浸出渣几乎富集了精矿中全部的铜和铂族金属。加压釜液位计为日本恒河公司生产的浮力式液位计。加压釜液位控制通过自动排料阀和液位计联合完成，通过控制排料量来调节加压釜的液位。自动排料阀为美国弗希尔公司生产的旋转偏心阀，阀芯为硬质耐磨合金，使用情况良好，其特点是间断调节，阀门开关灵活。

2006 年将工艺流程更改为"两段常压浸出—两段加压浸出"，电镍产能达到 1 万吨/年。二段常压浸出使镍浸出率达到 60%~70%，既减轻了加压浸出的负荷，又提高浸出液循环铜量、降低亚铁离子量。二段常压浸出浓密底流经阳极液、二段加压浸出液浆化、矿浆加热器加热后，泵送至加压釜进行一段加压浸出，矿浆经闪蒸、浓密后液固分离，溢流返回一段、二段常压浸出工序，底流经阳极泥浆化后进行二段加压浸出，矿浆经闪蒸、浓密后，溢流返回一段加压浸出工序，如溶液中铁含量超标，除铁系统另考虑，底流经洗涤、离心过滤后，铜渣送铜车间，洗水返回加压浸出系统。一段常压浸出控制反应温度 65~75℃，液固比 11~12，鼓空气，浸出时间 4~5h，控制溶液终点 pH 值不小于 6.2。浸出过程中易产生大量泡沫，加入 1% 的 XP-1 消泡剂。反应后矿浆经浓密机进行液固分离，溢流压滤后送净化工序，底流浆化后送加压浸出工序。常压浸出液典型成分为：Ni 75~96g/L，Co 0.15~0.42g/L，Cu 0.001~0.005g/L，Fe 0.002~0.007g/L。一段常压浸出镍浸出率 20%~30%，二段常压浸出 30%，经一段加压浸出后镍总浸出率达到 96%[44]。

C 黑镍除钴

北京矿冶研究总院自主研制成功工业用的电解氧化槽，其技术指标达到芬兰奥托昆普公司水平。制备 NiOOH 的方法是，从净化系统抽出部分净化后液，泵入氢氧化镍制备槽中，加入适量 NaOH 溶液使之生成 $Ni(OH)_2$。将 $Ni(OH)_2$ 矿浆放入氧化电解槽内，在直流电场的作用下鼓入空气进行氧化电解，在阳极上氧化成高价镍（NiOOH），颜色由绿变黑，故称黑镍，其电化学反应为：

$$NiSO_4 + 2NaOH \Longrightarrow Ni(OH)_2 + Na_2SO_4$$

$$2Ni(OH)_2 \Longrightarrow 2NiOOH + H_2$$

关于 $Ni(OH)_2$ 电解氧化成 NiOOH 的机理，目前还不完全清楚。但一般认为氧化过程发生在固相，即镍离子无需进入溶液就可以发生氧化，也就是说在 $Ni(OH)_2$ 颗粒接触到阳极时才能氧化。电解氧化槽必须加强搅拌，促使 $Ni(OH)_2$ 颗粒与阳极碰撞。电解氧化槽的阳极材料为镍始极片，阴极材料可用镍铬丝或钢板网，用鼓入空气的方法搅拌电解氧化槽中的矿浆。

电氧化槽尺寸为 3.9m×0.95m×1.4m，共计 6 个，阳极为镍始极片，阴极为不锈钢。电解液成分为 Ni 30g/L，NaOH 0.1~0.15mol/L，pH 值为 10~12。控制槽电压 2.4~3.2V，槽电流 2800~3000A，阳极电流密度 20A/m²，温度 45~52℃，时间 20~24h，电流效率约 50%。黑镍转化率可达 65%~75%，其中高价镍含量占 65%~75%。后来改造中将 $Ni(OH)_2$ 浆液含镍由 30g/L 降至 20g/L，使 $Ni(Ⅲ):Co^{2+}$ 的物质的量比由 2 降低到 1.0~1.2，除钴时间由 2h 降到 1.5h，黑镍转化率由 65% 提高到 75%，使钴渣含镍由 35%~36% 降低至 32%~33%，减少钴渣量，提高了镍的直收率。采用两台 ϕ3m×1.9m 黑镍洗钠槽代替原 1 台 ϕ6m 浓密机（洗钠效果不好），两台交替使用，洗钠效果良好，洗钠水送污水处理。制备 1kg 黑镍的直流电耗为 1.6kW·h，碱耗为 2.4kg。

除钴在 4 台 ϕ2.5m×3m 槽子中进行，控制温度 70~80℃，时间 1.5h，pH 值为 3.2~3.4，Ni(Ⅲ):Co=1.2（物质的量比）。钴的净化率平均在 98% 以上。

6.5.2.3　吉林吉恩镍业公司

吉林吉恩镍业股份有限公司是昊融集团（原吉林镍业集团）旗下最大控股子公司。吉林吉恩镍业股份公司冶炼厂始建于 1979 年，精矿采用"回转窑干燥—电炉熔炼—转炉吹炼"生产高冰镍。2005 年拟引进澳大利亚的奥斯麦特熔炼技术处理镍精矿，产出低镍锍经转炉吹炼生产高镍锍，设计规模为年产高冰镍中镍 1.5 万吨，硫酸 12.5 万吨。2007 年 4 月开工建设，2010 年投产[45]。

2000 年吉林镍业公司与北京矿冶研究总院合作建设 1 万吨高冰镍选择性浸出制取精制硫酸镍生产线，该项目是 2000 年国债专项资金技术改造项目。设计规模为年产硫酸镍 1 万吨，其中电子级硫酸镍 6000t/a，精制硫酸镍 4000t/a。2001 年 12 月投产，2002 年 5 月达到设计生产能力，产品质量和主要技术经济指标也同步达到并优于设计要求。之后该工艺在重庆、河南新乡分厂也进行了应用。主工艺流程为：一段常压预浸—两段加压浸出，加压浸出液经 P204、Cyanex272 萃取后，蒸发结晶生产硫酸镍，产出的硫酸铜溶液直接电解，但其中镍含量较高，新乡冶炼厂进行了改进，加了萃取工序。

水淬高冰镍设计处理规模为 3710t/a，高冰镍主要成分为：Ni 60%~62%、Cu 8%~12%、Co 0.6%~0.9%、S 21%~23%、Fe 2%~4%。高冰镍主要由六方硫镍矿（Ni_3S_2）、辉铜矿、镍铁合金及少量的磁铁矿构成。镍主要以 Ni_3S_2 相、合金相及少量的氧化物相存在，铜由 Cu_2S 相及少量的合金相组成，钴和铁主要呈硫化物相和部分合金相存在。水淬高冰镍粒度一般在 0~3mm。

2003 年针对硫酸镍结晶母液进行了萃取改造，上了一套 30m³/d 系统，2007 年上萃取生产线，处理量约为 120m³/d。

A　常压浸出

球磨后矿浆与定量纯水、第二段浸出液及硫酸在浆化槽浆化后泵送至一段浸出槽进行浸出，控制温度 80~85℃，反应时间 6~7h，液固比（7~8）:1，矿浆流量 3.5~4.2m³/h，过程中充入压缩空气促进反应进行，压缩空气每槽充气量 60~80m³/h。浸出后矿浆 pH 值为 6.2~6.4，经浓密机液固分离后，溶液送蒸发结晶生产硫酸镍工序。常压浸出段镍的浸出率约为 20%。常压浸出液典型成分为：Ni 90~100g/L，Co 2~2.5g/L，Cu<0.002g/L，Fe<0.002g/L，Ca 0.01g/L，Mg 0.02g/L，SiO_2 0.04g/L，Na 0.028g/L。常压浸出渣典型

成分：Ni 40%~45%，Cu 16%~20%，Co 0.3%~0.4%，Fe 4%~5%，S 19%~20%。

　　B　加压浸出

　　常压浸出浓密底流与铜阳极液、硫酸和水浆化后送预浸工序，反应温度70~80℃，过程中通入压缩空气，镍浸出率达到30%，

　　预浸后矿浆经矿浆加热器加热至120℃后，泵送至一段加压釜进行加压浸出，过程中通入氧气。加压浸出控制反应温度150~160℃，反应时间4h，压力0.8MPa。矿浆将闪蒸槽减压降温后，送浓密机进行液固分离，滤液返回常压浸出，底流经浆化后泵送至二段加压釜进行浸出。浸出液典型成分为：Ni 100g/L，Cu 5~15g/L，Fe <1g/L，H_2SO_4 3~4g/L，pH值为1.5~2.5。浸出渣典型成分：Ni 5%~15%，Cu 35%~55%，Co 0.15%，Fe 8%~10%，S 22%。镍总浸出率达到90%~95%。

　　经第一段加压浸出后渣中主要为NiS、CoS的残余物和CuS及赤铁矿，由于渣中硫化物中的金属与硫物质的量比约为1:1，所以二段加压浸出耗酸极少，浆化过程仅需添加5~10g/L硫酸来"启动"氧化浸出反应。该段浸出的目的是将二段浸出渣中Cu和残余的Ni、Co最大限度的浸出，铁以赤铁矿形式进入渣中。起始液含酸5~10g/L，浸出温度150~160℃，压力0.8~1.0MPa，反应停留时间5~6h。镍浸出率大于98%，铜浸出率大于90%。矿浆压滤后，溶液为低含镍的硫酸铜溶液，结晶生产硫酸铜，或送铜电积工序生产电铜。浸出渣为含镍1%~4%的氧化铁渣，返冶炼厂熔炼回收。部分阳极泥返回二段浸出。

　　加压釜尺寸分别为φ1.8m×6.8m（20m^3）、四隔室，和φ1.6m×3.8m（9m^3）、三隔室，卧式钢衬钛加压釜。每隔室充氧量占总氧气量的比例分加为40%、30%~35%、25%~30%及0~10%。

　　C　萃取及蒸发结晶

　　常压浸出液经蒸发结晶生产电池级硫酸镍后，一次结晶母液萃取分离镍钴。日处理量约20m^3，加纯水稀释至30m^3，含Ni 120~130g/L、Co 2~2.5g/L，年含钴20t左右，另含有铜、锌等杂质。稀释后一次结晶母液采用8%~10% P204萃取除去Mn、Cu、Zn等杂质，同时可除去90%的Ca。有机皂化率60%~65%。萃取级数分别为：制镍皂5级，萃取段10级，洗涤段5级，反萃段5级，洗铁段3级，洗氯段2级，共计30级。

　　P204萃余液再用8%~10% Cyanex272萃取分离Co/Ni，分别得到硫酸镍和硫酸钴溶液。萃取级数：制镍皂6级，萃取段6级，洗涤段4级，反萃段6级，洗铁段3级，澄清段1级，共计26级。硫酸镍液和硫酸钴液分别用活性炭除去微量的有机物后，送浓缩蒸发结晶分别得到结晶硫酸镍和结晶硫酸钴。电池级硫酸镍产品质量标准见表6-10。

表6-10　电池级硫酸镍产品质量标准

成　分	Ni + Co	Ni	Co	Ca	Mg	Cu	Fe
公司标准	≥22.2	≥22	≥0.1	≤0.001	≤0.002	<0.001	<0.001
产　品	≥22.2	约22.15	约0.15	<0.001	<0.002	<0.0003	0.0005

成　分	Pb	Mn	Al	Zn	NO_3^-	水不溶物	
公司标准	<0.001	<0.001	<0.001	<0.001	<0.001	≤0.001	
产　品	0.00005	<0.001	<0.0005	0.0003	<0.001	0.0008	

与国外同类企业生产工艺技术相比,加拿大国际镍公司制取电池级硫酸镍的产品,需以水淬电镍或羰基镍丸为原料,而本项目所用的原料为高冰镍,原料价格便宜40%以上,经济上具有更强的竞争能力。与同样采用高冰镍为原料生产硫酸镍的日本金属矿山株式会社新居滨精炼厂相比,该厂的选择性浸出程度差,浸出液需经除铁、铜、钴,然后蒸发结晶生产电镀级硫酸镍。净化后所产生的钴渣、铜渣及铁渣,需经相关的车间另行处理。因此本项目制取硫酸镍的工艺技术更加先进合理。与国内金川集团公司生产硫酸镍相比,该企业采用粗硫酸镍、碳酸镍和提钴的萃余液为原料,批量溶解、除杂后蒸发结晶,生产工业级 I 类硫酸镍产品。虽然原料和制造工艺不相同,但本项目生产为连续性作业,产品档次更高。同国内阜康冶炼厂相比,建设之初的差异见表 6-11。

表 6-11　吉林镍业与阜康冶炼厂对比

企业	吉林镍业	阜康冶炼厂
原料	转炉普通高冰镍	金属化高冰镍
成分/%	Ni 62,Cu 8~12,Co 0.97,S 21~23,Fe 2~4,Ni:Cu=6:1	Ni 22~25,Cu 50~55,Co 0.25,S 18,Fe≤1,Ni:Cu=1:2.3
产品	电池级含钴硫酸镍、化学试剂优级纯硫酸镍、化学纯硫酸钴、电镀级硫酸铜及电铜	电镍、草酸钴、精制氧化钴及电铜
工艺流程	由一段常压、两段加压组成三段逆流浸出,浸出液蒸发结晶制取镍、铜硫酸盐,溶剂萃取综合回收钴。制取电池级硫酸镍时浸出液无需净化。终渣为铁渣	由一段常压、一段加压组成两段逆流浸出,浸出液用黑镍除钴后电积生产电镍。终渣为铜、铁、硫渣。终渣进行氧化焙烧浸出、电积提铜。由浸铜渣回收贵金属
浸出率/%	Ni 99.5,Co 98.5,Cu>90	Ni 90
回收率/%	Ni>97.5,Co 96.5,Cu 97	Ni 91,Co<90
生产方式	高冰镍磨矿、浸出作业全部连续性生产及全部采用信息化集散控制	高冰镍磨矿需分级、脱水作业,各段浸出的浆化配料为间歇式

由表 6-11 中各项比较可以看出,两厂在原料组成、产品方案和生产方式等方面都不相同。本项目高冰镍选择性浸出工艺为将镍钴和铜全部浸出并深度分离,与阜康冶炼厂的工艺类型不同,在工艺技术和工程技术方面更加现代化。

本项目电池级含钴硫酸镍产品比国外同类产品更适宜制取镍氢电池的正极材料。综合日本、美国及中国优质氢氧化亚镍产品的杂质含量控制范围为:Fe < 0.005%,Ca < 0.015%,Mg < 0.015%,氢镍电池正极材料(球状氢氧化亚镍)含镍约 60% 左右。而硫酸镍含镍钴约 22.3%,当用于制取正极材料时,硫酸镍杂质含量应小于上述含量的 1/3。

6.5.2.4　金川集团

金川集团成立于 1959 年,位于我国西部甘肃省金昌市,拥有世界第三大硫化铜镍矿床,是我国最大的镍钴铂族金属生产企业和第三大铜生产企业。金川集团原采用"电炉熔炼—转炉吹炼—高锍磨浮—镍精矿电解生产电镍"工艺,年产镍 1 万吨,1965 年投产。1992 年建成亚洲第一座、世界第五座镍闪速熔炼炉,设计年精矿处理量 35 万吨,高冰镍含镍量 2.5 万吨,产硫酸 26 万吨[46]。经不断扩产改造,2008 年镍精矿年处理量达到

600~700kt，镍年产能提高到 6 万吨以上[47]。铜镍矿经破碎、筛分、分级、浮选得到高镁低镍和高镍低镁两种镍铜混合精矿。高镁低镍矿送回转窑进行半氧化焙烧，高温焙砂与一定量的石英及焦粉加入电炉进行熔炼，得到 Ni 12%~18%、Cu 6%~9% 的低冰镍，经转炉吹炼成高冰镍。高镍低镁矿（Ni 7%~10%，MgO<6.5%）[48]经回转短窑、气流干燥进入精矿仓，加入一定比例的石英、煤粉和烟尘送入闪速炉熔炼，低冰镍（Ni 25%~30%，Cu 15%~17%）经转炉吹炼成高冰镍（Ni 49%~54%，Cu 21%~24%），转炉渣经电炉贫化回收有价金属，产出的贫化电炉低镍锍返回转炉吹炼[49]。为扩大生产规模、增强原料适应性，2008 年年底 Ausmelt 炉生产线投产，处理含镍低（6%）、MgO 高（10%）的镍精矿，设计精矿处理量为 100 万吨，产出高镍锍含镍 6 万吨/年[50]。

早在 1965 年，北京矿冶研究总院和中国科学院化工冶金研究所（现中科院过程工程研究所）就联合针对金川一号矿区贫矿原矿及富矿浮选尾矿进行了加压氨浸、浸出渣重力选矿富集铂族金属，及浸出液蒸氨、萃取分离铜和镍钴试验研究[51]。针对含镍 0.36%~0.57% 的厚矿，将矿物在 120℃、氧分压 0.1MPa、NH₄OH 4mol/L、(NH₄)₂SO₄ 4mol/L、液固比为 2、矿物粒度 −191μm（−75 目）占 60% 条件下加压氨浸 3h[52]，镍浸出率可达到 75%~86%。

1980 年北京矿冶研究总院进行了"金川金属化高冰镍选择性浸出工艺的研究"，针对含 Ni 57.4%、Co 0.66%、Cu 29.5%、Fe 0.72% 的降铁保硫高冰镍进行了"常压预浸—加压浸出"小型试验，常压浸出温度 50℃，镍浸出率 65%，经加压浸出后，镍钴浸出率均达到 98% 以上，铜铁进入渣中。

1982 年 7 月提出高冰镍两段逆流选择性浸出流程，即金属化高冰镍一段常压浸出、二段热压和氧化浸出流程，浸出液除钴后送不溶阳极电积生产电镍，浸出渣送铜冶炼[53]。在第一次单体扩大试验的基础上，1983 年将工艺调整为两段常压浸出和一段加压浸出，之后又进行了二次单体扩大试验。1984 年完成全流程半工业联动试验，原料为高冰镍经卡尔多炉富氧吹炼还原、水淬产出，流程包括磨矿（−46μm 占 95%）、高冰镍选择性浸出（两段常压浸出、热压—氧化浸出），黑镍制备和黑镍除钴、电积等，共处理高冰镍10.53t，产出电镍 2.28t，铜精矿 3.4t，钴渣 765kg，镍浸出率 98%，钴浸出率 97%，渣含镍小于 2%，含 Cu 65%。

2001 年金川集团公司开始着力发展非金属化高镍锍加压浸出工艺，先后进行了镍精矿、细粒合金、WMC 高镍锍、镍精矿 + 细粒合金等原料的工业化试生产，同时对工艺流程进行了完善和优化，最终形成了"两段常压—两段加压"选择性浸出流程和年处理非金属化高镍锍 1 万吨的能力。

2000 年 12 月，金川有色金属公司委托北京矿冶研究总院进行了"镍精矿加压浸出及溶液净化试验研究"[54]。试验用高锍磨浮镍精矿成分为：Ni 66.27%，Cu 2.65%，Fe 2.32%，Co 0.85%，S 23.75%。在分析和总结了国内外几种主流流程的基础上，北京矿冶研究总院提出了一步加压全浸镍、铜、钴方案，生产纯净硫酸镍溶液，同时回收钴。研究结果表明在温度 140~150℃、氧分压 150kPa、浸出时间 2h、终点 pH 值为 2~2.2 条件下，镍的浸出率可以达到 99.20%~99.80%，铜浸出率 90%，钴浸出率 95% 以上。根据金川现场实际情况又进行了一些补充试验，在 10L 加压釜中采用硫黄粉来代替硫酸浸出，以减少反应过程中硫酸对设备的腐蚀，结果表明硫黄粉完全可以代替硫酸，其浸出效果完全相同。同时对 20g/L NiSO$_4$ 溶液进行了实际蒸汽压的测定，以确定工业化时釜内总的压力。进行了模拟空气浸出的试验研究。加压浸出液中含有 3～5g/L Cu 及少量其他杂质，在萃取前采用 NiCO$_3$ 除铜，除铜率可达到 90%，镍的损失率可控制在 2%～3% 以下，同时铁、铝等其他杂质也不同程度地被除去。

2001 年 7～9 月利用金川二冶炼钴车间闲置的日本进口加压釜（ϕ2.6m×9m）进行了产镍 5000t/a 规模的工业试验。共处理镍精矿 233t，处理能力 5t/d，加压浸出温度为 150℃，氧分压 150kPa，矿浆浓度 15%，停留时间 3～5h，空气消耗量（标态）1500m^3/h[55]。镍、钴、铜的浸出率分别达到 99%、95% 和 90% 以上。

2002 年 8 月北京矿冶研究总院又以金川镍精矿加细粒合金为原料，进行了"一段常压浸出—预浸— 一段加压浸出—二段加压浸出"小型试验研究。常压温度 85℃，镍浸出率 20%，溶液中铜铁含量均小于 0.002g/L。一段加压浸出镍浸出率可达到 97% 以上，突破了 β-NiS 难以浸出的技术难点，同时可抑制铜的浸出，铜浸出率小于 15%。二段加压铜和镍浸出率可分别达到 99% 和 95% 以上，渣率 8%～10%，贵金属富集了 10 倍。整个流程镍浸出率在 99.7% 以上，铜浸出率在 99% 以上，钴浸出率在 98% 以上[56]。2002 年 10 月金川公司对加压浸出车间进行了改造，将原有一段加压全浸工艺改为两段常压和两段加压选择性浸出工艺，且加压浸出采用纯氧代替原来使用的空气。2003 年针对不同物料进行了生产，包括镍精矿、细粒合金及高冰镍等，镍回收率为 99.5%。

2006 年金川公司建成了年产 3 万吨镍量的外购非金属化高镍锍加压浸出—萃取—电积镍生产线，设计规模为 2.5 万吨镍量电积镍和 5000t/a 镍量硫酸镍。另外，还有 1.3 万吨粗粒合金加压浸出生产线，粗粒合金浸出项目和现有加压浸出车间将作为贵金属富集工序，处理高锍磨浮产出的粗粒合金和细粒合金，为贵金属生产提供贵金属精矿，但实际运行过程中出现了一些问题，现未进行生产。

6.5.3 从镍钴硫化物中提取钴

镍红土矿处理过程中镍钴多以硫化物形式产出，日本矿业公司日立精炼厂和日本住友金属矿山公司新居滨镍厂采用的从镍钴硫化物中提取钴的技术，各有其特点，比较有代表性。两厂均采用加压浸出法处理镍钴硫化物，与日立精炼厂不同之处在于溶剂萃取净化过程，新居滨镍厂采用叔碳羰酸作为萃取剂，将镍钴全部萃取进入有机相，再用盐酸反萃，使镍钴转变为氯化物体系，然后用叔胺类萃取剂分离镍钴。新居滨镍厂的工艺特点是，氯化物体系可采用叔胺类萃取剂来分离钴镍，与硫酸体系常用的萃取剂相比，叔胺类萃取剂有较高的分离系数。反萃得到的氯化钴溶液和氯化镍萃余液分别采用全氯化物电解液电积，这一工序也与日立精炼厂不同[57]。

日本住友金属矿山公司新居滨镍厂处理的镍钴硫化物，来自菲律宾马林杜克采矿工业公司诺诺克岛镍冶炼厂，镍钴硫化物典型成分为：Ni 26%、Co 13%、Cu 1.5%、Fe 3%、Zn 0.1%、S 27%。1975 年建成投产，采用加压氧化浸出使镍钴硫化物呈硫酸盐形式溶解进入溶液。其工艺流程如图 6-12 所示。

镍钴硫化物用洗液浆化成固含量 100～150g/L 的矿浆，用隔膜定量泵送入加压釜浸出，控制反应温度 150～160℃，压力 1.5MPa，镍、钴浸出率均达到 99%，铁浸出率控制在 10%～15%。配置加压釜 2 台，并联运行。加压釜尺寸为 ϕ2.8m×6.35m，总容积

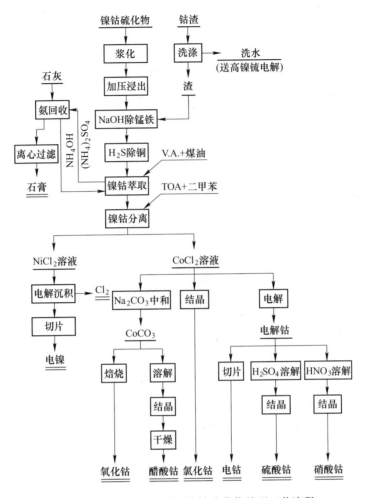

图 6-12 日本新居滨镍厂镍钴硫化物处理工艺流程

$30m^3$，有效容积 $18m^3$。加压釜壳体用 $30mm$ 厚的 SB42 锅炉钢板卷制，内壁搪 $8mm$ 铅，再衬 $100mm$ 厚的耐酸砖和 $60mm$ 的耐热砖。加压釜设有 3 个搅拌器，转速为 $100r/min$，搅拌轴采用断面密封，静环为硬质合金，动环为 316L 不锈钢。浸出后矿浆经闪蒸槽降压后用压滤机过滤，滤液送净化工序。

浸出液除含镍、钴外，还含有 Mn $0.8 \sim 1.5g/L$、Fe $1 \sim 2g/L$、Cu $2 \sim 2.5g/L$、Zn $<1g/L$。净化过程先除锰，用镍电解净化过程产出的净化钴渣作氧化剂，在温度 $50 \sim 60℃$、浸出液 pH 值 1.5 条件下，锰被氧化成 MnO_2，生成的 MnO_2 随溶液一起进入其后的除铁工序。除铁在除铁槽中进行，鼓入空气使亚铁氧化，并加入氢氧化钠将溶液的 pH 值调整至 4，铁呈 $Fe(OH)_3$ 沉淀，矿浆经压滤机过滤后，滤饼为铁锰渣，滤液含铁低于 $0.001g/L$，送除铜工序。除铁后液用硫化氢除铜。硫化氢系外购，盛于钢瓶内，使用时加压至 $0.07MPa$ 后通入除铜机械搅拌槽内，通入量为理论量的 1.2 倍，控制溶液 pH 值为 2。硫化氢为剧毒气体，因此，除铜机械搅拌槽和硫化氢钢瓶都露天配置。除铜后矿浆经压滤机过滤，得到的铜渣含 Cu 40%，送东予铜厂处理。除铜后液成分：Ni $38g/L$、Co $17g/L$、Cu $0.001g/L$、Fe $<0.001g/L$、Mn $<0.01g/L$、Pb $<0.001g/L$、Zn $0.15g/L$，送萃取前鼓风

排出溶液内残留的硫化氢。

溶液萃取分两步进行，第一步用叔碳羰酸的煤油溶液作萃取剂，将除铜后液中的镍钴全部萃取进入有机相，经盐酸反萃得到含镍钴氯化物溶液，萃余液中镍、钴均小于 0.01g/L，除去有机物后送去回收氨。萃取和反萃均在 40℃ 条件下进行，采用 7 级混合澄清器，材质为钢板内衬玻璃钢，外加保温层，其中 2 级萃取、2 级洗涤、2 级反萃、1 级回收有机相。萃取相比 O/A = 2 ~ 2.5，反萃相比 O/A = 5 ~ 7，加入氨水控制溶液 pH 值为 6.6 ~ 7。增加 1 级用于回收有机相的混合澄清器，是因为叔碳羰酸在高 pH 值的水溶液中溶解度较大，为回收这部分有机相，往该级混合澄清器中加入少量硫酸降低水相的 pH 值，以降低叔碳羰酸在水溶液中的溶解度。盐酸反萃液成分为：Ni 135.8g/L、Co 67.5g/L、Cl⁻ 240g/L。

第二步采用叔胺类萃取剂——三辛胺的二甲苯溶液萃取分离镍钴，三辛胺浓度为 40%。负载钴的有机相用盐酸反萃得到纯氯化钴溶液。萃取和反萃取都在 40℃ 条件下进行，萃取相比 O/A = 6 ~ 7，反萃相比 O/A = 5 ~ 6，水相 pH 值为 1 ~ 1.5。共有 6 级混合澄清器用于分离镍钴，其中 3 级萃取、3 级反萃。反萃得到的纯氯化钴溶液成分：Co 62g/L、Ni 0.036g/L、Cu 0.0005g/L、Fe 0.0006g/L、Zn 0.0008g/L。萃余液为纯氯化镍溶液，其成分为：Ni 139.3g/L、Co 0.004g/L、Cu 0.0002g/L、Fe 0.0006g/L、Zn 0.0005g/L。氯化钴溶液和氯化镍溶液送电积前均经活性炭吸附除去有机物，有机物可降至 5 × 10⁻⁶ 以下。

新居滨镍厂采用全氯化物体系电解钴镍工艺，和硫酸盐体系相比，电导率较高，槽电压较低。例如，从硫酸镍电解液中电积镍，电流密度为 183A/m² 时，槽电压约 3.5V，而新居滨镍厂采用全氯化镍电解液操作，平均电流密度为 233A/m² 时，槽电压仅 3V。早先采用石墨阳极，但易腐蚀，消耗大，后改用以钛板为基底表面镀有贵金属的阳极。不溶阳极放置在阳极盒内，盒框用聚酯玻璃钢制作。因为它质轻，并能抗氯气腐蚀，框外包有聚酯织物作为隔膜，用来保持阴、阳极液面的高差；阳极盒上部有一管口，与排气管道相连，使阳极上生成的氯气通过管道用风机抽出。阴极始极片在种板电解槽内制备，种板为钛板，电积两天后剥下沉积物，经压平、装耳后即为阴极始极片，规格为 750mm × 900mm，重 7.5kg。将始极片放入普通电解槽内电积 8d，取出后厚约 10mm，每块约 75kg，根据用户的要求切成块状，装桶外运。该厂电积特点之一是没有阳极液净化系统。电解槽排出的阳极液经浓缩后，与溶剂萃取净化得到的纯氯化钴或纯氯化镍溶液混合，用碳酸钴或碳酸镍调整 pH 值后返回电解槽。

新居滨镍厂共有电解槽 40 个，其中镍电解槽 24 个，钴电解槽 16 个。电解槽外壳用预应力钢筋混凝土制作，内衬玻璃钢。每个电解槽容积为 7m³，内装阳极 39 片，阴极 38 片，同极中心距 150mm。

叔碳羰酸萃取镍钴后萃余液中主要组分为硫酸铵，用加入氢氧化钙的方法回收其中的氨。分解反应在 3 台立式分解槽内进行，控制溶液 pH 值为 10.5，温度 85 ~ 95℃，反应时间 4h。反应后矿浆送蒸馏塔处理，塔底压力 0.02MPa，温度 102 ~ 104℃，精馏段温度 75℃，氨水浓度 20%。

6.5.4　转炉渣及钴白合金

我国是最大的钴消费国，钴消费量由 2006 年的 1.22 万吨增长到 2011 年的 2.53 万吨，年均增长率 15.7%。但我国钴资源缺乏，90% 钴原料需要进口，其中大部分来自赞比亚和刚果。其中钴白合金是进口的主要钴原料之一，2010年我国钴白合金进口量达1.3万吨，同比增长43%，折合金属钴2570t。同时2007年3月，刚果制定限制出口政策，禁止原矿出口，只允许在当地加工成初级冶炼金属成品才能出口。在刚果以含铜2%～10%、钴3%～8%的水钴矿为原料，采用鼓风炉或电炉还原熔炼，得到含Cu 10%～40%、Co 10%～40%、Fe 30%～60%的合金，同时为了增加金属回收率，火法还原冶炼过程中均采用过还原技术，致使合金中的硅含量相对较高，有时硅含量高达15%。国内外针对钴白合金处理进行了大量研究工作[58,60]。

钴白合金根据来源分为两种，一是镍冶炼过程中，转炉渣再经电炉造硫和还原熔炼富集后的含铜、钴、铁等元素的合金渣；另一种是熔炼氧化钴矿和钴精矿的富铜产品，在电炉内用焦炭还原氧化钴矿而得到，两种白合金中其他元素含量均较低[61]。

传统镍冶炼过程中，70%钴进入低冰镍吹炼的转炉渣中。渣中钴的回收有两种途径：一是将转炉渣返回熔炼或将转炉渣电炉贫化得到钴冰铜返回熔炼，将钴富集在高冰镍中，在高冰镍精炼过程中以氢氧化钴形式回收；二是将转炉渣进行还原硫化熔炼及吹炼，使钴富集在钴冰铜或钴合金中，单独采用湿法工艺进行处理。例如加拿大国际镍公司汤普森冶炼厂采用电炉熔炼—转炉吹炼工艺，转炉渣返回电炉，由于矿石中含有天然还原剂——石墨，且转炉粗炼操作控制较好，该厂60%钴进入高冰镍中。芬兰奥托昆普哈贾瓦尔塔冶炼厂采用闪速熔炼—转炉吹炼工艺，转炉渣和闪速炉渣均经过电炉贫化，约50%钴进入高冰镍中。苏联南镍公司转炉渣采用电炉贫化得到含钴6%的富钴冰铜，经硫酸加压浸出回收有价金属[62]。

1978年，北京矿冶研究总院与金川有色金属公司、北京有色金属研究总院、北京有色冶金设计研究总院等单位合作针对金川镍铜转炉渣进行了提钴试验研究，主工艺流程为"转炉渣电炉贫化—钴冰铜缓冷选矿—富钴合金加压氧化浸出—$SO_2 + S^0$除铜—P204萃取除杂质—P507萃取分离钴镍—氯化钴溶液草酸铵沉钴—煅烧制取纯氧化钴粉"。该工艺是加压浸出技术在我国镍钴工业的首次应用，且浸出过程中采用硫黄粉代替硫酸，避免了浆化备料过程中硫酸与冰铜反应产出硫化氢气体，有利于环境保护和安全生产，同时减少腐蚀延长设备的使用寿命。5月份开始进行了转炉渣100kVA电炉贫化、钴冰铜缓冷选矿、2L和300L釜钴合金加压酸浸和溶液深度除铁小型试验和扩大试验。1979年8月进行了400kVA电炉贫化、300L釜加压浸出及除铁扩大试验。进行了合金加压浸出工艺研究，在温度130～140℃、酸系数1.2～1.4条件下，钴、镍和铜浸出率分别达到95%、91%和94%以上，铁沉淀率90%以上。浸出液采用碳酸钠深度净化除铁[63]。该项目列入国家"六五"、"七五"攻关课题，在金川建成5000kVA贫化电炉以及对钴合金进行湿法处理的第二钴车间。1990年完成全流程工业试验，钴回收率达到38%左右[64]。1991年用于工业生产后，钴回收率达到47.8%。但由于生产成本较高和工艺过程还不完善等原因，该系统1995年停车。转炉渣仍采用电炉贫化，将钴冰铜返回高冰镍吹炼转炉，使部分钴在高冰镍中得到回收。

针对铜转炉渣电炉贫化熔炼得到的含钴合金，江西理工大学曾开展过回收利用的试验研究。该原则工艺包括：(1)先火法熔炼造渣进一步脱除硅和部分铁，并使钴富集；(2)电熔造液，钴进入溶液，铜在阴极上以海绵铜析出，实现铜钴分离和铜的综合回收；(3)黄钠铁矾法除铁，$Na_2S_2O_3$深度除铜，NaF除钙和镁；(4)漂水氧化沉钴；

（5）渣 Co(OH)₃ 盐酸溶解，氯气再生漂水；（6）沉草酸钴，电炉煅烧生产氧化钴粉。

6.5.4.1 赞比亚谦比希钴厂

1970 年，赞比亚恩昌加联合铜矿公司（NCCM，后改为赞比亚联合铜矿公司 ZCCM）为提高钴回收率，针对转炉渣提出了"还原熔炼—常压预浸—加压浸出—萃取"工艺流程，被称为 COSAC（Cobalt from Slag and Copper as by-product）工艺（见图 6-13），并进行了小型试验和扩大试验。转炉渣在电炉中经高温碳还原生产 Fe-Cu-Co 合金，经常压预浸和加压浸出，铜、钴浸出进入溶液，经萃取分离铜，最终生产硫酸钴，铁以赤铁矿形式沉淀进入渣中。1975 年该厂进行了初步设计，但未进行工业应用[65]。

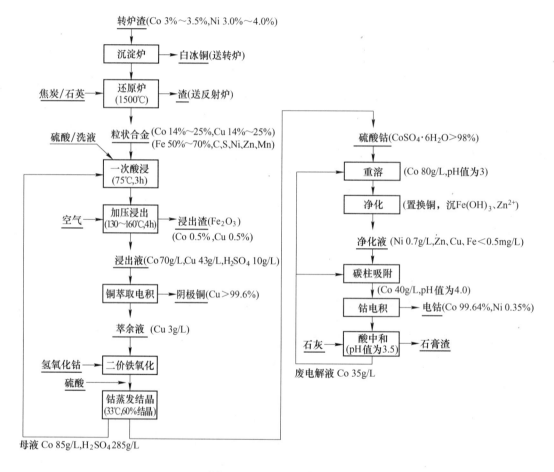

图 6-13　COSAC 工艺流程

赞比亚谦比希钴厂（The Chambishi Metals Cobalt Plant）位于 Kitwe 附近，始建于 1978年，设计产能为电钴 2500t/a[66~68]。最初含钴中间物料或堆存或送至附近的恩卡纳钴厂（Nkana，Rokana）处理。1998 年南非 Anglovaal Mining 公司（Avmin）购买了精炼厂 90%的股份以及附近的恩卡纳渣堆（反射炉渣），渣量约 2000 万吨，含钴 0.76%、铜 1.2%。工艺矿物学研究表明，铜反射炉渣中钴主要以 CoO 形式存在，铜主要以硫化物形式存在。Avmin 决定采用 COSAC 工艺处理该渣，将谦比希钴厂扩建到 6000t/a。2001 年初该系统试生产，2002 年下半年已超过设计处理能力。1988 年改进的 Chambishi 工艺以及 COSAC 项

目新建扩建项目总流程如图 6-14 所示。该流程
经电积回收铜后，含钴溶液经净化（氢氧化钴
沉淀）、碳吸附后，ISEP 连续离子交换分离镍，
电积回收钴。原有铜电积可满足扩产要求，镍
离子交换及钴电积需要扩建。

反射炉渣首先在电炉中经高温碳还原生产
Fe-Cu-Co 合金。Chambishi 建设 40MW DC 电弧
炉一台，技术由 Mintek 和 Avmin 联合完成，电
炉由 Bateman Titaco 设计制造，2001 年 1 月投入
运行。首先在 AVRL 进行了 150~250kW 规模小
型试验，并在 Mintek 进行了 3MW 直流电弧炉扩
大试验，在电力 1~2MW 条件下处理了大约
840t 渣子（含 Co 0.66%），产出约 100t 含钴合
金（Co 5%~14%）[69,70]。

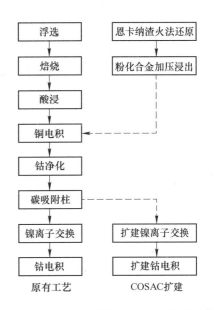

图 6-14 Chambishi 原有及 COSAC 扩建流程图

炉渣混合、筛分、破碎至 -15mm 占 80%
后，储存在 1200t 料仓中，送 60t/h 流态化床干
燥器干燥。干燥后物料与石灰（6%）、粉煤（4%）及金红石等混合后送电炉熔炼，熔炼
温度 1500℃。混合料除含铜、钴外，还含有 Fe 20%、SiO_2 43%、Al_2O_3 8%、CaO 8%、
MgO 3%、K_2O 3%、S 0.6%。电炉渣用 60t 渣包送渣场堆存。合金用渣包送加热台用等离
子喷枪加热至 1650℃，经水雾化器处理。雾化合金（平均直径 100μm）以矿浆形式泵送
至 COSAC 浸出车间，矿浆浓度为 8%。合金密度较大，约为 7.0~7.5kg/L，为避免过程
中沉降，在 25NB 管道内矿浆速度需在 2.0~2.5m/s 以上，但较细部分较难沉降。为避免
浸出系统体积膨胀，采用超高效浓密机脱水至固浓度 70%，过程中加入絮凝剂。浓密机底
流用泵打至密度控制设备，再进入加压釜。由于雾化器合金实际粒度比设计粒度大、密度
大，底流系统经常出现堵塞现象。Chambishi 用磁性分离法回收粗粒合金，在固浓度 70%
以下，回收率占总料量的 95%，缓解了浓密机负担。由非磁性渣和冰铜组成的其余 5% 合
金粉在浓密机中用非离子型絮凝剂进行回收。

加压浸出系统设置立式加压釜 5 台，阶梯布置，串联连续浸出，上部加料。为了避免
过程中合金与硫酸反应释放出氢气，系统中加入硫酸铜溶液，且为了充分利用硫酸铜，减
少系统浸出液产出量及系统压力，合金由前三台加压釜分三段加入。加压釜进料最初采用
Abel 双隔膜泵，但由于合金粒度大，导致操作困难，后前三台釜改用蠕动泵。过程中释放
出大量的热，加压釜需冷却以保持 135~150℃，通入氧气控制压力 8~10 个标准大气压。
由于合金分段加入以减少硫酸铜用量，过程中为避免短路，采用了多台立式釜而不是多隔
室卧式釜，且认为立式釜混合效率、氧气利用率、利用率相对要高一些。为控制反应温
度，第 2 台和第 3 台加压釜均配备了外部循环冷却系统。矿浆经高负载离心泵（一用一
备）从加压釜中抽出，送至管壳式热交换器（一用一备）降温，再返回加压釜。

加压浸出后矿浆经闪蒸槽减压降温后送浓密液固分离。加压釜及闪蒸槽排出蒸汽经洗
涤除去酸雾和固体颗粒后排放。浓密底流经带式过滤机过滤后，进行三段逆流洗涤，滤饼
经螺旋运输机送渣场堆存。浓密上清液一部分与带式过滤机滤液、硫酸混合返回加压浸

出，其余精滤后送原有焙烧—浸出—电积（RLE）工艺回收铜和钴。

6.5.4.2　金川转炉渣回收钴

镍转炉渣典型成分为：Co 0.3% ~ 0.35%，Ni 1.1% ~ 1.4%，Cu 0.8% ~ 1.0%，Fe 45% ~ 48%，S 1.9% ~ 2.7%。镍转炉渣是一种极为复杂的多相多元系统，主要矿物是铁橄榄石（$2FeO \cdot SiO_2$）和磁性氧化铁（Fe_3O_4），前者占 70% ~ 80%，后者占 15% ~ 17%，其余是机械夹杂的硫化物。转炉渣中钴主要呈氧化物形态，同晶形的取代了铁橄榄石和磁性氧化铁中的铁；转炉渣中 50% ~ 60% 的镍以硅酸镍和铁酸盐形态分布在磁性氧化铁中，余下的镍以硫化镍状态存在，铜基本上以硫化物状态的铜镍机械夹杂在渣中。

1978 年，北京矿冶研究总院与金川有色金属公司、北京有色金属研究总院、北京有色冶金设计研究总院等单位合作针对金川镍铜转炉渣进行了提钴试验研究，主工艺流程为"转炉渣电炉贫化—钴冰铜缓冷选矿—富钴合金加压氧化浸出—$SO_2 + S^0$ 除铜—P204 萃取除杂质—P507 萃取分离钴镍—氯化钴溶液草酸铵沉钴—煅烧制取纯氧化钴粉"。5 月份开始进行了转炉渣 100kVA 电炉贫化、钴冰铜缓冷选矿、2L 和 300L 釜钴合金加压酸浸及溶液深度除铁小型试验和扩大试验。1979 年 8 月进行了 400kVA 电炉贫化、300L 釜加压浸出及除铁扩大试验。1990 年完成全流程工业试验，钴回收率达到 38% 左右。

扩大试验中采用 400kVA 贫化电炉共进行了试验 172 次，产出含钴 1.4% ~ 1.6% 的金属化钴冰铜 25t，钴、镍、铜的回收率分别为 88%、90% 和 91%。金属化钴冰铜经过两段磁选、一段浮选，富钴合金中钴被富集三倍，含量达到 4% 以上，钴、镍和铜的选矿直收率分别为 85%、86% 和 15%。常压浸出过程中，控制液固比 5 : 1，温度 80 ~ 90℃，硫酸量为钴镍铜理论耗酸量的 1.2 倍，合金中铁优于钴溶解，1h 左右溶液 pH 值大于 1，铁浸出率 40%，主要为亚铁状态，钴浸出率为 36%，镍浸出率 27%，铜不浸出。并进行了钴合金加压氧化酸浸和常压鼓风酸浸对比试验。加压浸出在 300L 衬钛机械搅拌加压釜中进行，试验共进行 54 釜次，处理合金 1745kg，产出溶液 7.4m³。钴合金在液固比 6 : 1、酸系数 1.2、温度 80 ~ 90℃下浆化预浸 1h，然后在 140℃、总压 14 个标准大气压下浸出 4h，接着加入浓度 10% 的纯碱液和适量氯酸钠溶液除铁 1h。钴回收率为 94% ~ 95%，镍为 92% ~ 95%。浸出液成分为：Co 16 ~ 18g/L、Ni 65 ~ 70g/L、Cu 4.0 ~ 5.0g/L、Fe < 0.05g/L，pH 值为 1.6 ~ 3。常压鼓风酸浸试验在 300L 内衬环氧玻璃钢机械搅拌槽中进行，共进行试验 21 次，处理合金 840kg。钴合金用硫酸和盐酸混合酸液在 65℃下浸出 22h。浸出后期加入碳酸钠溶液除铁，钴、镍、铜的回收率分别为 90%、93% 和 10%，浸出液成分为：Co 12.5g/L、Ni 50g/L、Cu 1.0g/L、Fe < 0.05g/L。经方案对比决定采用加压氧化酸浸工艺。1980 年 7 月 20 日完成转炉渣提钴新工艺鉴定会。

将富钴冰铜磨至 -0.043mm 占 86.5%，与硫黄粉及浸出前液按一定的比例加入浆化槽中浆化 15 ~ 20min，用高压泵送矿浆加热器加热后入加压釜。加压釜四隔室，矿浆在釜内停留时间 7.2 ~ 7.8h，浸出过程中鼓入压缩空气。金川二钴车间共有 3 台加压釜，每台釜的容积为 33m³，其中两台系国内自行设计制造，另一台从日本引进。

加压浸出操作条件为：浸出温度 150 ~ 152℃，总压 1.5MPa，液固比（6.3 ~ 6.4）: 1，硫系数 0.95 ~ 1.05，富钴冰铜加入量 340 ~ 360kg/h，停留时间 7.2 ~ 7.8h，空气流量（标态）1300 ~ 1350m³/h，氧利用率 42%。镍、钴和铜的浸出率分别大于 95%、94% 和 94%。

加压浸出液含铜达到 22 ~ 27g/L，相较于缓冷选矿工艺产出溶液含铜 4 ~ 10g/L 明显提高，造成 P204 萃取过程中杂质负荷大。P204 除钙率的高低对下一工序 P507 萃取分离钴镍影响较大，当 P507 系统料液含钙长时间大于 0.05g/L 时，会产出硫酸钙沉淀影响操作，因此要求 P204 脱钙率达到 90% 以上。北京矿冶研究总院曾进行了五种除铜方案研究：P204 萃取除铜、硫化物沉淀除铜、硫代硫酸钠除铜、合金或高冰镍置换除铜。经过综合比较，并考虑到金川二钴车间 P204 萃取除杂设备已经建成，工业试验中采用 P204 萃取方案。工业试验主要技术条件：有机相组成 0.75mol/L P204 + 260 号煤油，皂化率 65% ~ 70%，萃余液 pH 值为 3.5 ~ 4.0，室温，混合时间 5min，制镍皂 4 级，萃取 10 级，洗涤 5 级，反萃 4 级，洗铁 4 级。有机相流量 1.6 ~ 1.7m³/h，料液 0.68 ~ 0.7m³/h，洗涤液 0.12 ~ 0.14m³/h，反萃液 0.30 ~ 0.32m³/h。P204 萃取除杂工序镍、钴、铜直收率分别为 99%、97% 和 99%。

由于浸出液中含钴仅 3 ~ 4g/L，含铜 23 ~ 25g/L，溶液 Ni∶Co 高达 25∶1，给 P507 萃取分离钴、镍造成较大困难。P507 萃取工业试验技术条件为：有机相组成为 0.75mol/L P507 + 260 号煤油，皂化率 65% ~ 72%，室温，萃余液 pH 值为 5.5 ~ 6.0，混合时间 3 ~ 4min，制镍皂 4 级，萃取 8 级，洗镍段 6 级，反萃 5 级，洗铁 3 级，洗涤采用 1.2mol/L HCl，反萃采用 2.5 mol/L HCl。

氯化钴溶液经草酸沉钴、煅烧生产氧化钴粉，硫酸镍溶液镍钴比达到 5000 以上，经活性炭吸附除油后返回镍电解系统。P507 工序钴镍直收率均为 99%，沉钴直收率 99%，煅烧工序钴直收率 97%。

工业试验中从水淬富钴冰铜到纯氧化钴粉的金属直收率分别为：Co 82%、Ni 90% 和 Cu 61%，全流程金属总回收率为 Co 47.8%、Ni 86.2%。氧化钴粉质量达到 GB 6518—1986Y1 标准，每吨氧化钴粉的单位成本为 5.6649 万元。当时金川生产规模为年产 2.5 万吨镍，钴冶炼回收率可净提高 5% ~ 8%，每年可多回收钴约 60t，多回收镍 30 ~ 40t，每年可增加产值 1000 万元以上。

6.6 镍红土矿高压酸浸生产实践

6.6.1 古巴毛阿镍厂

古巴毛阿镍厂（Moa Nickel's Pedro Sotto Alba Plant）位于古巴奥连特省的北海岸，是世界上第一家采用加压酸浸法处理镍红土矿的工厂，由美国自由港硫黄公司投资兴建。早在 1952 年，自由港硫黄公司就对毛阿矿区的矿石开始实验室研究，之后在美国得克萨斯州霍斯金蒙德建设了一座日处理 9t 矿石的中间工厂，其后又在美国镍港修建了另一座日处理 50t 矿石的中间工厂。1957 年开始建设，1959 年建成投产，设计能力为年处理矿石 260 万吨，年产镍 2.27 万吨及钴 2000t。由于技术及装备的原因，直到 1996 年才达产。2003 年产量超过设计能力，年产镍达到 3 万吨。

该厂主要工序包括矿浆制备、浸出和镍钴回收。红土矿在帕丘克槽内用硫酸加压浸出，镍及钴浸出进入溶液，铁则留于渣中。浸出矿浆经 6 段浓密机逆流洗涤后，浸出渣作为炼铁原料。第一段浓密机的溢流为富液，在加压釜内通入硫化氢，将镍、钴、铜等以硫化物的形式沉淀析出。产出的镍钴硫化物含 Ni 55.1%、Co 5.9%、Cu 1.0%。美国自由港硫黄公司在镍港另建有精炼厂，用加压酸浸和加压氢还原法从镍钴硫化物制取镍粉和钴粉。1960 年以前，毛阿镍厂生产的镍钴硫化物送美国镍港精炼厂处理。镍钴冶炼回收率分别达到 96.5% 和 94%。

6.6.1.1　矿浆制备

毛阿矿山离厂区较近，主要为红土型高铁镍钴矿床，是蛇纹岩经风化淋滤的产物。设计规模为年产矿石 260 万吨。该矿含铁、钴较高，含氧化镁较低，矿石主要成分为：Ni 1.35%、Co 0.146%、Cu 0.02%、Zn 0.04%、Fe 47.5%、Mn 0.8%、Cr_2O_3 2.9%、SiO_2 3.7%、MgO 1.7%、Al_2O_3 8.5%、H_2O 12.5%。采出的矿石用卡车卸入矿浆制备站的料仓中，经筛分、破碎、浆化后，自流到浸出车间的浓密机内。浓密机溢流用泵送回矿浆制备站，底流固含量 45%～47%，用泵抽送到矿浆分配器的专设一段，并由此经矿浆管自流到浸出车间。

6.6.1.2　浸出及洗涤

矿浆贮存浓密机的底流经两台 $\phi1.22m \times 5.2m$ 的预热器用压力为 0.1MPa 的蒸汽预热到 82℃，再进入 2 台 480m^3 的矿浆贮槽。贮槽设有机械搅拌器，并有压缩空气从中心轴通入，以防止矿浆沉淀。加热后矿浆经两级串联的矿浆泵送至加压釜中。第一级配置离心式衬胶砂泵 9 台，将矿浆压力提高到 0.7MPa，第二级用四联隔膜泵将矿浆压力进一步提高到 4.5MPa 后送入加压釜的矿浆加热器内（$\phi1.29m \times 5.18m$），矿浆在此加热到 246℃，自流入加压釜。加压釜矿浆加热器的结构和预热器相同，都为直接接触式，蒸汽来源一是加压釜顶部的排气，二是电厂或硫酸厂的高压蒸汽。为准确测定矿浆的浓度和四联隔膜泵的流量，安装了一台计量槽（$\phi2.44m \times 2.44m$），底部配有 3 万磅（1 磅 ≈ 0.45kg）台秤，每台泵每班测定一次，测定一次 15min 左右。

加压浸出在 4 组立式加压釜中进行，每组 4 台串联，尺寸均为 $\phi3.05m \times 15.8m$，高压蒸汽搅拌，但顶部不相同。釜外壳用钢板焊制，球形顶，锥形底，内壁衬 6.4mm 铅板，再砌 76mm 厚耐酸砖，最后再砌一层炭素砖。中央有 $\phi41cm$ 的升液管，一些支管及升液器等使用钛管。过程中控制反应温度 246℃，反应压力 3.6MPa，矿浆在每台加压釜内的停留时间为 28min，通过一组加压釜的时间为 112min。硫酸加入量为干矿量的 22.5%，经 5 台三联往复式酸泵直接加到每组的第一台釜中，矿浆的流量和比重可通过酸泵转数来调整。矿浆流量为 1.76m^3/min，矿浆比重约 1.5，矿浆固含量 45%。由于在预热、加热和浸出过程中被蒸汽冷凝水稀释，至浸出终了时加压釜排出矿浆浓度为 33%。加压釜液位采用放射性液位计测定，反射源是钴 60。加压釜结垢严重，需 2～3 周检修一次。

加压釜矿浆经卧式间接冷却器（一用一备，钛材）冷却以降低矿浆温度，冷却器长 5.35m，管束部分直径为 71cm，气化部分直径为 1.22m。矿浆走管内，温度由 246℃ 降至 135℃，同时产出 0.1MPa 低压蒸汽，供矿浆及溶液预热用。冷却后矿浆经两个陶瓷喷嘴喷入闪蒸槽（或膨胀槽）。第一个喷嘴为 $\phi2cm$，经常全开，通过 75% 的矿浆；第二个喷嘴为 $\phi1.7cm$，根据加压泵液面自动进行调节，约通过 25% 的矿浆，后来不使用第二个，流量亦不进行调节。陶瓷喷嘴的材质为：Al_2O_3 80%～85%，SiO_2 3.76%，耐磨性较高。但由于矿浆流速太快，每秒钟达 100 多米，磨损仍很快，7～9d 换一次。矿浆由闪蒸槽顶部进入，温度下降到 100℃，然后由底部排出，产出的蒸汽为 1 个标准大气压，由上侧引出，经汽水分离器分离带出矿浆后，送去加热硫化沉淀前的溶液。闪蒸槽的直径为 2.2m，高 3.1m，外壳为钢板焊制，内衬 4.75mm 橡胶，再衬 11.5cm 碳砖。闪蒸槽也是两个并联使用，互为备用。由闪蒸槽排出的矿浆经自流管道送往洗涤系统。

浸出渣在 6 台 $\phi 68.5m$ 浓密机内进行 6 级逆流洗涤。矿浆从 1 号浓密机加入，新水从 6 号浓密机加入，新水用量约为 6 号浓密机底流固体量的两倍，即洗涤比为 2∶1，浸出矿浆中 99% 以上的镍钴可被洗涤下来。浓密后底流固含量为 60% 左右，6 号浓密机底流即洗净后的矿浆加水稀释至 40%，经木质管道排至尾矿池。1 号浓密机溢流送至中和车间。6 台浓密机尺寸及结构相同，但前两台和后四台的内衬材料有所不同，耙子所用不锈钢型号不尽相同。

6.6.1.3 中和

中和车间的主要任务是利用硫化氢将溶液中的铁、铬还原，接着用珊瑚浆将溶液 pH 值中和至 2.6 左右。浓密上清液储存在 $\phi 61m \times 6.1m$ 槽中，混凝土内衬砖材质，内设浮标式液位计，配有 3 台 30kW 不锈钢离心泵，两用一备。

在硫化沉镍钴之前，必须将溶液中的高价铬和高价铁还原，以避免高价铬、铁在镍钴沉淀过程中生成胶状沉淀。经还原反应后，铁由三价变为二价，铬由六价变为三价。铁、铬还原过程在溶液储罐与中和槽中间的管道中进行。硫化氢气体通过直径 25mm 的哈氏合金 C 管通入输送管道。硫化氢还原铬、铁主要反应如下：

$$Fe_2(SO_4)_3 + H_2S = 2FeSO_4 + H_2SO_4 + S$$

$$MnCr_2O_7 + 3H_2S + 4H_2SO_4 = Cr_2(SO_4)_3 + 3S + MnSO_4 + 7H_2O$$

中和在四台串联的木槽中进行，阶梯布置，木槽内径 4.27m，内高 4.06m，每槽有效容积 45.5m³，由宾尼西法尼亚 Philadelphia 立式搅拌机搅拌，搅拌机 68r/min，22kW。溶液经 25.4cm 的铁管，深入到距槽沿 30.5cm 处，以四个 $\phi 3.2cm$ 喷射嘴喷到槽内，分别给入第一木槽或第二木槽。四个喷嘴形成的圆周直径为 2.4m。每个喷嘴喷射 0.41m³，在 0.68kg/cm² 压力时，喷射角为 95°，喷射的目的是为了减少反应时产生的泡沫。

中和剂为珊瑚浆，固含量 40%，粒级为 −830μm（−20 目），自码头附近的珊瑚浆（$CaCO_3$ 90.9%）制备厂经管道送来，贮于本车间的两个 $\phi 15.2m \times 9.2m$ 钢槽中，每槽容量为 1530m³，可供 2.4d 使用。槽内设有 Process Type CMX 矿浆搅拌机构，同时以机械和空气进行搅拌，由槽外设置的 Nash Hytor 转动空压机供应空气。珊瑚浆经 3 台 Shriver Duplex 隔膜泵连续加入中和槽。

反应后矿浆送两台并列的 $\phi 61m \times 6.1m$ 石膏浓密机进行液固分离，上清液送镍钴回收工序。底流即石膏浆固含量为 30% ~ 40%，送至位于中和槽上面的分配箱，一部分在过程中循环，其余与浸出渣一起洗涤，或直接送尾矿池，视石膏内镍含量而定。浓密机正常流量为每天 312t 新石膏加 1561t 再循环石膏，两者之间比例为 1∶5，这是经验证明的最理想条件，有利于石膏颗粒的成长。

中和后液典型成分为：Ni 4.15g/L、Co 0.45g/L、Cu 0.8g/L、Zn 0.1g/L、Fe 0.6g/L、Mn 1.4g/L、Cr 0.2g/L、Mg 1.9g/L、Al 1.6g/L、Ca 0.1g/L、SO_4^{2-} 27.0g/L，pH 值为 2.4。溶液泵送至浸出车间的成品液预热器，利用浸出的低压二次蒸汽直接加热到 82℃，预热后送硫化沉淀车间。

6.6.1.4 硫化沉淀

预热后溶液经溶液加热器进一步加热至 116 ~ 121℃，用离心泵送加压釜通 H_2S 气体硫化沉镍钴。溶液成分一般为：Ni 3.0g/L，Co 0.3g/L，pH 值为 2.6。配置加压釜四台，内径 3.5m，长 9.91m，卧式三隔室，每室都装有 1 台 45kW 的涡轮搅拌机，壳体为碳钢制作，内壁先衬 4.75mm 厚的橡胶，再衬 114mm 厚的耐酸砖。硫化氢用直径为 75mm 的哈氏合金 C 管由第三室引入，然后由第一室用直径 50mm 的哈氏合金 C 管引出。加压釜上部气体中 H_2S 含量维持在 80% 以上。

加压釜操作压力为 1MPa，温度为 118～121℃，停留时间 17min。加压釜充填率约为 80%。在溶液流量 3.64m³/min 条件下，镍钴沉淀率都为 99%。部分铜、锌与镍钴一起沉淀，而铁、铝、锰、镁和铬都不沉淀。镍钴硫化物典型成分为：Ni 55.88%，Co 5.08%，Fe 3%，Al 0.02%，Zn 1.33%，Cu 0.363%，Cr 0.37%，硫化物形态的硫 34.65%，元素硫 1.95%，H_2SO_4 0.036%。

由加压釜排出的矿浆送闪蒸槽减压。闪蒸槽直径为 2.13m，高 4.26m，弧形顶，锥形底，壳体为碳钢制作，内衬 4.75mm 橡胶，再衬 114mm 耐酸砖。矿浆由中部进入，镍钴硫化物沉淀及溶液由底部排入水封槽，硫化氢气体则由顶部排至降湿塔。

水封槽直径为 1.83m，高 2.13m，外壳为钢板焊制，内衬 4.75mm 厚的橡胶和 114mm 厚的耐酸砖。水封槽装有搅拌器以防止硫化物沉淀。镍钴硫化物及溶液经水封槽排入两台并联的浓密机。浓密机的溢流即为废液，经稀释后排入下水道，浓密机底流用隔膜泵送到两台较小的木制浓密机内，用热水进行两段逆流洗涤，洗水弃去，底流即为镍钴硫化物成品，装入铁桶运出。

6.6.2　澳大利亚 Cawse、Bulong 和 Murrin Murrin 厂

西澳大利亚的 Cawse、Bulong 和 Murrin Murrin 三厂也均采用高压酸浸处理镍红土矿。三厂加压酸浸工艺与古巴毛阿厂类似，但是均采用卧式加压釜，且三家的原料成分与最终产品有所不同。西澳红土型镍矿较古巴的褐铁矿红土矿含有更多的蒙脱石和绿脱石黏土，黏土质矿石比褐铁矿质矿石含有较低的铁和铝，但含有较高的镁，导致酸耗上升 50%。三家镍厂高压酸浸工艺比较见表 6-12。

表 6-12　澳大利亚三家镍厂高压酸浸工艺比较

参　　数		Cawse 厂	Bulong 厂	Murrin Murrin
所属公司		Centaur Mining & Exploration	Preston Resources	Minara 60%，Glencore 40%
投产时间		1999 年	1999 年	1998 年
温度/℃		250	250	255
压力/kPa		4500	4100	4300
停留时间/h		1.75	1.3	1.5
进料固体含量/%		35	31	40
加热器段数		2	4	3
进料泵	型　号	Wirth	GEHO	GEHO
	台　数	2	2	6（用于 4 台高压釜）

参　　数		Cawse 厂	Bulong 厂	Murrin Murrin
高压釜	台　数	1	1	4
	尺寸(直径×长度)/m×m	4.6×30	4.6×28.6	4.9×33.4
	隔室数	6	6	6
	搅拌数	6	6个双叶轮	6
	衬里钛品位	—	17	2
	衬里厚度/mm	—	8	6
吨矿酸耗/kg		375，加硫	518	400
酸浓度		98	98	98
剩余酸		35	35	20~35
闪蒸段数		2	4	3
浸　出	Ni/%	95	94	96
	Co/%	95	94	93
	Fe/g·L^{-1}	3~5	6	1~2
	Al/%		2	5~12
	Mg/%		98	94
闪蒸后矿浆	固体/%	30	26	35
	Ni/g·L^{-1}	9	7	7
	Co/g·L^{-1}	1.8	0.5	0.5

澳大利亚 Cawse 厂采用"HPAL-CCD 洗涤—中和除铁铝—MHP 沉淀—氨浸—萃取—电积"工艺生产电镍和硫化钴产品。高压酸浸系统为 1 个系列。该厂 1997 年开始建设，1998 年年底投产，设计规模为年产 9000t 电镍，含钴 1300t 的硫化钴。工厂在 2000 年 5 月底接近于设计产量，但受到资金方面影响，于 2001 年年底转让给 OMG，并全部转为生产碱式碳酸镍钴产品。2007 年 7 月被俄罗斯诺里尔斯克公司收购，并于 2008 年 11 月停产。

Cawse 厂矿石储量为 1.59 亿吨，主要成分为：Ni 1.07%，Co 0.09%，MgO 1.5%，Al 1.71%，Fe 18%。原料量有 2100 万吨，属于褐铁矿黏土，矿石含 Ni 1.9%、Co 0.13%，生产能力为 50 万吨/年，年产 1 万吨阴极镍和 2000t 硫化钴（以钴含量计），总投资 7 亿美元。

红土矿浆化后用 3 级预热器加热至 165℃，经 2 台高压隔膜泵泵送至加压釜，在 250℃、4.1MPa 条件下进行加压浸出。该厂配置 φ4.6m×30m 加压釜 1 台，六隔室。反应后矿浆采用 2 级闪蒸冷却降温。矿浆液固分离后，溶液加入石灰中和沉淀镍钴，Mg 和 Mn 基本不沉淀，实现镍钴的预富集和初步除杂。产出的镍钴氢氧化物进行氨浸，可以进一步除去铁、锰、钙和镁等杂质，得到含镍 50~60g/L、杂质比较低的镍钴氨性溶液。首先将钴（Ⅱ）氧化为钴（Ⅲ）以防止钴被萃取，再用 Lix84-Ⅰ萃取镍，反萃液送镍电积生产电镍。镍萃余液经硫化氢沉淀硫化钴，硫化钴可以出售或继续精炼生产钴产品。为使浸出液中的 Mn、Fe 氧化，需通入压缩空气；为避免铬氧化为六价铬，避免六价铬在后续工段与镍一同被萃取并皂化萃取剂，保持矿浆的氧化还原电位在 480mV 水平上，向高压釜内加入定量的硫黄粉。

Bulong 厂采用"HPAL-CCD 洗涤—溶液中和—萃取—电积"工艺生产电镍和电钴产品，高压酸浸系统为 1 个系列。该厂 1997 年开始建设，1998 年年底投产。Bulong 厂的矿石储量为 1.4 亿吨，含 Ni 1%、Co 0.08%、MgO 6.4%、Al 2.75%，原料量有 9600 万吨，属于褐铁矿、绿高岭石和黏土，矿石含 Ni 2.0%、Co 0.04%，生产能力为 537kt/a，年产 9000t 阴极镍和 1000t 阴极钴，总投资 9.66 亿美元。2004 年 4 月破产关闭。

镍红土矿矿浆经 4 级预热器加热至 175～195℃，经 2 台双缸隔膜泵送 ϕ4.6m×31m 加压釜进行加压浸出，加压釜 1 台，六隔室，浸出温度 250℃，浸出压力 4.1MPa。反应后矿浆经 4 级闪蒸后冷却。

该工艺的特点是从含大量杂质的高压酸浸液中采用 Cyanex272 直接萃取钴，钴反萃液用硫化氢沉淀得到硫化钴，再精炼生产阴极钴。由于高压酸浸液没有经过硫化沉淀的预富集过程，因此萃取设备的体积比较大。萃取钴之后的萃余液采用羧酸 Versatic10 萃取镍，反萃液送镍电积生产阴极镍[71]。该厂始终没有达到设计能力，其产量最高只达到设计能力的 65%～70%，2003 年由于资源不足和生产不稳定等原因关闭停产。

Murrin Murrin 镍钴项目位于澳大利亚利奥诺拉（Leonora）以东 60km 处，最早由 Anaconda 公司（Anaconda Nickel Ltd）建设，现隶属于 Murrin Murrin 公司（Murrin Murrin Holdings Pty Ltd，Minara Resources Ltd 的子公司）和 Glenmurrin 公司（Glenmurrin Pty Ltd，Glencore International AG 的子公司），各占 60% 和 40% 股份。

Murrin Murrin 厂的矿石储量为 3.24 亿吨，含 Ni 1.03%、Co 0.064%、MgO 5.8%，原料量有 2.91 亿吨，矿石含 Ni 1.3%、Co 0.09%，Mg 4.0%，Al 2.5%，Fe 22%。设计规模为年产 4.5 万吨镍块和 3000t 钴块，矿石处理量为 400 万吨/年，总投资 15.4 亿美元。该厂 1997 年开始建设，1999 年初试车投产。

Murrin Murrin 厂主工艺流程为"HPAL—CCD 洗涤—溶液中和—MMSP—氧压浸出—萃取—氢还原"，生产镍块、钴块产品，高压酸浸系统共 4 个系列。由于矿石中镍品位未达到原设计值，且 EPC 总承包建设中浸出区域材质不符合设计要求，导致投产后材料问题频繁，工厂实际年产镍金属量仅 3.2 万吨。目前一直稳定运行，且增加了低品位矿石的堆浸。

红土矿矿浆采用 3 级预热器加热至 170～190℃（后改为 210℃）后，用高压隔膜泵送至加压釜进行浸出，控制浸出温度 255℃，浸出压力 4.5MPa。共配置 ϕ4.6m×30m 加压釜 4 台，六隔室，每台加压釜配 2 台高压隔膜泵。反应后矿浆经 3 级闪蒸冷却。

加压浸出液用 H_2S 沉积镍钴混合硫化物，硫化物再进行加压氧化浸出，实现 Ni、Co 的预富集，硫化物浸出液中含镍可达 80～100g/L，大幅减少后续萃取工艺设备的体积。镍钴溶液采用 Cyanex272 优先萃取钴，钴反萃液用 D2EHPA 除杂质后可生产金属钴粉（Cobalt SX-H_2）。钴萃余液萃取除去铜、锌等杂质，溶液加压氢还原生产镍粉。该厂所选流程未考虑铬氧化为六价铬的情况，而是将镍、钴经分离后除去铬等杂质。

2006 年该厂低品位红土矿堆浸示范项目建成投产，共投资 2500 万澳元，年可产镍 2000t，钴 150t。

6.6.3 巴布亚新几内亚瑞木厂

瑞木（RAMU）项目位于巴布亚新几内亚东北部的马丹省境内，由矿石（含选厂）和冶炼厂两部分组成。矿山位于马丹西南方向75km的库隆布卡雷（Kurumbukari），年处理矿石463.5万吨，镍钴冶炼厂位于马丹东南方向55km的Basamuk海湾岸边，距离矿山90km。该项目由中国冶金建设集团公司（现中国冶金科工集团公司，简称MCC）出资建设，2004年委托中国恩菲进行了可研及设计，2006年委托北京矿冶研究总院进行了小型验证和补充试验。2008年开始建设，2012年3月试运行。RAMU厂采用"HPAL—矿浆中和—CCD洗涤—溶液中和—NaOH沉淀"工艺生产镍钴氢氧化物。设计规模为年处理321万吨矿石，产出氢氧化镍钴79331t（干基），其中含Ni约41%、Co约4.2%，按金属计为镍3.26万吨，钴3300t。镍回收率约96%，钴回收率约94%。

6.6.3.1 备料

矿石主要成分为：Ni 1.138%、Co 0.117%，Fe 45%、Cr_2O_3 3.5%、MgO 2.3%。主要矿物为水针铁矿和石英，另有少量以蛇纹石、含铁滑石、高岭石为代表的含水层状硅酸盐矿物，还有富钴锰的水合氧化物、辉石、透闪石和铬尖晶石等。镍主要以针铁矿形式存在，少量以蛇纹石形式存在，钴绝大部分存在于富钴的锰水合氧化物中。未见独立的铝矿物，铝绝大部分存在于水针铁矿类矿物中，部分在碎屑矿物（辉石、铬尖晶石）和黏土（高岭石）中。镁主要以蛇纹石类和碎屑矿物形式存在。

矿石开采后，在选矿厂选好的矿粒度为$D100 \sim D50 = 200 \sim 4\mu m$，浆化稀释至浓度为12%~18.3%，通过长135km的管道输送至冶炼厂。矿浆到达冶炼厂后，在浓密机中浓密至32%。浓密机溢流作为尾气洗涤用水。

6.6.3.2 加压浸出

矿浆在进入高压釜前，要经过低、中、高温三级预热器加热升温，在预热器中经低压、中压、高压闪蒸槽产生的热气和蒸汽加热，温度分别升至92℃、154℃和205℃，压强由常压升至2MPa。加热后矿浆经过滤网除去不合格料后，由高压泵送至加压釜。

共配置卧式加压釜3台，尺寸为$\phi_{外}$5.1m×34m，七隔室，每个隔室均配有四桨片搅拌器，内衬耐酸砖，每台每天运行24h，工作周期4~6个月，之后需进行10~14d的维修保养，利用率85.6%，全年工作312d。每台加压釜配备两台高压泵。加压釜直接通蒸汽加热，给料速率为276m³/h。为使加压釜中矿浆温度高于水的饱和压力之下对应的温度而不沸腾，高压釜内压力需高于该温度下水的饱和蒸汽压。矿浆浸出会产生二氧化碳等不可冷凝气体，造成高压釜压力高于对应温度下水的饱和蒸汽压，因此，实际生产中要维持釜内一定的过压，釜内压力由排气控制阀自动控制。高压釜的理想操作温度和压力分别为255℃，4.8MPa，其可承受的最高操作温度和压力为260℃和5.172MPa。一般情况下，保持釜内压力4.8MPa左右即可。硫酸通入前两个隔室。矿浆提留时间50~60min。反应后矿浆依次通过高压、中压、低压闪蒸槽进行三级减压和冷却，三级闪蒸槽蒸汽温度分别为220℃、160~170℃和105℃。低压闪蒸矿浆进入闪蒸密封槽，泵送往矿浆中和槽。闪蒸槽排放出来的尾气用来加热矿浆。镍钴浸出率分别为95.5%和95%。

加压浸出过程产生的尾气需洗涤处理，主要设备有正常排气缓冲器、事故排气缓冲器、尾气洗涤、废水储存槽及泵、洗涤废液储存槽及输送泵等。正常排气缓冲器连续接收来自高压釜和三级矿浆预热槽的逸出蒸气。每台闪蒸槽和高压釜的排气管道都安装有事故排气管道，当过压时紧急排气降压。尾气洗涤器为文氏湿型洗涤器，由湿口文氏管组成，后接一个雾沫分离器，先除去气流里的固体颗粒，再利用排气流的热量将洗涤液雾化。

6.6.3.3　矿浆中和及 CCD 洗涤

矿浆循环浸出及中和在 6 个串联的中和槽内完成。闪蒸后矿浆仍含有约 40g/L 的游离酸，首先泵如循环浸出槽，利用残酸浸出后续工序产出的各种镍钴渣，如二段除铁铝浓密底流、二段镍钴沉淀浓密底流及二氧化硫浸出渣等。

二段除铁铝和二段镍钴沉淀浓密底流分别送各自的中间贮槽，与高压酸浸闪蒸后矿浆一起送 1 号矿浆中和槽，使残酸与浓密底流中的金属氢氧化物反应，进行循环浸出，然后依次进入 2~6 号矿浆中和槽，2 号槽和 4 号槽分别加入浓度为 30% 的石灰石浆中和，2 号槽加入石灰石浆量占总量的 80%~90%，4 号槽占 10%~20%，控制终点 pH 值为 1.5~2.0，矿浆总停留时间 1.5h 以上。尽量避免因 pH 值过高而影响 CCD 矿浆沉降性能以及镍、钴损失。同时向各中和槽中通入压缩空气，促使产生的 CO_2 气体从溶液中逸出，并通过排气管直接排放，中和后的矿浆送 CCD 逆流洗涤系统。

CCD 逆流洗涤共 7 级，均采用高密度类型浓密机。中和后的矿浆首先进入 CCD_1，其底流依次进入 CCD_2~CCD_7，洗水从 CCD_7 加入，CCD_2~CCD_7 浓密机溢流作为洗水送上一级浓密机。CCD_1 溢流送中和除铁铝工序，CCD 逆流洗涤的洗水为经酸化处理的部分氢氧化镍钴沉淀贫液，酸化后的洗水 pH 值为 1.5~2.0，洗涤比为 2.5:1。

洗涤后加压浸出渣采用深海填埋工艺（Deep Sea Tailings Placement，简称 DSTP）处理。来自水处理系统的多余废水（主要为高压酸浸给料矿浆浓密多余溢流）、高压酸浸洗水、CCD 浓密底流、二段氢氧化镍钴沉淀后精滤液以及冶炼厂其他废水等进入尾渣中和槽，加石灰乳通压缩空气进行中和处理，调节浆液 pH 值为 8.1~8.5，使 Mn^{2+} 氧化水解沉淀，然后送至掺混槽用海水稀释，由于其密度大于海水密度，依靠密度差，通过一根外径 800mm、长 415m 的高密度聚乙烯（HDPE）尾渣排放管输送到深海排放点。

6.6.3.4　除铁铝

中和除铁铝分为两段，一段采用 7 台槽、二段采用 4 台槽串联操作。CCD_1 溢流液直接进入一段中和除铁铝槽，槽中加入浓度 30% 的石灰石浆控制终点 pH 值为 3.6~4.0，同时槽中通入空气以氧化 Fe^{2+} 并使其水解进入渣中。为改善中和除铁铝渣的沉降性能，增加固液分离效果，需返回一定量的浓密底流作为晶种，晶种比为 4:1。矿浆液固分离后，底流量的 80% 返回一段中和除铁铝作为晶种，其余送洗涤过滤工序，经 2 台立式压滤机用酸化处理后贫液作为洗水连续过滤洗涤。滤饼含水约 35%，用螺旋输送机送浆化槽加入酸化后贫液浆化后，送尾渣中和系统。

一段除铁铝后浓密溢流泵送到二段中和除铁铝槽，槽中加入 30% 的石灰石浆液控制终点 pH 值为 4.6~5.0，同时槽中通入空气促进 Fe^{2+} 氧化水解沉淀。同样返回一定量的浓密底流作为晶种，晶种比为 4:1。二段中和除铁铝后的矿浆进入 2 台并列的浓密机进行液固分离，溢流送溶液贮存，底流约 80% 返回二段中和除铁铝作为晶种，其余返回循环浸出回收渣中镍、钴等有价成分。

6.6.3.5　镍钴沉淀

氢氧化镍钴沉淀同样分两段进行，一段采用 6 台槽、二段采用 4 台槽串联操作。除铁铝后液泵送到一段镍钴沉淀槽,槽中加入浓度约为 10% 的 NaOH 溶液,控制终点 pH 值为 7.6~8.0。为促使颗粒长大,改善沉降和过滤性能,加入晶种比为 (8~9):1。矿浆经浓密液固分离后,底流约 90% 返回一段镍钴沉淀作为晶种,其余送过滤、包装工序。浓密溢流泵送到二段镍钴沉淀槽,加入浓度约 20% 的石灰乳控制终点 pH 值为 8.1~8.5,同样加入晶种,晶种比为 (8~9):1。二段沉淀后矿浆经浓密液固分离后,溢流一部分加硫酸控制 pH 值为 1.5~2 送 CCD 系统作为洗水,其余送贫液过滤。浓密底流约 90% 返回二段镍钴沉淀作为晶种,其余返回循环浸出及矿浆中和回收渣中镍、钴等有价成分。

6.7 镍钴加压浸出研究进展

6.7.1 加压浸出法合成四氧化三钴

四氧化三钴为灰黑色粉末状固体,广泛应用于制造硬质合金、磁性材料、搪瓷颜料、陶瓷颜料及玻璃颜料、钴触媒、油墨颜料、玻璃脱色剂等,是制备催化剂和干燥剂的主要原料,目前其在生产锂离子电池材料钴酸锂行业中得到迅速发展。

四氧化三钴传统的生产方法是采用灼烧或热分解,灼烧法是将钴粉用红热蒸汽加热生成 CoO,在 500℃ 下进一步氧化成 Co_3O_4,但是这种方法产出的 Co_3O_4 粉末活性差、纯度低、粒度分布宽。热分解法是将纯净的氯化钴或硝酸钴溶液沉淀生产草酸钴或碳酸钴,经高温煅烧产出 Co_3O_4,该法同样存在粒度分布不均匀、产品纯度低的问题。若能实现从钴溶液中直接沉淀生成 Co_3O_4 则可大大缩短工艺流程、提高产品纯度、降低生产成本。

2005 年,北京矿冶研究总院针对氯化钴溶液进行了直接加压浸出生产四氧化三钴工艺研究,溶液主要成分为:Co 70.24 g/L、Mn 0.007 g/L、Mg 0.008 g/L,其他杂质如铜、铁含量均低于 0.003g/L,pH 值为 1.5[72]。将溶液加入适量氢氧化钠调节溶液 pH 值,送入加压釜进行氧化合成,研究中考察了反应温度、时间、氧分压等因素的影响。结果表明,在 150℃、氧分压 200kPa、氧化时间 1~2h 条件下,产品中钴含量可达到 72.7% 以上,产品粒度在 500~800mm。产出四氧化三钴主要成分见表 6-13。加压浸出法合成四氧化三钴电子显微照片如图 6-15 所示。

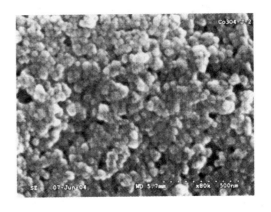

图 6-15 加压浸出法合成四氧化三钴电子显微照片

表 6-13 四氧化三钴化学成分

成 分	Co	Ni	Cu	Pb	Zn	Fe	Mn	V	Cd	Ca
含量/%	≥72.50	0.005	0.002	<0.001	0.001	0.001	0.002	0.0002	0.0003	0.002
成 分	Mg	Si	Al	As	Sb	Bi	S	Na	Cl	H_2O
含量/%	0.004	0.001	0.0005	0.0001	<0.001	<0.001	<0.001	0.002	0.005	<0.40

6.7.2　低冰镍加压浸出

低冰镍是铜镍冶炼过程的中间产品，除镍外还富含铜、钴和大量的铂族金属，传统冶炼时经转炉吹炼生产高冰镍，再经电积或浸出回收铜、镍等。吹炼过程中部分镍进入冰铜中，造成镍铜的分散，且70%的钴进入转炉渣中，不利于钴金属的回收。

2007年北京矿冶研究总院针对低冰镍直接氧化浸出工艺进行了研究，低冰镍主要成分为：Ni 5.5%、Cu 20.62%、Fe 43.99%、S 23.79%、Au 4.45g/t、Ag 218g/t，部分镍铜铁以合金形式存在。原料粒度为 $-0.074\mu m$ 占90%。试验考察了反应温度、反应时间、氧分压、初始硫酸浓度等因素对镍、铜、铁浸出率的影响。试验结果表明，在浸出温度 $200 \pm 5\,^{\circ}\!C$、液固比4:1、起始酸度3~5g/L、氧分压0.5MPa、时间2h条件下，镍、铜浸出率分别为91.56%和99.08%。浸出渣成分为：Ni 0.78%、Cu 0.32%、Fe 62.78%、Ag 381g/t、Au 7.61g/t，可采用氯化浸出或氰化浸出回收金银。加压浸出液成分为：Ni 11.35g/L、Cu 44.36g/L、Fe 6.72g/L，经氢氧化钠中和后，用30%的 Lix984 萃取提铜，经4级逆流萃取后，铜萃取率达到98.6%。萃余液含 Ni 11.0g/L、Cu 0.3g/L、Fe 6.61g/L，加入氧化剂氧化，控制反应温度 $85\,^{\circ}\!C$，反应时间3h，pH值为4.5~5.0，采用碳酸镍中和除铁，除铁后液成分为：Cu 0.001g/L、Ni 17.2g/L、Fe 0.001g/L。沉淀渣返回低冰镍加压浸出工序。除铁后液采用碳酸钠在 $70\,^{\circ}\!C$ 下中和沉镍，控制pH值为8.5，反应时间1h，溶液中镍含量降至0.001g/L，沉淀渣含镍30%左右。沉淀渣经电解镍后液溶解、萃取除杂后，得到合格的镍电解溶液。该技术在湖南郴州及内蒙古等地进行了工业应用，设计规模为年产电镍500t。

沈明伟等人[74]针对含 Ni 12.35%、Cu 2.46%、Co 0.30%、Fe 49.97%、S 22.52%的低冰镍进行了氧压水浸试验研究。将低冰镍球磨至 $-45\mu m$（325目）100%后，在液固比4:1、反应温度 $175\,^{\circ}\!C$、反应时间2.5h、总压1.6MPa下进行加压浸出，镍、钴、铜浸出率可分别达到98%、99%和99%以上，铁浸出率15%。

申勇峰等人[55]针对高钴铜镍锍进行了两段逆流浸出工艺研究。高钴铜镍锍主要成分为：Ni 38.20%、Co 2.11%、Cu 18.59%、Fe 14.76%、S 26.14%。一段采用低温加压浸出，硫酸系数1.15，温度 $85 \pm 5\,^{\circ}\!C$，反应时间2.5h，液固比5:1。二段进行高温加压浸出，控制液固比5:1，温度 $150 \pm 5\,^{\circ}\!C$，压力1.45MPa，空气流速（标态）$1500 \pm 50m^3/h$，反应时间6h，浸出过程中可用硫黄代替硫酸，镍钴浸出率达到96%以上，溶液中铜含量低于0.07g/L，铁含量为7~11g/L。终渣中铜镍比达到45以上，可采用硫酸浸出、电积生产电铜。

另外，Kyung-Ho Park 等人[75]针对人工合成的 Cu-Ni-Co-Fe 冰铜进行了加压氧化氨浸试验研究。原料主要成分为：Cu 24.9%、Ni 35.1%、Co 4.05%、Fe 11.5%、S 24.5%，粒度小于 $100\mu m$，其中67%在 $-63 +25\mu m$，主要矿物成分为 $CuFeS_2$、CuS_2、$(FeNi)_9S_8$、$(FeNi)S_2$、Ni_9S_8、Ni_3S_2、$(CoFeNi)_9S_8$ 和 Co 金属，无元素硫存在。研究中考察了氧分压、温度、浸出剂浓度及时间等因素对铜、镍、钴浸出率的影响。结果表明，采用2mol/L的 NH_4OH 和2mol/L的 $(NH_4)_2SO_4$ 在压力14.7个标准大气压、温度 $200\,^{\circ}\!C$ 下浸出1h，铜、镍、钴的浸出率可分别达到93.8%、85.3%和76.5%。浸出渣中未反应的铜镍钴主要以 $CuFeS_2$、$(FeNi)_9S_8$ 和 $(CoFeNi)_9S_8$ 形式存在。$CuFeS_2$ 中的铁大部分转化为针铁矿。

6.7.3 砷钴矿加压浸出

高砷钴矿的处理工艺主要有：（1）硫酸加压浸出法，当用空气为氧化剂时需在200℃、3.5MPa耐酸高压釜中进行；（2）采用氯气为氧化剂浸出；（3）氨-碳酸铵加压浸出法；（4）用氢氧化钠浸出脱砷，渣再用硫酸或氨浸出。

中科院化工冶金研究所（现中科院过程工程研究所）于20世纪60年代初针对江西赣州801厂进口摩洛哥高砷钴矿开展了NaOH加压浸出试验研究。该厂原采用传统鼓风炉工艺处理该矿，制得黄渣(Co,Ni)As再经氧化焙烧生产氧化钴渣，经酸浸、电解回收钴。该工艺条件落后，对环境污染严重[52]。加压碱浸可有效地将矿石中的砷全部浸出，同时所含少量铜亦可全部浸出，残余钴渣再经酸浸可得钴镍溶液，经萃取、电积生产金属钴镍，碱浸液经苛化生产砷酸钙农药。并在赣州江西有色冶金研究所建立了一套半工业试验装置进行了扩大试验，并于1965年春通过技术鉴定，认为该工艺流程短、脱砷率高、安全无尘，污水少，生产率高，易机械化自动化，可保障工人健康及环境卫生，设备简单，制造容易，腐蚀低，可用碳钢制造。碱浸过程中砷钴分离效果好，脱砷率可达96%，钴实收率97%，烧碱耗量约为每吨钴1.76t，副产砷酸钙物理化学性质符合部颁农药产品标准。

试验用摩洛哥高砷钴矿主要成分为：As 53.6%、Co 10.3%、Ni 1.18%、Cu 0.117%、Fe 8.08%、S 1.82%，主要矿物为方钴矿、斜方砷钴矿、斜方砷铁矿及砷华，四者共占85%，另有石英、方解石及臭葱石等脉石，约占10%。小型试验研究结果表明，在矿物粒度 $-75\mu m$（-200目）占80%、液固比25:1、搅拌速度470r/min、150℃、2h、溶液含NaOH 200g/L条件下，脱砷率可达99%。

$$CoAs_2 + 9NaOH + 4.5O_2 \longrightarrow Co(OH)_3 + 3Na_3AsO_4 + 3H_2O$$

$$2CoAs_2 + 12NaOH + 6.5O_2 \longrightarrow 2Co(OH)_3 + 4Na_3AsO_4 + 3H_2O$$

$$FeAsS + 5NaOH + 3.5O_2 \longrightarrow Fe(OH)_3 + Na_2SO_4 + Na_3AsO_4 + H_2O$$

矿物球磨至 $-75\mu m$（-200目）占95%，用返回的碱液调液固比15:1，初始NaOH浓度300g/L，混合搅拌2h，为避免砷酸钠结晶，温度保持在70℃左右。加压碱浸采用5台串联气体搅拌加压釜进行，内径0.2m，高3.2m，中心管内径37mm，底部喷嘴喷入蒸汽，鼓入压缩空气，釜体有效容积88.5L，矿浆流量72L/h，折合矿物处理量115kg/d。加压浸出温度为155℃，压力0.8MPa，停留时间6~8h，空气量为理论量的15.8倍。由于采用蒸汽搅拌和直接蒸汽加热，矿浆浓度被稀释至15:1，碱浓度300g/L，1号釜液固比为(21~25):1，NaOH约为200g/L。矿浆经自蒸发器后过滤。脱砷率可达96%，渣含砷4%以下，含钴18.8%，钴回收率99%，碱回收率96%，渣率54%。溶液经冷却结晶生产砷酸钠，当温度降至25℃，冷却6~7h，结晶率为84%~90%，经过滤后，滤液返回浸出配料，砷酸钠进一步用石灰乳苛化生产砷酸钙作为农药，氢氧化钠滤液返回浸出配料。砷酸钙吨矿产量为1.7t，其中含 As_2O_5 46%，NaOH < 0.5%。吨矿单耗指标为：烧碱0.172t，空气19km³，蒸汽16t，动力电（空压机除外）2465kW·h。

碱浸渣在液固比5:1，95~102℃，每克干渣中硫化钠和硫酸亚铁（还原剂）分别为0.05g和0.03g，硫酸用量为理论量1.05倍条件下浸出回收镍钴，扩大试验在500L搪瓷反应釜中进行,钴浸出率 99% 以上。碱浸渣棕褐色,含水 60% ~ 65%。酸浸渣因含较多 SiO_2 较难过滤,为提高过滤速度,加入每千克干渣产 6g 的牛胶。浸出液采用氯酸钠氧化、硫酸亚铁碳酸钙中和除铁砷。

1965 年江西冶金研究所针对加压碱浸过程中产出的砷酸钠,在湖南农药厂进行了制取砷酸钙半工业试验。砷酸钠含 As_2O_5 20% ~ 25%、Na_2O 20% ~ 25%。试验在 $3m^3$ 木质搅拌槽中进行,用含 CaO 75% 石灰调制灰乳至 CaO 浓度 150g/L,加热至 90℃,加入砷酸钠结晶,加水使碱度达 50 ~ 60g/L、As_2O_5 75g/L,在 85℃ 下反应 2 ~ 4h,并激烈搅拌即得砷酸钙沉淀。母液含砷 < 1g/L,NaOH 50 ~ 60g/L。试验共处理砷酸钠 2.8t,产出砷酸钙 1.08t。生产 1t 砷酸钙的消耗定额为:砷酸钠 2.44t,石灰 0.61t,红土助滤剂 0.0006t,烟煤 0.81t,电 73kW·h,回收 NaOH 0.58t。

$$2Na_3AsO_4 + 4Ca(OH)_2 \longrightarrow Ca_3(AsO_4)_2 \cdot Ca(OH)_2 + 6NaOH$$

20 世纪 80 年代广州有色金属研究院针对广东莲花山钨精矿精选尾砂——高砷钴硫化物进行了盐酸加压浸出工艺研究[76,77]。精矿加压浸出过程中,铜、镍、钴及部分砷、铁浸出进入溶液,铁砷氧化后以砷酸铁形式进入渣中,浸出渣进一步氰化提金,加压浸出液经净化除铁砷后萃取回收有价金属。原料主要成分为:Co 0.580%、Cu 0.320%、Ni 0.056%、Fe 28.5%、As 11.2%、S 21.4%、WO_3 1.71%、Au 4.3g/t、Ag 21.4g/t。钴赋存在斜方砷钴矿及方铅矿中,呈不规则粒状集合体嵌布在黄铁矿内,并与毒砂紧密结合。由于原料磁性矿物中不含钴和金,首先进行了细磨、磁选处理,占总量 14% ~ 20% 的磁黄铁矿被选出,产出精矿主要成分为:Co 0.962%、Cu 0.450%、Ni 0.075%、Fe 37.96%、As 20.28%、S 31.91%、WO_3 0.25%、Au 6.0g/t、Ag 25.0g/t。加压浸出最佳工艺条件为:矿物粒度 $-75\mu m$(-200 目)占 92% ~ 96%,液固比 3:1,温度 100℃,盐酸浓度 0.3 ~ 0.5mol/L,pH 值不小于 1,氧分压 4 个标准大气压,浸出时间 6 ~ 7h,铜浸出率 80% 以上,镍钴浸出率均在 90% 以上,并于 1987 年进行了扩大试验。加压浸出液成分为:Co 1.85g/L、$Fe_{总}$ 39.95g/L、Fe^{2+} 17.81g/L、Cu 1.20g/L、As 5 ~ 7g/L、pH 值为 1.6。溶液采用石灰中和除铁砷,控制温度 80℃,加入石灰浆控制 pH 值为 3.5,使铁沉淀,终点 pH 值为 4 ~ 4.3[78]。

6.7.4　复杂低品位钴镍矿

2005 年 7 月,北京矿冶研究总院针对赣州钴钨有限公司含铜钴镍多金属复杂硫化精矿进行了加压浸出试验研究,该精矿含 Co 2.40%、Ni 0.78%、Cu 2.10%,Fe 11.30%、S 12.73%,在 160℃ 条件下浸出 2.0h,钴、镍和铜浸出率分别达到了 97.2%、96.5% 和 95.8%。

2008 年针对吉林白山大横路铜钴矿进行了加压浸出工艺研究。大横路铜钴矿位于吉林省白山市境内,距白山市 60km,是一座钴储量大、易开采、但有价金属品位低的大型钴铜矿床。吉林地调局于 1994 ~ 1996 年对大横路铜钴矿床的东段进行了普查评估,对地表发现的钴矿体进行控制,圈出三层铜钴矿体,探求 D + E(122b + 333)级钴金属储量 20315.28t,伴生铜金属储量 55526.90t。1999 ~ 2002 年,省地调院对西段进行了评估,探求 333 级钴资源量 5088.32t,铜 133493.89t,3341 级钴资源量 12335.76t,铜 24871.95t。

共提交钴金属量约 3.7 万吨，铜金属量约 8 万吨，矿床达大型规模。根据中国科学院地质与地球物理研究所 2004 年 2 月完成的《大横路铜钴矿床地质简介》内容，该矿矿石类型分为氧化矿石和原生矿石，其中氧化矿平均氧化深度 20m，平均钴品位 0.045%，伴生铜品位 0.21%。原生矿石分布于地表 20m 以下，矿石中硫化物含量小于 5%，属贫硫化物型，原生矿石中，钴主要赋存在金属硫化物、砷化物、氧化物矿物中，特别是硫镍钴矿。由于原生矿中钴的氧化率较高，加之钴含量较低，且原生矿中的铜钴比接近 3∶1，如何实现该矿的经济开发和综合利用是一个很现实和必须关注的问题，在尽可能提高有价金属综合回收率的同时，要求所采用的选、冶工艺必须简捷、经济和实用。

中国科学院地质与地球物理研究所推荐单一优先浮选流程，铜精矿产率 0.61%、含铜 13.06%、含钴 0.688%，铜回收率 70.53%，钴回收率 6.22%；钴精矿产率 5.14%，含钴 0.96%、含铜 0.41%，钴回收率 73.04%，铜回收率 18.76%。按日处理 1 万吨矿石规模计算，日产铜精矿只有 61t。由于规模小，自行火法处理不经济；若直接外售给大型铜冶炼厂，铜精矿所含的钴则无法回收。另一方面，对分选产出的钴精矿也没有很好的冶金方法进行经济处理（钴精矿硫含量低、SiO_2 含量高）。

2004 年 7 月，北京矿冶研究总院开展了"吉林白山市大横路铜钴矿工艺矿物学和选冶小型及扩大试验"项目的研究。鉴于以往经验，矿物工程研究所提出采用铜钴混选的办法直接产出铜钴混合精矿供冶金处理，产出的铜钴混合精矿含 Co 1.27%，Cu 3.88%，Ni 0.48%，Zn 0.65%，SiO_2 43.7%，CaO 0.45%，Al_2O_3 11.94%，S 8.51%。钴主要以辉砷钴矿、含钴黄铁矿、含钴的镍黄铁矿和少量氧化钴矿形态存在，铜主要以黄铜矿的形态存在。针对该低硫高硅铜钴混合精矿的处理，国内外尚无成熟的处理工艺。采用矿热电炉直接造锍熔炼，虽然具有工艺成熟，处理量大，可以直接产出富钴镍冰铜并大大降低后续工艺的处理负荷，有价金属回收率高等诸多优点，但由于精矿中 SiO_2 含量高、CaO 含量低，熔炼时需配入大量的 CaO 造渣并须对浮选精矿进行回转窑脱水干燥，能否经济处理尚存在疑问（造锍熔炼过程吨矿电耗约 1200kW），且造锍熔炼不能回收锌。

研究中首先针对该复杂铜钴混合精矿进行了半硫酸化焙烧处理。精矿经半硫酸化焙烧除硫后，焙砂进行两段硫酸浸出，浸出液经萃取、中和等工序实现铜、锌、钴、镍等有价元素的回收。但该工艺主要有以下不足：精矿中硫含量较低，焙烧过程中需加入硫黄或黄铁矿，导致焙烧成本提高；扩大试验中采用电炉预热空气，试验过程中电炉电阻丝很容易被空气氧化，需频繁更换电阻丝；焙砂进行第二段硫酸浸出时，要求初始酸度 120g/L，温度 95℃，使焙砂中的铁几乎全部进入溶液。该浸液返回一段酸浸，但浸液酸度太高，铁含量达到 10g/L 以上。因此在实际工业生产中难以将二段热酸浸出酸度提高到 120g/L，而且需用石灰石中和多余的酸用。同时除铁时渣量太大。因此，采用火法处理该精矿具有一定的难度。

而采用加压浸出工艺，可将精矿中的硫氧化成硫酸根后，对有价元素进行浸出，使铜、锌、钴、镍等进入溶液，同时铁在高温高压下可水解成赤铁矿进入渣中。该方法无 SO_2 排出，减少了对空气的污染，同时铁进入渣中，渣量少，液固分离容易。2008 年 2 月北京矿冶研究总院又进行了铜钴混合精矿加压浸出试验研究。研究结果表明，在液固比 4∶1、硫酸初始酸度 0.61mol/L、添加剂用量 0.5%、反应温度 160℃、总压 0.85MPa、反应时间 1.5h 条件下，钴浸出率达到 93% 以上，镍铜浸出率大于 90%。通过对浸出渣 XRD

衍射图分析发现，渣中大量存在的是砷酸铁、石英以及硫酸钙，表明原料中有价金属几乎全被浸出，而铁砷进入渣相[79]。

　　低品位碱性脉石矿物采用传统火法工艺进行处理能耗高，生产成本高，采用直接酸浸酸耗量大，且硅的存在易造成矿浆液固分离困难。Kyung-Ho Park 等人[75]利用氧压氨浸法研究了 Cu-Ni-Co-Fe 硫化物的共熔体在（NH_4）$_2SO_4$/NH_3 体系中的浸出行为。共熔体中镍的硫化物主要以 Ni_9S_8 和 Ni_3S_2 形式存在，最优条件下，镍浸出率为 85.3%。巨少华采用氨-氯化铵（MACA）体系处理金川含硫化镍与硅酸镍的低品位镍矿石，镍浸出率为 64.10%。李启厚等人针对含镍 0.21%、SiO_2 33.91%、MgO 33.15%、S 0.55% 的低品位高碱性矿物进行了氨-硫酸铵体系氧压浸出工艺研究。该物料中 52.38% 的镍以硫化镍形式存在，23.81% 以氧化镍形式存在，23.81% 以硅酸镍形式存在。研究结果表明，在氧分压 1.3MPa，温度 120℃，总氨浓度 8mol/L，NH_3 与（NH_4）$_2SO_4$ 浓度比 1.5∶1，浸出时间 2h 条件下，镍浸出率为 70.86%。矿石中以氧化镍和硫化镍形式存在的镍基本浸出完全，而以硅酸盐类存在的镍因热力学原因不能被浸出[80]。

参 考 文 献

[1] 何焕华，蔡乔方. 中国镍钴冶金[M]. 北京：冶金工业出版社，2000.

[2] 赵中伟，王多冬，陈爱良，等. 从铜钴合金及含钴废料中提取钴的研究现状与展望[J]. 湿法冶金，2008(04)：195-199.

[3] Dalvi A D, Bacon W G, Osborne R C. Past and future of nickel laterite projects[A]. International Laterite Nickel Symposium-2004[C]. Charlotte, North Charolina, U. S. A. , 2004, 23-27.

[4] Warner A E M, Diaz C M, Dalvi A D, et al. JOM world nonferrous smelter survey part 3, nickel, laterite[J]. JOM, 2006, 4：11-20.

[5] 程明明. 中国镍铁的发展现状、市场分析与展望[J]. 矿业快报，2008(8)：1-3.

[6] 任鸿九，王立川. 有色金属提取手册（铜镍卷）[M]. 北京：冶金工业出版社，2000：512-514.

[7] Sist C, Demopoulos G P. Nickel hydroxide precipitation from aqueous sulfate media [J]. JOM, 2003, 8：42-46.

[8] Mackenzie M, Virnig M, Feather A. The recovery of nickel from high pressure acid leach solutions using mixed hydroxide product-LIX84-INS technology[J]. Minerals Engineering, 2006, 19：1220-1233.

[9] 胡希安. 镍生产中湿法技术的应用和发展[J]. 上海金属. 有色分册，1991(3)：38-45.

[10] 邱定蕃. 加压湿法冶金过程化学与工业实践[J]. 矿冶，1994(4)：55-67.

[11] В Ф 巴尔巴特，列什. 镍冶金新方法（高压浸出、离子交换、溶剂萃取）[M]. 东北工学院有色重金属冶炼教研室译. 北京：冶金工业出版社，1981.

[12] 邓彤. 镍钴的加压氧化浸出[J]. 湿法冶金，1994(2)：16-22.

[13] J R 小博尔得，等. 镍（提取冶金）[M]. 金川有色金属公司译. 北京：冶金工业出版社，1977.

[14] J Budac, M Sjogren, D Belton, et al. Flammability of Ammonia Leach Solution Vapours under an Atmosphere of Enriched Oxygen[C]. Pressure Hydrometallurgy 2004：34th Annual Hydrometallurgy Meeting, Banff, Alberta, Canada, 2004：279-294.

[15] 兰兴华. 镍的高压湿法冶金[J]. 世界有色金属，2002(1)：25-26.

[16] Michael Moats, Venkoba Ramachandran, Timothy Robinson, et al. Extractive metallurgy of nickel, cobalt and platinum group metals[M]. Elsevier, 2011.

[17] 康南京. 我国镍钴冶炼应用热压浸出技术的进展[J]. 有色冶炼，1995(2)：1-7.

[18] J Schwarz, W Channon, M Dube, et al. Commissioning of the Bindura pressure leach plant[C]. Australasian Institute of Mining and Metallurgy, 1996:

[19] 邢启智. 硫化钴的热压浸出[J]. 有色金属（冶炼部分），1982(3)：9-12.

[20] 汪胜东，蒋训雄，蒋开喜，等. 富钴结壳湿法冶金工艺中硫化渣的加压浸出[J]. 有色金属（冶炼部分），2006(1)：17-19.

[21] 《世界镍钴生产公司及厂家》编委会. 世界镍钴生产公司及厂家[M]. 北京：冶金工业出版社，2000：72-117.

[22] 刘时杰. 铂族金属矿冶学[M]. 北京：冶金工业出版社，2001：201.

[23] 黄昆，陈景. 加压湿法冶金处理含铂族金属铜镍硫化矿的应用及研究进展[J]. 稀有金属，2003(6)：752-757.

[24] 毛月波，祝明星. 富氧在有色冶金中的应用[M]. 北京：冶金工业出版社，1988：56-71.

[25] 陈家镛，于淑秋，伍志春. 湿法冶金中铁的分离和利用[M]. 北京：冶金工业出版社，1991：93-184.

[26] Chou E C, Queneau P B, Rickard R S. Sulfuric acid pressure leaching of nickeliferous limonites [J]. Metallurgical Transactions B, 1977, 8B: 547-554.

[27] Rubisov D H, Krowinkel J M, Papangelakis V G. Sulphuric acid pressure leaching of laterites: universal kinetics of nickel dissolution for limonites and limontic/saprolitic blends [J]. Hydrometallurgy, 2000, 58: 1-11.

[28] D Georgiou, V G Papangelakis. Sulphuric acid pressure leaching of a limonitic laterite: chemistry and kinetics[J]. Hydrometallurgy, 49(1998): 23-46.

[29] 冶金部北京有色冶金设计院，上海市冶金工业局革命委员会生产组. 国外氨浸法提取镍钴技术[M]. 上海：上海科学技术情报研究所，1971.

[30] J J Budac, R Kofluk, D Belton. Reductive Leach Process for Improved Recovery of Nickel and Cobalt in the Sherritt Hexammine Leach Process[C]. Hydrometallurgy of Nickel and Cobalt 2009, Sudbury, Canada, 2009: 77-86.

[31] M E Chalkley, P Cordingley, G Freeman, et al. Fifty Years of Pressure Hydrometallurgy at Fort Saskatchewan[C]. Pressure Hydrometallurgy 2004: 34th Annual Hydrometallurgy Meeting, Banff, Alberta, Canada, 2004.

[32] 段治华，杨大福. 国外高冰镍湿法精炼工艺生产实践两例——出国考察报告[J]. 四川有色金属，1997(3)：15-19.

[33] 彭容秋. 镍冶金[M]. 长沙：中南大学出版社，2005：174.

[34] Travis M Woodward, Parisa A Bahri. Steady-state optimisation of the leaching process at Kwinana Nickel refinery[J]. Computer Aided Chemical Engineering, 2007, 24: 557-562.

[35] 赴芬考察组. 赴芬兰考察镍闪速熔炼技术报告[R]. 北京：北京矿冶研究总院，1984.

[36] 黄剑师，黄其兴. 芬兰奥托昆普公司镍钴冶炼技术交流考察报告[J]. 重有色冶炼，1980(10)：46-54.

[37] 陆述贤. 哈贾瓦尔塔镍精炼厂考察报告[R]. 北京：北京矿冶研究总院，1984.

[38] 李国成. 奥托昆普哈贾瓦尔塔冶炼厂镍的加压浸出工艺[J]. 甘肃冶金，2005(1)：23-25.

[39] 齐新营. 转炉吹炼金属化高冰镍生产实践[J]. 新疆有色金属，2007(3)：34-35.

[40] 徐新生. 喀拉通克铜镍矿富氧侧吹炉熔池熔炼工艺[J]. 新疆有色金属，2012(5)：57-59.

[41] 陈廷扬. 阜康冶炼厂镍钴提取工艺及生产实践[J]. 有色冶炼，1999(4)：1-8.

[42] 张国柱. 阜康镍厂加压酸浸系统设计投产总结[J]. 有色冶炼，1996(1)：23-26.

[43] 黄振华，陈廷扬，詹惠芳. 阜康冶炼厂高冰镍精炼工艺的研究与生产实践[J]. 新疆有色金属，

1997(3)：25-32.

[44] 姜惠云，盛祖贵．二段常压浸出在阜冶的生产实践[J]．新疆有色金属，2009(S1)：147-148.

[45] 高晓艳．澳斯麦特炉富氧顶吹熔池熔炼技术的工业化应用[J]．中国有色冶金，2013(1)：30-33.

[46] 杨金义．金川镍闪速熔炼投产 5 周年总结[J]．有色冶炼，1998(9)：6-9.

[47] 万爱东，李德录，王万涛．金川镍闪速炉系统扩能生产实践[J]．中国有色冶金，2010(2)：23-25.

[48] 万爱东，李龙平，陈军军．闪速熔炼工艺处理多种镍原料[J]．有色金属（冶炼部分），2009(2)：
　　 36-41.

[49] 刘广龙．高冰镍分离技术探讨[J]．有色矿山，2003(6)：22-26.

[50] 史伟昌，沈强华，陈雯．Ausmelt 炉镍熔炼合理渣型的研究[J]．有色金属（冶炼部分），2013(3)：
　　 8-10.

[51] 张寅生，等．金川一号矿区贫矿原矿及富矿浮选尾矿加压湿法冶金流程实验报告[R]．北京：北京
　　 矿冶研究总院，1965.

[52] 陈家镛，杨守志，柯家骏，等．湿法冶金的研究与发展[M]．北京：冶金工业出版社，1998：
　　 27-32.

[53] 黄振华，陈国英．金川金属化高冰镍选择性浸出工艺的研究——金属化高冰镍选择性浸出镍钴工
　　 艺的小型试验报告[R]．北京：北京矿冶研究总院，1985.

[54] 蒋开喜，等．金川镍高锍磨浮镍精矿加压浸出和溶液净化试验研究报告及年处理 5000t 镍精矿项目
　　 实施方案研究报告[R]．北京：北京矿冶研究总院，2001.

[55] Y F Shen, W Y Xue, W Li, et al. Selective recovery of nickel and cobalt from cobalt-enriched Ni-Cu matte
　　 by two-stage counter-current leaching [J]. Separation and Purification Technology, 2008, 60 (2)：
　　 113-119.

[56] 蒋开喜，李永军．金川镍精矿硫酸选择性浸出小型试验研究报告 [R]．北京：北京矿冶研究总
　　 院，2002.

[57] 黄其兴，王立川，朱鼎元．镍冶金学[M]．北京：中国科学技术出版社，1990：408.

[58] 焦翠燕，郭学益．钴白合金处理工艺进展及研究方向[J]．金属材料与冶金工程，2011(2)：58-63.

[59] 王振文，江培海，尹飞，等．高硅钴白合金加压浸出工艺研究[J]．矿冶，2013，22 (2)：67-70.

[60] S Anand，沈洪．采用加压稀硫酸浸出法从铜炉渣中提取钴、镍和铜[J]．湿法冶金，1984(2)：
　　 37-40.

[61] 马荣骏．湿法冶金新发展[J]．湿法冶金，2007(1)：1-12.

[62] 崔学仲，曹祥瑞，彭淑媛．自焙铜转炉渣中回收钴——钴合金加压酸浸的研究[J]．有色金属（冶
　　 炼部分），1982(1)：34-39.

[63] 崔学仲．金川镍转炉渣提钴选冶新工艺的研究——钴合金加压酸浸除铁扩大试验[R]．北京：北京
　　 矿冶研究总院，1980.

[64] 刘大星，崔学仲．金川镍转炉渣回收钴新工艺——从水淬富钴冰铜制取氧化钴粉工业试验[J]．北
　　 京矿冶研究总院学报，1992(1)：64-71.

[65] R M Whyte，邹愉．从罗卡纳转炉渣中回收电解铜和钴的流程发展[J]．重有色冶炼，1980(1)：
　　 14-26.

[66] E Munnik, H Singh, T Uys, et al. Development and implementation of a novel pressure leach process for
　　 the recovery of cobalt and copper at Chambishi, Zambia[J]. Journal-South African Institute of Mining and
　　 Metallurgy, 2003, 103(1)：1-10.

[67] 史有高．新型加压浸出提取钴和铜工艺在赞比亚谦比希钴厂的研制及应用[J]．中国有色冶金，
　　 2005(4)：7-13.

[68] 李淑文．赞比亚 Chambishi 钴冶炼厂回收钴和铜的一种新型加压浸出工艺[J]．金川科技，2004(3).

［69］ R T Jones, G M Denton, Q G Reynolds, et al. Recovery of cobalt from slag in a DC arc furnace at Chambishi, Zambia［J］. The Journal of The South African Institute of Mining and Metallurgy, 2002（1/2）: 5-10.

［70］ P'Hayman D, Denton G M. Recovery of cobalt, nickel and copper from slages using DC arc fumace technology［C］. The International Symposium on Challenges of Process Intensification, 1996: 89-108.

［71］ Donegan S. Direct solvent extraction of nickel at Bulong operations［J］. Mineral Engineering, 2006, 19: 1234-1245.

［72］ 王海北, 王玉芳, 蒋开喜, 等. 研究加压湿法直接合成四氧化三钴［J］. 科学技术与工程, 2005, 5（16）: 1184-1186.

［73］ 尹飞, 王振文, 王成彦, 等. 低冰镍加压酸浸工艺研究［J］. 矿冶, 2009（4）: 35-37.

［74］ 沈明伟, 冀成庆, 朱昌洛, 等. 低冰镍氧压水浸试验研究［J］. 云南冶金, 2012（3）: 32-34.

［75］ Kyung-Ho Park, Debasish Mohapatra, B Ramachandra Reddy, et al. A study on the oxidative ammonia/ammonium sulphate leaching of a complex（Cu-Ni-Co-Fe）matte［J］. Hydrometallurgy, 2007, 86（3-4）: 164-171.

［76］ 洪景明, 陈念慈, 施惠英. 砷钴硫化矿加压氧化浸出的研究［J］. 广东有色金属学报, 1991（1）: 32-38.

［77］ 洪景明. 砷钴硫化矿氧压—盐酸浸出工艺［J］. 有色金属（冶炼部分）, 1983（1）: 37-41.

［78］ 陈秀銮. 钴浸出液空气氧化石灰中和除铁砷［J］. 有色金属（冶炼部分）, 1988（4）: 60.

［79］ 黄胜, 张磊, 王海北, 等. 复杂硫化钴矿加压浸出工艺研究［J］. 有色金属（冶炼部分）, 2010（1）: 2-4.

［80］ 李启厚, 姜波, 刘智勇, 等. 高碱性脉石低品位混合镍矿氧压浸出行为与机制研究［J］. 湿法冶金, 2013（3）: 154-157.

7 钨钼加压浸出

7.1 钨加压浸出

7.1.1 概述[1]

7.1.1.1 钨的性质和用途

钨（W）是由瑞典化学家舍勒在 1781 年发现的。钨位于元素周期表第六周期第ⅥB族铬副族，原子序数为 74，相对原子质量为 183.85。钨有 +2、+3、+4、+5、+6 五种价态，其中 +6 价最稳定。自由状态的钨是银白色带有光泽的金属，粉末状的钨则呈灰白色或黑色。钨的熔点为 3410℃，沸点约为 5900℃，热导率在 10~100℃ 时为 174W/(m·K)，在高温下蒸发速度慢、热膨胀系数很小，膨胀系数在 0~100℃ 时为 $4.5 \times 10^{-6} K^{-1}$。钨的比电阻约比铜大 3 倍。电阻率在 20℃ 为 $10^{-8} \Omega \cdot m$。钨的硬度大、密度高（密度为 $19.25 g/cm^3$），高温强度好，电子发射性能亦佳。钨以合金元素、碳化钨、金属材料或化合物形态用于钢铁、机械、矿山、石油、火箭、宇航、电子工业中，其中，约 80% 用于生产优质钢。钨因其优异性质与广泛用途，成为国民经济各部门及尖端技术不可缺少的重要材料。

7.1.1.2 钨矿资源

钨在地壳中丰度仅为 0.00013%。自然界中，已经发现约 20 种钨矿物，主要钨矿物及其性状见表 7-1，其中，只有白钨矿（$CaWO_4$）和黑钨矿（$[Fe,Mn]WO_4$）具有工业价值。钨矿床分布遍及六大洲 34 个国家，主要集中于亚太沿海国家，如中国、朝鲜、缅甸、澳大利亚、美国、加拿大等。国外的钨矿储量 2/3 以上为白钨矿，其余为黑钨矿和混合矿。

表 7-1 钨的主要矿物及性状

名 称	化学组成	密度/g·cm^{-3}	硬 度	颜 色	WO$_3$/%
黑钨矿	(Fe,Mn)WO$_4$	7~7.5	4.5~5.5	黑、赤褐	69~78
白钨矿	CaWO$_4$	5.9~6.1	4.5~5	白、褐、绿	71~80
钨铅矿	PbWO$_4$	8	3	绿、褐、灰黄	51
斜钨铅矿	PbWO$_4$	—	2.5	褐黄	49
钼钨铅矿	3PbWO$_4$·PbMoO$_4$	7.5	3.5	褐黄	21~28
硫钨矿	WS$_2$	7.4	2.5	暗灰	—
钨华	WO$_3$·H$_2$O	7.5	2.5	黄、黄绿	71~86
钼钨钙矿	Ca(Mo、W)O$_4$	4.4	3.5	黄	10
高铁钨华	Fe$_2$O$_3$·WO$_3$·6H$_2$O	—	—	黄	43~46
铜白钨矿	CaCuWO$_4$	—	4.5	绿	76~80
钨铋矿	Bi$_2$O$_3$·WO$_3$	—	—	黄	

我国钨矿储量居世界之首，主要分布在南岭山地两侧的广东东部沿海一带，尤以江西南部为甚，储量约占全世界的一半以上。此外，湖南的汝城、安化等地以及福建、云南、广西、四川等省区也有钨矿资源，各个省份的钨矿分布见表7-2。我国钨基础储量中以白钨矿为主，黑钨矿次之，分别为205.8万吨和84.9万吨。

表7-2 全国钨资源储量（WO$_3$）　　　　　　　　　　　　　　（万吨）

省（区）	矿区数	基础储量	储量	资源量	查明资源量
北　京	3			0.15	0.15
河　北	1			0.08	0.08
内蒙古	19	5.03	1.95	13.41	18.44
辽　宁	2			0.06	0.06
吉　林	4	0.03		1.00	1.03
黑龙江	8	4.88	3.59	14.58	19.46
浙　江	7	0.11	0.08	0.38	0.49
安　徽	2	0.63		1.02	1.65
福　建	13	13.81	11.60	16.58	30.39
江　西	121	49.64	35.28	47.06	96.70
山　东	2	0.03		4.68	4.71
河　南	3	36.89	27.07	12.33	49.22
湖　北	8	1.60	0.66	3.90	5.50
湖　南	59	108.25	53.15	84.33	192.58
广　东	51	2.69	0.78	32.36	35.05
广　西	20	7.30	0.33	24.54	31.84
海　南	1	0.03	0.02	0.12	0.15
四　川	1			0.02	0.02

虽然我国钨矿资源丰富，分布广泛，但是伴生矿多，富矿少，贫矿多，品位低，开发利用以黑钨矿为主，白钨矿次之，绝大部分白钨矿中钨的品位偏低（WO$_3$含量小于5%的储量占90%）。

7.1.1.3　钨的冶金工艺

目前，工业上提取钨的主要原料是黑钨精矿和白钨精矿，另外，一些工厂也使用钨中矿、钨细泥以及钨棒、钨片、高温合金等含钨的废旧产品作为原料。从钨矿物原料到致密金属钨的生产一般包括钨矿物原料的分解、纯钨化合物的制取、金属钨粉的制取和高纯致密钨制取四个过程，钨冶炼的原则工艺流程如图7-1所示。其中矿物分解过程的任务是在高温下或在水溶液中利用酸、碱或氟化物、磷酸盐以及EDTA钠盐等化工原料与钨矿物作用，破坏其化学结构，使钨与伴生元素初步分离。经分解后，钨一般转化为粗钨酸钠溶液或粗钨酸。目前工业上主要采用苛性钠浸出法、苏打高压浸出法、苏打烧结—水浸出法和酸分解法处理钨矿物[2,3]。

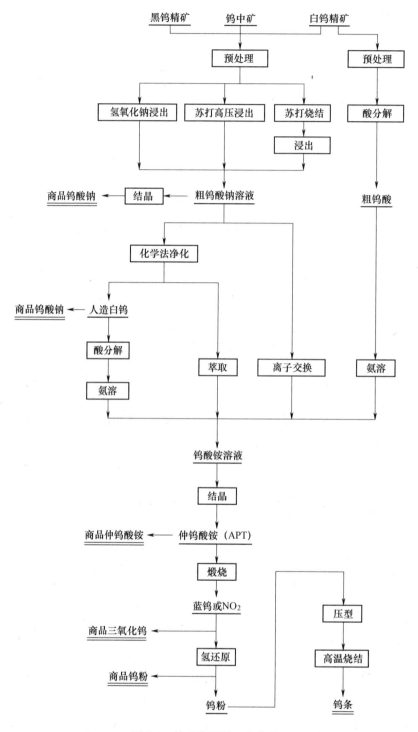

图 7-1　钨冶炼原则工艺流程

　　我国钨冶炼工艺经历了经典工艺、萃取工艺、离子交换工艺三个发展阶段[4]：1958年由苏联引进的苏打烧结（后为 NaOH 分解）—净化—除杂—沉白钨—酸分解—氨溶—蒸发结晶生产仲钨酸铵（APT）的经典工艺，在株洲硬质合金厂建成。由于工艺流程长、金属回收率低、腐蚀严重、产品质量差等工艺缺陷，经典工艺于 20 世纪 90 年代初基本退出生产领域。1981 年，钨矿物压煮—净化除杂—萃取—蒸发结晶生产 APT 的萃取工艺在株洲硬质合金厂投入生产。1983 年，我国首创的离子交换工艺在株洲钨钼材料厂诞生，由于工艺流程短，金属收率高，辅材用量少，产品质量和环境条件好，操作简单等一系列优点，从诞生开始就获得迅速发展。目前，应用面已占钨冶炼业的 90%，成为我国 APT 生产的主流工艺。2000 ~ 2010 年我国 APT 产量如图 7-2 所示，2010 年产量比 2000 年增加 115.43%，年均增长 7.98%。

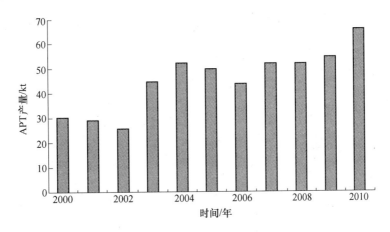

图 7-2　2000 ~ 2010 年我国 APT 产量

7.1.2　苛性钠加压浸出法

7.1.2.1　浸出热力学[5,6]

苛性钠分解法是钨冶金中分解低钙黑钨精矿的经典方法，它具有工艺简单、分解率高等特点，目前该法已广泛用于处理黑钨矿、白钨矿以及黑白钨混合矿[7~9]。

黑钨矿与苛性钠溶液作用发生下列反应：

$$FeWO_4(s) + 2NaOH(aq) \Longrightarrow Na_2WO_4(aq) + Fe(OH)_2(s)（低于 102℃）\qquad (7-1)$$

$$FeWO_4(s) + 2NaOH(aq) \Longrightarrow Na_2WO_4(aq) + FeO(s) + H_2O（高于 102℃）\quad (7-2)$$

$$MnWO_4(s) + 2NaOH(aq) \Longrightarrow Na_2WO_4(aq) + Mn(OH)_2(s) \qquad (7-3)$$

白钨矿与苛性钠溶液进行如下反应：

$$CaWO_4(s) + 2NaOH(aq) \Longrightarrow Na_2WO_4(aq) + Ca(OH)_2(s) \qquad (7-4)$$

上述反应在 25℃ 时的平衡常数 K_a，见表 7-3。

表 7-3　25℃ 时钨矿物与 NaOH 反应热力学平衡常数

反应式	$\lg K_a$	反应式	$\lg K_a$
7-1	4.06	7-4	−3.6
7-3	5.23		

　　根据热力学计算结果，并结合 K. Ossero-Asare 绘制的 25℃时 W-Fe-H_2O 系的 φ-pH 图（见图 7-3）分析可知，黑钨矿很容易被 NaOH 分解，当温度高于 102℃时，生成物中铁主要以 FeO（在氧化气氛中则为 Fe_2O_3）形态存在；而白钨矿在一般的浸出条件下难以被 NaOH 分解。孙培梅等人对 NaOH 分解白钨矿的浓度平衡常数 K_c（$K_c = [Na_2WO_4]/[NaOH]^2$）进行了系统的测定，发现 K_c 值随着温度的升高和碱浓度的增加而增大，并且在高温高碱浓度下，K_c 值可以大大提高，在 90℃和 150℃时的 K_c 值见表 7-4 和表 7-5。李运姣等人也发现过类似的规律。此外，赵中伟提出了赝三元相图法（见图 7-4），利用 CaO-Na_2O-WO_3-H_2O 赝三元相图直观地说明，在 NaOH 用量足够的前提下，只要起始碱浓度足够高，反应体系的平衡点将落在 Na_2WO_4 的结晶区，那么生成物 Na_2WO_4 将以固体的形态不断析出，使得反应不断向生成 Na_2WO_4 的方向进行，最终白钨矿会被彻底分解。他们的研究均发现一个共同点：较高温度和高的碱浓度是 NaOH 分解白钨矿的必要条件。

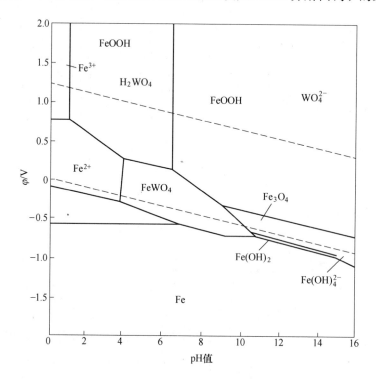

图 7-3　W-Fe-H_2O 系的 φ-pH 图

（25℃，Fe^{2+} 活度为 10^{-3}）

表 7-4　NaOH 分解白钨矿的浓度平衡常数 K_c（90℃）

NaOH/mol · L^{-1}	0.66	1.08	1.64	2.49	3.48	4.37	5.16	5.44
K_c（$\times 10^3$）	2.58	2.93	3.90	3.94	5.33	6.67	8.65	10.02

表 7-5　NaOH 分解白钨矿的浓度平衡常数 K_c（150℃）

NaOH/mol · L^{-1}	1.548	2.299	2.545	3.190	4.061
K_c（$\times 10^3$）	12.38	11.02	13.40	16.19	20.50

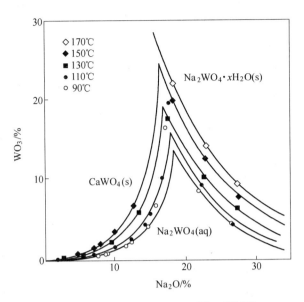

图 7-4 CaO-Na₂O-WO₃-H₂O 赝三元相图

生产中还常加入某种添加剂来促使白钨矿的分解：

$$CaWO_4 + 2/nA^{n-} \rightleftharpoons WO_4^{2-} + CaA_{2/n}（A 为添加剂的阴离子）$$

当加入的添加剂与 Ca^{2+} 形成比 $CaWO_4$ 溶度积更小的难溶化合物，可利于白钨矿的分解。一般选用碱金属氟化物、磷酸盐和碳酸盐做添加剂能使白钨矿容易分解。生产中用 NaOH 分解含钙较高的黑钨矿时，亦常加入此类添加剂。

7.1.2.2 浸出过程机理及影响因素

A 浸出过程机理

碱分解钨矿石反应的结果导致矿粒表面生成氢氧化物薄膜，李洪桂等人用扫描电镜对已与 NaOH 进行部分反应后的白钨矿和黑钨矿颗粒进行了观察分析，发现矿粒外层的铁和钙的氢氧化层大部分自动脱落，即使存在氢氧化物层，也非常松散，因此不会成为反应的阻碍。黑钨矿、白钨矿与 NaOH 反应的动力学方程符合颗粒收缩模型：

$$1 - (1 - x)^{\frac{1}{2.2}} = 3.41 \times 10^{-4} \frac{t}{D_p} c_{NaOH}^2 \cdot \exp\left[-\frac{77370}{R}\left(\frac{1}{T} - \frac{1}{363} \right) \right]$$

式中 D_p——颗粒直径，cm；

t——反应时间，min；

R——气体常数，8.13kJ/mol；

c_{NaOH}——氢氧化钠浓度，mol/L；

T——温度，K；

x——在时间为 t 时的浸取分数。

对于黑钨矿，反应的表观活化能为 77.37kJ/mol，说明过程属化学反应控制，表观反应级数为二级。对于白钨矿，反应的表观活化能为 58.83kJ/mol，表观反应级数为二级。

B 浸出影响因素

苛性钠浸出过程主要影响因素为温度、NaOH 浓度与用量、钨矿成分和矿石粒度。

（1）温度升高、NaOH 浓度增加以及矿料粒度的降低，都有利于提高浸出率。

对于含钙小于 1% 的黑钨精矿，通常在 150～160℃、NaOH 用量为理论量 1.4～1.6 倍、粒度小于 43μm 占 85%～89% 的条件下，分解率可达到 99% 以上，随着温度的升高，NaOH 用量的增加，SiO_2 等杂质的浸出率亦增加。表 7-6 表示了我国某厂采用温度 170℃、NaOH 浓度 240g/L、矿物粒度小于 74μm 的条件下，高压搅拌浸出黑钨精矿时，NaOH 用量与 WO_3 浸出率和浸出液中 SiO_2 浓度的影响。

表 7-6　NaOH 用量 WO_3 浸出率和浸出液中 SiO_2 浓度的影响

NaOH 用量（理论量倍数）	1.1	1.2	1.3	1.5	1.7	2.0	2.5
WO_3 浸取率/%	94.6	97.1	97.7	97.7	98.2	98.3	98.5
浸出液中 SiO_2 浓度/g·L^{-1}	0.16	0.25	0.55	1.59	1.53	1.91	1.90

（2）矿料中钙含量对钨浸出率具有较大影响。

中国科学院过程工程研究所的科研人员[10]在 110℃、NaOH 用量为理论量 2 倍及其浓度 430g/L 的条件下，对比了 5 种不同钙含量黑钨精矿的浸出效果，见表 7-7。结果显示，钨的浸出率随着黑钨精矿中钙含量的增加而显著下降。

表 7-7　黑钨精矿中钙含量对 WO_3 浸出率的影响

黑钨矿中钙含量/%	WO_3 浸出率/%	浸出渣中 WO_3 含量/%	黑钨矿中钙含量/%	WO_3 浸出率/%	浸出渣中 WO_3 含量/%
0.32	98.4	3.45	2.59	85.5	17.8
0.72	90.2	13.6	3.56	84.6	18.7
0.84	90.0	14.7			

钙的影响程度还与其在钨精矿中的赋存状态密切相关，如以萤石[CaF_2]、磷酸钙和磷灰石[$Ca_5(PO_4)_3F$]等形态存在的钙对浸出率影响较小，而以 CaO、$CaWO_4$、$CaSO_4$、$CaCO_3$ 和 $CaSiO_3$ 等形态存在的钙则会严重地影响 WO_3 的浸出率，见表 7-8。

表 7-8　不同钙化合物对苛性钠浸出黑钨精矿的影响

钙形态	不加	CaF_2	$Ca_3(PO_4)_2$	$CaWO_4$	CaO	$CaCO_3$	$CaSO_4$	$CaSiO_3$
Ca 含量/%	0.32	2.23	2.22	2.05	2.23	2.17	2.16	2.19
WO_3 浸出率/%	98.4	98.6	98.9	94.7	91.6	90.1	89.8	76.1

（3）加入添加剂与 Ca^{2+} 形成比 $CaWO_4$ 溶度积更小的难溶化合物，可利于 $CaWO_4$ 的分解，这在前文已有提及。

对于钙含量 3% 左右的黑钨精矿，在 105～135℃、NaOH 浓度 430g/L、液固比（1～2）:1、浸出时间 3～5h 的条件下，加入理论用量 1 倍的 Na_3PO_4，WO_3 的浸出率可从 85% 提高到 95%。

7.1.2.3　工业实践

A　工艺流程分析

目前工业上苛性钠分解钨精矿主要采用机械搅拌加压浸出工艺，工艺流程如图 7-5 所示。

钨精矿可预先在 700 ~ 800℃下氧化焙烧除去大部分的砷、磷、硫和浮选剂，质量较好的精矿可不必预处理而直接进行球磨，磨细至粒度小于 43μm 占 90% 以上，然后将矿浆和苛性钠溶液一并加入高压釜中进行浸出，升温至指定温度后，保温一定时间即可卸料。

苛性钠加压浸出工艺具有碱用量少、浸出时间短、浸出率高、节能环保等优点。通过提高碱浓度和碱用量，以及加入合适的添加剂，该工艺可以处理黑白钨混合矿和低品位钨中矿，并能获得优良的浸出效果。浸出矿浆澄清后经压滤机过滤，

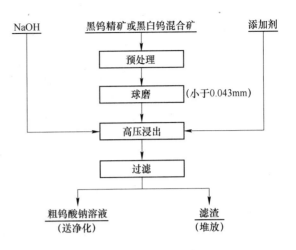

图 7-5　苛性钠加压浸出钨精矿的原则流程

滤渣用软水洗涤后卸出，渣中 WO_3 含量一般少于 3%，其中可溶 WO_3 含量少于 0.5%；滤液含 WO_3 可达 150g/L，密度为 1.15 ~ 1.25g/mL。

B　工业设备

常用立式高压釜，要求带搅拌、密封良好，且有足够的强度，可采用电感应加热、高压蒸汽加热或远红外加热。浸出温度一般为 110 ~ 180℃，压力在 0.5 ~ 1MPa，目前国内最大的高压搅拌浸出釜一次可处理 5t 钨精矿，工作压力可达 2.5MPa。

C　主要技术参数及指标

技术经济指标因原料成分而不同，对含钙小于 1% 的黑钨精矿而言，碱用量为理论用量的 1.4 ~ 1.6 倍；而对高钙中矿及白钨精矿而言，碱用量要求较高，工业生产中有关技术指标见表 7-9。

表 7-9　不同钨矿苛性钠加压浸出的主要技术指标

原料类型	原料成分/%					技术参数				分解率/%	杂质浸出率/%				备注
	WO_3	Ca	As	Mo	SiO_2	温度/℃	NaOH用量[①]	NaOH浓度/g·L⁻¹	浸出时间/h		As	P	Mo	SiO_2	
黑钨精矿	70~72	约0.5	0.3~0.5	0.07~0.08	0.7~0.9	130~135	1.3~1.5	200~250	4	98~98.5	35~75	30~40	约40	约25	工业规模
黑钨精矿	69.4	1.25	0.09	0.02	5.56	150~160	1.75	200~250	2	97.9	21.6		60	约13.7	工业规模
难选钨中矿（黑钨:白钨为2:1）	44.8	1.61	1.25			115~120	4	550	2	98.3	34.5				工业规模
难选钨中矿	24~27		2.4~3.6	0.04~0.08	22~24	>120	6~6.5	500~550	1.5	96~97	23~27			22~24	工业规模
钨细泥加10%Al_2O_3	20~22	2.2~3.2	3~4	0.2~0.3	15~25	120~130	6.5~7.2	550~600	2.5	96~97	3.5~4.7	4~5	58	约1	工业规模

① NaOH 用量为按 WO_3 量计算的理论量的倍数。

7.1.2.4　两段逆流工艺

两段逆流浸出可以提高钨的分解率及浸出液的质量，其基本原理如图7-6所示。在高碱浸出阶段已经经过一次浸出的低碱渣与新配的苛性钠溶液反应，此时有最大的反应推动力，故可将原料中的 WO_3 最大限度地提取出来，以得到最高的钨分解率。在低碱浸出阶段，含有较高游离碱的高碱浸出液与钨矿反应，使钨矿中约70%的 WO_3 进入溶液，故浸出液的游离碱浓度很低，杂质含量也很低。

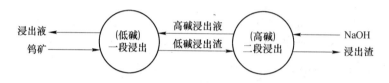

图7-6　两段逆流浸出原理

普崇恩等人[11]研究了黑钨精矿苛性钠高压浸出的两段逆流工艺，第一段浸出渣含 WO_3 7%~8%，其中白钨占50%~60%，用高压二段浸出，浸出液含一定量游离碱返回一段浸出，一段浸出液含 NaOH 4~7g/L，无需净化，直接酸化做萃取料液，全流程试验结果见表7-10和表7-11。

表 7-10　高压低碱两段逆流浸出结果

一次浸出液质量/g·L⁻¹					分解率/%		
WO_3	P	As	SiO_2	NaOH	一次	二次	总分解率
165.7	0.0022	0.0048	0.016	4.7	91.89	93.09	99.45
153.8	0.0043	0.0068	0.020	4.2	89.83	89.82	98.96
161.3	0.0031	0.0042	0.028	6.3	89.19	88.55	99.21
176.0	0.0020	0.0072	0.025	3.8	89.45	90.14	99.22
186.4	0.0039	微	0.0015	6.8	93.14	96.18	99.62

表 7-11　一次浸出液不净化直接萃取得到的 APT 产品质量分数　　　　（%）

Fe	Si	Mg	Co	As	Sn	Sb	Cu	Ca	Mo	Cr	P	K	Na	S	结晶实际收得率
$<5 \times 10^{-4}$	$<5 \times 10^{-4}$	$<5 \times 10^{-4}$	$<10 \times 10^{-4}$	$<9 \times 10^{-4}$	$<0.5 \times 10^{-4}$	$<5 \times 10^{-4}$	$<1 \times 10^{-4}$	$<9 \times 10^{-4}$	32×10^{-4}	$<4 \times 10^{-4}$	7.6×10^{-4}	$<10 \times 10^{-4}$	$<10 \times 10^{-4}$	6.7×10^{-4}	95.94
$<9 \times 10^{-4}$	$<9 \times 10^{-4}$	$<6 \times 10^{-4}$	$<18 \times 10^{-4}$	$<10 \times 10^{-4}$	$<0.9 \times 10^{-4}$	$<9 \times 10^{-4}$	$<45 \times 10^{-4}$	$<9 \times 10^{-4}$	37×10^{-4}	$<10 \times 10^{-4}$	5.6×10^{-4}	$<10 \times 10^{-4}$	$<10 \times 10^{-4}$	8.6×10^{-4}	94.50

该工艺使用的压力小于1.8MPa，反应在200℃左右时，砷、磷和硅等杂质几乎不浸出，且低碱性介质对设备无腐蚀。这一研究成果表明了提高反应压力（温度），同时降低 NaOH 用量及浓度，是提高钨矿碱浸液质量及回收率、降低消耗与成本、缩短工艺的努力方向。

7.1.3　苏打加压浸出法

7.1.3.1　浸出热力学

苏打高压浸出工艺最早由苏联教授 И. Н. Масленицкий 在1939年提出，经过半个多世纪的不断发展和完善，该工艺已经非常成熟，广泛用于处理白钨矿、低品位黑白钨混合矿及黑钨矿[12,13]。

黑钨矿苏打浸出的反应为：

$$FeWO_4(s) + Na_2CO_3(aq) \Longrightarrow Na_2WO_4(aq) + FeCO_3(s)$$

$$MnWO_4(s) + Na_2CO_3(aq) \Longrightarrow Na_2WO_4(aq) + MnCO_3(s)$$

工业生产条件下，$FeCO_3$ 几乎全部水解：

$$FeCO_3(s) + 2H_2O \Longrightarrow Fe(OH)_2 + H_2CO_3$$

$$H_2CO_3 \Longrightarrow H_2O + CO_2$$

而 $MnCO_3$ 和 FeO 在有氧化剂存在时，被氧化成 Fe_3O_4 和 Mn_3O_4 进入渣中：

$$3Fe(OH)_2 + \frac{1}{2}O_2 \Longrightarrow Fe_3O_4 + 3H_2O$$

$$3MnCO_3 + \frac{1}{2}O_2 \Longrightarrow Mn_3O_4 + 3CO_2$$

Т. Щ. 阿格诺夫测定了上述反应的浓度平衡常数 K_c，见表 7-12。由表 7-11 可见，升高温度有利于 K_c 值的提高，高温下可望完全分解特殊难处理的黑钨矿。

表 7-12　$FeWO_4$、$MnWO_4$ 与 Na_2CO_3 反应的 K_c 值

物　料	碳酸钠用量：理论量 1 倍				碳酸钠用量为理论量 2 倍
	200℃	225℃	250℃	275℃	225℃
$FeWO_4$	1.10	1.51	2.25	3.00	0.80
$MnWO_4$	1.39	1.51	1.56	1.53	0.94
人工合成(Fe,Mn)WO_4，$Fe:Mn = 1:1$（物质的量比）	约1.3				
天然黑钨矿	1.1				

白钨矿苏打浸出进行如下反应：

$$CaWO_4(s) + Na_2CO_3(aq) \Longrightarrow Na_2WO_4(aq) + CaCO_3(s)$$

П. М. 佩尔洛夫在 200℃、225℃ 以及 250℃ 下测定了苏打分解白钨矿的浓度平衡常数 K_c，发现 K_c 值随温度升高而增大，随苏打用量的增大而显著减少。Т. Щ. 阿格诺夫在 200～300℃ 下测定了苏打分解白钨矿的浓度平衡常数 K_c，也发现类似的规律，见表 7-13。为了研究白钨矿与苏打反应的热力学条件，K. Osseo-Asare 绘制了 Ca-W-CO_3-H_2O 系的 φ-pH 图，可以从图上清楚地看到各个稳定区对应的 pH 值范围。赵中伟等人绘制了苏打分解白钨矿各溶解组分的 $\lg c$-pH 图，利用该图合理地解释了用过多的 NaOH 代替苏打分解白钨矿导致的浸出率回落的根本原因是苏打用量较大幅度下降的结果，而非高 pH 值下副反应消耗了苏打。

表 7-13　白钨矿苏打浸出的 K_c 值

温度/℃		90	175	200				225				250			275	300
碳酸钠用量 （理论量的倍数）		1.0	1.0	1.0	1.5	2.0	2.5	0.75	1.0	1.5	2.0	1.0	1.5	2.0	1.0	1.0
K_c 值	П. М. 佩尔洛夫 （1958）	0.46	1.21	1.45	1.19	0.96	0.67	1.56	1.52	1.49	0.99	1.85	1.61	0.97		
	Т. Щ. 阿格诺夫 （1986）			0.97					1.46			1.52	1.37	0.99	1.63	1.57

7.1.3.2　浸出过程机理及影响因素

A　浸出过程机理

Т. Щ. 阿格诺夫指出，黑钨矿中的钨锰矿组分浸出速度大大慢于钨铁矿组分，钨铁矿（FeO 和 MnO 含量分别为 16.14% 和 6.49%）的起始浸出速度与温度的关系在 225～250℃范围内符合反应控制的规律，表观活化能为 100kJ/mol，温度高于 250℃ 则符合扩散控制规律，表观活化能为 25kJ/mol；而钨锰矿（MnO 和 FeO 含量分别为 13.75% 和 4.89%）在 225～300℃ 范围内均为反应控制，表观活化能为 100kJ/mol。对于钨锰矿和钨铁矿，在一定温度下随着反应进行，生成物膜增厚，逐步过渡到扩散控制。

白钨矿苏打加压浸出过程中，随着反应进行，矿物表面会生成一层白色碳酸钙固体膜，温度对碳酸钙固体膜的结构有非常大的影响。当温度低于 100℃ 时，由于反应速度较慢，矿粒表面生成一层不均匀的多孔碳酸钙膜，分解速度与分解时间之间不服从固膜扩散控制的抛物线关系。而温度在 100～155℃，生成均匀且致密的碳酸钙膜，分解速度与分解时间之间符合内扩散（固膜）控制的抛物线特征方程：

$$v^2 = Rt$$

式中　v——分解速度，m/s；

　　　R——反应速度常数；

　　　t——反应时间，s。

然而，当反应温度在 155℃ 以上时，由于反应速度快，碳酸钙晶体长大速度小于其晶核生成速度，这时矿粒表面形成大量碳酸钙晶核而导致生成的 $CaCO_3$ 固膜层疏松多孔，因为分解速度与分解时间不是内扩散固膜控制的抛物线关系而是直线关系。当搅拌速度足够大以致外扩散也不成为控制步骤时，则高于 155℃ 温度条件下白钨矿苏打加压浸出动力学过程为化学反应速度控制。

B　浸出影响因素

Na_2CO_3 的碱性比 NaOH 弱，反应生成物除钨酸钠外为钙、铁、锰的碳酸盐[14]，因此分解过程中影响因素与苛性钠体系有所不同，见表 7-14。

有研究发现，白钨精矿和黑钨精矿的浸出温度从 225℃ 增加到 275～300℃ 时，浸出速度显著提高，浸出时间从 2h 缩短至 10min 以内。M. Hepaon 处理含 WO_3 25.1% 的白钨精矿时发现，温度高达 280℃ 时，即使苏打用量仅为理论量的 2.25 倍，15min 内渣含钨可降至 0.048%。因此提高温度是降低苏打消耗和提高浸出率的有效途径之一，但是这对高压釜的材质提出了更高的要求，也会相应增加能耗。有研究发现加入一定量的氢氧化钠能维持较高的 pH 值，对苏打压煮有益；并且在处理黑钨矿或黑白钨混合矿时，应该加入部分氢氧化钠以中和反应体系产生的 H_2CO_3。Queneau 在其专利中指出，将 Na_2CO_3 分成两次加入高压釜，能够提高白钨矿的分解率或者降低苏打总用量。П. М. Перлов 在处理 58% WO_3 的中矿时发现，采用两段逆流浸出可以提高钨矿的浸出率，国内也有过类似的研究结果报道。А. Н. Зеликман 研究发现，将钨矿在行星式离心磨机内机械活化 5~15min 后，再去苏打压煮，浸出率明显提高，机械活化使反应的表观活化能大幅下降。此外，苏联对热活化、超声波活化等其他强化反应过程的方法也进行过大量的研究，均发现能够有效提高钨矿的浸出率。

表 7-14 苏打加压浸出过程的主要影响因素

因　素	对过程的影响	与 NaOH 体系的比较
温　度	浸出率随温度的升高而增加，提高温度可缩短反应时间，降低碱的用量	基本规律相同，但苏打体系温度要高于苛性钠体系
碱浓度	在一定 Na_2CO_3 浓度范围内，提高 Na_2CO_3 浓度，浸出率增加，但超过一定限度后，提高 Na_2CO_3 浓度，浸出率反而下降，这与生成 $Na_2CO_3 \cdot CaCO_3$ 复盐有关	在 NaOH 体系中，碱浓度增加则浸出率增加，因此两体系有明显区别
碱用量	在允许的 Na_2CO_3 浓度范围内，增加 Na_2CO_3 用量，有利于分解率提高	在 NaOH 体系中，碱用量增加对浸出率的有利影响原则上不受浓度限制
浸出液的 WO_3 浓度	由于 WO_3 浓度增加，可逆反应向左进行，故浸出液中 WO_3 浓度不可能很高，一般小于 100g/L，借助物料由高压釜进入缓冲槽的蒸发作用可浓缩至约 120g/L	与 NaOH 体系明显不同，只要 Na_2WO_4 不结晶析出，NaOH 体系的浸出液 WO_3 浓度可以很高
矿石粒度	矿石粒度有重要影响，浸出前必须细磨，因此用热球磨不断使反应表面更新，可提高浸出率	与苛性钠体系相同

7.1.3.3　工业实践

A　工艺流程分析

尽管相对苛性钠压煮工艺而言，苏打压煮工艺要求温度更高，苏打消耗量也较大，但是由于其由来已久，工艺成熟，对原料适应性强，甚至可以直接处理品位低于 1% 的白钨矿，因此到目前为止，国外比如俄罗斯、美国、澳大利亚、日本等还是普遍采用该法处理钨矿[15,16]。

钨矿物原料送入浸出工序前需细磨，对有些矿物在磨矿前还需进行预处理。浸出过程在高压釜里完成，反应温度一般为 180~230℃。在 200~225℃ 的高温和较大苏打用量（理论量的 2.5~3 倍）的条件下，反应以足够快的速度相当完全地进行。钨以 Na_2WO_4 形态进入溶液，而钙、铁、锰以碳酸盐（铁部分以氧化物）形态进入渣，利用过滤使钨与钙、铁、锰等主要杂质实现初步分离。

B　工业设备及过程

高压釜有立式和卧式两种。立式釜容积一般为 3~5m³。卧式釜的釜体由低合金钢焊成，直径 1.5~1.8m，长 10~15m，壁厚 25~30mm，一般转速 2~3r/min，釜内装球，在旋转过程中能清除釜壁上的结垢，蒸汽及料浆分别通过蒸汽管和料浆管进入釜内，如图 7-7 所示。

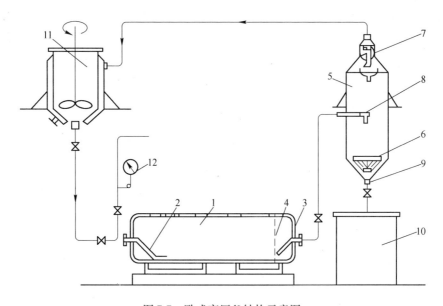

图 7-7　卧式高压釜结构示意图

1—釜体；2—进料管；3—排料管；4—筛板；5—蒸发器；6—挡板；7—气液分离器；
8—料浆入口；9—卸料口；10—料浆槽；11—料浆制备槽；12—气压表

　　工艺过程分间断作业和连续作业。澳大利亚金岛白钨公司化学处理厂用立式釜连续高压浸出的设备流程如图 7-8 所示。连续作业便于机械化和自动化，同时蒸汽用量均匀，能耗低，设备生产能力高。俄罗斯某厂将间断作业改成直接蒸汽加热连续作业后，生产能力

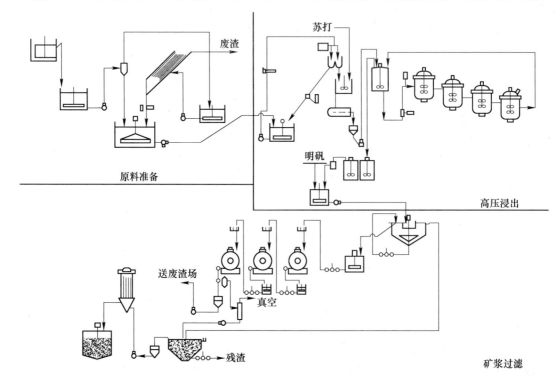

图 7-8　金岛白钨公司化学处理厂的设备流程图

增加了两倍,设备寿命增加了 10 倍。

C 主要技术参数及指标

由于各地矿物的成分、品位、脉石组成及磨矿程度不一致,各冶炼厂的工艺参数不尽相同。一般精矿细磨至 44~90μm,压力 1.2~2.6MPa,反应温度 180~230℃。对于低品位黑钨矿、白钨矿或者两者的混合物,取决于其品位,苏打用量为理论量的 2.5~4.5 倍,Na_2CO_3 的初始浓度不高于 230g/L。某些工厂的技术参数及指标见表 7-15。

表 7-15 苏打高压浸出钨矿的技术参数及指标

原 料	工艺条件				浸出结果		备 注
	Na_2CO_3 用量（理论量的倍数）	液/固	温度/℃	时间/h	浸出率/%	渣含WO_3/%	
低品位白钨中矿,含WO_3 10%~25%	约 5		190~200	1.5~2	98	0.2~0.6	由中矿至 APT 的回收率为 95%
低品位白钨中矿,含WO_3 8%~15%	4~5,另加理论量 0.5 倍的 NaOH	矿浆密度 1.7g/cm³	180	4	97.5~98.7	约 0.1	浸出母液成分：WO_3 45g/L,F 2g/L,Si 1g/L
钨中矿含WO_3 45%~50%,Mo 5%~6%	3.5~4,当用两段浸出时为 2.5~3	~3			99		浸出母液成分：WO_3 100~130 g/L,Mo 5~8 g/L,Na_2CO_3 80~90g/L,SiO_2 1.5~2g/L,F 3~4g/L
钨细泥含 WO_3 12.6%,其中白钨与黑钨各占 50% 左右:As 0.019%,Mo 0.14%,P 0.49%,SiO_2 13.7%	3.85,另加矿量 3% 的 NaOH	1.3~1.5	210	2~3	98.06	0.3	两段错流浸出
	3.85,另加矿量 5% 的 Al_2O_3				97.61	0.35	两段错流浸出
钨细泥含 WO_3 28.86%,其中黑钨占总钨的 39.2%	4.5,另加矿量 5%的 NaOH	2.8	210~220	2~3	96~98	0.6~0.8	浸出液成分：WO_3 86 g/L,SiO_2 0.135g/L,P 0.1g/L,As 0.05g/L
黑白钨混合钨精矿	2.2,另加理论量 0.2 倍 NaOH		230	2	99		
钨细泥含 WO_3 16.5%,SiO_2 21%	3.0,另加 2% NaOH,3% Al_2O_3		185~195	2	98~99	0.15~0.2	浸出液成分：WO_3 70~80g/L,As 0.005g/L,P 0.01g/L,Si 0.02g/L,F 1~2g/L

7.1.4 加压酸分解法

酸分解法处理钨精矿具有流程短、成本低等优点,是工业上处理标准白钨精矿(含黑钨及磷、砷等杂质低)的主要方法[17,18]。流程做适当调整后,也能处理质量稍差的白钨精矿（含钨 40% ~70%，含少量 $CaCO_3$ 等易被酸溶解的矿物）。目前工业上一般采用盐酸分解法。

盐酸与白钨矿作用时，发生如下反应：

$$CaWO_4(s) + 2HCl(aq) =\!=\!= 2H_2WO_4(s) + CaCl_2(aq)$$

盐酸与黑钨矿的反应为：

$$(Fe,Mn)WO_4(s) + 2HCl(aq) =\!=\!= H_2WO_4(aq) + (Fe,Mn)Cl_2(s)$$

上述反应的热力学平衡常数见表7-16。

表 7-16　盐酸与白钨矿、黑钨矿反应的热力学平衡常数（25℃）

反应矿物	K_a	反应矿物	K_a
白钨矿	1.0×10^7	钨酸锰	2.5×10^8
钨酸铁	6.3×10^4		

从热力学角度分析，即使盐酸稍微过量，黑钨矿、白钨矿的分解都能进行得很彻底。

相比碱法分解而言，盐酸分解法设备腐蚀较为严重，对氨溶渣和结晶母液处理的副流程很长，并且由于盐酸的挥发性，操作环境较差，此外对钨矿的要求高，处理白钨中矿和杂质高的矿时产品质量难以保证达到 APT 零级品。

为了克服盐酸挥发的缺点，有学者提出了带压酸分解工艺[19]：将白钨精矿或中矿（含 WO_3 40% 左右）用盐酸在密闭带压的条件下进行分解，得到的钨酸用苛性钠溶解转化为钨酸钠溶液，然后通过离子交换的办法进行除杂和转型为钨酸铵，经结晶得到 APT。肖连生等人采用此工艺结合密实移动床——流化床离子交换除钼技术处理高钼高磷白钨矿，在国内设计建立了一条年产 600t APT 的生产线并投入工业运行，该生产线能适应各种成分复杂的白钨精矿和钨中矿，产品质量能 100% 稳定达到国标 APT 零级品要求，且金属回收率高，生产环境好，废渣和废水处理工作量比传统的酸法和碱法工艺都要少，对环境污染少，为白钨矿冶炼探索了一种新方法。

7.1.5　氟化盐加压浸出法

氟化钠或氟化铵均能有效地分解白钨矿，与白钨矿发生以下反应：

$$CaWO_4(s) + 2NaF(aq) =\!=\!= Na_2WO_4(aq) + CaF_2(s)$$

$$CaWO_4(s) + 2NH_4F(aq) \xrightarrow{NH_4OH} (NH_4)_2WO_4(aq) + CaF_2(s)$$

225℃时，测得 NaF 分解白钨矿的浓度平衡常数 K_c 值为 24.5，相同的条件下，苏打分解白钨矿的 K_c 值只有 1.52；20℃时，NH_4F 分解白钨矿的平衡常数 K_c 值为 43.3。所以，NaF 和 NH_4F 是比 Na_2CO_3 更有效的分解白钨矿的试剂。

动力学研究发现，用 F^- 浸出白钨矿的速度要明显快于 CO_3^{2-} 和 PO_4^{3-}。NaF 分解白钨矿在温度低于 100℃ 时，矿粒表面生成 CaF_2 薄膜，阻碍反应进一步进行；温度高于 100℃时，则 CaF_2 薄膜脱落，反应速度主要受化学反应速度控制。

А. Н. Зеликман 对含钨分别为 33.7% 和 41.57% 的白钨中矿进行试验，225℃下用苏打高压浸出，苏打用量分别为理论量的 4 倍和 3 倍；而用 NaF 浸出时，用量仅为理论量的

1.8 倍，浸出率就高达 99.2% ~ 99.8% 。姚珍刚[20]用 NaF 浸出白钨精矿，在温度 190℃，NaF 用量仅为理论量的 1.2 倍时，压煮 1.5h，浸出率恒定在 99% 左右，得到的粗钨酸钠溶液含磷、砷、SiO₂ 杂质很低，见表 7-17。A. H. Зеликман 预先将白钨矿机械活化，然后在回转式压煮器中用 NH₄F 浸出，在温度 150℃、液固比 4∶1、NH₄F 用量为理论量的 2.5 倍、溶液另含 10% 游离 NH₃、压煮 4h 的条件下，浸出率达到 99.3%，杂质的浸出率很低，浸出液成分见表 7-18。

表 7-17 白钨矿 NaF 加压浸出液质量

粗钨酸钠溶液成分	WO₃	P	As	SiO₂	Mo
含量/g·L⁻¹	138.02	0.0032	0.045	0.050	0.052
杂质与 WO₃ 比值/%	—	0.0023	0.032	0.036	0.037

表 7-18 NH₄F-NH₄OH 浸出白钨矿的浸出液成分

成 分	WO₃	Mo	SiO₂	P	As	CaO	F⁻
白钨矿/%	50.7	3.93	4.51	0.12	0.006	34.4	
浸出液/g·L⁻¹	100~120	9~10	0.4~0.5	0.005~0.008	0.003~0.004	—	55~60

株洲硬质合金厂根据自己现行萃取工艺的特点，开发了白钨矿氟化钠压煮—萃取工艺。在矿物分解工序，氟化钠加入量为理论量的 1.2 倍，加入适量的添加剂，在温度 190℃ 条件下进行矿石分解，可保证白钨精矿的分解率在 99% 左右，产出的钨酸钠溶液中磷、砷、二氧化硅的含量远低于碱压煮产出的钨酸钠溶液中的杂质含量。钨酸钠溶液经镁盐法除氟后，再经萃取、结晶，得到的 APT 质量均能稳定达到和高于国标 APT 零级品的要求。

尽管 NaF 或 NH₄F 分解白钨矿有很多优点，但是也有一些不利的方面：NaF 是一种比 Na₂CO₃ 和 NaOH 更贵的试剂，NH₄F 分解白钨矿会存在从仲钨酸铵蒸发和结晶后的氨母液回收钨复杂的缺点。因此，氟化盐加压浸出法尚未实现大规模工业化。

7.2 钼加压浸出

7.2.1 概述[21,22]

7.2.1.1 钼的性质和用途

钼是 1778 年由瑞典化学家 C. W. Scheele 用硝酸分解辉钼矿时发现的。钼是一种具有高熔点和高沸点的难熔金属，处于元素周期表的第五周期第 VI 副族，熔点 2610℃，沸点 5560℃，20℃ 时密度为 10.22g/cm³，纯钼是具有灰色光泽的可锻性金属，可进行锉加工、抛光、车加工和碾磨。钼的热导率是许多高温合金的数倍，高热导率与低热容的结合使钼能快速加温和冷却，较多数其他金属形成的热应力低。钼还是工业金属中弹性模量最高者之一。钼原子有两个不完全的电子层，它在各种钼化合物中可为 +2、+3、+4、+5 或 +6 价。钼的最重要的用途是钢铁的合金添加剂，它占世界钼总消耗量的 70% ~ 80%。钼具有熔点、沸点高，高温强度好，抗磨耐腐蚀，热传导率大，热膨胀系数小，淬透性好等优点，使它在宇航、兵器、电子、化工等领域广泛应用。钼化工制品约占钼总耗量的

10%，其中约一半是作润滑剂，其次还有催化剂、颜料、防蚀剂、试剂等。

7.2.1.2　钼矿资源

钼是一种亲硫元素，钼在地壳中的丰度约为 1×10^{-6}。在岩浆岩中以花岗岩类含钼最高，含量达 2×10^{-6}。钼在地球化学分类中，属于过渡性的亲铁元素，在内生成矿作用中，钼主要与硫结合生成辉钼矿（MoS_2），它是钼最主要的赋存状态，其次是钼与钨、铜、钒、铼、铌等元素共生的氧化物矿。目前已知的钼矿物大约有20余种，但其中具有工业应用价值的仅四种，即辉钼矿（MoS_2）、钼酸钙矿（$CaMoO_4$）、钼酸铁矿（$Fe_2O_3 \cdot 3MoO_3 \cdot 7H_2O$）和钼酸铅矿（彩钼铅矿，$PbMoO_4$）。其中辉钼矿的工业价值最高，分布也最广，约有99%的钼呈辉钼矿的形式存在，并占世界钼矿开采量的90%以上。钼的主要矿物及其性质见表7-19。

表 7-19　钼的主要矿物及其性质

矿物名称	结晶构造	主要性质
辉钼矿（MoS_2）	ZH 多型，六方晶系 $a = 0.3159nm$，$c = 1.234nm$；3R 多型，六方晶系 $a = 0.315nm$，$c = 1.833nm$	铅灰色，有金属光泽，外观类似石墨，隔绝空气加热至 1300~1500℃ 则部分离解析出硫，至 1650~1700℃ 熔化。密度 4.7~4.8g/cm³，硬度 1~1.5
钼华（MoO_3）	斜方晶系 $a = 0.395nm$，$b = 0.369nm$，$c = 1.381nm$	黄色至淡黄绿色，熔点 795℃，密度 4.7g/cm³，硬度 1~2
铁钼华 [$Fe_2(MoO_4)_3 \cdot nH_2O$]		黄色，密度 4.5g/cm³
钼酸钙矿 [$Ca(W,Mo)O_4$]	四方晶系	紫外光照射下发浅黄至白色荧光。密度 4.3g/cm³，硬度 4.5~5

世界上85%的钼产于南、北美洲西部地区，即从阿拉斯加经加拿大的哥伦比亚，穿过美国和中美洲直到智利的安第斯山脉这一带山区。这一带正是太平洋盆地西部的边境，也是将来最有希望发现新钼矿资源的地方。美国钼资源很丰富，已探明的钼储量占世界探明总储量的53%，大多为原生斑岩型钼矿床及斑岩型铜钼矿床，仅科罗拉多州的克莱麦克斯和亨德森两个大型钼矿就占世界钼资源总量的1/4。世界钼资源分布主要地区或国家如图7-9所示。

我国的钼资源蕴藏十分丰富，位居世界前列。近年来发现的钼资源储量越来越多，目前已探明钼矿区有200多处，分布于全国29个省、自治区、直辖市，矿床类型多种多样。我国主要的四大钼矿床为栾川钼矿床、金堆城钼矿床、杨家杖子钼矿床和大黑山钼矿床，都是世界著名的钼矿床。此外，还有许多中小型钼矿床和伴生钼矿床，如湖南柿竹园钨钼锡铋矿床

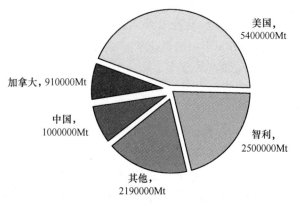

图 7-9　世界钼资源分布

被称为世界矿物公园，是一座大型的网脉状云英岩硅卡岩复合型钨钼锡铋铍铅锌石榴石矿床；江西德兴是世界有名的斑岩型大型铜钼矿床。

目前，我国是世界最大的钼生产国和消费国，根据中国有色金属工业协会统计（见表7-20），2012 年我国钼产量为 9.17 万吨，约占亚洲地区总产量的 93.7%，占世界总产量的33%。2012 年我国钼消费量为 7.2 万吨，约占世界总消费量的 32%。

表 7-20　中国钼供需平衡   (t)

时间/年	2005	2006	2007	2008	2009	2010	2011	2012
产　量	35695	47315	66348	81265	73000	80000	86895	91700
进　口	22261	13541	7954	3352	35307	17202	9496	6406
出　口	35136	34452	33929	24573	8304	19523	17104	13364
消费量	22820	26405	40373	47460	54000	60000	70503	72000
供需差额	0	0	0	12584	46003	17679	8784	12742

7.2.1.3　钼的冶金工艺[23~25]

由于 19 世纪末发现钼能显著增加钢的强度和硬度，1910 年发现含钼的炮钢有优异的力学性能，1909 年钼开始用于电子工业等，20 世纪初钼的冶金技术才得到发展。焙烧—氨浸工艺是钼的经典冶金工艺，如图 7-10 所示，焙烧使辉钼矿中 Mo 氧化转变成为氨溶性的 MoO_3，20 世纪 70 年代之前世界上几乎 90% 纯钼化合物的生产都是采用该类工艺。根据焙烧设备或添加组分的不同，可将辉钼矿的焙烧—氨浸工艺又分为反射炉（flame furnace）焙烧工艺、回转窑（rotary kiln）焙烧工艺、多膛炉（multiple hearth furnace）焙烧工艺、流化床（fluidized bed）焙烧工艺、闪速炉（flash roaster）焙烧工艺、添加助剂焙烧工艺、直接热解工艺等。辉钼矿氧化焙烧的主要工艺及特点见表 7-21。

表 7-21　辉钼矿氧化焙烧的主要工艺及其特点

工艺名称	产品含硫 /%	1t 钼耗标准煤/kg	铼挥发率 /%	烟尘率 /%	烟气 SO_2 浓度/%	回收率 /%	其　他
多膛炉焙烧	≤0.1	70~90	40~60	10~20	0.8~3	约99	床能率(按钼计)100kg/($m^2 \cdot$ d)为当前最主要的工业方法，产品既适合于炼钢，亦适于湿法处理以制取钼化工产品或钼材
流态化炉焙烧	2.0~2.5（主要为 SO_4^{2-})	0	约90	约40	3~5	>98	床能率 1200~3000kg/($m^2 \cdot$ d)，工业生产规模，产品主要用于湿法制化工产品
回转窑	≤0.1	400~500			0.5~4	约98	用于工业生产，寿命约 3~4 个月
反射炉焙烧	≤0.1	2000~2200	不能回收		<1	94~97	为古老的方法，目前尚在我国使用
石灰烧结			>98 以 Ca(ReO_4)$_2$ 回收			97~98	小规模生产，处理含铼高的矿
闪速焙烧	湿法处理后 <0.01				5~10		高温挥发产品含 MoO_3 98%~99.9%，未见工业生产报道

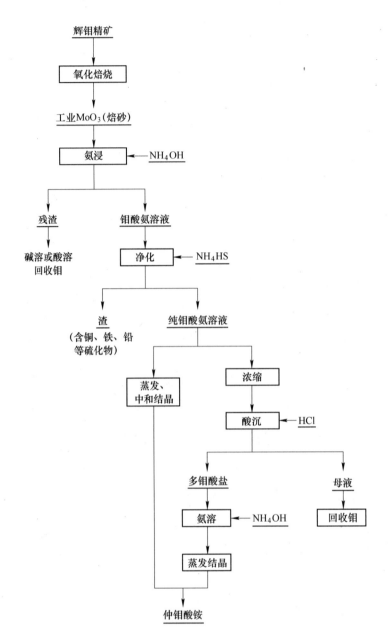

图 7-10　钼提取的经典工艺流程

　　传统焙烧—氨浸工艺由于工艺流程较长，钼损失较大，尤其是焙砂氨浸工序，导致钼的损失高达 5% 以上，致使该工艺的最终回收率只有 85% 左右。为了提高氨浸过程的回收率，对工业钼焙砂在氨浸前采用酸及其铵盐溶液进行预处理，使其中绝大部分难溶金属盐类（如 $CaMoO_4$、$FeMoO_4$、$CuMoO_4$）、金属氧化物溶解而分离，达到降低浸出液杂质含量和增加氨浸率的目的。预处理后固体物料中的铜和碱金属除去率高达 92% ~ 98%，由于经预处理后的焙烧粉杂质可降低到很低的水平，从而提高了钼在碱性介质中的溶解度。工业上常用的酸盐组合主要为 $HCl-NH_4Cl$、$HNO_3-NH_4NO_3$，一般来自钼酸铵溶液中和结晶段的母液，酸浓度控制在 $40 \sim 60 g/L$，铵盐浓度为 $100 g/L$ 左右，过程处理温度一般要求达到 $90℃$。

然而，无论是经典的焙烧氧化工艺还是改进的焙烧氧化工艺，以及近年来发展起来的新的钼火法冶金工艺都存在流程长、原料消耗高、金属回收率低、环境污染严重及许多贵金属难回收或回收率极低等缺点。20 世纪 70 年代以来，国内外竞相开展了辉钼矿全湿法新工艺的研究[26~28]，其核心是在矿浆状态下将辉钼矿氧化转化成为钼的氧化物或其盐，其优势在于能处理各种品位的钼矿物，适应性广，避免了焙烧工序从而有效解决 SO_2 气体的环境污染问题。钼矿物经湿法分解后可通过溶剂萃取或离子交换等新型分离技术回收[29]，缩短了工艺流程，同时也能高效综合回收多种伴生有价金属，如铼等。全湿法分解工艺将成为一种环境友好的辉钼矿主要冶金方法，根据氧化剂种类和氧化过程条件的不同，辉钼矿全湿法分解工艺可分为加压氧分解工艺、次氯酸钠分解工艺[30,31]和其他氧化剂分解工艺等。其中，20 世纪 80 年代初钼精矿在酸或碱性溶液介质中加压氧化的工艺已研究成功，并投入了工业规模生产，该工艺因其诸多优点而受到广泛的关注[32~36]。

7.2.2 加压氧分解基本原理

图 7-11 ~ 图 7-13 分别是 $100℃$、$150℃$ 和 $200℃$ 条件下 $Mo\text{-}S\text{-}H_2O$ 的 $\varphi\text{-}pH$ 图。

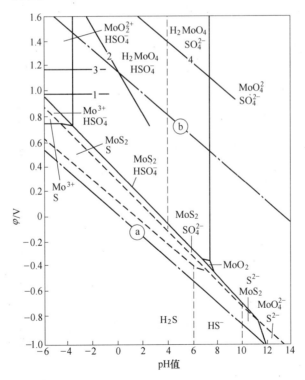

图 7-11 Mo-S-H$_2$O 系 φ-pH 图（100℃）

$1—Fe^{3+} + e = Fe^{2+}$；$2—MnO_2 + 4H^+ + 2e = Mn^{2+} + 2H_2O$；

$3—Cl_2 + 2e = 2Cl^-$；$4—ClO^- + 2H^+ + 2e = Cl^- + H_2O$

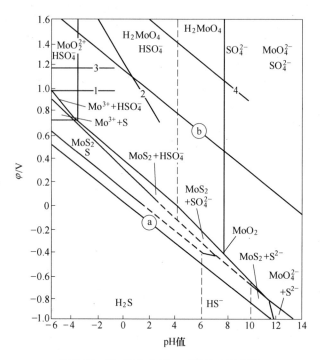

图 7-12　Mo-S-H$_2$O 系 φ-pH 图（150℃）

1—Fe^{3+} + e ═ Fe^{2+}；　2—MnO$_2$ + 4H$^+$ + 2e ═ Mn^{2+} + 2H$_2$O；

3—Cl$_2$ + 2e ═ 2Cl$^-$；　4—ClO$^-$ + 2H$^+$ + 2e ═ Cl$^-$ + H$_2$O

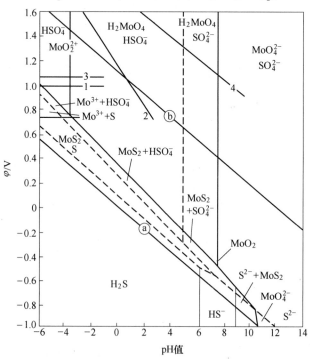

图 7-13　Mo-S-H$_2$O 系 φ-pH 图（200℃）

1—Fe^{3+} + e ═ Fe^{2+}；　2—MnO$_2$ + 4H$^+$ + 2e ═ Mn^{2+} + 2H$_2$O；

3—Cl$_2$ + 2e ═ 2Cl$^-$；　4—ClO$^-$ + 2H$^+$ + 2e ═ Cl$^-$ + H$_2$O

分析图 7-11 ~ 图 7-13 可知，一定温度下，O_2 可将 MoS_2 氧化，随着 pH 值的不同，分别生成 MoO_4^{2-} 或 H_2MoO_4。根据热力学计算，氧化时，反应的平衡常数很大，超过 10^{100}，故反应进行彻底。温度变化对硫化钼标准电位影响很小，提高温度可以大大提高矿物分解速度。氧可以是纯氧、富氧空气或空气，在室温和常压下，氧在水中的溶解度很小，在沸腾时溶解度接近于零，而在高温高压下，以上情况就发生了很大变化，且氧溶解度随着氧分压增加而增大。氧对钼精矿中的金属硫化物的氧化具有很大的热力学推动力，且发生的反应为放热反应，促使反应的进一步进行。

加压湿法分解工艺的实质是在一定氧分压和介质条件（酸如 HNO_3、H_2SO_4，碱如 $NaOH$、KOH、NH_4OH，盐如 NH_4NO_3、$NaNO_3$）下，利用高压釜将矿浆中的钼矿氧化成钼酸或钼酸盐。按介质性质差异又可分为酸性条件下加压氧分解工艺和碱性条件下加压氧分解工艺[1]。

7.2.3 辉钼矿加压湿法分解

7.2.3.1 酸性条件下加压氧分解

A 不添加催化剂

a 主要反应

加压湿法冶金技术处理辉钼精矿是一个固-液-气三相反应过程，在一定的温度和压力条件下，当有氧气存在时，二硫化钼被氧化，主要反应为[28,37]：

$$2MoS_2 + 6H_2O + 9O_2 \longrightarrow 2H_2MoO_4 + 4H_2SO_4$$

与此同时，伴生的一些有价金属也被氧化，如铼的加压湿法反应如下：

$$4ReS_2 + 10H_2O + 19O_2 \longrightarrow 4HReO_4 + 8H_2SO_4$$

反应过程中，二硫化钼被氧化成钼酸，由于生成的钼酸在水中溶解度小（1.82g/L），过饱和的钼酸溶液会沉淀出水合三氧化钼，随着生成硫酸浓度越高，钼酸溶解度有所增大，最高可达 8g/L。一般情况下，有 80% ~ 85% 的钼以水合三氧化钼形式进入渣中，其余的钼以 $MoO_2(SO_4)$ 或 $Mo_2O_5(SO_4)$ 的形式存在溶液中。钼精矿中几乎所有的铼被氧化，生成高铼酸或高铼酸盐进入溶液中，大部分金属杂质如铜、锌、铁、镍等进入溶液。

b 研究现状

加压氧分解工艺被许多冶金科研人员和工程师用来处理钼精矿生产氧化钼。1962 年，日本学者 Sada Koji[38] 研究了钼精矿的氧压煮工艺，针对含 Mo 55.5%、Cu 4.4% 和 S 36.4% 的钼精矿，在 200℃、氧分压 2MPa、搅拌转速 500r/min 的条件下反应 6h，钼的转化率达到 98.4%，钼酸沉淀经氨浸—酸沉—焙烧处理得到品位 78% 的氧化钼。20 世纪 80 年代，德国工程师 Bauer 和 Eckert[39,40] 将粒度为 20 ~ 90μm，含 Mo 53.7%、Cu 1.2%、Fe 1.7%、S 38.8%、H_2O 3.8%、油 2.1% 的辉钼精矿按矿浆浓度 15% 左右制浆，然后装入加压釜中，在温度 230℃、氧分压 1MPa、釜内总压 2MPa 下反应 2h 后，再经过滤、洗涤、烘干得到含 Mo 63.1%、Cu 0.015%、Fe 0.3%、S 0.04% 的工业氧化钼产品；滤液含 20g/L 硫酸可返回至加压釜中，循环一定次数后放出用石灰乳中和制得硫酸钙固体。吨级工业试验表明，该工艺钼的回收率为 99%。之后，塞浦路斯-安迈信矿业公司（Cyprus Amax Minerals Company）[41]、肯尼科特尤他铜业公司（Kennecott Utah Copper，KUC）[42~44]、拜耳公司（Bayer Corporation）[45,46]和俄罗斯选矿研究设计院等世界著名大型钼业公司和研究单位先后进行了氧压辉钼精矿的研究。

　　c　工业实践

　　当前，一些钼精矿氧压煮提钼工厂已经建成投产或正在建设，如美国自由港迈克墨伦铜金矿公司（Freeport-McMoRan Copper & Gold Inc.）在亚利桑那州的 Bagdad 矿场使用加压氧化处理钼精矿；力拓集团下属美国肯尼科特尤他铜业公司正在建设一座钼氧压煮工艺工厂[47]。在矿浆浓度 10%～15%、温度 200℃、氧分压 1.5MPa 的条件下加压氧化含 Mo 15.7%、Cu 3.8%的低品位钼精矿，反应 2～3h，约有 85%的钼转化为不溶于硫酸的三氧化钼，其余的钼进入溶液，固液分离后，固体物用氨浸得到钼酸铵溶液，钼酸铵溶液经蒸发结晶和煅烧得到三氧化钼；加压浸出溶液中的钼可用叔胺-煤油有机相进行萃取，再通过氨水反萃得到钼酸铵溶液，反萃液经添加硫酸镁除去磷、砷后，得到较纯净的钼酸铵溶液可与氨浸得到的溶液合并一同处理。萃钼后水相为含铜溶液，加硫化氢钠，沉淀出铜、铁硫化物，送炼铜厂回收铜；除铜后的溶液为废液，用石灰石或石灰中和后送尾矿库。工艺流程如图 7-14 所示，加压氧化工序钼的回收率为 99%，铜的回收率为 99.8%；萃取工序钼的回收率为 99.5%，钼萃取母液中铜的回收率为 99.8%；产出工业氧化钼的成分为：

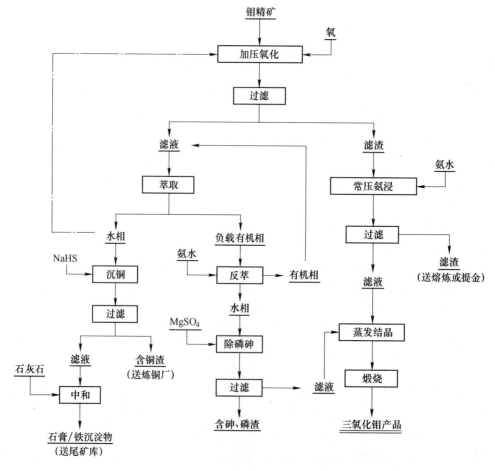

图 7-14　含铜钼精矿加压氧化工艺流程

Mo $>55\%$ 、Cu $<0.5\%$ 、As $<0.03\%$ 、P $<0.05\%$ 、S $<0.15\%$ ，氧化钼纯度较高，杂质含量少。在加压氧化辉钼精矿为工业氧化钼时，控制好加压氧化浆料的返回量，对氧化钼的生成十分重要，返回的硫酸可看做是晶种剂，它有利于三氧化钼晶粒的形成和长大，对料浆固液分离十分有利[43,44]。

KUC 新建 MAP 工厂可以为公司降低从矿石到钼精矿的开支，并且将钼回收率提高 7% 。第一期工程已于 2012 年建成投产，年产钼 1.36 万吨；第二期工程产量将扩大到 2.72 万吨，产量占美国钼产量的 $40\% \sim 50\%$ ，铼产量将提高 50% ，工艺过程"三废"排放达到美国环保局标准。

我国的江铜集团新技术公司、河南栾川洛钼集团有限公司[48]也在开发研究加压分解辉钼矿的方法。栾川洛钼集团有限公司研制的氧压煮工艺与美国某些公司研制的氧压煮工艺比较见表 7-22。

表 7-22 几个公司研制的氧压煮工艺比较

技术参数	洛钼集团	美国肯尼柯特铜公司	美国克莱麦克斯公司	美国贝尔化学公司
钼精矿品位/%	45 ~ 46	15 ~ 27	51 ~ 54	51 ~ 54
浆料浓度/%	15	15 ~ 20	15 ~ 20	15 ~ 20
氧化产物部分循环	—	循环	循环	循环
加氧化剂	加	未加	未加	未加
氧化温度/℃	160 ~ 170	200	220	220
氧分压/MPa	1.6	2	2.2	2.2
时间/h	4	3	1.5	3
辉钼矿氧化率/%	99	≥99	≥98.5	≥99
氧化后处理方法	浸出萃取	浸出萃取	浸出萃取	浸出萃取

B 添加催化剂

a 主要反应

钼精矿加压酸浸多采用硝酸或硝酸盐作为添加剂[49]，氧化过程在高压反应釜中进行，钼精矿、硝酸和水首先进行制浆，矿浆通过进料口进入釜内，氧气由通氧管导入，在搅拌器激烈搅拌下，氧气通过进气口被吸入矿浆中与之混合，与辉钼精矿发生如下反应[50~52]：

$$MoS_2 + 9HNO_3 + 3H_2O \longrightarrow H_2MoO_4 + 2H_2SO_4 + 9HNO_2(g)$$

$$2ReS_2 + 19HNO_3 + 5H_2O \longrightarrow 2HReO_4 + 4H_2SO_4 + 19HNO_2(g)$$

$$MeS + 4HNO_3 \longrightarrow MeSO_4 + 4HNO_2(g) \quad (Me 为 Cu、Zn、Fe、Ni 等金属)$$

产出的亚硝酸快速分解为 NO_2 和 NO ，NO_2 与水结合形成硝酸，在氧气存在下，NO 氧化为 NO_2 ，然后再生成硝酸：

$$2HNO_2 \longrightarrow NO_2 + NO + H_2O$$

$$NO + \frac{1}{2}O_2 \longrightarrow NO_2$$

$$3NO_2 + H_2O \longrightarrow NO + 2HNO_3$$

　　由以上反应式可见，硝酸在钼精矿的氧化浸出过程中起到了良好的催化作用，因此该工艺又被称为氮氧化物或氮系化合物催化压力浸出（Nitrogen Species Catalyzed Pressure Leaching）。硝酸的再生减少了硝酸的用量，硝酸的加入量通常只需理论量的 20% 左右。加压硝酸分解后，根据浸出渣和浸出液的成分及产品要求，可用升华法、萃取或离子交换等方法进行净化提纯。

　　b　研究现状

　　目前，国外已有不少关于钼精矿加压硝酸浸出工艺的研究报道。Anderson[53]对含 Mo 34.2%、Cu 4.3% 和 Re 0.181% 的钼精矿进行加压酸浸，在起始硫酸浓度 75g/L、氧分压 620kPa、矿浆浓度 25g/L、矿物粒度 $-10\mu m$ 占 80%、温度 125℃、氮氧化物浓度 2g/L 的条件下浸出 1h，钼、铜和铼的转化率分别为 94.3%、96.1% 和 92.8%。Amer[54]研究了埃及东沙漠北部 Qattar 地区某含钼 30.2% 的辉钼精矿的加压硝酸浸出过程，在 200℃、硝酸浓度 10%、氧分压 1.5MPa 的条件下，浸出 30min 后，钼的回收率为 96%，所需时间不到常压浸出时的 1/7。Khoshnevisan 等人[55,56]采用加压硝酸分解辉钼精矿，考察了各因素的影响，试验发现，浸出矿浆浓度 100g/L、含钼 55.55% 的辉钼精矿至少需要硝酸浓度为 35~40g/L，增大搅拌速度、降低矿浆浓度可提高钼的氧化率。在各因素中，尤以矿浆浓度的影响最大，提出了预测各因素影响的人工神经网络模型（Artificial Neural Network, ANN）[57]；进一步探讨了浸出动力学，发现浸出过程受化学反应控制，反应活化能为 68.8kJ/mol；并最终确定了最优化条件：矿物粒度 $-40\mu m$ 占 80%、矿浆浓度 100g/L、硝酸浓度 50g/L、氧分压 1.24MPa、温度 150℃、浸出时间 2h，在该条件下，99.36% 的钼转化为溶解的钼酸和沉淀的三氧化钼，沉淀三氧化钼具有纤维状结构。Fedulov 等人在热压器中将辉钼精矿与硝酸反应，加压氧化钼精矿为钼酸与硫酸，用硝酸钠或硝酸钾代替硝酸加压氧化钼精矿，钼的转化率为 95%~99%[58]，硝酸盐用量和硝酸用量相比有所增加，但硝酸盐在运输、储存及价格等方面比硝酸有一定的优越性。表 7-23 为硝酸钠介质中高压氧分解工艺与焙烧工艺的消耗对比。

表 7-23　硝酸钠介质中高压氧浸工艺与焙烧工艺的消耗对比

项　　目		单　位	高压氧分解工艺	焙烧工艺
每吨钼酸铵消耗	锌精矿	t	1.25	1.38
	氧　气	t	0.86	
	硝酸钠	t	0.3	
	盐　酸	t	1.34	1.87
	氨　水	t	2.85	3.50
	重　油	t		0.77
	硫化铵	kg		40
	活性炭	kg	40	
相对成本		以焙烧为 1 计	0.93	1
钼回收率		%	94	85

　　国内方面，北京矿冶研究总院针对钼精矿加压处理工艺开展了系统的研究。采用加压硝酸氧化法分解含钼 49.68% 的辉钼精矿，对影响钼精矿加压氧化的主要工艺参数进行了

单因素实验, 试验在 GSA 型衬钛加压釜中进行, 研究了氧分压、温度、硝酸浓度、反应时间等因素对钼精矿氧化率和浸出率的影响, 并通过工艺稳定性实验, 获得加压氧化钼精矿的理想工艺参数[59]。在硝酸浓度 28.89g/L、液固比 5∶1, 氧分压 350kPa、温度 160℃的条件下反应 3h, 钼的氧化率可以达到 99% 以上, 约 88% 的钼进入浸出渣, 其余钼进入浸出液, 浸出渣中几乎所有钼以氧化钼、钼华、铁钼华等易溶于氨水的形式存在。进一步处理加压浸出渣和浸出液[60], 采用氨水直接浸出浸出渣, 再用硝酸从氨浸液中酸沉得到钼酸铵; 采用 N235 萃取浸出液中的钼, 萃余液经处理后达标排放, 反萃液则并入酸沉工序生产硝酸铵, 钼的总回收率可达到 98% 以上。工艺流程如图 7-15 所示。

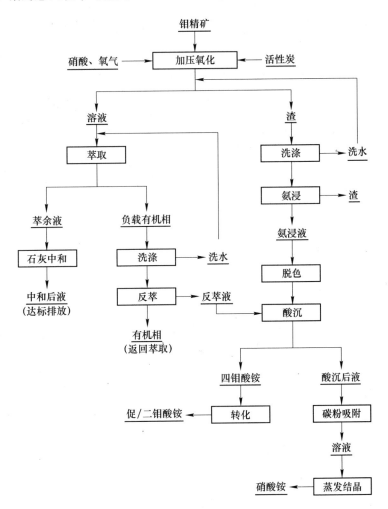

图 7-15 钼精矿酸性加压氧化工艺流程

在实验室试验基础上开展了加压浸出—溶剂萃取工艺从钼精矿中提取钼和铼的半工业试验[61], 主要试验装置如图 7-16 和图 7-17 所示。钼精矿经加压浸出, 钼的转化率达到 98% 以上, 有 15%~20% 的钼和 99% 的铼进入溶液, 硫转化成硫酸进入浸出液中, 氧化率达到 98% 以上, 加压浸出液主要成分见表 7-24。浸出液先采用低浓度的 N235 萃取回收铼, 再用高浓度的 N235 萃取回收钼, 钼萃取试验条件为: 有机相组成为 20% N235-5% 异辛醇-磺化煤油，萃取相比（O/A）为1：3，经2级萃取，钼萃取率大于98%，萃余液含钼稳定在0.11g/L左右；洗涤级数2级，洗涤相比（O/A）为2：1；再用25%的氨水在相比（O/A）3：1条件下进行反萃，钼反萃率大于98%。

图 7-16　500L 加压反应釜

图 7-17　串级萃取试验装置

表 7-24　半工业试验加压浸出液成分

成　分	Mo	H₂SO₄	Re	Mg	Cu	Al	Fe	Si
质量浓度/g·L⁻¹	8.1	119.43	0.069	0.48	1.96	1.28	4.03	0.017

此外，西北有色金属研究院、东北大学等单位的科研人员也在加压浸出处理钼精矿方面进行了一些探索试验。蒋丽娟等人[62]先对等外品钼精矿进行常压盐酸浸出，除去其中大部分的铅、铜、铁等杂质，提升钼精矿品位；再对精制后的钼精矿进行加压氧化，在温度200℃、氧分压700kPa、粒度小于75μm、搅拌速度400r/min、硝酸钠用量2%、反应时间2~3h条件下，钼精矿的氧化率大于99%，其中，10%左右的钼进入溶液，90%左右的钼转化为合格的工业氧化钼。牟望重等人[63]研究了加压酸浸辉钼精矿时钼的转变行为，考察了硝酸钠、温度、硫酸浓度对钼浸出的影响，当所用硝酸钠与二硫化钼的质量比为1：4、温度为150℃、硫酸浓度为40g/L、氧分压为0.8MPa、液固比为6：1、反应时间为2h以及搅拌转速为500r/min时，钼的总转化率为97.95%，浸出率为18.48%，渣中钼的绝对转化率为79.47%，渣中钼几乎都以MoO₃形式存在，还有极少的Mo₈O₂₂和Mo₉O₂₆。秦玉楠[64,65]研究了辉钼精矿的硝酸氧压煮工艺，在辉钼精矿细度180~150μm（80~100目）、氧分压1.5~2MPa、每克钼硝酸用量0.27g、液固比4.5：1、反应温度180~220℃、反应时间3h的条件下，钼的转化率为98%，只有6%左右的钼以阳离子形态进入压煮液，其余以氧化钼水合物形式留存于滤饼中。蔡创开等人[66]通过实验室试验得到加压硝酸浸出非标准钼精矿的优化工艺参数：液固比为4：1、每克钼HNO₃用量0.3g、温度200℃、氧分压1MPa、反应时间2h，该条件下，钼转化率大于96%。浸出液用20% N235两级萃取后，钼萃取率在98%以上；浸渣用氨水两段浸出后钼浸出率大于93%，钼酸铵溶液经脱色、浓缩、酸沉等工序制取出钼含量大于55%、杂质含量低的仲钼酸铵产品，工艺流程如图7-18所示。

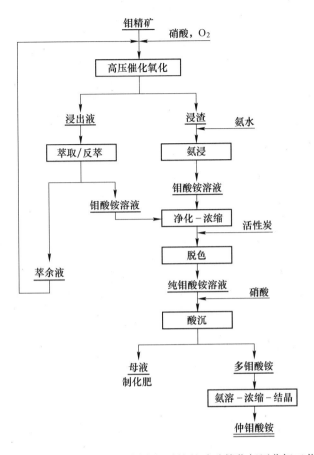

图 7-18 由非标准钼精矿制取钼酸铵的硝酸催化氧压分解工艺

由以上研究可见，辉钼精矿加压硝酸浸出工艺具有反应速度快、投资效益大、钼和铼转化率高等特点，MoS_2 转化率一般在 95% ~99%，ReS_2 转化率一般在 98% ~99%。但该工艺也存在一些问题，例如钼分散进入液固两相；硝酸和生成的硫酸混合体系对设备的腐蚀较为严重，对反应釜材质较高，大部分需使用价格昂贵的钛反应釜；初期反应进行剧烈，难以精确控制反应条件且反应过程中产出氮氧化物（NO_x）易造成环境的污染等。

为了解决 NO_x 污染问题，北京矿冶研究总院开展了无硝酸或添加硝酸盐的加压浸出研究，考察了氧化钙、木质素磺酸盐、硫酸、铜和铁离子等多种添加剂对钼精矿酸性加压氧化浸出工艺中钼转化率的影响[67]。试验结果表明，氧化钙不利于钼的转化，钼以钼酸钙的形式进入渣中，较难被浸出；木质素磺酸盐、硫酸、铜和铁离子等对钼转化率影响较小，在加压氧化过程中不建议进行添加；新型添加剂 X 可有效提高钼的转化率，且可有效提高矿浆的流动性，降低矿浆黏度，有利于实现连续化生产。通过添加 5% 粉状添加剂 X，在 180℃、氧分压 0.6 ~1.6MPa、反应时间 4h、液固比 6∶1、搅拌转速 600r/min 的条件下加压浸出钼精矿，钼的转化率达到 99% 以上，其中 15% ~20% 进入溶液[68,69]，其余都留在渣中；伴生铼的浸出率大于 95%，得到浸出液组成为：Mo 7.23g/L、Cu 3.25g/L、Fe 4.68g/L、H_2SO_4 131.48g/L 和 Re 0.072g/L。

c　工业实践

图 7-19 是经典的塞浦路斯工艺，它包括加压硝酸分解辉钼矿、煅烧和从分解母液与洗液中回收钼铼三个主要过程。

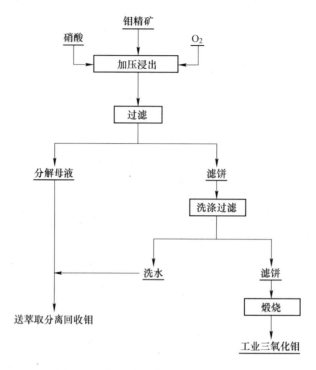

图 7-19　氧压硝酸分解辉钼矿工艺流程

氧化过程在高压反应釜中进行，钼精矿和硝酸、水首先进行制浆，矿浆通过进料口进入到釜内，氧气由通氧管进入，在搅拌器激烈搅拌下，氧气通过进气孔被吸入矿浆中与之混合，并与硫化钼矿以及硝酸氧化所产生的 NO 气体发生氧化反应。

氧化过程温度一般控制在 150～200℃，反应过程中，硫化钼被氧化为钼酸，80%的钼酸保留在分解渣中，其余 20% 进入溶液，矿石中几乎所有的铼都被氧化，生成高铼酸或高铼酸盐进入分解液中，大部分金属杂质如铜、镍、锌、铁等进入溶液。硝酸加入量为理论量的 20% 左右。硫化物的氧化反应都是放热反应，所以当反应釜在规定的压力和温度范围内，应关闭外部加热热源，通过釜内的蛇形冷却管和釜外的冷却夹套调节反应温度。

高压氧分解结束后，高压釜内的泥浆经过滤，滤饼洗涤数次后在 350℃ 煅烧制取工业三氧化钼。高压分解滤液及洗液中含有矿物中几乎所有的铼和 20% 左右的钼，该工艺采用萃取回收的方法，回收得到硫酸铵及硫化铼中间产品。高压分解工艺效率高，MoS_2 转化率一般在 95%～99%，ReS_2 转化率一般在 98%～99%，硝酸消耗量为常压硝酸分解的 5%～20%，分解母液中硫酸浓度一般在 20%～25%，最高可达 75%，表 7-25 为塞浦路斯提钼工艺高压氧分解过程的经济技术指标。

我国株洲硬质合金厂于 1980 年投产钼精矿加压处理车间，但因为一氧化氮等气体污染问题，在运行几年后即关闭。

表 7-25　塞浦路斯提钼工艺高压氧分解过程经济技术指标

项　目	单　位	指　标	项　目	单　位	指　标
料浆温度	℃	150~160	氧气消耗	t/t（Mo）	1.8
高压釜上部温度	℃	205	硝酸消耗	t/t（Mo）	0.2
高压釜上部气压	MPa	0.65	钼氧化率	%	95~97
分解时间	h	1.5			

7.2.3.2　碱性条件下加压氧分解

A　主要反应

加压碱浸通常采用氢氧化钠和碳酸钠等试剂做浸出剂，其中，加压氢氧化钠分解钼精矿的反应为：

$$2MoS_2 + 12NaOH + 9O_2 === 2Na_2MoO_4 + 4Na_2SO_4 + 6H_2O$$

$$4ReS_2 + 20NaOH + 19O_2 === 4Na_2ReO_4 + 8Na_2SO_4 + 10H_2O$$

在氢氧化钠介质中，辉钼矿中的二硫化钼、二硫化铼与氧气反应生成水溶性的钼酸钠、铼酸钠和硫酸钠，从而达到浸出的目的。

与加压酸浸相比，加压碱浸工艺具有金属回收率高，钼铼回收率95%~99%，反应介质对设备腐蚀性小，反应较为缓和，钼全部分解进入溶液，浸出液杂质含量少等特点。然而，加压碱浸工艺仍存在一些不足，氢氧化钠消耗量大，反应时间还需进一步缩短，且产生大量硫酸钠，增加了处理难度。

B　研究现状

Reynolds[70]研究了在碱性条件下，用氧气氧化分解含钼53.7%的辉钼精矿，在加入氢氧化钠与钼物质的量比为0.65、氧分压2.14MPa，温度195℃的情况下反应4h，钼的浸出率为96.2%，但在同样的条件下，如果没有氢氧化钠存在，钼的转化率仅为62.7%。宋成盈等人[24,71]从含钼3.5%的低品位辉钼矿中回收钼，在氧分压2MPa、温度180℃，氢氧化钠浓度75g/L、搅拌转速450r/min、矿浆液固比4.5:1的条件下，反应4h，钼的浸出率可以达到99%以上，钼酸钠滤液经酸化、萃取等工序处理，得到金属钼。孙鹏[72]采用加压氧化法碱浸辉钼矿精矿，在NaOH过量系数为1.12、液固体积质量比为7:1、温度150℃、氧分压0.5MPa、搅拌速度550r/min条件下反应5h，钼浸出率高达98.58%。牟德渊等人在1m³高压釜中进行了试验，反应时间6h，钼铼浸出率都大于96%。索波里对加压碱浸工艺进行改进，依据浸出时间进行到总浸出时间的1/3左右时，矿物中硫化钼的浸出率已接近80%的结果，提出浸出—浮选工艺，即当浸出过程进行到80%左右时，结束浸出过程，浸出液用于制取钼产品，含MoS₂的浸出渣进行浮选后再返回浸出过程，最终渣含钼小于0.85%，钼铼回收率大于99%，反应时间明显缩短。Mirvaliev对比了氢氧化钠、碳酸钠和氨水作为浸出剂的不同结果，指出了铜离子在浸出过程中的催化作用[73]。蔡创开[74]针对某含钼42.7%的钼精矿采用碱性介质氧压煮—萃取法回收钼，在NaOH过量系数为1.2、液固比7:1、温度150℃、氧分压0.5MPa、总压0.9~1.2MPa条件下反应5h，钼浸出率可达98%以上，浸出液酸化后用萃取法可获得99%的萃取率。

长沙矿冶研究院提出了一种通过加压氨浸从钼精矿中提取钼酸铵的方法，该方法包括以下步骤：将钼精矿加入到含氨水的高压釜中，通氧后在温度为 140～200℃、压力为 1.0～2.5MPa 的条件下进行加压氨浸反应，将反应后得到的矿浆过滤，滤液蒸氨后经酸化沉淀、过滤洗涤得到钼酸铵，工艺流程如图 7-20 所示。

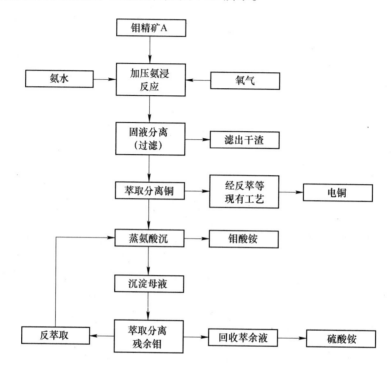

图 7-20　由钼精矿制取钼酸铵的加压氨浸工艺流程图

C　工业实践

我国第一家采用加压碱浸—萃取工艺处理辉钼精矿生产钼酸铵的工厂于 1990 年在陕西宝鸡试产成功[75,76]，设计能力为年产工业钼酸铵 200t。所用钼精矿平均成分为：Mo 45.90%、Cu 0.171%、Pb 0.141%、CaO 1.17%、SiO_2 10.78%、P 0.01%。生产流程如图 7-21 所示，包括加压碱浸、溶剂萃取、除硅磷砷、脱色和酸沉结晶等工序。钼精矿、氢氧化钠和水在制浆槽中按质量比 40∶23∶400 的比例制浆后泵入不锈钢高压釜，通蒸汽加热至 85℃，缓缓往釜中供氧，浸出反应开始进行。由于反应放热，随着蒸汽压力升高，温度逐渐上升，当压力达到 1.6MPa 时，体系温度升至 160℃，此后随时补充氧气以维持体系压力和温度，保温 3h。反应结束后，通入自来水降温至 85℃，停止搅拌，排气放料，浸出矿浆在吸滤盘中过滤，滤饼在搅拌槽中再制浆过滤，再制浆滤液返回配制浸出矿浆。钼的浸出率可达 98.5% 以上，浸出液平均成分为：Mo 55.33g/L、SiO_2 0.199g/L，浸出液送酸化槽用硫酸酸化至 pH 值为 1.5，泵入萃取相，以 10% 叔胺 7301-15% 仲伯混合醇-75% 煤油做萃取剂进行 4 级逆流萃取，接着用 15% 氨水进行反萃，得到含钼 130～150g/L 的反萃液。反萃液再泵入净化槽，加入 $AlCl_3 \cdot H_2O$ 和 $MgCl_2 \cdot H_2O$ 除去硅、磷、砷，同时加入活性炭脱色，过滤后得到无色透明的钼酸铵溶液，送入结晶槽加浓盐酸至 pH 值为 2.5，钼酸铵晶体大量析出，离心分离并烘干制得含钼 57.25% 的粉砂状钼酸铵产品。钼酸铵产品质量高，符合外贸出口标准和国家标准，全过程钼的工艺回收率为 95.54%。

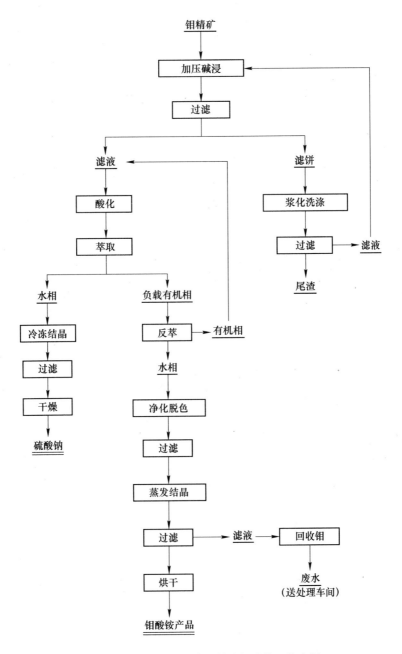

图 7-21 加压碱浸钼精矿制取钼酸铵工艺流程

7.2.4 镍钼矿加压湿法分解

　　镍钼矿是我国特有的一种复杂多金属共生矿，主要分布在湖南、湖北、重庆、贵州、四川、广西、陕西和甘肃等省、自治区、直辖市，含钼0.2%～8.0%，钼的赋存形态和价态多样，嵌布粒度较细，是公认的难处理低品位钼矿物资源[77,78]。随着高品位辉钼矿资源的逐渐减少和钼的市场需求不断增长，镍钼矿的开发日益受到关注。加压浸出作为一种强化冶金过程，在处理低品位难选冶的镍钼矿方面具有独特的优势，针对镍钼矿中的钼以非晶质碳硫化钼形式存在、反应活性较高的特点，采用加压浸出工艺处理镍钼矿效果显著，成为了近期研究的热点[79,80]。

7.2.4.1 酸性条件下加压氧分解

北京矿冶研究总院提出了一种加压浸出、常压碱浸和溶剂萃取相结合的全湿法处理黑色岩系镍钼矿的新工艺[81~83]，工艺流程如图7-22所示。将细磨的镍钼矿进行加压浸出，控制浸出温度100~180℃、氧分压0.05~0.5MPa、液固比（1~6）:1、浸出时间1~4h，几乎所有的镍和锌以及一部分钼和铁被浸出进入溶液，其余钼以钼酸或三氧化钼形式进入浸出渣中，留在渣中的这部分钼采用常压碱浸法加以回收。常压碱浸温度为40~100℃，提高温度有利于加快浸出速度；所用碱液为氢氧化钠水溶液、氢氧化钾水溶液、氨水溶液或它们的混合物，由于浸出渣中的碳质对钼有吸附作用，碱浸过程中需保持过量的游离碱才能使钼浸出趋于完全，游离碱浓度越高，钼浸出越彻底，但不利于降低辅助材料消耗和后续废水处理，常压碱浸较好的碱液初始浓度为0.3~2.0mol/L，碱浸液固比为（2~4）:1，

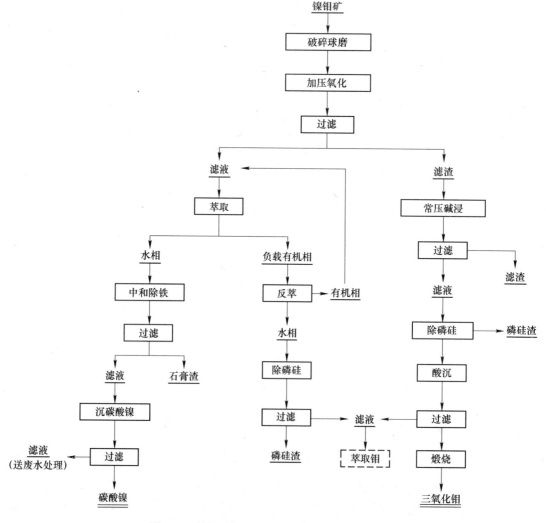

图7-22 镍钼矿加压湿法提取钼和镍的工艺流程

浸出时间为0.5~2h。采用三异辛胺萃取加压浸出液中的钼，钼的萃取率达到98%以上，而镍几乎全部留在萃余液中，从而实现钼镍的分离。反萃液硅磷砷杂质含量超标，采用镁盐沉淀法加以去除，将反萃液加热至沸腾后添加适量硫酸镁，使其中的硅、磷和砷分别形成硅酸镁、磷酸铵镁和砷酸铵镁沉淀加以去除，除硅磷砷后液加硫酸进行酸沉，析出钼酸铵结晶。留在萃余液中的镍的回收方法：用石灰或轻钙粉中和萃余液，中和过程中铁离子沉淀进入石膏渣中，中和终点pH值为4.5~5.0，中和除铁后液可用P204萃取除杂，再生产结晶硫酸镍，或用碳酸钠或碳铵沉淀镍为碱式碳酸镍加以回收。采用该全湿法工艺处理镍钼矿，加压浸出过程除水和氧气外不需添加其他化学试剂，加压条件较为温和，生产工艺清洁环保；用溶剂萃取分离浸出液中的钼镍，分离富集效率高；钼镍的全程回收率高，加工成本低。

昆明理工大学科研人员在加压条件下用稀酸氧化浸出镍钼矿[84]，工艺流程如图7-23所示。将镍钼矿细磨至-75μm（-200目）占90%以上，加入硫酸制浆，控制硫酸浓度

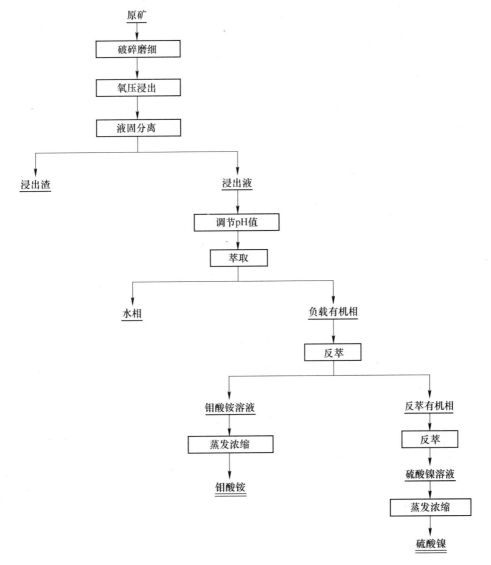

图7-23 从镍钼黑色岩中分离镍钼的氧压分解工艺流程

100 ~ 250g/L，液固比（2 ～ 6）∶1，矿浆泵入高压釜中，通入工业氧气或空气，在温度 100 ~ 220℃、釜内压力 0.5 ~ 4.0MPa 条件下反应 1 ~ 4h，钼和镍分别以硫酸钼酰和硫酸镍的形式进入溶液，钼的浸出率可达到 90% 以上，调节溶液 pH 值为 1.8 ~ 2.2，以 P204-TBP 做萃取剂，在温度 15 ~ 35℃、相比（O/A）1∶（1 ～ 3）、萃取时间 10 ~ 30min 的条件下，将钼和镍萃取进入有机相，然后在温度 30 ~ 50℃ 下分别用氨水和硫酸溶液反萃钼和镍。使用质量分数 20% ~ 25% 的氨水，在反萃相比（O/A）（10 ～ 6）∶1、反萃时间 20 ~ 40min 条件下反萃得到钼酸铵溶液；使用 1.5 ~ 2.5mol/L 的硫酸，在反萃相比（12 ～ 8）∶1、反萃时间 20 ~ 40min 条件下反萃得到硫酸镍溶液；硫酸铵溶液和硫酸镍溶液经蒸发浓缩得到硫酸铵和硫酸镍。加压浸出渣中残留的钼可通过氢氧化钠常压浸出回收[85]，全流程钼和镍的回收率均高于 90%。

7.2.4.2　碱性条件下加压氧分解

以含 Mo 6.18%、Ni 3.16% 的镍钼矿焙砂为原料，采用苏打高压浸出，发生以下反应：

$$MoO_3 + 2Na_2CO_3 + H_2O \Longrightarrow Na_2MoO_4 + 2NaHCO_3$$

$$CaMoO_4 + NaCO_3 \Longrightarrow Na_2MO_4 + CaCO_3$$

$$NiMoO_4 + Na_2CO_3 \Longrightarrow Na_2MoO_4 + NiCO_3$$

$$SiO_2 + Na_2CO_3 + H_2O \Longrightarrow Na_2SiO_3 + 2NaHCO_3$$

浸出过程，添加氧化镁，可使溶液中的磷、砷和硅生成难溶的镁盐而除去。当苏打加入量为矿样的 30%、氧化镁加入量为矿样的 2.5%、温度 160℃、液固比 2∶1、浸出时间 90min 时，钼的浸出率可达到 95.9%，同时硅钼分离系数为 25，钼与主要杂质实现了初步分离[86]。在温度为 150℃、反应时间 3h、搅拌转速 500r/min、釜内氧压 1.2MPa、矿浆液固比 2∶1 的条件下，用 NaOH-Na_2CO_3 混合碱液加压浸出含钼 6.89% 的镍钼矿，以 50g/L NaOH-10% Na_2CO_3 为浸出剂时，钼的浸出率为 25.8%，随着 NaOH 浓度的增大，钼的浸出率增大，当浸出剂为 120g/L NaOH-10% Na_2CO_3 时，钼的浸出率达到 95%[87]。

A　两段加压碱浸工艺[88]

提高浸出镍钼矿细度，可以大大提高浸出反应速度并且能在较低的反应温度和氧气压力以及较少的浸出反应时间条件下，获得好的浸出效果。以含钼 4.02% 和含镍 1.87% 的原生镍钼矿为原料，将其细磨至颗粒平均粒径 15.64μm，在温度 90℃ 和氧分压 0.6MPa 条件下进行两段加压碱浸试验，一段碱浸和二段碱浸的时间分别为 40min 和 80min，一段浸出渣进行二段浸出，二段浸出液全部返回一段浸出，经多次循环后，钼的浸出率达到 95.81%，浸出残渣含 Mo 0.21%、Ni 2.20%。采用两段碱浸，在保证较高钼浸出率的同时，又可使一段浸出液的碱浓度降低到 pH 值为 7.0 左右，降低了碱的消耗和后续酸化处理的硫酸消耗；进入溶液的杂质只有少量的铝、硅和砷，钼和镍分离效果好。

B　加压碱浸—加压酸浸组合工艺[89]

为了既达到钼镍分离的目的，又实现钼和镍的分别高效回收，采用碱浸—酸浸组合的两段加压浸出工艺，将钼含量 1% ~ 9%、镍含量 0.5% ~ 5.0% 的黑色碳质页岩镍钼矿破碎并细磨至 -75μm（-200 目）占 90% 以上，加入质量分数为 10% ~ 20% 氢氧化钠和

30%~50%碳酸钠、控制液固比为（2~4）∶1制浆，然后将矿浆泵入高压釜，在温度100~220℃、氧分压0.5~4.0MPa条件下浸出1~4h，钼浸出率可达到95%。过滤得到含钼浸出液和含镍浸出渣，浸出液经沉钼处理即得钼酸铵，浸出渣经两级洗涤、过滤后与浓硫酸进行调浆，控制硫酸浓度100~250g/L、液固比（2~6）∶1，调浆后泵入高压釜中，通入工业氧气或空气，在温度100~200℃、釜内压力0.5~2.5MPa条件下浸出1~4h，镍的浸出率可达到97%以上。过滤得到含镍浸出液和酸浸渣，含镍浸出液经净化除铁、蒸发浓缩得到硫酸镍，酸浸渣经两级洗涤、过滤后得到终渣，可丢弃或作为建筑材料使用。

　　C　加压氨浸工艺[90]

　　虽然碱浸—酸浸组合的两段加压浸出工艺同时回收了钼和镍，但流程长，试剂用量大，生产成本较高。为了更有效地提取镍钼矿中的钼和镍，降低生产成本，采用加压氨浸工艺，镍和钼在加压条件下被氨水浸出，钼以钼酸铵的形式进入水溶液，镍则形成可溶性的配合物。将100g钼含量为2.75%、镍含量为0.85%的镍钼矿球磨到-75μm，然后加入25%的氨水200g及100g水，1.5MPa下通入氧气，于80℃条件下浸出5h，钼的浸出率为96.8%，镍的浸出率为94.8%。可见，加压氨浸能够同时将钼和镍浸出并获得高的浸出率。氨浸后过滤，蒸氨后的底液用酸溶解，然后通过萃取分离得到含钼的有机相、含镍的水相，并分别进行纯化，工艺流程如图7-24所示。

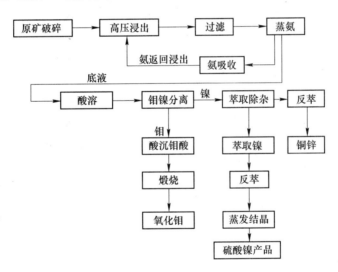

图7-24　从石煤矿中提取与分离镍钼的高压氧氨浸工艺流程

7.2.5　其他含钼矿物加压湿法分解

　　一些钼的其他矿物，如钼酸钙矿、钼钨矿、钼铀矿等也是有提取价值的原料，但其常规选冶难度较大，加压湿法冶金工艺为其提供了一条有用途径[91]。

　　用高压碱性浸出的方法研究了钼酸钙型矿中钼的浸出性能，采用100g/L Na₂CO₃为浸出剂，在温度180℃、矿物粒度大于120μm（120目）条件下，浸出1h，钼的浸出率达到94%[92]。

　　采用高压氧分解—萃取新工艺从含钼15.82%和铜6.70%的铜钼中矿中回收钼[93]，铜钼中矿首先在碱性条件下高压氧分解，使钼以钼酸钠的形式进入溶液，而铜保留在残渣中，渣作为回收铜的原料，含钼溶液用萃取法回收钼。实验表明，在 150℃、总压 1.0MPa、氧分压 0.5MPa、NaOH 用量为理论量的 1.4 倍条件下反应 4h，钼的浸出率达到 98.16%，钼进入钼酸铵溶液的回收率达到 95.6%。

针对某细粒低品位钼钨氧化矿粗精矿钼钨含量较低（Mo 4.41%、WO₃ 1%）、脉石矿物方解石含量较高的特点，采用碳酸钠溶液加压浸出其中的钼和钨[94~96]，在浸出温度 160℃、浸出时间 0.5~1.0h、碳酸钠用量为理论量的 2.5 倍、液固比（1.0~1.5）:1 的最佳条件下，钼浸出率大于 98%，WO₃ 浸出率在 90% 左右，得到浸出液主要成分为：Mo 33.80g/L、WO₃ 12.40g/L、P 0.063g/L、SiO₂ 2.38g/L，加入镁盐对高压浸出液进行净化除杂后，在 pH 值为 1.5、氯化铵用量为理论量 4 倍、40℃ 条件下沉钼，反应 1h 后，钼的沉淀率为 93.45%，产品主要成分为：Mo 47.57%、WO₃ 10.13%、P 0.0027%、Pb 0.0029%、SiO₂ 0.23%、As 0.041%，产品钼含量达到了钼精矿含量要求，WO₃ 含量较高，其他杂质含量较低，可用于生产钨钼合金。

采用加压碱浸分离硫化铋精矿中的钼[97,98]，钼的浸出率与氢氧化钠溶解度、氧分压、温度和浸出时间成正比关系，当液固比为 5:1、搅拌转速 1000 r/min、NaOH 浓度为 130g/L、温度 150℃、氧分压 0.7MPa、浸出时间 4h 时，钨和钼进入碱性浸出液，钼和钨的浸出率可达到 96% 以上。铋和铁等其他重金属分别以 Bi₂O₃ 和 Fe₂O₃ 等氧化物形式进入渣中，实现硫化铋精矿中钨钼和铋的有效分离，浸出液在分别用大孔弱碱丙烯酸系阴离子交换树脂 D363 和 D314 吸附钨钼，最后用氨水分别解析钨和钼，实现浸出液中钨钼的有效回收。工艺流程如图 7-25 所示。

对某含钼、钒的碳质页岩型铀矿石开展铀、钼、钒综合提取工艺试验[99]，研究结果表明，该铀矿石属于难浸出的多金属矿石，直接采用硫酸或碳酸钠浸出时，均不能实现铀、钼、钒的综合提取，而采用加压酸浸时，矿石中铀、钼、钒 3 种元素均可获得比较满意的浸出效果，渣中铀品位可降至 0.01% 左右，钼品位可降至 0.02% 以下，钒的浸出率达 50% 以上。

7.2.6　钼二次资源加压湿法分解

钼的再生资源较少，主要来源是废催化剂中的钼、钼冶金化工生产过程产生的尾矿尾渣中的钼以及钼金属制品废料中的钼。近年来，世界各国钼业日益重视二次资源的利用，对从钼废催化剂回收钼等有价金属的研发尤为关注[100]。其次，针对含钼尾矿和废渣的加压处理也有一些报道[101]。

7.2.6.1　钼废催化剂加压湿法分解

Hyatt[102] 研究了从含钼、铝、钴和镍的废加氢脱硫催化剂中回收有价金属的加压湿法冶金工艺（见图 7-26），首先在温度 150℃、通 H₂S 气体的条件下采用硫酸加压浸出 1h，几乎所有的铝进入溶液，与富集在渣中的钼、钴和镍分离；得到的渣再通过氧压浸出处理，在釜内压力约 1.5MPa、温度 200℃ 条件下反应 2h，钼转化为氧化钼，与进入溶液的钴和镍分离。

Ho[103] 采用加压浸出对焙烧后的废催化剂进行处理，在 180~220℃ 下以含硫酸铵或硫酸铝的溶液浸出废催化剂，再将铝以明矾石的形式沉淀除去，然后用溶剂萃取的方法从溶

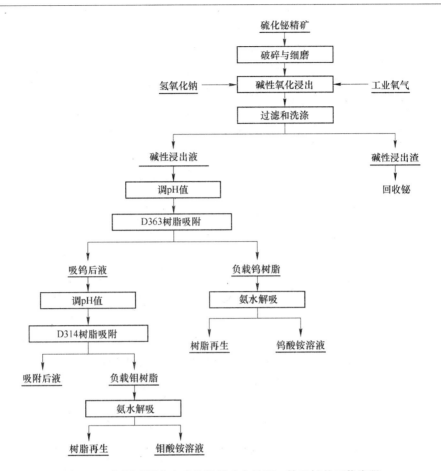

图 7-25　加压碱浸分离硫化铋精矿中的钼、钨和铋的工艺流程

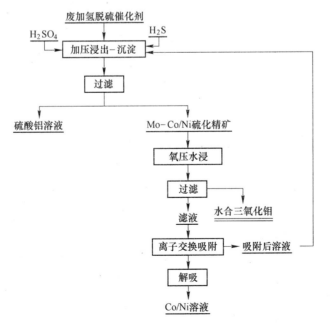

图 7-26　废加氢脱硫催化剂加压湿法冶金工艺流程

液中提钼[104,105]。

施友富等人[106]研究了从钼钴废催化剂中分离提取钼的加压浸出工艺，将球磨后的废催化剂先配成矿浆，同时按物质的量比 $n(Na_2CO_3):n(Mo)=1:3$ 加入碳酸钠，然后将矿浆放入加压釜在150℃温度下浸出，钼的浸出率达到90%，浸出液通过酸化处理之后采用质量分数20% N235-10%异辛醇-70%煤油的有机相进行四级萃取，钼的萃取率可以达到99.64%。反萃液经酸沉生产钼酸铵，最终得到的四钼酸铵产品质量稳定[23]，满足国标要求，结果见表7-26。

表7-26　四钼酸铵产品质量分析

元　素	Mo	Al	Fe	Cu	Mg	Ni	Mn	P
GB 3460—82	>56	0.0006	0.0006	0.0003	0.0006	0.0003	0.0003	0.0005
试验值/%	56.75	<0.0003	<0.0003	0.0003	<0.0003	<0.0001	<0.0001	<0.0001

元　素	Bi	K	Na	Ca	Pb	Sn	Sb	Si
GB 3460—82	—	0.01	0.001	0.0008	0.0005	0.0005	—	—
试验值/%	<0.0001	0.001	<0.001	<0.0008	0.0002	0.0001	0.0001	0.0006

王淑芳等人[107]采用加压碱浸出法对重油加氢脱硫废催化剂进行了回收钼研究，试验研究结果表明，在氧分压300kPa、温度150℃、时间2h、液固比5:1、NaOH加入量为理论量的1.3倍时，钼的浸出率可达96%以上，钒的浸出率可达95%以上，然后采用铵盐沉钒工艺对钼、钒进行分离，工艺流程如图7-27所示。

7.2.6.2　含钼尾矿或尾渣加压湿法分解

国外某铜钼共生矿提取铜、钼后的尾矿含 Cu 7.3%~10%、Fe 9%~12% 及钼、铼，尾矿经140℃加压氧化浸出，钼的浸出率随氧分压和浸出液浓度的增加而线性提高，钼的浸出率达到90%以上；钼浸出表观活化能40kJ/mol；铜、铼可分别回收[108]。

Ziyadanogullari 等人[109]处理提铀、铝和镍后的沥青岩灰尾渣，往5g尾渣中加入3.2mL 15mol/L H_2SO_4，在高压釜中加热到225℃反应1h，尾渣中所有的钼、钛和铁被浸出进入溶液，而钒则留在渣中。进一步通过 Alamine 336 将浸出液中的钼萃取与其他金属分离。

张亦飞等人[26]研究了加压浸出处理交代方铅矿的辉钼矿浮选尾矿焙砂，在碱用量与焙砂质量比为1.2:1、初始氢氧化钠浓度30%、搅拌转速600r/min、温度130℃的条件下浸出1h，钼的浸出率达到98%以上。

施友富等人[110]研究采用加压碱浸工艺处理氨浸钼渣，氨浸渣中钼的物相组成见表7-27，以 Na_2CO_3 为浸出剂，氧压下除 MoS_2 被浸出外，钼的氧化物和钼酸盐也被浸出，发生如下反应：

$$2MoO_2 + 2Na_2CO_3 + O_2 = 2Na_2MoO_4 + 2CO_2\uparrow$$

$$MoO_3 + Na_2CO_3 = Na_2MoO_4 + CO_2\uparrow$$

$$MeMoO_4 + NaCO_3 = Na_2MoO_4 + MeCO_3\downarrow \quad (Me\ 可为\ Cu、Pb\ 等)$$

$$Fe_2(MoO_4)_3 + 3Na_2CO_3 = 3Na_2MoO_4 + 3CO_2\uparrow + Fe_2O_3\downarrow$$

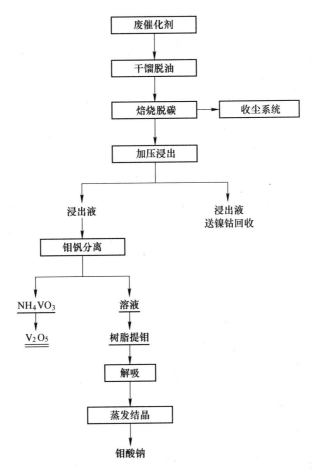

图 7-27　从重油加氢脱硫废催化剂中回收钼和钒的碱性加压分解工艺流程

表 7-27　氨浸渣中钼的物相组成　　　　　　　　　　　（%）

组　成	MoS_2	MoO_2	MoO_3	$(NH_4)_2MoO_4$	钼酸盐	总　计
钼含量	0.59	1.52	0.84	0.43	0.92	4.3

在浸出温度 180℃、时间 2h、氧分压 200kPa、液固比 2：1、纯碱量为化学反应理论量的 2.5 倍时，钼的浸出率可达 96% 以上。

沈裕军等人[111]采用加压碱浸的方法浸出钼焙砂三次氨浸渣中的钼，研究了浸出剂、温度、时间、催化剂等对钼浸出率的影响，得出钼浸出最优条件为：Na_2CO_3 加入量为 30%、液固比为 3：1、催化剂 A 加入量为 6%、温度为 180℃、浸出时间为 1h，钼浸出率可达 98% 以上。

7.3　结语

钨钼加压湿法冶金工艺经历从实验室试验到工业化生产的转变道路，并发展成一门相当成熟的技术。已经建成并投产的氧压煮法提钨、钼工厂的实践表明，加压氧化对于钨矿和钼矿是一种有效的处理方法。加压湿法冶金技术因其高效环保的特点，在复杂多金属低品位钨、钼矿或钨、钼二次资源的处理方面也显示出强大的生命力。随着钨钼资源的不断消耗与贫杂化、钨钼市场需求的日益增大以及环保标准的逐渐提高，加压湿法提钨和钼具有更为广阔的应用前景。加强钨、钼加压湿法工艺的研究不但可以实现经济效益与环境保护的统一，还可以推进钨钼工业持续稳定发展。虽然国内外围绕钨钼加压湿法冶金技术的研究半个世纪以来一直从未中断过，但大多数研究多停留在实验室单因素条件探索上，对浸出机理和工艺中伴生有价金属走向的认识尚不清晰，在以下几个方面仍需要进一步去开发和完善：

（1）加强钨、钼精矿选矿研究，进一步降低有害杂质含量，提高入料精矿质量。

（2）优化现有工艺，进一步降低体系反应温度和压力，缩短反应时间。

（3）寻找更合适的催化剂，在不引进杂质和不导致环境污染的同时进一步提高有价金属的回收率。

（4）进行理论剖析，揭示加压分解时钨、钼矿物的变化规律。

（5）改进或更新现有加压反应设备，降低成本，确保压力设备的安全运行，提高工艺流程的连续性和可操作性。

（6）结合后续杂质分离工艺或多金属综合回收工艺，研发新的分解体系，降低对设备和环境的要求。

参 考 文 献

[1] 陈家镛. 湿法冶金手册[M]. 北京：冶金工业出版社，2005.

[2] 崔佳娜. 我国钨冶炼工艺技术的发展及比较[J]. 稀有金属与硬质合金，2004(4)：51-55.

[3] 郭永忠，谢彦. 我国钨湿法冶炼技术的研究进展[J]. 稀有金属与硬质合金，2009(3)：39-42.

[4] 黄成通. 我国钨提取冶金的现状与未来[J]. 中国钨业，1993(2)：16-21.

[5] Martins J I. Leaching systems of wolframite and scheelite: a thermodynamic approach[J]. Mineral Processing and Extractive Metallurgy Review, 2014, 35(1): 23-43.

[6] 何利华，刘旭恒，赵中伟，等. 钨矿物原料碱分解的理论与工艺[J]. 中国钨业，2012(2)：22-27.

[7] 方奇. 苛性钠压煮法分解白钨矿[C]//纪念方毅同志题词"振兴钨业"二十周年暨中国钨工业科技创新大会，厦门，2001.

[8] Zhao Z, Liang Y, Li H. Kinetics of sodium hydroxide leaching of scheelite[J]. International Journal of Refractory Metals & Hard Materials, 2011, 29(2): 289-292.

[9] 后宝明. 热压浸出法从黑白钨精矿中浸出钨的试验研究[J]. 矿冶，2012(4)：73-77.

[10] Ke J, Meng X, Gong J. Coustic leaching of Wolframite concentrates containing higher clcium[J]. Rare Metals, 1990, 9(3): 161.

[11] 普崇恩，谢盛德，姚珍刚，等. 一种白钨矿、黑钨矿碱分解的联合分解工艺：中国，02114037.5[P]. 2003.

[12] Zhao Z, Li J, Wang S, et al. Extracting tungsten from scheelite concentrate with caustic soda by autoclaving process[J]. Hydrometallurgy, 2011, 108(1-2): 152-156.

[13] H H 马斯列尼茨基，扬雨浓. 苏打压煮法处理钨及钨钼产品工艺的改进[J]. 稀有金属与硬质合金，1985(1)：88-93.

[14] 郭超. 苏打热解白钨精矿制取钨酸钠的实验研究[D]. 长沙：中南大学，2012.

[15] 李敬业. 国外苏打压煮法处理低品位钨精矿的进展[J]. 湖南冶金，1984(1)：37-40.

[16] 涂松柏. 碱法分解白钨矿的热力学研究[D]. 长沙：中南大学，2011.

[17] Razavizadeh H, Iangroudi A E. Production of tungsten via leaching of scheelite with sulfuric acid[J]. Minerals & Metallurgical Processing, 2006, 23(2): 67-72.

[18] 廖利波. 白钨矿酸法处理新工艺研究[D]. 长沙: 中南大学, 2002.

[19] 苏连发, 孙林基, 张正枢. 密闭式盐酸分解白钨矿制钨酸的方法: 中国, 02134061.7[P]. 2002.

[20] 姚珍刚. 氟化钠压煮分解白钨精矿工艺研究[C]// 中国钨工业回顾与展望研讨会, 长沙, 1993.

[21] 张启修, 赵秦生. 钨钼冶金[M]. 北京: 冶金工业出版社, 2005.

[22] 向铁根. 钼冶金[M]. 长沙: 中南大学出版社, 2002.

[23] 邓攀, 曾颜亮, 王坤, 等. 钼资源的回收技术现状及发展[J]. 山西冶金, 2012(5): 1-3.

[24] 宋会娟. 清洁法氧化分解辉钼矿工艺研究[D]. 郑州: 郑州大学, 2009.

[25] van den Berg J A M, Yang Y, Nauta H H K, et al. Comprehensive processing of low grade sulphidic molybdenum ores[J]. Miner. Eng., 2002, 15(11): 879-883.

[26] Liu Y, Zhang Y, Chen F, et al. The alkaline leaching of molybdenite flotation tailings associated with galena[J]. Hydrometallurgy, 2012, 129-130: 30-34.

[27] Medvedev A S, Alexandrov P V. Variants of processing molybdenite concentrates involving the use of preliminary mechanical activation[J]. Russ. J. Non-Ferrous Metals, 2012, 53(6): 437-441.

[28] Kholmogorov A G, Kononova O N. Processing mineral raw materials in Siberia: ores of molybdenum, tungsten, lead and gold[J]. Hydrometallurgy, 2005, 76(1-2): 37-54.

[29] Gerhardt N I, Palant A A, Petrova V A, et al. Solvent extraction of molybdenum (Ⅵ), tungsten (Ⅵ) and rhenium (Ⅶ) by diisododecylamine from leach liquors[J]. Hydrometallurgy, 2001, 60(1): 1-5.

[30] Cao Z F, Zhong H, Qiu Z H, et al. A novel technology for molybdenum extraction from molybdenite concentrate[J]. Hydrometallurgy, 2009, 99(1-2): 2-6.

[31] Cao Z F, Zhong H, Jiang T, et al. A novel hydrometallurgy of molybdenite concentrate and its kinetics [J]. J. Chem. Technol. Biotechnol., 2012, 87(7): 938-942.

[32] 曹占芳. 辉钼矿湿法冶金新工艺及其机理研究[D]. 长沙: 中南大学, 2010.

[33] 张文钲. 从低品位钼精矿或钼中间产品生产工业氧化钼、二钼酸铵和纯三氧化钼[J]. 中国钼业, 2004, 28(4): 33-36.

[34] 张文钲. 氧化钼生产技术发展现状[J]. 中国钼业, 2003, 27(5): 3-7.

[35] 张文钲. 国内外钼先进技术与发展动态评述[J]. 中国钼业, 2000(6).

[36] 张帅, 张华, 冯培忠. 钼资源回收工艺现状及展望[J]. 无机盐工业, 2011(12): 12-15.

[37] Vladutiu L M. Contributions to the study on the kinetics of oxidative leaching of molibdenum sulphide in water[J]. Rev. Chim., 2004, 55(6): 406-409.

[38] Sada K. Extraction of molybdenum: JPN, 15207[P]. 1962.

[39] Gunter Bauer F, Joachim Eckert Z. Method of recovering molybdenum oxide: U S, 4379127[P]. 1983.

[40] Gunter Bauer F, Joachim Eckert Z. Method of recovering molybdenum oxide: U S, 4512958[P]. 1985.

[41] Sweetster W H, Hill L N. Process for autoclaving molybdenum disufide: U S, 5804151[P]. 1998.

[42] Ketcham V J, Coltrinari E L, Hazen W W. Pressure oxidation process for the production of molybdenum trioxide from molybdenum: U S, 6149883[P]. 2000.

[43] Marsden J O, Brewer R E, Robertson J M, et al. Mehod for recovering metal values from metal-containing materials using high temperature pressure leaching: U S, 20040146439[P]. 2004.

[44] Marsden J O, Brewer R E, Robertson J M, et al. Mehod for improving metals recovery using high temperature pressure leaching: U S, 20050155458[P]. 2005.

[45] Litz J E, Queneau P B, Wu R C. Autoclave control mechanisms for pressure oxidation of molybdenite: U S, 20030031614[P]. 2003.

［46］ Balliet R W, Kummer W, Litz J E, et al. Production of pure molybdenum oxide from low grade molybdenite concentrates: U S, 20050019247[P]. 2005.

［47］ Polyak D E. 2011 Minerals Yearbook-Molybdenum, 2012.

［48］ 张文钲. 河南钼业在崛起[J]. 中国钼业, 2008, 32(2): 1-4.

［49］ Smirnov K M, Raspopov N A, Shneerson Y M, et al. Autoclave leaching of molybdenite concentrates with catalytic additives of nitric acid[J]. Russ. Metall. , 2010, 2010(7): 588-595.

［50］ Kerfoot D G E, Stanley R W. Hydrometallurgical production of technical grade molybdic oxide from molybdenite concentrates: U S, 3988418[P]. 1976.

［51］ Daugherty E W, Erhard A E, Drobnick J L. Process for the recovery of rhenium and molybdenum values from molybdenite concentrate: U S, 3739057[P]. 1973.

［52］ Vizsolyi A, Peters E. Nitric acid leaching of molybdenite concentrates[J]. Hydrometallurgy, 1980, 6 (1-2): 103-119.

［53］ Anderson C G. NSC pressure leaching: industrial and potential applications[C]//In XXIV International Mineral Processing Congress, Beijing, 2008, 2875-2890.

［54］ Amer A M. Hydrometallurgical recovery of molybdenum from Egyptian Qattar molybdenite concentrate[J]. Physicochem. Probl. Mineral Pro. , 2011, 47(2011): 105-112.

［55］ Khoshnevisan A, Yoozbashizadeh H. Determination of optimal conditions for pressure oxidative leaching of Sarcheshmeh molybdenite concentrate using Taguchi method[J]. J. Min. Metall. Sect. B-Metall. , 2012, 48 (1): 89-99.

［56］ Khoshnevisan A, Yoozbashizadeh H, Mozammel M, et al. Kinetics of pressure oxidative leaching of molybdenite concentrate by nitric acid[J]. Hydrometallurgy, 2012, 111-112(2012): 52-57.

［57］ Khoshnevisan A, Yoozbashizadeh H. Application of artificial neural networks of predict pressure oxidative leaching of molybdenuite concentrate in nitric acid media[J]. Miner. Process Extr. Metall. Rev. , 2012, 33 (4): 292-299.

［58］ 张文钲. POX 和 NSC 研究进展[J]. 中国钼业, 2009, 33(2): 5-10.

［59］ 张邦胜, 蒋开喜, 王海北, 等. 酸性加压氧化分解辉钼精矿的实验研究[J]. 稀有金属, 2007, 31 (3): 384-390.

［60］ 王玉芳, 刘三平, 王海北. 钼精矿酸性介质加压氧化生产钼酸铵[J]. 有色金属, 2008, 60(4): 91-94.

［61］ 王海北, 邹小平, 蒋应平, 等. 溶剂萃取法从加压浸出液中提取钼[J]. 铜业工程, 2011(5): 21-26.

［62］ 蒋丽娟, 奚正平, 李来平, 等. 由等外品钼精矿制备氧化钼实验研究[J]. 稀有金属, 2011, 35 (1): 106-112.

［63］ Mu W Z, Zhang T A, Lu G Z, et al. Transformation Behavior of Molybdenum during Pressure Oxidation Process of Molybdenite Concentrate[C]//In Chemical, Mechanical and Materials Engineering, Zhouzhou, Y. ; Luo, Q. , Eds. 2011; Vol. 79, pp258-263.

［64］ 秦玉楠. 钼湿法生产中综合利用工艺[J]. 无机盐工业, 1996(3): 35-37.

［65］ 秦玉楠. 从辉钼精矿中提取钼、铼的研究[J]. 无机盐工业, 1990(5): 5-9.

［66］ 蔡创开, 马龙, 王中溪, 等. 硝酸催化氧压法分解非标准钼精矿制取钼酸铵产品[J]. 矿冶工程, 2012, 32(z1): 438-441.

［67］ 王玉芳, 赵磊, 张磊, 等. 钼精矿加压氧化过程中添加剂的选择[J]. 有色金属（冶炼部分）, 2009 (1): 18-20, 29.

［68］ 赵磊, 王玉芳. 无硝酸添加钼精矿中温加压氧化工艺研究[J]. 矿冶, 2013, 22(1): 49-52.

[69] Jiang K X, Wang Y F, Zou X P, et al. Extraction of Molybdenum from Molybdenite Concentrates with Hydrometallurgical Processing [J]. JOM, 2012, 64(11): 1285-1289.

[70] Reynolds V R. Hydrometallurgical processing of molybdenite ore concentrates: 4165362[P]. 1979.

[71] 宋成盈, 宋会娟, 王建设, 等. 氧气氧化法分解辉钼矿[J]. 金属矿山, 2009(3): 69-70, 106.

[72] 孙鹏. 用加压氧化法从钼精矿中浸出钼的试验研究[J]. 湿法冶金, 2013, 32(1): 16-19.

[73] 公彦兵, 沈裕军, 丁喻, 等. 辉钼矿湿法冶金研究进展[J]. 矿冶工程, 2009, 29(1): 78-81.

[74] 蔡创开. 碱性介质氧压煮-萃取法回收某非标准钼精矿中的钼[J]. 矿产综合利用, 2010(4): 19-23.

[75] 程光荣, 马秀华, 王述吉, 等. 用压热浸出和溶剂萃取技术生产钼酸铵[J]. 湿法冶金, 1994(3): 27-32.

[76] 程光荣, 马秀华, 王述吉. 从钼精矿制取钼酸铵的全湿法新工艺[J]. 钼业经济技术, 1988(2): 14-20.

[77] 杨文魁, 沈裕军, 丁喻. 镍钼矿湿法冶金研究现状[J]. 中国钼业, 2011, 35(5): 11-14.

[78] Wang M Y, Wang X W, Liu W L. A novel technology of molybdenum extraction from low grade Ni-Mo ore [J]. Hydrometallurgy, 2009, 97(1-2): 126-130.

[79] 贾帅广, 陈星宇, 刘旭恒, 等. 镍钼矿研究现状及发展趋势[J]. 中国钨业, 2012(6): 8-12.

[80] 王明玉, 王学文, 蒋长俊, 等. 镍钼矿综合利用过程及研究现状[J]. 稀有金属, 2012, 36(2): 321-328.

[81] 蒋开喜, 林江顺, 王海北, 等. 一种钼镍矿全湿法提取钼镍方法: 中国, 200810132538.2 [P]. 2008.

[82] 张邦胜, 蒋开喜, 王海北. 全湿法处理钼镍矿的新工艺[J]. 四川有色金属, 2012(3): 26-28.

[83] 张邦胜, 蒋开喜, 王海北. 镍钼矿加压酸浸新工艺研究[J]. 有色金属 (冶炼部分), 2012(11): 10-12.

[84] 魏昶, 李存兄, 樊刚, 等. 一种从含钼镍黑色页岩中分离钼镍的方法: 中国, 200810058164.4 [P]. 2011.

[85] Wang M S, Wei C, Fan G, et al. Molybdenum recovery from oxygen pressure water leaching residue of Ni-Mo ore[J]. Rare Metals, 2013, 32(2): 208-212.

[86] 胡磊, 肖连生, 张贵清, 等. 从高杂质低品位钼焙砂中苏打高压浸出钼的试验研究[J]. 矿冶工程, 2012, 32(6): 66-70.

[87] 王私富, 魏昶, 李存兄, 等. 含钼黑色页岩中钼的氧化碱浸行为[J]. 矿冶, 2013, 22(1): 45-48.

[88] 彭建蓉, 杨大锦, 陈加希, 等. 原生钼矿加压碱浸试验研究[J]. 稀有金属, 2007, 31(S1): 110-113.

[89] 魏昶, 樊刚, 邓志敢, 等. 含钼镍黑色页岩中钼镍的分离方法: 中国, 200910094103.8[P]. 2009.

[90] 李锋铎. 高压氧氨浸出石煤矿中提取与分离镍钼的工艺, 中国, 200710192478.9[P]. 2007.

[91] Ziyadanogullari R, Akgun A, Tegin I, et al. Separation of Mo, Cu, Zn and Pb from concentrates of fluorite ore containing molybdenum[J]. Asian J. Chem., 2007, 19(7): 5523-5532.

[92] 盘茂森, 朱云. 高压浸出钼酸钙中钼的实验研究[J]. 中国钼业, 2005, 29(6): 19-21.

[93] 唐忠阳, 李洪桂, 霍广生. 高压氧分解-萃取法回收铜钼中矿中的钼[J]. 稀有金属与硬质合金, 2003, 31(1): 1-3.

[94] 曹耀华, 刘红召, 高照国, 等. 某细粒低品位钼钨氧化矿粗精矿浸出新工艺[J]. 湿法冶金, 2012, 31(5): 297-299.

[95] 曹耀华, 刘红召, 高照国, 等. 低品位氧化钼精矿高压浸出新工艺[J]. 有色金属 (冶炼部分), 2011(1): 5-8.

[96] 曹耀华，刘红召，高照国，等. 从高压碱浸液中提取钼钨新工艺[J]. 有色金属（冶炼部分），2012（10）：27-29，41.

[97] 张杜超，杨天足，刘伟峰，等. 一种分离硫化铋精矿中钨钼和铋的方法：中国，CN102296180A[P]. 2013.

[98] Zhang D C, Yang T Z, Liu W F, et al. Pressure leaching of bismuth sulfide concentrate containing molybdenum and tungsten in alkaline solution[J]. J. Cent. South Univ., 2012, 19(12)：3390-3395.

[99] 周根茂，曾毅君，武翠莲，等. 某低品位含钼钒碳质页岩型铀矿石浸出工艺研究[J]. 铀矿冶，2012，31(3)：128-131，135.

[100] Kar B B, Datta P, Misra V N. Spent catalyst：secondary source for molybdenum recovery[J]. Hydrometallurgy, 2004, 72(1-2)：87-92.

[101] Curlook W, Papangelakis V, Baghalha M. Pressure acid leaching of non-ferrous smelter slags for the recovery of their base metal values[J]. Pressure Hydrometallurgy, 2004：823-838.

[102] Hyatt D E. Value recovery from spent alumina-base catalyst：U S, 846125[P]. 1987.

[103] Ho E M. Recovery of metals from spent catalysts. Murdoch University, Perth, Australia, 1992.

[104] Zeng L, Cheng C Y. A literature review of the recovery of molybdenum and vanadium from spent hydrodesulphurisation catalysts Part Ⅰ：Metallurgical processes[J]. Hydrometallurgy, 2009, 98(1-2)：1-9.

[105] Zeng L, Cheng C Y. A literature review of the recovery of molybdenum and vanadium from spent hydrodesulphurisation catalysts Part Ⅱ：Separation and purification [J]. Hydrometallurgy, 2009, 98(1-2)：10-20.

[106] 施友富，黄宪法. 从钼钴废催化剂中回收钼[J]. 资源再生，2007(1)：30-32.

[107] 王淑芳，马成兵，袁应斌. 从重油加氢脱硫废催化剂中回收钼和钒的研究[J]. 中国钼业，2007，31(6)：24-26.

[108] 潘叶金. 低品位钼矿加压浸出新工艺[J]. 中国钼业，2003(3)：25.

[109] Ziyadanogullari R, Aydin I. Recovery of uranium, nickel, molybdenum, and vanadium from floated asphaltite ash[J]. Sep. Sci. Technol., 2004, 39(13)：3113-3125.

[110] 施友富，王淑芳. 氨浸钼渣氧压碱浸工艺研究[J]. 中国钼业，2012，36(1)：38-40.

[111] 沈裕军，杨文魁，公彦兵，等. 碱性加压浸出三次氨浸渣中钼的实验研究[J]. 矿冶工程，2011，31(4)：73-76.

 **钒、钛、铀矿加压浸出**

8.1 加压浸出提钒工艺

8.1.1 概述

钒是一种过渡金属元素，属于高熔点稀有金属，银灰色，熔点为（1919.2±2）℃，沸点为3000~3400℃。钒在自然界中分布极为分散，故也称为稀散元素。钒的应用十分广泛，在钢铁、有色金属、化工、合金、超导材料、汽车等工业领域都是不可或缺的重要元素。钢铁、有色金属以及合金中加入一定量的钒，可以改变其微观结构，极大提高钢的耐磨性、红硬性、减轻材料质量，延长使用寿命；在化工工业中制造钒催化剂，价格便宜，性能稳定，抗中毒性能强；同时，钒化合物多彩的颜色可以用来制造颜料、油漆等；在超导材料中，钒与硅、镓化合物均有较高的超导转变临界温度的特性。因此，钒矿资源的综合开发利用具有非常重要的战略意义和产业需求[1]。

现在已探明的钒资源储量绝大部分赋存于钒钛磁铁矿中。除钒钛磁铁矿外，钒资源还部分赋存于磷块岩矿、含铀砂岩、粉砂岩、铝土矿、含碳质的原油、煤、油页岩及沥青砂中。世界钒钛磁铁矿的储量很大，根据美国地质调查局不完全统计，截至2013年，全球钒金属储量超过1000万吨，主要分布在中国、俄罗斯、南非等国家，此外还有澳大利亚、美国、加拿大、新西兰等国家。目前，国际市场上主要的钒供应国为中国、南非和俄罗斯。

我国钒资源非常丰富，是全球钒资源大国。钒资源主要分布在四川、湖南、广西、甘肃、湖北、河北等省，其赋存主要有两种形式，即钒钛磁铁矿和含钒的碳质页岩（俗称石煤）。钒钛磁铁矿主要分布在四川攀枝花西昌地区和河北承德地区。攀枝花地区的钒资源相当丰富，据报道，截至2013年，仅攀枝花市境内钒钛磁铁矿保有储量达237.43亿吨，其中钒资源储量达1862万吨，居国内第一、世界第三，并伴生铬、钴、镍、镓等稀贵元素。河北承德地区高铁品位钒钛磁铁矿（铁含量大于30%，V_2O_5含量大于0.7%）已探明储量3.57亿吨；低铁品位钒钛磁铁矿（铁含量大于10%，V_2O_5含量大于0.13%）已详细勘查确定的储量为75.59亿吨。我国含钒石煤蕴藏量也极其丰富，并且分布广泛，主要分布在我国湖南、湖北、广西等省（区）。石煤总储量618.8亿吨，其中已探明工业储量39亿吨，V_2O_5含量大于0.5%的储量为7707.5万吨[2,3]。

由于含钒石煤资源丰富，我国从20世纪70年代开始石煤提钒的工业生产。初期采用钠化焙烧法，但是焙烧过程中产生大量的含Cl_2和HCl气体，环境污染严重。针对钠化焙烧提钒工艺环境污染大、治理难、钒回收率低等特点，陆续采用湿法冶金的方法开发出新的方法和工艺[4]。2008年，昆明理工大学率先对石煤采用加压酸浸的研究，发现采用石煤加压酸浸强化提钒新工艺，钒浸出率接近90%，比传统工艺提高15%以上，比现有常压浸出工艺浸出率提高20%，极大地降低了能耗和原材料的消耗。同时，中南大学在石煤的空白焙烧—碱性浸出工艺的基础上进行了加压浸出的研究，同样也取得了良好的效果。

8.1.2　钒矿浸出化学

含钒石煤绝大部分以 V(Ⅲ) 形式存在，还有少部分的 V(Ⅳ) 以氧化物 VO_2 和氧钒离子 VO^{2+} 形式存在，而 V(Ⅴ) 主要以氧化物 V_2O_5 和钒酸盐 $xM_2O \cdot V_2O_5$ 形式存在。由于 V(Ⅲ)、V(Ⅳ)、V(Ⅴ) 均能溶解于酸性溶液，故可以直接采用酸性浸出。加压硫酸浸出条件下，石煤中钒氧化物发生下述反应：

$$V_2O_5 + H_2SO_4 \longrightarrow (VO_2)_2SO_4 + H_2O$$

$$V_2O_4 + 2H_2SO_4 \longrightarrow V_2O_2(SO_4)_2 + 2H_2O$$

由于 V(Ⅲ) 的钒是不溶的，所以在硫酸中借助空气中的氧气将其溶解，同时原矿中含有一定量的铁，在浸出中 Fe^{3+} 也可以将 V^{3+} 氧化成 V^{4+}，然后溶液中的 O_2 将 Fe^{2+} 氧化成 Fe^{3+}，形成一个氧化还原循环：

$$2V_2O_3 + 4H_2SO_4 + O_2 \longrightarrow 2V_2O_2(SO_4)_2 + 4H_2O$$

$$Fe^{2+} + O \longrightarrow Fe^{3+}$$

$$Fe^{3+} + V^{3+} \longrightarrow Fe^{2+} + V^{4+}$$

钒只有 +4、+5 价才能溶解于碱性溶液，其中由于氧化钒是两性氧化物，同时易溶于碱液形成可溶的钒酸盐而被浸出，碱浸出的主要反应为：

$$2VO_2 + 2NaOH \longrightarrow Na_2V_2O_5 + H_2O$$

$$V_2O_5 + 2NaOH \longrightarrow 2NaVO_3 + H_2O$$

8.1.3　钒矿浸出工艺及流程

8.1.3.1　加压酸浸

由于生成环境的不同，不同地区的石煤矿物的组成复杂多变，不同含钒矿物中钒被浸出的难易程度不同。我国大部分石煤矿中钒以类质同象形式存在，即钒在云母类、电气石类、石榴石类矿物中以三价钒替代三价铝等进入硅酸盐矿物晶格中。由于硅酸盐矿物结构稳定，以类质同象形式存在于该矿物晶格中的钒是难以被释放出来的，因而这部分的钒是属于难浸出的钒；而在氧化铁和高岭土矿物中，主要是四价钒或五价钒，其赋存形式是以吸附为主，这部分的钒是属于易浸出的钒。由于石煤形成于原生环境，一般的原生矿中不存在 V(Ⅴ)。

不同地区的石煤性质差异很大，通过对贵州地区低碳石煤钒矿中钒的矿物及价态分析，发现石煤矿样中 V(Ⅴ) 占总钒质量的 36.80%，这说明该石煤形成环境不是完全的强还原环境[5]。如前文所述，由于难溶硅酸盐中的钒难以被酸溶出，因此钒浸出率的高低与该矿物中钒 V(Ⅴ) 占总钒比例的大小有关，对于这种五价钒，属于容易浸出的钒，对于钒的浸出是十分有利的。试验考察了直接加压酸浸与焙烧—酸浸工艺的差异。采用加压浸出优化后的工艺参数为：浸出时间 6h，浸出温度 180℃，H_2SO_4 用量为 25%，液固体积质量比 1.2L/kg。研究发现，采用焙烧除碳后酸浸的浸出率为 49.22% ~ 50.58%，远不如直接加压酸浸的浸出率 75%。为了提高钒浸出率，同时降低浸出温度，进一步探索了两段浸出的方法，开发出了一种全湿法石煤提钒新工艺，流程图如图 8-1 所示。在保持液固体积质量比的条件下，同时降低浸出温度到 150℃，将氧气气氛改成空气气氛，第一段加压浸出

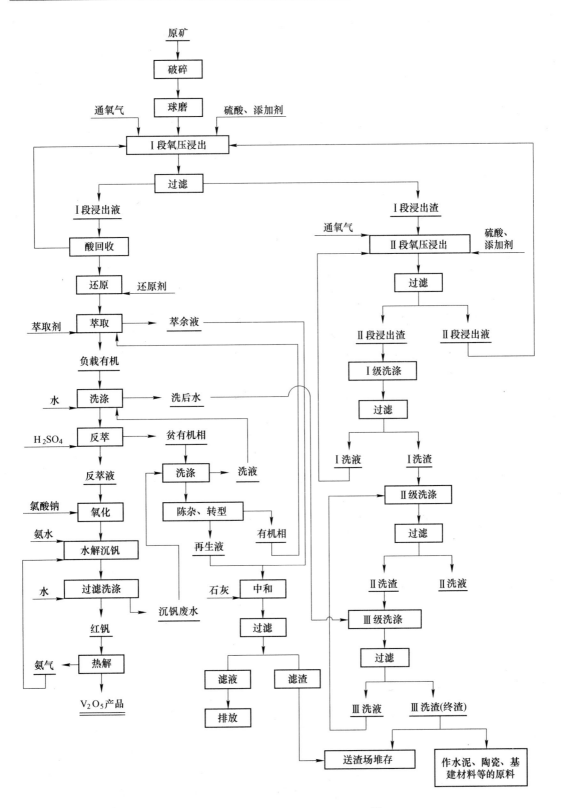

图 8-1 石煤氧压酸浸提取工艺流程[6]

时间为 2h，硫酸用量为 25%，第二段加压浸出时间为 3h，硫酸用量为 35%。研究发现，通过第一段钒浸出率从 75% 降低到 51%，降低了 24%，但是第二段浸出率提高，达到 82%，且两段总浸出率达到了 91%。随后采用扩散渗析膜法回收废酸，这种方法降低了原浸出液的酸度，极大地减少了中和所需的氨（碱）用量，简化了浸出液萃取提钒操作，降低了成本。并采用萃取剂（85% 煤油 + 10% P204 + 5% TBP）从石煤氧压酸浸液中萃取钒，最后得到五氧化二钒产品纯度大于 99.5%，符合 GB 3283—1987 中冶金 98 级产品的质量要求。试验结果证实，直接加压浸出低碳石煤是一条可行的工艺路线，并且该工艺不需要进行脱碳处理，简化了流程，与传统工艺相比，不仅缩短了浸出时间，钒的浸出率也有较大提高。该工艺钒总回收率达 80% 左右，比传统钠化焙烧工艺提高 20% 以上，同时由于采用全湿法处理，避免了传统焙烧工艺有害气体对环境的污染，是一种具有良好发展前途的环境友好型提钒新技术[6]。

同时，该工艺针对四川地区的含钒高碳石煤进行了研究[7]。矿物分析显示，该地区钒主要存在于云母类矿物与难溶硅酸盐中，说明该地区的矿石为难浸出的矿石。试验采用两段加压浸出。第一段浸出条件：硫酸质量浓度 210g/L、添加剂 5.5g、液固比 1.2∶1、氧压 1.2MPa、浸出温度 150℃、浸出时间 3h；第二段浸出条件：硫酸质量浓度 290g/L、添加剂 5.5g、液固比 1.2∶1、氧压 1.2MPa、浸出温度 150℃、浸出时间 4h。研究发现，钒最后浸出率为 72.86%，而常压两段浸出率为 54.7%。可以看出，强化后的浸出率仍然较低。作者认为，这与矿石含碳较高，且碳在浸出过程中的行为比较复杂有关。

除了石煤，攀钢钒钛磁铁矿经提钒后遗弃的钒废渣中 V_2O_5 的质量分数为 1.5% 左右，钒的含量相当高，是一种有价值的钒渣，并且每年都要排放 3000kt 以上，既大量占用土地也造成了环境的污染。针对攀钢钒钛磁铁矿提钒尾渣的矿物特点，相关研究人员提出了采用氧压直接浸出提钒尾渣的方法[8]。试验条件选取 −200 目（−75μm）矿物粒级，硫酸质量浓度 135g/L、压力 1.2MPa、液固质量比 8∶1、温度 120℃、时间 2h、搅拌速度 580r/min。试验结果表明：氧压酸浸可以打开钒的包裹，促进 H^+ 的反应和钒的浸出，攀钢提钒尾渣中钒的浸出率可达 79.24%，比传统工艺的提钒浸出率高 20%。此法达到较理想的浸出效果，实现了全湿法处理提钒尾渣。

8.1.3.2　加压碱浸

除了加压酸浸提钒工艺，也有研究学者对湖南怀化地区石煤开展了加压碱浸的提钒工艺研究[9]。工艺过程为空白焙烧-加压碱浸-脱硅-萃取-沉钒-煅烧等，工艺原则流程如图 8-2 所示。通过考察碱用量、液固比、浸出时间、阴离子种类与浓度等因素，对钒浸出做了深入研究。结果表明，采用矿重 3.5% 的 NaOH，液固比为 1.5∶1，180℃ 保温 2h，钒的浸出率达到 86%，浸出液中钒硅质量浓度比为 0.65，碱消耗率接近 80%，浸出液中的 OH^- 浓度为 0.06 ~ 0.07mol/L。

对碱性浸出液采用"调酸-混凝除硅"，其条件为：首先在常温下，采用 H_2SO_4 将石煤浸出液 pH 值调整至 8.0 ~ 9.0，加热至 90 ~ 95℃，保温 1 ~ 2min 至溶液无色透明，再加入溶液质量 0.1% 的 $Al_2(SO_4)_3 \cdot 18H_2O$ 固体，于 50℃ 慢速搅拌 30min，过滤即完成了整个除硅过程，得到适宜萃取的净化液。钒的直收率达到 98.16%，除硅率达到 97.48%，钒和硅得到了很好的分离。随后采用有机相组成 15% N263 + 10% TBP + 75% 磺化煤油和 NaOH-NaCl 进行萃取和反萃取。该工艺的优势在于，萃余液补碱循环返回浸出后，SO_4^{2-} 和 Cl^-

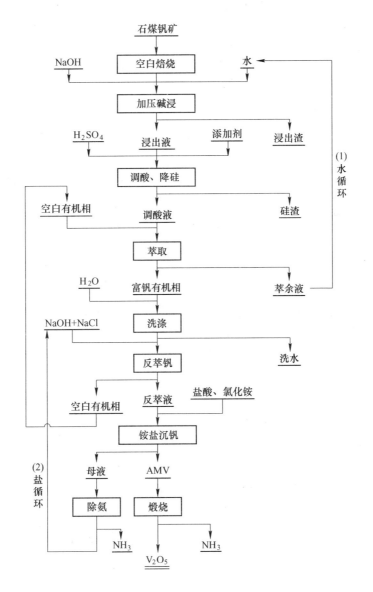

图 8-2 石煤加压碱浸提取钒工艺流程[9]

积累浓度分别不会超过 10g/L 和 7g/L，不影响浸出效果。这种加压碱性浸出法钒浸出率高，杂质浸出率低，也是一种提钒的新途径[10]。

8.2 钛精矿加压浸出生产人造金红石

8.2.1 概述

金红石的名称来源于拉丁语 Rutilus，是一种以二氧化钛为主要成分的矿石，含钛约60%，有时含铁、铌、钽、铬、锡等元素。金红石里面所含的二氧化钛晶体属四方晶系，是二氧化钛最稳定的构型。此外，二氧化钛还有板钛矿和锐钛矿晶型。金红石一般含二氧化钛在95%以上，是提炼钛的重要矿物原料，但在地壳中储量较少。它具有耐高温、耐低温、耐腐蚀、高强度、小比重等优异性能，被广泛用于军工航空、航天、航海、机械、化工、海水淡化等方面。金红石本身是高档电焊条必需的原料之一，也是生产金红石型钛白粉的最佳原料[11]。

据 2007 年美国地质调查局（USGS）公布的资料表明，世界金红石（包括锐钛矿）储量和储量基础分别约为 0.5 亿吨和 1 亿吨，资源总量约 2.3 亿吨（TiO_2 含量），主要集中在南非、印度、斯里兰卡、澳大利亚。天然金红石矿分为岩矿和砂矿，岩矿经采矿和选矿处理后才得到成品金红石；砂矿较为简单，经采集后稍加处理后就可以得到成品金红石。天然金红石中 TiO_2 含量可达 95% ~ 96%，是氯化法钛白粉和海绵钛的理想原料。但天然金红石储量较少，约占钛铁矿总储量的 2.5%（以 TiO_2 计），而且经过多年的开采，金红石资源逐渐枯竭。因此，天然金红石远远不能满足氯化法钛白粉和海绵钛生产的需求。储量丰富的钛铁矿的利用将是今后钛提取冶金的重要方向[12]。

我国是钛矿资源较丰富的国家，约占世界钛储量的 48%，但主要是钛铁矿资源，钛砂矿资源较少，分布也较分散，至今没有发现大型钛砂矿床。在钛铁矿储量中，岩矿占大部分，部分为砂矿。钛铁矿岩矿产地主要是四川、云南和河北；砂矿产地主要有广东、广西、海南和云南。金红石矿主要分布在湖北和山西等地。四川攀枝花-西昌地区的钛资源主要以钒钛磁铁矿形式存在，据报道截至 2013 年，仅攀枝花市境内钒钛磁铁矿保有储量就达 237.43 亿吨，其中钛资源储量 6.2 亿吨，居世界第一。所以，从攀枝花钒钛磁铁矿中回收钛铁矿是我国钛原料的重要来源之一。

钛铁矿的理论组成为 $FeTiO_3$，也可视为铁和钛的复合氧化物（$FeO \cdot TiO_2$）。在酸作用下，由于铁的氧化物和钛的氧化物的反应能力存在差别，一般来说，铁的氧化物比较活泼，因此将会溶解到酸中，而钛的氧化物比较稳定，往往被富集在渣相中。根据此方法，通过研究总结出几种富集 TiO_2 的生产方法，若按生产工艺分类，主要的有酸法、电炉法和还原锈蚀法。而我国攀西地区产出的钛铁矿的特点是结构致密，固溶了较高的氧化镁，因此选出的精矿品位较低，TiO_2 含量只有 46% ~ 48%，非铁杂质 10% ~ 13%，MgO、CaO 含量较高，这就给钛的工业生产带来了很大的复杂性和难度。使用电炉法冶炼成的高钛渣，由于不能有效除去钙镁杂质，故这种高钛渣用作氯化法钛白原料时，通常需进一步化学处理以除去 MgO、CaO，这样势必增加钛渣的生产成本。而酸法除钙镁能力强、所得产品质量高，制备的人造金红石中，TiO_2 含量均大于 90%。目前人造金红石以钛精矿为原料，酸法的生产主要有盐酸浸出法和硫酸浸出法。盐酸加压浸出的应用在国外主要是美国 Benilite 公司研究成功的 BAC 法；在国内具有代表性的主要是攀枝花矿弱氧化-稀盐酸加压浸出法以及选-冶联合稀盐酸加压浸出法等[13]。而硫酸加压浸出法主要是以日本石原公司的方法为代表，称为"石原法"，利用钛白生产的废酸浸出钛铁矿，得到人造金红石[14]。

8.2.2　钛精矿浸出化学

用盐酸加压浸出钛铁矿时，其反应主要是将杂质氧化物溶解到酸中，而 TiO_2 留在渣相中从而达到分离提纯的目的，基本反应如下[15]：

$$FeO \cdot TiO_2 + 2HCl \Longrightarrow FeCl_2 + TiO_2 + H_2O$$

$$Fe_2O_3 \cdot TiO_2 + 6HCl \Longrightarrow 2FeCl_3 + TiO_2 + 3H_2O$$

$$CaO \cdot TiO_2 + 2HCl \Longrightarrow CaCl_2 + TiO_2 + H_2O$$

$$MgO \cdot TiO_2 + 2HCl \Longrightarrow MgCl_2 + TiO_2 + H_2O$$

少量的 TiO_2 会溶于盐酸中，同时在浸出过程中，溶液中少量的 $TiOCl_2$ 又会水解形成固体 TiO_2：

$$TiO_2 + 2HCl \Longrightarrow TiOCl_2 + H_2O$$

$$TiOCl_2 + (x+1)H_2O \Longrightarrow TiO_2 \cdot xH_2O + 2HCl$$

在硫酸中的浸出反应和盐酸的浸出化学相似，基本反应如下：

$$FeO \cdot TiO_2 + H_2SO_4 \Longrightarrow FeSO_4 + TiO_2 + H_2O$$

在酸浸过程中 TiO_2 也部分被溶解，而后又沉淀析出。由于硫酸的浸出效果较盐酸差，一次浸出物中含有部分浸出不完全的矿物，这部分矿物需要返回重新处理。

8.2.3　钛精矿浸出工艺及流程

8.2.3.1　盐酸浸出法

具有代表性的盐酸法是 20 世纪 70 年代由美国 Benilite 公司研究成功的盐酸循环浸出法，简称为 BCA 法[16,17]。它是以高品位铁钛矿砂矿（TiO_2 含量为 54%～65%）为原料，采用重油为还原剂经过弱还原、加压浸出、过滤洗涤和煅烧等工序，获得含 TiO_2 94% 的人造金红石，浸出母液经喷雾焙烧法再生盐酸，进而实现盐酸的循环利用。目前在美国的科美基（Kerr-McGee）公司、印度稀土有限公司都使用该工艺生产人造金红石，其生产工艺如图 8-3 所示。

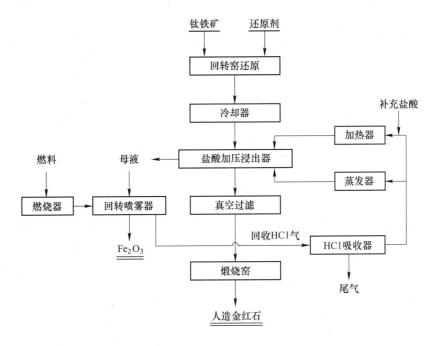

图 8-3　BCA 盐酸循环浸出法流程[16,17]

BCA 方法首先用重油喷洒在钛铁矿上，在回转窑中将钛铁矿中的 90% 的 Fe^{3+} 还原成

Fe^{2+}，当反应温度为870℃时，获得产物的金属化率为80%～95%；在还原料冷却后，加入球型回转压煮器中，用18%～20%的盐酸进行加压浸出，浸出温度为145℃（浸出器内压力为2.5kg），压力为0.24MPa，浸出过程中将FeO转化为$FeCl_2$，且溶解掉钛铁矿中的一系列杂质，如锰、镁、钙、铬等，将18%～20%的盐酸蒸气注入压煮器中以提供所必需的热，避免了水蒸气加热引起的浸出液变稀的问题；浸出之后，固相物经带式真空过滤机进行过滤和水洗后，在870℃煅烧成人造金红石。浸出母液中的铁和其他金属氯化物，采用传统的喷雾焙烧技术进行再生，再用洗涤水吸收分解出来的HCl，形成浓度为18%～20%的盐酸，返回浸出使用。

BCA盐酸循环浸出法具有可以除去大多数杂质，获得高品位的人造金红石，而且全部废酸和洗涤水都能进行再生和循环使用等优点。但该工艺的盐酸回收系统成本较高，同时生产设备需要专门的防腐材料制造。

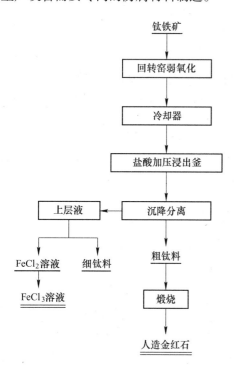

图8-4　弱氧化-稀盐酸加压浸出工艺流程[18]

针对我国攀枝花的钛铁矿，1982年攀枝花钢铁研究院研究设计了弱氧化-稀盐酸加压浸出工艺，工艺流程如图8-4所示[18]。通过中间试验，已获得TiO_2品位不小于90%，其粒度－160目（－0.096mm）以下的占20%左右的人造金红石。首先，钛铁矿的弱氧化是将钛精矿中的FeO轻度的氧化焙烧，一部分FeO变成Fe_2O_3，使矿中的组成发生一定的改变。在酸浸时进行选择性浸出，使大量的金属杂质被浸出到溶液中，TiO_2留在矿粒中，防止了金红石的细化，得到粗颗粒的产品，克服了粒度质量太细的问题。经弱氧化后的钛精矿，在加压下进行酸浸，能提高反应温度，极大地增加了除去杂质的效果，使金红石TiO_2品位高达90%以上。该工艺与BCA盐酸浸出法相比，唯一的不同就是钛铁矿的预处理方法不同。BCA法采用的是还原，而攀枝花钢铁研究院采用的是弱氧化，通过把钛铁矿部分的铁氧化成三价铁，这样可以降低金红石的粉化率。因攀枝花钛铁矿TiO_2含量较低，含杂质钙、镁、硅等较高，在常压下酸浸，反应温度低，除去杂质的效果较差，金红石的品位低，难以提高。采用加压浸出，就能克服金红石TiO_2品位低的质量问题。

选—冶联合稀盐酸加压浸出法是1984年电子科技大学、自贡东升冶炼厂、北京有色金属研究总院等单位基于攀枝花钛精矿开发的工艺，工艺流程如图8-5所示。这种方法的基本工艺过程与BAC法相同，所不同的是取消了预还原，增加了前磁选和后磁选两个作业步骤。之所以不用预还原，是因为攀枝花钛铁矿是原生矿，矿的酸溶性较好，在较高温度下直接加压酸浸，铁和其他杂志的浸出率较高。钙、镁、铝、硅的氧化物在钛精矿中以石英和硅酸盐形式存在，是非磁性或弱磁性矿物，增加前磁选和后磁选可分离除去它们。故将钛铁矿经磁选后用盐酸加压浸出，钛精矿中的铁和钙、镁、锰等杂质溶解，从而使

TiO$_2$ 与杂质分离，达到富集。该法生产的金红石 TiO$_2$ > 94%，CaO + MgO ≤ 0.5%，除杂能力强、钛富集程度高，但存在着酸耗量大、设备腐蚀及废液处理问题[19]。

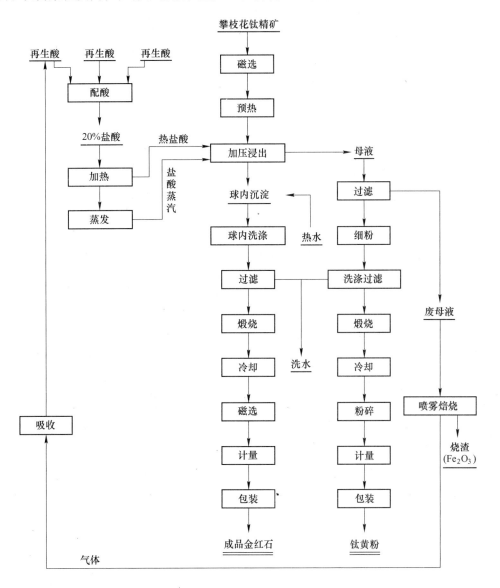

图 8-5　选—冶联合稀盐酸加压浸出法流程

　　结合弱氧化—稀盐酸加压浸出工艺和选—冶联合稀盐酸加压浸出法的优点，攀枝花钢铁研究院又开发了预氧化—选冶联合加压浸出工艺，并在 1000t/a 的生产装备上进行了浸出试验[20]。攀枝花钛铁矿稀盐酸加压浸出制取人造金红石工艺主要包括预氧化、前磁选、加压酸浸、过滤洗涤、煅烧和后磁选六个工序，工艺流程如图 8-6 所示。通过探索试验的条件，综合考虑盐酸质量浓度对人造金红石品位和产品细化率的影响以及整个工艺过程内盐酸的闭路循环，认为合适的盐酸质量浓度为 220 ~ 230g/L，加热终止温度控制在 138℃左右，酸矿比应大于 3.46。采用此浸出工艺，由于钛铁矿经预氧化处理后的固溶体在酸浸时发生内部水解沉积而基本保持原矿粒度，加压浸出后产品细化率相对较低。制备的人造金红石 TiO_2 品位不小于 92%，产品细化率控制在 15% 以下，全流程钛总收率大于 92%。

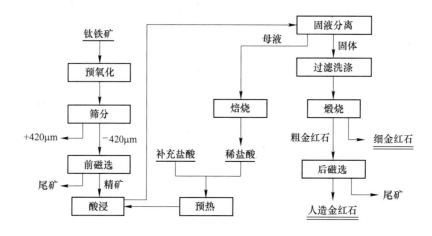

图 8-6　预氧化—选冶联合加压浸出工艺流程[20]

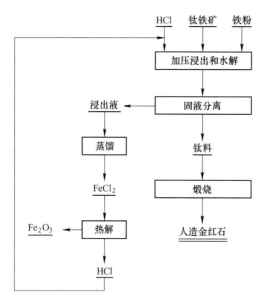

图 8-7　还原加压浸出工艺流程[21]

2003 年，埃及开罗中央冶金研究与发展研究所对埃及东南部沙漠 Abu Ghalaga 地区的钛铁矿也进行了加压盐酸浸出制备人造金红石的研究，工艺流程如图 8-7 所示[21]。该工艺采用盐酸作为浸出液，同时加入铁粉作为还原介质。加入铁粉的主要作用是在浸出过程中产生 Ti^{3+}，从而通过维持溶解的铁离子为亚铁价态来加速提高钛铁矿的浸出速度。试验条件采用盐酸浓度 20%，反应温度 110℃，铁粉的加入比例为 1.1，反应 0.5h 后加入并维持 5h。煅烧后的产品中 TiO_2 含量为 90%，Fe_2O_3 含量为 0.8%，其他有色金属含量为 0.12% 并且还有 5.8% SiO_2。人造金红石产品的粒径小于 2.5μm 占 99%，能符合氯化法钛白的生产要求。

8.2.3.2　硫酸浸出法

硫酸浸出钛铁矿的研究较多，其中工业生产应用以石原法为主[22,23]。日本石原产业利用硫酸法生产钛白排出的废酸（浓度 22% ~ 23%）浸出印度高品位钛矿（氧化砂矿），矿石中的铁主要以 Fe^{3+} 形式存在，将钛铁矿中的铁和其他杂质用稀硫酸加压浸出，使得 TiO_2 品位提高的方法，称为石原法。其工艺流程如图 8-8 所示。

首先采用石油焦为还原剂在 900 ~ 1000℃ 范围内将矿石中的 Fe^{3+} 还原成 Fe^{2+}，其中 Fe^{3+} 的含量应占总铁的 90% 以上。随后将还原矿在稀硫酸（浓度 22% 左右）中加热至 120 ~ 130℃（压力 0.22MPa 左右）加压浸出，矿中的 Fe^{3+} 被溶解成 $FeSO_4$ 进入溶液。在酸浸过

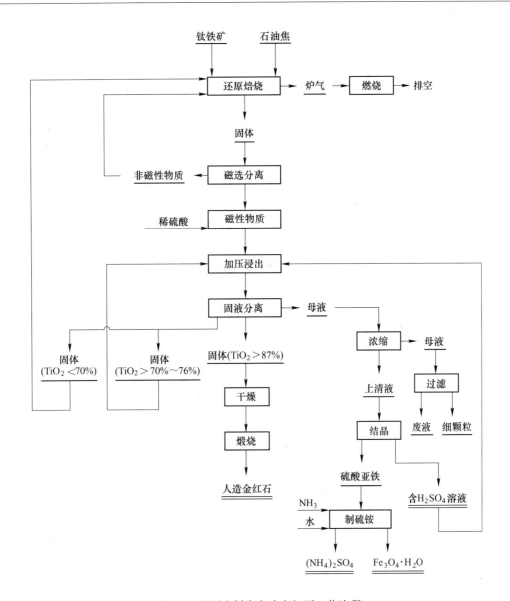

图 8-8 石原法制取人造金红石工艺流程

程中 TiO_2 也有部分被溶解，随后又沉淀析出；加入 TiO_2 水合胶体溶液作为晶种时，可扩大固-液两相间的浓度差，从而加快铁的浸出速度和提高浸出率，有助于控制产品的粒度，减少细粒产品。由于硫酸的浸出效果较盐酸差，一次浸出物中含有部分浸出不完全的矿物，这部分矿物需返回还原或者重新浸出处理。浸出过后产品经固液分离后，获得的固相经过洗涤即为富钛料，分离出来的液相是含有 $FeSO_4$ 的滤液，可制取硫酸铵作为化肥和氧化铁红作为炼铁原料。

由于石原法在除去矿中铁的同时，还可以部分除去钙、镁、锰、铝等可溶性杂质，因此可以获得高品位的产品。该法充分利用了硫酸法生产钛白厂的废酸，既使产品的成本降低，又有效解决了钛白生产厂的三废治理问题。但日本石原产业使用的原料是高质量的钛铁矿，如果钛铁矿的品位较低则会使工艺过程变得复杂并会降低产品的质量。

8.3　铀矿加压浸出工艺

8.3.1　概述

　　铀（Uranium）原子序数为92，是自然界中存在的最重的元素。其在自然界中存在三种同位素，均带有放射性，拥有非常长的半衰期（数亿年至数十亿年）。铀通常被人们认为是一种稀有金属，尽管它在地壳中的含量很高，但由于提取铀的难度较大，所以发现得较晚。铀在地壳中分布广泛，但是只有沥青铀矿和钾钒铀矿两种常见的矿床。据文献报道，地壳中铀的平均含量约为百万分之二点五，即平均每吨地壳物质中约含2.5g铀。铀在各种岩石中的含量很不均匀。例如，在花岗岩中的含量就要高，平均每吨含3.5g铀。在地壳的第一层（距地表20km）内含铀近1.3×10^{14}t。依此推算，$1km^3$的花岗岩就会含有约10kt铀。

　　虽然铀元素的分布相当广，但铀矿床的分布却很有限。铀资源主要分布在美国、加拿大、南非、西南非、澳大利亚等国家和地区。据统计，到2009年，全球已探明的铀矿储量已经达到630.63万吨。我国的铀矿资源比较丰富，铀资源储量为世界的4%~7%，几乎各省区均发现了有工业价值的铀矿床，能满足我国核工业中期发展的需要，并且在2012年，内蒙古大营地区发现国内最大规模的铀矿，使我国控制铀资源量跻身世界级大矿行列。目前，我国已探明的铀矿类型按其赋存的岩石种类划分，主要有花岗岩型、火山岩型、砂岩型、碳硅泥岩型、碳酸盐型、石英岩型和含铀煤型等。整体上讲，我国的铀矿床类型复杂，一般品位较低，共生元素各异。在我国铀矿冶创建的初期，一般采用常规的矿石破磨—搅拌浸出—固液分离—浓缩纯化的工艺进行铀的提取加工，浸出的选择性不好、工艺流程比较复杂，致使铀矿资源回收率较低、提铀成本偏高、生产的经济性较差。

　　对铀矿石来说，加压浸出是从矿石浸出铀的直接提取技术。国内外对铀矿石的加压浸出已有很多年的生产实践，建立了许多酸法、碱法加压浸出工厂。据估计，在西方国家中，铀浓缩物的10%~15%是用加压浸出法生产的。主要是酸法加压浸出，其他4%~5%是用碱法加压浸出生产的[24]。加压浸出技术工业应用的关键是高压釜。所以，铀矿加压浸出技术的进展与高压釜及其配套设备、仪器的完善和发展是紧密相关的。初期，为解决密闭下物料的搅拌问题，曾推出滚动式和摇摆式高压釜。随着密封技术的发展进步出现了填料密封、机械密封以及耦合和屏蔽电机之类的机械搅拌釜。此外，利用矿浆的自行搅拌、气体搅拌的高压釜也已在工业上广泛应用。高压釜的容积也越来越大，可达30~$50m^3$，甚至更大一些，分隔成多个室，与之配套的给料泵和温度、压力控制系统等也都得到相当程度的发展[25]。所以，在铀矿处理工艺中加压浸出是相当成熟的技术。

8.3.2　铀矿浸出化学

　　铀在天然矿石中以氧化物形式存在，工业上利用的主要铀矿物为沥青铀矿，具有UO_2和U_3O_8（或写成$UO_2 \cdot 2UO_3$）两种状态。由于铀矿石的含铀品位一般很低，难以通过选矿富集，多是直接浸出原矿，所以在工业上加压浸出铀矿石的生产规模也是比较大的。浸取方法一般有酸法和碱法两种。多数铀水冶厂采用酸浸取法，少数厂用碱浸取法，只有个别厂同时采用酸、碱两种浸取流程。酸浸取法一般用硫酸作浸取剂，矿石中的铀和硫酸反应，生成可溶的铀酰离子 UO_2 和硫酸铀酰离子 $[UO_2(SO_4)]_x$；浸取时常加入氧化剂（常用二氧化锰、氯酸钠），以保持适宜的氧化还原电势（约450eV），使四价铀氧化成六价，以提高铀的浸出率，反应为：

$$UO_2 + MnO_2 + 2H_2SO_4 \longrightarrow UO_2SO_4 + MnSO_4 + 2H_2O$$

$$UO_3 + H_2SO_4 \longrightarrow UO_2SO_4 + H_2O$$

如果是含碱性脉石（如 CaO 或 MgO 的碳酸盐矿物）为主，主要用碱法浸取，常用的浸取剂为碳酸钠和碳酸氢钠的水溶液，在鼓入空气的条件下，矿石中的铀与碳酸钠生成碳酸铀酰钠 $Na_4[UO_2(CO_3)_3]$，溶于浸取液，反应为：

$$2UO_2 + O_2 + 6Na_2CO_3 + 2H_2O \longrightarrow 2Na_4[UO_2(CO_3)_3] + 4NaOH$$

$$UO_3 + 3Na_2CO_3 + H_2O \longrightarrow Na_4[UO_2(CO_3)_3] + 2NaOH$$

所得浸出溶液，用离子交换法或溶剂萃取法进行分离与富集。我国对低品位铀矿石的加压浸出技术已有多年的生产实践。

8.3.3　铀矿浸出工艺及流程

由于铀矿石组成复杂，除含铀之外，还含有钍、稀土、钽、锆、钛等多种金属，它们的盐相互组成类质同象，化学性质相当稳定。故采用常压酸浸出时，酸用量相当大，浸出条件苛刻，浸出结果不好，而采用加压酸浸往往能得到较好的浸出率。同时，对于部分高耗酸的铀矿石，采用加压碱浸能极大地降低试剂消耗量。

8.3.3.1　加压酸浸

A　国外加压酸浸工艺

加拿大基湖铀水冶厂于1983年10月投产，是世界上较先进的铀矿加压酸浸工厂。日处理矿石800t，采用加压酸浸和溶剂萃取流程生产高纯重铀酸铵。整个生产工艺流程包括浸出（含加压酸浸）逆流倾析、溶剂萃取、沉淀镍和砷、沉淀铀、除镭、结晶硫酸铵和尾矿处理等工序[26]。

基湖铀水冶的矿石组成复杂，组分质量分数分别为：铀2.0%~2.5%，镍2.5%，砷1.5%，石墨1%。铀以氧化物和硅酸盐形式存在，镍以硫砷化物、硫化物和砷化物形式存在。浸出工艺分两段完成，第一段为常压酸浸，第二段为加压酸浸。

首先把磨细的矿浆（固体的质量分数为15%）泵入4台串联的帕丘卡槽（直径3m，高12m，容积87m³）进行常压酸浸，浸出条件：温度30℃；H_2SO_4 质量浓度31g/L；总浸出时间8h。第一段常压酸浸结果：浸出液中 U_3O_8 质量浓度6.5g/L，浸出渣中 U_3O_8 质量分数1%~2%，铀浸出率约35%。第一段常压酸浸矿浆经浓密（浓密机直径20m），溢流进行溶剂萃取提铀，浓密底流（固体质量分数40%~50%）再打入10台（其中2台备用）串联立式机械搅拌釜进行第二段加压酸浸。浸出条件为：矿浆中固体质量分数40%~50%，矿浆酸度 pH 值小于1.0（H_2SO_4 质量浓度1.5g/L），温度70℃，氧分压0.65MPa，总时间3~4h，铀浸出率99%。第二段加压酸浸后矿浆送至8台串联浓密机（直径20m）逆流倾析，溢流返回常压酸浸，底流经洗涤后尾弃，加压酸浸及逆流倾析系统如图8-9所示。基湖铀厂加压酸浸系统效果较好，而且可适应变化范围较大的矿石。

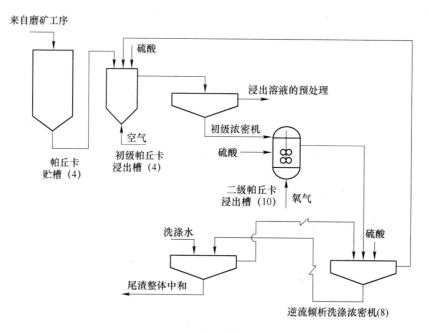

图 8-9　加压酸浸及逆流倾析系统示意图[25]

B　我国加压酸浸工艺

加压酸浸作为一种省酸和强化方法,国内进行了多年深入试验研究,并取得了很大进展[27]。

例如,采用加压酸浸碱性霓霞正长岩的矿石,矿床中主要含铀、钍和稀土矿物,为绿层硅铈钛矿。由于铀、钍在绿层硅铈钛矿中以类质同象形态存在,必须破坏该矿物,才能浸出铀、钍和稀土。对于碱法无法浸出,常规酸浸和拌酸浸出时,每吨精矿的耗酸量高达300kg。加压酸浸该矿石的磁选精矿取得较好的结果(见表8-1)[27]。

表 8-1　绿层硅铈钛矿石的磁选精矿的加压酸浸试验结果[27]

取　样	进　釜　矿　浆					
	精矿中 w_B/%			H_2SO_4 的质量分数/%	-200 目 (-0.074mm)矿石的质量分数/%	液固体积质量比 /L·kg^{-1}
	U	Th	Re_2O_3			
第 1 天	0.0640	0.196	1.500	20.0	90.0	3.5
第 2 天	0.0615	0.200	1.380	18.0	92.8	3.3
第 3 天	0.0600	0.180	1.400	18.0	87.5	2.7

取　样	出　釜　矿　浆						渣计浸出率/%		
	溶液中 ρ_B/g·L^{-1}			渣中 w_B/%					
	U	Th	Re_2O_3	U	Th	Re_2O_3	U	Th	Re_2O_3
第 1 天	0.233	0.174	0.554	0.0122	0.032	0.230	82.8	85.3	86.0
第 2 天	0.191	0.184	0.501	0.0104	0.026	0.116	84.8	88.3	92.4
第 3 天	0.208	0.188	0.651	0.0125	0.031	0.211	81.2	84.5	86.5

试验在6个串联气体搅拌立式釜中进行,釜体容积60L,釜体材料为含钼的钛基合金。

工艺条件：精矿粒度为 -200 目精矿质量分数 90%；硫酸质量分数 18% ~ 20%；温度 100 ~ 200℃（第一釜），其余各釜 150 ~ 160℃；总压（14.7 ± 1）× 10^5 Pa；时间 2 ~ 3h；液固体积质量比 3.5L/kg。

浸出结果表明，加压酸浸不仅金属的浸出率较高（铀、钍和稀土的浸出率分别为 82.9%、86.0% 和 88.3%），而且浸出精矿的硫酸用量降低至 180kg/t，与常规酸浸和搅拌酸浸出相比，酸用量相应降低 120kg/t。

此外，某些含有较多硫化物的矿石，碱浸与常压酸浸处理都不理想。但是，将这种矿石用水制浆，不加酸（或只加少量起始酸），直接在高压釜中进行加压浸出，硫化物氧化生成的硫酸就可将矿石中铀和其他一些金属浸出，在行业内这种浸出法称为加压水浸。浸出过程除供空气和水之外，不消耗其他化工试剂，余热能源可以回收再利用，因此是一种加工某些含硫铀矿石较为经济的方法。

我国曾对多种含硫铀矿石进行加压水浸试验研究，如含硫铀矿泥、含铀镍锌硫精矿、含铀铜铅锌矿石等，都取得了较好的结果[26]。曾建成规模为 20t/d 的加压水浸工厂装置。物料为矿泥，产品为黄饼。采用 3 台串联气体搅拌立式釜浸出—单级冷却釜冷却—二级减压器减压—四段逆流洗涤—清液离子交换—中和沉淀回收铀的工艺流程。

其中高压釜外形尺寸为 ϕ1000mm × 6000mm，容积 4.7m³，采用蒸汽夹套加热，釜体为含钼不锈钢。加压水浸工艺条件：温度（130 ± 5）~（140 ± 5）℃；压力 0.98 ~ 1.37MPa（首釜 1.37MPa）；时间 4h；进料矿浆液固体积质量比 1.5 ~ 2.0L/kg；矿泥中小于 200 目（0.074mm）粒度质量分数 90%，最大粒度小于 0.5mm；矿浆体积流量 1.3 ~ 1.5m³/h；空气体积流量 4.5m³/min；蒸汽用量 0.5t/h；冷却温度 75 ~ 80℃；减压阀最终压力小于 0.98MPa。经连续运转 90 多天，工厂试验证明：工艺流程可行，设备可靠，技术经济指标较好，平均铀浸出率达 86%，尾渣经洗涤后铀质量分数为 0.0176%，黄饼生产成本大幅度降低，为含硫铀矿石加压水浸工业处理提供了实践经验[28]。

8.3.3.2 加压碱浸

A 国外加压碱浸工艺

美国阿特拉斯公司阿特拉斯矿物部在犹他州的莫阿布（Moab）铀厂于 1956 年投产运营[26,29]。由于矿石的变化在工艺上经历过几次较大的变动，其处理矿石以碱法处理为主，酸法为辅。其碱法系统的日处理量为 850 ~ 950t 矿石，采用铜氨配离子催化氧化的加压碱浸工艺，其工艺流程如图 8-10 所示。

矿石取自犹他州东南部地区和科罗拉多州相邻地区，为晶质铀矿，碱法系统的进料矿石平均含 0.28 U_3O_8。采用两段磨矿，以制得粒度为 -65 目（-0.23mm）的产品。第一段是球磨机-分级机系统，把进料矿石磨到 -48 目（-0.3mm）左右。然后将分级机溢流泵入与第二段球磨机形成闭路操作的两台 15 英寸（1 英寸 = 25.4mm）旋流器中，旋流器的溢流是磨矿车间的最终产品。磨矿系统中稀释用的工厂溶液约含 50g/L Na_2CO_3、15g/L $NaHCO_3$ 和 8g/L U_3O_8。由磨矿工序制得矿浆在进入预热和高压釜浸出系统之前，先在直径 85 英寸（1 英寸 = 25.4mm）的浓密机中浓密到约含 50% 固体。为改善沉降性能，在浓密机进料中加入聚丙烯酰胺絮凝剂，每吨矿石约 0.03kg。浓密机溢流返回到工厂溶液储槽，经补充试剂后重新用于磨矿系统。浓密机底流的预热分两段完成。在第一段中矿浆通过同心管热交换器的外管，被浸出系统排出的热矿浆逆流加热到 70 ~ 75℃，然后进料矿浆

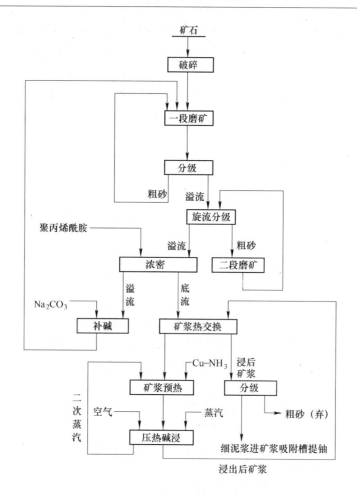

图 8-10　莫阿布铀矿加压碱浸工艺流程[26]

在两个串联的槽中被高压釜排出的蒸汽进一步预热到 75~80℃。

高压釜系统是由平行的两排釜组成。每排串联七台 3000m³ 的高压釜。高压釜装有机械搅拌器，在叶轮下面装有空气喷射管，使空气更好地分散。每排的头两台釜都装有蒸汽蛇管，保证第一台釜加热到 115℃ 左右，第二台釜加热到 120℃ 左右。浸出的时间约为 6.5h，每吨矿石约消耗 30kg 碳酸钠。碳酸氢钠是在浸出过程中碳酸钠和矿石的硫化物作用产生的。氧化剂以含 Cu 34g/L 和 NH₃ 53g/L 的溶液形式加入，每吨矿石平均消耗 0.6kg CuSO₄·5H₂O。此碱法系统的铀总回收率平均为 96%。

洛代夫（Lodève）铀水冶厂是法国核材料总公司（Cogema）在法国本土的三大铀水冶厂之一，是新一代的典型碱法工厂[30]。1991 年建成投产，年处理矿石 40 万吨，年产铀 1000t。

洛代夫铀矿石中铀的质量分数为 0.2% 左右，为铀与钼、硫化物、有机质共生的复杂难处理矿石。碳酸盐含量高，氧化钙质量分数为 6%~10%；硫质量分数为 0.6%~0.8%，主要是黄铁矿，其次是闪锌矿、硫酸盐；钼质量分数一般不超过铀的 10%，另外还含有溶于碱性介质的锆及有机质。该厂原工艺流程由三部分组成[31]：矿石破磨、加压碱浸和固液分离，含铀溶液处理，残液处理。其中，加压碱浸在两组串联的高压釜内进行，第一组为 6 台，用于预浸出；第二组为 12 台，用于浸出。采用两次加压浸出，目的是维持第二次浸出的高碱度（100g/L Na_2CO_3），从而获得较高浸出率。第一次浸出（预浸）所得的浸出液为产品液，第二次浸液加入 Na_2CO_3 和菱铁矿后用于预浸滤饼再制浆，渣洗水返至磨矿。浸出温度为140℃，压力为0.6MPa，时间9h（含预浸3h），并通入氧气（氧分压0.3MPa）。浸出过程中加入的菱铁矿用作催化剂。研究结果表明，浸出中每吨矿加入10kg的新生态 $Fe(OH)_3$ 有助于铀的氧化浸出，可提高浸出率4%~5%，而新生态 $Fe(OH)_3$ 可由菱铁矿在高压釜内生成。浸出工序每吨矿碳酸钠消耗为47.5kg，氧气消耗为16~17m^3，铀浸出率为94%~95%。

洛代夫厂原工艺流程虽浸出率较高但也存一些缺点。例如，为使铀沉淀完全，全部产品液在沉淀铀前需酸化，因而作为浸出剂的全部剩余碳酸钠和碳酸氢钠会被破坏并消耗了酸；再者，为回收 Mo 和 Na_2SO_4，残液需经蒸发浓缩，活性炭吸附除有机质处理，故需庞大设备和能耗。为克服这些缺点，降低生产费用，后来对原工艺流程进行了改进，用碱性浸出剂再生及其溶液返回法代替原流程。这样，需酸化处理的产品液体积大大减少，大部分产品液经 NaOH 直接沉淀铀后再返回浸出系统，使预浸阶段转化为 $NaHCO_3$ 的 Na_2CO_3 得以再生，大大节省了酸、碱及能源的消耗。NaOH 将用于调节第二次浸出所获得的浸出液碱度，以控制 Na_2CO_3 和 $NaHCO_3$ 的比例，并使浸出阶段转变为 $NaHCO_3$ 的 Na_2CO_3 得到再生。新流程中铀溶解所必需的 Na_2CO_3 由 NaOH 和菱铁矿在循环中产生。NaOH 是一种新的浸出添加剂。碱性浸出剂再生和溶液循环的新方法，在不更新和增加设备的条件下，改进了该厂的原生产工艺，提高了经济效益，降低了生产成本。

B 我国加压碱浸工艺

我国铀矿床主要是花岗岩、火山岩、变质岩和沉积岩类型，矿石组成较复杂，铀质量分数低，一般为 0.06%~0.25%，铀矿物多为沥青铀矿、铀黑以及晶质铀矿等原生矿物，伴生矿物多，常规浸出时试剂消耗大，铀浸出率低，较难加工，适合用加压浸出工艺处理。我国主要有三家碱法加压浸出工厂，都采用加压碱浸—浓密—酸化萃取工艺流程。我国某厂采用加压碱浸工艺处理含铀、钼和铼等多金属矿石，其浸出工艺流程如图8-11所示[26]。

原矿中各成分比例：U 0.132%，Mo 0.356%，Re 78%，CaO 1.74%，MgO

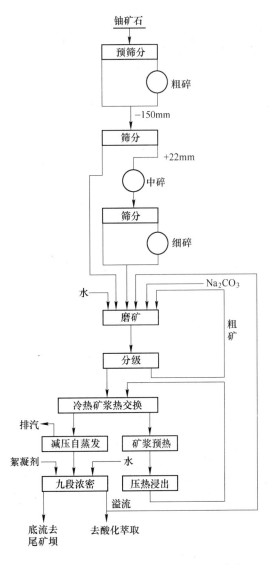

图8-11 矿石破磨及加压碱浸工艺流程[26]

5.33%，SiO_2 54.2%，Fe_2O_3 9.9%，Al_2O_3 8.66%；矿石磨至：+80 目（+0.18mm）矿石的质量分数小于5%，−200 目（−0.074mm）矿石的质量分数不小于70%；浸出液固体积质量比 1.6L/kg；溶液中碱质量浓度 50~60g/L；温度 145℃；空气从高压釜底部吹入，空气流量 8~9m^3/min，釜内压力 1.86MPa。浸出过程在 10 台串联立式空气搅拌高压釜中完成。浸出液中各成分浓度：U 0.955g/L，Mo 1.3g/L，Re 0.0074g/L，总碱 11.72 g/L，金属浸出率：U 90%、Mo 78%，Re 90%。

参 考 文 献

[1] 王明玉，王学文. 石煤提钒浸出过程研究现状与展望[J]. 稀有金属，2010，34(1):90-97.

[2] 蒋凯琦，郭朝晖，肖细元. 中国钒矿资源的区域分布与石煤中钒的提取工艺[J]. 湿法冶金，2010，29(4):216-219.

[3] 漆明鉴. 从石煤中提钒现状及前景[J]. 湿法冶金，1999(4).

[4] 刘景槐，谭爱华. 我国石煤钒矿提钒现状综述[J]. 湖南有色金属，2010，26(005):11-14.

[5] 李旻廷，魏昶，李存兄，等. 低碳石煤加压浸取钒新工艺研究[J]. 铀矿冶，2008，27(3):129-133.

[6] 邓志敢. 石煤氧压酸浸萃取提钒新工艺研究[D]. 昆明：昆明理工大学，2008.

[7] 魏昶，吴惠玲，李存兄，等. 高碳石煤直接酸浸提钒探索性研究[C]//2008 年全国冶金物理化学学术会议专辑（下册）. 2008.

[8] 葛怀文，魏昶，樊刚，等. 提钒尾渣加压酸浸取钒新工艺探索试验[J]. 山西冶金，2008，116(6):17-18.

[9] 肖超. 石煤提钒新工艺及其机理研究[D]. 长沙：中南大学，2010.

[10] 李许玲，肖连生，肖超. 石煤提钒原矿焙烧—加压碱浸工艺研究[J]. 矿冶工程，2009，29(5):70-73.

[11] 莫畏，冶金. 钛冶金[M]. 北京：冶金工业出版社，1979.

[12] 王立平，王镐，高顾，等. 我国钛资源分布和生产现状[J]. 稀有金属，2004，28(1):265-267.

[13] 王海北，蒋开喜，施友富，等. 加压浸出生产金红石及熔盐电解制备海绵钛新工艺探索[J]. 中国工程科学，2004，6(12):91-93.

[14] 邓国珠，黄北卫，王雪飞. 制取人造金红石工艺技术的新进展[J]. 钢铁钒钛，2004，25(1):44-50.

[15] 隋建新. 稀盐酸加压浸出攀枝花钛精矿生产人造金红石的探讨[J]. 轻金属，1997(9):43-45.

[16] 马勇. 人造金红石生产路线的探讨[J]. 钛工业进展，2003，1:20-23.

[17] 陈卫. 美国克尔-麦吉公司人造金红石生产（bac 法）概况[J]. 涂料工业，1980，3:42-44.

[18] 邓有贵. 弱氧化—稀盐酸加压浸取攀枝花钛精矿制取优质人造金红石[J]. 氯碱工业，1982(02):24-27.

[19] 邓国珠，王雪飞. 用攀枝花钛精矿制取高品位富钛料的途径[J]. 钢铁钒钛，2002，23(4):14-17.

[20] 付自碧，黄北卫，王雪飞. 盐酸法制取人造金红石工艺研究[J]. 钢铁钒钛，2006，27(2):1-6.

[21] Mahmoud MHH, Afifi AAI, Ibrahim IA. Reductive leaching of ilmenite ore in hydrochloric acid for preparation of synthetic rutile[J]. Hydrometallurgy，2004，73(1):99-109.

[22] Imahashi Masayuki, Takamatsu Nobuki. The dissolution of titanium minerals in hydrochloric and sulfuric acids[J]. Bull. Chem. Soc. Jpn, 1976, 49(6):1549-1553.

[23] Barton Allan FM, McConnel Stephen R. Rotating disc dissolution rates of ionic solids. Part 3. -natural and synthetic ilmenite[J]. J. Chem. Soc., Faraday Trans. 1, 1979, 75: 971-983.

[24] 柯家骏. 湿法合金中加压浸出过程的进展[J]. 湿法冶金，1996(2):1-6.

[25] 高仁喜,田原,关自斌.铀矿石加压浸出技术的进展[J].铀矿冶,1999,3:171-178.

[26] 乔繁盛.浸矿技术[M].北京:原子能出版社,1994.

[27] 兰兴华,彭如清.一种铀钍稀土矿石的加压酸浸[J].铀矿冶,1987,6(3):21-25.

[28] 朱禹钧,吴凤英.含硫铀矿泥加压水浸的工厂试验[J].铀矿冶,1989,8(4):32-38.

[29] 梅里特,核原料编辑部.铀的提取冶金学[M].北京:科学出版社,1978.

[30] 陈绍强.法国洛代夫铀水冶厂工艺流程的改进——碱性浸出剂再生及溶液返回法[J].铀矿冶,1993,12(4):233-241.

[31] 陈绍强.法国洛代夫厂的工艺流程及技术经济指标[J].铀矿选冶通讯,1989(3):3-7.

 # 9 难处理金矿加压预氧化

9.1 概述

9.1.1 金资源

黄金是人类较早发现和利用的金属，自古以来被视为五金之首，有"金属之王"的称号，长时间以来始终是财富的象征，被广泛用于金融储备、货币、首饰、电子工业、航空航天、化学工业及医疗等行业。

金在地壳中的含量为 5×10^{-9}，在自然界中除少量以碲化金和方金锑矿形式存在外，主要以自然金形式存在，且多与黄铁矿、毒砂、黄铜矿及辉锑矿等矿物共生。根据 2013 年（USGS）公布资料，世界黄金探明储量为 5.2 万吨，主要集中在澳大利亚、南非、俄罗斯、智利等国家，这几个国家储量约占世界总储量的 43%。我国黄金储量为 1900 万吨，位居世界第九位。我国黄金保有储量为 4634t，探明储量主要集中于山东、河南、吉林、黑龙江、江西、湖北、辽宁、甘肃和新疆等地。

据中国黄金协会统计数据显示，2014 年我国黄金产量达到 451.799t，比 2013 年增加 23.636t，同比增长 5.52%，已连续 8 年位居世界第一位。其中，矿产金 368.364t，有色副产金 83.435t。但消费量稍有下降，仅为 886.09t，比 2013 年减少 290.31t，同比下降 24.68%。

我国金矿资源中难处理金矿占很大比重，自 20 世纪 70 年代中期起，广西、贵州、云南、四川、安徽、甘肃及东北地区陆续发现了这类金矿，以微细粒浸染型金矿为多，最典型的为贵州烂泥沟和四川东北寨金矿，其他如贵州的紫木函、板其、丫他、戈塘等，广西的金牙、明山等，湖南的黄金洞等。另外，还有细粒脉石包裹型金矿（如广东长坑金矿）、含有害氰化物堆浸型（如河南上宫金矿等）。各种难处理金矿，据初步统计已探明金储量在 700t 左右，远景储量在 1000t 以上，加速开发我国难处理金矿具有重要的现实意义。

9.1.2 国内外难处理金矿预处理技术现状

根据原料性质，将金矿分为易处理金矿和难处理金矿两类。所谓难处理金矿，一般指不经过预处理，采用传统的氰化法金的浸出率低于 80% 的金矿石。随着易处理金矿资源日趋减少，如何合理、高效、环保地开发利用难处理金矿资源已成为世界各产金国当前面对的主要技术问题。

难处理金矿难浸的原因可归结为以下几点[1]：

（1）矿石中的金呈极细粒或次显微粒状被包裹或浸染于硫化矿物（如黄铁矿、砷黄铁矿、磁黄铁矿等）、硅酸盐矿物（如石英等）中，用细磨方法很难将金解离，导致金不能与氰化物溶液接触。

（2）矿石中砷黄铁矿、磁黄铁矿、黄铜矿、斑铜矿、白铁矿、辉锑矿、方铅矿等的存在，造成氰化物耗量高，影响了金的浸出率。

（3）氰化浸出过程中，金的表面生成一些杂质的钝化膜，如硫化物膜、过氧化物膜、不溶氰化物膜等，导致金的表面钝化。

（4）矿石中存在碳质物、腐殖质、黏土等时，易于吸附溶液中的金氰配合物，使金进入渣中，造成金的损失。

（5）当金以碲化物（如碲金矿、碲银金矿、碲锑金矿、碲铜金矿）、方金锑矿和黑铋金矿等形式存在时，金在氰化物中难以溶解。

难处理矿石须进行预处理以提高金的回收率，预处理的目的主要有：

（1）将包裹金的硫化物氧化，并形成疏松多孔状物料，使氰化物溶液能与金接触。

（2）除去砷、锑、汞、有机碳等阻碍氰化物浸出金的有害杂质或改变其物理化学性能，减少耗氰和耗氧矿物的影响。

（3）使难浸出的金碲化合物等矿物转变为易溶于氰化物溶液。

目前，难处理金矿的预处理方法已应用于工业实践的主要是焙烧法、加压氧化法、微生物氧化法和化学氧化法（Cl_2、NaOH 和 HNO_3）。

9.1.2.1　焙烧法

焙烧法是处理难浸金矿最古老而又最可靠的预处理方法。它既可用于处理原矿，亦可用于处理精矿。焙烧工艺在美国、南非、加拿大、澳大利亚及我国仍得到广泛应用。根据原料中砷含量的高低，可采用一段或二段焙烧。当原料中含砷较低时，可采用一段氧化焙烧，焙烧温度一般为 650～750℃；当原料中砷含量较高时，可采用二段焙烧，第一段在较低温度下（450～550℃）弱氧化性气氛中或中性气氛中焙烧脱砷，第二段在较高温度下（650～750℃）强氧化性气氛中氧化硫和碳，当物料中还含有锑时，可用稀酸、碱等洗涤，以获得高质量的焙砂。近年来，该工艺也不断进行了改进，发展了固化焙烧、循环流态化焙烧、富氧焙烧、微波焙烧和闪速焙烧等工艺。

焙烧法的优点是：（1）工艺成熟、技术可靠、操作简单；（2）适应性强，对含砷、硫、碳、锑、汞等物料都能适应；（3）投资费用和成本相对较低，砷、硫、汞等在有回收价值时可综合回收。但是，它有两大弱点，一是环境污染严重，二是金的浸出率不理想。近年来，虽对这个难题做了许多研究，取得了较大进展，但还未从根本上解决问题。焙烧法的主要化学反应如下：

$$3FeS_2 + 8O_2 \longrightarrow Fe_3O_4 + 6SO_2 \tag{9-1}$$

$$4FeS_2 + 11O_2 \longrightarrow 2Fe_2O_3 + 8SO_2 \tag{9-2}$$

$$12FeAsS + 29O_2 \longrightarrow 6As_2O_3 + Fe_3O_4 + 12SO_2 \tag{9-3}$$

$$2FeAsS + 6O_2 \longrightarrow As_2O_3 + Fe_2O_3 + 2SO_2 \tag{9-4}$$

9.1.2.2　生物氧化法

生物氧化法即细菌氧化法，该工艺是利用氧化亚铁硫杆菌、氧化硫硫杆菌等细菌的新陈代谢作用，氧化分解黄铁矿和毒砂等硫化矿物，使硫、砷转变为硫酸盐和砷酸盐溶解在溶液中，从而提高金的氰化浸出率。生物预氧化法根据工艺可分为堆浸和槽浸两种。1986年，南非 Fair-View 金矿建立了世界上第一座生物槽浸厂，日处理 15.4t，取代了生产历史长达 24 年之久的焙烧工艺，该工艺金回收率在 95% 以上。另外，南非、美国、加拿大等国家还建有规模不同的细菌氧化提金厂，金回收率大多在 80% ~90% 以上。该工艺克服了火法焙烧对环境污染大的弊病，操作及流程简单，金银回收率高，但提金率的高低尤其受矿物性质的影响，氧化周期长，菌种对环境要求苛刻。

9.1.2.3　化学氧化法

化学氧化法又称为水溶液氧化法，是一种在常压下利用化学试剂处理难浸金矿的预处理方法，通常是用强氧化剂氧化含金矿石，沉淀体系中已溶解的有害组分或者去除金粒表面的覆盖膜等，使金暴露解离，主要适用于处理含碳质和含砷的黄铁矿金矿石，主要分为氯化氧化法、次氯酸盐法、碱预处理法、硝酸氧化法、过氧化物法（PAL 法）、电化学氧化法等。

1971 年，美国使用氯气作氧化剂预处理卡林型金矿获得工业应用。美国卡林型金矿最先采用双氧化法，即先加入碳酸钠，同时鼓入空气，然后再氯化氧化矿石中碳质，金的浸出率大于 80%。其优点是能有效消除矿石中有害碳质的影响。美国 Newmont 黄金公司 1988 年进行了快速氯化半工业中试，氯利用率高于 90%，金提取率可达 91%。

硝酸氧化法是一种以硝酸作催化剂，在低温、低压条件下氧化砷黄铁矿和黄铁矿的预处理方法，又分为 HMC 法、阿辛诺（Arseno）法、瑞道克斯（Redox）法、尼巢克斯（Nitrox）法。Arseno 法、Nitrox 法和 Redox 法，都是利用氮氧化物使硫化矿氧化分解，然后对氧化剂再生，但 Nitrox 法是氧化后先石灰中和沉淀再进行 NO_x 分离，而 Arseno 和 Redox 法是先分离 No_x 再沉淀。Arseno 法是阿辛诺矿业公司研制成功的一种氧化工艺，并已经申请了专利。该法不仅适合处理砷黄铁矿，也适于处理黄铁矿。工艺过程一般是在 80 ~100℃ 和 400 ~800kPa 的条件下进行，能在 15min 内使载金硫化物完全氧化。Arseno 法的优点是利用了 HNO_3 很强的氧化能力以及自动催化作用，使整个工艺过程在低温低压下进行，氧化时间短，而且 HNO_3 可以再生循环使用。已对很多种原料进行过试验，包括从含硫 1.5% 的金矿石到硫化物含量高达 90% 的金精矿，经氧化后金的浸出率可达 90% 以上。加拿大 Cinola 金矿已经用该工艺进行半工业试验，并取得了好的成果，该成果已用作 6000t/d 工厂的设计依据。据介绍，加拿大昆士兰夏洛特岛 St·Linola 矿 1989 年采用 Arseno 工艺建厂。

Redox 法按操作温度和压力的不同可分为两种：一种是低温常压法（85 ~95℃，常压）；另一种是高温高压法（180 ~210℃，1930kPa）。前者反应速度较慢，后者很快。据报道，在温度 195 ~210℃、剩余氧分压 345kPa 的条件下，Redox 法能在 8min 内使 99% 的砷黄铁矿氧化成砷酸盐和硫酸盐，比在同样温度的 H_2SO_4 介质中快一个数量级。该法的另一优点是生成的砷酸铁等化合物具有很高的稳定性。至于选择低温法或是高温法主要取决于热量的平衡，即给料中的含硫量。高温和低温 Redox 法都已进行过详细的半工业试验，均取得了成功。这些试验结果已被一些公司用作可行性研究和 8 ~560t/h 工厂的初步设计。1994 年 7 月，哈萨克斯坦 Bakyrchik 金矿首次采用高温 Redox 法处理金精矿，生产能力为 0.5t/h，金总回收率为 88%。

Nitrox 法是在常压下操作，使用空气而非氧气，反应生成的氮氧化物主要是浸取反应器外氧化生成硝酸，据理论计算需要多级氧化吸收后，NO 才能达到 90% 以上转化为硝酸，而且相当大一部分氮氧化物变成 $Ca(NO_3)_2$ 返回浸取系统循环使用，反应中有大量元素硫生成，严重妨碍后续氰化工艺，且氧化所用硝酸浓度仍为4mol/L左右。

电化学氧化法是通过电极反应氧化含砷硫化物金矿，电解质体系通常为硫酸、硝酸、盐酸和苛性钠等溶液，目的是使矿石中的砷和铁生成砷酸铁和硫酸铁，从而把被硫化物包裹的细粒金解离出来。过程在常温常压下进行，氧化速度较低，但目前仍处于研究阶段，尚无工业应用实例。

碱浸预处理是在碱性介质中充气，使得影响氰化浸出的矿物如硫化铁、毒砂、辉锑矿和可溶性硫化物等充分氧化，以减少或者消除对后续氰化工艺的干扰，反应介质主要有NaOH、KOH、Ca(OH)$_2$以及氨水等。2003年，贵州紫金矿业公司水银洞金矿采用化学碱浸预处理法建成300t/d生产线，采用氢氧化钠处理含硫、砷矿物，金综合回收率达到90%以上。该法工艺流程简单，对设备腐蚀性相对较低，但碱耗量较大，反应时间长，氧耗量大，电耗高，生产成本较高，主要适用于处理低硫矿物。

9.1.2.4　加压氧化法

加压氧化法是在一定温度和压力及酸或碱的作用下，使金矿中的砷化物或硫化物氧化，使金颗粒暴露出来。该法的优点是：(1) 氧化时间短，氧化彻底，金浸出率高；(2) 原料适应性广，无论是含硫1.5%的金矿石，还是含硫42%的高硫金精矿，均可进行处理，对有害金属（锑、锡、铅等）敏感性低；(3) 环境污染小，避免了过程中含砷及二氧化硫烟气的产出及对环境的污染，加压氧化产出的废渣相当稳定，主要有害元素砷氧化后生成稳定的砷酸盐等沉淀物，其溶解度很低。废液中的砷容易形成结晶状的砷酸铁沉淀，不会放出毒性气体。但由于过程在高温高酸下进行，对设备的密封、防腐性能等要求较高，设备费用较贵；氰化浸金前需对氧化矿浆作彻底冲洗与中和处理；在加压氧化过程中银损失在黄钾铁矾里，银回收率较低。

根据反应介质的不同，加压氧化法可分为酸性加压氧化和碱性加压氧化两大类。酸性介质加压具有金氰化浸出率高、污染小等优点，但需要高压设备，投资大，硫、砷等有价元素得不到回收，浸金试剂消耗大。考虑到试剂（NaOH）费用高和砷（Na$_3$AsO$_4$）难处理的问题，多数企业采用酸性加压氧化工艺。1985年，美国Homestake公司在Mclaughlin金矿建成世界首座酸性加压氧化浸出难处理金矿石厂，其生产规模为2700t/d，金的回收率为92%。随后巴西的Sao Bento金矿、美国的Barrick-Goldstrike厂、美国内华达州Getchell金矿及希腊Olympias矿等十几家企业也相继建成投产。巴西的San Bento金矿于1986年投产，与Mclaughlin金矿不同，其处理的是金精矿，是世界首家采用氧压预处理技术处理金精矿的工厂，设计能力为240t/d。美国的Barrick-Goldstrike厂于1988年投产，也是采用酸法加压氧化工艺，日处理硫化物金矿石1500t。美国内华达州的Getchell金矿含有雄黄和雌黄，金与硅质化的碳质页岩及石灰岩中黄铁矿共生，由于该矿含有的脉石矿物主要为碳酸盐，所以在进入高压釜前要用硫酸预浸出以去除CO$_2$，然后再进行加压氧化除砷和硫。

碱性加压浸出反应温度较低，对设备腐蚀较轻，但试剂耗量大，成本高，且金的浸出率相对较低。1988年，美国Mercur矿建成世界上第一座碱性加压氧化处理低品位难选冶金矿石的提金厂，日处理矿石规模790t，金的回收率在83%以上。

表9-1为世界主要氧压预处理工厂。

表 9-1　世界主要氧压预处理工厂

序号	公司或厂名	国家	原料种类	设计能力/t·d⁻¹	投产时间	介质	加压釜数	备 注
1	Mclaughlin	美国	金矿	2700	1985	酸性	3	1997 年关闭
2	San Bento Mineracao	巴西	金精矿	240	1986	酸性	2	
3	Barrick Mercur	美国	金矿	680	1988	碱性	1	1996 年关闭
4	Getchell Gold mine	美国	金矿	2730 1360	1989 1990	酸性	3	2005 年拆
5	Glodstrike	美国	矿石	1600 5460 11580	1990 1991 1993	酸性	1 3 6	
6	Campbell	加拿大	金精矿	70	1991	酸性	1	运行
7	Porgera	巴布亚新几内亚	含黄铁矿精矿	1350 2700	1991 1994	酸性	3 6	运行
8	Nerco Con	加拿大	精矿	100	1992			
9	Lone tree	美国 Newmont	矿石	2270	1994			
10	Sage(Twin Creeks)	美国 Newmont	矿石	7528	1997	酸性		
11	Olympias Gold mine	希腊	含砷黄铁矿精矿	315	1997	酸性	2	
12	Lihir	巴布亚新几内亚	矿石	13250		酸性	6	

　　我国尚没有金精矿加压氧化预处理的工业应用，但早在 1980 年我国就对金矿氧压预处理进行了大量研究工作，由于当时设备投资高、生产加工存在一定困难而未进行工业应用。

　　1988 年，北京矿冶研究总院针对湖南省康家湾含金砷的铅锌低品位矿进行了加压氧化预处理小型试验。1992 年，北京矿冶研究总院和长春黄金研究所联合对吉林省浑江难选冶金矿原矿和原矿直接氰化浸出渣再浮选精矿进行了碱性加压氧化预处理—氰化提金实验。1992 年，原中国科学院化工冶金研究所（中国科学院过程工程研究所）针对四川省东北寨含砷金矿进行了酸性和碱性加压氧化预处理实验。2003 年，紫金矿业公司针对贵州水银洞金矿进行了碱性加压氧化预处理。另外，黄礼煌等[2]以波格拉（Porgera）矿为对象，对各种湿法氧化方法效果做了比较，详见表 9-2。

表 9-2　各种氧化方法处理波格拉（Porgera）矿的效果

工艺方法	金浸出率/%	工艺方法	金浸出率/%
直接氰化浸出	32	细菌浸出后氰化浸出	87
氧化焙烧后氰化浸出	77	加压氧化后氰化浸出	97

　　由表 9-2 可以看出，加压氧化法较其他工艺具有更高的浸出率。

9.2 酸性加压预氧化

9.2.1 反应机理及行为

酸性介质加压是目前分解黄铁矿和毒砂最有效的方法，其反应过程是在高温高压条件下通入氧气，使毒砂和黄铁矿完全分解。其中，铁转化为氧化物、硫转化为硫酸盐、砷转化为砷酸盐，部分铁和砷可形成砷酸铁沉淀，包裹金则暴露出来。黄铁矿和砷黄铁矿是最常见的载金矿物，了解它们的行为对提高酸性热压氧化效率极为重要。

9.2.1.1 黄铁矿

酸性热压氧化过程中，黄铁矿存在两个平行的氧化竞争反应：

$$2FeS_2 + 7O_2 + 2H_2O = 2FeSO_4 + 2H_2SO_4 \qquad (9-5)$$

$$FeS_2 + 2O_2 = FeSO_4 + S^0 \qquad (9-6)$$

反应产生的亚铁离子可进一步氧化为高铁离子：

$$4FeSO_4 + O_2 + 2H_2SO_4 = 2Fe_2(SO_4)_3 + 2H_2O \qquad (9-7)$$

黄铁矿的氧化程度与温度、时间、氧分压、酸度及硫酸盐浓度等因素有关。当反应温度高于硫的熔点（120℃）时，反应主要按式（9-5）进行。反应温度对反应产物组成的影响如图 9-1 所示。

从图 9-1 中曲线可知，在 160℃ 条件下浸出 1h，元素硫的生成降至被氧化硫化物总量的 10%，此时黄铁矿中的硫被氧化成硫酸根形态转入溶液中。黄礼煌等试验表明，提高浸出矿浆的总压（以提高氧分压）可以抑制元素硫的生成，但提高矿浆酸度却有利于元素硫的生成。

黄礼煌[2]等人研究表明，反应温度与反应时间的影响如图 9-2 所示。

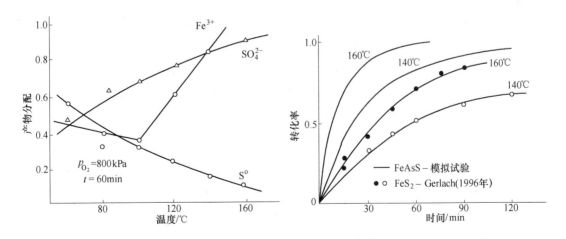

图 9-1 黄铁矿的氧化温度对产物分配的影响　　图 9-2 转化率与反应温度和反应时间的关系

从图 9-2 中曲线可知，对黄铁矿含量为 82%、粒度为小于 $33\mu m$ 占 70% 的黄铁矿精矿，应在 160℃、0.8MPa（8 个大气压）氧压下氧化浸出 2h。矿浆中硫酸盐对氧化分解过程的催化作用有不同的看法，有人认为高价铁离子没有催化作用，另一些人则认为高浓度的高价铁离子在热压氧浸初期有较强的催化作用,可加速氧化过程,特别是在高压釜中的反应初期,Fe^{3+}的作用非常明显,但该过程对设备要求较高。

氧化分解产生的Fe^{3+}的水解程度及沉淀物的组成和性质取决于高价铁离子浓度、硫酸浓度、矿浆浓度、硫化物组成和温度等因素。当温度高于150℃时,发生下列两个主要的水解反应:

低酸时:　　　　$Fe_2(SO_4)_3 + 3H_2O \Longrightarrow Fe_2O_3(赤铁矿) + 3H_2SO_4$　　　　　(9-8)

高酸时:　　　　$Fe_2(SO_4)_3 + 2H_2O \Longrightarrow 2FeOHSO_4 + H_2SO_4$　　　　　　(9-9)

同时也会生成黄钾铁矾型化合物沉淀,但比赤铁矿和碱式硫酸铁的程度低得多:

$$3Fe_2(SO_4)_3 + 14H_2O \Longrightarrow 2H_3OFe_3(SO_4)_2 \cdot (OH)_6 + 5H_2SO_4 \qquad (9-10)$$

为简化后续工序,节约生产成本,黄铁矿在加压氧化中最好形成赤铁矿沉淀,这对随后的中和及金回收的操作有利。赤铁矿沉淀容许的硫酸浓度上限为170℃时55g/L、200℃时70g/L。当浸出液中加入硫酸镁等盐类并保持较高浓度时,沉淀赤铁矿的硫酸浓度上限可增至100g/L。这是由于硫酸镁可以降低氢离子活度,从而可提高沉淀赤铁矿的硫酸浓度上限。

熔融硫(温度高于120℃)是各种硫化物的有效捕收剂,也能捕集金,可包裹未反应的硫化物和金粒,妨碍硫化物的完全氧化和金的氰化浸出,增加氰化过程中氰化物和氧的耗量。因此,反应过程中生成元素硫是不利的。酸性热压氧化浸出温度应高于160℃,最好高于175℃,可促使硫化物完全氧化为硫酸,也可使元素硫氧化:

$$2S^0 + 3O_2 + 2H_2O \Longrightarrow 2H_2SO_4 \qquad (9-11)$$

在某些条件下产物中发现一种含铁、砷和硫的复杂物质,它们物质的量的比为2:1:1,类似于砷铁矾和$Fe_2(AsO_4)(SO_4)OH \cdot nH_2O$。当溶液中含有钾、钠(某些脉石溶解产生)时,预计有部分硫酸铁水解为相应的黄钾铁矾:

$$3Fe_2(SO_4)_3 + K_2SO_4 + 12H_2O \Longrightarrow 2KFe_3(SO_4)_2 \cdot (OH)_6 + 6H_2SO_4 \qquad (9-12)$$

某些诸如银、汞、铅等,可通过取代钠、钾或水合氢离子而沉淀为黄钾铁矾,或者在其中形成固溶体等沉淀为黄钾铁矾。

呈白铁矿形态存在的硫化铁的反应能力比黄铁矿强。如在80℃、0.8MPa(8个大气压)氧压下浸出2h,当粒度为小于33μm占78%,有50%的白铁矿被氧化,而黄铁矿只有25%被氧化。

9.2.1.2　砷黄铁矿

金精矿在硫酸和硫酸铁大量存在且温度为100~150℃的条件下,S^0主要是由砷黄铁矿和磁黄铁矿的氧化产生的(见式(9-13)~式(9-16))。当温度低于120℃时,熔融的S^0能够有效捕集未反应硫化物,从而阻碍了载金硫化物的进一步氧化,影响金的回收率。此外,熔融S^0会包裹金颗粒并增加氰化物和氧气的消耗量,严重影响金的氰化浸出。因此,硫化矿物氧化反应在温度高于150℃下进行,最适宜的温度应高于175℃,这样硫化物及中间产物S^0能被彻底氧化为硫酸盐。当氧化温度高于160℃,硫被氧化成硫酸(见式(9-17)):

$$4FeAsS + 7O_2 + 4H_2SO_4 + 2H_2O \Longrightarrow 4H_3AsO_4 + 4FeSO_4 + 4S^0 \qquad (9-13)$$

$$2FeAsS + 7Fe_2(SO_4)_3 + 8H_2O \Longrightarrow 16FeSO_4 + 2H_3AsO_4 + 5H_2SO_4 + 2S^0 \qquad (9-14)$$

$$2Fe_7S_8 + 14H_2SO_4 + 7O_2 \Longrightarrow 14FeSO_4 + 16S^0 + 14H_2O \qquad (9-15)$$

$$Fe_7S_8 + 7Fe_2(SO_4)_3 \Longrightarrow 21FeSO_4 + 8S^0 \qquad (9-16)$$

$$2S + 3O_2 + 2H_2O \Longrightarrow 2H_2SO_4 \qquad (9-17)$$

氧化金属硫化物时确实会产生 S^0，并在待浸矿物上形成厚厚的保护层（见式(9-18)），砷黄铁矿中所有 S^{2-} 均可转化为 SO_4^{2-}（见式(9-19)）。黄铁矿和磁黄铁矿在高温条件下的氧化也具有相似的机理（见式(9-20)~式(9-21)）。同时，Fe^{2+} 和 As^{3+} 也会进一步氧化为相应的 Fe^{3+} 和砷酸盐等（见式(9-22)~式(9-24)）。

$$MS \Longrightarrow M^{2+} + S^0 + 2e \qquad (9-18)$$

$$4FeAsS + 13O_2 + 6H_2O \Longrightarrow 4H_3AsO_4 + 4FeSO_4 \qquad (9-19)$$

$$2FeS_2 + 7O_2 + 2H_2O \Longrightarrow 2FeSO_4 + 2H_2SO_4 \qquad (9-20)$$

$$2Fe_7S_8 + 31O_2 + 2H_2O \Longrightarrow 14FeSO_4 + 2H_2SO_4 \qquad (9-21)$$

$$4FeSO_4 + 2H_2SO_4 + O_2 \Longrightarrow 2Fe_2(SO_4)_3 + 2H_2O \qquad (9-22)$$

$$2FeAsS + 3H_2SO_4 + 4O_2 \Longrightarrow Fe_2(SO_4)_3 + 2H_3AsO_4 \qquad (9-23)$$

$$2HAsO_2 + O_2 + 2H_2O \Longrightarrow 2H_3AsO_4 \qquad (9-24)$$

张文波等研究表明，元素硫不是一种中间产物，而是平行竞争反应的结果。这两个平行竞争反应具有不同的动力学特征，导致元素硫和硫酸根产物分配的差异。

黄礼煌等人研究发现，矿浆浓度较高和反应时间较长时，高温低酸溶液中会出现沉淀。经 X 射线衍射分析证实，沉淀物为臭葱石（$FeAsO_4 \cdot 2H_2O$），其生成反应为：

$$Fe_2(SO_4)_3 + 2H_3AsO_4 + 2H_2O \Longrightarrow 2FeAsO_4 \cdot 2H_2O + 3H_2SO_4 \qquad (9-25)$$

臭葱石的溶度积很小，因此，从环保方面考虑，热压氧浸与其他氧化法（如生物氧化与化学氧化法）比较，产出的砷渣量较少。

9.2.1.3　其他元素的行为

在加压氧化过程中，锑化合物被氧化浸出，然后水解沉淀。在氰化浸出时，水解沉淀的锑被溶解，但对后段炭浆法回收金没有影响。

砷在加压氧化的初期，以砷酸盐的形式溶解，但随后以砷酸铁形式沉淀或以复杂的铁砷硫酸盐沉淀。砷在压力釜中的沉淀情况取决于原料中的含砷量、铁与砷的比例、溶液的酸度和温度等，一般沉淀率为 85%~95%。在随后回收金的过程中，氧化渣中砷的浸出可以忽略不计，逆流洗涤产生的酸性水经中和处理可以除去砷。当溶液中铁砷比高时，中和产生大量氢氧化物沉淀，通过物理吸附和化学吸附等作用进一步脱除溶液中的砷。

汞在加压氧化时大量转换成硫酸汞，并以汞矾的形式沉淀。虽然加压氧化可用于处理含一定数量汞的难处理金矿，但由于在后续氰化浸出时汞仍会被浸出，因此，仍要控制物料中的汞含量。

难处理金矿中的镉、钴、镍、铜和锌等在加压氧化时大量被浸出，在随后的洗涤段被除去。在中和段，酸性溶液中的金属离子以氢氧化物的形式沉淀。硫化物中的铅转变为溶解度很小的硫酸盐和矾类。

银在加压氧化初期浸出，当 Fe^{3+} 水解沉淀时，银与那些沉淀的矾类结合在一起，在后续的氰化浸出时，使银的回收率低于40%，有时甚至低于10%。有人研究了在常压和温度90℃的条件下，用石灰分解氧化渣中的铁矾 1～2h，这种方法对提高银的回收率很有效，同时有助于提高金的回收率。

9.2.2 企业生产实践

9.2.2.1 美国 Mclaughlin 金矿

美国麦克劳林（Mclaughlin）金矿是世界上第一家工业应用加压氧化预处理金矿的工厂。该厂位于美国加利福尼亚州的清澈湖（Clear Lake），属于荷姆斯特克矿业公司（Homestake Mining Company）。1985年9月该厂采用酸性加压氧化技术建成投产，日处理硫化物金矿2700t。工艺流程如图9-3所示。Mclaughlin 金矿加压氧化提金厂的成功投产为难处理金矿的处理提供了一条新的途径，它的设计建厂经验和生产操作数据对后来的一系列新厂投产具有重要意义[3]。

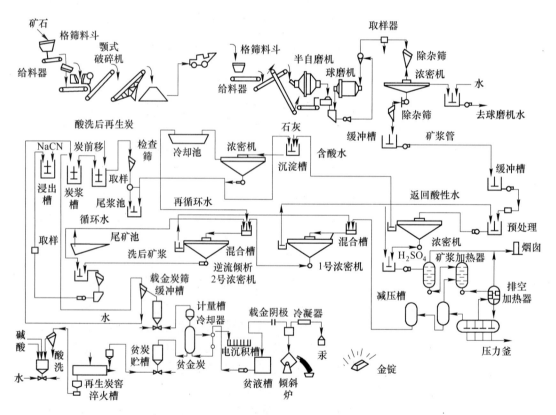

图 9-3　Mclaughlin 厂处理金精矿的工艺流程

A　原料

Mclaughlin 金矿属于难处理金矿石的浅成热液矿床，细粒金（20μm）和细颗粒硫化矿物（40μm）共生，金品位约5g/t。矿石中矿物种类多（12种以上），黄铁矿是主要的硫化矿物，并含有较少的白铁矿、黄铜矿、闪锌矿和辰砂。难处理的特性是由于金封闭在硫化物的颗粒、含碳物质、黏土中，金的表层覆盖有赤铁矿、黏土和黄钾铁矾，封闭在磺酸盐类矿物中，矿石中含有硫化物的硫3.0%~4.0%、碳酸盐0.4%~0.5%、金5.21g/t。该厂曾对矿石进行过直接氰化浸出、精矿焙烧后再氰化、氯化氧化后氰化、硫脲法等一系列试验研究，但提金效果均不理想，金提取率在5%~80%。经氧压预处理—氰化浸出—活性炭吸附后，氰化尾渣含金0.3g/t，金浸出率达到92%。生产成本为322美元/盎司（1盎司=28.3495g）。

矿石粗碎后两段磨矿（半自磨—球磨），磨到-75μm占80%，调制成含固体40%~50%的矿浆，泵送至距矿山7.5km的提金厂。矿浆在进加压釜前与逆流洗涤返回的酸性溶液混合，以便除去矿石中的碳酸盐。这样既可避免碳酸盐在加压釜中分解导致较高的酸耗，也可增加加压釜的处理量。对于碳酸盐含量较高的矿，若酸性废水中硫酸量不足，可适量补加硫酸。反应在不锈钢搅拌槽中进行。酸化后的矿浆经一个直径为16.8m的不锈钢浓密槽之后，溢流用石灰中和，再进一步浓缩除去沉淀产生的盐类，固体产物输入尾矿中。预处理后的矿浆用从氧化矿浆回收的余热进行两段预热。净化后的水返回到逆流洗涤段洗涤预氧化后渣。

B　加压浸出

由于矿石含硫较低（3.0%~4.0%），所以加压系统需要热回收或通蒸汽。蒸汽喷入加压釜中，维持加压釜所必需的温度以保证硫的氧化。浓密底流用离心泵通过二级直接接触式喷溅—闪蒸（Splash-flash）钛热交换器，并采用加压釜闪蒸槽回收的蒸汽进行加热。接着，矿浆由Geho隔膜泵泵入加压釜。一般情况下，矿浆进入加压釜时的温度为90~110℃，pH值为1.8~1.9。

该厂配有三台卧式φ4.1m×16m加压釜，四隔室，外壳为碳钢，内衬铅板和两层耐酸砖，每隔室设有钛轴和陶瓷叶片组成的搅拌桨。逐步加热到160~180℃，利用矿石中的硫化物反应热维持温度，当硫含量低时，需喷入蒸汽。喷入加压釜的氧气由300m³/d的制氧机提供，氧分压140~280kPa、停留时间90min。经加压氧化后的矿浆排入闪蒸槽，闪蒸槽内衬砖，它产生的蒸汽用来预热进入加压釜的矿浆。闪蒸后物料在直径16.8m的不锈钢槽中进行二段逆流洗涤，酸性洗涤水返回矿石酸化工序，洗涤后矿浆用石灰乳中和到pH值为10.8。矿浆两段浸出和8段炭浆回路回收金，全部滞留时间为14h。载金炭用加压查德拉工艺洗提，电积法回收金，电积的阴极进行蒸馏（脱除并回收汞），加助熔剂熔炼。洗提过的炭热力再生，然后在返回吸附作业之前进行酸洗[4,5]。

工业生产实践表明，为了保证在氰化时金的浸出率高，需要有高的硫化物氧化率。硫化物的氧化程度取决于温度、压力、氧气流量、矿浆浓度等。氧化程度可以用电位来控制，实践表明当氧化还原电位至少达到450mV时，硫化物的氧化率才能高于85%。Mclaughlin工厂这些年在加压釜的可靠性和产能方面有重大的进展，他们的实践表明，采用加压氧化处理比直接氰化每吨矿可多回收1g金。

C　环保

由于矿山处于生态敏感的加州，当地人非常重视环境的保护，Mclaughlin项目成了环境完善的样板，它包括工程师们所能想象到的一切防护措施。

　　表土层管理是从精心处理废料和堆存来自露天采场和其他设施场地的土壤入手的，以备日后复垦之用。表土已经种植植被，以防水土流失。

　　废物管理包括露天采场表土和选矿厂尾矿两项工作。废石排土场和围道须申请特殊执照，汽车不准从高地形进行端式卸载，而须将矿山废石下坡运至废石场的最终边坡坡脚处倾卸，以便形成上坡排土场。排土场后部的上坡路面凹处，再由端卸式汽车翻卸的废石充填。各排土分层之间的台阶须堆筑平直，以使总的最终边坡角不超过14°，连接各台阶的坡面角不得超过22°。这样堆置排土场可使岩石粒度分聚作用最小。一旦下部台阶形成，便须立即种植植被。

　　废石场内的天然水泉要用暗渠截流，再由该系统将水流引致沉淀池。径流用在废石场周围挖掘的引水沟控制，在其被引往沉淀池以前，暂时贮存在台阶背部。

　　含有少量选矿化学药剂的选矿厂尾矿，须经加利福尼亚州卫生安全防护部无危害分类法的严格检查，尽管如此，尾矿池仍被设计成零排放系统运行，不得向外界间接排放选矿工艺水和废物。在调查研究37个可能的位置之后，选定了最终的尾矿库址。该尾矿库蓄水区（足以容纳2800万吨细磨尾砂，土坝最终高度为44.2m）下面岩层的渗透率低于混凝土。

　　尾矿库址选定后，确定采用矿浆输送方案，即将矿石泵送到尾砂上部的选矿厂而不用汽车运到选矿厂，再将尾矿从采场附近的选矿厂泵送至尾矿库。技术经济比较认为，汽车运矿方案成本太高。为减少运输道路和运输汽车的扬尘量，须在若干道路的主导风向一侧平行设置一连串6.09m高的金属风挡，所有主要采场的道路均须洒水降尘。

　　经过批准的复垦计划的总目标：使场地侵蚀减至最小限度；用各种永久性植被稳定受扰区；最大限度地利用生产土地；使采后土地的用途有益于社会和环境，并与相邻土地的用途相适应；满足管理部门规定的技术要求。

9.2.2.2　巴西 Sao Bento 金矿

　　世界上第二家采用加压氧化预处理金的是巴西的 Sao Bento 金矿，也是世界上第一家用该法处理金精矿的工厂。Sao Bento 金矿位于巴西里约热内卢以北约500km处，矿石中的主要硫化矿物是砷黄铁矿、黄铁矿和雌黄铁矿，其中金大部分难以用常规方法回收。经对几种精矿处理工艺进行对比，最终选择了加压氧化法，并于1983年11月~1984年2月委托 Sherritt 研究中心进行了氧化小型试验和联动试验。1984年10月开始设计，1986年11月投产，日处理精矿240t。1987年1月产出第一批金，1987年4月达到设计能力。

　　Sao Bento 是集地下开采、选矿、加压氧化、渣洗涤、废液处理与金回收（包括生产金锭）于一体的完全联合企业。其基础设施还包括供水与水处理、蒸汽厂与空气系统，以及现代化的分析室等。

　　选矿厂每月可处理2.5万吨品位约为7.2g/t的金矿石，每月产金180kg。从2000t的小矿仓中将小于250mm的原矿石给入3.6mm×3.6mm的自磨机，经振动筛，大于15mm的返回磨机，筛下部分进行闭路球磨。球磨机排矿进入两个10m宽的平面摇床交替收集粗粒金。平面摇床精矿再经振动摇床提高品位后送去熔炼。矿浆送到一排 Wemco 300 立方英尺（1英尺=0.3048m）槽中进行硫化物的混合粗选—扫选。当地用硫醇作捕收剂，扫选精矿再返回粗选，浮选尾矿氰化后用作矿石的回填料。微细粒用泵输送到尾矿处理地段。设计用精矿成分为：Al 1.6%，As 9.9%，Ca 1.0%，CO_2 6.0%，Fe 34.0%，Mg 1.1%，S 18.7%。

浮选金精矿在磨至 $-40\mu m$ 占90%，浓密至固含量65%，经计量泵送至反应槽中，与来自第一台洗涤浓密机底流槽的循环矿浆混合，循环矿浆中的硫酸与精矿中的碳酸钙镁反应释放出二氧化碳。加入木质素磺酸盐溶液（浓度25%）后，矿浆从反应槽泵送至氧化给料贮槽，在此再停留一定时间，使硫酸与碳酸盐充分反应。为降低矿中的含硫量，操作中将氧化渣与精矿按照4∶1比例进行混合送入加压釜。这样不仅降低给矿中的含硫量，促使硫氧化成硫酸盐，并有利于控制高压釜的温度。

预处理后矿浆用隔膜泵泵送至两台并列的5隔室卧式机械搅拌加压釜中，尺寸为$\phi3.5m \times 19m$。过程中通入氧气以促进硫化物氧化，并用澄清的河水通入釜中以维持热平衡。该厂控制条件为：温度190℃、总压1600（560）kPa、停留时间120min，95%的硫化物转变成硫酸盐，金的氰化浸出率达到90%以上。供气量为每吨硫供氧2500m^3，每吨精矿约需氧460m^3。

闪蒸槽矿浆用2号浓密机溢流稀释，泵入第一台再浆化洗涤槽中，用1号洗涤浓密机溢流进一步稀释。再浆化的矿浆加入絮凝剂溶液后溢流入$\phi25m$的1号洗涤浓密机中，大部分浓密机底流（约80%）送1号洗涤浓密机底流槽。底流槽矿浆再返回给料预反应槽中，其余底流送2号再浆化洗涤槽，用冷却池的冷却循环水稀释，这部分矿浆加入絮凝剂后溢流至$\phi25m$的2号洗涤浓密机中。1号洗涤浓密机溢流一部分排至中和系统，一部分循环至1号再浆化洗涤槽，2号洗涤浓密机底流泵送至金回收系统，溢流返回闪蒸槽和密封槽。

1号洗涤浓密机溢流中和在串联的搅拌槽中进行。1号石灰石反应槽中可加入部分浮选尾矿，控制1号中和槽矿浆pH值为4.5。矿浆溢流至2号、3号槽，再到一个较小的搅拌充分的石灰添加槽中，石灰浆就从分离箱中加入次槽。矿浆再溢流在两个石灰搅拌反应槽中，以保证足够的反应时间沉淀溶液中残留的金属。中和后矿浆pH值为11，从2号石灰反应槽送至淤泥浓密机。浓密机底流泵至底流槽，与金回收尾矿合并送尾矿坝，浓密机溢流泵至冷却塔冷却并循环使用。

之后为解决硫包裹和二氧化碳等问题，1991年安装了1台550m^3生物反应器，原本计划安装8台，但由于巴西经济状况不佳，政府取消了对开采黄金的补贴，致使矿山损失了50%的收入，到1994年才安装了第二台。生物氧化被设计成作为精矿进入高压釜前的预处理，将20%的精矿给入生物氧化回路处理，经1.8d生物氧化后可使物料达到50%的氧化率。生物氧化系统产出的酸可使溶液pH值保持在0.5~1.5范围，几乎不需外加酸调整[6,7]。Sao Bento 矿山冶金工艺流程如图9-4所示。

9.2.2.3 美国 Sage 金矿

Santa Fe Pacific 黄金公司已是 Newmont 黄金公司的一部分，它在 Visa 和 Mega 露天氧化矿已有10年的开采历史。在美国内华达州 Golconda 的 Twin Greeks 矿床附近钻探发现了硫化矿床，金储量为342t，其中2/3为难选金矿，难处理矿石总量为6000万吨，平均品位3.88g/t；氧化矿为2177万吨，平均品位3.26g/t；还有一部分可供堆浸的矿石为5442万吨，平均品位0.75g/t[8]。Sage 金矿可行性试验结果见表9-3。

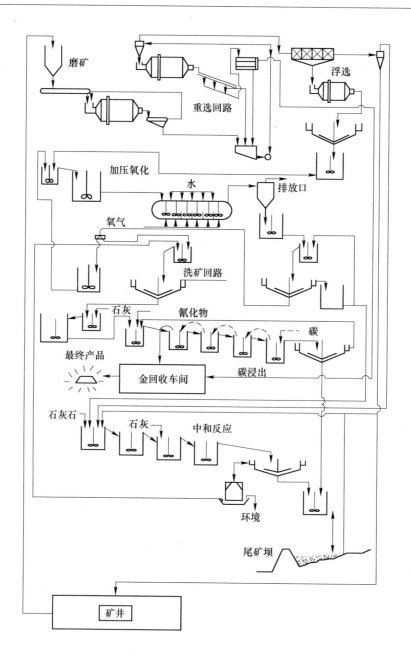

图 9-4　Sao Bento 矿山冶金工艺流程

表 9-3　Sage 金矿可行性试验结果

工 艺 方 法	回收率/%	工 艺 方 法	回收率/%
酸性加压氧化	55 ~ 75	富氧沸腾焙烧	80 ~ 90
酸性加压氧化/次氯酸钠	75μm(200 目)，80 ~ 90	细菌氧化	20 ~ 50
碱性加压氧化	60	硝酸氧化	50 ~ 65
空气沸腾焙烧	80 ~ 87	浮　选	50 ~ 65

曾对该矿进行了焙烧、细菌氧化、硝酸氧化、碱性加压氧化、酸性加压氧化等预氧化试验和浮选试验，结果只有富氧沸腾焙烧和细磨—酸性加压氧化的回收率达到 80% ~ 90%。考虑到焙烧的污染问题，决定采用细磨—酸性压力氧化工艺。该工艺申请了美国专利（专利号 No.5536480），与传统氧压预处理工艺的区别是：一是要将高压釜给料进行超细磨，使 -0.022mm 占 80%；二是高压釜操作温度较高，达到 225℃。磨矿细度与回收率关系见表9-4。温度与回收率关系见表9-5。

表 9-4 磨矿细度与回收率关系

磨矿细度 P80/μm	金品位/g·t⁻¹	硫氧化率/%	有机碳氧化率/%	回收率/%
105.0	7.55	85.4	11.1	48.9
74.0	6.34	95.3	13.9	65.5
38.0	7.59	96.0	21.2	83.8
19.0	7.40	97.2	40.4	86.0
7.0	7.30	98.4	39.4	90.7
4.0	7.73	98.1	42.4	87.3
2.5	7.65	97.6	53.5	91.5
1.5	7.24	97.5	48.5	91.8

表 9-5 温度与回收率关系

温度/℃	磨矿 P80/μm	硫氧化率/%	有机碳氧化率/%	回收率/%
190	10	98.1	24.0	71.1
210	10	96.1	23.5	85.8
225	10	98.4	36.5	90.7
225	10	98.8	44.8	91.6

矿物细磨到 -38μm 占 80%，在 190℃ 以上进行加压氧化，硫和碳的氧化率均较高，金回收率提高。

1994 年，针对该矿进行了半工业试验，温度 225℃，总压 208kg，氧分压 45kg，反应时间 45 ~ 90min，磨矿粒度 P80 20 ~ 22μm。试验初期与实验室结果相符，但后来金回收率由 91% ~ 95% 降至 49% ~ 72%，增加反应时间金回收率反而下降。后发现是氯化物污染所致，钻探人员使用的氯化钾混入钻孔泥浆，以及用盐酸检查碳酸盐的存在时造成了氯化物的混入。氯化物造成金浸出进入溶液，并被矿物中的有机碳"劫金"。

1995 年批准工厂建设及设计，估计建设这个 Sage 选冶厂约需投资 2.15 亿美元，包括建一个制氧厂、尤里帕（Juniper）选冶厂的改造和尾矿坝的扩充。预定的生产指标见表9-6。

矿石经半自磨、两段球磨、旋流分级达到所需粒度，在加压釜中进行酸性加压氧化，辅助加热器、闪蒸槽、制氧厂、酸化槽和中和槽、炭浸—解吸—活化等工序。

Sage 选矿厂位于 Juniper 厂附近，以处理难选冶矿石。Juniper 选冶厂每天能处理 2540t 氧化的高碳酸盐矿石，矿石储量能保证生产许多年，原则上用 Juniper 地表矿来中和高压釜排料，以降低药剂成本。在两厂之间安装了共用的炭浸法浸出槽，用以浸出经过中和之后的物料。Juniper 厂设备转为用于炭浸法系统中炭的处理以及用于堆浸富液的处理。

表 9-6　预定的生产指标

条　件	尤里帕厂	萨格厂
日处理/t	2540	7528
生产利用率/%	95	85
给矿品位(Au)/g·t^{-1}	3.46	4.12
给矿品位(Ag)/g·t^{-1}	8.57	—
金回收率/%	87~90	90~93
破碎产品粒度/cm	22.86	—
磨矿细度/μm	106	22
衬板耗量/g·t^{-1}	142	157
钢球耗量/g·t^{-1}	801	3468
磨机功率/kW·h·t^{-1}	25~27	22~44
浓密机 pH 值	10.5~11.5	6.0
浓密机给料固体浓度/%	8~25	8~12
浓密机排料固体浓度/%	55	47
酸化时间/h	—	16
硫酸用量/g·L^{-1}	—	高压全排料,保持20
高压处理时间/min	—	48~67
反应温度/℃	—	225
反应压力/kg·cm^{-3}	—	32.35
氧耗量/t·d^{-1}	—	1233.5
硫化物氧化率/%	—	95
内蒸槽放热量/Btu·h^{-1}	—	216×10^6
CIL 系统处理时间/h	—	18
CIL 系统矿浆浓度/%	—	38
CIL 系统级数	—	7
每吨矿氰化钠耗量/g	—	900
每吨矿石灰耗量/kg	—	37.5~50
炭最大载金量/kg·t^{-1}	8.57~10.29	—
活性炭粒度/目	6~12	—
每吨矿活性炭耗量/g	42.5	—

　　Sage 选冶厂分两期建成,每期的日处理量为 3764t。1997 年 5 月投产,8 月第一期工程运行大约只达到 85% 的处理能力。1998 年初开始第二期建设。第一期的第二段磨矿只用了 1 台球磨机,后来又安装了第二台球磨机以使生产能力达到 7528t/d。制氧厂也是分两期建设,均可独立工作。

　　后处理原料为 Newmont 公司其他矿山的难处理物料与 Twin Greeks 露天矿的混合矿,如 Lone Tree 选厂的浮选精矿、Deep Star 矿山的高品位地下矿以及 Mule Canyon 矿山的露天矿。样品例行分析金、银、硫、S$_{总}$、CO$_3^{2-}$、铁和砷。要求配料后:(1) 硫化物中硫含量尽量控制在 4.5%,以维持自热;(2) 有机碳含量控制在 1.0%;(3) 铁砷的物质的量比不低于 4,以便使砷沉淀进入尾矿;(4) 硫化物(S^{2-})与碳酸盐(CO$_3^{2-}$)的比例保持在 0.75~1;(5) 最大限度地提高金品位。

9.3 碱性加压预氧化

9.3.1 反应机理及行为

当金矿被黄铁矿和毒砂包裹时，还含有较多的碳酸盐等耗酸量较高的碱性物质，此时用酸性加压氧化将消耗大量的酸，经济上不合理，采用碱性加压氧化较为理想。碱性加压氧化是指在碱性介质中通入高压氧从而完成毒砂和黄铁矿的分解，该法的优点是采用碱性介质，作业温度低、设备腐蚀轻、无污染。但该法分解不彻底，固体产物形成新的包裹体，后续过程金的浸出率不高，试剂消耗大，砷难以回收，超细磨矿可能还会带来过滤问题，还释放出汞和铊等污染物，妨碍了碱性加压氧化法的进一步发展[9]。

9.3.1.1 黄铁矿

黄铁矿在碱性介质中加压氧化工艺过程的主要化学反应如下[10]：

$$2FeS_2 + 7O_2 + 8NaOH \rightleftharpoons 2Fe(OH)_2 + 4Na_2SO_4 + 2H_2O \tag{9-26}$$

从反应式（9-26）可以看出，硫化物的氧化是以消耗大量 NaOH 为代价的，反应速度比在酸性条件下缓慢，反应时间较长。在碱性加压氧化预处理工艺中，需要破坏硫化物，因此大量的 NaOH 被消耗掉。当具有高浓度盐分的溶液被冷冻时，硫酸钠便会结晶析出，溶液仍可返回使用。上述反应过程始终在碱性条件下进行，故预氧化后的矿浆只需经过简单的过滤、洗涤便可直接氰化浸金，这是碱性氧化预处理的一个突出优点。同时，由于碱性介质对设备腐蚀性很小，因此，与酸法预处理相比，其在设备上的投资费用更少。在碱性（石灰）热压氧化过程中，黄铁矿的主要化学反应如下：

$$4FeS_2 + 8Ca(OH)_2 + 15O_2 \rightleftharpoons 2Fe_2O_3 + 8CaSO_4 + 8H_2O \tag{9-27}$$

在氨介质中进行加压氧化时，在有过量氨存在的条件下，简单的金属硫化物可转变为可溶性硫酸盐或不溶的氢氧化物。复杂的金属硫化物经氧化分解，铜、镍等转入溶液，铁等留在渣中。如在温度为 80~100℃、氧压为 0.5~2.02MPa（5~20 个大气压）、氨浓度为 26% 的条件下，对含金多金属精矿浸出 10~12h，可使金、铜、锌、砷等转入溶液中，铁、铅等留在渣中。

过程反应为：

$$4CuFeS_2 + 17O_2 + 24NH_4OH \rightleftharpoons 4Cu(NH_3)_4SO_4 + 4(NH_4)_2SO_4 + 2Fe_2O_3 + 20H_2O \tag{9-28}$$

$$4FeS_2 + 15O_2 + 16NH_4OH \rightleftharpoons 8(NH_4)_2SO_4 + 2Fe_2O_3 + 8H_2O \tag{9-29}$$

$$4Au + 8S_2O_3^{2-} + O_2 + 2H_2O \rightleftharpoons 4Au(S_2O_3)_2^{3-} + 4OH^- \tag{9-30}$$

$$4Au + 4HS^- + O_2 \rightleftharpoons 4AuS^- + 2H_2O \tag{9-31}$$

方铅矿转变为铅铁矾 $PbSO_4 \cdot Fe_2(SO_4)_3 \cdot 4Fe(OH)_3$ 留在渣中。砷呈 AsO_4^{3-} 形态转入溶液，在氨介质中可呈铵镁复盐或铵钙复盐沉析出：

$$(NH_4)_3AsO_4 + MgCl_2 \rightleftharpoons NH_4MgAsO_4\downarrow + 2NH_4Cl \tag{9-32}$$

$$(NH_4)_3AsO_4 + CaCl_2 \rightleftharpoons NH_4CaAsO_4\downarrow + 2NH_4Cl \tag{9-33}$$

浸液中的金可用活性炭或离子交换树脂进行回收。此工艺只对综合处理金铜精矿时才有实际意义，一般的回收方法金回收的效果差。

9.3.1.2 砷黄铁矿

在碱性热压氧化过程中，硫化物中的硫、砷和铁分别被氧化成硫酸盐、砷酸盐和赤铁矿，最终导致硫化物晶体的破坏，使其包裹金暴露出来，可采用氰化法回收。相关化学反应如下[11]：

$$2FeAsS + 5Ca(OH)_2 + 7O_2 \Longrightarrow Fe_2O_3 + Ca_3(AsO_4)_2 + 5H_2O + 2CaSO_4 \qquad (9-34)$$

$$Ca(OH)_2 + H_2SO_4 \Longrightarrow CaSO_4 + 2H_2O \qquad (9-35)$$

$$SiO_2 + Ca(OH)_2 \Longrightarrow CaSiO_3 + H_2O \qquad (9-36)$$

$$Al_2O_3 \cdot nH_2O + Ca(OH)_2 \Longrightarrow Ca(AlO_2)_2 + (n+1)H_2O \qquad (9-37)$$

碱性加压氧化法处理耗酸量高的难处理含金硫化物矿石的过程反应为：

$$2FeAsS + 7O_2 + 10NaOH \Longrightarrow 2Na_3AsO_4 + 2Fe(OH)_3 + 2Na_2SO_4 + 2H_2O \qquad (9-38)$$

$$As_2S_3 + 12NaOH + 6O_2 \Longrightarrow 2Na_3AsO_3 + 3Na_2SO_4 + 6H_2O \qquad (9-39)$$

$$As_2S_3 + 12NaOH + 7O_2 \Longrightarrow 2Na_3AsO_4 + 3Na_2SO_4 + 6H_2O \qquad (9-40)$$

$$As_2O_3 + 6NaOH \Longrightarrow 2Na_3AsO_3 + 3H_2O \qquad (9-41)$$

可从砷酸钠溶液中回收砷和使碱再生：

$$2Na_3AsO_4 + 3Ca(OH)_2 \Longrightarrow Ca_3(AsO_4)_2 + 6NaOH \qquad (9-42)$$

9.3.2　美国 Mercur 金矿生产实践

美洲 Barrick 资源公司有两座矿山采用加压氧化提金工艺，一是美国犹他州的 Mercur 矿，1988 年 1 月采用碱性加压氧化工艺，生产能力 750t/d，二是内华达州的 Glodstrike 矿，1989 年 2 月采用酸性加压氧化工艺，生产能力达 1500t/d。

美国 Mercur（默克）矿区位于奥夸尔（Oquirrh）山的南部、盐湖城西南大约 56km 处。该矿区是主要的金产地。1983 年 1 月开始开采，然后氧化矿石通过炭浸出工厂处理。自 1985 年中期巴里克公司买下了这个矿山以来，难浸矿石储存起来，只有氧化矿石得到利用并且提高了回收率。1986 年 10 月巴里克公司决定施工建立日处理 750t 矿石的工厂以处理难浸矿石。目前日生产定额为 5000t，每天有 750t 难浸矿石批量通过磨矿流程。Mercur 矿山的高压釜于 1988 年 1 月开始投入运行，处理氧化和难浸的两种矿石，是目前唯一一家采用碱性加压氧化预处理难浸金矿的工厂。

Mercur 金矿体由薄层状炭质石灰岩构成，载金矿物主要为黄铁矿、砷黄铁矿、白铁矿、雌黄、雄黄，还有较少量的辉锑矿和钝矿物。金主要与黄铁矿共生，呈细粒包裹体，比较少量和砷黄铁矿共生。原料为含 Au2 ~ 3g/t、CO_3^{2-} > 10%、S1% ~ 2% 炭质硫化矿石，处理量为 680t/d。矿石含碳酸盐多，碳酸盐可中和硫氧化产生的硫酸，所以此厂采用碱性加压氧化。由于含硫量低，必须进行热回收并通入蒸汽以保持反应温度。

主设备为一台 $\phi3.66m \times 15.2m$ 的 4 隔室卧式高压釜，每一部分分别配有一台涡轮搅拌器搅动。搅拌器叶片的速度保持在 750ft/min（1 英尺 = 0.3048m）以下，以防止过快地磨损叶片。与酸性釜不同的是，釜内衬的是 10cm 厚碱性耐火砖和不锈钢板，隔板为不锈钢板，每隔室配有一台涡轮搅拌器搅动，搅拌器叶片的速度保持在 750ft/min 以下，以防止过快地磨损叶片。此外，搅拌器的叶片转子装在砖衬孔径的上方，达到既能保护衬不易磨损又能使固体物质悬浮的目的。从存贮槽提供的氧气进入高压釜各个反应室。液体氧是由附近的制氧厂用卡车运送到存贮罐中的，氧气汽化后输送到各反应室。

Mercur 难选金矿碱性加压氧化工艺流程如图 9-5 ~ 图 9-7 所示[12]。

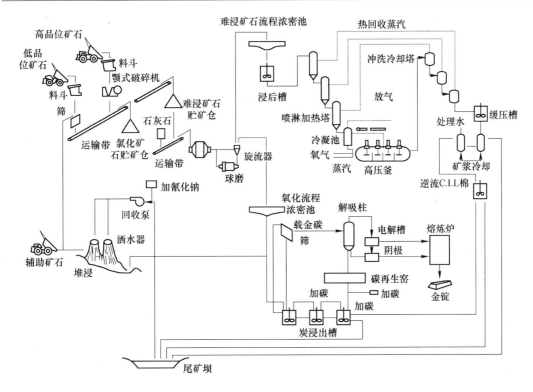

图 9-5 氧化难浸流程

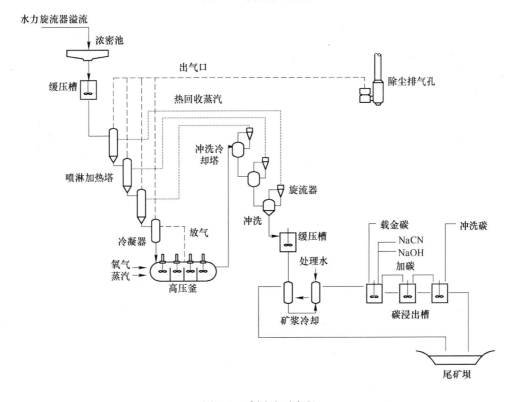

图 9-6 难浸矿石流程

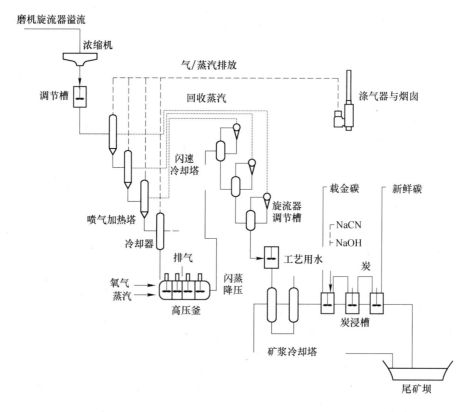

图 9-7　Mercur 难选金矿碱性加压氧化工艺流程

　　矿石经一段粗碎后两段磨矿（半自磨—球磨，带有半自磨机产出的粗颗粒的破碎），粉碎到 −75μm 占 75% ~ 80%。氧化矿和硫化矿都按照前述的基本原则进行处理。将矿浆存于槽里，以进行连续的加压氧化处理。研磨过的矿浆放在 19.81m 的高效浓密池里浓密至固体含量达 50%，然后泵送到三级加热喷淋塔，高压釜提供喷淋塔的循环蒸汽。高压釜中的温度和压力分别从环境温度和大气压力提高到 225℃、总压力 3350kPa，氧化时间 70min。由于给料中碳酸盐组分含量高，高压釜中维持中性 pH 值（pH 值为 6.5 ~ 7）；矿浆中的碳酸盐中和了由硫化矿物氧化反应生成的酸，70% 以上硫化物中的硫被氧化成硫酸盐。泵送工作是由一系列离心泵和一台正排量泵完成的。

　　矿浆从高压釜中通过节流阀排出，排出矿浆经过三级减压过程，喷淋蒸汽在与之对应的预热喷淋槽里冷凝。每级降压由阀门控制，矿浆从最后降压阶段流出时的温度是 93.3℃，然后送到热交换器中使温度降到大约 43.5℃。冷却后的矿浆用炭浸法处理 14h 以提取和回收金。由于含碳质矿石组分较低（低碳）但有明显的吸附金的趋势，加压氧化不能钝化或者氧化含碳质的矿石组分，炭浸法是必需的。因为碳质物料使金的吸附逐步降至最小，故活性炭的浓度由 15g/L 提高到 40g/L。

　　两个炭浸作业回路的载金碳经酸洗后用加压查德拉法洗提金，流程中矿浆 pH 值维持在 11 左右，主要通过在磨矿流程加石灰或偶尔在浓密后加碱加以维持。炭浸出槽专门用于加压氧化反应以防止氧化过程中的任何损失，浸出后的矿浆进入炭浸尾矿流程。从洗提液中用电积法回收金，最终金的浸出率达到 90% 以上。负载阴极在加助熔剂熔铸最终的金银锭之前进行蒸馏以回收汞。卸载后的炭用热力再生法重新活化，并返回吸附作业。

低品位（19/t）氧化矿石破碎后堆浸处理，每天处理量为4000t。

生产技术经济指标见表9-7[13]。

表9-7　生产技术经济指标

项　目	单　位	生产指标	设计指标
处理能力	g/t	717	680
氧化温度	℃	220	—
金回收率	%	83	80～85
硫化矿含硫	%	0.8	1.7
劳动工资		2.0	2.45
药剂和氧气		1.52	2.20
维修	美元（每吨矿石）	2.77	2.77
燃料（用于加温）		2.18	4.40
电力		0.3	0.68
总计		8.8	9.32
生产1盎司金成本	美元	118.33	132.19

使默克矿山高压釜生产成本较低的主要因素是不用石灰或酸而无药剂投资，而且碱性流程减少了建造所用特殊材料的需要。相对低品位的难浸矿石的低焙烧成本使默克矿山的总投资成本保持在令人满意的120美元/盎司。高压釜不仅延长了默克矿山的寿命，而且为高压釜设备大得多的Goldstrike提供了样板和培训基地。默克矿山的高压釜投产以后进行了几次改造，详见表9-8。

表9-8　巴里克公司默克矿山高压釜投产后进行的改造

项　目	详　细　说　明
蒸汽进入到喷淋塔	从每个冲洗塔返回的最初的蒸汽，再次注入喷淋塔矿浆中，使矿浆吸收最大热量。但凉矿浆引起冷却，矿浆产生内爆，设备过多振动。重新确定蒸汽喷射点，使其保持在矿浆上面冲击矿浆表面
离心泵的隔膜（高压釜的正位移排液泵）	离心泵上的隔膜工作寿命12～17d，4个隔膜花费3000美元，这是一项重要的成本消耗。离心泵采用了放落架设计，使隔膜局部温度从137.8℃降到104.4℃，延长了隔膜的寿命，可超过125d（戈德斯特奈克矿山改造放落架的设计，使温度降低到37.8℃以下，隔膜的寿命延长6个月以上）
压力/温度/液位控制（喷淋塔）	三个喷淋塔中每个喷淋塔的原始参数都是独立控制。开始时，液位过量不稳定不能用这种方式操作，因此这个装置转换成二级喷淋/冲洗。喷淋塔的液位控制采用串联回路方式，联合两个相关的控制回路：第一回路是液位控制器，即输出用于第二个控制回路的固定点；第二个回路是流量控制器，即用磁性流量测量仪产生的反馈信息来调整变速泵。因为压力变化反应速度比对液位控制仪快，所以流量控制器能够维持更稳定的液位控制。流量控制和泵排出装置阀一起达到控制泵的目的。蒸汽压力单独控制
陶瓷离心式水泵	最初安装试图使由于高温矿浆遇到喷淋塔引起的泵的磨损降低到最小值。两个泵的内衬及转子在数小时内严重损坏，不可能经受机械和热的冲击。现在换成高铬钢泵，运转非常成功
炭浸出的改进	在矿浆中最初顺流炭的浓度是25g/L，炭浸出流程改善后为40g/L，回收率由原来的5%提高到10%，提高炭的浓度可抵消矿浆中原生活性炭引起的消耗

酸性压力氧化和碱性压力氧化系统各设备使用材料列于表 9-9。由表 9-9 看出，建造压力氧化设备的多数材料是耐酸碱、耐压力、耐热的特殊合金钢、不锈钢、耐酸砖、特种灰浆、氯丁橡胶等，价格比较昂贵，尤其是酸性压力氧化设备的材料。

表 9-9　酸性压力氧化和碱性压力氧化系统各设备使用材料

项　目	戈德斯特奈克矿山触液面	默克矿山触液面
浓密机	彩钢	碳钢
酸化缓冲槽	氯丁橡胶	N/A
酸化缓冲槽搅拌槽	氯丁橡胶	N/A
喷淋槽	耐酸砖、AR500、灰浆	耐酸砖、SEMAG、灰浆
级间泵（喷淋）	高铬铁	高铬铁
Geho-泵体	CD4MCu	高抗拉球磨铸铁
Geho-阀	CD4MCu	碳钢用 6 号钨铬钴硬质合金镀层
G-隔膜	EDPM	EDPM
高压釜壳体	耐酸砖；Hydromet50 灰浆	耐酸砖；EDPM 灰浆
喷管管路	铬镍铁合金 625	铬镍铁合金 625
高压釜搅拌机轴	钛牌号 12	316L 不锈钢
高压釜搅拌机转子	钛钢牌号 5	316L 不锈钢
冲洗槽壁	耐酸砖；AR500 灰浆	耐酸砖；EDPM 灰浆 1 号喷淋；Gree nall90 浆砖；环氧树脂灰浆
冲洗阀阀体	钛牌号 2	Hastaloy C 钢
冲洗阀（塞）	陶瓷六角合金 SA	陶瓷六角合金 SA
冲洗-喷淋蒸汽管		
高压	钛钢	316L 不锈钢
中压	20 铌-3	316L 不锈钢
低压	316L 不锈钢	316L 不锈钢
冷却供料泵	氯丁橡胶	高铬铁
冷却器外壳	碳钢	碳钢
冷却管路	316L 不锈钢	316L 不锈钢
中和槽	316L 不锈钢	N/A
中和槽搅拌机	316L 不锈钢	N/A
高压釜出料 pH 值	1.2 ~ 2.0	7.5 ~ 8.5
给养管	C276 镍基合金、Ferrallium255	

9.4　研究进展

1988 年，北京矿冶研究总院对湖南省康家湾含金砷硫精矿进行了 10L 釜加压氧化预处理试验，原料主要化学成分见表 9-10。精矿粒度为 −0.074mm 占 75.8%，加压氧化预处理实验见表 9-11。

表 9-10　康家湾含金砷硫精矿化学成分 （％）

编号	Au	Ag	S	As	Pb	Zn
I	4.58g/t	77.0g/t	35.72	1.33	2.73	3.04
II	5.72	42.0	45.58	1.75	0.29	0.24

表 9-11　加压氧化预处理实验

编号	温度/℃	氧压/MPa	液固比	时间/h	始酸 /g·L^{-1}	添加剂/%	渣率/%	渣含金 /g·t^{-1}	金浸出率 /%
I	180	0.83	6:1	2	10	0.3	26.8	1.43	91.2
II	180	0.83	6:1	2	10	0.3	26.0	1.05	95.2

　　试验结果表明，康家湾含金砷硫精矿经加压氧化预处理后再氰化，金的浸出率可达 91%~95%，是提高金回收率的有效方法。但在上述实验条件下，精矿中的硫几乎全部转化为硫酸，需要大量中和剂进行中和。

　　2003 年，我国紫金矿业公司采用 NaOH 处理贵州水银洞金矿获得成功。

　　国内马育新[14]采用具有代表性的新疆哈图含砷金精矿进行了硫酸介质加压氧化预处理工艺研究。通过正交试验，确定了适宜的预处理工艺条件，考查了氧化矿浆电位对预处理效果的影响。最佳工艺条件：反应温度 195~200℃，操作压力 5.5~6.0MPa，反应时间 3h，采用石灰(Ca(OH)$_2$)来代替 NaOH，大幅度降低生产成本。

　　Cannon 金矿 1985 年开采以来，矿石金平均品位 10.5g/t，银 17g/t，金矿化主要赋存于狭窄石英脉和热液矿化的硅化、角砾岩化的砂岩围岩中。矿物主要为自然金、银金矿、硫锑银矿、螺状硫银矿和黄铁矿等，矿石还含有 0.4% 的碳。矿石磨至 -75μm 占 95% 后浮选，精矿外运提取金银。Cannon 金矿自 1983 年以来针对该矿进行了多种方法试验研究，其中加压氧化、焙烧和细菌氧化 3 种方法进行过中间工厂规模试验。加压氧化操作条件为：温度 200℃、压力 3.1MPa、反应时间 4h，金回收率 98%。但成本分析表明该法不经济。

　　由于加压氧化条件可温和一些，后接炭浸法提金可获得高回收率，因此 1990 年继续中间工厂试验、工厂设计和可行性研究。加压氧化和炭浸工艺共进行两个 60h 连续试验，第一个条件为 150℃ 和 1.3MPa，金回收率 95%~96%，第二个条件为 170℃ 和 1.4MPa，金回收率 97%~98%。银回收率只有 12%~25%，这是由于生成银黄钾铁矾的缘故。如果采用酸性浓密底流高温石灰中和方法可使银的回收率提高到 50%~76%。

　　加压釜中氧化时间为 3~4h，给入矿浆浓度为 30%~35%，加压釜卸料酸度 80~90g/L H$_2$SO$_4$，高铁离子浓度 60~80g/L，精矿中 90%~94% 的砷溶解其中，卸料矿浆浓度为 21%。氧化设备拟采用竖式玻璃衬里加压釜。炭浸时间最少也需 30h，氰化钠耗量平均为每吨炭浸给料 17.5kg，合每吨精矿 13.4kg。炭浸尾渣采用 SO$_2$ 空气法进行氰化物解毒。

9.4.1　难处理金矿加压氰化浸出

　　加压氰化浸出法是综合利用流体力学、空气动力学的原理[15]，在高压空气的作用下，将压缩空气以射流状态均匀弥散到浸出矿浆中，形成强力搅拌，在反应器内使气、液、同三相充分接触，使浸出所需的氧气氰化物迅速扩散到矿物表面产生氰化反应。同时，又迅速将反应生成物脱离矿物表面扩散到矿浆中，大大加快了氰化浸出的速度，缩短了浸出时间，节省了药剂消耗，显著地提高了金的浸出率，在加压氰化浸出过程中，由于反应体系中具有充足的氧气，部分硫化物被氧化，使包裹的金解离，有利于氰化浸金[16]。

原西德的 Lurgi 公司[17]曾对加压氰化处理高砷低硫难处理金矿进行过研究。所用设备为管式压力反应器，处理量每批 10t，流速 2.5m/s，经活塞或隔膜泵加 NaCN 1kg/t，管道内压力约 2500kPa，加入反应器的氧量为 6kg/t。反应完后，排出的矿浆中含金量为 0.2kg/t，浸出率为 98%。分析排出矿浆中的 NaCN 浓度，计算过程消耗量仅为 9kg/t。

武警黄金地质研究所的逯艳军[18]针对常规氰化浸出提取金、银工艺中浸出时间长、药品消耗大、金和银回收率低等现状，在保持原有选矿工艺流程不变的基础上，在氰化浸出环节上采用自行设计的高压浸出装置，对矿石进行加压氰化浸出提取金、银工艺试验，通过改变浸出过程的压力，增加浸出溶液的 O_2 含量，浸出时间由原来的一个流程 24h 缩短到 45min；金和银浸出率指标分别达到 93.2% 和 73.0%，分别提高了 19.6% 和 12.0%。

加拿大 W. T. Yen 采用同时往高压釜中加入硫酸和酸性的次氯酸盐的方法，使预氧化和金浸出同时进行，将两步变为一步处理。在 210℃ 下加压 90min 后，某试验矿石金和银的浸出率都达到 95% ~ 97%。次氯酸盐与氯化钠混用，能够降低次氯酸盐的用量。

Demopoulos 等人在温度 200℃、氧分压 2000kPa、H_2SO_4 浓度 1.5mol/L、NaCl 4.0mol/L、氧化时间 2h 的条件下，处理含有 73% 黄铁矿、18% 砷黄铁矿、Au34.6g/t、Ag27.6g/t 的金精矿，金和银的浸出率分别达到 99.0% 和 99.5%，而直接氰化时金浸出率只有 5%。

该法的优点是流程简化，无需使用氰化物等剧毒药剂，银回收率显著提高。但由于 Cl^- 的腐蚀问题，迄今还未见到工业应用的实例。

虽然加压氧化工艺有对设备的密封、防腐性能等要求较高，设备费用较贵；氰化浸金前需对氧化矿浆作彻底冲洗与中和处理；在加压氧化过程中银损失在黄钾铁矾里，银回收率较低等缺点。但是却具有如下优点：（1）氧化时间短，氧化彻底，金浸出率高；（2）原料适应性广，无论是含硫 1.5% 的金矿石，还是含硫 42% 的高硫金精矿，均可进行处理，对有害金属（锑、锡、铅等）敏感性低；（3）环境污染性小。加压氧化产出的废渣相当稳定，主要有害元素砷氧化后生成稳定的砷酸盐等沉淀物，其溶解度很低。废液中的砷容易形成结晶状的砷酸铁沉淀，不会放出毒性气体；（4）生产灵活性大，硫以硫黄形式产出，不受硫酸市场的影响。

在处理重有色金属硫化矿及难处理金矿等方面，加压氧化工艺是目前正在发展的新兴现代冶金技术。

9.4.2　催化氧化法（COAL 工艺）[19]

1992 年，中国科学院化工冶金研究所（现中国科学院过程工程研究所）对四川省东北寨含砷金矿进行了酸性和碱性加压氧化预处理实验室实验研究。实验在 2L 高压釜中进行。原料的主要化学成分：Au 4.90g/t，Fe 2.94%，S 2.09%，As 1.93%，C 2.96%，$C_有$ 0.47%，CaO 6.60%，MgO 2.70%，Al_2O_3 12.63%，粒度为 - 0.043mm 占 98.5%。原矿直接氰化浸出，在 25℃，液固比 6∶1 及 pH 值为 10 条件下，加入氰化钠 6kg/$t_矿$，通入氧气浸出 8h, 金的氰化浸出率为 15.7%。

原矿酸性、碱性加压氧化预处理结果见表 9-12 ~ 表 9-14。

表 9-12 原矿热压氧化酸浸试验结果

温度/℃	SAA /kg·t⁻¹	时间/h	液固比 /mL·g⁻¹	硫酸加入量 /kg·t⁻¹	硫酸消耗 /kg·t⁻¹	氧耗 /m³·t⁻¹	渣产率/%	金浸出率 /%
160	0.5	2	5	322	(178)	36	93.5	90.4
160	2.0	2	10	368		32	91	88.8
16	0.5	2	5	322		30	89.5	94.5
175	2.0	1	10	552		64	79	85.0

表 9-13 原矿碱性热压氧化预处理结果

温度/℃	压力/kPa	时间/h	烧碱加入量 /kg·t⁻¹	碱耗/kg·t⁻¹	氧耗/m³·t⁻¹	渣产率/%	金氰化率/%
120	506.63	6	400	304	37	77.0	82.7
120	506.63	6	500	304	32	72.0	80.9
220	3039.75	2	53	53	约35	93.7	88.6

表 9-14 原矿石灰热压氧化预处理结果

温度/℃	压力/kPa	时间/h	Ca(OH)₂ 加入量 /kg·t⁻¹	石灰消耗 /kg·t⁻¹	pH 值	氧耗 /m³·t⁻¹	渣产率/%	渣含金 /g·t⁻¹	金氰化率 /%
220	3039.75	2	60	60	6.31	(约35)	92.5	0.9	83.0
220	3039.75	2	75	75	6.92		97.5	0.8	84.1
220	3039.75	2	85	85	7.10		90.0	0.7	83.5

由上述结果可以看出，该矿在 160℃下酸性加压氧化预处理 2h, 金的氰化浸出率可达 90% 以上，反应酸耗 300kg/t$_{矿}$ 以上。采用 NaOH 进行浸出，在 220℃下浸出 2h, 碱耗为 53kg/t 矿，金的氰化浸出率可达 88% 以上。原矿加石灰在 220℃下加压氧化预处理后再氰化，控制反应压力 3039kPa, 反应时间 2h, Ca(OH)₂ 加入量 60kg/t$_{矿}$, 金的浸出率可稳定在 83% 左右。

中科院在硝酸氧化方面也进行了大量的研究，开发了催化氧化酸浸预处理技术（COAL 法），在 100℃ 和 200 ~ 400kPa 条件下进行反应，解离包裹的金，用表面活性剂分散氧化产生的元素硫，金的氰化浸出率有显著提高，氧化时只固体表面发生局部浸蚀，从而大大加强物质传质过程，需 0.14mol/L 左右的硝酸浓度，该法仍然有 2 ~ 4 个标准大气压的压力，对设备仍有较高的防腐防渗要求，而且在氧化反应中生成元素硫，虽然加入了分散剂，但仍然存在许多问题。

9.4.3 吉林浑江项目

1992 年，北京矿冶研究总院和长春黄金研究所联合对吉林省浑江难选冶金矿原矿和原矿直接氰化浸出所得氰化渣，再经浮选所得精矿进行了加压氧化预处理—氰化提金实验。

试验在 2L 高压釜中进行，精矿主要成分见表 9-15。

对浑江金矿石进行的物质组成研究指出，矿石中金主要以自然金形式存在，其粒度主要为微粒金（5~0.5μm）和次显微金（<0.5μm）级别。即使在 -45μm 占 92% 的磨矿细度下，包裹金仍大于 50%，这是该矿石难选冶的原因所在。用常规氰化法进行处理，金的氰化浸出率仅为 46% 左右。

该矿含硫小于 1%，碳酸盐含量达 60% 左右，采用酸性加压氧化预处理再氰化，金的浸出率可达 99.5%，但每吨原矿酸耗高达 694kg 硫酸，经济上不合理。在中性条件下加压氧化预处理再氰化，金的浸出率为 86.1%，不甚理想。基于上述情况，北京矿冶研究总院进行了原矿碱性加压氧化预处理—氰化提金工艺研究。在 180~220℃ 下，加入 NaOH 10kg/t$_{矿}$，控制氧分压 0.49MPa 反应时间 30~60min，金的氰化浸出率可达 93%~96%。试验结果见表 9-16。

表 9-15　浑江金矿原矿及精矿化学成分　　　　　　　　　（%）

原料名称	Au /g·t^{-1}	Ag /g·t^{-1}	S	Fe	As	C	CaO	MgO	SiO$_2$	Al$_2$O$_3$
原矿	6.475	20.0	0.34	1.15	0.092	7.96	19.32	12.10	35.43	2.45
精矿	41~42	125~145	4.76	6.05	1.28	5.46	13.32	7.92	42.03	3.10

表 9-16　碱性加压氧化—氰化提金试验结果

序号	温度/℃	总压 /MPa	氧分压 /MPa	时间 /min	NaOH用量 /kg·t$_{矿}$$^{-1}$	转速 /r·min^{-1}	矿浆浓度 /%	粒度（-46μm（320目）占）/%	终点 pH值	渣含金 /g·t^{-1}	金浸出率 /%
1	150	0.88	0.49	60	10	800		93.98		0.71	88.91
2	180	1.42	0.49	60	10	880		86.25		0.56	91.25
3	200	1.96	0.49	60	10	700	30	86.25	8.5	0.43	93.41
4	200	1.96	0.49	60	10	700	30	86.25	8.8	0.39	94.02
5	200	1.96	0.49	60	10	700	30	86.25	8.2	0.34	94.75
6	220	2.71	0.49	30	10	700	40	92.49	8.5	0.48	92.59
7	220	2.71	0.49	45	10	700	40	92.49	8.5	0.34	94.75
8	220	2.71	0.49	60	10	700	40	92.49	8.5	0.27	95.83

9.4.4　低温低压碱性预氧化法

美国研究出一种新的处理含砷矿石和精矿的简单工艺。在低温（100℃）和低压（689kPa）条件下，用添加石灰和氧气的方法处理黄铁矿和砷黄铁矿，使砷作为不活泼组分存在于残渣中，然后从加压釜处理过的残渣中采用氰化法回收贵金属，结果金得到较好浸出。Lichty 试验研究了在 100℃ 和 345~482kPa 下用石灰—压缩空气氧化工艺处理含砷矿石和精矿。国内中国科学院方兆珩等对广西某含砷金矿进行了石灰氧压预处理，研究发现当酸浸渣中元素硫与加入 Ca(OH)$_2$ 中的 OH$^-$ 的物质的量比在 0.8~1.1，在 85℃ 和 0.1~0.3MPa 氧压下浸出 3~5h，金的浸出率可达 90%。

上述方法具有工艺简单、温度和压力不高、反应时间短（30~60min），砷呈不溶性化

合物形式存在、投资少、生产费用低等许多优点，该工艺适用于处理夹杂有砷的浮渣、黄渣、冶炼厂酸泥和工业废弃产品。由于采用低压，可用压缩空气而不需昂贵的制氧设备。但是也存在着金的回收率偏低等诸多问题，目前还未见到工业应用的报道。

9.4.5　用 H_2O_2 加压预处理含炭质难浸金矿

用酸性或者碱性加压氧化处理含碳质难浸金矿，金的氰化浸出率一般都不高，这是因为它们既没有氧化碳质，也没有使碳质钝化，炭质仍然会吸附已溶解金的缘故。加拿大 NgavorK 等人对加纳 Ashanti 金矿的浮选精矿进行了多种介质（H_2SO_4、HNO_3、H_2O_2）加压氧化对比试验，结论是 H_2SO_4 和 HNO_3 对难处理金矿中的碳质不能有效地氧化和钝化，金的浸出率只有 65% ~ 70%；采用 H_2O_2 加压氧化时，虽然硫和碳的氧化率不太高，但它能减弱碳质的劫金活性，金的浸出率提高到 83%。

参 考 文 献

[1] 陈家镛. 湿法冶金手册[M]. 北京：冶金工业出版社，2005.

[2] 黄礼煌. 金银提取技术[M]. 北京：冶金工业出版社，1995.

[3] R G McDonald, D M Muir. Pressure oxidation leaching of chalcopyrite. Part I. Comparison of high and low temperature reaction kinetics and products[J]. Hydrometallurgy, 2007, 86(3-4):191-205.

[4] 曾树凡. 国外提金工艺实践[J]. 国外金属矿选矿，1995(09):8-35.

[5] 刘汉钊. 国内外难处理金矿压力氧化现状和前景（第二部分）[J]. 国外金属矿选矿，2006(09):4-8.

[6] Kelth R. Suttlll，杨玉波. 圣本多细菌氧化（BIO）计划南美采用细菌氧化作用增加加压氧化能力的第一个金矿[J]. 世界地质，1992(4):109-113.

[7] S·苏伊，潘志兵. 圣本托金矿——巴西的瑰宝[J]. 国外金属矿选矿，1999(8):13-15.

[8] 柯普 L W，潘志兵. 处理难选金矿的萨格金选冶厂[J]. 国外金属矿选矿，1999(7):6-9.

[9] 印万忠，洪正秀，马英强，等. 国内外含砷硫金矿预处理技术的研究进展[J]. 现代矿业，2011(02):1-8.

[10] 张文波. 加压氧化浸出工艺的机理研究[J]. 黄金科学技术，2011(05):40-44.

[11] 黄怀国，江城，孙鹏，等. 碱性（石灰）热压氧化预处理难浸金矿工艺的机理研究[J]. 稀有金属，2003(02):249-253.

[12] 托马 K K. 美国巴里克公司矿山黄金加压氧化工艺[J]. 国外金属矿选矿，1997，34(8):21-27.

[13] Anon. Mercur starts up its new alkaline pressure oxidation antoclave plant[J]. Engng & Min. J, 1988(6):4-8.

[14] 马育新. 新疆哈图金矿含砷金精矿加压氧化预处理工艺研究[J]. 新疆有色金属，2009(01):54-56.

[15] 李学强，徐忠敏，冯金敏，等. 加压氰化法提取贵金属的研究进展[J]. 黄金科学技术，2009(17):5.

[16] 黄昆，陈景. 加压氰化法提取贵金属的研究进展[J]. 稀有金属，2005(04):385-390.

[17] Pieth H B. Pressure leaching of ores containing precious metals[J]. Ertmecall, 1983(36):261.

[18] 逯艳军. 用加压氰化浸出法提取金和银的工艺试验[J]. 黄金地质，2003，9(4):21-25.

[19] 夏光祥，段东平，周娥，等. 含砷难处理金精矿的催化氧化酸浸（COAL）新工艺开发[J]. 黄金科学技术，2013(05):113-116.

10 铂族金属加压浸出

10.1 概述

我国铂族金属矿产资源储量稀少，全国已探明的金属储量仅 350t 左右，仅占世界总储量的 0.4%。其中，60% 以上储存在甘肃金川的硫化铜镍矿中，属伴生资源，可从镍生产线的高锍磨磁浮分离产生的铜镍合金中提取。但金川的铂族金属年产量仅约 2t[1]，只能满足国内总需求量的约 3%，绝大部分还须依靠进口。鉴于此，2003 年国家相继出台了对铂族金属矿可申请减免矿权使用费的政策，以及免除进口关税的政策，充分体现了我国对铂族金属资源紧缺的重视。

我国西南三江地区是世界级有色金属和稀贵金属成矿富集区，云南省在这个成矿区占有重要地位，其铂族金属储量居全国第二，是我国主要的原生铂、钯矿产地。已发现云南弥渡金宝山、大理荒草坝、元谋、牟定、新平等 12 个矿点，初步圈定的铂钯金属储量约 100t。云南大理地区的弥渡县金宝山低品位铂钯矿是 20 世纪 70 年代末期发现的一个大矿，已探明可供开采的铂钯金属储量为 48t，A + B + C + D 级储量为 82t，占云南省已探明铂钯总储量的 67%，仅次于甘肃金川的伴生铂族金属铜镍硫化矿，是我国第二大铂族金属矿产资源。因此，先开发金宝山矿将有利于地方经济的发展，促进我国加强铂族金属资源的勘查力度。

20 世纪 70 年代以后，随着发达国家对环境保护的日益重视，治理汽车尾气污染成为改善空气质量的焦点。一些国家纷纷对汽车排放尾气中 CH_x、CO、NO_x 三种有害成分的限制作出了立法要求。生产净化器时用作催化剂（以下称汽车催化剂）的铂、钯、铑用量开始明显增大，据统计，全世界用于汽车催化剂的铂、钯、铑用量从 1992 年的 72.7t 提高到了 1996 年的 120t，2001 年达到 240.19t[2]。

汽车催化剂已成为了铂族金属最大的应用领域和最重要的二次资源，不仅数量大、价值高，而且铂族金属含量比最富的矿石品位高得多，提取流程相对很短，规模也较小。因此，各工业发达国家都重视从汽车催化剂中回收铂族金属。

铂族金属提取冶金过程可分为富集、分离、精炼 3 个阶段，一个完整的工艺流程由许多单项技术环节组成。针对不同性质及成分的原料，用各种单项技术可以组成不同结构的工艺流程。因此，提取冶金技术的进步涉及两个方面：一是各种单项技术的发展和进步，包括为之奠基的应用基础研究、应用研究以及相应的装备研究。二是针对不同的处理对象如何用先进的单项技术及适宜的设备组成一个连接畅通、高效，有较高技术经济指标，容易工业化且技术密集的完整工艺流程。这是一个从单项技术发展完善的"量变"到整体工艺"质变"的过程，一般周期都比较长。

用高压浸出法处理矿物原料有两种工艺选择：一种用于矿物原料的预处理，即最大限度选择性地溶解原料中的贱金属或杂质，获得铂族金属精矿；另一种是铂族金属原料的直接浸出，使一些难于浸出的铂族金属尽可能浸出，以获得较高的浸出率与回收率。

10.1.1　矿物原料的预处理

在高于大气压力下，用空气或纯氧浸出含贵金属物料的铜、镍、铁、硫，使贵金属残留在浸出渣而成为贵金属精矿的过程，为重要的铂族金属富集方法之一。加压浸出富集铂族金属是在氧化条件下，于密闭的耐压、耐腐蚀的压煮器中实现的。浸出时通入压缩空气或纯氧，使氧分压达到 0.3~1.0MPa，并加温至 120~180℃。在此条件下可加快贱金属的浸出，并使常压下难以浸出的贱金属硫化物或氧化物转变为可溶性硫酸盐。浸出过程中贵金属的溶解损失与温度、氧压、介质酸度、氯离子浓度等因素有关，一般来说存在 Os、Ru > Rh、Ir > Pt、Pd、Au 的趋势[3]。

浮选金精矿中，铂、钯以超显微微细粒包裹体形式分散嵌镶赋存于硫镍矿、黄铜矿、黄铁矿等硫化矿物中。加压氧化酸浸过程发生的主要化学反应如下：

$$CuFeS_2 + 2H_2SO_4 + O_2 = CuSO_4 + FeSO_4 + 2S^0 + 2H_2O \tag{10-1}$$

$$FeNi_2S_4 + 2H_2SO_4 + 3O_2 = 2NiSO_4 + FeSO_4 + 3S^0 + 2H_2O \tag{10-2}$$

$$2FeS_2 + 2H_2SO_4 + O_2 = 2FeSO_4 + 4S^0 + 2H_2O \tag{10-3}$$

$$4FeSO_4 + 2H_2SO_4 + O_2 = 2Fe_2(SO_4)_3 + 2H_2O \tag{10-4}$$

$$FeS_2 + Fe_2(SO_4)_3 = 3FeSO_4 + 2S^0 \tag{10-5}$$

$$Fe_2(SO_4)_3 + 3H_2O = Fe_2O_3 + 3H_2SO_4 \tag{10-6}$$

$$Fe_2(SO_4)_3 + 4H_2O = 2\alpha\text{-}FeO(OH) + 3H_2SO_4 \tag{10-7}$$

$$MgO + H_2SO_4 = MgSO_4 + H_2O \tag{10-8}$$

$$CaO + H_2SO_4 = CaSO_4 + H_2O \tag{10-9}$$

在高温、高氧压及长时间反应条件下，贱金属硫化物可完全氧化为硫酸盐，各反应式生成的 S^0 也进一步氧化为 SO_4^{2-}。

加压浸出按所用介质分为加压硫酸浸出、自变介质性质氧压浸出和氨浸出三类。氨浸出时铂族金属溶解损失较大，不宜用于处理含铂族金属的物料。另外，盐酸对设备腐蚀严重，一般不用作浸出介质。

加压硫酸浸出：在硫酸介质中加压浸出含贵金属物料时，贵金属富集在浸出渣中，贱金属及其硫化物转变为可溶性硫酸盐。南非 Impala（英帕拉）铂矿公司三段加压浸出含贵金属 0.15% 的高镍锍，马太-吕斯腾堡（Matthey Rustenbury）铂矿公司加压浸出高镍锍，磨细磁选出的含贵金属约 1.5% 的铜镍合金，苏联加压浸出含贵金属约 2.5% 的粗镍电解阳极泥，均采用硫酸介质。

自变介质性质氧压浸出：在酸性介质中浸出贱金属硫化物时常析出元素硫，它氧化成硫酸根的速度很慢；且熔融硫（硫熔点 112.75℃）常包裹其他物料，影响贱金属的浸出。当物料中元素硫含量较高时，先用氢氧化钠溶液或水浆化物料，或在矿浆中加入可消耗硫酸的中和剂如氢氧化镍、碳酸镍、海绵铜等。矿浆加入压煮器后升温、通入氧气，使浸出过程的介质性质靠化学反应从碱性过渡为中性，最后变为酸性，将硫与呈硫化物和金属状态的贱金属组分逐步氧化为可溶性硫酸盐，而贵金属则富集在浸出渣中。这是我国首先研究和应用的方法。如一种含 Cu 3.14%、Ni 4.14%、Fe 0.49%、S 67.8%，铂、钯、金、铑、铱、锇、钌含量 5% 的贵金属富集物，用含氢氧化钠 2.1mol/L 溶液浆化，矿浆浓度12.5%，装入压煮器后升温至 130~150℃，通入氧气控制氧分压在 0.5~0.7MPa，机械搅拌浸出 5~6h。浸出开始，热氢氧化钠溶液溶解部分元素硫生成硫化钠和多硫化钠（一般为 Na_2S_4），加压氧浸出使之氧化为硫酸钠。在碱性和中性介质中贱金属硫化物也被快速氧化为碱式硫酸盐，硫的氧化最后使介质转变为酸性，将碱式盐转变为可溶性硫酸盐并溶解呈金属状态的贱金属。控制加入的碱量使最终浸出液的酸度不超过 0.5mol/L，浸出渣中贵金属品位在 40% 以上，渣中贵贱金属比可达 10：1。

防止贵金属在加压浸出过程中化学溶解损失的关键是酸度和温度不能控制过高及介质不能含 Cl^-。浸出液最终酸度超过 2mol/L、浸出温度高于 180℃、氧分压大于 1MPa 时，部分钯、铑、钌都会发生溶解，锇、钌会氧化挥发。介质中的 Cl^- 不仅会腐蚀压煮器，而且在较低的浸出温度和压力下还会溶解贵金属。Cl^- 浓度越高，贵金属溶解损失比例越大，其中钯最易溶解损失，其余依次是铑 > 钌 > 铂 > 铱。

10.1.2　铂族金属原料的直接浸出

氰化法从 19 世纪末就用于提取金。目前世界上 85% 以上的金矿采用常温常压氰化法浸出，用活性炭吸附、锌粉置换或阴离子交换树脂吸附等方法从氰化液中回收金。多年来，化学及冶金界曾努力寻求用类似氰化提金的方法来直接处理含铂族金属矿物。但在常温常压下，氰化钠溶液基本上不能浸出铂族金属。McInnesC. M 等人[4]研究表明，氰化 24h仅能浸出氧化矿中的少量铂钯。另外，由于含铂族金属矿物中伴生有价金属元素多、矿物种类复杂、性质差别大、存在不易氰化或耗氰矿物等，造成铂族金属完全溶解很困难、过程试剂消耗大、贵金属溶解效率不稳定和浸出液成分复杂的问题。

加压氰化靠提高反应温度来加快浸出速度，使常温常压下不能氰化的铂钯发生氰化反应。铂族金属加压氰化浸出过程中，铂族金属发生如下反应[5]：

（1）铂族金属形成氰配合物进入溶液：

$$2Pt + 8NaCN + O_2 + 2H_2O == 2Na_2[Pt(CN)_4] + 4NaOH$$

$$2Pd + 8NaCN + O_2 + 2H_2O == 2Na_2[Pd(CN)_4] + 4NaOH$$

$$4Rh + 24NaCN + 3O_2 + 6H_2O == 4Na_3[Rh(CN)_6] + 12NaOH$$

（2）氰化物分解反应：

$$CN^- + H_2O == HCN + OH^-$$

$$2HCN + O_2 + 2H_2O == 2NH_3 + 2CO_2$$

Bruckard W J 等人[6]采用加压氰化法直接处理含铂钯氧化矿。原料为高品位石英-长石斑岩，主要成分为：Au 90.9g/t、Pt 9.2g/t、Pd 2.19 g/t、Fe 2.19%、SiO_2 62.7%、S0.1%，并低于 0.02% 的 Cu、Zn 或 Pb。工艺流程为矿石球磨—混汞法提金—尾渣室温或高温氰化—活性炭金铂钯—从载金炭中回收金铂钯。

10.2 铂族金属主要物料及性质

从矿物原料及各类低品位二次资源富集提取贵金属精矿一般规模较大，应特别注意贵金属的回收率及有价组分的综合利用。各种元素粗分离是贵金属精炼前的准备阶段，贵、贱金属的分离及各贵金属之间的相互深度分离是精炼工艺的组成部分。

20 世纪 70 年代以来，加压浸出广泛用于处理含铂族金属铜镍共生硫化矿冶炼的中间产物，如高镍锍，高镍锍磨浮产出的铜镍合金，镍、铜电解阳极泥等。另外，与处理含铂族金属矿物相比，汽车催化剂成分简单，铂族金属含量高，处理规模小，表现出较好的应用前景。

10.2.1 高镍锍

高镍锍含 Ni 49%、Cu 29%、S 20% ~ 22%、铂族金属和金共计 1250 ~ 1550g/t。-0.04mm 占 60% ~ 90% 的高镍锍用含 Cu 18 ~ 22g/L、Ni 23 ~ 27g/L、H_2SO_4 80 ~ 100g/L 的铜电解母液浆化，泵入四格室卧式机械搅拌压煮器内进行一段浸出。矿浆在 135 ~ 145℃ 和空气压力约 0.5MPa 下连续流动浸出 3h，浸出时主要依靠 Cu^{2+} 的氧化作用使高镍硫中的 Ni_3S_2、Cu_2S、NiS 转化为 $NiSO_4$ 和 $CuSO_4$。浸出液含 Ni 100 ~ 110g/L、Cu 小于 10g/L、Fe 2g/L。贵金属残留在浸出渣。浸出渣中残留的 NiS、CuS 用硫酸溶液进行第二段浸出，硫酸用量按 S：（Ni + Cu + Co） = 1.2（物质的量比）计算，最终浸出液含铜 75g/L，第二段浸出在 135℃ 和 140kPa 氧分压下进行 4h。两段浸出合计浸出率为：Ni 99.9%、Cu 98%、Co 99%、Fe 93%，贵金属在浸出渣中的回收率在 99% 以上。当贵金属精矿达不到所要求的品位（> 45%）时，可进行第三段强化浸出。第三段浸出条件是：温度 150 ~ 180℃，浸出液含残余硫酸 0.5 ~ 1.0mol/L，氧分压 0.5 ~ 1.0MPa，也可根据第二段浸出渣的成分通过实验确定最佳浸出条件。第三段浸出时，铂族金属，尤其是钯、铑、钌会有溶解损失。但浸出液中的贱金属浓度低，可反复循环用于浸出新料。浸出液中的贵金属最后单独用置换法回收；或返回第二段浸出，靠原料中较多的贱金属及其硫化物将其置换入浸出渣中。影响贵金属富集的因素除物料所含的贱金属外，还取决于高镍锍中所夹带不被硫酸浸出的硅酸盐（炉渣、砂石）。当原高镍锍夹带的硅酸盐达到 0.3% 时，即使加压浸出了全部贱金属和硫，因渣中硅石含量高，贵金属品位仅能达 30%。

10.2.2 铜镍合金

转炉吹炼生产高镍锍时适当过吹脱硫，使铜镍除呈 Ni_3S_2 和 Cu_2S 状态外，还形成部分铜镍铁合金（一般占 10% ~ 15%），90% 以上的贵金属富集在铜镍合金中。液态高镍锍缓慢冷却结晶时析出磁性的铜镍铁合金颗粒，缓冷高镍锍经破碎磨细，铜镍合金被砸成片状，磁选分离出铜镍合金片和非磁性的铜镍硫化物。经此处理可以减少加压浸出的物料处理量和浸出段数。马太-吕斯腾堡铂矿公司用加压硫酸浸出的铜镍铁合金含贵金属 1.5% ~ 2.0%，硫酸用量按使铜镍铁合金中铜、镍、铁溶解的理论需要和使浸出液保持含游离硫酸小于 0.5mol/L 计算，矿浆液固比（8 ~ 10）：1，装入压煮器后升温至 120 ~ 150℃，通入压缩空气使氧分压达 0.2 ~ 0.5MPa，浸出 3 ~ 5h。浸出渣即为品位超过 45% 的贵金属精矿。与高镍锍相比，铜镍铁合金粒度粗、密度大，浸出过程需强烈搅拌。硫酸溶解贱金属组分并放出氢气，须连续通入压缩空气导出氢气，防止氢爆。

10.2.3　镍阳极泥

所处理阳极泥成分（质量分数）为：Ni 17.8%，Cu 25.6%，Fe 7.1%，S 1.3%，Pt 0.71%，Pd 1.84%，其中贱金属组分主要呈金属、氧化物、铁酸盐状态。用含硫酸 0.5mol/L 溶液按液固比（8 ~ 10）∶1 浆化，加入压煮器后升温至 120℃，通入氧气使氧分压达到 1MPa，机械搅拌浸出 1h，铜、镍浸出率分别达 99%、63%，原料中的 NiO 和铁酸盐难以浸出完全。浸出渣中的贵金属富集 3 ~ 4 倍。

10.2.4　含铂族金属硫化矿

伴生铂族金属的铜镍硫化矿是获取铂族金属的重要资源，其传统冶炼工艺是先采用火法富集铂族金属，如浮选精矿—焙烧—造锍熔炼—磨浮分选—镍精矿熔炼粗镍—电解—阳极泥处理—分离提纯铂族金属，或浮选精矿—焙烧—造锍熔炼—高锍湿法浸出分离贵贱金属—精矿回收铂族金属。此类工艺的特点在于：以有色金属选冶流程为主体，附带富集提取铂族金属，实现有价金属全面综合回收，但对提取铂族金属而言流程过于冗长，若浮选精矿中铂族金属品位低，则分散损失较大，回收率受到影响；若主金属铜镍钴品位过低，则工艺成本增高，经济效益受到影响，且环境污染严重。尽管存在上述问题，目前国内外处理含铂族硫化铜镍矿的生产工艺仍大多采用火法造锍富集铂族金属。究其原因，铂族金属在原矿或浮选精矿中品位太低，而标准电极电位则很高，试图直接氧化酸溶浮选精矿时，试剂耗量大，溶液成分复杂，设备防腐要求高，环境污染更为严重，铂族金属则很难完全溶解。

加压氰化法处理含铂族金属物料是最近几年才出现的新技术，对于含铂族金属的硫化矿，欲用加压氰化法处理时，则问题将复杂得多。一是氰化物溶液的硫化物矿浆体系中，其体系电位很难提高到浸出铂族金属所需的氧化电位；二是硫化矿中大量的硫化铁对铂族金属的包裹，很难用细磨或其他办法打开；三是必须考虑铜、镍、钴等有价金属的综合回收；四是氰化物的耗量远比对氧化矿时大，从而提高了冶炼成本。可能正是上述种种原因，导致迄今未见关于用加压氰化法处理硫化矿或其浮选精矿的报道。

陈景等研究提出了通过对含铂族金属硫化浮选精矿进行适当的预处理后，再采用加压氰化，实现直接选择性浸出提取铂钯，并综合回收铜镍钴等有价金属的创新工艺。该技术小型实验的铂族金属回收率高达 98% 以上，铜镍钴等贱金属冶炼总回收率也达到了 99% 以上，贵贱金属分离容易，氰化物等试剂耗量少，对硫化矿或其浮选精矿中 MgO、CaO、S、Fe 等含量无特殊要求，减小了选矿工序的压力，对物料适应性强，可形成能够处理各种含铂族硫化矿或其浮选精矿的共性技术。工艺过程中无有害废渣和废气排放，废液易处理，污染轻，属清洁、短流程新工艺。

我国云南金宝山矿中铂、钯平均品位为 1.4555g/t，矿物种类繁多，嵌布粒度极细。铜、镍平均品位分别为 0.14% 和 0.22%，均在工业开采的边界品位以下，而影响火法熔炼温度的 MgO 含量却高达 27% ~ 29%[7]。原矿的物相分析表明，主要矿物的相对含量为：黄铜矿 0.38%、紫硫镍矿 0.36%、镍黄铁矿 0.02%、黄铁矿 0.71%、磁铁矿 10.73%、铬铁矿 0.94%，而橄榄石、蛇纹石等脉石成分高达 87.51%[8]。若采用先火法熔炼富集，然后再从铜镍锍、二次铜镍合金及电解阳极泥中回收铂族金属工艺，不但熔炼困难，冗长的工艺流程容易造成铂钯分散损失，影响回收率，而且经济效益受到影响，环境污染严重。

2000年，陈景等人针对金宝山矿的特点，研究开发了浮选精矿直接经加压氧化酸浸预处理，然后再加压氰化浸出提取铂、钯等贵金属的专利技术。研究结果表明，加压氧化酸浸过程可充分氧化铜、镍、钴等硫化物为硫酸盐转入溶液，并使大量硫化铁湿法转变为氧化物，有效解离暴露于浮选精矿中被贱金属硫化矿包裹或呈超显微细粒分散形态嵌布的铂族金属矿物，获得的氧化酸浸渣有利于后续加压氰化高效选择性浸出铂族金属。另外，针对金宝山浮选精矿含硫量低（10%～15%），且含有大量耗酸碱性脉石的特点，也曾探讨了加压氧化碱浸预处理工艺的适应性[9]。碱性溶液中的氧浓度相对较高，强化了硫的氧化转化效率，而且，高压釜也可不用价格很贵的钛材，普通耐碱腐蚀的钢材即可满足工艺要求。但碱性过程动力学速度较慢，试剂消耗大，工艺成本高。对比研究的结果指出，不如酸法。

10.2.5 汽车催化剂

贵金属品位小于1%的各类贵金属二次资源的再生回收是铂族金属提取冶金的重要领域，如玻璃工业炉窑废耐火砖、硝酸工业氧化塔炉灰、各种废电子元器件等，现在最引人注目的是汽车尾气净化催化剂的贵金属回收问题，它占用的铂族金属量很大。全球现在每年生产蜂窝状催化剂5000万个以上，每个使用铂族金属1.2g，如1993年用铂量53t、用钯量22t、用铑量11t，合计86t。铂、钯用量占当年全部工业消耗的50%，铑占90%，而从废催化剂中回收的Pt 8.9t、Pd 3.3t、Rh 0.9t仅分别占当年使用量的16.7%、15%和8%。虽然近年来便宜的含钯催化剂有取代三元催化剂的趋势，导致铑价暴跌。但从废催化剂中回收铂族金属的巨大经济利益驱动，使这一领域的研究非常活跃，成为铂族金属提取冶金领域的热点，而且废催化剂中铂族金属品位比一般铂矿石高千倍，提取流程相对较短，规模也较小。国内外都在积极研究各种富集提取方法。

汽车催化剂的载体近年来主要有金属（长矩形卷成圆柱状）和堇青石（圆柱形蜂窝状）两种，以后者居多[10]。前者的回收技术可用酸溶，获得含铂族金属很高的渣。后者的主成分为 $2FeO \cdot 2Al_2O_3 \cdot 0.5SiO_2$ 或 $2MgO \cdot 2Al_2O_3 \cdot 0.5SiO_2$，属陶瓷性质，酸或碱均难以有效溶解。铂族金属以微细粒子附着在高熔点的硅铝酸盐载体表面，高温使用中铂族金属向内层渗透，部分被烧结或载体表面釉化包裹，对氧化、硫化、磷化作用呈惰性，富集提取铂族金属必须使之与载体有效分离。

10.2.5.1 溶解及熔融载体

球状催化剂中的 γ-Al_2O_3 易溶，磨细后用 H_2SO_4、NaOH 或 NaOH-Na_2SO_3 联胺溶液直接溶解，高温煅烧后的难溶 Al_2O_3 先用 NaOH 熔融转化（称消化）后水浸，副产明矾或铝酸钠，贵金属富集在不溶渣中，回收率很高。由于试剂对金属材料腐蚀性不强，应用加压技术提高溶解效率及速率是重要发展方向。

10.2.5.2 溶解贵金属

每批废催化剂成分和性质的差异使直接溶解的效率不稳定，关键是针对影响溶解效率的制约因素，采取不同的预处理措施及强化溶解过程。目前研究的方法有3类[11]。

（1）氧化溶解。盐酸介质中加氯酸钠、次氯酸钠、氯气、过氧化氢等氧化剂或添加氟离子等直接溶解催化剂中的贵金属，已详细研究了各种酸和氧化剂互相配比及不同浓度下的浸出效率，如贵金属微粒向载体表面内层渗透或釉化包裹，发生硫化、磷化等使溶解不完全，则应采取相应的预处理措施。如磨细至小于 $74\mu m$；高温煅烧转变 Al_2O_3 结构后预先酸溶部分载体，增加贵金属微粒的反应表面；氧化焙烧破坏硫、磷化物；用含 H_2 3% 的氮气流 800℃ 还原焙烧等方法。加速溶解过程的方法有施加 $1V/cm$、$3Hz$ 低频交流电场，用含 O_2 50% 的气体加压至 10^5Pa 并导入氧化氮气催化等。为减少 HCl 的消耗，用部分 $AlCl_3$ 代替以提高溶液中的 Cl^- 浓度。浸出液结晶出 $AlCl_3 \cdot 6H_2O$，水解再生 HCl 复用。直接溶解的缺点是酸耗大，溶液中贵金属浓度低。

（2）高温氯化。$1000 \sim 1200℃$ 高温下用 Cl_2、$Cl_2\text{-}CO_2$、$Cl_2\text{-}CO$、CCl_4、$AlCl_3$（g）等做氯化剂，使贵金属生成氯化物挥发，用 H_2O 或 NH_4Cl 溶液吸收，效果好，载体可复用，报道很多。但由于高温及设备防腐方面的难度较大，工业应用的前景并不明朗。

（3）加压氰化。氰化是从金矿提金古老而普及的方法，用氰化技术处理铂矿曾经引起不少人的注意。但由于铂矿中伴生有价金属元素多，矿物种类多，性质差别大，有些矿物不被氰化，形成有效技术的难度大。目前的技术进展主要是加压氰化，如针对含自然金、自然钯、锑钯矿及铂钯铁合金矿物的矿石，常压时氰化率仅达 Pt 5.7% ～25%、Pd 22% ～66% 和 Au 大于 98%。加热至 $100 \sim 125℃$，pH 值为 9.5 ～11.5 加压氰化溶解 4 ～6h，铂、钯的氰化率分别达 73% ～79%、87% ～92%。由于矿石需磨至 $-74\mu m$ 占 80%，费用很高。相反，该技术在废催化剂处理方面已表现出较大的应用前景。如针对含 Pt 435g/t、Pd 186g/t、Rh 25g/t 的废催化剂，用 1% 的 NaCN 按固液比 2∶1 浆化入高压釜，160℃ 氰化 4h，浸出率分别达 Pt 94%、Pd 97%、Rh 98%。固液分离后氰化物溶液重入釜加热至 250℃ 浸出 1h，99.8% 的铂族金属被还原，获得品位 70% 以上的贵金属精矿。氰化物被分解为碳酸盐，残余氰化物浓度小于 0.2×10^{-6}，排放无害。美国已建立了一条年处理 22 万件废催化剂的生产线。

美国矿务局[12,13]研究了董青石载体的汽车催化剂加压氰化浸出技术，在高压釜中将破碎后的废汽车催化剂用 5% NaCN 溶液以液固比 5∶1 在 160℃ 下浸出 1h，铂族金属浸出率达到 Pt 85%、Pd 88%、Rn 70%，而对于小球型废汽车催化剂可回收 90% 以上的铂族金属[14]。

加压氰化从废汽车催化剂中选择性浸出铂族金属的回收率高，对物料适应性强，无有害废渣和废气排放。该技术流程短，操作环境好，使用设备少，厂房面积小，建设投资少，加工成本低，能耗低，可以使废汽车催化剂的处理有满意的经济效益，具有实用意义。

10.3　铂族金属物料加压浸出工艺及生产实践

10.3.1　加压酸浸处理贵金属铜镍高锍

伴生有铂族金属的硫化铜镍共生矿的浮选精矿，提供了全世界 50% 以上的铂族金属产量[15]，是重要的铂族金属原生资源，浮选精矿经火法熔炼产出的铜镍高锍富集了原料中的全部有价金属。

舍利特高尔登加压硫酸浸出法广泛适用于含铜镍锍的处理，特别是对那些含有铂族金属的镍硫。镍和铜的分离是通过两段浸出而达到的[16]。第一段是选择性浸镍和沉淀铜，可在高压 120～135℃进行。高压浸出可以改善铜和镍的分离，因而可产出更纯的阴极铜。第二段是最大限度地提取金属硫化物，产出含高浓度铂族金属和低含量的镍、铜和硫的氧化铁渣，贱金属和硫的总回收率大于 99.9%，浸出渣的铂族金属富集率达 100 倍。第二段浸出的温度为 150～160℃，氧分压为 150～350kPa。第一段浸出液可通过结晶得到硫酸镍，或通过氢还原生产镍粉，或电积生产阴极镍。第二段浸出可得 $NiSO_4$-$CuSO_4$ 溶液，用 SO_2 处理除硒，然后电积回收铜，电积后的溶液含 Cu、Ni 和 H_2SO_4，返回浸出系统中。第二段浸出渣作为高品位铂族精矿回收铂族金属。

这个流程对含铂族金属的铜镍锍是很适合的，南非的许多铂厂都是采用这个流程，如 20 世纪 60 年代建厂的 Impala 铂厂，以及 80～90 年代初建立的一系列铂厂如吕斯腾堡精炼厂、西部铂厂、巴甫勒兹（Barplats）和诺森（Northan）铂厂都用这个流程。近年来，南非铂业大都转向处理含铂族金属高的矿石，Impala 铂公司和吕斯腾堡精炼厂生产出氢还原镍粉和电解铂，3 个新厂——西部铂厂、巴甫勒兹铂厂和诺森铂厂则生产硫酸镍中间产品送别处精炼。虽然这些铂厂都采用了加压酸浸流程，但每个厂又根据自己的具体情况对流程作了一些变更。

建于 1969 年的 Impala（英帕拉）铂厂是世界上第一座处理含铂族铜镍锍的生产厂，以生产高品位铂族金属精矿为主要目的，副产镍和铜。其流程如图 10-1 所示[17]。

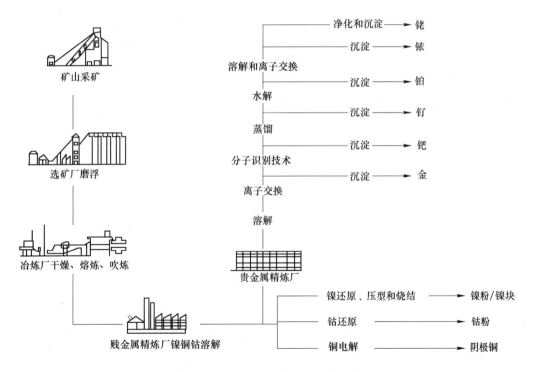

图 10-1 Impala 公司的生产工艺流程

Impala 铂金矿的采矿业主要在两个矿脉，即吕斯腾堡矿层带的 Merensky 矿脉和 UG2 矿层，采矿生产已延续到地表以下 1000m 的深度，主要生产在平均 635m 的深度。

　　Impala 铂金矿的采矿生产包括 13 个生产矿井，覆盖 120km²，每一个矿井的开拓和采矿大约在 8km，Impala 目前年开采矿石大约在 1600 万吨，生产铂族金属在 200 万盎司（1盎司 = 28.35g）左右，包括超过 100 万盎司的铂。2004 年，租用区的铂金生产与上年度相比提高 10%，磨矿提高 4%。Impala 公司在以后 30 年中，至少能保持 100 万盎司铂的年生产水平。

　　矿石从矿井运送到选矿厂，经过 92km 铁道线，运到矿仓，然后再运到选矿料仓。英帕拉有两种矿石类型，即 Merensky 矿石和 UG2 矿石，在矿物学上磨矿大小和浮选特性有相当的不同，所以要分别处理。

　　中心选矿厂包括处理 Merensky 矿石的 Merensky 厂，处理量为 30% UG2 矿石的 MF2 选矿厂，和一个矿渣处理厂，处理冶炼炉渣和地下泥矿。

　　UG2 厂位于中心选矿厂大约 5km 处，处理量为 70% 的 UG2 矿石。去除废石的 Merens 原矿送到 1 个半自动磨矿机，该磨矿机适合现代工艺控制系统，可有效地进行生产和磨矿。加入钢球可帮助磨矿过程，磨成细末的产品被泵送到 Merensky 泡沫浮选机，加入空气和化学药剂使主要有价矿物产生分离，形成精矿，剩下废料被丢到尾矿坝，精矿被泵送到冶炼厂处理。

　　MF2 厂包括六个磨矿机，配装在三条主要磨矿流程上，二次磨矿后进行浮选。UG2 矿石含有较高的铬铁矿成分，处理困难，若增加有价矿物的回收必须消除铬铁矿成分。UG2厂有两个全自动初级磨矿机，与分选筛一起工作，实现高级和低级原料分离。从磨矿机吐出的卵石被碾碎筛选，粗粒在低级磨矿机中重磨，送低级浮选循环中浮选；筛选出的细粒或者高级精矿送到主浮选、二次高级磨矿和二次高级浮选。MF2、UG2 精矿和 Merensky 精矿集中到冶炼厂的浓密机，同时尾矿被沉淀。

　　冶炼厂冰铜送到斯普林斯精炼厂。精矿经浓密机被干燥，四个干燥机于 2002 年 11 月已经运行。干燥的精矿经过储存仓，然后输送到电炉，精矿被分离成富硅渣和含有所有贵金属的硫化铜镍电炉冰铜。然后，渣在水中制粒，再送到渣厂，在那里被细磨，并回收；电炉冰铜送到转炉，除去硫和铁，留下的电炉冰铜然后被制粒并装包，送到精炼厂。

　　首先从冰铜中分离贱金属，在原料输送到贵金属精炼厂回收五种贵金属和金之前，将贱金属送到贱金属精炼厂。贱金属精炼厂每年生产大约 7000t 铜和 14000 ~ 15000t 镍。精炼厂的硫酸铵和其他有意义的副产品作为肥料被卖到农业部门。

　　贵金属厂的技术是以最有效的、不相连、定量分离过程为基础。由贱金属精炼厂提供的贵金属精矿转变成可溶的氯化物，然后用离子交换树脂，萃取各种贵金属。钯是最早从过程中提取的金属。在环保和健康方面，萃取过程的自动化有很大的优势。精炼生产在工业首先产生效益，并且以技术进步控制成本。

　　贵金属精炼厂是 1998 年投入生产的，被设计成处理增加的生产量，不但安全而且环保。设计规模为：年产量 250 × 10⁴ 盎司铂。主体工艺为：高温高压浸出（酸性介质浸出—离子交换—解析电解），由贱金属精炼及铂族金属精炼两个核心部分构成。Impala 公司采用三段加压酸浸处理贵金属铜镍高锍[18]。一段浸出的目的是使 80% 的镍浸出，产出含铜少的浸出液。二段浸出则从一段浸出渣中尽可能地提取铜和残余的镍，三段浸出则从二段浸出渣中提取残留的少量镍、铜和铁，以产出高铂族金属含量的最终渣。其主体工艺流程如图 10-2 所示。

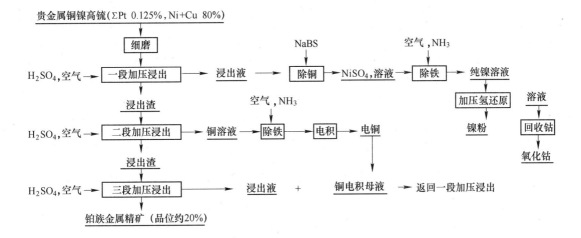

图 10-2　Impala 公司主体工艺流程

送到精炼厂的冰铜（铜镍高锍），首先被湿磨至 −0.04mm 占 60%~90%，用铜电解母液（含 Cu 20g/L、Ni 25g/L、H_2SO_4 90g/L）浆化后连续泵入一段浸出高压釜中，高压釜为 4 格室机械搅拌的卧式圆筒体。

为了达到优先浸出镍的目的，第一段加压浸出分为三个步骤，共 150min。即先在不通氧的条件下，依靠溶液中的铜离子溶解镍：

$$CuSO_4 + Ni_3S_2 = NiSO_4 + 2NiS + Cu$$

然后在 145℃、98kPa 氧压下氧化硫化物：

$$2NiS_2 + 2H_2SO_4 + O_2 = 2NiSO_4 + 4NiS + 2H_2O$$

$$2Cu_2S + 2H_2SO_4 + O_2 = 2CuSO_4 + 2CuS + 2H_2O$$

最后停止供氧，将铜离子置换入渣：

$$NiS + CuSO_4 = CuS + NiSO_4$$

获得含镍约 100g/L、铜在 10g/L 以下的镍溶液送去生产镍。

在一段浸出中，磨细后的冰镍用铜电积工序返回的电解液浆化。电解液中按需要补加硫酸，返回电解液的硫酸浓度取决于铜电积的操作。一段浸出开始时在有氧（或空气）存在的氧化条件下进行，然后在非氧化状态下进行，使少量溶解的铜与未溶解的镍交互反应。排出的矿浆用硫氢化钠处理以沉淀残留在溶液中的铜。液固分离之后，脱铜硫酸镍溶液在除铁阶段用氨调整 pH 值到 4.8 并鼓入空气沉淀铁。滤液随后经历一个溶液调整阶段，在这个阶段，按谢利特公司通常的实践，为了下一步直接氢还原阶段的需要，将溶液中的氨和硫酸铁含量调节到一定范围之内。溶液中的镍用氢加压还原沉淀得到纯镍粉产品，分离镍粉之后，溶液用硫氢化钠处理，溶液中的残留镍、钴被沉淀下来过滤掉。一部分稀硫酸铵溶液在一个蒸发器中浓缩为含固体料 45% 的矿浆，硫酸块返回到溶液调整阶段。另一部分稀硫酸铁溶液在"石灰煮沸"器中处理，再生氨返回使用，产出石膏尾矿。结晶器和石灰煮沸便得整个过程的氨、水和硫酸块平衡得以容易保持。

第二段浸出则在 140kPa 氧压及温度 135℃ 的条件下浸出 4h，使硫化物充分氧化，并按 $S/(Ni + Co + Cu) = 1.2$（物质的量比）计算，补足不够的硫酸。反应为：

$$NiS + 2O_2 \Longrightarrow NiSO_4$$

$$CuS + 2O_2 \Longrightarrow CuSO_4$$

$$2Cu + 2H_2SO_4 + O_2 \Longrightarrow 2CuSO_4 + 2H_2O$$

$$2Ni + 2H_2SO_4 + O_2 \Longrightarrow 2NiSO_4 + 2H_2O$$

$$FeS + 2O_2 \Longrightarrow FeSO_4$$

各金属的浸出率分别为：镍 99.9%、钴 99.8%、铜 98%、铁 93%。

一段浸出渣输送到二段浸出后，大部分残留的镍和铜在硫酸存在和氧化条件下被溶解出来。从二段浸出产出的含有铜、镍、铁的溶液用空气处理，也用氨调整 pH 值以便其中的一些铁沉淀。过滤后，铁渣返回到熔炼车间以回收沉淀物中的镍、钴，含有溶解的镍、铜的滤液在铜电积系统处理以回收铜。被提取了铜和含有镍的电解液返回到一段浸出。

经液固分离后，二段浸出渣在过量硫酸存在和氧化条件下再经受三段浸出。过滤之后，三段浸出液返回到二段浸出，而高品位铂族金属的残渣则送往铂金属精炼厂以回收贵金属。

第三段加压浸出是为了更彻底地去除贱金属，提高贵金属精矿的品位。经过三段加压浸出，贵金属富集 300 多倍。精矿品位达 50%，其余 SiO_2 30%、$PbSO_4$ 20%。

对于贵金属品位较低的镍铜高锍，也可用类似方法处理，但不能获得高品位贵金属精矿，如含贵金属 30g/t 的原料，富集 300 ~ 500 倍以后，浸渣中的贵金属品位仅达 0.9% ~ 1.5%。

10.3.2　常压-加压酸浸处理金属化铜镍高锍

在芬兰 Harjavalta（哈贾瓦尔塔）、Outokmpu（奥托昆普），生产镍已有 40 多年的历史。Outokmpu 公司 Harjavalta 冶炼厂的镍处理设备在世界上处于先进水平，主要依靠闪速熔炼技术和镍电解。最近的生产扩建始于 1993 年，并于 1996 年完成，新增了镍氢还原和镍烧结块生产的设备，年生产量从 17kt 增长到 1999 年的 52kt。在扩建前，该厂只生产阴极镍。作为副产品，可以获得硫酸铵盐，或者通过氢还原生产钴粉。Outokmpu 镍冶炼厂的 DON 工艺实现了闪速炉和电炉的冰镍水淬、浸出各自分别处理的生产系统。闪速炉（FSF）冰镍浸出循环是由两段逆流常压浸出和两段加压浸出组成。所有贮槽和高压釜是由 Outokmpu 设计的，冰镍中的铜作为富集铂族金属的硫化沉淀物与镍分离，铜的硫化沉淀物被送到铜冶炼厂。通过电炉冰镍加压浸出段，铁作为赤铁残渣而除去。通过第一段的闪速炉冰镍常压浸出循环中和，获得无铜的硫酸镍溶液。硫酸镍溶液在溶剂萃取过程中进一步提纯，除去钴和其他微量杂质。被提纯的硫酸镍然后送到电解厂和氢还原厂。镍加压浸出工艺自投产以来，生产控制一直稳定，已经达到设计生产能力。镍精矿进行熔炼，并且熔炼水淬成冰镍，水淬冰镍在两个浸出循环中浸出。镍产品溶液在溶剂萃取厂进一步净化，然后该溶液分两部分给电解厂和还原厂。电解厂生产电积镍，还原厂通过镍粉生产镍块（合金级或制钢级)。

DON 工艺的过程完全不同于传统镍熔炼工艺的过程。DON 的氧化工艺所产生的冰镍含铁低、含镍高,从闪速炉出来的冰镍直接水淬。闪速炉中的氧化程度较高,也造成炉渣的含镍成分高,可以通过渣贫化电炉加强还原程度避免渣含镍高的情况。在渣贫化电炉中,镍是作为含铁的金属性冰镍回收。来自电炉的金属锍以类似于闪速炉水淬设备的方式进行水淬。通过往电炉注入镍精矿提高硫量的方法,降低金属锍的熔点和黏度。DON 工艺生产两种冰镍:闪速炉(FSF)冰镍和电炉(EF)冰镍。这两种冰镍成分见表 10-1[19]。

表 10-1 加压酸浸料的化学成分含量 　　　　　　　　　　　　(%)

成　分	Ni	Cu	Fe	S	MgO	SiO$_2$
闪速炉冰镍	65	5	4	21	≤0.1	≤0.1
电炉冰镍	50	6	30	7	≤0.1	≤0.13

浸出过程是遵循溶剂萃取的溶液净化步骤来实现的。溶剂萃取为镍钴分离提供很好的办法,其他的微量杂质也被萃取,并且生产出纯净的硫酸镍溶液,以及无镍的硫酸钴溶液。在镍溶液被提纯后,送到镍电解,得到电积镍,并被切割成小块用桶包装。电积镍分为电镀级和熔炼级两种,提纯镍溶液的其他部分送到还原厂,在那里通过硫酸铵溶液用氢将镍还原成金属粉形式。该粉末被洗净、干燥、烧结成块,然后主要出售给炼钢工业。

为处理来自 DON Outokmpu 的镍熔炼工艺的两种冰镍,专门设计了浸出厂。高品位的闪速熔炼冰镍(FSF 冰镍)以三步进行浸出。闪速炉(FSF)冰镍的主要矿物是硫化镍矿、辉铜矿和金属化镍铜合金。闪速炉(FSF)冰镍浸出循环连接逆流浸出,电炉冰镍(EF 冰镍)以两步系列浸出,电炉(EF)冰镍有较高的含铁量。冰镍的主要矿物是金属化镍铁合金,铜也存在于合金中。镍黄铁矿(Ni,Fe)$_9$S$_8$ 是电炉(EF)冰镍的主要硫化物。铁在 EF 浸出循环中是作为针铁矿和赤铁矿被沉淀。在闪速炉(FSF)冰镍中主要贵金属(PGMS)被集中到来自所有浸出高压釜的硫酸铜残渣中。磨细的闪速熔炉冰镍在 FSF 冰镍循环中通过加氧和硫酸进行浸出。硫酸是从镍电解循环来的。

在第一浸出步骤,用增加沉积铜和氧,浸出作为硫化物的镍。铁被氧化为沉淀的氧化铁。使用的是 Outokmpu 的 OKTOP 常压反应器。专门设计 OKTOP 型叶轮式常压反应器。

$$2CuSO_4 + 2NiCu + O_2 = 2Cu_2O + 2NiSO_4 \qquad (10\text{-}10)$$

$$4CuSO_4 + 4Ni_3S_2 + O_2 = 2Cu_2O + 4NiSO_4 + 8NiS \qquad (10\text{-}11)$$

$$3CuSO_4 + 2Ni_3S_2 + O_2 + 2H_2O = Cu_3SO_4(OH)_4 + 2NiSO_4 + 4NiS \qquad (10\text{-}12)$$

$$2CuSO_4 + NiCu + O_2 + 2H_2O = Cu_3SO_4(OH) + NiSO_4 \qquad (10\text{-}13)$$

$$4FeSO_4 + 4Ni_3S_2 + 3O_2 + 2H_2O = 4FeOOH + 4NiSO_4 + 8NiS \qquad (10\text{-}14)$$

砷、锑和铋主要与氧化成不溶的 3 价化合物一起沉淀。由于这个原因,通过提高铁的沉淀,提高从该溶液中除去这些元素。残留的硫化镍矿相尽可能完全在镍常压浸出中浸出,作为第二步骤留下 NiS。其目标是将溶液中的 Cu、Fe、AS、Sb 控制在一定量,以便能够在常压除铜中处理。

$$2Ni_3S_2 + 2H_2SO_4 + O_2 = 2NiSO_4 + 4NiS + 2H_2O \qquad (10\text{-}15)$$

Cu_2S 的还原比 Ni_3S_2 更慢，最常见的还原产品是 $Cu_{1.8}S$ 和 CuS。

$$10Cu_2S + 2H_2SO_4 + O_2 =\!=\!= 10Cu_{1.8}S + 2CuSO_4 + 2H_2O \qquad (10\text{-}16)$$

$$5Cu_{1.8}S + 4H_2SO_4 + 2O_2 =\!=\!= 5CuS + 4CuSO_4 + 4H_2O \qquad (10\text{-}17)$$

大多数带进的 Fe、As、Sb 和 Bi 沉淀在常压浸出的尾部。因为在这步骤中的 pH 值比在除铜中的低，所以镍和钴的亚砷酸盐的可溶性将更高，铁则作为 $FeOOH$ 被沉淀。

既有常压又有加压浸出的循环是连续性的。在闪速炉（FSF）冰镍浸出厂，加压浸出的目标是为了把未浸出的或者被沉淀的镍、铁和亚砷酸盐带进溶液并且产生铜的出路，残留的铜是硫化铜形式。镍加压浸出部分几乎不用氧，这步选择性浸出是在高压釜中进行的。该高压釜内衬钛金属，直径为 2.9m、长 11.5m，分为 5 个隔室，每个隔室有机械搅拌。镍的加压浸出温度在 135~150℃，压力在 750~800kPa。高压釜分成两部分，每一部分有它自己的叶轮，叶轮片分为两个水平。上面部分的叶轮片是倾斜-钢板型叶轮，下面部分叶轮是 RuShton 型叶轮。该高压釜的镍加压浸出的压力是用氧和氮保持和控制的。

镍加压浸出的目标是浸出镍并沉淀铜。该选择性步骤的第二个目标是分解铁和砷，这在所有镍精炼厂控制硒水平是非常重要的，硒是从这步的溶液中沉淀的。以下是方程式：

$$6NiS + 9CuSO_4 + 4H_2O =\!=\!= 5Cu_{1.8}S + 6NiSO_4 + 4H_2SO_4 \qquad (10\text{-}18)$$

$$8Ni_3S_2 + 27CuSO_4 + 4H_2O =\!=\!= 15Cu_{1.8}S + 24NiSO_4 + 4H_2SO_4 \qquad (10\text{-}19)$$

还有 CuS 和 $CuSO_4$ 还原形成 $Cu_{1.8}S$：

$$6NiS + 9CuSO_4 + 4H_2O =\!=\!= 5Cu_{1.8}S + 6NiSO_4 + 4H_2SO_4 \qquad (10\text{-}20)$$

Fe^{3+} 将通过硫来还原，因为该溶液是酸性的：

$$4Fe_2(SO_4)_3 + 5Cu_{1.8}S =\!=\!= 8FeSO_4 + 5CuS + 4CuSO_4 \qquad (10\text{-}21)$$

高压釜后面有一个陈化槽，通过进入到浓密机。浓密机的溢流溶液中含有硫酸镍，还有铁和砷。溢流溶液被送到电炉（EF）冰镍浸出循环，电炉（EF）冰镍浸出循环的铁被沉淀，这在浸出厂控制铁的水平是非常重要的。浓密机的底流被送到所有加压浸出的下一道加压浸出步骤。所有常压浸出的压力是通过给高压釜供氧来保持的。

所有加压浸出的目标是为了浸出几乎全部冰镍的硫化物。根据 $MeS + 2O_2 =\!=\!= MeSO_4$ 反应式，浸出任何剩下的 NiS，这里的 Me 包括 Ni、Cu。加压浸出是在一个高压釜进行，该高压釜类似于选择性镍浸出所使用的高压釜。

在所有加压浸出溶液进入到浓密机后，浓密机的底流与水混合，以免结晶，并洗去黏液中的固体。与水混合是在料箱中进行的，料箱矿浆被泵送到 Larox PF 过滤机。过滤的残渣送到铜冶炼厂。

全部浸出工艺的铜都在铜沉淀物里。全流程中的许多铜，在被送到浸出循环时，必须从沉淀中出来。还有贵金属都在铜残渣里。

浓密机的溢流含有许多在溶解状态的铜，部分溢流被泵送到第二常压浸出反应器。可以设想，对保持铜量的平衡和在常压下浸出提高回收是有帮助的。如果在常压浸出下的浸出效果是好的，就可以在加压浸出循环中减少所需的工作。含铜溢流的剩余部分被循环到选择性镍浸高压釜，溢流铜在镍浸还原中起重要作用。

常压除铜后，从浓密机的溢流中获得浸出厂的循环处理液，产品液被彻底过滤。来自浸出厂的产品液被泵送到溶剂萃取。然后，溶剂萃取厂溶液被分成镍电解和氢还原两部分。电炉冰镍浸出循环的目的是浸出电炉冰镍的镍、铜和钴，并且沉淀作为针铁矿-赤铁矿的铁。EF 冰镍的主要成分是金属化合金 NiFe，还有铜也可能混进合金，镍黄铁矿（Ni, Fe）$_9$S$_8$ 是冰镍的主要硫化成分。

如果混合以及供氧不充分，电炉（EF）冰镍的金属化合金就会把硫酸还原，而形成氢或硫化氢，就要冒险提高温度，这就是为什么电炉（EF）冰镍浸出循环有常压浸出和加压浸出的原因。

在选择性镍浸高压釜以后的浓密机溢流，被送到电炉（EF）常压浸出循环。该溢流含有溶解的铁、砷，并且还有镍和铜。根据：

$$2Me + 2H_2SO_4 + O_2 \Longrightarrow 2MeSO_4 + 2H_2O \qquad (10\text{-}22)$$

常压浸出镍、铜和铁，Me 为 Ni、Cu、Fe。

根据还原镍黄铁矿的反应：

$$2(NiFe)_9S_8 + 2H_2SO_4 + 33O_2 \Longrightarrow 18(NiFe)SO_4 + 2H_2O \qquad (10\text{-}23)$$

反应快结束时，在常压浸出中，为避免生成 H$_2$ 和 H$_2$S 的有害气体，必须提供混合溶液，还将氧供进溶液里。根据以下方程式，在常压浸出中铁作为针铁矿被主要沉淀：

$$4FeSO_4 + 6H_2O + O_2 \Longrightarrow 4FeOOH + 4H_2SO_4 \qquad (10\text{-}24)$$

如果常压浸出得到的 pH 值低于 2，这时铁可作为针铁矿沉淀。为了获得较好回收镍和沉淀达到要求，必须认真监控 pH 值。根据以下反应，常压浸出矿浆被泵送到浓密机后，浓密机的溢流进到除铁高压釜，铁作为针铁矿或者赤铁矿被沉淀，常压浸出后，浓密机的底流进到加压浸出。

$$4FeSO_4 + 4H_2O + O_2 \Longrightarrow 4FeOOH + 2H_2SO_4 \qquad (10\text{-}25)$$

对于来自常压浸出含有硫化镍和硫化铜的固体料的加压浸出，是在一个高压釜中进行的。镍的加压浸出温度在 135～150℃，而且压力在 750～800kPa。另外，该高压釜类似于作为总高压釜被应用在 FSF 冰镍浸出循环的高压釜。来自电炉（EF）冰镍浸出的两个高压釜的矿浆进到分离浓密机，浓密机的底流被混合并且添加一些水，以避免硫化金属结晶，混合是在料箱中进行的，矿浆用 Larox PF 过滤机过滤，过滤后的残渣被浆化并且泵送到铁渣池或者被干燥，再运到闪速炉。在加压浸出高压釜后，浓密机的溢流循环到常压浸出反应器，并获得铜。在电炉（EF）冰镍浸出循环中，铜的循环也帮助在闪速炉（FSF）冰镍浸出厂保持铜量的平衡。

在除铁高压釜后的浓密机溢流是电炉（EF）冰镍浸出厂的成品溶液，与闪速炉（FSF）冰镍浸出厂的成品溶液混合。混合的目的是将电炉（EF）冰镍浸出厂溶液中的铜转换到闪速炉（FSF）冰镍浸出厂除铜。

Outokmpu 公司 Harjavalta 精炼厂处理的物料为粒状高镍锍。为了改善金属的分离，在加压浸出前增加了常压浸出段。常压浸出后，浸出渣送高压釜进行加压浸出。加压反应后铂族金属富集率大于98%。

10.3.3 加压浸出处理铜镍硫化矿浮选精矿

铜镍硫化矿浮选精矿铂族金属含量一般小于100g/t，直接湿法浸出这种原料，由于所得溶液组成复杂、回收率低而未见工业应用的实例。陈景领导的课题组进行了直接加压浸出铜镍硫化矿浮选精矿的试验。试验原料为产自云南金保山的浮选精矿，典型成分为：Fe 14.8%、S 13.4%、MgO 19.3%、SiO_2 26.9%；Pt 34g/t、Pd 52.4g/t、Cu 3.45g/t、Ni 3.86g/t、Co 0.24g/t。采用一段加压酸浸和两段加压氰化工艺。试验在50L单室机械搅拌压力釜中进行，每批投料5kg，各步控制的工艺条件为：

（1）加压酸浸：温度为200℃、氧压1.8MPa、H_2SO_4质量浓度12.5g/t、固液比为1:4、时间6h；

（2）加压氰化：温度160℃、氧压1.5MPa、NaCN质量浓度6.25g/t、固液比为1:4、时间1h。

获得的主要技术指标为：

（1）酸浸预处理：Cu、Ni、Co的浸出率大于99%，不溶渣贱金属的残留量：Cu 0.07%、Ni 0.02%、Co小于0.005%；

（2）加压氰化：浸出率Pt 96%、Pd大于99%；铂族金属在氰化渣中的残留量Pt 6.7g/t、Pd 1.75g/t；渣率20%。

10.3.4　加压浸出处理废汽车催化剂

汽车催化剂是铂族金属重要的应用领域，废汽车催化剂是重要的铂族金属二次资源。Hoffmann. J. E 1988年对从废汽车催化剂中回收铂族金属进行了综述[18,20]。

美国[21]专利报道了采用"低温加压氰化—高温加压分解铂族金属氰配合物"的两步法处理汽车废催化剂，考察了氰化物浓度、固液比、废催化剂是否预处理等因素对铂族金属氰化率的影响。

将汽车废催化剂破碎至 -8 目（ -2360μm），与一定浓度NaCN溶液，按一定的固液比，在一定氧气压力和120~180℃下搅拌浸出一定时间，铂族金属以氰配合物形态进入溶液，固液分离后，在高压釜中将铂族金属氰化液加热至250~270℃，使铂族金属氰配合物和游离氰化钠分解，得到单质状态的铂族金属。工艺中虽然使用了剧毒试剂NaCN，但在高温高压下又分解为无毒的CO_2和NH_3。

文献［20］报道了加压氰化处理汽车废催化剂的实验结果，采用的工艺是二段氰化，且在氰化之前加了一段碱压预处理。技术条件如下：碱压预处理，NaOH质量浓度25g/L，固液比为1:4，氧气压力2.0MPa，温度为160℃，时间为2h。两段加压氰化，NaCN质量浓度6.25g/L，固液比为1:4，氧气压力1.5MPa，温度为160℃，时间为1h。对原料品位为Pt 183g/t、Pd 594.7g/t、Rh 173.1g/t的汽车废催化剂进行5kg级的上述处理，获得的技术指标为：Pt 95.75%、Pd 97.18%、Rh 91.97%。

加压湿法冶金具有反应速度快、流程短、操作环境好、副产元素硫、能耗低、加工成本低、建设投资小等一系列优点，符合冶金行业可持续发展、走新型工业化道路的要求。近几十年来，加压工艺应用于处理重有色金属硫化矿及难处理金矿等方面在国际上已发展成为相当成熟的技术。但是，截至目前，该工艺的应用多以提取铜、镍、钴、锌、金等为主要目的，对加压浸出过程中铂族金属的行为至今未见专门的总结和评述。

参 考 文 献

［1］陈景，张永俐，刘伟平 . 中国铂族金属的开发与应用——中国科学技术前沿［M］. 北京：高等教育

出版社, 2000: 67-89.

[2] 张光弟, 毛景文, 熊群尧. 中国铂族金属资源现状与前景[J]. 地球学报, 2001, 22(2):107-110.

[3] 陈景, 杨正芬. 贵金属[J]. 贵金属, 1980, 1-9.

[4] McLnnes C M, Sparrow G J, Woodcock J T. Extraction of platinum, palladium and gold by cyanidation[J]. Hydrometallurgy, 1993(31):157-164.

[5] 陈景. 铂族金属冶金化学[M]. 北京: 科学出版社, 2008: 170-180.

[6] Mcdonald K J, Bruckard W J, Mcinnes C M, et al. Platium, palladium and gold extraction from coronation hill ore by cyanidation at elevated temperatures[J]. Hydrometallurgy, 1992(30):211-227.

[7] 陈景. 金宝山铂钯浮选精矿几种处理工艺的讨论[J]. 稀有金属, 2006, 30(3):401-406.

[8] 胡真. 西南某低品位铂钯矿选矿工艺研究[J]. 有色金属, 2000, 52(4):224-228.

[9] 含铂钯铜镍精矿湿法冶金处理新工艺[J]. 矿产综合利用, 1999(5).

[10] 黄焜. 从失效汽车尾气净化催化转化器中回收铂族金属的研究进展[J]. 有色金属, 2004, 56(1).

[11] 刘时杰. 铂族金属提取冶金技术进展[J]. 贵金属, 1997, 18(3):70-77.

[12] Desmond D P. High-temperrature cyanide leaching of platinum group metals from automobile catalysts-laboratory test[R]. City: B. O. Mines, 1991.

[13] Kuczynski R J. High-temperrature cyanide leaching of platinum group metals from automobile catalysts-peocess development unit[R]. City: B. O. Mines, 1992.

[14] Atkinson G B. Cyanide leaching method for recovering platinum group metals from a catalytic convertercatalyst[R]. City: U. patent, 1992.

[15] 刘时杰. 铂族金属矿冶学[M]. 北京: 冶金工业出版社, 2001: 133-156.

[16] 邱定藩. 加压湿法冶金过程化学与工业实践[J]. 矿冶, 1994, 3(4):55-67.

[17] 李国成. 英帕拉铂金股份有限公司的生产经营状况[J]. 金川科技, 2006, (1):71-77.

[18] 张邦安. 加压浸出处理低品位铂族金属原料的研究与应用[J]. 中国资源综合利用, 2008, 26(5):9-11.

[19] 李国成. 奥托昆普哈贾瓦尔塔冶炼厂镍的加压浸出工艺[J]. 甘肃冶金, 2005, 27(1):23-25.

[20] Hofmann J E. Recovering platinum group metals nquto-catalys[J]. Journal of Metal, (40):40-44.

[21] Atkinson, Gary B. Cyanide leaching method for recovering plqtinum group metals from acatalytic convertercatqly: 1992.

 # 硫化砷渣加压浸出

11.1 概述

砷及砷制品在工业、农业、畜牧业、医药卫生及食品加工等行业均有应用。金属砷可用作合金添加剂，生产铅制弹丸、印刷合金、黄铜、蓄电池栅板、耐磨合金、高强结构钢及耐蚀钢等；高纯砷是制取化合物半导体砷化镓、砷化铟等的原料。三氧化二砷（俗称砒霜，As_2O_3）是重要的砷产品，主要用在木材防腐剂、玻璃、兽药、杀虫剂等行业，同时也是生产金属砷的重要原料。另外，最新研究发现三氧化二砷、雄黄（As_2S_2）和雌黄（As_2S_3）治疗性病和癌症具有显著功效，并在临床上取得初步成功。

砷及其可溶化合物剧毒，处理不当极易造成环境污染及人身伤害。人体摄入无机砷化合物 70～200mg 后会出现急性中毒现象，砷化氢的致死量为 0.10～0.15g，亚砷酸为 0.10～0.30g。砷中毒可以使人体内的酶失去活性，影响细胞正常代谢，导致细胞死亡，引起中毒性神经衰弱症、多发性神经炎、皮肤癌、畸形等，严重者可导致死亡。世界卫生组织公布，全球至少有5000多万人口正面临着地方性砷中毒的威胁，砷污染目前已经是个全球性问题，其中大多数为亚洲国家，而中国正是受砷中毒危害最为严重的国家之一。我国广西、湖南两省至少有上千平方千米的土壤存在砷污染，另外，云南、贵州包括湖北一些地区也面临着严重的砷污染问题。近年来，因矿业活动已导致多起砷污染，仅2008年就发生了贵州独山、湖南辰溪、广西河池、云南阳宗海、河南大沙河等五起严重的砷污染事件，300多人砷中毒，五万人生活用水困难。

砷部分以单体矿物存在于自然界中，但主要以硫化物形式与铁、铜、铅、锌、钨、锡、锑、汞、金等金属伴生，在主金属矿石开采、冶炼过程中，易造成砷的环境污染。自然界中含砷矿物约有120种，主要有砷黄铁矿（FeAsS）、硫砷铜矿（Cu_3AsS_4）、红砷镍矿（NiAs）、铁硫砷钴矿（(CoFe)AsS）、砷钴矿（$CoAs_2$）及红银矿（Ag_3AsS_3）等。据不完全统计，全国约70%的砷采出量废弃于选矿尾砂中，约20%进入冶炼厂，冶炼过程中砷以氧化物或盐的形式进入烟气、废水和废渣中。我国是有色金属生产大国，2014年十种有色金属产量达到4417万吨，据不完全统计，每年随精矿进入冶炼厂的砷总量达10万吨以上。因其含量较低，物料处理量大，且经济效益差，企业回收的砷量不足进厂总砷量的10%，其余20%以上进入冶炼渣，60%～70%的砷以中间产品堆存，另一部分排入废气废水中，致使砷污染蔓延。虽然我国对有色金属精矿的允许含砷量作出了规定，但由于有色金属矿产资源日益减少和贫化，为满足国民经济发展的需要，扩大开发复杂矿产资源已是大势所趋，有色金属选治过程中砷害治理刻不容缓。

以铜冶炼为例，2013年我国精铜产量达到683.8万吨，其中原生铜产量447.6万吨，且以火法冶炼为主，湿法铜较少。熔炼处理的铜精矿中砷含量一般为0.22%～0.25%，即

每年约有 5 万 ~ 6 万吨砷进入铜冶炼系统。冶炼过程中，砷除部分进入熔炼渣中外，大量进入烟气系统，最终富集在制酸污酸（废酸）和烟尘中。国内大部分企业将污酸直接中和，砷以砷酸钙的形式被固化，但渣量大，砷酸钙性质不稳定，仍需固化填埋。少数企业为回收铜等有价金属，将污酸硫化沉淀产出大量硫化砷渣，俗称砷滤饼（见图 11-1）。工业生产中每 1 万吨铜约可产出硫化砷滤饼 300 ~ 400t。该渣中砷含量较高，属危险废物，按照我国现有危险废物处置条例，处理成本较高，多委托小型企业进行处理，但运输及处理过程中存在潜在的二次污染，且造成有价金属铜、锌、铼等的损失。该部分渣的综合利用，不仅可降低对环境的污染，且可有效提高企业的经济效益。

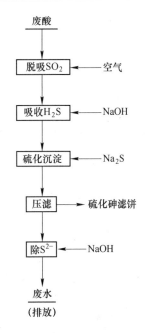

图 11-1 硫化砷滤饼生产原则流程

生产中产出的砷滤饼含水一般 50% 以上，典型成分见表 11-1。该渣铜含量可达到 10% 左右，砷含量可达到 20% 以上，硫含量较高，在 35% ~ 55%，另含有锑、铋、铼等金属。经 X 射线衍射分析，该渣中含有一定量的单质硫和硫化砷，由于成渣过程反应复杂，其他物质较难确定。

表 11-1 典型硫化砷滤饼多元素分析结果

元素	Cu	As	S	Sb	Bi	Pb	Zn	Fe	Re
物料 1	8.39	14.44	46.38	0.19	3.31	0.12	0.89	1.37	—
物料 2	10.86	22.96	—	0.24	3.07	—	—	—	—
物料 3	10.29	18.89	32.57	0.24	1.05	3.85	0.44	—	0.0066
物料 4	8.25	16.76	36.24	0.01	1.38	1.22	0.22	—	0.1
物料 5	9.81	14.67	52.46	0.096	1.29	3.51	0.6	0.21	0.099

11.2 国内外处理技术现状

含砷物料的处理分为两大类，一是将含砷物料直接进行无害化处理，使砷转化为稳定的砷酸铁、砷酸钙等形式，进行固化填埋或堆存[1]；二是将含砷物料进行综合利用，将其中的砷制成砷产品，并综合回收其中的有价金属，达到污染治理和综合利用的双重目的。

国内外硫化砷渣的处理工艺主要有焙烧法、碱浸法、硫酸铁法、硫酸铜法和加压浸出法等，另外还有硝酸氧化法等，但未进行工业应用[2]。

11.2.1 焙烧法

焙烧法是回收三氧化二砷最普遍的方法。我国早在唐代就采用"天锅地灶"的方法回收砒霜。硫化砷经氧化焙烧后生成三氧化二砷直接挥发进入烟气，在烟气冷凝时进行分段回收。该法的优点是工艺设备简单，易于掌握，但砷的回收率低，产品质量差，二次污染严重。过程主反应为：$2As_2S_3 + 3O_2 = 2As_2O_3 + 6SO_2$。

采用过此法回收白砷的工厂主要有日本足尾冶炼厂、瑞典波利顿公司，我国云锡公司、柳州冶炼厂以及赣州冶炼厂等。

11.2.2　碱浸法

碱浸法是利用氢氧化钠并通入空气使砷滤饼进行碱性氧化浸出，将砷转化成砷酸钠的一种方法。砷滤饼碱性浸出后过滤，滤液冷却结晶，砷以砷酸钠的形式结晶析出。碱浸法的主要反应如下：

$$As_2S_3 + 6NaOH == Na_3AsS_3 + Na_3AsO_3 + 3H_2O$$

$$2As_2S_3 + 4NaOH == 3NaAsS_2 + NaAsO_2 + 2H_2O$$

$$2Na_3AsS_3 + 13O_2 + 6H_2O == 2Na_3AsO_4 + 6H_2SO_4$$

$$2Na_3AsO_3 + O_2 == 2Na_3AsO_4$$

$$2NaAsS_2 + 9O_2 + 6H_2O == 2H_3AsO_4 + 3H_2SO_4 + Na_2SO_4$$

$$2NaAsS_2 + 9O_2 + 12NaOH == 2Na_3AsO_4 + 6H_2O + 4Na_2SO_4$$

该方法比较简单，工艺参数容易控制，但氢氧化钠用量较大，且无法再生，生产成本高；碱性氧化浸出中，反应复杂，有好几种中间产物，反应不会很彻底；产品砷酸钠市场用量小，纯度低。另也有研究将产出的砷酸钠溶液处理后生产砷酸铜产品[3,4]。日本的住友公司和前苏联有色矿业研究院曾使用该法。

11.2.3　硫酸铜置换法

硫酸铜置换法包括置换、氧化、还原结晶、硫酸铜制备四个工序，日本住友公司东予冶炼厂和江西铜业公司贵溪冶炼厂曾使用该方法。1989 年贵溪冶炼厂从日本住友公司引进该法处理砷滤饼，并于 1992 年投产。该法首先将铜粉经空气氧化成硫酸铜，再用硫酸铜将砷滤饼中的砷置换生成亚砷酸，常压高温条件下鼓入空气进行氧化生成砷酸，最后砷酸与弱还原剂反应晶析为高纯度的三氧化二砷。

其各工序的主要反应如下：

（1）置换反应：

$$As_2S_3 + 3CuSO_4 + 4H_2O == 2HAsO_2 + 3CuS + 3H_2SO_4$$

（2）亚砷酸的氧化反应：

$$2HAsO_2 + O_2 + 2H_2O == 2H_3AsO_4$$

（3）SO_2 还原反应：

$$H_3AsO_4 + SO_2 == HAsO_2 + H_2SO_4$$

该工艺原理较为简单，具有安全环保、技术成熟等优点，但工艺流程复杂，过程中返料过多，砷的直收率只有 55% 左右，这使得 45% 的砷和其他杂质（如锑和铋）重新返回铜冶炼主流程，严重影响了高质量电铜的生产。且过程中需耗费大量铜或氧化铜粉以生产硫酸铜，每吨三氧化二砷需消耗 3.0 ~ 4.0t 铜粉，尽管铜最终可以硫化铜渣的形式返回闪速炉熔炼，但致使三氧化二砷的生产成本过高，经济上不合理[5~9]。

硫酸铜置换法处理硫化砷滤饼工艺流程如图 11-2 所示。

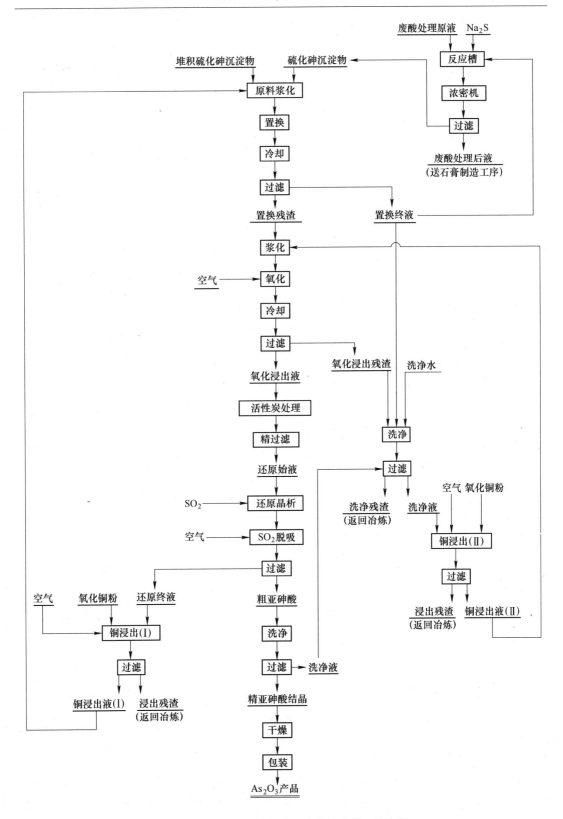

图 11-2　硫酸铜置换法处理硫化砷滤饼工艺流程

11.2.4　硫酸铁法

北京有色冶金研究总院、白银有色冶金公司和沈阳矿业研究所等多家单位都对硫化砷滤饼的常压硫酸铁法进行了大量的研究，该方法主要是利用硫酸铁的强氧化性，将砷滤饼中的金属硫化物氧化浸出[10,11]。硫化砷在高价铁的氧化下砷浸出进入溶液，硫氧化为元素硫进入渣中，经二氧化硫还原生产三氧化二砷等产品。

主要化学反应如下：

（1）硫酸铁氧化浸出硫化物的反应：

$$As_2S_3 + 5Fe_2(SO_4)_3 + 8H_2O \Longrightarrow 2H_3AsO_4 + 10FeSO_4 + 5H_2SO_4 + 3S$$

$$Bi_2S_3 + 3Fe_2(SO_4)_3 \Longrightarrow Bi_2(SO_4)_3 + 6FeSO_4 + 3S$$

$$CuS + Fe_2(SO_4)_3 \Longrightarrow CuSO_4 + 2FeSO_4 + S$$

（2）二氧化硫还原砷酸的反应：

$$H_3AsO_4 + SO_2 + H_2O \Longrightarrow H_3AsO_3 + H_2SO_4$$

（3）氧化除铁及硫酸铁再生的反应：

$$2FeSO_4 + 1/2O_2 + H_2O \Longrightarrow 2FeOOH + 2H_2SO_4$$

$$2FeOOH + 2H_2SO_4 \Longrightarrow Fe_2(SO_4)_3 + 3H_2O$$

$$6FeSO_4 + NaClO_3 + 3H_2SO_4 \Longrightarrow 3Fe_2(SO_4)_3 + 3H_2O + NaCl$$

（4）浸出和置换铋的反应：

$$Bi_2(SO_4)_3 + 6HCl \Longrightarrow 2BiCl_3 + 3H_2SO_4$$

$$Bi_2(SO_4)_3 + 3Fe \Longrightarrow 2Bi + 3FeSO_4$$

该法可同时生产三氧化二砷和海绵铋，三氧化二砷纯度可达到99.30%，海绵铋纯度为96.60%。但该法流程长，过程中返料较多，产品杂质含量较高，需要配套冷却设备，投资大，铁再生成本高，过程中需定期补充硫酸铁。未有工业应用相关报道。

硫酸铁法处理硫化砷渣工艺流程如图11-3所示。

除了上述处理硫化砷渣的方法外，还有一些含砷矿石脱砷及预处理的方法。如含砷难处理金矿预处理的压热浸出法，在碱性或酸性介质中通过加温氧化，破坏砷黄铁对金的包裹，使随后的氰化浸金回收率得以大幅度提高。近年来，生物冶金技术发展迅速，采用细菌氧化处理含砷金矿、含砷精矿（金精矿、钴硫精矿及铜精矿）的方法也相继实现了工业化生产。这些方法脱砷时常将砷以砷酸铁渣的形式进行无害化处理。此外，处理含砷物料的方法还有硝酸分解浸出法、重铬酸钠浸出法、电化学浸出法、碱性烧结-浸出法和CR蒸砷法等，多处于研究阶段，进行工业应用尚需时日。

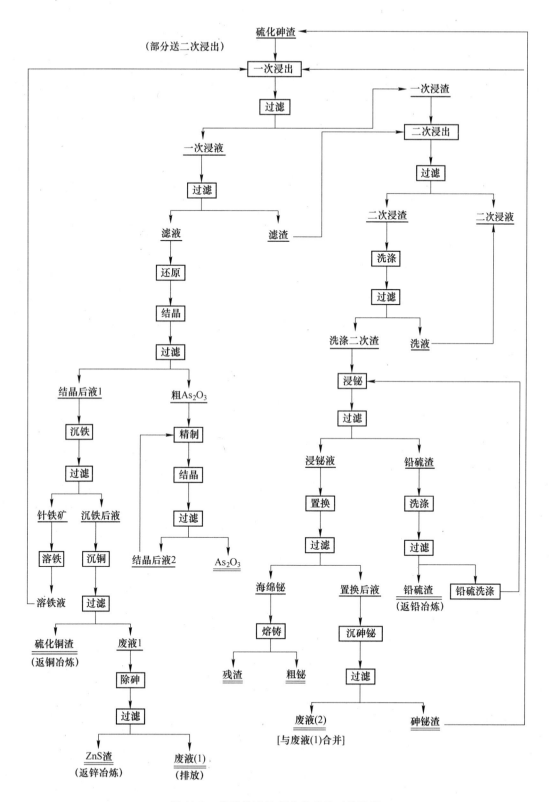

图 11-3 硫酸铁法处理硫化砷渣工艺流程

11.3　加压氧化浸出法

　　1995 年，北京矿冶研究总院首次提出了硫化砷渣加压氧化浸出技术，该法将硫化砷物料在富氧条件下进行加压氧化浸出，过程中铜、砷等元素浸出进入溶液，硫以元素硫的形式富集在浸出渣中，且溶液中砷主要以五价砷形式存在，有效提高了溶液中砷的含量，有利于砷的富集提取[12,13]，并针对贵溪冶炼厂硫化砷滤饼进行了加压氧化浸出小型试验。2005 年贵溪冶炼厂进行了 10m³ 加压釜半工业试验[14]，2006 年开始进行工业设计，2007年年初施工建设，2008 年 1 月正式投产，在世界上首次采用加压氧化浸出技术处理硫化砷渣，建成世界上首条硫化砷渣加压浸出生产线。该法具有金属回收率高，可综合回收砷、铜、铼、铋、硫等优点，避免了有毒含砷物料对环境的污染，最终生产优质三氧化二砷、结晶硫酸铜、铼酸铵等产品，生产成本低，提高了企业的经济效益。

11.3.1　反应原理及热力学

　　硫化砷渣为制酸系统污酸硫化沉淀产出，铜、砷等主要以硫化物形式存在，加压氧化浸出过程中，主要发生如下反应：

$$2As_2S_3 + 5O_2 + 6H_2O \Longrightarrow 4H_3AsO_4 + 6S^0 \tag{11-1}$$

$$2CuS + 2H_2SO_4 + O_2 \Longrightarrow 2S^0 + 2CuSO_4 + 2H_2O \tag{11-2}$$

还原结晶过程中主反应为：

$$H_3AsO_4 + SO_2 + H_2O \Longrightarrow H_3AsO_3 + H_2SO_4$$

$$2H_3AsO_3 \Longrightarrow As_2O_3 + 3H_2O$$

常温下：

$$\Delta G_{298}^\ominus = \Sigma V_i G_{(i)298}^\ominus$$

$$\Delta G_{298}^\ominus = -RT\ln k_p$$

高温反应的自由能公式为：$\Delta G_T^\ominus = \Sigma V_i G_{(i)T}^\ominus - nG_{(e)T}^\ominus$

如果平均热容已知，则上式可改写为：

$$\Delta G_T^\ominus = \Delta G_{298}^\ominus - (T-298)\Delta S_{298}^\ominus + (T-298)\Delta C_p^\ominus \Big|_{298}^T - T\Delta C_p^\ominus \Big|_{298}^T \ln\frac{T}{298}$$

$$\Delta G_T^\ominus = \Delta G_{298}^\ominus + RT\ln J_p$$

　　加压浸出反应的有关热力学数据见表 11-2。

表 11-2　加压浸出反应的有关热力学数据

物　质	$\Delta H_{298}^\ominus$	$\Delta G_{298}^\ominus$	$S^\ominus$	C_{p298}	C_{p383}	C_{p423}
单位	kJ/mol	kJ/mol	J/(K·mol)	J/(K·mol)	J/(K·mol)	J/(K·mol)
As_2S_3	-147.00	-136.33	112.56	116.67	119.62	121.06
H_2O	-286.93	-238.10	70.21	75.04	75.04	75.83
O_2	0.00	0.00	205.81	29.32	30.38	30.88
S	0.00	0.00	32.00	22.80	33.72	38.86
CuS	-48.49	-48.49	66.46	47.64	48.58	49.02
Cu^{2+}	64.33	64.92	-98.65	257.79	269.73	275.73
H^+	0.00	0.00	0.00	-20.92	30.57	51.21
H_3AsO_4	-902.16	-771.96	207.06	108.62	109.77	110.31

由表 11-2 可以计算出 298K、383K、423K 下的反应自由能 ΔG 和平衡常数 K_p 及压力熵 J_p：

方程式 (11-1)：

$$\Delta G^{\ominus}_{298} = -693.29\text{kJ/mol}, K_p = 3.2 \times 10^{121}$$

$$\Delta G^{\ominus}_{383} = -665.62\text{kJ/mol}, J_p = 5.92 \times 10^{3}$$

$$\Delta G^{\ominus}_{423} = -652.89\text{kJ/mol}, J_p = 9.73 \times 10^{4}$$

方程式 (11-2)：

$$\Delta G^{\ominus}_{298} = -124.27\text{kJ/mol}, K_p = 6.02 \times 10$$

$$\Delta G^{\ominus}_{383} = -110.42\text{kJ/mol}, J_p = 77.38$$

$$\Delta G^{\ominus}_{423} = -104.31\text{kJ/mol}, J_p = 291.36$$

由以上计算可以看出：在 110℃ 和 150℃ 时都有 $J_p < K_p$，说明反应方程式 (11-1) 和 (11-2) 都能自发向右进行。随着温度的升高，方程式 (11-1) 和 (11-2) 的 ΔG 均减小，说明反应均为放热反应。比较知，在相同温度下，硫化砷反应的平衡常数要比硫化铜反应的平衡常数大，这说明在相同的条件下，硫化砷要比硫化铜更容易被氧化。

为了解浸出的有关条件如 pH 值等，首先要对有关的 φ-pH 图进行讨论 (见表 11-3 和图 11-5)。工业上处理有色金属冶炼过程中产生的含砷废渣时多采用湿法流程，常用 φ-pH 图来研究浸出过程中氧化溶解反应的热力学，日本的户泽一光和西村终久发表了常温下 As-S-H$_2$O 系 φ-pH 图和 Me (Cu, Ni, Co) -As-H$_2$O 系 Me (Cu, Ni, Co) -As-NH$_3$-H$_2$O φ-pH图，为湿法处理硫化砷渣和金属砷化物提供了热力学基础。国内易宪武发表了 As-H$_2$O 系 φ-pH 图。金哲男、王海北等对高温体系 φ-pH 图进行了详细研究[15]。

表 11-3 电极反应及标准电势计算值

电极反应和电动势方程式	$\varphi^{\ominus}_T$ 或 p$K^{\ominus}$			
	298K	333K	383K	423K
(1) $H_3AsO_4 + 3H^+ + 2e = AsO_2^+ + 3H_2O$ $\varphi = \varphi^{\ominus}_T - 2.97 \times 10^{-4}T\text{pH} + 9.92 \times 10^{-5}T\lg(C_{H_3AsO_4}/C_{AsO^+})$	0.55	0.545	0.535	0.522
(2) $H_3AsO_4 + 2H^+ + 2e = HAsO_2 + 2H_2O$ $\varphi = \varphi^{\ominus}_T - 1.984 \times 10^{-4}T\text{pH} + 9.92 \times 10^{-5}T\lg(C_{H_3AsO_4}/C_{HAsO_2})$	0.56	0.570	0.590	0.607
(3) $H_2AsO_4^- + 3H^+ + 2e = HAsO_2 + 2H_2O$ $\varphi = \varphi^{\ominus}_T - 2.977 \times 10^{-4}T\text{pH} + 9.922 \times 10^{-5}T\lg(C_{H_3AsO_4^-}/C_{HAsO_2})$	0.67	0.695	0.752	0.807
(4) $HAsO_4^{2-} + 4H^+ + 2e = HAsO_2 + 2H_2O$ $\varphi = \varphi^{\ominus}_T - 3.969 \times 10^{-4}T\text{pH} + 9.922 \times 10^{-5}T\lg(C_{HAsO_4^{2-}}/C_{HAsO_2})$	0.88	0.933	1.032	1.129
(5) $HAsO_4^{2-} + 3H^+ + 2e = AsO_2^- + 2H_2O$ $\varphi = \varphi^{\ominus}_T - 2.977 \times 10^{-4}T\text{pH} + 9.922 \times 10^{-5}T\lg(C_{HAsO_4^{2-}}/C_{AsO_4^-})$	0.61	0.616	0.641	0.675
(6) $AsO_4^{3-} + 4H^+ + 2e = AsO_2^- + 2H_2O$ $\varphi = \varphi^{\ominus}_T - 3.969 \times 10^{-4}T\text{pH} + 9.922 \times 10^{-5}T\lg(C_{AsO_4^{3-}}/C_{AsO_2^-})$	0.9	1.015	1.089	1.170
(7) $AsO^+ + H_2O = HAsO_2 + H^+$ $\text{pH} = \text{p}K^{\ominus} + \lg(C_{HAsO_2}/C_{AsO^+})$	-0.34	-0.769	-1.489	-2.032

电极反应和电动势方程式	$\varphi_T^{\ominus}$ 或 p$K^{\ominus}$			
	298K	333K	383K	423K
(8) $HAsO_2 \rightleftharpoons H^+ + AsO_2^-$ $pH = pK^{\ominus} + lg(C_{AsO_2^-}/C_{HAsO_2})$	9.19	9.603	10.289	10.813
(9) $H_3AsO_4 \rightleftharpoons H^+ + H_2AsO_4^-$ $pH = pK^{\ominus} + lg(C_{H_2AsO_4^-}/C_{H_3AsO_4})$	3.59	3.787	4.262	4.769
(10) $H_2AsO_4^- \rightleftharpoons H^+ + HAsO_4^{2-}$ $pH = pK^{\ominus} + lg(C_{HAsO_4^{2-}}/C_{H_2AsO_4^-})$	7.26	7.196	7.368	7.671
(11) $HAsO_4^{2-} \rightleftharpoons H^+ + AsO_4^{3-}$ $pH = pK^{\ominus} + lg(C_{AsO_4^{3-}}/C_{HAsO_4^{2-}})$	12.43	12.081	11.786	11.801
(12) $HSO_4^- + 7H^+ + 6e \rightleftharpoons S + 4H_2O$ $\varphi = \varphi_T^{\ominus} - 2.315 \times 10^{-4} TpH + 3.305 \times 10^{-5} Tlg(C_{HSO_4^-})$	0.34	0.350	0.376	0.381
(13) $SO_4^{2-} + 8H^+ + 6e \rightleftharpoons S + 4H_2O$ $\varphi = \varphi_T^{\ominus} - 3.315 \times 10^{-4} TpH + 3.305 \times 10^{-5} Tlg(C_{SO_4^{2-}})$	0.35	0.372	0.402	0.431
(14) $SO_4^{2-} + 9H^+ + 8e \rightleftharpoons HS^- + 4H_2O$ $\varphi = \varphi_T^{\ominus} - 1.983 \times 10^{-4} TpH + 2.483 \times 10^{-5} Tlg(C_{SO_4^{2-}}/C_{HS^-})$	0.25	0.263	0.286	0.299
(15) $SO_4^{2-} + 8H^+ + 8e \rightleftharpoons S^{2-} + 4H_2O$ $\varphi = \varphi_T^{\ominus} - 1.983 \times 10^{-4} TpH + 2.483 \times 10^{-5} Tlg(C_{SO_4^{2-}}/C_{S^{2-}})$	0.15	0.156	0.169	0.180
(16) $S + 2H^+ + 2e \rightleftharpoons H_2S \ (aq)$ $\varphi = \varphi_T^{\ominus} - 1.983 \times 10^{-4} TpH - 9.9 \times 10^{-5} Tlg(C_{H_2S})$	0.14	0.160	0.190	0.219
(17) $S + H + 2e \rightleftharpoons HS^-$ $\varphi = \varphi_T^{\ominus} - 9.9 \times 10^{-5} TpH - 9.9 \times 10^{-5} Tlg(C_{HS^-})$	-0.065	-0.061	-0.062	-0.067
(18) $HSO_4^- \rightleftharpoons H^+ + SO_4^{2-}$ $pH = pK^{\ominus} + lg(C_{SO_4^{2-}}/C_{HSO_4^-})$	1.44	1.973	2.805	3.526
(19) $H_2S \ (aq) \rightleftharpoons H^+ + HS^-$ $pH = pK^{\ominus} + lg(C_{HS^-}/C_{H_2S})$	7.00	6.691	6.622	6.803
(20) $HS^- \rightleftharpoons H^+ + S^{2-}$ $pH = pK^{\ominus} + lg(C_{S^{2-}}/C_{HS^-})$	14.00	13.092	12.345	12.083
(a) $2H^+ + 2e \rightleftharpoons H_2$ $\varphi = -1.983 \times 10^{-4} TpH - 9.9 \times 10^{-5} Tlg P_{H_2}$	—	—	—	—
(b) $2H^+ + \left(\frac{1}{2}\right)O_2 + 2e \rightleftharpoons H_2O$ $\varphi = \varphi_T^{\ominus} - 1.983 \times 10^{-4} TpH + 4.932 \times 10^{-5} Tlg P_{O_2}$	1.23	1.224	1.215	1.208
(21) $2AsO^+ + 3HSO_4^- + 25H^+ + 24e \rightleftharpoons As_2S_3 + 14H_2O$ $\varphi = \varphi_T^{\ominus} - 2.067 \times 10^{-4} TpH + 1.644 \times 10^{-5} Tlg C_{AsO^+} + 2.483 \times 10^{-5} Tlg C_{HSO_4^-}$	0.39	0.403	0.42	0.434
(22) $As_2O_3 + 3HSO_4^- + 27H^+ + 24e \rightleftharpoons As_2S_3 + 15H_2O$ $\varphi = \varphi_T^{\ominus} - 2.232 \times 10^{-4} TpH + 2.438 \times 10^{-5} Tlg C_{HSO_4^-}$	0.39	0.396	0.413	0.426
(23) $As_2O_3 + 3SO_4^{2-} + 30H^+ + 24e \rightleftharpoons As_2S_3 + 15H_2O$ $\varphi = \varphi_T^{\ominus} - 2.48 \times 10^{-4} TpH + 2.438 \times 10^{-5} Tlg C_{SO_4^{2-}}$	0.40	0.413	0.439	0.463

电极反应和电动势方程式	$\varphi_T^{\ominus}$ 或 $pK^{\ominus}$			
	298K	333K	383K	423K
(24) $2As_2S_3 + 2H_2O \Longrightarrow 3H^+ + As_3S_6^{3-} + HAsO_2$ $pH = pK^{\ominus} + \left(\frac{1}{3}\right)lgC_{As_3S_6^{3-}} + \left(\frac{1}{3}\right)lgC_{HAsO_2}$	9.14	—	—	—
(25) $As_2S_3 + 6H^+ + 6e \Longrightarrow 2As + H_2S$ $\varphi = \varphi_T^{\ominus} - 1.983 \times 10^{-4} TpH + 9.9 \times 10^{-5} TlgC_{H_2S}$	-0.15	-0.096	-0.066	-0.036
(26) $As_2S_3 + 3H^+ + 6e \Longrightarrow 2As + 3HS^-$ $\varphi = \varphi_T^{\ominus} - 9.9 \times 10^{-5} TpH + 9.9 \times 10^{-5} TlgC_{HS^-}$	-0.36	-0.317	-0.317	-0.322
(27) $3As_2O_3 + 12SO_4^{2-} + 114H^+ + 96e = 2As_3S_6^{3-} + 57H_2O$ $\varphi = \varphi_T^{\ominus} - 2.356 \times 10^{-4} TpH + 2.483 \times 10^{-5} TlgC_{SO_4^{2-}} - 4.127 \times 10^{-6} TlgC_{As_3S_6^{3-}}$	0.36	—	—	—
(28) $3AsO_3^- + 6SO_4^{2-} + 60H^+ + 48e \Longrightarrow As_3S_6^{3-} + 30H_2O$ $\varphi = \varphi_T^{\ominus} - 2.48 \times 10^{-4} TpH + 1.242 \times 10^{-5} TlgC_{AsO_3^-} + 2.483 \times 10^{-5} TlgC_{SO_4^{2-}} -$ $4.026 \times 10^{-6} TlgC_{As_3S_6^{3-}}$	0.40	—	—	—
(29) $3AsO_3^{3-} + 6SO_4^{2-} + 72H^+ + 54e \Longrightarrow As_3S_6^{3-} + 36H_2O$ $\varphi = \varphi_T^{\ominus} - 2.644 \times 10^{-4} TpH + 1.107 \times 10^{-5} TlgC_{AsO_3^{3-}} + 2.483 \times$ $10^{-5} TlgC_{SO_4^{2-}} - 3.691 \times 10^{-6} TlgC_{As_3S_6^{3-}}$	0.46	—	—	—
(30) $AsO_3^{3-} + HAsO_2 + 9H^+ + 12e \Longrightarrow 4As + 6HS^- + 2H_2O$ $\varphi = \varphi_T^{\ominus} - 1.487 \times 10^{-4} TpH + 1.644 \times 10^{-5} TlgC_{AsO_3^{3-}} + 1.644 \times$ $10^{-5} TlgC_{HAsO_2} - 9.9 \times 10^{-5} TlgC_{HS^-}$	-0.22	—	—	—
(31) $As_3S_6^{3-} + AsO_2^- + 10H^+ + 12e \Longrightarrow 4As + 6HS^- + 2H_2O$ $\varphi = \varphi_T^{\ominus} - 1.651 \times 10^{-4} TpH + 1.644 \times 10^{-5} TlgC_{AsO_3^{3-}} + 1.644 \times$ $10^{-5} TlgC_{AsO_2^-} - 9.9 \times 10^{-5} TlgC_{HS^-}$	-0.18	—	—	—
(32) $As_3S_6^{3-} + AsO_2^- + 4H^+ + 12e \Longrightarrow 4As + 6S^{2-} + 2H_2O$ $\varphi = \varphi_T^{\ominus} - 6.611 \times 10^{-5} TpH + 1.644 \times 10^{-5} TlgC_{AsO_3^{3-}} + 1.644 \times$ $10^{-5} TlgC_{AsO_2^-} - 9.9 \times 10^{-5} TlgC_{S^{2-}}$	-0.59	—	—	—
(33) $As_2O_3 + 2H^+ \Longrightarrow 2AsO^+ + H_2O$ $pH = pK^{\ominus} - lgC_{AsO^+}$	-1.02	-1.135	-1.162	-1.106
(34) $2H_3AsO_4 + 4H^+ + 4e \Longrightarrow As_2O_3 + 5H_2O$ $\varphi = \varphi_T^{\ominus} - 1.983 \times 10^{-4} TpH + 9.9 \times 10^{-5} TlgC_{H_3AsO_4}$	0.58	0.582	0.578	0.568
(35) $2H_3ASO_4^- + 6H^+ + 4e \Longrightarrow As_2O_3 + 5H_2O$ $\varphi = \varphi_T^{\ominus} - 2.973 \times 10^{-4} TpH + 9.9 \times 10^{-5} TlgC_{H_3AsO_4^-}$	0.69	0.707	0.740	0.768
(36) $2HAsO_4^{2-} + 8H^+ + 4e \Longrightarrow As_2O_3 + 5H_2O$ $\varphi = \varphi_T^{\ominus} - 2.973 \times 10^{-4} TpH + 9.9 \times 10^{-5} TlgC_{HAsO_4^{2-}}$	0.90	0.945	1.020	1.090
(37) $As_2O_3 + 2H^+ \Longrightarrow 2AsO_2^- + 2H^+$ $pH = pK^{\ominus} + lgC_{AsO_2^-}$	9.89	9.969	9.961	9.887
(38) $2HAsO_2 + 3HSO_4^- + 27H^+ + 24e \Longrightarrow As_2S_3 + 16H_2O$ $\varphi = \varphi_T^{\ominus} - 2.232 \times 10^{-4} TpH + 1.644 \times 10^{-5} TlgC_{HAsO_2} + 2.483 \times$ $10^{-5} TlgC_{HSO_4^-}$	0.39	0.398	0.411	0.420

电极反应和电动势方程式	$\varphi_T^{\ominus}$ 或 $pK^{\ominus}$			
	298K	333K	383K	423K
(39) $2HAsO_2 + 3SO_4^{2-} + 30H^+ + 24e = As_2S_3 + 16H_2O$ $\varphi = \varphi_T^{\ominus} - 2.48 \times 10^{-4} TpH + 1.644 \times 10^{-5} Tlg C_{HAsO_2} + 2.483 \times 10^{-5} Tlg C_{SO_4^{2-}}$	0.40	0.415	0.437	40.57
(40) $3HAsO_2 + 6SO_4^{2-} + 57H^+ + 48e = As_3S_6^{3-} + 16H_2O$ $\varphi = \varphi_T^{\ominus} - 2.356 \times 10^{-4} TpH + 1.242 \times 10^{-5} Tlg C_{HAsO_2} + 2.483 \times 10^{-5} Tlg C_{SO_4^{2-}} - 4.127 \times 10^{-5} Tlg C_{As_3S_6^{3-}}$	0.37	—	—	—
(41) $2AsO_2^- + 3SO_4^{2-} + 32H^+ + 24e = As_2S_3 + 16H_2O$ $\varphi = \varphi_T^{\ominus} - 2.644 \times 10^{-4} TpH + 1.644 \times 10^{-5} Tlg C_{AsO_2^-} + 2.483 \times 10^{-5} Tlg C_{SO_4^{2-}}$	0.45	0.467	0.502	0.532
(42) $2As_2S_3 + 2H_2O = 3AsS_2^- + AsO_2^- + 4H^+$ $pH = pK^{\ominus} + \left(\frac{4}{3}\right) lg C_{AsS_2^-} + \left(\frac{1}{3}\right) lg C_{AsO_2^-}$	14.0	—	—	—
(43) $AsO_2^- + 2SO_4^{2-} + 20H^+ + 16e = AsS_2^- + 10H_2O$ $\varphi = \varphi_T^{\ominus} - 2.48 \times 10^{-4} TpH + 1.242 \times 10^{-5} Tlg C_{AsO_2^-} + 2.483 \times 10^{-5} Tlg C_{SO_4^{2-}} - 1.242 \times 10^{-5} Tlg C_{AsS_2^-}$	0.38	—	—	—

由图 11-4 可以看出，温度的提高并没有给 φ-pH 图带来很大变化。在这里我们最关注的是 pH 值小于 6 的酸性区域，因为硫化砷高温氧化浸出是在酸性条件下进行的。从 pH 值小于 6 的范围可以看出，温度升高时 H_3AsO_4 和 HSO_4^- 的平衡 pH 值增大，也就是说，H_3AsO_4 和 HSO_4^- 的稳定区域逐渐增大，S 的稳定区缩小并上移了一些，但没有看到 S 和 H_3AsO_4 的共同区域。但根据硫化砷渣加压氧化浸出试验结果，在 80 ~ 150℃ 下，浸出后液中有 H_3AsO_4 的同时还含有很多单质硫，说明在实际溶液中 S 和 H_3AsO_4 有共同的存在区域，这一点和上述 φ-pH 图不符。

这是因为加压氧化浸出过程中，氧分压大于 100kPa，参加反应的 As_2S_3 几乎全部氧化成 H_3AsO_4。因此，在这种条件下溶液的 φ-pH 图中，就看不到 $HAsO_2$ 的区域，这样有可能就会出现 S 和 H_3AsO_4 的共同区域。由于绘制高温下实际溶液 φ-pH 图存在一定困难，研究中仅绘制了理论计算得出的 φ-pH 图。

由图 11-4 可以找出硫的稳定区域，其稳定区域比较狭长，pH$_{上限}$ 可以达到 7.71，稳定电位在 0.18 ~ 0.36。随着温度的升高，φ-pH 图的变化是有一定规律的，只有电子迁移的反应，电位是增加的；有电子迁移也有 H^+ 参加的反应，电位是降低的；只与 pH 值有关的反应，电位是降低的。而温度对 SO_4^{2-}、HSO_4^- 电离的影响远远小于对 H_2S、HS^- 电离的影响，随着温度的升高，硫的稳定区域将扩大，As_2S_3 的稳定区域将缩小，也就是说砷酸的稳定区域将会向下移动。因此单质硫和砷酸在高温高压下是有可能共存的。

11.3.2　工艺研究

1995 年北京矿冶研究总院针对江西铜业公司贵溪冶炼厂硫酸车间生产的硫化砷滤饼进行了详细的加压氧化浸出试验，考察了反应温度、反应时间、氧分压、硫酸浓度、搅拌速度、液固比、木质磺酸钙及初始离子浓度等因素对铜、砷浸出率及行为的影响，确定了加压氧化浸出最佳条件。试验用原料含砷 14.44%、铜 8.39%、硫 46.38%，另还有铋、锑等元素。由于硫化砷滤饼粒度较细，为避免烘干过程对物料影响较大，对原料进行自然风干。

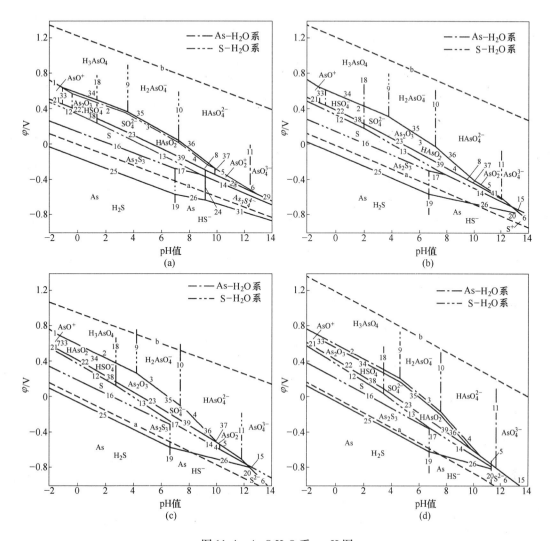

图 11-4   As-S-H$_2$O 系 φ-pH 图

（a）温度 298K；（b）温度 333K；（c）温度 383K；（d）温度 423K

　　试验首先在初始硫酸浓度 142g/L、氧分压 550kPa、反应时间 2h 条件下考察了反应温度对铜、砷浸出率的影响，试验结果见表 11-4。由试验结果可以看出，砷、铜浸出率随着温度的升高而升高，在 130℃稍有下降，且砷的氧化反应比铜更为彻底。由于反应过程中硫氧化成元素硫，在 130℃和 150℃时浸出渣中出现了大量黑色颗粒，即出现了硫黄包裹。

表 11-4   温度对浸出率影响试验结果

温度/℃	80	95	110	130	150
As^{3+}/g·L^{-1}	0.54	0.64	0.34	0.29	0.67
As^{5+}/g·L^{-1}	4.25	8.20	6.70	5.10	9.22
总砷/g·L^{-1}	4.79	8.84	7.04	5.39	9.89
砷浸出率/%	85.75	92.90	94.72	82.59	91.26
铜浸出率/%	54.77	61.61	73.27	36.70	50.82
As^{5+}的比率/%	88.66	92.74	95.22	94.62	93.20

　　在时间对铜、砷浸出率的影响试验中，在温度为110℃时，浸出3h就可以获得较高的铜砷浸出率，分别达到93.69%和81.54%，继续延长浸出时间，铜砷的浸出率无明显增加。当温度为150℃时，浸出1.5h砷的浸出率达到96.09%，浸出2h铜浸出率达到90.67%，继续延长时间铜砷浸出率增加不多。浸出液中As^{5+}的比率随浸出时间延长而增大。在反应时间3.0h条件下，浸出温度为110℃和150℃时As^{5+}的比率分别达到了95.86%和93.50%，时间再延长As^{5+}的比率增加不明显（见图11-5）。

　　随着氧分压的增大，铜、砷浸出率也增大。但砷浸出率在氧分压超过550kPa就已经变化不大了，而铜浸出率则还会继续升高。这是因为砷氧化所需要的电位要低于硫化铜氧化所需要的电位，在氧分压达到550kPa时砷就已被氧化的比较完全，而硫化铜彻底氧化则需要更高的氧化电位（见图11-6）。

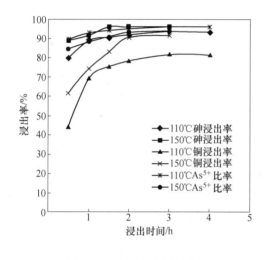

图11-5　时间对浸出的影响　　　　　图11-6　氧分压对铜浸出率的影响

　　试验研究结果表明，硫化砷滤饼加压浸出过程中，温度、时间、氧分压、硫酸浓度、木质素磺酸钙对铜砷的浸出率有较大影响。搅拌速度达到一定程度后对铜砷浸出率的影响不大。试验确定加压浸出最佳工艺条件为：

温度：	110℃
浸出时间：	3.0h
氧分压：	550kPa
硫酸起始浓度：	142g/L
搅拌速度：	650～750r/min
液固比：	5：1
木质素磺酸钙：	0.2%（占原料量）

试验结果为：

渣率：	35.23%
浸出渣主要成分：	As 0.46%，Cu 0.10%
浸出液成分：	As 28.37g/L，Cu 16.67g/L，Re 0.49g/L
浸出率：	As 98.24%，Cu 99.34%，Re 95.97%

研究中对浸出液和浸出渣进行了多元素分析，分析结果见表11-5。由结果可以看出，

浸出渣中砷、铜含量较低，分别达到了0.4%和0.10%，硫含量较高，达到了80%。浸出渣 X 射线衍射分析发现，浸出渣中单质硫的衍射峰非常突出，3.030、3.327、3.205、3.435、3.037、2.840 等强峰均为单质硫的衍射峰。

表 11-5　浸出液及浸出渣多元素分析结果

元　　素	As	Cu	Sb	Bi	Pb	Zn	Fe	CaO	S	MgO	SiO$_2$	Al$_2$O$_3$	Mn
浸出液/g·L^{-1}	20.00	10.68	0.23	0.056	0.011	1.34	1.88	0.23	—	0.27	0.013	0.15	0.075
浸出渣/%	0.46	0.10	0.12	4.28	0.28	0.038	0.12	0.013	83.94	—	3.99	0.35	0.001

2006 年 7 月至 2007 年 5 月，贵溪冶炼厂以砷滤饼和还原终液为原料，在 10m^3 加压釜（有效容积 7m^3）内进行了半工业试验（见图 11-7 和图 11-8），日处理砷滤饼 40t，浸出液经过滤、还原后生产 As$_2$O$_3$ 产品。整个试验分三个阶段进行：第一阶段为条件试验，重点考察各工艺条件及操作参数对浸出率及反应速率的影响，确定了最佳工艺条件，共处理砷滤饼 143.62t，45 批次；第二阶段连续性试验重点考察了最佳条件下工业化生产的作业率、处理能力、技术经济指标和产品质量影响等内容，处理砷滤饼 100.85t，43 批次；第三阶段连续性工业生产，重点考察在最佳条件下的生产控制，及跟踪产品质量变化。为降低生产成本和投资，试验中将纯氧更换为压缩空气，通过一台斯科络空压机供给，最高压力可达到 1.3MPa。

图 11-7　半工业试验用 10m^3 加压釜

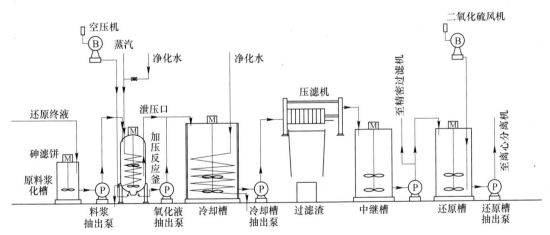

图 11-8　半工业试验主要设备连接图

在单因素试验中，主要考察了反应时间、液固比、温度等因素对铜、砷浸出率的影响。在反应温度 117～119℃、反应总压 10～11 个标准大气压条件下，溶液中铜、砷浓度增加较快，在 20min 时溶液中砷浓度即达到 50g/L。在总砷浓度达到平稳后，三价砷下降明显，砷的氧化速度很快；同时，铜浓度上升缓慢，当三价砷降至 10g/L 以下时，铜的浸出速度明显加快；硫酸在反应过程中只有少量消耗（见图 11-9）。

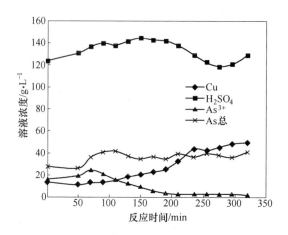

图 11-9　反应时间对加压浸出的影响

试验结果表明，用压缩空气代替纯氧，同样可达到较高的浸出率。最终确定加压氧化工艺条件为：温度 117～119℃；总压 1～1.1MPa；搅拌转速 100r/min；液固比 8∶1；反应时间 3h。

浸出渣及溶液主要成分分析结果见表 11-6。

表 11-6　浸出渣及浸出液主要成分分析结果

成　分	Cu	As^T	As^{3+}	H_2SO_4	Sb	Bi
浸出渣/%	2.61	5.13	—		0.18	8.72
浸出液/g·L^{-1}	30.85	45.53	—	—	0.216	0.0395
还原终液/g·L^{-1}	31.07	23.51	14.98	125.00	—	—

2006 年 4～10 月进行了最佳条件的连续试验，模拟正常生产，以温度达到控制值后三小时左右为反应终点时间，通过取样观察渣相颜色变化，判定是否达到浸出效果。本次试验共处理 156 批次，处理砷渣共计 670.8t，约每釜 2.35t。产出加压渣共计 160.8t，渣率为 20.2%。渣平均含砷 4.65%，含铜 1.91%，砷、铜的浸出率分别达到 96.34% 和 96.35%。渣含水 20.81%。砷滤饼、浸出渣及还原终液成分分别见表 11-7。

表 11-7　砷滤饼、浸出渣及还原终液主要成分分析结果

成　分	Cu	$As_{总}$	As^{3+}	H_2SO_4	Sb	Bi	H_2O	S
砷滤饼/%	10.59	25.70	—		0.16	3.22	63.99	34.00
浸出渣/%	1.91	4.65	—		0.22	8.58	20.81	67.64
还原终液/g·L^{-1}	17.36	22	15.5	117.61	—	—	—	—

在此试验的基础上，进行了 182d 模拟工业化连续试验，反应后浆液直接进入主工艺，与主工艺氧化后液一道进入还原工序。共处理砷渣 1921t，残渣砷含量在 3.05%～3.75%

波动。

11.3.3 流程开发

硫化砷渣经加压浸出后，铜、砷等浸出进入溶液，控制过程的氧化气氛，砷可主要以五价砷酸的形式存在，硫以硫黄的形式进入浸出渣中，矿浆液固分离后，溶液及浸出渣分别进行处理。加压氧化浸出时，铜砷的浸出率均可达到95%以上。由于硫酸铜和砷酸的溶解度有显著差异，选择浓缩冷却结晶来分离铜砷是可行的。硫酸铜结晶后液中砷含量达到100g/L以上，利用砷酸和亚砷酸溶解度的不同可实现砷的分离，即将溶液中的砷酸还原为亚砷酸，亚砷酸的溶解度相对砷酸要小得多，最终结晶析出粗三氧化二砷（见表11-8和表11-9）。还原砷酸的还原剂通常是 SO_2、NaS_2O_3、Na_2SO_3 等，其中 SO_2 和 Na_2SO_3 与砷酸还原反应的原理是相同的，在还原过程中不与溶液中的铜作用，只与砷酸反应，而 $Na_2S_2O_3$ 则也与铜反应生成硫化铜沉淀。

表 11-8　硫酸铜和砷酸溶解度随温度变化规律

温度/℃	0	10	20	25	40	60
$w_t(CuSO_4)$/%	12.5	14.9	17.2	18.5	22.5	28.5
$w_t(H_3AsO_4)$/%	37.3	38.3	39.9	40.6	42.2	43.4

表 11-9　三氧化二砷在水中的溶解度

温度/℃	0	15	25	39.8	48.2	62	75	98.5
$w_t(溶解度)$/%	1.19	1.63	2.01	2.85	3.32	4.26	5.32	7.56

加压浸出渣主要成分是硫黄，可采用热滤或四氯化碳、二硫化碳等有机脱硫。脱硫后渣可采用盐酸浸出脱铋，铋的浸出率可达到95%以上，含铋溶液可采用锌粉置换回收铋，海绵铋中铋含量可达到80%以上。加压浸出推荐工艺流程如图11-10所示。

11.3.4 联合处理工艺流程

作为铜冶炼和消费大国，我国铜资源严重不足，每年大量精矿需要进口。由于原料不足，低品位复杂物料尤其是含砷物料在冶炼中也占有较大比例，每年进入铜系统的砷量可达到5万~6万吨。冶炼过程中，一部分砷在造锍熔炼及吹炼过程中，进入气相，部分收尘过程中富集在烟尘中，部分洗涤过程中进入废酸中，经空气脱吸二氧化硫后，采用硫化钠沉淀产出硫化砷滤饼。还有一部分在电积脱铜脱杂时，铜电解液中的砷、锑、铋等杂质会与铜一起在阴极析出，形成泥状的黑铜泥。因此铜冶炼过程中，砷主要富集在硫化砷滤饼、烟尘和黑铜泥中。闪速熔炼过程中，约45%以上砷进入熔炼渣中，5%~10%进入烟尘，10%左右进入黑铜泥，15%~25%进入砷滤饼中。部分企业未建砷滤饼系统，砷直接进入中和渣中。

在硫化砷加压浸出工艺研究的基础上，北京矿冶研究总院提出了含砷物料联合处理工艺，即采用常压浸出—加压浸出工艺联合处理铜冶炼过程中产出的砷滤饼、黑铜泥及烟尘等，并申请了专利。其核心是砷滤饼加压浸出工艺，综合回收铜、砷、锌、铼、铋、锑、硫等，最终生产硫酸铜、铼酸铵、三氧化二砷和碳酸锌（或硫酸锌）等产品。联合处理工

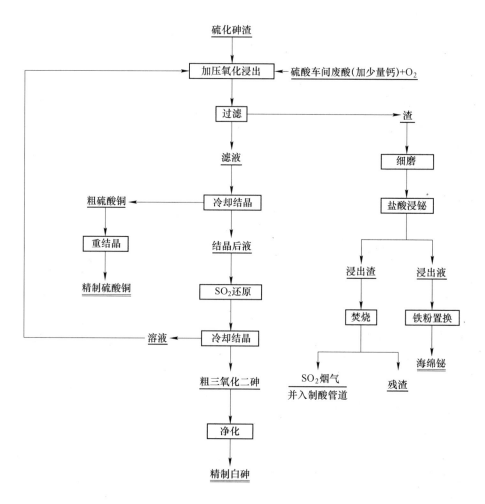

图 11-10　加压浸出推荐工艺流程

艺不仅可用于处理硫化砷渣，还可联合处理冶炼过程中产出的其他含砷物料，例如烟尘、黑铜泥等，可有效提高资源的综合利用率，简化工艺流程，降低危险废弃物的产出量。

黑铜泥采用污酸进行常压浸出，过程中鼓入空气促进铜、砷的氧化浸出。另外，该流程还可联合处理废电解液净化过程中产出的粗品硫酸铜，回收其中的砷。粗品硫酸铜再溶结晶母液并入黑铜泥浸出系统，黑铜泥浸出液经蒸发结晶生产硫酸铜，结晶母液送砷滤饼车间回收砷，母液及浸出渣送加压浸出系统。烟尘进行两段逆流常压浸出，以提高溶液离子浓度，降低反应终液中硫酸浓度，浸出渣洗涤后送铅冶炼厂。

烟尘浸出液经硫化沉淀分离铜砷，并抑制锌进入溶液，含锌溶液经中和沉锌生产碳酸锌或直接蒸发结晶生产硫酸锌。

砷滤饼与黑铜泥浸出渣、硫酸铜结晶母液混合浆化后进行加压浸出，过程中通入氧气或压缩空气，铜、砷等浸出进入溶液，铜、砷浸出率均可达到98%以上，铼浸出率可达到95%以上，硫以元素硫的形式进入浸出渣中，加压浸出渣送铋锑回收系统或直接返回熔炼。浸出液经二氧化硫还原、结晶生产三氧化二砷，纯度可达到99.9%以上。结晶后液采用萃取法提铼，铼萃取率达到95%以上，铼反萃液经蒸发结晶生产铼酸铵。萃余液部分返回加压浸出系统，部分送黑铜泥浸出系统，以充分利用其中的酸，并蒸发结晶生产硫酸铜。铜冶炼含砷物料联合浸出工艺流程如图11-11所示。

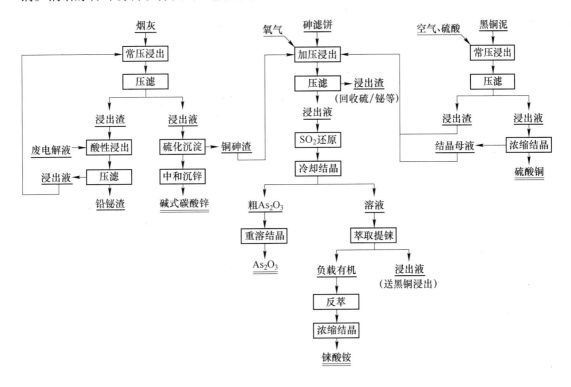

图11-11 铜冶炼含砷物料联合浸出工艺流程

11.4 贵溪冶炼厂生产实践

江西铜业集团成立于1979年，是我国最大的集采矿、选矿、冶炼、加工、贸易为一体的综合性铜生产企业，也是我国最大的伴生金、银生产基地和重要的化工基地。贵溪冶炼厂是其下属的主要铜冶炼企业。2013年江西铜业集团阴极铜产量达到112万吨，其中贵溪冶炼厂阴极铜产量就达到了103万吨，粗铜产量为95.92万吨。

贵溪冶炼厂是我国第一座采用闪速熔炼技术的铜冶炼厂，1985年12月一系统闪速熔炼生产线建成，1986年4月正式投产，当年矿产铜6万吨。1990年7月完成一期富氧熔炼改造，1994年阴极铜产量达到10.2万吨。1998年通过二期一步改造扩产至15.2万吨，2000年通过二期二步工程扩产至20.98万吨。2003年通过三期改造，阴极铜产量达到了34.21万吨。2007年完成30万吨扩产改造，铜冶炼产能达到近70万吨。

该厂处理的铜精矿含砷均在0.19%以上，部分砷在闪速炉烟气制酸前经洗涤进入污酸中，污酸含砷8~10g/L，含铜1g/L，锌0.5~1g/L。为综合回收污酸中的有价金属，降低对环境的污染，该厂采用硫化沉淀法处理污酸，压滤得到硫化砷滤饼即硫化砷渣主要成分为：As 10%~25%，Cu 3%，S 16%，H_2O 50%~55%。含砷物料的外售及转运皆易造成环境二次污染，且造成有价金属的损失。

为解决硫化砷渣环境污染问题，经国内外工艺对比，1989年江铜集团决定从日本住友公司引进硫酸铜置换法处理砷滤饼，生产硫酸铜和三氧化二砷，并于 1992 年建成投产，年处理砷滤饼 7000t。但该工艺流程复杂，砷直收率只有 55%，且每吨三氧化二砷需消耗 3.0t 铜粉，生产成本较高。随着江铜产业规模的不断扩张，以及冶炼生产过程中含铜砷中间物料的进一步回收处理，含砷物料产量不断增加。特别是 2007 年江铜 30 万吨铜冶炼工程建成投产后，硫化砷滤饼量成倍增加，原有处理能力已严重不足。

　　2008 年贵溪冶炼厂建成投产世界首条硫化砷渣加压氧化浸出生产线，现可年处理砷滤饼 2.5 万吨，黑铜泥 4400t。年产三氧化二砷 2800t，硫酸铜 3.5 万吨（包括黑铜泥、粗品硫酸铜部分），铼酸铵 1800kg。三氧化二砷纯度达到国家一级品要求，大部分出口。该项目实施后，有效降低了企业生产成本，缩短了反应时间，提高了生产效率，提高了金属综合回收率和企业经济效益，变废为宝，降低了对环境的污染，具有重要的环境、经济及社会经济效益。其工艺流程如图 11-12 所示。

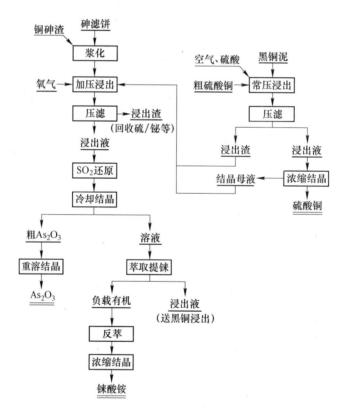

图 11-12　贵溪冶炼厂硫化砷渣加压氧化浸出工艺流程

　　江铜集团贵溪冶炼厂砷滤饼加压浸出系统由浆化升温、加压浸出、还原结晶、产品干燥包装和系统环保等六大工序组成，过程均为间断操作。生产过程中一般控制浆化液固比 (4 ~ 10)∶1，矿浆在浆化槽中搅拌均匀后泵至升温槽采用蒸汽进行预加热。加压浸出采用间断操作，共设置 25m³ 立式钛材反应釜 4 台，并联运行。矿浆泵入加压釜后，升温至 115℃，通入压缩空气控制反应压力 1.0 ~ 1.1MPa。该系统未配置氧气站，采用压缩空气供氧，因此也造成铜、砷浸出率稍低，砷浸出率 92% 以上，浸出渣中砷含量 3.5% 以下，铜浸出率 70% 左右，砷直收率 80%，浸出渣返回主冶炼系统。矿浆经压滤后，溶液送二氧化硫还原槽进行还原冷却结晶（见表 11-10 ~ 表 11-14）。

表 11-10 物料实际处理量

物 料 名 称	2011 年	2012 年	2013 年
砷滤饼/t·a⁻¹	19046	23150	25519
黑铜泥/t·a⁻¹	4095.30	3606.86	4420.37
粗硫酸铜/t·a⁻¹	27508.22	23802.11	22946.82

表 11-11 生产用典型黑铜泥成分

成 分	H_2O	Cu	Au	Ag	As	Sb	Bi
含量/%	8.53	53.269	0.057g/t	1.753g/t	21.93	1.435	3.759
成 分	Pb	Zn	Fe	Se	Ni	Sn	Te
含量/%	2.441	0.016	0.147	0.024	0.402	0.009	0.001

表 11-12 生产用典型砷滤饼成分 （%）

元 素	H_2O	Cu	S	Au	Ag	As	Fe	Sb	Bi	Pb
砷滤饼 A	70.83	10.43	34.59	0.505g/t	6.545g/t	27.153	0.494	0.182	2.236	0.371
砷滤饼 B	71.92	11.62	34.39	0.538g/t	7.770g/t	26.527	0.494	0.199	2.044	0.348
元 素	Zn	SiO_2	CaO	Al_2O_3	Re	Mo	Ni	Sn	Hg	Na
砷滤饼 A	0.393	0.506	0.226	0.043	0.256	0.243	0.252	0.173	0.009	1.725
砷滤饼 B	0.427	0.244	0.244	0.051	0.263	0.256	0.235	0.208	0.005	1.788

表 11-13 主要产品产量

时 间	2008 年	2009 年	2010 年	2011 年	2012 年	2013 年
三氧化二砷/t·a⁻¹	1500	1800	1950	1887	2283	2853
硫酸铜/t·a⁻¹	29636.01	33715.55	33070.66	38337.15	32821.63	33516.78
铼酸铵/kg·a⁻¹	1000	1200	1300	1390	1800	1800

表 11-14 As_2O_3 产品标准

牌 号		As_2O_3-1	As_2O_3-2	As_2O_3-3
		一级品	二级品	三级品
As_2O_3（不小于）		99.5	98.0	95.0
杂质（不大于）	Cu	0.005		
	Zn	0.001		
	Fe	0.002		
	Pb	0.001		
	Bi	0.001		
	合计	0.2	2.0	5.0
白 度		≥60		
水 分（不大于）		0.3	0.5	0.5
粒 度		−250μm > 98%	−420μm > 98%	−420μm > 98%

硫酸铜产品纯度达到 99.5% 以上。

铼酸铵符合 Q/HX 04—2002 标准，产品等级分为合格品、一等品、优等品。高纯铼酸铵符合 QJ/HX 07—1999 标准，Re≥69.2%（见表 11-15）。

表 11-15　铼酸铵产品标准

等　级	优　等　品		一等品	合格品
铼酸铵含量	≥99.9%		≥99.0%	≥99.0%
其他元素含量	K、Na、Si、Ca、Mo、Fe 均≤0.0010% Pb、Cd、Mn、Sn、Cu、Mg、Ni 均≤0.0005%		K≤0.0020%，其他无	其他无

贵溪冶炼厂砷滤饼处理系统如图 11-13～图 11-16 所示。

图 11-13　贵溪冶炼厂砷滤饼处理车间

图 11-14　加压浸出系统

图 11-15　还原结晶系统

图 11-16　库房

砷滤饼采用加压浸出工艺进行处理，与硫酸铜置换法相比，具有如下优点：

（1）工艺流程简短。加压浸出在高温高压强氧化条件下进行，一步实现了硫化物中砷的浸出及氧化，有效缩短了工艺流程。该工艺主要包括 6 个工序，厂房占地面积小，工艺容易调整；而硫酸铜置换法包括十多个工序，厂房占地面积大，且工序之间相互返料多，工艺的调控难度大。

（2）有价金属综合回收率高。由于加压浸出过程反应速度快，金属浸出率明显提高，且反应时间由原有的 8～10h 缩短至 3h，工业生产中在富氧条件下操作，砷浸出率达到 92% 以上，砷直收率由 55% 提高至 80%，且铼的浸出率可达到 95% 以上，有效增加了副产品产量，可最终生产铼酸铵，产品附加值高。

（3）生产成本低，经济效益显著。相较于硫酸铜置换法，加压浸出法生产成本大大降低。硫酸铜置换法每生产一吨三氧化二砷需消耗 3.0～4.0t 铜粉，虽然铜最终以硫化铜渣的形式返回熔炼系统，但考虑到铜粉的加工成本，仅此一项就使每吨三氧化二砷生产成本达 8750 元以上。加压浸出法取消了铜粉的应用，反应时间大大缩短且电耗亦明显降低。由于工艺流程短、高耗能设备减少，工业生产中加压浸出三氧化二砷单位电耗为 2295 kW·h，而硫酸铜置换工艺三氧化二砷单位电耗为 6400kW·h，根据近几年生产统计，三氧化二砷加工成本约为 5000～6000 元/吨。

（4）自动化程度高，作业劳动强度低。由于加压浸出工艺流程简短，设备少，过程中返料减少，过程中易实现自动化控制。实际生产过程中配备了完整的自动化系统，大大降低了劳动强度。

（5）环保安全性增强。采用加压氧化工艺后，砷的浸出率大大提高，加压浸出残渣率仅为 30% 左右，废渣量大大减少；外排废水、废渣中砷含量大大降低，避免了对环境的污染。同时，由于过程中实现了自动化控制，避免和减少了操作人员接触危险废物的机会，人身安全得到了有效保障。

参 考 文 献

[1] 陆占清，朱丽苹，张良勤，等. 含砷酸泥固化方法研究[J]. 水泥技术，2012(06):25-28.

[2] 孟文杰，施孟华，李倩，等. 硫化砷渣湿法制取三氧化二砷的处理技术现状[J]. 贵州化工，2008(05):26-28.

[3] 王玉棉，徐瑞，赵忠兴，等. 砷滤饼制备砷酸铜的影响因素及工艺优化[J]. 兰州理工大学学报，2013(02):5-8.

[4] 赖建林，李勤. 用硫化砷渣制取砷酸铜[J]. 有色金属（冶炼部分），2001(02):42-44.

[5] 朱晓宇，伍伟. 贵溪冶炼厂亚砷酸车间节水实践[J]. 江西能源，2003(02):10-11.

[6] 欧阳辉. 贵溪冶炼厂亚砷酸工艺综述[J]. 有色金属（冶炼部分），1999(04):10-12.

[7] 罗良华. 硫化砷渣中回收砷、铜、硫的生产实践[J]. 江西铜业工程，1997(01):5-7.

[8] 罗良华. 从硫化砷渣中回收砷、铜、硫[J]. 环境保护，1996(09):43-45.

[9] 刘昌勇. 贵溪冶炼厂亚砷酸生产工艺[J]. 有色冶炼，1998(02):8-10.

[10] 水志良，靳珍，黄卫东. 砷滤饼综合利用方法：中国，85104205[P]. 1986.

[11] 董四禄. 湿法处理硫化砷渣研究[J]. 硫酸工业，1994(05):3-8.

[12] 孙文达. 砷滤饼加压浸出工艺[J]. 铜业工程，2007(03):18-19.

[13] 李岚，蒋开喜，刘大星，等. 加压氧化浸出处理硫化砷渣[J]. 矿冶，1998(04):47-51.

[14] 余新华. 炼砷工艺的发展及加压浸出工业试验[J]. 铜业工程，2008(03):30-32.

[15] 金哲男，蒋开喜，魏绪钧，等. 高温 As-S-H_2O 系电位-pH 图[J]. 矿冶，1999(04):45-50.

[16] 王海北. 加压氧化浸出处理硫化砷渣工艺的研究[D]. 北京：北京矿冶研究总院，1999.

[17] 金哲男. 硫化砷渣和炼锑砷碱渣处理新工艺及其机理的研究[D]. 沈阳：东北大学，1999.

12 加压技术在冶金行业的其他应用

加压浸出技术除用于铜、锌、镍、金等精矿的处理外，还用于铜阳极泥的处理，另外在烟灰处理、大洋矿产资源综合回收方面也有一定的研究。

12.1 铜阳极泥

铜阳极泥是粗铜电解精炼的副产物，产率一般为粗铜阳极质量的 0.2% ~ 0.8%[1]。铜阳极泥中含有大量的贵金属和稀有元素，通常含有金、银、铜、铅、硒、碲、砷、锑、铋、镍、铁、硫、锡、硅、铝及铂族金属等元素，是提取稀贵金属的重要二次资源[2~5]。目前约 46.5% 的金和 74.3% 的银是通过阳极泥等含金银的复杂物料获得的[2,3]。由于生产原料的不同，铜阳极泥的成分稍有差别。硫化铜精矿冶炼产出的阳极泥含有较多的铜、铅、硒、碲、银及少量的金、砷、锑、铋和脉石矿物，铂族金属很少。而铜镍硫化矿产出的阳极泥（或镍阳极泥）则含有较多铜、镍、硫、硒，贵金属主要为铂族金属，金、银、铅的含量较少。杂铜电解所产阳极泥则含有较高的铅、锡、砷和硫，贵金属较少[6,7]。

铜阳极泥中各元素的赋存状态较复杂，其中以金属状态存在的有铂族金属、金、银、大部分铜和少量银。硒、碲、大部分银、少量铜和金则以金属硒化物及碲化物的形式存在，如 Ag_2Se、Au_2Te、$CuAgSe$、Ag_2Te 和少量 Cu_2Se。还有少量的银和铜分别以 Cu_2S、Cu_2O 和 $AgCl$ 形式存在。其余金属则以氧化物、复杂氧化物或砷酸盐、锑酸盐形式存在[8,9]。

通常铜阳极泥中铜、铅、硒、碲、砷、锑和铋等贱金属含量较高，这些贱金属及其化合物约占阳极泥质量的 70% 以上，因此阳极泥需先进行脱除贱金属预处理，以保证得到高品位的贵金属物料和高的贵金属回收率，并综合回收有价金属。为提高资源综合利用率，近年来处理铜阳极泥除回收金、银、铜等外，还综合回收硒、锑、铅、砷、锑、镍和铂族金属等[10~14]。

12.1.1 国内外技术现状

铜阳极泥处理工艺流程的选择主要依据阳极泥的成分和生产规模。处理工艺大致分为传统工艺、选冶联合和湿法工艺几大类，但归纳起来，首先预处理脱除部分贱金属，然后再用火法熔炼或湿法溶解的技术富集并产出贵金属合金或粉末，最后经过精炼产出贵金属产品。预处理的目的是尽可能脱除铜、硒和碲等金属并进一步富集贵金属。铜阳极泥处理的主工序包括：铜、硒脱除；还原熔炼产出贵铅合金；贵铅氧化精炼为金银合金，即铅阳极板；银电解；金电解精炼[15,16]。对于铜阳极泥的预处理，国内多采用传统火法工艺，但该工艺操作环境差、污染严重、生产周期长、有价金属综合利用率低，近些年国内山东阳谷、安徽铜陵、江西铜业集团等大型冶炼企业均引进了加压浸出——卡尔多炉工艺。

12.1.1.1 传统工艺

铜阳极泥处理的传统工艺流程如图 12-1 所示，工序主要包括：硫酸化焙烧蒸硒、稀硫酸浸出脱铜、还原熔炼、氧化精炼、金银电解精炼和铂钯回收。该流程工艺成熟，易于操作控制，对物料适应性广，适于大规模集中生产。但产出烟气量大，烟害环保问题不易解决，工作环境差，而且不能有效去除铜和硒，返渣多，过量冰铜和炉渣的生成也造成贵金属的大量循环，金银直收率低，生产周期长、积压大量贵金属，影响后续金银分离和企业的资金周转[15,17]。

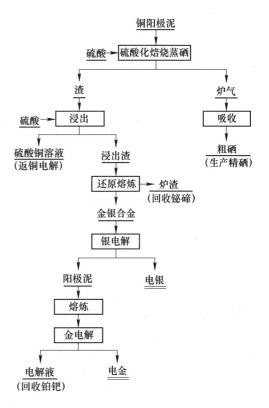

图 12-1　铜阳极泥处理的传统工艺流程

12.1.1.2 火法—湿法联合工艺

火法—湿法联合工艺保留了传统工艺中的高效硫酸化焙烧蒸硒工序，但在金、银冶炼环节采用湿法处理代替传统的还原熔炼和氧化精炼，即从脱除贱金属的渣中浸出银和从银浸出液中还原出银粉；氯化法浸出金，然后还原得金粉；从金还原后液中回收铂、钯。其中，分银和分金两个工序的组合顺序由银的存在形态决定[15,18,19]。

日本新居滨研究所提出的"住友法"是通过控制焙烧温度（一般焙烧应在 300 ~ 600℃缓慢升温）让 Ag_2SeO_3 分解，用含氯气水溶液在 40℃下浸出焙砂，浸出 1h 即可使金的浸出率大于 99%。用此方法，各工序中金的直收率可超过 98%。由于省去了多尔合金生产、还原熔炼、银电解和金电解等工序，生产周期不到传统工艺的一半。工艺流程如图 12-2 所示[17,22]。

该工艺避免了火法熔炼过程的有害烟尘和火法设备的大量投资，加速了贵金属的回收过程及资金周转，金银回收率提高至 98% ~ 99%。然而，因采用硫酸化焙烧，浓硫酸消耗较高，设备庞大且腐蚀严重，还需要庞大的二氧化硒吸收还原及二氧化硫废气处理设备，且碲回收率一般较低[15,20,21]。

12.1.1.3 选冶联合工艺

选冶联合工艺的流程如图 12-3 所示。该工艺首先在硫酸体系中采用氯酸钠氧化浸出分离铜、硒、碲，经预处理后浮选初步分离贵贱金属，富集贵金属和铂族金属，富集比可达 3 以上，浮选得到含银 40% ~ 50% 的精矿经分银炉熔炼，铸成金银合金阳极板进行电解生产电银。银电解阳极泥进一步电解回收金、铂、钯等产品。在浮选过程中，以金属、硒化物、碲化物形式存在于阳极泥中的稀贵金属基本上富集于浮选精矿中，进入精矿中的银的回收率高达 98% 左右，金高达 99.8% ~ 100%，而以氧化物及含氧盐形式存在的贱金属则基本进入尾矿。目前，世界上采用该工艺处理铜阳极泥生产贵金属的国家主要有德国、芬兰、美国、日本、俄罗斯和加拿大等。

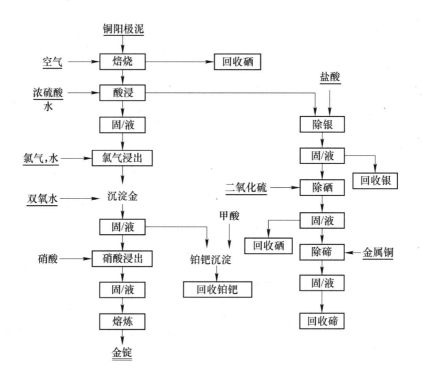

图 12-2　住友法处理铜阳极泥工艺流程

相较于传统工艺，该工艺具有以下优点：由于浮选过程中铅进入尾矿，精矿量不到原阳极量的一半，因此设备处理能力较强；浮选尾矿可送铅冶炼厂回收铅，而尾矿中含有的微量硒、金、银、碲等有价金属仍可在铅冶炼中进一步得以富集和回收；阳极泥经浮选处理产出的精矿，由于含铅和其他杂质较少，熔炼过程中一般不必添加溶剂和还原剂，且粗银的品位较高，使工艺过程得到较大的改善；焙烧及熔炼过程中烟灰产量减少，铅害问题基本得到解决；生产成本低。但该工艺也存在脱铜、硒、碲溶液处理工序复杂，尾矿含金、银高（金 100g/t 左右，银 0.3% ~0.8%），浮选精矿中铅、锑、铋分离不彻底，贵金属品位未达到直接熔铸阳极要求等不足[15,17,23~25]。

12.1.1.4　全湿法工艺

全湿法工艺先用稀硫酸、空气（或氧气）氧化浸出脱铜，然后脱铜渣用氯酸钠、氯气或过氧化氢（双氧水）作氧化剂，在控制浸出过程电位条件下选择性浸出硒[26~28]，含硒酸浸出液用 SO_2 还原得粗硒，脱硒渣则用氨水或 Na_2SO_3 溶液浸出 AgCl，最后从 AgCl 浸出液中还原得银粉，脱银渣用硝酸溶铅，硝酸铅溶液加硫酸制得副产品硫酸铅，脱铅渣在盐酸溶液中通氯气或加入 NaCl 使金、铂、钯溶解，浸出液用草酸或 SO_2 还原得金粉。沉金后的母液则用锌置换回收铂、钯精矿。所得金粉、银粉可经电解精炼得纯金属。其工艺流程如图 12-4 所示[29~32]。

台湾核能研究所开发的"INER"法采用四段浸出湿法工艺处理铜阳极泥。阳极泥经硫酸浸出脱铜后，采用醋酸浸出脱铅，铅浸出率95%以上。浸出渣硝酸浸出提银和硒，溶液经氯气沉银后，脱硝萃取回收硒碲。提银硒后渣王水浸出、萃取回收金。该工艺已进行

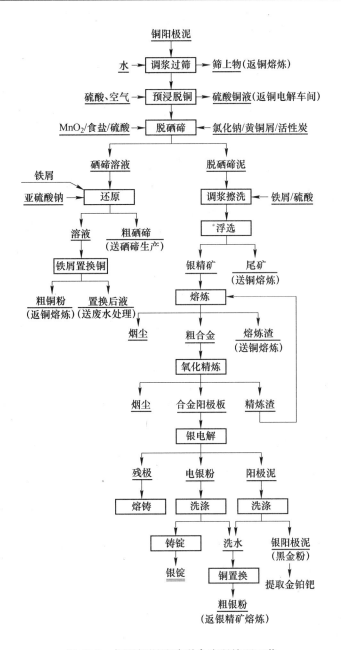

图 12-3 铜阳极泥选冶联合流程处理工艺

了中间工厂试验，并建成了一座年处理 300t 阳极泥的生产厂。

12.1.1.5 加压酸浸预处理工艺

铜阳极泥加压浸出工艺流程如图 12-5 所示。铜阳极泥经洗涤后进行硫酸加压浸出，过程在密闭、通氧、高温下进行，反应速度较快，铜、碲、镍及少量银、硒被浸出进入溶液，贵金属及部分稀散金属等不被浸出留在浸出渣中。浸出液回收碲、镍后，硫酸铜返回铜电解系统，浸出渣干燥后熔炼得到金银合金，经电解回收金银。熔炼设备各厂家有所不同，如反射炉、旋转炉及卡尔多炉等，其他工序基本相似。加压浸出过程一般控制反应温

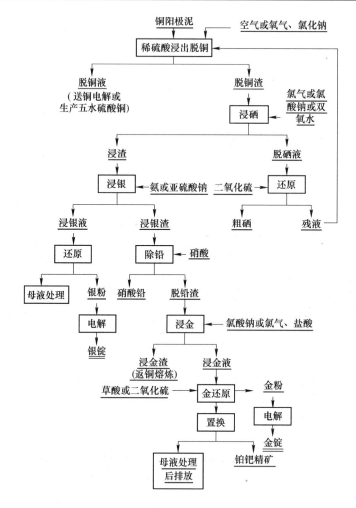

图 12-4　全湿法处理铜阳极泥工艺流程

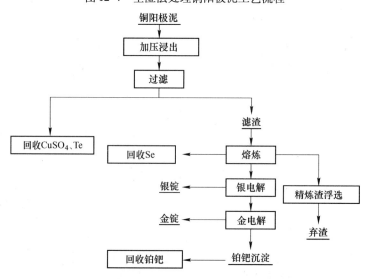

图 12-5　铜阳极泥加压浸出工艺流程

度 150~165℃，压力 0.8~0.9MPa，时间 8h。加压釜多为竖式釜，且为间断操作[8,33~39]。该方法不仅可以实现铜阳极泥中铜的高效脱除，而且可以使铜和大部分碲、少量硒溶解进入硫酸铜溶液，实现铜、碲与硒的浸出分离。

国外对于铜阳极泥加压浸出的研究及应用较早，据介绍，国外已经有十几家企业在应用该工艺，典型企业有瑞典波立登隆斯卡尔（Rönnskär）冶炼厂、芬兰奥托昆普哈贾瓦尔塔（Harjavalta）厂的波里精炼厂（Outokumpu Pori refinery）、加拿大诺兰达铜熔炼精炼厂（Precious Metal Refinary of CCR）及波兰贵金属精炼厂[17,26]等。以上厂家除熔炼设备不同外，其他工序基本相似，其中瑞典波立登隆斯卡尔冶炼厂和波兰贵金属精炼厂采用的熔炼设备为卡尔多炉（Kaldo 炉），加拿大铜精炼厂最初采用的反射炉，后改为顶吹转炉，奥托昆普冶炼厂采用的旋转炉（TROF）。

2007 年，我国安徽铜陵有色金属集团公司首次引进瑞典波立登公司卡尔多炉火法工艺，采用加压浸出预处理处理阳极泥，并建设了年处理 4000t 铜阳极泥生产线，2009 年建成投产[40]。另外，山东阳谷祥光铜业等企业也采用了该技术。铜阳极泥加压浸出典型企业见表 12-1。

表 12-1 铜阳极泥加压浸出典型企业

企 业	投产时间/年	加压釜/m³	熔 炼 设 备	阳极泥处理规模/t·a⁻¹
波兰贵金属精炼厂	1993		2m³ 卡尔多炉	2500
哈萨克斯坦某厂	1996		2m³ 卡尔多炉	1200
瑞典波立登隆斯卡尔冶炼厂	1997	15	0.8m³ 卡尔多炉	2000
墨西哥某厂	1999		0.8m³ 卡尔多炉	1600
芬兰奥托昆普波里精炼厂	1996		旋转炉	800
加拿大诺兰达铜熔炼精炼厂		9	反射炉，后改为顶吹转炉	
安徽铜陵有色金属集团公司	2009	30	2m³ 卡尔多炉	4000
山东阳谷祥光铜业	2009		0.8m³ 卡尔多炉	实 1200（设计 3500）
紫金铜业有限公司	2013	30	0.8m³ 卡尔多炉	实 2000（设计 2800~3000）

12.1.2 铜阳极泥硫酸加压浸出原理

铜阳极泥加压浸出在高温、高压和富氧条件下进行，过程中铜、镍、碲及少量硒、银等被浸出进入溶液，贵金属及部分稀散金属富集在浸出渣中，可实现贱金属与贵金属的有效分离，浸出渣经熔炼进一步回收稀贵金属。少量 HNO_3 的存在可促进反应进行[41]。

铜阳极泥加压浸出过程中主要反应如下：

$$2Cu + 2H_2SO_4 + O_2 = 2CuSO_4 + 2H_2O$$

$$2Cu_2O + 4H_2SO_4 + O_2 = 4CuSO_4 + 4H_2O$$

同时阳极泥中的铜硫化物、$CuAgSe$、Cu_2Se 和 Cu_2Te 也分别与硫酸和 O_2 发生如下反应：

$$2CuS + 2H_2SO_4 + O_2 = 2CuSO_4 + 2H_2O + 2S^0$$

$$Cu_2S + 2H_2SO_4 + O_2 = 2CuSO_4 + 2H_2O + S^0$$

$$2CuAgSe + 2H_2SO_4 + O_2 = 2CuSO_4 + Ag_2Se + Se + 2H_2O$$

$$Cu_2Se + 2H_2SO_4 + O_2 \overline{} 2CuSO_4 + Se + 2H_2O$$

$$2Cu_2Te + 4H_2SO_4 + 5O_2 + 2H_2O \overline{} 4CuSO_4 + 2H_6TeO_6$$

在高酸度条件下，部分单体硫与氧发生反应生成硫酸：

$$2S^0 + 3O_2 + 2H_2O \overline{} 2H_2SO_4$$

在酸性介质中，通常铜离子和铁离子充作催化剂，催化作用可以用下列方程说明：

$$MeS(固) + 2Fe^{3+} \overline{} Me^{2+} + S^0 + 2Fe^{2+}$$

$$2Fe^{2+} + 2Cu^{2+} \overline{} 2Fe^{3+} + 2Cu^+$$

$$4Cu^+ + O_2(液) + 4H^+ \overline{} 4Cu^{2+} + 2H_2O$$

氧化酸浸过程中，碲的浸出反应主要有：

$$2Te + 4H_2SO_4 + O_2 \overline{} 2H_2TeO_4 + 2H_2O + 4S\downarrow$$

$$2Ag_2Te + 4H_2SO_4 + O_2 \overline{} 4Ag\downarrow + 2H_2TeO_4 + 2H_2O + 4S\downarrow$$

$$2Au_2Te + 4H_2SO_4 + O_2 \overline{} 4Au\downarrow + 2H_2TeO_4 + 2H_2O + 4S\downarrow$$

$$Cu_2Te + 2O_2 + 2H_2SO_4 \overline{} 2CuSO_4 + H_2TeO_3 + H_2O$$

$$H_2TeO_3 + 0.5O_2 \overline{} H_2TeO_4$$

氧化酸浸过程中，硒化物的反应为：

$$Ag_2Se + H_2SO_4 + 1.5O_2 \overline{} Ag_2SO_4 + H_2SeO_3$$

$$Cu_2Se + 2H_2SO_4 + 2O_2 \overline{} 2CuSO_4 + H_2SeO_3 + H_2O$$

12.1.3　工业生产实践

12.1.3.1　瑞典波立登隆斯卡尔冶炼厂

波立登（Boliden）公司是北欧地区最大的矿冶集团之一，在矿山开采方面主要集中在铜、铅、锌和金银等行业，其旗下有五家冶炼厂，分别为位于瑞典南部的 Bergsoe 铅冶炼厂、芬兰 Kokkola 锌冶炼厂、挪威 ODDA 厂、芬兰哈贾瓦尔塔铜厂以及隆斯卡尔铜厂。2012 年，芬兰 Kokkola 锌冶炼厂锌产量为 31.5 万吨，挪威 ODDA 锌冶炼厂产量为 15.3 万吨，芬兰哈贾瓦尔塔铜厂阴极铜产量为 12.5 万吨，隆斯卡尔铜厂为 21.4 万吨。

隆斯卡尔冶炼厂位于瑞典谢莱夫特港（Skelleftehamn），始建于 1930 年，现在铜冶炼产能达到 23 万吨。2014 年该厂年产阴极铜 21.7 万吨，铅 2.5 万吨，锌渣 3.9 万吨，金 13t，银 479t，硫酸 56.4 万吨。

1997 年，该厂开始采用"加压酸浸—卡尔多炉"流程处理铜阳极泥（见图 12-6），原料水分含量约为 11%，成分为 Au 0.65kg/t，Ag 21.4 kg/t，Pd 0.16kg/t，Te 1.6%，Se 3.3%，Cu 9.5%，Ni 5.8%，As 0.9%，Sb 2.6%，Bi 0.5%，Pb 7.8%。

A　加压酸浸

将铜阳极泥送入洗涤槽在常温常压下加水洗涤，除去其中的水溶铜，洗液返回铜电解系统，滤渣浆化后泵入加压釜进行硫酸加压浸出。

加压浸出为间断操作，加压釜为立式釜，容积为 15m³。控制温度 150~165℃，压力 0.8~0.9MPa，时间 8h，富氧浓度 94%，铜、镍、碲及少量银、硒等被浸出进入溶液，铜浸出率 95% 左右。矿浆经压滤后，滤液送硒化银沉淀池，硒化银渣返回卡尔多炉处理。滤液经二次过滤后加入铜粉沉淀碲，产出 Cu₂Te 泥，滤液返回铜电解系统。加压浸

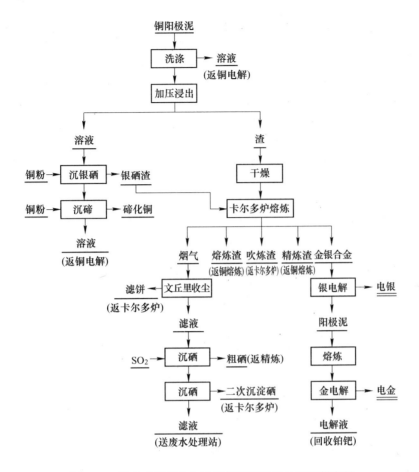

图 12-6 波立登隆斯卡尔冶炼厂铜阳极泥处理工艺流程

出渣用叉车送至内有钢支架、放有多层托盘的圆形电热干燥箱干燥至水分低于 3%（干燥时间约 12h）。加压釜、干燥箱均配置在厂房的最高层，干燥后的浸出渣用叉车倒入料仓。

B 卡尔多炉吹炼

加压浸出渣经干燥后与碳酸钠、石英等混合后送至备料仓，经加料管送入卡尔多炉进行吹炼。吹炼前金属熔体主要成分为：Au 1.8%，Ag 44.7%，Pd 13.2%，Te 11.8%，Se 21.1%，Cu 3.1%，Ni 0.1%，As 0.2%，Sb 2.2%。

卡尔多炉是带有富氧喷枪的顶吹转炉，配有一个燃烧喷枪和一个吹炼喷枪，炉料经燃烧喷枪熔化，熔炼后期加入焦炭还原炉渣中的银，使得炉渣含银小于 0.4%。空气和氧气经吹炼枪送至金属熔体表面氧化硒、铅和铜，二氧化硒挥发进入烟尘；铅和铜进入渣中，返回铜熔炼系统；含杂质较低的金银合金浇铸成银电解阳极板送电解工序。卡尔多炉烟气经文丘里收尘、湿式电收尘器和洗涤塔洗涤后排空，尾气含尘量低于 5mg/m³。文丘里滤渣返回卡尔多炉，滤液采用 SO₂ 一次还原沉淀硒，经过滤得到纯度 99.5% 以上的粗硒，送精炼生产精硒。一次沉硒后液采用 SO₂ 二次沉硒，滤渣返回卡尔多炉，滤液及洗涤塔废水均送污水处理系统。

波立登隆斯卡尔冶炼厂卡尔多炉工作容积为 0.8m³，每周期循环时间 16.2h，年工作天数 320d，阳极泥处理量为 2500～3000t/a，熔炼后的熔体量 1560kg，产金银合金量 200～250t/a，燃烧器喷枪需要最大油流速 1.9L/min，吹炼空气量 700m³/h，吹炼空气效率 25%。吨阳极泥消耗燃油（柴油）0.12t，消耗氧气 340m³，消耗焦炭粉 10.6kg。由于卡尔多炉为间断操作，烟气成分在各阶段变化较大，烟气量为 3500～4000m³/h，主要成分如下：O_2 15%～20%，CO_2 0～5%，SO_2 0～3%，H_2O 1%～5%，SeO 0～20g/m³，PbO 0～30g/m³，其余为 N_2。从阳极泥到产出金银合金，贵金属的回收率分别为 Au 99.9%，Ag 99.8%，Pd/Pt 80%，Se 97%～98%，Te 90%。

C　银电解

银电解采用 600mm×800mm 高效电解槽，每组 4 台，共 3 组，最大产量可达 500t/a。阳极尺寸 380mm×420mm，阴极尺寸 400mm×450mm，材料为不锈钢，同极距 100～120mm，电流密度 1200A/m²。要求电解液成分 Cu^{2+} 小于 30g/L，Ag^+ 为 100～150g/L，超过这个指标用铜粉进行置换，置换渣返回卡尔多炉。银粉从槽底自动排出，落入带筛网的不锈钢槽内直接进行过滤，电解液返回到高位槽。银粉纯度达到 99.99% 以上，经熔铸生产银锭。

银电解阳极泥主要成分为：Au 15.4%，Ag 32.5%，Pd<0.1%，Te<0.1%，Se<0.1%，Cu 5%～30%，Sb<0.1%。

D　金湿法精炼

银电解阳极泥水洗后送至 1.5m³ 搪瓷釜采用 1～2mol/L 盐酸进行酸洗，机械搅拌，控制温度 60～70℃，时间 2～3h，铜等贱金属浸出进入溶液，金、银等富集在渣中。矿浆用吸滤盘进行液固分离，吸滤盘尺寸约为 1.5m×2m，玻璃钢制造，吸滤盘的滤布为波立登专有滤布，不跑混，不需再生洗涤，每次用塑料铲铲出滤渣后可继续使用，大约 3 个月换一次滤布。真空系统由水环式真空泵和缓冲槽组成，缓冲槽由玻璃钢制造，形状类似小搪瓷反应釜，体积约 0.5m³。

滤渣送至 1.5m³ 水溶液氯化釜浆化，控制液固比（7～10）:1，酸度 1～2mol/L，温度 60～70℃，通入 Cl_2 做氧化剂（国内个别厂采用氯酸钠），控制氧化还原电位大于 1000mV，Cl_2 的加入终点以尾气玻璃瓶中有气泡连续冒出为准。金以氯化金形式进入溶液，银以氯化银形式进入渣中，经吸滤盘液固分离后，滤液在还原釜中（1.5m³）加入 $NaHSO_3$ 溶液在 60～70℃、适当 pH 值及电位下还原，还原金品位大于 99.99%，一次还原率 95%，金粉经烘干后熔铸成金锭。一次还原后液进行二次还原，金品位为 99.75%，返回水溶液氯化釜，二次还原后液沉淀铂钯，废液经铁粉置换后送污水处理站。

该厂从阳极泥到成品，银的直收率为 90%～95%（总收率 95.5%），金的直收率 98.5%～99.0%（总回收率 99.8%）。2002 年该厂产金 15.562t，银 408.427t，铂钯泥 2.275t，碲化铜（Cu_2Te）33.202t，硒 117.975t，1930～2002 年期间累计产金 388t，银 10460t。

12.1.3.2　波兰贵金属精炼厂

波兰贵金属精炼厂 1993 年建厂，采用波立登公司的"加压浸出—卡尔多炉"工艺处理阳极泥[42]，设计能力为年处理铜阳极泥约 3000t，铜阳极泥的典型成分为：Pb 33%～37%、Cu 0.7%～1.5%、S 3.0%～8.0%、Ag 33%～35%、Se 1.4%～2.0%、Au

0.01% ~0.02%，年产白银 1000t，黄金 350kg。

含水 2% ~3% 的阳极泥以每批 1 ~2t 快速加到炉内，并加热到近 850℃。在操作中加入石英和转炉循环渣。当所有物料加完后，炉温升高到约 1150℃ 进行造渣，过程中加入焦粉以还原金属氧化物和防止气态硒化铅生成。当熔渣中的银含量低于 0.4% 时，还原结束，炉渣送到铜冶炼厂的铅处理系统进一步处理回收铜。

吹炼过程中向熔体中鼓入空气并加入石英，气态二氧化硒随烟气排到洗涤系统进行回收。熔渣经冷却破碎后返回到卡尔多炉吹炼。吹炼的目的是形成气态氧化硒。精炼是通过鼓入空气把硒含量进一步降低到 0.01% 以下。为确保阳极银在倒入保温炉之前处于熔体状态，精炼后期要把温度升高到 1200℃。保温炉温度保持在 1150 ~1200℃。用燃烧器加热铸锭机，把整炉银铸成阳极。卡尔多炉的烟气在进入急冷塔之前用漏风冷却到 600℃，在急冷塔内通空气使气体进一步冷却。进炉阳极泥所含的硒有 97% 被回收，所产的粗硒品位约 98%。

12.1.3.3 芬兰奥托昆普波里精炼厂

芬兰奥托昆普公司哈贾瓦尔塔厂是世界上首家采用硫酸选择性浸出法处理高镍锍的工厂，也是芬兰唯一的镍精炼厂，在镍加压浸出章节有相关的介绍。哈贾瓦尔塔铜厂分为哈贾瓦尔塔厂和波里厂两处，铜精矿在哈贾瓦尔塔熔炼成阳极后，送至波里厂进行精炼，同时综合回收金银。年产能为阳极铜为 21 万吨，阴极铜为 15.5 万吨。2014 年该厂年处理铜精矿 55.1 万吨，处理镍精矿 23.9 万吨，产出阴极铜 13 万吨。波里厂同样采用加压浸出工艺处理铜阳极泥，生产步骤主要包括：铜/镍加压浸出、硒焙烧、多尔（金银）熔炼、银电解、金回收体系。与瑞典波立登工艺不同的是，该厂采用旋转炉（通氧斜体旋转炉）处理焙烧后阳极泥熔炼多尔合金。

波里精炼厂电解铜产能由 1976 年的 5.5 万吨增加至 1996 年的 12.5 万吨，阳极泥产量也由 250t 增加至 800t。期间该厂对阳极泥处理工艺进行了改进，将铜常压浸出改为加压浸出，硒回收由硫酸焙烧改为煤气焙烧，多尔熔炼炉改为带氧气喷嘴的转炉，金电解王水浸出工艺改为快速盐酸浸出。改造后产量达到银 40t、金 1.5t、硒 40t、铂钯精矿 10kg。

铜阳极泥洗涤后，洗水返回铜电解系统，滤渣加入废酸和水浆化，控制酸含量大约 300g/L，固含量 200 ~250g/L，矿浆泵送至加压釜进行浸出，加热至 110℃ 时开始供氧，温度上升至 120℃ 时氧压大约 0.3MPa，铜开始溶解。当阳极泥中含镍时则需将温度提高至 160℃，氧压提高到 0.7 ~0.8MPa。浸取时间 6 ~8h。该厂采用固液气（GLS）搅拌器，气液固搅拌效率较高。

加压浸出过程中少量银和硒及 50% 的碲浸出进入溶液，矿浆通入 SO_2 沉淀回收银和硒，再加入硅藻土以使阳极泥呈疏松多孔状，浸出渣过滤后放入 8 个烘烤盘中送焙烧炉回收硒，过滤后溶液加入铜粉沉碲，沉碲后滤液送铜电解系统。

焙烧后阳极泥加入苏打和硼砂后送至旋转炉，加热至 1250 ~1300℃，金银合金沉淀在底层，上层是炉渣，炉渣经倾倒扒出，向合金中通入氧气提纯合金，其主要杂质是铅、硒、碲和铜。将炉中废气自然冷却后导入过滤箱，并在合金表面加入熔炼烧结材料使得二次渣更易与金银合金分离。旋转炉有效体积为 700L，通常处理 20t（一批）的阳极泥物料，操作反应时间约 6h，通氧提纯约 4h。去两次渣后，金银合金熔铸成 10 ~15kg 的阳极板。

银电解在莫比尤斯（Moebius）型电解槽中进行隔膜电解，隔膜材质为聚丙烯，每槽 8

块阳极板，阴极为不锈钢（目前生产中多为钛板），银呈树枝状晶体析出，电流密度 340A/m²，电解周期 3.5d。产出阳极泥一般含 Au 40%、Ag 50%，经热水洗涤后送金电解。为保证电银质量，要求电解液中铜含量低于 80g/L。

该厂原采用王水溶金，并在沃威尔（Wohluill）电解槽中电解回收金，后进行了改进。洗涤后银电解阳极泥用强硫酸浸出溶银，温度为 210℃，粗制的金砂含金 90%，含银溶液和洗水倒入置换槽中，浸出过程中，金和铂族金属以及少量杂质被浸出，金砂用高浓度盐酸浸出，并用过氧化氢氧化，反应为放热过程，温度上升至 90℃，过滤后 AgCl 送熔炼炉处理。溶液采用亚硫酸钠沉淀金，纯度达 99.99%。溶液在 60℃下加入铁沉淀铂钯等。

12.1.3.4　加拿大诺兰达铜精炼厂[13]

加拿大诺兰达铜精炼厂位于魁北克省蒙特利尔东部，年产电铜 33.5 万吨，银 1000t，金钯铂 60t。该厂采用加压浸出—反射炉处理阳极泥，不但能处理阳极泥、金属锭和金银合金，还能处理其他含贵金属物料。

阳极泥成分见表 12-2。阳极泥泵送至银精炼厂，浓密至固含量 25%，用螺旋离心机以 600kg/h 的速率进行连续过滤至水分 27%。阳极泥浆化后在 9m³ 的不锈钢高压釜中进行浸出，高压釜装有中心挡板和 19kW 电机驱动的六片叶轮透平搅拌器。控制温度 125℃，通入氧气至总压为 0.275MPa，每批物料总浸出时间为 2~3h。加压浸出矿浆经板框压滤机压滤后，滤渣采用温水洗涤。加压浸出渣率约为 70%，其中含有 Cu 0.3%~0.5% 和 Te 0.5%~0.9%。投产初期，碲浸出率为 85% 左右，后可能是由于碲品位降低或存在难溶的碲化金原因，20 世纪 80 年代其浸出率仅为 60%。加压浸出液主要成分为：Cu 70~90g/L，Te 2~5g/L，As 7~8g/L，Ni 3g/L，H_2SO_4 100~150g/L。

表 12-2　阳极泥成分　　　　　　　　　　　　（%）

项　目		Au /kg·t⁻¹	Ag /kg·t⁻¹	Pd /kg·t⁻¹	Te	Se	Cu	Ni	As	Sb	Bi	Pb
加拿大	自产	6.2	221	600	1.5	11.8	18.7	0.85	1.4	1.9	0.72	9.4
	外购	0.25~2.2	75~325	3~50	0.02~0.4	0.2~58	0.4~2.5	—	0.05~0.2	0.1~3.2	0.1~0.5	3~50

加压浸出液采用铜沉淀碲。过程中要求隔绝空气，有足够的新鲜铜表面，过量的酸和 100℃ 以上的温度。置换反应在 φ760mm × 8230mm、转速为 15r/min 的水平圆筒容器中进行，装入 1800kg 切碎的干净铜线段，并不断通入蒸汽以保持操作温度和隔绝空气。溶液流速为 38L/min，产出碲化铜渣（碲化亚铜，Cu_2Te）主要成分为：Cu 44%、Te 34%、Se 0.5%，置换后液主要成分为：Cu 80~100g/L，Te 0.22g/L，Se 0.03g/L。

产出的碲化铜渣采用 NaOH 并通空气浸出转化成可溶性的亚碲酸钠（Na_2TeO_3），浸出渣含 Cu 56%、Te12% 左右，返回加压浸出系统。溶液加硫酸调 pH 值至 5.7 使亚碲酸钠水解成二氧化碲（TeO_2）沉淀。二氧化碲采用 NaOH 溶解，电解生产金属碲。

加压浸出渣中硒主要以金属和 Ag_2Se 形式存在，难以焙烧。元素硒的熔点为 217℃，着火点为 200~220℃，在 260~300℃ 强烈析出 SeO_2。硒化银在 410~420℃ 开始氧化成亚硒酸银（Ag_2SeO_3），500℃ 左右反应迅速，但 Ag_2SeO_3 在 500℃ 时熔化，熔融的亚硒酸银易将炉料黏结成团，阻碍进一步与空气接触，因此在比 700℃ 低很多的温度下分解很慢，造成焙烧失败。这一问题可通过采取在制粒过程中加入5%～10%的膨润土添加剂并在移动带上焙烧，在固定床中用强制循环的高温空气进行制粒与焙烧或用NaOH进行制粒与焙烧，使硒成为可水溶或碱溶的硒酸钠等措施进行避免。

该厂采用两台并联蒸汽（345kPa）加热水平圆筒干燥机（904L）进行干燥。两圆筒之间的间隔空间组成一泥浆池，阳极泥滤渣以矿浆形式送入此泥浆池，而两圆筒在相邻的周边向下移动。有大约3mm厚的矿浆层黏附在圆筒上，在径向相反的一侧用刮板将其刮下，水分降至10%～12%。干燥后阳极泥与外购含铜低阳极泥和8%膨润土在研磨机中混合，送 ϕ1370mm 圆盘制粒机制粒，物料处理量675kg/h。

制粒后球团在3台移动床焙烧炉中焙烧，温度650℃，停留时间1h。焙烧炉有一列移动的、彼此搭接的实钢板组成移动床，其上料层厚度25～30mm，球粒直径10mm。焙烧炉炉床尺寸为1220mm×7500mm，用煤气喷嘴在炉床上空水平加热。移动床下面的空间由燃烧煤气管道的辐射热加热。焙烧的主要作用是将 Ag_2Se 氧化为 Ag_2SeO_3。

焙烧后物料风力输送至反射炉料仓，尺寸为2130mm×6710mm，熔池深度380mm，双喷嘴加热，操作周期50～60h。炉渣夹带大量的冰铜与金属一般返回铜精炼厂阳极炉或送熔炼厂，这会导致金属损失与金银积压，为此该厂建立了一个小型浮选车间，月产浮选尾矿80～90t。

之后为提高生产效率，该厂在一台85L的顶吹旋转炉中进行了扩大试验，工作容积25～30L，每次处理1000kg干球粒矿和返料，冶炼周期12.5h，产出300kg的精炼金银合金。后采用1300L顶吹转炉。

银电解在莫比尤斯电解槽中进行，共12组，每组5槽，每组均有单独的整流器，槽电压22V，电流1000A。在电解槽中将15块金银合金阳极每3块合成一组放入特利纶纤维布袋中，每个电解槽中有6块钛阴极（见表12-3）。

表12-3 莫比尤斯电解车间

组　数	12
槽/组	5
阳极/槽	15
阴极/槽	6
槽尺寸/mm×mm×mm	812×812×812
材　质	槽衬：剥离纤维增强塑料，槽篮子：聚丙烯，剥离刀：聚碳酸酯
直流电/A·m^{-2}	阴极625，阳极958
残阳极率/%	30
阳极寿命/h	24
布袋更换/h	72
电解液成分/g·L^{-1}	Ag 125～145, Cu 11～18, Pb 0.2～0.5, 游离 HNO$_3$ 0.3～0.7, Pd $0.02×10^{-6}$～$20×10^{-6}$
温度/℃	50
每槽循环量/L·min^{-1}	6.8

电解槽中金泥每3天清理一次，主要成分为：Au 39%～62%，Ag 24%～50%，Pd

3.5% ~5.6%，Cu 2% ~5%，Pb 0.2% ~0.6%。金泥首先洗涤除去硝酸盐，再用硫酸酸煮其中的银。硝酸盐在酸煮过程中会加剧钯的溶解，而使钯返回到金银合金炉。酸煮除银在加热的铸铁锅中用浓硫酸进行。人工将含银的热酸液倾析送入空气输液罐，送至银电解车间水洗槽。采用新酸浸煮 8 ~10 次才能将银除至合格。金渣过滤熔铸后在沃威尔电解槽中电解，并由电解液中回收铂钯（见表 12-4）。

表 12-4　沃威尔金电解槽

	材　质	剥离纤维增强塑料
电解槽	数　目	10（串联）
	尺寸（长×宽×高）/mm×mm×mm	406 × 305 × 305
	加热	带有浸没式加热器的外油浴加热
电解新液	成分/g·L⁻¹	Au 170 ~180，HCl 110
电解废液	成分/g·L⁻¹	Au 150 ~160，Pd 70 ~80，Ag 0.03 ~0.04，HCl 100
	温度/℃	60 ~70
	循环方式	空气鼓泡器
电　力	电源/A	（硒整流器）300
	直流电/A·m⁻²	阳极 970，阴极 1000
	槽电压/V	0.5
	电流效率/%	106 ~108（以三价金为基）
阳　极	成分/%	Au 85 ~92，Pd 6 ~15，Ag 0.3 ~1.0
	尺寸（长×宽×厚）/mm×mm×mm	203 × 114 × 13
	质量/g	7000 ~7800
	数量/槽	6
	残极率/%	20 ~25
	寿命/h	24 ~48
	阳极泥产率/%	5
阴　极	材　质	钛
	尺寸（长×宽）/mm×mm	180 ×330（浸没的）
	数量/槽	3

12.1.3.5　诺里尔斯克镍业公司

加压浸出技术不仅可用于处理铜阳极泥，也可联合处理铜镍阳极泥。镍阳极泥与铜阳极泥在成分上有一定的区别，镍阳极泥主要成分是镍铜硫化物，PGM 含量为 1.5% ~2%，铜阳极泥主要成分是镍铜氧化物，铜与硒碲形成化合物，并含有 PGM、银等，PGM 含量一般为 2.0% ~3.5%。

诺里尔斯克镍业公司极地分公司（Norilsk Nickel Polar Circle Devision）原采用氧化焙烧法处理铜镍阳极泥，综合回收贱金属及 PGM，工艺流程如图 12-7 所示。镍阳极泥及铜阳极泥分别采用 1 号和 2 号炉进行氧化焙烧，铜焙烧烟气经净化后回收硒。镍阳极泥焙烧后酸浸，溶液经沉 PGM 后送镍电解系统，沉淀渣送电炉熔炼阳极，电炉渣送镍厂进行处理。阳极电解产出阳极泥、海绵铜及电解液，由阳极泥中回收 Pt-Pd 精矿（Pt + Pd 62%），

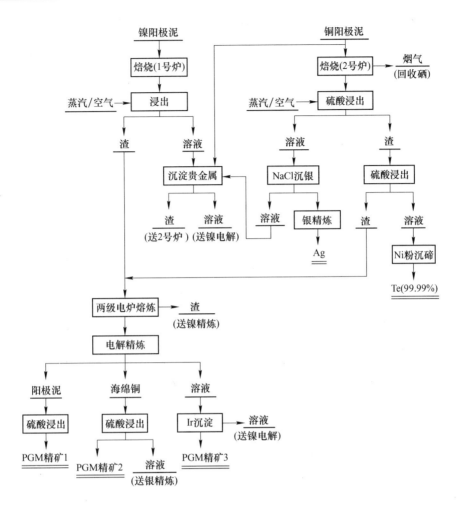

图 12-7　诺里尔斯克镍业原铜镍电解阳极泥处理工艺流程

由海绵铜中回收 Rh-Ru 精矿，由电解液中回收 Ir 精矿。所有的 PGM 精矿送至克拉斯诺雅茨克（Krasnoyarsk）的 JSC Krastsvetmet 精炼。由铜阳极泥浸出液中氯化沉银。铜烟尘焙砂浸出渣进一步进行高酸浸出，碲浸出进入溶液，采用镍粉沉淀。该工艺在 20 世纪 50 年代后期投入生产，之后未进行大的改动。

1960～1970 年，Norilsk 研究者提出了氯化浸出和氯化加压浸出技术处理阳极泥，阳极泥采用盐酸和氯气浸出，贱金属和 PGM 全部浸出进入溶液，萃取回收溶液中的 PGM，采用加压氢还原萃取有机相中的 PGM。70 年代初期又对该流程进行了简化，直接从浸出液中氢还原回收铂精矿。

1980 年诺里尔斯克联合公司（Norilsk Combine）提出了加压预处理法，过程中尽量使贱金属和硫浸出进入溶液，而 PGM 留在渣中，温度 150℃，氧分压 0.2～0.3MPa，硫酸用量为阳极泥量的 80%，反应时间 3h，浸出液中稀有铂族金属总含量低于 20mg/L，渣主要成分为：Pd 17%，Ni 25%～30%，Fe 13%～16%。该工艺在 PGM Concentrator 进行了应用处理镍阳极泥，分级产出粗粒部分，但运行几年后由于镍厂阳极泥加压釜老化等原因而停止使用。工艺流程如图 12-8 所示。

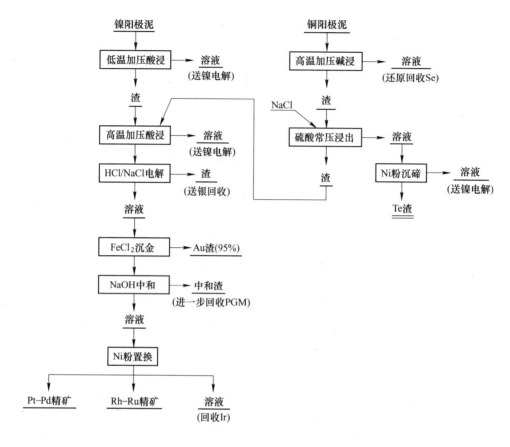

图 12-8　诺里尔斯克镍业铜镍电解阳极泥加压浸出处理工艺流程

　　镍阳极泥首先进行低温硫酸加压浸出，铜镍硫化物氧化浸出进入溶液，过滤后溶液送镍电解槽，滤饼进行高温硫酸加压浸出。

$$Cu_2S + 1/2O_2 + H_2SO_4 \longrightarrow CuS + CuSO_4 + H_2O$$

$$CuS + 1/2O_2 + H_2SO_4 \longrightarrow CuSO_4 + H_2O$$

$$Ni_3S_2 + 1/2O_2 + H_2SO_4 \longrightarrow 2NiS + NiSO_4 + H_2O$$

$$NiS + 1/2O_2 + H_2SO_4 \longrightarrow NiSO_4 + H_2O$$

铜阳极泥直接进行高温氧化碱浸，使硒浸出进入溶液，铜和碲氧化为高价态。

$$2Cu_2O + O_2 \longrightarrow 4CuO$$

$$Ag_2Se + O_2 + 2NaOH \longrightarrow 2Ag + Na_2SeO_3 + H_2O$$

$$Cu_2Te + 2O_2 + 2NaOH \longrightarrow 2CuO + Na_2TeO_3 + H_2O$$

$$Ag_2Te + O_2 + 2NaOH \longrightarrow 2Ag + Na_2TeO_3 + H_2O$$

$$Na_2TeO_3 + 1/2O_2 \longrightarrow Na_2TeO_4$$

$$Na_2SeO_3 + 1/2O_2 \longrightarrow Na_2SeO_4$$

过滤后溶液送硒回收工序，滤饼加入 NaCl 进行硫酸常压浸出。

$$CuO + H_2SO_4 \longrightarrow CuSO_4 + H_2O$$

$$Na_2TeO_4 + H_2SO_4 \longrightarrow H_2TeO_4 + Na_2SO_4$$

加入氯化钠后溶液中银沉淀。过滤后，溶液采用镍粉置换沉碲，碲以碲化铜形式回收，碲渣含碲30%～40%，送碲回收工序，铜镍渣送镍电解槽。

$$CuSO_4 + Ni \longrightarrow NiSO_4 + Cu$$

$$H_2TeO_4 + 3H_2SO_4 + (5 - x)Cu \longrightarrow Cu_{2-x}Te + 3CuSO_4 + 4H_2O \quad (x 在 0 \sim 0.33)$$

铜阳极泥浸出滤饼与镍阳极泥滤饼合并进行高温加压浸出，使镍、铁浸出进入溶液，浸出温度控制在180℃以上，为避免PGM的浸出，过程在非氧化条件下进行。滤液返回镍电解工序，滤饼主要成分为：Ni 3.5%，Fe 6.5%，Cu 0.1%，PGM 25%，Ag 15%，Se 1.5%，Te 1.8%，脉石50%。送电化学处理工序，盐酸体系隔膜电解，金及PGM浸出进入溶液，银以氯化银形式沉淀，渣主要成分为氯化银及脉石，送银回收工序。溶液加入$FeCl_2$沉金，金精矿品位95%，接着经NaOH中和回收有价金属，中和渣经进一步处理回收PGM。净化后溶液送两段镍粉置换工序，一段产出Pt-Pd精矿（Pt + Pd 90%），二段产出Rh-Ru精矿（Rh + Ru 20%～30%）。置换后液送Ir回收工序，回收后液返回镍电解系统[55]。

12.1.3.6 铜陵有色金属集团公司

铜陵有色金属集团公司（以下简称"铜陵公司"）是一家集采、选、冶加工为一体的大型联合企业，2007年引进了瑞典波立登公司卡尔多炉火法工艺处理铜阳极泥，总投资5.2亿元，2008年年底建成年处理4000t铜阳极泥生产线，2009年元月开始投产，设计产能为黄金2t，白银350t，精硒140t。生产设施主要包括浸出、卡尔多炉熔炼、金银精炼（含铂钯精制）和粗硒精制四大系统。

阳极泥主要来自铜陵公司内部的几家冶炼厂，主要成分见表12-5[43]。阳极泥含铜碲较高，在入卡尔多炉前先进行酸浸脱铜碲处理。

表12-5 铜陵有色公司阳极泥主要成分

元 素	Au	Ag	Cu	Se	Te	As	Sb	Bi	Pb
含量/%	0.275	8.24	21.26	4.68	0.944	3.8	3.57	0.564	8.1
元 素	Ni	Fe	Pt	Pb	Ba	Sn	SiO_2	S	H_2O
含量/%	0.172	0.489	5 g/t	5 g/t	4.5	2.84	3.5	5.41	25

酸浸工序由常压浸出和加压浸出组成。常压浸出脱铜，加压浸出脱碲。浸出系统设备主要有常压釜、加压釜、缓冷槽、银硒槽、沉碲槽及配套的压滤机。浸出釜总容积为$30m^3$，内衬材质为复合钛，其余为不锈钢。阳极泥经计量后首先加入常压浸出釜，在酸性、供氧条件下进行常压搅拌浸出，铜进入浸出液，外售回收铜。常压浸出后的阳极泥铜含量低，经泵入加压釜，采用蒸汽直接加热，在酸性、供氧、高温高压的工况条件下进行压力搅拌浸出。阳极泥中的碲、镍及少量银、铜、硒以硫酸盐或亚（硒、碲）酸盐的形式转入液相。浸出结束后固液分离浸出浆料，滤饼中铜、碲含量大幅度降低，滤液进一步处理回收铜碲。

常压釜每天可处理2批料，每批次时间为12h，常压浸出渣含铜6%～10%。高压浸出釜最高浸出压力为0.86MPa，每釜时间为12h，加压浸出渣中铜含量降至0.6%以下，渣率为 50% ~60%。向加压浸出液中通入 SO_2 或加入铜粉回收银和硒，当银和硒质量浓度低于 0.005g/L 时过滤，滤饼银硒泥返回卡尔多炉熔炼，滤液进入碲沉积作业。根据滤液碲含量加入适量铜粉，得到碲化铜产品外售。浸出系统主要生产指标与设计指标见表 12-6[44]。

表 12-6　浸出生产指标与设计指标

项　　目	常压浸出渣铜品位/%	加压浸出渣铜品位/%	碲化铜/%	
			$w(Te)$	$w(Cu)$
实际平均值	9.56	0.55	20 ~35	35 ~45
设计值	10	0.4	35	45

加压浸出后的阳极泥干燥至含水低于 3% 后，配入适量熔剂、返料和还原剂等送卡尔多炉进行熔炼。所用卡尔多炉为顶吹转炉，直径 2.5m，炉长 4m，工作容积 $2m^3$，炉体质量 35t，包括炉体、喷枪、烟道及炉罩，是目前世界上最大的阳极泥处理设备。卡尔多炉及其燃烧系统构成示意图如图 12-9 所示[45]。该炉配有"燃烧"和"吹炼" 2 个喷枪，燃烧喷枪通入氧气和柴油，用于加热和熔炼，吹炼喷枪通入压缩空气，用于吹炼（精炼）。炉体完全密封在炉罩内，炉罩与布袋收尘器相连，收集处理环境烟气。经布袋收尘器处理后气体排空，收集的烟尘返回系统。工艺烟气经烟道进入烟气净化系统。

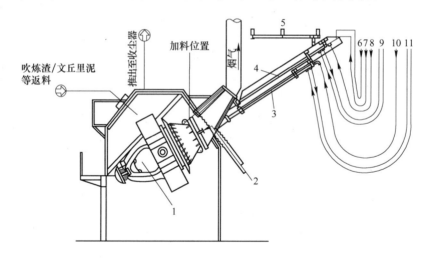

图 12-9　卡尔多炉及燃烧系统构成示意图
1—炉体；2，9，11—冷却水；3—吹炼喷枪；4—燃烧喷枪；5—喷枪梁；
6—雾化空气；7—柴油；8—氧气；10—压缩空气

加料前炉子预热到 1000℃ 左右，混合后的配料由加料管定量地给入卡尔多炉，经熔炼、还原吹炼和精炼后得到贵金属金银含量高的多尔合金。金属相中杂质碲、铋等含量小于 0.01% 时，精炼结束。多尔合金中金银含量达到 97% 以上时放出合金并浇铸成浇铸板后送金银合金精炼工序提取稀贵金属。

卡尔多炉每炉处理上一炉次的文丘里泥和吹炼渣，并根据炉膛大小处理 8 ~14t 不等的干燥阳极泥，单炉处理时间 24 ~30h，产合金 1.0 ~2.0t，熔炼渣渣率为 70% ~80%。熔炼渣中银含量为 0.5%～0.8%。吹炼渣每炉产出 3～5t，返回卡尔多炉处理。精炼渣每炉产出 0.2～0.5t，单独处理，降低铜、碲含量后返卡尔多炉回收金银。

该公司多尔合金质量（杂质铜除外）目前已达到设计要求，但由于所用原料成分复杂，渣型难以控制，且部分设备性能不稳定等原因，前期生产过程中卡尔多炉生产周期偏长、渣含金银波动大且熔炼渣含金银较高。后来，铜陵有色公司科技人员通过采取改善冷料质量、优化加料系统、选择合适的渣型和贵铅成分、优化焦炭配比、降低旋转电机温度、提高炉体转速、增强雾化效果、提高柴油利用率、改进精炼工艺和优化控制参数等措施将卡尔多炉单炉周期由 36h 降到了 28h 以下，大大提高了卡尔多炉的处理能力。

在改善冷料质量、缩短熔化时间方面采取对吹炼渣进行破碎，将吹炼渣粒度由 100mm 以上降低到 30mm 以下，缩短了吹炼渣的熔化时间。将文丘里泥压滤机的空气吹干时间由 1h 延长至 2h，文丘里泥含水量由 30% 降低至 20% 左右。通过减少入炉返料粒度和含水量，缩短了烘干时间。

在优化加料系统时，通过扩大阳极泥储料仓出料口截面积（由 DN250 改为 DN300），增加单位时间出料量，减少堵塞；增加空气炮疏堵装置，遇到阳极泥难以下料时用空气炮震打，解决堵塞问题；在混料仓原有阀门下方增加插板阀使之与上部阀门联锁操作，即上部阀门开、下部阀门关，下部阀门开、上部阀门关闭；加料时两只阀门之间留有 300mm 的料柱，计 100kg 的混合料，实现了计量加料，有效控制了加料量和加料时间。

通过以上措施，单批料配料时间缩短到 30min 以内，避免了因配料时间长，卡尔多炉等料，造成周期时间长的现象。根据铅硅钠三元系相图摸索贵金属熔炼合适的渣型和贵铅成分，确定可选择的合适渣性：含铅 25%～30%，铅硅比在 3～3.5 的渣。该渣型熔点低、黏度低、渣层分离好，渣含银低。依据渣型要求，确定了焦炭加入量为投入冷料和阳极泥总量的 1%～2%，产出的贵铅含银 40%～50%，含铅 10%～20%，贵铅成分稳定合适，将吹炼工艺的多次加硅除铅改为一次性加硅除铅，缩短了吹炼时间。

在卡尔多炉底部的旋转电机炉罩两侧安装轴流风机和冷却风管，冷风通过管道强制导流到旋转电机上，增加旋转电机冷却风量，使整个周期内旋转电机温度控制在 90℃ 以下，旋转电机超温现象消除，降低了旋转电机温度，同时提高了吹炼阶段卡尔多炉转速并稳定在 12～15r/min，缩短了吹炼时间。

在卡尔多炉作业区压缩空气管路上，增加一台储气量为 1m³ 的缓冲罐，保持 2min 的用气量，减少其他用气点对雾化用压缩空气压力和流量的影响，雾化空气流量稳定，波动范围减少，雾化效果好。

提高柴油利用率和改进精炼工艺、优化控制参数时选择：在贵铅中硒含量小于 2% 时，提前进入精炼阶段，利用金、银与其他杂质金属的熔点差异，在精炼初期增加熔析精炼操作，析出部分杂质；将氧气浓度由 21% 提高到 25%，加快碲的氧化，同时严格控制操作温度在 1150～1200℃，优化除碲工艺参数，防止炉砖缝隙中的杂质在高温下返熔进入合金中，影响精炼效果。改进精炼工艺后，尽管增加了熔析精炼阶段，但由于提前开始了精炼操作，节约了吹炼时间，而熔析精炼时间较短，整个精炼过程较原来缩短 2～3h。通过对卡尔多炉工序设备和生产工艺进行优化，卡尔多炉单炉周期明显缩短[45]。

12.1.4　国内外研究进展

铜阳极泥加压浸出预处理的目的是尽可能脱除铜、硒、碲和砷等金属并进一步富集贵金属。该工艺具有处理工艺流程短、处理时间短，可有效解决传统处理工艺存在的环保问题，改善操作环境，节约能耗和试剂消耗等优点。国内外企业和科研机构对此已经进行了大量研究，但由于国外技术高度保密，公开报道的不多。近年来，我国对环境和资源综合利用越来越重视，国内几家主要的大型铜冶炼企业、科研单位和部分高校均在铜阳极泥加压浸出预处理方面开展了大量研究，也取得了很大进展。国内外铜阳极泥的预处理工艺主要有：加压酸浸、加压碱浸和加压氨浸法三种。

影响铜阳极泥加压浸出速度的主要因素有：浸出剂种类、浸出剂浓度、浸出温度、矿浆的搅拌速度、浸出压力、浸出液固比和浸出气氛（如氧气、压缩空气等）。一般情况下，铜阳极泥的加压浸出在富氧或有氧压缩空气气氛中进行，提高浸出剂浓度和温度可以缩短浸出时间和提高元素的浸出率，但达到一定值后部分元素的浸出率提高幅度不大，所以实际应用中应综合考虑各个因素。以铜阳极泥硫酸加压浸出为例，随着浸出温度的提高，阳极泥中的铜、硒、碲的浸出率均有提高。如果原料中碲含量较高，要达到对碲的较高脱除，必须在较高的温度下进行，但随着温度的升高，带来的问题是较多硒进入溶液，需考虑从溶液中回收硒。

12.1.4.1　加压酸浸

近些年国内对铜阳极泥加压酸浸进行了大量研究工作。云南铜业股份有限公司（简称云铜公司）为了克服常温常压下采用空气氧化脱铜工艺浸出时间长、能耗大、脱铜率低、劳动强度大和操作条件差等不足，扩大铜阳极泥处理系统的处理能力，提高装备水平，降低消耗，提高金属回收率，减少环境污染，与云南冶金集团技术中心合作共同进行了铜阳极泥加压酸浸工艺研究，并于2007年10月26日至12月6日在云南铜业股份公司稀贵分厂进行了为期43d的半工业试验。期间带负荷试车及设备调试12d，正式试验累计投料运行31d，最长连续运行17d（其中氧压浸出13d，空气加压浸出4d），共处理铜阳极泥（干重）近50t（不含试车阶段的投料）[8,17,40,44,45,47]。

铜电解阳极泥含水30%左右，浆化过筛除去粗砂粒及金属铜粒，筛上物返回熔炼系统。料浆按试验工艺控制条件配入硫酸，调整液固比，用高压隔膜计量泵将料浆压入釜内，通过加热盘管加热至设定温度，氧化介质（空气或工业纯氧）通过供氧管喷入矿浆，在搅拌桨搅动下均匀分散于矿浆中与物料发生氧化反应。经过浸出的料浆在釜内压力的搅动下，通过带流量控制阀门的出料管流至闪蒸槽卸压、降温，泵送至板框压滤机过滤及洗涤，洗水返回调浆。加压酸浸滤液返回电解系统回收铜，滤渣（脱铜渣）送脱硒工段进一步处理。云铜公司半工业试验铜阳极泥原料化学成分见表12-7。

表12-7　云铜公司半工业试验铜阳极泥原料化学成分

成　分	Cu	Ag	Au	Se	Ni	MgO	Te	S	SiO₂
含量/%	14.04	11.32	2732.3g/t	3.82	1.25	0.096	1.23	7.42	<0.5

成　分	Sb	Pb	Mn	Al₂O₃	Zn	As	Bi	Fe	CaO
含量/%	9.78	8.73	0.0015	0.41	0.11	4.44	0.90	0.66	0.17

半工业试验用加压釜为 $\phi900mm \times 4280mm$，几何容积为 $3.24m^3$，有效容积为 $1.72m^3$，采用 $3+12mm$ 厚的钛钢复合板卷焊，四隔室五搅拌，第一室两个搅拌。加压釜采用双端面密封，密封液自动伺服供应系统，最高工作压力为 1.5MPa，最高工作温度为 160℃。采用导纳式物位计监测釜内第 4 室的液位。其工艺流程如图 12-10 所示。

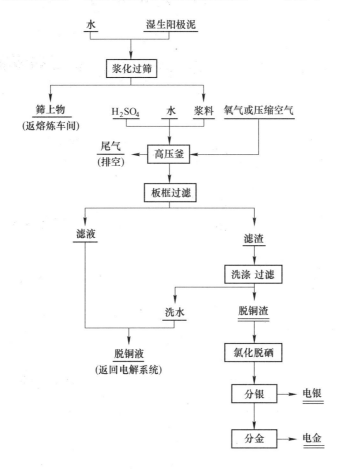

图 12-10　云铜公司铜阳极泥加压酸浸预处理半工业试验工艺流程

半工业试验期间先后进行了 12 种工艺参数组合试验，各阶段工艺参数的控制条件及试验结果见表 12-8[8]。在高压釜工作压力 0.8MPa，温度 120~130℃，H_2SO_4 质量浓度 100~150g/L，液固比 5∶1，釜内停留时间 100~120min 条件下，不论采用压缩空气或工业纯氧进行连续加压浸出均能有效实现脱铜的目的，正常情况脱铜渣含铜在 0.31%~0.89%，铜浸出率为 95%~98%。其中，空气氧化脱铜具有更好的选择性，在预定工艺控制条件下脱铜渣含铜基本稳定在 0.5% 左右，最低达 0.31%，银、硒、碲等组分均更好地集中于固相浸出渣中，并有较为明显的富集。在连续 17 天的试验过程中，作业过程运行稳定，高压釜运转率为 96.8%，流程通畅，投料率为 89.2%。工艺参数易于控制，参数调整过程转换平稳。半工业试验系统的阳极泥处理能力 2.5~3.0t/d，平均为 2.76t/d，可满足 10 万吨/年电解铜厂处理产出的阳极泥，所获工艺技术指标已作为年处理铜阳极泥 8000t 加压酸浸预处理工艺产业化系统建设的技术依据[8,47]。

表 12-8　云铜公司半工业试验各阶段工艺参数的控制条件及试验结果

项目	编号	操作压力 /MPa	反应温度 /K	投料液固比	投料硫酸浓度 /g·L⁻¹	浸出时间 /min	氧化介质流量（标态） /m³·h⁻¹	投料干重 /kg	出料渣干重 /kg	渣率/%	铜金属平衡	取样数量	渣含铜 /%	渣含铜加权平均值/%	渣计 Cu 浸出率 /%	液计 Cu 浸出率 /%
							试　验　条　件						试　验　结　果			
调试试验	1	0.8	373	8:1	45~50	90	50					15	2.66~12.68			
	2	0.8	373	5:1	90~100	90	50					5×4				
	3	0.8	373	6:1	80~85	120	50					5×4				
	4	0.8	373	6:1	80~85	120	20					20	0.80~1.12			
氧气试验	5	0.8	373	6:1	80~85	120	30	7371	4388	59.5	92.2	20	0.50~0.98	0.68	97.1	105.5
	6	0.8	423	5:1	100±5	120	30	8813	5134	58.3	82.6	21	0.82~1.18	0.97	96.1	117.2
	7	0.8	423	6:1	100±5	120	50	7304	4536	62.1	75.5	23	0.43~1.18	0.78	96.8	135.7
	8	0.8	393	5:1	100±5	120	30	5496	3489	63.5	82.6	14	0.88~1.50	1.19	95.2	116.3
空气	9	0.8	403	5:1	100	120	30	9156	4416	48.2	98.6	24	0.40~1.18	0.54	98.2	100.3
	10	0.8	423	5:1	100	120	50	2589	1658	64.0	75.5	8	0.40~0.62	0.43	98.4	130.8
	11	0.8	403	5:1	100	120	88	4406	2597	58.9	87.7	13	0.49~3.76	1.51	94.3	108.3
	12	0.8	403	5:1	100	120	110	3019	1864	61.7	77.7	10	0.31~0.85	0.56	97.8	126.5

云南铜业股份有限公司半工业试验采用压缩空气作为氧化介质，且阳极泥不经水洗，直接进行加压酸浸，充分利用了生阳极泥中的水溶性铜离子进行催化氧化，提高了反应速度。与瑞典波立登公司隆斯卡尔冶炼厂的间断加压酸浸工艺相比，工作压力从 0.86MPa 降至 0.8MPa 以下，反应温度从 165℃ 降低到 150℃ 以下，浸出时间从 8h 缩短到 2h 以内，有价金属走向更为集中，流程简短、过程连续、高效，作业成本、过程能耗和建设投资都将有所降低。试验还证明，欲使硫化物快速并充分氧化，提高反应系统的温度并使用催化剂的方式比增大高压釜内氧的分压更为有效。

云南铜业股份有限公司半工业试验还考察了碲的行为。分析结果表明，入厂铜阳极泥的固相（滤渣）中碲的品位为 1.8%~2.0%，滤液含碲量一般都在 10^{-3}g/L。在氧压浸出条件下，浸出液含碲的高限范围在 0.14~0.27g/L 范围内波动（对应的浸出渣中碲为 1.69%~1.88%）。渣计浸出率 20.83%，液计浸出率 28.39%；低限范围分别为 0.11~0.18g/L、1.77%~1.86% 和 26.17%。空气氧化加压浸出液中的碲含量多数为 10^{-2}g/L，渣含碲 1.33%~2.03%，渣计浸出率 17.5%，液计浸出率 19.2%。

半工业试验工艺控制参数及所获工艺技术指标：

作业控制参数为：

工作压力：0.8MPa   工作温度：130℃
硫酸质量浓度：100g/L   液固比：5:1
浸出时间（釜内停留时间）：2h   空气流量（标态）：85m³/h

工艺技术指标为：

脱铜渣含铜：≤0.5%

铜浸出率：>98%

脱铜渣渣率：约60%

高压釜作业率：>90%

高压釜单位容积处理能力（阳极泥）：3.0t/(m³·h)

另外，陈志刚等人针对铜阳极泥进行了常压和高压酸浸联合处理工艺研究。铜阳极泥首先进行常压预浸出，然后进行高压浸出。常压预浸出后阳极泥化学成分为：Cu 8.0%~13.0%，Bi 1.5%~1.7%，Pb 12.0%~13.0%，Te 1%~1.5%，Sb 4.5%~5.2%，Se 7.0%~9.0%，As 2.0%~3.0%，Au 9.0%~11.0%，Ag 0.01%~0.2%，Pt 0.004%~0.006%，Pd 0.004%~0.006%。常压预浸渣在温度 140℃、氧分压 0.9MPa、液固比 5:1、硫酸质量浓度 250g/L，通氧时间 2.5h 条件下进行加压浸出，铜浸出率达 93% 以上，贵金属也得到富集[48]。

王吉坤等人铜阳极泥加压酸浸研究结果表明，针对成分为：Ag 8%~15%，Au 0.1%~0.3%，Cu 10%~20%，Se 2%~5%，Te 0.5%~2%，Pb 8%~15%，Bi 1%~6%，As 2%~6%，Sb 2%~8%，SiO_2 2%~5%，S 4%~8%，H_2O 25%~35% 的阳极泥，在浸出温度 150℃、压力 1.2MPa、酸度 125g/L、反应时间 2h、液固比 4:1 的条件下不仅铜阳极泥中的大部分铜溶解进入溶液，同时阳极泥中的部分银、硒（47%~51%）和碲（55%~59%）也发生溶解进入溶液，且贵金属银在浸出过程中基本没有损失。此法解决了以往工艺流程的不足，实现了对碲的脱除。研究中发现，温度在 90℃ 以上时，用铜沉淀置换法从溶液中回收碲。可溶性碲以四价和六价形式存在，六价碲的量随氧分压、酸度和温度的升高而增大。该技术可在较短时间，较少量试剂消耗及设备配置比较合理条件下，获得99%以上的铜浸出率和较高的碲浸出率[11,17,39,49,50]。其小型及半工业试验结果均表明，铜阳极泥直接加压酸浸，可以充分利用生阳极泥中水溶性铜离子的催化氧化作用，提高反应速度。连续加压浸出过程中银、硒、碲的走向优于间断加压浸出预处理工艺，有利于提高有价元素的综合回收[47]。在对以含 Cu 14.04%、Au 43461g/t、Ag 11.32%、Se 4.28%、Te 1.23%、As 4.44%、Sb 9.78%、Bi 0.90%和 S 7.42%的铜阳极泥为原料进行的氧压酸浸预处理研究中发现，在温度150℃、硫酸酸度100g/L、压力0.8MPa、液固比5∶1和反应时间90min的条件下脱铜率可达98%以上，渣含铜小于0.3%。除碲部分脱除外，金、银和硒均富集于浸出渣中，有利于下一步的回收[51]。

夏彬等人以江铜集团贵溪冶炼厂的高杂质铜阳极泥作为原料，采用加压酸浸预处理工艺处理该铜阳极泥，对含铜、砷、碲、锑、铋和锡等多杂质元素和贵金属银的浸出进行了研究，发现浸出温度130℃、氯化钠质量浓度180g/L、硫酸质量浓度180g/L、压力0.7～0.9MPa、液固比6∶1和反应时间6h的条件能有效地处理高杂质铜阳极泥，可基本脱除杂质元素铜、砷、铋，脱除大部分的碲、锑和部分锡，而贵金属银在浸出过程中基本没有损失。该工艺方法并可以降低生产成本，提高设备生产效率，对贵金属冶炼生产及后续提取稀散金属有很好的利用价值[52]。

北京矿冶研究总院蒋训雄等人公开了一种从铜阳极泥中提取碲的方法[53]，采用氧压硫酸浸出将铜、碲及部分硒析出，然后在浸出液中通入二氧化硫沉淀分硒，除硒后液再经电积分铜，最后将除铜后液通二氧化硫还原得到粗碲。工艺中无铜粉消耗，硒、碲、铜分离效果好，且粗碲、粗硒品位高，碲回收率可高达90%以上。

赵向民等人发明了一种采用硫酸的氯化盐介质下的高温加压浸出铜阳极泥的方法，该方法的主要特点是采用氯盐介质在高温加压条件下浸出，直接分离出铜、锑、铋、碲和锡等有价金属。加压浸出液再分段回收碲、锑、锡、铋和铜等[54]。

夏光祥等人采用硫酸和低浓度硝酸或亚硝酸盐的联合加压氧化工艺，对铜阳极泥成分：Au 0.3026%，Ag 11.02%，Cu 17.36%，Pb 8.32%，Se 13.53%，Te 0.86%，As 9.70%和 S 8.10%进行了处理。氧化酸浸实验在 150～180℃的钛釜中进行，1.5～2h 完成。结果表明，铜、银及硒的氧化酸浸率分别可达98%、88%及97%。氧化酸浸渣再经50℃氨浸，进一步脱银及铅物相转化，继之氰化提取金、银，则金、银总浸出率可达99%以上；或者氧化酸浸渣再经50℃氨浸后，再用稀 HNO₃ 脱铅，继之用氯化法提取金，则金、银总浸出率亦可达到99%。最终金、银、铜、硒的浸出率分别可达99%、99%、99%及98%，环境污染很低，生产成本低[41]。

12.1.4.2　加压碱浸

铜阳极泥加压碱浸通常以 NaOH 为浸出剂，在有氧条件下，通过提高体系反应温度和氧分压，控制浸出条件使溶液中碲完全氧化为六价碲，硒和碲分别转化为硒酸钠和碲酸钠，过滤后难溶的碲酸钠转入渣相从而使硒、碲分离。加压碱浸过程中发生的主要化学反应如下：

$$2Se + 4NaOH + 3O_2 \Longrightarrow 2Na_2SeO_4 + 2H_2O$$

$$Ag_2Se + 2NaOH + 2O_2 =\!=\!= Na_2SeO_4 + Ag_2O + H_2O$$

$$2Cu_2Se + 4NaOH + 5O_2 =\!=\!= 2Na_2SeO_4 + 4CuO + 2H_2O$$

$$2Cu_2S + 4NaOH + 5O_2 =\!=\!= 4CuO + 2Na_2SO_4 + 2H_2O$$

$$Ag_2Te + 2NaOH + 2O_2 =\!=\!= Na_2O \cdot TeO_3 + Ag_2O + H_2O$$

$$2Cu_2Te + 4NaOH + 5O_2 =\!=\!= 2Na_2O \cdot TeO_3 + 4CuO + 2H_2O$$

$$Sb_2O_3 + 2NaOH + O_2 =\!=\!= 2NaSbO_3 + H_2O$$

$$As_2O_3 + 2NaOH + O_2 =\!=\!= 2NaAsO_3 + H_2O$$

通常，反应温度 200℃ 左右，氢氧化钠质量浓度 100 ~ 500g/L，氧分压 0.172 ~ 1.724MPa（表压），反应时间 4 ~ 20h 条件下，只有少量硒转变为六价，而碲则全部转变为六价。由于六价碲在碱性浸出液中基本不溶解，因此，基本上可保证与可溶性硒化合物的完全分离[14]。工业上常用氧化加压或氯化加压方法实现碱性浸出。由于氯化铁和碲化物的反应速度比氯化铁和硒的反应速度更快些，所以要严格控制，防止四价硒转变为可溶性化合物[56]。

加压碱浸工艺的优点在于可以保证碲全部转化为六价形式，实现其在碱性浸出液中的完全不溶解，并使介质无腐蚀性，硒无挥发损失，无洗涤或气体净化工序，基本上可定量实现碲的提取。但由于该工艺不仅碲的氧化需要氧，硒的氧化以及精炼铜过程中用附加物作为生长调节剂而引入的有机物的氧化也需要氧[11,12]，因此该工艺又存在氧气和氢氧化钠的消耗量较大的明显不足。

Saptharishi S 等人以印度 Sterlite 工业公司的铜阳极泥为原料，在碱性 NaOH 体系加压氧化浸出，在 NaOH 浓度 60%、时间 6h、温度 200℃ 和总压力 2.0MPa 条件下，硒浸出率达到 99% 以上，获得的硒酸钠溶液通过浓缩结晶、中和沉淀 SO_2 气体还原产出纯度达到 99.9% 的粗硒。同时，通过调整反应釜的氧分压，使大部分碲沉淀进入脱硒阳极泥中，实现了硒和碲的初步分离。虽然该方法可以有效脱除铜阳极泥中的硒，但对其他金属行为的影响未见报道[57,58]。

刘伟峰和杨天足等人基于铜阳极泥中贱金属性质的不同，提出采用碱性 NaOH 体系加压氧化浸出和硫酸浸出相结合的工艺预处理铜阳极泥，首先在碱性 NaOH 体系加压氧化浸出铜阳极泥，使砷和硒完全氧化进入碱性浸出液，铜和碲被氧化进入碱性浸出渣，然后再用硫酸溶液浸出碱浸渣使碱浸渣中的铜和碲进入酸浸出液而贵金属富集在硫酸浸出渣中，从而实现铜阳极泥中贱金属的分步脱除。基于此，他们采用成分为：Cu 13.33%、S 7.50%、Pb 13.23%、Ni 2.57%、Sb 3.40%、As 4.13%、Se 4.05%、Te 0.95%、Au 0.13%、Ag 9.68% 的铜阳极泥为原料，在 NaOH 浓度 2.0mol/L、温度 200℃、氧分压 0.7MPa、时间 3h、液固比 5:1、填充比 0.8 和搅拌速度为 1000r/min 的条件下浸出该阳极泥，结果显示，碱性浸出渣率为 76.0%，砷和硒的浸出率都达到 99.0% 以上，铜、银和碲未浸出，铅和锑的浸出率小于 3.0%。碱性浸出渣硫酸浸出时铜和碲的浸出率分别达到 95.64% 和 77.38%[46,57,59]，实现了稀散金属的高效脱除与相互分离以及贵金属富集的多重目的。

樊友奇、杨永祥等人针对一种含量为 Cu 50.24%、Te 33.94%、Se 6.47%、Bi 2.4%

的中间物料进行了加压碱浸的热力学研究及试验。研究结果显示温度和压力比碱浓度对硒碲浸出的影响更大，最佳工艺条件为：NaOH 30 ~ 40g/L、L/S = 6、总压 1MPa（压缩空气）、120 ± 5℃、时间 6h、搅拌转速 400r/min 时碲浸出率可达到 90% 以上，而硒浸出率不高，仅 20%[60]。

12.1.4.3　加压氨浸[41]

金在氨溶液中溶解，反应可表示为：

$$2Au + 2NH_3 + 2NH_4^+ + 0.5O_2 \Longrightarrow 2Au(NH_3)_2^+ + H_2O$$

180℃及氧压 0.1MPa 条件下，3mol/LNH_3 和 0.5mol/L（NH_4）_2SO_4 溶液中金的最大溶解容量为 80mg/L。由于 Cu^{2+} 可作为氧的传递载体，Cu^{2+} 存在时可加速金的浸溶速度其主要反应：

$$Au + Cu(NH_3)_4^{2+} + 2NH_3 \Longrightarrow Au(NH_3)_2^+ + Cu(NH_3)_4^+$$

$$2Cu(NH_3)_4^+ + 0.5O_2 + 2NH_4^+ \Longrightarrow 2Cu(NH_3)_4^{2+} + 2NH_3 + H_2O$$

金属银的浸溶反应与金相似。

氧化氨浸过程中，硒化物的反应如下：

$$Ag_2Se + 4NH_3 + O_2 \Longrightarrow 2Ag(NH_3)_2^+ + SeO_2^{3-}$$

$$Cu_2Se + 8NH_3 + H_2O + 1.5O_2 \Longrightarrow 2Cu(NH_3)_4^{2+} + SeO_2^{3-} + 2OH^-$$

必须注意的是，AgO 存在时可能与 NH_3 生成易爆化合物（如氨基化物、叠氮化物、酰亚胺类），其反应可表示为：

$$Ag_2O + NH_3 \Longrightarrow Ag_2NH + H_2O$$

为了防止生成易爆化合物，浸取温度控制在 75℃ 左右，此时银不被浸出，但并不影响铜和硒的浸出。

我国对加压氨浸处理铜阳极泥的研究较早，柯家骏等人在 20 世纪 90 年代曾与吉林冶金研究所合作研究处理我国东北某冶炼厂的杂铜阳极泥。在 120℃、氧分压 0.4MPa、3mol/L（NH_4）_2SO_4 和 6mol/L NH_4OH 条件下加压浸出 2h 后，阳极泥中 97% Ag、98% Cu 和 95% Au 进入溶液，用铜粉置换浸出液得到金银混合物，将其精炼后分别制得金、银产品。溶液中的铜用于制取铜粉，浸出渣中的铅和锡则用来制取铅-锡合金，取得了较好的综合利用效果[61]。

夏光祥等人在不锈钢加压釜中对铜阳极泥成分 Ag 3.53%、Cu 15.19%（水溶铜约占 30%）及含 Au 190.7g/t 的杂铜阳极泥进行了加压浸出处理。结果表明，加压氨浸时银的浸出率较高，可达 97.8%，溶液中的相应浓度为 1.96g/L；金浸出率约为 50%，溶液中相应浓度为 0.054g/L；氨浸后再用硫代硫酸盐浸取，金的总浸出率可达 96.6%；硝酸脱铅后氰化，金的总浸出率可达 98.8%；其中采用氧化氨浸直接浸出工艺在 115 ~ 120℃、0.4MPa、5%NH_3、（NH_4）_2CO_3 浓度 144g/L 和固体浓度 56.8g/L 的条件下加压浸出 2h，银和铜的浸出率均可达到 98%，两段浸出后金的浸出率达到 95%。氨浸法浸取铜阳极泥时，当金及硒碲含量低时，则金银铜的浸取直收率可分别达到 98%、96% 及 98%，并且用铜粉置换氨浸液中的金银后，可得到不含铜的金银混合粉末，纯度达 95% 以上[41]。

12.2 烟灰

铜熔炼及吹炼过程中产出大量的烟灰（也称为烟尘），该烟灰中除含有铜、锌、铅、铟、铋等有价金属外，还含有一定量的砷、镉等，若将其直接返回熔炼系统，不仅大大增加熔炼炉原料杂质含量，恶化炉况，降低炉子的处理能力，而且砷、铋、锌等杂质的循环累积将直接影响电铜质量，此外，砷还将影响制酸触媒使用寿命，进而降低 SO_2 转化率和硫酸产品质量[62]。1977～1979 年柯家骏等人针对沈阳冶炼厂铜冶炼密闭鼓风炉及转炉烟尘进行了非氧化气氛下硫酸密闭浸出小型试验和工业扩大试验（200L 衬搪瓷高压釜），流程图如图 12-11 所示[63]。

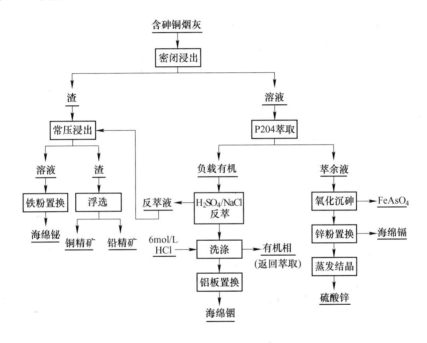

图 12-11　湿法处理含砷铜烟灰流程

烟尘灰黑色，堆比重 3.3，典型化学成分为：Cu 1.45%，Pb 35.50%，Zn 10.20%，Cd 0.86%，Bi 2.06%，As 1.03%，In 0.038%，Fe 2.40%，S 12.9%，Sb 0.18%，Se 0.023%。烟尘粒度较细，均小于 40 目（380μm），其中 -10 目（-1700μm）占 70%，10～20 目（830～1700μm）占 30%，1～2 目的微粒很多。烟尘中 2/3 锌以硫酸锌、1/2 镉以硫酸镉形态存在，砷 1/3 以水溶性氧化物形式存在。铜 2/3 以上以硫化铜形态存在，其中一半是原生硫化铜，主要为黄铜矿，砷主要呈三氧化二砷形式夹杂在其他物相中[64]。该烟尘在 80℃下采用 1mol/L 硫酸进行浸出，锌、镉、铟的浸出率均为 70% 左右，铜、砷的浸出率分别为 40% 和 60%。

在高温加压条件下，各金属浸出率随着温度的升高而增加（见表 12-9）。在 130℃、氧分压 0.4MPa 条件下，锌、镉、铟的浸出率均到达 95% 以上，但铜的浸出率仅 60%，砷的浸出率降至 35% 左右。随着氧分压的下降，铜浸出率明显降低，砷的浸出率显著上升（见表 12-10），说明在非氧化性硫酸浸出时有可能实现铜与砷的良好浸出分离。

非氧化性气氛下密闭浸出试验结果表明（见表 12-11），在 120℃和非氧化性条件下密闭浸出 2h，砷浸出率 91%，铜浸出率小于 10%，即 90%铜留在浸出渣中，从而实现了铜与砷的浸出分离。

表 12-9　温度对烟灰加压浸出的影响

（H_2SO_4 98g/L，$P_{O_2} = 0.4MPa$，2h，L/S = 5）

温度/℃	浸出率/%							渣率/%
	Zn	Cd	In	Cu	As	Fe	Bi	
100	95.2	90.0	72.0	52.4	57.5	71.4	13.8	64.0
110	96.9	96.2	82.0	64.0	46.5	81.0	14.0	64.0
120	98.6	96.7	96.8	60.6	40.2	80.8	16.0	64.5
130	96.1	95.8	96.7	60.0	34.4	78.2	16.2	65.5

表 12-10　氧分压对烟灰加压浸出的影响

（H_2SO_4 98g/L，120℃，2h，L/S = 5）

氧分压		浸出率/%							渣率/%
kg/cm²	MPa	Zn	Cd	In	Cu	As	Fe	Bi	
0	0	94.0	90.0	91.0	7.2	91.0	63.0	19.5	66.8
1.0	0.098	95.0	91.7	91.5	9.6	90.2	63.6	18.8	65.5
2.0	0.20	98.2	92.0	90.0	15.0	89.0	67.2	18.3	65.0
4.0	0.39	98.6	96.7	96.8	60.6	40.2	80.8	16.0	64.5
6.0	0.59	98.0	94.2	96.7	61.5	37.0	81.0	16.2	65.5
10.0	0.98	94.7	93.5	91.6	68.0	35.0	72.8	15.5	67.0

表 12-11　非氧化气氛下烟灰密闭浸出试验结果

温度/℃	L/S /mL·g⁻¹	H_2SO_4 /g·L⁻¹	浸出时间 /h	浸出率/%							渣率/%
				Zn	Cd	In	Cu	As	Fe	Bi	
90	5	98	2	93.0	66.2	88.0	14.1	79.0	58.3	37.4	69.0
100	5	98	2	93.2	84.2	91.0	10.4	88.5	68.3	29.8	68.0
120	5	98	2	94.0	90.0	91.0	7.2	91.0	63.0	19.5	66.8
130	5	98	2	95.2	92.8	93.0	1.0	98.6	64.2	12.2	66.6
120	5	74	2	91.0	90.3	90.5	1.9	86.5	62.5	—	69.3
120	3	98	2	92.2	89.5	86.2	2.3	91.5	66.8	—	68.0

氧压酸浸与非氧化气氛下密闭酸浸的对比试验结果如图 12-12 所示。在 120℃进行氧压浸出时，随着反应时间的延长，铜的浸出率不断提高，但由于烟尘中的铜部分以硫化铜形式存在，较难浸出，浸出 4h 后铜浸出率仅 60%；而溶解进入溶液的砷随着浸出时间的延长，浸出率逐渐降低，这是由于部分砷氧化形成砷酸铁沉淀所致。在非氧化气氛下密闭浸出时，砷以亚砷酸或砷酸形式溶解，不会形成砷酸铁沉淀；铜的浸出率随浸出时间的延长而下降，这是由于发生反应如下：

$$CuSO_4 + S^{2-} \longrightarrow CuS + SO_4^{2-}$$

$$CuSO_4 + CuFeS_2 \longrightarrow CuS + FeSO_4$$

非氧化气氛下密闭浸出渣显微分析结果发现，铜90%以CuS形式存在。

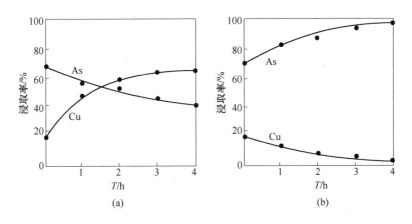

图 12-12 含砷铜烟灰加压浸取结果

（a）0.4MPa氧分压下浸取结果；（b）非氧化气氛下密闭浸取结果

（120℃、H_2SO_4 98g/L、L/S = 5、"0"时间为达到所要求浸取温度后的起始时间）

在小型试验的基础上，在沈阳冶炼厂进行了工业扩大试验，同条件下对比试验结果见表 12-12。

表 12-12 密闭浸出含砷铜烟灰的小型及工业试验对比结果

（120℃，H_2SO_4 74g/L，2h，L/S = 4，非氧化气氛下密闭浸出）

规　模	浸出率/%						渣率/%
	Zn	Cd	In	Cu	As	Bi	
小型试验	88.5	79.5	88.0	2.1	80.0	28.0	72.4
工业试验	86.5	80.0	88.8	3.2	78.0	20.0	72.0

在120℃、2h、硫酸98g/L、L/S = 3条件下进行非氧化气氛下密闭浸出，得到浸出液成分为：Zn 32.0g/L，Cd 2.6g/L，In 0.114g/L，As 3.10g/L，Cu 0.32g/L，Bi 1.20g/L，$Fe_总$ 5.30g/L，Fe^{2+} 5.00g/L。浸出渣典型成分为：Pb 54.0%，Bi 3.0%，Cu 2.3%，Zn 1.0%，Cd 0.10%，In 0.004%，As 0.2%，Fe 1.7%，S 11.0%。浸出渣中铅主要以硫酸铅形式存在，铋以 $Bi(OH)SO_4 \cdot H_2O$、铜以 CuS 形式存在。针对该浸出液采用 20% P204 萃取提铟，三段逆流萃取，在溶液 pH 值为 1.5～2.0 条件下，铟萃取率 96%。一部分铋也被萃取进入有机相，采用硫酸和氯化钠溶液除铋，该洗液循环返回用于浸出渣的再浸出回收铋和铅。负载铟有机相采用 6mol/L 盐酸反萃，铝板置换生产海绵铟。铟萃余液用空气氧化调 pH 值为 3～4 进行砷酸铁除砷。除砷、铁后的溶液，锌粉置换回收镉。最终含锌溶液蒸发结晶生产硫酸锌。

针对浸出渣提出了浮选与湿法浸出联合方法回收铜和铋流程。浸出渣在弱酸性（pH值为 5～6）矿浆条件下浮选，以水玻璃作细泥分散剂，碳酸钠作 pH 值调整剂，并添加少量硫化钠做活化剂，采用分段加药、分段浮选、一次精选的工艺流程，可获得含铜7.33%的精矿，铜回收率为84.8%。浮选铜后的铅铋渣在70℃、液固比5∶1、硫酸质量浓度49g/L、NaCl 100g/L条件下采用硫酸和氯化钠混合溶剂进行常压浸出2h，铋浸出率可达到97%以上，铅浸出率小于2%，渣率93%。浸出液采用铁粉置换生产海绵铋，铋、铜置换率均99%左右，置换后液含铋0.046g/L、铜0.0026g/L。浸铋渣含铅57%左右，可作为炼铅原料[65,66]。

另外，针对加压浸出渣直接采用H_2SO_4-NaCl混合液进行浸出，在硫酸49g/L、70℃、L/S=5条件下浸出2h，结果见表12-13。铋浸出液采用铁粉置换回收铋，铋置换率可达到93.7%。浸铋后渣含Pb 55%、Cu 2.5%，可用浮选法分选得到硫化铜精矿和硫酸铅精矿，分别送铜厂和铅厂回收。

表12-13　加压浸出渣直接H_2SO_4-NaCl混合液浸出结果

NaCl/g·L^{-1}	浸出率/%			渣率/%
	Bi	Cu	Pb	
100	86.1	5.50	0.27	85.0
200	93.0	5.85	1.59	82.5
300	94.4	9.62	4.64	73.0

徐志峰等人针对国内某企业铜烟灰进行了加压浸出工艺研究，原料成分为：Cu 11.91%，Pb 12.98%，Bi 1.71%，Zn 9.80%，As 4.94%，Cd 1.95%，Fe 1.71%，Sn 3.59%。原料中铜47.93%以水溶铜形式存在，13.59%以氧化物形式存在，37.16%以硫化铜形式存在。常压对比浸出试验表明：在液固比5∶1，硫酸浓度0.74mol/L，浸出温度95℃下通入空气浸出2h后，铜浸出率为50.90%，砷为53.87%，铁为75.37%，将浸出时间延长至4h，铜浸出率提高至55.98%，砷浸出率降至31.47%，铁浸出率依然高达75.13%。通过温度、氧分压、时间、初始硫酸浓度等因素对烟灰中铜、砷、铁浸出率的影响研究，确定烟灰加压浸出最佳工艺条件为：液固比5∶1，初始硫酸浓度0.74mol/L，浸出温度180℃，氧分压0.7MPa，浸出时间2h，搅拌转速500r/min。在该条件下，铜、锌浸出率分别为95%和99%左右，砷浸出率约22%，铁浸出率仅6%左右[67,68]。浸出温度和初始硫酸浓度对金属浸出率的影响如图12-13和图12-14所示。

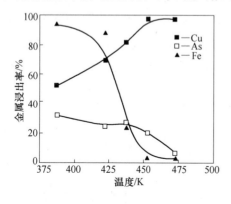

图12-13　浸出温度对金属浸出率的影响

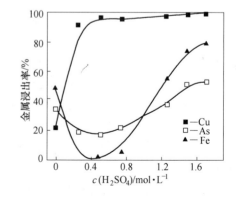

图12-14　初始硫酸浓度对金属浸出率的影响

锡冶炼产出含铟烟尘一般采用两段常压酸浸回收铟,但铟浸出率仅为60%~80%,锡浸出率较高,达到20%以上,且浸出速度较慢。王亚雄等人进行了加压氧化浸出工艺研究,考察了氧分压、硫酸初始浓度、液固比、浸出温度、浸出时间等因素对铟浸出率的影响。原料为含铟锌硒的电炉熔炼烟尘,含氯较高,为避免设备腐蚀,首先进行了一次水浸洗涤脱氯,洗涤后主要成分为:In 0.702%,Sn 32.93%,Zn 21.4%,Cl⁻ 0.85%。研究结果表明,在温度150℃,液固比4:1,硫酸初始质量浓度150g/L,氧分压0.7MPa条件下加压浸出2.5h,铟、锌、锡的浸出率分别为93.66%、94.15%和0.89%,浸出渣含锡大于40%[69,70]。

12.3 大洋资源

海洋矿产资源极为丰富,随着陆地资源的日渐枯竭,以及社会的发展和技术进步,开发海洋矿产将是人类社会发展的必然选择。目前具有商业开发前景的大洋资源主要有富钴结壳、多金属结核和热液硫化物三大类,国内外进行了大量研发工作。

多金属结核又称锰结核,产于太平洋、印度洋、大西洋等大洋盆地的深海中,其成分以二氧化锰为主,含有镍、钴、铜等有价金属,其潜在经济价值很高。国内外针对大洋多金属结核进行了大量研究工作,大致可分为:火法熔炼、焙烧—浸出法、直接浸出法三大类,另外还有细菌浸出法等。直接浸出法又包括:常温常压还原氨浸法、加压酸浸法、常温常压还原酸浸法等[71]。加压浸出工艺在大洋资源综合回收方面的应用主要分为两大类,一是原料直接进行加压氧化浸出,二是针对工艺流程中产出的硫化物等中间物料进行加压浸出。关于中间物料的加压浸出在镍章节中进行了介绍,本章中仅就大洋资源直接加压浸出进行介绍。大洋资源直接高温加压酸浸优点在于酸耗低,铁、锰等氧化物基本不参加反应,选择性好,但钴回收率较低。

Hubred等人曾采用古巴毛阿湾厂(Moa Bay)处理红土矿相近工艺进行多金属结核高温酸浸研究。海洋多金属矿经破碎、细磨、浆化、预热后送入加压釜,在温度230℃左右、压力3.5MPa条件下用硫酸进行选择性浸出,过程中绝大部分铜、镍和钴溶解进入溶液,而铁、锰溶解较少,基本留在渣中。由于海洋多金属矿主要有价元素铜钴镍,以及铁锰等基本以氧化物形态存在于矿物相中,在加压高温条件下,铜、钴、镍氧化物将与硫酸反应生成相应的硫酸盐而进入溶液之中,其反应与在常压条件下类似[72]:

$$NiO + H_2SO_4 \longrightarrow NiSO_4 + H_2O$$

$$CoO + H_2SO_4 \longrightarrow CoSO_4 + H_2O$$

$$CuO + H_2SO_4 \longrightarrow CuSO_4 + H_2O$$

$$Fe_2O_3 + 3H_2SO_4 \longrightarrow Fe_2(SO_4)_3 + 3H_2O$$

$$FeO + H_2SO_4 \longrightarrow FeSO_4 + H_2O$$

但是由于在高温氧化条件下,二价锰离子将被氧气氧化为MnO_2,从而使之从溶液中沉淀析出进入渣中,反应式如下:

$$Mn^{2+} + 1/2O_2 + H_2O \longrightarrow MnO_2 + 2H^+$$

同理,在有氧压条件下,二价铁离子将被氧化为三价铁离子,Fe^{3+}在高温条件下又极易水解：

$$Fe^{2+} + 1/4O_2 + H^+ \longrightarrow Fe^{3+} + 1/2H_2O$$

$$Fe^{3+} + 3/2H_2O \longrightarrow 1/2Fe_2O_3 + 3H^+$$

总反应式为：

$$FeO + 1/4O_2 \longrightarrow 1/2Fe_2O_3$$

因此，在加压氧化酸浸过程中，铁、锰将以氧化物的形态进入渣中，而铜、钴、镍以硫酸盐的形式进入溶液，从而达到选择浸出铜、钴、镍的目的。

最早进行海洋多金属矿物高压酸浸试验的是加拿大 Sherritt Gordon 矿业公司，其以多金属结核为原料进行加压酸浸，试验条件为：在 80℃ 和氧分压 1.379MPa 条件下，用 180g/L 的硫酸浸出 6h，金属浸出率分别为：Cu 89%、Co 34%、Ni 99%、Mn 4%、Fe 59%。在相同的氧压条件下用 334g/L 的硝酸进行浸出时，金属浸出率分别为：Cu 84%、Co 31%、Ni 95%、Mn 3%、Fe 16%。Ulrich 等人进行了多金属结核硫酸浸出试验，典型结果见表 12-14。结果表明在高压高温条件下，铁、锰的浸出率和酸耗均得到了大幅度的降低。海洋多金属矿加压酸浸的原则流程如图 12-15 所示。

表 12-14　不同温度条件下硫酸浸出多金属结核试验结果

元　素	常压（100℃）浸出率/%	高压（200℃）浸出率/%
Cu	80	91
Co	70	44
Ni	83	90
Mn	5	6
Fe	65	2
吨矿加酸量/t	0.75	0.26
吨矿酸耗/t	0.37	0.13

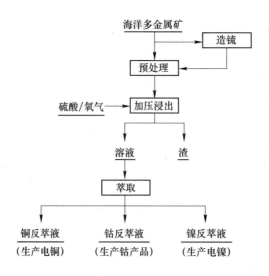

图 12-15　海洋多金属矿加压浸出原则流程图

在加压酸浸工艺中，首先将海洋多金属矿进行预处理，以获得一定浓度的高温矿浆，并用加压泵连续泵入加压釜中，矿浆进入加压釜后继续升温至指定温度，同时通入一定量的氧气，使海洋多金属矿在加压釜内完成选择性浸出，铜、钴、镍等有价金属大部分被浸出并以硫酸盐形式进入溶液，而锰和铁等元素则进入渣中，实现了铜、钴、镍的选择性浸出。浸出后液主要含铜、钴、镍有价成分，可采用萃取电积等工艺分别提取铜、钴、镍，以生产电铜、电钴和电镍产品。

加压浸出后矿浆处理的典型工艺：浸出后矿浆进行6级逆流洗涤，浸出液用氨中和至 pH 值为2后，采用 Lix64N 萃取剂选择性萃取铜，并用酸液或废电解液由负载有机相反萃铜；萃取铜后萃余液继续用氨中和至 pH 值为6，接着用 Lix64N 萃取剂共萃镍和钴，选择性反萃钴和镍，分别从镍、钴、铜的反萃液中电解回收金属。

Han K. N. 和 Fuerstenau D. W. 等人（1975年）针对深海锰结核进行了加压浸出工艺研究，结果表明，在200℃，氧分压689.48kPa，pH 值为1.63条件下浸出1h，酸耗明显降低，且不破坏铁和锰氧化物相，镍和铜的浸出率明显提高。主金属浸出率分别为：Ni 80%，Cu 90%，Co 30%，Mn 5%，Fe 2%。试验发现降低硫酸介质 pH 值，铁和锰的浸出率大幅度提高，同时钴的浸出率也将上升。Anand（阿纳德）、Ulrich（乌尔利希）、Neuschutz（诺依苏茨）等也得到了相似的结果。此外，Haening（哈恩林）研究发现，在200～400℃温度范围内浸出，硫酸耗量仅为 0.3t/t 结核矿[71,73]。

1977年 Kohur Nagaraja Subramanian 申请了专利 US4046851，提出采用两段硫酸浸出法处理多金属结核。锰结核破碎磨矿至 -150μm（-100目）95%，一段浸出控制温度60～100℃，终点 pH 值不小于1.5，反应时间0.5～4h；二段浸出温度160～260℃，反应时间1～6h，终点 pH 值不小于1.5，二段浸出矿浆液固分离后，浸出渣送锰回收工序，溶液回收镍、铜和钴等[74]。

Anand S 等人针对印度洋多金属结核进行了加压氧化硫酸浸出，控制工艺条件，以尽量实现铜、镍、钴的浸出，同时降低溶液中铁和锰的含量。在150℃，氧分压0.55MPa，硫酸用量0.46g/g 结核条件下浸出4h，几乎所有的铜和镍以及88%钴浸出进入溶液，锰和铁的浸出率分别为28%和5.7%。为实现铜、镍、钴和锰的同时浸出，过程中加入木炭做还原剂将二氧化锰还原，使锰转化为硫酸锰进入溶液。在150℃，反应时间4h，氧分压0.55MPa，硫酸用量为每克结核0.66g，木炭为每克结核0.05g 条件下，铜、镍、钴、锰的浸出率分别为77%、99.8%、88%和99.8%[75]。

破碎后锰结核在180℃、蒸汽压1.2MPa 条件下加入 Mn(Ⅱ) 做还原剂进行加压酸浸，以提高钴的浸出率。加压浸出渣主要成分为铁和锰，经干燥后在电炉中熔炼除去磷和部分铁造渣。加压浸出液采用硫化氢沉淀硫化铜和镍钴硫化物，硫化铜氧化焙烧生产氧化铜，经酸浸、电积生产电铜。镍钴硫化物采用 Cl_2/H_2O 进行浸出，经萃取分离镍钴生产 $CoCl_2$ 和电镍[76]。

参 考 文 献

[1] 蒋继穆，孙倬，王协邦，等. 重有色金属冶炼设计手册——锡锑汞贵金属卷[M]. 北京：冶金工业出版社，1995.

[2] Donmez B，Sevim F，Colak S. A study on recovery of gold from decopperized anode slime[J]. Chemical Engineering & Technology，2001(24)：1-5.

[3] 李雪娇，杨洪英，佟琳琳，等. 铜阳极泥的工艺矿物学[J]. 东北大学学报（自然科学版），2013，34(4):560-563.

[4] 朱祖泽，贺家齐. 现代铜冶金学[M]. 北京：科学出版社，2003.

[5] 侯惠芬. 从铜阳极泥中综合回收重有色金属和稀、贵金属[J]. 上海有色金属，2000，21(2):88-93.

[6] 张博亚. 铜阳极泥加压酸浸预处理工艺及机理研究[D]. 昆明：昆明理工大学，2008.

[7] 孟繁标. 铜阳极泥的处理与综合利用[J]. 矿产综合利用，1985(3):43-46.

[8] 王吉坤，张博亚. 铜阳极泥现代综合利用技术[M]. 北京：冶金工业出版社，2008：34-65.

[9] 李雪娇，杨洪英. 高镍铜阳极泥和高铅铜阳极泥特征对比研究[J]. 有色冶金节能，2013(3):12-15.

[10] 王吉坤，杨小琴，冯桂林，等. 铜阳极泥加压酸浸预处理回收铜的新方法：中国，CN1766140A[P]. 2006-05-03.

[11] 谢红艳，王吉坤，路辉. 从铜阳极泥中回收碲研究现状[J]. 湿法冶金，2010，29(3):143-146.

[12] Hoffmann J E. Recovery of Selenium and Tel Lurium From Copper Slime Anode[J]. JOM，1989，41(7):33-38.

[13] Morrison B H，温庆骧. 加拿大铜精炼公司从铜阳极泥中回收金银[J]. 有色冶炼，1987(6):3-11.

[14] Hoffmann J E. 从铜精炼厂阳极泥中回收硒和碲[J]. 有色科技，1990(1):73-76.

[15] 钟菊芽. 大冶铜阳极泥处理过程中有价金属元素物质流分析研究[D]. 长沙：中南大学，2010.

[16] 杨洪英，陈国宝，吕阳，等. 铜阳极泥除杂预处理工艺的研究[J]. 中国有色冶金，2013，B(4):66-69.

[17] 王吉昆，张博亚. 铜阳极泥现代综合利用技术[M]. 北京：冶金工业出版社，2008.

[18] 王日. 回转窑焙烧蒸硒工艺优化研究[J]. 铜业工程，2004(4):30-36.

[19] 田凯. 回转窑处理预处理阳极泥的生产实践[J]. 矿冶，1999(4):51-54.

[20] 王建英，周银东. 从金电解废液中提取铂钯[J]. 江苏冶金，1999，27(4):11-13.

[21] 王爱英，李春侠. 从铂钯精矿中提取金、铂、钯[J]. 贵金属，2005，26(4):14-17.

[22] Bruckard T. Recovery of gold and PGM from low grade copper ore[J]. Fizkoehemiczne Problemy Minerallurgl/Phisieochemical Problems of Mineral Proeessing，1998，32(6):21.

[23] 黎鼎鑫，王永录. 贵金属提取与精炼[M]. 长沙：中南大学出版社，2003：5-18.

[24] 东北工学院选矿教研室. 选矿知识[M]. 北京：冶金工业出版社，1974：44-59.

[25] 张博亚，王吉坤. 用选冶联合流程处理铜阳极泥的生产实践[J]. 中国有色冶金-综合利用与环保，2007，36(3):59-62.

[26] 董凤书. 波立登隆斯卡尔冶炼厂阳极泥的处理[J]. 有色冶炼，2003(4):25-27.

[27] 唐壳. 高砷铅阳极泥全湿法工艺提取有价金属实验[J]. 云南冶金，1999，28(5):23-31.

[28] 琳宏义. 铅阳极泥湿法处理新工艺研究[D]. 长沙：中南大学，2004.

[29] Morrison B H. Recovery of silver and gold from refinery slimes at Canadia copper refinery[C]. Extractive Metallurgy 1985，London，1985：249-269.

[30] 许秀莲，徐志峰. 从锡电解阳极泥中综合回收 Pb、Bi 的研究[J]. 有色冶炼，2001(6):15-17，36.

[31] 赵晓军. 铅阳极泥常温湿法处理工艺研究[D]. 昆明：昆明理工大学，2007.

[32] Hoh Y C. 用 INER 法从精炼铜的阳极泥中回收贵金属[J]. 湿法冶金，1984，2(3):31-37.

[33] Komnitsas K. Pressure hydrometallurgy[J]. Mineral Engineering，2001，14(8):106.

[34] 黄昆. 加压氰化法提取铂族金属新工艺研究[D]. 昆明：昆明理工大学，2005.

[35] 黄昆，陈景，陈奕然，等. 加压氰化全湿法处理低品位铂钯浮选精矿工艺研究[J]. 稀有金属，2006，30(3):369-375.

[36] 李洪桂. 湿法冶金学[M]. 长沙：中南大学出版社，2002：23-42.

[37] 遆艳军，聂凤莲. 用加压氰化浸出法提取金和银的工艺试验[J]. 黄金地质，2003(4):72-75.

[38] 张博亚，王吉坤．加压酸浸预处理铜阳极泥的工艺研究[J]．矿冶工程，2007，27(5):41-43.

[39] 张博亚，王吉坤，彭金辉．加压酸浸从铜阳极泥中脱除碲的研究[J]．有色金属（冶炼部分），2007
(4):27-29.

[40] 陈志刚．采用 Kaldo 炉从阳极泥中提取稀贵金属[J]．中国有色冶金，2008(6):43-45.

[41] 夏光祥，石伟，方兆珩．铜阳极泥全湿法处理工艺研究[J]．有色金属（冶炼部分），2002(1):
29-33.

[42] 杜三保．国内外铜阳极泥处理方法综述[J]．中国物资再生，1997(2):16-19.

[43] 王小龙，张昕红．铜阳极泥处理工艺的探讨[J]．矿冶，2005，14(4):46-48.

[44] 涂百乐，张源，王爱荣．卡尔多炉处理铜阳极泥技术及应用实践[J]．黄金，2011，3(32):45-48.

[45] 涂百乐．缩短卡尔多炉处理铜阳极泥单炉周期的生产实践[J]．中国有色冶金，2013(1):47-51.

[46] 刘伟锋，杨天足，刘又年，等．脱除铜阳极泥中贱金属的预处理工艺[J]．中南大学学报（自然科
学版），2013，44(4):1332-1337.

[47] 王吉坤，冯桂林．铜阳极泥预处理连续加压酸浸工艺开发研究[J]．中国工程科学，2009，11(5):
18-22.

[48] 陈志刚．从铜阳极泥中加压浸出铜[J]．湿法冶金，2010，29(3):181-183.

[49] 张博亚，王吉坤，彭金辉．铜阳极泥中碲的回收[J]．有色金属（冶炼部分），2006(2):33-34, 54.

[50] 王帆，王吉坤，李勇．氧压酸浸在重金属提取方面的应用[J]．矿冶，2009，18(3):70-74.

[51] 易超，王吉坤，李皓，等．铜阳极泥氧压酸浸脱铜试验研究[J]．云南冶金，2009，38(3):32-35.

[52] 夏彬，邓成虎，黄绍勇，等．高杂质铜阳极泥预处理的工艺研究[J]．矿冶，2013，22(1):69-72.

[53] 蒋训雄，范艳青，汪胜东，等．一种从铜阳极泥中提取碲的方法：中国，CN102220489A[P]．2010-
05-20.

[54] 赵向民，赖建林，黄绍勇，等．一种全湿法处理铜阳极泥的方法：中国，CN102965501A[P]．2013-
03-13.

[55] Ter-Oganesyants A C, Anisimova N N, Kotukhova G P, et al. A New Process for Treating Slimes after
Copper and Nickel Electrorefining[C]//Pressure Hydrometallurgy 2004：34th Annual Hydrometallurgy
Meeting, Banff, Alberta, Canada, 2004.

[56] Olson D L, Mishra B, Wenman D W, et al. Brazing and Joining of Refractory Metals and Alloys[J]. Min-
eral Processing and Extractive Metallurgy Review, 2001, 22(3):18-23.

[57] 刘伟锋．碱性氧化法处理铜/铅阳极泥的研究[D]．长沙：中南大学，2011.

[58] Saptharishi S, Mohanty D, Kamath B P. Process for selenium recovery from copper anode slime by alkali
pressure leaching[C]//Kongoli F, Reddy R G. Proceeding of Sohn International Symposium, New Orle-
ans：TMS, 2006：175-184.

[59] 刘伟锋，刘又年，杨天足，等．铜阳极泥碱性加压氧化浸出渣的硫酸浸出过程[J]．中南大学学报
（自然科学版），2013，44(6):2192-2199.

[60] Fan Y Q, Yang Y X, Xiao Y P, et al. Recovery of tellurium from high tellurium-bearing materials by alka-
line pressure leaching process Thermodynamic evaluation and experimental study[J]. Hydrometallurgy,
2013, 139(7):95-99.

[61] 柯家骏．湿法冶金中加压浸出过程的进展[J]．湿法冶金，1996(2):1-13, 45.

[62] 王钟．多金属精矿冶炼烟尘的湿法处理方案的确定[J]．重有色冶炼，1979(3):8-17.

[63] 陈家镛，杨守志，柯家骏，等．湿法冶金的研究与发展[M]．北京：冶金工业出版社，1998:
605-612.

[64] 中国科学院化工冶金研究所，沈阳冶炼厂有色金属研究所．铜烟尘的密闭浸取[J]．重有色冶炼，
1979(3):13-18.

［65］柯家骏，郝鸣芷，李敏玉. 铜烟尘密闭浸取渣浮选回收铜和湿法提铋研究［J］. 化工冶金，1981
　　　（1）：25-30.

［66］柯家骏，郝鸣藏，李敏玉. 铜烟尘密闭浸取渣回收铜铋铅的研究［J］. 有色金属（选矿部分），1981
　　　（5）：56-57.

［67］徐志峰，聂华平，李强，等. 高铜高砷烟灰加压浸出工艺［C］//2008 年全国湿法冶金学术会议. 中
　　　国江西赣州，2008：5.

［68］Xu Z F，Li Q，Xie H P. Pressure leaching technique of smelter dust with high-copper and high-arsenic.
　　　［J］. Transactions of Nonferrous Metals Society of China，2010，20（1）：176-181.

［69］王亚雄，黄迎红，范兴祥，等. 锡烟尘氧压浸出综合回收铟锡锌试验研究［J］. 云南冶金，2011
　　　（6）：35～49.

［70］黄迎红，王亚雄，王维昌. 含铟锡烟尘硫酸氧压浸出提铟试验［J］. 有色金属（冶炼部分），2011
　　　（12）：35-38.

［71］王淀佐，张亚辉，孙传尧. 大洋多金属结核的处理技术评述［J］. 国外金属矿选矿，1996（9）：3-13.

［72］J. R. 小博尔德，等. 镍提取冶金［M］. 金川有色金属公司译. 北京：冶金工业出版社，1977.

［73］Han K N，Fuerstenau D W. Acid leaching of ocean manganese nodules at elevated temperatures［J］. Inter-
　　　national Journal of Mineral Processing，1975，2（2）：163-171.

［74］Subramanian K N，Glaum G V. Two stage sulfuric acid leaching of sea nodules：US，4046851［P］. 1977.

［75］Anand S，Das S C，Das R P，et al. Leaching of manganese nodules at elevated temperature and pressure in
　　　the presence of oxygen［J］. Hydrometallurgy，1988，20（2）：155-167.

［76］Senanayake G. Acid leaching of metals from deep-sea manganese nodules—A critical review of fundamentals
　　　and applications［J］. Minerals Engineering，2011，24（13）：1379-1396.

 # 加压湿法冶金设备

加压浸出工艺早在20世纪50年代就已实现工业化应用，第一个加压湿法冶金工厂此时投产，经过60多年的发展与进步，该工艺已广泛应用于铝、镍、钴、铜、锌、钼、钛等冶金领域[1~4]。随着材料技术和设计装备水平的不断发展与提高，加压浸出系统中涉及的关键设备和加压泵实现了国产化，并向大型化趋势发展，在高压釜结构、釜体设计、材质、安全附件及自动控制等方面的水平得到显著提升，有力地推进了加压浸出技术在湿法冶金中的应用深度和广度。

13.1 加压釜的结构及釜体设计

13.1.1 加压釜的结构

随着压热技术的发展，压热设备的应用范围越来越广，其类型也不断增多。压热设备的分类不甚统一，我国的压力容器分为低压、中压、高压和超高压四个类别。这里要探讨的是压热浸出设备，即加压釜，属固定式压力容器。在工业实践中，我国又常用Ⅰ类、Ⅱ类和Ⅲ类压力容器的分类方法来划分高压釜的类别。这种分类方法既考虑到容器的工作压力，也考虑到了压力容器的用途和使用条件。如目前常用的是高压釜Ⅱ类压力容器，Ⅱ类压力容器的划分标准为：（1）中压容器，工作压力为 $1.6 \sim 100MPa$；（2）介质为剧毒的低压容器，工作压力小于 $1.6MPa$；（3）介质为易燃的低压容器；（4）内径小于 $\phi 1000mm$ 的低压废热锅炉。高压釜按用途可分为浸出釜、还原釜、合成釜等。在使用中都按它们的外形和结构分为立式釜、卧式釜，或金属釜、非金属衬里加压釜，或机械搅拌釜、矿浆搅拌釜和气体搅拌釜等。根据操作方式又可分为间断操作加压釜和连续操作加压釜；按加热方式还可分为直接蒸汽加热加压釜和间接加热加压釜等。根据处理金属矿物的种类不同，加压釜的结构形式也不尽相同，加压浸出设备可以采用卧式釜、锅式、釜式、加压帕丘卡式、塔式和管式反应器等设备[1,5~7]。

（1）立式釜。

立式加压釜为直立圆柱体，上下有球形或平板封头，沿中心轴线安装轴和搅拌桨，轴与上封头间必须设计动密封装置，或软填料密封，或机械密封，或磁耦合密封。对于搅拌轴过长的大长径比高压釜，还需在釜底设置支承，以防搅拌轴的径向摆动。

（2）卧式釜。

卧式加压釜为横卧圆柱体，两端球形头，内设隔墙将筒体分隔为若干室，每室沿径向安装转轴和搅拌桨，转轴与筒体间有密封装置，矿浆从筒体一端泵入，从另一端靠压力压出。卧式釜的特点是搅拌桨沿径向插入，尺寸较短，从而避免了立式釜的搅拌轴较长，难

于进行底部支承，易于发生较大幅度摆动的缺点。此外，卧式釜的矿浆与空气接触面较大，有利于氧化反应的进行。

卧式加压釜投资较小，适宜于连续操作。立式釜则易于控制温度，灵活性大，适宜于间断操作。

（3）管式釜。

管式釜，不少人称其为管道化系统，已在炼铝工业上得到应用。此种高压釜由单根或多根等径长无缝钢管制成，外套套管进行预热和保温，长度较大，可达几百米。由于管子较细，可以大幅度提高矿浆的温度和压力，缩短反应时间。矿浆在管中的流速快，呈湍动状态，搅拌混合效果好，有利于浸出反应的进行。但该系统要求高压泥浆泵配套工作，压力要 10MPa 以上，且要求高温供热，一般饱和水蒸气锅炉难于达到而必须采用熔盐载热体，工业应用有一定的困难。

（4）气体搅拌釜。

气体搅拌加压釜，实际上也是立式无机械搅拌釜的一种，不同之处是釜底有一套空气或氧气入釜装置。此装置使矿浆沿轴向上升，而空气沿切线方向进入，使矿浆与空气发生强烈混合，增强了气浆混合效果。

在重金属冶金中用的最普遍的是卧式压力釜，从 20 世纪 50 年代末第一个加压湿法冶金工厂投产以来，几乎所有的工业生产厂都采用了卧式压力釜，目前在典型的加压浸出方面有 60 余家采用卧式釜，但在钼、铀的提炼和化工行业中多采用立式高压釜。采用立式釜的典型代表有用于红土镍矿冶炼的古巴毛阿冶炼厂，此外，铝土矿冶炼行业是立式加压釜使用的最典型代表。

在实际工业生产中，待处理的物料通过加压泵从卧式压力釜的一端打入，矿浆通过 V 形堰板从一隔室溢流至下一隔室，矿浆从压力釜的另一端排出[8,9]。氧气或空气由通入各隔室的专用管子供给，气体从排气阀不断排出以除去不凝性气体，从而保证所需的氧气分压。一般情况下，压力釜内都设有同时用于加热或冷却的盘管以保证釜内反应温度。卧式压力釜的隔室都有搅拌，轴上装有特别的密封。

加压浸出系统主要包括矿浆储槽、加压泵、加压釜釜体、搅拌系统、液位检测设备、气体分布装置、密封装置、闪蒸槽、自动控制装置。

一般规格釜的平均填充率在 65% ~70%，但容积较大的釜填充率还可以增加，立式釜可达到 80% ~85%。实际应用的釜最大直径为 5.1m，主要取决于到厂运输方式。卧式加压釜内部结构一般分为多个隔室，隔室之间的矿浆介质流动可采用 V 形溢流堰阶梯状结构，也可采用侧面 S 形开口结构，另外也可采用上进下出形式[10,11]。立式釜内部结构较卧式釜简单，没有隔板，但有挡流板。

以 V 形阶梯加压釜为例，在工业生产中，物料通过加压泵泵入卧式压力釜的一端，矿浆通过 V 形隔墙从一室流入另一室，矿浆从压力釜的另一端排出。氧气或空气由各室的专用通气管供给，气体从排气阀不断排出以除去不凝性气体，从而保证所需的氧分压。一般压力釜内都设有用于加热或冷却的盘管以保证釜内反应温度。卧式釜的隔室都有搅拌，轴上装有专门的密封装置。

卧式加压釜结构图、截面图、总体布置如图 13-1 ~图 13-3 所示。

北京矿冶研究总院目前正在开发研制立式多级耦合加压釜样机装置，如图 13-4 所示。

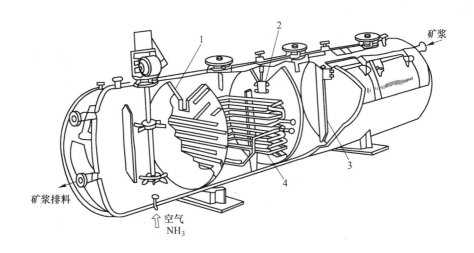

图 13-1   加压釜结构图

1—隔板；2—调节阀；3—挡板；4—冷却蛇管

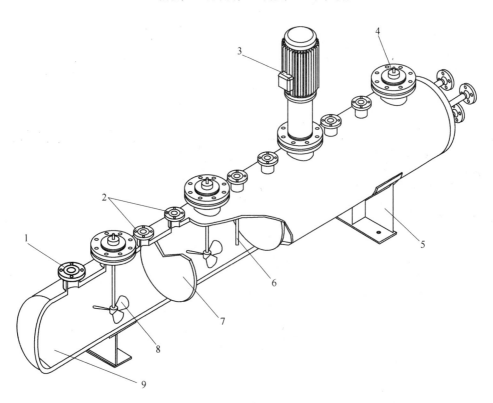

图 13-2   加压釜截面图

1—辅助连接管；2—辅助排气管；3—电动机传动装置；4—搅拌器联轴器；5—支座；
6—浸没管；7—室间隔墙；8—搅拌器；9—碳钢外层内衬铅和耐酸砖

每台样机容积 20L，四级串联，该装置预期可将釜容积利用率从 65% ~70% 提高到 80% ~85%。

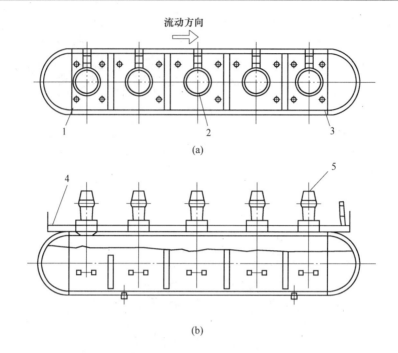

图 13-3　压力釜总体布置图

（a）平面图；（b）正视图

1—矿浆入口；2—搅拌器和人孔；3—矿浆出口；4—通道；5—搅拌器

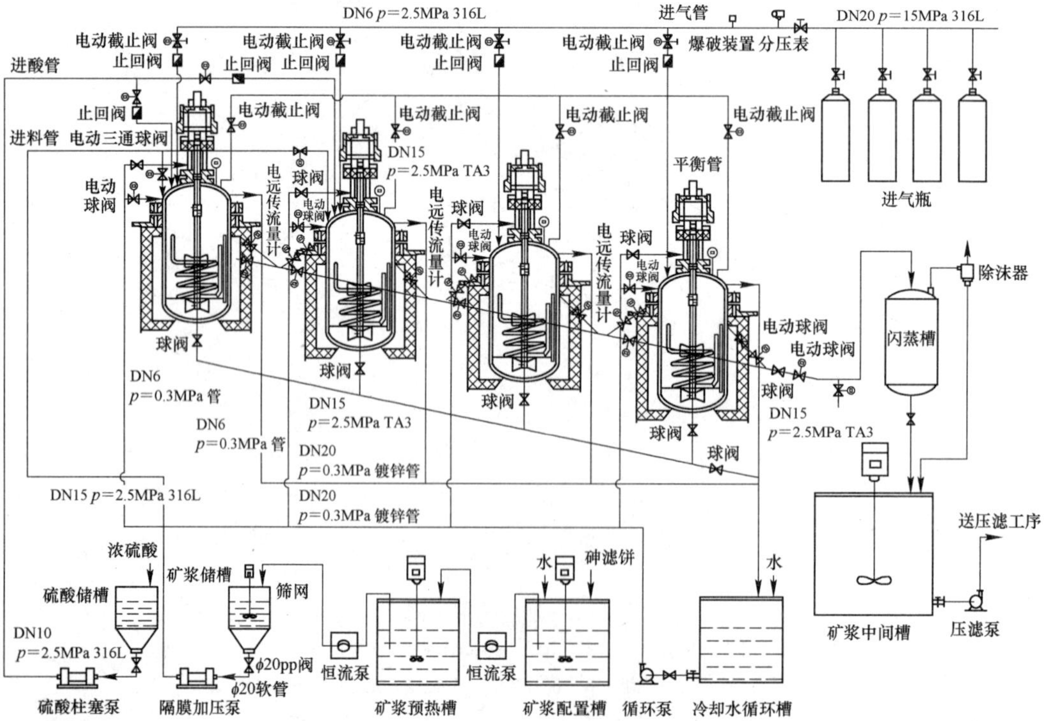

图 13-4　立式四级耦合加压釜设备连接图

13.1.2 釜体设计[7,12~14]

在设计压力釜时，要考虑矿石或精矿的处理量、给料速度、矿石品位、矿浆的停留时间、操作温度、操作压力及矿浆浓度等因素。用于处理难处理金矿的压力釜，其尺寸与矿石的含硫量直接有关，这是选择加压氧化压力釜必须考虑的因素。

多数压力釜是用在酸性介质中，这一类压力釜用碳钢作外壳，衬以铅和耐酸砖，碳钢外壳的厚度与系统压力成正比。压力釜的成本往往与碳钢外壳质量成正比，因而与系统压力成正比。在温度约473K下操作的压力釜，其外壳碳钢的厚度约为60mm。

铅皮敷设在压力釜碳钢外壳与多孔的耐酸转之间，通常为6~7mm厚。铅在403K温度时开始发生蠕变，压力釜内的耐酸砖起保护铅衬的作用。压力釜的耐酸砖一般为两层，总厚230mm。如果釜的温度高，则需额外加一层115mm的耐酸砖。

还有一些研究结果表明，压力釜的成本与釜的容量及釜壳厚度成正比，而外壳厚度则由釜的压力及釜的直径来决定。

压力釜的浸出一般采用连续作业，其容积按式（13-1）计算：

$$V = \frac{Q\tau}{24\eta} \tag{13-1}$$

式中　V——压力浸出釜容积，m^3；

　　　Q——每日矿浆流量，m^3/d；

　　　τ——浸出所需时间，h；

　　　η——有效容积系数，卧式釜取 0.65~0.70。

13.2　加压釜材质的选择[15~20]

13.2.1　材料选择的一般要求

要保证压热浸出设备的安全运行，最重要的措施之一就是要正确地选择制造加压釜的材料，绝大部分加压釜都是用钢作结构材料，用有色金属材料或非金属材料作防腐衬里。

材料的选择必须考虑材料的力学性能、工艺性能和耐腐蚀性能。

材料的力学性能主要指强度指标、塑性指标和韧性指标。

材料的强度指标主要指屈服极限 σ_a 和强度极限 σ_b。在一般情况下，钢材的强度越大，塑性就越小，因此应该在保证塑性指标和其他性能的条件下尽量选用强度指标较高的材料。

制造高压釜的材料要求具有较好的塑性，这是因为塑性好的材料在破坏之前一般都产生明显的塑性变形，易于发现，同时还可松弛局部超应力而避免断裂，使设备继续运行。材料的塑性指标规定为伸长率的最小值，碳钢和锰钢为16%，合金钢不小于14%。有些国家规定了许用应力，它同时满足对强度极限和屈服极限的安全系数。

工艺性能主要指钢的可焊性。可焊性主要取决于钢的含碳量，含碳量越高，可焊性越差。含碳量小于0.3%的碳钢及含碳量小于0.25%的普通低合金钢，一般都有良好的焊接性能。

可焊性差的材料易于产生焊接裂纹，它对高压釜是很危险的。

压力容器中连续腐蚀较少，多为点腐蚀，而最严重和最危险的是应力腐蚀。因此，所选用的材料应考虑到最恶劣条件下的腐蚀性，必要时要通过模拟试验或中间试验来确定。

13.2.2　一些材料的使用性能

下面的一些钢种可供制造高压釜时选用：

A3 钢：使用温度 0～400℃，许用压力不大于 1MPa。

A3R 钢：使用温度 −20～475℃，许用压力无限制。

A4 钢：$\sigma_b \geqslant 420MPa$，$\sigma_a \geqslant 260MPa$，使用温度 0～400℃，用作换热容器。

20g 钢：$\sigma_b = 410MPa$，$\sigma_a = 230～250MPa$，使用温度 −20～475℃，是制造中低压容器的常用材料。

16MnR 钢：$\sigma_b = 480～520MPa$，$\sigma_a = 290～350MPa$，使用温度 −20～475℃，用它制成的容器质量可比 A3 钢减轻 30%～40%。

目前，一些低合金钢开始用于制造高压釜，15MnVR，使用温度 −20～500℃；18MnMoNbR，使用温度 0～520℃。

在有色金属和稀有金属的提取冶炼中，所用的高压釜往往需要在高温和强酸介质中工作，其材料的选择要根据介质和操作条件用不锈钢（1Cr18Ni9Ti、0Cr17NiBMo2Ti、00Cr18Ni9、00Cr23Ni25Mo3Cu2 等）进行整体改造，或与钢板符合，或作衬里，也可以采用钢衬纯钛、搪铅并衬耐酸瓷砖等结构形式。

13.2.3　加压釜的常用材料

在加压浸出或氧化时，压力釜内部所接触的矿浆不仅有固体物料而且常常是腐蚀性很强的酸或碱溶液，因此应根据具体情况选择合适的内衬材料和接触矿浆的部件。对于介质为硫酸铵或氨的浸出系统，常采用不锈钢或内衬不锈钢的容器和不锈钢内部部件。在稀硫酸氧化浸出中，当溶液中含有一定数量的铜离子时，也可以使用不锈钢。当用于处理高温的强酸溶液时，选择碳钢内衬铅和砖的压力釜比较好。为了降低衬铅表面温度，采用一层或两层耐酸砖。

以某冶炼厂五室卧式高压釜为例。其溶液性质：矿浆密度为 $1.2g/cm^3$，反应初期含 H_2SO_4 为 20～30g/L，常态 pH 值为 2，含 Co^{2+}、Ni^{2+}、Cu^{2+} 和微量 Ce^{2+} 等，这类介质条件比较苛刻。在高温的酸性介质中，矿浆具有强腐蚀性和磨蚀性，高压釜材质选择条件苛刻，单一的金属材料和非金属材料同时具有耐高温的力学性能和抗腐蚀性能是难以选到的。为了解决这一难题，国内外都采用金属和非金属同时并用的方案。例如：美国卡列拉镍厂钴生产加压酸浸釜 φ1.8m×12m（六隔室），操作压力为 3.5MPa，操作温度为 190℃。釜体外壳材料为碳钢衬 5mm 不锈钢，搪铅 5mm，再衬瓷砖。

古巴毛阿湾镍厂钴生产加压酸浸釜，操作压力为 3.5MPa，操作温度为 170℃。釜体外壳材料为碳钢，搪铅 5mm，衬瓷砖。某冶炼厂二钴车间加压酸浸釜操作压力为 1.5MPa，操作温度为 140℃。釜体外壳材料选用 209 锅炉钢板，搪二层铅（共 4mm 厚），再衬二层瓷砖。经过 6～7 年的生产实践，证明选材是合理的。

菲律宾诺诺克镍厂采用氢还原法从红土矿中回收镍，选用四室卧式加压釜。还原料液含 H_2SO_4 5g/L，操作压力为 4.6MPa，操作温度为 246℃。材料选用复合钢板，总厚度为

50.8mm，复层 316L 厚度为 3.2mm，经过 8 年生产实践，没有出现过问题。

高压釜材料选择除了视工艺条件而定外，还要考虑其经济性和施工的方便。一般来说，纯不锈钢或复合钢板材料要昂贵一些，制造、施工方便一些。金属和非金属并用方案要省钱，施工经验也很成熟，出现问题易修复。

近年来有的压力釜用加强纤维乙烯基酯衬代替铅衬，也有的压力釜内衬钛。压力釜的其他内部部件和搅拌器可用不锈钢、钛或特种合金制造。以前国外进口设备釜体采用碳钢衬耐酸砖结构，基本能满足设备内部温度、压力及腐蚀工况的要求，但有一个大的弊端，即长时间使用后，内部结垢非常严重，并且极难清除。国产化后釜体改用 TA2 + 16MnR 钛复合板材料，解决了腐蚀和结垢问题同时又降低了设备维护成本。搅拌器采用全钛结构，考虑搅拌器的强度和耐磨要求，搅拌器的材料选用 TA3。

在加压釜的内衬用材选择上，常见的有钛、锆、铅、钽、铌及其合金等。

13.2.3.1 钛及其合金

地壳中，钛储量丰富，在其外层 16km 的范围内，钛约占 0.6%，居各种元素的第 9 位。而在结构金属中仅次于铝、铁和镁，占第 4 位。钛矿主要有金红石和钛铁矿两类。按含钛量计，世界已发现钛的储量约十多亿吨，为铁储量的 1/4、铬的 20 倍、镍的 30 倍、铜的 60 倍、钼的 600 倍。我国钛矿储量按钛含量计约为 5 亿吨，多为钛铁矿。钛矿先冶炼为海绵钛，再熔炼成锭。由于钛的活性高，需要消耗大量能量才能将钛从含钛化合物（钛矿）中游离出来成为海绵钛，纯钛的熔点高达 1668 ± 4℃，极易与氧化合，必须在真空中熔炼。目前主要采用真空自耗电弧炉熔炼钛锭，采用真空凝壳炉熔炼钛铸件。生产钛的成本较高，钛材价格也较高，应用受到一定限制，因此，钛的产量并不是很高。世界海绵钛和钛锭的年产量常在 10 万吨上下。我国钛材的年产量上万吨。虽然在结构金属中钛的储量名列第 4，但产量仅排在约第 10 位。钛的应用主要有两个领域：利用钛的密度小、强度高的特点，钛在航空航天中得到广泛应用，代表性的合金类型为 Ti-6A1-4V；另一方面钛具有优异的耐蚀性能，可用于加压设备，代表性的合金类型为工业纯钛及耐蚀低合金钛。因而有人将钛列为铁、铝之后的"第三金属"。

钛具有良好的物理性能和化学性能。

A 钛的物理性能

钛的相对密度为 4.51g/cm³，是不锈钢和碳素钢的 60% 左右。因此钛制构件的几何尺寸与钢相同时，其质量亦只有钢的 60% 左右。在比较用钛和用钢的材料价格时，不应比较单位质量的价格，而应比较单位体积的价格。

纯钛在 882.5℃ 以下为密集六方晶格的 α 相类型，超过 882.5℃ 会产生同素异构转变，成为体心立方晶格的 β 相类型。但钛中加入合金元素（包括杂质元素）并溶入基体中后，会改变钛的组织，根据合金元素稳定 α 相或 β 相的作用，即对 α 相和 β 相相区和同素异构转变温度的作用，合金元素可分三类，即 α 相稳定元素、β 相稳定元素和中性元素。按合金元素在钛中固溶的方式，可分为置换式溶解的元素和间隙式溶解的元素。

B 钛的化学性能

钛是元素周期表中第四周期的副族元素，钛原子的 2 个 4s 电子和 2 个 3d 电子的电离势均小于 50eV，很容易失去这 4 个价电子，其最高化合价通常为 + 4 价。钛是高活性元素，其标准电极电位很低，为 - 1.87V（相对于饱和甘汞电极），能与氧、氮、氢等气体元素及一氧化碳、二氧化碳、水蒸气和许多挥发性有机物的气态化合物发生反应。

钛表面氧化生成的氧化物基体主要是 TiO_2。较低温度下形成的氧化膜致密，且极牢固地附着于金属上。当温度较高且时间较长时，生成的灰色氧化物薄膜变厚，在冷却时有脱离金属基体而成片脱落的倾向，基体的表面开始出现薄黑层。当薄膜变得足够厚时，就碎裂成多孔状。这时，氧将通过薄膜中的小孔，畅通无阻地进入金属表层。当温度继续升高，加热时间也足够长时，则生成易剥落的淡黄棕色多孔性氧化物鳞。

氧在 α 钛中的最大溶解度为 14.5%（质量分数），在 β 钛中的最大溶解度为 1.8%（质量分数）。

此外，钛还能与如卤素、氧、氮、氢、磷、硫、碳和硅等多种元素发生化学反应。

C　钛的耐腐蚀性能

钛耐蚀机理为：钛是一种具有高度化学活性的金属，但它对许多腐蚀介质都呈现出特别优异的耐蚀性。原因是钛和氧有很大的亲和力，当钛暴露于大气或任何含氧介质中时，表面立即形成一层坚固而致密的钝性氧化薄膜（以下简称钝化膜）。这层薄膜十分稳定。如果产生机械损伤，又会立即重新形成（只要存在一定量的氧）。膜的厚度随温度和阳极电位而变化，膜的成分随厚度而改变，接近金属的膜内表面是 TiO，上面是 TiO_2，中间是 Ti_2O_3。此膜属两性化合物，碱性略大于酸性，因此这层钝化膜保护性非常强，使钛在许多腐蚀介质中具有优异的耐蚀性。但是，当薄膜超过某一厚度时，单位体积中的应变能就可能超过膜脱离金属所需要的能量，从而，可能发生膜的破裂或其他破坏，因此厚膜又变为非保护性的。

钛对介质的耐蚀性归纳如下：对中性、氧化性、弱还原性介质耐蚀，如淡水、海水、湿氯气、二氧化氯、硝酸、铬酸、醋酸、氯化铁、氯化铜、熔融硫、氯化烃类、次氯酸钠、含氯漂白剂、乳酸、苯二甲酸、尿素、质量分数低于 3% 的盐酸、低于 4% 的硫酸等；对强还原性和无水强氧化性等介质不耐蚀，如发烟硝酸、氢氟酸、质量分数大于 3% 的盐酸、大于 4% 的纯硫酸、不充气的沸腾甲酸、沸腾浓氯化铝、磷酸、草酸、干氯气、氟化物溶液和液溴等。

另一方面，钛在卤族元素和氯化物中，其他一些碱性溶液，有机酸和酸酐、有机化合物、液态金属、液氧、过氧化氢、二氧化硫也具有很好的耐蚀性。

在正常情况下，钛对于气态氧是钝态的，然而在高压下，钛如有新鲜表面暴露，则可能发生猛烈的燃烧。当氧含量不超过 35% 时，则不会发生反应。

在室温下，钛对浓度较低的过氧化氢有较好的耐蚀性能。但对 30% 以上的化学纯过氧化氢，却不耐蚀。

在湿的二氧化硫中，钛有较好的耐蚀性能。在干的二氧化硫中耐蚀性更好。

而钛在无机盐溶液中也具有耐蚀性。钛几乎对高温高浓度的各种无机盐溶液都具有优异的耐蚀性能，即使在稀的硫化钠溶液中，也基本上没有腐蚀。

即使钛在多种情况下，都能够耐腐蚀，但钛仍存在几种特殊腐蚀形式，如高温腐蚀、应力腐蚀、电偶腐蚀及缝隙腐蚀等。

压力容器用钛材要求良好的塑性、成形性及焊接性能，且具有优良的耐蚀性能，因此我国只采用杂质含量不太多的工业纯钛以及耐蚀的低合金钛，如 Ti-0.2Pd 合金和 Ti-0.3Mo-0.8Ni 合金。美国 ASME 还采用了 Ti-0.06Pd 合金和 Ti-0.11Ru 合金等耐蚀合金。航空工业常用的钛合金如 Ti-6Al-4V 等，由于塑性、成形性及焊接性能较差，耐蚀性也比工业纯钛稍差，因而压力容器一般不用，只有特殊情况下才考虑。

加压设备中的流体机械如泵、阀、风机、分离机管件等的过流部件常采用钛铸件。钛属活性金属，在 400℃ 以上会与空气中的氧、氮、氢等反应成钛的化合物，使钛失去原有的性能，因此钛的熔铸必须在真空中或惰性气体保护下进行。我国铸钛的熔炼一般都采用真空自耗电极电弧凝壳炉，简称真空自耗凝壳炉或凝壳炉。我国已有 500kg 的凝壳炉，熔炼时真空度为 1.33 ~ 0.0133Pa。铸造也应在真空下进行。

钛的熔点为 1668 ± 40℃，高温下几乎与所有氧化物、氮化物都起反应，因此钛铸件的铸型不能采用以 SiO_4 为基础的造型材料。钛铸型目前常采用石墨型、有机加工石墨型和石墨粉捣实型。造型材料也可用氧化锆、氧化钛，但价格较贵，也有在金属模内壁等离子喷涂一层钨、铝等难熔金属粉末作为铸钛的铸型。

钛具有较窄的液相线到固相线的结晶温度区间，具有较好的流动性。钛中加入铝能提高结晶潜热，改善流动性。钛液对不同的造型材料具有不同的湿润角：二氧化锆为 135°、电炉刚玉为 120°、镁砂为 107°，20℃ 的石墨为 90°，800℃ 的石墨接近 0°。石墨对钛的湿润性最好，因此工业中多采用石墨型铸钛，可获得最好的充填性。

13.2.3.2 锆

锆与钛同属化学元素周期表中第四族副族，在稀有金属中同属高熔点稀有金属。在美国 UNS 金属分类中，钛和锆同属于活性和高熔点金属，其牌号均为 UNS R××××，其中钛为 UNS R50001 ~ R59999，锆为 UNS R60001 ~ R69999。钛和锆都存在同素异构转变，纯钛的同素异构转变温度为 882.5℃。而纯锆的同素异构转变温度为 862℃。在转变温度以下为密排六方晶格（α 相），在转变温度以上均为体心立方晶格（β 相），因此锆和钛具有许多类似的物理化学性能。例如，钛和锆的熔点都很高，纯钛为 1668℃，纯锆 1852℃。钛和锆的化学活性都很高，而且锆比钛更高，但表面都能形成致密的钝化，具有很高的耐蚀性，在多数强腐蚀性介质中锆的耐蚀性常比钛更好，这就是锆材比钛材贵的原因。

锆具有较好的腐蚀性能。锆属钝化型金属。锆的标准电极电位为 –1.53V（相对于标准氢电极），很易与氧化合，在表面生成致密的钝化膜。使锆材能耐大多数有机酸、无机酸、强碱、熔融盐、高温水及液态金属的腐蚀。在常压沸点以下所有浓度的盐酸，但在 149℃ 以上的盐酸中可能产生氢脆。锆可用于 250℃ 以下、质量分数不超过 70% 的硝酸。锆在有机酸中耐蚀，但在氢氟酸、浓硫酸、浓磷酸、王水、嗅水、氢澳酸、氟硅酸、次氯酸钙、氟硼酸中不耐蚀。在氧化性氯化物如氯化铜、氯化铁溶液中不耐蚀，但在还原性氯化物溶液中耐蚀。

锆在空气中时，425℃ 会严重起皮，540℃ 生成白色氧化锆，100℃ 以上吸氧变脆。锆在 400℃ 以上与氮反应，800℃ 左右反应激烈。真空退火不能去除锆中的氧和氮。锆在 300℃ 以下开始吸氢，会产生氢脆，可通过 1000℃ 的真空退火消除氢。

将锆制成合金后，其合金元素对锆的力学性能有一定的影响。

锆中的杂质元素除铅外，主要有氧、氮、氢、碳和铬。由于氧和氮在 α-锆中形成间隙固溶体，并有较大的溶解度，因而有显著的强化作用，尤其以氮最为显著，不但会使塑性下降，氮含量达到 0.14% 以上时还会使室温冲击韧性下降。碳在锆中的溶解度很小，固溶的碳对力学性能影响不大。超过溶解度的碳会在铸锭中形成网状脆性碳化物，易使铸锭在加工中开裂。氢也可溶于锆，氢含量超过溶解度时，会析出氢化物，使锆的塑性、韧性降低。化工级锆主要应用锆的耐蚀性，并不要求很高的强度。制造中要求材料进行变形与焊接的构件，要求有好的塑性。最常用的工业纯锆 UNS R60702 在退火状态的断后伸长率的标准值下限才为 16%，明显偏低。应当尽量使锆材具有较高的塑性。因此，锆材包括锆焊丝中的氧、氮、氢、碳等间隙式杂质元素，以及铁、铬等金属杂质元素的含量，应控制在规定含量以下。

将锆作为压力容器材料，我国还没有锆制压力容器的国家标准与行业标准，国外也只有美国机械工程师协会（ASME）中有锆制压力容器的具体内容。德国 AD-2000 中设计章和材料章中均没有锆容器的内容，只在容器检验的类型与内容 HP5/2 章中提及锆、钛、钽等其他金属材料制容器的检验项目。法国 CODAP-2000 中也没有锆制压力容器的具体内容，只给出了锆材的泊松比为 0.35，各温度（20~500℃）时锆的弹性模量值和线胀系数值。钛和锆的规定设计应力应为设计温度下的抗拉强度 R_m 的 1/3（抗拉强度的安全系数为 3）。因此我国与许多国家实际上常按照 ASME 的规定来设计制造锆制压力容器。国内有的压力容器制造厂已有锆制压力容器的企业标准，其抗拉强度的安全系数取 3，屈服强度的安全系数取 1.5。实际上由于锆及锆合金的屈强比均高于 0.5，因此实际上在确定许用应力时均以抗拉强度作为决定性因素。ASME-2004 中对锆的抗拉强度的安全系数取 3.5，屈服强度的安全系数取 1.5。

13.2.3.3　铅

铅呈苍灰色，亦为较早应用的金属材料。纯铅的熔点为 327.4℃，相对密度为 11.37g/cm³，20℃时的热导率为 34.8W/(m·K)，20~100℃ 的线胀系数为 $28 \times 10^{-6}℃^{-1}$。

由于铅的强度很低，而且很软，因而用铅材单独制造容器设备很困难，通常在钢制容器或管道中采用衬铅或搪铅的方法，使铅层不承载，仅为耐蚀层。有时制造槽、管等也需从外部加强。铅中加入 6%~14% 的锑成为铅锑合金后，其强度可成倍提高，在流体机械中可制造阀门、泵壳、管件等，耐蚀性比纯铅略低，如加入少量碲（Te）可提高耐蚀性。

由于铅强度低，不宜承载，除日本外，各国压力容器标准中都没有把铅作为正式的压力容器用材。

铅的铸造性能不好，不用铸件。铅很软，不适于在摩擦条件下使用。铅属有毒金属，施工中应特别注意防护。铅设备不允许用于饮水、食品、医药等设备中。铅有吸收 X 射线和 γ 射线的特性。由于熔点低，衬铅和搪铅中的焊接一般用气焊。

衬铅与搪铅相比，衬铅的施工方法比搪铅简单，施工周期短，成本低。但衬铅层与基层间总有间隙，在高温、振动、冲击载荷或负压条件下，衬铅层容易开裂或鼓包，因而衬铅设备适用于不超过 90℃ 的操作温度，且在静载荷和正压下工作。搪铅层与基层结合紧密牢固，没有间隙，传热性能好。搪铅施工比衬铅复杂，搪铅过程中会放出大量有毒气体，环境条件恶劣，搪铅时设备易因受热产生变形。

13.2.3.4　铌

铌在元素周期表中属 VB 族元素，体心立方晶格，没有同素异构相变，相对密度为 8.57，沸点为 4927℃，熔点为 2468℃，亦属难熔金属。室温的弹性模量为 105MPa，泊松比为 0.40。铌可在 350~400℃ 中温成形，950~1000℃ 高温成形，可在 1200℃ 左右进行完全退火。

铌和钽常相伴相生，但铌在地壳中的含量约为 $2.4 \times 10^{-3}\%$，为钽的 10 倍，主要以铌铁矿的形式存在。过去铌在欧洲称为铌（Nb），而在美国称为钶（Cb），直到 1952 年后才统一称为铌。铌的热中子吸收截面小，可用作原子能反应堆的结构材料和核燃料的包套材料。由于铌比钽便宜，在一定范围内可用铌代用钽。

铌具有耐蚀性能。它在空气中从 230℃ 开始氧化，300℃ 开始强烈氧化，温度高于 400℃ 时氧化膜破坏并脱落，大大加速氧化速度。铌在空气中 600℃ 开始氮化。铌在含氢介质中，250～950℃ 会吸氢。因而，铌的焊接和热处理均应在真空中或在惰性气体保护下进行，即 300℃ 以上的热过程都应在真空或惰性气体或高温涂料保护下进行。铌制设备与容器暴露在大气中时，应用温度一般不宜超过 230℃，只有在保证不接触到大气时，才可适当提高温度。铌焊接用氢气的纯度不宜低于 99.999%。惰性气体保护焊时，不但焊接熔池部位应有惰性气体保护，焊完冷却中的焊缝及热影响区部位的温度在 230℃ 以上时也应将其置于惰性气体保护之下。最好在铌焊件冷却到 200℃ 以下再停供惰性气体。应保证焊接接头与每道焊缝表面呈银白色或淡黄色，淡蓝色应磨去，不应出现深蓝、灰色或白色粉末。

一般来说，铌的耐蚀性能高于钛、锆而稍低于钽，由于铌的价格低于钽，因而在某些腐蚀介质中可用铌代替更贵的钽。同时，铌的相对密度仅约为钽的 1/2，在同样构件尺寸的情况下，铌的用量（质量）仅约为钽的 1/2，可以降低成本。

铌与钽一样，都靠表面生成致密的氧化膜而成为钝化型耐蚀金属，因而，铌的耐蚀性能有的与钽接近。铌主要用于一些温度不高的还原性的强酸介质中，但在氢氟酸、热浓硫酸、氢氧化钠、氢氧化钾等介质中不耐蚀，在热浓盐酸和热浓磷酸中的腐蚀率也偏高，在这些介质中应用铌时应慎重。

13.2.3.5 钽

钽在元素周期表中属 VB 族，体心立方晶格，沸点 5427℃，熔点 2996℃，属难熔金属，熔点比常用的其他金属都高，熔炼钽所耗能量也多。钽的相对密度为 $16.6 g/cm^3$，为碳素钢的 2.1 倍、铝的 6.2 倍、钛的 3.7 倍、锆的 2.6 倍。因而钽比其他常用金属的相对密度都高，钽本身价格就很高，采用相同尺寸的构件时所需质量也比其他材料大。钽在室温时的弹性模量为 187MPa，泊松比为 0.34。

钽的焊接性能较好，但由于熔点高，焊接应采用较集中的能源，钽可在 350～400℃ 中温成形，可在 950～1000℃ 高温成形，完全退火温度可在 1200℃ 左右。

钽在地壳中的含量仅为 $2.1 \times 10^{-4}\%$，很少，提取工艺复杂，因而很贵。

钽具有耐蚀性能，它在空气中 300℃ 开始会与氧反应，700℃ 开始与氮反应，在含氢气体中 350℃ 开始与氢反应，在氨气中 300℃ 开始与氮反应，均会生成脆性化合物。因此钽设备和容器在操作时如会接触空气，操作温度一般不宜超过 2500℃，如可不与空气等环境接触，才可考虑是否能在较高的温度下使用。钽的焊接和热处理应在真空中或在惰性气体保护下进行，即 300℃ 以上的热过程都应在真空或惰性气体保护下进行。钽常用惰性气体保护焊，氢气纯度不宜低于 99.999%，不但焊接熔池部位应有惰性气体保护，焊完冷却中的焊缝及热影响区在 250℃ 以上时也应有惰性气体保护。最好在温度降到 200℃ 以下再停供惰性气体。应保证焊接接头与每道焊缝表面呈银白色或淡黄色。淡蓝色应磨去，不应出现深蓝、灰白或白色粉末。

钽主要用作耐蚀材料。钽表面生成 Ta_2O_5 薄膜，有很好的耐蚀性。一般而言，钽的耐蚀性优于钛、锆、铌，可以认为是耐蚀性能最好的工程金属材料。在硝酸、王水、盐酸、磷酸、有机酸等强腐蚀介质中常有优异的耐蚀性，但也不能认为钽在任何腐蚀介质中都能耐蚀，如在一些温度和浓度的发烟硫酸、氢氟酸、氢硅酸、氟硅酸、氟硼酸、氢氧化钠、氢氧化钾、氢氧化铵、氟化铵、氟化氢铵、硝酸钠、高氯酸钠、氟化钠、六氟化钠、氟化钾、硫酸氢钾、亚硝酸钾、氯化铝、氟化铝、氯、溴（甲醇中）等介质溶液中都曾得到过不耐蚀或耐蚀性不良的使用或试验结果，对于这些介质应谨慎确认钽的适应性。

钽如与金属铁（钢）、铝、锌等同时与液相电解质腐蚀介质接触，易形成电偶腐蚀，钽成为阴极，腐蚀过程中的阴极析氢反应所产生的初生态氢离子会使钽吸氢脆化。

13.3　加压釜配套及附属设备

13.3.1　加压计量泵

加压计量泵是加压浸出中，将矿浆连续、准确地加入压力釜中的装置，它是加压釜装置配套设备中最关键的设备之一，进料泵选择的不恰当，将严重影响加压反应的连续性和稳定性，它必须同时具有以下特征：过流部件耐酸、耐压、耐精矿磨损、计量准确[21~23]。以往，工业使用的多为隔膜泵，隔膜泵常用的有计量式隔膜泵和往复式隔膜泵。因此，该泵不同于用普通的砂泵、混凝土输送泵。

计量式隔膜泵由动力端和液力端两部分组成。动力端电动机带动蜗轮蜗杆旋转，通过曲柄连杆机构促使柱塞做往复运动，通过 N 形轴调节机构来改变行程流量大小；液力端通过吸入、排出阀组起到输送液体的作用。

往复式隔膜泵由电动机提供泵的动力，经联轴器、减速机、驱动曲轴、连杆、十字头，使旋转运动转为直线运动，带动活塞进行往复运动，通过液力管将液压力传递给液缸隔膜腔室。当活塞向后端运动时，活塞借助油介质将隔膜腔室中的隔膜吸向后方，借助矿浆进口倒灌（喂料）压力打开进料阀，吸入矿浆充满隔膜腔室。当活塞向前端运动时，活塞借助油介质将隔膜室中的隔膜推向前方，借助推进压力关闭进料阀，开启出料阀将矿浆输送到排出管道。活塞的往复运动使泵头部件中的吸排阀启闭达到输送介质的目的。

该种泵适合于大流量高压力的加压浸出过程输送物料。其主要缺点是隔膜属于易损件，排料与进料阀组经常容易堵塞，导致进料困难，对于进料量小的加压釜设备更是明显，在高温高压的加压釜反应过程中清理困难，时间较长。而且还需要消耗辅助材料，如润滑油等。

对于低压力的加压浸出，可采用空气隔膜泵作为进料泵，该种泵的特点是：隔膜泵是靠压缩空气驱动。定向空气分配阀和导向阀，称为"气室"，都设置在泵的中心部位。介质流动通过两个汇流管和外隔膜室，称为"介质室"。通常止回阀（球型或片型）都设置在每个外隔膜室的顶部或底部或共用一汇流管。这两个外隔膜室靠吸口和出口接头连接起来，泵是自吸的。

在操作中，空气分配阀交替控制每隔膜的增压。在每次冲程后，阀将自动变换位置，使空气得以切换至另一隔膜室，使两边隔膜室形成交替的吸液和压送冲程，隔膜在平行路径里移动，空气阀无润滑油需求，不需要动力，只需要压缩空气。气动隔膜泵洁净，动力消耗小，仅需压缩空气，噪声小，无需润滑油。

国外主要采用 Zimpro 泵、Toyo 软管隔膜泵，国内使用柱塞泵、Milton Roy 隔膜计量泵。国外加压浸出工厂选用的加压泵多数选用的是德国生产的机械式隔膜进料泵。我国重庆水泵厂在隔膜加压泵生产制造方面经过多年的研制，目前也具备生产这种泵的能力。另外，我国 ENFI 公司在巴布亚新几内亚 RUMU 镍矿项目中选用的加压泵是多级离心泵，目前使用状况良好。

在我国的工业实践中，用得较多隔膜计量泵是重庆水泵厂有限责任公司生产的 KJ 型矿浆输送计量泵。KJ 型矿浆输送计量泵是该公司为有色冶金行业"重金属湿法冶金"工艺流程中输送高温、高压、高密度、易沉淀、强腐蚀的矿浆介质而研制的新型结构隔膜计量泵，可用于有色金属行业提取、精炼和黄金的"难处理金矿氧压预处理"等工艺流程。工业运行效果证明该系列泵结构先进，使用寿命长，各项技术性能参数均达到国外同类产品的先进水平，是目前最先进的矿浆输送计量泵之一。

其特点在于：

（1）矿浆颗粒对柱塞无磨损，介质不泄漏、无污染。

（2）矿浆颗粒介质输送过程中在液缸内沉淀、积聚少。

（3）多年研制筛选的专用阀组使用可靠、寿命长。

（4）流量无级调节方便，且调节方式多样：手动、电动、气动调冲程或变频调泵速均可。

（5）可多缸串联组合，流量范围大，输出脉动小。

13.3.2 闪蒸槽

闪蒸槽是加压浸出后实现矿浆的汽、液分离的关键设备，闪蒸槽排料系统有以下四个作用[12]：

（1）将从高压釜中排出的矿浆的压力降至大气压。

（2）使闪蒸蒸汽同矿浆分离。

（3）用从闪蒸蒸汽中回收的显热来预热进入加压釜的酸液，更好地实现加压浸出的热平衡。

（4）蒸汽蒸发的水量占矿浆体积的 8% ~ 10%，有利于维持湿法冶炼系统的水平衡。

从浸出高压釜排出的矿浆被排入一个绝热的闪蒸槽。从矿浆中排出的蒸汽的温度大约为 115℃，蒸汽通过一个除雾器后送入用来加热酸液的热交换器，过剩的蒸汽则通过换热器排向大气。分离出的热矿浆冷却到 80℃，元素硫由非晶形转变为单斜晶体。

从压力浸出排出的矿浆通过喷嘴进入减压降温槽。减压降温槽是一个圆筒形容器，由于减压降温的蒸汽出口和矿浆出口与大气相通，因此矿浆进入槽内后，压力立即降至常压，释出的蒸汽从槽顶部排出，矿浆靠本身重力由槽底流出，减压降温槽外壳为钢板焊接，内衬橡胶和瓷砖，喷嘴由于矿浆高速冲刷，磨损严重，需要采用特种硬质合金制成。

压力浸出后矿浆在减压降温槽释放的热量可按式（13-2）计算：

$$Q = q\rho c_p(t_1 - t_2) \times 10^3 \tag{13-2}$$

式中　Q——减压降温时释放的热量，kJ/h；

q——矿浆流量，m^3/h；

ρ——矿浆密度，t/m^3；

c_p——矿浆比热容，可取 $3.7kJ/(kg \cdot ℃)$；

t_2——矿浆排出时的温度，℃；

t_1——矿浆终温，℃。

减压蒸发后产生的蒸汽量按式（13-3）计算：

$$W = Q/r \qquad\qquad (13\text{-}3)$$

式中　W——减压蒸发产生的蒸汽量，kg/h；

　　　Q——减压降温后释放的流量，m^3/h；

　　　r——100℃水汽化潜热，$2257kJ/kg$。

将蒸汽流量换算成体积流量按式（13-4）计算：

$$\omega = W/V \qquad\qquad (13\text{-}4)$$

式中　W——减压降温后产生的蒸汽量，kg/h；

　　　ω——蒸汽的体积流量，m^3/h；

　　　V——100℃饱和水蒸气的比容，$1.67m^3/kg$。

减压降温槽直径计算见式（13-5）：

$$d = \sqrt{\dfrac{\omega}{\dfrac{\pi}{4} \times s \times 3600}} \qquad\qquad (13\text{-}5)$$

式中　d——减压降温槽直径，m；

　　　ω——蒸汽的体积流量，m^3/h；

　　　s——水蒸气上升速度，m/s，一般取 $0.3m/s$。

减压降温槽的高度一般为 $3 \sim 3.5m$。

13.3.3　搅拌装置[17,24~27]

搅拌装置是机械搅拌设备实现物料搅拌操作的核心部件，在加压湿法冶金生产中，绝大多数情况下是卧式加压反应釜，采用立式机械搅拌设备来进行物料搅拌的。

搅拌器的工作原理是通过搅拌器的旋转推动液体流动，从而把机械能传给液体，使液体产生一定的液流状态和液流流型，同时也决定着搅拌强度。

搅拌器旋转时，自桨叶排出一股液流，这股液流又吸引夹带着周围的液体，使罐体内的全部液体产生循环流动，形成许多微小的漩涡，造成微观扰动。液流的这种宏观运动和微观扰动的共同作用结果促使整个液体搅动，从而达到搅拌操作的目的。液流流动速度快、扰动强烈。造成明显的湍动，就会获得良好的搅拌效果。

桨叶的几何形状、尺寸大小、转动快慢及介质的物理特性（如黏度、密度）等，都决定着物料的搅拌程度和搅拌器功率消耗的大小。

（1）搅拌方式的选择。

压热浸出过程中，固相最好在液相中保持悬浮状态，以保证化学反应及传质过程的进行。有些反应要求矿浆与气相充分接触，以实现氧化或还原等目的，因此，矿浆的充分搅拌在压热浸出过程中就显得非常重要。

1）搅拌器的类型。

搅拌方式中最常用的有机械搅拌和气体搅拌。机械搅拌是通过电动机和转轴带动浸没于矿浆中的搅拌桨来实现的操作。

用于湿法冶金的高压釜一般选用旋桨式、桨式和锚式搅拌桨。

旋桨式：
$$\frac{S}{D} = 1, \ z = 3$$

式中　　S——螺距，mm；

　　　　D——搅拌桨直径，mm；

　　　　z——桨叶数。

桨叶外缘线速度一般为 5 ~ 15m/s，最大为 25m/s。桨叶直径一般为釜体直径的 1/3。此类搅拌桨适合于黏度较小，固液相比重差小的物料的搅拌。

桨式：
$$\frac{D}{B} = 4 \sim 10, \ z = 2$$

式中　　D——桨直径，mm；

　　　　B——桨叶宽度，mm；

　　　　z——桨叶数。

桨叶外缘线速度一般为 1.5 ~ 3m/s。

锚式：
$$\frac{C}{D_0} = 0.05 \sim 0.08, \ C = 25 \sim 50mm, \ \frac{B}{D_0} = \frac{1}{12}$$

式中　　C——搅拌器外缘与釜内壁的距离，mm；

　　　　D_0——釜内径，mm；

　　　　B——桨叶宽度，mm。

桨叶外缘线速度 0.5 ~ 1.5m/s。

此类搅拌器适应的范围比较大，特点是可以防止釜壁挂料，搅拌转速较低。

2）搅拌器的安装形式。

搅拌器的安装形式多为上悬式，对于无腐蚀性的均相反应（如某些有机合成反应）也设计具有下支承的搅拌器。上悬式搅拌桨要求高压釜的高径比小，否则搅拌轴太长，容易晃动，难于密封。带下支承的搅拌器因釜底的轴承极易磨损很难适合矿浆介质。

此外，根据需要还有倾斜插入和水平插入等方式。倾斜插入则由于搅拌器轴线与釜轴线偏离，从而避免介质做圆周运动，矿浆上表面不会出现凹形漩涡。水平插入适宜于大型设备。

为加强矿浆的总体流动，可能在高压釜筒体内壁设置挡板或在釜内安装导流筒。

（2）搅拌功率的计算。

搅拌器所用电动机是根据估定的搅拌功率选用的。常用来估定搅拌功率的方法有两种，一种是估计法，一种是试验估定法。

试验估定法是用与待设计设备几何相似的小型装置进行实地测量和计算的方法。

估计法可用式（13-6）进行计算：

$$N = \frac{k_1 \gamma n^3 D^8}{102g} \tag{13-6}$$

式中　　N——搅拌功率，kW；

　　　　γ——矿浆密度，kg/m³；

　　　　n——搅拌桨转速，r/min；

　　　　D——搅拌桨直径，m；

　　　　k_1——与搅拌器的类型和尺寸、挡板及矿浆流动状态相关的系数。如平直桨叶式搅
　　　　　　　拌器，$D/B = 5$，在湍流区操作，可查得 $k_1 = 1.8$；

　　　　g——重力加速度，$9.81\,\text{m/s}^2$。

有人采用式（13-7）计算高压釜的搅拌器功率：

$$N = \frac{p_n F_{OM} H^8 \cos\alpha^4 n^3}{102\eta} \tag{13-7}$$

式中　　p_n——矿浆的质量密度，$\text{kg} \cdot \text{s}^2/\text{m}^4$；

　　　　F_{OM}——螺旋桨的实际接触面积，m²；

　　　　H——螺旋桨的螺距，m；

　　　　α——螺旋桨的提升角，Gr；

　　　　n——搅拌器的转速，r/s；

　　　　η——搅拌器的效率。

考虑到釜内进出料管、温度计导管等的阻力及启动功，在计算实际功率时再乘一个系数 k_1，取 $k_1 = 1.5$。

（3）气体搅拌。

除机械搅拌之外，气体搅拌也是一种重要的搅拌方式。当压缩空气或蒸汽通入矿浆时，矿浆也能得到充分搅拌。如果矿浆需要加热，则用蒸汽进行搅拌实为一种恰当而简单的办法。但是，蒸汽冷凝液化会使矿浆稀释，对此，必须预先考虑到。如果矿浆中待浸出元素需要氧化或杂质元素被氧化后能够水解沉淀而与待浸元素分离，则以空气搅拌为好。

气体搅拌要求气体压强必须大于矿浆静压头与摩擦阻力之和。此类搅拌方式在设备中无转动部件与腐蚀性介质。

13.3.3.1　搅拌器的分类

搅拌器的类型很多，常用搅拌器的形状与名称如图 13-5 所示。

按常用的四种分类将搅拌器分类如下：

按搅拌器的形式分为：桨式、开启涡轮式、圆盘涡轮式、推进式、框式、锚式。

按液体流型分为：径向流型（如平直叶开启涡轮式、弯叶开启涡轮式、平直叶圆盘涡轮式、弯叶圆盘涡轮式）；轴向流型（推进式、折叶开启涡轮式）；水平环向流型（框式、锚式、桨式）。

按搅拌器的转速分为：高速（如圆盘涡轮式、开启涡轮式、推进式）；低速（桨式、锚式、框式）。

按搅拌器的材料和结构分为：焊接、铸造、包裹。

13.3.3.2　搅拌器的结构和参数

为搅拌过程提供能量与造成液体的流动状态，除需要合理的搅拌器尺寸和安装位置外，还需要有合理的搅拌器结构。所谓合理的结构是指：搅拌器制造工艺合理，搅拌器与搅拌轴的连接方式牢靠，搅拌的安装维护方便等。搅拌器的形状与加工多数都是比较简单

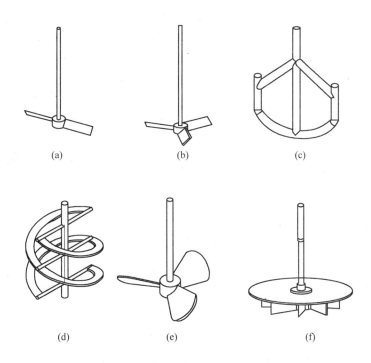

图 13-5 常用搅拌器的形状与名称

(a) 双叶桨式搅拌器；(b) 开启涡轮式；(c) 框式、锚式搅拌器；
(d) 螺带式搅拌器；(e) 推进式搅拌器；(f) 圆盘涡轮式搅拌器

的，只有推进式搅拌器的形状比较特殊、加工难度较大。搅拌器的材料种类繁多，其中钢制的应用较普遍。常见的搅拌器适用条件见表 13-1。

搅拌器的选用主要根据搅拌的目的、物料黏度以及搅拌容器的大小来考虑。选用时除满足工艺要求外，还应考虑功耗低、操作费用省，以及制造、维护和检修方便等因素。涡轮式搅拌器（又称透平式叶轮）是应用较广的一种搅拌器，能有效地完成几乎所有的搅拌操作，并能处理黏度范围很广的流体。

涡轮式搅拌器有较大的剪切力，可使流体微团分散得很细，适用于低黏度到中等黏度流体的混合、液-液分散、液-固悬浮，以及促进良好的传热、传质和化学反应。根据实际情况，选择涡轮式搅拌器。涡轮式搅拌器由在水平圆盘上安装 2~4 片平直的或弯曲的叶片所构成。涡轮式搅拌器分为圆盘涡轮搅拌器和开启涡轮搅拌器；按照叶轮又可分为平直叶和斜片叶。由于矿浆比重比较大，为了防止沉积保证更好的搅拌效果，在此采用双层 4 桨叶。另外，为了保证矿浆更完全的浸出，根据原料及现场浸出情况选择最佳的搅拌转速，选用变频电机实时调节。

双层搅拌桨是搅拌槽中最常见的组合形式，相对于单层桨，双层桨能更好地分散气相，并使气体保持更长的停留时间，还可以根据不同的体系确定不同类型的桨的组合，以达到最优的混合效果，尤其对要求实现均匀悬浮的过程，采用双桨时不但省功而且操作转速低，在对高剪切敏感的生物冶金反应器体系中就显得更加重要。所以双层桨组合是工业级反应器中应用最广的形式，同时由于各种不同类型的搅拌桨产生的流场的差异和耦合的复杂性将直接影响混合效果，所以对于双层桨的研究显得非常有意义。

表 13-1　搅拌器形式适用条件

搅拌器形式	流动状态			搅拌目的								搅拌容器容积/m³	转速范围/r·min⁻¹	最高黏度/Pa·s
	对流循环	湍流扩散	剪切流	低黏度混合	高黏度液混合传热反应	分散	溶解	固体悬浮	气体吸收	结晶	传热	液相反应			
涡轮式	○	○	○	○	○	○	○	○	○	○	○	○	1~100	10~300	500
桨式	○	○	○	○	○		○	○		○	○	○	1~200	10~300	20
推进式	○	○		○		○	○	○		○	○	○	1~1000	10~500	500
折叶开启涡轮式	○	○	○	○		○	○	○			○	○	1~1000	10~300	500
布尔马金式	○	○		○	○		○				○	○	1~100	10~300	500
锚式	○			○	○		○						1~100	1~100	1000
螺杆式	○			○	○		○						1~50	0.5~50	1000
螺带式	○			○	○		○						1~50	0.5~50	1000

注：表中空白为不适或不详，○为适合。

13.3.3.3 搅拌器选型

目前，在湿法冶金加压浸出行业多数是多隔室的卧式加压釜，搅拌器安装在卧式釜上，称为卧式搅拌釜，采用卧式搅拌釜可降低设备的安装高度、提高搅拌设备的抗震性、改善悬浮条件等。加压釜浸出时多采用涡轮式搅拌器，根据搅拌介质的不同，可选用单层桨和双层桨。

13.3.4 液位检测装置

加压釜运行过程中，温度、压力、液位的准确测量是保证安全生产的关键。液位测量仪器种类繁多，按照应用场合分类，可以分为连续测量和位式测量。这两者的区别就在于是否主要测量固定液位。连续测量方式可以实现实时测量整个量程内变动的液位相关信息，并加以处理。位式测量方式测量的则是固定的检测点，再加以输出。在工业应用中，大多采用更有效的连续测量方式来检测液位。常见的连续测量方式的液位计主要有连通式、压差式、浮筒式、伺服式、电容式、磁致伸缩式、超声波和雷达液位计等[28,29]。

连通式液位计指的是常见的玻璃管液位计，其特点是测量直观、方便、成本很低，比较适用于现场使用，但是测量花费时间长，需等待液位平稳，易发生表面沾污影响读数，实时性也比较差，不便于远传和调节，测量精度受主观读数影响大等。

压差式液位计是使用安装压力传感器的方法得到被测液体上下两端的压力差来运算得到液位。通过压力传感器和温度传感器分别测量得到被测液体的压力和温度信息，我们便可计算出被测液体相应的体积和质量等信息。但是压差式液位计是接触测量的，所以不适用于高腐蚀性和过于黏稠的液体的测量。

浮筒式液位计是应用浮力产生的浮筒浮动来计算液位的。它具有结构简单、成本低等特点，但是由于液面会不停地波动，所以精度会受到影响。同样的，它也是使用接触测量的，所以也不适用于高腐蚀性液体的测量。

伺服式液位计是使用一个可逆马达驱动浮子来自动计算液面变化的液位计。它测量液位的精度可以达到小于1mm，而且还能测量油水等两种介质的分界面。但由于它仍是一种机械测量装置，因此长期使用后它的机械磨损会逐渐影响测量的精度。

电容式液位计是通过测量电容传感器的变化来测量液位的。它的原理是通过传感器得到液体的介电常数以及测量电容的大小运算出液位高低。所以无法测量介电常数较低的被测液体。电容式液位计的安装容易、成本低，可以用于腐蚀性高、高压的液体测量，还能实现远传。

磁致伸缩液位计是利用磁致伸缩技术进行液位测量的一种液位计。它主要由三部分组成：探测杆（导波结构）、电路部分以及浮子组成。测量时，电路部分发出无数个电流脉冲，脉冲会沿着磁致伸缩线向下传输，就会产生一个环形的电磁场。在探测杆外部会有一个内部装有磁体的浮子，浮子会根据液位的变化沿着杆上下移动。当电流脉冲形成的电磁场和浮子磁体的磁场接触时，就会感应产生一个返回脉冲。我们通过计算这个返回脉冲和电流脉冲传播的时间差就可以计算出浮子所处的实际液位高度。它的测量精度可以达到0.05%的量程或者0.5mm，并且其使用起来可靠性很高，无故障应用时间甚至可达20多年。跟以上的数种方法比较，它安装方便、费用很低、可靠性比较高。但是它的最长测量距离较短，只有18m（使用柔性缆式），也是一种接触式测量仪表，不大适用于腐蚀性高和密度高的液体测量。

　　超声波液位计主要是利用 TOF（回波测距原理）方法来计算液位。安装在罐体顶部的探头能够发出超声波脉冲信号，在空气中传播经过液面的反射后，回波被探头重新接收，根据声波的传播时间就可以计算出液位的高度。这种液位计具有精度高、反应快等优点。但是由于超声波是一种通过空气传播的机械波，空气成分及变化会影响声速的变化，且超声波信号在密封的罐体内反复反射的信号会比较多而复杂，从而引起声波液位测量的误差，不利于应用于密封环境。同时超声波液位计使用的高性能探头比较昂贵，成本就会比较高，而且安装方法和维护也比较麻烦。

　　射频导纳液位计主要是使用高频电流测量系统导纳的方法。点位射频导纳技术与电容技术不同，它采用了三端技术，使得测量参量多样化。射频导纳技术由于引入了除电容以外的测量参量，尤其是电阻参量，使得仪表测量信号信噪比提高，从而大幅度提高了仪表的分辨力、准确性和可靠性；测量参量的多样性也有力地拓展了仪表的可靠应用领域。使得液位计防挂料（传感器黏附之物料称为挂料）性能更好、工作更可靠、测量更准确、适用性更广的物位控制技术。

　　雷达液位计则是利用电磁波信号来检测液位的一种液位计，是近十年来主要发展的一种新的液位测量技术。它是由无线电检测与雷达测距技术发展而来的，其基本原理是电路部分产生发射的高频电磁波，通过计算发射波和到达液面反射得到的回波时间来进行液位测量。雷达液位计不受介质密度、介质黏度、介质蒸气的影响，测量精度高，因而得到了广泛的应用。和超声波相比，电磁波的传播跟介质无关，可以在缺少、没有空气（真空）或具有液体半汽化状态的情况下传播，并且气液体的任何波动都不影响其传播速度，故可使用于有挥发、高温及高压的应用情况；传播损失比较小，不同大小的量程对成本因素的影响也不大；传播速度不受其他的影响，一般测量精度可达 0.1% 的量程，可以胜任很多超声波液位计难以胜任的工况。

　　各种典型的液位计性能对比见表 13-2。

表 13-2　各种典型的液位计性能对比

分　类	压差式	浮筒式	伺服式	电容式	磁致伸缩	超声波	雷　达
测量依据	压力	浮力	浮力	电容	浮力	声波	电磁波
精　度	一般	一般	高 0.5mm	低	高 ±1mm	一般 ±5mm	高
密度影响	中	高	高	中	高	高	无
接触与否	是	是	是	是	是	否	是/否
温度影响	大	较小	较小	较小	较小	大	忽略
压力影响	很大	较小	较小	较小	很小	大	基本无
挥发性气体影响	基本无	基本无	基本无	基本无	基本无	大	基本无
安　装	极复杂	简单	简单	简单	复杂	简单	简单
维护量	大	大	大	大	大	小	小
可靠性	一般	差	一般	差	一般	一般	好
价　格	高	一般	高	一般	一般	一般	高

　　鉴于加压反应一般是在高温高压的条件下进行，通过以上分析对比，雷达液位计较适合安装在加压反应釜上。下面对雷达液位计进行较详细的介绍。

利用电磁波作为能量波的液位计即是雷达液位计，又称微波液位计。微波（又称为雷达波）是波长为1000~1mm的电磁波，它既具有电磁波的特性，又与普通的无线电波及光波不同。具有如下特点：（1）可定向辐射；（2）可以穿透空间蒸汽、粉尘等干扰源，遇到各种障碍物易于反射；（3）绕射能力差；（4）传播不依赖介质，故在有挥发、高温高压介质中传播影响很小，且传播损耗小；（5）波速不受环境影响，测量精度较高。

雷达液位计就是利用了微波的这些特殊性能来进行液位检测。微波的频率越高，发射角越小，单位面积上能量（磁通量或场强）越大，波的衰减越小，雷达液位计的测量效果越好。

雷达液位计主要由雷达探测器和雷达显示仪组成。雷达探测器主要由主体、连接法兰和天线三部分组成。雷达探测器的主体中包括微波信号源、信号处理部分；天线分为喇叭形和直接与波导管连接两种形式。雷达显示仪提供连接上位计算机的RS-485接口，可以传递液位等参数及报警信号，亦可通过上位计算机对智能雷达显示仪进行控制。

雷达探测器采用的是线性调频连续波测距原理：天线发射的微波是频率波线性调制的连续波，当回波被天线接收到时，天线发射频率已经改变。根据回波与发射波的频率差可以计算出物料面的距离。雷达液位计的工作原理如图13-6所示。

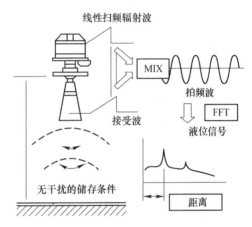

图13-6 雷达液位计工作原理

雷达液位计按结构可分为天线式和导波式两种。天线式雷达液位计通过天线发射与接收，为非接触式测量。按天线的种类可分为绝缘棒、圆锥喇叭、平面阵列、抛物面等。这种测量方式不受罐内液体密度、浓度、物理特性的影响，可用于测量腐蚀性强的液体，如强酸、强碱、沥青等复杂工况。但这种方式有时会有较多的干扰反射，影响测量。对于介电常数较小的物料，由于反射波太弱，测量效果也不佳。一般要求被测物体的介电常数要大于4。

导波式雷达液位计采用的是接触式的测量方法。带有金属棒或柔性缆的导波杆，安装时从测量罐的罐顶直达罐底，工作时，微波会沿着导波杆外测向下传播，在碰到液位时由于介电常数与空气不同，就会产生反射，并被接收。由此根据波的行程可以测出液位。其导波体（探头）结构上可分为同轴式、双杆式、单杆式三种，各有不同的性能特点及适用范围。这种方式虽然失去了非接触式的一些优点，但由于其微波是沿着导波杆传播，不扩散，故可以在狭长的容器中使用而不会有较多干扰反射。而且由于能量集中，可以测量介电常数较低（≥1.4）的物料。

雷达液位计在传播发射微波时，不需要空气作为传播介质，所以介质温度变化对微波的传播速度几乎没有影响。但是雷达液位计的传感器和天线部分却不耐高温，这部分温度太高则会影响正常工作。在测量高温介质时，需要采用空气或水强制冷却等措施来降温，或使天线喇叭口和最高液位之间留有一段距离，以免天线受高温影响。

雷达液位计在传播微波信号时也不受空气密度的影响，所以雷达液位计在真空和受压状态下都能正常工作。但是由于雷达探测器的结构原因，当容器内的操作压力高到某一范围时，雷达液位计便会产生较大的测量误差，所以不能超过厂家出厂时允许的压力值。雷达液位计的轴线须与液面垂直以增强反射波强度。圆形或椭圆形的容器，应安装在离中心$1/2R$距离的罐顶位置；防止容器壁多重反射后形成强干扰波影响准确测量。如果液位波动较大，可采用旁通管安装。

不同雷达液位计对比见表13-3。

表13-3　不同雷达液位计对比

结构	天　　　线　　　式				导　　　波　　　式		
类型	绝缘棒	圆锥喇叭	平面阵列	抛物面	同轴式	双杆式	单杆式
特点	绝缘棒天线通常是用聚四氟乙烯、聚丙烯等高分子材料制成，耐腐蚀性能好。但微波发射角较大，约30°，对于罐内结构复杂的工况，干扰回波比较多	圆锥喇叭天线的发射角和喇叭直径及频率有关。喇叭直径越大，波束角越小，同样，频率越高，波束角也越小	平面天线采用平面阵列技术，即多点发射源。与单点发射源相比，其测量精度更高，可达1mm	抛物面天线波束角较小，但天线尺寸较大，安装使用不太方便	所有探头中最有效的结构形式。其由一根金属棒及一根金属圆管同轴安装而成。微波脉冲在棒和圆管内的空间内传播，能量不扩散也不受外界电磁场影响，传播效率高	由两根平行的金属杆组成，其传输效率介于同轴与单杆之间。可测介电常数不小于2的液体。其开放式的结构使在探头上挂料及结垢的影响较小，但物料在两杆间搭桥或在隔离器上结垢会导致测试异常	结构简单，安装方便，但传输效率较低，通常被测液体的介电常数要求不小于10。对探头上挂料及结垢不敏感
适用范围	由于其耐腐蚀性能好，常用于强酸强碱等腐蚀性介质的测量	通用形式。可用于测量液体及散状固体物位。最大量程100m，最高温度200℃，最大压力6.4MPa	精度高，可用于储槽的精密测量。主要用于计量级的物位测量	波束小，微波能量集中，能实现较远距离测量。可以测量较狭窄料仓	1. 清洁液体；2. 介电常数大于1.4；3. 温度可达427℃；4. 压力可达43MPa；5. 可用于有挥发水蒸气场合；6. 量程最大6m；7. 可同时测量液面及液-液界面	1. 液体、散状固体液位；2. 介电常数大于2；3. 温度可达150℃；4. 压力达6.4MPa；5. 用于泡沫及轻度膜式挂料；6. 量程最大22m；7. 可同时测量液面及液-液界面	1. 液体、散状固体液位；2. 介电常数大于10；3. 温度可达150℃；4. 压力达6.4MPa；5. 挂料及结垢影响较小；6. 量程最大22m；7. Teflon绝缘电极可用于腐蚀性介质；8. 可同时测量液面及液-液界面

13.3.5　密封装置

加压反应釜可提供比正常大气压高的反应条件，在有色金属加压浸出中具有不可替代的作用。为保持反应过程中液-固-气相充分混合，加快反应速度，必须对反应介质进行搅拌。为保持釜内工作压力，搅拌系统的密封技术要求非常高，目前已被工业化应用的双端面密封技术经过不断完善，解决了加压浸出釜的搅拌密封技术问题。

湿法冶金用加压釜通常压力低于10MPa，釜体及管道连接法兰之间的密封采用平垫密封即可满足要求。平垫密封结构简单，使用压力小于20MPa，日本的高压釜釜体、管道等法兰密封都采用缠绕式密封垫，密封效果非常好，这值得在设计和生产中积极采用。与之相比，转轴密封即加压釜转动的搅拌轴与静止的加压釜釜体之间的密封一直是加压釜正常生产的关键部分。通常根据釜内介质的物理化学性质和对生产过程中的安全、卫生、防火等技术要求来选择搅拌轴密封结构。加压釜常采用的轴封方式有填料密封、机械密封以及磁力密封[30~36]。

13.3.5.1 填料密封

填料密封的结构如图13-7所示。填料密封是用填料填塞泄漏通道，以阻止泄漏的一种密封形式，属传统的接触式密封。其优点是结构简单、装拆方便、成本低廉及适用范围广。尽管存在着密封性能差、不允许轴有较大径向跳动、功耗大、磨损轴以及使用寿命短等缺点，但在釜类设备中的应用仍相当的多。其使用条件为：密封介质压力 $1.33 \times 10^{-3} \sim 3.43$MPa，介质温度 $50 \sim 600$℃，线速度小于20m/s。填料密封的密封面较长，摩擦面积、发热量以及摩擦功耗均大，若散热不良，填料及轴表面均会被加快磨损。为此，在某些场合允许介质有

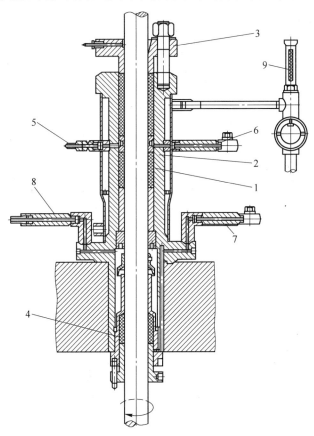

图 13-7 填料密封

1—填料；2—填料面；3—填料压盖；4—内填料；5—进油口；

6—出油口；7—放油口；8—气压入口；9—水位计

一定的泄漏量，以确保摩擦面的冷却和润滑。填料密封结构可分为有、无内填料两种。内填料的主要目的是防止润滑油漏入高压釜内而影响物料或反映进行，通常湿法冶金用高压釜采用带有内填料的填料密封。有填料密封运转时轴与填料的间隙中以油进行润滑，润滑油在其间形成一层连续而均匀的油膜，构成油封，也能起到良好的密封作用。为了对润滑系统进行检查，在填料阀上设有出油口（图 13-7 中 6），当填料密封的工作不正常或有怀疑时，开启出油阀进行检查。另外，利用釜内压力可将积于内填料外侧的润滑油通过放油口（图 13-7 中 7）排出釜外，以免漏入釜体内。填料系统采用水冷却，故此以水位计（图 13-7 中 9）监测冷却水流通情况。填料密封根据其所用填料材料的不同，一般又分为软填料密封和硬填料密封两大类。除此之外，还有一种行之有效的组合式填料密封。

（1）软填料密封。软填料是用绞合填料、编织填料、塑性填料、金属填料以及各种截面形状的成型填料等制成的，常用的有浸渍石棉编织填料、聚四氟乙烯纤维和碳纤维等制成的填料。由于结构简单、成本低廉、拆装更换方便，故是使用最广泛的密封形式。但一般只能用于低压（<1.6MPa）、低速（<200r/min）、温度不高（<200℃）以及允许有一定泄漏量（<25mL/min）的中低压反应釜。填料的装配质量是密封成败的关键，故应注意：1）填料压盖松紧度应适宜，过松会引起泄漏量过大，过紧容易导致烧轴；2）装填料前应彻底清除装配件上的污垢及砂削等；3）装配前必须检查搅拌轴的同轴度和径向跳动量是否符合图样要求；4）切制软填料时应制作一根同尺寸的假轴，让填料缠绕其上，再用锋利切刀与轴线成45°角切断，切口要整齐无毛边；5）每装一层填料，需用木制或软金属制轴套压紧一次，填料层之间切口应依次错开90°。

（2）硬填料密封。硬填料是一种非弹性体填料，用金属、石墨及填充四氟乙烯等材料制成，比软填料具有更高的耐热、耐压和耐高速运转的性能。密封性能好，泄漏量小。主要用于中高压、高速或其他比较重要的场合。缺点是制造精度和成本均较高，拆装及更换也不太方便。因硬填料无回弹性，不能补偿轴的摆动，故一般使用时不单独使用某一种填料材料，而是组合配用。如用金属和石墨（或填充四氟乙烯）组成一对上下填料，或用不锈钢和巴氏合金组成一对上下填料。下填料内侧贴近轴之间的间隙一般为 0.1~0.2mm，故其轴、填料和填料箱的精度要求较高。填料必须加入润滑油，利用油的压力来密封介质，只允许润滑油有少量泄漏（10~15mL/min）而不允许介质泄漏。填料箱必须有冷却水套，以带走其摩擦热量。填料与轴接触部分应镀硬铬。使用时应注意：1）润滑油的压力要始终保持略高于釜内介质的工作压力，且不能中断供给，否则就会造成釜内介质外泄而危及人身安全；2）装配前轴及搅拌桨必须进行静平衡试验，其加工精度和洁净度要求更高，轴的径向跳动量应小于 0.03mm；3）填料中部油环必须使其中间的油孔对准进油口，以确保油路畅通；4）装完给油加压并确信有润滑油排出时方可进行试运转。其他要求与软填料装填时类似。

（3）带自平衡润滑装置的组合式填料密封。该密封结构如图 13-8 所示。经过多年的实践证明，这种密封结构是切实可行的。其工作原理和应用范围与硬填料密封基本相同。不同之处是填料采用的是组合式软填料，其材料是石墨石棉盘根和铝制填料。在填料箱中部进油口以下，将石墨石棉盘根和铝制填料相间放置，一般放置 3~6 对。在进油口以上则全部使用石墨石棉盘根，一般安放 12~18 对。其安装要求与软填料密封相同。该密封具有密封性能好、使用范围广、操作维护容易、成本低廉、更换方便及取材容易等特点。

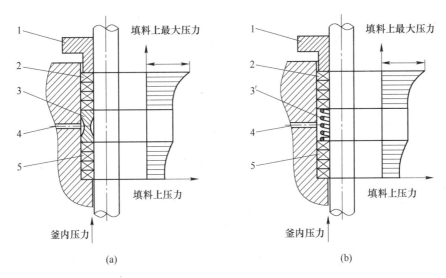

图 13-8 填料上压力分布图
1—压盖；2—上填料；3—弹簧；3′—油环；4—注油口；5—下填料

对于填料密封，填料在填料函中整个高度上所受的压力分布是不均匀的。在压盖螺母摔紧的情况下，压力从下到上逐渐增大（见图 13-8(a)），工作条件很不均匀。上层填料由于压盖的压紧，受力最大，填料与轴的间隙最小，由摩擦而引起的温度较高，因此负荷较重，使用寿命较短。要避免这个缺点，对于软填料，可用弹簧 3 代替油环 3′放置在上填料 2 与下填料 5 之间（见图 13-8(b)），使填料上压力趋向均匀。另一方法是将填料与轴的原始间隙设计成阶梯形，当拧紧压盖时亦可使间隙趋向均匀，减少填料的磨损而延长其使用寿命。

13.3.5.2 机械密封

机械端面密封是一种应用广泛的旋转轴动密封。近几十年来，机械密封技术有很大的发展，在石油、化工、轻工、冶金、机械、航空和原子能等工业中获得广泛的应用。在工业发达国家里，在旋转机械的密封装置中，机械密封的用量占全部密封使用量的 90% 以上。特别是近年来机械密封发展很快，已成为流体密封技术中极其重要的动密封形式。机械密封是由至少一对垂直于旋转轴线的端面在流体压力和补偿机构弹力（或磁力）的作用以及辅助密封的配合下保持贴合并相对滑动而构成的防止流体泄露的装置。

机械密封一般主要由四大部分组成：

（1）由静止环（静环）和旋转环（动环）组成的一对密封端面，该密封端面有时也称为摩擦副，是机械密封的核心；

（2）以弹性元件（或磁性元件）为核心的补偿缓冲机构；

（3）辅助密封机构；

（4）使动环和轴一起旋转的传动机构。

机械密封适用范围广，能用在气相、液相、液固相和各种腐蚀性、磨蚀性、易燃、易爆和有毒介质的密封。且有泄漏量小、摩擦功率消耗少等优点，一般只有填料密封消耗功率的 10% ~ 15%，使用寿命长，轴的微量摆动对泄漏的影响也不像填料密封那样敏感。机械密封结构虽然复杂，加工、安装技术要求较高，但是其技术与经济效果超过了填料密封，所以被广泛应用到轴封上。机械密封又分为单端面和双端面机械密封。单端面机械密封用在压力较低的高压釜轴封上，双端面机械密封用在压力较高的高压釜轴封上。目前国内釜用单端面机械密封主要用在碳钢、不锈钢及搪玻璃等反应釜的搅拌轴或有类似立式搅拌轴的密封场合。其使用条件范围为：密封腔内介质压力为 $13.3 \times 10^{-6} \sim 2.45 MPa$，介质温度 $20 \sim 80℃$，搅拌轴或轴套外径为 $20 \sim 150 mm$，转速不大于 $500 r/min$。在压力较高的场合，双端面机械密封相比单端面机械密封更有优势。北京矿冶研究总院为某冶炼厂二钴车间设计的五室卧式高压釜和日本住友金属矿山株式会社设计的四室卧式高压釜轴封均采用双端面机械密封。机械搅拌正常进行时，必须将密封液（水）缓慢压入密封动环和静环之间的镜面上，保持镜面的润滑和密封。密封液则由水供应。当前广泛应用于有色金属冶金和化工行业的工业型双端面机械密封液供应系统如图 13-9 所示，水作为密封液时的工作原理为：断水自动开关先打开，用泵将储水槽中的水压入密封腔，排净密封腔的空气后，调整断水自动开关的开启程度，控制密封腔体中水的压力。工作泵出现故障时，备用泵自动启动。两台泵都出故障时，断水自动开关关闭，氮气瓶阀门自动开启，用氮气把水压入密封腔，维持一段时间，以便故障排除或停机处理，保护密封装置。储水槽配备有最低水位警报器，保证储水槽水位在安全范围内。

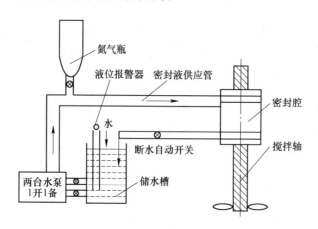

图 13-9　双端面机械密封液（水）供应示意图

机械密封具有以下特点：

（1）密封性好。在长期运转中密封状态很稳定，泄漏量很小，据统计约为软填料密封泄漏量的 1% 以下。

（2）使用寿命长。机械密封端面有自润滑性及耐磨性较好的材料组成，还具有磨损补偿机构。因此，密封端面的磨损量在正常工作条件下很小，一般的可连续使用 1~2 年，特殊的可用 5~10 年以上。

（3）运转中不用调整。由于机械密封靠弹簧力和流体压力使摩擦副贴合，在运转中即使摩擦副磨损后，密封端面也始终自动地保持贴合。因此，正确安装后，就不需要经常调整，使用方便，适合连续化、自动化生产。

（4）功率损耗小。由于机械密封的端面接触面积小，摩擦功率损失小，一般仅为填料密封的 20% ~30%。

（5）轴或轴套表面不易磨损。由于机械密封与轴或轴套的接触部位几乎没有相对运动，因此对轴或轴套的磨损较小。

（6）耐振性强。机械密封由于具有缓冲功能，因此当设备或转轴在一定范围内振动时，仍能保持良好的密封性能。

（7）密封参数高，适用范围广。当合理选择摩擦副材料及结构，加之设置适当的冲洗、冷却等辅助系统的情况下，机械密封可广泛适用于各种工况，尤其在高温、低温、强腐蚀、高速等恶劣工况下，更显示出其优越性。

（8）结构复杂、拆装不便。与其他密封比较，机械密封的零件数目多，要求精密，结构复杂。特别是在装配方面较困难，拆装是要从轴端抽出密封环，必须把机器部分（联轴器）或全部拆卸，要求工人有一定的技术水平。经过不断改进，拆装方便并可保证配装质量的剖分式或集装箱式机械密封已广泛应用与工业生产装置中。

13.3.5.3 磁力传动密封结构

上述机械密封和填料密封在釜类设备中的应用虽然已十分广泛，但其泄漏问题并未根本解决。许多人也做过多种尝试，但当工作压力大于 10MPa 时，其效果总是不尽如人意，轴封处的泄漏无法彻底根除。随着科学技术的发展，原联邦德国首先把磁力传动应用于高压釜传动中，将动密封变成了静密封，取得了良好的效果。我国最早引进这一技术的是上海第六制药厂，引进设备的主要技术参数为：设备容积 250L，工作压力 25MPa，工作温度 250℃，转速 250r/min。我国某航天科研单位自行开发研制出磁力传动技术，并获得专利。在航空航天领域首先应用，取得较理想效果。磁力传动的原理是，利用永磁体的磁性经巧妙的磁路设计将其分布在内外转子上。再用无磁性的不锈钢制成密封隔套将内外转子隔开。当电动机带动外转子（外磁钢）旋转时，其磁力线透过密封夹套带动内转子（内磁钢）旋转，达到了传动和密封的目的。高压釜用该原理制成的磁力传动密封结构，如图 13-10 所示。密封隔套 3 将内磁钢 5 封闭在釜内，釜外外磁钢带动内磁钢旋转时即带动了搅拌轴旋转。实现了釜内外非接触传动，使令人头痛的搅拌轴动密封变成了静密封，高压釜完全能在无泄漏的工况下安全运行。目前，该密封结构可以用在操作压力 10MPa 以上，操作温度 280℃ 以下，转速每分钟数千转的工况条件下工作。温度受到一定限制，是因为内外磁钢在 300℃ 环境下会产生退磁现象。从理论上说，压力和转速没有限制。但压力增加，需要的密封隔壁厚也需随之增厚，进而使内外磁钢之间的距离拉大，磁力线损失增多。若传动功率不变，仅因压力升高就会导致内外磁钢轴向尺寸的增大。因此对高压或超高压的工况，磁力传动密封结构的制造成本将大幅度提高。而转速与压力正好相反，传动功率不变，低转速时同样会使成本增加，故该传动结构更较适合于高速工况下使用。

在高压釜设计时首先应依据设计参数和介质条件来合理选出动密封结构。在满足其使用性能的前提下应尽量以最小的花费去获得最大的功效。在工程设计时可参考以下 3 种方案进行选用。介质为低、中度危害时（常见一、二类容器），使用压力小于 1.6MPa，使用温度小于 200℃，转速小于 200r/min 的工况，选用普通填料密封或机械密封即可。介质仍为低、中度危害，但使用压力为 1.6~8MPa，温度、转速与工况相同，此时最好选用带自平衡润滑装置的组合式填料密封。介质为高度或极度危害的情况（常见于三类容器），使用压力大于 5MPa，使用温度小于 280℃，此时选用磁力传动密封结构是安全可靠的最佳方案。对高压及高速运转的工况条件，磁力传动密封结构无疑具有广泛的应用前景。

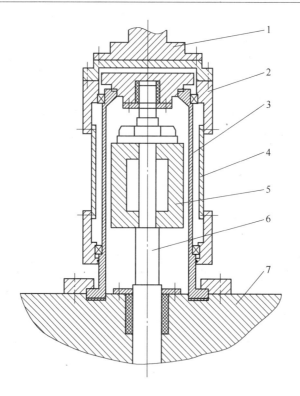

图 13-10　磁力传动密封结构

1—联节器；2—固定架；3—隔套；4—外转子（外磁钢）；5—内转子（内磁钢）；6—传动轴；7—釜盖

13.3.6　气体分布装置

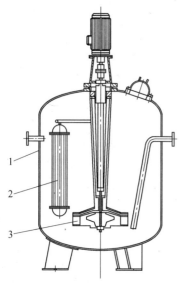

图 13-11　立式釜 AMB 型

1—釜体；2—换热器；3—充气搅拌装置

为了达到较好的氧化效果，使通入的氧化性介质产生微细的气泡是很重要的，除了选择合适的搅拌桨形式之外，通入氧化性介质的方式也很重要。通入氧化性介质管的形状选择不仅要考虑使气泡细化，而且要考虑不被矿浆堵塞。以往多半是在通气管上开小孔，但这样一旦停止通气，固体颗粒就会堵塞管子微孔。在日本新居洪冶炼厂的生产实践中，每 1~3 个月需清理一次通气管。日本住友会社为某冶炼厂二钴车间设计的高压釜中涡轮吹气管管上没有开孔，设置成水平的、直接对着圆筒壁吹，使空气分散起着细化作用，不但不会堵塞通气管，而且空气的氧化率提高到近 80%。

加压釜根据立式及卧式结构之分，立式釜有中心进气的自吸式搅拌进气装置装置如 AMB 型，也有底部进气的 AUB 型进气结构。卧式釜也有中心进气的自吸式搅拌进气形式，但多数为侧面偏底部进气的气体分布结构[37~40]。

AMB 型立式加压釜（见图 13-11）为间断操作，

由立式筒体、换热器和搅拌装置组成，釜底和釜盖（釜盖与筒可拆卸）为椭圆形的。釜体材质有 20K，BCt3，可抗介质的腐蚀，釜体内侧搪铅或聚异丁烯，然后再砌筑板 ATM-1 和用辉绿岩胶泥砌上瓷砖，加压釜配有热交换器，其形式为套管式或内置式换热器，这种设备的特点可以使气-液相和气-液-固相三相之间良好的传质效率，充分利用气相中的氧气，主要原因是它具有比较好的充气装置，能吸入釜中液面上的气体再分散在液相中，能使气液相之充分接触混合。充气装置是一个封闭的涡轮搅拌器，它能将下面的液体吸入搅拌器内，快速的叶轮又将上部的气体引射进搅拌器，进行充分的混合，这样未反应的气体可反复多次被利用，为防止固体在釜底沉淀还可在轴下部再安一个涡轮搅拌器或螺旋桨式的搅拌器，轴的密封可采顶部密封或可用屏蔽电机。

另外，还有采用底部进气的气体分布装置，氧气或压缩空气从加压釜的顶部进入，该装置在加压釜釜底设气室，气室与釜体介质接触的地方为倒三角形，防止矿浆沉积，三角形隔板上开微型孔，气体可均布分散进入釜内。我国江铜集团目前正在使用这种结构的加压釜。苏联化工机械研究所开发研制的 $50m^3$ 的 AUB 加压釜用于浸出铜-锌精矿和中间产品，就类似这种结构。该加压釜工作压力 $16kg/cm^3$，温度 160℃，制造材料用 BT1-10 钛材。气体搅拌式的加压釜 AUB 型（见图 13-12），该釜为立式釜，釜中心设有气体中心循环管，气体从下部能过气体分布器进入循环管内，气泡在上升过程中夹带矿浆，然后矿浆又在釜壳和中心管之间下降，达到混合搅拌作用。

连续运转的带自吸式搅拌的卧式加压反应釜（见图 13-13），是在卧式筒体两端焊上碗形底和盖，加压釜配有内置式换热器或外置换热器，在釜体上设有 4 个充气搅拌器，内分隔 4 室，这样 $15m^3$ 的加压釜在南方镍公司用于氧化硫酸浸出镍钴冰镍，工作压力 150MPa，温度 140℃，与介质接触的零部件材质为 06XH28MUT，釜体为碳钢，内表面搪铅和砌耐酸砖。在诺里尔斯克镍公司安装了 8 台 $125m^3$ 此种类型的加压釜，用于酸氧化浸出铜镍精矿，压力 150MPa，温度 110℃，釜体由双层钢制。

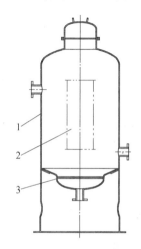

图 13-12 气体搅拌式釜 AUB 型
1—釜体；2—中心循环管；
3—气体分布器

目前，国内外较多的卧式釜采用的是侧面偏底部进气的气体分布装置，这种气体分布装置效果虽然较差，但方便安装和维修。

13.3.7 自动控制[41~45]

自动控制是加压釜比较关键的环节之一。以高硫铜钴矿加压浸出为例，加压釜系统主要包括预浸槽、中间槽、加压泵、矿浆预热器、加压釜、闪蒸槽。自动控制设备主要包括预浸槽温度控制，中间槽液位、温度控制，加压泵出口压力、流量控制，矿浆预热器出口温度控制，加压釜各隔室温度控制、压力控制、液位控制、釜体冷却水温度、流量控制、闪蒸罐压力控制、进气管路流量控制、釜体搅拌冷却水密封控制，以及系统各

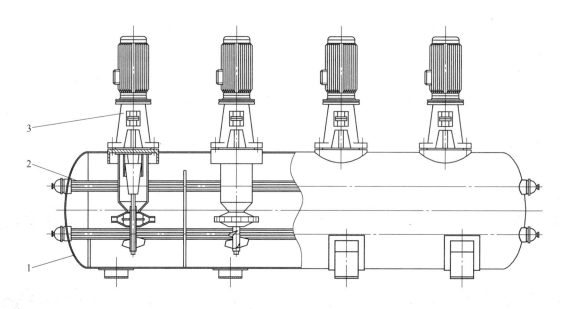

图 13-13　卧式加压浸出釜
1—釜体；2—换热器；3—充气搅拌装置

设备之间的报警及联锁控制，联锁保护是在超压、超温、釜体液位超出上下限，系统硬件发生故障时进行自动保护，其原理为检测系统检测到超限信号后，通过智能接口系统实现信息采集、处理和控制信号的转换送主控计算模块 DCS 软件系统处理，从而反馈控制动作。

目前加压釜自动化控制系统主流采用 DCS 集散控制系统。该系统由多台计算机分别控制生产过程中多个控制回路，同时又可集中获取数据、集中管理和集中控制的自控制系统。分布式控制系统采用微处理机分别控制各个回路，而用中小型工业控制计算机或高性能的微处理机实施上一级的控制。各回路之间和上下级之间通过高速数据通道交换信息，具有数据获取、直接数字控制、人机交互以及监控和管理等功能。加压釜系统控制结构原理图如图 13-14 所示，控制系统图如图 13-15 所示。

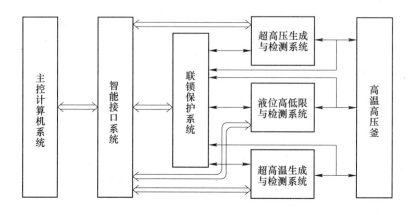

图 13-14　加压釜控制体系统结构原理图

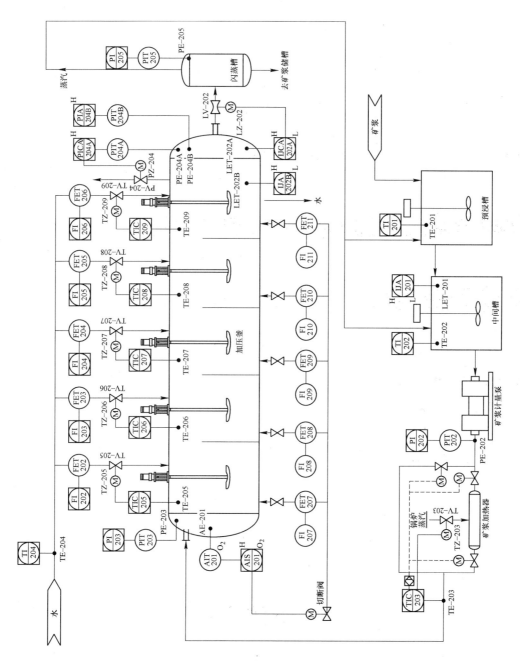

图 13-15 某厂 2.2m×28m 加压釜控制系统图

13.4　加压釜用氧

在有色金属冶金过程中特别是火法冶炼过程中，用富氧技术代替空气鼓风，是提高技术水平、挖潜节能、强化生产并提高生产率及环保水平的重要技术措施。现在老厂传统工艺改造建设、开发新工艺，甚至新厂建设中均普遍采用富氧技术，具有投资少、见效快、经济效益显著的特点。各个国家和有色金属行业高度重视富氧的应用，已将富氧熔炼列为发展有色金属工业、提高冶炼技术水平的技术政策之一，积极鼓励并创造条件，推进富氧技术在有色冶金中应用的试验研究，使得富氧技术在有色冶金工业中的应用得以兴起并蓬勃发展。和工业成熟的钢铁冶金富氧技术应用相比，有色冶金中富氧技术应用还只处于发展阶段，其制氧工艺、各种冶炼工艺技术、鼓风冶炼指标甚至尾气处理等都有其特殊性，还有待进一步深化[17]。

13.4.1　制氧技术

在有色金属冶炼过程中，用富氧代替空气，是强化生产、降低能耗、治理环境污染、提高技术水平、增加经济效益的重要技术措施。

在湿法冶金中，利用提高氧浓度的加压氧浸出技术，促进矿物的分解和转化，从而达到提取和富集金属的目的。

氧气是无色、无味、无毒气体，常压下于 −182.7℃ 时呈液态，氧气没有腐蚀性，也不燃烧，但有强烈的氧化作用和助燃性。氧气与乙炔、氢气、甲烷、水煤气及液化石油气等混合会发生强烈爆炸，高压氧与油类接触会自行燃烧，因此必须小心使用。

氧气的主要物理常数如下：

相对分子质量	32
气体常数	26.50kg·m/(kg·K)
熔点（标准大气压）	−218.8℃
沸点（标准大气压）	−182.75℃
临界温度	−118.88℃
临界压力	5.04MPa
密度（标准大气压，25℃）	1.429kg/m³
定容比热容（标准大气压，20℃）	0.913kJ/m³

氧的溶解及水溶液中的氧化特性如下。

13.4.1.1　氧在水溶液中的溶解

湿法冶金中的氧化过程，主要是在液相内进行的，因此，气体氧的液相中的溶解是该过程的关键因素之一。一般情况下，氧在水中的溶解度较小，当气体（空气和水蒸气）总压力为 100kPa 时，空气中的氧在水中的溶解度见表 13-4。若过程是在密闭条件下进行的，气体的总压力一般为 100kPa，若水蒸气的压力为 $p_水$（kPa），则气体氧化剂所占比例为 $(100 - p_水)$kPa。随着温度的升高，气相中的水蒸气的分压迅速增加，气体氧化剂的分压则相应减少。

表 13-4　空气中的氧在水中的溶解度

温度/℃	0	10	20	30
溶解度/mL·L⁻¹	10.19	7.9	6.94	5.8

　　由此可见，若靠提高温度来获得必须的氧化速度，则应创造条件，使系统同时保持足够的氧分压。为达到此目的，可采用高压氧气，同时可将溶液沸腾温度提高到100℃以上。高压釜的出现大大扩大了湿法工艺氧的应用，提高了湿法工艺的经济指标。

　　保持氧分压不变，氧在水中的溶解度随温度变化而变化。温度在 90～120℃ 时，氧在水中的溶解度达最低值，随着温度的提高，溶解度逐渐增加，而在 320～350℃ 达最大值（为室温时的 3～4 倍）。

　　水中酸、碱、盐对氧的溶解度影响极大。通常，当温度和氧分压一定时，苛性碱、强酸及其盐类会使氧的溶解度下降，而弱酸、弱碱（如氨）则可提高氧在水中的溶解度。

　　因此，反应试剂的低浓度和低温度是使氧能够参加湿法冶金化学反应的重要条件。铜矿等的地下浸出及堆浸，属于低温工艺过程，而热压浸出及加温浸出则属于高温工艺过程。

　　氧以溶解的形式参加化学反应，无论在动力学过程或静态过程中，保证氧在溶液中的极度饱和是非常重要的，特别是那些氧耗高或氧浓度与反应速度密切相关的过程。

13.4.1.2　空气体系和纯氧体系氧化-还原电位

　　一般地，纯氧体系的氧化还原电位的试验值高于空气体系的氧化-还原电位 0.3～0.5V。

　　氧气的供给，根据条件可以由管道输送（15MPa 以下），也可以用瓶装或液氧槽车运输。带压氧气容器不可敲击，应远离热源，不能暴晒。输氧管道要预先用四氯化碳脱油，管道的铺设要避开电力线路，天然气及石油管路，要有良好的接地装置，以消除气流与管壁摩擦产生的静电和雷电放电时产生的雷电感应。

　　对于氧气在输送管道中的流速有限制，因为氧气在管道中高速流动，会与管壁，特别是表面比较粗糙的管壁发生摩擦产生大量的热，如果管道中有铁锈和可燃物等存在就更加危险。有人测得，细粒铁粉在氧气流中于 315℃ 开始燃烧，由于铁的燃烧反应 $2Fe + 3/2O_2$ $= Fe_2O_3$ 是放热反应，铁粒周围又是氧气形成的隔热层，因此颗粒温度迅速上升，进而造成管路的燃烧。由于每克铁燃烧需要消耗 $300cm^3$ 氧气，氧的体积比铁的体积大 2000 多倍，所以氧气管道中发生的燃烧事故总是向着提供氧的方向发展，这就可能使事故的危险进一步扩大到供氧站。但是，只要及时关闭供氧阀门，铁的燃烧会自然熄灭。所以要注意选择输氧管道的材料，并限制氧气在管中的流速。一般来说，工作压力在 16MPa 以上的氧气管道要选用无缝钢管，3.0MPa 以上就必须选用铜管或不锈钢管。氧气在管道中的最大流速要根据输送压力、管道材料及密封材料等条件来选定。

　　此外，氧气阀门的开关动作应该缓慢，如果急速开阀，则阀后气体的绝热压缩和静电火花，都可能导致管道和阀门的燃烧。

13.4.2　硫化物的氧化过程

　　在湿法冶金中，硫化物的浸出过程是应用氧气的一个重要领域。多数情况下，硫化物的氧化机理是经过氧与各种盐溶液的相互作用，而不是氧直接和硫化物发生作用。

13.4.2.1　MeS-O_2-H_2O 体系

　　在 MeS-O_2-H_2O 体系中，就硫的氧化程度而言，反应可分为三种主要类型，相应生成硫化氢、元素硫和硫酸盐：

$$MeS + 2H^+ \Longrightarrow Me^{2+} + H_2S$$

$$MeS + 2H^+ + 1/2O_2 \Longrightarrow Me^{2+} + S^0 + H_2O$$

$$MeS + 2O_2 \Longrightarrow Me^{2+} + SO_4^{2-}$$

硫化物中硫的氧化是分阶段进行，溶液中经常有一些有中间化合价的硫化物——硫代硫酸盐、多硫代盐等，它们的产率也与元素硫和硫酸盐硫的产率一样，取决于很多因素（介质的氧化能力、pH 值、温度等）。

13.4.2.2　硫化物氧化的动力学

对于黄铁矿及黄铜矿，氧化速度与 p_{O_2}、$\sqrt{p_{O_2}}$ 成正比。也有人认为，黄铜矿的氧化速度与氧分压成另一种比例关系。至今，多数研究者认为，硫化物（ZnS、CuS、PbS、Ni$_2$S$_3$ 等）的氧化速度与 $\sqrt{p_{O_2}}$ 成正比例关系。而铁、镍、钴的砷硫化物的氧化速度则与氧分压成正比；辉铝矿在苛性碱溶液中的氧化则较复杂。

有时，硫化物的氧化速度与 p_{O_2} 关系并不是恒定的，随着压力的绝对值变化，而呈跳跃性的改变。硫化物的氧化速度随 $\sqrt{p_{O_2}}$ 变化时，说明提高氧压对提高浸出效率的影响迅速下降了。因此，热压浸出中，氧分压很少超过 $(1 \sim 1.5) \times 10^9 Pa$（当然也有设备等方面的原因）。

除了氧压外，磨矿粒度、温度、催化剂等液对氧化速度有较大影响。

氧气在某些情况下应用会受到限制。以氨浸为例，在氨介质中浸出，当加热氨水溶液时，部分氨气会逸出进到热压器的上部空间，这时，如果采用富氧空气，逸出的氨将和氧、水蒸气以及氢气混合，当混合气体达到一定组成时，不稳定的氨和氧气作用而引起爆炸。引起爆炸的上限和下限取决于各种因素：起始温度、气体压力、是否有水蒸气和氢气、热压器上部空间的形状、燃烧激化的部位和方法等。无水蒸气时，氨-氧混合气体的爆炸界限比氨-空气混合气体的界限要宽。在 18℃ 和常压下，爆炸的上下限分别为 15.3% 和 79%（氨含量），随着压力的增高，上下限均要降低，温度提高到 250℃ 时，上下限分别降到 14% 和 30.5%（氨含量）。

13.4.3　氧压浸出的应用范例

13.4.3.1　含锗物料加压浸出提取锗的工艺方法

该方法通过将含锗和锌电积废液、纯度 70% ~90% 的氧气或富氧空气加入加压釜中，并控制浸出温度、压力，直接浸出含锗物料中的锗，得到含锗溶液。将含锗溶液加入中和剂沉锗，控制温度、终点 pH 值，形成锗铁的高聚分子而共沉淀，得到锗的初段富集渣。将得到的锗初段富集渣，用含硫酸锌电积废液，控制进出时间、温度，使锗有效浸出，得到富含锗浸出液；将得到的富含锗浸出液通过萃取、反萃，再次富集得到含锗富集物。加压浸出处理含锗物料是一种高效、低耗、低污染的新型冶炼方法。

加压浸出提取锗的工艺方法步骤为：

（1）将含锗物料、含硫酸 130 ~200g/L 锌电积废液、纯度 70% ~90% 的氧气或富氧空气加入加压釜中，控制浸出温度在 100 ~150℃、压力 1000 ~14000kPa 的条件下，直接浸出含锗物料中的锗，得到含锗溶液。

（2）将上述得到的含锗溶液加入中和剂沉锗，控制温度为 60 ~ 90℃，在终点 pH 值为 5 ~ 5.4 时，形成锗铁的高聚分子而共沉淀，得到锗的初段富集渣。

（3）将上述得到的锗初段富集渣，用含硫酸 130 ~ 200g/L 锌电积废液，控制浸出时间 2 ~ 4h，温度为 60 ~ 80℃，使锗有效浸出，得到富含锗浸出液。

（4）将上述得到的富含锗浸出液通过萃取、反萃，再次富集得到含锗富集物。

含锗物料中锗的浸出反应式为：

$$GeS_2 + 2H_2SO_4 + O_2 \rlap{=}{=} Ge(SO_4)_2 + 2H_2O + 2S$$

$$GeS + H_2SO_4 + 1/2O_2 \rlap{=}{=} GeSO_4 + H_2O + S$$

13.4.3.2 富铟烟尘中氧压提取铟

将富铟烟尘粉碎至粒度为 100 ~ 120 目（0.147 ~ 0.122mm），按照液固比（4 ~ 10）：1 加入到预先配置质量分数为 10% ~ 30% 的稀硫酸溶液中，其中液固比的单位为 kg/L；在密闭高压反应釜中，通入工业氧气；控制反应浸出温度 120 ~ 180℃，氧气压为 0.6 ~ 1.5MPa，反应时间 2 ~ 5h；反应结束后经冷却、泄压后打开反应釜，将反应后的料浆进行液固分离，得分离渣和氧压酸浸滤液；分离渣用热水洗涤 1 ~ 2 次后送铅冶炼综合回收铅、锡和银。

13.4.3.3 酸性加压氧化法处理金精矿

随着地表易处理金矿资源的日益耗尽和深部矿床的不断开采，难处理金矿已逐渐引起人们的重视。据统计，世界现有黄金储量中有 2/3 以上为难处理金矿，并且 1/3 的黄金产量来自难处理金矿，难处理金矿中载金矿物为毒砂和黄铁矿等硫化物，金为细微浸染型，被毒砂和黄铁矿包裹，用机械磨矿方法不能使其暴露，以致不能与浸出剂接触；有害杂质砷、锑等含量高，阻碍金的浸出或吸附已溶金；金颗粒表面被钝化也会导致难以被溶解。采用氰化法直接浸出高硫高砷难处理金矿的浸出率一般仅为 10% ~ 30%，因此必须进行预处理破坏硫化物的包裹，使金得以解离，从而得到有效的浸出。预处理的方法有焙烧氧化法、加压氧化法、细菌氧化法。

加压氧化法具有环境污染小、氧化彻底、金回收率高、反应速率快和适应性强等优点，更适合用于高硫高砷难处理金矿的预处理，可采用酸性加压氧化法对难处理金精矿进行预处理。

在难处理金精矿的加压氧化过程中，氧气对于硫化矿的氧化是在液相中进行的，溶解在液相中与气相中的氧按照亨利定律保持一定的平衡关系，即气相中氧分压越大，在液相中溶解的氧越多，氧分压的提高可以大大提高氧化速率，增大反应过程的热力学推动力。

13.4.3.4 碱硫氧压提取金银方法

将含有金银的原料矿、元素硫及碱性物质加水调成矿浆料，其 S/OH 的物质的量比为 0.7 ~ 1.5，将矿浆料置入氧压 30 ~ 500kPa 的压力反应釜中。然后升温至 65 ~ 105℃，进行碱硫氧压浸出 2 ~ 6h，得出浸液；将所得浸出液采用锌粉置换法，置换出浸出液中的金银；该方法利用元素硫在碱性介质中一定氧压下形成的亚稳态氧化产物，与金离子生成配合物以浸出金，亚稳态硫氧化物被氧化为稳定的硫酸根，对环境无污染。

13.4.3.5 含硫的铂族金属物料中氧压浸出铂族金属

从含硫的铂族金属物料中氧压浸出铂族金属的生产方法是将含硫的铂族金属物料和浓

度为 0.1 ~ 5.0mol/L 的硫氰酸盐溶液混合加入到反应釜中，调节 pH 值至 1.0 ~ 6.0；降温后固液分离洗涤，再从浸出液中回收铂族金属离子。含硫的铂族金属物料中的铂族金属氧化后与硫氰酸根形成配合物溶液进入浸出液，而其他元素残留存在浸出渣中。该方法具备铂族金属与金银的浸出选择性好、杂质元素浸出少、工艺流程短、成本低、浸出剂环境友好、设备腐蚀小等优点。

13.5　加压釜生产应用举例

目前，高压釜在镍、钴、铜（含铂族金属）的硫化矿和镍锍、硫化锌精矿、难处理金矿及铝土矿等的湿法冶金中得到了广泛的应用。主要生产厂家、下面举例说明[1,12,15,46~49]。

13.5.1　古巴毛阿冶炼厂

古巴毛阿镍厂（立式釜镍红土镍）是世界上首先应用高压酸浸法处理红土矿生产镍产品的厂家，建于 1959 年。目前世界上采用高压酸浸生产红土镍矿的工厂主要还有 Murin Murin、Cawes、Bulong、巴布亚新几内亚瑞木项目。几个红土镍矿 PAL 生产厂的简要流程见表 13-5，其主要工程参数列于表 13-6[50,51]。

表 13-5　高压酸浸处理镍红土矿生产厂的主要技术参数

厂　名	生产能力 /万吨·年$^{-1}$	矿石品位	简　要　流　程	产　品
毛阿	2.3Ni 0.2Co	1.35% Ni 47.6% Fe	备料—高压酸浸—固液分离—溶 液中和除杂（铁、铝、铬）—H$_2$S 加压沉镍钴	硫化物精矿 (55% Ni, 5.9% Co)
穆林 穆林	4.5Ni 0.3Co	1.02% Ni 0.065% Co	备料—高压酸浸—固液分离—H$_2$S 沉 Ni、Co—硫化物 沉淀加压氧化酸浸—Cyanex 272 萃钴—反萃钴液氢还原 得钴粉；萃余液氢还原制镍粉	钴粉，镍粉
考斯	0.9Ni	0.98% Ni 0.08% Co	备料—高压酸浸—固液分离—MgO 沉镍、钴—碳铵溶液 重溶—净化—Lix84A 萃镍—反萃液电积获电镍； 萃余液 H$_2$S 沉钴	电镍，硫化钴
Bulong	0.9Ni	0.70% Ni 0.045% Co	备料—高压酸浸—固液分离—Cyanex 272 萃钴—反萃液 净化后电积得电钴；萃余液烷烃羧酸萃镍— 反萃液电积得电镍	电镍，电钴
瑞木	3Ni	1.138% Ni 0.117% Co	备料—高压酸浸—固液分离—两段中和除铁—两段沉 镍钴—氢氧化镍钴富集物	氢氧化镍钴富集物 (38% Ni, 3% Co)

表 13-6　红土矿 PAL 生产厂的主要工程参数

厂　名	毛　阿	瑞　木	穆林穆林	Bulong	考　斯
资源	370Mt： 1.35% Ni 0.15% Co	1.138% Ni 0.117% Co	220Mt： 0.88% Ni 0.06% Co	1490Mt： 0.98% Ni 0.08% Co	213Mt： 0.705Ni 0.045Co
镍生产规模/t·a^{-1}	30000Ni 2000Co	30000Ni 2000Co	45000	9000	9000

续表 13-6

厂 名	毛 阿	瑞 木	穆林穆林	Bulong	考 斯
高压釜系列	4	3	4	1	1
浸出温度/℃	230~260	230~260	250~255	250~270	250
浸出压力/kPa	4300	4300	4300	3800~5405	3800
高压釜尺寸：长/m	15.00（高）	34	33	31	31
直径/m	3.0	5.1	4.9	4.6	4.6
釜体壁厚/mm	—	—	95	117	100
钛衬厚/mm	—	—	6.5	8	8
钛衬材料	—	钢钛复合板	Grad1	Grade17	Grade11
硫酸加入量/kg·t⁻¹	250	250	400	520	360

该厂原料主要为褐铁矿型含镍钴氧化矿，含镁较低，含钴较高。

矿山采出的矿石经振动筛除去岩块（+127mm）后制成矿浆（30%固体），再次通过振动筛，除去+10mm粗粒，然后通过0.8mm粒径振动筛，筛上部分仍弃去，筛下部分制成25%固体浓度的矿浆由混凝土管道（约5km）自流至浸出工序的贮存浓密池内，该浓密机底流供浸出工序，溢流返回制浆工序。

浓密机含45%固体的底流，通过预热器，用蒸汽直接加热到80℃，进入两台机械搅拌槽，用离心加压泵分四路将矿浆送入高压加料泵内，再由该泵送入高压加热塔，用4.5MPa高压蒸汽直接加热到246℃反应温度，然后自流进入高压酸浸系统。高压釜为$\phi 3m \times 15m$的气升式立式釜，每个系统由4个釜串联组成，每个釜内有一个直径为406mm的钛制中心管，通入4.21MPa高压蒸汽进行搅拌。高压釜外壳为碳钢，内衬铅、耐酸砖和碳砖。98%浓硫酸通过钛管在第1个釜内加入，每吨矿的酸耗量约为0.25t。矿石在高压釜内总平均停留时间略小于2h。

浸出矿浆经过热交换器，温度降至135℃，再在闪蒸槽中降至96℃以下，送七级浓密机逆流洗涤（CCD）。热交换器产出的低压蒸汽用于加热进入高压釜的待浸矿浆。浓密机$\phi 62.6m \times 2.7m$，混凝土结构，前两台内衬耐酸砖，其余用沥青涂底，耐酸砖砌至液面高度。第1台浓密机的溢流为成品浸出液，送还原中和工序处理；第7台浓密机底流含固体50%，排入尾矿坝。CCD过程中不加絮凝剂，洗涤比为1.6。

高压酸浸的主要操作技术条件为：初始矿浆浓度45%固体；预热温度80℃；浸出温度246℃；浸出压力4.5MPa；平均停留时间2h；硫酸浓度98%；初始矿酸比1：0.25。

用上述条件处理红土矿，镍和钴的浸出率分别达到96%和95%，铜和锌的浸出率达100%，铁浸出很少（0.4%），镁的浸出率约60%。浸出液中镍浓度一般在5.8~6.8g/L，游离硫酸约32g/L，典型化学组成列于表13-7。

表 13-7 高压酸浸浸出液的典型化学组成

成 分	Ni	Co	Cu	Zn	Fe	Mn	Cr	Mg	Al	SiO₂	游离 H₂SO₄
含量/g·L⁻¹	5.95	0.64	0.1	0.2	0.8	2.0	0.3	2	2.3	2	32

高压釜的结垢是高压酸浸法处理红土矿中影响运行最主要工程的问题之一，在毛阿镍厂形成速度约为每天25mm，结垢的主要成分为赤铁矿（Fe_2O_3）和含水明矾（$H_3OAl_3(SO_4)_2(OH)_6$）的混合物。结垢最严重的部位是加入硫酸的第一釜，因而推测结

垢的形成与过饱和度密切相关。如何减少或防止结垢发生，是高压酸浸处理红土矿技术在工业应用时所面临的重大技术难题。

13.5.2　巴布亚新几内亚镍冶炼厂（镍矿）

巴布亚新几内亚瑞木镍钴项目是近年来由中国 ENFI 公司设计的第一家海外加压浸出红土镍矿回收镍的项目，项目主要由矿山（含选厂）、冶炼厂和连接矿山的 133km 矿浆辅送管道等三部分组成。矿山位于马丹西南方向 75km 的 Kurmbukari，冶炼厂选择在马丹东南方向 55km 的 Basamuk 海湾岸边，矿山和冶炼厂相距约 90km，矿浆辅送管道距约 133km。该项目年处理来自选矿厂的矿浆（固体量）321 万吨/年，产氢氧化镍钴 7.9 万吨（干基），按金属计为镍 3.26 万吨，钴 3.34 万吨。项目主要包括冶炼厂、石灰石矿山（含露天采场、炸药库、废石场）等相关设施、供水设施、供电设施、生活设施、交通运输设施（包括 5 万吨码头一座及工作船码头一座）。

其主要工艺流程如图 13-16 所示。

冶炼处理原料来自选矿的矿浆，矿浆固体浓度 12% ~ 18.3%，矿浆密度 1.11 ~ 1.14g/cm³，矿石密度 3.3 ~ 3.4g/cm³。进

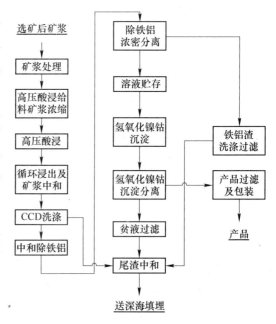

图 13-16　RUMU 项目红土镍矿加压浸出流程

料矿石含镍 1.138%、钴 0.117%。前期处理的矿石平均典型成分见表 13-8。

表 13-8　冶炼处理矿石典型化学组成

成分	Ni	Co	Fe	Zn	Al	Cr	Mg	Mn	SiO₂	Ca
含量/%	1.138	0.117	41.9	0.04	1.58	0.52	2.25	0.653	14.59	0.01

冶炼区域主要包括：矿浆贮存、高压酸浸给料矿浆浓缩、高压酸浸、循环浸出及矿浆中和、CCD 逆流洗涤、中和除铁铝、除铁铝矿浆浓密分离、除铁铝渣洗涤过滤、溶液贮存、氢氧化镍钴沉淀、氢氧化镍钴浓密分离、氢氧化镍钴过滤及包装、贫液过滤、尾渣中和等。

选矿厂的矿浆经长距离管道输送到冶炼厂，通过管道将矿浆分配到原矿浆槽内，然后泵送至 3 套并联配置的高压酸浸给料浓缩系统，浓密过程中加入浓度为 0.3% 的絮凝剂（用溢流稀释至 0.03%），根据进入浓密机矿浆固体含量来控制加入的絮凝剂量，使矿浆浓度提高到 32% 以上；浓缩后矿浆先经泵送至高压酸浸给料槽进行贮存，然后由低温预热器给料泵送到高压酸浸矿浆预热系统；矿浆浓缩产生的溢流一部分送高压酸浸区域作为尾气洗涤系统洗水，其余溢流送水处理系统综合利用。

高压酸浸系统分为三个系列，每系列包括矿浆预热器给料泵、三级矿浆预热器、高压釜给料泵、高压釜、三级闪蒸槽、闪蒸密封槽和尾气洗涤系统。

由低温预热器给料泵送来的矿浆在低温矿浆预热器内与低压闪蒸蒸汽直接混合后，矿浆温度从常温升到约90℃；然后通过两级串联离心泵将矿浆送至中温矿浆预热器内，经中压闪蒸蒸汽直接加热到约155℃。从中温矿浆预热器出来的矿浆通过三级串级离心泵将矿浆送到高温矿浆预热器内，经高压闪蒸蒸汽直接加热到约205℃。从高温矿浆预热器出来的矿浆经2台并联工作的高压釜给料泵连续送入高压釜内，并根据一定的酸矿比往釜内加入浓硫酸和高压蒸汽等，利用高压蒸汽的潜热、浓硫酸的稀释热以及反应热使矿浆温度升高到约255℃，保持釜内操作压力约4800kPa，矿浆在高压釜内停留50~60min，然后经三级闪蒸降温至矿浆温度约105℃。其中高压闪蒸蒸汽约为214℃，中压闪蒸蒸汽温度约为165℃，低压闪蒸蒸汽温度约105℃，低压闪蒸矿浆进入闪蒸密封槽。低压、中压和高压闪蒸排放出的蒸汽分别进入低温矿浆预热器、中温矿浆预热器和高温矿浆预热器，高压釜排出的气体主要为水蒸气和部分不凝气体，并夹带少量的矿浆，此部分气体与低温、中温和高温矿浆预热器排出的蒸汽一起进入尾气洗涤系统洗涤杂带的矿浆后排空，洗水送往尾渣中和进行处理。高压酸浸后原矿浆中的镍浸出率大于95.5%，钴浸出率大于95%。加压浸出的矿浆与二段镍钴沉淀渣浆及二段除铁铝渣浆加入矿浆中和槽进行循环浸出。

巴布亚新几内亚镍冶炼厂，处理红土镍矿矿浆量2115m^3/h，矿浆浓度25%，共有高压釜共3台，每台容积766m^3，直径5100mm，长度34000mm，共设7个隔室，每个隔室配1台搅拌装置，高压釜材料为钢钛复合板。每台高压釜配2台高压给料泵，每台给料泵流量281.7m^3/h，给料泵类型为带冷却段高温高压隔膜泵，高压给料泵排出口压力5271MPa。高压闪蒸槽数量3台，闪蒸槽排料固含量125.7t/h，闪蒸槽排汽57.7t/h，闪蒸槽内径3900mm，衬里封头内高1000mm，直段高6920mm，脱离段高1000mm，浆液分离段高2000mm，浆液深度（直段部分）4000mm，衬里内部高9000mm，矿浆深度5000mm。另外还配有中压闪蒸槽和低压闪蒸槽各三台，衬里内径分别为5800mm和6500mm。

13.5.3 德国湿法冶炼厂（镍锍和砷锍）

民主德国1977年投产的新湿法车间采用压煮浸出新工艺处理铋钴镍混合料（含镍2%~3%）、硫化物精矿（含镍8%~15%）、废渣和金属废料（含镍5%~30%）。先将上述原料熔炼成锍，而后用工业氧进行压煮浸出。

所得锍经磨细后，在压煮器中进行间歇式浸出。先把砷锍矿浆加热到30℃，供氧能力为500m^3/h，借助于放热反应，温度自动升到120~140℃，而压煮出镍锍矿浆，则需要预热到60~80℃，总压力为500~900kPa。当硫化物或砷化物的氧化反应结束时，矿浆温度即下降。80~85℃卸出矿浆，含铁尾渣具有良好的过滤性能。

提高砷锍中的铁含量，有助于提高金属的直接浸出率，当Fe:As=0.3~0.5时，镍的浸出率为92%~94%；当Fe:As≥0.8时，镍的浸出率达95%~98%；即处理一次（低镍）锍时，镍的直收率为96%，处理二次（高镍）锍时，镍的直收率为98%。

处理砷锍时，初始液固比为5:1，处理镍锍时为（8~2）:1，每吨镍锍的耗氧量分别为400kg和600~800kg。由于原料中的硫不足以使有色金属生成硫酸盐，故须向矿浆中加入硫酸；处理砷锍时，每吨锍需加硫酸800~850kg，处理镍锍时，则需400~1300kg硫酸。应保持酸的浓度不得超过100~180g/L。

与常压下物料硫酸化的方法相比，压煮工艺的技术经济指标较佳。若以常压法的指标为

100%计，压煮法的指标如下：镍的直收率为170%。镍的总回收率为105%。主要材料消耗为96%，处理成本为86%，电解成本为106%，蒸汽消耗为60%，劳动力消耗为68%。

13.5.4　中国丹霞冶炼厂（锌精矿）

丹霞冶炼厂2009年投产，年生产电锌10万吨。共有三台加压浸出釜，每台直径4200mm，长度27760mm，有效容积239m³，高压釜分七个隔室，五个室。其中第一、第二、第三隔室底部相通，为第一室；第四隔间为第二室；第五隔间为第三室；第六隔间为第四室；第七隔间为第五室。加压釜共有7个搅拌电机，搅拌电机功率160kW，搅拌轴转速82.4r/min，桨叶直径1410mm，桨叶材质为钛材。搅拌电机配有密封水罐，密封水罐的作用是向高压釜搅拌机提供高压的密封水，在高压搅拌机运行的时候，要高度关注密封水罐的压力和水位，如果压力低，要及时补水，密封水罐内还安装有盘管换热器，以便给从高压釜搅拌机机封返回的水降温，降温介质为工艺水。

高压釜排出的物料首先进入闪蒸罐，然后以溢流方式进入闪蒸槽。闪蒸罐能大幅度减轻高压釜排出的矿浆直接对闪蒸槽的冲刷，起到保护闪蒸槽的作用，闪蒸罐直径750mm，高度2300mm，材质904L。闪蒸罐搅拌机配置有机封，机封有独立的密封水系统，密封水系统的密封罐要及时补压补水。闪蒸槽直径3100mm，高度4650mm，容积43.7m³，材质904L。从闪蒸槽排出的矿浆进入到调节槽，矿浆中的水在调节槽进一步蒸发，矿浆也进一步降温。调节槽的温度基本要求保持在105℃以下。

我国类似的锌冶炼工厂还有西部矿业西宁冶炼厂、弛宏矿业呼伦贝尔冶炼厂也为类似的加压釜，设计压力$p=2MPa$；设计温度$t=170℃$，筒体材料Q345R，封头材料Q345R，封头形式为半球形，名义厚度$d=30mm$，筒体直径Q4200mm，长度$L=30900mm$，总长35100mm，釜内先搪铅，再衬耐酸砖防腐材料。某冶炼厂卧式釜如图13-17所示。

13.5.5　特雷尔厂（锌精矿）

特雷厂是加拿大科明科公司20世纪80年代建设投资的锌精矿加压浸出工厂，同期建成的还有蒂明斯厂，蒂明斯厂1983年建成投产。两厂压力釜的容积及尺寸不同，特雷尔厂压力釜设计有效容积100m³，设计锌精矿处理能力190t/d，为四室卧式加压釜，尺寸为$d×l=3700mm×15200mm$；蒂明斯厂，压力釜设计有效容积50m³，容积是特雷尔厂的一半，设计锌精矿处理能力105t/d，也为四室卧式加压釜，尺寸为$d×l=3700mm×15200mm$。但设备结构基本相同，其外壳用碳钢制作，内衬铅和耐酸砖[52]。

特雷尔厂的浸出流程如图13-18所示。

特雷尔厂的锌浸出系统由三部分组成，焙烧浸出系统占锌进料的70%，加压浸出系统占20%，剩下10%是来自氧化矿浸出系统。采用的是加压浸出与焙烧浸出系统相结合的工艺。在建成后特雷尔厂在工艺方面做了三方面的改进：（1）1989年以后增加了一套新的水力旋流器分级系统，日处理能力得到提高；（2）在压力釜上安了一套预热硫酸的装置，代替过去冷酸入釜，以强化浸出过程；（3）硫以元素硫回收是硫化锌精矿加压浸出的一个特点。这些年特雷尔厂最大变化是在硫回收系统，1990年以后，该厂的硫化回收系统是：从压力釜出来的矿浆经闪蒸槽进入硫分离段。矿浆首先通过水力旋流器，旋流器的溢流主要是硫酸锌溶液和矾类矿浆，经扫选回收包含的元素硫，旋流器底流经粗选、精选后

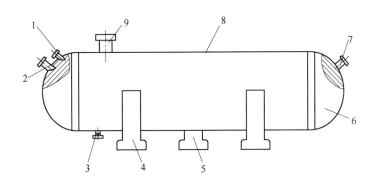

图 13-17 某冶炼厂卧式釜

1—工艺管口；2—进料口；3—进氧口及蒸汽口；4—支承座；5—辅助支承座；
6—封头（半球形壳体）；7—排料口；8—筒体；9—搅拌口

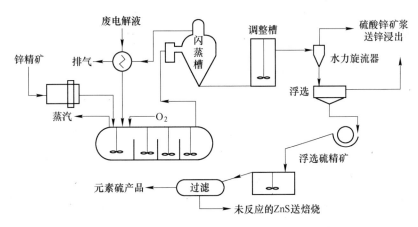

图 13-18 特雷尔厂加压浸出流程

产出硫富集物，它含有元素硫（99.9%），未反应的硫酸锌返回到焙烧炉。浮选设备采用的是 2.8m³ 的丹佛（Denver）浮洗机。

锌精矿的第三个加压浸出工厂是 1991 年 3 月建厂投产的德国鲁尔锌厂，年产锌金属量不低于 5 万吨。鲁尔锌厂的原工艺也是焙烧—浸出—电解沉积工艺，扩产后，把这两种工艺结合在一起。1991 年投产后的工艺流程如图 13-19 所示。

1993 年 3 月，鲁尔锌厂的锌生产工艺发生了重大变化，取消原有赤铁矿工艺，锌精矿加压浸出液直接送中和，中和后液与焙砂浸出中性液合并送净液工序，简化的主要原因是原有赤铁矿流程成本高，流程复杂，经济效益较差。简化流程如图 13-20 所示。简化后 1993～1994 年间，运行效果较好，锌精矿品位为 45%～50%，锌平均提取率达 98%，压力釜年运转率为 95%。

加拿大特雷尔锌厂采用压煮浸出方法处理部分含有较高的铅、铁、石英和其他成分精矿。年产锌为 6.35×10⁴t，约占该厂总生产能力的 1/4。

压煮浸出约含锌 49%、铅 7%、铁 11%、硫 32.5% 的硫化物精矿时，采用返回的硫酸电解液和高压氧浸出。氧化的第一阶段中，几乎所有的化合物中的硫都转变成了元素硫，

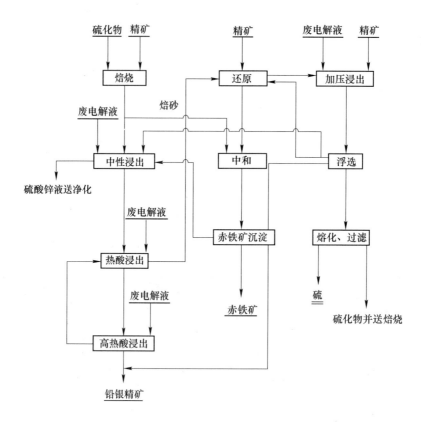

图 13-19　鲁尔锌厂加压浸出与焙烧浸出工艺联合流程

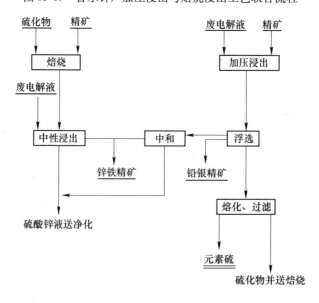

图 13-20　鲁尔锌厂的简化流程

总反应式为:

$$ZnS + H_2SO_4 + 1/2O_2 \Longrightarrow ZnSO_4 + S + H_2O$$

$$\Delta G^{\ominus} = -246886 + 104.8T(\text{J/mol})$$

由于不断增加硫酸车间的生产能力，可获得便于贮存和运输硫产品，因而工厂能灵活生产化学试剂和肥料，大大提高了经济效益。此外，元素硫的直接产率高达97%以上，锌和镉的浸出率均达98%~99.5%，故过程中消耗的氧很少。

商品硫的直收率大于87%，浸出渣经浮选后，其回收率可提高到94%~95%。压煮得到的含锌溶液与锌精矿沸腾焙烧的焙砂酸浸液混合后一并处理。

压煮工艺除了具有不向大气中排放SO_2及上面提到的主要特点外，还有过程简单和建设费用低等优点。如工厂改建总费用为4.25亿加元，其中压煮设备投资仅占0.23亿加元。

特雷尔厂的经验表明，当采用传统流程改造中采用热压氧浸工艺时，可不扩建烟气净化和硫酸生产车间，只要适当扩大溶液净化的工序和电解工序的能力，便可大大提高锌的产量。我国株洲冶炼厂炼锌系统的改建，也是这样进行的。

此外，该公司还拥有常压富氧直接浸出炼锌技术。氧压浸出历史较早，工艺也较为成熟，加拿大科明科（COMINCO）公司成功运用富氧压力直接浸出工艺，并取得较好的效果。

常压富氧直接浸出是OUTOTEC（原Outokumpu）公司近年来开发的新工艺，应该说常压浸出工艺是在氧压浸出基础上发展起来的新技术，它克服了氧压浸出高压釜设备制作要求高、操作控制难度大等问题，同时达到浸出回收率高的目的。目前，常压富氧浸出和氧压浸出两种工艺流程均有较为成功的锌冶炼厂在生产，且运行状态基本良好。工业化常压富氧直接浸出和氧压浸出厂家见表13-9。

表13-9 工业化常压富氧直接浸出和氧压浸出厂家

常压富氧直接浸出			氧压浸出		
厂 家	规模/万吨·年$^{-1}$	时间/年	厂 家	规模/万吨·年$^{-1}$	时间/年
新波立顿公司科科拉Ⅰ	5	1998	加拿大科明科公司	6	1997
新波立顿公司科科拉Ⅱ	5	2001	哈得绅湾矿冶公司弗林弗朗厂	10	1993
新波立顿公司挪威奥达	5	2004	哈萨克铜业公司巴尔喀什厂	10	2003
韩国锌联公司	20	1994	中国丹霞冶炼厂	10	2009
鹰桥公司基德克里克厂	6	1983			

目前，我国以硫化锌精矿为原料的湿法炼锌工艺流程为：焙烧—浸出—净化—电解；浸出系统采用黄钾铁矾法和常规浸出渣的高温还原挥发。炼锌流程实质上是湿法和火法的联合过程；只有硫化锌精矿的直接浸出工艺，才真正是全湿法炼锌工艺，有效解决二氧化硫空气污染和浸出渣有价金属高效回收等问题。

芬兰OUTOTEC公司开发的锌精矿常压富氧浸出技术，以铁作为硫化物反应的催化剂，硫化物在反应中被还原成元素硫。

与同为直接浸出工艺的常压氧浸相比，加压氧浸的特点主要有：

（1）加压浸出在密闭的反应釜中进行，所控制的反应温度、压力均比常压氧浸高，因此物料在反应器内的反应强度大，浸出速度加快，反应时间短。有利于铁、锌及铟等稀散有价金属的分离。

（2）在提高金属浸出率，特别是稀散有价金属浸出率这一方面，加压浸出更具优势。

（3）由于加压氧浸反应温度为145~155℃，高于单质硫的熔点，因此反应过程中产生的单质硫呈熔融状态，通过降温降压使硫进入渣中，再通过浮选、熔融、过滤等产出硫黄。

（4）加压浸出产出的溶液经中和除铁后可直接采用传统的净化工艺，即就可满足电积对溶液杂质含量的要求。可以脱离常规焙砂浸出系统而独立建厂。

（5）加压氧浸在 2～3h 内锌的浸出率可达 98%，与常压氧浸相比，加压氧浸物料的反应强度更大，所需的反应器容积较小，设备占地面积小。另外，加压氧浸反应器为卧式反应釜，适合采用室内配置。

（6）由于常压氧浸反应压力较低，为了获得高的金属浸出率，需要消耗更高的氧气量，因此加压氧浸的氧耗低于常压氧浸。

13.5.6　萨斯喀切温精炼厂（铜镍硫化矿）

萨斯喀切温精炼厂的铜镍硫化矿加压氨浸采用两段逆流流程，第一段浸出用 3 台压力釜，第二段浸出用 5 台压力釜。

压力釜的尺寸为 $d \times l = 3350\text{mm} \times 13700\text{mm}$。釜内用溢流堰分隔为 4 个室，形成液面梯度，矿浆从入口端流到出口端，氨和空气同时从底部通入各室。由于浸出为放热反应过程，在釜内装有冷却管。每台压力釜都装有 4 个搅拌器，每个搅拌器都设有双层桨叶，转速为 170～180r/min，都带内部水封机械密封装置，并以石墨为填料。

13.5.7　中国阜康冶炼厂（含铜镍锍）

1993 年投产，为 $d \times l = 2600\text{mm} \times 9000\text{mm}$ 卧式四室垂直轴搅拌压力釜，其两端为椭圆封头。釜体放置于两个鞍式支座上，其中一个为活动支座，以适应釜体冷热变化的需要。釜体分为四隔室，从进料端到出料端隔板，高度依次递减 50mm。隔室内安装有钛制的空气管和蛇形盘管用来调节釜内温度。采用复合防腐衬里，钢板内壁搪铅再衬两层耐温耐酸砖，用来防腐蚀和耐磨。每个室的中央装有搅拌装置，由减速电机、联轴节、轴承座、轴、密封件和搅拌桨组成。搅拌轴之间的密封采用双端面部分平衡型机械密封。动环为氮化硅，静环为浸渍石墨。密封液为软化水，强制循环，由密封液加压装置供给，加压装置利用氮气加压，通过直径 $d = 25\text{mm}$ 不锈钢增压泵将密封液打到机械密封中去。由于压力釜温度高，在机械密封下端面的下方和密封腔外侧均设置了冷却水套。此外，釜上还设置了温度计、压力表和液位计及工艺操作用的各种接口。压力釜的主要技术参数如下[53]：直径 $d = 2600\text{mm}$，长 $l = 9000\text{mm}$；几何容积 40m³；设计压力 1.6MPa；设计温度 423±10K；搅拌桨直径 $d = 700\text{mm}$，转速 200r/min；电机功率 18.5kW（每个）。

13.5.8　巴瑞克哥兹采克厂（金矿）

巴瑞克哥兹采克厂是 1990 年建成的采用加压预氧化难处理金矿的工厂，日处理矿石 1360t[54]。

压力釜的内径（d）为 4.2m，圆筒部分长度 18.5m，内衬有一层耐酸薄膜和耐酸砖。

在 5 个分室中各安装了 1 台 93kW 的搅拌机。各个轴都装上了双机械密封垫圈。在每个依次排列的法兰盘上都安装了 1 台搅拌机，这些搅拌机、轴和叶轮可以单独拆除。氧气是通过伸到叶轮下面的管而引入每个室的。如果矿石含硫很低，反应热不足以维持所需温度时，可以使蒸汽通过另一个管子进入以加热矿浆。如果矿石含硫太高，反应热过多，此时也可由同一管子通入冷却风以控制矿浆温度。

加压釜主要生产厂家见表 13-10。

表13-10 加压釜主要生产厂家

序号	国家	公司或厂名	原料种类	设计能力	投产日期/年
1	加拿大	加拿大的萨斯喀彻温 (Fort Saskatchewan)	硫化矿精矿镍锍	产镍24900t/a	1954
2	美 国	美国的加菲尔德 (Garfield, Utah)	钴精矿		已关闭
3	美 国	美国的弗雷德里克 (Fredericktown)	铜镍钴的硫化物		已关闭
4	美 国	阿马克毛阿 (Amax Nickel Refining Co. Port Nickel Refinery)	镍钴硫化物，含钴镍锍		1954投产，1974改建
5	古 巴	毛阿镍厂 (Mao Bay Nickel Plant)	含镍红土矿		1959
6	芬 兰	奥托昆普公司哈贾瓦尔塔 (Outokumpu Harjavalta Refinery)	镍锍	产镍17000t/a	1960投产，1981改建
7	澳大利亚	克温那那厂 (Western Mining at Kwinnana)	镍锍	产镍粉3000t/a	1969
8	南 非	吕斯腾堡精炼厂 (Rusten-bury Refinery)	含铜镍锍	125t/d	1981
9	南 非	英帕接铂公司 (Impala Platinum Ltd.)	含铜镍锍		1969
10	加拿大	科明科公司特雷尔厂 (Trail Cominco)	锌精矿	处理精矿188t/d	1981
11	加拿大	蒂明斯厂 (Kidd Creek, Timmins)	锌精矿	处理精矿100t/d	1983
12	南 非	西部铂厂 (Western Platinum)	含铜镍锍	12t/d，60t/d	1985, 1991
13	美 国	麦克劳林 (Mclaughlin Gold mine)	金矿	2700t/d	1985
14	巴 西	桑本托 (San Bento Minceracao)	金精矿	240t/d	1986
15	美 国	巴瑞克梅库尔金矿 (Barrick Mercur Gold mines)	金矿	680t/d	1988
16	美 国	格切尔金矿厂 (Getchell Gold mine)	金矿	2760t/d	1989
17	南 非	巴普勒兹铂厂 (Barplats Platinum)	含铜镍锍	3t/d	1989
18	美 国	巴瑞哥兹采克 (Barricks Goldstrike mill)	金矿	1360t/d	1990
19	南 非	诺森铂厂 (Northan Platinum)	含铜镍锍	20t/d	1991
20	德 国	鲁尔锌厂 (Ruhr Zink)	锌精矿	300t/d	1991
21	加拿大	坎贝尔金矿 (Campbell)	金矿	70t/d	1991
22	巴布亚新几内亚	波格拉金矿 (Porgera Gold)	含金黄铁矿精矿	2700t/d	1992
23	中 国	新疆阜康冶炼厂	含铜镍锍	产镍2000t/a	1993
24	希 腊	奥林匹亚斯金矿 (Olympias Gold mine)	含金砷黄，铁矿金矿	315t/d	
25	巴布亚新几内亚	里尔厂 (Lihir)	金矿	13250t/d	
26	加拿大	哈得逊湾矿冶公司 (Hudson Bay Mining and Smelting Co.)	锌精矿、铜精矿	处理精矿21.6t/d	1993
27	中 国	吉林吉恩镍业公司	镍锍	产硫酸锌10000t/a	
28	中 国	金川镍业公司			
29	中 国	丹霞冶炼厂	锌精矿	产电镍10万吨/年	2009
30	中 国	弛宏矿业呼伦贝尔冶炼厂	锌精矿	产电锌14万吨/年	建设中
31	中 国	西部矿业西宁冶炼厂	锌精矿	产电锌10万吨/年	建设中

参 考 文 献

[1] 陈家镛. 湿法冶金手册[M]. 北京：冶金工业出版社，2005.

[2] Schmitz, Murdock E, Waggoner Clinton A, et al. High-precision pressure reactor：中国，CA1080435[P]. 1980-07-01.

[3] 黄其兴，王立川，朱鼎之. 镍冶金学[M]. 北京：中国科学技术出版社，1990.

[4] Michael E, . et al. Cim Metallurgical Society Hydrometallurgy Section ZINC 183, AUG., 1983.

[5] King J A, Knight D A. Hydrometallurgy, 29(1992).

[6] Mason P B. Hydrometallurgy, 29(1992).

[7] 魏焕起. 对有色金属湿法冶金中高压釜设计的探讨[J]. 有色设备，1995(3):26-30.

[8] 茅陆荣，贺国伦. 湿法冶金用钛复合板加压浸出釜设计和制造[J]. 压力容器，2005，22(10):34-37.

[9] Bartels Paul Vincent (NL). High pressure reactor reinforced with fibers embedded in a polymeric or resinous matrix：US6177054[P]. 2001-1-23.

[10] H Veltman, D Robert Weir, 迟仁清. 谢里特_戈登加压浸出技术在工业上的应用[J]. 湿法冶金，1982(02):1-8.

[11] 周武锋，闻利群，陈英萍，等. GAS实验装置中高压釜的结构设计[J]. 山西化工，2010，5(30):51-54.

[12] 《重有色金属冶炼设计手册》编委会. 重有色金属冶炼设计手册（铜镍卷）[M]. 北京：冶金工业出版社，1996.

[13] 曲杰，江楠，徐忠阳. 基于准则法的大型高压釜的优化设计方法[J]. 工程力学，2010，2(27):214-221.

[14] D'evelyn Mark Philip, Narang Kristi Jean, Giddings Robert Arthur, et al. Pressure vessel：US20030140845A1[P]. 2003-07-31.

[15] 杨显万，邱定蕃. 湿法冶金[M]. 北京：冶金工业出版社，2001.

[16] 唐谟堂. 湿法冶金设备[M]. 长沙：中南大学出版社，2004.

[17] 王吉坤，周延熙. 硫化锌精矿加压酸浸技术及产业化[M]. 北京：冶金工业出版社，2005.

[18] 赵俊学，李小明，崔雅茹. 富氧技术在冶金和煤化工中的应用[M]. 北京：冶金工业出版社，2013.

[19] 陈国民. 浓硝酸装置高压釜技术改造的探讨[J]. 化工生产与技术，2002，4(9):16-17.

[20] 刘松涛. 大型特种材料压力容器制造相关技术分析[J]. 现代商贸工业，2011(11):262.

[21] 苟胜利，唐建彪，刘燕平. 一种高压釜进料装置：中国，CN201346456[P]. 2009-11-18.

[22] 王奎，何在平，王文志，等. 氧化铝高压釜溶出系统的排料及填料装置：中国，CN2642394[P]. 2004-09-22.

[23] 林联枝，庄少强，靳小雷，等. 高压釜智能控制装置：中国，CN201389916[P]. 2010-01-27.

[24] 王晶晶，赵利民. 一种高压釜反应器：中国，CN202860506U[P]. 2013-04-10.

[25] Geiser Alain Dipling(DE). Pressure Reactor：德国，DE3325203[P]. 1985-1-10.

[26] 陈祖贵，陈瑞时，陈如光. 一种高压釜的搅拌机构：中国，CN202237979U[P]. 2012-05-30.

[27] Rehman Zillur. Pressure Reactor：中国，GB2142839[P]. 1985-1-30.

[28] 徐蕾. 加压釜液位控制系统的改造及调节[J]. 新疆有色金属，2003，S1:88-89.

[29] 何广. 一种高压釜料位检测装置：中国，CN201765020U[P]. 2011-03-16.

[30] 任永兵，张金明，孙华鹏. 高压釜动密封结构的分析比较及选用[J]. 石油化工设备，1998，1(27):30-32.

[31] 虞军. 高压釜的轴封设计[J]. 医药工程设计，1998，5:6-10.

[32] 王萍, 杨柏新. 加压釜密封液平衡罐系统的设计与应用[J]. 设备管理与维修, 2011, S1: 82-84.

[33] 刘辉, 孙新波. 高温超高压釜体端部密封方案[C]. 乌鲁木齐: 中国石油学会, 2006.

[34] 任永兵, 张金明, 孙华鹏. 高压釜动密封结构的分析比较及选用[J]. 石油化工设备, 1998(1): 29-30.

[35] Shrinivasan Krishnan, Shimanovich Arkadiy, Starov Vladimir. Method and apparatus for sealing substrate load port in a high pressure reactor: US7105061[P]. 2006-9-12.

[36] 时光月, 范志霞, 刘岩. 一种高压釜底部密封结构: 中国, CN2880237[P]. 2007-03-21.

[37] Ongaro Daniel. Arrangement to optimise temperature distribution within a sterilization chamber, and autoclave obtained by such arrangement: WO2010122528[P]. 2010-10-28.

[38] 蒋心亚, 姚岗. 高压釜内空气循环系统的改进设计[J]. 化工设备与管道, 2001, 1(38):37-38.

[39] 陈祖贵, 陈瑞时, 陈如光. 一种高压釜的气体分布装置: 中国, CN202237980U[P]. 2012-05-30.

[40] 何广. 大型氧压浸出高压釜氧气流量检测装置: 中国, CN202322953U[P]. 2012-07-11.

[41] Queneau Paul B, Queneau, Paul B, et al. Autoclave control mechanisms for pressure oxidation of molybdenite: CA2449185[P]. 2002-11-14.

[42] 孙爱鸿, 洪滨. 高压釜管道化配料装置容错控制设计[J]. 化工自动化及仪表, 2003, 4(30): 13-16.

[43] 陈阳, 钟自鸣, 梁俊武. 基于 PID 算法的高压釜加压自动控制系统[J]. 电子世界, 2013, 12: 97-98.

[44] 顾锦辉, 王杰, 王伟国. 浮体高温、高压性能检测系统中高压釜设计及试验[J]. 机械工程师, 2006, 7: 89-91.

[45] 陈阳, 钟自鸣, 梁俊武. 基于 PID 算法的高压釜加压自动控制系统[J]. 电子世界, 2013(12): 97-98.

[46] 段东平, 周娥, 陈思明, 等. 用于热压浸出工艺的高压釜装备研究及工程放大[J]. 黄金科学技术, 2013, 21(2):77-81.

[47] 郑群英. 重有色金属生产用的高压釜[J]. 铀矿选冶, 1980(2):53-54.

[48] Joseph R, Boidt J R. The winning of nickel, it's geology, mining, and extractive metallurgy. The International Nickel Company of Canade, Limited, 1967.

[49] Stencholt E O, Zaachariasen H, Lund J H, et al. Extractive metallurgy of nickel and cobalt. ed. by Tyroler G. P. and Landolt C. A. 1988. P. 403.

[50] 张文彬. 镍精炼新工艺中非标准设备的应用[J]. 有色设备, 1995, 4: 42-46.

[51] 佟立军. 镍精炼中高压釜的设计[J]. 有色设备, 2004, 5: 10-12.

[52] 张春生, 刘刚. 硫化锌加压浸出工艺在湿法冶金中的设计应用[J]. 有色金属设计, 2009, 4(36): 49-57.

[53] 张国柱. 阜康镍厂加压酸浸系统设计投产总结[J]. 有色冶炼, 1996, 1: 23-26.

[54] Kennethg Thomas. 难处理金矿石的碱法和酸法高压浸出[J]. 章慧英, 译. 湿法冶金, 1992, 2: 26-33.

14 最小化学反应量原理与冶金工艺流程选择

有色金属工业是原材料工业体系中的重要组成部分，在国民经济中占有重要地位。我国十种常用有色金属产量已经连续七年居世界第一位，2008 年达到 2360 万吨，是位居第二到第六位的美国、俄罗斯、加拿大、智利和澳大利亚产量的总和[1]。从 2002 年到 2007 年，我国有色金属工业产量年均递增 40%。然而，有色金属工业属于高能耗高污染行业，2007 年我国有色金属工业能源消费总量 14399 万吨标准煤，SO_2 废气排放量 92 万吨，工业固体产生量达 27756 万吨，工业废水排放总量 75180 万吨。因此，有色金属工业必须注重资源和能源利用效率，注重清洁生产和减少三废排放[2]。

14.1 最小化学反应量原理

我国有色金属资源复杂，禀赋差，矿山规模偏小，难处理的共伴生矿复杂矿产多，这种状况带来冶炼厂数量多、规模小、工艺种类多、能耗高和三废排放量大等诸多问题。如我国的铜冶炼同时存在闪速炉、艾萨炉（奥斯麦特炉）、白银炉、诺兰达炉、密闭鼓风炉等多种冶炼工艺，锌冶炼工艺也有竖罐、烧结-ISP、电炉、传统湿法炼锌、铁矾法、加压浸出、常压富氧直接浸出、氧化锌矿直接酸浸等多种工艺。鉴于我国的实际情况，如何选择冶炼工艺对我国有色金属行业技术进步和产业升级，实现清洁生产就变得特别重要。

对于冶炼过程而言，除主要矿物外，还含有许多杂质元素，尤其是在处理复杂低品位矿石时，有用矿物含量很低，以镍红土矿为例，高达 95% 以上为其他矿物。因此，在特定的资源和环境条件下如何实现有色金属的无污染低能耗高效提取是当今冶金工作者面临的主要问题。

为此，本文提出最小化学反应量原理，在可以实现的前提下，清洁低耗低成本的提取冶金工艺应该用较少化学反应量或当量来完成。最小化学反应量原理将资源、环境、能源、原辅材料消耗、投资、成本等要素融为一体，从而实现有色金属工业的清洁生产、环境保护、节能降耗和资源综合利用，是一种有色金属提取冶金工艺辅助优化的方法。最小化学反应量原理的内涵是从原子尺度上判定或辅助优化流程，在一定状态下，有用反应趋于最大化而无用反应趋于最小化的过程即为实现最小化学反应量的过程。依据最小化学反应量原理，在提取冶金过程中既可以提高有色金属的回收率，降低成本，又可以最大程度地减少对环境的破坏和能源的消耗。最小化学反应量原理包含下面几点：

（1）冶金工艺过程应可以实现，且能达到产品化，这是最小化学反应量原理的前提。最小化学反应原理是以工程化和产品化为基础，进行工艺优化选择。

（2）冶金工艺过程应尽可能减少单元操作，尽可能减少原辅材料的消耗，尽可能减小反应器体积，减少反应时间。如铅冶炼追求的目标是一步炼铅，传统的硫化铅烧结-鼓风炉还原工艺先氧化后还原,需要烧结和鼓风炉熔炼两个过程,现在采用先进的闪速炉一步炼铅粗铅产率最高可达到80%,距离实现短流程高效提取和最小化学反应量目标越来越接近。

(3) 冶金工艺过程应尽可能减少能源消耗。如电解铝是有色金属工业的能耗大户,过去我国多采用自焙槽电解技术,能耗高、污染重,通过淘汰落后工艺采用先进预焙槽电解工艺,铝锭综合交流电耗由2001年的$15470kW \cdot h/t$降至2005年的$14622kW \cdot h/t$,降低了5.4%,铝锭综合能耗达到国际水平。

(4) 冶金工艺过程应尽可能减少废弃物排放量和低值副产品的产出。当今环境保护要求是冶金工艺技术发展的最大推动力。如锌冶炼技术发展向低污染或无污染方向发展,同时对于低附加值产品的元素应尽可能不浸出而抑制在浸出渣中,以减少反应过程的材料消耗和能源消耗[3]。

(5) 冶金工艺过程应尽可能减少投资和降低操作成本。以铜冶炼为例,早期先将硫化铜矿焙烧脱硫,再还原氧化铜得到粗铜。随着对铜冶炼化学反应的认识逐渐深刻,开始出现了从铜精矿到冰铜再到粗铜的冶炼方法,与原始的炼铜工艺相比,现代铜冶炼方法充分利用了多种形态如金属态、氧化态和硫化态物质间的交互反应,有效降低了重复的中间反应,减少了化学反应量,使得铜火法冶炼成本大大降低,效率大大提高。

最小化学反应量原理在化学反应可以实现的情况下,工艺优化可理解为:

$$\text{最优的冶炼工艺} = \text{符合最小化学反应量原理}$$

$$= (\Sigma \text{资源消耗})_{min} + (\Sigma \text{辅助消耗})_{min} + (\Sigma \text{能源消耗})_{min}$$

进而带来:

$$(\Sigma \text{反应时间})_{min} + (\Sigma \text{反应器容积})_{min}$$

$$(\Sigma \text{环境排放})_{min} + (\Sigma \text{环境影响})_{min} + (\Sigma \text{无效低效反应和产物})_{min}$$

最终实现:

$$(\Sigma \text{投资})_{min} + (\Sigma \text{成本})_{min}$$

$$(\Sigma \text{经济效果})_{max} + (\Sigma \text{社会效益})_{max}$$

14.2 最小化学反应量理论指导下的锌冶炼流程选择

14.2.1 锌冶炼原料

炼锌的原料主要分为硫化矿和氧化矿两大类型。目前世界上90%以上的锌是通过硫化锌精矿冶炼出来的,锌的硫化矿包括闪锌矿和铁闪锌矿两大类。锌精矿的主要组分是锌、硫,主要杂质包括铁、铅、铜、氟、氯、砷、银、镉、钴等元素,同时我国部分地区的锌精矿富含镓、锗、铟等稀散金属。随着易处理的锌原料不断消耗,原料中的各种有害杂质含量也越来越高,已经严重影响到了锌冶炼清洁生产,另外伴生有价金属也对锌冶炼工艺的选择提出越来越高的要求。几种常见锌精矿类型及主要组成见表14-1。

表 14-1　我国几种常见的锌冶炼原料

矿物类型	锌精矿类型	主要组分/%	来源
硫化矿	普通硫化锌精矿	Zn 48 ~ 56, Fe 5 ~ 8	湖南、甘肃、广西、云南、广东
	铁闪锌矿精矿	Zn 4, Fe 15	广西、云南、内蒙古
	铅锌混合精矿	Pb 10 ~ 20, Zn 20 ~ 40	广东
	富含稀贵金属锌精矿	Ga、Ge、In 大于 0.01	广东、广西、云南
	高氟高氯锌精矿	F、Cl 含量高	云南
氧化矿	菱锌矿、硅锌矿	Zn 20 ~ 50	云南、贵州
二次物料	氧化锌烟尘	Zn 30 ~ 60	钢铁烟尘和热镀锌渣

14.2.2　工艺技术原理

锌冶炼方法分为湿法炼锌和火法炼锌两大类。火法炼锌分为竖罐炼锌、ISP 密闭鼓风炉炼锌和电炉炼锌。湿法炼锌分为常规浸出法（又称为回转窑挥发法）、热酸浸出法、加压浸出法和常压富氧浸出法。由于葫芦岛锌厂仍采用改进后的竖罐炼锌进行生产，因此竖罐炼锌在我国仍占有一席之地，这也是世界上唯一一家仍采用该方法生产锌的企业。我国韶关冶炼厂、白银公司、葫芦岛锌厂、陕西东岭公司等建有 5 套 ISP 铅锌冶炼装置。

常规湿法炼锌具有技术成熟、易于操作等特点，锌精矿首先焙烧产生 SO_2 烟气制酸，焙砂中性浸出得到的浸出液送净化、电积生产电锌。在中浸渣处理方面，回转窑具有挥发能耗高、综合回收较差、易产生低浓度二氧化硫气体等不足，我国株洲冶炼厂采用的就是常规湿法炼锌。热酸浸出法具有投资低、能耗低等特点，但该法锌回收率低、铁渣量大，铁矾渣具有潜在的污染，我国的西北铅锌冶炼厂为典型的热酸浸出—黄钾铁矾法工艺。

最近几年国内一些企业为了提高竞争力，考虑引进国外技术建设锌精矿加压浸出或常压富氧浸出厂。如凡口铅锌矿引进加拿大 Dynatec 公司的锌精矿加压浸出技术建设年产锌 8 万吨的工厂；株洲冶炼厂引进芬兰 Outotec 公司技术建设年产锌 10 万吨富氧常压浸出的锌精矿常压浸出工厂。

14.2.2.1　常规浸出

常规浸出法工艺流程为"焙烧—浸出—净化—电积"，中性浸出渣采用回转窑还原挥发法处理。该工艺是目前锌冶炼最成熟，也是锌产量较大的一种方法。锌精矿首先在 850 ~ 950℃沸腾焙烧炉内进行氧化焙烧，硫化锌被氧化，产生的 SO_2 制酸。焙烧产物焙砂采用稀硫酸在 60 ~ 75℃条件下中性浸出，控制终点 pH 值为 5.0 ~ 5.4，游离的锌氧化物溶解，锌进入溶液，经过净化除镉、铜、镍钴等杂质后电解生产电锌。中性浸出渣送回转窑高温还原挥发，锌以氧化锌的形式进入烟尘，得到氧化锌烟尘，然后再浸出回收锌。主要反应为：

（1）焙烧[4]：

$$ZnS + 3/2O_2 \Longrightarrow ZnO + SO_2$$

（14-1）

$$FeS_2 + 11/4O_2 \rlap{=}{=} 1/2Fe_2O_3 + 2SO_2 \tag{14-2}$$

$$FeS + 7/4O_2 \rlap{=}{=} 1/2Fe_2O_3 + SO_2 \tag{14-3}$$

$$ZnO + Fe_2O_3 \rlap{=}{=} ZnO \cdot Fe_2O_3 \tag{14-4}$$

（2）中性浸出：

$$ZnO + H_2SO_4 \rlap{=}{=} ZnSO_4 + 4H_2O \tag{14-5}$$

（3）电积：

$$Zn^{2+} + 2e \rlap{=}{=} Zn \tag{14-6}$$

$$2H_2O - 4e \rlap{=}{=} O_2 + 4H^+ \tag{14-7}$$

（4）回转窑还原挥发：

$$ZnO \cdot Fe_2O_3 + CO \rlap{=}{=} 2FeO + ZnO + CO_2 \tag{14-8}$$

$$3(ZnO \cdot Fe_2O_3) + C \rlap{=}{=} 2Fe_3O_4 + 3ZnO + CO \tag{14-9}$$

$$FeO + CO \rlap{=}{=} Fe + CO_2 \tag{14-10}$$

$$ZnO + CO \rlap{=}{=} Zn(g) + CO_2 \tag{14-11}$$

$$ZnSO_4 \rlap{=}{=} ZnO + SO_2 + 1/2O_2 \tag{14-12}$$

14.2.2.2　热酸浸出

热酸浸出法与常规浸出法的主要工艺流程基本相同，不同的是中性浸出渣采用热酸浸出—黄钾铁矾法除铁处理。中性浸出渣在高温高酸条件下，将浸出渣中的铁酸锌、氧化锌等浸出，硫酸锌溶液采用黄钾铁矾法除铁，除铁后液返回中性浸出。主要反应为：

（1）热酸浸出：

$$ZnO + H_2SO_4 \rlap{=}{=} ZnSO_4 + 4H_2O \tag{14-13}$$

$$ZnO \cdot Fe_2O_3 + 4H_2SO_4 \rlap{=}{=} ZnSO_4 + Fe_2(SO_4)_3 + 4H_2O \tag{14-14}$$

（2）黄钠铁矾法除铁：

$$4FeSO_4 + O_2 + 2H_2SO_4 \rlap{=}{=} 2Fe_2(SO_4)_3 + 2H_2O \tag{14-15}$$

$$3Fe_2(SO_4)_3 + Na_2SO_4 + 12H_2O \rlap{=}{=} Na_2Fe_6(SO_4)_4(OH)_{12} + 6H_2SO_4 \tag{14-16}$$

14.2.2.3　加压浸出

加压浸出处理锌精矿在20世纪80年代实现了产业化，迄今为止共有5家工厂投产。主要原理是在密闭高压釜中将硫化锌精矿、稀硫酸、氧气混合搅拌浸出，锌以硫酸锌形式进入溶液，硫生成元素硫，铁氧化水解进入浸出渣中。反应温度通常在150～155℃，总压1300kPa，氧气分压800kPa。与上述湿法炼锌过程一样，加压浸出液经过"净化-电解"生产电锌。主要反应为：

$$2ZnS + O_2 + 2H_2SO_4 \rlap{=}{=} 2ZnSO_4 + 2S + 2H_2O \tag{14-17}$$

$$4FeS_2 + 15O_2 + 8H_2O \rlap{=}{=} 2Fe_2O_3 + 8H_2SO_4 \tag{14-18}$$

14.2.2.4　常压浸出

常压浸出基本原理与加压浸出相同，只不过是在较低温度和压力下进行。锌精矿在85～95℃条件下浸出，所采用的反应器为密闭底部搅拌槽，高径比为5。在反应器中发生的反应与加压浸出一样。浸出液与焙砂中性浸出液合并后经过"净化-电解"生产电锌。主要反应为：

$$2ZnS + O_2 + 2H_2SO_4 \Longrightarrow 2ZnSO_4 + 2S + 2H_2O \tag{14-19}$$

$$2FeS_2 + 7O_2 + 2H_2O \Longrightarrow 2FeSO_4 + 2H_2SO_4 \tag{14-20}$$

$$4FeS_2 + 15O_2 + 2H_2O \Longrightarrow 2Fe_2(SO_4)_3 + 2H_2SO_4 \tag{14-21}$$

14.2.3　最小化学反应量原理与锌冶炼流程选择

以锌冶炼为例，结合最小化学反应量原理对锌冶炼流程的选择进行比较。

14.2.3.1　原料适应性

传统湿法炼锌对锌精矿中锌和铅、硅、铁、氟、氯等杂质的品位有严格要求，含硅超过 4% 时会严重影响中性浸出的浓密液固分离。锌精矿中含铁越高，焙烧过程中生成的铁酸锌越多，锌的直收率就越低，根据工业实践经验，锌精矿中铁每升高 1%，锌的回收率就会降低 0.6%，特别对采用"热酸浸出—铁矾除铁"的工厂，影响会更加严重。

含氟氯高锌精矿中氟氯进入硫酸锌溶液后很难有效脱除，氟氯在锌冶炼系统中积累，氟氯对锌电解和电锌质量有较大影响。锌电解过程中氟氯对铅阳极产生电化学腐蚀，同时对不锈钢等材料有腐蚀，对工艺设备和管道材质提出了更高要求。焙烧—浸出工艺的沸腾焙烧过程，氟氯可以以气体挥发的形式有效排出，因而高氟高氯锌精矿通常适合于沸腾焙烧—浸出工艺。

加压浸出工艺对锌精矿含锌没有严格要求，锌精矿中少量铁含量对加压浸出影响不大，可以在浸出锌的同时将铁抑制在渣中，浸出液中铁含量在 150℃ 浸出时小于 1g/L。而且铁浓度的增加在一定程度上加速硫化锌的氧化速度，对缩短反应时间和提高锌浸出率有利。加压浸出过程中铅银进入加压渣而难于综合回收，因此加压浸出工艺不适合处理富含铅银的锌精矿。

常压富氧浸出在原料适应性上不及加压浸出，由于在较低温度和压力下浸出，铁和杂质元素的水解能力远远低于高温加压条件下，致使浸出液含铁较高，这也是为什么目前产业化的工厂均同传统焙烧工艺相配套。近期芬兰克克拉厂在扩大常压浸出规模的同时也扩大焙烧系统的规模，就是基于这个原因。

ISP 鼓风炉炼锌法对原料适应性广，不仅可处理铅锌混合精矿，也可以处理高铁闪锌矿，还可处理氧化铅锌矿和各种含铅锌的中间、二次物料等。

电炉炼锌是以电能为热源，在焦炭或煤等还原剂存在的条件下，直接加热炉料使其中的氧化锌还原成锌蒸汽，然后经冷凝成金属锌，该工艺适合处理高铁锌精矿[5]。

14.2.3.2　短流程原则

短流程原则意味着从原料到产品的过程尽量简短，意味着更少的减少冷热交换，更少的单元操作。热酸浸出法炼锌工艺繁杂、流程长，采用两段或多段浸出。加压浸出将常规湿法炼锌的焙烧、余热锅炉、收尘、制酸、中性浸出、热酸浸出等多道工序合并为一段或两段加压浸出，强化了反应过程，使锌冶炼流程大大简化。工艺流程对比如图 14-1 和图 14-2 所示。

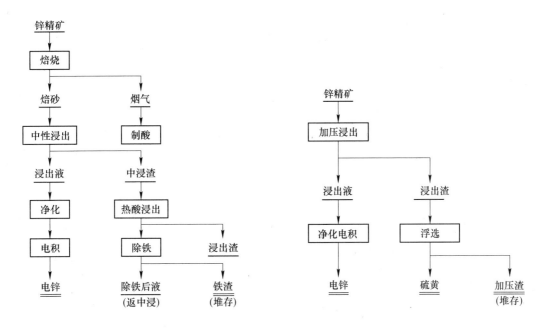

图 14-1 热酸浸出原则工艺流程图　　　　图 14-2 短流程加压浸出原则工艺流程图

14.2.3.3 原辅材料消耗

根据最小化学反应量原理,参与反应的原辅材料尽可能消耗在有用矿物中,无用或低附加值矿物尽可能少地参与反应。我国云南、广西等地区储有大量的铁闪锌矿资源,由于铁以类质同象形式存在,通过机械磨矿和选矿的方法难以使锌铁分离。选出的锌精矿铁高锌低,常规湿法炼锌焙烧过程生成铁酸锌,锌浸出率不到80%,被认为不适合处理铁闪锌矿[6,7]。近年来国内针对铁闪锌矿的加压浸出开展了很多工作[8~13],并实现了产业化规模生产。

但加压浸出和常压富氧浸出处理高铁闪锌矿是否具有优势,要根据具体情况分析。从化学反应方程式(14-17)和(14-18)可以看出,浸出一个闪锌矿分子消耗 0.5 当量的氧气,而浸出一个黄铁矿分子消耗 3.75 当量的氧气,黄铁矿的耗氧量是闪锌矿的 7.5 倍。显然,铁闪锌矿加压浸出过程中氧气大量消耗在黄铁矿的氧化上。不考虑少量磁黄铁矿,铁闪锌矿中的铁以黄铁矿形式存在。由于黄铁矿中的硫不能生成元素硫,而是直接氧化成硫酸。理论上普通闪锌矿浸出 1t 锌消耗氧气 $177.31m^3$,一般铁闪锌矿精矿化学成分为 Zn 40%、Fe 15%,锌回收率 94%,氧气利用率为 85%,则浸出 1t 锌金属量铁闪锌矿需要消耗氧气 1.008t。相应地,由于黄铁矿氧化生成的硫酸,导致系统酸不平衡,多余的硫酸需用石灰石中和,则 1t 锌金属量增加石灰石消耗 1.68t,并产出含水 50% 的石膏渣 5.78t。

为了进一步说明这一观点,对加压和常压浸出铁矿物氧气消耗量与锌精矿含铁量的关系进行了研究和计算,见表 14-2。

结果表明,锌精矿铁含量对加压浸出和常压浸出工艺影响较大,锌精矿含铁每增加 1%,氧气消耗平均增加 11%。同时,铁矿物氧化又生成多余的硫酸,消耗石灰石中和,产生大量的石膏渣,并造成金属锌的损失。对于利润较低的锌冶炼行业来说,影响并不算小。可见,铁闪锌矿不适合采用加压浸出工艺或常压富氧工艺。

表 14-2　加压和常压浸出氧气消耗量与锌精矿含铁量关系

序号	锌精矿铁含量/%	每吨锌铁矿物耗氧体积/kg	序号	锌精矿铁含量/%	每吨锌铁矿物耗氧体积/kg
1	6	403.37	6	11	739.51
2	7	470.60	7	12	806.74
3	8	537.83	8	13	873.97
4	9	605.05	9	14	941.19
5	10	672.28	10	15	1008.42

14.2.3.4　反应过程强化

冶金工艺是一个物理化学反应的过程。通过强化反应过程，提高反应速度，提高反应效率，可以缩短反应时间，进而减小反应器体积，减少投资，同时相应需要更少的冷热交换和能源消耗，降低生产成本。以锌冶炼加压浸出和常压浸出为例，加压浸出反应时间需要 2.0h，常压富氧浸出需要 24h。相同矿浆浓度的矿浆需要的反应器体积常压浸出是加压浸出的 12 倍。对于建设年产 10 万吨电锌厂，常压浸出需要 900m³ 的反应器 8 个系列，而加压浸出只需要 2 台 100m³ 的加压反应釜。相应地常压浸出占地面积大，加压浸出占地面积小。常压和加压浸出设备如图 14-3 和图 14-4 所示。

图 14-3　常压浸出反应器

图 14-4　加压浸出反应釜

14.2.3.5 综合能耗

锌冶炼几种常见工艺流程的综合能耗见表14-3[14~17]。从表14-3可以看出，火法ISP工艺的焦炭消耗相对较高，达到每吨锌1.0~1.1t标煤，但ISP工艺的电耗相对较低，且过多热量可余热回收。湿法炼锌由于采用电解沉积而需要消耗较多的电能，电力消耗在3800~4000kW·h，加压浸出工艺的综合能耗较低。因此，电力价格贵但煤炭资源丰富的地区适合采用ISP工艺，电力丰富的地区可以采用湿法炼锌。

表14-3 锌冶炼几种工艺的综合能耗表

项 目	常规浸出	热酸浸出	加压浸出	ISP工艺
吨锌电耗/kW·h	3950	3950	3850	800
吨锌蒸汽消耗/t[①]	0	0	1.5~2.0	—
吨锌煤炭消耗/t	—	—	0.2~0.3	0.3~0.5
吨锌焦炭消耗/t	0.5	—	—	1~1.1
吨锌综合能耗(标煤)/t	1.6~1.85	1.6~1.8	1.6~1.8	1.6~1.8

① 常规浸出和热酸浸出蒸汽消耗来自余热锅炉的自产蒸汽，所以为零。

14.2.3.6 低值副产品

前面提到锌精矿加压浸出工艺中铁矿物氧化占整个氧气消耗的主要部分，特别是黄铁矿消耗的氧气更大。而黄铁矿反应生成物为稀硫酸和三价铁离子，二者的产品价值不高，根据最小化学反应量原理应减少黄铁矿的氧化，减少低值副产品的生成。北京矿冶研究总院在多年锌精矿加压浸出工艺研究的基础上提出了低温低压加压浸出技术，即在较低温（110~115℃）、较低压力（100~500kPa）条件下选择性浸出锌精矿，抑制黄铁矿不发生反应，从而可以实现投资节省，节能、低耗和环境友好，低成本生产。该法具有以下特点：

（1）加压浸出过程黄铁矿不参与，氧气的消耗量大大降低；

（2）氧分压较低条件下元素硫生成率高；

（3）反应过程低于硫黄的熔点，避免了因反应过程中产出液态元素硫而导致硫包裹；

（4）需要再处理和向环境排放的反应产物大和废弃物量少。

14.2.3.7 综合回收

随着企业竞争的加剧，锌冶炼加工费越来越小，利润空间变小。综合回收是提高企业经济效益的关键。目前，我国锌冶炼企业综合回收整体水平较高，可以综合回收铅、银、镓、锗、铟、硫、镉、铜、钴等多种有价元素。湿法炼锌工艺的综合回收能力好于火法炼锌。对于含稀散金属锗、铟的锌精矿，可采用回转窑挥发处理浸出渣；对于含银、含铅较高的锌精矿，可采用热酸浸出工艺处理浸出渣。

根据北京矿冶研究总院研究结果，加压浸出过程中，稀散金属镓、锗、铟的浸出率分别可达到95%、95%、98%，可直接在加压浸出液中采用中和沉淀或置换回收。加压浸出渣采用"浮选-热滤"的方法综合回收元素硫。加压浸出具有综合回收稀散金属镓、锗、铟，回收率高、锌铁分离效果好等优点。

14.2.3.8 环境保护

锌冶炼废弃物的排放主要是废气、废水和废渣。常规浸出和热酸浸出工艺焙烧工序和

ISP 烧结工序产出 SO_2，随着技术不断进步，SO_2 利用率有了很大提高，部分工厂已经可以达到 99%，国内多数应该在 95% ~ 98%，但一些偏远地区的小厂利用率很低，对环境造成严重污染。另外，对于硫酸过剩或用量较小的地区该工艺受制酸限制较大。

加压浸出和常压浸出均在密闭容器中进行，反应过程中不产生 SO_2 气体，生成的固体元素硫易于回收和储存、运输，与焙烧工艺相比，这两种工艺在环保方面更具优势。

常规浸出和 ISP 工艺的废渣量小于热酸浸出和加压浸出工艺。热酸浸出工艺的渣量最大，每生产 1t 锌产生 1.10t 的废渣，主要为铁矾渣和铅银渣，特别是锌精矿铁含量较高时，铁矾渣的量更大，同时因除铁过程带走的锌损失大，降低锌回收率。同时铁矾渣具有不稳定性，存在潜在的污染，近年来国内外锌冶炼除铁技术正转向采用针铁矿法或赤铁矿法除铁。加压浸出工艺与热酸浸出工艺铁渣相对较少，主要原因是溶液中铁在加压浸出过程氧化水解生成赤铁矿，加压渣含铁高，渣量少。

常见的几种锌冶炼工艺的废弃物排放见表 14-4。

表 14-4 每吨锌主要废弃物排放表[①]   （t）

项　目	常规浸出	热酸浸出	加压浸出	ISP
SO_2	0.014	0.010	—	0.012
炉　渣	0.65	—	—	0.85
铁渣（铁矾等）	—	0.50	0.12	—
铅银渣或加压渣	0.05	0.36	0.53	—
固体废弃物总量	0[②]	1.10	0.95	0[②]
废水处理量	4.5 ~ 5.0	3.7 ~ 3.9	3.5 ~ 3.8	4.5 ~ 5.0[③]

① 以上渣均为实物量；

② ISP 和回转窑炉渣可以用作建材，也可以出售给水泥厂；

③ ISP 废水量主要是易处理的循环冷却水量。

14.2.3.9 投资分析

根据国内外已经投产的工厂投资情况看，采用焙烧工艺建设 10 万吨规模的冶炼厂投资应该在 6 亿 ~ 8 亿元，如河南豫光金铅集团 10 万吨锌投资 8 亿元（回转窑挥发），云南曲靖 10 万吨锌投资 7.6 亿元（烟化炉挥发），内蒙古紫金巴彦淖尔 10 万吨锌投资 6.6 亿元（热酸浸出），说明采用热酸浸出工艺投资比回转窑挥发要低。

2004 年建成投产的哈萨克斯坦巴尔哈什锌冶炼厂投资 1.14 亿美元，规模为 11.5 万吨锌。加压浸出吨锌投资在 8000 元，与焙烧工艺投资相当。

对于常压浸出，已经投产的芬兰 Kokola 厂和挪威 Odda 厂由于与焙烧工艺配套，只建设了浸出工序，浸出液与焙烧工艺中性浸出合并，所以没有准确的投资数据。根据我国株洲冶炼厂的可研预算，建设 10 万吨规模的常压浸出厂，投资在 13.16 亿元。但由于常压浸出仍需要密闭容器，而且是底部机械搅拌，生产效率低，同样设计规模其体积应至少相当于加压釜的 12 倍，根据工艺要求和目前常压搅拌槽、加压浸出釜的制造成本，常压浸出的投资比加压浸出和焙烧工艺要高，但其维修成本应低于加压浸出。

常压浸出的一个明显弱点在于浸出液中铁含量明显偏高，很难单独建厂，必须与焙烧工艺配合使用。

14.2.4 锌冶炼工艺流程选择

结合锌冶炼工艺流程选择的资源、环境、能源等要素，最小化学反应量原理表现为最小化的化学反应量或当量。最小化学反应量原理与锌冶金工艺流程选择如图14-5所示。

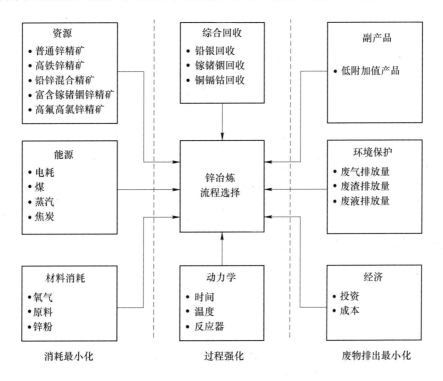

图 14-5 最小化学反应量原理下的锌冶炼流程选择图

从图14-5可以看出，最小化学反应量原理为冶金工艺流程选择提供了重要的理论指导，是集资源特点、资源消耗、能源消耗、材料消耗、反应动力学、环境影响、投资和成本等为一体的综合优化方法，为冶金工艺选择提供了方法和原则。

14.3 最小化学反应量理论指导下的镍红土矿湿法冶炼流程选择

14.3.1 镍红土矿冶炼原料

镍红土矿根据矿物组成及赋存状态主要分为上层的褐铁矿和下层的硅镁镍矿，以及中间的过渡层。世界镍资源的约70%以镍红土矿形式存在，随着硫化矿资源的日益枯竭，镍红土矿开发已经成为镍矿资源开发的热点，目前世界镍产量约50%来自镍红土矿，而且这一比例还有上升的趋势。

前面章节已经介绍，镍红上矿主要冶炼工艺包括：高炉冶炼含镍生铁、回转窑还原-电炉冶炼、镍锍冶炼、回转窑直接还原-选矿工艺（大江山法）、还原焙烧-氨浸、高压酸浸工艺、常压酸浸工艺等。

目前上述镍红土矿冶炼工艺对矿石适应性较差，基本都只能处理单一矿种，而绝大部分镍红土矿山基本都是褐铁矿、蛇纹石共存（部分包括过渡矿）。因此目前大部分已经开发的镍红土矿山几乎都只能处理一部分矿石，另一部分矿石往往堆存留待以后处理或者直接出售。例如在镍红土矿常见的两种湿法冶炼工艺中，高压酸浸工艺一般只适合用来处理褐铁矿，蛇纹石矿需要单独处理，如果用来处理蛇纹石则存在硫酸消耗高，运营成本高等不足；而常压浸出工艺一般用来处理蛇纹石矿，褐铁矿需单独处理，如果用来处理褐铁矿，则存在浸出率低，后续工序处理困难，渣量大等缺点。

针对这种情况，通过细致详尽的理论和实践研究，在最小化学反应量原理指导下，北京矿冶研究总院开发了镍红土矿逆向浸出工艺。该工艺打破传统思路，采用常压浸出处理褐铁矿，加压浸出处理蛇纹石，取得了令人非常满意的效果[18,19]。浸出工艺分两段进行，第一段褐铁矿采用常压浸出处理，浸出后矿浆与蛇纹石矿同时送入加压釜中进行第二段浸出，浸出后矿浆进行液固分离再进行后续处理。

14.3.2　镍红土矿浸出工艺

14.3.2.1　常压浸出

随着镍红土矿的大规模开发，常压浸出工艺已经逐渐成为人们关注的热点，澳大利亚、土耳其、菲律宾及印度尼西亚等都有关于常压浸出工艺研究的报道，但是工业应用主要集中在我国江西、广西等地，国外未见有大规模工业应用的报道。常压浸出一般工艺流程为"常压浸出（含两段）—中和除铁—浓密洗涤—镍钴沉淀"，浸出渣堆存。具体来说蛇纹石首先分级，细粒级矿制浆后在常压浸出槽中加入浓硫酸进行常压自热搅拌浸出，反应温度大于95℃，浸出后矿浆加入粗粒级蛇纹石矿（高镁矿）进行二段中性浸出，利用残酸进一步浸出蛇纹石，然后再加入碳酸钠、石灰石等中和剂进一步中和除杂，控制终点pH值为4.0~4.5。中和除铁后矿浆CCD浓密洗涤，尾渣泵入尾矿库堆存或者压滤后回填矿山，浓密洗涤上清液根据杂质含量和对后续产品纯度的要求可进一步进行中和深度净化，或者直接沉淀得到氢氧化镍钴富集物中间产品[20]。主要反应为：

（1）常压浸出工艺：

$$NiO + H_2SO_4 = NiSO_4 + H_2O \qquad (14-22)$$

$$CoO + H_2SO_4 = CoSO_4 + H_2O \qquad (14-23)$$

$$2FeOOH + 3H_2SO_4 = Fe_2(SO_4)_3 + 4H_2O \qquad (14-24)$$

$$Al_2O_3 \cdot 3H_2O + 3H_2SO_4 = Al_2(SO_4)_3 + 6H_2O \qquad (14-25)$$

$$Mg_3Si_2O_7 \cdot 2H_2O + 3H_2SO_4 = 3MgSO_4 + 5H_2O + 2SiO_2 \qquad (14-26)$$

$$FeCr_2O_4 + 4H_2SO_4 = FeSO_4 + 4H_2O + Cr_2(SO_4)_3 \qquad (14-27)$$

$$MnO + H_2SO_4 = MnSO_4 + H_2O \qquad (14-28)$$

$$ZnO + H_2SO_4 = ZnSO_4 + H_2O \qquad (14-29)$$

$$CuO + H_2SO_4 = CuSO_4 + H_2O \qquad (14-30)$$

$$CaSO_4 + 2H_2O = CaSO_4 \cdot 2H_2O \qquad (14-31)$$

（2）中性浸出及除杂：

$$Fe_2(SO_4)_3 + 6H_2O = 2Fe(OH)_3 + 3H_2SO_4 \qquad (14-32)$$

$$Fe(OH)_3 =\!=\!= FeOOH + H_2O \tag{14-33}$$

$$2FeOOH =\!=\!= Fe_2O_3 + H_2O \tag{14-34}$$

$$3Fe_2(SO_4)_3 + 14H_2O =\!=\!= 2(H_3O)Fe_3(SO_4)_2(OH)_6 + 5H_2SO_4 \tag{14-35}$$

$$NiO + H_2SO_4 =\!=\!= NiSO_4 + H_2O \tag{14-36}$$

$$CoO + H_2SO_4 =\!=\!= CoSO_4 + H_2O \tag{14-37}$$

$$Al_2O_3 \cdot 3H_2O + 3H_2SO_4 =\!=\!= Al_2(SO_4)_3 + 6H_2O \tag{14-38}$$

$$Mg_3Si_2O_7 \cdot 2H_2O + 3H_2SO_4 =\!=\!= 3MgSO_4 + 5H_2O + 2SiO_2 \tag{14-39}$$

$$FeCr_2O_4 + 4H_2SO_4 =\!=\!= FeSO_4 + 4H_2O + Cr_2(SO_4)_3 \tag{14-40}$$

$$MnO + H_2SO_4 =\!=\!= MnSO_4 + H_2O \tag{14-41}$$

$$ZnO + H_2SO_4 =\!=\!= ZnSO_4 + H_2O \tag{14-42}$$

$$CuO + H_2SO_4 =\!=\!= CuSO_4 + H_2O \tag{14-43}$$

$$H_2SO_4 + CaCO_3 =\!=\!= CaSO_4 + H_2O + CO_2 \tag{14-44}$$

$$CaSO_4 + 2H_2O =\!=\!= CaSO_4 \cdot 2H_2O \tag{14-45}$$

14.3.2.2 高压酸浸工艺

高压酸浸工艺传统的镍红土矿（主要是褐铁矿）湿法浸出工艺，具有浸出时间短、镍钴浸出率高、酸耗低等优点，是目前应用最为普遍镍红土矿湿法工艺。高压酸浸一般工艺流程为"高压浸出—中和除铁—浓密洗涤—深度除杂—镍钴沉淀"，浸出渣堆存。具体来说，褐铁矿首先制浆，然后在高压釜中加入浓硫酸进行高温高压浸出，反应温度 250~270℃，反应压力为 4~5MPa，反应时间 1~2h，浸出后矿浆石灰石等中和剂中和除杂，控制终点 pH 值为 2.5~3.0。中和除铁后矿浆 CCD 浓密洗涤，尾渣泵入尾矿库堆存、压滤后回填矿山或者直接深海排放，浓密洗涤上清液进一步深度净化控制终点 pH 值为 4.0~4.5，净化后液中和或者硫化沉淀得到镍钴富集物中间产品。主要反应为：

（1）高压酸浸：

$$NiO + H_2SO_4 =\!=\!= NiSO_4 + H_2O \tag{14-46}$$

$$CoO + H_2SO_4 =\!=\!= CoSO_4 + H_2O \tag{14-47}$$

$$2FeOOH + 3H_2SO_4 =\!=\!= Fe_2(SO_4)_3 + 4H_2O \tag{14-48}$$

$$Al_2O_3 \cdot 3H_2O + 3H_2SO_4 =\!=\!= Al_2(SO_4)_3 + 6H_2O \tag{14-49}$$

$$Mg_3Si_2O_7 \cdot 2H_2O + 3H_2SO_4 =\!=\!= 3MgSO_4 + 5H_2O + 2SiO_2 \tag{14-50}$$

$$FeCr_2O_4 + 4H_2SO_4 =\!=\!= FeSO_4 + 4H_2O + Cr_2(SO_4)_3 \tag{14-51}$$

$$MnO + H_2SO_4 =\!=\!= MnSO_4 + H_2O \tag{14-52}$$

$$ZnO + H_2SO_4 =\!=\!= ZnSO_4 + H_2O \tag{14-53}$$

$$CuO + H_2SO_4 =\!=\!= CuSO_4 + H_2O \tag{14-54}$$

$$Fe_2(SO_4)_3 + 3H_2O =\!=\!= Fe_2O_3 + 3H_2SO_4 \tag{14-55}$$

（2）中和除杂：

$$Fe_2(SO_4)_3 + 6H_2O =\!=\!= 2Fe(OH)_3 + 3H_2SO_4 \qquad (14\text{-}56)$$

$$3Fe_2(SO_4)_3 + 14H_2O =\!=\!= 2H + 5H_2SO_4 \qquad (14\text{-}57)$$

$$H_2SO_4 + CaCO_3 =\!=\!= CaSO_4 + H_2O + CO_2 \qquad (14\text{-}58)$$

$$CaSO_4 + 2H_2O =\!=\!= CaSO_4 \cdot 2H_2O \qquad (14\text{-}59)$$

14.3.2.3 逆向浸出工艺

逆向浸出工艺的主要反应为：

（1）一段常压浸出工艺：

$$NiO + H_2SO_4 =\!=\!= NiSO_4 + H_2O \qquad (14\text{-}60)$$

$$CoO + H_2SO_4 =\!=\!= CoSO_4 + H_2O \qquad (14\text{-}61)$$

$$2FeOOH + 3H_2SO_4 =\!=\!= Fe_2(SO_4)_3 + 4H_2O \qquad (14\text{-}62)$$

$$Al_2O_3 \cdot 3H_2O + 3H_2SO_4 =\!=\!= Al_2(SO_4)_3 + 6H_2O \qquad (14\text{-}63)$$

$$Mg_3Si_2O_7 \cdot 2H_2O + 3H_2SO_4 =\!=\!= 3MgSO_4 + 5H_2O + 2SiO_2 \qquad (14\text{-}64)$$

$$FeCr_2O_4 + 4H_2SO_4 =\!=\!= FeSO_4 + 4H_2O + Cr_2(SO_4)_3 \qquad (14\text{-}65)$$

$$MnO + H_2SO_4 =\!=\!= MnSO_4 + H_2O \qquad (14\text{-}66)$$

$$ZnO + H_2SO_4 =\!=\!= ZnSO_4 + H_2O \qquad (14\text{-}67)$$

$$CuO + H_2SO_4 =\!=\!= CuSO_4 + H_2O \qquad (14\text{-}68)$$

$$CaSO_4 + 2H_2O =\!=\!= CaSO_4 \cdot 2H_2O \qquad (14\text{-}69)$$

（2）二段加压浸出工艺：

$$NiO + H_2SO_4 =\!=\!= NiSO_4 + H_2O \qquad (14\text{-}70)$$

$$CoO + H_2SO_4 =\!=\!= CoSO_4 + H_2O \qquad (14\text{-}71)$$

$$Al_2O_3 \cdot 3H_2O + 3H_2SO_4 =\!=\!= Al_2(SO_4)_3 + 6H_2O \qquad (14\text{-}72)$$

$$Mg_3Si_2O_7 \cdot 2H_2O + 3H_2SO_4 =\!=\!= 3MgSO_4 + 5H_2O + 2SiO_2 \qquad (14\text{-}73)$$

$$ZnO + H_2SO_4 =\!=\!= ZnSO_4 + H_2O \qquad (14\text{-}74)$$

$$CuO + H_2SO_4 =\!=\!= CuSO_4 + H_2O \qquad (14\text{-}75)$$

$$Fe_2(SO_4)_3 + 2H_2O =\!=\!= 2FeOOH + 2H_2SO_4 \qquad (14\text{-}76)$$

$$Fe_2(SO_4)_3 + 3H_2O =\!=\!= Fe_2O_3 + 3H_2SO_4 \qquad (14\text{-}77)$$

14.3.3 最小化学反应量原理与镍红土矿湿法冶炼流程选择

以镍红土矿冶炼为例，结合最小化学反应量原理对冶炼流程的选择进行比较。

14.3.3.1 原料适应性

传统镍红土矿湿法冶炼流程主要为高压酸浸工艺，在高温高压条件下浓硫酸直接浸出镍红土矿，使镍钴等有价金属充分浸出，同时使铁呈赤铁矿形式沉淀，浸出后液中铁小于

3g/L，使后续处理工艺简化。高压酸浸具有镍浸出率高，钴可以综合回收，硫酸消耗低，产品质量高等特点，但同时也具有运行条件苛刻、设备投资大、建设周期长等不足。

由于在高温高压浸出过程中三价铁以赤铁矿形式沉淀，同时产生硫酸，使铁在浸出过程中不消耗硫酸，因此高压酸浸工艺硫酸吨矿消耗一般不足 0.3t/t 矿。高压酸浸工艺一般用来处理铁高镁低的褐铁矿型红土矿，如果用来处理高镁的蛇纹石型矿石，由于镁不能沉淀，硫酸消耗将会大大增加，同时由于蛇纹石型矿石铁含量降低，高压酸浸工艺的优势得不到发挥。

为了避免高压酸浸工艺所固有的不足，近年来常压搅拌浸出工艺逐渐成为冶金工作者的研究热点之一。即在常压搅拌槽中直接加入浓硫酸，利用硫酸稀释热和反应热在常压较高温度下浸出镍红土矿，使镍钴等有价金属充分浸出。常压浸出工艺不需要采用昂贵的加压釜，反应温度远低于加压酸浸工艺。

为了保证常压浸出率，常压浸出后液中常常有一定浓度的游离酸和较高浓度的杂质，使后续处理工序负荷较重。常压浸出工艺一般用来处理较易浸出的蛇纹石或者过渡型镍红土矿，如果用来处理褐铁矿型镍红土矿，则浸出后液含有大量的铁需要在后续工序中除去，并产生大量含铁废渣，导致主金属回收率低，加工成本和废渣处理成本高。

北京矿冶研究总院蒋开喜等人经过对褐铁矿和蛇纹石浸出过程以及铁溶解和沉淀行为的详细研究，开发了镍红土矿逆向浸出工艺，即采用常温常压高酸浸出褐铁矿，浸出后矿浆再和蛇纹石矿浆一起加入加压釜中，利用溶液中残酸和铁沉淀所释放酸继续浸出蛇纹石矿，达到浸出和除铁的双重目的。该发明主要基于对铁在浸出过程中行为的掌握，发现铁浸出主要与酸度相关，铁水解产出的酸不能浸出褐铁矿，但足以浸出蛇纹石。

由于在加压浸出过程中主要处理蛇纹石型镍红土矿，较低温度和压力下（150℃，0.4~0.5MPa）就可以达到较高的浸出率，在此条件下浸出后液铁浓度可以降到 5g/L 以下。使铁在浸出过程中基本不耗酸。该工艺条件温和，镍回收率高，可以用来同时处理褐铁矿和蛇纹石型镍红土矿，是自 20 世纪 50 年代以来，在镍红土矿高压浸出领域最重要的创新。

14.3.3.2　短流程原则

从表面上看，逆向浸出工艺将传统高压酸浸和常压浸出工艺改为一段常压和一段加压浸出工艺，增加了工艺复杂性。但实际上并非如此。在逆向浸出工艺中，由于常压搅拌浸出后矿浆温度高（95℃），加压釜反应温度远低于传统高压酸浸（150℃），因此矿浆可以不经过预热直接加入加压釜中，同时排出加压釜时经过一级闪蒸即可。

但是在高压酸浸工艺中，由于反应温度和压力分别达到250~270℃，4~5MPa，入釜矿浆需要经过两级预热，消耗大量的热能，同时浸出后矿浆需要经过两级闪蒸才能排出加压釜。此外由于反应条件苛刻，对加压釜设备以及控制要求非常严格。因此相比较而言，逆向浸出工艺并未增加工艺复杂性，但是大大降低了反应温度和压力，从而降低了浸出过程中的热量消耗。

在常压浸出工艺中，由于浸出后液中残酸和铁等杂质含量较高，使得后续处理工艺变得比较复杂，一般需要经过二段中和以及两段净化才能达到镍钴沉淀的要求，后续流程远比逆向浸出工艺复杂，同时产生大量的铁渣难于处理。

14.3.3.3 原辅材料消耗

镍红土矿湿法冶炼过程中主要的辅助材料为硫酸、石灰石、蒸汽（煤）、氢氧化钠等。由于铁在高温高压浸出和逆向浸出工艺中基本都不消耗硫酸，因此在这两个工艺中硫酸消耗主要跟矿石其他组分有关。而在常压浸出工艺中由于铁大部分不沉淀（或者在浸出后期将蛇纹石当中和剂使用降低浸出终点铁含量，但镍回收率大大降低），硫酸消耗大大增加，明显高于其他两种工艺。同时由于常压浸出液铁和酸浓度都高于其他两种工艺，因此中和需要用到的石灰石（含氧化钙）也明显高于其他两种工艺。

虽然加压浸出后液铁含量（1~3g/L）低于逆向浸出后液含铁（3~6g/L），但是由于加压浸出后液游离酸浓度约为 25~35g/L，高于逆向浸出后液游离酸 15~20g/L，因此两种工艺石灰石消耗基本接近。但是由于加压浸出工艺是高温高压浸出，蒸汽量消耗明显高于其他两种工艺。

各工艺主要辅助材料消耗见表14-5。

表14-5　各工艺辅助材料消耗比较

冶炼工艺	主要辅助材料吨矿消耗/kg		
	硫　酸	石灰石	蒸　汽
高压酸浸	270~450	25~30	550~650
常压浸出	850~900	250~300	300~350
逆向浸出	550~600	25~30	300~350

14.3.3.4 综合能耗

镍红土矿几种湿法冶炼常见工艺流程的综合能耗见表14-6。从表14-6可以看出，高压酸浸工艺的电耗和焦炭消耗相对最高，吨镍综合能耗达到8.35t标煤，常压浸出工艺综合能耗较高压酸浸工艺有显著降低，吨镍综合能耗为3.77t标煤，而逆向浸出工艺综合能耗最低，吨镍能耗仅为1.94t标煤，具有明显的能耗优势。

表14-6　镍红土矿冶炼几种工艺的综合能耗

冶炼工艺	高压酸浸	常压浸出	逆向浸出
吨镍电耗/kW·h	10130	3333	3500
吨镍煤炭消耗/t	6.05	3.18	0.986
吨镍综合能耗(标煤)/t	8.35	3.77	1.94

14.3.3.5 投资分析

根据国内外已经投产的镍红土矿冶炼工厂投资情况看，采用高压酸浸冶炼工艺投资为5万~9万美元，如中冶集团投资建设的巴新瑞木红土镍矿项目，年生产规模3万吨镍，投资约为17亿美元，折算吨镍投资5.67万美元；马达加斯加安巴托维镍红土矿项目，年生产规模6万吨镍，投资约为55亿美元，折算吨镍投资9.17万美元。投资均十分巨大。

采用常压浸出工艺投资为吨镍1.5万~2.5万美元，广西银亿镍红土矿项目建设规模年产8000t镍，投资约10亿元（人民币），折算吨镍投资1.95万美元。

2014年北京矿冶研究总院针对菲律宾某镍红土矿采用逆向浸出工艺进行了详细的银行级可行性研究，年建设规模7000t镍，项目总投资1.55亿美元，折算吨镍投资2.2万美元，考虑在菲律宾建厂投资一般是国内投资的1.7～2.5倍，因此相比常压浸出工艺和加压浸出工艺，逆向浸出工艺投资具有明显优势。

14.4 小结

最小化学反应量原理是指导工艺开发的重要理论基础，在长期的研究开发和实践过程中，人们亦遵循了这一规律，但却忽视了有意识地探求这一理论。清洁低耗低成本的提取冶金工艺在可以实现的前提下，应该用较少化学反应量或当量来完成。它是以最有效资源开发、能源利用、环境保护和经济效益为基础的工艺开发的集成方法。以锌冶炼为例，运用最小化学反应量原理对锌冶炼工艺进行了比较，普通锌精矿适合各种冶炼工艺，特别适合直接浸出工艺，如加压浸出和富氧常压浸出，铁闪锌矿不适合加压浸出工艺，适合ISP或电炉工艺，含有氟氯高的锌精矿适合沸腾焙烧—浸出工艺。以镍红土矿为例，运用最小化学反应量原理对镍红土矿湿法工艺进行了比较，铁高镁低的褐铁矿型红土矿适合高压酸浸工艺，镁高的蛇纹石性镍红土矿适合常压浸出工艺，逆向加压浸出工艺可以处理褐铁矿型和蛇纹石型红土矿。

参 考 文 献

[1] 罗德先. 2007年世界十种主要有色金属产量、消费量10(6)名列表[J]. 世界有色金属，2008(9):58-59.

[2] 中华人民共和国国家统计局. 2008中国统计年鉴[M]. 北京：中国统计出版社，2008:1120.

[3] 刘志宏. 国内外锌冶炼技术的现状及发展动向[J]. 世界有色金属，2000(1):23-26, 37.

[4] 彭容秋. 锌冶金[M]. 长沙：中南大学出版社，2004: 11-13.

[5] 彭容秋. 锌冶金[M]. 长沙：中南大学出版社，2004: 4-7.

[6] 王吉坤，周廷熙. 高铁硫化锌精矿加压浸出研究及产业化[J]. 有色金属（冶炼部分），2006(2): 24-26.

[7] 王吉坤，周廷熙. 高铁闪锌矿加压酸浸新工艺研究[J]. 有色金属（冶炼部分），2004(1):5-8.

[8] 蒋开喜，刘大星，王海北，等. 一种从含铜硫化矿物提取铜的方法：中国，011347295[P]. 2002-07-17.

[9] 蒋开喜，林江顺，王海北，等. 一种从含锌硫化矿物提取锌的方法：中国，011404841[P]. 2001-12-10.

[10] 王海北，蒋开喜，施友富，等. 硫化锌精矿加压酸浸新工艺研究[J]. 有色金属（冶炼部分），2004 (5):2-4, 11.

[11] 徐志峰，邱定蕃，王海北. 铁闪锌矿加压浸出动力学[J]. 过程工程学报，2008, 8 (1)：28-34.

[12] 王玉芳，蒋开喜，王海北. 高铁闪锌矿低温低压浸出新工艺研究[J]. 有色金属（冶炼部分），2004 (4):4-6.

[13] 夏光祥，方兆珩. 高铁硫化锌精矿直接浸出新工艺研究[J]. 有色金属（冶炼部分），2001(3): 8-10.

[14] 王辉，谭善沛，刘斌. 大型铅锌联合冶炼企业的能耗现状及其节能技术发展趋势[J]. 有色冶金节能，2007, 24(3):7-11.

[15] 金士荣. 我国铅锌行业能耗现状和节能途径[J]. 中国金属通报，2007(26):7-10.

［16］金士荣. 我国铅锌行业能耗现状和节能途径(续)［J］. 中国金属通报，2007(27)：5-7.

［17］杨如中. 锌冶炼企业能耗现状调查［J］. 有色冶金节能，2007(2)：54-57.

［18］Kaixi Jiang, Sanping Liu, Haibei Wang. Inverse leaching process for nickel laterite ores［C］. In Proceedings of ALTA 2015 Nickel-Cobalt-Copper. Allan Tayor ed. 2005：5.

［19］刘三平，蒋开喜，王海北，等. 红土镍矿常压-加压两段联合浸出新工艺研究［J］. 有色金属（冶炼部分），2014(11)：12-15.

［20］刘三平，王海北，曲志平，等. 菲律宾某红土矿两段酸浸研究［J］. 有色冶金节能，2014，5：17-20.

索　引